Bobran · Handbuch der Bauphysik

Handbuch der Bauphysik

von Hans W. Bobran

Berechnungs- und

Konstruktionsunterlagen für

Schallschutz

Raumakustik

Wärmeschutz

Feuchtigkeitsschutz

5., neu bearbeitete Auflage

Friedr. Vieweg & Sohn   Braunschweig/Wiesbaden

CIP-Kurztitelaufnahme der Deutschen Bibliothek

Bobran, Hans W.:
Handbuch der Bauphysik: Berechnungs- u.
Konstruktionsunterlagen für Schallschutz, Raumakustik,
Wärmeschutz, Feuchtigkeitsschutz / von Hans W. Bobran. —
5., neu bearb. Aufl. — Braunschweig; Wiesbaden: Vieweg,
1982.
 ISBN 3-528-38650-9

1. Auflage 1967
2., veränderte Auflage 1972
3., neu bearbeitete Auflage 1976
4., neu bearbeitete Auflage 1979
5., neu bearbeitete Auflage 1982

© Friedr. Vieweg & Sohn Verlagsgesellschaft mbH, Braunschweig 1982
Einbandentwurf von Helmut Lortz
Druck: E. Hunold, Braunschweig
Buchbinderei: Langelüddecke, Braunschweig
Alle Rechte vorbehalten · Printed in Germany

ISBN 3-528-38650-9

Vorwort zur 2. Auflage

Das Bauen wird heutzutage von Architekten und oft auch von den Bauherren übermäßig unter optischen Gesichtspunkten gewertet. Viele Baugestalter haben anscheinend vergessen, daß der Mensch nicht nur einen, sondern fünf Wahrnehmungsorgane besitzt und daß wohl fast immer mehrere dieser Sinne angesprochen werden müssen, wenn gute Architektur entstehen soll. Ein Bauwerk muß zweifellos weit mehr sein als ein »Monument der Eitelkeit«. Für unsere Zeit gilt dies mehr denn je, weil heute vielfältigere Anforderungen gestellt werden als in vergangenen Zeiten und weil im Bauwesen bereits vor Jahrzehnten die sicheren Gleise der Tradition verlassen werden mußten.

Wir bedienen uns heute anderer Bauverfahren und Baustoffe als unsere Vorfahren und sind in zunehmendem Maße gezwungen, die empirische Arbeitsweise mit der wissenschaftlich-theoretischen zu verbinden. Die neueren Baustoffe Glas, Stahl, Beton und die zunehmende Zahl der verschiedenartigsten Isolierstoffe stellen uns vor physikalische und anwendungstechnische Probleme, die allein auf Grund von Erfahrungen am Bau nicht gelöst werden können, weil das damit verbundene technische und finanzielle Risiko zu groß ist. Das ist der Grund dafür, daß sich von der Bautechnik das Arbeitsgebiet der Bauphysik als selbständige Disziplin abgespalten hat und daß vor allem die Bau- und Raumakustik, der Wärmeschutz und der damit eng zusammenhängende Feuchtigkeitsschutz im Vordergrund des fachlichen Interesses stehen.

Die vorliegende Arbeit wendet sich nicht nur an Baufachleute, sondern auch an Praktiker anderer Fachrichtungen. Die vielen Konstruktionsdetails erläutern das Prinzip und sind trotzdem direkt anwendbar.

Das Buch soll ein anschauliches Nachschlagewerk sein, das schnell und umfassend informieren will. Wer in die betreffende Materie tiefer eindringen will, findet am Schluß ein Literaturverzeichnis, in dem die grundlegenden Arbeiten anderer Autoren zusammengestellt sind. Soweit im Text, bei Tabellen und Bildern Autoren genannt werden, sind dies Hinweise auf das Literaturverzeichnis.

Grundlage der Arbeit waren vorwiegend die deutschen Normen sowie die von staatlichen Stellen veranlaßten oder selbst durchgeführten Forschungsarbeiten, deren Ergebnisse ich während einer neunzehnjährigen selbständigen Tätigkeit als Sonderfachmann für die angegebenen Fachgebiete in der Praxis erproben und durch Konstruktionsvorschläge sowie ständige Kontrollmessungen bestätigen und ergänzen konnte. Die meisten Ausführungsdetails stammen aus meiner eigenen Beratungspraxis. Auf die Arbeit anderer Fachleute wurde bei den betreffenden Bildern bzw. im Fotonachweis auf Seite 336 hingewiesen.

Dem Hauptteil vorangestellt ist neben einem Verzeichnis der einschlägigen Vorschriften und Richtlinien eine alphabetisch geordnete Zusammenstellung der wichtigsten Formeln und Begriffsbestimmungen, auf die im Buch immer wieder verwiesen wird.

Ebenfalls in alphabetischer Reihenfolge sind im Anschluß an den Hauptteil die häufigsten Raum- und Gebäudearten im Hinblick auf ihre bauphysikalischen Besonderheiten beschrieben. Diesen Abschnitt wird der Architekt vor allem dann benutzen, wenn er sich bei Wettbewerbsarbeiten, bei Vorbesprechungen mit den Bauherren und bei Vorentwürfen in großen Zügen darüber unterrichten will, welche besonderen Maßnahmen bei dem geplanten Bauwerk zu berücksichtigen sind.

Die Kennzeichnung aller Stoffe wurde so vorgenommen, daß möglichst wenig Firmennamen und Fabrikate genannt werden mußten. Dieses Verfahren erschien der besseren Übersichtlichkeit und der einer ständigen Änderung unterworfenen (oft irritierenden) Firmenbezeichnungen wegen unbedingt notwendig. Demjenigen, der sich über Stoffe, Markennamen und die betreffenden Hersteller unterrichten will, sei das vom gleichen Verfasser stammende »ABC der Schall- und Wärmeschutztechnik« (Bobran Redaktion Stuttgart, Sonnenbühl 5) empfohlen. Dieses Taschenbuch wird ständig auf den neuesten Stand des Angebots gebracht. So ist es eine aktuelle Ergänzung zu diesem Buch.

Den jeweils erwähnten Firmen danke ich für ihre Unterstützung durch die Überlassung wertvollen Materials. Mein besonderer Dank gilt auch meinen Mitarbeitern.

Die vorliegende Auflage wurde gründlich überarbeitet und auf den neuesten Stand gebracht.

Nürtingen, Oktober 1972

Vorwort zur 5. Auflage

In den vergangenen Jahren wurde das Buch in ständigem Kontakt mit der Praxis immer wieder dem Stand der Technik, der Bauforschung und den gültigen Bauvorschriften angepaßt. Eingearbeitet wurden vor allem die neuen Schallimmissionsschutz-Richtlinien, die neu eingeführten Teile der DIN 4109 und DIN 4108, die Energiespar-Richtlinien der deutschen Bundesländer, die Wärmeschutzverordnung der Bundesregierung sowie die neuesten »Richtlinien für die Ausführung von Flachdächern«.

Auch der Zusammenhang der alten Maße mit den neuen international gültigen und ab 1977 für den **geschäftlichen** und **amtlichen Verkehr** verbindlichen gesetzlichen Einheiten wurde aufgenommen. Die alten Werte wurden nicht entfernt sondern jeweils zur Erläuterung in Klammern danebengesetzt.

So kann dieses Handbuch seine Funktion, Bindeglied zwischen Bauforschung, Bau-Normen und Bautechnik sowie »ständiger Mitarbeiter des Praktikers« zu sein, ohne Einschränkungen wieder erfüllen. Es wird zunehmend als ungewöhnlich umfassende, konzentrierte, schnelle Informationsquelle anerkannt.

Hans W. Bobran
beratender Ingenieur VBI

Stuttgart, August 1981

Inhalt

Abkürzungen und Kurzzeichen   9
Formeln und Begriffsbestimmungen   11
Symbole   31
Wichtige Vorschriften und Richtlinien   32

Allgemeine Grundlagen

Strahlen, Wellen, Moleküle   34
Schallempfindung, Schallwirkung   35
Phon, sone, Dezibel (35) · Lärm (36) · Schallausbreitung (40) · Beben, Knall, Explosionen (40)
Schalldämmung, Dämpfung, Reflexion   42
Persönlicher Gehörschutz (42) · Schallschutz, Schalldämmung (42) · Luftschalldämpfung (45) · Körperschallisolierungen (45) · Erschütterungsschutz (46)
Raumakustik   47
Die Nachhall-Theorie (47) · Diffusität, Deutlichkeit, Proportionen (49) · Raumgröße, Besetzung, Elektronik (50) Das Modellverfahren (50)
Wärmewirkung, Feuchtigkeit   51
Wärmequellen, Klima (51) · Wärmeempfindung, Behaglichkeit (52) · Feuchtigkeit, Wärmeleitung (53)
Wärme- und Kälteschutz   54
Bedeutung des Wärmeschutzes (54) · Wärmedämmung (55) · Kälte-Isolierungen (56) · Wärmespeicherung (56) Wärmebedarf (57) · Sonnenschutz (57)
Feuchtigkeitsschutz   58
Tau- und Kondenswasserschutz (58) · Abdichtungen (59) · Dampfsperren (59)
Wirtschaftlichkeit   60
Wärmeschutz (60) · Schallschutz (61) · Raumakustik (62)

Meßgeräte, Meßverfahren

Temperaturmessung   63
Lufttemperatur (63) · Oberflächentemperatur (63)
Feuchtigkeitsmessung   63
Luftfeuchtigkeit (63) · Feuchtigkeitsmessung fester Stoffe (63) · Feuchtigkeitsmessung schlammartiger Stoffe (64) Holzfeuchte (64)
Bestimmung des Diffusionswiderstandsfaktors   64
Ermittlung der Wärmeleitzahl   65
Messung der Wärmeableitung   65
Der »künstliche Fuß« (65) · Das Normverfahren (65)
Lautstärke- und Schallpegelmessung   65
Messung der Luftschalldämmung   66
Schallpegeldifferenz nach DIN 52210 (66) · Schalldämm-Maß nach DIN 52210 (66) · Kurztestverfahren (67)
Nachhallmessung   67
Ermittlung des Schallabsorptionsgrades   68
Das Hallraumverfahren (68) · Das Rohrverfahren (68)

Körperschall- und Trittschallmessung   68
Körperschall (68) · Messung des Trittschallschutzes nach DIN 52210 (68) · Vergleichshammerwerk nach L. Cremer (69) · Kurztestverfahren nach W. Zeller (69) · Kurztestverfahren nach K. Gösele (70)
Messung von Erschütterungen   70

Klimatische und städtebauliche Voraussetzungen

Allgemeines   71
Klimazonen   74
Makroklima (74) · Mitteleuropäische Klimazonen-Normen, Geländeklima (76)
Ruhezonen und Lärmschutzgebiete   80
Gemischte Gebiete   81
Gewerbliche Lärmzonen   81
Schienenverkehr   82
Straßenverkehr   82
Flugverkehr   86
Schiffsverkehr   88

Stoffwerte von Bau-, Dämm- und Sperrstoffen

Vorbemerkung   89
Verzeichnis der Stoffwert-Tabellen und Diagramme   90

Bauteile

Fundamente   106
Gebäudefundamente (106) · Maschinenfundamente (106)
Außenwände   107
Allgemeines (107) · Wärmebrücken (109) · Isoliersteinwände (110) · Äußere Dämmschichten (110) · Das Kaltwandprinzip (113) · Innere Dämmschichten (113) · Holzfachwerk (118) · Sandwich-Platten (120)
Wände gegen Grund   121
Trennwände   122
Allgemeines (122) · Einschalige Trennwände (123) · Mehrschalige Trennwände (127) · Mobile Trennwände (131) Faltwände (134) · Besondere Abschirmungen (136)
Vorsatzschalen   137
Trenndecken   141
Allgemeine Anforderungen an Decken (141) · Schalldämmung von Massivdecken (143) · Wärmedämmung von Massivdecken (145) · Holzbalkendecken (146)
Kellerdecken   147
Wärme- und Feuchtigkeitsschutz (147) · Schallschutz (148)

Decken über offenen Räumen 148
Wärmeschutz (148) · Schallschutz (148)

Dächer allgemein 148
Wärmedämmung (148) · Feuchtigkeitsschutz (149) · Schalldämmung (150) · Bewegungsfugen (150)

Kaltdächer 152

Warmdächer 156
Einfache Holzdächer (156) · Tragende Dämmplatten (156) Stahlbeton-Dächer (158) · Ausgleichschichten, Dampfsperren (161) · Decken unter Erdreich (161) · Terrassen (162)

Treppen 164

Fenster, Glaswände, Oberlichter 164
Schalldämmende Fenster (164) · Wärmedämmung (171) Tauwasserniederschlag (173) · Sonnenschutz (Strahlungsschutz) (174) · Glaswände (175) · Oberlichter (176)

Türen 178
Schalldämmung (178) · Wärmedämmung, Feuchtigkeitsschutz (185)

Fußböden, Oberflächen und Fugendichtungen

Fußböden 187
Schall- und wärmetechnische Anforderungen (187) Gummibeläge (191) · Kunststoffböden (191) · Linoleum (192) · Teppichböden (192) · Holzfußböden (196) · Schwimmende Estriche (199) · Stein- und Keramikböden (204) Schwingböden (204) · Böden gegen Grund (206) · Beheizte Fußböden (207)

Oberflächen von Wänden und Decken 208
Allgemeines, Farben (208) · Imprägnierungen (209) · Putz (211) · Einfache Verkleidungen (211) · Folien, Tapeten (212)

Schallschlucksysteme 218
Mitschwinger (218) · Loch- und Schlitzplatten (219) · Keilabsorber (219)

Fugendichtungen (227)

Haustechnische Anlagen

Heizungsanlagen 228
Wärmeabgabe (228) · Schallschutz (228) · Fußbodenheizung (230) · Strahlungsheizung (231) · Schornsteine (231)

Lüftungs- und Klimaanlagen 232
Einfache Schwerkraftlüftungen (232) · Allgemeine Anforderungen an Klimaanlagen (232) · Lüftungskanäle (233) Maschinenräume (233) · Schalldämpfer (234) · Rück-Kühlwerke (236)

Rohrleitungen, Rohrpost- und Müllschluckanlagen 236
Minderung der Körperschall-Leitung (236) · Wärmedämmende Rohrisolierungen (240) · Rohrpostanlagen (241) Müllschluckanlagen (241)

Armaturen und sanitäre Objekte 241
Wasserzapfstellen (241) · WC-Spüleinrichtungen (243) Badewannen (244) · Spültische (245)

Elektrische Anlagen 246
Beleuchtungsanlagen (246) · Schalter (246) · Elektroakustische Anlagen (247) · Transformatoren (248) · Notstrom-Aggregate (249)

Aufzüge 250
Maschinenraum und Schacht (251) · Fahrkorb (251) · Wichtigste Lärmquellen (252)

Maschinen 252
Konstruktive Lärmbekämpfungs-Maßnahmen (252) · Bauliche Schallschutzmaßnahmen (252)

Raum- und Gebäudearten

in alphabetischer Reihenfolge. Siehe auch die Hilfsstichwörter im Text dieses Abschnitts.

Aktenkeller 254
Akustik-Meßräume 254
Altenheime 254
Ausstellungsräume 255
Bäckereien 255
Bade- und Duschräume 256
Ballettsäle 256
Brauereien 256
Bücherlager 256
Bürogebäude 257
Flure und Treppenräume 259
Garagen 259
Gas-Reglerstationen 259
Gaststätten 260
Glockentürme 261
Hörprüfungsräume 262
Hörsäle 262
Kegelbahnen 268
Kinos 268
Kirchen 269
Kraftwerke 271
Krankenhäuser 271
Lager- und Klimaräume 273
Mehrzwecksäle 276
Musikpavillons 278
Parlamentsgebäude 279
Planetarien 280
Prüfstände 281
Saunas 284
Schalltote Räume 285
Schießstände 287
Schulen 287
Schwimmhallen 289
Sprachlehranlagen 291
Tierräume 292
Tonstudios, Sendesäle 292
Turn-, Gymnastik- und Spielhallen 293
Werkstätten, Fabriken 294
Wohnungen, Aufenthaltsräume 296
Zellen, Kabinen, Kapseln 298

Bildteil

Fotonachweis 336
Quellen- und Literaturverzeichnis 337
Sachwortverzeichnis 342
Verzeichnis der Stoffwert-Tabellen und Diagramme siehe (Seite 90)

Text- und Bild-Hinweise

Hinweispfeile vor einem im Text erwähnten Begriff ohne Seitenangabe verweisen auf die Zusammenstellung der Formeln und Begriffe (Seite 11 bis 31).
Hinweispfeile mit normal gedruckten Zahlen geben die Seitenziffer einer angezogenen Textstelle an.
Hinweispfeile mit kursiv gedruckten Zahlen oder mit einer Kombination von normalen und kursiven Zahlen verweisen auf Tabellen, Diagramme und Zeichnungen im Textteil oder auf Fotos im Bildteil.
Die Abbildungen und Tabellen sind auf jeder Seite neu beginnend numeriert. Stehen Bild und Hinweis auf der gleichen Seite, so ist nur die Bildnummer, andernfalls auch die Seitenzahl angegeben. So bedeutet z. B. 83 2 Abbildung 2 auf Seite 83.
Bei allen für den Wärmeschutz angegebenen k-Werten, Wärmedurchlaßwiderständen, Wärmeleitzahlen usw. wurden die Werte in der inzwischen überholten alten Schreibweise zur Erläuterung in Klammern danebengesetzt. Die eingeklammerten Zahlen haben also immer die Dimension kcal/m²h K bzw. m²h K/kcal.

Abkürzungen und Kurzzeichen

A	äquivalente Schall-Absorptionsfläche → Schallschluckfläche	E	Formelzeichen für Elastizitätsmodul
A	Ampere, Maß für die elektrische Stromstärke	EnEG	Energie-Einsparungsgesetz der BRD
A_0	Bezugs-Absorptionsfläche	ESR	Energiespar-Richtlinien der Länder
Å	Ångström. 1 Å = 0,0000001 mm, also der zehnmillionste Teil eines Millimeters	erg	Erg. 1 erg = 1/10000000 J = 10^{-7} J
a	→ Fugendurchlässigkeitszahl, → Temperaturleitfähigkeit	F	Formelzeichen für Prüffläche nach DIN 4109 (m²)
a	Formelzeichen für Abstand in cm	f	allgemeines Formelzeichen für Frequenz (Hz)
a (als Vorsatz)	Atto = 10^{-18}	f	Formelzeichen für den absoluten Feuchtegehalt der Luft (g/m³)
α	Formelzeichen für Längenausdehnungskoeffizient, → Wärmedehnung	f_g	→ Grenzfrequenz, → Spuranpassungsfrequenz
$α_a$	→ Wärmeübergangszahl an der Außenseite	f_0	→ Eigenfrequenz
$α_i$	→ Wärmeübergangszahl an der Innenseite	f_R	→ Resonanzfrequenz
$α_S$ ($α_{Sab}$)	→ Schallschluckgrad nach DIN 52212	G (als Vorsatz)	Giga = 10^9
at	technische Atmosphäre. 1 at = 0,980665 bar	G	Formelzeichen für Gewicht (→ g)
B	→ Biegesteifigkeit	g	Gramm (als Masseneinheit)
bar	→ Bar = 100000 N/m² = 100000 Pa	g	Formelzeichen für Flächenmasse (kg/m²) → G
b	Formelzeichen für die → Wärmeeindringzahl → b-Faktor	g_F	→ Gesamtenergiedurchlaßgrad
c	Formelzeichen für → Schallgeschwindigkeit	grd	Grad Temperaturdifferenz nach Celsius und Kelvin
c	Zeichen für → spezifische Wärme	gro	Russische Einheit für die → Lautheit, → gro
c	Formelzeichen für Lichtgeschwindigkeit	HGT	→ Heizgradtage
c (als Vorsatz)	Zenti = 10^{-2}, z. B. 1 cm = 1 Zentimeter = 1/100 m	Hz	→ Hertz, Maß für die → Frequenz
cal	→ Kalorie (Gramm-Kalorie)	h	hora = Stunde
cd	Candela, Maß für die Lichtstärke	h (als Vorsatz)	Hekto = 10^2, z. B. 1 hl = 1 Hektoliter = 100 l
clo (-unit)	→ Kleidungseinheit	ISO	Bezeichnung internationaler Normen, nach International Standardizing Organisation
cps.	englisch: cycles per second, in England und Amerika gebräuchliche Bezeichnung für die Schwingungszahl pro Sekunde → Hertz (Hz)	J	Joule
D	→ Schallpegeldifferenz nach DIN 4109 und DIN 52210	K	Formelzeichen für die → Wahrnehmungsstärke von → Schwingungen K neueres Zeichen für 1 → grd
D_n	→ Normschallpegel-Differenz nach DIN 4109 und DIN 52210	k	→ Wärmedurchgangskoeffizient
DIN	Deutsche → Normen	k (als Vorsatz)	Kilo = 10^3, z. B. 1 Kilogramm = 1000 g
DVM	Deutscher Verband für Materialprüfung	kcal	Kilokalorie. 1 kcal = 4186,8 J = 1000 cal
d	Tag. 1 d = 24 h	kg	Kilogramm (als Masseneinheit)
d	Formelzeichen für Dicke	kp	Kilopond (als Krafteinheit) = rd. 10 N
d (als Vorsatz)	Dezi = 10^{-1}, z. B. 1 dm = 1 Dezimeter = 1/10 m	L	→ Schallpegel
da (als Vorsatz)	Deka = 10^1, z. B. 1 dag = 1 Dekagramm = 10 g	L_{AFTm}	Takt-Maximal → Mittelungspegel
dB	→ Dezibel	L_{eq}	energieäquivalenter → Mittelungspegel
ΔL	allgemein → Schallpegeldifferenz oder → Pegelminderung in dB, insbesondere → Trittschallminderung	L_r	→ Beurteilungspegel
		L_n	→ Normtrittschallpegel auf dem Prüfstand ohne Nebenwege gemessen (nach DIN 4109)
		L'_n	Normtrittschallpegel am Bauwerk gemessen oder auf dem Prüfstand mit bauüblichen Nebenwegen

ABKÜRZUNGEN

L_p	→ Schalleistungspegel
L_{pm}	mittlerer Schalldruckpegel
L_T	→ Trittschallpegel
LSM	→ Luftschallschutzmaß nach DIN 4109
Lx	Lux, Maß für die Beleuchtungsstärke
l	Liter. 1 l = 1,000028 dm³
lg	dekadischer Logarithmus
lm	Lumen, Maß für den Lichtstrom
Λ	→ Wärmedurchlaßzahl nach DIN 4108
Λ_D	→ Dampfdurchlaßzahl
λ	→ Wärmeleitzahl
λ	Formelzeichen für Wellenlänge
λ'	wirksame (äquivalente) Wärmeleitzahl
λ_D	→ Dampfleitzahl
M (als Vorsatz)	Mega = 10^6, z.B. 1 Mt = 1 Megatonne = 1 000 000 t
m	Formelzeichen für Masse
m (als Vorsatz)	Milli = 10^{-3}, z.B. 1 mm = 1 Millimeter = 1/1000 m
mμ	Millimikron = 1/1000 µm = 1/1 000 000 mm
min	Minute. 1 min = 60 s
mm Hg	Millimeter Quecksilbersäule, z.B. bei Dampf- oder Luftdruckangaben = 1,333 mbar
mpm	mittlerer Schalldruckpegel bei 1m Abstand
μ	→ Diffusionswiderstandsfaktor
μ (als Vorsatz)	Mikro = 10^{-6} = $\frac{1}{1\,000\,000}$
	1 μ (genauer: 1 μm) = $\frac{1}{1000}$ mm = $\frac{1}{1\,000\,000}$ m
μb	→ Mikrobar
N	Newton. 1 N = $\frac{1}{9,80665}$ kp
N	Lautheit in → sone
Nm³	Normkubikmeter
NN	normaler Nullpunkt der Meereshöhe
NR	Noise Rating, Kennbuchstaben der ISO-Kurven → 37 3
n	Formelzeichen für Drehzahl oder Umlauffrequenz
n (als Vorsatz)	Nano = 10^{-9} = $\frac{1}{1\,000\,000\,000}$
Ω	Ohm, Maß für den elektrischen Widerstand
P	→ Wasserdampf-Teildruck
P	→ Schalleistung
P_0	→ Bezugs-Schalldruckpegel oder → Bezugsleistung
p	pond (als Krafteinheit) = 9,80665 mN
p (als Vorsatz)	Piko = 10^{-12}
Pa	Pascal, international Einheit des Drucks 1 Pa = 1 N/m²
pal	Maß für die → Schwingungsempfindungs-Stärke, → pal-Skala
phon	Maß für den → Lautstärkepegel, → phon und DIN-phon
φ	Formelzeichen für die → relative Luftfeuchte in %
Q	Formelzeichen für Wärmemenge
Q	Kurzzeichen für Schallquelle
R	englisch: sound reduction index; nach der deutschen und internationalen Normung Bezeichnung für das → Schalldämm-Maß auf dem Prüfstand ohne Nebenwege = → Schallisolationsmaß
R'	Schalldämm-Maß auf dem Prüfstand mit bauüblichen Nebenwegen oder am Bau überholt durch R_w'
R_m	mittleres Schalldämm-Maß, nicht mehr gebräuchlich
R_w	bewertetes → Schalldämm-Maß R_w = LSM + 52 dB
Rayl	Einheit für den akustischen Strömungswiderstand. 1 Rayl = 1 g/cm² s
r	→ Hallradius
ρ	→ Rohdichte
S	Prüfflächengröße (m²) nach DIN 52210
S oder Sab	Index für den nach DIN 52212 im Hallraum ermittelten statistischen Schallschluckgrad α nach W. C. → Sabine
s	Sekunde
s'	→ dynamische Steifigkeit z.B. einer Faserdämmstoffschicht
sone	Maß für die → Lautheit
T	→ Nachhallzeit in Sekunden
T	Formelzeichen für → absolute Temperatur
T (als Vorsatz)	Tera = 10^{12}
Torr	Abkürzung von → Torricelli. 1 Torr = 1 → mm Hg = $\frac{1}{760}$ atm
TSM	→ Trittschallschutzmaß
t	→ Temperatur in °C
t	Tonne (als Masseneinheit). 1 t = 1 Mg = 1000 kg
V	Volt, Maß für die elektrische Spannung
V	Formelzeichen für Volumen (Rauminhalt)
VDI	Verein Deutscher Ingenieure; nach ihm die VDI-Richtlinien → 33
VM	→ Verbesserungsmaß des Trittschallschutzes
VOB	Verdingungsordnung für Bauleistungen
v	→ Schallschnelle
WV	Wärmeschutzverordnung der Bundesregierung zum Energieeinsparungsgesetz

Formeln und Begriffsbestimmungen

Absolute Temperatur

Auf den absoluten Nullpunkt von —273,15°C bezogene Temperatur, gemessen in K (Kelvin). Temperaturdifferenz K = Temperaturdifferenz °C. Der Unterschied besteht also nur in der verschiedenen Lage des Nullpunktes.

Absorption

Wörtlich: Auflösung, Schwächung, Aufnahme. In der Bau- und Raumakustik = Schallschluckung. Abhängig vom → Absorptionskoeffizienten oder → Schallschluckgrad und von der Fläche des betreffenden → Schallschluckstoffes. Die echte Absorption beruht auf der Umwandlung der Schallenergie in Wärme. Beim baulichen Wärmeschutz interessiert die Absorption der Wärme- und Lichtstrahlung, wobei die Strahlungsenergie in eine andere Form umgewandelt wird, z. B. in Bewegungsenergie der Moleküle, wodurch eine Temperaturerhöhung entsteht und auch durch → Wärmedehnung mechanische Arbeit geleistet werden kann.

Absorptionskoeffizient

bedeutet in der Akustik soviel wie → Absorptionsgrad oder → Schallschluckgrad. Kennzeichnet das Ausmaß der → Absorption eines bestimmten Baustoffes, kann jedoch nicht als Materialkonstante angesehen werden, da unter Umständen sogar sehr stark abhängig von der Form, Größe und Lage der betreffenden Flächen im Raum.

Absorptions-Schalldämpfer

Dem Prinzip nach das Stück eines Lüftungskanals, das eine schallschluckende Auskleidung erhält. Der Luftstrom kann also nahezu ungehindert durchströmen. Er erleidet bei solchen → Schalldämpfern den geringsten → Druckverlust, was ein wesentlicher Grund dafür ist, daß Absorptionsschalldämpfer bevorzugt bei Lüftungs- und Klimaanlagen im Hochbau verwendet werden, die bekanntlich mit einem verhältnismäßig geringen Förderdruck arbeiten. Für das Ausmaß der Dämpfung ist wichtig, daß das Absorptionsmaximum auf die Hauptstörfrequenzen abgestimmt wird und daß der freie Querschnitt F möglichst klein ist, d. h., daß er die Form eines schmalen Schlitzes oder Ringes haben sollte. Die Dämpfung beträgt $1{,}1 \cdot \frac{U}{F} \cdot \alpha_S$ (dB/m).

U = Querschnittsumfang in m.
F = Querschnittsfläche in m².

Hierin ist α_S der Schallschluckgrad nach DIN 52212. Die Wände des Dämpfers und des evtl. anzuschließenden Kanals müssen eine dementsprechende Dämmung besitzen, damit kein akustischer → Kurzschluß entsteht.

Aktivisolierung

Direkte Isolierung z. B. einer → Körperschall erregenden Maschine gegen das Bauwerk. Für → Körperschallisolierungen dieser Art werden weiche (elastische) Dämmstoffschichten oder besondere → Isolatoren verwendet, in gleicher Weise wie für die sogenannten → Passivisolierungen.

Akustik

Lehre vom → Schall. Sie umfaßt alle Schallereignisse, gleichgültig wie und wo sie entstehen, ist also damit ein Teil der Mechanik, der Musikwissenschaft und der Bautechnik. In der Bautechnik unterscheidet man zwischen → Raumakustik und → Bauakustik.

Akustikplatten

Vollständig vorgefertigtes Bauelement, das zum Zweck der → Absorption von Schallwellen hergestellt wird. Akustikplatten werden meistens aus porösen, organischen und anorganischen Stoffen hergestellt. Ihr mittlerer → Absorptionsgrad liegt im raumakustisch wichtigen Frequenzbereich von ca. 100 bis ca. 4000 Hz etwa zwischen 0,25 und 0,95 Sab und ist im Gegensatz zu den → Mitschwingern und → Schallschlucksystemen in seiner immer wichtigen Frequenzabhängigkeit weniger veränderbar.

Altersschwerhörigkeit

beginnt im Gegensatz zur → Lärmschwerhörigkeit bei höchsten Frequenzen und dehnt sich langsam auf tiefere Frequenzen aus.

Alterung

von → Dämmstoffen oder genauer gesagt Dämmstoffschichten ist nach den bisherigen Untersuchungsergebnissen (die Beobachtungszeit beträgt nach vorliegenden Berichten ca. 7 Jahre) kaum vorhanden, wenn die betreffenden Schichten bereits in dem Zustand eingebaut werden bzw. wenn sie für den Zustand berechnet werden, den sie im Laufe der Benutzung tatsächlich einnehmen. Alterungserscheinungen unzweckmäßig angewandter Dämmstoffe können z. B. bei schwimmenden Estrichen zu Verschlechterungen bis zu mehr als 5 dB i. M. führen. Um eine in diesem Zusammenhang wichtige einheitliche Dickenbezeichnung zu gewährleisten, wurde DIN 18165 (Faserdämmstoffe für den Hochbau; Abmessungen, Eigenschaften und Prüfung) geschaffen. Besonders kritisch ist die Alterung von Sperrstoffen, Folien o. ä., was besonders die Probleme der → Weichmacherwanderung betrifft.

Amplitude

Größte Schwingungsweite (Schwingungsausschlag) im Zuge einer → Wellenbewegung.

Anhallzeit

Zeit, die eine bestimmte Schallquelle vom Zeitpunkt ihres Ertönens an innerhalb eines geschlossenen Raumes benötigt, um eine konstante Energiedichte zu erreichen.

Antidröhnbelag

Spachtel- oder spritzbarer Stoff aus einem dauerelastischen Binder mit besonderen Füllstoffen zur Entdröhnung von Blechen u. dgl. Die Dicke des Belages sollte immer ein Mehrfaches der Blechdicke betragen, wenn ein optimaler Wirkungsgrad erreicht werden soll.

Armaturengeräuschpegel $L_{AG} = L - 10 \lg \frac{A_0}{A} - K_p$

Vergleichswert für Armaturen, abhängig vom gemessenen Schallpegel L, den äquivalenten → Schallschluckflächen A_0 und A sowie von der Prüfstandskorrektur K_p

BEGRIFFE

Aufenthaltsräume
Wichtiger Begriff aus der DIN 4108 (Wärmeschutz im Hochbau), in der bestimmte Anforderungen an die sogenannten Räume zum dauernden Aufenthalt von Menschen gestellt werden. Sie müssen in den einzelnen Klimazonen (→ Wärmedämmgebiete) einen hygienisch gerade noch vertretbaren Mindestwärmeschutz gewährleisten.

Aufschaukelung
Gefährliche Erscheinung bei → Erschütterungs- und → Körperschallisolierungen, die zur Zerstörung des betreffenden Bauteils oder des Erregers (z. B. bei Maschinen) führen kann (→ Resonanz).

b-Faktor $= \dfrac{\text{Gesamtenergiedurchlaßgrad}}{0{,}87} =$ mittlerer Durchlaßfaktor von Sonnenschutzmaßnahmen nach VDI 2078 = shading-coefficient → 1741.

Bar
Druckeinheit 1 bar $= 10^5$ N/m² $\approx$ 1 kp/cm².

Bauakustik
Sie umfaßt alle Probleme der Schallausbreitung und des Schallüberganges zwischen verschiedenen Wohnbereichen und Arbeitsplätzen, verschiedenen Räumen oder einem Raum und dem Freien. Sie umfaßt hauptsächlich die Lärmbekämpfung im Hochbau.

Bauklimatik
Erstmals in der Schweiz etwa im Jahre 1957 begründetes neues Arbeitsgebiet. Es umfaßt die Bemühungen, in einem Gebäude allein durch seine Konstruktion ausreichenden Schutz gegen schnelle Wechsel der Außentemperatur, insbesondere Tag- und Nachttemperaturen, gegen die Hitzeentwicklung der Sonnenstrahlung sowie gegen extreme Sommerhitze und Kälte zu erreichen.

Bauphysik
Aus der technischen Physik entwickeltes Arbeitsgebiet, das sich genau genommen auf alle physikalischen Probleme der in zunehmendem Maße auf wissenschaftliche Arbeitsmethoden angewiesenen Bautechnik erstreckt. In der Baupraxis hat sich dieser Begriff hauptsächlich für Fragen des Schallschutzes, der Raumakustik sowie des Wärme- und Feuchtigkeitsschutzes eingeführt. Beim Feuchtigkeitsschutz und bis zu einem gewissen Grade auch beim Wärmeschutz ergeben sich starke Überschneidungen mit der reinen Bautechnik.

Bautrocknung, künstliche
Sie beruht im wesentlichen auf der Zuführung von erhöhter Strahlungs- oder Umluftwärme. Ist vorwiegend bei lang anhaltendem Dauerbetrieb und Luftentfeuchtung sinnvoll. Sie darf den manchmal lang andauernden Abbindevorgang der auszutrocknenden Bauteile nicht stören.

Beben
Langwellige mechanische Schwingungen, die auch als → Erschütterungen oder → Infraschall bezeichnet werden. Der Mensch kann sie nicht hören, aber bei ausreichender Stärke spüren. Maßgebend hierfür ist die → Schwingungsempfindungsstärke nach der »Pal-Skala«. Neuere Angaben für die Beurteilung der Einwirkung mechanischer Schwingungen auf den Menschen enthält VDI 2057.

Bell, Alexander Graham
Amerikanischer Wissenschaftler, nahm im Jahre 1876 das erste praktisch verwendbare Telephon in Betrieb und gründete eine amerikanische Telephon-Firma. Auf ihn geht die Bezeichnung dezi-Bel oder → Dezibel zurück.

Berger, R.
Deutscher Physiker, fand empirisch das → Gewichtsgesetz, das nach ihm auch Bergersches Gesetz genannt wird.

Beurteilungspegel L_r
Nach DIN 45645 Maß für die durchschnittliche Geräuschimmission während einer bestimmten Beurteilungszeit. Er setzt sich zusammen aus dem L_{eq} und den Korrekturen für Impulshaltigkeit und Tonhaltigkeit, für Ruhezeiten usw. Der Impulszuschlag ist die Differenz zwischen dem Impuls- → Mittelungspegel (ungefähr $= L_{AFTm}$) und dem L_{eq}. Der Tonzuschlag beträgt 3 oder 6 dB je nach Auffälligkeit des Tones. Bei der Beurteilung der Gehörschädlichkeit von Geräuschen wird derzeit kein Tonzuschlag angewendet. Der in allgemeinen Verwaltungsvorschriften, z. B. in der TALärm benutzte „Wirkpegel" ist nicht mit dem oben definierten Beurteilungspegel sondern mit dem Takt-Maximalpegel (→ Mittelungspegel) L_{AFTm} identisch.

Bezugsleistung $P_0 = 10^{-12}$ W

Bezugsschalldruckpegel $P_0 = 20\,\mu$N/m² $= 2 \cdot 10^{-4}$ dyn/m² $= 2 \cdot 10^{-4}$ Mikrobar.

Bezugs- → Schallschluckfläche A_0 normalerweise $= 10$ m².

Biegesteifigkeit
Sie beeinflußt die → Luftschalldämmung von plattenförmigen Bauteilen unter Umständen erheblich. Eine sehr geringe Biegesteifigkeit z. B. von Platten und Wänden gewährleistet im Vergleich zu gleich schweren Konstruktionen mit ungünstiger Biegesteifigkeit Dämmwerte, die bis zu mehr als 10 dB besser sein können. Die Biegesteifigkeit eines plattenartigen Bauteils mit guter Luftschalldämmung muß so beschaffen sein, daß der Bereich der → Spuranpassung, d. h. die tiefste Frequenz, bei der dieser → Spuranpassungseffekt überhaupt auftreten kann, möglichst weit oberhalb des bauakustisch wichtigen Bereiches liegt. Sehr biegesteife Wände (z. B. mehr als 25 cm dickes Vollziegelmauerwerk) sind bezüglich des Spuranpassungseffekts unbedenklich.

Biegewellen
Besondere Form von → Schallwellen in Wänden, Decken, Platten, Scheiben u. ä. Eine zusammen mit → Verdichtungswellen (Luftschall) im Bauwesen sehr häufige Schwingungsform.

Celsius, Anders
Schwedischer Astronom, der im Jahre 1742 vorschlug, den Temperaturbereich zwischen dem Gefrierpunkt und dem Siedepunkt des Wassers in 100 Grade einzuteilen. Nach ihm wurde die heute noch bei uns gültige Celsius-Skala bezeichnet. ° Celsius ist gleich ° → Kelvin (K), lediglich mit dem Unterschied, daß der Nullpunkt der Kelvin-Skala der → absolute Nullpunkt (−273,15°C) ist, während der Nullpunkt der Celsius-Skala beim Gefrierpunkt des Wassers liegt. International ist K Basiseinheit für Temperatur und Temperaturdifferenz.

Dämmstoffe
Häufig benutzte Bezeichnung für vorwiegend mehr oder weniger gebundene (bzw. gepreßte) und verfilzte Faserschichten oder starre und elastische Schäume aus organischen und anorganischen Bestandteilen. Die Bezeichnung, die Eigenschaften und die

Prüfung von Faserdämmstoffen für den Hochbau ist in DIN 18164 geregelt.

Insbesondere für → Trittschallisolierungen wichtig ist das → Alterungsverhalten von Dämmstoffschichten. Faserdämmstoffe eignen sich für wärme- und schalltechnische Maßnahmen, Schaumstoffe hauptsächlich für den Wärme- und Kälteschutz und nur z. T. auch für schalldämmende bzw. schallabsorbierende Konstruktionen. → DIN 18165

Dämmschichtgruppen

DIN 4109 unterscheidet zwei Dämmschichtgruppen je nach → dynamischer Steifigkeit.

Dampfdiffusion → Diffusion

Dampfdruck → Wasserdampf-Teildruck

Dampfdurchgangszahl

Berücksichtigt im Gegensatz zur → Dampfdurchlaßzahl zusätzlich den Dampfübergang jeweils zwischen Luft und Wand bzw. umgekehrt. Sie ist die praktisch wichtige Rechengröße für die ausgetauschte Wasserdampfmenge (→ Wasserdampf) analog zur → Wärme urchgangszahl.

Dampfdurchlaßzahl

Entspricht der → Wärmedurchlaßzahl hinsichtlich des Durchlassens von Wasserdampf innerhalb eines bestimmten Baustoffes. Ihr Kehrwert ist der → Dampfdurchlaßwiderstand wiederum analog dem → Wärmedurchlaßwiderstand. Die Dampfdurchlaßzahl entspricht der → Dampfleitzahl, lediglich mit dem Unterschied, daß sie sich ähnlich wie die Wärmedurchlaßzahl auf die tatsächlich vorhandene Dicke der betreffenden Wand bezieht.

Dampfleitzahl

Entspricht dem Charakter nach der → Wärmeleitzahl. Zur einfachen Kennzeichnung der diesbezüglichen Baustoffeigenschaft ist sie jedoch weniger geeignet als der → Diffusionswiderstandsfaktor, mit dem sie eng zusammenhängt. Der Begriff Dampfleitzahl überschneidet sich mit dem Begriff der Diffusionszahl. Sie gibt an, wieviel Wasserdampf in kg pro Stunde und m² bei einer Wanddicke von 1 m durch den betreffenden Baustoff transportiert wird, wenn der → Dampfdruckunterschied 0,01 kN/m² beträgt.

Dampfsperre

In sich geschlossene dichte Schicht, etwa aus Metall, Glas oder aus einem mehrfachen Heißbitumenanstrich, aus besonderen Kunststoff-Folien, bituminierten Pappen, Gummischichten, Anstrichschichten u. ä., die das Eindringen von Feuchtigkeit in einen Bauteil praktisch verhindert. Wegen der Gefahr der → Tauwasserbildung innerhalb von Bauteilen und der → Diffusion müssen Dampfsperren immer an die Warmseite des betreffenden Bauteils gelegt werden, also bei Wohnräumen an die Innenseite. Läßt sich eine als Dampfsperre wirkende dichte Schicht an der Außenseite, etwa zum Schutz gegen Schlagregen nicht vermeiden, so muß (trockene Baustoffe vorausgesetzt) eine mindestens gleichwertige auch an der Innenseite angeordnet werden. Grundsätzlich soll der Widerstand gegen Dampfdiffusion an der kalten Seite geringer sein als an der warmen. Einige Ausnahmen sind möglich.

Dampfübergangszahl → Dampfdurchgangszahl.

Dauerschallpegel äquivalenter = → Mittelungspegel L_{eq}

Schallpegel eines gleichbleibenden Geräusches mit der gleichen Störwirkung eines zu kennzeichnenden veränderlichen Geräusches. Nach DIN 18005 = energie-äquivalenter Dauerschallpegel, welcher der über den zu kennzeichnenden Zeitraum gemittelten A-bewerteten Schallintensität entspricht. Er kennzeichnet nicht Höhe und Anzahl einzelner Spitzen, die in Sonderfällen getrennt zu werten sind.

Dehnfugen → auch Wärmedehnung

Deutlichkeit

Maß für die Art und Stärke erster Schallreflexionen in der Raumakustik (im Verhältnis zum direkten Schall). Die Deutlichkeit gilt nach neueren Forschungen außer der → Nachhallzeit und der → Diffusität als eines der wichtigsten Merkmale guter → Hörsamkeit von Vortragsräumen jeglicher Art.

Dezibel

Abgekürzt dB. Maß für den → Schallpegel.

Dichte

Im bisherigen Sprachgebrauch gleich der spezifischen Masse eines Stoffes. Unterschieden wird zwischen → Reindichte und → Rohdichte.

Diffusion

Ausbreitung von Gasen und Flüssigkeiten, insbesondere Wasserdampfdiffusion, auch durch Wände und Dachdecken. U. U. Ursache für fortlaufenden Vorgang des Feuchtigkeitsniederschlages mit anschließender Verdunstung innerhalb der einzelnen Poren eines feuchten Baustoffes, bei dem erhebliche Wärmemengen verbraucht werden können. Die Unterbindung der Wasserdampfdiffusion durch eine → Dampfsperre ist insbesondere bei massiven Flachdächern mit unbelüfteter Dachhaut (Warmdach) und bei Räumen mit andauernd hoher relativer Luftfeuchtigkeit wichtig. Die kennzeichnenden Größen für den Vorgang der Wasserdampfdiffusion sind der → Wasserdampfteildruck und der → Diffusionswiderstandsfaktor (→ auch Wasserdampf).

Diffusionswiderstand

Genauer Wasserdampf-Durchlaßwiderstand etwa eines Bauteiles. Es erscheint für die Zwecke der Bautechnik einfacher und übersichtlicher, zur diesbezüglichen Kennzeichnung von Baustoffen den dimensionslosen → Diffusionswiderstandsfaktor anzugeben, aus dem die → Dampfleitzahl und damit auch der Diffusionswiderstand des betreffenden Stoffes ermittelt werden kann (→ Wasserdampf). Der Dampfdurchlaßwiderstand ist der Kehrwert der → Dampfdurchlaßzahl.

Diffusionswiderstandsfaktor = Diffusionswiderstandszahl

Vergleichswert, der angibt, um wieviel der Diffusionswiderstand gegen Wasserdampf in der betrachteten Baustoffschicht größer ist als in einer Luftschicht gleicher Dicke. Der Diffusionswiderstandsfaktor μ der Luft ist damit = 1. Ausführliche Angaben über den Diffusionswiderstandsfaktor von Baustoffen → 103 1. Produkt aus μ und Schichtdicke in Metern = Diffusionswiderstand.

Diffusität

Maß für die Schallstreuung im Sinne einer Homogenisierung des Schallfeldes. Eine große Diffusität ist für raumakustische Gestal-

BEGRIFFE

tungen sehr wichtig. Sie beeinflußt die → Deutlichkeit und die → Nachhallzeit, → Richtungsdiffusität. Diffus = Gegenteil von spiegelnd.

Diffusor

Anordnung zur Verlangsamung von Strömungen, zum Beispiel innerhalb von Luftkanälen in Form eines allmählich sich erweiternden Kanalstücks etwa am Kanalende oder am Anfang und Ende eines → Schalldämpfers, das den Zweck hat, ohne zusätzliche Turbulenz die Strömungsgeschwindigkeit bzw. Strömungsrichtung zu ändern und damit → Strömungsgeräusche zu vermeiden. Der Diffusor muß immer so ausgebildet werden, daß die Strömung an seiner Wandung nicht abreißt, also → laminar bleibt und nicht → turbulent wird.
In der Raumakustik bezeichnet man zuweilen mit Diffusor eine konvex oder zylindrisch gewölbte Fläche, die in der Lage ist, die ankommenden Schallwellen diffus, d.h. nach allen Richtungen unregelmäßig zu reflektieren. Diffusoren werden sehr oft im Studiobau verwendet.

Dilatation

wird in der Bauphysik die körperliche Dehnung genannt, die z.B. im Beton infolge einer Temperaturerhöhung (→ Wärmedehnung) auftritt.

DIN-phon

Mit einem Meßgerät für DIN-Lautstärken gemäß DIN 5045 festgestellter Phon-Wert im Gegensatz zur errechneten oder mit anderem Gerät bzw. Verfahren ermittelten Phon-Werten. Lautstärkeskala mit phon-Werten → 39 3. Weitere Lautstärken sind bei den einzelnen Bauaufgaben (→ 254 bis 300) aufgeführt. International statt DIN-phon: bewertete dB (A) oder dB (B) → 65.

DIN-Vorschriften

Die für den Schall- und Wärmeschutz wichtigsten Normen sind auf Seite 32 u. 33 zusammengestellt. In jedem Fall kennzeichnen die Normen die anerkannten Regeln der Technik. Verstöße gegen gültige DIN-Vorschriften sind also als Verstöße gegen die anerkannten Regeln der Technik zu werten (siehe Normen).

Dissipation → Schalldämpfung

Druckverlust

Wichtige Größe bei der Bemessung von Be- und Entlüftungsanlagen. Die Pressung eines Ventilators muß dem Druckverlust des gesamten Leitungssystems einschließlich sämtlicher notwendigen → Schalldämpfer angepaßt werden.

DVM-Weichheit

Maß für die Weichheit bzw. Elastizität eines Stoffes. Eine Zusammenstellung von Weichheitsgraden im Vergleich zu der für diesen Zweck ebenfalls gebräuchlichen neueren internationalen shore-Härteskala → 99 4.

Dynamik

In der Elektroakustik Wechsel der Schallintensität etwa bei der Wiedergabe von Musik. Meßbar durch die max. Schwankungen des → Schallpegels in → dB.

Dynamische Steifigkeit

Kennzeichnende Größe für die Eignung von → Dämmstoffen zur → Trittschall- und → Körperschallisolierung, gemessen in MN/m^3. Zum Beispiel gehören Faserdämmstoffe mit einer dynamischen Steifigkeit von 30...90 MN/m^3 zur Faserdämmschichtgruppe II, bei weniger als 30 zur Faserdämmschichtgruppe I nach DIN 18165 bzw. DIN 4109. Tabelle → 100 1.

Ebene Welle

Welle mit gerader Front im Gegensatz zu einer Kugelwelle.

Echo

Als selbständiges Schallereignis wahrnehmbarer Rückwurf von Schallwellen. Ein Echo kann nur in größeren Räumen, die eine schlechte → Diffusität besitzen, entstehen oder im Freien. Das menschliche Ohr kann nur solche aufeinanderfolgenden Rückwürfe als selbständige Schallereignisse voneinander trennen, die mit einem zeitlichen Abstand von mehr als 35–50 Millisekunden (= 0,035–0,050 s) eintreffen. Der betreffende Laufwegunterschied dürfte also z.B. in einem geschlossenen Raum nicht mehr als 12–17 m betragen, wenn ein Echo mit Sicherheit vermieden werden soll.

Eigenfrequenz

Schwingungszahl pro Sekunde, bei der ein schwingungsfähiges Gebilde (Einfachwand, Doppelwand usw.) in → »Resonanz« geraten kann. Im Resonanzbereich ist die Schalldämmung extrem gering. Diese Eigenfrequenz, auch Eigenschwingungszahl oder Resonanzfrequenz genannt, läßt sich aus der »Flächenmasse« der einzelnen Schalen (g^1 und g^2 in kg/m^2) und aus der → dynamischen Steifigkeit s' der Zwischenschicht (in kp/cm^3) berechnen.

$$f_0 = 500 \cdot \sqrt{s' \left(\frac{1}{g_1} + \frac{1}{g_2} \right)} \text{ (in Hz)}$$

Für die meisten bautechnischen Zwecke läßt sie sich nach DIN 4109 näherungsweise folgendermaßen vereinfachen:

1. Wenn $g_1 = g_2$ und dazwischenliegender Hohlraum (a in cm) mit oder ohne schallabsorbierende Einlage, Luftsteifigkeit vorherrschend:

$$f_0 \approx \frac{850}{\sqrt{g_1 \cdot a}}$$

2. Wie 1., jedoch elastische Zwischenschicht mit beiden Schalen vollflächig fest verbunden (Luftsteifigkeit geringer):

$$f_0 \approx 700 \sqrt{\frac{s'}{g_1}}$$

3. Flächenmasse g_2 groß gegen g_1, sonst wie 1.

$$f_0 \approx \frac{600}{\sqrt{g_1 \cdot a}}$$

4. Wie 3., jedoch Zwischenschicht wie bei 2.

$$f_0 \approx 500 \sqrt{\frac{s'}{g_1}}$$

Eine Zusammenstellung der dynamischen Steifigkeiten bzw. möglichen Resonanzfrequenzen der häufigsten Dämmstoffschichten → 99 5 und 100.

Elastizitätsmodul

≈ Dehnungsmodul = Kehrwert der Dehnungsgröße, die wiederum innerhalb bestimmter Grenzen gleich dem Proportionali-

BEGRIFFE

tätsfaktor zwischen Dehnung und Spannung ist. Je größer die Dehnbarkeit eines Stoffes, um so größer auch die Dehnungsgröße. Unterschieden wird im wesentlichen zwischen statischem und dynamischem Elastizitätsmodul. Letzterer ist die maßgebende Größe für die → dynamische Steifigkeit z. B. von Schalldämmstoffen unter schwimmenden Estrichen usw.

Entdröhnung
Z. B. Dämpfung von Blechschwingungen durch losen Sand oder einen speziellen → Antidröhnbelag.

Elektrolyt-Wirkung
Chemische Veränderung eines Stoffes unter dem Einfluß eines Stromdurchganges in einem Lokalelement, das bei Berührung zweier verschiedener Metalle mit Wasser entstehen kann. Das unedlere Metall wird unter Oxydation oder Salzbildung zerstört. Die durch das Regenwasser etwa auf Dächern mitgeführten Ionen greifen das elektrochemisch niederwertige Metall an. Das Wasser darf also niemals vom edleren zum unedleren Metall fließen → 105 5.

Erschütterungen
Mechanische Schwingungen unterhalb der Frequenzen des menschlichen → Hörbereichs. Sie werden auch als → Infraschall oder → Beben bezeichnet → 41.

Faserdämmschichtgruppen
DIN 18165 und DIN 4109 unterscheiden die Faserdämmschichtgruppen I mit einer → dynamischen Steifigkeit kleiner als 0,03 MN/m³ und II mit einer dynamischen Steifigkeit größer als 0,03 jedoch kleiner als 0,09 MN/m³. Gruppe I gewährleistet z. B. unter schwimmenden Estrichen den besseren Wirkungsgrad.

Feuchtigkeitsdurchgang → Wasserdampf.

Feuchtigkeitsdurchlaßzahl
Gemessen in g/m² h mm Hg gibt diejenige Feuchtigkeitsmenge in Gramm (g) an, die in einer Stunde durch einen Quadratmeter des betreffenden Stoffes der vorliegenden Dicke und bei einem Druckunterschied von 1 mm Quecksilbersäule (Hg) hindurchgelassen wird → Dampfdurchlaßzahl.

Feuchtigkeitsgehalt
der Baustoffe: Für eine relative Luftfeuchtigkeit von 60 bis 70 % liegt er bei den anorganischen Stoffen zwischen rd. 0,1 und 7,0 und bei den gebräuchlichsten organischen Baustoffen zwischen knapp 2,0 und etwa 20,0 Gewichtsprozent, Isolierstoffe einbegriffen.

Feuchtigkeitsleitzahl → Dampfleitzahl

Feuchtigkeitsübergangswiderstand
→ Dampfdurchgangszahl und → Wasserdampf

Feuchtigkeitswanderung
in Bauteilen erfolgt vorwiegend auf Grund der → Diffusion und der → Kapillarwirkung (→ Wasserdampf). Es handelt sich hierbei um sehr komplizierte Vorgänge, die wissenschaftlich noch nicht ausreichend erforscht sind.

Flatterecho
Mehrfach in schneller Folge sich wiederholendes → Echo. Unerwünschte Erscheinung in der Raumakustik.

Flächenmasse
Bezeichnung für die Masse pro Flächeneinheit eines Bauteiles in kg/m² (→ Gewicht).

Fokussierung
Brennpunktbildung von Schallreflexionen. Kann in Vortragsräumen u. ä. starke Störungen hervorrufen, unter Umständen auch → Flatterechos.

Fortschreitende Welle
In der Akustik Schallwelle (mechanische Schwingung) im Gegensatz zur → stehenden Welle.

Frequenz
Zahl der Schwingungen pro Sekunde, angegeben in »Hertz«, abgekürzt Hz, nach dem deutschen Forscher Heinrich Hertz (1888). Das menschliche Ohr ist nur in einem begrenzten Schwingungsbereich aufnahmefähig, und zwar zwischen etwa (16) 30 Hz und 16000 (20000) Hz. Die äußerste untere und obere Grenze gilt nur für junge Menschen, die einen größeren → Hörbereich haben als ältere Menschen, deren Hörbereich auch durch → Lärmschwerhörigkeit kleiner wird. Tiefere Frequenzen, also langsamere Schwingungen, werden nicht mehr gehört, sondern je nach Stärke evtl. als → Erschütterungen empfunden. Höhere Frequenzen als 20000 Hz können von Tieren wahrgenommen werden. Hunde hören z. B. noch bis 30000 Hz (Hundepfeife für Menschen nicht mehr hörbar), Fledermäuse sogar bis 90000 Hz, die Laute derart hoher Frequenzen zur Orientierung bei Nacht (ähnlich wie Flugzeuge das Radarsystem) benutzen. Eine Verdoppelung der Frequenz entspricht einer Oktave. Bauakustisch interessiert vorwiegend der Bereich zwischen 100 und 3200 Hz, raumakustisch zwischen 100 und 6300 Hz.

Fugendurchlässigkeitszahl a = Fugendurchlaßkoeffizient
Gibt (z. B. bei Fenstern) an, wieviel Kubikmeter Luft je Stunde und je Meter Fugenlänge bei einem Druckunterschied von 10 Pa ²/₃ durch die Fugen hindurchgeht. Für die Berechnung des Wärmebedarfs von Gebäuden nach DIN 4701 sind für übliche Fensterbauarten bestimmte Fugendurchlässigkeitszahlen anzunehmen. Die praktisch vorhandene Fugendurchlässigkeit liegt bei Stahl- und Holzfenstern in der Größenordnung von etwa 0,10 bis 4,0, bei Innentüren zwischen etwa 15 bis 40 m³/h und lfm Fugenlänge. Durch undichte Fenster und Türen gehen mit der Luft große Wärmemengen verloren. Je dichter ein Fenster, desto besser der Wärmeschutz und um so geringer ist der erforderliche Sicherheitszuschlag für die Wärmebedarfsberechnung, die der Bemessung der Heizungsanlage zugrunde gelegt wird.

Fühlschwelle → phon

Fußwärmeableitung
Sie darf ein bestimmtes Ausmaß nicht überschreiten. Nach DIN 4108 müssen Fußböden in → Aufenthaltsräumen einen ausreichenden Schutz gegen → Wärmeableitung bieten, besonders bei solchen Massivdecken und Fußböden, die z. T. auch mit nacktem Fuß begangen werden.

BEGRIFFE

Gehörschutzkapseln
Kopfhörerartige Vorrichtungen, deren Wände geschlossen oder mit kleinen Löchern versehen sind, die den Schall hoher Frequenzen (die besonders schädlich sind) um maximal 30 dB dämmen und die weniger störenden tiefen Frequenzen hindurchlassen. Auf diese Weise wird die Verständigung ermöglicht. Umfangreiche Untersuchungen haben eine gute Verwendbarkeit ergeben. Ähnlich wirken bestimmte direkte Ohrverschlüsse.

Geländeklima
(Topoklima). Klima an einem bestimmten Geländepunkt als Zwischenstufe zwischen → Mikro- und → Makroklima.

Geräusch
Schallereignis mit kontinuierlichem Spektrum. Eine besondere Art ist das sogenannte weiße Geräusch, das man in der Bauakustik für Meßzwecke verwendet. Es enthält Schall sämtlicher Frequenzen des bauakustisch wichtigen Bereiches von etwa 100—3200 Hz in objektiv ungefähr gleicher Stärke. Auch Schallimpulse mit einer Grundfrequenz unter 16 Hz, wie z. B. beim Hammerwerk, können ein derart weißes Geräusch ergeben.

Geräuschleistungspegel L_{PA}
Aus dem frequenzbewerteten Schalldruckpegel L_A bestimmter → Schalleistungspegel in dB (A).

Gesamt-Energiedurchlaßgrad
kennzeichnet nach DIN 4108 den Anteil der Sonnenenergie (→ Solarkonstante) der unter bestimmten Bedingungen (DIN 67507) in den Raum gelangt, → b-Faktor, → 174 1 + 2.

Gewicht
Überholte Bezeichnung für die → Masse in g, kg oder t.

Gewichtsgesetz, korrekter: Massegesetz
Von → Berger empirisch gefundene Abhängigkeit der → Luftschalldämmung von der Masse einer Wand. Gilt nach neueren Forschungen nur für Wände bestimmter Biegesteifigkeit. Bei ungewöhnlich biegeweichen oder sehr biegesteifen und gegen → Körperschall und → Längsleitung isolierten Wänden und Decken ist die Luftschalldämmung größer als nach diesem Bergerschen Gesetz, nach dem eine 100 kg/m² schwere Wand eine Luftschalldämmung von ca. 40 dB besitzt. Bei Masseverdopplung bzw. Massehalbierung vergrößert bzw. verkleinert sich dieser Wert um jeweils etwa 4 dB. Die graphische Darstellung dieser Abhängigkeit im Vergleich zu dieser Gesetzmäßigkeit nicht entsprechenden Einzelwerten und zur massentheoretisch zu erwartenden Dämmung zeigt das Diagramm → 43 2.

Gewichtskurve (= Massekurve)
Graphische Darstellung des Ausmaßes der bei üblichen Bauteilen zu erwartenden mittleren Luftschalldämmung in Dezibel (dB) in Abhängigkeit von der Masse pro m² der betreffenden Wand → 43 2.

Gewöhnung an Lärm
Durch eine sogenannte Gewöhnung an den Lärm kann eine Gesundheitsschädigung nicht ausgeschlossen werden, wenn es sich um Lautstärken oberhalb von etwa 65 DIN-phon handelt. Bei geringeren Lautstärken ist die Gewöhnung an den Lärm verhältnismäßig ungefährlich.

Grenzfrequenz
der → Spuranpassung: unterste, besonders kritische Frequenz der Spuranpassung, in deren Bereich die Luftschalldämmung verhältnismäßig gering und die Schallabstrahlung relativ groß ist.
Der Zusammenhang zwischen Stoffart, Plattendicke und Grenzfrequenz ist für die am häufigsten vorkommenden Baustoffe im Diagramm → 100 4 dargestellt. Die Plattendicke sollte immer außerhalb des dargestellten kritischen Bereiches liegen. Dies gilt hauptsächlich für die leichteren Stoffe.

Gro
Begriff aus der im Jahre 1956 in der Sowjetunion herausgegebenen Lärmbegrenzungsnorm. Ein gro ist gleich 40 Phon, 2 gro sind 50 Phon, vier gro 60 Phon usw. Dieses Maß entspricht also ungefähr dem sone-Maßstab für die → Lautheit.

Hallradius
Umkreis von der Schallquelle, in dem der direkte Schall innerhalb eines Raumes stärker (lauter) ist als der reflektierte. Der Hallradius ist abhängig von der Nachhallzeit und damit vom Gesamt-Schallschluckvermögen des betreffenden Raumes.

Hauskenngröße
Bewertungsfaktor, der bei einer Wärmebedarfsberechnung nach DIN 4701 die Lage, Gegend und Bauweise eines Hauses berücksichtigt.

Heizfaktor, örtlicher
Vom Klima des betreffenden Ortes abhängige Größe, die bei Multiplikation mit dem betreffenden k-Wert den jährlichen Wärmeverlust je m² Bauteil angibt. Er gilt nur für 24stündigen Heizbetrieb.

Heizgradtage
Die Heizgradtage sind das Produkt aus den jährlichen Heiztagen bei einer Außenlufttemperatur von weniger als +10°C und der tatsächlichen Differenz zwischen der Außenlufttemperatur und der Wohnraumtemperatur, die durchweg mit +20°C angenommen wird.

Heizwert
Wärmeinhalt von Stoffen bei normaler Verbrennung, z.B. in konventionellen Heizanlagen. Zusammenstellung von Heizwerten der wichtigsten Brennstoffe → 229 3.

Hellhörigkeit
Ein im Volksmund entstandener Begriff, der eine unzureichende Luft- und Körperschalldämmung vorwiegend im Wohnungsbau umfaßt. In der Zeit nach dem 2. Weltkrieg bis etwa 1958 sind in dieser Hinsicht viele Fehler begangen worden, so daß man sich dazu entschloß, verbindliche DIN-Vorschriften zu schaffen, die Bauherren und Architekten dazu zwingen, für einen guten Schallschutz zu sorgen, und deren Nichtbeachtung von den Gerichten als Verstoß gegen die anerkannten Regeln der Bautechnik angesehen wird (→ DIN 4109).

Helmholtz-Resonator
Vorwiegend zur Absorption tiefer Frequenzen verwendete Schallschluckanordnung aus einzelnen Hohlräumen, die mit der Raumluft durch Löcher oder Schlitze in Verbindung stehen. Benannt nach H. v. Helmholtz (1862). Der Helmholtzsche Resonator stellt ein akustisches Schwingungssystem dar, das bei seiner Resonanzfrequenz eine starke Absorption gewährleistet. Gegen

tiefere und höhere Frequenzen fällt die Wirkung je nach Ausmaß der Dämpfung, die auch die Größe des Absorptionsmaximums beeinflußt, ab.

Hertz (Hz)
In Deutschland Bezeichnung für die Anzahl der → Schwingungen pro Sekunde, also für die → Frequenz. Benannt nach dem deutschen Forscher Heinrich Hertz (1888).

Hochpaßfilter, akustisches
U. a. Teil eines → Schalldämpfers (z. B. Großschalldämpfer für Flugzeugmotorenprüfstände), in dem im Gegensatz zum → Tiefpaßfilter unterhalb einer bestimmten oberen Grenzfrequenz vorwiegend tiefe Frequenzen absorbiert werden. Diese Begriffe stammen aus der Fernmeldetechnik.

Hörbereich
Bereich des normalen menschlichen Hörens zwischen der → Schmerzschwelle und der Hörschwelle, also zwischen 120 und 0 phon bei 16 bis ca. 20000 Hz. Der Hörbereich der meisten Menschen, insbesondere der älteren, ist kleiner. Er nimmt selten die ganze → Hörfläche ein (→ Alters-, → Lärmschwerhörigkeit).

Hörfläche
Im Diagramm zwischen den Kurven 0 Phon und 120 Phon im Bereich zwischen ca. 16 und 20000 Hz gebildete Fläche. → 35 1 und 2.

Hörsamkeit
Eignung eines Raumes für Schalldarbietungen. Nach den neuesten Forschungsergebnissen wird die Hörsamkeit eines Raumes nicht nur durch die Nachhallzeit, also durch die Schallabsorption der Raumbegrenzungen, bestimmt, sondern auch durch die → Diffusität und durch die → Deutlichkeit und damit durch die Form, die Raumproportionen usw., also durch die Architektur.

Hörschall
Mechanische → Schwingungen, deren Frequenz und deren → Pegel innerhalb der → Hörfläche liegen.

Hörschwelle → phon

Hörverlust
Tritt bei jahrelang mehrere Stunden pro Tag auf das Ohr einwirkendem Lärm mit einer Lautstärke oberhalb von ca. 85 bis 90 Phon ein. Der Hörverlust bedeutet eine Gesundheitsschädigung und kann auf die Dauer zur Schwerhörigkeit und Taubheit führen. Bei kurzzeitiger Einwirkung verschwindet er meist allmählich wieder (→ Lärmschwerhörigkeit).

Hydrophob
= wasserabweisend (regenabweisend), jedoch nicht wasserdicht sollen die Außenseiten von Außenwänden sein, insbesondere an Wetterseiten. Sie dürfen (vollständig trockene Baustoffe vorausgesetzt) wasserdicht und dann zwangsläufig praktisch dampfdicht sein, wenn die Innenseiten ebenfalls eine vollständige → Dampfsperre erhalten.

Hygrometer
Luftfeuchtigkeitsmesser. → 63.

Immissions-Richtwert = äquivalenter → Dauerschallpegel.

Impedanz
Begriff aus der Elektrotechnik = Schwingungswiderstand. Wird zuweilen auch in der Akustik bei Diskussionen um die richtige Ermittlung des statistischen → Absorptionsgrades verwendet (akustische Impedanz). Die Elektrotechnik bietet eine ganze Menge Analogien zur theoretischen Akustik, von der akustischen Meßtechnik, die fast ausschließlich auf Verwendung von elektrischen (elektronischen) Geräten beruht, ganz abgesehen.

Infraschall
→ Erschütterungen oder → Beben. Mechanische → Schwingungen und → Wellen in Luft oder festen Körpern, die nicht mehr im üblichen Sinne vom Menschen gehört werden können, weil sie eine zu niedrige Frequenz besitzen. Bei ausreichender Stärke werden sie als Schwingung gespürt.

Intensität
Allgemein etwa: Stärke eines physikalischen Ereignisses im Sinne eines Energieflusses. Die Schallintensität entspricht dem Quadrat der Wellen-→Amplitude.
Anhaltspunkt für die Intensität einer Wärmestrahlung bietet die sogenannte → Strahlungszahl und Strahlungstemperatur.

Interferenz
Verstärkung oder Auslöschung von Wellen durch Schwingungsüberlagerung. Bei Schallwellen tritt die Auslöschung, das heißt Stille ein, wenn die Phasenverschiebung eine halbe Wellenlänge beträgt. Voraussetzung ist, daß die sich überlagernden Wellen genau die gleiche Richtung, die gleiche Länge und die gleiche Amplitude (d. h. Höhe) haben. Zur Zeit wird von verschiedenen Seiten versucht, nach dem Prinzip der Interferenz sogenannte Schalltöter zu bauen. Es scheint, daß diese Bemühungen bei Geräten mit reinen Störtönen (z. B. Transformatoren) zum Erfolg führen werden. Auch bei → Schalldämpfern für Abgasrohre (Explosionsmotoren) kann man die Interferenz praktisch ausnutzen.

Isolatoren
Zur Wärmeisolierung bestehen Isolatoren aus einem mechanisch belastbaren Stoff mit möglichst kleiner Wärmeeindringzahl, z. B. Holz bei Handgriffen an heißen Gegenständen usw. In der Bauakustik benutzt man Schwingungsisolatoren u. a. zur → Aktivisolierung von → Körperschall- und → Erschütterungserregern und zur → Passivisolierung von schwingungsempfindlichen Meßgeräten, Präzisionsmaschinen usw.

Isolierung
Sammelbegriff für verschiedenartige → Dämm- oder Sperrmaßnahmen.

Joule
Einheit für Energie, Arbeit, Wärmemenge: $1 J = 1 N \cdot m$.
$1 cal = 4{,}1868 J$

Kälte
Im Sprachgebrauch eingeführter Begriff für → Wärme unterhalb des Gefrierpunktes des Wassers.

Kältebrücken → Wärmebrücken

Kalorie (überholt durch → Joule und → Watt)
Wärmemengeneinheit, abgekürzt cal. 1 cal ist diejenige Wärmemenge, die benötigt wird, um 1 Gramm Wasser mit einer Temperatur von 14,5 °C auf 15,5 °C zu erwärmen. 1000 cal sind gleich 1 Kilokalorie (kcal), genauer Kilogrammkalorie. $1 cal = 4{,}1868 J$

BEGRIFFE

Kapillarwirkung

Saugfähigkeit von Baustoffen, die eine gewisse Porosität besitzen. Beruht auf einer Oberflächenspannung z. B. des Wassers, das in engen Hohlräumen wie Spalten, Röhren und Poren bis zu einem gewissen Ausmaß auch entgegen der Schwerkraft wandern kann. Spielt beim Austrocknungsvorgang (siehe auch Bautrocknung) und bei der → Durchfeuchtung von Wänden und Dachdecken eine große Rolle. Wegen der nicht genau zu erfassenden Kapillarwirkung ist die theoretische Beherrschung des Durchfeuchtungsproblems schwierig. Die Wasser- und Wasserdampfwanderung infolge von Kapillarkräften im Zusammenhang mit der Kapillarkondensation kann die Wärmedämmung und Haltbarkeit von Bauteilen erheblich beeinflussen.

Kavitation

Hohlsogbildung z. B. in Wasserleitungsarmaturen, verursacht u. a. die bekannten Wasserleitungsgeräusche.

Kelvin

Internationale Basiseinheit. 1 K = 1°C als Temperaturdifferenz → absolute Temperatur

Kilogramm

Maß für die Masse eines Stoffes (→ Pond).

Klang

Aus harmonischen Teiltönen zusammengesetzter Schall (einfacher Klang).

Klanggemisch

Hörschall aus mehreren einfachen Klängen.

Kleidungseinheit

Maß für die wärmetechnische Qualität der menschlichen Kleidung. 1 clo (genauer clo-unit) entspricht etwa der Kleidung, in der sich der Mensch bei 21 °C Raumtemperatur behaglich fühlt. Die wärmste praktisch verwendbare Kleidung hat etwa 5 clo.

Klima

Gesamtheit aller meteorologischen Einzelvorgänge, die an einem bestimmten Ort das Wetter bestimmen. Unterschieden wird gewöhnlich zwischen → Mikroklima, → Geländeklima und → Makroklima. Klimazonen → 74.

Koinzidenzeffekt

Wörtlich Zusammenfalleffekt. Durch Spuranpassung verursachter Einbruch in der Schalldämmkurve. Bei guten schalldämmenden Raumbegrenzungen kann seine Auswirkung im bauakustisch wichtigen Bereich zwischen 100 und 3200 Hz am besten durch Verwendung möglichst biegeweicher Schalen vermieden werden. Auch sehr steife Schalen wie z. B. mehr als 25 cm dickes Mauerwerk verhalten sich bezüglich der Spuranpassung → verhältnismäßig günstig.

Kondenswasser → Schwitzwasser und → Tauwasser.

Körperschall

In festen Körpern sich ausbreitender → Schall. Das Körperschallproblem spielt in der → Bauakustik eine große Rolle, wo es gerade heute wegen der weit verbreiteten starren Leichtbauweise (Geigenkörperwirkung) oft technisch schwierig ist, ausreichend wirksame Körperschallisolierungen vorzusehen.

Kontaktfederung

verringert die → dynamische Steifigkeit relativ steifer Dämmstoffschichten etwa durch die Profilierung der Oberfläche oder z. B. unter schwimmenden Estrichen durch Unebenheiten der Rohdecke. Durch Verkleben der betreffenden Schichten wird die Kontaktfederung beseitigt.

Kundtsches Rohr

Vorrichtung zur Messung des Schallabsorptionsgrades bei senkrechtem Schalleinfall, im Gegensatz zur Messung im Hallraum (→ Schallschluckgrad).

Kurzschluß, akustischer

Völlige oder teilweise Ausschaltung einer Schallschutz-Maßnahme durch einen nicht berücksichtigten Übertragungsweg. Diese Erscheinung muß hauptsächlich beim Einbau der im Bauwesen häufig verwendeten → Schalldämpfer (z. B. → Absorptionsschalldämpfer) in Luftkanäle u.dgl. berücksichtigt werden. Auch bei Schornsteinen (Einzelofenheizung in Miethäusern) und Abluftkaminen (Gasheizer in Küchen) ist sie zu beachten.

Laminar

= gleichförmig. Innerhalb von Luftkanälen und Rohrleitungen ist z. B. eine laminare Strömung erforderlich, um → Strömungsgeräusche zu vermeiden. Eine laminare Strömung ist wirbelfrei.

Längsleitung

Übertragung von Luft- und Trittschall über Nebenwege, also nicht direkt durch die trennende Wand bzw. Decke, sondern über die angrenzenden Bauteile, zu denen auch Rohrleitungen, etwa der Heizungs- und Sanitärinstallation, gehören können. Die hauptsächlich zu beachtenden Wege erläutern die Zeichnungen → 43 3 und 4.

Lärm

Jede Art von Schallereignis, die als Störung empfunden wird. Die Lärmempfindung ist unabhängig von der Frequenz und tatsächlichen Schallstärke. Jedes hörbare Schallereignis gleich welcher Art kann stören, je nach subjektiver Einstellung des Betreffenden zur Schallquelle. Der Lärm ist damit zu einem großen Teil ein psychologisches Problem. Im rechtlichen Sprachgebrauch unterscheidet man daher zumutbaren und unzumutbaren Lärm. Der Lärm einer bestimmten Schallquelle ist wohl immer dann zumutbar, wenn dadurch der allgemeine → Störpegel am Platz des Gestörten nicht erhöht wird. Eine Erhöhung der ohnehin vorhandenen (meßbaren) Lautstärke tritt mit Sicherheit auch bei sehr verschiedenartigen Schallereignissen nicht mehr ein, wenn die Lautstärke des Lärms um mehr als etwa 10 phon bzw. dB(A) unterhalb der Lautstärke des allgemeinen Störpegels liegt.

Lärmschwerhörigkeit

Minderung des Hörvermögens durch Schalleinwirkung. Tritt bei 4000 Hz stärker auf als bei den Nachbarfrequenzen. Dadurch ist eine Unterscheidung der Lärmschwerhörigkeit von der → Altersschwerhörigkeit möglich.

Lästigkeit

Begriff aus der Lärmbekämpfungstechnik, meßtechnisch nicht erfaßbar, da nicht nur von der Lautstärke, sondern von sehr vielen subjektiven Größen abhängig. Das Geräusch einer Maschine ist z. B. lästiger als das Rauschen von Regen oder eines Wasserfalles, der Hauswirt empfindet das Klavierspiel seiner Mieter lästiger als das eigene, obwohl alle die gleiche Lautstärke haben. Diese Tatsache ist eine der größten Schwierigkeiten bei der praktischen Lärmbekämpfung.

Lautheit
Gemessen in sone. Maß für die Festlegung der wirklichen Hörempfindung im Gegensatz zum bekannten → Phon-Maßstab, der zahlenmäßig der tatsächlichen Hörempfindung nicht entspricht. Sone-Werte kann man wie normale Zahlen addieren, Phon-Werte nicht. Der Wert 1 sone hat die Lautstärke 40 → DIN-phon. Die Verdoppelung der Lautheit auf 2 sone entspricht z. B. einer Erhöhung der Lautstärke auf 49 phon usw. (→ gro).

Lautstärke
In Deutschland genormte Größe für die Schallempfindung des Menschen in → phon, → DIN-phon. Ein ebenfalls subjektives Maß ist die in Amerika genormte → Lautheit. Der Begriff der Lautstärke ist in DIN 1318 festgelegt → 65. Nach Neufassung international ersetzt durch „Lautstärkepegel".

Lautstärke-Abnahme
Im Freien ohne Hindernisse bei kugelförmigem Schallfeld jeweils mit Abstandsverdoppelung von der Schallquelle praktisch 5 bis 6 phon bzw. dB(A) → 65. Im Idealfall gilt hier folgendes Gesetz:

$$L_r = L_{r_0} - 20 \lg \frac{r}{r_0}.$$

L_r = Lautstärke in der Entfernung r;
L_{r_0} = Lautstärke in der Bezugsentfernung r_0.

Luft
Wärmeschutztechnisch ein Wasserdampf und Schwebestoffe enthaltendes Gasgemisch. Völlig stehende Luft ist ein idealer Wärmedämmstoff. Akustisch ist die Luftabsorption von Bedeutung.

Luftabsorption
Schallabsorption der Luft in großen Räumen → 99 2. Bei 40 bis 60% rel. Luftfeuchte und 2000 Hz ungefähr = 0,0056 · Raumvolumen. Bei tieferen Frequenzen zunehmend geringer.

Luftfeuchtigkeit
Gehalt der Luft an Wasserdampf. Die Aufnahmefähigkeit der Luft für Wasserdampf nimmt mit steigender Temperatur zu, daher jeweils Angabe der sogenannten relativen Luftfeuchtigkeit in Prozent der Sättigungsmenge bei der gleichen Temperatur. Den tatsächlichen Feuchtigkeitsgehalt der Luft in g/m³ kennzeichnet die sogenannte → Wasserdampfkonzentration. → 105 2.

Luftschall
In Luft sich mit einer Geschwindigkeit von ≈ 343 m/s (bei +15 °C) ausbreitender → Schall und → Schallgeschwindigkeit.

Luftschalldämmung
Widerstand eines Bauteils gegen Schallschwingungen der Luft. Um die Luftschalldämmung verschiedener Bauteile und Baustoffe vergleichen zu können, müssen diese unter genau definierten Meßbedingungen untersucht werden. Diesem Zweck dient DIN 52210 »Bauakustische Prüfungen, Luftschalldämmung und Trittschallstärke, Bestimmung am Bauwerk und im Laboratorium«.

Nach dieser Norm und nach DIN 4109 unterscheidet man im wesentlichen das → Schalldämm-Maß, das bewertete → Schalldämm-Maß und das → Luftschallschutzmaß LSM.

Luftschallschutzmaß
in DIN 4109 genormter Begriff, abgekürzt LSM. Betrag, um den das → Schalldämm-Maß R oder → Bauschalldämm-Maß R' im Sinne einer Verschiebung der Sollkurve besser oder schlechter ist als die jeweils gültige → Sollkurve. Die Schalldämm-Kurve darf bei der Verschiebung der Sollkurve — über den ganzen Frequenzbereich verteilt — nur um maximal 2 dB (im Mittel!) in das ungünstige Gebiet hineinragen. Ähnlich wie das LSM wird das → Trittschallschutzmaß, abgekürzt TSM, ermittelt.

Luftschichtdicke, gleichwertige
Produkt aus → Diffusionswiderstandsfaktor und Schichtdicke in Metern. Schichten mit L. > 1500 m sind → Dampfsperren.

Makroklima
Großklima oder Landesklima. Zustand der Atmosphäre (Wetter) in 2 m Höhe über dem Erdboden bzw. über der Oberfläche der Erde. → Mikroklima und → Geländeklima.

Masse
Menge bzw. Trägheit eines Stoffes in kg. → pond, → Dichte.

Meßfläche
$S_0 = 1$ m². Kugelförmige Bezugsfläche für die Berechnung des → Schalleistungspegels, bei der die Schallquelle als Punkt angenommen wird. Meßabstand der Oberfläche entsprechend = 0,28 m.

Mikrobar
Maß für den Schalldruck. 1 Mikrobar = 1 Millionstel → Bar. 1 Bar = 1,01972 at.

Mikroklima
Pflanzenklima oder Standortklima. Zustand der bodennahen Luftschicht unterhalb von 2 m bis zum Erdboden und dessen luftnahen Schichten. Das Mikroklima unterscheidet sich vom → Geländeklima und vom → Makroklima, dessen Einzeldaten in einer Höhe von 2 m über dem Erdboden gemessen werden.

Mikrophon
Gerät zur Umwandlung von Schallenergie in ein elektrisches Signal, das z. B. bei Messungen mit dem Schallpegelmesser zur Anzeige in → Mikrobar, → Dezibel, → DIN-phon oder bei Vorschaltung eines dementsprechenden Filters auch in → sone verarbeitet wird. Hochwertige Meßgeräte erfordern Kondensator-Mikrophone.

Millisone
$\frac{1}{1000}$ → sone

Mindestwärmeschutz
Für Räume zum dauernden Aufenthalt von Menschen in DIN 4108 verbindlich festgelegte Mindestwerte für Decken, Wände, Dächer usw. in den → Wärmedämmgebieten I, II und III. Der Mindestwärmeschutz sollte nicht nur knapp eingehalten, sondern möglichst weit überschritten werden. Verbesserungen bis zu mehr als 100% der angegebenen Mindestwerte sind durchaus wirtschaftlich und werden auch als sogenannter → Vollwärmeschutz bezeichnet.

BEGRIFFE

Mitschwinger

Anordnung zur Absorption tiefer und mittlerer Frequenzen. Besteht aus einer dichten Platte oder Folie vor einem Luftpolster bestimmter Dicke. Zur Verbesserung der Wirkung kann der Hohlraum mit Schallschluckstoff (z. B. Glas- oder Steinwolle) gefüllt werden. Der höchste Absorptionswert liegt bei der → Resonanzfrequenz dieses Schwingungssystems. Die günstigsten Absorptionseigenschaften haben dünne Sperrholzplatten oder dichte Faserplatten in einer Anordnung, wie z. B. auf Seite 222 erläutert. Die Resonanzfrequenz läßt sich überschläglich berechnen nach der Beziehung:

$$f_0 = \frac{600}{\sqrt{g \cdot a}}$$

Hierin ist f die Resonanzfrequenz, g das Gewicht der Platte in kg/m² und a die Dicke des Luftraumes in cm bzw. der Plattenabstand → Eigenfrequenz.

Mittelungspegel L_{AFm}, L_{ASm}, L_{AIm} und L_{AFTm}:

Mittelwerte der Meßgrößen nach dem in DIN 45641 erläuterten Verfahren zur Anpassung der Meßgrößen an die psychologischen und physiologischen Auswirkungen auf den Menschen. Die am häufigsten benutzten M. sind der L_{AFm} und der L_{ASm} auch L_{eq} genannt (energieäquivalenter Dauerschallpegel) und der L_{AFTm} (= mittlerer Taktmaximalpegel = Wirkpegel in der TA Lärm u. ä.). Die Fußnoten haben folgende Bedeutung:

A = Frequenzbewertung A
F = schnelle Anzeige (engl. fast)
S = langsame Anzeige (engl. slow)
I = Messung mit der dyn. Gesamteigenschaft „IMPULS" als Funktion der Zeit
T = in Zeitintervallen (Takten) von 3 bis 5 Sekunden auftretende und für den ganzen Takt geltende max. Schalldruckpegel als Funktion der Zeit (Taktmaximalpegelverfahren).

Nachhallzeit

Zeit, die verstreicht, bis die Schallenergie in einem Raum nach Abstellen der Schallquelle auf den millionsten Teil absinkt. Im üblichen logarithmischen Maßstab bedeutet dies den Abfall des → Schallpegels um 60 dB. Nach der → Sabineschen Nachhalltheorie, die der statistischen Betrachtungsweise in der Raumakustik zugrunde liegt, ist die Nachhallzeit T (in Sekunden) im wesentlichen vom Volumen V (in m³) und dem Gesamtabsorptionsvermögen A (in m² 100%ig absorbierender Fläche = äquivalente → Schallschluckfläche) der Raumbegrenzungen abhängig nach der Beziehung

$$T = \frac{0{,}163 \cdot V}{A} \text{ (in Sekunden)}$$

In letzter Zeit wird die Ansicht vertreten, daß diese physikalische Definition in der Praxis nur dann die tatsächlichen Verhältnisse erfaßt, wenn der allgemeine → Störpegel ausreichend weit unter dem Schallpegel des betreffenden Original-Schallereignisses liegt. In allen übrigen Fällen wäre als tatsächlich empfundene Nachhallzeit diejenige Zeitspanne anzunehmen, in der der Schallpegel auf die Stärke des allgemeinen Störpegels absinkt. Zur Unterscheidung gegen die physikalische Definition nennt man sie die subjektive Nachhallzeit.

Nebenwege

Ursache der sogenannten → Längsleitung, durch die die an sich bessere Dämmung von Wänden und Decken bei den heute allgemein üblichen starren Hochbaukonstruktionen (Stahl, Stahlbeton, steife Leichtwände) nicht voll zur Wirkung kommt. Nebenwege sind auch direkte Luftverbindungen, etwa über Lüftungskanäle oder über Rohrleitungen usw.

Newton

Krafteinheit. $1 \text{ N} = 1 \text{ kg} \cdot \text{m/s}^2$. Zur Umrechnung im Bauwesen: $1 \text{ N} = 0{,}1 \text{ kp}$

Normen

Die Deutschen Normen sind die sogenannten DIN-Vorschriften. Im Bauwesen werden hierbei folgende Gruppen unterschieden:

1. *Güte-Normen.* Die Güte-Normen sind für Hersteller und Lieferer von Baustoffen u. dgl. verbindlich.

2. *Pflicht-Normen.* Diese Gruppe existiert seit 1951. Sie enthält die vom Bundesministerium für Wohnungswesen, Städtebau und Raumordnung für verbindlich erklärten Normen. Sie gelten genaugenommen nur für den sozialen Wohnungsbau.

3. *Empfohlene Normen.* Diese Normen sind allgemeine Richtlinien, jedoch keine verbindlichen Vorschriften. Trotzdem gelten sie als anerkannte Regeln der Technik.

4. *Normen für die Bauaufsicht.* Diese ETB-Normen werden vom Ausschuß für Einheitliche Technische Baubestimmungen festgelegt. Sie gelten hauptsächlich für Statik, Feuerschutz, Wärmeschutz, Feuchtigkeitsschutz und Schallschutz. Die Beachtung von ETB-Normen ist öffentlich-rechtliche Pflicht, soweit sie als Richtlinien für die Bauaufsichtsbehörden bekanntgegeben werden. Auch wenn sie nur als Hinweis für die Bauaufsichtsbehörden eingeführt werden, ist ihre Beachtung durch Planer und Unternehmer praktisch ebenfalls zwingend, weil sie der Prüfung zugrunde gelegt werden.

Das Deutsche Normenwerk umfaßt z. Z. mehr als 17 730 Normen und Normentwürfe, darunter 724 Baunormen. Außer den DIN-Vorschriften können noch die Deutschen VDI-Richtlinien als sehr wichtige Hinweise angesehen werden. Aus ihnen wurden viele DIN-Vorschriften entwickelt. Eine für die bauphysikalischen Belange wichtige Zusammenstellung von deutschsprachigen Normen → 32. Ausführliche Kommentare zu diesen Normen sind unter den betreffenden Stichwörtern an anderen Stellen zu finden.

Normhammerwerk

Elektrisch oder handbetriebenes Gerät aus fünf besonderen Stahlhämmern für die Trittschallmessung. Die erforderliche Beschaffenheit ist in DIN 52210 festgelegt.

Norm-Schallpegeldifferenz

Schallpegeldifferenz D zwischen zwei Räumen, die auf die Bezugsschallschluckfläche A_0 (nach DIN 52210 für Wohnräume $A_0 = 10 \text{ m}^2$ hundertprozentig schallabsorbierende Fläche) umgerechnet wurde nach der Formel:

$$D_n = D + 10 \lg \frac{A_0}{A} \text{ (in dB)}$$

Unterschieden werden muß hiervon die → Luftschalldämmung eines Bauteils, die durch das sog. Schalldämm-Maß R gekennzeichnet ist.

Normtritt-Lautstärke

Lautstärke, die ein in DIN 52210 genormtes Hammerwerk erzeugt, das oberhalb des betreffenden Raumes betätigt wird. Die Normtritt-Lautstärke sollte nach dem betreffenden, inzwischen ungültig gewordenen Abschnitt der DIN 4110 einen Wert von

85 DIN-phon nicht überschreiten. Da sie keine zuverlässige Beurteilung der Trittschallisolierung einer Decke gewährleistete, wurde im September 1953 der sog. → Normtrittschallpegel eingeführt. Sein zulässiges Höchstmaß ist durch die bekannte in DIN 4109 festgelegte Sollkurve gekennzeichnet. → 45 1.

Normtrittschallpegel
Genormter Begriff für die Festlegung des → Trittschallschutzes. Er wird nach DIN 52210 aus dem tatsächlich im Raum unter der betreffenden Decke je Oktave gemessenen → Trittschallpegel L_T unter Umrechnung auf ein bestimmtes Bezugsschallschluckvermögen errechnet. Am ausgeführten Bauwerk mit üblichen Nebenwegen gemessene und umgerechnete Werte erhalten die Bezeichnung L'_n. Als Schallquelle dient bei diesen Messungen ein genormtes Hammerwerk nach DIN 52210.

$L_n = L_T - 10 \lg \frac{A_0}{A}$ (in dB).

A_0 = Bezugsschallschluckfläche (in Wohnräumen = 10 m²),
A = vorhandene Schallschluckfläche (Schallschluckvermögen).

NR-Kurven Intern. Schallpegel-Bewertungskurven → 37 3

Obschall
Mechanische Schwingungen im → Ultraschallgebiet.

Ohr
Gehör- und Gleichgewichtsorgan. Das äußere Ohr fängt die Schallwellen auf und leitet sie zum schwingungsfähigen Trommelfell. Jede durch eine Schallwelle erzeugte und in das äußere Ohr gelangte Schwingung wird durch das Trommelfell und die Gehörknöchelchen letztlich auf die Basilarmembran, das Cortische Organ und schließlich als Sinnesreiz bis zum Gehörzentrum im Gehirn übertragen. Das menschliche Ohr hat die Fähigkeit, einzelne Schallereignisse aus einem breiteren Spektrum herauszusieben, eine Tatsache, der bei der → Lärmbekämpfung eine besondere Bedeutung zukommt.

Ohrverschlüsse → Gehörschutzkapseln

Oktavsieb
Meßgerät zum Aussieben einzelner Frequenzbereiche bei der Analyse von Schallereignissen. Die Oktavsiebanalyse zerlegt das betreffende Schallereignis durch Filter in Frequenzbereiche von der Breite einer Oktave. Die so gefundenen Meßwerte werden als Funktion der Frequenz zum Oktavpegeldiagramm zusammengestellt (Oktavsiebanalyse) → Schallanalyse.

Pal-Skala
Darstellung der Schwingempfindungsstärke bekannter Ereignisse in pal. Die Maßangabe in pal ist abhängig von der Amplitude und der Schwingungszahl (Frequenz in Hz). Sie ist ähnlich wie das Phon ein subjektives Maß und nimmt mit der Bewegungsamplitude und Erhöhung der Frequenz zu. Sie reicht weit in das Hörschallgebiet (→ auch DIN 4109 und DIN 4150). Neuere Beurteilung der Schwingungseinwirkung auf den Menschen nach VDI 2058 und DIN 4150 → 41.

Pascal
frz. Philosoph. Im internat. Maßsystem Einheit des Drucks.
1 Pa = 1 N/m² = 10⁻⁵ bar.

Passivisolierung
Körperschall- und Erschütterungsisolierung etwa einer Feinwaage gegen das mit Körperschall und Erschütterungen verseuchte Gebäude.

Pegel
Dieser Begriff stammt ursprünglich wohl von der Höhenmessung eines Wasserspiegels, wobei ein bestimmter Normal-Höhenpunkt festgelegt wurde. In der Nachrichtentechnik bezeichnete man später mit Pegel ein logarithmisches Maß in Neper oder Dezibel, das ebenfalls auf einer bestimmten Bezugsgröße basiert. Von der Nachrichtentechnik gelangte dieser Begriff durch die auf beiden Gebieten angewendeten elektronischen Meßgeräte zur Akustik, wo sich der Begriff → Schallpegel einführte.

Pegelminderung
Durch Schallabsorption näherungsweise berechenbar aus der erzielten Nachhallkürzung nach:
$\Delta L = 10 \cdot \lg \frac{T_1}{T_2}$ (in dB)
T_1 = Nachhallzeit vorher,
T_2 = Nachhallzeit nach schallabsorbierender Ausstattung.

Pegeldiagramm
Gewöhnlich Darstellung einer → Oktavsieb- oder Terzsieb-Analyse.

Phasenverschiebung
Zeit, die vergeht, bis eine „Temperaturwelle" von der Außenseite zur Innenseite eines Bauteils gelangt ist.

Phon
Maß für die Lautstärke. Bei 1000 Hz entspricht die Phon-Skala dem Dezibel-Maßstab. Bei höheren und tieferen Frequenzen treten erhebliche Abweichungen auf, entsprechend der → Hör- bzw. → Schmerzschwelle des Ohres. 0 phon sind bei 1000 Hz = 0 dB. Bei 50 Hz entsprechen 0 phon etwa 58 dB. Durch die Hörschwelle und die Schmerzschwelle oder Fühlschwelle wird die → Hörfläche begrenzt. Es ist möglich, die Lautstärke in phon aus der gemessenen → Lautheit in sone zu errechnen oder durch einen Hörvergleich mit einem gleich lauten 1000-Hz-Ton zu ermitteln. Diese Werte dürfen nicht miteinander verwechselt werden. → 65. Nach Neufassung DIN 1318 statt L. international: Lautstärkepegel.

Pond
Das Gewicht (= Schwerkraft) der Masseneinheit 1 g am Ort der normalen Fallbeschleunigung. In der Technik setzt sich bei Kraft- und Gewichtsangaben immer mehr statt der Bezeichnung Gramm oder Kilogramm die Bezeichnung pond bzw. kilopond (abgek. kp) durch. Das Gramm bzw. Kilogramm wird damit zur reinen Masseneinheit. International statt "pond" jetzt
"Newton": $1N = \frac{1}{9,80665}$ kp

Raumakustik
Umfaßt alle Probleme der Schallausbreitung in teilweise oder ganz geschlossenen Räumen, vom Freilichttheater bis zum kleinen Besprechungsraum und Rundfunkstudio. Man unterscheidet die geometrische, die → statistische und die wellentheoretische Behandlung bzw. Betrachtungsweise je nach Größe und Form des betreffenden Raumes. Die maßgebenden Größen einer guten Raumakustik sind die → Nachhallzeit, die → Diffusität und die → Deutlichkeit. → 47.

Raumeffekt
Besonders wichtig bei Mikrophonübertragungen. Bestimmt durch das Verhältnis von direktem Schall zum reflektierten. Räume ohne Raumeffekt sind → schalltot, d.h. reflexionsfrei.

BEGRIFFE

»Raum im Raum«-Gestaltung
Bei sehr hohen Anforderungen an die Luft-, Tritt- und Körperschallisolierung werden gewissermaßen zwei Räume mit voneinander unabhängigen schalldämmenden Raumbegrenzungen (Boden, Wand, Decke) derart ineinandergestellt, daß eine beinahe ideale, jeweils vollständig in sich geschlossene Doppelkonstruktion entsteht. Die Wände und der Boden der inneren Schale ruhen auf Stahlfedern oder dicken Dämmstoffschichten ausreichender dynamischer Steifigkeit und Belastbarkeit. Die »Raum im Raum«-Gestaltung wird vorwiegend beim Bau von Rundfunkstudios, bei Meßräumen und meistens auch bei → schalltoten Räumen angewendet.

Raumkenngröße
Sie gibt bei der Wärmebedarfsberechnung nach DIN 4701 den Einfluß aller Widerstände an, die auf das Abströmen der warmen Luft aus dem betreffenden Raum einwirken.

Raumschalldämpfung
Auskleidung von Räumen mit schallschluckenden Stoffen zum Zwecke der Schallpegelsenkung. Im wesentlichen bedeutet die Raumschalldämpfung eine Kürzung der Nachhallzeit und ist daher auch nur in halligen Räumen sinnvoll. Die praktisch erzielbare Pegelsenkung liegt gewöhnlich in der Größenordnung von etwa 5 bis 10 phon. Unter Umständen kann sie größer sein, da sich dem durch die Nachhallkürzung erzielten Effekt bei größeren Entfernungen zur Schallquelle eine zusätzliche Dämpfung der Schallausbreitung überlagert. Das Ausmaß einer erzielten Raumschalldämpfung läßt sich in Form der Schallpegelsenkung ΔL mit Hilfe der Nachhallzeit vor und nach der Auskleidung näherungsweise berechnen (→ Pegelminderung).

Rauschen
In der Akustik → weißes Rauschen, dessen spektrale Intensitätsdichte (z. B. Schalldruckpegel in Frequenzbereichen von 1 Hz Bandbreite) im interessierenden Frequenzbereich konstant ist. Beim „rosa" Rauschen ist in *jeder* relativ konstanten Frequenzbandbandbreite (z. B. Oktave, Terz) die gleiche Intensität vorhanden → DIN 1320.

Rayl
Nach Lord Rayleigh Einheit für den akustischen Strömungswiderstand. 1 Rayl = 1 g/cm² s.

Reflektor, akustischer
Bauteil, der imstande ist, den Schall sämtlicher oder nur bestimmter, jeweils gewünschter Frequenzbereiche zu reflektieren. Wichtig in der Raumakustik, z. B. bei großen Konzertsälen, Hörsälen u. dgl. Je glatter, dichter und schwerer die betreffende Fläche, um so besser der Reflexionsgrad. Die Abmessungen müssen größer als die betreffende Wellenlänge sein.

Reindichte
→ Dichte eines Stoffes ohne Hohlräume (Scherbendichte).

Reflexionsfreie Räume
Auch → schalltote Räume genannt. Sie besitzen praktisch völlig schallabsorbierende Raumbegrenzungen, d. h., es sind nicht nur die Wände und die Decke, sondern auch der Fußboden mit (möglichst dicken) besonderen Schallschluckanordnungen versehen. Gewöhnlich werden zu diesem Zweck sogenannte Keilabsorber verwendet, deren Länge meistens 50 bis 100 cm beträgt. Der Grad der Reflexionsfreiheit ist hauptsächlich durch die sogenannte untere → Grenzfrequenz gekennzeichnet, oberhalb die Schallabsorption noch mehr als 99 % beträgt → 226 4.

Reflexionsgrad
Auch Rückwurfgrad genannt. Laut DIN 1320 Verhältnis der reflektierten zur auftreffenden → Schallstärke.

Reizschwelle
→ Hörschwelle des menschlichen Ohres. Die Reizschwelle ist durch diejenigen Schallpegelwerte bei den einzelnen Schallfrequenzen gekennzeichnet, die durch das normale Ohr gerade nicht mehr wahrgenommen werden. Im Diagramm ist die Verbindungslinie zwischen diesen Werten die 0-phon-Kurve. Die Reizschwelle liegt also durchweg bei 0 phon (→ Hörfläche).

Relative Luftfeuchtigkeit → Luftfeuchtigkeit

Resonanz
Zustand eines Schwingungssystems, bei dem der Schwingungsausschlag außergewöhnlich groß ist. Resonanz entsteht nur im Bereich bestimmter Frequenzen, die man bei jedem Schwingungssystem kennen muß, wenn man beurteilen will, ob die betreffende Konstruktion schalltechnisch gut ist. Doppel- und Mehrfachwände haben z. B. im Bereich ihrer Resonanzfrequenz eine sehr schlechte Luftschalldämmung. Das gleiche gilt auch für Körperschallisolierungen. Bei schallschluckenden Anordnungen, wie z. B. Resonatoren oder schwingungsfähigen Platten, ist die Absorption bei Resonanz des Systems am größten. Im Zustand der Resonanz fällt die Anregungsfrequenz mit der → Eigenfrequenz zusammen. Bei → Körperschallisolierungen kann es zu gefährlichen → Aufschaukelungen kommen.

Resonator
Eine Anordnung, bei der die → Resonanz dazu benutzt wird, vorhandene Schwingungsausschläge zu vergrößern und damit mechanische Arbeit zu leisten (Vibrator) oder einfach nur Energie zu verbrauchen (→ Absorption).

Richtungsdiffusität
Kann nach Thiele mit einem Richtmikrophon gemessen werden. Dieses Verfahren gestattet, für einen bestimmten Platz eines Zuhörerraumes festzustellen, wie stark die Reflexionen aus den einzelnen Richtungen sind. Bei einer guten Richtungsdiffusität sind die Reflexionen aus allen Richtungen gleichmäßig (→ Diffusität).

Rohdichte
→ Dichte eines Stoffes einschließlich Poren, Zwischenräume u. dgl. in kg/m³.

Rückkoppelung
Rückführung von Energie vom Ausgang in den Eingang, z. B. bei elektroakustischen Anlagen vom Lautsprecher wieder in das Mikrophon. Sehr störender Effekt, der in Vortragsräumen u. dgl. unbedingt vermieden werden muß, indem man dem Mikrophon eine ganz bestimmte Lage zum Lautsprecher gibt.

Sabine, W. C.
Amerikanischer Wissenschaftler, der etwa um die Jahrhundertwende Professor für Physik an der Harvard University Cam-

bridge/Mass. war. Nach ihm wird der nach DIN 52212 ermittelte Schallabsorptionsgrad α_S benannt.

Sättigungsdampfdruck

Maximal möglicher Teildruck des Dampfes in einem Dampf-Luftgemisch.

Schall

Mechanische → Schwingungen und Wellen eines elastischen Mediums, insbesondere im Frequenzbereich des menschlichen Hörens (16 Hz bis 20000 Hz). Für den vorliegenden Zusammenhang am wichtigsten sind der → Luftschall und der → Körperschall je nach Art des übertragenden Mediums. Man sollte solche Schwingungen unterscheiden in → Infraschall (z. B. Erdbeben, Bodenschwingungen), → Hörschall (z. B. Musik, Sprache, Lärm) sowie → Ultraschall (Hundepfeife, Fledermäuse). Den Infraschall kann der Mensch nicht hören, aber spüren, den Ultraschall weder spüren noch hören. Bei sehr großer Intensität kommt es bei Ultraschall zu Schäden wie bei Verbrennungen. Der Hörschall ist insbesondere in den unteren Frequenzbereichen auch spürbar (Fingerspitzentest). Schallwellen beruhen auf periodischen Dichteänderungen der Materie (Schallgeschwindigkeit in verschiedenen Stoffen → 99 3).

Schallabsorption

(Schallschluckung) Verlust an Schallenergie beim Auftreffen an Begrenzungsflächen, Gegenständen, Personen und bei der Ausbreitung in Luft. Dieser Verlust geschieht gewöhnlich durch Dissipation, aber auch durch offene Fenster, Fugen usw. Siehe auch → Schallschluckgrad und Schalldämpfung.

Schallanalyse

Untersuchung eines Schallereignisses auf die Abhängigkeit der Schallstärke von der Frequenz bzw. vom Frequenzintervall. Letzteres umfaßt gewöhnlich eine Halb- oder Drittoktave (Terz). Eine noch feinere Auflösung ist mit Hilfe der Suchtonanalyse möglich, die dicht benachbarte Frequenzanteile trennt und einzeln bewertet; s. a. → Oktavsieb- und → Terzsiebanalyse.

Schalldämm-Maß R

In DIN 4109 genormter Begriff für die Prüfung der Luftschalldämmung von Wänden, Decken u.ä. auf Prüfständen ohne Nebenwege (siehe auch Längsleitung). Im Gegensatz zum Bauschalldämm-Maß R' für die Prüfung der Luftschalldämmung von Wänden und Decken im Bau und auf Prüfständen mit bauüblichen Nebenwegen.

Tritt- oder → Luftschallschutzmaß. Das Schalldämm-Maß hängt mit der → Schallpegeldifferenz D, der äquivalenten → Schallschluckfläche A und der Prüflingsfläche F oder S wie folgt zusammen:

$$R = D + 10 \cdot \lg \frac{F}{A}.$$

F = Fläche der zu prüfenden Wand,
A = Gesamtabsorptionsvermögen des Empfangsraumes.

Der arithmetische Mittelwert der gemessenen Kurve ist das mittlere Schalldämm-Maß (→ Schallschutz-Maß).

Schalldämm-Maß, bewertetes

dem → Luftschallschutzmaß entsprechend bewertetes $R = R_w$. Es soll das weniger genaue → Schalldämm-Maß R und später wohl auch das → Luftschallschutzmaß LSM ersetzen. $R_W = LSM + 52$ dB.

Schalldämmung

Allgemein Maßnahme, die eine fortschreitende Schallwelle hindert, in voller Stärke in einen zu schützenden Bereich zu gelangen. Bei der Dämmung von Luftschall geschieht das fast ausschließlich durch Reflexion des Schalles an der Oberfläche einer Wand oder einer Decke. Insoweit bleibt die Schallenergie im Senderaum. Je nach der Art des Störschalles unterscheidet man zwischen → Luftschalldämmung und → Körperschalldämmung. Siehe auch → Schalldämm-Maß und → Trittschallschutz.

Schalldämmkurve

Graphische Darstellung einer Schallpegeldifferenz in Abhängigkeit von der Frequenz → Schalldämm-Maß → Sollkurve. Um die Schalldämmkurven miteinander vergleichen zu können, ist die einheitliche Umrechnung von Meßergebnissen auf festgelegte Bezugswerte notwendig. Angaben enthalten DIN 52210 und DIN 4109.

Schalldämpfer

Konstruktion zur Verminderung der Schallausbreitung in Rohren, Kanälen, Zu- und Abluftöffnungen usw. Man unterscheidet nach den vorwiegend verwendeten Prinzipien gewöhnlich Absorptions-, Reflexions- und Interferenzschalldämpfer. Diese Prinzipien können auch miteinander kombiniert werden. Im Hochbau am häufigsten sind Absorptionsschalldämpfer. Zuweilen werden fälschlicherweise auch Isolatoren zur Beseitigung von Körperschall- oder Erschütterungsübertragungen als Schalldämpfer bezeichnet.

Schalldämpfung

(Dissipation) Umwandlung von Schallenergie in Wärme, z. B. durch schallschluckende Auskleidungen. Die Schalldämpfung kann z. B. im Innern von Doppelwänden zur → Schalldämmung beitragen.

Schalldruck

Das Schallfeld bestimmender Wechseldruck in Gas und Flüssigkeiten, der sich dem statischen Druck (z. B. atmosphärischer Luftdruck) überlagert.

Schalldruckmesser → Schallpegelmesser

Schallenergie

Mechanische Energie in Form von Schall.

Schallgeschwindigkeit

Ausbreitungsgeschwindigkeit der Schallwellen. Sie ist in einzelnen Medien verschieden groß und von der Temperatur abhängig. Bei 15 °C beträgt sie z. B. in der Luft 343 m/s, in Beton ca. 4000 m/s und in Stahl ca. 5000 m/s. Eine Zusammenstellung der Schallgeschwindigkeiten in den bautechnisch wichtigsten Stoffen enthält das Diagramm 99 3.

BEGRIFFE

Schallintensität → Intensität

Schallisolationsmaß
Nach DIN 1320 der zehnfache Zehnerlogarithmus des reziproken Wertes des Schall-Transmissionsgrades in dB.

Schalleistung
Nach DIN 1320 Quotient aus Schallenergie und der zugehörigen Zeit.

Schalleistungspegel $L_P = 10 \lg \frac{P}{P_0}$ ($P_0 = 10^{-12}$ W)

kennzeichnet nach DIN 45635 die Energie des von einer Maschine an die umgebende Luft insgesamt abgestrahlten Geräusches. Nicht direkt meßbar. Wird aus dem → Schallpegel L und der → Meßfläche errechnet. Bei kugelförmiger Meßfläche = 1 m² ist L_P = L (in dB, bei Kugelwellenausbreitung). Im »Halbkugelraum« ist L unter gleichen Bedingungen um 3 dB größer und im Hallraum von der äquivalenten → Schallschluckfläche A abhängig, nach: L = L_P + 6 — 10 lg A (in dB). → Geräuschleistungspegel. Nach DIN 18005 E 4/76: A-Schall-Leistungspegel = Schalldruckpegel in 0,4 m Abstand, wenn die gesamte Schall-Leistung von einem Punkt ausginge.

Schallpegel = Schalldruckpegel
Zehnfacher Logarithmus des Verhältnisses der Quadrate des jeweiligen → Schalldruckes, zu dem bei 1000 Hz eben noch hörbaren Bezugsschalldruck, der mit 2×10^{-4} → Mikrobar bzw. 20μ N/m² international festgelegt wurde. Das Maß des Schallpegels ist das → Dezibel (abgekürzt dB).

Schallpegeldifferenz
Die tatsächlich am Bauwerk gemessene Dämmung zwischen zwei *Räumen*. Um solche Werte miteinander vergleichen zu können, ist es notwendig, das Ergebnis auf ein sogenanntes Bezugsschallschluckvermögen umzurechnen → Normschallpegel-Differenz. Diese Schallpegeldifferenz D_n ist vom → Schalldämm-Maß R und vom bewerteten → Schalldämm-Maß R_w bzw. $R_w{'}$ zu unterscheiden.

$D = L_1 - L_2$ (dB)

$D_n = D + 10 \lg \frac{A_0}{A}$ (dB)

Schallpegelmesser
Elektronisches Meßgerät; dem Prinzip nach ein Schalldruckmesser, der die akustische Energie mit Hilfe eines Mikrophons aufnimmt, in elektrische Spannung umwandelt und diese zur Anzeige im Absolutwert → Mikrobar, im logarithmischen Relativmaß → Dezibel oder in der Ohrempfindlichkeit entsprechend bewerteten Dezibel, d.h. in → phon bzw. → DIN-phon verarbeitet.

Schallschluckfläche, äquivalente
Nach DIN 1320 eine Fläche mit dem Schallabsorptionsgrad 1,0, die bei allseitig gleichmäßiger Schallverteilung genausoviel Schall absorbieren würde wie die gesamte Oberfläche eines Raumes und die in ihm befindlichen Gegenstände bzw. Stoffe.

Schallschluckgrad
(Schallabsorptionsgrad). Verhältnis der nicht reflektierten zur auftreffenden Energie. Zu seiner Feststellung gibt es verschiedene Verfahren. Das in der Bauakustik häufigste ist das Hallraumverfahren nach DIN 52212. Die so ermittelten Werte werden mit α_{Sab} oder α_S gekennzeichnet. Bei vollständiger Reflexion ist α_S = 0 und bei vollständiger Absorption mindestens 1,0.

Schallschlucksystem
Anordnung zur Schallabsorption, d.h. zur weitgehenden Beseitigung von Schallreflexionen an Wänden und Decken. Das Prinzip eines üblichen Schallschlucksystems und seinen Wirkungsgrad im Vergleich zu einigen anderen Absorbern zeigen die Zeichnungen → 222 3. Im wesentlichen besteht ein Schallschlucksystem aus einer perforierten Platte und einem dahinterliegenden Schallabsorptionsmaterial. Statt einer Lochplatte können auch Schlitzplatten u.dgl. verwendet werden.

Schallschluckstoffe
In engerem Sinn Faserfilz- oder Schaumstoffschichten mit günstiger Anpassung ihres Wellenwiderstandes an denjenigen der Luft.

Schallschluckung
Verlust an Schallenergie durch Schalldämpfung oder infolge eines Schalldurchgangs, etwa wie beim offenen Fenster. Richtwerte für das Schallschluckvermögen üblicher Baustoffe, Einrichtungsgegenstände und besonderer Schallschluckanordnungen enthalten die Abschnitte Bau- und Dämmstoffe → 89 und Oberflächen → 208; → auch Pegelminderung, → Schallschluckgrad und → Schallschluckfläche.

Schallschnelle
Geschwindigkeit eines um seine Ruhelage hin- und herschwingenden Stoffteilchens.

Schallschutz
Gesamtheit aller Maßnahmen, die die Schallübertragung durch → Schalldämmung (→ Luftschall-, → Trittschall- oder → Körperschalldämmung) oder durch → Schallabsorption hindern.

Schallschutzmaß
ist derjenige dB-Wert, um den das → Schalldämm-Maß durch Parallelverschiebung der Sollkurve unter Berücksichtigung der noch zulässigen mittleren Abweichung von 2 dB (nur im ungünstigen Bereich!) besser (+) oder schlechter (—) ist als die betreffende Sollkurve nach DIN 4109. Unterschieden wird zwischen dem → Luftschallschutzmaß LSM und dem Trittschallschutzmaß TSM, die gestatten, den jeweiligen Schallschutz durch eine einzige Zahl exakt festzulegen.

Schallstärke
(Schallintensität). Quotient von Schalleistung durch Querschnitt senkrecht zur Schwingungsrichtung.

Schalltoter Raum
→ Reflexionsfreier Raum mit darüber hinaus schalldämmenden Raumbegrenzungen. Solche Räume dienen zur Untersuchung von Schallquellen und zur Durchführung anderer akustischer Messungen, die ein genau definiertes Schallfeld benötigen und bei praktisch völliger Stille durchgeführt werden müssen.

Schallwellen
Mechanische (im Gegensatz zu elektromagnetischen, wie z.B. Licht und Wärme) Schwingungen in festen, flüssigen oder gasförmigen Stoffen. Die bauakustisch wichtigsten Wellenarten sind in der Reihenfolge ihrer Häufigkeit:

1. Längs- oder Verdichtungswellen (z.B. gewöhnlicher → Luftschall und → Körperschall).

BEGRIFFE

2. Biegewellen (z. B. → Körperschall und Erschütterungen in plattenförmigen Bauteilen).
3. Querwellen oder Schubwellen und Torsionswellen (z. B. → Körperschall in festen Stoffen).
4. Dehnwellen (in festen Stoffen und in Flüssigkeiten).

Schlitzdämpfung
Verringerung des Schalldurchgangs in Türfälzen u. dgl. mit Hilfe von Schallschluckpackungen. Der Wirkungsgrad solcher Schlitzdämpfungen ist um so besser, je dicker das Türblatt, d. h. je breiter die Schallschluckpackung ausgeführt werden kann. → 183 1

Schluckgrad → Schallschluckgrad

Schmerzschwelle
Schallstärke, bei der das menschliche Normalohr bereits eine Schmerzempfindung registriert. Bei 1000 Hz liegt die Schmerzschwelle bei 120 dB und damit auch bei 120 phon. Die Frequenzabhängigkeit dieser Schmerzempfindung ist verhältnismäßig gering.

Schwerhörigkeit
Frequenzabhängiges Nachlassen der Ohrempfindlichkeit. Es läßt sich unterscheiden in → Altersschwerhörigkeit und → Lärmschwerhörigkeit.

Schwimmender Estrich
In einer »Dämmstoffwanne« liegende möglichst schwere Platte aus üblichem Estrich-Material zur Verbesserung der Tritt- und Luftschalldämmung von Decken, die mit abnehmender → dynamischer Steifigkeit zunimmt. Seine → Eigenfrequenz soll möglichst weit unterhalb 100 Hz liegen.

Schwimmender Putz
→ Vorsatzschale nach dem Prinzip des → schwimmenden Estrichs.

Schwingfestigkeit
von Baustoffen wird durch Versuche ermittelt und ist maßgebend für die bei statischen Berechnungen zulässigen Spannungen. Die zulässige Schwingungsbeanspruchung eines Bauteils ist wegen der Ermüdungsgefahr geringer als die zulässige statische Beanspruchung. Ganz grob gesehen beträgt sie bei dauernder Schwingungsbelastung nur etwa 1/3 der statisch zulässigen Werte.

Schwingungen, mechanische
Regelmäßige, sich wiederholende, an- und abschwellende Bewegung von Teilchen einer Materie um ihre Ruhelage (→ Infraschall, → Hörschall und → Ultraschall).

Schwingungen, elektromagnetische
(Niederfrequenz, Hochfrequenz, Lichtstrahlung). Periodische Änderungen eines elektromagnetischen Feldes. → Wärmestrahlung.

Schwingungsempfindung
Die Schwingungsempfindungs-Stärke ist abhängig von der Größe der Bewegungsamplitude und der Frequenz. Maßgebend ist die → Pal-Skala oder die neuere VDI 2057 (→ Wahrnehmungsstärke von Schwingungen).

Schwitzwasser
Kondenswasser
(→ auch Taupunktwasser) auf Oberflächen infolge Abkühlung warmer Luft, z. B. an kälteren Wänden, Decken und Fußböden. Die Tauwasserbildung ist durch die Überschreitung des sogenannten → Taupunktes gekennzeichnet. Diese Erscheinung läßt sich vermeiden, wenn die Temperatur der betreffenden Oberflächen einen bestimmten Wert nicht unterschreitet. Das ist bei Einhaltung bestimmter → Wärmedurchgangszahlen der Fall. Die höchstzulässige Durchgangszahl läßt sich nach Cammerer mit Hilfe folgender Gleichung berechnen:

$$k_{zul} = \alpha_i \cdot \frac{t_i - t_s}{t_i - t_a}.$$

k_{zul} = höchstzulässige Wärmedurchgangszahl in kcal/m² h grd,
t_i = Innentemperatur,
t_a = Außentemperatur,
t_s = Taupunkttemperatur.

Shore-Härte
Einheit z. B. für die Elastizität (Härte) von elastischen Stoffen, z. B. Gummi → 99 4.

SI-Einheiten
Internationale Basiseinheiten, Grundlagen für die neuen gesetzlichen Einheiten. → Watt, → Joule, → Kelvin

Solarkonstante
Energiemenge an der äußeren Grenze der Lufthülle, die bei mittlerer Erdentfernung von der Sonne senkrecht auf die Flächeneinheit pro Zeiteinheit einstrahlt. Sie beträgt 1,355 kW/m² an der äußeren Grenze der Lufthülle. Die tatsächlich auf der Erdoberfläche ankommende Sonnenenergie ist geringer. Sie schwankt zwischen 0,98 in Meereshöhe und 1,18 kW/m² in knapp 4400 m Höhe bei völlig reiner Luft. 25% der → Sonnenstrahlung liegen unterhalb des Strahlungsmaximums (geringere Wellenlänge) und 75% darüber. → 74. International vereinbarte mittlere Strahlungsleistung 1,12 kW/m².

Sollkurve
In DIN 4109 festgelegte Mindestwerte für das → Schalldämm-Maß R und R' bzw. Höchstwerte für den → Normtrittschallpegel in Abhängigkeit von der Frequenz.

Sonnenstrahlung
Von der Sonne ausgesandte elektromagnetische Energie. Erstreckt sich über den dem Menschen sichtbaren Bereich hinaus auch auf kürzere (ultraviolette Strahlen, Röntgenstrahlen) und längere (ultra- bzw. infrarote) bis in den Bereich der Zentimeterwellen, die das sogenannte »Radiorauschen« erzeugen. Der ganze Wellenlängenbereich der Sonnenstrahlung dehnt sich damit auf die Größenordnung zwischen 0,000003 mm und ca. 20 m. Die Sonne strahlt mit einer Temperatur von etwa 6200°K. Das Maximum dieser Strahlung liegt bei einer Wellenlänge von 500 nm, also im blaugrünen Bereich des sichtbaren Lichts (Empfindlichkeit des menschlichen Auges 360 bis 760 nm). → Solarkonstante.

Spuranpassung
Der Spuranpassungseffekt, auch → Koinzidenzeffekt genannt, ist das Zusammentreffen der Spurlänge einer schräg einfallenden Schallwelle mit der freien Biegewellenlänge einer Wand oder ähnlichen Platte. Im Bereich der Spuranpassung ist die Schalldämmung von Platten, Wänden u. dgl. schlecht. Man muß daher in der Praxis danach streben, Konstruktionen und Baustoffe so zu

BEGRIFFE

wählen, daß die besonders kritische untere Frequenz (Grenzfrequenz der Spuranpassung f_g) der Spuranpassung außerhalb des bauakustisch wichtigen Bereichs liegt (→ Stoffwerte, 89) bzw. sich die Bereiche der Spuranpassung einzelner zusammenwirkender Schalen (Doppel- oder Mehrfachschalen) gegenseitig überlagern. Das ist durch die Veränderung der Biegesteifigkeit, etwa durch Einsägen von Rillen und evtl. gleichzeitig durch die Erhöhung des Gewichts, etwa durch Aufkleben von einzelnen Masseteilchen (patentiertes Verfahren) möglich. Auch die → Dämpfung der Biegeschwingungen durch Entdröhnung oder Füllung von Hohlräumen mit Sand u.dgl. ist zweckmäßig. Ohne weiteres ausreichend biegeweich sind z. B. dünne Bleiplatten, einseitig verputzte Holzwolle-Leichtbauplatten u.ä.

$$f_g = \frac{20\,000}{d} \cdot \sqrt{\frac{\rho}{E_{dyn}}}.$$

d = Dicke der Platte (cm),
ρ = Raumgewicht (kg/m³) = Flächenmasse,
E_{dyn} = Elastizitätsmodul (kg/m²),
f_g soll < 200 Hz oder > 4000 Hz sein.

Statistische Raumakustik

Eine der drei Betrachtungsweisen in der → Raumakustik, und zwar die älteste, begründet von dem amerikanischen Professor W. C. Sabine. Diese statistische Betrachtungsweise ist nur unter ganz bestimmten Voraussetzungen gültig. Das Schallfeld des betreffenden Raumes muß gleichmäßig sein.

Stehende Welle

In der Akustik wichtige Erscheinung. Entsteht durch → Interferenz bei Reflexion ebener ungedämpfter Wellen durch zueinander parallele ebene Wände, wobei sich örtlich konstante Energie-Maxima und -Minima ausbilden.

Steifigkeit

Maßgebendes Merkmal für die Luft-Schalldämmung von Bauteilen, die entweder sehr biegesteif oder extrem biegeweich sein sollten. Bei ungünstig biegesteifen Bauteilen tritt die nachteilige Wirkung der → Spuranpassung stark in Erscheinung (→ auch dynamische Steifigkeit).

Stochastisch

Auf der Verwendung von Verfahren der mathematischen Statistik oder der Wahrscheinlichkeitsrechnung beruhend.

Stoffwärme

Kennzeichnet die sogenannte spezifische Wärme, das ist die Wärmemenge, die notwendig ist, um ein Kilogramm eines Stoffes um 1 K zu erwärmen. → 104 1.

Störpegel

An einem bestimmten Ort vorhandener geringster gemessener Schallpegel (Grundgeräuschpegel), der durch entfernte Geräusche wie Verkehr u.dgl. verursacht wird und bei dessen Empfinden Ruhe zu herrschen scheint. Der Störpegel kann in bewerteten (DIN-phon) oder unbewerteten dB gemessen werden.

Störpegel, allgemeiner

Praktisch ständig vorhandener → Schallpegel. Angegeben als gemessener Mittelwert oder sinnvoller als Kurve im → Pegeldiagramm. Mittelwert-Angaben gewöhnlich auch in phon (→ DIN-phon). Der allgemeine Störpegel ist wichtig bei der Messung von Schallereignissen und auch bei der Beurteilung des Ausmaßes von Lärmbelästigungen.

Strahlung, physikalische

Räumliche Ausbreitung von Energie (Licht, Wärme, Funk, Schall). Im vorliegenden Zusammenhang interessiert hauptsächlich die als → Wärmestrahlung anzusprechende Ausbreitung elektromagnetischer Energie. Auch bei den gewöhnlich mit → Schall bezeichneten mechanischen Schwingungen kann man von einer Strahlung sprechen. (Durchstrahlen einzelner Frequenzbereiche bei Schalldämpfern, Schallschatten bei großen Hindernissen im freien Raum usw.) → Sonnenstrahlung.

Strahlungszahl

Sie gibt die pro Flächen- und Zeiteinheit abgestrahlte Wärmemenge an. Der Wärmeaustausch durch Strahlung ändert sich mit der Differenz der 4. Potenz der → absoluten Temperaturen.

Strahlungstemperatur

Aus der Strahlung eines Körpers innerhalb eines engeren Spektralbereiches gemessene effektive Temperatur.

Strömungsgeräusch

Durch strömende Medien (Wasser, Luft) erzeugte Geräusche, etwa in Klimakanälen. Strömungsgeräusche können z. B. in Luftleitungen bereits bei üblichen Geschwindigkeiten von 5 bis 10 m/s Lautstärken von mehr als 40 bis 50 DIN-phon erreichen.

Strömungswiderstand

von Schallschluckstoffen bestimmt vorwiegend das Ausmaß der → Schallabsorption (Schalldämpfung). Durch einen akustisch günstigen Strömungswiderstand werden die in der Schallwelle schwingenden Luftteilchen gebremst, ohne daß es zu einer Reflexion der betreffenden Welle kommt.

Subjektive Nachhallzeit → Nachhallzeit

Suchton-Analyse

Eine besonders genaue → Schallanalyse.

Taupunkt

Temperatur der Luft, bei der die relative Luftfeuchtigkeit durch Abkühlen den Wert von 100% erreicht, so daß beim Überschreiten dieser Grenze Niederschlag (→ Tauwasser, → Schwitzwasser) entsteht.

Taupunktwasser

Feuchtigkeit, die sich bei Erreichen des → Taupunktes der Luft infolge Abkühlung z. B. an benachbarten kälteren Flächen niederschlägt. Im Bauwesen tritt Tauwasser nicht nur an der Oberfläche von Raumbegrenzungen auf (→ Schwitzwasser), sondern auch innerhalb der Konstruktion, wo es ebenfalls zu Bauschäden (Eisbildung, Pilzbefall, → Blasen, Überdruck) und zu einer erheblichen Minderung der Wärmedämmung der Bauteile führen kann, insbesondere dann, wenn die betreffende Wand aus verschiedenen unzweckmäßig hintereinander angeordneten Schichten besteht, die eine ausreichende Verdunstung der Feuchtigkeit verhindern.

BEGRIFFE

Temperatur

Wärmezustand eines Stoffes, gewöhnlich gemessen in Grad → Celsius. Von der Temperatur nach der Celsius-Skala ist insbesondere die → Kelvin-Skala (→ absolute Temperatur) zu unterscheiden.

Temperaturamplitudenverhältnis

Beschreibt, welcher Teil der Amplitude einer Temperaturwelle an der Außenseite auf der Bauteil-Innenseite noch wirksam wird.

Temperatur-Leitfähigkeit

Wärmeleitzahl bezogen auf die Rohdichte (ρ) und die spezifische Wärme (c) des betreffenden Stoffes

$$a = \frac{\lambda}{\rho \cdot c} \ (m^2/h) \rightarrow 102\ 7.$$

Terzsieb

Gerät zum Aussieben von Dritteloktaven bei der Analyse von Schallergebnissen mit dem Schallpegelmesser. Der sich pro Terz ergebende Schallpegel wird als Funktion der Frequenz zum Terzpegel-Diagramm zusammengestellt.

Tiefpaßfilter, akustisches

Anordnung, die Schallwellen oberhalb einer bestimmten Grenzfrequenz absorbiert und unterhalb der Grenzfrequenz durchläßt (→ Schalldämpfer).

Ton

Luftschallschwingungen mit sinusförmigem Verlauf, also mit einer einzigen Frequenz wie z. B. der 1000-Hz-Ton (reiner Ton).

Tongemisch

Aus Tönen beliebiger Frequenzen zusammengesetztes Schallereignis.

Topoklima → Geländeklima

Torr

Überholte Maßeinheit für den atmosphärischen Druck, gleichbedeutend mit mm Hg (Millimeter Quecksilbersäule) International 1 Torr = 1,333 m bar = 133 → Pascal.

Trauma, akustisches

Die Gesamtheit der schädigenden akustischen Einwirkungen.

Trittschallminderung

Bezeichnet mit ΔL. Laut DIN 4109 Unterschied des Normtrittschallpegels einer Decke vor und nach Durchführung der betreffenden Trittschallisolierung. Die Trittschallminderung ist weitgehend von der Art der Rohdecke unabhängig. Sie ist geeignet, die Wirkung einer Isoliermaßnahme, z. B. eines neuen Fußbodenbelags oder eines schwimmenden Estrichs, allgemeingültig zu kennzeichnen und bietet daher eine gute Vergleichsmöglichkeit. Nicht verwechselt werden darf die Trittschallminderung mit dem → Trittschallschutzmaß oder mit dem → Verbesserungsmaß des Trittschallschutzes. Wie die Trittschallminderung graphisch dargestellt wird, zeigt das Diagramm auf Seite 45 2.

Trittschallpegel

Im ausgeführten Bauwerk wie der → Normtrittschallpegel gemessene, jedoch nicht auf ein bestimmtes Bezugsmaß reduzierte Größe in Dezibel. Er wird gewöhnlich für den bauakustisch wichtigen Bereich zwischen 100 und 3200 Hz jeweils als Spektralanteil je Oktave bzw. Halboktave gemessen und angegeben. Er hängt auch von der Schallabsorption im Empfangsraum ab.

Trittschallschutz

Trittschall ist der durch Gehen auf Fußböden und Decken erzeugte Schall. Seine Auswirkung auf angrenzende Räume wird unter bestimmten Voraussetzungen durch den → Normtrittschallpegel erfaßt. Um einen ausreichenden Trittschallschutz zu gewährleisten, darf der Normtrittschallpegel L_n bestimmte Werte nicht überschreiten, die in einer → Sollkurve zusammengefaßt wurden. Zu unterscheiden ist zwischen dem am ausgeführten Bauwerk und dem am Prüfstand ohne bauübliche → Nebenwege gemessenen Normtrittschallpegel L'_n bzw. L_n. Die Meßbedingungen und Anforderungen (Sollkurve) sind in DIN 52210 und in DIN 4109 festgelegt. In den älteren Schallschutzvorschriften (DIN 4110, deren diesbezügliche Abschnitte inzwischen zurückgezogen wurden) findet man noch den Begriff → Normtritt-Lautstärke.

Trittschallschutzmaß

Abgekürzt TSM. Im Prinzip wie das → Luftschallschutzmaß LSM ermittelte Größe, die angibt, um welchen Betrag der in den einzelnen Meßfrequenz-Bereichen ermittelte → Normtrittschallpegel L'_n oder L_n besser oder schlechter ist als die → Sollkurve des Normtrittschallpegels.

Turbulent

Wirbelig. Eine turbulente Luftströmung erzeugt → Strömungsgeräusche im Gegensatz zu einer → laminaren Strömung.

Überkritische Abstimmung

Bei → Körperschallisolierungen. Die Erregerfrequenz liegt oberhalb des → Resonanzbereichs, das heißt also um mehr als den Faktor 1,42 über der Eigenschwingungszahl. Die überkritische Abstimmung gewährleistet den besten Wirkungsgrad, wenn das Verhältnis Erregerfrequenz : Eigenschwingungszahl möglichst groß ist (mehr als 3, → 46 2). → unterkritische Abstimmung.

Ultraschall

Mechanische Schwingungen in Luft oder festen Körpern, die nicht mehr durch das menschliche Ohr wahrgenommen werden können, weil sie eine zu geringe Wellenlänge, also eine zu hohe Frequenz besitzen. Der Ultraschall findet eine technische Anwendung bei der zerstörungsfreien Materialprüfung. In der Raumakustik ist er für Modellversuche verwendbar.

Unterkritische Abstimmung

Bei Körperschallisolierungen. Die Erregerfrequenz liegt unterhalb des → Resonanzbereichs. In diesem Fall sind die erzielbaren Wirkungsgrade verhältnismäßig gering, wenn überhaupt eine Isolierung erreicht wird (→ auch überkritische Abstimmung).

VDI-Richtlinien

Arbeitsergebnisse der Fachgruppen des Vereins Deutscher Ingenieure. Auf einzelnen Fachgebieten wurden sie zu VDI-Handbüchern zusammengefaßt. Viele VDI-Richtlinien wurden in DIN-Vorschriften umgewandelt. Die im vorliegenden Zusammenhang wichtigsten → 33.

BEGRIFFE

Verbesserungsmaß

des Trittschallschutzes; abgekürzt VM. Es läßt sich errechnen aus der Differenz der Trittschallschutzmaße einer in ihrem Normtrittschallpegel festgelegten Vollbeton-Plattendecke als Bezugsdecke ohne und mit der betreffenden Trittschallisolierung. Zur Errechnung des VM muß die Trittschallminderung bekannt sein, auch wenn sie nur auf einer anderen Rohdecke ermittelt wurde. Das VM gestattet einen genauen und objektiven Vergleich von Deckenauflagen durch die Angabe einer einzigen Zahl.

Vergleichshammerwerk

Handbetriebenes Gerät wie das Normhammerwerk. Wird an einem Riemen vor der Brust getragen und gestattet die Feststellung, ob ein über dem betreffenden Raum in Betrieb befindliches Normhammerwerk ein mit Sicherheit noch zulässiges oder ein unzulässiges Geräusch erzeugt. Das Vergleichshammerwerk selbst erzeugt ein Geräusch, das dem zulässigen Ausmaß des Normtrittschallpegels (→ Sollkurve) bezüglich Schallstärke und Frequenzzusammensetzung entspricht. Man kann mit dieser Meßanordnung ohne Hilfe kostspieliger elektronischer Meßgeräte feststellen, ob der Trittschallschutz einer vorhandenen Konstruktion bestimmten Anforderungen, auf die das Gerät eingestellt ist, genügt oder nicht.

Verlustfaktor

bei Körperschalldämpfung, Größe für den Anteil der in Wärme umgewandelten Schwingungsenergie.

Versottung

Übermäßiger Niederschlag insbesondere von Teerausscheidungen an der Schornsteininnenseite infolge ungenügender Temperatur, d. h. Wärmedämmung der Wandung. Aus diesem Grunde sollten Schornsteine möglichst nicht in Außenwänden liegen, sondern immer im höchsten (warmen) Teil des Gebäudes.

Vertäubung

Vorübergehende Herabsetzung der Hörfähigkeit, die nach einigen Stunden oder Tagen wieder zurückgehen kann. Eine Vertäubung tritt bereits bei einem Aufenthalt von wenigen Stunden in einem sehr lauten Raum (Schrotmaschinen, Zwirnerei, Websaal u. dgl.) ein.

Vollwärmeschutz

Mindestens doppelte Wärmedämmung nach den Richtsätzen der DIN 4108, die lediglich Mindestwerte angibt. Der Vollwärmeschutz ist unter den heutigen Verhältnissen durchaus zweckmäßig und wirtschaftlich. Er entspricht etwa den neuen Energiespar-Richtlinien (ESR) der Länder → 55 1.

Vorsatzschale

Dem Prinzip nach eine Doppelwand aus einer möglichst biegeweichen Schale vor einer schwereren Wand mit schallgedämpftem Hohlraum. Gute und wirtschaftliche Maßnahme zur Verbesserung der Schalldämmung vorhandener Wände. Die Vorsatzschale muß ein bestimmtes Mindestgewicht und einen Mindestabstand von der zu verbessernden Wand besitzen. Die → Eigenfrequenz f_0 einer Wand o.ä. mit schalldämmender Vorsatzschale soll möglichst weit unterhalb von 100 Hz liegen.

Wärme

Wärme ist nach dem heutigen Stand der Forschung Bewegungsenergie der Moleküle, die in Gasen ungeordnet durcheinanderfliegen, während sie in festen Körpern um feste Mittellagen unregelmäßig schwingen. Wärme ist eine Energieform, die aus mechanischer Energie erzeugt oder in solche umgewandelt werden kann. Wegen des Grundsatzes von der Erhaltung der Energie kann Wärme weder entstehen noch verschwinden, ohne daß ein gleich großer Betrag anderer Energie gleichzeitig verschwindet bzw. entsteht. Wärme kann niemals von selbst von einem Körper niedrigerer Temperatur auf einen Körper höherer Temperatur übergehen.

Das Wesen der Wärme beruht auf der Tatsache, daß die Moleküle eines wärmeren Körpers eine höhere Energie haben als die eines kälteren. Wenn man einen Körper erwärmen will, so bedeutet das die Erhöhung der ungeordneten Bewegungsenergie seiner Moleküle.

Die Moleküle können drei Arten von Bewegungsenergie besitzen, nämlich die auf ihrer Fortbewegungsgeschwindigkeit beruhende kinetische Energie, die auf ihrer evtl. Rotation beruhende Rotationsenergie und die auf der Schwingung ihrer Bestandteile (Atome schwingen gegeneinander) beruhenden Schwingungsenergie. Alle drei dieser Energien-Arten nehmen mit steigender Temperatur zu. Der Begriff Wärme schließt den laienhaften Begriff → Kälte aus. Kälte ist danach lediglich ein Wärmezustand unterhalb des Gefrierpunktes des Wassers. Jede Art von Wärmewirkung hört praktisch erst in der Nähe des absoluten Nullpunktes auf. Das bedeutet allerdings nicht, daß die einzelnen Bausteine der Materie in diesem Zustand zur Ruhe kommen. Viele Stoffe ändern hierbei ihren Aggregatzustand. Luft wird z. B. flüssig, Quecksilber fest usw. Bei anderen Stoffen geschieht das schon bei höheren Temperaturen.

Wärme, spezifische

Auch Stoffwärme genannt. Sie ist diejenige Wärmemenge, die 1 kg des betreffenden Stoffes benötigt, um sich um 1 K zu erwärmen. Tabelle → 104.

Wärmeableitung

Entzug von Wärme aus dem menschlichen Körper an Kontaktflächen. Die wichtigste solcher Kontaktflächen ist im Bauwesen der Fußboden. Damit ist die Fußwärmeableitung von besonderer Bedeutung. Die Wärmeableitung eines Fußbodens wird durch sein Verhalten beim Berühren mit dem unbekleideten Fuß bestimmt. Sie ist vorwiegend von der Art des Fußbodenwerkstoffs abhängig und kann an besonderen Proben im Laboratorium und auch am fertigen Bau gemessen werden. Maßgebend für die Bestimmung der Wärmeableitung von Fußböden ist DIN 52614, nach der die auf die Fläche bezogene Wärmemenge, die unter bestimmten Prüfbedingungen während der Versuchsdauer von einer und von zehn Minuten von einem Prüfheizkörper auf den Fußboden übergeht, gemessen wird. Sie wird in kcal/m² angegeben. Das Meßverfahren wird auf Seite 65 beschrieben. Meßergebnisse → Fußböden, 187 ff.

Wärmeausstrahlung der Erde

Als warmer Körper mit einer mittleren Oberflächentemperatur von rd. 14 °C sendet die Erde Wärmestrahlen mit einer Wellenlänge von etwa 7 bis 20 μm aus, die zum Teil von der Atmosphäre absorbiert werden, zum Teil in den Weltraum gelangen. Das Maximum liegt bei 10 μm.

Wärmebedarf

Die Wärmemenge, die benötigt wird, um ein Gebäude auch unter ungünstigen klimatischen Bedingungen ständig ausreichend zu erwärmen. Der Wärmebedarf bestimmt die Größe der Heizanlage. Er hängt sehr von der Bauart und Konstruktion des Gebäudes ab. Das für die Ermittlung des Wärmebedarfs gültige Berechnungsverfahren ist in DIN 4701 (gültige Ausgabe Januar 1959) festgelegt. Der Wärmebedarf eines Gebäudes ist nicht identisch mit dem →Wärmeverbrauch. Er soll immer eine gewisse Reserve enthalten, um den wechselnden klimatischen Bedingungen gerecht werden zu können.

Wärmebrücke

Einzelne örtlich begrenzte Stellen in Wänden und Decken, die eine geringere Wärmedämmung aufweisen. Bei Außenwänden, Wohnungstrennwänden und Treppenhauswänden sind Wärmebrücken nach DIN 4108 unzulässig. Diese Forderung bedeutet, daß in den genannten Wänden befindliche Stahlbetonteile wie Fensterstürze, Stützen u. dgl. eine ausreichende zusätzliche Wärmeisolierung erhalten müssen. Bei den übrigen Raumbegrenzungen sind Wärmebrücken bis zu einem gewissen Grad zulässig. Sie dürfen jedoch ein bestimmtes Ausmaß nicht überschreiten. Angaben hierfür enthält DIN 4108. → 55 1.

Wärmedämmgebiet

Geographisches Gebiet, für das ein bestimmter Wärmeschutz erforderlich ist. DIN 4108 unterscheidet für Deutschland die Wärmedämmgebiete I (mildes Klima), II (mittleres Klima) und III (rauhes Klima). Diese generelle Festlegung kann durch örtliche Vorschriften der zuständigen Baubehörden ergänzt bzw. geändert werden, insbesondere in solchen Gegenden, die große Höhenunterschiede, d. h. Klimaunterschiede, aufweisen. Nach den neuen Richtlinien gelten für I die gleichen Anforderungen wie für II. → 55 1.

Wärmedämmzahl →Wärmedurchlaßwiderstand

Wärmedehnung, Längenausdehnung

Längenänderung eines festen Bauteils in Abhängigkeit von der Temperatur. Die praktisch gefährlichsten Wärmedehnungen treten bei Bauteilen aus Beton, Stahlbeton und Stahl auf. Sie betragen rd. 0,7—1,4 mm/m bei 100 K Temperaturdifferenz. Solche Temperaturdifferenzen sind zwischen Sommer und Winter auch bei mitteleuropäischen Klimaverhältnissen durchaus zu erwarten, insbesondere bei dunklen Flachdächern sowie an West-, Ost- und Südwänden. Zur Verhinderung übermäßiger Wärmedehnung ist es im Bauwesen notwendig, bestimmte Bauteile, insbesondere aus den genannten und ähnlichen Stoffen, gegen zu starke Aufheizung durch die Sonne zu isolieren. Am wichtigsten ist diese Maßnahme bei massiven Flachdächern und Metallfassaden. Nicht zu verhindernden Wärmedehnungen muß durch eine ausreichende Zahl und genügende Dimensionierung von Dehnfugen begegnet werden. → 104 2.

Wärmedurchgangszahl = Wärmedurchgangskoeffizient

Sogenannter k-Wert, gemessen in W/m² K. Kennzeichnet die Wärmemenge, die in einer Stunde durch jeden Quadratmeter eines Bauteiles bekannter Dicke im Dauerzustand der Beheizung hindurchgeht, wenn der Temperaturunterschied zwischen der Luft auf beiden Seiten dieser Wand 1 K beträgt. Die Wärmedurchgangszahl berücksichtigt also im Gegensatz zur Wärmedurchlaßzahl Λ die beiden Wärmeübergangswiderstände an der Außenseite ($1/\alpha_a$) und an der Innenseite ($1/\alpha_i$) nach der Beziehung

$$k = \frac{1}{\frac{1}{\alpha_i} + \frac{1}{\Lambda} + \frac{1}{\alpha_a}} \rightarrow \text{Watt}.$$

Wärmedurchlaßwiderstand

Kehrwert von Λ, also $1/\Lambda$, gemessen in m² K/W. Der Wärmedurchlaßwiderstand wird auch als →Wärmedämmzahl bezeichnet und ist zusammen mit der →Wärmeleitzahl die am häufigsten benutzte Größe beim baulichen→Wärmeschutz. Vom→Wärmedurchgangswiderstand unterscheidet er sich durch den Verzicht auf eine Berücksichtigung der →Wärmeübergangswiderstände, die bei den meisten Bauvorhaben als unveränderliche Größen angenommen werden können und daher das Endergebnis bei der Feststellung der jeweils erforderlichen und vorhandenen Wärmedämmung nicht beeinflussen → Watt.

Wärmedurchlaßzahl

Wärmeleitzahl λ, umgerechnet auf eine bestimmte Wanddicke d nach der Beziehung $\Lambda = \lambda/d$, gemessen in W/m² K.

Wärmeeindringzahl

Maßgebende Größe für die Beurteilung von Baustoffen, Bauteilen usw. bei kurzzeitigen Wärmeströmungsvorgängen, etwa beim Berühren, beim Anheizen von Räumen usw. nach der Beziehung

$$b = \sqrt{c \cdot \lambda \cdot \rho} \ (W/m^2 K \sqrt{h}).$$

Die Größe der Wärmeeindringzahl richtet sich damit nach der spezifischen Wärme, der Wärmeleitzahl und der Rohdichte. → 191 3.

Wärmeeinstrahlung

Die von der Sonne auf die Erde auftreffende Strahlung. Sie liegt unterhalb der → Solarkonstante (von der Sonne ausgehende Strahlung). Unter einigen vereinfachenden Annahmen ist zu erwarten, daß nur etwa 43% dieser Energie die Erde erreicht und dort absorbiert wird.

Wärmekapazität

Die Wärmemenge, die nötig ist, um einen bestimmten Körper bei bestimmter Temperatur um 1 Grad Celsius zu erwärmen. Sie ist damit das Produkt aus Masse und spezifischer Wärme.

Wärmelehre

Sie umfaßt alle Vorgänge, die mit den Begriffen Wärme und Temperatur zusammenhängen. Man unterscheidet theoretisch zwei Betrachtungsweisen, nämlich die thermodynamische und die molekulartheoretische.

Wärmeleitzahl

Sehr wichtige Größe (λ) für den Vergleich von Bau- und Dämmstoffen untereinander und für die Berechnung von Wärmedämmwerten (→Wärmedurchlaßzahl, →Wärmedurchlaßwiderstand). Kennzeichnet diejenige Wärmemenge, die in einer Stunde durch 1 m² einer 1 m dicken Schicht beim Dauerzustand der Beheizung und Wärmefluß (ausschließlich) senkrecht zu den beiden Oberflächen geleitet wird, wenn der Temperaturunterschied zwischen den beiden Oberflächen 1 K beträgt. Einheit: W/mK. Die Wärmeleitzahl-Rechenwerte → 101 gelten für Temperaturen um + 10°C unter dem Einfluß des normalen Feuchtigkeitsgehaltes. Ermittlung der W. → 65 Joule.

BEGRIFFE

Wärmemenge
Eine Kilokalorie Wärme ist erforderlich, um ein Kilogramm Wasser um 1 K zu erwärmen, und zwar genau von 14,5 auf 15,5 °C. → Joule, → Watt.

Wärmemitführung
Wärmeübertragung durch Konvektion, d. h. durch Bewegung von Teilchen gasförmiger Stoffe wie z. B. der Luft infolge thermischen Auftriebs oder infolge einer zwangsweisen Luftumwälzung.

Wärmeschutz, baulicher
Maßnahmen zur Erhaltung bestimmter klimatischer Verhältnisse innerhalb von Gebäuden im Sinne der Vermeidung unhygienischer Verhältnisse und unnötiger Wärmeverluste.

Wärmespeicherung
Vorgang der Aufnahme von Wärmeenergie, ohne sie zu verbrauchen. Sie steigt mit dem Temperaturunterschied zur umgebenden Luft an und ist von der Stoffwärme sowie dem Gewicht (Masse) des Bauteils abhängig. Je schwerer ein Körper ist, um so größer ist bei gleichem Volumen sein Vermögen, Wärme zu speichern.

Wärmestrahlung
Jede elektromagnetische → Strahlung im Sinne einer direkten Wärmeübertragung, z. B. zwischen entfernten Körpern verschiedener Temperatur (Temperaturstrahlung) ohne Erwärmung der umgebenden Luft. Die Eignung von Oberflächen zum Zweck der Wärmestrahlung läßt sich durch die → Strahlungszahl angeben. Diese Zahlen bieten z. B. für die Ausbildung von Oberflächen nützliche Anhaltspunkte. → 104 3.

Wärmeübergangswiderstand
Gemessen in m² K/W. Er ist der umgekehrte Wert der → Wärmeübergangszahl, also $1/\alpha$ (→ Wärmedurchgangszahl). → Watt.

Wärmeübergangszahl
Gemessen in W/m² K, also in der gleichen Dimension wie die → Wärmedurchlaßzahl Λ. Bezeichnet mit α. Sie kennzeichnet die Wärmemenge, die in einer Stunde zwischen einem Quadratmeter einer bestimmten Oberfläche und der berührenden Luft im Dauerzustand der Beheizung ausgetauscht wird unter der Voraussetzung, daß der Temperaturunterschied ein Grad (Celsius oder Kelvin) beträgt. Die Wärmeübergangszahl ist abhängig von dem Ausmaß der vorhandenen Luftbewegung, also von der → Wärmemitführung. Unterschieden wird zwischen der inneren (α_i) und der äußeren (α_a) Wärmeübergangszahl, je nach Lage der betreffenden Fläche. → Watt.

Wärmeübertragung
Alle Erscheinungen des Wärmetransportes. Ganz allgemein lassen sich drei grundsätzlich verschiedene Vorgänge kennzeichnen, nämlich die Wärmeübertragung durch Leitung, durch Konvektion und durch Strahlung. Die → Wärmestrahlung erfolgt ohne Mitwirkung eines materiellen Wärmeträgers, also auch im luftleeren Raum, während die übrigen Vorgänge an eine direkte Verbindung der betreffenden Körper oder an das Vorhandensein eines flüssigen oder gasförmigen Trägers gebunden sind.

Wärmeverbrauch
In einem Bauwerk tatsächlich verbrauchte Wärmemenge im Gegensatz zum sogenannten → Wärmebedarf, der der Bemessung einer Heizanlage zugrunde gelegt wird und immer eine gewisse Reserve enthält.

Wahrnehmungsstärke, bauwerksbezogen
von Schwingungen. Nach DIN 4150 aus den Schwingungseigenschaften bestimmbares Verbindungsglied KB zwischen Schwingungsbeschleunigung, Frequenz, Richtung und Wahrnehmung. Die Norm definiert bestimmte „Anhaltswerte" für die Umweltsituation „Aufenthalt von Menschen in Gebäuden". Im allgemeinen liegt keine erhebliche Belästigung vor, wenn der KB-Wert die genannten Anhaltswerte nicht überschreitet. → 411

Wasserdampf
Gasförmiges (unsichtbares) Wasser. Praktisch immer in wechselnden Mengen in der Luft vorhanden. Er hat, wie alle anderen Gase, das Bestreben, sich gleichmäßig zu verteilen derart, daß sein Druck überall gleich groß ist. Wasserdampf ist in der Lage, fast alle Baustoffe mit Ausnahme der → Dampfsperren mehr oder weniger stark zu durchdringen, je nachdem wie groß der → Wasserdampf-Teildruck und der Wasserdampf- → Diffusionswiderstand in dem Bauteil ist. Die Wasserdampfwanderung in den meisten porösen Baustoffen ist ein verwickeltes Problem, da sich dem Vorgang der → Diffusion die Durchfeuchtung infolge → Kapillarwirkung überlagert.

Wasserdampfkonzentration
Tatsächlicher Wasserdampfgehalt der Luft, gemessen in Gramm pro Kubikmeter (g/m³). In beheizten Aufenthaltsräumen, in vielen klimatisierten Industrieräumen u. a. ist die Wasserdampfkonzentration der Raumluft größer als in der vorwiegend kälteren Außenluft, so daß zwischen der Innen- und Außenseite der raumbegrenzenden Bauteile eine Wasserdampfdruckdifferenz auftritt.

Wasserdampf-Teildruck
Kurz Dampfdruck genannt. Er entspricht dem Druck, den z. B. die in einem geschlossenen Raum vorhandene Menge Wasserdampf auf die Raumbegrenzungen ausüben würde, wenn sie allein (ohne Luft) dort vorhanden wäre. Von der Größe dieses Druckes auf beiden Seiten und innerhalb der betreffenden Raumbegrenzungen hängt es ab, ob und in welchem Maße eine Feuchtigkeitswanderung durch → Diffusion z. B. in Wänden und Decken vorhanden ist. Die Größe des Dampfdruckes wird gemessen in Millimetern Quecksilbersäule (abgekürzt Hg) und ist für die Verhältnisse im Hochbau abhängig vom absoluten Feuchtigkeitsgehalt, also von der → Wasserdampfkonzentration und von der Temperatur der Luft nach der Gleichung

$$P = f \cdot \frac{t + 273}{290}.$$

P = Wasserdampf-Teildruck in mm Hg,
f = absoluter Feuchtigkeitsgehalt der betreffenden Luft in g/m³,
t = Temperatur in Grad Celsius (°C).

Wassersäule (WS) überholte Druckangabe
Eine Wassersäule von 10 m = 10000 mm Höhe erzeugt an der Grundfläche einen Druck von 1 kg/cm² = 1 at (technische Atmosphäre). In der Klimatechnik wurden z. B. Förderdrücke und → Druckverluste in mm WS angegeben. International: 1 mm WS = 10 Pa.

Watt
Einheit für Leistung, Energie, Wärmestrom. 1 W = 1 J/s. Internationale Basiseinheit. 1 kcal/h = 1,16 W. → SI-Einheiten.

BEGRIFFE

Weichmacherwanderung: Herausdiffundieren »weichmachender« Substanzen aus Kunststoffen führt zum Verhärten, Verspröden und Schrumpfen z. B. von Sperrschichten aus Kunststoff etwa PVC usw. Die W. ist abhängig von der Temperatur und dem Kontakt mit aufnahmefähigen Stoffen.

Weißes Geräusch = Rauschen, dessen Schalldruckpegel in Frequenzbereichen von 1 Hz Bandbreite im interessierenden Frequenzbereich konstant ist. → 66.

Wellen
Gleichförmig sich wiederholende Zustandsänderung physikalischer Größen wie z. B. bei Wasserwellen. Man unterscheidet mechanische Wellen und elektromagnetische Wellen (→ auch stehende Welle).

Wellenlänge
kleinster Abstand zwischen zwei in Richtung Schallausbreitung hintereinanderliegenden Punkten gleicher Phase in einer Sinuswelle.

Windfang
Doppeltür mit begehbarem Zwischenraum zur Vermeidung von Wärmeverlusten. Die Innentür muß geschlossen bleiben können, wenn die Außentür betätigt wird, und umgekehrt. Wenn der Raum zwischen den Türen eine vollständige schallschluckende Auskleidung erhält, besitzen solche Wildfänge auch eine sehr gute Schalldämmung. Unter Umständen (sehr großer Zwischenraum, starke → Dämpfung, keine → Nebenwege) kann sich die Dämmwirkung beider Türen addieren, was gewöhnlich bei Doppelkonstruktionen nicht vorkommt, → 130 1.

Symbole zur zeichnerischen Darstellung

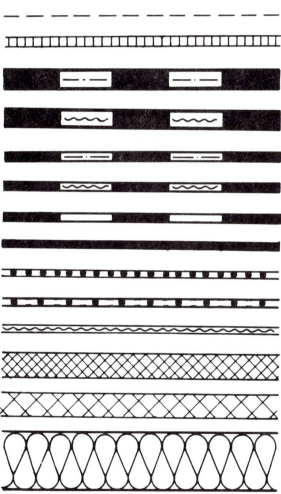

Haftgrund, Voranstrich

Klebemassen, Deckaufstriche

Bitumen-Schweißbahn mit Gewebeeinlage

Bitumen-Schweißbahn mit Metallbandeinlage

Bitumen-Dichtungsbahn mit Gewebeeinlage

Bitumen-Dichtungsbahn mit Metallbandeinlage

Bitumen-Dachbahn mit Einlage aus Glasvlies oder Rohfilzpappe

Dampfsperre

Kunststoff-Folie

Bitumen-Dichtungsbahn mit Einlage aus Kunststoff-Folie

Metallband ohne Deckschicht

Spachtelmasse, Fugenverguß, dauerelastischer Fugenkitt

Füllmaterial, spezieller Stoff (auch einfach schraffiert)

Wärmedämmung bzw. Schallabsorptionsstoff

Wichtige Vorschriften und Richtlinien

Deutsche Normen

(Ein E hinter der Zahl bedeutet, daß es sich noch um einen Entwurf handelt.)

DIN 1053	Nov. 74	Mauerwerk, Berechnung und Ausführung.
DIN 1101	April 70	Holzwolle-Leichtbauplatten; Maße, Anforderungen, Prüfung.
DIN 1102	April 70	Holzwolle-Leichtbauplatten nach DIN 1101, Richtlinien für die Verarbeitung.
DIN 1301	Nov. 71	Einheiten Namen, Einheiten Zeichen.
DIN 1304	Nov. 71	Allgemeine Formelzeichen.
DIN 1305	Juni 68	Masse, Gewicht, Gewichtskraft, Fallbeschleunigung; Begriffe.
DIN 1305 E	Nov. 74	Masse, Kraft, Gewicht, Last; Begriffe.
DIN 1306	Dez. 71	Dichte; Begriffe.
DIN 1311		
Bl. 1	Febr. 74	Schwingungslehre, kinematische Begriffe.
Bl. 2	Dez. 74	Schwingungslehre, einfache Schwinger.
Bl. 3	Dez. 74	Schwingungslehre, Schwingungssysteme mit endlich vielen Freiheitsgraden.
Bl. 4	Febr. 74	Schwingungslehre, schwingende Kontinua, Wellen.
DIN 1313		
Bl. 1 E	Nov. 74	Physikalische Größen; Begriffe.
Bl. 2 E	Nov. 74	Physikalische Größen-Systeme, Einheiten-Systeme.
DIN 1318	Sept. 70	Lautstärkepegel; Begriff, Meßverfahren.
DIN 1332	Okt. 69	Akustik, Formelzeichen.
DIN 1341	Nov. 71	Wärmeübertragung; Grundbegriffe, Einheiten, Kenngrößen.
DIN 1345	Sept. 75	Thermodynamik; Formelzeichen, Einheiten.
DIN 1946		
Bl. 1	April 60	Lüftungstechnische Anlagen (VDI-Lüftungsregeln); Grundregeln.
Teil 2 E	Juni 79	Lüftungstechnische Anlagen; Luftbehandlung für Aufenthaltsräume.
Bl. 4	April 78	Lüftungstechnische Anlagen; Lüftung in Krankenhäusern
Bl. 5	Aug. 67	Lüftung von Schulen.
DIN 4025	Okt. 58	Fundamente für Amboßhämmer (Schabotte-Hämmer); Hinweise für Bemessung und Ausführung.
DIN 4031	Nov. 59	Wasserdruckhaltende bituminöse Abdichtungen für Bauwerke; Richtlinien für die Bemessung und Ausführung.
DIN 4095	Dez. 73	Dränung des Untergrundes...
DIN 4102		
Teil 1...5	Sept. 77	Brandverhalten von Baustoffen und Bauteilen; Begriffe, Anforderungen und Prüfung von Bauteilen....
bis		...Ergänz. Best...Baustoffe...
	März 78	Abschlüsse...Verglasungen...
DIN 4103		
Bl. 1 E	Dez. 74	Leichte Trennwände, Anforderungen, Arten.
DIN 4108	Aug. 69/ Sept. 74	Wärmeschutz im Hochbau, ergänzende Bestimmungen.
	Nov. 75	Beiblatt Beispiele und Erläuterungen für einen erhöhten Wärmeschutz. Hinweise auf wirtschaftlich optimalen Wärmeschutz.
DIN 4109		Schallschutz im Hochbau.
Bl. 1	Sept. 62	Begriffe.
Bl. 2	Sept. 62	Anforderungen.
Bl. 3	Sept. 62	Ausführungs-Beispiele.
Bl. 4	Sept. 62	Schwimmende Estriche auf Massivdecken; Richtlinien für die Ausführung.
Bl. 5	April 63	Erläuterungen.
ergänz. Best.	Sept. 75	Richtlinien...gegen Außenlärm
Neuentwurf der ganzen Norm		
	Febr. 79	
DIN 4117	Nov. 60	Abdichtung von Bauwerken gegen Bodenfeuchtigkeit; Richtlinien für die Ausführung.
DIN 4122	März 78	Abdichtung von Bauwerken gegen nicht drückendes Oberflächenwasser und Sickerwasser mit bituminösen Stoffen, Metallbändern und Kunststoff-Folien; Richtlinien.
DIN 4149	Juli 57	Bauten in deutschen Erdbeben-Gebieten; Richtlinien für die Bemessung und Ausführung.
DIN 4150	Sept. 75	Blatt 1 und 2: Erschütterungen im Bauwesen.
DIN 16935	Mai 71	Polyisobutylen-Folien für Bauten-Abdichtungen; Anforderungen, Prüfung.
DIN 18005 Vornorm	Mai 71	Schallschutz im Städtebau; Hinweise für die Planung, Berechnungs- und Bewertungsgrundlagen.
DIN 18032	Juli 75	Hallen für Turnen und Spiele. Richtlinien für Planung und Bau.
DIN 18041	Okt. 68	Hörsamkeit in kleinen und mittelgroßen Räumen; Richtlinien.
DIN 18055 Bl. 2	April 81	Fenster, Fugendurchlässigkeit und Schlagregensicherheit; Anforderungen und Prüfung.
DIN 18164		
Bl. 1	Juni 79	Schaumkunststoffe als Dämmstoffe für das Bauwesen; Dämmstoffe für die Wärmedämmung.
Bl. 2	Dez. 72	Schaumkunststoffe als Dämmstoffe für das Bauwesen; Dämmstoffe für die Trittschalldämmung.
DIN 18165	Jan. 75	
Bl. 1		Faserdämmstoffe für das Bauwesen; Dämmstoffe für die Wärmedämmung.
Bl. 2		Faserdämmstoffe für das Bauwesen; Dämmstoffe für die Trittschalldämmung.
DIN 18169	Dez. 62	Deckenplatten aus Gips.
DIN 18180	Juni 67	Gipskarton-Platten; Arten, Anforderungen, Prüfung.
DIN 18181	Jan. 69	Gipskarton-Platten im Hochbau; Richtlinien für die Verarbeitung.
DIN 18195 E	Nov. 77	Bauwerksabdichtungen...
DIN 18337	Febr. 61	VOB Teil C, allgemeine technische Vorschriften; Abdichtungen gegen nicht drückendes Wasser.
DIN 18338	Aug. 74	VOB Teil C, Dachdeckungs- und Dachabdichtungs-Arbeiten.
DIN 18356	Aug. 74	VOB Teil C, Parkett-Arbeiten.
DIN 18421	Sept. 76	VOB Teil C, Wärmedämmungs-Arbeiten.
DIN 18530 Vornorm	Dez. 74	Massive Deckenkonstruktionen für Dächer; Richtlinien für Planung und Ausführung.
DIN 18540		
Bl. 1	Okt. 73	Abdichten von Außenwandfugen zwischen Beton- und Stahlbeton-Fertigteilen im Hochbau mit Fugendichtungsmassen; konstruktive Ausbildung von Fugen.
Bl. 2		Abdichten von Außenwandfugen zwischen Beton- und Stahlbeton-Fertigteilen im Hochbau mit Fugendichtungsmassen; Anforderungen und Prüfung für Fugendichtungsmassen.
Bl. 3		Abdichten von Außenwandfugen zwischen Beton- und Stahlbeton-Fertigteilen im Hochbau mit Fugendichtungsmassen; Baustoffe, Verarbeitung von Fugendichtungsmassen.

VORSCHRIFTEN

DIN 18910	Okt. 74	Klima in geschlossenen Ställen; Wasserdampf und Wärmehaushalt im Winter, Lüftung, Beleuchtung.
DIN 42540	Nov. 66	Geräuschstärke von Transformatoren, bewerteter Schalldruckpegel (Schallpegel).
DIN 45401	März 70	Akustik, Elektroakustik, Normfrequenzen für akustische Messungen.
DIN 45630 Bl. 1	Dez. 71	Grundlagen der Schallmessung, physikalische und subjektive Größen von Schall.
Bl. 2	Sept. 67	Grundlagen der Schallmessung, physikalische und subjektive Größen von Schall; Normalkurven gleicher Lautstärkepegel.
DIN 45635 Bl. 1	Jan. 72	Geräuschmessung an Maschinen (Luftschallmessung, Hüllflächenverfahren, Rahmen-Meßvorschrift).
Bl. 10	Mai 74	Geräuschmessung an Maschinen (Luftschallmessung, Hüllflächenverfahren, rotierende elektrische Maschinen).
DIN 45637	Nov. 68	Außengeräuschmessungen an Schienenfahrzeugen.
DIN 45641	Juni 76	Mittelungspegel und Beurteilungspegel zeitlich schwankender Schallvorgänge.
DIN 45645	April 77	Einheitliche Ermittlung des Beurteilungspegels für Geräuschimmissionen.
DIN 45661	Sept. 62	Schwingungsmeßgeräte; Begriffe, Kenngrößen, Störgrößen.
DIN 45667	Okt. 69	Klassierverfahren für das Erfassen regelloser Schwingungen.
DIN 52210 Bl. 1	Juli 75	Bauakustische Prüfungen; Luft- und Trittschalldämmung, Meßverfahren.
Bl. 3	Juli 75	Bauakustische Prüfungen; Eignungs-, Güte- und Baumuster-Prüfungen.
Bl. 4	Juli 75	Luft- und Trittschalldämmung, Ermittlung von Einzahl-Angaben...
Teil 5	Dez. 74	...Mess. von Fenstern und Außenwänden.
DIN 52212	Jan. 61	Bauakustische Prüfungen; Bestimmung des Schallabsorptionsgrades im Hallraum.
DIN 52213	Dez. 58	Bauakustische Prüfungen; statische Bestimmungen des Strömungswiderstandes.
DIN 52214	Sept. 76	Bauakustische Prüfungen; Bestimmung der dynamischen Steifigkeit von Dämmschichten für schwimmende Estriche.
DIN 52216	Aug. 65	Bauakustische Prüfungen; Messungen der Nachhallzeit in Zuhörerräumen.
DIN 52217	Sept. 71	Flankenübertragung; Begriffe.
DIN 52218	Dez. 76	Bauakustische Prüfungen; Prüfung des Geräuschverhaltens von Armaturen und Geräten der Wasser-Installation im Laboratorium.
DIN 52219	März 72	Bauakustische Prüfungen; Messung von Geräuschen der Wasser-Installation am Bau.
DIN 52451	Juni 73	Prüfung von Materialien für Fugen- und Glasabdichtungen im Hochbau, Bestimmung der Volumen-Änderung. Tauchwegeverfahren.
DIN 52611 Bl. 1	Okt. 71	Wärmeschutztechnische Prüfungen; Bestimmung des Wärmedurchlaßwiderstandes von Wänden und Decken, Prüfung im Laboratorium.
Bl. 2	Juni 76	Wärmeschutztechnische Prüfungen; Wärmedurchlaßwiderstand für die Anwendung im Bauwesen.
DIN 52612 Bl. 1	Aug. 72	Wärmeschutztechnische Prüfungen; Bestimmung der Wärmeleitfähigkeit mit dem Plattengerät, Versuchsdurchführung und Versuchsauswertung. Wärmeleitfähigkeit für die Anwendung im Bauwesen.
DIN 52614	Dez. 74	Bestimmung der Wärmeableitung von Fußböden.
VDI 2055	Dez. 58	Wärme- und Kälteschutz, Berechnungen, Garantien, Meßverfahren und Lieferbedingungen für Wärme- und Kälte-Isolierungen.
VDI 2056	Okt. 64	Beurteilungsmaßstäbe für mechanische Schwingungen von Maschinen.
VDI 2057 Bl. 1 E	Jan. 76	Beurteilung der Einwirkung mechanischer Schwingungen auf den Menschen; Grundlagen, Gliederung, Begriffe.
VDI 2058 Bl. 1	Juni 73	Beurteilung von Arbeitslärm in der Nachbarschaft.
Bl. 2	Okt. 70	Beurteilung von Arbeitslärm am Arbeitsplatz hinsichtlich Gehörschäden.
VDI 2062	Jan. 76	Schwingungsisolierung, Begriffe und Methoden.
VDI 2067 Bl. 1 E	Jan. 74	Wirtschaftlichkeitsberechnung von Wärmeverbrauchsanlagen, betriebstechnische und wirtschaftliche Grundlagen.
Bl. 2 E	Jan. 74	Wirtschaftlichkeitsberechnung von Wärmeverbrauchsanlagen, Raum-Heizungsanlagen.
VDI 2069	Sept. 60	Verhinderung des Einfrierens von Kaltwasser-Leitungen.
VDI 2081 E	Juli 78	Lärmminderung bei lüftungstechnischen Anlagen.
VDI 2087	März 61	Luftkanäle; Bemessungsgrundlagen, Schalldämmung, Temperaturabfall, Wärmeverluste.
VDI 2550	Sept. 66	Lärmabwehr im Baubetrieb und bei Baumaschinen.
VDI 2560 E	Nov. 74	Persönlicher Schallschutz.
VDI 2566	Juni 71	Lärmminderung an Aufzugsanlagen.
VDI 2567	Sept. 71	Schallschutz durch Schalldämpfer.
VDI 2570	Sept. 80	Lärm-Minderung in Betrieben.
VDI 2571	Aug. 76	Schallabstrahlung von Industrie-Bauten, Nachbarschaftsschutz.
VDI 2711 E	Juni 74	Schallschutz durch Kapselung.
VDI 2714	Dez. 76	Schallausbreitung im Freien.
VDI 2715	Sept. 77	Lärmminderung an Warm- und Heißwasser-Heizungsanlagen.
VDI 2716	Juli 75	Geräuschsituation bei Stadtbahnen.
VDI 2718	Juni 75	Schallschutz im Städtebau, Hinweise für die Planung
VDI 2719	Okt. 73	Schalldämmung von Fenstern.
ÖNORM B 8110	April 59 Okt. 61	Hochbau, Wärmeschutz. (bzw. Wärmebedarfsberechnung ersetzt durch M 7500).
ÖNORM 8115	April 59	Hochbau. Schallschutz und Hörsamkeit.
ÖNORM M 7500	Juli 63	Heizanlagen; Berechnung des Wärmebedarfs.
TALärm	Juli 68	Allgemeine Verwaltungsvorschrift über genehmigungsbedürftige Anlagen nach §16 der Gewerbeordnung – GeWO. Technische Anleitung zum Schutz gegen Lärm.
ASR	3. 11. 70	Baden-Württembergische Schulbaurichtlinien.
AIB	5. 12. 69	Anweisung für Abdichtung von Ingenieurbauwerken der Deutschen Bundesbahn.
ESR	4. 11. 74 bis 21. 1. 75	**E**nergie-**S**par-**R**ichtlinien der Länder.
RAF	Jan. 73	**R**ichtlinien für die **A**usführung von **F**lachdächern. Zentralverband des Dachdeckerhandwerks e.V.

Allgemeine Grundlagen

Strahlen, Wellen, Moleküle

Schall und Wärme sind nicht nur empfindungsmäßig, sondern auch technologisch zwei voneinander sehr verschiedene Ereignisse. Um sie wahrzunehmen, benötigen wir völlig unterschiedliche Organe. Rein physikalisch handelt es sich in beiden Fällen um Bewegungsenergie der Moleküle, also zum Beispiel der kleinsten arteigenen Teilchen der uns bekannten Baustoffe sowie der Luft.

Beim Schall handelt es sich um eine in den einzelnen Stoffen mit sehr verschiedener Geschwindigkeit vor sich gehende geordnete (gleichmäßige) Bewegung, wobei die Materie im makroskopischen Bereich um ihre Ruhelage hin- und herpendelt (fortschreitende Dichteänderungen), während Wärme nach der mechanischen Wärmetheorie die Energie der ungeordneten Bewegung der Moleküle und ihrer Atome ist (Pendel- oder Zickzackbewegung bei gleichzeitiger Rotation der Moleküle und Schwingung ihrer Atome gegeneinander).

Bei Schallschwingungen sind die Vorgänge innerhalb des Moleküls verhältnismäßig belanglos, bei der Wärmewirkung nicht. Beim Schall kommt noch hinzu, daß z. B. Bauteile bei bestimmter Beschaffenheit und Anregung als elastisches Ganzes Schwingungen ausführen und Schallwirkungen weitergeben können. Wärmewirkungen können zwar auch makroskopische Bewegungen verursachen, jedoch nicht in Form von Schwingungen, sondern als Wärmedehnungen. Sie leisten oft höchst unwillkommene mechanische Arbeit, wie viele Bauschäden an massiven Flachdächern, etwa durch Abscheren über tragendem Mauerwerk, Risse in Beton und Putz, Aufschieben von Terrassenbelägen und dergleichen beweisen.

Bei der Wärmewirkung muß man noch die Wärmestrahlung als besonderes Transportphänomen berücksichtigen, die mit Ausnahme der Sonnenstrahlung praktisch immer zusammen mit den anderen Übertragungsmechanismen, also mit der Wärmeleitung und Wärmemitführung, auftritt. Genaugenommen kann jede elektromagnetische → Strahlung als Wärmestrahlung bezeichnet werden, also auch das Licht. Die vom Menschen als Wärme empfundene Wirkung dieser Strahlen beruht auf dem Vorgang der Absorption. Die in dieser Hinsicht besonders wirksamen Strahlen liegen im Frequenzbereich des Infrarots (Ultrarot). Sie sind also unsichtbar, und ihre Fortpflanzungsgeschwindigkeit ist beinahe eine Million mal größer als beim Luftschall. Sie haben im Vergleich zum Luftschall eine wesentlich höhere Frequenz.

Die Ausbreitung der Wärmestrahlen ist nicht wie beim Schall an das Vorhandensein eines elastischen Stoffes etwa wie der Luft gebunden, sondern kann auch im Vakuum und im Weltraum erfolgen, wie die → Sonnenstrahlung beweist. Von jedem warmen Körper gehen Wärmestrahlen aus. Das Ausmaß der zwischen zwei Körpern verschiedener Temperatur, z. B. zwischen dem menschlichen Körper und den Wänden eines Raumes, durch Strahlung übertragenen Wärmemenge ist vom vorhandenen Temperaturunterschied abhängig. Soweit die ausgestrahlte Energie allein aus dem Wärmeinhalt des strahlenden Körpers stammt, spricht man von Temperaturstrahlung.

Auf Grund dieser Zusammenhänge ist festzustellen, daß Schall und Wärme und damit auch der Schall- und Wärmeschutz nicht nur ihrem Wesen nach, sondern auch anwendungstechnisch streng voneinander zu unterscheiden sind. Bei der Wärmeübertragung, um deren Beeinflussung es in der Bautechnik immer geht, handelt es sich also entweder um eine ungeordnete Bewegung der Moleküle und beziehungsweise oder um eine elektromagnetische Strahlung.

Völlig anders als bei der Wärmestrahlung verhält sich die Wärmeübertragung durch Leitung und Konvektion in festen Körpern oder in Gasen, wie zum Beispiel in Luft. Hierbei überträgt sich die Wärmewirkung direkt durch unmittelbaren Kontakt oder durch Mischen der Moleküle bis zum Temperaturausgleich. In jedem Fall jedoch geben die Moleküle des wärmeren Körpers ihre größere Energie an den kälteren Körper ab. Der bautechnisch außerordentlich wichtige Unterschied liegt lediglich in der Art des Wärmetransportes. Bei der Wärmeleitung hängt der entstehende Wärmestrom weitgehend von der Beschaffenheit des Stoffes ab. Am geringsten ist er (bei gleichbleibender Temperaturdifferenz) in den sogenannten Wärmedämmstoffen und in Gasen (Luft), die an einer Konvektion gehindert werden. Sehr stark beeinflußt wird die Geschwindigkeit dieser Wärmeübertragung auch durch das Vorhandensein von Wasser und Wasserdampf.

1 Frequenzbereiche mechanischer u. elektromagnetischer Schwingungen

GRUNDLAGEN

Schallempfindung, Schallwirkung

Den Schall muß man im Gegensatz zu den beschriebenen Wärmewirkungen in die Gruppe der mechanischen Schwingungen einordnen, und zwar gleichgültig, ob es sich hier um die Ausbreitung in festen, flüssigen oder gasförmigen Körpern handelt. Für bautechnische Zwecke genügt hierbei die Unterscheidung zwischen Körperschall und Luftschall.

Schall ist eine Energieform, die durch Absorption (beispielsweise in Schallschluckstoffen) in Wärme umgewandelt werden kann.

Anderseits ist es auch möglich, mit Hilfe von Wärmewirkungen mechanische Arbeit und Schall zu erzeugen (Wärmedehnungsgeräusche durch Temperaturänderung in starr verlegten Zentralheizungsrohren usw.). Anhaltspunkte über den Umfang der bekannten Frequenzskala für mechanische und elektromagnetische Schwingungen und über den Anteil der hier interessierenden Wärmestrahlen und Schallschwingungen an diesem Spektrum → 34 1.

Schallempfindung, Schallwirkung

Phon, sone, Dezibel

Der Schall als mechanische Schwingung schlechthin ist für den Menschen in bestimmter Stärke und in bestimmten Frequenzbereichen hörbar oder fühlbar → 1. Die Empfindlichkeit des menschlichen Ohres ist begrenzt durch die Hörschwelle und die Schmerzgrenze oder Fühlschwelle. Um die genannten Grenzen festlegen oder untersuchen zu können, benötigt man ein physikalisches Maß für die Stärke von Schallereignissen, deren Schalldruck sich messen läßt. Man wählte aus praktischen Gründen ein logarithmisches Maß, nämlich das Dezibel (dB), und zwar derart, daß damit der gesamte Hörbereich leicht darstellbar und meßbar erfaßt werden kann.

Durch die Untersuchung einer Vielzahl normaler Personen wurde festgestellt, daß das Ohr bei den einzelnen Hörschwellfrequenzen verschieden stark empfindlich ist. Es entstanden auf diese Weise mit Hilfe der Dezibelskala Kurven gleicher Lautstärke zwischen der Hörschwelle und der Schmerzgrenze, welche man mit 0 beziehungsweise 120 phon bezeichnete, derart, daß bei 1000 Hz das → »Schallpegelmaß« Dezibel gleich dem →»Lautstärkenmaß« phon ist. Eine graphische Darstellung dieser Zusammenhänge zeigen die Bilder 1, 2 und 36 1.

Unterhalb von 0 phon ist der Schalldruck nicht mehr stark genug, um im Ohr einen Höreindruck zu verursachen, oberhalb von 120 phon ist er so stark, daß er nicht mehr eine reine Hörempfindung, sondern bereits Schmerz auslöst. Wäre das Ohr etwas empfindlicher, so könnte der Mensch auch die → Wärme-»schwingungen« der Luftmoleküle hören (Brownsche Molekularbewegung). Wir würden dann praktisch ein ständiges Geräusch hören.

Der Lautstärkemaßstab phon hat, seiner Herkunft aus der Dezibelskala entsprechend, ebenfalls die Eigenarten des logarithmischen Maßes, so daß man mit Phon-Werten nicht so rechnen kann wie mit normalen Zahlen. Die Hälfte von 80 phon sind empfindungsmäßig also keineswegs 40 phon, sondern nur etwa 70 phon. Dementsprechend beträgt die Verdoppelung einer Lautstärke von 40 phon nicht 80 phon, sondern nur etwa 49 bis 50 phon → 36 2. Um diesen Nachteil der nicht normal verwendbaren Zahlen zu beseitigen, entwickelte man in den USA die Einheit »sone« als Maß für die wahre subjektive Schallempfindung und nannte die so gemessene Größe → »Lautheit« im Gegensatz zur Lautstärke, die in phon angegeben wird. Ganz grob gilt folgender Zusammenhang:

1 sone = 40 phon
2 sone = 49 phon
3 sone = 54 phon
4 sone = 58 phon

Mit Hilfe dieser Zahlen läßt sich auch ein Zusammenhang zwischen Phonwerten und den immer wieder gefragten Prozent-

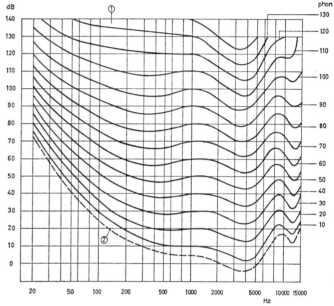

1 Zusammenhang zwischen Schallpegel in dB, Lautstärke in Phon und Frequenz (Hz) bei reinen Tönen und zweiohrigem Hören im freien Schallfeld nach → ISO-Empfehlung Nr. 352. Diese Kurven gleicher Lautstärke sind wahrscheinlich genauer als die nach 36 1.

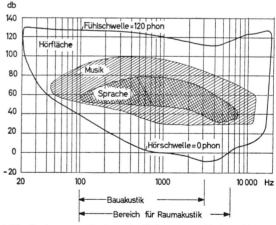

2 Hörfläche eines ideal empfindlichen menschlichen Ohres im Vergleich zum größten Frequenzbereich für Musik und Sprache. Die → Hörfläche kennzeichnet denjenigen Bereich, in dem das Ohr überhaupt noch Schall wahrnehmen kann. Sie wird nach unten durch die → Hörschwelle und nach oben durch die → Schmerz- oder Fühlschwelle begrenzt, die gegen hohe und tiefe Frequenzen ineinander übergehen. Im Durchschnitt ist die Hörfläche des Menschen kleiner, was u.a. der Grund dafür ist, daß der bau- und raumakustisch wichtige Frequenzbereich lediglich auf 100 bis 3200 Hz bzw. 6400 Hz festgelegt wurde.

Schallempfindung, Schallwirkung — GRUNDLAGEN

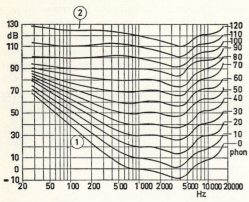

1 Kurven gleicher Lautstärke (Zahlen auf der rechten Seite) nach älteren Untersuchungen von Fletcher und Munson. Diese Kurven zeigen eine sehr starke Frequenzabhängigkeit der Empfindlichkeit des menschlichen Ohres, insbesondere bei geringem Schallpegel, der auf der linken Seite des Diagramms als Ordinate aufgetragen wurde. Bei höherem Pegel zeigen diese Kurven eine erheblich geringere Frequenzabhängigkeit der Empfindlichkeit. Neuere Untersuchungen haben ergeben, daß die Schwankungen auch in diesem Bereich tatsächlich größer sind → 35 1.
① Hörschwelle = 0 Phon
② Schmerz- oder Fühlschwelle = 120 Phon

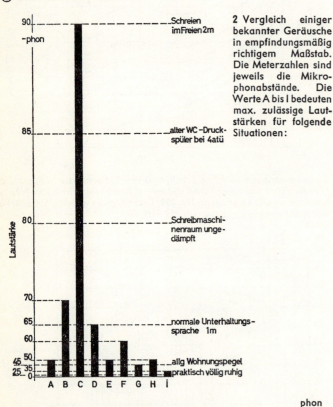

2 Vergleich einiger bekannter Geräusche in empfindungsmäßig richtigem Maßstab. Die Meterzahlen sind jeweils die Mikrophonabstände. Die Werte A bis I bedeuten max. zulässige Lautstärken für folgende Situationen:

		phon
A	Arbeiten mit hoher geistiger Konzentration	50
B	Büroarbeiten und vergleichbare Tätigkeit	70
C	sonstige Arbeiten, insbesondere bei Fabriklärm	90
D	vor Wohnhäusern innerhalb von Industriegebieten tagsüber	65
E	wie vor, nachts	50
F	in Wohnungen innerhalb von Gebieten, die nur vorwiegend Wohnzwecken dienen, tagsüber	60
G	wie vor, nachts	45
H	innerhalb von reinen Wohngebieten, tagsüber	50
I	wie vor, nachts	35

werten angeben, zum Beispiel, wenn man wissen will, um wieviel Prozent eine bestimmte Schallquelle durch irgendwelche Schallschutzmaßnahmen leiser geworden ist. Eine graphische Darstellung zeigt 37 1. Dieses Diagramm vermittelt nur grobe Richtwerte. Die Zusammenhänge zwischen Lautstärke, Lautheit und tatsächlicher Lärmempfindung sind kompliziert und umstritten, da auch der Geräuschcharakter (Frequenzzusammensetzung) eine große Rolle spielt → 37 2 und 37 3.
Völlig andersartig als bei normalen Zahlen ist auch die Addition von Lautstärkewerten → 37 4. 40 + 40 phon sind z. B. nicht = 80 phon, sondern nur 43 phon.
Die deutsche Meßgröße »DIN-phon« nach DIN 5045 hat sich international nicht durchgesetzt. Statt dessen werden in zunehmendem Maße auch hier für Werte bis 60 die sogenannten bewerteten Dezibel dB(A) und für Werte über 60 dB(B) benutzt. Insgesamt gibt es drei Bewertungskurven, A, B und C, die zuweilen auch für beliebig große Werte gelten. Eine einfache Übersetzung in DIN-phon-Werte ist dann nicht mehr möglich, wie z. B. bei 80 dB(A) oder 80 dB(C). Wenn der gemessene dB(A)-Wert eines Geräusches kleiner als 60 und der dB(B)-Wert größer als 60 ist, so wird folgendermaßen auf DIN-phon umgerechnet:
dB(A) + dB(B) − 60 = DIN-phon. Das Maß → phon (engl. loudness level, fr. niveau d'isonie) ohne den Zusatz »DIN« ist, wie in DIN 1320 erläutert, international nur für den subjektiven Hörvergleich mit dem 1000 Hz Normschall gültig.
Mechanische Schwingungen höherer Frequenzen und kürzerer Wellenlänge als Hörschall, also Ultraschall, sind nicht hörbar aber eventuell fühlbar. Sie sind bautechnisch nicht wichtig, obwohl es bei Ultraschalleinwirkung großer Intensität und sehr hoher Schwingungszahl direkt auf die menschliche Haut zu Gewebezerstörungen wie bei Verbrennungen kommen kann.
Mechanische Schwingungen geringerer Frequenz (und größerer Wellenlänge) als Hörschall werden Infraschall genannt. Infraschall und Hörschall können Wirkungen auslösen, die das Wohlbefinden des Menschen erheblich beeinflussen. Infraschall wandelt sich leicht durch dünne Wände, plattenförmige Verkleidungen und dergleichen zu Hörschall. Schall beeinflußt das Wohlbefinden des Menschen, und zwar in willkommener wie auch in nachteiliger Weise, je nach Einstellung des Betreffenden zur Schallquelle. Bekannt ist die anregende Wirkung von Rhythmus und Musik. Die gleichen Ereignisse können jedoch auch schädigende Auswirkungen haben, je nachdem, ob der Hörer sie wahrnehmen will oder nicht. Physikalisch und meßtechnisch läßt sich die Musik (Frequenzbereiche der menschlichen Stimme und üblicher Musikinstrumente → 38 1 und 38 2) vom Lärm nicht unterscheiden.

Lärm

Lärm ist kein exakter physikalischer Begriff, sondern eine sehr subjektive Empfindung. Jedes Schallereignis, gleich welcher Art und Stärke(!), kann Lärm sein. Diese Tatsache erschwert die Lärmbekämpfung sehr.
Um trotzdem gewisse Anhaltspunkte für die Lärmbekämpfung zu erhalten, hat man die Auswirkung des Lärms auf den menschlichen Organismus eingehend untersucht. Nach diesen Arbeiten kann durch Lärm eine direkte Schädigung der Gesundheit ein-

GRUNDLAGEN
Schallempfindung, Schallwirkung

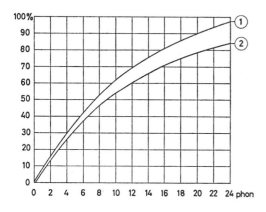

1 Zusammenhang zwischen z. B. durch irgendwelche Schallschutzmaßnahmen erzielten Lautstärkeminderungen in Phon und der subjektiven Empfindung in Prozent nach der Phon/sone-Skala für Einzeltöne. Kurve 1 gilt für Lautstärken um etwa 40 Phon und Kurve 2 für höhere Lautstärken bei 90 Phon. Die übrigen Werte liegen etwa gradlinig dazwischen.
Diese Beziehung gilt genau genommen nur für Einzeltöne oder Einzelgeräusche mit sehr schmalem Frequenzbereich. Bei überschläglichen Berechnungen kann diese Besonderheit vernachlässigt werden.

	Mittenfrequenzen (Hz)									
NR	31,5	63	125	250	500	1000	2000	4000	8000	NR
130	143,9	138,2	135,1	132,9	131,4	130	128,4	127,2	125,9	130
125	140,5	134,2	130,7	128,2	126,6	125	123,4	122,0	120,7	125
120	137,1	130,3	126,4	123,6	121,7	120	118,3	116,9	115,6	120
115	133,7	126,3	122	118,9	116,8	115	113,2	111,8	110,4	115
110	130,3	122,4	117,7	114,3	111,9	110	108,1	106,7	105,3	110
105	126,9	118,4	113,3	109,6	107,1	105	103,1	101,5	100,1	105
100	123,5	114,5	109,0	105,0	102,2	100	98,0	96,4	95,0	100
95	120,1	110,5	104,6	100,3	97,3	95	92,9	91,3	89,8	95
90	116,7	106,6	100,3	95,7	92,5	90	87,8	86,2	84,7	90
85	113,3	102,6	95,9	91,0	87,6	85	82,8	81,0	79,5	85
80	109,9	98,7	91,6	86,4	82,7	80	77,7	75,9	74,4	80
75	106,5	94,7	87,2	81,7	77,9	75	72,6	70,8	69,2	75
70	103,1	90,8	82,9	77,1	73,0	70	67,5	65,7	64,1	70
65	99,7	86,8	78,5	72,4	68,1	65	62,5	60,5	58,9	65
60	96,3	82,9	74,2	67,8	63,2	60	57,4	55,4	53,8	60
55	92,9	78,9	69,8	63,1	58,4	55	52,3	50,3	48,6	55
50	89,4	75,0	65,5	58,5	53,5	50	47,2	45,2	43,5	50
45	86,0	71,0	61,1	53,6	48,6	45	42,2	40,0	38,3	45
40	82,6	67,1	56,8	49,2	43,8	40	37,1	34,9	33,2	40
35	79,2	63,1	52,4	44,5	38,9	35	32,0	29,8	28,0	35
30	75,8	59,2	48,1	39,9	34,0	30	26,9	24,7	22,9	30
25	72,4	55,2	43,7	35,2	29,2	25	21,9	19,5	17,7	25
20	69,0	51,3	39,4	30,6	24,3	20	16,8	14,4	12,6	20
15	65,6	47,3	35,0	25,9	19,4	15	11,7	9,3	7,4	15
10	62,2	43,4	30,7	21,3	14,5	10	6,6	+ 4,2	+ 2,3	10
5	58,8	39,4	26,3	16,6	9,7	5	+ 1,6	− 1,0	− 2,8	5
0	55,4	35,5	22,0	12,0	4,8	0	− 3,5	− 6,1	− 8,0	0

3 Lärmgrenzwertkurven (Noise Rating Curves) nach der ISO-Empfehlung Nr. R 1996. Diese Kurven beziehen sich auf Oktavsiebanalysen der betreffenden Schallereignisse und lassen sich mit diesen direkt vergleichen. Bei 1000 Hz stimmen sie genau mit den dB-Werten überein. Ein Schallereignis, dessen Spektrum mit einer dieser Kurven ungefähr zusammenfällt, hat eine Gesamt-Lautstärke (gemessener Mittelwert), die bei geringen Lautstärken um etwa 10 und bei größeren Lautstärken (etwa oberhalb Kurve 80) um etwa 7 dB(A) größer ist als die Nummer der betreffenden Kurve. Nach einer Empfehlung des Landesinstituts für Arbeitsschutz und Arbeitsmedizin, Karlsruhe, ist bei Beurteilung von Geräuschen mit Hilfe dieser Kurven jeweils diejenige Grenzkurve zugrunde zu legen, die mit dem um 5 verminderten dB(A)-Wert beziffert ist.

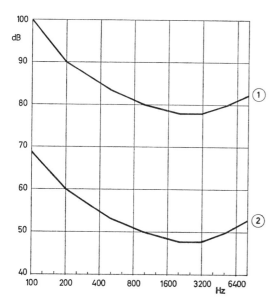

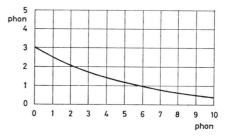

2 Grenzkurven für die Lästigkeit ② und für die Schädlichkeit ① von Geräuschen. Sie wurden aus den Meßergebnissen verschiedener Forscher gewonnen und zur internationalen Anerkennung vorgeschlagen. Die dB-Werte kennzeichnen den Schallpegel je Oktave. Bei Geräuschen, deren Spektrum oberhalb der Kurve 1 liegt, ist auf die Dauer eine unmittelbare Gesundheitsschädigung zu befürchten. Beide Kurven zeigen, daß der gefährlichste Frequenzbereich zwischen etwa 1000 und 5000 Hz liegt, also im Bereich der größten Ohrempfindlichkeit. Diese Frequenzabhängigkeit der Empfindung von Schallreizen muß bei der Beurteilung von Lautstärken immer berücksichtigt werden, soweit es sich nicht um relativ »neutrale« Geräusche handelt, d. h. also solche, deren Spektrum etwa gleichmäßig über den ganzen Frequenzbereich reicht.

4 Addition zweier Lautstärken (nach F. Bruckmayer).
Auf der Abszisse wurde die Differenz der beiden betreffenden Lautstärken und auf der Ordinate die sich jeweils ergebende Erhöhung der größeren der beiden Lautstärken aufgetragen. Bei genau gleich lauten Schallquellen ist damit eine Erhöhung um 3 Phon gegeben. Bei einem Lautstärkeunterschied von etwa 10 Phon tritt dagegen praktisch keine Erhöhung ein. Bei annähernd gleichem Charakter (gleiche Frequenzzusammensetzung) wird eine Schallquelle geringerer Lautstärke durch die lautere völlig verdeckt.

Schallempfindung, Schallwirkung **GRUNDLAGEN**

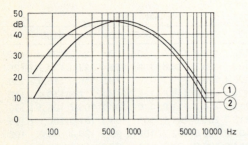

1 Spektrum der weiblichen ① und der männlichen ② Stimme bei normaler Sprache (nach F. Bruckmayer). Die Anteile unter 250 und über 7000 Hz tragen weniger zur Verständlichkeit als zur Natürlichkeit der Sprache bei.

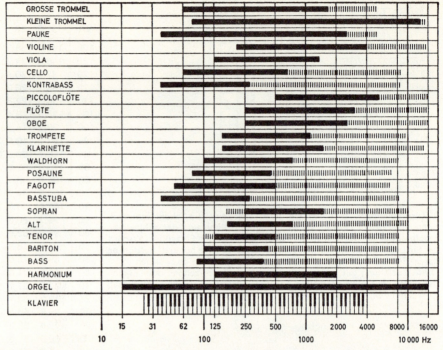

2 Frequenzbereiche der menschlichen Stimme und der üblichen Musikinstrumente. Die schraffierten Teile kennzeichnen die Obertöne bzw. die äußersten Grenzen.

treten, wenn es sich bei den Störungen um Schallereignisse handelt, deren Lautstärke etwa diejenige normaler Unterhaltungssprache (ca. 65 phon) übersteigt und wenn eine Dauerwirkung vorhanden ist. Bei Lautstärken dieser Größenordnung werden Reaktionen des vegetativen Nervensystems ausgelöst, unabhängig davon, ob das betreffende Ereignis als störend, also als Lärm, empfunden wird oder nicht. Es tritt eine Belastung ein, die durch die Störung der Haut- und Organdurchblutung zu neurotischen Erscheinungen führen kann. Wird eine Grenze von 85 bis 90 phon dauernd überschritten, so muß mit der Gefahr einer Ohrschädigung und Lärmschwerhörigkeit gerechnet werden. Frequenzen über 1000 Hz haben hierbei einen größeren Einfluß. Lautstärken über 120 phon lassen eine zusätzliche Schalleinwirkung auf die Nervenzellen befürchten, die Lähmungen und bei besonders intensiver Einwirkung sogar den Tod zur Folge haben kann. Lautstärken dieser Größenordnung sind zum Beispiel in der Nähe von Raketen- und Düsentriebwerken möglich → 39 3.

Bei Schallereignissen unterhalb von 65 phon sind lediglich psychische Wirkungen zu befürchten. In diesem Bereich ist es vielleicht auch möglich, sich ohne Schaden an einen bestimmten Lärm zu gewöhnen. Hier kommt es sehr auf die subjektive Einstellung des Betreffenden zur Schallquelle an. Ärgert er sich über die unerwünschte Einwirkung, so kann er wohl nicht direkt durch den Lärm, jedoch durch den Ärger über den Lärm krank werden und dadurch wiederum organische Schäden erleiden. Wirklich in jeder Hinsicht ungestört ist man nur in Räumen mit einer maximalen Lautstärke von 25 bis 30 phon. Geringere Lautstärken sind selbst nachts in ideal ruhigen Zimmern sehr selten. Der bei den einzelnen Hörfrequenzen verschiedenen Ohrempfindlichkeit des Menschen entsprechend ist auch der im Idealfall anzustrebende maximal zulässige Schallpegel sehr stark frequenzabhängig → 39 1. Darüber hinaus gibt es noch sehr große subjektive Unterschiede, wie z. B. bei der Weckwirkung von Lärm verschiedener Lautstärke → 39 2.

Die Störwirkung des Lärms und ihre ständige Zunahme ist durch unzählige Vergleichsmessungen festgestellt und bestätigt worden. In den Städten dürfte sie allein von 1936 bis 1954 um rund 50% gestiegen sein. Eine bereits im Jahre 1953 durchgeführte Meinungsumfrage bei einem repräsentativen Bevölkerungsquerschnitt ergab, daß 41% der Befragten durch Lärmeinflüsse täglich oder zumindest häufig gestört werden. Umgerechnet auf die Gesamtbevölkerungsziffer der Bundesrepublik und Westberlins handelt es sich hierbei um rd. 20,5 Mill. Menschen. 23% der Befragten (das sind rund 11,7 Mill. Menschen) beobachteten an sich subjektiv körperlich oder psychisch nachteilige Folgen. Weitere Untersuchungen weisen auf eine Steigerung dieser Zahlen hin. Als störende Lärmquellen nannten ca. 41% der Befragten den Straßenverkehr, 6% gewerbliche Betriebe, 5% Flugzeuge, 3% Kinder (Halbwüchsige und Nachbarn), 2% das Radio, 1% die Eisenbahn und 1% sonstige Lärmquellen wie z. B. Hundegebell und Kirchenglocken.

Zur Feststellung der Lärmbelastung der Krankenanstalten und der sich in ihnen aufhaltenden Patienten wurde eine Umfrage an 2456 Krankenanstalten der Bundesrepublik und Westberlins gerichtet. Diese Umfrage, die zu 71% beantwortet wurde, ergab, daß 452 Chefärzte bzw. Krankenhausleiter eine schwere Beeinträchtigung des Genesungszustandes der Patienten durch Lärm angaben. Als besonders nachteilig wurden Lärmstörungen bei Frischoperierten, bei Nerven- und Geisteskranken, bei Herz- und Kreislaufkranken, bei psychogenen Erkrankungen und bei allgemeiner Erschöpfung bezeichnet. 875 Krankenanstalten beschwerten sich über Krafträder, 770 über Lkws und Omnibusse, 686 über Personenkraftwagen, 220 über Flugzeuge und 218 über den Lärm von Gaststätten und Vergnügungslokalen.

Laut Erhebungen einer Versicherungsgesellschaft nach Durchführung von Schallschutzmaßnahmen:

Fehlerminderung um 29 bis 52%

Minderung des Angestelltenwechsels um 47%

GRUNDLAGEN
Schallempfindung, Schallwirkung

durchschnittliche Leistungssteigerung um 8,8%
In einer Weberei durch Ohrschutz bei Arbeitern:
12% Produktionserhöhung
Deutsche Umfrage 1953 an 2000 Personen: 41% lärmgestört
　　　　　　　　　　　davon 43% Frauen
　　　　　　　　　　　　　　38% Männer
davon waren: 21—24 Jahre alt　　28%
　　　　　　mehr als 60 Jahre alt　58%
23% stellten bei sich nachteilige Folgen fest.
1943 in den USA
durch Lärm gestört im eigenen Haus　jeder Vierte,
in alten Häusern durch Nachbarn　　jeder Dritte,
in neuen Häusern durch Nachbarn　　jeder Zweite,
durch Straßenlärm gestört　　　　　jeder Zweite.
Der chinesische Polizeiminister Ming-Ti erließ dem Vernehmen nach im 3. Jahrhundert v. Chr. ein Gesetz folgenden Wortlauts: »Wer den Höchsten schmäht, der soll nicht gehängt werden, sondern die Flötenspieler, Trommler und Lärmmacher sollen

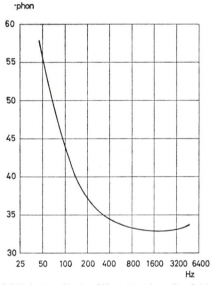

1 Höchste zulässige Werte in phon für Schlaf und Ruhe in Abhängigkeit von der Hauptstörfrequenz (nach L. L. Beranek).

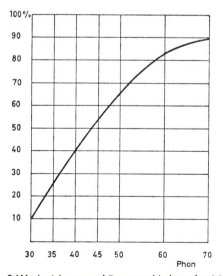

2 Weckwirkung von Lärm verschiedener Lautstärke in Abhängigkeit vom Prozentsatz der aufgeweckten Personen (nach G. Steinicke).

3 Kennzeichnende Lautstärken bekannter Geräusche

Zulässigkeits- und Gefahrengrenzen	phon	vorhanden bei (eingeklammert: Schallquellenabstand)
	0	Hörschwelle
max. zulässig für Rundfunkstudios	15	mit üblichem Gerät nicht mehr meßbar
	20	gerade noch meßbar
	25	selten unterschrittener Störpegel, praktisch ideal ruhiges Zimmer, Atmen
max. zulässig für Schlaf- und Krankenzimmer nachts	30	Weckuhr auf Tisch (1 m)
	35	sehr leiser Zimmerventilator, geringste Geschwindigkeit (50 cm)
	40	gewöhnliche Weckuhr (10 cm), geringer Straßenverkehr hinter Doppelfenstern (1 m Fensterabstand)
Lärmstufe I		
max. zulässig für Wohnungen tagsüber	45	in Wohnungen infolge üblicher Wohngeräusche aus Nebenräumen (Sprechen, Radio, Arbeiten) selten unterschritten
max. zulässig für Arbeiten mit hoher geistiger Konzentration	50	guter Wasserhahn (1 m), Zerreißen eines kleinen Papierstückes (1 m), kleiner Kompressor-Kühlschrank (1 m), Vogelgezwitscher im Freien (ca. 15 m), Begehen eines Steinbodens mit Gummisohlen (1 m)
Einschlafen oft unmöglich	55	Begehen eines Bretterbodens mit Gummisohlen (1 m)
	60	Straßenverkehr hinter Doppelfenstern in Großstadtzentrum (1 m Fensterabstand), Schnarchen (1 m)
Beginnende Gefahr nachteiliger Reaktionen des vegetativen Nervensystems	65	Husten (1 m), langsames Zerreißen eines DIN-A-5-Blattes (1 m), Aufzugsfahrkorb, Schmalfilm-Vorführapparat (1 m), normale Unterhaltungssprache
	70	eine übliche Schreibmaschine neuer oder alter Bauart (1 m), Weckerklingel (1 m), Aufzugsmaschinenraum, Schnellzugabteil bei voller Kraft auf freier Strecke
Lärmstufe II		
max. zulässig für Mopeds (7 m)	75	Ofenschürgeräusche, kleiner Ventilator (1 m), quietschender Wasserhahn, Baßgeige (1 m)
	80	Schreibmaschinenraum ohne schallschluckende Auskleidung, Buchungsautomatenraum, schnell aufwärts fahrender Volkswagen (ca. 8 m)
max. zulässig für reine Handarbeit	85	schlechter WC-Druckspüler (1 m), Großstadtverkehr (7 m), Kraftwageninneres bei voller Fahrt auf schlechter Straße, Cello (1 m)
	88	Klarinette (1 m)
Beginnende Gefahr unheilbarer direkter Gehörschäden je nach Dauer der Einwirkung	90	Handschleifgerät im Freien (1 m), Kleinzeugstanzenraum (1 m), Geige (1 m)
	95	einzelne Rotationsmaschine (3 m), lautes Schreien (Sprache unmöglich), großer Ventilatorenraum, Geschrei eines Kindes in kleinem Raum (1 m)
	100	Websaal, Blechbläser, großes Orchester, kleine Handkreissäge (1 m), Klavier (1 m)
	103	Akkordeon (1 m)
Lärmstufe III	105	Steinkreissäge in geschlossenem Raum (1 m), Motorenprüfstand schallgedämpft (2 m), Rennwagen (40 m), Hochleistungs-Pumpenraum
	110	Hobelmaschine in Arbeitsgang (1 m), Schrotmaschinenraum (Stahlkugel-Herstellung) (1 m), Metalltrennsäge am Arbeitsplatz
Beginn von Schmerzempfindungen im Ohr, Gefahr einer Verletzung des Zentralnervensystems	120	Schiffsmaschinenraum, Kesselschmiede
	130	ungedämpfter Flugzeugmotor mit Luftschraube (4 m), Luftschutz-Sirene (2 m), Walzwerk (3 m)
	140	Düsenjäger im Stand (15 m)
Lärmstufe IV		
Lähmungen und Tod von Organismen	150	Raketenantriebe, Explosionen
	180	

Schallempfindung, Schallwirkung — GRUNDLAGEN

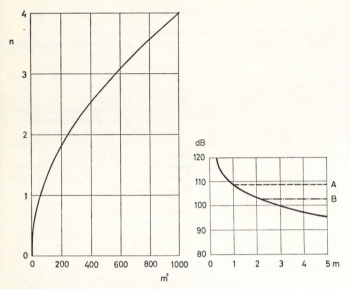

1 (links) Abhängigkeit des Hallradius (m) von der äquivalenten → Schallschluckfläche (m²). Innerhalb des Hallradius ist in geschlossenen Räumen der direkte Schall stärker als der reflektierte. Der Hallradius wird mit zunehmendem Absorptionsvermögen größer.

2 (rechts) Abnahme des Schallpegels in dB mit wachsendem Abstand von der Schallquelle in m. Die ausgezogene Kurve kennzeichnet die Schallpegelabnahme infolge des natürlichen Energieabfalls im völlig freien Raum. Durch die gestrichelte Linie bei A wird der ungefähre Verlauf dieser Kurve angedeutet, wenn sich die Schallquelle in einem etwa 1000 m³ großen Raum mit einer Nachhallzeit von ca. 3,5 s befindet. In einem Raum gleicher Größe, jedoch mit einer wesentlich größeren Dämpfung (Nachhallzeit 0,7 s), biegt die Schallpegelkurve erst auf die strichpunktierte Linie bei B ein.
Dieses Diagramm beweist, daß es keinen Sinn hat, z. B. in Industrieräumen schallschluckende Auskleidungen dort zu verwenden, wo die Arbeiter im Nahfeld der Maschinen vor Lärm geschützt werden sollen. Im erwähnten Beispiel wirkt sich die durch die schallschluckenden Auskleidungen erzielte Schallpegelsenkung um 7 dB erst in größerem Abstand von der Schallquelle außerhalb eines Umkreises von 1 bis 2 m aus. Innerhalb dieses Bereichs sind Ohrschutzgeräte oder Schallschutzhelme die einzige sinnvolle Schallschutzmaßnahme, wenn die Schallquelle als unveränderlich akzeptiert werden muß.

ihm ohne Pause so lange vorspielen, bis er tot zu Boden sinkt, denn das ist der qualvollste Tod, den ein Mensch erleiden kann.« Den Dichter Heinrich Heine machte das Ticken der Uhren arbeitsunfähig, so daß er sie abstellen. Goethe kaufte ein baufälliges Nachbarhaus, um dessen lärmende Instandsetzung zu verhindern. Friedrich den Großen störte die seinem Schloß gegenüberliegende Mühle. Artur Schopenhauer beklagte sich über das lästige Peitschenknallen und bezeichnete den Lärm als den »Mörder der Gedanken«.

Schallausbreitung

Luftschall und Körperschall haben innerhalb eines homogenen, praktisch unbegrenzten Mediums das Bestreben, sich nach allen Seiten gleichmäßig fortzusetzen, wobei sie einen der verschiedenen Ausbreitungsgeschwindigkeit entsprechenden natürlichen Energieverlust erleiden.
In Luft beträgt dieser Verlust jeweils bei Abstandsverdoppelung 6 dB. Ihm überlagert sich eine zusätzliche Dämpfung, die von der Beschaffenheit der Luft und ihrer Beimengungen abhängig ist. In der Nähe des Erdbodens muß auch noch der Einfluß der Bodenreflexion berücksichtigt werden. Ganz allgemein kann man sagen, daß der Hörschall bei seiner Ausbreitung im Freien jeweils mit Verdoppelung der Entfernung erheblich an Energie verliert, und zwar auf kürzeren Entfernungen bis zu einigen 100 m beim Fehlen zusätzlicher Hindernisse um etwa 5 bis 6 bewertete dB bzw. phon (pro Abstandsverdoppelung). Diese Wirkung ist auch in geschlossenen Räumen annähernd vorhanden, die weitgehend schallschluckende Oberflächen besitzen. Durch Hindernisse, deren Abmessungen mindestens der größten noch abzuschirmenden Welle entsprechen müssen (Wellenlängenbereich etwa 8 bis 340 cm), erfolgt in solchen Räumen und auch im Freien zusätzlich eine Ausbreitungsminderung.
Wenn der Luftraum durch weitere reflektierende Flächen (Wände, Decke) begrenzt wird, ist der natürliche Energieverlust nur innerhalb einer verhältnismäßig geringen Entfernung (Hallradius → 1) vorhanden. Außerhalb dieses Bereichs tritt durch die Reflexionen der sogenannte stationäre Zustand ein → 2.
Je geringer die Absorption bzw. je größer die Reflexion der Raumbegrenzungen, um so mehr Energie steht zum Aufbau dieses stationären Zustandes mit praktisch konstantem Schallpegel zur Verfügung. Wäre überhaupt keine Absorption vorhanden, so würde der Schallpegel weiter ansteigen. Das ist glücklicherweise niemals der Fall. Nach Abstellen der Schallquelle wird die vorhandene Schallenergie wiederum in Abhängigkeit von der vorhandenen Schallabsorption geringer (der Raum hallt nach). Die Zeit, die verstreicht, bis die mittlere Schallenergiedichte auf den millionsten Teil absinkt, ist die → Nachhallzeit. Bei geringer Absorption innerhalb des Raumes ist dieser Nachhall am längsten und bei extrem großer Absorption wie im freien Raum gleich 0 (→ schalltote Räume).
In einem halligen Raum ist der Schallpegel bzw. die Lautstärke einer bestimmten Schallquelle größer als in einem weniger halligen Raum oder im Freien. Diese Differenz läßt sich als sogenannte → Pegelminderung sehr einfach berechnen und kann praktisch bis zu etwa 10 dB betragen.
Die bautechnisch ebenfalls sehr wichtige Schallausbreitung in festen Körpern ist ein wesentlich komplizierterer Vorgang, da man hierbei noch viel weniger als beim Luftschall von einem unbegrenzten Medium sprechen kann und die Schwingungsformen vielfältiger sind.
Die größte Ausbreitungsminderung ist in den Stoffen mit der geringsten Schallgeschwindigkeit vorhanden, also in den bevorzugten hochelastischen Körperschalldämmstoffen mit großem Luftanteil, sowie in Gummi o. ä. Die stärksten Körperschallübertragungen werden durch steife, dichte Baustoffe verursacht, in denen der Körperschall auch seine größten Geschwindigkeiten erreicht, wie in Beton, Stahl, Aluminium usw. → 99 3.
Praktisch in jedem Bauwerk sind ständig Schallschwingungen vorhanden. Meistens werden sie vom Menschen nicht wahrgenommen, zumindest nicht bewußt. Das gilt in besonderem Maße für den → Infraschall.
→ 72

Beben, Knall, Explosionen

Schallschwingungen können vom Menschen nicht nur gehört, sondern auch »gespürt« werden. Der in diesem Zusammenhang interessierende Frequenzbereich erstreckt sich vorwiegend vom (unhörbaren) Infraschall (0,001 bis 16 Hz), zu dem auch die Erdbeben gehören, bis zu den hörbaren Frequenzen. Außerdem ist die Größe der Schwingungsausschläge für die Auswirkung wichtig. Nach neueren Forschungsergebnissen → Tab. 41 2 ist für

GRUNDLAGEN

Schallempfindung, Schallwirkung

die Wahrnehmung von Schwingungen bei kleiner Schwingungsgröße (Ausschlag) und hoher Frequenz die (Schall-) Schnelle und bei tiefer Frequenz die Schwingbeschleunigung maßgebend. Die aus diesen Schwingungseigenschaften unter gewissen vereinfachenden Bedingungen resultierende Wahrnehmungsstärke K wird auch K-Wert genannt.

Als in der Praxis vorkommende Erreger von Schwingungen der genannten Größenordnung kommen hauptsächlich Erdbeben, Wasserwellen, Windstöße, Explosionen, Bewegungen von Menschen etwa in Form marschierender Kolonnen oder tanzender und turnender Gruppen sowie Maschinen aller Art in Frage. In Bauwerken sind sie dann besonders gefährlich, wenn die Anregungen mit gewissen → Eigenfrequenzen (Eigenschwingungen) irgendwelcher Bauteile übereinstimmen. Physikalisch entsteht in solchen Fällen der Zustand der Resonanz, bei der die Schwingungsausschläge durch Aufschaukelung besonders groß werden und unter Umständen zum Bruch führen.

Sowohl bei regelmäßigen als auch bei stoßweisen Erregungen werden oft nicht nur einzelne Frequenzen angeregt, sondern breite Bereiche, so daß infolge der Abstrahlung zusätzlich auch Hörschall auftritt. Am seltensten ist diese Erscheinung wohl bei Erdbeben zu beobachten, bei denen es sich vorwiegend um waagerechte Schwingungen etwa mit der Frequenz 1 Hz handelt. Da normale Bauwerke in dieser Richtung eine verhältnismäßig geringe Steifigkeit besitzen, führen bereits geringe Ausschläge von etwa > 3 mm zu Schäden an Gebäuden.

Windstöße wirken sich — ähnlich wie Druckwellen von Explosionen — bei hohen Bauwerken wie eine plötzlich aufgebrachte Last aus und können Belastungssteigerungen bis zu 50% und mehr verursachen. Durch die Druckwellen von mit Überschallgeschwindigkeit fliegenden Flugzeugen (Überschallknall) können Bauwerke beschädigt werden, Glasscheiben, Glaskörper und z. B. auch Eier zerspringen.

Bei Glockentürmen ist Vorsicht notwendig, da schwere Einzelglocken Eigenschwingungen des gesamten Turmes oder des Glockenstuhls anregen können.

Menschengruppen können in gleicher Weise wie Fahrzeuge etwa auf Brücken und Gebäudedecken Schwingungen verursachen, die dann besonders gefährlich sind, wenn sie etwa bei 4 bis 150 Hz liegen. In diesem Bereich haben nämlich die meisten Holz- und Massivdecken eine starke Neigung, freie Biegeschwingungen auszuführen. Auch der menschliche Körper hat im Bereich um etwa 5 Hz eine starke Resonanz (Hauptresonanz).

Bei Untergrundbahnen → 82 sind die Störungen benachbarter Gebäude besonders groß, wenn die Tunnelröhren der Anregung keinen Widerstand entgegensetzen.

Zweifellos die zahlreichsten Schwingungserreger sind Maschinen, die heutzutage in sehr großer Zahl auch in Wohngebäuden (Waschmaschinen, Küchenmaschinen u. ä.) ihren Einzug gehalten haben. Die durch Maschinen erzeugten Schwingungen entstehen entweder durch kurzzeitige und sich wiederholende Schlagkräfte, wie etwa bei Schmiedehämmern, Stanzpressen und Exzenterpressen, oder durch regelmäßig wiederkehrende Flieh- und Massenkräfte, die etwa an Kolbenmaschinen, Gebläsen, Pumpen und elektrischen Umformern auftreten. → auch Flugverkehr, 86 und 252.

1 Richtwerte für die Beurteilung der Zumutbarkeit bei Aufenthalt in Wohnungen, vergleichbaren Räumen usw. nach DIN 4150 sinngemäß

Baugebiete		Zeit	KB-Anhaltswerte		
			Dauererschütterungen	wiederholt auftretende Erschütterungen	selten auftretende Erschütterungen
Kurgebiet, Krankenhäuser und Kuranstalten	(SO)	tags	0,1	0,1	4
		nachts	0,1	0,1	0,15
Kleinsiedlergebiete	(WS)	tags	0,2 (0,15)		4
Reine Wohngebiete	(WR)				
Allgem. Wohngebiete	(WA)				
Wochenendhausgebiete	(SW)	nachts	0,15 (0,1)		0,15
Dorfgebiete	(MD)	tags	0,3 (0,2)		8
Mischgebiete	(MI)				
Kerngebiete	(MK)	nachts	0,2	0,2	0,2
Gewerbegebiete*	(GE)	tags	0,4*	0,4*	12*
	(GI)		0,6	0,6	12
Industriegebiete	(GE)	nachts	0,3	0,3	0,3
	(GI)		0,4	0,4	0,4

Die eingeklammerten Werte sind insbesondere bei horizontalen Erschütterungen unterhalb von etwa 5 Hz anzustreben.

* gilt auch für Büroräume

2 Wahrnehmungsstärke und Erträglichkeit mechanischer Schwingungen (nach VDI 2057)

K	Stufe	Erträglichkeit
0,0	A (nicht spürbar)	—
0,1		
	B Fühlschwelle (gerade spürbar)	—
0,25		
	C (spürbar)	bei Aufenthalt in Wohnungen und praktisch ständiger Einwirkung erträglich
0,63		
	D (gut spürbar)	erträglich wie bei C, wenn Pausen mindestens 1 h lang und Einwirkungsdauer das Ein- bis Zehnfache der Pause nicht überschreitet
1,6		
	E (stark spürbar)	körperliche Arbeit ohne Unterbrechungen möglich
4,0		
	F (sehr stark spürbar)	erträglich wie E bei gelegentlichen Pausen von ca. 10 min und wenn Einwirkung das Zehnfache der Pausendauer nicht überschreitet
10,0		
	G (sehr stark spürbar)	körperliche Arbeit und Fahrt in Fahrzeugen möglich bei Unterbrechungen wie bei D
25,0		
	H (sehr stark spürbar)	Fahrt in Fahrzeugen über kürzere Zeit erträglich
63,0		

Schalldämmung, Dämpfung, Reflexion

Persönlicher Gehörschutz

Die einfachste und zweifellos älteste Schallschutz-Maßnahme ist die Verstopfung der Gehörgänge etwa mit Watte, Wachs, elastischen Plastikmassen, besonderen Ohrstöpseln, Ohrkapseln → 301 1 u. 2. Ihr Wirkungsgrad liegt im Durchschnitt zwischen 5 und 25 dB und nimmt mit der Frequenz zu (Anstieg bei hohen Frequenzen bis auf 40 dB). Mit einer Kombination aus Stöpseln und Kapseln lassen sich Schutzwirkungen von etwa 30 dB erzielen. Eine Minderung um mehr als etwa 40 dB ließe sich auf diese Weise auch theoretisch nicht erzielen, da dann die Übertragung über den Schädelknochen vorherrscht, die nur durch eine praktisch vollständige Kapselung des Kopfes vermindert werden kann.

Gehörschutzvorrichtungen werden nicht gern getragen. Vielfach wird behauptet, daß sie Unbequemlichkeiten und Unsicherheit verursachen und teilweise auch unhygienisch sind. Nachteile sind auch die Erschwerung der Ortung von Warnsignalen, Entzündung der Haut durch Druckstellen u.ä. Andererseits ist ihre Benutzung in sehr lauten Betrieben auf Flugplätzen, an Motoren- und Strahltriebwerksprüfständen usw. unerläßlich. Der immer wieder vorgebrachte Einwand, daß durch den Gehörschutz etwa die akustische Überwachung einer Maschine erschwert wird, erscheint nicht stichhaltig. Der Geräuschcharakter wird wegen der stärkeren Wirkung bei hohen Frequenzen wohl verändert. Im wesentlichen wird jedoch der Schallpegel insgesamt reduziert. Jede Änderung des Maschinengeräusches ist jedoch nach wie vor gut oder noch besser wahrzunehmen, letzteres dann, wenn das Ohr vorher überlastet war.

Beim Anlegen eines Gehörschutzes tritt zuweilen ein unangenehmer Druck der eingeschlossenen Luft auf das Trommelfell auf. Dieser Nachteil läßt sich durch eine notfalls schallgedämpfte Druckausgleichsöffnung von einigen Zehntelmillimetern Durchmesser beseitigen.

Die eigene Sprache hört man in jedem Fall wegen der überwiegenden Knochenleitung dunkler, während die Sprache anderer Menschen, Straßenverkehrslärm und ähnliche Geräusche meistens wenig verändert wahrgenommen werden.

Sehr praktisch ist die Verbindung von Gehörschutzkapseln mit einem Schutzhelm oder einer sehr leichten Schutzkappe → 301 1. Der Wirkungsgrad dieser Kombination beträgt im Durchschnitt bei einer Andrückkraft von 5 N in den einzelnen Oktavbereichen:

Hz:	63	125	250	500	1000	2000	4000	8000
dB:	10	8	13	22	35	35	40	31

Diese Analyse beweist, daß der größte Schutz im Bereich der größten Ohrempfindlichkeit liegt. Der höchste Dämmwert liegt in demjenigen Frequenzbereich, in dem die → Lärmschwerhörigkeit auftritt.

Schallschutz, Schalldämmung

Um in der heute sehr wichtigen Außen-Lärmbekämpfung voranzukommen, haben sich in den letzten Jahren unabhängig von DIN 4109 Wissenschaftler mit Vertretern der Lärmerzeuger und der Behörden vorerst auf gewisse Richtlinien geeinigt, die in der VDI-Richtlinie 2058 in DIN 18005 und in der TALärm zusammengefaßt wurden → 71 2. Nach der Bundes-Arbeitsstättenverordnung vom 20. 3. 75 soll der Lärm am Arbeitsplatz folgende Schallpegel (Beurteilungspegel) nicht überschreiten:

1. bei Arbeiten hoher geistiger Konzentration — 55 dB(A)
2. bei einfachen oder überwiegend mechanisierten Büroarbeiten und vergleichbarer Tätigkeit — 70 dB(A)
3. bei sonstigen Arbeiten [zulässige Überschreitung ausnahmsweise bis 5 dB (A)] — 85 dB(A)

Die genannten Grenzen liegen verhältnismäßig hoch und gewährleisten sicher nicht immer einen befriedigenden Zustand. Man sollte daher danach streben, sie um mindestens 10 dB(A) zu unterschreiten. Auch für die zulässige Schalleinwirkung auf die Nachbarschaft wurden obere Grenzen festgelegt. Sie sollen 0,5 m vor dem Fenster des nächstbenachbarten »fremden« Aufenthaltsraumes gemessen werden und je nach Baugebiet, Tageszeit und Nutzungsart 35 bis 70 dB (A) nicht überschreiten. Ausführliche Angaben hierüber enthält der Abschnitt »Klimatische und städtebauliche Voraussetzungen« auf Seite 71. Die Baugebietseinteilung entspricht der »Verordnung über die bauliche Nutzung der Grundstücke vom 26. 11. 1968. In älteren Baugebieten sollte man in jedem Einzelfall nach den tatsächlichen Gegebenheiten entscheiden. Stammt der Lärm von ungewöhnlichen Schallquellen innerhalb des Hauses, so sollte er nach der Richtlinie in den angrenzenden Wohnungen tagsüber 35 und nachts 25 dB (A) nicht überschreiten. Kurzzeitige Geräuschspitzen sollten den Richtwert um nicht mehr als 10 dB (A) überschreiten. Die Forderungen bzw. Empfehlungen überschneiden sich etwas mit der Norm → DIN 4109, die in den folgenden Abschnitten ausführlich behandelt wird → 71, → Wände 126, 1 → Decken 141 1 → Haustechnik 241.

Grundsätzlich gibt es zwei Möglichkeiten, um bautechnisch das erforderliche Ausmaß an Schutz vor unzumutbarem Lärm zu erzielen. In erster Linie sollte man versuchen, Schallquellen überhaupt zu vermeiden oder zu vermindern und erst in zweiter Linie die Auswirkungen des unvermeidlichen Lärms auf einen möglichst engen Bereich zu beschränken. Eine dieser Maßnahmen allein genügt selten. Jedenfalls sollte man immer beide Möglichkeiten untersuchen. Den Architekten und den übrigen Baufachleuten fällt hierbei eine sehr wichtige Aufgabe zu.

Schallquellen ganz zu beseitigen oder ihre Stärke zu verringern ist schwierig, da der Mensch selbst sehr oft die Störungen erzeugt, und wir andererseits heute mehr denn je auf die Benutzung von Maschinen angewiesen sind, die zwangsläufig Lärm verursachen. Die Zahl dieser Schallquellen nimmt ständig zu. Die erzielten und noch erzielbaren Verringerungen der Betriebslautstärke von Maschinen sind verhältnismäßig gering. Sie werden vielfach durch die Erhöhung der Schallquellenzahl sowie durch die Zunahme der Häufigkeit wieder ausgeglichen. Als wichtigste Maßnahme bleibt daher die zweite Schallschutzmöglichkeit, nämlich die Auswirkung der Schallquellen auf einen ihnen zugewiesenen möglichst kleinen Bereich zu beschränken. Für die Bautechnik und die Großraumplanung bedeutet das, nicht nur Gebäudeplanungen und Einrichtungen sondern darüber hinaus auch die städtebaulichen Konzeptionen → 71. u.a. nach schalltechnischen Gesichtspunkten zu orientieren.

Die einfachste und wirksamste Verringerung der Schallausbreitung läßt sich durch den Rückwurf der Schallwellen (→ 43 1a) erzielen. Beim Luftschall geschieht das durch möglichst schwere, dicke Einfachwände oder durch doppelschalige Konstruktionen, die bei gleicher Wirkung leichter sein dürfen. Nach dem empirischen Gewichtsgesetz (→ 43 2) nimmt die Luftschalldämmung jeweils bei Verdoppelung des Gewichts um etwa 4 dB zu.

GRUNDLAGEN

Schalldämmung, Dämpfung, Reflexion

a **Luftschalldämmung**
Der Schall wird durch schwere und dichte Baustoffe daran gehindert, sich von einem Raum in den anderen auszubreiten. Dies geschieht vorwiegend durch die Reflexion der Luftschallwellen.

b **Schallabsorption**
(Luftschalldämpfung): Die Reflexion der Schallwellen (z. B. an einem dämmenden Bauteil) wird durch »Bremsen« der schwingenden Luftteilchen in einem besonderen → Schallschluckstoff oder → Mitschwinger verringert oder ganz aufgehoben. Schallabsorption im Sinne der Baunormen ist auch vorhanden, wenn Luftschall durch Raumbegrenzungen oder Öffnungen hindurchgeht.

c **Körperschalldämmung**
Unterbrechung der Schallausbreitung in festen Körpern, z. B. durch Zwischenschalten von Luftschichten oder anderen möglichst elastischen Stoffen bzw. Konstruktionen.

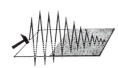

d **Körperschalldämpfung**
Minderung der Schallausbreitung und insbesondere -Abstrahlung bei festen Stoffen, z. B. durch Sandfüllung oder bei Blechen u. ä. durch gefüllte Kunststoffe, bituminöse Schichten usw. Der Schall wird dem Prinzip nach wie bei der echten Luftschallabsorption in Wärme umgewandelt.

1 Die vier Grundprinzipien für Schallschutz-Maßnahmen im Bauwesen.

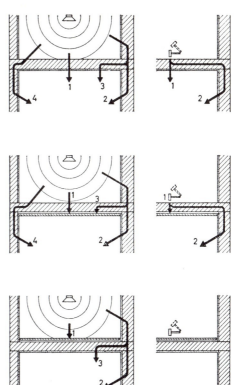

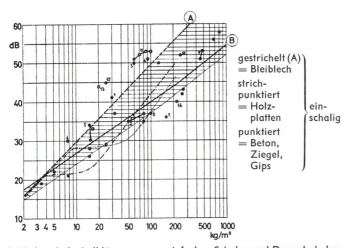

2 Mittlere Luftschalldämmung von einfachen Schalen und Doppelschalen in Abhängigkeit von der Masse. Die gestrichelte Gerade A kennzeichnet die nach der Massetheorie zu erwartende Dämmung. Die geknickte Linie B gibt die Werte nach dem empirischen Bergerschen Gesetz an. Die Einzelwerte bedeuten:

1 2,5 cm dicke Holzwolle-Leichtbauplatte, einseitig Kalkputz
2 beidseitig verputzte Holzwolle-Leichtbauplatte, Gesamtdicke 7 cm
3 Holzwolle-Leichtbauplatten mit Magnesit verklebt, Gesamtdicke 11 cm
4 2 Strohplatten mit Mörtel verklebt, Gesamtdicke 12 cm
5 2 mm dickes Stahlblech
6 1 mm dickes Stahlblech
7 viertelsteindicke Ziegelwand
8 10 cm dicke, beidseitig verputzte Wand aus leichten porösen Steinen
9 25 cm dicke, vollfugig gemauerte Vollziegelwand, beidseitig Putz
10 steife Stahlbeton-Rippendecke ohne Hohlkörper
11 Doppelwände aus biegeweichen Platten
12 1 und 2 mm dickes Stahlblech mit 50 mm gedämpftem Hohlraum
13 2 Stahlbleche mit weicher Zwischenschicht
14 2 5 cm dicke steife Schalen mit 4 cm dickem ungedämpftem Hohlraum, Außenseiten verputzt

3 Schallübertragungswege in üblichen Hochbauten. Der Schall wird nicht nur direkt durch die betreffende Trennwand bzw. Trenndecke in die angrenzenden Räume übertragen, sondern auch durch die flankierenden Bauteile. Diese Nebenwegübertragung ist häufig so stark, daß es keinen Sinn hat, die betreffende Trennkonstruktion zu verbessern, ohne die angrenzenden Bauteile zu verändern.

Links Luftschallausbreitung, rechts Trittschallübertragung. Weg 1 läßt sich durch eine Vorsatzschale auf der lauten oder auf der leisen Seite gleichwertig unterbinden. Bei Isolierung auf der lauten Seite wird gleichzeitig Weg 4 verhindert, bei Anordnung der Vorsatzschale auf der leisen Seite Weg 3. Die beste Trittschallschutz-Maßnahme ist eine Vorsatzschale (schwimmender Estrich) oder ein weicher elastischer Belag auf der lauten Seite, da so nicht nur Weg 1, sondern auch Weg 2 erfaßt wird. Das Höchstmaß an Schalldämmung ist nur durch eine »Raum im Raum-Gestaltung« zu erzielen → 4. Gegen übermäßige Längsleitung auf dem Weg 2 müssen die flankierenden Bauteile (auch Außenwände) bei starrer Bauweise o. ä. mindestens 250 kg/m² Masse besitzen. Wenn alle vorhandenen Schallwege (Decken, Fassade, flankierende Innenwände) R_w = 52 dB LSM besitzen, ergeben sich resultierend ungünstigstenfalls nur R_w = 46 dB LSM. Die Prüfung der Längsdämmung ist für den Schallschutz entscheidend.

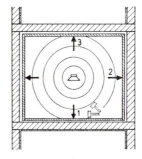

4 Prinzip der »Raum im Raum-Gestaltung«. Dieses beim Rundfunk am konsequentesten angewendete Prinzip beruht darauf, nicht nur den schwimmenden Estrich, sondern auch die inneren Wand- und Deckenschalen vom übrigen Bauwerk völlig unabhängig ohne irgendwelche starren Verbindungen auszubilden. So werden sämtliche Luft- und Körperschallwege unterbunden. Die Grenze der damit erzielbaren Schalldämmung dürfte bei etwa 70 dB liegen.

Schalldämmung, Dämpfung, Reflexion **GRUNDLAGEN**

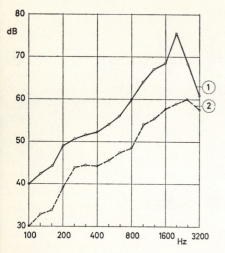

1 Effektive Luftschalldämmung in mehrgeschossigen Wohngebäuden (nach P. Schneider).
① Pegeldifferenz über zwei Geschosse 57 dB i.a.M.
② Pegeldifferenz über ein Geschoß 47 dB i.a.M.

Die Differenz der beiden Mittelwerte beträgt lediglich 10 dB. Dieser verhältnismäßig geringe Wert ist darauf zurückzuführen, daß sich die an sich gute Einzeldämmung der beiden Decken keineswegs addiert, sondern durch die Nebenwegübertragung über die Wände, insbesondere die Außenwände, erheblich begrenzt wird. Dieser Effekt ist um so weniger ausgeprägt, je größer die Körperschalldämmung des Wandmaterials bzw. der Anschlußfugen ist. Ähnlich liegen die Verhältnisse beim Trittschall. Durch direkte Anregung einer Hohlkörperdecke ohne isolierende Auflage (Wände aus Ziegelmauerwerk) ergab sich im übernächsten Stockwerk lediglich ein um 6 dB bei tiefen und um 22 dB bei hohen Frequenzen geringerer Schallpegel. Im Durchschnitt betrug die Schallpegelabnahme 12 dB (Wände aus Ziegeln). Oft beträgt die Abnahme von Stockwerk zu Stockwerk nur 5 bis 7 dB, z. B. wenn die Bauteile noch leichter sind.

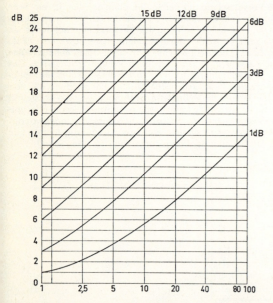

2 Verschlechterung der Schalldämmung von Wänden, Decken u.dgl., wenn die betreffenden Bauteile Stellen geringerer Dämmung besitzen, wie z. B. Außenwände mit Fenstern oder Trennwände mit Türen usw. Auf der Ordinate wurden die Unterschiede der Schalldämm-Maße, z. B. zwischen Wand und Fenster, und auf der Abszisse das dazugehörige Flächenverhältnis aufgetragen. Wenn z. B. bei einem Flächenverhältnis zwischen Gesamt-Wand und Fenster von 5 der Unterschied der Dämmwerte 22 beträgt (z. B. Wand 50 dB, Tür 28 dB), so beträgt die Gesamtdämmung 50−15 = 35 dB (nach DIN 4109).

Theoretisch müßte die Zunahme 6 dB betragen. Die Ursache dieser Abweichung liegt zum Teil an der sogenannten Schalllängsleitung über die angrenzenden Längswände oder Decken (→ 43 3, 43 4 und 1) sowie in → Resonanzerscheinungen, wie z. B. am Einfluß der Elastizität der betreffenden Wände (→ Spuranpassung). Die Biegesteifigkeit sollte entweder extrem groß oder extrem klein sein. Sind Stellen geringerer Schalldämmung vorhanden, so läßt sich die resultierende Schalldämmung nach 2 berechnen.

Die Luftschalldämmung von Doppelschalen ist nur dann größer als diejenige gleichschwerer Einfachschalen, wenn man darauf achtet, daß nicht nur der ungünstige Elastizitätsbereich vermieden wird, sondern daß die Resonanz zwischen den beiden Schalen als Massen und dem eingeschlossenen Luftpolster als Feder außerhalb des bauakustisch wichtigen Bereichs liegt. Diese Resonanz (→ Eigenfrequenz) sollte immer weit unterhalb von 100 Hz liegen, das heißt, das Luftpolster sollte möglichst dick und die beiden Schalen sollten so schwer wie möglich sein.

Im Resonanzbereich ist die Luftschalldämmung von Doppelschalen schlechter als bei der gleichschweren Einfachschale. Nur oberhalb der Resonanzfrequenz ist die Schalldämmung besser. Aus diesem Grunde dürfen eingeschlossene Schallschluckstoffe, die zur Dämpfung der im Hohlraum entstehenden Wellen zweckmäßig sind, nicht zu steif sein. Geeignet sind hochporöse und elastische Schallschluckstoffe, wie z. B. Glasfaserfilz, Steinwolle sowie die verschiedenen lockeren Filze aus Naturfasern.

Um ein gewisses Mindestmaß an Luft- und Trittschalldämmung sicherzustellen, fordert die deutsche Schallschutznorm DIN 4109 in den einzelnen bauakustisch wichtigen Frequenzbereichen ganz bestimmte Mindestwerte für die Dämmung bzw. Höchstwerte für das zulässige Ausmaß des noch verbleibenden Schallpegels an Hand sogenannter Sollkurven → 45 1 und 45 2. Bei Schallschutzforderungen an Decken, Wänden u.ä. wird immer mit Hilfe des → Schallschutzmaßes auf diese Kurven Bezug genommen. Je größer dieses Schallschutzmaß, um so größer der vorhandene Schallschutz. Wenn das Schallschutzmaß (abgekürzt LSM bzw. TSM) ein negatives Vorzeichen hat, so bedeutet dies, daß die Dämmung nicht der Sollkurve genügt, LSM und R'_w → 3. Eine Ausnahme bilden die Schallschutzforderungen bei haustechnischen Anlagen, gewerblichen Betrieben o.ä. → 228. Die Lautstärke solcher Anlagen darf in benachbarten fremden Wohn-, Schlaf-, Arbeits- und Büroräumen in Raummitte gemessen 30 DIN-phon nicht überschreiten. Bei Anlagen, die nur in der Zeit von 7 bis 22 Uhr in Betrieb sind, darf die Lautstärke ausnahmsweise bis zu 40 DIN-phon betragen (DIN-phon = dB A). Die Sollkurve für den Mindest-Luftschallschutz kennzeichnet ein LSM von 0 dB und ein mittleres → Schalldämm-Maß R von 51,5 dB (R' = 49,5 dB). Wie sich diese Dämmung im Vergleich zu geringeren Werten subjektiv auswirkt, ist mit den entsprechenden neueren R'_w-Werten in 3 dargestellt.

3 Subjektive Wirkung verschiedener Schalldämmwerte bzw. Schallschutzmaße

R'	R'_w	LSM	
30 dB	32	−20	normale Sprache deutlich zu verstehen
35 dB	37	−15	übliche Unterhaltungssprache zu verstehen
40 dB	42	−10	übliche Unterhaltungssprache nicht mehr zu verstehen, jedoch wahrnehmbar
45 dB	47	− 5	Schreibmaschine deutlich hörbar, laute Sprache kaum verständlich
50 dB	52	± 0	Schreibmaschinen und Sprechen unhörbar, Gesang und Musik störend. Sehr lautes Sprechen unverständlich
53 dB	55	+ 3	Gesang kaum wahrnehmbar, Musik weniger störend
60 dB	62	+10	Musik nicht mehr störend. Radio nicht hörbar

GRUNDLAGEN

Schalldämmung, Dämpfung, Reflexion

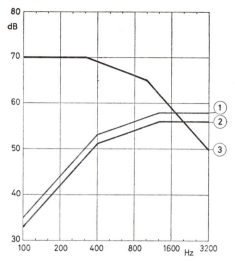

1 Sollkurven für den Luftschallschutz und Trittschallschutz nach DIN 4109.
① erforderliches Mindestmaß der Luftschalldämmung für Wände und Decken auf Prüfständen ohne Nebenwege (Schalldämm-Maß R)
② erforderliches Luftschalldämm-Maß für Wände und Decken im Bau und auf Prüfständen mit bauüblichen Nebenwegen (Schalldämm-Maß R_w)
③ max. zulässiger Normtrittschallpegel auf Decken in Prüfständen ohne Nebenwege (Normtrittschallpegel L_n) und auf Decken im Bau und auf Prüfständen mit bauüblichen Nebenwegen (Normtrittschallpegel L'_n)

Bei den Sollkurven für den Luftschallschutz liegt also der günstige Bereich oberhalb der Kurven und beim Trittschallschutz unterhalb. Die Werte auf der Ordinate haben jeweils eine andere Bedeutung.

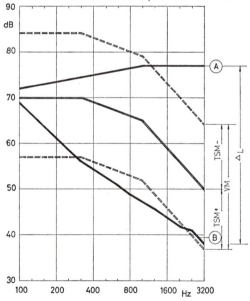

2 Zusammenhang zwischen → Trittschallschutz-Maß (TSM), → Verbesserungsmaß des Trittschallschutzes (VM) und → Trittschallminderung ΔL. Die beiden ersten Größen beziehen sich auf die mit einem Doppelstrich ausgezogene Sollkurve, deren Lage in DIN 4109 allgemeingültig festgelegt wurde. Die Trittschallminderung kennzeichnet dagegen den Unterschied zwischen den beiden Kurven A und B. A kennzeichnet im vorliegenden Fall den Normtrittschallpegel der für die Messungen im Laboratorium verwendeten sogenannten Bezugsdecke aus einer einschließlich Ausgleichsestrich 14 cm dicken Stahlbeton-Massivplatte. Die Kurve B entspricht dem vorhandenen Normtrittschallpegel, wenn auf der Decke nach Kurve A z. B. ein guter schwimmender Estrich verlegt wurde. Die gestrichelten Doppellinien bei Kurve A und bei Kurve B sind die um das vorhandene Trittschallschutz-Maß in den negativen (TSM −) bzw. positiven (TSM +) Bereich verschobenen Sollkurven.

Luftschalldämpfung

Mit der Schalldämmung nicht verwechselt werden darf die Schalldämpfung. Im Gegensatz zur Schalldämmung wird der Schall hierbei nicht zurückgeworfen, sondern hindurchgelassen oder bei der echten Dämpfung in mechanische Arbeit und Wärme umgewandelt → 212. Eine praktisch vollständige Schallabsorption ist jedoch nur mit sehr dicken Dämmstoffschichten möglich, ähnlich wie sie in schalltoten Räumen verwendet werden → 226 4. Die Schallabsorption durch direkte Umwandlung in Wärme, also die → Dissipation, ist nicht nur zur Lärmbekämpfung geeignet, sondern spielt auch in der Raumakustik eine große Rolle. Sie beeinflußt im wesentlichen die → Nachhallzeit, die je nach Raumgröße bis zu 10 und mehr Sekunden betragen kann. Für die Zwecke der Lärmbekämpfung sollte man immer danach streben, sie so kurz wie nur irgend möglich zu halten. Die durch schallabsorbierende Verkleidungen erzielbare → Raumschalldämpfung wirkt sich gewöhnlich in einer Kürzung der Nachhallzeit um den Faktor 3 bis bestenfalls ca. 10 aus, was einer berechenbaren Pegelminderung außerhalb des → Hallradius um etwa 5 bis 10 dB bzw. phon bedeutet. Die Möglichkeiten einer Lärmbekämpfung durch schallabsorbierende Raumauskleidungen sind also begrenzt und nur dort sinnvoll, wo die Nachhallzeit etwa um das erwähnte Maß reduziert werden kann.

Als zusätzliche Schallschutz-Maßnahmen sind besondere absorbierende und gleichzeitig dämmende Abschirmungen → 136 sehr wirksam. Sie müssen ähnlich wie Schallreflektoren für raumakustische Zwecke ausreichend groß sein, also mindestens die Größe der noch abzuschirmenden größten Schallwellenlänge besitzen. Sie sollten immer, zumindest schallquellenseitig, schallschluckend verkleidet werden.

Eine stärkere Beeinflussung der Schallausbreitung durch Absorption ist in flachen, langen Räumen möglich, die ähnlich wie in Schalldämpfern → 234 eine stärkere Abnahme des Schallpegels mit der Entfernung von der Schallquelle gestatten.

Durch Dissipation läßt sich in bestimmten Grenzen eine Schalldämmung ohne Reflexion der Schallwellen erzielen. Sie nimmt mit der Frequenz stark zu, erreicht jedoch bei einem akustischen → Strömungswiderstand zwischen ca. 6 und 25 Rayl/cm und Rohdichten bis zu etwa 130 kg/m³ durchschnittlich keine höheren Werte als etwa 15 bis knapp 40 dB pro 25 cm Schichtdicke. Durch Verdoppelung der Schichtdicke ist im Gegensatz zum Bergerschen → Gewichtsgesetz auch eine Verdoppelung dieser Werte zu erwarten. Bei einer solchen »Dämmung durch Absorption« ist es wichtig, für eine gute Anpassung des Strömungswiderstandes an die Luft zu sorgen, da ein zu hoher Strömungswiderstand zumindest teilweise Reflexion erzeugt → schalltote Räume, 285.

Körperschallisolierungen

Wesentlich anders als beim Luftschall liegen die Verhältnisse beim Körperschall. Er ist meistens viel schneller als der Luftschall → 99 3 und erleidet bei seiner Ausbreitung eine viel geringere Dämpfung als dieser. Daraus resultiert die überragende Bedeutung von Körperschallisolierungen an Maschinen, bei Fußböden u. dgl. Maßgebend für das Ausmaß der erzielbaren Körperschallisolierung ist das Federungsvermögen der zwischenzuschaltenden Dämmstoffe oder Isolierungselemente sowie das Gewicht des zu isolierenden Körperschallerregers. Ähnlich wie bei Doppelwänden kann auch bei solchen Isolierungen Resonanz

Schalldämmung, Dämpfung, Reflexion — GRUNDLAGEN

entstehen. Resonanzen führen zu großen Aufschaukelungen und Bewegungen der zu isolierenden Teile, die so stark werden können, daß Zerstörungen auftreten. Im Resonanzbereich ist keine Minderung (Isolierung), sondern eine Verstärkung vorhanden. Im normalen Hochbau ist die wichtigste Körperschallschutzmaßnahme die dynamische Gründung von Maschinen o. ä. → 252 sowie die trittschallisolierende Ausbildung von Fußböden → 187, da alle heute üblichen Rohdecken ohne besondere isolierende Fußböden oder Unterböden keine ausreichende Schallschutzwirkung besitzen. Es kann sogar notwendig sein, nicht nur die Trittschallisolierung, sondern gleichzeitig die Luftschalldämmung der betreffenden Decken zu verbessern, wofür sich die schwimmenden Estriche → 199 und die davon abgeleiteten Konstruktionen besonders bewährt haben. Im Prinzip wirkt der schwimmende Estrich wie eine Doppelschale, lediglich mit dem Unterschied, daß das eingeschlossene Federungselement aus Luft und Dämmstoff wegen der erforderlichen Tragfähigkeit wesentlich härter sein muß als z. B. bei Doppelwänden.

Welche Wege der Körperschall in einem normalen Bauwerk nimmt und wie die einzelnen Übertragungswege praktisch unterbrochen werden können, wurde bereits in 43 3 und 43 4 erläutert. Auch hier ist es wichtig, den Zustand der Resonanz sorgfältig zu vermeiden. Zu diesem Zweck muß man die berechenbare oder notfalls durch Messungen zu ermittelnde tiefste Erregerfrequenz sowie die → Eigenfrequenz kennen. Je größer der Unterschied zwischen der kritischen Eigenfrequenz und der nächsten Frequenz der Anregung (Störschall) bei → überkritischer Abstimmung, um so größer ist der Isolierwirkungsgrad, den man in % oder dB → 1 angeben kann.

Den Zusammenhang zwischen Erregung, Eigenschwingungszahl, Materialdämpfung und Isolierwirkungsgrad in % erläutert Bild 2. Die Spitze bei 1 auf der Abszisse kennzeichnet den Zustand der Resonanz, der unbedingt vermieden werden muß, da es hierbei zu sehr gefährlichen → Aufschaukelungen kommen kann.

Körperschallisolierungen bedürfen in gleicher Weise wie Erschütterungsisolierungen → 46 immer der Mitarbeit eines Sachverständigen.

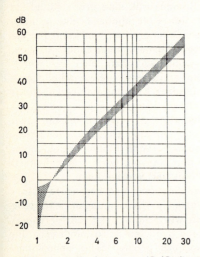

1 Körperschallisolierung in dB (Ordinate) bei Federisolatoren, Gummimetallverbindungen, Korkplatten, Glaswolleplatten o. ä. in Abhängigkeit vom Verhältnis der Erregerfrequenz zur Resonanzfrequenz bzw. → Eigenfrequenz (Abszisse). Die Schraffur kennzeichnet den Streubereich. Fällt die Erregerfrequenz mit der Resonanzfrequenz (System-Eigenfrequenz) etwa zusammen, so wird das Gegenteil einer Isolierwirkung erreicht. Die auf den Untergrund einwirkenden Kräfte können dann größer sein als bei fehlender Isolierung. Erst wenn die Erregerfrequenz mehr als zweimal so groß ist wie die Resonanzfrequenz, ist ein nennenswerter Isolierwirkungsgrad vorhanden.

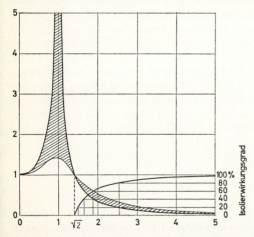

2 Zusammenhang zwischen Isolierwirkungsgrad in Prozent und der Lage der Resonanzfrequenz (→ Eigenfrequenz). Die Zahlen auf der Ordinate kennzeichnen das Verhältnis zwischen übertragener Kraft zur Erregerkraft und die Zahlen auf der Abszisse das Verhältnis zwischen Erregerfrequenz und Eigenschwingungszahl. Beim Abszissenwert 1 fallen also Erregerfrequenz und Eigenschwingungszahl zusammen, wobei sich der Zustand der Resonanz ergibt. Die schraffierte Fläche kennzeichnet den Einfluß der technisch möglichen Dämpfungen. Erst oberhalb eines Frequenzverhältnisses von etwa 2 kann mit einem praktisch brauchbaren Isolierwirkungsgrad gerechnet werden.

Erschütterungsschutz

Nach dem heutigen Stand der Technik ist ein ausreichender Erschütterungsschutz fast immer möglich. Dies ist selbst bei Erdbeben der Fall, wie das erdbebensichere Hotel von Frank Lloyd Wright in Tokio bereits vor Jahrzehnten bewies. Bekanntlich wurde bei diesem Projekt erstmalig die von Wright erfundene Pfahlwurzel verwendet. Die einfachste Möglichkeit, ein Gebäude vor Zerstörungen durch derartige Schwingungen zu schützen, ist entweder eine sehr elastische, leichte oder eine möglichst steife Ausbildung. Durch Versuche wurde festgestellt, daß übliche Baustoffe bei tieffrequenter Schwingungsbeanspruchung auf die Dauer erhebliche Ermüdungserscheinungen zeigen, selbst wenn sie jeweils nur mit den statisch zulässigen Spannungen beansprucht werden. Die Schwingfestigkeit beträgt bei dauernder Einwirkung lediglich etwa ein Drittel der statischen Festigkeit.

Das einfachste Verfahren, dieser Besonderheit gerecht zu werden, ist die Berücksichtigung der sogenannten statischen Ersatzlast für die Schwingungsbeanspruchung, die aus der Schwingungsgröße mit Hilfe des Ermüdungsbeiwerts ermittelt wird. Die üblichen Ermüdungsbeiwerte liegen, je nach Häufigkeit der Beanspruchung, zwischen 1,0 und 3,0. In den meisten Fällen dürfte sich die Ersatzlast als Zuschlag von 15 bis 20% auf die tatsächlichen statischen Belastungen auswirken. Jedenfalls wird in der Praxis mit derartigen Werten für die → Schwingfestigkeit gerechnet. Bei Gefahr von Erdbeben ist es bekanntlich üblich, den statischen Nachweis der Seitenfestigkeit zu erbringen. Die Größe der anzunehmenden Belastung ist je nach Qualität des Baugrundes verschieden und beträgt im Normalfall etwa 10% der vorhandenen senkrechten Belastung.

Bei steifer Bauweise grundsätzlich wichtig ist eine zusammenhängende kastenförmige Ausbildung durch gute Verbindung an den Ecken sowie ein möglichst großer Abstand vom Ursprungsort

GRUNDLAGEN

(Erschütterungsherd). Zwangsläufig nebeneinanderliegende Gebäude dürfen miteinander keine starre Verbindung besitzen und sollten durch einen möglichst breiten Luftspalt vollständig voneinander getrennt werden.

Die steife Ausbildung der Gebäude ist nur dann richtig, wenn es ausschließlich um die Erhaltung der Standfestigkeit geht und wenn am Erreger selbst keine Vorkehrungen getroffen werden können. Dies trifft für »langsame« Erschütterungen und für die oben erwähnten Naturereignisse zu. Diese sind allerdings in unserer geographischen Lage weniger gefährlich, da bei uns beispielsweise Erdbeben oder Wirbelstürme höchst selten und dann auch nur mit geringer Stärke auftreten. An allen übrigen Schwingungserregern sollte man (ähnlich wie bei den üblichen Maßnahmen gegen Körperschall → 45) zuerst versuchen, die Entstehung von Schwingungen etwa durch gute Auswuchtung beziehungsweise durch Massenausgleich weitgehend zu verringern oder eine möglichst enge örtliche Begrenzung der Auswirkungen zu erreichen. Hierdurch würde man nicht nur die Standfestigkeit der Gebäude sichern, sondern auch alle anderen möglichen Störungen verhindern. Der Idealfall ist eine Isolierung sämtlicher auftretenden Frequenzen, gleichgültig, ob es sich vorwiegend um Erschütterungen oder um Körperschall (d. h. Schwingungen im Hörbereich) handelt. Dies ist bei geeigneter Abfederung mit einem Wirkungsgrad von 90 bis 95% und mehr durchaus möglich. In solchen Fällen sind Maßnahmen gegen zusätzliche Schwingungsbeanspruchung des Bauwerks überhaupt nicht notwendig.

Die Beschaffenheit der erforderlichen Abfederung richtet sich nach der gefährlichsten Erregerschwingung. Liegt sie verhältnismäßig hoch, wie z. B. bei hochtourigen Maschinen mit kleinen freien Massenkräften, so genügt oft eine getrennte Auflagerung auf den Baugrund, wenn dieser nicht zu hart ist, also etwa aus Fels o.ä. besteht.

Nach den gleichen Gesichtspunkten, die bei der Erregerisolierung (→ Aktivisolierung) wichtig sind, ist auch der Schwingungsschutz besonders empfindlicher Einrichtungen gegenüber dem eventuell schwingenden Gebäude vorzunehmen (→ Passivisolierung). Zu diesem Zweck wurden schon ganze Räume ähnlich wie der Hammer in Bild 253 3 an Stahlfedern aufgehängt. Auch im Studiobau des Rundfunks bedient man sich dieser Prinzipien. In vielen Fällen genügen allerdings schon »schwebende« Boden- oder Tischplatten.

Raumakustik

Die Nachhall-Theorie

Die → Hörsamkeit, d.h. die Eignung von Räumen beliebiger Größe für Gesang, Musik, Vorträge und dergleichen vorauszubestimmen, hat seit jeher zu den besonderen Problemen der Architektur gehört. Früher galt eine gute Akustik schlechthin als Glückssache. Erst mit der Entwicklung der elektronischen Meßtechnik gelang es, den Komponenten einer guten Raumakustik exakt nachzugehen und die maßgebenden Größen sowie deren Zusammenhänge weitgehend zu klären.

Das am meisten verbreitete und heute noch allgemein übliche raumakustische Berechnungsverfahren lieferte die sogenannte Sabinesche Nachhalltheorie, zurückgehend auf Untersuchungen des Amerikaners W. C. Sabine, der vor etwa 50 Jahren als Professor der Physik an der Harvard-Universität in Cambridge, Mass., tätig war. Sabine ging davon aus, daß die → Nachhallzeit das charakteristischste raumakustische Merkmal ist. Von ihm stammt die bekannte Erfahrungsformel:

$$T = 0{,}163 \frac{V}{A}.$$

T = Nachhallzeit in Sekunden, das ist die Zeit, die verstreicht, bis die mittlere Energiedichte einer plötzlich abgestellten Schallquelle auf ihren millionsten Teil (der Schallpegel also um 60 dB) absinkt,

V = Volumen des Raumes in m³,

A = insgesamt vorhandene Absorption in m² 100%ig absorbierender Fläche = äquivalente → Schallschluckfläche.

Die Zahl 0,163 ist eine von der Schallgeschwindigkeit und der Absorption in Luft abhängige Konstante.

Die Sabinesche Nachhalltheorie besagt also, daß die Nachhallzeit bautechnisch ausschließlich von zwei veränderlichen Größen abhängig ist, nämlich dem Volumen des Raumes und dem Gesamtabsorptionsvermögen. Durch einfache Umstellung der Gleichung läßt sich die Gesamtabsorption und damit auch der Schallschluckgrad → DIN 52212 der Raumbegrenzungen berechnen, wenn die Größe der vorhandenen Absorptionsflächen bekannt ist. Die Raumakustik wäre kein Problem mehr, wenn die vorstehend erläuterten einfachen Beziehungen immer gültig wären und wenn man die Nachhallzeit als die allein maßgebende Größe ansehen könnte. Das ist nach dem heutigen Stand der Wissenschaft leider nicht der Fall. Sabine kannte noch keine elektronischen Meßgeräte, wie sie uns heute zur Verfügung stehen. Für seine Nachhallmessungen benutzte er die Stoppuhr und konnte daher unter anderem gewisse Unterschiede in der Art des Nachhallvorganges, wie sie auf den heute zur Nachhallmessung verwendeten Pegelschnellschreibern → 67 deutlich zum Ausdruck kommen, nicht nachweisen. Seine Annahme, daß die Nachhallzeit überall im Raum gleich ist, daß sie auch von der Lage der Schallquelle unabhängig ist und daß der Einfluß einer Schluckstoff-Fläche auf die Nachhallzeit von ihrer Lage im Raum unabhängig ist, kurz gesagt, daß der sogenannte statistische Zustand vorhanden ist, hat sich nicht für alle Fälle bestätigt. Bei genauen Nachhallmessungen stellt man immer wieder fest, daß die Nachhallzeit innerhalb eines Raumes erhebliche Unterschiede aufweisen kann und daß selbst der Nachhallvorgang in einer Weise erfolgen kann, die der Definition des Begriffes »Nachhallzeit« nicht gerecht wird. Die Unterschiede finden ihre Ursache in der jeweils verschiedenen Raumform, in ungünstigen Proportionen des Raumes oder in der Konstruktion und in dem damit zusammenhängenden Ausbau. Bei solchen Räumen kann man nicht mit der Sabineschen Nachhallformel rechnen, solange man nicht durch Veränderungen des Raumes und durch zusätzliche Ausbaumaßnahmen dafür sorgt, daß die meist nachteiligen Abweichungen von den Sabineschen Voraussetzungen nicht mehr vorhanden sind.

Weiterhin ist es nach den vorliegenden neueren Forschungsergebnissen keineswegs so, daß der Einfluß einer Schluckstoff-fläche auf die Nachhallzeit praktisch unabhängig von ihrer Lage im Raum ist. Bringt man z. B. die gleiche Menge eines bestimmten Schallschluckstoffes an verschiedenen Stellen und in jeweils verschiedener Form innerhalb eines Raumes an, wird man feststellen, daß die Nachhallzeit verschieden lang ausfällt. In bestimmten Frequenzbereichen können die Unterschiede um mehr als den Faktor 2 variieren. Man kann also Schallschluckstoffe so einbauen, daß sie gegenüber einer anderen Anordnung etwa den doppelten Wirkungsgrad haben.

Die noch weit verbreitete Ansicht, der Schallschluckgrad von Baustoffen, Akustikplatten und dergleichen wäre eine unveränderliche Materialkonstante, trifft zumindest bei der praktischen Anwendung solcher Stoffe im Hochbau nicht zu. Um diese Tatsache eindeutig nachzuweisen, hat ein westdeutsches Institut in einem sehr stark hallenden Raum (Hallraum) den Schallschluckgrad von Mineral-Wollfilz-Platten nach der Sabineschen Nachhalltheorie bei verschiedenen Anordnungen untersucht (10 m² 5 cm dicke Platten der Qualität 120 kg/m³). Als die Platten derart in drei etwa gleichgroßen Flächen in einer Raumecke verlegt wurden, daß sie die drei in der Ecke zusammenstoßenden Raumbegrenzungen vollständig verdeckten und die freien Kanten eine Länge von 8 m besaßen, hatte dieses Material die geringste Absorption mit einem arithmetischen Mittelwert von 0,44. Der größte Schallschluckgrad war bei Verteilung der jeweils 0,5 m² großen einzelnen Platten jeweils in Wandmitte vorhanden. Die Platten stießen also in diesem Fall nicht aneinander und auch nicht an den Fußboden, an die anderen Wände oder an die Decke. Ihre Kanten waren mit einer Gesamtlänge von 60 m rundherum frei. Der Schallabsorptionsgrad betrug in diesem Fall 1,07. Er war also um das 2,43fache größer als bei der ersten Meßanordnung, dementsprechend war auch die Nachhallzeit kürzer.

Der Wirkungsgrad derartiger Schallschluckstoffe ist im mittleren Frequenzbereich, etwa zwischen 300 und 3000 Hz, am meisten von der Art der Verlegung abhängig. Bei Frequenzen, in deren Bereich der genannte Schallschluckstoff ohnehin eine geringe Absorption besitzt (also unterhalb von 100 bis 200 Hz), und bei hohen Frequenzen etwa oberhalb von 6000 Hz war dieser »Kanteneffekt« geringer oder überhaupt nicht vorhanden. Auch bei Einfassung sämtlicher freien Kanten mit Brettern, deren Höhe größer war als die Dicke des Schluckstoffes, verschwand der »Kanteneffekt« weitgehend. Die Ursache für diese großen Unterschiede hat man anfangs ausschließlich in der Tatsache gesehen, daß die freie Kantenlänge bei der ersten Meßanordnung wesentlich geringer war als bei der zweiten. Weitere Versuche haben jedoch ergeben, daß auch die Art des Schallfeldes innerhalb des Raumes, die durch die andersartige Verlegung des Schluckstoffes ebenfalls verändert wird, den Schallschluckgrad und damit auch die Nachhallzeit beeinflußt. Je gleichförmiger das Schallfeld innerhalb des Raumes ist, um so geringer sind die Unterschiede in der Nachhallzeit und im Absorptionsgrad der Raumbegrenzungen. Diese Unterschiede treten sonst bis zu einem gewissen Grade auch auf, wenn die freie Kantenlänge nicht verändert wird. Für eine zuverlässige Vorausberechnung der Nachhallzeit wird man folglich eine solche Gleichförmigkeit fordern müssen.

Sofern der Raum nicht ohnehin durch eine ungleichmäßige Rohbauform und plastische Auflösung der Raumbegrenzungen eine gute → Diffusität besitzt, ist es notwendig, ihn mit diffus reflektierenden Raumbegrenzungen und Streukörpern zu versehen. Außerdem ist darauf zu achten, daß die Eigenfrequenzen des Raumes gleichmäßig verteilt und gedämpft sind (jeder begrenzte Luftraum ist für jede seiner Dimensionen ein für sich allein schwingungsfähiges Gebilde). Die für die Vorausberechnung der Nachhallzeit bestehenden weiteren Unsicherheiten kann man

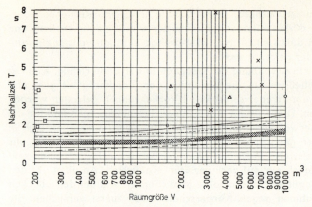

1 Optimale mittlere Nachhallzeiten für Räume zwischen 200 und 10000 m³ Größe.

ausgezogen: für Gesang und Orgelmusik
gestrichelt: Mittelwerte für Orgel, Gesang und Predigt in Kirchen
schraffierter Bereich: Konzertsäle
strichpunktiert: Hörsäle, Schulklassen und andere Räume für sachliche Sprachvorträge nach DIN 18041 u. a.

Diese Werte gelten jeweils für den besetzten Zustand. Zum Vergleich zeigen die nachstehend erläuterten Symbole Vergleichswerte für einzelne untersuchte Räume ohne Besetzung und ohne spezielle akustische Ausstattungen:

☐ Klassenräume und Hörsäle   × Kirchen
△ Theater und Konzerträume   ○ Turn- und Versammlungshallen

Die große Streuung dieser Werte beweist, daß eine gute Akustik nicht zwangsläufig vorhanden ist und daß jede Art von Schallabsorptionsmaterial einschließlich des Publikums sorgfältig auf die jeweilige Raumgröße abgestimmt werden muß.

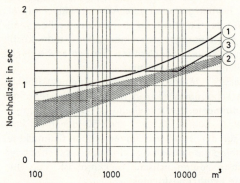

2 Optimale Nachhallzeit für Sprache im mittleren Frequenzbereich nach verschiedenen Autoren in Abhängigkeit vom Raumvolumen in Kubikmetern.

① günstigster Mittelwert (nach Aschoff)
② Streuung (nach Reichhardt, Beranek und Furrer)
   Mittelzone bis 1000 m³ opt. Nachhallzeit nach → DIN 18041.
③ zu erwartende Entwicklung des Publikumsgeschmackes (nach Bruckmayer)

dadurch beseitigen, daß man die notwendigen Schallschluckstoffe so im Raum anbringt, wie sie auch im Laboratorium untersucht wurden.

Man muß bei der Vorausberechnung in die Nachhallformel denjenigen Schallschluckgrad einsetzen, der der besonderen Art der Anbringung im auszuführenden Bauwerk entspricht. Unter diesen Umständen sind zuweilen besondere Schallschluckgradmessungen notwendig, die im ausgeführten Bauwerk auch durch einfache Nachhallmessungen ersetzt werden können, wenn die Möglichkeit einer nachträglichen Korrektur der Absorption

GRUNDLAGEN

1 Günstige Nachhallzeiten (für 500 bis 1000 Hz) bei voller Besetzung für Raumgrößen von 1000 bis 8000, bei Konzertsälen und Kirchen bis 20000 m³ nach Bruckmayer u.a.

	Sekunden
Hörsaal	1,0—1,3
Tonkino	1,1—1,4
Sprechtheater	1,2—1,5
Mehrzwecktheater	1,3—1,6
Operntheater	1,4—1,7
Rundfunk-Musikstudio	1,5—1,8
Konzertsaal	1,7—2,0 (n. Winckel 2,0)
Kirche (vorwiegend für Gesang u. Orgel)	2,5—3,0
Predigtkirche	1,6—2,5

für mittlere und große Räume (2000 bis 14000 m³) nach Furrer

klassische und moderne Musik	1,5	guter Kompromiß
romantische Musik, z. B. Brahms	2,1	1,7 s

für kleinere Räume nach Kuhl u.a.

Sprachstudios	0,35—0,45 (0,2—0,4)
kleine Besprechungs- und Übungsräume für Solisten	ca. 0,5
große Hörspielstudios	≧ 0,6
Orchester- oder Chorproberäume (für gute Selbstkontrollen)	ca. 1,2
Schulklasse nach DIN 18031	0,8—1,0

besteht. Zu diesem zuletzt genannten Verfahren muß man sich auch entschließen, wenn der Raum aller Voraussicht nach ein wenig gleichförmiges Schallfeld besitzt.

In erster Linie ist immer ein möglichst gleichmäßiges Schallfeld anzustreben, um ein einfaches Verfahren zur Nachhall-Vorausberechnung sicherzustellen. Allein schon eine schlechte Diffusität (→ Richtungsdiffusität) in der Ebene der Zuhörerohren kann zu einer störenden Ortsabhängigkeit des Nachhalles und stellenweisen Verzögerung des Nachhallvorganges (→ Echo) führen, für deren Beseitigung die Sabinesche Nachhalltheorie und damit die sogenannte statistische Betrachtungsweise keinerlei Anhaltspunkte bietet.

Der raumakustisch wichtige Frequenzbereich liegt zwischen 125 und 4000 Hz. Bei diesen Frequenzen werden nach DIN 52212 auch die → Schallschluckgrade aller benötigten Ausbaustoffe gemessen, Schallabsorptionsgradtabelle → 91 . . . 99 → 211 . . .

Bei der Berechnung der Nachhallzeit ist darauf zu achten, daß die für die einzelnen Verwendungszwecke im Laufe der Zeit als optimal erkannten Nachhallzeiten eingehalten werden. Die Meinungen maßgebender Wissenschaftler, welche Nachhallzeit jeweils optimal ist, gehen etwas auseinander. Nach der älteren Literatur → 48 1 sind sie kürzer als nach neueren Untersuchungen → 48 2. Normalerweise wird man wohl nach Tab. 1 arbeiten. Die Frequenzabhängigkeit dieser Werte sollte möglichst gering sein. Bei Gesang und evtl. auch für Sprache könnte unter Umständen eine Verkürzung bei tiefen Frequenzen vorteilhaft sein. Für musikalische Darbietungen empfiehlt W. Reichardt bei tiefen Frequenzen eine Verlängerung bis zum 1,5- bis 2fachen, da hierdurch eine zuweilen erwünschte insgesamt längere Nachhallzeit ohne wesentliche Beeinträchtigung der Verständlichkeit erzielbar ist. Dieses Verfahren kann z. B. in Mehrzweckräumen oder in → Kirchen (Gesang, Orgelmusik und Predigt) vorteilhaft sein. Je länger die Nachhallzeit, um so größer die Lautstärke und um so »voller« der Klang, aber um so geringer im allgemeinen die Verständlichkeit.

Für die Berechnung der Nachhallzeit siehe auch das Diagramm 99 2 über die Schallabsorption in großen Räumen.

Raumakustik

Diffusität, Deutlichkeit, Proportionen

Um die unbedingt notwendigen Voraussetzungen für die einfache Berechnung der Nachhallzeit zu schaffen, helfen nur wellentheoretische Überlegungen, die auch zur Aufklärung der oben erläuterten großen Streuungen in der Nachhallzeit und im Sabineschen Absorptionsgrad führten. Auf die wellentheoretische Betrachtungsweise ist es auch zurückzuführen, daß man heute mehr denn je eine gute → Diffusität befürwortet und ihr für bestimmte Arten von Räumen, wie zum Beispiel Kirchen, sogar einen gewissen Vorrang vor der Einhaltung bestimmter Nachhallwerte einräumt. Es ist anzunehmen, daß die Diffusität jenes Maß liefert, das zusammen mit der Nachhallzeit und der → Deutlichkeit die Akustik eines Raumes vollständig festlegt. Auf keinen Fall reicht die Nachhallzeit allein immer zur Kennzeichnung der Akustik eines Raumes aus.

Räume aller Größen sollten eine möglichst unregelmäßige und asymmetrische Form erhalten, damit ein störendes Hervortreten von bestimmten Eigenfrequenzen → 2 des Raumes vermieden wird. Es ist unter Umständen vorteilhaft, zu diesem Zweck die Raumbegrenzung für bestimmte Eigenfrequenzen weitgehend durchlässig oder absorbierend herzustellen, selbstverständlich unter Beachtung der Nachhallzeit-Forderungen.

Die Raumbegrenzungen sollen den Schall wenigstens in der vorgesehenen Schallrichtung ausreichend diffus und möglichst mit Weglängendifferenzen von weniger als 12—15 m in den Bereich der Zuhörerohren reflektieren, und zwar so, daß dort eine einigermaßen gleichmäßige Schallverteilung vorhanden ist. Diese Forderung ist durch ein bestimmtes Maß an »Diffusität« und »Deutlichkeit« gekennzeichnet.

Die Diffusität ist neben der Nachhallzeit ein entscheidendes raumakustisches Merkmal. Wie sie gemessen und zahlenmäßig erfaßt werden kann, ist noch nicht einheitlich festgelegt worden. Sicher ist jedenfalls, daß sie die Nachhallzeit bis zu einem gewissen Grade beeinflußt und auch das Ausmaß der Deutlichkeit eines bestimmten Schallereignisses bestimmt. Sie kann durch

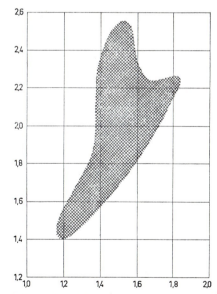

2 Bereich günstiger Raumproportionen (schraffiert) nach R. H. Bolt. Nach diesen Untersuchungen ist es z.B. günstig, wenn sich Länge zu Breite zu Höhe wie 1,5:1,2:1,0 bis etwa 2,2:1,6:1,0 verhalten. Die Einhaltung genauer Zahlenverhältnisse ist danach nicht notwendig. Das Diagramm gilt nur für solche Räume, deren Begrenzungen parallel zueinander liegen.

Raumakustik — GRUNDLAGEN

schräge und konvexe Raumbegrenzungen sowie durch deren plastische Auflösung (Abmessung der Plastik etwa 80 bis 200 cm in der Grundfläche und etwa 20 bis 50 cm in der Stichhöhe) verstärkt werden. Große konkave Flächen, die die Schallrückwürfe sammeln statt zerstreuen (→ Fokussierung), sind zu vermeiden. Gute Diffusoren sind z. B. Zylinder- oder Kugelabschnitte, Pyramiden und Kassetten. Eine bessere Diffusität erzielt man auch, wenn die Raumbegrenzungen etwa gleichmäßig mit unregelmäßigen Absorptionsflächen versehen werden. Allerdings wird dadurch gleichzeitig die Nachhallzeit verändert. Räume mit guter und schlechter Diffusität können unter sonst gleichen Voraussetzungen allein mit dem Ohr eindeutig voneinander unterschieden werden.

Die »Deutlichkeit« wird durch das Verhältnis des in den ersten 50 Millisekunden (0,05 s) am Ohr eintreffenden Schalles zum Gesamtschall etwa eines Knalles oder dergleichen gekennzeichnet. Baulich hängt ihre Größe von der Stärke des direkten Schalles (Sitzüberhöhung mehr als 12 cm!) und von der Beschaffenheit derjenigen Raumbegrenzungen und besonderen Reflexionsflächen ab, die geeignet sind, die Schallwellen innerhalb der ersten 50 Millisekunden nach dem betreffenden Schallereignis direkt in das Publikum zu reflektieren.

Schallreflektoren müssen analog optischen Gesetzen so auf das Publikum ausgerichtet werden, daß möglichst kurze freie Schallwege entstehen. Ihre Abmessungen müssen größer als die größte Länge der noch zu reflektierenden Wellen sein, also größer als 2,0 bis 3,5 m. Diese Flächen sollen in gleicher Weise wie bei den oben beschriebenen Diffusoren glatt, porenfrei und mindestens 6 bis 10 kg/m² schwer sein. Besonders nützlich sind Reflektoren über der Schallquelle → 267 3, kurze Räume mit deckennahen, überhöhten Galerien und Balkonen bei trapezförmigen Grundrissen usw.

Raumgröße, Besetzung, Elektronik

Raumakustisch richtig gestaltete Räume können nicht beliebig groß sein. Ihre Größe muß immer auf die Besetzung und die Leistung der Schallquelle abgestimmt werden → 1. Für natürliche Schallquellen gelten nach Furrer ganz grob folgende maximal zulässige Raumgrößen:

1. durchschnittlicher Redner   3000 m³
2. geübter Redner   6000 m³
3. Instrumentalsolist (z. B. Piano)   10000 m³
4. guter Sänger   10000 m³
5. großes Symphonie-Orchester   20000 m³
6. Massenchor   50000 m³

Wenn diese Größenbegrenzung überschritten werden muß, so ist eine elektroakustische Verstärkungsanlage notwendig → 247, die allerdings eine gute Raumakustik nicht ersetzen kann. Andererseits bietet sie die Möglichkeit, völlig neuartige Klangdarbietungen und künstliche Verhallungen vorzunehmen (→ 323 2 Elektronisches Gedicht), eine Technik, die zunehmend im Theaterbau Eingang findet.

Die untere Grenze für die zulässige Raumgröße wird gewöhnlich durch die Besetzung bestimmt. Bei zu starker Besetzung ist es allein infolge der Absorption durch die Kleidung des Publikums überhaupt nicht möglich, die optimalen Nachhallzeiten zu erreichen. Solche Räume sind überdämpft. Bei zu großem Raumvolumen ist zur Gewährleistung optimaler Nachhallzeiten unnötig viel Schallabsorptionsmaterial erforderlich.

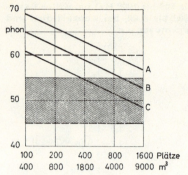

1 Lautstärke der menschlichen Stimme in Räumen verschiedener Größe mit optimaler Nachhallzeit (nach V. Aschoff u. a.).
A laute Stimme, geübter Redner
B erhobene Stimme
C normale Unterhaltungssprache

Der schraffierte Bereich kennzeichnet den bei sonst ruhiger Umgebung durch das Publikum erzeugten Störpegel. Die gestrichelte Linie bei 60 Phon ist etwa die untere Grenze der mühelosen Verständigung in Räumen mit einem verhältnismäßig ruhigen Publikum. In Räumen mit guter Raumakustik, ruhiger Umgebung und sehr diszipliniertem Publikum ist es möglich, den oberen Rand des schraffierten Bereiches als Grenze für die mühelose Verständigung anzunehmen.

Die maßgebende Größe für die zulässige Besetzung ist das pro Platz anteilige Raumvolumen → Tab. 2. Ein Sonderfall sind Musikstudios, Musik-Proberäume → 292 u. dgl., wo die erforderliche Raumgröße von der Zahl der Mitwirkenden, also der Größe des Klangkörpers, abhängig ist. Je größer das Orchester, um so größer muß der Raum sein, damit überhaupt ein ausreichender »Zusammenklang« der Instrumente vorhanden ist.

2 Günstigstes Raumvolumen pro Platz in Zuhörerräumen

		m³/Platz
Kinos		3–4
Schulklassen		4,5–5,5
Hörsäle, Sprach-Vortragsräume		4–5
Singsäle, Schul-Musiksaal	mehr als	5
Theater		5–9
Konzertsäle (ca. 6000 bis 15000 m³)	mindestens	6–7
	optimal	7–9
Mehrzwecksäle, Festhallen		7–8
Kirchen	ca.	10
Rundfunkstudios je nach Größe des Orchesters		10–50

Das Modellverfahren

Trotz der großen Fortschritte in den Berechnungsmethoden und vor allem in der akustischen Meßtechnik ist es auch heute nicht möglich, bestimmte akustische Eigenschaften auf Grund von Berechnungen unbedingt zuverlässig vorauszusagen. Man hat daher versucht, durch das sogenannte Modellverfahren zu einer sicheren Voraussage zu gelangen. Das Verfahren nach F. Spandöck ist heute so gut ausgereift, daß man die Akustik des projektierten Raumes sozusagen im voraus erleben kann. Zu diesem Zweck wird nicht nur der ganze Raum im Modell in seinen akustisch wirksamen Teilen genau nachgebildet, es werden auch die Absorptionsgrade sowie der Originalschall auf den Modellmaßstab transponiert. Die Schallwellenlängen werden somit der Modellverkleinerung entsprechend kürzer und gelangen damit in das Ultraschallgebiet.

GRUNDLAGEN

Der Verkleinerung der Schallwellenlänge entsprechend müssen auch die akustischen Sender und Empfänger angepaßt werden, vor allem müssen ihre Richtcharakteristiken denen des menschlichen Mundes und Ohres oder eines Musikinstrumentes gleichen. Um beim Empfänger einen wirklichkeitsgetreuen Raumeindruck zu erhalten, hat man zu diesem Zweck einen Modellkopf mit zwei Mikrophonen entwickelt → 301 4. Das Publikum wird in diesem Modell durch lackierte Eierkartons dargestellt, wobei die kegelförmigen Erhöhungen die einzelnen Zuschauer darstellen. Der Kegelabstand entspricht dem Sitzabstand. Zur Umwandlung des Original-Sendeschalles in den »Modell-Schall« und des durch das Doppelmikrophon aufgenommenen Modellschalles wiederum in Normalschall ist eine recht umfangreiche Magneton-Apparat erforderlich. Man erlebt die Akustik mit Hilfe des Kopfhörers so, wie sie sich später im ausgeführten Bauwerk bietet. Durch die Wahl verschiedener Standorte für das Empfänger-Doppelmikrophon hat man die Möglichkeit, alle Plätze des Raumes abzuhören und so lange zu korrigieren, bis die Akustik in Ordnung ist. Die auf diese Weise gefundene Raumform und Raumausstattung wird zum Schluß wiederum mit großer Sorgfalt in Originalgröße und Originalabsorptionsgrade übersetzt. Die Gefahr von Planungs- und Berechnungsfehlern erscheint für den Architekten auf diese Weise tatsächlich ausgeschlossen. Einen Nachteil hat das Verfahren allerdings, es ist nicht gerade billig und erfordert eine ungewöhnlich große Arbeitsgenauigkeit bei der Übersetzung der Absorptionsgrade.

Wärmewirkung, Feuchtigkeit

Wärmequellen, Klima

Die Gebäude-Klimatologie muß weitgehend auf die vorhandenen natürlichen Wärmequellen Bezug nehmen. Die weitaus wichtigste ist die Sonne. Sie stellt eine durch atomare Umwandlungsprozesse frei werdende Energieansammlung unvorstellbaren Ausmaßes dar. Mit einer Oberflächentemperatur von etwa 6000 °C strahlt sie der Erde Energie zu (→ Solarkonstante), ohne die hier jedes menschliche Leben undenkbar wäre. Ein Teil dieser elektromagnetischen → Strahlung wird durch Absorption an der Erdoberfläche oder direkt auf dem menschlichen Körper in Wärme umgewandelt. Die so nutzbare Strahlung und Absorption ist von der Art der betreffenden Oberflächen, dem Einfallswinkel der Strahlung, der Höhenlage, der Filterwirkung der Bewölkung bzw. Trübung der Atmosphäre und den übrigen Besonderheiten der einzelnen → Klimazonen abhängig. Wie stark sich die Sonnenstrahlung auf ein Gebäude auswirkt, ist aus 1 und 2 ersichtlich.

Die nächst kleinere Wärmequelle ist die Erde selbst. Sie strahlt in den Weltraum, soweit sie ihre Wärme nicht an die sie umgebende Lufthülle abgibt. Man schätzt, daß die Kerntemperatur der Erde etwa zwischen 2000 und 20 000 °C liegt und daß das Erdinnere flüssig oder bzw. und gasförmig ist (vielleicht unveränderte Sonnenmaterie). Die aus Eigenwärme und Sonnenstrahlung resultierende mittlere Temperatur der Erdoberfläche beträgt 14 bis 15 °C. Die Temperatur der erdnahen Luftschicht schwankt zwischen etwa −70 °C in den Polarzonen und etwa +56 °C in den heißen Zonen → 74. Sie nimmt im wesentlichen mit der Höhe stark ab. Im mitteleuropäischen Klima wird die Frostgrenze oberhalb 3 km Meereshöhe sehr selten überschritten. Zuweilen tritt jedoch auch Temperaturumkehr ein. Dann kann es auf den Bergen viel wärmer sein als in den Tälern. Selbst in den Gebirgen der heißen Zonen steigt die 0 °C-Grenze kaum auf mehr als 4000 m über N.N. an. Die tiefste natürliche Temperatur hat der Weltraum mit rd. −273 °C, → absoluter Nullpunkt, → Wärme.

Diesen äußeren Einflüssen steht der Mensch mit einer mittleren Kerntemperatur von 37 °C gegenüber, die unter allen Umständen eingehalten werden muß. Bereits geringe Abweichungen stören die Lebensfunktionen. Unterschiede von einigen Graden können über Leben und Tod entscheiden. Mit der Kerntemperatur nicht zu verwechseln ist die Temperatur der Haut und der Gliedmaßen, die im Gegensatz zum Kern des Körpers größere Temperaturschwankungen ohne Schaden hinnehmen können. Der Körper erzeugt sogar selbst solche Unterschiede etwa durch das Zusammenziehen der Blutgefäße, um bei niedrigen Außentemperaturen keinen zu großen Wärmeverlust zu erleiden. Sinkt die Kerntemperatur durch zu große Wärmeverluste unter 32 °C ab oder steigt sie über 42 °C an, so tritt der Tod ein.

1 Max. Sonneneinstrahlung pro Tag auf Außenwände im Monatsdurchschnitt (Wh/m² Tag)

Monat:	1.	2.	3.	4.	5.	6.	7.	8.	9.	10.	11.	12.
Südwand	3024	3838	4187	3838	2791	2268	2442	3198	3896	3954	3373	2733
Südost Südwest	1977	2908	3431	3489	3198	2908	2966	3373	3373	3024	2559	2152
Ost West	640	1163	1861	2559	2908	3024	2908	2559	1977	1396	930	872
Nordost Nordwest	–	–	523	1163	1628	1745	1745	1396	814	291	–	–
Nordwand	–	–	–	58	349	523	407	174	–	–	–	–

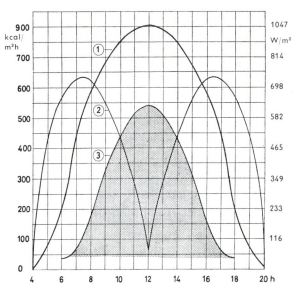

2 Pro m² und h zugestrahlte Sonnenenergie auf senkrechten Wänden und Flachdächern bei mitteleuropäischem Klima (ca. 50° nördliche Breite) nach französischen Untersuchungen. Die Einstrahlung auf Ostwände (max. 739 W/m² zwischen 7 und 8 Uhr) und Westwände (max. 739 W/m² zwischen 16 und 17 Uhr) ist gleich und wegen der flacher einfallenden Strahlen erheblich größer als auf Südwände, wo die Einstrahlung um die Mittagszeit max. 628 W/m² erreicht. Die Maxima für Südosten und Südwesten liegen gradlinig dazwischen. Dieses Meßergebnis wurde aus insgesamt 50 000 Werten gewonnen und von der Deutschen Bundesanstalt für Materialprüfung mit 279 Einzelwerten bestätigt. Alle Werte gelten für einen Hochsommertag.

① Flachdach   ② Ostwand bzw. Westwand   ③ Südwand

Wärmewirkung, Feuchtigkeit — GRUNDLAGEN

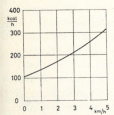

* Wärmeabgabe eines Mannes mittlerer Größe nach DIN 1946 E (Auszug)	kcal/h	Watt
körperlich nicht tätig	75—60	87—70
leichte Arbeit, stehend, Maschinenschreiben (rasch)	140	163
Angestellter bei leichter Arbeit, stehend	150	174
Kellner in einem Restaurant	250	291
Tanz	350	407

1 Vom menschlichen Körper stündlich erzeugte Wärme (Abgabe) in Abhängigkeit von seiner Gehgeschwindigkeit (nach H. Lueder). Die Wärmeentwicklung steigt mit zunehmender Bewegung auf ein Mehrfaches des Ruhewerts an.

Die durch die »Verbrennung« der Nahrungsstoffe entstehende Körperwärme wird vorwiegend durch das Blut auf den ganzen Körper verteilt. Ist infolge körperlicher Arbeit zuviel Wärme vorhanden, so erweitern sich die Blutgefäße und erhöhen die Hauttemperatur, was zu erhöhter Wärmeabgabe führt. Die mittlere Hauttemperatur beträgt ca. 33°C. Im Durchschnitt erzeugt der Mensch je kg Eigengewicht 1,7 Wh pro Stunde. Bei körperlicher Arbeit nimmt die erzeugte Wärme ganz beträchtlich zu → 1. Je nach Klima und eigener Wärmeerzeugung muß entweder Wärme gehalten oder abgegeben werden. Zu diesem Zweck ist der menschliche Körper durch eigene Regulationen in der Lage, kurzfristig große Temperaturunterschiede zu beherrschen. Auf die Dauer muß er jedoch hierbei durch geeignete Maßnahmen unterstützt werden.

Mit unseren Gebäuden schaffen wir also in erster Linie — bewußt oder unbewußt — bestimmte verbesserte klimatische Bedingungen, die optimal zu gestalten, das Ziel bauphysikalischer Überlegungen sein muß. Der Ausgangspunkt ist die Feststellung der örtlichen Klimaerscheinungen wie Wärmestrahlung, Luft- und Bodenfeuchtigkeit, Tagestemperatur- und Jahrestemperaturschwankungen, Bewegung und Reinheit der Luft, Bewölkung, Regenzeiten usw. (→ Klimazonen, 74).

Trotz starker Sonnenstrahlung kann die Luft kühl sein und läßt sich daher bei entsprechender Bewegung zur Abführung von Wärme verwenden. Bei großer Hitze und klaren (kalten!) Nächten läßt sich die Wärmespeicherung von Baustoffen und des Erdbodens sehr gut zum Temperaturausgleich nutzen. Wichtig ist, hierbei die Stoffeigenschaften zu berücksichtigen, vor allem die → Wärmekapazität, die → Temperatur-Leitfähigkeit und die → Strahlungszahl. Es ist sehr wichtig, nur solche Bauteile wärmespeichernd auszuführen, die *ausreichende* Wärmemengen aufnehmen und diese auch zum *richtigen Zeitpunkt* und mit *ausreichender Geschwindigkeit* abgeben können. Je stärker ausgeprägt die bauphysikalisch wichtigen Eigenschaften (→ Stoffwerte...) eines Stoffes sind, um so größer ist der Fehler bei falscher Anwendung.

Das Ziel ist eine Klimatisierung unter Ausnutzung der natürlichen (kostenlosen) Energie ohne künstliche Hilfsmittel. Die einzelnen Teile des Bauwerks, insbesondere die Wände, das Dach, die Fenster, der Boden und verschiedene Abschirmungen und Verkleidungen müssen hierbei in ihrer Eigenschaft als »Transformatoren« voll erkannt und eingesetzt werden. So werden die unbehaglichen Stunden eines Tages in behagliche umgewandelt. Erst wenn die auf diese Weise nicht zu beeinflussenden Zeiträume ein unzumutbares Maß überschreiten, sollte der Einsatz von anderen künstlichen Anlagen geprüft werden.

Diese Gesichtspunkte sind vor allem in den heißen Klimazonen wichtig und dem bei uns üblichen Streben nach Einhaltung bestimmter Wärmedämmwerte unbedingt überzuordnen. Auch im Hochgebirge, wo die Sonnenstrahlung intensiver und häufiger ist, müssen sie immer sehr genau beachtet werden.

Jede Klimatisierung von Räumen soll die Tagestemperaturschwankungen unterhalb von 2—3 Grad halten, wenn eine optimale Behaglichkeit und Leistungsfähigkeit angestrebt wird. In sehr sonnigen südlichen Ländern, in denen die Lufttemperatur auch im Winter nicht unter +8°C absinkt, kann bei zweckmäßiger natürlicher Klimatisierung auf eine Heizanlage verzichtet werden.

Wärmeempfindung, Behaglichkeit

Der Wärmehaushalt des Menschen ist infolge der verschiedenen Regelungsvorgänge und äußeren Einwirkungen durch die Aufnahme und Abgabe von Energie und Feuchtigkeit gekennzeichnet. Diese Vorgänge sind untrennbar miteinander verbunden. Wie 53 1 zeigt, erfolgt die Wärmeabgabe vorwiegend durch Strahlung, Leitung und Luftkonvektion. Es handelt sich hierbei natürlich nur um Durchschnittswerte für ein bestimmtes (mitteleuropäisches) Klima. Hier geht der weitaus größte Teil der Körperwärme durch Abstrahlung verloren. Auf dieser Tatsache beruht die große physiologische Bedeutung der Oberflächentemperaturen (und damit der Wärmedämmung) von Wänden, Decken u. dgl.

Eine in unserem Klima sehr häufig vorkommende ungenügend hohe Oberflächentemperatur → 53 2 muß durch die Erhöhung der Lufttemperatur und damit der Heizleistung ausgeglichen werden, da sonst die Behaglichkeit des betreffenden Raumes ganz erheblich nachläßt → 53 3. Ist dieser Ausgleich nicht oder nur unvollständig möglich, sollten zumindest die Sitz- und Ruheplätze nicht in der Nähe kalter Oberflächen wie z. B. Fenster liegen. Von besonderer Bedeutung ist in diesem Zusammenhang die Temperatur von Fußböden oder ähnlichen »Kontaktflächen«, da sie nicht nur die Wärmeabstrahlung, sondern auch die Wärmeableitung beeinflußt.

Unter einigermaßen normalen Verhältnissen ist ein behagliches, hygienisch einwandfreies Raumklima vorhanden, wenn der Mittelwert von Luft- und Oberflächentemperaturen (= »empfundene Temperatur«) etwa zwischen 19 und 21°C liegt. In Räumen, in denen körperliche Arbeit geleistet wird, soll dieser Wert je nach Wärmeentwicklung und Bekleidung des Körpers zwischen 12 und 19°C liegen. Fußböden sollten in normalen Aufenthaltsräumen so beschaffen sein, daß die Kontakttemperatur zwischen Fußsohle und Unterlage oberhalb etwa 26°C liegt. Im Idealfall bedeutet dies Oberflächentemperaturen zwischen 20 und 24°C. Höhere Boden-, Wand- und Deckentemperaturen als 25 bis 30°C sollte man vermeiden, desgleichen tiefere als 14°C, zumindest außerhalb der heißen Jahreszeit.

Die für Wohnräume u. ä. angestrebte Lufttemperatur liegt bei ca. 20°C. Ihr Optimum hängt sehr vom Strahlungsaustausch des menschlichen Körpers ab. Die Zustrahlung von etwa 116 W pro m² und Stunde löst ein Wärmeempfinden aus, das einer Erhöhung der Lufttemperatur um 1,6°C entspricht (etwa durch die Sonne, besondere Strahlflächen o. ä.).

Eine sehr starke Wärmezustrahlung ist bei niedrigen Lufttemperaturen angenehm (Wintersonne). Bei hohen Lufttemperaturen von mehr als etwa 25°C ist sie jedoch lästig. Der Mensch muß die in seinem Körper erzeugte Wärme abgeben können. Bei

GRUNDLAGEN

Wärmewirkung, Feuchtigkeit

übermäßiger Wärmeeinwirkung von außen ist das nicht mehr möglich, so daß die Gefahr einer Wärmestauung (Hitzschlag) besteht.

Für das Ausmaß der Behaglichkeit ist noch eine ganze Reihe von anderen Einflüssen maßgebend wie z. B. die Reinheit und Bewegung der Luft, die dadurch bedingte Beeinflussung der Atmung, die Wärmeverteilung im Raum, die Luftfeuchtigkeit usw.

Feuchtigkeit, Wärmeleitung

Die optimale relative → Luftfeuchtigkeit für Aufenthaltsräume liegt zwischen 35 und 60% bei einer Luftgeschwindigkeit von weniger als 20 cm/s. In welchem Ausmaß sie sich auf das Wärmeempfinden auswirkt, erläutert Bild 4. Der angeblich nachteilige Einfluß trockener Luft →105 4 auf die Behaglichkeit wird gewöhnlich wohl überschätzt. Die Ursache der häufig vorgebrachten Klagen über »zu trockene Luft« liegt weniger im zu geringen Feuchtigkeitsgehalt als am übermäßigen Gehalt an Schwebstoffen. Aufgewirbelter Staub und auf verstaubten Heizkörpern erzeugte Schwelgase reizen die Schleimhäute der Atmungsorgane und erzeugen dieses Trockenheitsgefühl. Es ist also wichtiger, Staubablagerungen und den Staubumtrieb zu mindern als die Luftfeuchtigkeit zu erhöhen. Andererseits läßt sich natürlich die Flugfähigkeit des Staubes durch Erhöhung der Luftfeuchtigkeit mindern. Auch eine übermäßige Luftgeschwindigkeit läßt sich auf diese Weise bis zu einem Grade kompensieren. Der große Nachteil dieses Verfahrens ist jedoch die erhöhte Tauwassergefahr bei tiefen Außentemperaturen an unvermeidbaren »Wärmebrücken«, etwa nicht isolierbare Metallteile innerhalb von Fassaden, Sichtbetonstützen, Verglasungen usw.

Bauphysikalisch ist es wichtig, die relative Luftfeuchtigkeit grundsätzlich nicht höher einzustellen als unbedingt notwendig, also nach Möglichkeit auf einen Wert von weniger als 50% zumindest während der Heizperiode. Er stellt sich meistens zwangsläufig ein. Mit speziellen Luftbefeuchtungsanlagen und Verdunstungsgefäßen → 54 1 sei man sehr vorsichtig, soweit sie sich hygienisch überhaupt vertreten lassen. Gegen Grünpflanzen als Feuchtigkeitsspender und gleichzeitig Staubfänger ist dagegen im üblichen Rahmen nichts einzuwenden.

Feuchtigkeit ist in der Luft ständig in Form von (unsichtbarem) Wasserdampf und zeitweise auch sichtbar als Nebel oder Wolken (zu Tröpfchen kondensierter Wasserdampf) vorhanden. Sobald diese Tröpfchen eine bestimmte Größe überschreiten, fallen sie in Form von Regen aus. Luft kann nur eine bestimmte Menge Wasserdampf in sich aufnehmen (→ Wasserdampfkonzentration, → Stoffwerte für Luft, 105). Bei 20°C beträgt die Maximalmenge 17,29 g/m³ (= 100% relative Luftfeuchte).

Wasserdampf hat die Eigenschaft, auch relativ dichte Stoffe (auch »wasserdichte«) zu durchdringen. Diese Eigenschaft kommt im → Diffusionswiderstandsfaktor der einzelnen Stoffe zum Ausdruck.

Die → Wasserdampfdiffusion erfolgt in Richtung des von der Wasserdampfkonzentration abhängigen Dampfdruckgefälles und damit praktisch meist in Richtung des Temperaturgefälles. Sie kann in Bau- und Dämmstoffen durch Kondensation zur Ansammlung von flüssigem Wasser und zur Erhöhung der → Wärmeleitfähigkeit bzw. Minderung der Wärmedämmung führen. Dem Feuchtigkeitstransport durch Diffusion überlagert sich das bei den einzelnen Stoffen verschieden große kapillare Saugvermögen.

1 Wärme- und Feuchtigkeitsabgabe des Menschen in mitteleuropäischem Klima und geschlossenen Räumen → 52 1.

Wärme:		
1. Abstrahlung		42—50%
2. Verlust durch Leitung und Luftbewegung		20—26%
3. Verdunstung		18—20%
4. Abgabe durch Atmung		6—10%
5. Verlust durch die Nahrung	ca.	6%
Feuchtigkeit: Wasserdampfabgabe pro Person und Stunde	ca.	40—50 g
Wasserabgabe an 1 m³ Raumluft bei 20°C und ca. 25% relativer Luftfeuchtigkeit	ca.	33 g/h

2 Oberflächen-Temperatur verschiedener Raumbegrenzungen (°C) an der Innenseite bei 20°C Innenluft-Temperatur (nach H. Reiher)

Außenluft-Temperatur:	−20	−10	0	+10	+20°C
normgerechte Außenwand ($\alpha_i = 7$)	+12	+14	+16	+18	+20
normgerechte Außenwand ($\alpha_i = 4$)	+ 8	+11	+14	+17	+20
Fenster mit Doppelverglasung	+ 6	+ 9	+13	+16	+20
einfach verglastes Fenster	− 6	+ 1	+ 7	+14	+20

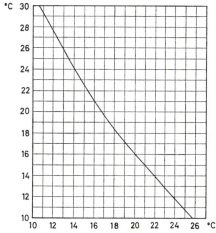

3 Zusammenhang zwischen Lufttemperatur (Ordinate) und Temperatur der Raumbegrenzungen (Abszisse) bei etwa gleicher Behaglichkeit. Eine verminderte Oberflächentemperatur (geringere Wärmedämmung) muß durch eine erhöhte Raumlufttemperatur ausgeglichen werden. Beträgt die Oberflächentemperatur 14°C, so muß die Lufttemperatur bei 24°C liegen, um die gleiche Behaglichkeit sicherzustellen wie z. B. bei 20°C Oberflächentemperatur und 16°C Lufttemperatur.

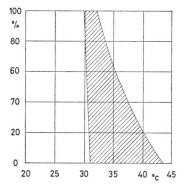

4 Einfluß der Luftfeuchtigkeit auf das Wärmeempfinden des Menschen in Abhängigkeit von der relativen Luftfeuchte in Prozent und der Raumtemperatur in Grad Celsius (nach H. Lueder). Der links neben der schraffierten Fläche gelegene Bereich ist durch eine Hautbenetzung bis zu 10% gekennzeichnet und wird als sehr angenehm empfunden. Im rechts neben der schraffierten Fläche gelegenen Bereich beträgt die Hautbenetzung 100%, was sehr unangenehm ist. Die schraffierte Fläche kennzeichnet den indifferenten Bereich. Überraschend ist, daß der sehr angenehme Bereich bis zu 100% relative Luftfeuchtigkeit reicht.

Wärme- und Kälteschutz

GRUNDLAGEN

1 Wasserverdunstung bei 20 °C Lufttemperatur

Wasser-Oberflächen-Temperatur °C	verdunstete Wassermenge in kg/m² h bei 90% relativer Luftfeuchte
20	0,04
25	0,26
30	0,55
35	0,90
40	1,30
45	1,80
50	2,50
55	3,50
60	4,50
65	5,80
70	7,40
75	9,20
80	11,50
85	14,00
90	17,00
95	20,00
100	25,00

2 Wärmeübergangswiderstand nach DIN 4108 u. a.

An den Innenseiten geschlossener Räume:	Wärme-Übergangswiderstand in m² K/W*	
1 Böden, Decken, Dächer von unten nach oben, in Ecken u.ä.	0,21	
2 wie vor, bei natürlicher Luftbewegung	0,12	0,13
3 wie vor, bei fühlbar bewegter Luft	0,09	
4 wie vor, von oben nach unten bei natürlicher Luftbewegung	0,17	0,17
5 Wandflächen und Ecken, Luftbewegung stark behindert	0,43	
6 Wandflächen und Fenster bei natürlicher, normaler Luftbewegung	0,17	
Wandflächen u.ä. bei guter Luftbewegung	0,12	0,13
7 wie 6, jedoch Luft fühlbar bewegt	0,09	
8 auf der Oberseite von Dachböden (Kaltdächer)	0,09	
An Außenseiten:		
9 im Freien, Luft ruhig, Windstille	0,07	0,08
10 für Wärmeaustausch mit dem Erdreich	0,07	0
11 Wände, Dächer und freiliegende Decken bei mittlerer Windgeschwindigkeit (ca. 2 m/s)	0,04	0,04
12 wie 11, bei 5 m/s (normal in unbebautem Gebiet)	0,03	
13 wie 11, bei 10 m/s	0,02	
14 wie 11, bei 25 m/s (Sturm)	0,01	

Die Wärmeübergangszahlen nehmen mit der Strömungsgeschwindigkeit der benachbarten Luftschicht zu.

1 kcal/h = 1,163 W → Watt   1 m²h K/kcal = 0,860 m²K/W
* Amtliche Rechenwerte nach DIN 4108 neu. Bei innenliegendem Bauteil kann an beiden Seiten mit dem gleichen Wert gerechnet werden.

Insgesamt gesehen läßt sich der Mechanismus des Feuchtigkeitstransports in den porösen Baustoffen als reine Diffusion, Kapillarleitung und als fortlaufende Kapillarkondensation erklären. Durch die ständige Verdunstung jeweils an der Warmseite der Poren wird erheblich mehr Wärme verbraucht, als durch infolge erhöhten Feuchtigkeitsgehaltes verstärkte Wärmeleitfähigkeit des betreffenden Baustoffes eigentlich verlorengehen dürfte.

Nicht nur die natürliche Luft, sondern auch alle nicht völlig dampfdichten festen Stoffe haben einen gewissen Mindest-Feuchtigkeitsgehalt (Gleichgewichtsfeuchtigkeit), der die Wärmeleitung beeinflußt und bei der Festlegung des sogenannten Rechenwerts für die → Wärmeleitzahl berücksichtigt wird. Im Bauwesen darf nur mit diesem Rechenwert und nicht mit unter günstigeren Bedingungen ermittelten Laborwerten gearbeitet werden.

Die Wärmeleitzahl ist zusammen mit den Wärmeübergangszahlen → Tab. 2 die wichtigste Größe für die Berechnung von Wärmeschutzmaßnahmen (→ 101 1 bis 6) und für die Durchführung von Wärmebedarfsberechnungen, die insbesondere für die Dimensionierung von Heizungsanlagen und für Wirtschaftlichkeitsberechnungen → 60 notwendig sind (→ Wärme- und Kälteschutz, 54).

Die erwähnten Rechenwerte der Wärmeleitzahl (Übersicht → 101) gelten nur für Temperaturen, die in den Bauteilen normalerweise vorkommen. Bei wesentlich höheren oder tieferen Temperaturen müssen die für diese Bereiche gültigen Meßwerte angesetzt werden.

Wärme- und Kälteschutz

Bedeutung des Wärmeschutzes

Im letzten Jahrzehnt hat der Wärmeschutz immer mehr an Bedeutung gewonnen. Der Grund hierfür liegt wohl weniger darin, daß die Menschen anspruchsvoller geworden sind, als in der Tatsache, daß sich Konstruktionsfehler und Bauschäden gerade an den neu erstellten Gebäuden häuften und daß heute mit jeder Art von Energie sparsam umgegangen werden muß. Das gilt nicht nur für den Wärmeschutz, sondern auch für den damit eng zusammenhängenden Feuchtigkeitsschutz.

Die festgestellten Mißstände beruhen vorwiegend auf falscher Anwendung neuer Baustoffe. Es wird viel zu oft nicht erkannt, daß mit der sehr weitgehenden Nutzung des Stahlbetons und der hochisolierenden Leichtbauweise eine Änderung der gesamten Bautechnik herbeigeführt wurde, die in ihren Konsequenzen nicht weit genug verfolgt wird. Schäden und Reklamationen beweisen dies. Besonders eindrucksvoll sind in dieser Hinsicht die systematisch durchgeführten Untersuchungen an den staatlich geförderten Bauvorhaben wie z. B. aus dem ECA-Programm, wo die größten Unzulänglichkeiten bei Kellerdecken, Wohnungstrenndecken und Dachdecken festgestellt wurden. Die Kellerdecken waren in allen ECA-Siedlungen, mit Ausnahme von München und Stuttgart, in ihrer Wärmedämmung »schlecht bis sehr schlecht«, das heißt also, die Mindestforderungen der DIN 4108 (die noch lange keinen guten Wärmeschutz gewährleisten) waren in sehr vielen Fällen nicht einmal zu 50% erfüllt. Wer einmal in einer solchen Wohnung gewohnt hat, weiß, was das für die Gesundheit und das Wohlbefinden zu bedeuten hat, vom Mehraufwand für Heizungswärme infolge des größeren Wärmedurchgangs und für die zum Ausgleich zu geringer Oberflächentemperaturen notwendige erhöhte Lufttemperatur ganz zu schweigen.

Auch spätere immer wieder vom Bundesministerium für Wohnungsbau veranlaßte Untersuchungen an Wohnungen in verschiedenen Bundesländern ergaben ähnliche Mängel, hauptsächlich an folgenden Bauteilen:

GRUNDLAGEN

Wärme- und Kälteschutz

1 Mindestwerte des Wärmeschutzes für Aufenthaltsräume (Neufassung von DIN 4108. Stand 1981) und nach der WV

Spalte	a		b	c	d
Zeile	Bauteile		\multicolumn{2}{c}{Wärmedurchlaßwiderstand (Wärmedämmwert) $1/\Lambda$ in $m^2 K/W$}	
			nach der Wärme-schutzverordnung (WV) zum EnEG[4]	In allen Wärmedämm-gebieten	Bemerkung
1	Außenwände[1]		0,52(0,61)...0,41(0,47)[4]	0,55	allgemein
2 a	Wohnungstrennwände und Wände zwischen fremden Arbeitsräumen	in nicht zentral-beheizten Gebäuden	siehe Zeile 4	0,25	
2 b		in zentralbeheizten Gebäuden[2]		0,07	
2 c	Treppenraumwände innenliegend		siehe Zeile 4	0,25	
3	Wohnungstrenndecken und Decken zwischen fremden Arbeitsräumen	in nicht zentral-beheizten Gebäuden	siehe Zeile 4	0,35	Dämmschichten in belastetem Zustand und jenseits von Heizrohren usw. Auch unter geschützten Dachschrägen.
3		in zentralbeheizten Gebäuden[2]		0,17	
3a	Unterer Abschluß nicht unterkellerter Aufenthaltsräume (an das Erdreich grenzend)		Wände 0,98 / 0,94	0,90	auch über unbelüfteten Hohlraum
3b	Decken unter nicht ausgebauten Dachgeschossen		1,96	0,90	im Mittel
3b				0,45	an der ungünstigsten Stelle (Wärmebrücke)
4	Kellerdecken		+ Wände und Decken gegen unbeheizte Räume 0,91	0,90	im Mittel
4				0,45	an der ungünstigsten Stelle (Wärmebrücke)
5	Decken, die Aufenthaltsräume nach unten gegen die Außenluft abgrenzen		2,01	1,75	im Mittel
5				1,30	an der ungünstigsten Stelle (Wärmebrücke)
6	Decken, die Aufenthaltsräume nach oben gegen die Außenluft abschließen[10,11]		2,05	1,10	im Mittel
6				0,80	an der ungünstigsten Stelle (Wärmebrücke)

1. Für leichte Außenwände unter 300 kg/m² → 107 1. Der mittlere k-Wert einschl. Fenster darf 1,45 (kleine Gebäude < 15/15 m) bis 1,75 (kompakte Gebäude, Grundriß > 15/15 m), nicht überschreiten. Wird in kl. Geb. bis 3 Vollgeschossen $1/\Lambda$ in Zeile 3b, 5 + 6 ≥ 2,84 und in Zeile 3a + 4 ≥ 147, darf $1/\Lambda$ in Zeile 1 ≥ 0,48 sein. Kleinflächige Einzelbauteile unter 500 m über NN 0,47.

2. Als zentralbeheizt im Sinne dieses Normblattes gelten Gebäude, deren Räume an eine gemeinsame Heizzentrale angeschlossen sind, von der ihnen die Wärme mittels Wasser, Dampf oder Luft unmittelbar zugeführt wird.

3. Vereinfachtes Nachweisverfahren der EnEG-WV → 173 1 und 176 1 + 2. Die betr. k-Werte wurden zum besseren Vergleich mit DIN 4108 in $1/\Lambda$-Werte umgerechnet (einschließlich Wärmeübergang ≈ 54 2, alternatives Hüllflächenverfahren → 56 2. Es ist vorgesehen, diese Werte um 20...25% zu verschärfen.

4. Wohnungstrennwände und -trenndecken sind Bauteile, die Wohnungen voneinander oder von fremden Arbeitsräumen trennen.

5. Die Zeile 2c gilt auch für Wände, die Aufenthaltsräume von fremden, dauernd unbeheizten Räumen trennen, wie abgeschlossenen Hausfluren, Kellerräumen, Ställen, Lagerräumen usw.

6. Die Zeile 3b gilt auch für Decken, die unter einem belüfteten Raum liegen, der nur bekriechbar oder noch niedriger ist. Bei leichten Decken ist → 107 1 anzuwenden.

7. Zeile 4 gilt auch für Decken, die Aufenthaltsräume gegen abgeschlossene, unbeheizte Hausflure, Kriechkeller oder ähnl. abschließen.

8. Die Zeile 5 gilt auch für Decken, die Aufenthaltsräume gegen Garagen (auch beheizte) oder gegen Durchfahrten (auch verschließbare) und belüftete Kriechkeller abgrenzen.

9. Bei massiven Dachplatten ist die Wärmedämmschicht auf der Platte anzuordnen und der Wärmedämmwert der Zeile 6 in Abhängigkeit von der Länge der Dachplatte bzw. dem Fugenabstand gegebenenfalls noch zu erhöhen, um die Längenänderung der Platten infolge von Temperaturschwankungen zu vermindern, → 148 (Dachdecken).

10. Zum Beispiel Flachdächer, Decken unter Terrassen, schräge Dachteile von ausgebauten Dachgeschossen. Für leichte Dächer unter 100 kg/m² → 107 1 und 149 2.

Die WV gilt nicht nur für »Aufenthaltsräume« sondern für den gesamten normal (voll) beheizten Bereich (nicht für Kirchen, Bunker, Zelte usw.). Sie ändert nicht andere strengere «Rechtsvorschriften», wie die DIN 4108. Wie in Zeile 1 zu erkennen ist, richtet sich die WV in erster Linie gegen große Glasflächen → 164.

1. Fensterstürze, Ringbalken und Massivdeckenauflager (Wärmebrücken).

2. Nichtbeachtung des in der Norm geforderten erhöhten Wärmeschutzes über offenen Durchfahrten und unbeheizten Fluren.

3. Wohnungstrenndecken unter Küchen und Bädern (Normwerte nicht eingehalten, Böden fußkalt).

4. Erhöhter Norm-Wärmedämmwert bei Wänden unter 300 kg/m² nicht eingehalten.

Diese Fehler sind nicht auf den Wohnungsbau begrenzt. In Bürogebäuden, Schulen u.ä. können sie auch heute noch als geradezu typisch angesehen werden.

Wärmedämmung

Eine ausreichende Wärmedämmung ist zumindest für »Räume zum dauernden Aufenthalt von Menschen« eine Frage der Hygiene mit eindeutigen gesundheitlichen Folgen. Hinzu kommt für einen noch viel größeren Anwendungsbereich (gewerbliche Betriebe, landwirtschaftliches Bauwesen usw.) die Frage nach der Wirtschaftlichkeit → 60.

Um die unter »Wärmeempfindung, Behaglichkeit« → 52 erläuterten ausreichend hohen Oberflächentemperaturen zu sichern, ist es notwendig, daß Raumbegrenzungen, die verschiedene Temperaturbereiche voneinander trennen, bestimmte

Wärme- und Kälteschutz — GRUNDLAGEN

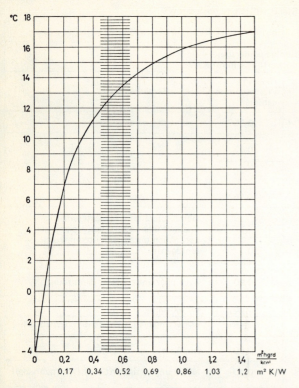

1 Zusammenhang zwischen Wärmedämmung (→ Wärmedurchlaßwiderstand $1/\Lambda$ m² K/W) und Oberflächentemperatur bei einer Raumlufttemperatur von ca. 20°C. Der schraffierte Bereich kennzeichnet die in den alten → Klimazonen nach DIN 4108 geforderte Mindest-Wärmedämmung (linker Rand Wärmedämmgebiet I, rechter Rand III, Mitte II). Selbst mit einem verhältnismäßig großen Wärmedurchlaßwiderstand von 1,5, also beinahe dreifachem Mindestwärmeschutz, ist die oben als optimal bezeichnete »empfundene Temperatur« von 19–21° nur knapp zu erreichen.

1 kcal/h = 1,163 W → Watt   1 m²h K/kcal = 0,860 m²K/W

2 Maximale mittlere Wärmedurchgangskoeffizienten $k_{m,max}$ in Abhängigkeit vom Verhältnis F/V nach ENEG-WV

F/V in m⁻¹	$k_{m,max}$ in W/m²·K A	B
≤0,24	1,40	1,40
0,30	1,27	1,24
0,40	1,14	1,09
0,50	1,06	0,99
0,60	1,01	0,93
0,70	0,97	0,88
0,80	0,94	0,85
0,90	0,92	0,82
≥1,00	0,91	
≥1,10		0,78
≥1,20		0,77

¹) Zwischenwerte sind nach folgender Gleichung zu ermitteln:

für B: $k_{m,max} = 0{,}61 + 0{,}19 \cdot \dfrac{1}{F/V}$ in W/m²·K

für A: $k_{m,max} = 0{,}75 + 0{,}155 \cdot \dfrac{1}{F/V}$ in W/m²·K

Die Spalte B gilt für Gebäude mit normalen und Spalte A für Gebäude mit niedrigen Innentemperaturen ($t_i = 12\ldots19$°C.) Zusätzlich ist → 57 2 geschoßweise einzuhalten. Es ist vorgesehen, diese Forderungen um 20...25% zu verschärfen (später nochmals um 25%).

Dämmwerte besitzen. Für den normalen Hochbau mit Räumen zum dauernden Aufenthalt von Menschen wurde für diesen Zweck die deutsche Norm DIN 4108 »Wärmeschutz im Hochbau«, Erg. Bestimmungen 1974/75 geschaffen. Sie hat die Aufgabe, den sogenannten Mindestwärmeschutz sicherzustellen und unter normalen Verhältnissen Feuchtigkeitsschäden zu vermeiden. Die geforderten Mindestwerte sind zusammen mit den strengeren Richtwerten zur Energieeinsparung (EnEG-WV) in 55 1 zusammengestellt.

Der wichtige Zusammenhang zwischen Oberflächentemperatur des trennenden Bauteils und Wärmedämmung ist für die im normalen Hochbau mit Aufenthaltsräumen praktisch vorkommenden ungünstigsten Verhältnissen in 1 dargestellt.

Für Fenster → 164, Türen → 178 u.ä. müssen notgedrungen geringere Wärmedämmwerte in Kauf genommen werden. Je größer ihr Flächenanteil ist, um so größer muß die Dämmung der übrigen Bauteile gegen die Außenluft sein und um so mehr muß man den anderen Komponenten einer ausreichenden Behaglichkeit nachgehen. Der k-Wert von Fenstern u. ä. darf 3,0 und der a-Wert 2,0 (bei mehr als 2 Vollgeschossen 1,0) nicht überschreiten. → 164.

Kälte-Isolierungen

Streng nach physikalischen Maßstäben gibt es keine Kälte, sondern nur Wärme mit dem → absoluten Nullpunkt. Trotzdem hat sich in der Technik der laienhafte Begriff »Kälte« eingeführt, und zwar bei Anlagen, die künstlich gekühlt werden müssen, also hauptsächlich Kühlräume bzw. Kühlhäuser. Maßgebend für die Wärmedämmung solcher Kälteanlagen sind in erster Linie die Betriebskosten, da der Kältepreis mit dem Faktor 2...6 weit über dem vergleichbaren Wärmepreis → 60 1 liegt.

Je tiefer die angestrebte Temperatur, um so dicker muß die Dämmschicht sein. Die üblichen Dämmschichtdicken liegen in der Größenordnung von 80 bis 400 mm je nach Wärmeleitzahl → 2. Bei den Kälte-Isolierungen ist die Gefahr eines (ständigen) Tauwasserniederschlages besonders groß, so daß hier der Feuchtigkeitsschutz immer sehr genau beachtet werden muß. Selbst bei Verwendung völlig dampfdichter Dämmstoffe ist es immer vorteilhaft, an der Warmseite (hier also an der Außenseite) zusätzlich eine zuverlässige Dampfsperre einzubauen.

Wärmespeicherung

Die Wärmespeicherung hängt mit der Wärmedämmung sehr eng zusammen. Nach DIN 4108 und anderen Hygiene-Normen sind wärmespeichernde Wände und Decken erforderlich, um im Winter eine zu schnelle Auskühlung der Räume und im Sommer eine zu schnelle und übermäßige Erwärmung durch Sonnenstrahlung zu vermeiden. Temperaturausgleichende Bauteile sollen normalerweise eine große Rohdichte (große Flächenmasse!) → Temperaturleitfähigkeit (→ 102 7) und → spezifische Wärme besitzen und nach Möglichkeit im Inneren der Gebäude liegen. Sie haben zwangsläufig eine relativ geringe Wärmedämmung. Müssen sie gleichzeitig eine gute Wärmedämmung gewährleisten, so sind zusätzliche sehr wirksame Dämmstoffschichten an der dem betreffenden Raum abgekehrten Seite anzubringen.

Eine gute und richtig dimensionierte Wärmespeicherung ist vorwiegend dort wichtig, wo sehr oft mit starker Sonnenstrahlung

GRUNDLAGEN — Wärme- und Kälteschutz

1 Temperaturen ungeheizter Räume und deren Umgebung
(Rechenwerte, die durchschnittlichen Meßwerte liegen gewöhnlich höher)

	Außenlufttemperatur		
	−10 °C	−15 °C	−20 °C
1 abgeschlossene Räume mit max. zwei Außenwänden	+ 7	+ 5	+ 2
2 Räume unter Dächern (doppelte Schalung), Treppenhäusern o. ä.	+ 5	0	− 3
3 Räume unter Dächern, einfache Schalung oder ohne Schalung mit Fugendichtung	0	− 5	−10
4 Räume unter Dächern (Glas- oder Metalldächer)	− 5	−10	−15
5 Räume ohne Außenflächen, Umgebung beheizt	+10	+10	+10
6 ungeheizte Kellerräume	+ 7	+ 5	+ 2
7 Erdreich an Außenwänden	− 3	− 3	− 3
8 Erdreich unter Kellerfußboden	+ 7	+ 7	+ 7

2 Richtwerte für den spezifischen Wärmebedarf von Gebäuden

Gebäudeart	W/m³	kcal/m³ h	
eingeschossige Einfamilienhäuser	35	30	
zweigeschossige Gebäude	29	25	nach den ESR 80 kcal/m² Nettogrundrißfläche unterschreiten
mehrgeschossige Mietshäuser	23	20	
Bürohäuser ohne Klimaanlage	23	20	
Bürohäuser mit Klimaanlage	ca. 35	ca. 30	
Schulen u. ä.	23	20	

1 kcal/h = 1,163 W → Watt   1 m²h K/kcal = 0,860 m²K/W

und hohen Außenluft-Temperaturen gerechnet werden muß, also in den wärmeren und heißen Klimazonen. Sie ist also in erster Linie eine Sonnenschutzmaßnahme.
Im Winter ist sie nur in dauernd benutzten Räumen vorteilhaft. Bei zentraler Dauerbeheizung, bei Dauerbrandöfen usw. ist sie unnötig.
In Räumen, deren Temperatur schnell veränderten Bedingungen angepaßt werden muß, z. B. bei schnell aufzuheizenden und lediglich kurzzeitig benutzten Vortragsräumen, Kirchen, bestimmten vollklimatisierten Räumen usw., ist sie ausgesprochen nachteilig, da sie die Trägheit der betreffenden Anlagen erhöht.

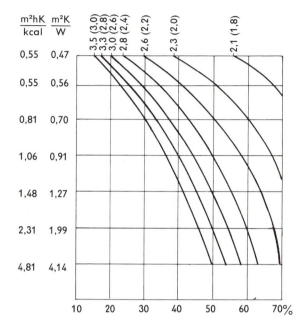

2 Zusammenhang zwischen dem Wärmedämmwert ($1/\Lambda$ in m² K/W und m² hK/kcal) der Außenwand, dem k-Wert des Fensters in W/m² K (kcal/m² hK) und dem Anteil der Fensterflächen an der Gesamtwand in % für $k_{m\,W+F} = 1,85$ beim Nachweis nach dem Hüllflächenverfahren. Der maximal zulässige Glasflächenanteil nach der EnEG-WV (Bauteil-Nachweisverfahren) ist kleiner. → 173 1 → 176 1 → 176 2

Wärmebedarf

Der → Wärme-(Kälte-)Bedarf eines Raumes oder Gebäudes ist von der betreffenden Klimazone, der vorhandenen Wärmedämmung und von den Anforderungen an die Raumlufttemperatur abhängig. Umgekehrt bestimmt die zuweilen begrenzte Leistungsfähigkeit der vorgesehenen Regelungsanlage (Heizung, Kühlung, Klimaanlage) und der Energiepreis das Ausmaß der erforderlichen Dämmung oder überhaupt die Bauweise.
Allein unter den von außen einwirkenden Einflüssen stellen sich in unserem Klima monatelang für Aufenthaltsräume völlig ungenügende Raumtemperaturen ein → Tab. 1, so daß hier wenigstens eine Heizungsanlage notwendig ist, deren maximal erforderliche Leistung nach DIN 4701 (Regeln für die Berechnung des Wärmebedarfs von Gebäuden) immer genau berechnet werden muß. Außer den → Heizgradtagen und der Art der Nutzung sind hierbei die Bauweise und die Wärmedämmung die maßgebenden Größen.
Für die Qualität des erforderlichen Wärmeschutzes während der Heizperiode ist wegen der oben erläuterten Zusammenhänge letzten Endes nicht nur die Einhaltung bestimmter Mindestdämmwerte wichtig, sondern insgesamt gesehen das Ausmaß des Wärmebedarfs. Es ist je nach Gebäudetyp danach zu streben, bestimmte spezifische Wärmebedarfswerte nicht zu überschreiten. Tabelle 2 gibt hierfür einige auf den Kubikmeter umbauten Raumes umgerechnete Anhaltspunkte pro Stunde an.

Sonnenschutz

Entsprechend der anderen Natur der Wärmestrahlung sind im Vergleich zum normalen Wärmeschutz auch die Maßnahmen anders, die einen Schutz gegen Wärme*strahlung* gewährleisten sollen. Die im Bauwesen häufigste und wichtigste Wärmestrahlungsquelle ist die Sonne. Über die Eigenart ihrer Strahlung im Vergleich zur Wärmeleitung wurde bereits berichtet → 51 und 74. Da wir in unseren Breiten die längste Zeit des Jahres bautechnisch zur Schaffung eines gesunden Raumklimas einen zeitweise sogar sehr erheblichen Wärmebedarf haben, ist es vernünftig, nach Bauweisen und Konstruktionsprinzipien zu suchen, die die Energie der größten überhaupt bekannten Wärmequelle, der Sonne, weitgehend ausnutzen, ohne die Nachteile in Kauf nehmen zu müssen, die etwa im Hochsommer durch eine zu starke Sonneneinstrahlung eintreten können.

Die recht komplizierten Probleme des Sonnenschutzes sind vorwiegend konstruktiver und gestalterischer Natur. Aus diesem Grunde wird bei den einzelnen Bauteilen, insbesondere Fenstern, Außenwänden und Dächern sowie bei den Stoffwerten auf den Sonnenschutz jeweils ausführlich eingegangen.

Die im Zusammenhang mit der Sonnenstrahlung nutzbaren physikalischen Besonderheiten sind die Durchlässigkeit von Glas und dünnen Kunststoffschichten für Sonnenstrahlen, ihre Undurchlässigkeit für längere Wellen, die Strahlungsreflexion metallisch glänzender, heller Oberflächen (→ 104 u. 208) sowie die Strahlungsabsorption (→ 104 4) und die Wärmespeicherung von Beton, Mauerwerk, Putz u. dgl. → 104 1.

Bauteile, die möglichst viel Sonnenwärme etwa zum Ausgleich der Temperaturen zwischen Tag und Nacht speichern sollen, müssen eine dunkle, stumpfe Oberflächenbeschaffenheit und eine hohe spezifische Wärme (Stoffwerte → 104 1) bei großer Flächenmasse besitzen. Sie müssen die Wärme in dem jeweils verfügbaren Zeitraum in ausreichender Menge aufnehmen und in den Stunden sonst ungenügender Lufttemperatur in vollem Maße abgeben können. Hierzu ist außer den genannten Größen auch eine ausreichend große → Temperatur-Leitfähigkeit notwendig. Das ist z. B. der Grund dafür, daß gut konstruierte Häuser in heißen Zonen zuweilen keineswegs wärmedämmend, sondern gut durchlüftet und gegen Strahlung abgeschirmt etwa aus wärmespeichernden Stahlplatten hergestellt werden.

Normales Fensterglas ist in der Lage, beinahe die gesamte Sonnenwärmestrahlung durchzulassen und die langwelligere Wärmestrahlung von Heizkörpern und anderen warmen Raumbegrenzungen zu reflektieren bzw. zu absorbieren. Hierauf beruht der sogenannte Treibhauseffekt. Man kann ihn sehr sinnvoll nutzen, wenn man das Gebäude so baut, daß die Sonne nur während der kälteren Jahreszeiten oder überhaupt nur nach Bedarf in die Aufenthaltsräume einstrahlen kann und während der heißen Jahreszeit durch stark reflektierende oder auch durch speichernde Bauteile abgeschirmt wird. Dabei ist die Wärmedehnung zu beachten, die besonders bei großflächigen Bauteilen aus Metall, Beton u.ä. gefährliche Ausmaße annehmen kann. Sie darf auf keinen Fall behindert werden, da sie größere Kräfte entwickelt, als viele Baustoffe aushalten können. Am günstigsten ist die Verteilung der durch die Wärmedehnung zu erwartenden Längenänderung (Übersicht → 104 2) auf möglichst viel Dehnfugen → 152. Ist dies in ausreichendem Maße nicht möglich, so ist grundsätzlich darauf zu achten, daß alle der Sonnenstrahlung → 51 2 ausgesetzten Bauteile möglichst stark reflektierend und schwer ausgebildet werden. Stumpfe dunkle Oberflächen auf größeren Flächen wären unbedingt zu vermeiden.

Wirksamsten Sonnenschutz bieten gut hinterlüftete, reflektierende und verstellbare → 301 3 oder feststehende → 301 4 und 301 5 Vorrichtungen. Ihre richtige Gestaltung hängt mit der Belichtung eng zusammen. Bei starren Abschirmungen ist der Lichtverlust bei bedecktem Himmel unwesentlich, wenn sie horizontal übereinander liegen und über die ganze zu beschattende Fläche in etwa 60 cm breiten hellfarbigen Streifen verteilt werden. Die Anwendung dieses Prinzips ist nur gegen steil einfallende Strahlung, also an Südwänden, möglich, in gleicher Weise wie der bewährte weite Dachvorsprung. Der durch ihn verursachte Lichtverlust entspricht demjenigen einer um den Vorsprung vergrößerten Raumtiefe. An West- und Ostseiten sind nur bewegliche Vorrichtungen sinnvoll, etwa nach dem in 316 3 dargestellten Prinzip mit senkrechten oder waagerechten, mehr als 5 cm breiten Lamellen. Dieses Prinzip läßt sich auch in einer einfacheren sturmsicheren Form etwa nach Bild 177 5 anwenden. Die hier verwendeten Platten sind nicht durchsichtig, sondern nur durchscheinend.

Feuchtigkeitsschutz

Tau- und Kondenswasserschutz

Die zu ergreifenden Wärmeschutzmaßnahmen gelten nicht nur dem Menschen, sondern auch dem Bauwerk. Die Temperatur aller Raumbegrenzungen muß (immer in Übereinstimmung mit den physiologischen Belangen) so hoch sein, daß unter den gegebenen oder angestrebten Raumluftverhältnissen kein Tauwasser mit allen seinen nachteiligen Folgen wie Geruchsbelästigung, Pilzbefall, Zerstörung der Baustoffe usw. auftritt. Die zur Gewährleistung einer ausreichenden Raumbehaglichkeit angegebenen Temperaturen → 53 3 reichen hierzu mit Sicherheit aus, wenn die relative Luftfeuchtigkeit einen durchaus noch normalen Wert von 65% bei ca. 20°C Lufttemperatur nicht überschreitet. Bei höherer Temperatur- und Feuchtigkeitsbelastung (Industriebauten) müssen auch die Temperaturen der Raumbegrenzungen höher liegen, was eine stärkere Wärmedämmung oder größere Wärmeübergangszahlen erfordert.

Feuchte Luft wirkt sich um so ungünstiger aus, je wärmer sie ist, da sie dann mehr Wasserdampf aufnehmen kann. Das gilt in besonderem Maße hinsichtlich der möglichen Schäden durch Feuchtigkeitsniederschlag auf den Raumbegrenzungen. Das einfachste Mittel, übermäßige Luftfeuchtigkeit abzuführen, ist eine kurze, aber regelmäßige Lüftung jeweils bei höchsten Temperaturen, also höchster Wasserdampfkonzentration. Auf eine solche Lüftung oder anderweitige (künstliche) Begrenzung der Luftfeuchtigkeit kann in keinem Fall verzichtet werden.

In Räumen mit zwangsläufig ungewöhnlich hoher relativer Luftfeuchtigkeit und mit gegenüber den angrenzenden Räumen ungewöhnlich großen Unterschieden in der Lufttemperatur (Färbereien, Küchen, Trockenkammern usw.) treten neben den physiologischen Belangen die feuchtigkeitstechnischen in den Vordergrund. Hier genügt auch das Doppelte der genormten Dämmwerte oft nicht, um Tauwasser zu verhindern. Die in solchen Fällen jeweils erforderliche Dämmwirkung zur Erzielung ausreichend hoher Temperaturen der inneren Oberflächen läßt sich mit Hilfe der bekannten Tauwasserformel → 25 berechnen.

Eine einfache Übersicht über die bei normaler Luftbewegung jeweils erforderlichen Dämmwerte bietet 59 1.

Durch die Erhöhung der Wärmedämmung (höhere Oberflächentemperaturen) ist andererseits infolge des vermiedenen Tauwasserniederschlages eine Vergrößerung des Feuchtigkeitsgehaltes der Luft möglich. Wo bei ständiger Feuchtigkeitszuführung eine Lüftung oder anderweitige Kontrolle fehlt, steigt die relative Luftfeuchtigkeit so lange an, bis wieder Tauwasser ausfällt. An sich kann also die Erhöhung der Wärmedämmung bzw. die Minderung des → Wärmedurchgangs allein nicht als echte

GRUNDLAGEN

Feuchtigkeitsschutz

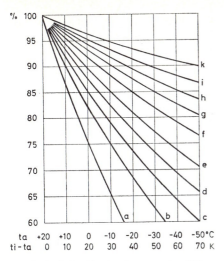

1 Erforderliche Mindestdämmwerte. Wärmedurchlaßwiderstände $1/\Lambda$ zur Vermeidung von Raumluftfeuchtigkeitsniederschlag (Kondens- oder Tauwasser) in Abhängigkeit von der relativen Innenluftfeuchtigkeit in % und der Außenlufttemperatur t_a. Die Innenlufttemperatur t_i wurde mit ca. 20°C angenommen. Um dieses Diagramm näherungsweise auch auf andere Temperaturverhältnisse einfach übertragen zu können, wurde in der untersten Zahlenreihe jeweils die dazugehörige Temperaturdifferenz ($t_i - t_a$) angegeben. Die Kurven a bis k gelten für folgende Dämmwerte:

Kurve:	a	b	c	d	e	f	g	h	i	k
$1/\Lambda$	0,47	0,70	0,93	1,16	1,40	1,86	2,33	2,79	3,73	4,65 m²hK/kcal
	0,40	0,60	0,80	1,00	1,20	1,60	2,00	2,40	3,21	4,00 m²K/W

Diese Zahlen sind grobe Richtwerte bei normaler Luftbewegung. Bei starker Luftbewegung, z. B. über Heizkörpern, sind die erforderlichen Dämmwerte erheblich geringer und bei völlig ruhender Luft größer.

1 kcal/h = 1,163 W → Watt   1 m² K/kcal = 0,860 m²K/W

Tauwasser-Schutzmaßnahme angesehen werden. Bei der Berechnung von Dämmschichten und Festlegung der damit immer sehr eng zusammenhängenden konstruktiven Details ist es daher sehr wichtig festzustellen, welchen Wert die relative Luftfeuchtigkeit nicht überschreiten kann und darf, sowie ob und in welchem Maße die Dampfdiffusion durch eine Dampfbremse oder -sperre → 209 unterbunden werden muß.

Wird zum Lüften von verhältnismäßig kalten Räumen mit sehr großer Wärmespeicherung (z. B. Kellerräume, Bunker, Untergeschosse, Archive usw.) unveränderte warme Außenluft benutzt, so können beträchtliche Feuchtigkeitsmengen als Tauwasser auf den Raumbegrenzungen, der Einrichtung und auf den gelagerten Gegenständen auftreten, sobald ihre Temperatur unter dem Taupunkt der hereingelassenen, häufig feuchtwarmen Luft → 105 4 liegt. Unterschiede von wenigen Graden genügen schon. Luft mit einer Temperatur von 25°C und einer relativen Feuchte von 70% hat ihren Taupunkt bereits bei 19°C. Bei dieser Temperatur beginnt also schon der Tauwasserniederschlag. Mit solcher Luft kann man die Bauteile und Räume bei geringer Strömungsgeschwindigkeit nicht trocknen, sondern nur noch mehr befeuchten. Hier hilft am besten eine Sommerheizung oder eine künstliche Lufttrocknung.

Im Zusammenhang mit dem Tauwasserschutz ist es wichtig, in welchem Maße die Raumbegrenzungen und die gesamten Ausstattungen Raumluftfeuchtigkeit ohne Schaden aufnehmen können und dürfen. Grundsätzlich ist bei den Bauteilen ein möglichst großes Feuchtigkeits-Speichervermögen etwa zum Ausgleich von Belastungsspitzen erwünscht.

Nach dem derzeitigen Stand der Bauforschung und den praktischen Erfahrungen ist die Feuchtigkeitsaufnahme von homogenen Bauteilen und von z. B. an der Kaltseite mit Wärmedämmschichten versehen Stahlbetonplatten unbedenklich, solange auf der warmseitigen Oberfläche kein Tauwasser auftritt. Das gilt auch für kapillar gut saugfähige Bauteile mit praktisch dampfsperrender Außenhaut, wenn die relative Luftfeuchtigkeit 40 bis 50% nicht überschreitet. Im übrigen liegt diese Raumluft-Feuchtigkeitsgrenze bei 70%. Unter diesen Bedingungen darf die Kondensation infolge Diffusion innerhalb der betreffenden Bauteile 1,0 bis 2,0 g/m²h gerade noch erreichen, je nachdem wie dick die aufnahmefähige Schicht ist. Die geringste Kondensation im Querschnitt einer Raumbegrenzung (Wand oder Decke) ist dort zulässig, wo das ganze Jahr über ein Temperaturgefälle in gleicher Richtung vorhanden ist, wie z. B. bei Kühlräumen. Hier gilt als äußerste Grenze eine Diffusions-Feuchtigkeitsmenge von 0,05 g/m²h.

Je häufiger und stärker eine Feuchtigkeitsbelastung eintritt, um so öfter muß die Möglichkeit bestehen, daß die betreffenden feuchtigkeitsspeichernden Schichten während der Belastungspausen oder während Umkehr des Temperaturgefälles (etwa infolge Sonnenstrahlung) »ablüften« können. Ist diese Möglichkeit nicht in ausreichendem Maße gegeben, sind notfalls Dampfsperren → 59, 103 2 u. 161 notwendig.

Abdichtungen

Flüssiges Wasser verursacht am Bauwerk die größten Probleme, gleichgültig, ob es sich um aufsteigende oder seitlich eindringende Bodenfeuchtigkeit, Grundwasser oder atmosphärische Niederschläge handelt. Durch Wasser und seine Begleiterscheinungen werden auf die Dauer fast alle Baustoffe zerstört.

Zum Schutz gegen Bodenfeuchtigkeit sind nach DIN 4117 bitumige Stoffe, Sperrbeton, Sperrmörtel und Sperrputz, aber auch Kunststoff-Folien → 217 3 o. ä. geeignet.

Alle diese Abdichtungen müssen außerordentlich sorgfältig ausgeführt werden, insbesondere an den Anschlüssen, Rohrdurchführungen, Materialstößen usw. Hydrostatisch drückendes Wasser ist grundsätzlich zu vermeiden, etwa durch Sickerpackungen, Abflußkanäle, belüftete Vorsatzschalen und andere besondere konstruktive Vorkehrungen an Außenwänden → 107, Böden und Wänden gegen Grund → 121 u. 206, Terrassen → 162 usw.

Bei allen Abdichtungen ist zu beachten, ob sie nur wasserdicht oder auch dampfdicht sind. Überall dort, wo mit dem Wasser auch nachteilige Wirkungen durch Wasserdampf auftreten können, müssen sie wie Dampfsperren → 103 2 wirken.

Maßnahmen gegen Grundwasser müssen mit größter Sorgfalt geplant und ausgeführt werden. Die Abdichtungen müssen eingepreßt werden. Die Anzahl der Dichtungsbahnen richtet sich nach den Stoffeigenschaften, der Tiefe der »Abdichtungswanne« und der realisierbaren Einpressung. Die fertige Abdichtung muß so beschaffen sein, daß sie ihre Schutzwirkung bei langsamen Bewegungen des Bauwerks nicht verliert und dabei entstehende Risse bis etwa 10 mm Breite und 2 mm Absatz überbrückt. Durchdringungen (Rohrleitungen, Kabel) wären weitgehend zu vermeiden oder notfalls durch Stahlflansche, die lückenlos anzupressen sind, zu sichern. Weitere Einzelheiten → DIN 4031.

Dampfsperren

Sehr oft wird die Meinung angetroffen, daß wasserdichte Stoffe zwangsläufig auch dampfdicht sein müssen. Vielfach ist dieser

Wirtschaftlichkeit **GRUNDLAGEN**

Unterschied nicht bekannt. Wasserdicht sind alle wasserfesten Stoffe, deren Poren so klein sind, daß auch kleinste „Wassertropfen" nicht hindurch können. Das ist schon bei normalem Beton mit hohem Zementanteil und guter Sieblinie der Fall. Er ist aber keineswegs dampfdicht, da sein Diffusionswiderstandsfaktor bei bestenfalls 175 liegt, während dieser Wert bei einer guten Dampfsperre mindestens 100000 betragen muß. Gute Dampfsperren sind z. B. Schichten aus bituminösen Stoffen → 1032, Metall, Glas und bestimmte Kunststoff-Folien → 216. Auch einzelne Anstriche → 209 3 könnte man vielleicht noch so bezeichnen. Absolut dichte Dampfsperren herzustellen, ist mit bautechnischen Mitteln außerordentlich schwierig oder sogar unmöglich, so daß man in den meisten Fällen von Dampfbremsen spricht. Ebenso schwierig ist es, sie so einzubauen, daß sie nicht auch nachteilige Wirkungen auslösen. Das gilt vorwiegend dort, wo keine stationären Zustände vorhanden sind, sondern z. B. beidseitig angreifende Wechseldrücke etwa durch periodische Temperaturumkehr (innen Heizung im Winter, Sonnenstrahlung von außen usw.) auftreten. Aus diesen Gründen soll man Dampfsperren nur dort verwenden, wo sie unbedingt notwendig sind, und darauf achten, daß nicht unbeabsichtigt an falscher Stelle solche Sperren entstehen.

Wirtschaftlichkeit

Wärmeschutz

Viele Wärmeschutzmaßnahmen lassen sich ohne zusätzlichen Materialaufwand rein konstruktiv lösen. Es ist wichtig, immer zu beachten, daß das, was man in einem umfassenden Sinne in den Begriff Wärmeschutz einbeziehen könnte, seit jeher eine Hauptaufgabe jeder Bautätigkeit war.
Früher gab es außer dem Herd keine besonderen Heizeinrichtungen. Die Menschen waren wohl mehr abgehärtet, die Lebenserwartung jedoch viel geringer. Heute wenden wir Jahr für Jahr hohe Kosten auf, um die Räume während der langen, kalten Jahreszeit auf etwa die gleichen Temperaturen zu bringen, wie sie sich im Sommer von selbst einstellen. Es läßt sich nachweisen, daß sich der Wärmebedarf zur Beheizung von Gebäuden unter gewissen Voraussetzungen etwa um den gleichen Prozentsatz verringert, um den der Wärmeschutz im Durchschnitt erhöht wird → 61 1.
Der Einfluß der Fenster und großflächigen Verglasungen ist hierbei allerdings schlecht zu erfassen. Sehr genaue Untersuchungen an zu diesem Zweck errichteten Versuchshäusern haben ergeben, daß in unserer geographischen Lage normalerweise bei großen Südfenstern in den Wintermonaten die eingestrahlte Sonnenwärme die durch die größeren Fensterflächen verlorengehenden Wärmemengen übersteigt, von den gesundheitlichen Vorteilen solcher Aufenthaltsräume, die während der kalten Jahreszeit Sonnenwärme erhalten, ganz abgesehen. Andererseits verursachen Fenster, Oberlichter, Türen u. ä. oft große Lüftungs-Wärmeverluste, die sich natürlich auf den Wärmeverbrauch auswirken und sich durch die Erhöhung der Wärmedämmung nicht beeinflussen lassen, sondern nur durch bessere Fugendichtungen → 172 2.
Durch einen erhöhten Wärmeschutz werden meistens die Herstellungskosten für die Raumbegrenzungen vergrößert. Die Kosten für die Heizungsanlage und der jährliche Brennstoffaufwand werden dagegen geringer. Es gilt also, für jedes Projekt unter der Nutzung aller konstruktiv gegebenen Möglichkeiten im voraus auszurechnen, welchen Betrag man gegebenenfalls für einen erhöhten Wärmeschutz ausgeben kann, um in dem für das Gebäude vorgesehenen Nutzungszeitraum ein Optimum an Einsparungen in der Gesamtbilanz zu erzielen. Bei normalen Wohnungen in Mehrfamilienhäusern kann damit gerechnet werden, daß bei einem Aufwand von 3% der Baukosten für erhöhten Wärmeschutz eine Einsparung an Heizkosten in der Größenordnung von ca. 30% erzielbar ist. Die einmaligen Mehrkosten lassen sich damit durch die jährlichen Einsparungen spätestens in 4—8 Jahren decken. Die später erzielten Einsparungen bleiben als ständiger Vorteil erhalten.
Nach W. Triebel erhöhen sich z. B. die Gebäudekosten eines typischen dreigeschossigen Wohnhauses durch über die Normforderungen hinausgehende Verbesserung des Wärmeschutzes an Fenstern und Umfassungswänden um 4 bis 5 %. Gleichzeitig werden die Anlagekosten der Heizung um 1 bis 2% der Gebäudekosten geringer. Die restlichen 3% entsprechen dem Betrag, der infolge des geringeren Wärmebedarfs je nach Art und Nutzung der Heizung in 5 bis 15 Jahren eingespart werden kann.
Nach ÖNORM B 8110 können die Heizkosten für ein schlecht isoliertes Gebäude innerhalb von einigen Jahrzehnten die Höhe der Baukosten erreichen. Der Brennstoffverbrauch ist im Einzelhaus erheblich größer als z. B. in einer Mietwohnung, die prozentuale Ersparnis bei erhöhtem Wärmeschutz jedoch bei beiden etwa gleich. Die angegebenen Prozentsätze können daher als allgemein gültig angesehen werden.
Bei Erhöhung des Mindest-Wärmeschutzes der Wände (Fensterflächenanteil 25%) um 100% und der Decken um 50% ergibt sich nach dieser Norm eine Brennstoffersparnis von 26%. Durch die Minderung der Fugendurchlässigkeit der Fenster → 171 von 2,0 auf 0,5 tritt eine weitere Einsparung von 25%, insgesamt also von rd. 50%, ein. Wird der Fensterflächenanteil gleichzeitig auf 40% erhöht, so erhöht sich die Ersparnis durch Minderung der Fugendurchlässigkeit lediglich mit 5% auf insgesamt 31%. An diesen Zahlen wird deutlich, wie wichtig es ist, die Gebäude winddicht herzustellen und die Fensterflächen nicht übermäßig groß zu wählen.
Bei einem deutschen Vergleichsbauvorhaben wurde an zwei gleichen Wohngebäuden der Einfluß von Isolierscheiben im Vergleich zu Einfachverglasungen während zweier Wintermonate mit folgendem Ergebnis gemessen:

Minderung der Heizanlagekosten um 8,3%
Minderung an Heizenergie   6,7%.

1 Wärmepreise einzelner Brennstoffe

in DM (Preisindex 1978)

	Wirkungsgrad	pro MW	pro Gcal
Koks	65%	80,—	93,—
Erdgas	75%	58,—	68,—
Heizöl	70%	43,—	50,—
Elektr. Strom	97%	77,—	90,—

In vorstehenden Beträgen sind die Abschreibung sowie die Wartungs-, Inspektions- und Bedienungskosten nicht enthalten.
Diese Kosten mindern die Unterschiede zugunsten des elektrischen Stromes.

GRUNDLAGEN

Wirtschaftlichkeit

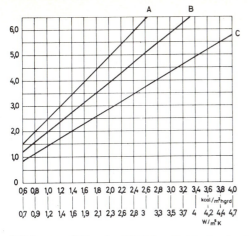

1 Steigerungsfaktor der jährlichen Heizkosten je m² Außenwand in Abhängigkeit vom Wärmeverlust (→ Wärmedurchgangszahl k in kcal/m² h und W/m² K) und verschiedenen klimatischen Bedingungen.
A = 5000, B = 4000, C = 3000 → Heizgradtage

Der Einfluß der Fenster und undichter Fugen ist hierbei nicht berücksichtigt. Effektiv ist z. B. im normalen Wohnungsbau durch eine Verdreifachung des Mindest-Wärmeschutzes lediglich eine Energieersparnis um 25% erzielt worden. Der Lüftungs- und Transmission-Wärmeverlustanteil der Fenster betrug 53% (Verbundfensterkonstruktion).

Im Auftrag des Bundesministeriums für Raumordnung, Bauwesen und Städtebau haben H. Werner und K. Gertis im September 1975 einen Bericht über den wirtschaftlich optimalen Wärmeschutz von Einfamilienhäusern erstattet. Diese Arbeit liefert einen Beitrag zur Aufklärung von ökonomischen Begriffen und kalkulatorischen Berechnungsverfahren. Sie beschränkt sich auf den Einfamilienhausbau. Bei größeren Gebäuden ergeben sich übermäßig komplexe Optimierungszusammenhänge, die in dem gesteckten Rahmen nicht zu bewältigen waren. Zu beachten waren bei der hier durchgeführten Berechnung ewa 50 Parameter, die nur durch den Einsatz der EDV zu bewältigen waren. Auf der Grundlage des damaligen Energiepreises von DM 40,— /Giga-Kalorie ergaben diese Berechnungen, daß sich im Einfamilienhausbau im Vergleich zum bisher praktizierten Wärmeschutz durch eine optimale Wärmedämmung ca. 6% der Gesamtkosten und etwa 50% der Heizkosten einsparen lassen. Die für diesen Zweck erforderliche Baukostenerhöhung für die Verbesserung des Wärmeschutzes wird von den Verfassern mit 0,5 – 1% angegeben.

Als wirtschaftlich optimal wurden für die wichtigsten Bauteile folgende Wärmedurchlaßwiderstände ermittelt:

	m² K/W	m²h K/kcal
1. Außenwände	1,89	2,2
2. Kellerdecke	2,32	2,7
3 Flachdach	3,53	4,1

Vorstehende Daten wurden dem in der Zeitschrift „das Bauzentrum" 3/76 veröffentlichten Kurzbericht aus der Bauforschung „Wirtschaftlich optimaler Wärmeschutz von Einfamilienhäusern" entnommen.
Berichterstatter: Institut für Bauphysik Stuttgart, H. Werner; K. Gertis. Abgeschlossen im September 1975.

In vorstehendem Bericht wurde erstmals ausführlich dargestellt, wie schwierig eine exakte Wirtschaftlichkeitsberechnung und damit Optimierung des Wärmeschutzes ist. Es ist sehr zu wünschen, daß sich das zuständige Ministerium und selbstverständlich auch die beteiligte Industrie mehr mit der Klärung dieses Problems befaßt.

Alle für die Bauplanung Verantwortlichen sollten bei der Wahl von Baustoffen und Wärmeschutzmaßnahmen immer bedenken, daß die Heizung in unserem Klima ein besonders großer Energieverbraucher ist. Die Haushalte sind mit 23% am Gesamtenergieverbrauch beteiligt, wovon etwa 85% für die Raumerwärmung verbraucht werden. Dieser Sachverhalt hat die Bundesregierung veranlaßt, das Gesetz zur Einsparung von Heizenergie zu schaffen, das ab 1. 11. 1977 mit Hilfe der entsprechenden Wärmeschutzverordnung (EnEG WV) → 55 1 wirksam ist. Diese Wärmeschutzverordnung stellt keine übermäßig strengen Forderungen, sondern zielt im wesentlichen darauf ab, unnötig große Wärmeverluste durch übermäßig große Glasflächen zu vermeiden. Wie vorstehende Zahlen im Vergleich mit den Werten der Wärmeschutznorm DIN 4108 und der EnEG WV auf Seite 55 beweisen, wird hiermit bei weitem noch kein „optimaler" Wärmeschutz gewährleistet. Die Forderungen der EnEG WV liegen etwa in der Mitte zwischen dem bisher meistens praktizierten „Mindestwärmeschutz" und dem wirtschaftlich optimalen.

Die bisher relativ niedrigen Energiepreise haben zu einem großzügigen Umgang mit Energie verführt. Es bestehen daher beträchtliche Möglichkeiten der Einsparung, von denen nachstehend einige genannt werden sollen:

1. eine 1 mm dicke Rußschicht auf den Heizkesselwänden erhöht den Heizverbrauch um 5%.

2. Durch Nachtabsenkung der Raumtemperatur um 5 K sinkt der Energieverbrauch um 6 bis 10%.

3. Durch eine thermostatische Steuerung der einzelnen Heizkörper läßt sich die Sonnenenergie voll ausnutzen und eine Überheizung vermeiden. Die Senkung der Zimmertemperatur um etwa 1K spart ca. 6% Energie. Energiegewinn durch Südfenster 15% gegenüber fensterloser Außenwand.

4. Durch Verzicht auf Heizkörperverkleidungen und konvektionsbehindernde Vorhänge nimmt der Energieverbrauch etwa um 8% ab. Gewinn 10...20% wenn Heizkörper nicht an Außenwand.

5. Durch Schließen von Fensterläden oder Jalousien während der 10stündigen Nachtzeit lassen sich je nach Bauweise und Gebäudegröße 8 – 12% Energie einsparen.

6. Durch Beseitigung undichter Stellen an Fenstern und Türen sinkt der Energiebedarf um 30 – 38%.
(Lit. „Test" der Stiftung Warentest, Berlin und andere).

Amortisation der Mehrkosten für die Doppelscheiben in 42 vollen Heizmonaten. Die Fugendurchlässigkeit blieb unverändert. Weitere Vorteile, die aus diesen Zahlen nicht hervorgehen, sind die hygienischen Verhältnisse und insbesondere die größere Raumbehaglichkeit. Nach E. Neufert lassen sich jeweils 3% Heizmaterial einsparen, wenn die für die Raumbehaglichkeit wichtige Oberflächentemperatur der Umfassungen durch Verbesserung der Wärmedämmung um 1 °C erhöht wird.

Schallschutz

Weniger klar auf der Hand als beim Wärmeschutz liegen die finanziellen Verhältnisse beim baulichen Schallschutz, da sich der Grad der übermäßigen Belastung des Menschen durch Lärm nicht messen und die verursachten Schäden nicht ohne weiteres in Geldbeträge umrechnen lassen. Immerhin konnte eine amerikanische Versicherungsgesellschaft nachweisen, daß eine Verringerung der in einem Schreibmaschinensaal entstehenden Klappergeräusche zur Folge hatte, daß Schreibfehler um 29 bis 52% seltener wurden, der Angestelltenwechsel um 47% nachließ, und sich die Arbeitsleistung durchschnittlich um 9% erhöhte. In einer Weberei wurde nach Ausstattung der Arbeiter mit Gehörschutzvorrichtungen eine Produktionserhöhung um 12% festgestellt. In einem Telegrafenamt wurde nach erfolgter Reduzierung des Schallpegels von 50 auf 35 dB (A) eine Fehlerminderung um 42% festgestellt.

Finanziell unübersehbar sind manchmal die Folgen, die durch bauliche Fehlplanungen entstehen, wenn, wie schon oft vorgekommen, neu erstellte Industriebetriebe, Handwerksbetriebe oder andere Lärmerzeuger von Behörden gezwungen bzw. von Gerichten dazu verurteilt werden, umfangreiche Schallschutz-Maßnahmen durchzuführen, nur weil bei der Planung und Einrichtung den zu erwartenden Schallwirkungen nicht genügend Rechnung getragen wurde.

Viele Schallschutz-Forderungen lassen sich ohne zusätzlichen Aufwand allein durch eine zweckmäßige Gebäudelage, Raumgruppierung und durch sorgfältige Auswahl ohnehin notwendi-

Wirtschaftlichkeit   **GRUNDLAGEN**

ger konstruktiver Maßnahmen erfüllen. Der Architekt (und auch der Stadt- und Landesplaner → 71!) muß nur diese Gesichtspunkte rechtzeitig in seinen Entwurf einbeziehen. Durch DIN 4109 wird er hierzu ohnehin gezwungen. Dort heißt es, daß bauliche Schallschutz-Maßnahmen schon im Entwurf vorgesehen werden müssen und daß vorbeugender Schallschutz besonders wirksam bereits durch eine zweckmäßige Grundrißplanung erreicht werden kann. Nachträgliche Schallschutz-Maßnahmen sind schwierig und sehr kostspielig (DIN 4109 Blatt 2 u. 5). Die Kosten eines normgerechten Schallschutzes in üblichen Hochbauten mit Aufenthaltsräumen liegen bei max. 1—2% der Gesamtkosten. Für den in der neuen DIN 4109 nun ebenfalls festgelegten, empfohlenen erhöhten Schallschutz muß mit max. 4% Mehrkosten gerechnet werden.

Die Forderungen von DIN 4109 sind in allen deutschen Bundesländern baupolizeiliche Richtlinie und müssen daher unbedingt eingehalten werden. Sie gelten nicht nur für Wohnhäuser, sondern auch für Schulen, Krankenhäuser, Hotels, Gebäude mit »fremden« Arbeitsräumen u. ä. Ihre Nichtbeachtung kann die Einstellung der Bauarbeiten, Zurückziehung öffentlicher Mittel sowie Schadenersatzforderungen zur Folge haben. Für Mängelrügen, Mängelbeseitigung und Schadenersatz gelten die betreffenden Bestimmungen des BGB, insbesondere die §§ 633, 634, 434, 462, 635, 472—73 und 537/38.

Für die Beurteilung und Abwehr von Industrielärm bietet VDI 2058 die beste Handhabe. Sie gilt ähnlich wie alle nicht für die Baupolizei eingeführten Normen als anerkannte Regel der Technik und ist damit Grundlage für Gerichtsurteile, Gutachten u. dgl.

Raumakustik

Die Wirtschaftlichkeit der raumakustischen Maßnahmen ergibt sich aus der Natur der Bauaufgabe. Räume mit einer schlechten Akustik haben einen geringen Nutzungswert und werden nicht nur vom Publikum, sondern auch von den Künstlern gemieden. Sie haben daher eine geringere Rendite. Nachträgliche Maßnahmen, etwa durch elektroakustische Verstärkungsanlagen und dergleichen, können eine gute Raumakustik nicht ersetzen, ganz abgesehen davon, daß solche Einrichtungen recht kostspielig sind und einer ständigen Inspektion und gegebenenfalls Steuerung bedürfen, wodurch sehr hohe laufende Kosten anfallen können.

Für die Kosten raumakustischer Maßnahmen gilt im wesentlichen dasselbe, was bereits beim Schallschutz erwähnt wurde, vielleicht in einem noch stärkeren Maße.

DIN 4109 Blatt 5, Ziff. 3, grenzt die Raumakustik als besonderes Arbeitsgebiet ab, für das »stets Sachverständige hinzugezogen werden sollten«. Die wichtigste Aufgabe für den Akustikingenieur ist, alle Baumaßnahmen einschließlich des rein künstlerischen Entwurfs so zu beeinflussen, daß die Akustikforderungen, die schon bei der Raumgröße und der Raumform beginnen, zwangsläufig eingehalten werden. Das Ideal ist, ohne spezielle und vielleicht noch nachträgliche Akustikmaßnahmen auszukommen. Bei dieser Arbeitsweise fallen für die Raumakustik außer dem an den Baukosten gemessen sehr bescheidenen Honorar für den Sonderfachmann keine zusätzlichen Kosten an. Der Architekt sollte daher schon beim Entwurf sehr eng mit dem Akustiker zusammenarbeiten.

Meßgeräte, Meßverfahren

Temperaturmessung

Lufttemperatur

DIN 1946 (Lüftungstechnische Anlagen) fordert für die Messung der Raumlufttemperatur und für die Feststellung der Außenlufttemperatur ein strahlungsgeschütztes Quecksilber-Feinthermometer mit einer 0,2°-Einteilung nach DIN 12775. Einschlußthermometer sind wegen der besseren Ablesung den Stabthermometern vorzuziehen → 302 1.
Zugelassen sind auch Widerstandsthermometer mit Strahlungsschutz. Bei Thermoelementen mit einem kleineren Durchmesser als 0,2 mm kann auf einen Strahlungsschutz verzichtet werden. Die Meßstellen müssen gleichmäßig in der zu untersuchenden Zone verteilt werden, bei Raumlufttemperaturmessungen normalerweise 1 m über dem Fußboden. Für die Anzahl der Meßstellen wird folgende Richtlinie empfohlen:

Raumgrundfläche	100 m²	300 m²	ab 500 m²
Meßstellen	4	6	8—10

Im Freien soll die Lufttemperaturmessung trotz Strahlungsschutzes immer im Schatten erfolgen.

Oberflächentemperatur

Während die Messung der Lufttemperatur sehr einfach ist, bereitet die Temperaturmessung an Oberflächen Schwierigkeiten. Für orientierende Messungen am Bau dürfte das in 302 2 erläuterte elektrische Widerstandsthermometer immer ausreichend sein. Sein Temperaturbereich erstreckt sich von 0 bis +110°C oder wahlweise von 100 bis 210°C.
Die Meßgenauigkeit wird vom Lieferanten mit ±1% des Skalenendwertes angegeben. Zugluft, Wärmestrahlungseinfluß o. ä. sind während der Messung auszuschalten.
Der temperaturempfindliche Teil dieses Instrumentes ist ein sehr kleines Halbleiterelement (Ø weniger als 0,5 mm), das zur besseren Wärmeübertragung in einer dünnwandigen Silberspitze (Ø ca. 2 mm) am Ende eines isolierenden Glasröhrchens sitzt. Durch diese Anordnung wird der zu messenden Oberfläche nur sehr wenig Wärme entzogen. Je nach der am Fühler auftretenden Temperatur ändert sich der elektrische Widerstand des Halbleiters und damit die Anzeige am Meßinstrument, dessen Skala in Grad Celsius geeicht ist. Das Gerät arbeitet ohne Röhren oder sonstige Verstärkerelemente. Nach der Messung wird der Fühler mit der Kunststoff-Schutzhülse in das Gehäuse gesteckt, wobei sich das Gerät gleichzeitig abschaltet.
Zur Messung der Oberflächentemperatur und Wärmeabgabe großer Körper ist ein Hohlspiegel-Strahlungsmeßgerät geeignet. Durch Anvisieren aus Entfernungen bis zu 10 m läßt sich das ganze Temperaturfeld des Meßobjekts in kurzer Zeit bestimmen. Das Gerät besteht aus einem Glasparabolspiegel mit einem strahlungsempfindlichen, kreisförmigen Folien-Wärmestrom-Messer im Brennpunkt dieses Spiegels. Dieser Wärmestrom-Messer ist wechselweise beidseitig mit 30 Thermopaaren belegt und auf eine wassergekühlte Kupferdose geklebt. Das Wasser wird mit Hilfe eines Rippenkühlers auf Lufttemperatur gehalten. Aus der im Wärmestrommesser erzeugten elektronischen Kraft kann man bei bekannter Lufttemperatur direkt auf die Oberflächentemperatur der anvisierten Fläche schließen.

Feuchtigkeitsmessung

Luftfeuchtigkeit

Die einfachste Apparatur zur Prüfung der relativen Luftfeuchtigkeit ist das allgemein bekannte und angewendete Haarhygrometer. Nach der Lüftungsnorm DIN 1946 ist dieses Meßverfahren in gleicher Weise wie beim Arbeiten mit einem Hygrographen nur dann zulässig, wenn die Geräte vor und nach der Messung mit dem genaueren Assmannschen Psychrometer oder einem gleichwertigen anderen Aspirations-Psychrometer verglichen werden. Die Meßgenauigkeit soll bei ±1% liegen.
Haarhygrometer können bei Temperaturen bis +70°C verwendet werden. Sie müssen regelmäßig regeneriert und nachgestellt werden. Für das in 302 1 dargestellte Haarhygrometer schreibt der Lieferant alle 6 Wochen eine Regeneration vor. Sie kann sehr einfach mit Hilfe eines feuchten Tuchs erfolgen, das 40 Minuten lang das ganze Gerät umhüllen muß. Der Zeiger muß dabei auf 95% gelangen.
Bei Messungen mit Hygrometern ist nach DIN 1946 mit einer Einstellzeit von mehr als einer halben Stunde zu rechnen. Werden statt des Haarbündels spezielle Kunststoffäden als Meßelement verwendet, so ist die Einstellzeit kürzer, unterhalb 0°C jedoch länger. Die Regeneration soll dann etwa dreimal im Jahr vorgenommen werden.
Innerhalb geschlossener Räume genügen 1 bis 2 Meßstellen.

Feuchtigkeitsmessung fester Stoffe

Zur Feststellung des Feuchtigkeitsgehaltes (in Gewichts-%) von festen Stoffen in beliebig tiefen Schichten (Oberflächenfeuchtigkeit, anhaftendes Wasser) ist das CM-Gerät geeignet (chemisch und kapillar gebundenes Wasser kann nur in bestimmten Fällen [hoher Dampfdruck] bestimmt werden). Es arbeitet nach der *Carbid-Methode*. Man benutzt hierbei die leichte Zersetzbarkeit von Calciumcarbid durch Wasser, bei der Acetylengas entsteht. Diese Methode war früher nur mit einer komplizierten und empfindlichen Apparatur durchführbar und daher an ein Laboratorium und vorgebildete Kräfte gebunden. Das CM-Gerät ist geschaffen worden, damit Feuchtigkeitsbestimmungen ohne größeren Zeitaufwand und ohne Trockenschrank jeweils an Ort und Stelle ausgeführt werden können. Es ermöglicht auch ungeübten Arbeitskräften, nach kurzer Einweisung den Wassergehalt der verschiedensten Materialien schnell und sicher auf dem Bauplatz, im Betrieb usw. festzustellen. Die Methode arbeitet mit einer Genauigkeit von ±3%, bezogen auf den absolut meßbaren Feuchtigkeitsgehalt.
Das CM-Gerät ist eine kleine Druckflasche aus Stahl, die durch ein mit einem Manometer versehenes Verschlußstück gasdicht verschlossen wird. Von der zu prüfenden Substanz wird eine abgewogene Menge ohne Verlust in das Druckgefäß geschüttet. Dann werden unter leichter Neigung des Gerätes zwei bis vier Stahlkugeln und anschließend eine Ampulle mit Calciumcarbid vorsichtig durch den Flaschenhals eingebracht. Hierauf wird das Gerät verschlossen. Die vorstehenden Arbeitsgänge sind zur Vermeidung von Feuchtigkeitsverlusten schnell hintereinander auszuführen. Die Ampulle wird durch kreisendes Schütteln der Stahlflasche zertrümmert und das Calciumcarbid mit der Probe vermischt. Die Reaktion tritt sofort ein. Bereits nach einigen

Minuten zeigt das Manometer den Endwert an. Aus der jedem Gerät beigefügten Tabelle wird der Feuchtigkeitsgehalt unmittelbar abgelesen. Ein besonderer Vorteil des CM-Gerätes ist, daß die Druckflasche nach dem Entleeren und Säubern mit einer trockenen Flaschenbürste sofort wieder arbeitsbereit ist.

Die Probeentnahme richtet sich nach der stofflichen Beschaffenheit des zu untersuchenden Gutes. In allen Fällen muß ein gutes Durchschnittsmuster gezogen werden. Die Untersuchungsprobe muß in fein verteilter Form vorliegen.

Körnige Materialien, die nur Oberflächenwasser enthalten, wie z. B. Zuschlagstoffe (Kies, Sand usw.) werden direkt zur Untersuchung eingesetzt. Bei Unterböden, Innen- und Außenputz sowie Fertigbauteilen wird das Prüfgut mit Hilfe des Meißels und Spitzhammers entnommen.

Die Probemenge richtet sich nach dem vermutlichen Wassergehalt.

Vermutlicher Wassergehalt	5%	10%	20%	30%
Notwendige Einwaage	20 g	10 g	5 g	3 g

Bei Manometeranzeige unter 0,2 bar oder über 1,5 bar Versuch mit einer größeren bzw. kleineren Einwaage wiederholen.

Feuchtigkeitsmessung schlammartiger Stoffe

Auch hierfür läßt sich das CM-Gerät einsetzen. Zuerst wird nach den klassischen Methoden der Probenahme ein Durchschnittsmuster gezogen. Im allgemeinen wird man mit einer Einwaage von 1 g auskommen. Ist der Ausschlag des Manometers bei dieser Einwaage zu gering, so ist die Bestimmung mit einer 2-g-Einwaage zu wiederholen. Geht der Ausschlag über 1,5 bar hinaus, so ist – um eine Überbeanspruchung des Manometers zu vermeiden – sofort eine Entlastung durch vorsichtiges Öffnen des Flaschenverschlusses durchzuführen und die Bestimmung mit der 1,5-g-Einwaage zu wiederholen.

In einem tarierten Glasröhrchen von etwa 6 cm Länge und etwa 12 mm lichter Weite (z. B. abgesprengtes Reagenzglas) wird auf einer Präzisionswaage das Untersuchungsgut eingewogen. Das Glasröhrchen wird dabei zweckmäßig in einem Korkstopfen auf die Waage gestellt. Nach erfolgter Einwaage wird es mit dem Untersuchungsgut unter leichter Neigung der Druckflasche in diese eingebracht. Dann werden die beiden Stahlkugeln hinzugegeben, eine Ampulle Calciumcarbid vorsichtig in den Flaschenhals gleiten lassen und das Gerät verschlossen. Im übrigen verfährt man wie oben erwähnt.

Holzfeuchte

Für diesen Zweck werden meist elektrische Meßgeräte eingesetzt. Ihr besonderer Vorteil ist, daß man ohne lästige Kabelanschlüsse und Stemmarbeiten frei beweglich und schnell arbeiten kann. Sie sind klein, handlich und können überall mitgenommen werden. Zur Stromversorgung wird eine international genormte Batterie benötigt. Das Meßprinzip ist die elektrische Leitfähigkeitsmessung, weil die elektrische Leitfähigkeit immer in einem festen Verhältnis zum Feuchtigkeitsgehalt steht. Die Widerstandsänderungen in den interessierenden Meßbereichen sind extrem steil. Dadurch wird eine hohe Anzeigegenauigkeit möglich. Die elektrische Anzeigegenauigkeit beträgt ±0,1% und die Genauigkeit der Reproduzierbarkeit ±0,2%, bezogen auf die absoluten Anzeigewerte der Meßskala, die für Holz gewöhnlich zwischen den Werten 8 und 26 Gewichts-% liegt.

Für den Meßvorgang Kontrolltaste drücken und Kontrollregler so verstellen, daß sich der Meßinstrumentenanzeiger auf den roten Kontrollstrich einstellt. Ist diese Einstellung nicht möglich, muß die Batterie erneuert werden.

Gewünschte Elektrode (Hammer-, Nadel- oder Andrückelektrode) auf Elektrodenkabel aufstecken und Kabel in die Steckbuchse des Meßgerätes einführen. Elektrode auf das Meßgut aufdrücken, einstechen oder einschlagen, weiße Meßtaste drücken und Ergebnis direkt an der Meßwertskala ablesen. Messung beenden durch Loslassen der Meßtaste. Bei länger dauernden aufeinanderfolgenden Messungen ist es ratsam, zwischendurch die Batterie zu kontrollieren.

Außer der Holzfeuchtigkeits-Prozentskala, die eine direkte Ablesung der Materialfeuchtigkeit ermöglicht, ist meist noch eine weitere Skala mit neutraler Teilung vorhanden. Diese soll dazu dienen, Stoffe zu messen, die wegen ihres anderen spezifischen Leitwertes Abweichungen von der Ablesung auf der Holzskala ergeben würden. Für solche Stoffe lassen sich also nur Vergleichswerte mit der groben Einteilung in »trocken«, »normal« und »feucht« feststellen und keine Absolutwerte wie beim CM-Gerät. Natürlich ist es möglich, die Skala auch auf einen anderen speziellen Stoff zu eichen oder die neutrale Skala in Absolutwerte umzurechnen.

Bestimmung des Diffusionswiderstandsfaktors

Die Prüfung des im Bauwesen sehr oft interessierenden Wasserdampf-Diffusionswiderstandsfaktors erfolgt mit Hilfe einer Apparatur, deren Prinzip in Bild 1 dargestellt ist. Hierin bildet der zu untersuchende Stoff die Grenze zwischen zwei Räumen mit gleicher Temperatur, aber verschiedenem Dampfdruck. Er bildet den Abschluß eines Gefäßes, das teilweise mit Wasser gefüllt ist. Zwischen dem Wasserspiegel und der zu prüfenden Stoffprobe befindet sich Luft mit einer relativen Feuchte von nahezu 100%. Die das Gefäß umgebende Luft wird mit Hilfe eines Trockenmittels (Phosphorpentoxyd) getrocknet, d.h., innerhalb dieses äußeren Gefäßes herrscht ein sehr kleiner Dampfdruck. Infolge der Dampfdruckdifferenz zwischen den beiden Gefäßen, also zu

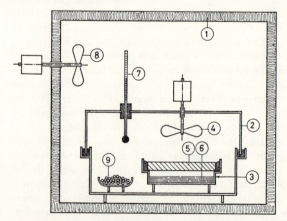

1 Meßanordnung zur Feststellung des Diffusionswiderstandsfaktors von Bau- und Dämmstoffen:
1 wärmedämmender thermostatisch geregelter Schrank
2 dampfdicht verschlossenes Gefäß
3 dampfdichtes Gefäß mit wasserbedecktem Boden
4 Ventilator zur Luftumwälzung
5 zu untersuchende Stoffprobe
6 Wasserspiegel
7 Thermometer
8 Ventilator zur Luftumwälzung
9 Schale mit dem Trockenmittel

MESSVERFAHREN

Wärmeleitzahl, Wärmeableitung, Lautstärke, Schallpegel

beiden Seiten der Stoffprobe, erfolgt durch die Probe hindurch eine Dampfdiffusion, je nach Dampfdurchlässigkeit des Materials. Die Menge des diffundierenden Dampfes kann aus der Gewichtsabnahme dieses mit der Probe abgedichteten Gefäßes festgestellt werden. Vergleichsweise wird ermittelt, wieviel Wasserdampf durch eine ruhende Luftschicht gleicher Querschnittsfläche und Dicke bei gleicher Dampfdruckdifferenz diffundieren würde. Aus dem Verhältnis dieser beiden Dampfmengen ergibt sich der Diffusionswiderstandsfaktor.

Ermittlung der Wärmeleitzahl

Die → Wärmeleitzahl ist die entscheidende Größe für die Berechnung von Wärmedämmschichten. Sie läßt sich aus dem Wärmefluß (Wärmestrom in → Watt) und den Oberflächentemperaturen errechnen, wobei auch die geometrischen Abmessungen berücksichtigt werden müssen. Die Bestimmung der beiden zuerst genannten Größen ist schwierig und erfordert sehr genaue Voraussetzungen. Die Meßgenauigkeit beträgt trotz größter Sorgfalt bei Laboratoriumsbedingungen etwa ± 2 bis $\pm 3\%$ und bei Messungen am ausgeführten Bauwerk ± 3 bis $\pm 5\%$. Für die Untersuchung plattenförmiger Stoffe ist im Laboratorium das Plattengerät nach Poensgen gebräuchlich. Die erforderliche Arbeitsweise nach diesem Verfahren ist in DIN 52612 (Bestimmung der Wärmeleitfähigkeit mit dem Plattengerät) ausführlich festgelegt. Die gleiche Norm schreibt auch vor, daß im Bauwesen nicht mit der im Laboratorium unter idealen Bedingungen gemessenen Wärmeleitzahl gerechnet werden darf, sondern mit einem ungünstigeren Wert, der nicht nur die Meßgenauigkeit, sondern auch die unvermeidlichen Streuungen infolge des Einflusses von Feuchtigkeit und anderer Zufälligkeiten berücksichtigt (Rechenwerte der Wärmeleitzahlen → 101).

Am ausgeführten Bauwerk wird die Wärmeleitzahl gewöhnlich mit Hilfe einer an der Warmseite angesetzten Wärmeflußmeßplatte ermittelt. Die Registrierung des Meßergebnisses erfolgt durch Zählgeräte. Die Rechenwerte der Wärmeleitzahl → 101 gelten für $+10\,°C$ und normalen Feuchtegehalt.

Messung der Wärmeableitung

Der »künstliche Fuß«

Gegen Entzug von Wärme aus dem Körper durch Kontaktflächen ist der Mensch sehr empfindlich. Die wichtigste solcher »Kontaktflächen« ist im Bauwesen der Fußboden. Damit ist die sogenannte → Fußwärmeableitung von besonderer Bedeutung.

DIN 4108 fordert für Räume zum dauernden Aufenthalt von Menschen fußwarme Bodenbeläge. Am bekanntesten ist das Prüfverfahren nach Cammerer und der sogenannte »künstliche Fuß« nach Schüle, der den Temperaturabfall an der Kontaktfläche nach Aufsetzen des nackten Fußes auf den Boden mißt. Wenn man diesen Temperaturabfall in Abhängigkeit von der Zeit aufträgt, so erhält man sogenannte Wärmeableitungskurven, die gewöhnlich für die ersten 5–6 Minuten nach der Berührung festgestellt werden. Bei ausreichend fußwarmen Böden sollten diese Kurven ausschließlich oberhalb einer Kontakttemperatur von ca. $26\,°C$ liegen. Nimmt man die Fußtemperatur eines normalen Menschen mit rd. $31\,°C$ an, so bedeutet dies einen zulässigen Temperaturabfall von etwa $5\,°C$ → 189 1.

Das Normverfahren

In DIN 52614 (Bestimmung der → Wärmeableitung von Fußböden) wurde das von Cammerer entwickelte Prüfverfahren genormt. Das Meßgerät besteht aus einem Prüfheizkörper und einem Prüfgerät. Der Heizkörper ist ein zylindrisches, mit Wasser gefülltes Gefäß ($\varnothing$ und Höhe 150 mm). Der Boden dieses Gefäßes besteht aus einer 0,3 bis 0,4 mm dicken elastischen Gummihaut, derart, daß sie sich unter dem Wasserdruck an die Prüffläche anschmiegen kann. Mit Hilfe der Heizvorrichtung, eines Thermostates und eines Rührwerks muß die Temperatur des Wassers (analog dem menschlichen Fuß) auf $33\,°C \pm 0{,}1$ K konstant gehalten werden. Wenn die vorgeschriebene normale Fußbodentemperatur von $18\,°C \pm 0{,}3$ K nicht vorhanden ist, so muß die Wassertemperatur so eingestellt werden, daß sie im Dauerzustand der Beheizung um 15 K über der vorhandenen Bodentemperatur liegt. Bei Oberflächentemperaturen unter $10\,°C$ oder über $25\,°C$ soll nicht gemessen werden. Zwischen dem zu prüfenden Boden und dem Prüfheizkörper wird mit Hilfe eines max. 0,3 mm dicken Folien-Wärmestrom-Messers die Wärmestromdichte oder direkt die Wärmeableitung gemessen.

Am Bau sind mindestens drei Meßstellen notwendig. Die unmittelbare Nähe von Fenstern, Öfen, Heizkörpern u. ä. ist zu vermeiden. Je nach Meßdauer wird das Ergebnis normalerweise mit W_1 (1 Minute) oder mit W_{10} (10 Minuten) bezeichnet (→ 189 2, 193 1 u. 3, 195 3, 196 1, 200 3, 204 2).

Lautstärke- und Schallpegelmessung

Meßgeräte für DIN-Lautstärken sollen nach DIN 5045 (seit 1966 nach DIN 45633) ausgebildet sein. Diese Norm wurde auf die internationalen Vereinbarungen abgestimmt, so daß die Werte mit den international eingeführten »bewerteten Dezibel-Angaben« dB(A), dB(B) und dB(C) wie folgt übereinstimmen:

	Bewertungskurve
30 bis 60 DIN-phon (= DIN-Kurve 2)	A
60 bis 130 DIN-phon (= DIN-Kurve 1)	B

Im Bereich um 60 dB kann der dB(A)-Wert wohl kleiner als 60, der dB(B)-Wert jedoch größer als 60 sein. Dann wird folgendermaßen umgerechnet:

$$dB(A) + dB(B) - 60 = DIN\text{-phon}$$

Alle Schallpegelmesser sind heute mit den international einheitlichen Bewertungskurven ausgestattet. Einige Fabrikate besitzen Zusatzeinrichtungen zur direkten Messung von → Mittelungspegeln, mit deren Hilfe die letztenendes allein interessierenden → Beurteilungspegel errechnet werden können. Die wichtigste Meßgröße ist der energieäquivalente → Dauerschallpegel (L_{eq}). Es handelt sich hierbei um eine international eingeführte und in DIN 45645 sowie DIN 45641 → 33 erläuterte akustische Grundgröße. DIN 45645 beschreibt ein Verfahren zur einheitlichen Ermittlung des Beurteilungspegels für Geräuschimmissionen, das für Geräusche aller Art anwendbar ist, also auch auf schwankende, impulshaltige und unterbrochene. Als Beurteilungszeit für den Lärm am Arbeitsplatz werden 8 Stunden zugrunde gelegt. Für andere Immissionen werden zwei Beurteilungspegel unterschieden. In der Zeit zwischen 6.00 und 22.00 Uhr wird das erhöhte Schutzbedürfnis von 6.00 bis 7.00 Uhr und 19.00 bis 22.00 Uhr durch einen Zuschlag berücksichtigt. Ähnlich wird beim Nachtpegel (besonderes Hervortreten der lautesten Nachtstunde) verfahren.

Luftschalldämmung

MESSVERFAHREN

Die wohl am häufigsten benutzten Körper- und Luftschallpegelmesser zeigen 302 3 und 302 4. Unterschieden wird zwischen einfachen Schallpegelmessern und Präzisionsschallpegelmessern. Erstere sind relativ billig und sehr handlich. Für schnelle orientierende Messungen sind sie völlig ausreichend. Präzisionsschallpegelmesser müssen mit einer Genauigkeit von ± 1 dB arbeiten und sind stets für die Überprüfung verbindlicher Forderungen einzusetzen. In solchen Fällen wird es oft notwendig sein, die Frequenzabhängigkeit der Geräusche zu untersuchen, also eine → Oktav-, → Terz- oder sogar eine → Suchton-Analyse durchzuführen, die die genaueste »Auflösung« eines Geräusches gestattet. Normalerweise genügen Oktavanalysen mit den üblichen Meßfrequenzen 63, 125, 250, 500, 1000, 2000 und 4000 Hz oder 50, 100, 200, 400, 800, 1600, 3200 und 6400 Hz. Mit den größeren Oktavfiltern kann auch in Abständen von halben Oktaven gemessen werden, was nach DIN 52210 bei der Trittschallmessung notwendig ist.

Die besten Meßmikrophone sind Kondensatormikrophone. Nachteilig ist hierbei die große Windanfälligkeit. Um solche Störungen zu vermeiden, werden besondere Windschutzvorrichtungen verwendet.

Zur direkten Aufzeichnung von Schallpegelanalysen und bei Messungen über große Zeiträume ist auch für den kleinsten hier abgebildeten Schallpegelmesser die Verwendung von Pegelschreibern → 302 4 möglich. Nicht alle Schreiber benötigen einen Netzanschluß. Schreibgeräte dieser Art sind auch für Nachhallmessungen → 302 5 unbedingt erforderlich.

Messung der Luftschalldämmung

Schallpegeldifferenz nach DIN 52210

Die einfachste Meßgröße der Luftschalldämmung ist die → Schallpegeldifferenz zwischen zwei Räumen. Man kann sie auch als »effektive Schalldämmung« bezeichnen. Meßtechnisch handelt es sich um die Differenz zweier ohne Bewertungskurven in zwei angrenzenden Räumen normal gemessenen Schallpegelwerte eines Prüfgeräusches, das natürlich im Nachbarraum noch ausreichend laut sein muß. Der Schallpegel muß dort um mindestens 10 dB über dem Störpegel liegen. Das Meßergebnis kennzeichnet nicht nur die Schalldämmung der trennenden Wand oder Decke, sondern umfaßt auch den Einfluß der → Raumschalldämpfung und verschiedener Schallnebenwege.

Um etwa zu Vergleichszwecken den jeweils verschiedenen Einfluß der Raumschalldämpfung zu beseitigen, kann nach DIN 52210 die Schallpegeldifferenz durch zusätzliche Messung der → Nachhallzeit im »Empfangsraum« auf ein bestimmtes Bezugsschallschluckvermögen umgerechnet werden. Diese Bezugsgröße wurde in der Norm für Wohnräume mit 10 m² (hundertprozentig absorbierender Fläche) festgelegt. Das so umgerechnete Meßergebnis ist die → Norm-Schallpegel-Differenz. Die Schallpegeldifferenz kann als Kurve (Schalldämm-Kurve) oder als arithmetischer Mittelwert angegeben werden. Hierbei wird in gleicher Weise verfahren, wie anschließend unter »Schalldämm-Maß« erwähnt.

Dieses Meßverfahren ist für überschlägige Schalldämm-Messungen geeignet, notfalls unter Verwendung des einfacheren Oktavfilters. In Berichten über solche Messungen ist jede Abweichung von der Meßnorm DIN 52210 anzugeben.

Schalldämm-Maß nach DIN 52210

Zur Kennzeichnung der Luftschalldämmung eines *Bauteiles* kann nach DIN 52210 aus der Schallpegeldifferenz durch Berücksichtigung der Prüffläche (des betreffenden Bauteils) und des Schallabsorptionsvermögens das in der Bauakustik als Vergleichsgröße und Ausgangswert für die Ermittlung des → Luftschallschutz-Maßes (LSM) und R_w wichtige → Schalldämm-Maß R ermittelt werden. Hierbei wird vorausgesetzt, daß der Schall ausschließlich über die Prüffläche übertragen wird. Das ist praktisch nur im Laboratorium auf Prüfständen ohne Nebenwege der Fall. Im ausgeführten Bauwerk ist diese Voraussetzung wegen der Längsleitung über flankierende Bauteile und andere → Nebenwege meistens nicht erfüllt. Um Verwechslungen zu vermeiden, muß dieses Bau-Schalldämm-Maß mit der Bezeichnung R' versehen werden.

Wie bei der Messung im einzelnen verfahren werden soll, ist schematisch in Bild *1* dargestellt. Als Schallquelle soll eine Lautsprecheranordnung benutzt werden, die im Senderaum ein allseits gleichmäßiges Schallfeld erzeugt und die mindestens 2 m vom Prüfobjekt entfernt ist. Als Meßgeräusch wird meistens stationäres Rauschen in Terz- oder Oktavbreite gesendet. Es hat gewöhnlich einen Schallpegel von mindestens 110 dB. Gemessen werden zuerst der Störpegel, dann die Schallpegeldifferenz und die Nachhallzeit des Empfangsraumes, die alle mit den gleichen Filtern zu bestimmen sind. Für die Nachhallzeitmessungen genügen im allgemeinen zwei verschiedene Mikrophonstellungen mit jeweils zwei Nachhallaufzeichnungen. Für die Schallpegelmessungen sind in kleineren Räumen und bei Frequenzen unterhalb von 500 Hz wegen der hier größeren Unsicherheitsfaktoren jeweils 6 und bei höheren Frequenzen mindestens 3 Mikrophonstellungen notwendig. Das Mikrophon soll immer mehr als 0,5 m von den Raumbegrenzungsflächen und mehr als 1,0 m von der Schallquelle entfernt sein. Die Prüfräume sollen am Bau mehr als 30 m³ und im Laboratorium ungefähr 50 m³ groß sein und möglichst Nachhallzeiten zwischen 0,5 und 3,0 s aufweisen. Die Prüffläche soll bei Wänden 8 bis 15 m² und bei Decken 12 bis 25 m² betragen. Die kleinste Abmessung soll 2,5 m betragen. Bei Messungen am Bau sollen die zu prüfenden Decken bzw. Wände die gesamte Trennfläche zwischen den betreffenden beiden Räumen bilden.

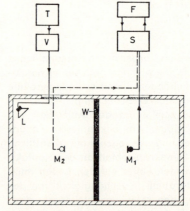

1 Schema der Meßanordnung für die Ermittlung der Schalldämmung von Wänden, Decken, Türen, Fenstern u. dgl. nach DIN 52210:

M_1 Meßmikrophon im Empfangsraum
M_2 Meßmikrophon im Senderraum
W zu prüfende Wand
L Lautsprecher zur Abstrahlung des Meßgeräusches
T z. B. Tonbandgerät als Meßgeräusch-Generator
V Verstärker
S Schallpegelmesser
F Terzfilter

MESSVERFAHREN

Nachhall

Für die Darstellung des Meßergebnisses wird in DIN 52210 ein Formblatt empfohlen. Sobald das Meßergebnis zur Bewertung des Schallschutzes dient, ist die betreffende Sollkurve (→ 45 1) einzuzeichnen. Das → Luftschallschutz-Maß LSM ist stets anzugeben oder zumindest das mittlere Schalldämm-Maß. Hierbei handelt es sich um das arithmetische Mittel der bei den einzelnen Meßfrequenzen ermittelten und auf ganze dB gerundeten Werte. Hierbei sollen die Werte bei 100 und 3200 Hz zur Hälfte eingesetzt werden. Bei der Mittelwertbildung ist die Zahl der Werte dementsprechend um 1 zu verringern. Der Prüfbericht soll außerdem eine Beschreibung (möglichst mit Skizze) sowie Angaben über das Alter des Meßobjektes am Tage der Messung, über die Art des Prüfschalls und der verwendeten Filter, über Abmessungen, Zustand und Bauart der Meßräume enthalten.

Kurztestverfahren

Dieses Verfahren gestattet die Ermittlung des Luftschallschutzmaßes etwa nach der gleichen Methode wie beim Trittschallschutz → 70 erwähnt. Im Sendesaal wird ein Geräusch erzeugt, das als »stationäres Rauschen« bezeichnet werden kann, das heißt, sein Schallpegel ist in den einzelnen Terzbereichen zwischen 100 und 3200 Hz konstant. Mit der Differenz der (der Sollkurve für das Luftschall-Dämm-Maß entsprechend frequenzbewerteten) Gesamtschallpegel im Sende- und Empfangsraum läßt sich das Luftschallschutzmaß ermitteln. Als Filter kann hier das A-Bewertungsfilter des Schallpegelmessers benutzt werden. Es wird also nur mit der A-Position gemessen.
Das Gesamt-Absorptionsvermögen des Empfangsraumes ist nach Bedarf genauso zu bestimmen wie beim Kurztestverfahren der → Trittschallmessung.
Die Ungenauigkeit dieses sehr einfachen Verfahrens dürfte unter den am Bau normalerweise anzutreffenden Verhältnissen bei etwa $\pm$ 2 dB liegen. R_w ist dann $\approx L_1 - L_2 + 10 \lg S/A_2 + 2$.

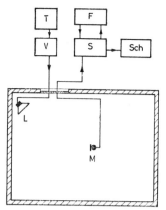

1 Schema der Meßanordnung für die Ermittlung der Nachhallzeit:
M Meßmikrophon   S Schallpegelmesser
L Lautsprecher   F Oktavfilter oder Terzfilter
T Tonbandgerät   Sch Dämpfungsschreiber
V Verstärker   z. B. nach 302 4 oder 302 5

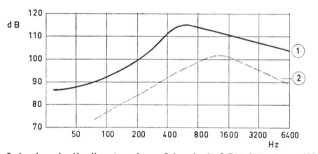

2 Analyse des Knalles einer 6-mm-Schreckschuß-Pistole in einem 4000 m³ großen Raum mit Halboktavfilter (Kurve 2). Kurve 1 zeigt im Vergleich hierzu die Analyse des Knalles einer Pistole größeren Kalibers.

Nachhallmessung

Bei der Ermittlung der → Nachhallzeit wird nach dem in Bild 1 erläuterten Prinzip verfahren. Das Tonbandgerät erzeugt das Meßgeräusch, das entweder aus breitbandigem weißen (oder rosa) Rauschen (wie ein Wasserfall) oder aus schmalbandigem Rauschen besteht und jeweils in der Breite der einzelnen Terzbereiche (Drittel-Oktaven) über den Verstärker zum Lautsprecher gelangt, der es mit einem erforderlichen Pegel von mindestens 100 dB abstrahlt. Der durch plötzliches Abstellen dieser Schallquelle verursachte Nachhallvorgang wird durch das Meßmikrophon aufgenommen, gemessen, gefiltert und durch den Dämpfungsschreiber auf Wachspapier registriert.
Ein vereinfachtes Meßverfahren besteht darin, statt der sendeseitigen Apparatur mit Lautstärker, Verstärker und Tonbandgerät einfach Pistolenknall zu verwenden, dessen Schallpegelspektrum ausreichend breitbandig sein muß. Die Analyse von geeignetem Pistolenknall ist in Bild 2 dargestellt. Bei ganz überschläglichen Messungen ist es möglich, auch die ganze empfangsseitige Apparatur durch einen einfachen Lautstärkemesser etwa nach 303 1 zu ersetzen und den die Nachhallzeit kennzeichnenden Schalldruckabfall um 60 dB mit einer gewöhnlichen Stoppuhr zu messen. Dieses Verfahren eignet sich nur zur Abschätzung längerer Nachhallzeiten. Bei einiger Sachkenntnis genügen die auf diese Weise ermittelten Werte, die örtliche Situation für bautechnische Zwecke hinreichend genau zu beurteilen, insbesondere wenn es darum geht, lediglich Anhaltspunkte dafür zu finden, ob sich z. B. in einem Industrieraum schallabsorbierende Verkleidungen zur Minderung von Maschinengeräuschen o. ä. lohnen → Schallpegelminderung.
Maßgebend für die Messung der Nachhallzeit in Zuhörerräumen ist DIN 52216. Hiernach soll als Schallquelle ein Lautsprecher mit möglichst kugelförmiger Charakteristik und vorzugsweise terz- oder oktavgefiltertem Rauschen benutzt werden. In besetzten Räumen darf das Orchester als Schallquelle benutzt werden (Fortissimostellen mit ausreichend langer nachfolgender Pause). Diese Schallquelle muß einen Schallpegel erzeugen, der um mehr als 40 dB über dem jeweils vorhandenen Störpegel liegt.
In Räumen mit einer Nachhallzeit von mehr als 1,5 s bei Frequenzen unterhalb 1000 Hz ist auch nach DIN 52216 Pistolenknall o. ä. zulässig. Auch hierbei ist darauf zu achten, daß der Störpegelabstand von 40 dB in allen zu untersuchenden Frequenzbereichen vorhanden ist.
Die normalerweise benutzte Empfangsapparatur ist in 302 5 dargestellt. Das Oktavfilter genügt, wenn der Lautsprecher Heultöne oder terzbandbreites Rauschen abstrahlt. Statt der beschriebenen Pegelschreiber kann als Registriergerät auch ein Kathodenstrahl-Oszillograph mit logarithmischem Verstärker oder jedes andere Gerät verwendet werden, das gestattet, die Gradlinigkeit der über mehr als 30 dB auswertbaren Pegel/Zeit-Kurve zu überprüfen. Gekrümmte Nachhallkurven sind ungültig, geknickte

Schallabsorptionsgrad, Körperschall, Trittschall — MESSVERFAHREN

sollen mit dem oberen und unteren Grenzwert angegeben werden, und zwar nur dann, wenn der auswertbare Pegelbereich mehr als 20 dB beträgt. Gemessen wird nach der Norm in Terzschritten mindestens im Frequenzbereich von 125 und 4000 Hz an mehr als drei Stellen mit jeweils zwei Registrierungen, auch in kleineren Räumen. Das Mikrophon sollte möglichst weit von der Schallquelle entfernt sein (am besten in den Raumecken). Dies gilt in besonderem Maße für kleinere Räume und tiefe Frequenzen.

Wenn nicht gleich gemessen werden kann, so ist es zulässig, den Nachhall mit einem Magnetbandgerät (Aufnahmegeschwindigkeit 19 oder 38 cm/s) aufzunehmen. Bei der Wiedergabe solcher Aufnahmen soll über Terzfilter analysiert werden. Bei Aufnahmen mit Publikum und Orchester soll sich das Aufnahmemikrophon mehr als 1 m über dem Publikum befinden und mehr als 5 m von der Schallquelle entfernt sein.

In jedem Fall sehr wichtig ist, den Zustand des Raumes während der Messung festzuhalten, insbesondere die Beschaffenheit sämtlicher Raumflächen, die Art des Gestühls und die vorhandene Besetzung.

Ermittlung des Schallabsorptionsgrades

Das Hallraumverfahren

Auf dem oben beschriebenen genaueren Nachhall-Meßverfahren beruht auch die Ermittlung des Schallabsorptionsgrades im Laboratorium nach dem Hallraumverfahren, das in DIN 52212 ausführlich beschrieben wird. Es ist reichlich kompliziert und für die Verwendung am Bau ungeeignet. In der neuesten Fassung der Norm (Jan. 1961) gestattet dieses Verfahren die Ermittlung vergleichbarer Schallabsorptionsgrade, auch wenn diese nicht vom gleichen Institut gemessen wurden. Alle Absorptionsgrade, die für Akustikberechnungen verwendet werden, sollten nach dieser Norm in einer dem Verwendungszweck noch besser angepaßten Weise ermittelt werden → 89.

Das Rohrverfahren

Genauer als das Hallraumverfahren, aber nicht direkt auf die Verhältnisse am Bau übertragbar, ist die Messung des Schallabsorptionsgrades im (→ Kundtschen) Rohr. Gemessen wird hier nur bei einer Schalleinfallsrichtung. Die so ermittelten Absorptionsgrade lassen sich nur untereinander vergleichen, etwa bei der Entwicklung neuer Schallschluckanordnungen usw.

Körperschall- und Trittschallmessung

Körperschall

Auf die verschiedenen Möglichkeiten und Schwierigkeiten der Schwingungsmessung wird unten bei der Erläuterung der Erschütterungsmessungen eingegangen. Im Gegensatz zu letzteren handelt es sich bei Körperschallmessungen immer um Untersuchungen in einem breiten Frequenzbereich, für die hoch abgestimmte kapazitive Abnehmer mit piezoelektrischen Eigenschaften am besten geeignet sind. Sie werden gewöhnlich an einen Schallpegelmesser angeschlossen. Der Pegelmesser zeigt dann auf der Dezibel-Skala Meßwerte der Wechselbeschleunigung als Relativwerte an. Wenn diese Werte auf einen Eichpunkt bezogen werden (da mit Hilfe eines Eichtisches auch eine Absoluteichung gewonnen wird), so ist es ohne weiteres möglich, die dB-Werte in absolute Wechselbeschleunigungseinheiten (m/s²) zu übersetzen. Bei reinen Sinusbewegungen können hieraus mit Hilfe von Tabellen o. ä. die Bewegungsgeschwindigkeit (Schnelle) und die Bewegungsamplitude (Auslenkung) bestimmt werden.

Auf der Baustelle genügt oft ein einfaches Körperschall-Horchgerät mit Kopfhörer, um festzustellen, welche Bauteile den störenden Körperschall abstrahlen. Als Verstärker läßt sich dann ein kleiner, handlicher Schallpegelmesser → 302 3 verwenden, an dem die bereits oben erwähnten dB-Werte abgelesen werden können. Auch ein Kopfhörer läßt sich hier anschließen. Das Anzeigeinstrument wird dann abgeschaltet. Frequenzanalysen sind hiermit nicht ohne weiteres möglich.

Messung des Trittschallschutzes nach DIN 52210

Für die Meßanordnung, die Versuchsdurchführung und die Darstellung der Meßergebnisse ist DIN 52210 maßgebend. Im Prinzip ist nach Bild 1 zu verfahren. Das Hammerwerk muß nacheinander an mindestens vier verschiedenen Stellen der zu untersuchenden Decke angesetzt werden. Die Hammer-Verbindungslinie muß hierbei jeweils um ca. 45° von der Richtung evtl. vorhandener Balken, Rippen oder Unterzüge abweichen. Bei ungleichmäßigen Deckenkonstruktionen, wie z. B. Plattenbalkendecken, ist es zweckmäßig, mehr Hammerstellungen als angegeben zu verwenden. Das Mikrophon muß bei jeder einzelnen Messung an verschiedenen Stellen aufgestellt werden oder mittels einer Drehvorrichtung durch den ganzen Raum geschwenkt werden. Die einzelnen Meßwerte sind zu mitteln. In jedem Fall muß das Mikrophon mindestens 50 cm von den Raumbegrenzungsflächen entfernt sein. Es muß richtungsunempfindlich sein.

Die Messungen sollen im Frequenzbereich von 100 bis 3200 Hz in Abständen von einer halben Oktave durchgeführt und das Ergebnis in einem Formular dargestellt werden. Um den sogenannten → Normtrittschallpegel zu erhalten, ist es notwendig, die einzelnen gemessenen Trittschallpegelwerte auf ein bestimmtes Bezugs-Schallschluckvermögen (äquivalente Absorptionsfläche) im Empfangsraum umzurechnen. Für Wohnräume gelten nach DIN 52210 als äquivalente Absorptionsfläche 10 m².

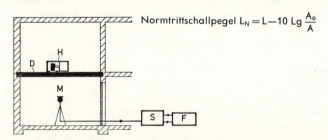

Normtrittschallpegel $L_N = L - 10 \lg \dfrac{A_0}{A}$

1 Schema der Meßanordnung zur Ermittlung des Trittschallschutzes:
D zu prüfende Decke mit oder ohne Bodenbelag
H Normhammerwerk nach 303 2
M Meßmikrophon
S Schallpegelmesser z. B. nach 302 4
F Oktavfilter z. B. nach 302 5

Direkte Luftverbindungen zwischen den beiden Meßräumen sind unzulässig. Türen und Fenster müssen dicht schließen.

MESSVERFAHREN

Trittschall

Um das tatsächlich vorhandene Schallschluckvermögen des Empfangsraumes zu bestimmen, ist es notwendig, eine Nachhallmessung nach dem auf Seite 67 beschriebenen Verfahren durchzuführen. Auch hierbei muß im Frequenzbereich von 100 bis 3200 Hz in Abständen von jeweils einer halben Oktave gemessen werden. Bei der Messung des Normtrittschallpegels muß weiterhin zwischen Messungen ohne und mit Nebenwegen unterschieden werden. Der mit Nebenwegen gemessene Pegel erhält einen Apostroph, also L'n. Nebenwege sind am Bau praktisch immer vorhanden.

Durch einen Vergleich des Normtrittschallpegels mit der in 45 1 dargestellten Sollkurve wird das → Trittschallschutzmaß ermittelt, aus dem sich wiederum das sogenannte → Verbesserungs-Maß des Trittschallschutzes (VM) von Deckenauflagen errechnen läßt.

Das genormte Meßverfahren ist umständlich und wird daher in der Praxis verhältnismäßig wenig verwendet. Es gilt hauptsächlich für Messungen im Laboratorium mit und ohne bauübliche Nebenwege.

Vergleichshammerwerk nach L. Cremer

Für schnelle Messungen am Bau wurde das sogenannte Vergleichshammerwerk nach L. Cremer entwickelt → 303 3. Die Messung erfolgt nach dem in Bild 1 dargestellten Prinzip. Bei diesem Verfahren werden 2 bis 3 Personen benötigt. Eine Person, die das Vergleichshammerwerk im Empfangsraum betätigt, eine Person, die im Abstand von 2 m vom Vergleichshammerwerk im Empfangsraum den Lautstärkevergleich vornimmt, und unter Umständen eine dritte Person, die beim Fehlen eines elektrischen Antriebs oder Anschlusses das Normhammerwerk auf der zu untersuchenden Decke betätigt. Das Vergleichshammerwerk hat einen ähnlichen Aufbau wie das Normhammerwerk nach DIN 52210. Es erzeugt bei 2 Umdrehungen pro Sekunde ein Geräusch, dessen Spektrum ungefähr der Sollkurve in 45 1 entspricht.

Wenn die Beobachtungsperson beim Hörvergleich den Eindruck hat, daß die Lautstärke des vom Normhammerwerk erzeugten Geräusches größer ist als die des Vergleichshammerwerks, so ist der Trittschallschutz ungenügend. Ist das Vergleichshammerwerk deutlich lauter, so ist der Trittschallschutz mit Sicherheit besser, als mit der Sollkurve gefordert wird. Geringe Abweichungen von der Sollkurve, etwa im Bereich eines Trittschallschutzmaßes (TSM) von +2 bis −4 dB, lassen sich mit diesem Verfahren nicht feststellen. Sein Vorteil liegt im geringen Zeit- und Geräteaufwand, der es erlaubt, auf sehr einfache Weise schnell eine große Zahl von Decken zu messen. Nebenwegübertragungen, etwa durch Fenster und Türen, müssen jedoch auch hierbei in gleicher Weise wie bei der Messung nach der Norm vermieden werden.

Kurztestverfahren nach W. Zeller

Dieses Kurztestverfahren beruht auf der Messung der Lautstärke und des praktisch unbewerteten Schallpegels (dB C) mit einem einfachen Lautstärkemesser z. B. nach 302 3 und gestattet die Unterscheidung folgender Gütegruppen:

Gütegruppe	Bewertung des Trittschallschutzes nach der Sollkurve
I	mit Sicherheit ausreichend
II	wahrscheinlich ausreichend
III	unbestimmt, ob ausreichend oder nicht
IV	wahrscheinlich nicht ausreichend
V	mit Sicherheit nicht ausreichend

Genaue zahlenmäßige Angaben liefert auch dieses Kurztestverfahren nicht. Ganz grob kann gesagt werden, daß die einzelnen erwähnten Gütegruppen etwa folgenden Trittschallschutz-Maßen entsprechen:

Gütegruppe	Trittschallschutzmaß
I	größer als +5 dB
II	0 bis +5 dB
III	ungefähr 0 dB
IV	0 bis −5 dB
V	weniger als −5 dB

Die Messung geht in einer vom Verfasser weiter vereinfachten Form folgendermaßen vor sich:

Während das Normhammerwerk auf der Decke läuft, liest der Prüfer im leeren, unmöblierten Raum unter der Decke am Schallpegelmesser die Werte in dB(A), dB(B) und dB(C) ab. Anschließend schätzt er die Halligkeit und errechnet das Volumen des Empfangsraumes. Damit ist die Messung an der Baustelle beendet. Die Auswertung des Meßergebnisses erfolgt nach der Beziehung:

Vergleichbares Trittschallschutzmaß $= 86 - T - C_1$.

Hierin ist $T = L' + 10 \cdot \lg C_2 \cdot V$.

L' ist der Schallpegel des Normhammerwerks im Empfangsraum und V das Volumen des Empfangsraumes in Kubikmetern.

Die Werte für C_1 sind je nach Halligkeit folgendermaßen verschieden:

	C_1
stark halliger Raum	0,055
mittlere Halligkeit	0,070
geringe Halligkeit	0,085

Die Werte für C_2 können dem Diagramm 2 entnommen werden, wobei man sich des Unterschieds zwischen den am Bau gemessenen Werten in dB(A) und dB(C) bedient.

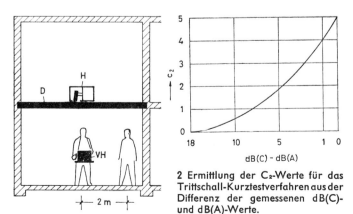

2 Ermittlung der C_2-Werte für das Trittschall-Kurztestverfahren aus der Differenz der gemessenen dB(C)- und dB(A)-Werte.

1 Schema der Prüfanordnung für die Ermittlung des Trittschallschutzes mit dem Vergleichshammerwerk.

Erschütterungen — MESSVERFAHREN

Kurztestverfahren nach K. Gösele

Diese wohl einfachste und genaueste Kurztestmethode gestattet, das letzten Endes allein interessierende Trittschallschutzmaß direkt zu bestimmen. Hierbei wird der mit einem besonders eingestellten Präzisionsschallpegelmesser (mit Oktavsieb) frequenzbewertete Gesamtschallpegel im Empfangsraum bestimmt, während das Normhammerwerk auf der Decke über diesem Raum läuft. Der im Empfangsraum auftretende Schallpegel wird über im oben erwähnten Gerät eingebaute (sonst abschaltbare) Filter, deren Dämpfungsverlauf dem Frequenzgang der Sollkurve entspricht, gemessen.

Zur Bestimmung der nach DIN 52210 zu berücksichtigenden äquivalenten → Schallschluckfläche wurde ein ebenfalls einfaches Verfahren in Form der Messung des von einer Prüfschallquelle konstanter Leistung herrührenden Schallpegels erprobt. Die Auswertung beider schnell durchführbaren Messungen liefert direkt das Trittschallschutzmaß der zu prüfenden Decke mit einer Toleranz von etwa ± 1 dB im Vergleich zur Messung genau nach der Norm.

Die Werte des Normtrittschallpegels einer Decke, die in möblierten Räumen mit relativ hohem Schallabsorptionsvermögen bestimmt wurden, unterscheiden sich nur wenig von den Werten, die im leeren, halligen Raum ermittelt worden sind. Es sind daher auch in möblierten Räumen Trittschallmessungen mit einigermaßen befriedigender Genauigkeit möglich.

Die Ermittlung der äquivalenten Schallschluckfläche und die damit später verbundene Rechenarbeit ist für die praktische Anwendung am Bau etwa bei annähernd gleichen Räumen (Schulen, Krankenhäusern, Wohnungen) oft entbehrlich.

Messung von Erschütterungen

Für die Messung von Erschütterungen werden Geräte benötigt, mit denen die (→ Schall-)Schnelle, die Beschleunigung oder die → Amplitude (Auslenkung) gemessen werden kann. Dem Prinzip nach unterscheidet man Schwingungsgeber, mit denen die Auslenkung gemessen wird, und elektrische oder magnetische Wandler. Mit elektrischen Wandlern läßt sich ebenfalls die Auslenkung und mit den magnetischen Wandlern die Schnelle messen. Diese Geräte und Verfahren sind im Vergleich zu den genannten Methoden für bauakustische Prüfungen zahlreicher und komplizierter. Verhältnismäßig einfach ist die Verwendung von Dehnungsmeßstreifen, bei denen die Änderung des Ohmschen Widerstandes eines mäanderförmig auf eine Trägerfolie aufgebrachten Drahtes bei Längenänderungen ausgenutzt wird. Charakteristisch für dieses Verfahren ist, daß die meistens in größerer Anzahl verwendeten Meßstreifen ganzflächig auf das Meßobjekt aufgeklebt werden müssen. Der Anwendungsbereich wird hierdurch sehr eingeschränkt.

Wohl am häufigsten verwendet werden piezo-elektrische Wandler z. B. unter Verwendung eines Quarzkristalls oder einer Substanz aus Ammoniumdihydrogenphosphat. Solche Körper haben die Eigenschaft, an ihrer Oberfläche elektrische Ladungen zu bilden, wenn sie mechanisch deformiert werden. Die erhaltenen Meßwerte sind unmittelbar keine absoluten Größen, sondern nur Vergleichswerte, was für die meisten in der Bautechnik vorkommenden Anwendungsfälle genügt. Um sie in ein Erschütterungs- oder umfassender in ein Schwingungs-Bewertungssystem einordnen zu können, müssen sie auf ein ruhendes Bezugssystem abgestimmt werden → DIN 45661.

Klimatische und städtebauliche Voraussetzungen

Allgemeines

Eine zweckmäßige Gebäudeplanung und -konstruktion muß auch im Zusammenhang unseres Themas von bestimmten Voraussetzungen ausgehen, deren Ursache außerhalb der Gebäude zu suchen ist. Für den Wärmeschutz ist das seit jeher selbstverständlich. So enthalten z.B. die wichtigsten Normen

DIN 4108   Wärmeschutz im Hochbau,
DIN 4701   Heizungen, Regeln für die Berechnung des Wärmebedarfs von Gebäuden,
DIN 18910 Klima im geschlossenen Stall, Klima und Wärmehaushalt im Winter

bestimmte Klimazonenkarten, die im Zusammenhang mit den sogen. → Heizgradtagen eingehend erläutert werden → 76 1. Diese Karten und Zahlen sind die wichtigsten Grundlagen für den baulichen Wärmeschutz. Sie bestimmen das erforderliche Ausmaß der Wärmedämmung bzw. des Wärmebedarfs während der Heizperiode. Bei den hiervon abhängigen »Mindest-Wärmedämmwerten« insbesondere nach DIN 4108 wurde wenigstens teilweise auch der ebenfalls von der geographischen Lage abhängige Sonnenschutz berücksichtigt, der naturgemäß in den milderen Klimazonen eine größere Rolle spielt und in ausgesprochen heißen Gebieten mit sehr mildem Winter überhaupt überwiegt. Der Sonnenschutz ist eine bauliche Maßnahme; er wurde — soweit es um die allgemeinen Zusammenhänge geht — auf Seite 57 behandelt. Im übrigen wird er bei den konstruktiven Maßnahmen → 107ff. berücksichtigt.

Im Gegensatz zu den oben erwähnten Wärmeschutz- bzw. Wärmebedarfsnormen enthält DIN 4109 »Schallschutz im Hochbau« für den Städtebauer und Landesplaner keinerlei Anhaltspunkte und Anweisungen darüber, welche Möglichkeiten ihm zur Verfügung stehen, ausreichende Voraussetzungen für einen guten Schutz gegen die Einwirkung der sehr zahlreichen Schallquellen in der Luft, auf dem Wasser und zu Lande (Flugzeuge, Motorboote, Schiffe, gewerbliche Betriebe, Kraftfahrzeuge, Spielplätze usw.) zu schaffen. In den dort festgelegten Anforderungen heißt es lediglich, daß »bei starkem Außenlärm« in den dem Lärm zugewandten schallempfindlichen Räumen »dicht schließende Fenster mit erhöhter Luftschalldämmung« einzubauen sind.

Etwas genauere Formulierungen enthält DIN 18031 »Hygiene im Schulbau, Leitsätze«, wo für die Auswahl des Schulgeländes und die Lage der Schule bestimmte Anforderungen gestellt werden, auf die unter »Schulen« näher eingegangen wird → 287.
Die genauesten Anhaltspunkte über das zulässige Ausmaß von Außenlärm bieten die VDI-Richtlinien 2058, DIN 18005 und die TALärm → 32, deren Zoneneinteilung mit den maßgebenden Immissionsschutz-Richtwerten (→ Dauerschallpegel, äquivalenter) nachstehend zusammengefaßt wurde:

2. Richtpegel in dB (A)   Tag   Nacht

a) Gebiete, in denen nur gewerbliche oder industrielle Anlagen und Wohnungen für Inhaber, Leiter, Aufsichts- und Bereitschafts-Personal untergebracht sind, Industrie-Gebiet (GI) — (70)* (70)*

b) Gebiete vorwiegend mit gewerblichen Anlagen, Gewerbe-Gebiet (GE), Kerngebiet (MK) — 65 (65) 50 (50)

c) Gebiete, in denen weder vorwiegend gewerbliche Anlagen noch vorwiegend Wohnungen untergebracht sind, Mischgebiete (MI), Dorfgebiet (MD) — 60 (60) 45 (45)

d) Gebiete vorwiegend mit Wohnungen, allgemeines Wohngebiet (WA), Kleinsiedlungs-Gebiet (WS) — 55 (55) 40 (40)

e) Reines Wohngebiet (WR), Wochenendhaus-Gebiet (SW) — 50 (50) 35 (35)

f) Kurgebiete, Krankenhäuser, Pflegeanstalten, Sonder-Gebiete (SO), je nach Nutzungsart und Wohnungsanteil — 45 (45) bis 70 — 35 (35) bis 70

g) In Wohnungen, die mit der störenden Anlage baulich verbunden sind — 40 30

* Die eingeklammerten Werte stammen aus der TALärm, die nur für gewerbliche Anlagen gilt, während DIN 18005 für die Gesamt-Schallimmission einschließlich Verkehrslärm angesetzt werden kann.

Diese Werte gelten entweder 0,5 m vor dem geöffneten Fenster oder > 1,2 m über dem Boden 3 m hinter der Grenze bzw. > 3—4 m vor reflektierenden Wänden.
Die Nachtzeit reicht normalerweise von 22.00 bis 6.00 Uhr, soweit keine anderen örtlichen Regelungen bestehen.
Wie bereits erläutert (→ 40), beträgt die Lautstärke- bzw. Schallpegelabnahme im freien Raum jeweils bei Abstandsverdopplung 6 phon bzw. dB(A). Bei starker Bodenreflexion kann sie noch etwas geringer sein, so daß es richtig ist, normalerweise nur mit jeweils ≈ 5 dB(A) je Abstandsverdopplung zu rechnen. Dieser Wirkung infolge natürlicher Energieausbreitung überlagert sich eine zusätzliche Dämpfung durch die Luft sowie bei mehr oder minder starkem Bodenbewuchs eine Minderung der Schallausbreitung durch Reflexion und Absorption bzw. Beugung.
Welche Gesamtwerte der Schallausbreitungsminderung sich auf diese Weise für Entfernungen bis 250 m ergeben, wird in der Tabelle 1 angegeben. Der Ausgangspunkt befand sich hierbei jeweils 4 m von der Schallquelle entfernt (Abnahme = 0). Diese

1 Minderung der Schallausbreitung in dB (A) bei einzelnen kleineren Schallquellen und normalem Bodenabstand

Abstand im Freien in Metern	bei direkter Sicht und reflektierendem Boden	bei bewachsenem Boden	bei Grasbewuchs mit Büschen und Stauden	bei völlig undurchsichtiger, sehr dichter Mischpflanzung aus Hecken, Stauden, Büschen und dichtbelaubten Bäumen
4	0 = Ausgangspunkt	0	0	0
8	5	6	6	7
16	10	12	13	14
32	15	18	20	23
64	20	24	27	34
125	26	31	36	49
250	33	38	49	64

Allgemeines

KLIMA, STÄDTEBAU

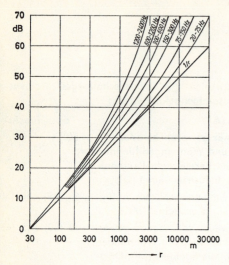

1 Minderung der Schallausbreitung im Freien für verschiedene Frequenzbereiche in Abhängigkeit von der Entfernung zwischen Schallquelle und Beobachter, die sich beide in Bodennähe befinden. Die Werte wurden durch L. Beranek bei der Untersuchung der Schalleinwirkung von Flugplätzen auf die Nachbarschaft festgestellt.

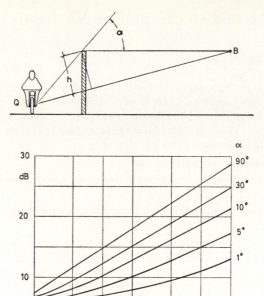

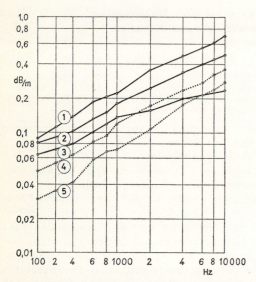

2 Schalldämpfung durch Grünpflanzungen in dB/Meter und in Abhängigkeit von der Frequenz zwischen 100 und 10000 Hz (nach Eyring).
① sehr dichter, blattreicher und praktisch undurchdringbarer Dschungel, Sichtweite ca. 6 m
② sehr blattreicher Dschungel wie vor, Sichtweite ca. 15 m, leichter zu durchdringen
③ wie ①, weniger blattreich, Sicht ca. 30 m, Hindurchgehen behindert
④ wie vor, Sichtweite ca. 6 m, Hindurchgehen wenig behindert
⑤ Unterholz mit großen Zweigen und wenig Blättern, Hindurchgehen leicht möglich

Vorstehende Kurven sind Mittelwerte der gemessenen Streubereiche und erfassen auch die Wirkung der Luftabsorption. Mikrophon und Schallquelle befanden sich jeweils innerhalb der Bepflanzung. Die geometrisch bedingte Intensitätsabnahme bei der Schallausbreitung im Freien von etwa 5 dB/Abstandsverdoppelung wird durch diese Werte natürlich nicht erfaßt. Vorstehende Werte stimmen gut mit Untersuchungen an verschiedenen Waldarten in Deutschland überein. Es folgt hieraus, daß Pflanzungen ausschließlich für schalltechnische Zwecke nur dann diskutabel sind, wenn sie sich über eine Tiefe von mindestens 100 m erstrecken, und daß sie bei hohen Frequenzen wesentlich wirksamer sind als bei tiefen.

3 Schallschutzwirkung durch Hindernisse im Freien oder in sehr stark gedämpften Räumen (nach A. J. King). Auf der Ordinate des Diagramms läßt sich die Abschirmwirkung in Abhängigkeit vom Winkel α, der Höhe h in Metern und der Länge der betreffenden Schallwellen λ in Metern direkt ablesen. Bei einem Winkel α = 50° und einem Maß h von ca. 2,5 m beträgt z. B. die Abschirmwirkung für den mittleren Frequenzbereich (ca. 500 Hz) ca. 17 dB. B = Ohr des Beobachters. Q = Schallquelle.

Zahlen sind nur grobe Richtwerte für Straßenverkehrsgeräusche und Geräusche mit ähnlichem Spektrum. Genauere Angaben für größere Entfernungen, ebenes Gelände und geringen (normalen) Bodenbewuchs bietet das Diagramm 1. Welche Verbesserungen durch sehr dichte Bepflanzungen zu erwarten sind, zeigt 2.
Bei hohen Frequenzen, gegen die der Mensch besonders empfindlich ist, ist im Freien die Abnahme der Schallausbreitung mit der Entfernung größer als bei tiefen Frequenzen. Benachbarte Reflexionsflächen, unterschiedliche Höhenlage und ähnliche Besonderheiten der Situation können erhebliche Abweichungen verursachen. Von einem Berg ins Tal überträgt sich der Schall z. B. weniger stark als umgekehrt. Auch der Einfluß des Windes darf nicht vernachlässigt werden, da er Schwankungen bis zu etwa 10 dB(A) verursachen kann.
Feuchte Luft »leitet« den Schall besser als trockene. Andererseits verursacht Nebel (schwebende Wassertropfen) eine zusätzliche Minderung der Schallausbreitung. Sie beträgt 14 dB bzw. dB(A)/km.
Als Reflexionsflächen kommen z. B. auch tiefliegende Wolkendecken in Betracht, die die Schallausbreitung über große Entfernungen erheblich verstärken können.
Es gibt also noch eine ganze Menge Unsicherheitsfaktoren. Aus diesem Grund sollte man bei der Festlegung von Mindestabständen, etwa zwischen Hauptverkehrsstraßen, Industriegebieten usw. einerseits und Ruhezonen (Wohnungen, Krankenhäuser, Erholungsgebiete usw.) andererseits ausreichende Sicherheiten einkalkulieren, etwa in der Größenordnung von mindestens 10 dB(A). Diese Sicherheiten lassen sich am einfachsten durch entsprechend vergrößerte Abstände erreichen. Notfalls müssen

KLIMA, STÄDTEBAU

- ■ Wohnhäuser, mehrgeschossig
- ▢ ruhige gewerbliche Betriebe, Büros, Lagerräume, Garagen usw., ein- bis zweigeschossig
- \+ Kirche
- T Tankstelle
- L Läden und Kleingewerbe, Bankfiliale, ruhige Gaststätten usw.
- P Parkplätze
- Sch Schule
- Ki Kindergarten
- B Bücherei, Versammlungsraum, Jugendräume
- GV Gemeindeverwaltung, Post, Polizei usw.
- Kr Krankenstation
- SB Schwimmbad

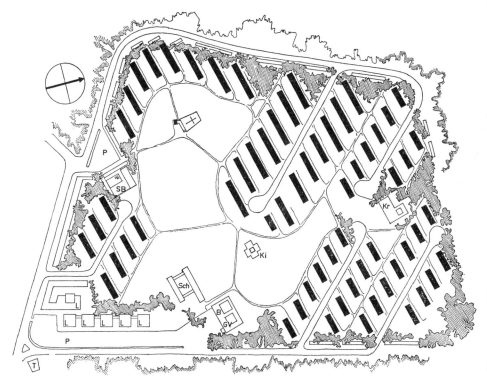

1 Vorschlag für eine schalltechnisch und klimatisch günstig gegliederte Stadtplanung (Wohn-Nachbarschaft).
Die beim Schwimmbad nach Südwesten abknickende Hauptstraße wird durch Gebäude mit Gewerbebetrieben, Büros, Läden usw. in mindestens zweigeschossiger Bauweise abgeschirmt. An der Südwestseite dieser Straße könnten Eisen- und Straßenbahnen liegen, soweit es nicht möglich ist, diese unterirdisch in das Wohngebiet hineinzuführen. Alle übrigen Straßen sind für den Durchgangsverkehr nicht passierbar und dienen ausschließlich der Erschließung. Der Fußgängerverkehr führt durch die ruhigen Zonen zu den Gemeinschaftsanlagen und zum Einkaufszentrum. Schulhof, Kindergarten-Spielplatz und Schwimmbad wurden durch eine Umbauung isoliert. Die schraffierten Flächen sind sehr dichte, undurchsichtige Mischpflanzungen.

besondere Abschirmungen gebaut werden, etwa in Form von Erdwällen, Mauern oder schallunempfindlichen Randbebauungen. Ihre Wirkung läßt sich nach dem Diagramm 72 3 einfach berechnen.
Wie die einzelnen anschließend gesondert behandelten Lärm- und Ruhezonen eines Stadtgebietes einigermaßen sinnvoll einander zugeordnet werden können, ist in 1 dargestellt.
Darüber hinaus ist anzustreben, sämtliche bebauten bzw. zu bebauenden Stadt- und Landbezirke planmäßig in möglichst zusammenhängende gleichartige Zonen einzuteilen sowie durch verbindliche maximal zulässige Richtwerte für die Schalleinwirkung zu kennzeichnen. Zumindest wäre es sehr vorteilhaft, künftig wenigstens bei den Neubaugebieten eine solche Zoneneinteilung vorzunehmen. Nur durch die konsequente Abstimmung städtebaulicher Maßnahmen auf die Erfordernisse des Schallschutzes kann der geplagte Bürger auf weite Sicht wirksam vor der immer mehr zunehmenden Lärmbelästigung geschützt werden. Es ist ein völlig unhaltbarer Zustand, wenn z. B. laute Fabrikanlagen mitten in reinen Wohngebieten liegen bzw. an diese angrenzen oder wenn heute noch Siedlungen, Mietshäuser u. dgl. in praktisch reinen Industriegebieten oder in deren unmittelbarer Nachbarschaft errichtet werden, nur weil dort zufällig billiger Baugrund vorhanden ist. Genauso unsinnig ist es, Wohngebiete in der Nähe von Flugplätzen oder ungeschützt an Hauptverkehrsstraßen und Eisenbahnlinien zuzulassen.
Der in Bild 1 erläuterte Bebauungsplan entspricht nach den neueren Gesichtspunkten des Städtebaues den sogenannten Nachbarschaftseinheiten, die locker um ein Hauptzentrum zu gruppieren wären. In den größeren Ballungsgebieten könnten mehrere dieser Zentren mit den sie umgebenden Nachbarschaften zu einer noch größeren Einheit mit der allein als kommerzielles, kulturelles und administratives Hauptzentrum verbleibenden City zusammengefaßt werden. Die konsequente Beachtung der schallschutztechnischen Gesichtspunkte ist hierbei überhaupt kein Problem, wie verschiedene Planungen dieser Art beweisen, etwa die Trabantenstädte im Großraum Stockholm.

Klimazonen

Makroklima

Das wichtigste Ereignis für das Klima der Erde ist die → Sonnenstrahlung (→ Solarkonstante). Die Sonnenstrahlung erreicht auch bei bedecktem Himmel (diffuser Himmelsstrahlung) die Erdoberfläche, wo sie die bekannten »Wärmewirkungen« hervorruft.

Das Strahlungsmaximum der Sonne an der Erdoberfläche liegt je nach Beschaffenheit der Atmosphäre zwischen 0,470 (blaugrün) und 0,700 μ (rot). Etwa 40% der Sonnenstrahlung liegen im nicht mehr sichtbaren Infrarot-Bereich.

Der aus dem Erdinnern an die Oberfläche fließende Wärmestrom ist in diesem Zusammenhang vernachlässigbar klein. Eine Ausnahme bilden vulkanische Gebiete, heiße Quellen o. ä.

Die mittlere Temperatur der Erdoberfläche beträgt in Bodennähe +14°C (Strahlungstemperatur der Erde) und außerhalb Bodennähe +5°C, was ungefähr der mittleren Lufttemperatur während des Winterhalbjahres in mitteleuropäischem Klima entspricht.

Die Erwärmung der Erdoberfläche durch Sonnenstrahlung ist naturgemäß in den sehr steil bis senkrecht bestrahlten Teilen der tropischen und subtropischen Zonen am stärksten. Von dort aus wirkt sie sich als Massenaustausch in Form von parallel zur Erdoberfläche zuweilen über Tausende von Kilometern reichenden Luft- und Wasserströmungen auch auf die kälteren Zonen aus. Diese Vorgänge sind sehr wetterwirksam, obwohl sie sich im wesentlichen in einer nur wenige Kilometer dicken Schicht (Troposphäre 8 bis 12 km dick) abspielen.

Im Durchschnitt nimmt die Temperatur des festen Teils der Erde mit zunehmender Entfernung von der Oberfläche jeweils auf einer Strecke von 33 m um 1 Grad zu.

Die Erdoberfläche absorbiert etwa 60—93% der auftreffenden Sonnenenergie (Wasser noch mehr, Schnee weniger). Hiervon werden in unserem Klima etwa 85% für die Verdunstung und etwa 15% für die Erwärmung der Luft verbraucht. Diese Verdunstungswärme wird der Erde größtenteils bei der Kondensation des → Wasserdampfes in der Luft (Wolkenbildung) und an der Erdoberfläche (Tauwasser, Reif) wieder zugeführt.

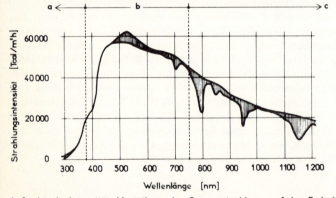

1 Spektrale Intensitäts-Verteilung der Sonnenstrahlung auf der Erde*.
* nach K. Gertis, Glaswelt 4/1971.
Der schraffierte Bereich kennzeichnet die auftretenden Schwankungen durch Vorgänge in der Erdatmosphäre.
a Ultraviolett-Bereich.
b Empfindlichkeits-Bereich des menschlichen Auges, → 74 4.
c Infrarot-Bereich, Kurve gleichmäßig abfallend auf 3500 nm.
Die Empfindlichkeit des menschlichen Auges stimmt praktisch mit dem Maximum der Sonnenstrahlungs-Intensität überein.

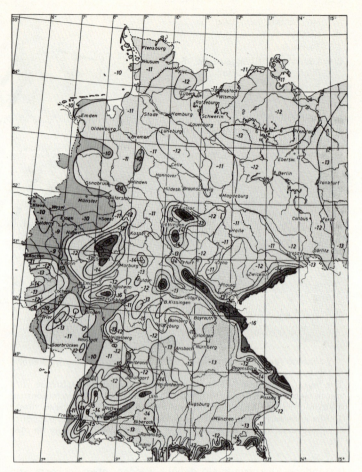

2 Wintertemperatur-Zonenkarte nach DIN-Entwurf 18910. Diese Angaben sind wesentlich ausführlicher als in DIN 4108 → 75 2, wo die Temperaturzonen durch die sogenannten Wärmedämmgebiete zu sehr vereinfacht dargestellt werden.

3 Mittlere Bodentemperatur in mitteleuropäischem Klima in Abhängigkeit von der Bodentiefe

Bodentiefe in cm	Bodentemperatur °C	
	min.	max.
100	+2 bis + 6	+16 bis +20
200	+4 bis + 9	+13 bis +15
300	+4 bis +10	+11 bis +12
400	+9 bis +11	+10 bis +11

Die Jahresmitteltemperatur des Bodens liegt in allen angeführten Tiefen bei etwa +10°C. In größeren Tiefen dürften sich die einzelnen Temperaturdifferenzen noch mehr ausgleichen. Diese Werte sind für die Dämmung und Temperierung von unterirdischen Räumen sowie für die Gründung von Fundamenten auf frostfreie Tiefe wichtig → 106.

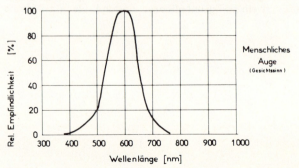

KLIMA, STÄDTEBAU

Klimazonen

Die Erde strahlt mit einer Temperatur von +14°C (= 287 K) in den Weltraum. Ihr Strahlungsmaximum liegt im Bereich wesentlich längerer Wellen als der Sonnenstrahlungsschwerpunkt (zwischen 6,8 und etwa 100 µm mit Schwerpunkt bei 10 bis 20 µm).

Je nach geographischer Breite kann man auf der Erdoberfläche ganz grob folgende Groß-Klimazonen unterscheiden:

Tropische Zone
Geringer Unterschied zwischen Land- und Meeresklima. Lage zwischen 25° nördlicher und südlicher Breite, also etwa zwischen den Wendekreisen.
Lufttemperatur im Jahresdurchschnitt über +18°C. Mit Ausnahme der feuchtwarmen Zone (ca. +30°C, 60–80% relative Luftfeuchtigkeit, nachts Abkühlung unter 24°C bei 80–90% relativer Feuchtigkeit) zwischen etwa 15° nördlicher und südlicher Breite herrscht hier vorwiegend ein heißer, trockener Sommer mit normalen Höchsttemperaturen von ca. +40°C im Schatten.

Subtropische Zonen
Um die ganze Erde verlaufende Hochdruckgürtel jeweils etwa zwischen 25 und 35° (bis 43°) nördlicher und südlicher Breite. In diesen Zonen herrscht im Sommer tagsüber trockene Warmluft bis zu 40°C bei einer relativen Luftfeuchtigkeit von ca. 20 bis 50% vor. Nachts sinkt die Lufttemperatur zuweilen um mehr als 20 grd bei ca. 80–90% relativer Feuchte.

Gemäßigte Zonen
Diese umfassen in einer Breite zwischen ca. 35° und 66° auf der nördlichen und südlichen Erdhälfte zusammen mit den subtropischen Zonen mehr als 50% der Erdoberfläche. Klima sehr unterschiedlich je nach Lage zu den Meeren, Höhenlage usw.

Polarzonen
Lage innerhalb der beiden Polarkreise, also jeweils oberhalb von rd. 66° nördlicher und südlicher Breite. Sommer und Winter kühl bis sehr kalt und größtenteils feste Niederschläge. Temperaturen bis zu −70°C, z. B. in Sibirien.

Dieser zum Teil bis auf das Altertum zurückgehenden, sehr groben Zoneneinteilung überlagern sich die verschiedenen Einflüsse der Sonnenstrahlung, der Luftfeuchtigkeit, der verschiedenen Luft- und Meeresströmungen, der Verteilung von Land und Meer, der unterschiedlichen Höhenlagen usw. Vorwiegend in den gemäßigten Zonen sind die Unterschiede zwischen Kontinentalklima (heiße Sommer, kalte Winter), Meeresklima (kühlere Sommer, mildere Winter) und Hochlandklima, mit starker Sonnenstrahlung, großen Temperaturunterschieden und verhältnismäßig wenig Niederschlägen, sehr groß.

Die periodischen Tagestemperatur-Schwankungen sind über dem Meer mit durchschnittlich 1 bis 2 Grad am geringsten und in den subtropischen Trockenzonen mit 20 bis 40 Grad am größten (höchste Lufttemperatur ca. +50°C). Selbst innerhalb der kleinsten Klimazonen und -bereiche → 76 gibt es je nach örtlichen, vorwiegend baulichen Gegebenheiten große Unterschiede im Klima.

Die relative Luftfeuchtigkeit schwankt z. B. im indischen Trockenklima um die Mittagszeit zwischen etwa 20 und 70%. In der Sahara liegt sie bei einer Lufttemperatur von 15 bis 35°C etwa zwischen 14 und 29%.

Die Jahresmittel-Bodentemperatur liegt im mitteleuropäischen Klima gewöhnlich oberhalb von +10°C → 74 3. Sie erreicht

1 Diffuse Reflexion verschiedener Oberflächen in Prozent für die gesamte Sonnenstrahlung (nach R. Geiger)
Sonnenstand mehr als 40–50° bis senkrecht

	%
Neuschneedecke	75–95
geschlossene Wolkendecke	60–90
Altschneedecke	40–70
reiner Firnschnee	50–65
heller Dünensand, Brandung	30–60
reines Gletschereis	30–46
unreiner Firnschnee	20–50
unreines Gletschereis	20–30
Sandboden	15–40
Wiesen und Felder	12–30
geschlossene Siedlungen	15–25
Wälder	5–20
dunkler Ackerboden	7–10
Wasserflächen, Meer	3–10

Die spiegelnde Reflexion tritt an Wasser- und Sandflächen auf. Bei niedrigem Sonnenstand nimmt sie gegenüber den Werten der obigen Tabelle stark zu. Bei 10° Sonnenhöhe beträgt sie bei trockenem Sand 80% und bei bewegtem Wasser knapp 50% (bei nassem Sand 60%). Sie ist für das Klima an Ufer- und Strandlandschaften von großer Bedeutung. Der steile Anstieg der Reflex-Zahl beginnt schon bei einem Sonnenstand von 40–50°.

2 Wärmedämmgebiete nach DIN 4108

Nach den bisherigen Bestimmungen zur DIN 4108 gehört das bisherige Wärmedämmgebiet I zum Wärmedämmgebiet II. Das Land Baden-Württemberg wurde mit Ausnahme des Rheintales (ohne Seitentäler) nördlich des Kaiserstuhls unterhalb 200 m über NN dem Wärmedämmgebiet III zugeordnet. In den übrigen Bundesländern wurde das Wärmedämmgebiet III nicht geändert. In der neuesten Fassung von DIN 4108 sind auch vorstehende Unterschiede nicht mehr enthalten → 55 1.

Grenzkreise des Gebietes III gegen II

a) Sudeten, Erzgebirge, Thüringen, Rhön, Böhmerwald, Bayerischer Wald:
Zittau, Löbau, Pirna, Dippoldiswalde, Freiberg, Flöha, Chemnitz, Glauchau, Zwickau, Reiz, Schleiz, Saalfeld, Rudolstadt, Arnstadt, Gotha, Langensalza, Mühlhausen, Worbis, Eisenach, Fulda, Meiningen, Schleusingen, Sonneberg, Kronach, Stadtsteinach, Münchberg, Wunsiedel, Kemnath, Tirschenreuth, Vohenstrauß, Oberviechtach, Neunburg, Roding, Bogen, Viechtach, Regen, Grafenau, Wolfstein

b) Alpenkreise:
Sonthofen, Füssen, Berchtesgaden

c) Harzinsel:
Wernigerode, Quedlinburg, Mansfelder Gebirgskreis, Ballenstedt, Blankenburg, Zellerfeld

d) Schwarzwald-Jurainsel:
Im Baden-Württembergischen Rheintal Höhenlinie 200 m nördlich des Kaiserstuhls ohne Seitentäler. Im übrigen alle Kreise an der Landesgrenze.

In Kreisen mit starken Klimaunterschieden muß diese verhältnismäßig grobe Einteilung weiter differenziert werden. Die Lagen über 500 m in Thüringen und in der Rhön müssen nach der Norm zum Wärmedämmgebiet III gerechnet werden, desgleichen die höheren Lagen in den bayer. Kreisen Garmisch, Tölz, Miesbach, Rosenheim und Tannstein.

KLIMA, STÄDTEBAU

Tabelle der Heizgradtage

wohl niemals mehr als +65 bis 70°C, auch nicht in der Wüste. So wurden z. B. in der Wüste Gobi bei 34°C Lufttemperatur während des Strahlungsmaximums 2 cm unter der Erdoberfläche 55°C gemessen.

Mitteleuropäische Klimazonen-Normen, Geländeklima

Die erforderlichen Wärmeschutzmaßnahmen, insbesondere die Wärmedämmung für Gebäude verschiedener Art, richten sich nach der geographischen Lage des betreffenden Baugeländes. Zu diesem Zweck unterscheidet die DIN 4108 zwei Wärmedämmgebiete, die in Tabelle 75 2 erläutert werden und auch aus der Karte 74 2 ersichtlich sind. Außer diesen Wärmedämmgebieten und den sich daraus ergebenden sogenannten »Mindestwärmedämmwerten« → 55 1 ist es zweckmäßig, für den Wärmeschutz des Gebäudes die mittleren Winter- und Sommertemperaturen, die Höhenlage, die Intensität der Sonnenstrahlung (Nord- oder Südhang, Abschirmung durch Wald usw.), die Windstärke und Windhäufigkeit sowie die übrigen Besonderheiten des → Gelände- und des → Mikroklimas zu berücksichtigen.

Die Meinungen, wie hierbei am besten und einfachsten zu verfahren ist, gehen weit auseinander. Während z. B. in Österreich für die Wärmedämmung und für die Ermittlung des Heizwärmebedarfs einheitlich von bestimmten Außenluft-Bemessungstemperaturen ausgegangen wird, gibt es bei uns für diesen Zweck drei Normen mit verschiedenen Klimazonenkarten, nämlich die bereits erwähnten DIN 4108, 4701 und 18910. Die genaueste Zoneneinteilung bietet DIN 18910 → 74 2.

Die Klimazonenkarte nach DIN 4701 hat einen ähnlichen Charakter wie die in DIN 18910. Es geht hierbei lediglich um die Festlegung der »tiefsten mittleren Außentemperaturen«, die in die Tabelle der Heizgradtage → 1 größtenteils aufgenommen wurden. Die Einzelwertangaben sind genauer als die dazugehörige Klimazonenkarte. Für ihre Festlegung wurde neben dem mittleren Jahresminimum auch die Dauer der Kältespitzen des betreffenden Ortes herangezogen. Ein W (nach DIN 4701) hinter der Temperatur bedeutet eine besonders windstarke Gegend. Zweifellos die beste Kennzeichnung des Winterklimas sind die sogenannten → Heizgradtage.

Welchen Einfluß der Wind und die Lage bzw. Gebäudeart auf den Wärmebedarf eines Gebäudes haben können, wird in 80 1 an Hand der sogenannten Hauskenngröße H nach DIN 4701 demonstriert. In welchem Maße Sonnenstrahlung, Klimazone (Wärmedämmgebiet) und Bauweise nach DIN 4108 die erforderliche Wärmedämmung beeinflussen, geht aus dem Diagramm 57 3 hervor.

Die drei deutschen Klimazonen lassen sich im übrigen etwa folgendermaßen kennzeichnen:

Wärmedämmgebiet I   ausgeglichenes Klima, Temperaturen im Sommer verhältnismäßig niedrig und im Winter relativ hoch, Meeresklima

Wärmedämmgebiet II   normal

Wärmedämmgebiet III   mehr Festlandsklima, im Winter kalt, im Sommer bei Sonnenstrahlung verhältnismäßig hohe Temperaturen. In Berglagen geringere Lufttemperaturen, jedoch häufigere und intensivere Sonnenstrahlung, Luft reiner

1 Tabelle der Heizgradtage deutscher und anderer europäischer Städte und Klimazonen für +20°C Raumtemperatur und +10°C Außenlufttemperatur als Heizgrenze

Bei dieser Tabelle handelt es sich durchweg um Mittelwerte aus der Literatur und aus VDI 2067. Die angegebenen tiefsten mittleren Außentemperaturen stammen größtenteils aus DIN 4701. Für Höhenlagen über 1500 m gelten in Übereinstimmung mit der ÖNORM B 8110 folgende Bemessungstemperaturen, soweit nicht ausdrücklich anders erwähnt wird.

Höhe über N.N. (m)	1500–2000	2000–2500	über 2500
tiefste mittlere Außentemperatur (°C)	−21	−24	−27

Muß häufig mit starkem Wind gerechnet werden, so wird empfohlen, diese Zahlen um jeweils 3 Grad zu erhöhen.

	Seehöhe	Heizgradtage	tiefste mittlere Außentemperatur (°C)
Deutschland			
Aachen	204	3060	−12
Altenberg-Geising	754	4550	−18
Altenburg	225	3490	−18
Altona			−15 W
Alzey	204	3230	−15
Amberg	525	3940	−18
Angermünde	47	3600	−18
Annaberg	623	4050	−18
Ansbach	425	3770	−18
Arnsberg	212	3280	−12
Arnsheim			−12
Aschaffenburg	129		−15
Aschersleben	115		−15
Aßmannshausen	80	3190	−12
Augsburg	500	3570	−18
Aurich	8		−15 W
Baden-Baden	214	3090	−12
Badenweiler	400	3150	−12
Bamberg	289	3480	−15
Bautzen-Pommritz	219		−15
Bayreuth	364	3680	−18
Bebra	232	3640	−15
Berchtesgaden	603	3860	−18
Berlin	49	3300	−15
Bernburg	80	3570	−15
Bernkastel	147	3060	−12
Biberach-Saulgau	537	3650	−18
Bielefeld	119	3250	−15
Birkenfeld-Oldenburg	382		−15
Bochum	85	2920	−12
Bonn	50	2900	−12
Borkum	11	3280	−12 W
Böttingen	908	4450	−18
Bottrop			−12
Brandenburg a. d. Havel	35	3380	−15
Braunschweig	83	3350	−15
Bremen	10	3250	−15 W
Bremerhaven	6	3330	−15 W
Breslau	119	3520	−18
Brocken	1150	6440	−18
Bromberg		3700	−18
Buchenau	525	4450	−18
Buer			−12
Calw	350	3500	−18
Castrop-Rauxel	53–135		−12
Celle	39	3390	−15 W

KLIMA, STÄDTEBAU

Tabelle der Heizgradtage

	Seehöhe	Heizgrad-tage	tiefste mittlere Außentemperatur (°C)
Chemnitz	312	3600	−18
Clausthal	534—600	4320	−15
Coburg	297	3690	−18
Cuxhaven	10	3470	−15 W
Dahme-Jüterbog	87	3470	−18
Danzig	12	3760	−18 W
Darmstadt	147	3070	−12
Dessau	66	3410	−15
Döbeln	179	3370	−15
Dömitz	17	3500	−15 W
Donaueschingen	693	4080	−18
Donauwörth	410		−18
Dortmund	120	3100	−12
Dresden	119	3310	−15
Duisburg	32	2900	−12
Düsseldorf	36	2900	−12
Eberswalde	13—53		−15
Eggenfelden	422	3740	−18
Eichstätt	389		−18
Eisenach	220—410		−18
Eisleben	122	3400	−15
Elsfleth	8	3400	−15 W
Elster, Bad	504	4100	−18
Emden	8	3320	−15 W
Erfurt	200	3590	−18
Erlangen	251	3510	−18
Essen	82	3025	−12
Essen-Mülheim	108	3040	−12
Ettal	884	4280	−18
Eutin	45	3590	−15 W
Feldberg	1493	5880	−15
Feldberg/Taunus	878	4840	−15
Fichtelberg	1220	5880	−18
Flensburg	10	3510	−15 W
Frankfurt a. M.	104	3030	−12
Frankfurt a.d.O.	65	3490	−18
Freiberg	402	3610	−18
Freiburg i. Br.	285	2970	−12
Freising	443		−18
Freudenstadt	728	3910	−15
Friedberg	159		−15
Friedrichshafen	405	3280	−15
Fulda	272	3520	−15
Fürth	304	3560	−18
Gardelegen	46	3370	−15
Garmisch-Partenkirchen	715	3935	−18
Gelnhausen	158	3170	−15
Gelsenkirchen	28—90		−12
Gera	200		−18
Gießen	165	3300	−15
Gladbach-Mönchen	60	3150	−12
Gladbeck	64		−12
Glatz	300	3720	−21
Glatzer Schneeberge	1250	5790	
Görlitz	213	3560	−18
Göttingen	151	3350	−15
Greifswald	7	3580	−15 W
Greiz	286	3600	−18
Grünstadt	167		−12
Güstrow	12	3520	−15 W
Gütersloh-Hövelriege	81	3170	−12
Hagen/W.	106	3200	−12
Halberstadt	123		−15
Halle a.d.S.	90	3285	−15
Hamburg	26	3375	−15 W
Hameln	68		−15
Hamm	62		−12
Hanau	105		−15
Hannover	57	3255	−15
Harburg	8		−15 W
Harzgerode	401	4010	−18
Heidelberg	120	2880	−12
Heidenheim	449	3710	−15
Heilbronn	171	3020	−15
Helgoland	41	3270	−12 W
Helmstedt	139	3380	−15
Herford	77	3230	−15
Herne	60		−12
Herrenalb-Gaistal	428	3450	−15
Hildesheim	89	3270	−15
Hof	477	4070	−18
Hohenheim	402	3400	−18
Husum	12	3500	−12 W
Ingolstadt	370	3520	−18
Insterburg		4000	−21 W
Iserlohn	260	3290	−12
Isny	721	3700	−18
Jena	157	3410	−18
Jüterbog	95	3430	−18
Kahl a.M.	116	3240	−15
Kaiserslautern	242	3230	−15
Karlsruhe	125	2965	−12
Kassel	200	3380	−15
Keitum (Sylt)			−12 W
Kempten	695		−18
Kiel	47	3660	−15 W
Kirchheim u. Teck	318	3240	−18
Kissingen, Bad	209	3490	−18
Kitzingen			−15
Kleve	48	3110	−12
Koblenz	65	2830	−12
Köln	52	2910	−12
Königsberg	19	3895	−21 W
Königsstuhl/Hessen		3710	−12
Kottbus	72	3420	−18
Krefeld	38	3000	−12
Kulmbach	306		−18
Landau	158	3000	−12
Landshut	400	3680	−18
Landsberg/Warthe		3600	−18
Langen	142		−18
Leipzig	120	3350	−15
Leverkusen	46	2990	−12
Lindau (Bodensee)	405	3250	−15
Lübeck	20	3510	−15 W
Ludwigshafen a. Rh.	100	2900	−12

Tabelle der Heizgradtage **KLIMA, STÄDTEBAU**

	Seehöhe	Heizgrad-tage	tiefste mittlere Außentemperatur (°C)		Seehöhe	Heizgrad-tage	tiefste mittlere Außentemperatur (°C)
Lüneburg	20	3380	—15 W	Roßlau	72	3410	—15
Magdeburg	58	3275	—15	Rostock	27	3590	—15 W
Mainz	95	2980	—12	Rottweil	604	3970	—18
Mannheim	100	2965	—12	Rudolstadt	201	3480	—18
Marburg a.d.L.	239	3480	—15	Rügenwalde			—18 W
Marnitz	94	3560	—15 W	Rügenwaldermünde	6	3760	—18 W
Meersburg	440	3340	—15	Saarbrücken	190	3200	—15
Meiningen	316	3700	—18	Saßnitz			—15 W
Meißen			—15	Schleswig	35	3580	—15 W
Memel		3940	—18	Schneekoppe	1618	7720	—21
Merseburg			—15	Schopfloch	765	3850	—18
Metten	327	3640	—18	Schotten	275	3410	—15
Minden	45—56		—15	Schwarzenberg	463	3750	—18
Mittenwald	910	4140	—18	Schweinfurt	216		—15
Mönchen-Gladbach	60	3080	—12	Schwerin	59	3480	—15 W
Mülheim/Ruhr	40	3000	—12	Segeberg	48	3560	—15 W
München	525	3630	—18	Siegen	240	3590	—15
Münsingen	716	4040	—18	Solingen	221	3000	—12
Münster/Westf.	60	3140	—12	Sondershausen	200	3540	—18
Nauheim, Bad	148	3290	—15	St. Blasien	785	4260	—15
Naumburg	128		—18	Stadtilm	363	3710	—18
Neumarkt	425		—21	Stendal	36		—15
Neumünster	26	3490	—15 W	Stettin	26	3575	—18
Neunkirchen	519	3710	—18	Stralsund	12		—15 W
Neustadt (Haardt)	147	3020	—12	Stuttgart	263	2930—3010	—15
Neustrelitz	65	3565	—15 W	Tegernsee	740	3760	—18
Neuwied	67	3040	—12	Tharandt/b. Dresden	210		—18
Norderney	4	3280	—12 W	Tilsit	15	4150	—21 W
Nordhausen	225	3460	—15	Todtnauberg	1030	4340	—15
Nördlingen	439	3550	—18	Torgau	99	3300	—15
Nürnberg	313	3370	—18	Traunstein	597	3820	—18
Oberhausen	40	3000	—12	Trier	148	3165	—12
Oberhof	812	4690	—18	Tübingen	327	3400	—15
Oberlahnstein	77	2810	—12	Ulm	479	3510	—18
Oberrottweil	222	3030	—15	Uelzen	40	3380	—15 W
Oberstdorf	818	4230	—18	Villingen	715	4110	—18
Oberwiesenthal	927	4900	—18	Von-der-Heyth-Grube			—15
Offenbach	104	3110	—12	Wahnsdorf	248	3460	—15
Oldenburg	9	3385	—15 W	Wanne-Eickel	55		—12
Osnabrück	68	3275	—15 W	Waren	36	3590	—15 W
Partenkirchen	715	3920	—18	Warnemünde			—15 W
Passau	310	3470	—18	Wattenscheid	75		—12
Pforzheim	258	3330	—12	Weihenstephan (Freising)	443		—18
Pirmasens	400		—15	Weilburg	165	3370	—15
Plauen	380	3815	—18	Weimar	237	3490	—18
Posen		3470	—18	Weißenburg	430	3510	—18
Potsdam	82	3470	—15	Wendelstein	1727	6540	
Putbus	54	3690	—15 W	Wertheim	147	3260	—15
Quedlinburg	132	3400	—18	Wesel			—12
Rathenow			—15	Wesermünde			—15 W
Ravensburg	462	3570	—15	Westerland	6	3430	—12 W
Recklinghausen	78		—12	Wiesbaden	113	3045	—12
Regensburg	343	3685	—18	Wildbad	427	3550	—15
Reichenau			—18	Wilhelmshaven	8	3350	—15
Reichenhall, Bad	475	3570	—18	Wismar	20		—15 W
Remscheid			—12	Wittenberg	74		—15
Retzen			—18	Wittenberge	28		—15 W
Rosenheim	450		—18	Witzenhausen	138	3310	—15

KLIMA, STÄDTEBAU

Tabelle der Heizgradtage

	Seehöhe	Heizgrad-tage	tiefste mittlere Außentemperatur (°C)
Worms	100	3050	—12
Wuppertal	160	3000	—12
Würzburg	179	3230	—15
Wurzen	123		—15
Wyk	7	3450	—12 W
Zerbst	69	3400	—15
Zittau-Hirschfelde	260	3560	—18
Zugspitze	2962	8770	—24
Zwenkau	136	3250	—15
Zwickau	282	3500	—18
Österreich			
Bad Gastein	1023	3980	
Bad Ischl	468	3500	
Bischofshofen	544		—21
Bleiberg	920—1000		—18
Bludenz	588	3060	
Bregenz	410	3060	—15
Bruck	487		—21
Ebensee	426		—15
Feldkirch	460		—15
Gleichenberg	310		—18
Gosau	729		—18
Graz	365	3020	—18
Hall-Salzberg			—18
Hallstadt	512		—15
Innsbruck	574	3330	—18
Klagenfurt	446	3330	—21
Knittelfeld	645		—18
Krems	188		—15
Kremsmünster	340—370		—18
Krimml			—21
Leoben	541	3510	
Linz	251	3290	
Mariazell	862	3715	
Mistelbach			—18
Orth a. d. Donau			—15
Pöllau			—18
Pöls			—18
St. Pölten	273	3420	
Prägarten	1303	4370	
Rainbach			—21
Salzburg	424	3350	—21
Semmering	980/896	4070/4000	—18
Steyr	307	3515	
Villach	499	3385	
Wien	171	2980	—15
Wieselburg			—18
Schweiz			
Altdorf	456	3200	
Arosa	1865	6200	
Basel	318	3100	—15
Bellinzona	236	3100	
Bern	572	3650	—15
St. Bernhard	2476	7600	
St. Bernhardin	2073	6800	
Bevers	1710	6600	—30
La Brévine	1077	5000	
Chaumont	1127	4500	
Chur	590	ca. 5700	—15
Davos	1561	5940	
Engelberg	1018	4650	
Freiburg	590		—15
St. Gallen	679	3860	—20
Genf	405	3060	—15
Glarus	481	ca. 3650	—15
St. Gotthard	2096	7250	
Klosters	1207	4800	
Locarno	239	2420	
Lugano	276	2550	— 8
Luzern	439	ca. 3450	—15
Neuchâtel	487	3320	—12
Pilatus	2068	6900	
Rigikulm	1787	6300	
Säntis	2500	7900	
Schaffhausen	448	3630	
Sils Maria	1811	6500	
Sitten	549	3080	
Trogen	900	4100	
Zermatt	1610	5750	
Zürich	493	3380	—15
England			
London	NN	2880	
Irland			
Dublin	243	2850	
Frankreich			
Marseille	NN	1560	
Paris	NN	2840	
Italien			
Florenz	51	1780	
Mailand	123	2350	
Rom	50	1400	
Venedig	NN	2160	
Schweden			
Stockholm	NN	4500	
Finnland			
Helsinki	NN	5100	
Tschechoslowakei			
Brünn	200	3520	
Bulgarien			
Sofia	550	3050	

Ruhezonen, Lärmschutzgebiete

KLIMA, STÄDTEBAU

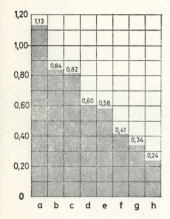

1 Vergrößerungs- bzw. Minderungsfaktoren des nach DIN 4701 ermittelten Lüftungswärmebedarfs von Gebäuden mit Aufenthaltsräumen (Haus-Kenngröße H nach DIN 4701).

a Außergewöhnlich freie Lage in windstarker Gegend beim Einzelhaus
b Freie Lage in windstarker Gegend beim Einzelhaus oder außergewöhnlich freie Lage in normaler Gegend beim Einzelhaus
c Außergewöhnlich freie Lage in windstarker Gegend beim Reihenhaus o. glw.
d Freie Lage in windstarker Gegend beim Reihenhaus oder außergewöhnlich freie Lage in normaler Gegend beim Reihenhaus
e Geschützte Lage in windstarker Gegend beim Einzelhaus oder freie Lage in normaler Gegend beim Einzelhaus
f Geschützte Lage in windstarker Gegend beim Reihenhaus oder freie Lage in normaler Gegend beim Reihenhaus
g Geschützte Lage in normaler Gegend beim Einzelhaus
h Geschützte Lage in normaler Gegend beim Reihenhaus

Aus diesem Diagramm geht hervor, wie groß der Einfluß der Lage eines Gebäudes bzw. Gebäudeteils auf den Lüftungswärmebedarf sein kann. Am geringsten ist er beim Reihenhaus in geschützter Lage und normaler Gegend und bei Gebäuden, die ähnlich wie Reihenhäuser angelegt werden, wie z. B. lange, mindestens zweigeschossige Baukörper mit Mietwohnungen. In windstarker Gegend und außergewöhnlich freier Lage ist der durch die Gebäudelage allein bedingte Lüftungswärmebedarf beinahe um das 5fache größer.

Ruhezonen und Lärmschutzgebiete

In den Ruhezonen sollen die Wohn- und Erholungsgebiete sowie Krankenhäuser und Schulen liegen. Hier dürfen gewerbliche Betriebe nur untergebracht werden, wenn nachgewiesen wird, daß der jeweils im Stadtbauplan auszuweisende maximal zulässige Schallpegel unter Berücksichtigung der Hauptwindrichtung auf der nächsten Grundstücksgrenze im Mittel nicht überschritten wird. Hauptverkehrsstraßen dürfen nicht durch Ruhezonen geführt werden. Durchgangsstraßen (im Gegensatz zu Sackgassen) sind auf ein Mindestmaß zu beschränken. Sie sollten ohne besondere Abschirmung durch Nebenräume, lärmunempfindliche Gebäude, Garagen, dichte Bepflanzung u. ä. nicht direkt bebaut werden. Wohnstraßen sind weitgehend durch Wohnwege zu ersetzen. Kinderspielplätze dürfen weder in den Ruhezonen noch in den Lärmzonen liegen. Sie liegen am besten am Rande der Ruhezonen hinter dichter Randbepflanzung oder hinter abschirmenden, nicht lärmempfindlichen Gebäuden. Dasselbe gilt für Kindergärten. Eine ähnlich besondere Lage sollten auch Schulen → 287 erhalten, da sie durch die lauten Pausen-, Sport- und Spielplätze die Nachbarschaft stören können.
Nach DIN 18005 darf die Einwirkung von Arbeitslärm in reinen Wohngebieten jeweils 0,5 m vor dem geöffneten Fenster des nächstbenachbarten Wohnhauses gemessen tagsüber 50 und nachts 35 DIN-phon bzw. dB(A) nicht überschreiten. Diese Werte gelten nur, »soweit der Arbeitslärm nicht in einem vorhandenen höherliegenden Grundpegel verschwindet« (unter diesen Umständen ließe er sich auch nicht mehr zuverlässig nachmessen). Sie könnten auch für Geräusche anderer Art, wie z. B. Straßenverkehrslärm, in Ansatz gebracht werden.

Die abschirmende und absorbierende Wirkung von Grünpflanzungen wird gewöhnlich weit überschätzt. Wie bereits in den Vorbemerkungen → 71 erwähnt, liegt ihre Schutzwirkung in erster Linie darin, daß sie in Form ausgedehnter Grünanlagen Abstand schaffen. Erst bei dichtem (undurchsichtigem) Bewuchs großer Tiefe ist eine nennenswerte zusätzliche Minderung zu erwarten → 72 2. Aus diesem Grund sind Parkanlagen und andere Anpflanzungen in den Stadtzentren, zwischen Hauptverkehrsstraßen, an Bahnlinien usw. nur dann als sinnvoll gestaltete Ruhe- und Erholungszonen zu werten, wenn sie entweder mindestens mehrere hundert Meter breit oder wirksam abgeschirmt sind. Dasselbe gilt auch für ausschließlich dem Fußgänger vorbehaltene Einkaufszentren, die auch zu den Ruhezonen zu rechnen sind und die nur dann die größten Aussichten haben, auch künftig große Käufermassen anzulocken. Ruhezonen besonderer Art sind Krankenhäuser, Kurorte, Sana-

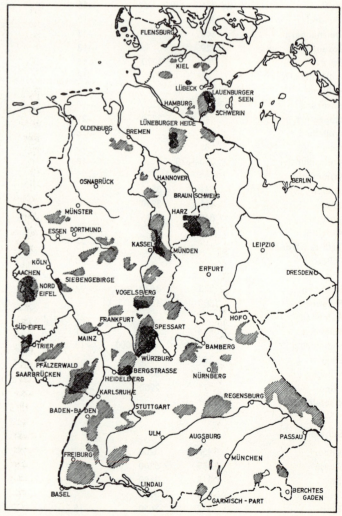

2 Vorschlag für größere Lärmschutzgebiete innerhalb von Westdeutschland. Die kreuzschraffierten Flächen wären besonders zu bevorzugen.

torien usw. Hier wäre danach zu streben, die medizinischen Leitsätze zu verwirklichen, die tagsüber vor den geöffneten Fenstern Lautstärken von weniger als 40 bis 50 dB(A) und nachts weniger als 25 bis 35 dB(A) fordern. Wie schwierig es ist, diese Werte bei der heute üblichen Praxis des Städtebaues (soweit man überhaupt schon davon sprechen kann) auch nur annähernd zu erzielen, sei an der Tatsache erläutert, daß z. B. ein einziger rücksichtslos fahrender Verkehrsteilnehmer in allen Geschossen eines der betreffenden Straße zugekehrten Gebäudes Schallpegel zwischen 60 und 95 dB(A) erzeugen kann.

In allen Ruhezonen stehen die Klagen über → Straßenverkehrslärm weit an erster Stelle. Es gibt genügend Möglichkeiten, ihn zu verringern oder notfalls ganz zu vermeiden.

In wirklichen Ruhezonen muß immer die Möglichkeit bestehen, bei offenem Fenster zu schlafen, so daß Schallschutzmaßnahmen durch Fenster oder durch besondere Bauweisen weniger wichtig sind als die städtebaulichen Maßnahmen.

Außer den oben erläuterten relativ kleinen Ruhezonen ist man von verschiedenen Seiten bemüht, sogenannte Lärmschutzgebiete zu schaffen. Sie decken sich vielfach mit bekannten Landschafts- bzw. Naturschutzgebieten und Gegenden, die bevorzugt der Erholung des Menschen dienen. Bild 80 2 zeigt einen Überblick für Westdeutschland. Die größten Schwierigkeiten, diese wichtigen Großräume weitgehend lärmfrei zu halten, bereitet der → Flugverkehr, insbesondere durch militärische Übungsflüge.

Ruhezonen werden nicht nur von außen gestört. Auch die Bewohner selbst stören sich gegenseitig etwa durch Kindergeschrei, bellende Hunde, Verwendung von Maschinen. Hier können nur gegenseitiges Einvernehmen oder juristische Maßnahmen helfen. Schreiende Kinder und bellende Hunde erreichen in unmittelbarer Nähe mühelos 80 bis 90 dB(A). Dasselbe gilt für die üblichen Rasenmäher mit Benzinmotor. An einigen zur Zeit handelsüblichen Rasenmähern mit Elektromotor wurden dagegen bei 20 m Abstand Lautstärken um etwa 60 dB(A) festgestellt. Sie sind subjektiv nur etwa halb so laut wie die anderen.

Gemischte Gebiete

Derartige Bebauungszonen sollten grundsätzlich vermieden werden, da hier erfahrungsgemäß die meisten Streitigkeiten wegen Störungen durch gewerbliche Betriebe vorkommen. Nach den vorliegenden Richtlinien, Lärmschutzverordnungen und gesetzlichen Bestimmungen besteht in solchen Gebieten nicht die Möglichkeit, ruhebedürftigen Bewohnern den gleichen Schallschutz zu sichern wie in den reinen Wohngebieten.

In gemischten Gebieten (»die vorwiegend Wohnzwecken dienen«) darf der Schallpegel von gewerblichen Betrieben vor dem nächstbenachbarten Wohnhausfenster tagsüber max. 60 und nachts 45 dB(A) betragen. Das sind verhältnismäßig hohe Werte, die vielen Menschen als unzumutbar erscheinen. Unbedingt in diesen Gebieten notwendige ruhebedürftige Gebäude, wie z. B. Krankenhäuser, sollten nur errichtet werden, wenn nachgewiesen wird, daß der Schallpegel des Außenlärms im Tages- und Nachtmittel 1 m vor dem besonders lärmempfindlichen Gebäudeteil (z. B. Bettenhäuser) 30 dB(A) (!) nicht überschreitet. Das ist, wenn überhaupt, nur durch konsequent auf den Schallschutz abgestimmte Gebäudegruppierung und Gebäudeformen (Atriumbauweise, geschlossene Randbebauung usw.) möglich.

Im Grunde sind die meisten gemischten Gebiete durch unverantwortliche Bodenspekulation, mangelnden Gemeinsinn und insbesondere Versagen der Bauplanungs- und Bauaufsichtsbehörden entstandene Zufallserscheinungen, die künftig systematisch beseitigt bzw. unbedingt verhindert werden sollten. Das gilt zumindest für den engeren Bereich zusammenhängender oder direkt benachbarter Gebäude. Es ist z. B. ein völlig unmöglicher und baulich höchst selten zu bewältigender Zustand, wenn etwa ein Tanzlokal in einem Mietshaus oder eine Wäscherei über einer Mietwohnung eingerichtet wird.

Gewerbliche Lärmzonen

Zu den Lärmzonen gehören in erster Linie Industriegebiete jeder Art. Wohnungen in diesen Gebieten zu bauen, ist unzweckmäßig und wäre mit der Nachweispflicht ausreichenden Schutzes gegen Außenlärm zu verbinden. Dasselbe gilt für Schulen. Krankenhäuser dürften hier überhaupt nicht eingerichtet werden. Lärmzonen dieser Art sollten immer auf der windabgewandten Seite von Ruhezonen liegen, wodurch sich gleichzeitig ein gewisser Schutz gegen Staub und Geruchsbelästigung ergibt.

Nach VDI 2058, DIN 18005 und »TALärm« soll jede »Arbeitsstätte oder Anlage« in ihrer Nachbarschaft sowenig Lärm wie möglich verursachen. Die maximal zulässigen Immissionsschutz-Richtwerte wurden bereits auf Seite 71 erwähnt. Das Meßgerät befindet sich hierbei entweder 0,5 m vor dem geöffneten Fenster des gestörten fremden Aufenthaltsraumes oder mindestens 1,2 m über dem Boden 3 m hinter der Grundstücksgrenze, wobei beachtet werden muß, daß sich hinter dem Beobachter innerhalb einer 3 bis 4 m tiefen Zone keine reflektierenden Wände oder ähnliche Reflexionsflächen befinden.

Natürlich muß hierbei der Geräuschcharakter, d. h. die Frequenzzusammensetzung des betreffenden → Lärms berücksichtigt werden. Bei ausgesprochen lästigen Geräuschen wären strengere Maßstäbe anzulegen als bei relativ neutralen Geräuschen, die annähernd auch in der Natur vorkommen, etwa Wasserrauschen u. ä. Die betreffenden Grenzwerte können höher liegen, wenn sie objektiv wegen eines höherliegenden (unvermeidbaren) Grundgeräuschpegels, z. B. durch andauernden Fernlärm, durch einen benachbarten Wasserfall u. ä. nicht meßbar sind, und auf jeden Fall, wenn der betreffende Arbeitslärm in diesem Grundpegel auch subjektiv kaum unterscheidbar ist.

Der Schallpegel von gewerblichen Anlagen liegt, auf den Grundstücksgrenzen gemessen, normalerweise zwischen 45 und 90 dB(A). Sehr selten werden noch größere Werte gemessen. Hin und wieder werden auch Erschütterungen und Körperschall übertragen, etwa bei Schmiedehämmern, schweren Stanzen usw. Für das zulässige Ausmaß solcher Erschütterungen → 46 gibt es keine allgemeingültigen Werte. Soweit sie in den gestörten Gebäuden hörbare Geräusche erzeugen, läßt sich DIN 4109 anwenden, wo gefordert wird, daß gewerbliche Betriebe u. ä. jeweils in Raummitte gemessen, einen Schallpegel von 30 dB(A) nicht überschreiten dürfen. Bei Anlagen, die nur tagsüber (7 bis 22 Uhr) in Betrieb sind, darf der Beurteilungspegel ausnahmsweise bis zu 40 dB(A) betragen. Es wird hier nicht angegeben, ob die Fenster bei der Messung geschlossen oder geöffnet sein sollen, was natürlich wichtig ist, je nachdem, in welchem Maße noch direkter Luftschall an der Störung beteiligt ist. Nach der VDI 2058 gelten tags 35 und nachts 25 dB(A) für Geräusche, die innerhalb der Gebäude in Wohnräume übertragen werden als Richtwerte.

Besondere Probleme bestehen bei ortsveränderlich betriebenen Anlagen wie z. B. Baumaschinen, da hier die Minderung der

Schallausbreitung viel schwieriger ist als bei stationären Anlagen. Baumaschinen haben in unmittelbarer Nähe gewöhnlich einen Schallpegel zwischen 85 und 105 dB(A). Dampframmen, Kompressoren usw. können noch erheblich lauter sein. Zusammenstellung von Meßergebnissen an Maschinen aller Art → 39 3 und 252.

Nach dem »Gesetz zum Schutze gegen Baulärm« des Deutschen Bundestages vom 9. September 1965 hat jeder, der Baumaschinen betreibt, dafür zu sorgen, daß Geräusche verhindert werden, die nach dem Stand der Technik vermeidbar sind. Er muß ferner Vorkehrungen treffen, die die Ausbreitung unvermeidbarer Geräusche von der Baustelle auf ein Mindestmaß beschränken, »soweit dies erforderlich ist, um die Allgemeinheit vor Gefahren, erheblichen Nachteilen oder erheblichen Belästigungen zu schützen«. Ausführungsvorschriften enthält die »Allgemeine Verwaltungsvorschrift der Bundesregierung zum Schutz gegen Baulärm-Geräusch-Immissionen«, 19. 10. 70 Bundesanzeiger Nr. 160.

Schienenverkehr

Obwohl Verkehrswege dieser Art in den Spitzenwerten → 82 1 lauter sind als der Straßenverkehr, sind die Klagen hierüber seltener. In einem reinen Wohngebiet direkt neben einer Eisenbahnstrecke, die Tag für Tag von rd. 250 Zügen befahren wurde und wo die Lautstärke vor den nächsten Häusern bei durchschnittlich 85 dB(B) lagen, führten die Hausbesitzer einen Prozeß gegen einen Fabrikanten, dessen Betrieb jenseits der Eisenbahnlinie lag und ein völlig neutrales Geräusch (annähernd wie Rauschen) erzeugte. Die Lautstärke dieses Geräusches wurde an den gleichen Meßpunkten wie oben mit durchschnittlich 68 dB(B) festgestellt. Man war auch dann noch nicht zufrieden, als das Betriebsgeräusch auf ca. 50 dB(A) gesenkt wurde.

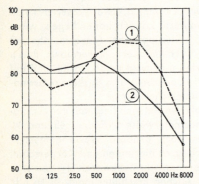

1 Oktavsiebanalysen der Geräusche verschiedener Eisenbahnzüge in 15 m Abstand von Gleismitte auf freier Strecke bei üblichem Gleisaufbau aus Holzschwellen auf Schotterbett (nach Kurtze).
① mittlere Frequenzabhängigkeit des Schallpegels von D-Zügen
② mittlere Frequenzabhängigkeit des Schallpegels von Güterzügen

Dieser Sachverhalt ist für viele Anrainer von Eisenbahnlinien typisch. Sie haben sich an das gleichmäßige Geräusch der vorbeifahrenden Eisenbahnzüge gewöhnt und schlafen beruhigt, wenn die Züge regelmäßig eintreffen.

Die Ursache hierfür mag zumindest teilweise daran liegen, daß diese Eisenbahngeräusche trotz des bei schnellfahrenden Personenzügen verhältnismäßig großen Anteils hoher Frequenzen nicht lästig sind, daß sie auf freien Strecken gleichmäßig verlaufen und ihre Häufigkeit etwa im Vergleich zum Straßenverkehr relativ gering ist.

Anders dürfte die Situation in der Nähe von Bahnhöfen, gelegentlichen Haltestellen, in Kurven und in der Nähe von Brücken sein. Auch dort, wo öfter Signale gegeben werden müssen, sind mehr Belästigungen zu erwarten. Pfeifgeräusche von Lokomotiven erreichen bei 25 m Abstand Lautstärken bis zu 100 dB(B). Annähernd gleich laut ist das bekannte Bremsenquietschen. Auf Riffelstrecken, die sich zuweilen bei der Abnutzung von Schienen bilden, entsteht ebenfalls ein lästiges heulendes Fahrgeräusch mit mehr als 100 dB(B).

Eisenbahnzüge sind keine kugelförmigen Schallquellen, so daß die Abnahme ihrer Lautstärke mit der Entfernung geringer ist. Für die Ruhezonen bedeutet dies, daß sie mindestens 2000 m entfernt liegen sollten. In der Nähe der Bahnhöfe müssen und können sie auch ohne Schwierigkeiten durch Geländeeinschnitte, Lagerhallen und gewerbliche Gebäude wirksam abgeschirmt werden, derart, daß eine Abstandsminderung auf etwa 300 m möglich ist. Ideal wäre, Eisenbahnen in Ruhezonennähe unterirdisch zu führen, was zweifellos für die ganze bauliche Entwicklung der Stadt und der übrigen Verkehrswege sehr nützlich wäre.

Beachtet werden muß hierbei die Gefahr einer direkten Schwingungs- bzw. Körperschallübertragung in die Gebäude, vor allem bei Betonunterbau, felsigem Grund usw. Als Gegenmaßnahmen sind Zwischenlagen aus NEOPRENE geeignet. Zeller berichtet über eine derartige Konstruktion aus vorgespannten Gummielementen auf Betonunterbau mit einem Wirkungsgrad von ca. 10 dB (gegenüber Schotterbettung) unterhalb von ca. 400 Hz. Bei höheren Frequenzen ist im Vergleich zur sonst üblichen Schotterbettung eine Verschlechterung festgestellt worden, die als unbedenklich bezeichnet wird, weil diese Frequenzen in den Gebäuden der Nachbarbebauung nicht mehr subjektiv wahrnehmbar auftreten. Die Vorspannung wird so gewählt, daß sich das Gummielement bei Belastung um max. 3 mm zusammendrückt. Wenn diese Zusammendrückung etwa bei unbelasteten leichten Zügen nicht oder nur teilweise vorhanden ist, läßt der Wirkungsgrad nach.

Für Überlandstraßenbahnen gilt im Prinzip dasselbe wie für die normalen Eisenbahnen, zumal ihre Geräuschentwicklung in der gleichen Größenordnung liegt wie bei Güter- und Nahverkehrszügen.

Stadtstraßenbahnen sind trotz geringerer Geschwindigkeit ebenfalls nicht leiser. Ihre Schallpegel schwanken bei Abständen von 7 bis 10 m normalerweise zwischen 80 und 90 dB(A). Die Wagen neuerer Konstruktion sind kaum leiser als die alten. Lediglich das Kreischen der Räder in engen Kurven ist bei den neuen Wagen mit max. 90 dB(A) um ca. 15 dB(A) geringer.

2 Äquivalenter Dauerschallpegel von Schienenverkehr nach DIN 18005 in 25 m Abstand bei freier Schallausbreitung

Fahr-Häufigkeit/h	1	2	5	10	20	50	1000	
Fernverkehr	65	68	73	75	78			dB (A)
Bezirksverkehr	60	63	68	70	73	77	80	dB (A)
Nahverkehr	55	58	62	65	68	72	75	dB (A)
Straßenbahnen	48	51	55	58	61	65	67	dB (A)

Straßenverkehr

Der Lärm von Straßenfahrzeugen gehört zweifellos zu den lästigsten und am häufigsten auftretenden Störungen. Er erreicht nicht nur am Straßenrand, sondern auch in relativ ungünstig

KLIMA, STÄDTEBAU — Straßenverkehr

gelegenen geschlossenen Räumen Dauerlautstärken, die zweifellos eine direkte Gesundheitsschädigung bedeuten, von der Gefahr, die durch die giftigen Abgase drohen, ganz zu schweigen.

Am Rand einer bebauten Großstadtstraße muß heute bei den einzelnen Fahrzeugtypen mit folgendem Fahrgeräusch gerechnet werden:

1 In Europa (EWG) zulässiger Geräuschpegel (Grenzwerte)

	zulässiger Wert in dB (A)
Fahrzeuge für Personenbeförderung mit höchstens 9 Sitzplätzen einschließlich Fahrersitz	82
Fahrzeuge für Personenbeförderung mit mehr als 9 Sitzplätzen einschließlich Fahrersitz mit einem amtlich zugelassenen Gesamtgewicht bis zu 3,5 t	84
Fahrzeuge für Güterbeförderung mit einem amtlich zulässigen Gesamtgewicht bis zu 3,5 t	84
Fahrzeuge für Personenbeförderung mit mehr als 9 Sitzplätzen einschließlich Fahrersitz mit einem amtlich zulässigen Gesamtgewicht über 3,5 t	89
Fahrzeuge für Güterbeförderung mit einem amtlich zulässigen Gesamtgewicht über 3,5 t	89
Fahrzeuge für Personenbeförderung mit mehr als 9 Sitzplätzen einschließlich Fahrersitz mit einer Leistung von 200 DIN-PS oder mehr	91
Fahrzeuge für Güterbeförderung mit einer Leistung von 200 DIN-PS oder mehr und mit einem amtlich zulässigen Gesamtgewicht über 12 t	91

Militärfahrzeuge sind gewöhnlich noch lauter. Bei der Messung von Panzerfahrzeugen wurden bereits in einem Abstand von 46 m Schallpegel zwischen 76 und 84 → dB(B) festgestellt. Offensichtlich durch Fehlzündungen erzeugte häufige Knalle erreichten Werte von 86—88 dB(B). Auf einen Abstand von 7 m umgerechnet ergeben sich allein für das reine Fahrgeräusch Schallpegel zwischen 90 und 100 dB(B). Als Abstand zwischen Schallquelle und Meßgerät werden bei Schallpegel-Messungen allgemein 7 m zugrunde gelegt. Dieser Abstand ist für die Prüfung des Schallpegels von Kraftfahrzeug-Geräuschen vorgeschrieben.

Die Schwankung der vorhandenen Werte ist sehr groß. Je nach Fahrweise, etwa starkes Beschleunigen, plötzliches Anfahren an Stoppstellen, hochtourige Fahrt bei starken Steigungen usw., können diese Werte um mehr als 10 dB(A) überschritten werden. Hinzu kommt noch, daß auf unebener Fahrbahn das Klappern der Ladung (z. B. bei Lastkraftwagen) überwiegen kann und daß die Hupen der Fahrzeuge nach der Straßenverkehrszulassungsordnung bei 7 m Abstand bis zu 104 → dB(B) laut sein dürfen.

Mit abnehmender Verkehrsdichte ändert sich der Richtwert → Bild 2, obwohl der Schallpegel der einzelnen Fahrzeuge unverändert bleibt.

Auffallend sind das große Mißverhältnis zwischen vorhandenen und zulässigen Werten bei Mopeds und Motorrädern sowie die zweifellos zu hoch angesetzten max. zulässigen Werte für Personen- und Lastkraftwagen. Das größte Übel ist jedoch, daß die Hauptverkehrsstraßen heute immer noch allzuoft in unmittelbarer Nähe von Wohnhäusern, Schulen, Krankenhäusern und solchen Bereichen liegen, die ausschließlich den Fußgängern und ruhebedürftigen Menschen vorbehalten sein sollten. Die schönsten Parkanlagen sind für die Erholung nahezu wertlos, wenn sie ungeschützt zwischen verkehrsreichen Straßen liegen.

Oft genug sind auch neuere Anlagen dieser Art nur dadurch entstanden, daß zwischen den Straßen ein für andere (kommerzielle) Zwecke vielleicht unbrauchbarer Zwickel übrigblieb. In diesem Punkt haben viele Stadtplaner bis auf den heutigen Tag leider versagt. Bei vielen städtebaulichen Maßnahmen der vergangenen zwanzig Jahre hat man den Eindruck, daß dem Moloch Straßenverkehr jedes Opfer gebracht wird und der duldsame Fußgänger und Normalverbraucher immer mehr bedrängt wird. Zum Schluß muß man dann feststellen, daß der Straßenverkehr immer noch nicht genug Platz hat, ganz einfach deswegen, weil diese Dinge viel zu wenig umfassend geplant werden.

Groteskerweise ergibt sich gleichzeitig, daß der sicherste und die Allgemeinheit gesundheitlich erheblich weniger belastende Verkehrsweg, die Eisenbahn, in ihrer Kapazität nicht ausgelastet ist, unter Auftragsmangel leidet und vom lärmgeplagten Steuerzahler zu allem Überfluß noch unterstützt werden muß. In Anbetracht solcher Tatsachen ist es keineswegs verwunderlich, wenn der Schallpegel des Straßenverkehrs selbst in völlig geschlossenen Räumen beängstigende Ausmaße annimmt, wie allein aus folgenden willkürlich zusammengestellten Meßwerten in verschiedenen Großstädten ersichtlich ist:

2 Äquivalenter Dauerschallpegel von Straßenverkehr
nach DIN 18005 u. a.

Fahrzeughäufigkeit/h	20	50	100	200	500	1000	2000	5000
dB (A)	45	49	52	55	59	62	65	69

Abstand von der Straßenmitte: 25 m (bei Autobahnen o. ä. jeweils von Fahrbahn-Mitte).
Fahrbahn gerade, horizontal, asphaltiert, trocken, glatt, unbebaut.
Schallausbreitung ungehindert. Der äquivalente Dauerschallpegel kennzeichnet nicht Höhe und Anzahl einzelner Pegel-Spitzen.
Verkehr gleichmäßig fließend, ca. 10% LKW-Anteil, Stadt-Geschwindigkeit.

Zuschläge	in dB (A)
1. Häufiges Anfahren an Kreuzungen mit Signalanlagen o. ä.	7
2. Beidseitig geschlossene Randbebauung, Schluchtbreite 30 m	max. 4
wie vorst. jedoch Schluchtbreite 20 m	max. 6
wie vorst. jedoch Schluchtbreite 10 m und Tunnelstrecken	max. 10
3. einseitig geschlossene Randbebauung, unbebaute Seite	3
bebaute Seite 25 m Abstand	max. 3
bebaute Seite 10 m Abstand	max. 7
4. Betonierte Straße / Riffel-Asphalt / Pflaster bei mittleren und hohen Geschwindigkeiten	3 / 5 / 8
5. LKW-Anteil 20%	2
LKW-Anteil 30%	3
LKW-Anteil 40%	4
LKW-Anteil 50%	5
6. Höhere Geschwindigkeiten auf Schnellstraßen und Autobahnen statt 4.	4
7. Steigung 3 bis 4%	2
Steigung 5 bis 6%	3
Steigung über 7%	2

Straßenverkehr

KLIMA, STÄDTEBAU

	Durchschnittswert in dB (A)
Wohnungen tagsüber (Einfachfenster)	> 40—45
Schulräume	ca. 55
Krankenhäuser tagsüber	ca. 50
Büros	ca. 60

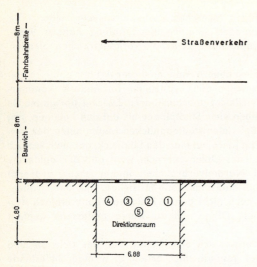

1 Straßenverkehrslärm-Messungen im Direktionszimmer eines Bankgebäudes. Der Raum liegt im 1. Obergeschoß und hat zur Straße eine dichte Dreifachverglasung (außen Isolierscheibe aus 4 mm dickem Glas, lichter Scheibenabstand 18 mm, innen dichte 4 mm dicke Einfachverglasung im Abstand von 260 mm i.L.). Vor den Fenstern betrug der Mittelwert der Pegelspitzen 73 dB (A). Der Mittelwert an den Meßpunkten 1 bis 5 betrug 43 dB (A). »effektive Schalldämmung« = 30 dB (A).

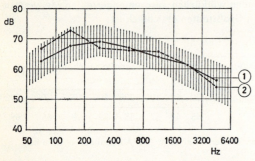

2 Oktavsiebanalyse von typischem Straßenverkehrslärm.
① Mittelwerte nach Bobbert und Martin
② Meßergebnis von Meister bei 40 m Abstand
Der schraffierte Bereich kennzeichnet die sehr häufigen Streuungen bei Meßpunkten am Straßenrand.

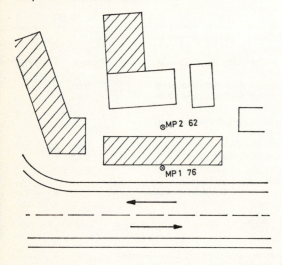

3 Abschirmung vom Straßenverkehr durch ein ca. 9 m hohes und 40 m langes Gebäude. Die Differenz der beiden Meßwerte beträgt 14 dB(A). Das Meßgerät befand sich in beiden Positionen etwa 1,8 m über dem Boden. Die beiden Pfeile kennzeichnen die Richtung des Straßenverkehrs.

Bei geöffneten Fenstern können meistens noch 15 bis 20 dB (A) hinzugezählt werden. Der höhere Wert gilt jeweils für die üblichen leichten Einfachverglasungen und der geringere bei gewöhnlichen Doppelverglasungen. Solche Zustände sind in Geschäftshäusern und notfalls in Büros noch einigermaßen zumutbar, für die übrigen empfindlicheren Gebäude jedoch einfach unverantwortlich.

Mit der Fahrzeughäufigkeit verringert sich der Abstand zwischen dem Durchschnittspegel und den Pegelspitzen. Bei einer Verkehrsdichte von 1000 Fahrzeugen pro Stunde beträgt er noch etwa 15 bis 20 dB (A). Bei 5000 Fahrzeugen pro Stunde schrumpft diese Differenz auf ca. 10 dB (A) zusammen. Auch bei Vergrößerung der Entfernung von der Straße wird das Geräusch gleichmäßiger. Betragen die Schwankungen bei 2000 Fahrzeugen pro Stunde im Abstand von 3 m etwa 14 dB (A), so sind es bei 100 m Abstand nur noch 8 dB (A) und in einer Entfernung von 200 m nur noch etwa 6 dB (A).

Die meist einzig mögliche Gegenmaßnahme ist bei unveränderlichen örtlichen Gegebenheiten der Einbau schalldämmender (dichter) Fenster → 164, starker Raumschalldämpfungen → 211 sowie einer Vollklimaanlage. Aber auch hierdurch ist mit einer wesentlich größeren Minderung als etwa 20 dB (A) kaum zu rechnen → 45. Selbst mit einer Dreifachverglasung und Scheibenabständen bis zu 260 mm wurde auf diese Weise lediglich eine effektive Schallpegeldifferenz zwischen innen und außen von rd. 30 dB (A) erzielt → 1.

Man möge hier einwenden, daß solche Fenster nach Messungen im Laboratorium ja viel besser sind und daß der oben angegebene Wert daher nicht stimmen kann. Hierzu sei bemerkt, daß im Laboratorium unter genormten Bedingungen gemessen wird, die sich auf die Praxis nicht ohne weiteres übertragen lassen. Berücksichtigt werden muß ferner, daß der Straßenverkehrslärm einen ganz anderen Charakter hat → 2 als das normale »weiße« Meßgeräusch. Außerdem fällt er immer vorwiegend schräg ein. Bekanntlich weisen alle Verglasungen bei schräggerichtetem Schalleinfall eine besonders schlechte Schalldämmung auf.

Irrig ist auch die Annahme, daß der Straßenverkehrslärm bei Hochhäusern mit zunehmender Geschoßhöhe normal abnimmt. Manchmal ist sogar das Gegenteil der Fall, da zuweilen die in den unteren Geschossen vorhandene schallabschirmende Wirkung von niedrigeren Nachbargebäuden → 3 und 303 4 entfällt.

Die abschirmende Wirkung durch schallunempfindliche Gebäude ist eine kostenlose Schallschutz-Maßnahme und gewöhnlich mit Minderungswerten bis ca. 25 dB (A) weit besser als viele andere künstliche Maßnahmen, denn immer seltener können wir uns leisten, zwischen Hauptstraßen und Ruhezonen ausreichend große Abstände anzuordnen → 303 5. Auch die zuweilen praktizierten Schallschutzwälle sind nicht besser. Sie lohnen sich nur, wenn die Aufschüttung des Walles auch noch andere Vorteile bietet.

In einem anderen Fall wurde durch einen 2,5 bis 3 m hohen Erdwall der Schallpegel einer stark befahrenen Autobahn von einem 65 m entfernten Einfamilienhaus von 69 auf 65 dB (A)

KLIMA, STÄDTEBAU — Straßenverkehr

reduziert. Auch dieser Wert gilt nur für das Erdgeschoß. Im 1. Obergeschoß war keine Verbesserung zu verzeichnen. Eine Schallpegelanalyse ergab, daß die Verbesserung mit zunehmender Frequenz anstieg. Bei 1600 Hz betrug die Schallpegeldifferenz 9 dB ($\approx$ 9 dB(A). Das war auch der Grund dafür, daß die Bewohner mit dem Ergebnis zufrieden waren. Von einem ähnlichen Ergebnis berichtet G. Kalesky → Bild 1. Erdwälle dieser Art sollen an der der Schallquelle zugekehrten Seite möglichst steil sein und in gleicher Weise wie auf der Krone eine dichte undurchsichtige Bepflanzung erhalten → 2.

Wesentlich vernünftiger als solche kostspieligen Hilfsmaßnahmen ist natürlich eine rechtzeitige großräumige Verkehrs- und Bebauungsplanung. Hierbei sollte man für die einzelnen Zonen von bestimmten Richtwerten ausgehen, etwa wie in 71. Lautstärken und Gefahrenpunkte lassen sich allein durch konsequente Unterscheidung zwischen Hauptstraßen und reinen Erschließungsstraßen ganz erheblich verringern.

Das althergebrachte Erschließungsschema → 86 1 ist zugunsten von Lösungen etwa wie bei 86 2 und 3 abzulehnen. Diese Vorschläge stammen aus einem internationalen städtebaulichen Wettbewerb, den die »Hohe Behörde der Europäischen Gemeinschaft für Kohle und Stahl« vor einigen Jahren ausschrieb, um zur Verbesserung der Wohnverhältnisse der Arbeitnehmer beizutragen. Den 1. Preis → 86 4 erhielt ein französischer Urbanist (Jean Pierre Allain mit J. Coignet und G. Mellon), dessen Plan im Gegensatz zu 86 1 überhaupt auf Erschließungsstraßen verzichtet. Von den gemeinschaftlichen Haltestellen aller Transportmittel im darüberliegenden Geschäftsviertel erreicht man durch eine ruhige Parklandschaft nur zu Fuß seine Wohnung. Daß Planungen dieser Art keine Utopie sind, haben die Holländer mit dem neuen Zentrum Rotterdams schon vorher bewiesen, wenn auch nicht in dieser radikalen Weise.

Ein besonderes Problem sind Straßentunnel, die auch von Fußgängern benutzt werden. Durch die starken Decken- und Wandreflexionen wird hier der ohnehin schon übermäßige Lärm verstärkt. Durch schallabsorbierende Deckenverkleidungen, etwa aus Aluminiumlamellen vor Mineralwolleplatten → 304 1, läßt sich hier annähernd der gleiche Schallpegel halten wie außerhalb des Tunnels, bei größeren Abständen sogar eine Verbesserung bis zu etwa 3 phon erreichen. Die Minderung gegenüber dem ungedämpften Tunnel kann meist mit etwa 6 phon angenommen werden. Die Schallausbreitung nimmt dann etwa wie im Freien ab, d. h. also bei Abstandsverdoppelung um jeweils 5—6 phon. Diese Werte gelten ganz allgemein nur für Einzelfahrzeuge (Straßenbahnen → 82). Bei Fahrzeugschlangen, also ununterbrochenem Straßenverkehr ist die Abnahme pro Entfernungsverdoppelung u. U. nur etwa halb so groß.

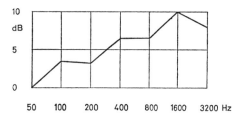

2 Frequenzabhängigkeit der schallabschirmenden Wirkung eines 2,5 m hohen Erdwalls nach G. Kalesky. Als Schallquelle wurden normale Kraftfahrzeuggeräusche benutzt. Der Abstand zwischen Wall und Fahrbahnrand betrug 40 m. Das Meßgerät befand sich im »Schallschatten« ca. 25 m hinter der Wall-Vorderseite vor einem Gebäude. Das Maximum des Schallpegels lag bei etwa 100 Hz. In diesem Bereich betrug die Wirkung etwa 3 dB und stieg bis zu 1600 Hz auf 10 dB an. Der arithmetische Mittelwert der Verbesserung beträgt rd. 6 dB.

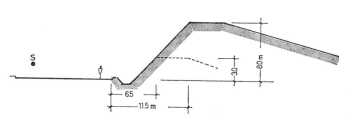

3 Günstiges Profil für einen Schallschutzwall. Seine Höhe sollte immer möglichst mehr als 8 m, jedoch mindestens 3 m betragen. Die auf diese Weise erzielbaren Schallschutzwirkungen liegen bei ca. 4 bis 16 dB(A) je nach Höhe und Abstand von der Fahrbahn. Auch die Höhendifferenz zwischen Fahrbahn und Meßpunkt ist wichtig. Am günstigsten ist es, wenn der Meßpunkt tiefer als die Fahrbahn liegt. Berechnung des Wirkungsgrades nach → 72 3.

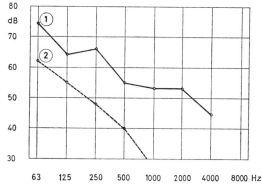

Die sich auf diese Weise für Fahrzeugkolonnen mit der Entfernung ergebenden Schallpegeländerungen wurden nachstehend für einen Bezugsabstand von 25 m (Änderung = 0) zusammengestellt.

Abstand:	6	8	10	15	20	25	30	40	50	60
Schallpegeländerung:	+6	+5	+4	+2	+1	0	−1	−2	−3	−4 dB
Abstand:	80	100	150	200	300	400	500	600	800	
Schallpegeländerung:	−5	−6	−8	−9	−11	−12	−13	−14	−15 dB	

Bei Einzelschallquellen können diese Werte jeweils verdoppelt werden. Über bewachsenem Boden oder bei offener, lockerer Bebauung ist jeweils auf 100 m mit einer zusätzlichen Dämpfung bis zu 5 dB(A) zu rechnen, insbesondere bei Einzelschallquellen.

4 Analyse des Straßenverkehrschallpegels im 2. Obergeschoß eines Hochhauses im Zentrum einer Großstadt.
① Mikrophon in Raummitte, Fenster an drei Seiten offen, a.M. 59 dB
② Mikrophon genau wie vor, jedoch alle Fenster geschlossen, a.M. 39 dB
Die »effektive Schalldämmung« betrug also im Durchschnitt 20 dB. Die Verglasung bestand durchgehend aus Isolierscheiben in Metallrahmen mit Lippendichtungen. Der Raum war durch eine Akustikdecke und durch einen dicken porösen Teppich stark gedämpft.

KLIMA, STÄDTEBAU

Flugverkehr

Der Lärm von Flugzeugen steht — was seine Stärke anbetrifft — an der Spitze aller uns heute bekannten und störenden Schallquellen, die großen Raketen u. ä. natürlich ausgenommen. Die Häufigkeit von Flugzeuglärm nimmt ständig zu, und es ist zu befürchten, daß auch die Lautstärken weiter anwachsen werden, z. B. durch die Verdrängung der leiseren und weniger lästigen Propellermaschinen durch Flugzeuge mit Düsentriebwerken → 87 1 durch das Vordringen des zivilen Überschall-Luftverkehrs (Überschall-Knall), durch größere Maschinen usw.

Besonders kritisch ist die Situation in den An- und Abflugschneisen. Beide können als gleich laut angesehen werden. Beim Start erzeugen heute viele Düsentriebwerke Lautstärken von mehr als 130 phon → 87 2, selbst in Entfernungen bis zu 150 m. Bei der Landung ist dieses Geräusch wohl etwas leiser, dafür jedoch die Flughöhe geringer. Die neuentwickelten Senkrechtstarter sollen sogar Lautstärken bis zu 160 phon erzeugen. Sehr lästig sind auch die vielen niedrig fliegenden Sportflugzeuge und vor allem Hubschrauber, die in zunehmendem Maße für Zubringerdienste im Nahbereich der Städte eingesetzt werden. (Auf einem deutschen Militärflugplatz verursachten z. B. vier neuartige Hubschrauber mit ihrem ungewöhnlich hochfrequenten Betriebsgeräusch ein Massensterben unter den Wühlmäusen selbst in den unterirdischen Gängen.) Für jeden Flugzeugtyp sollte es daher eine Kennzeichnungspflicht für die Vollbetriebslautstärke und über Ruhezonen eine davon abhängige verbindlich festgelegte Mindestflughöhe geben.

Am meisten betroffen sind natürlich die Menschen auf den Flugplätzen und die Ruhezonen in Flugplatznähe. Im Bereich der großen Flugplätze ist der Fluglärm schon längst zu einem Dauergeräusch geworden. Auf dem Rhein-Main-Flughafen bei Frankfurt startet bzw. landet täglich 14 Stunden lang alle ein bis zwei Minuten eine Maschine. Hier war man, wie beispielsweise auch in New York und London, wegen andauernder Beschwerden über Störungen durch Fluglärm gezwungen, ständig arbeitende Schallmeßstellen einzurichten, um festzustellen, wie groß die Schallbelästigung im einzelnen ist und welche Flugzeuge hierfür verantwortlich gemacht werden müssen. Auf diese Weise besteht die Möglichkeit, die betreffenden Piloten zur Verantwortung zu ziehen bzw. die Maschine mit Startverbot zu belegen. Hierdurch können auch die Flugzeughersteller gezwungen werden, leisere Triebwerke zu verwenden, was technisch durchaus möglich ist. Das Personal der Flughäfen kann vor gesundheitsschädigendem Lärm nur durch individuelle Vorrichtungen, also z. B. kopfhörerartige Gehörschützer oder Schallschutzhelme geschützt werden. Bei den Standläufen (Warmlaufen der Motoren 0,5 bis 1 h vor dem Start) besteht noch die Möglichkeit, an den Triebwerken besondere stationäre Schalldämpfer → 304 2 oder spezielle Lärmschutzhallen → 283 zu verwenden. Das sind sehr kostspielige und nur z. T. wirksame Maßnahmen, denn in die Luft können diese zuweilen sehr wirksamen Schallschutzvorrichtungen natürlich nicht mitgenommen werden.

Das einzige dem Städtebauer und Landesplaner zur Verfügung stehende Mittel, die Bevölkerung vor Flugzeuglärm zu schützen, ist, möglichst große Abstände zu schaffen. Ruhezonen, Schulen, Krankenhäuser usw. müssen grundsätzlich aus dem Lärmbereich der Flugplätze sowie der An- und Abflugschneisen herausgehalten werden. Notfalls müssen bestimmte Mindestflughöhen gefordert werden. Wenn man die für die Ruhezonen tagsüber gerade noch unbedenkliche Grenze von 50 dB(A) zugrunde legt, so ergeben sich mit Hilfe von 72 1 für die freizuhaltenden Flug-

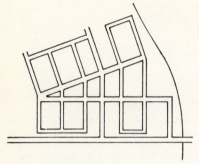

1 Veraltetes, im Hinblick auf die Lärmbelästigung durch den Straßenverkehr ungünstiges Erschließungsschema.

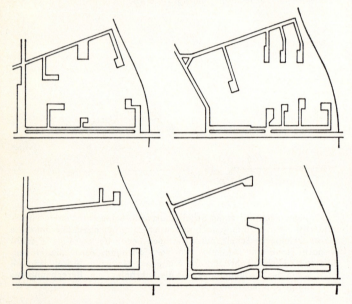

2 und 3 Schallschutzmäßig günstigere Erschließungsvorschläge aus einem internationalen städtebaulichen Wettbewerb.

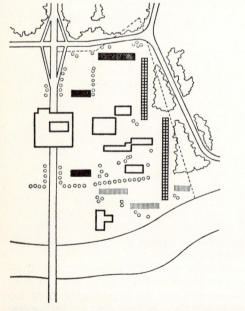

4 Lageplan des mit dem ersten Preis ausgezeichneten Entwurfs von Jean Pierre Allain mit J. Coignet und G. Mellon → 2 und 3.

KLIMA, STÄDTEBAU

Flugverkehr

schneisen jeweils an den Enden spitz zulaufende Flächen von mindestens 10 km Breite und 30 km Länge. Die Länge dieser Flächen richtet sich nach der Höhe der an- und abfliegenden Maschinen. Die geforderten 50 dB(A) sind erst dort annähernd erreichbar, wo die startende Maschine sich noch etwa 5000 m und die landende mindestens 2000 m über der Ruhezone befindet. Diese Zahlen sind natürlich nur grobe Richtwerte und gelten nur für Flugzeuge mit einem Startgeräusch von max. 120 dB(B).

Die eigentliche Flugplatz-Lärmzone ist natürlich kleiner. Nach den neuen FAA-Richtlinien (der Federal Aviation Agency), die auch in Deutschland für die Bebauungsplanung in Flugplatznähe benutzt werden, ist sie lediglich 1,6 km breit und rd. 5,3 km länger als die Startbahn (rd. 750 m an der Landeseite und rd. 4500 m an der Startseite). Nicht zuletzt im Hinblick auf den zu erwartenden Überschall-Personenverkehr und auch wegen des zunehmenden Startgewichts (= steigender Schallpegel) erscheint diese Fläche viel zu gering. Wie stark die Schallzonen gleicher Flugzeugtypen voneinander abweichen können, zeigt im Vergleich zum FAA-Schallfeld Bild 88 1.

Nach einem Gesetz der Bundesregierung sollen in der Nachbarschaft von Verkehrsflugplätzen je nach dem vorhandenen Ausmaß der Lärmbelästigung zwei Lärmzonen festgelegt werden: In Zone 1 wären mehr als 75 dB (A), in Zone 2 75...67 dB (A) und in Zone 3 max. 53 dB (A) als gerade noch zulässig zu bezeichnen. In Zone 1 und 2 sollen weder Krankenhäuser noch Schulen, Altenheime o.ä. vorhanden sein. Zone 1 ist für normale »fremde« Wohnungen ebenfalls nicht geeignet. Im übrigen dürften schallempfindliche Gebäude dieser Art nur dann errichtet werden, wenn besondere Schallschutzmaßnahmen nachgewiesen werden. Vorstehende Pegel werden nach einer bestimmten Formel ermittelt.

Mit der Einführung des Überschall-Flugverkehrs kommt noch ein weiteres Problem hinzu, nämlich das des Überschall-Knalles, den jede mit Überschallgeschwindigkeit fliegende Maschine in einer Breite von mehr als 100 km hinter sich herzieht. Abgesehen vom Schreckeffekt hat dieser Knall noch bei einer Flughöhe von ca. 6000 m eine höchst gesundheitsschädliche Stärke von etwa 120 dB(B). Die Mindestflughöhe für Überschallflüge ist in Deutschland zur Zeit mit 9000 m (für deutsche Militärflugzeuge 11 000 m) vorgeschrieben, was immerhin noch Schallpegel oberhalb von 100 dB(B) ergibt.

Neben der sehr nachteiligen Wirkung auf den Menschen (hoher Schallpegel und Schreckeffekt) sind durch den Überschallknall auch Schäden an Bauwerken möglich, vor allem wenn sich mehrere dieser Druckwellen überlagern. Nach einem Bericht aus den USA verursachte ein solcher »Fokuseffekt« beim Tiefflug eines Düsenjägers in 160 m Höhe und anschließendem plötzlichem Hochziehen der Maschine umfangreiche Scheibenbrüche, leichte Zerstörungen an den vorgehängten Außenwänden sowie erhebliche Risse im kurz vor der Fertigstellung stehenden Flughafengebäude. Durch die entstandene Sogwirkung wurden große Flächen des mehrschichtigen Flachdaches aufgerissen.

Der Fokuseffekt scheint sehr selten aufzutreten. Versuche, ihn absichtlich zu erzeugen, sind fehlgeschlagen. Der normale Überschall-Knall ist offensichtlich nicht in der Lage, an Gebäuden Schäden größeren Ausmaßes anzurichten. Exakte Messungen in der Stadt Oklahoma ergaben während einer Zeit von 26 Wochen bei täglich 8 Überschall-Knallen mit einem Druckanstieg von 100...200 Pa lediglich Risse in bereits stark verwitterten Putzschichten und einige Scheibenbrüche. Letztere

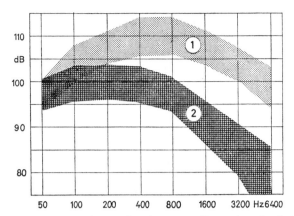

1 Bereiche der Oktavsiebanalysen von Geräuschen durch Strahltriebwerksflugzeuge ① und Propellerflugzeuge ② (nach Kurtze). Diese Angaben gelten bei Höchstleistung (Startleistung) und etwa 150 m Flughöhe.

Strahltriebwerke mit Nachverbrennung, wie sie z.B. für militärische Zwecke verwendet werden, liegen mit ihrem Schallpegel um etwa 8 dB oberhalb des Bereichs ①.

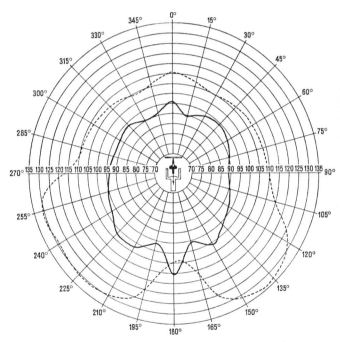

2 Kreisdiagramm mit Schallpegelwerten in 100 m Abstand von einem modernen Düsenjäger (F 104 G).

.... Flugzeug freistehend

———— Flugzeug mit Schalldämpfungsröhre hinter dem Triebwerk und teilweise abschirmender Umbauung, die lärmseitig schallabsorbierend war → 304 2.

Gemessen wurde bei Vollast mit Nachbrenner. Ohne Abschirmung und Schalldämpfer erreicht der Schallpegel Werte bis zu knapp 135 dB. Mit Abschirmung liegt das Maximum des Schallpegels genau hinter der Schalldämpfungsröhre bei 110 dB. Im Durchschnitt beträgt der Unterschied zwischen den beiden Kurven 20 dB.

wurden weniger auf eine übermäßige Belastung als auf schon vorhanden gewesene Fehler im Material (Walzspannungen) zurückgeführt. Diese Meinung wird durch englische Untersuchungen gestützt, nach denen der Überschall-Knall beim Fliegen in verschiedenen Höhen lediglich Überdrücke von 150...300 Pa erreicht, was der Größenordnung von mittleren Windstößen entspricht. Ein wesentlicher Unterschied zum Wind besteht in

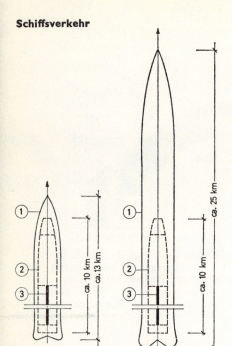

1 80-dB(A)-Schallzonen von Flugzeugen bei kontinentalem (links) und interkontinentalem Start (rechts), jeweils im Vergleich zur FAA-Schallzone und zur Startbahn. Innerhalb des äußeren Randes liegt der Schallpegel oberhalb von ca. 80 dB(A). Ein Wert dieser Größenordnung wird heute in bewohnten Gebieten neben Flugplätzen als noch zumutbar bezeichnet, soweit diese Schalleinwirkung relativ selten ist, also unterhalb von ca. 5% der Tagesstunden liegt.

Die hier dargestellten 80-dB-Schallzonen gelten nur für den Start. Landeseitig muß noch die ähnlich spitz zulaufende Landezone hinzugerechnet werden. Landende Flugzeuge sind durchschnittlich 5...8 dB(A) leiser als startende.

① 80-dB(A)-Schallzone ② FAA-Schallzone ③ Startbahn

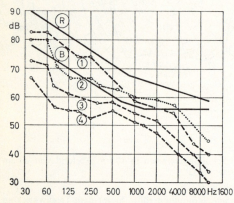

2 Geräuschspektren von Binnen-Motorfahrgastschiffen bei Vorbeifahrt in 25 m Abstand nach Stüber im Vergleich zu den festgelegten Sollkurven.

① Fahrgastschiff mit einer Lautstärke von 78 dB(B)
② Fahrgastschiff mit einer Lautstärke von 72 dB(B)
③ Fahrgastschiff mit einer Lautstärke von 68 dB(B)
④ Fahrgastschiff mit einer Lautstärke von 64 dB(B)

B Sollkurve für den maximal zulässigen Oktavbandpegel von Schiffen auf den bayerischen Seen. Die dieser Sollkurve entsprechende höchste Lautstärke beträgt 72 DIN-phon. Die Sollkurve darf an keiner Stelle um mehr als 4 dB überschritten werden. Im Durchschnitt darf die Abweichung nicht mehr als 2 dB betragen. DIN-phon ≈ dB(A).

R Sollkurve wie vor, für Schiffe auf dem Rhein und auf den Gewässern in Westberlin bei einer maximal zulässigen Lautstärke von 82 DIN-phon. Der Oktavbandpegel des Geräusches darf diese Sollkurve in keiner Oktave um mehr als 4 dB und im Durchschnitt um nicht mehr als 3 dB überschreiten. DIN-phon ≈ dB(A).

der größeren Geschwindigkeit der Belastung, wodurch wohl viel leichter irgendwelche Resonanzerscheinungen ausgelöst werden können und wiederum größere Schäden möglich sind. Angesichts dieser Zustände ist in absehbarer Zeit zu befürchten, daß der Fluglärm in vielen Gebieten den heute schon zur Landplage gewordenen Straßenverkehrslärm noch übertreffen wird, wenn sich nicht alle Verantwortlichen auf eine vernünftige Steuerung der Entwicklung einigen. Es gibt zu denken, daß selbst Flugtechnik-Experten davor warnen, den Überschallverkehr zu fördern und unabhängig davon für alle Flugplätze eine Einteilung nach Lärmklassen fordern. Flugzeuge, die der betreffenden Lärmklasse nicht genügen, sollten auf diesen Plätzen im Interesse der Anwohner Startverbot erhalten.

Schiffsverkehr

Auf und an Seen, Flüssen und Kanälen sind durch Fahrgastschiffe, Lastkähne, Schlepper und Sportboote ähnliche wachsende Belästigungen zu erwarten wie beim Straßenverkehr. Besonders gestört werden die Ruhezonen entlang der Schiffahrtswege und vor allem die Erholungsgebiete an den kleineren Seen, etwa in Oberbayern und in Österreich. Hier besteht auch nicht die Möglichkeit (etwa wie am Bodensee), den lauten Wasserfahrzeugen nur das Befahren der Uferstreifen zu verbieten. Trotzdem ist es am Bodensee keine Seltenheit, daß starke Motorsportboote noch in Entfernungen bis zu etwa 300 m Schallpegel von 80 dB(A) verursachen. Zuweilen legen es die Fahrer gerade darauf an, möglichst viel Lärm zu machen. Daß z. B. auch das Wasserski-Fahren bei geringeren Abständen bis ca. 100 m erheblich leiser geht, beweisen viele Neukonstruktionen mit Schallpegel von etwa 60 dB(A). Trotzdem ist es zu begrüßen, daß das Fahren mit Motorsportbooten auf vielen Seen, die praktisch ausschließlich der Erholung dienen, verboten ist. Von dieser Praxis sollte noch erheblich mehr Gebrauch gemacht werden, da es sich hier meist um reine Ruhezonen handelt.

Im übrigen existieren für die Wasserstraßen und die großen Seen genau festgelegte Vorschriften, die leider nicht immer eingehalten werden → Bild 2 und deren Einhaltung nicht routinemäßig überwacht wird. Es ist daher kaum überraschend, daß bei Schallpegelmessungen am Rhein im vorgeschriebenen Abstand von 25 m Werte über 90 dB gemessen wurden, und daß am Neckar beinahe 20% aller Schiffe lauter waren als auf dem Rhein zulässig. Im größten Restaurant eines Neckarortes jenseits der Neckarstraße erzeugten Schlepper mit beladenen und leeren Lastkähnen bei offener Terrassentür an einem verhältnismäßig »leisen« Platz 65—67 dB(A). Durch Schließen der Fenster sank dieser Wert lediglich auf 61 dB(A). Der Geräuschcharakter war sehr tieffrequent, jedoch wegen der großen Schallstärke trotzdem lästig.

Messungen am Rhein sollen ergeben haben, daß 18% der vorbeifahrenden Schiffe oberhalb der Sollkurve liegende Schallpegel zwischen 82 und 85 dB(B) und 5% mehr als 85 dB(B) erzeugten.

Eine österreichische Vorschrift fordert ähnlich wie in Bayern bei 25 m Abstand weniger als 70 dB(A). Ähnliche Bestimmungen wie in Bayern werden auch in der Schweiz angestrebt. Geringere Schallpegel als 70 dB(A) vorzuschreiben, ist wohl nicht möglich, da solche Werte wegen der unvermeidbaren, jedoch nicht störenden Wassergeräusche nicht mehr zuverlässig unterscheidbar sind. Gegen Ruhezonen u. dgl. bedeutet dies einen erforderlichen Mindestabstand von ca. 250 m.

STOFFWERTE

Stoffwerte von Bau-, Dämmstoffe und Sperrstoffen

Vorbemerkung zu den folgenden Tabellen und Diagrammen

Genaugenommen besitzen alle Baustoffe eine oder sogar mehrere »Dämmwirkungen« irgendwelcher Art. Aus diesem Grunde ist es notwendig, hier außer den speziellen Dämm- und Sperrstoffen auch auf die Eigenschaften anderer Stoffe näher einzugehen.

Die Kennzeichnung aller Stoffe wurde, wie schon im Vorwort erwähnt, so vorgenommen, daß möglichst wenig Firmen- und Markennamen genannt werden mußten[1]. Nähere Angaben über diese Markennamen und ihre Hersteller findet der Leser in dem vom gleichen Verfasser stammenden »ABC der Schall- und Wärmeschutztechnik« (Lobrecht Verlag, Bad Wörishofen), das außer den wichtigsten Begriffsbestimmungen ein sehr ausführliches Firmen-, Markennamen-, Baustoff- und Sachregister enthält.

Nach dem Sprachgebrauch und den zur Zeit gültigen Baunormen verstehen wir heute unter dem Begriff → Dämmstoffe jene vorwiegend porösen Baustoffe, die sich vor allem durch ein besonderes Isoliervermögen gegen Schall und Wärme von allen anderen unterscheiden. Für viele Stoffe ist diese Definition nur begrenzt und hauptsächlich bezüglich der Wärmedämmung zutreffend.

Schalltechnisch kann — die Schallabsorption vielleicht ausgenommen — selten davon gesprochen werden, daß irgendein Dämmstoff allein ein besonders gutes Dämmvermögen besitzt. Er erhält es sehr oft nur im Zusammenwirken mit anderen gewöhnlichen Baustoffen und das auch nur dann, wenn die Schichtfolge richtig ist. Für viele schalldämmenden Bauteile → 43 ist überhaupt kein besonderer Dämmstoff notwendig. Einen guten Schallschutz kann man nicht wie beim Wärmeschutz ganz einfach durch die Anordnung einer möglichst dicken »Dämmschicht« erreichen.

Für einen sehr guten Wärmeschutz benötigt man dagegen immer einen besonderen Wärmedämmstoff, von ganz wenigen Ausnahmen wie z. B. Konstruktionen nach dem Prinzip der Thermosflasche abgesehen.

Alle im Bauwesen verwendbaren Wärmedämmstoffe haben eines gemeinsam, nämlich ihr verhältnismäßig geringes spezifisches Gewicht (→ Rohdichte), das auf einer hohen Porosität beruht. Die Art, wie das Porengefüge beschaffen ist und womit die Poren gefüllt sind, entscheidet, ob der Stoff schall- und wärmetechnisch oder nur wärmetechnisch geeignet ist. In allen Fällen spielen Luftporen und Luftschichten eine große Rolle, die nicht immer fester Bestandteil des betreffenden Stoffes sind. Aus diesem Grunde muß auch die Luft an sich unter die Dämmstoffe eingeordnet werden. Ihr Verhalten hat häufig zusammen mit Feuchtigkeitseinflüssen entscheidenden Einfluß auf die Güte und Dauerhaftigkeit einer Konstruktion.

Von den *Dämm*stoffen streng unterschieden und daher besonders behandelt werden müssen die *Sperr*stoffe und die übrigen Schutzstoffe, die als → hydrophobe Schichten, Abdichtungen → 59 oder → Dampfsperren die Aufgabe haben, die gefährdeten Bauteile vor der nachteiligen Einwirkung von Feuchtigkeit jeder Art zu schützen.

[1] Markennamen sind in großen Buchstaben gedruckt.

Die folgenden Tabellen enthalten Rechenwerte für die einzelnen bauphysikalisch wichtigen Daten. Bei den Schallabsorptionsgraden → 90ff. ist eine allgemeine Übersicht mit den wichtigsten Tabellen für Baustoffe, Bauteile, Ausstattung, Einrichtung usw. vorangestellt. Hierbei handelt es sich vorwiegend um Mittelwerte aus verschiedenen Messungen und Veröffentlichungen. Da die Prüfnormen im Laufe der Zeit mehrmals geändert wurden, gestatten diese Werte keine exakten Vergleiche, sondern sind nur für die ohnehin mit einer gewissen Unsicherheit behafteten Nachhallberechnungen geeignet. Genauere Werte für die einzelnen Frequenzbereiche geben die Tabellen für spezielle Schallschluckanordnungen mit Angabe des Schichtaufbaues → 93ff.; sie sind alphabetisch nach dem maßgebenden Werkstoff geordnet. Auch diese Angaben können nur dann genauer miteinander verglichen werden, wenn ihre (am Ende der Zeile in Klammern gesetzte) Jahreszahl in den gleichen zeitlichen Geltungsbereich der maßgebenden Prüfnormen fällt.

Die für die Bestimmung des → Schallabsorptionsgrades (im Hallraum) von Bau- und Dämmstoffen seit Januar 1961 gültige Prüfnorm ist DIN 52212. Wo die Jahreszahlen fehlen, handelt es sich auch hier um Mittelwerte aus verschiedenen Messungen oder aus der Literatur.

Die Werte der Wärmeleitzahlen → 101ff. stammen größtenteils aus der neuesten Fassung von DIN 4108 und DIN 4701 in Anlehnung an ausländische Normen und zuverlässige Firmenangaben. Sie gelten für eine Stoff-Temperatur von etwa +10 bis +20 °C. Bei geringeren Temperaturen sind sie gewöhnlich etwas kleiner (bei 0 °C etwa 10%) und bei höheren Temperaturen größer. Bei 50 °C beträgt diese Erhöhung bei den meisten Wärmedämmstoffen ungefähr 10 bis 20%.

Die → Diffusionswiderstandsfaktoren (Tabellen → 103 1 und 2) sind unabhängig von der Dicke sonst gleicher Stoffschichten. Um die erzielbaren Sperrwirkungen untereinander vergleichen zu können, läßt sich daher mit Hilfe dieses Faktors und der Dicke d (in cm) sehr einfach ein Vergleichswert bilden, etwa nach dem folgenden Beispiel:

	Diffusionswiderstandsfaktor	Vergleichswert $\mu \cdot d$
Kunststoff-Folie 0,01 cm dick	100 000	$100\,000 \cdot 0{,}01 = 1000$
Bitumenpappe 0,3 cm dick	3 000	$3000 \cdot 0{,}3 = 900$

Man sieht also, daß trotz des sehr verschiedenen Diffusionswiderstandsfaktors der Widerstand annähernd gleich ist, weil die Stoffe eine sehr unterschiedliche Dicke besitzen. Liegen verschiedene Schichten hintereinander, so summiert sich deren Diffusionswiderstand. Die Diffusionswiderstandsfaktoren sehr dünner Schichten können nicht immer ohne weiteres auf dickere Schichten (und umgekehrt) umgerechnet werden. Oft sind diese Werte bei dickeren (gleichmäßigeren) Schichten größer, als die Proportionalrechnung ergibt.

Unperforierte Metalle, Glas u. ä. wurden in den Tabellen nicht besonders aufgeführt, da sie praktisch immer eine völlige Dampfsperre darstellen.

STOFFWERTE

Verzeichnis der Stoffwert-Tabellen und Diagramme

Schallabsorptionsgrade 91

Allgemeine Übersicht 91

Dichter Putz 91 1
Poröser Putz (auf Mauerwerk oder Beton) 91 2
Beton, Betonplatten 91 3
Mauerwerk 91 4
Steinplattenverkleidungen 91 5
Dünne Gipsplatten 91 6
Anstriche, Tapeten, Papier 91 7
Holzverkleidungen 91 8
Holzwerkstoffplatten (Verkleidungen) 91 9
Holzböden 92 1
Teppichböden 92 2
Sonstige Fußböden 92 3
Fenster, Türen, Öffnungen 92 4
Publikum 92 5
Gestühl 92 6
Textilien, Vorhänge usw. 92 7
Sonstige Ausstattung 93 1

Spezielle Schallschluckanordnungen 93

Blähstoffe 93 2
Geschlitzte und ungeschlitzte Flachsfaserplatten 93 3
Poröse Akustik-Folien 93 4
Kunststoff-Folien 93 5
Furniergitterplatten 94 1
Gipskartonplatten 94 2
Gipskassettenplatten 94 3
Glasfasermaterial 94 4
Übliche Holzfaser-Isolierbauplatten 95 1
Leichte poröse Holzspanplatten mit Abdeckung 95 2
Gelochte und geschlitzte Holzspanplatten 96 1
Schwere Holzspanplatten 96 2
Holzspan-Röhrenplatten, beidseitig furniert 96 3
Holzwolle-Leichtbauplatten 96 4
Kunststoffschäume 97
Weicher Harnstoffschaum 97 1
Polyurethanschaum 97 2
Polystyrolschaum 97 3
Metallverkleidungen 98 1
Schwere Mineralfaserplatten 98 2
Mineralwollematten 98 3
Leichte Mineralwolleplatten 98 4
Ziegelstein 99 1
Schallabsorption von Luft in großen Räumen 99 2

Schallgeschwindigkeiten 99 3

Dynamische Steifigkeit, Körperschallwerte 99

Umwertungsskala für DVM-Weichheit und Shore-Härte 99 4
Zusammenhang zwischen der dynamischen Steifigkeit und der Schichtdicke von STYROPOR 99 5
Dynamische Steifigkeit von Luft- und Dämmschichten 100 1
Abhängigkeit der Eigenschwingungszahl von der Belastung bei eisengerahmtem Naturkork 100 2
Körperschallisolierung verschiedener elastischer Stoffe bei longitudinaler Anregung 100 3
Abhängigkeit der Grenzfrequenz der Spuranpassung von der Bauteildicke bei verschiedenen Stoffen 100 4

Wärmeleitzahlen, Temperaturleitfähigkeit 101

Besondere Wärmedämmstoffe 101 1
Holz- und Holzwerkstoffe 101 2
Schwerbeton 101 3
Leichtbeton 101 4
Gipsplatten 101 5
Mauerwerk 101 6
Putz 102 1
Naturstein 102 2
Füll- und Schüttstoffe 102 3
Bitumige Stoffe 102 4
Metalle 102 5
Sonstiges 102 6
Temperaturleitfähigkeit einiger Stoffe 102 7

Diffusionswiderstandsfaktoren (Dampfleitzahlen) 103

Diffusionswiderstandsfaktoren von Bau- und Dämmstoffen 103 1
Diffusionsfaktor von Sperrstoffen 103 2
Dampfleitzahl der wichtigsten Bau- und Dämmstoffe 103 3

Spezifische Wärme, Wärmeausdehnung, Strahlungswerte 104

Spezifische Wärme bzw. Wärmespeicherung von Luft, Werkstoffen und Wasser im Temperaturbereich von etwa 0 bis 100°C 104 1
Wärmeausdehnung von Baustoffen 104 2
Wärmestrahlungszahl verschiedener Oberflächen 104 3
Sonnen-Wärmestrahlungsabsorption verschiedener Stoffe 104 4

Wassergehalt 105

Wassergehalt von Wärmedämmstoffen in Gewichtsanteilen 105 1
Wassergehalt der Luft bei normalem Luftdruck und 100% relativer Luftfeuchtigkeit (absoluter Wassergehalt) 105 2
Praktischer Wassergehalt von Baustoffen in Volumenanteilen 105 3
Zusammenhänge zwischen relativer Luftfeuchte und der Lufttemperatur 105 4

STOFFWERTE

Schallabsorptionsgrade

Allgemeine Übersicht

1 Dichter Putz

	Hz: 125	250	500	1000	2000	4000
glatter Putz, Gipsputz o.ä., hohlliegend	0,02	0,02	0,02	0,02	0,03	0,05
glatter Putz, Gipsputz o.ä. direkt auf Mauerwerk oder Beton	0,01	0,01	0,02	0,02	0,02	0,04
abgehängte schwere Gipsputzdecke	0,02		0,03		0,05	
Stuckplastik, stark gegliedert	0,03		0,04		0,07	
Stuckverzierung, flächiger gegliedert	0,03		0,04		0,04	
rauher Putz (Kalkputz), hohlliegend	0,03	0,03	0,03	0,03	0,04	0,07
rauher Putz (Kalkzementputz) auf Mauerwerk	0,02	0,02	0,03	0,04	0,05	0,05

2 Poröser Putz (auf Mauerwerk oder Beton)

	125	250	500	1000	2000	4000
15 mm dicker Spritzasbestputz	0,08	0,15	0,31	0,50	0,61	0,71
wie vor, Oberfläche verdichtet	0,15	0,25	0,35	0,45	0,40	0,40
20 mm dicker Spritzasbestputz	0,17	0,25	0,50	0,80	0,89	1,00
wie vor, Oberfläche verdichtet	0,20	0,35	0,50	0,60	0,55	0,55
25 mm dicker Spritzasbestputz	0,19	0,22	0,48	0,59	0,73	0,69
wie vor, Oberfläche verdichtet	0,25	0,40	0,60	0,70	0,65	0,65
10 mm dicker Glasfaserputz	0,02	0,07	0,40	0,68	0,68	0,75
10 mm dicker Steinwolleputz	0,04	0,09	0,26	0,51	0,72	0,76
20 mm dicker Steinwolleputz	0,09	0,29	0,55	0,61	0,82	0,91
20 mm dicker grobkörniger Spritzputz (Blähstoffkörner) auf mit Glattstrich versehener Stegzementdiele	0,26	0,29	0,33	0,61	0,89	0,95

3 Beton, Betonplatten

	125	250	500	1000	2000	4000
Schwerbetonflächen, rauh	0,02	0,03	0,03	0,03	0,04	0,07
Schwerbeton, glatt, ungestrichen	0,01	0,01	0,02	0,02	0,02	0,05
Schwerbeton, glatt, gestrichen oder lackiert	0,01	0,01	0,01	0,02	0,02	0,02
40 mm dicker Schaumbeton (700 kg/m³), Gasbetonplatten	0,14		0,24		0,41	
Bimsbeton, unverputzt	0,15	0,40	0,60	0,60	0,60	0,60
Bimsdielen rauh	0,10	0,22	0,52	0,49	0,50	0,73
Bimsdielen glatt	0,07	0,14	0,24	0,17	0,18	0,21
4 mm dicke ungelochte Zementasbestplatten vor 50 mm dickem Luftpolster, Fugen dicht	0,43	0,15	0,10	0,05	0,04	0,02
wie vor, Hohlraum mit Mineralwolle	0,51	0,29	0,10	0,05	0,04	0,02
wie vor, Platten gelocht, Lochanteil ca. 16%	0,13	0,65	0,90	0,82	0,82	0,77

4 Mauerwerk

	125	250	500	1000	2000	4000
ungestrichenes Ziegelmauerwerk, unverputzt, unverfugt	0,02	0,03	0,03	0,04	0,05	0,07
gestrichenes Ziegelmauerwerk, verfugt o.ä.	0,01	0,01	0,02	0,02	0,02	0,03
100 mm dicke Schwemmsteinwand, unverputzt, unverfugt	0,09	0,18	0,26	0,50	0,56	0,65
Mauerwerk aus Hochlochziegeln, Löcher sichtbar, 6 cm vor Massivwand, Hohlraum leer	0,11	0,22	0,36	0,32	0,55	0,43
wie vor, Hohlraum mit Schallschluckstoff gefüllt	0,25	0,71	0,84	0,75	0,90	0,75

5 Steinplattenverkleidungen

	125	250	500	1000	2000	4000
Marmorplatten-Verkleidungen	0,01		0,01		0,02	
übliche Kunststein-Verkleidungen, künstlicher Travertin	0,02		0,05		0,07	
dicht aufliegende Glasplattenverkleidung	0,04		0,03		0,02	
Glasverkleidung, Wandabstand ca. 50 mm	0,25	0,20	0,10	0,05	0,02	0,02

6 Dünne Gipsplatten

	Hz: 125	250	500	1000	2000	4000
abgehängte leichte und glatte Gipsplattendecke		0,20	0,10	0,05		
9,5 mm dicke Gipskarton-Verbundplatten, ungelocht; 50 mm Wandabstand, Hohlraum leer	0,32	0,07	0,05	0,04	0,05	0,08
9,5 mm dicke Gipskarton-Verbundplatten, ungelocht; 50 mm Wandabstand, Hohlraum mit Mineralwolle gefüllt	0,35	0,12	0,08	0,07	0,06	0,07
12,5 mm dicke Gipskarton-Verbundplatten, ungelocht; 650 mm Wandabstand, Hohlraum leer	0,05	0,02	0,06	0,04	0,10	0,11
Gipskartonplatten, gelocht; 20% Lochanteil vor Faservlies und Glaswollematten, rückseitig Bitumenpapier	0,5		0,7		0,75	

7 Anstriche, Tapeten, Papier

	125	250	500	1000	2000	4000
2,5 mm dicker Anstrich mit Faserstoff auf Putz	0,02	0,03	0,04	0,07	0,13	0,21
Tapete auf Zeitungspapier und verputztem Mauerwerk	0,02	0,03	0,04	0,05	0,07	0,08
Packpapier, Wandabstand 50 mm	0,02	0,02	0,05	0,16	0,08	0,02

8 Holzverkleidungen

	125	250	500	1000	2000	4000
25 mm dicke Holzschalung (Sparschalung) aus 45 mm breiten Riemen mit 16 mm Fugen. Hohlraumdicke 50 mm. Bretter mit 20 mm dickem Schallschluckstoff hinterlegt	0,19	0,36	0,73	0,50	0,25	0,31
20 mm dicke Holzschalung (Sparschalung) aus 100 mm breiten Riemen mit 10 mm Fugen, Hohlraum dahinter 50 mm dick, mit Schallschluckstoff gefüllt	0,06	0,26	0,63	0,17	0,05	0,08
16 mm dicke Holzschalung mit Nut und Feder oder überfälzt, Wandabstand ca. 40 mm	0,18	0,12	0,10	0,09	0,08	0,07
16 mm Holzbretter 90 mm breit 15 mm Abstand vor Faservlies	0,38	0,73	0,49	0,47	0,37	0,33
20 mm Glasfaserplatten und 200 mm Luft						

9 Holzwerkstoffplatten (Verkleidungen)

	125	250	500	1000	2000	4000
6 mm dicke ungelochte, dichte Holzfaserisolierbauplatten, Oberfläche glatt, auf Lattenrost vor größerem Luftraum	0,30	0,20	0,20	0,10	0,20	
12 mm dicke Holzfaserakustikplatten, gelocht oder geschlitzt. Wandabstand 50 mm	0,30	0,30	0,30	0,40	0,50	0,60
15 mm dicke Holzfaserisolierbauplatten, Oberfläche dicht. Wandabstand 50 mm	0,40		0,30		0,35	
10 mm dicke Spanplatten (620 kg/m³), Oberfläche etwas rauh. Wandabstand 20 mm	0,13	0,24	0,14	0,14	0,16	0,20
22 mm dicke Spanplatten (640 kg/m³), Oberfläche glatt, Hohlraum mit Mineralwolle gefüllt. Wandabstand 50 mm	0,12	0,04	0,06	0,03	0,07	0,01
8 mm dicke Spanplatten, Oberfläche glatt. Wandabstand 20 mm, sonst wie vor	0,46	0,24	0,04	0,01	0,01	

Schallabsorptionsgrade — allgemeine Übersicht — STOFFWERTE

Material	125	250	500	1000	2000	4000
25 mm dicke Holzwolleleichtbauplatten. Wandabstand 50 mm	0,25	0,33	0,50	0,65	0,65	0,70
4 mm dicke Hartfaserplatten oder gleichschwere Sperrholzplatten. Wandabstand 50 mm	0,30	0,20	0,15	0,10	0,08	0,10
4 mm dicke Hartfaserplatten oder gleichschwere Sperrholzplatten, Hohlraum mit Schallschluckstoff gefüllt. Wandabstand 50 mm	0,20	0,40	0,20	0,10	0,08	0,10
4 mm dicke Hartfaserplatten oder gleichschwere Sperrholzplatten, 20%ig gelocht, Hohlraum mit Schallschluckstoff gefüllt. Wandabstand 50 mm	0,12	0,45	0,80	0,90	0,78	0,58

1 Holzböden → 196

Material	125	250	500	1000	2000	4000
Holz-Langriemenboden, hohlliegend, Mittelwerte		0,15		0,10		0,08
Parkett auf Estrich o. ä., geklebt, ohne Versiegelung	0,04	0,04	0,06	0,12	0,10	0,17
Parkett auf Estrich o. ä., geklebt, versiegelt	0,02	0,03	0,04	0,05	0,05	0,10
Parkett o. ä. auf Blindboden	0,20	0,15	0,10	0,10	0,05	0,10
Holzpodest, Podium, roh	0,11		0,11		0,11	
Holzpflaster	0,06		0,08		0,12	

2 Teppichböden → 194 1

Material	125	250	500	1000	2000	4000
Boucléteppich, dünne, harte Ausführung auf Estrich	0,03	0,03	0,04	0,10	0,19	0,35
Nadelfilz 7 mm	0,02	0,04	0,12	0,20	0,36	0,57
Boucléteppich, weich und dick auf Estrich	0,08		0,20		0,52	
5 mm dicker Teppich auf Estrich	0,04	0,04	0,15	0,29	0,52	0,59
5 mm dicker Teppich mit 5 mm dicker Filzunterlage	0,07	0,21	0,57	0,68	0,81	0,72
8 mm dicker Teppich, lose aufgelegt	0,04	0,12	0,26	0,49	0,28	0,29
dünner Kokosläufer, lose aufgelegt	0,02	0,03	0,05	0,10	0,27	0,48
ca. 10 mm dicker Kokosbodenbelag, lose auf Estrich, Rohdichte ca. 2 kg/m²	0,03	0,03	0,07	1,13	0,28	0,55
13 mm dicker Velousteppich einschließlich angeklebter 5 mm dicker Schaumgummiunterschicht, auf Estrich	0,04	0,10	0,43	0,28	0,44	0,56
Teppich, langhaarig, auf Estrich	0,09	0,08	0,21	0,26	0,27	0,37

3 Sonstige Fußböden

Material	125	250	500	1000	2000	4000
Kunststeinplatten geschliffen, in Mörtel	0,02		0,05		0,07	
Steinholzbelag	0,06		0,08		0,10	
Gummibelag, lose aufgelegt	0,04	0,04	0,08	0,12	0,03	0,01
Korkparkett	0,04	0,03	0,05	0,11	0,07	0,02
Linoleumbelag, vollflächig geklebt	0,02		0,03		0,04	
aufgeklebter Bodenbelag aus Kork, Gummi o. ä.	0,02	0,03	0,04	0,05	0,05	0,10
PVC-Fußbodenbelag 2,5 mm dick, auf Estrich geklebt	0,01		0,01		0,05	

4 Fenster, Türen, Öffnungen

Material	125	250	500	1000	2000	4000
offenes Fenster	1,00	1,00	1,00	1,00	1,00	1,00
geschlossenes Doppelfenster	0,10	0,04	0,03	0,02	0,02	0,02
Isolierglasscheibe 4/12/4	0,20	0,15	0,10	0,05	0,03	0,02
Glasscheiben, hohlliegend, 25 bis 50 mm Abstand	0,28	0,20	0,10	0,06	0,02	0,01
3 bis 4 mm dickes Tafelglas vor 50 mm dickem Hohlraum mit Randdämpfung vor schwerer Wand	0,23	0,11	0,09	0,01	0,01	0,03
Glasscheibe, einfach (Einfachfenster)	0,04		0,03		0,02	
Holztüren, Sperrholz glatt, schwere Türen	0,14		0,06		0,10	
Bühne ohne Vorhang	0,20		0,25		0,40	
Nischen mit Vorhängen	0,25		0,30		0,35	
Öffnung unter Balkon	0,25		bis			0,80
Ventilationsgitter, ca. 50% freier Querschnitt	0,30		0,50		0,50	

5 Publikum

Material	125	250	500	1000	2000	4000
1 Person auf Stuhl (kleiner Raum)	0,33		0,44		0,46	
je Person in Kirchenbänken	0,25	0,34	0,41	0,45	0,45	0,38
Publikum auf Holzstühlen, Durchschnittswerte für Auditorium	0,15	0,30	0,44	0,45	0,46	0,46
je Person in sehr großen Räumen	0,13	0,31	0,45	0,51	0,51	0,43
je Person stehend oder auf Holzbestuhlung in großen Räumen bei normalen Klappsitzreihen o. ä.	0,15	0,30	0,50	0,55	0,60	0,50
je Person auf Polsterbestuhlung bei normalen Klappsitzreihen o. ä.	0,20	0,40	0,55	0,60	0,60	0,50
Orchester mit Instrumenten auf Podium je Person	0,40	0,80	1,00	1,40	1,30	1,20
mit Zuhörern, Orchester oder Chören belegte Fläche pro m² einschl. schmale Gänge	0,60	0,74	0,88	0,96	0,93	0,85
Kinder in Schulklassen	0,12	0,18	0,26	0,32	0,38	0,38

6 Gestühl

Material	125	250	500	1000	2000	4000
leerer hölzerner Klappstuhl	0,05	0,05	0,05	0,05	0,08	0,05
Klappsitz, Sperrholz auf Sitz und Lehnen	0,02		0,02		0,04	
Klappsitz, Flachpolster und Stoffbezug auf Sitz und Lehnen	0,12		0,20		0,27	
Klappsitz, Kunstleder auf Sitz und Lehnen mit Flachpolster	0,13		0,15		0,07	
Klappstuhl, Sitz und Lehne mit Kunstleder, Sitz hochgeschlagen	0,09	0,13	0,15	0,15	0,11	0,07
Klappstuhl, Sitz und Lehne mit Velours gepolstert	0,14	0,32	0,28	0,31	0,34	
Holzstuhl, je Stück	0,01		0,02		0,02	
Holzbestuhlung allein, pro Platz	0,01	0,01	0,02	0,03	0,05	0,05
Kirchengestühl mit 3,5 cm dicken stoffbezogenen Schaumgummikissen	0,11	0,26	0,37	0,46	0,52	0,48
leerer flacher Polsterstuhl mit Stoffbespannung	0,13		0,20		0,25	
leerer tiefer Polsterstuhl mit Stoffbespannung	0,28	0,28	0,28	0,28	0,34	0,34
leerer Polsterstuhl mit Stoff auf Schaumgummi	0,15	0,15	0,15	0,15	0,18	0,30
Fläche der Bestuhlung (Polster mit Stoffbespannung) ohne Zuhörer	0,49	0,66	0,80	0,88	0,82	0,70
Fläche der Bestuhlung (Polster mit Leder) ohne Zuhörer	0,44	0,54	0,60	0,62	0,58	0,50

7 Textilien, Vorhänge usw.

Material	125	250	500	1000	2000	4000
Baumwollstoff, glatt aufliegend	0,04		0,13		0,32	
Cretonne-Bespannung	0,07		0,15		0,25	
Baumwollstoff, 50 bis 150 mm vor glatter Wand	0,20		0,38		0,45	
üblicher Fenstervorhang, zugezogen	0,05		0,23		0,30	
Fenstervorhang, mittel, aufgezogen	0,10	0,15	0,30	0,40	0,50	0,60
0,15 mm dicke PVC-Folie, 60 mm Wandabstand	0,06		0,17		0,03	
üblicher lichtundurchlässiger Türvorhang	0,15		0,20		0,40	
dicker faltiger Vorhang	0,25		0,40		0,60	
grobfädiges Jutegewebe	0,05		0,07		0,12	

STOFFWERTE

Schallschluckanordnungen

	Hz: 125	250	500	1000	2000	4000
grobfädiges Jutegewebe mit Hinterlegung aus 15 mm dickem Waffelfilz	0,08	0,18	0,38	0,72	0,75	0,78
5 mm dicker Naturfaserfilz direkt auf Wand	0,09	0,12	0,18	0,30	0,55	0,59
Sarangewebe, 50 mm vor glatter Wand	0,03	0,05	0,13	0,29	0,51	0,38
Glasfasergewebe, 50 mm vor glatter Wand	0,04	0,05	0,19	0,60	0,84	0,86
Kino-Bildschirm	0,10		0,20		0,50	

1 Sonstige Ausstattung

	Hz: 125	250	500	1000	2000	4000
Sitzkissen, dünner Stoff, 1 Stück	0,07		0,14		0,13	
Sitzkissen aus Plüsch, 1 Stück	0,09		0,17		0,13	
Sitzkissen mit Kunstleder, 1 Stück	0,11		0,18		0,07	
Polster mit Stoffbespannung pro m²	0,10	0,30	0,35	0,45	0,50	0,40
Polster mit Leder pro m²	0,10	0,25	0,35	0,35	0,20	0,10
Holzpodest, Podium pro m²	0,11		0,11		0,09	
Ölgemälde pro m²		ca. 0,28				
Klavier, 1 Stück	0,20		0,60		0,52	

Spezielle Schallschluckanordnungen

Die folgenden Absorptionsgrade sind alphabetisch geordnet und enthalten im Gegensatz zur vorstehenden allgemeinen Übersicht genauere Meßwerte nach DIN 52212. Da diese Meßnorm in den letzten Jahren mehrmals geändert und verbessert wurde, sind exakte Vergleiche vorwiegend mit den neueren Werten etwa seit dem Jahre 1960 möglich. Die Jahreszahl der Messung steht jeweils am Ende der betreffenden Zeile in Klammern.

2 Blähstoffe

	125	250	500	1000	2000	4000	
22 mm VERMICULITE-Platte (ca. 260 kg/m³) direkt an Wand	0,075	0,21	0,47	1,01	0,97	0,95	(1956)
wie vor, mit 5 cm Luftabstand auf Holzlattenrost	0,22	0,79	0,97	0,56	0,66	0,85	(1956)
22 mm VERMICULITE-Platte (ca. 390 kg/m³) direkt an Wand	0,19	0,52	1,10	0,88	0,98	0,91	(1956)
wie vor, mit 5 cm Luftabstand auf Holzlattenrost	0,46	0,96	0,91	0,81	0,72	0,77	(1956)
ca. 20 mm dicker, sehr porös auf 16 mm dicke stahlbewehrte Stegzementdielen aufgebrachter PERLITE-Spritzputz	0,26	0,29	0,33	0,61	0,89	0,95	(1963)
1,2 cm dicker, auf Drahtgaze aufgespritzter PERLITE-Putz vor stark reflektierender Wand, Wandabstand 3 cm	0,28	0,39	0,52	0,51	0,57	0,56	(1957)
Bimsdiele 60 mm	0,1	0,21	0,52	0,5	0,5	0,72	(1960)
15 mm dicke Platten aus geblähtem Glimmer, beidseitig mit mikroporöser Deckschicht (MIKROPOR UB, unbrennbar), Wandabstand 48 mm	0,10	0,41	0,82	0,67	0,56	0,71	(1962)

3 Geschlitzte und ungeschlitzte Flachsfaserplatten
(ca. 400 kg/m³)

	125	250	500	1000	2000	4000	
16 mm dicke Flachsfaserplatten, geschlitzt und furniert (ESO F), Schlitzbreite 4 mm, Schlitztiefe 7—8 mm, Schlitzabstand 27,5 mm, Wandabstand 33 mm	0,26	0,26	0,31	0,43	0,43	0,45	(1964)
16 mm dicke Platten wie vor, ohne Furnier (ESON), 27 mm Wandabstand	0,12	0,37	0,43	0,53	0,73	0,78	
15 mm dicke Flachsfaserplatten ohne Schlitze, ca. 40% der Rückseite mit Löchern von 70 mm ⌀ und 13 mm Tiefe. Wandabstand 24 mm	0,36	0,37	0,34	0,40	0,31	0,25	
20 mm dicke unfurnierte und ungeschlitzte Flachsspanplatten mit lockerer Oberfläche, leichtere Qualität (ESO 20-S), 30 mm Abstand	0,31	0,46	0,57	0,64	0,63	0,64	
wie vor, mit 2maligem Dispersionsfarbanstrich	0,60	0,16	0,14	0,12	0,08	0,02	

4 Poröse Akustik-Folien

	125	250	500	1000	2000	4000	
1 mm dicke Blätter gewellt, aus gebundenen Glasvliesen, 0,89 kg/m², äußerer Strömungswiderstand i. M. 31 Rayl (MIKROPOR-V-Folie). Abstand 10 mm	0,04	0,14	0,33	0,60	0,79	0,67	(1964)
wie vor, Abstand 200 mm	0,22	0,61	0,90	0,63	0,76	0,75	
wie vor, Blattdicke 0,8 mm, 0,64 kg/m², äußerer Strömungswiderstand i. M. 65 Rayl (MIKROPOR-Folie L). Abstand 70 mm	0,17	0,44	0,83	0,92	0,73	0,71	(1957)
wie vor, Abstand 100 mm	0,21	0,67	0,93	0,85	0,56	0,61	(1957)
wie vor, 1 mm dicke Blätter, trapezförmig gewellt. Profilhöhe 40 mm, Trapezbreite 60/65 mm, Trapezabstand 20 mm, 0,89 kg/m², mittlerer Strömungswiderstand 31 Rayl (MIKROPOR-Folie V). Abstand 10 mm	0,04	0,14	0,33	0,60	0,79	0,67	(1964)
wie vor, Abstand 200 mm	0,22	0,61	0,90	0,63	0,76	0,75	(1964)

Die hinter den Folien gelegenen Hohlräume waren bei allen Meßanordnungen leer.

5 Kunststoff-Folien

	125	250	500	1000	2000	4000	
übliche Weich-PVC-Dekorationsfolie, Hohlraum leer. Wandabstand 20 mm	0,05	0,04	0,03	0,21	0,18	0,12	
0,15 mm dicke Weich-PVC-Folie, Hohlraum leer. Wandabstand 60 mm (Absorptionsmaximum zwischen 400 und 800 Hz 0,18)	0,03	0,03	0,13	0,12	0,01	0,01	(1953)
wie vor, Hohlraum mit ca. 30 mm dicken Steinwolleplatten (Max. zwischen 400 und 600 Hz > 0,8)	0,15	0,22	0,77	0,33	0,07	0,01	(1953)
0,15 mm dicke Weich-PVC-Folie, gefaltet vor 60 mm dicker Mineralwollematte	0,57	0,75	0,68	0,51	0,25	0,28	(1953)
0,2 mm dicke Weich-PVC-Folie mit 0,2 mm dicker samtartiger Schicht. Wandabstand 35 mm	0,02	0,04	0,22	0,17	0,10	0,17	(1959)
0,3 mm dicke Platten aus geprägter dichter Hart-PVC-Folie. Wandabstand 11 mm	0,04	0,06	0,12	0,57	0,56	0,30	
wie vor, auf 15 mm dicken Holzfaserdämmplatten	0,11	0,25	0,43	0,57	0,59	0,32	
28 g/m² schwere Polyamidfolie vor 50 mm dicker Mineralwolleschicht (44 kg/m³)	0,13	0,53	0,92	0,99	0,80	0,73	

Schallschluckanordnungen

STOFFWERTE

1 Furniergitterplatten (ESO-MODULATOR)

Hz: 125 250 500 1000 2000 4000

Beschreibung	125	250	500	1000	2000	4000
4 mm dickes Furnier, geschlitzt, mit Wellpappenhinterfütterung und hinterklebtem Papier (fertiges Element). Wandabstand 24 mm	0,03	0,06	0,10	0,58	0,40	0,25 (1959)
wie vor, Hohlraumfüllung mit Steinwollematten	0,13	0,20	0,50	1,00	0,58	0,38 (1959)
5 mm dicke Sperrholzplatten mit quadratischen Löchern (Lochanteil ca. 14%), mit 20 mm dicker Steinwolle hinterlegt (fertiges Element). Wandabstand 24 mm	0,10	0,18	0,42	0,80	0,77	0,62 (1958)
ca. 2 mm dickes Furniergitter mit 17 mm hohen, schmalen Versteifungsrippen, an der Rückseite mit mikroporösem Schallschluckblatt hinterklebt, Schlitzanteil ca. 20%. Wandabstand 550 mm	0,59	0,45	0,47	0,38	0,53	0,44 (1957)
wie vor, ohne Hinterklebung und Abstand, Schlitzanteil ca. 20%	0,04	0,02	0,05	0,08	0,20	0,24 (1956)

2 Gipskartonplatten

Beschreibung	125	250	500	1000	2000	4000
Gipskartonplatten, ungelocht, 12,5 mm dick, mit 20 mm Basaltwollematte hinterlegt. Wandabstand 650 mm	0,13	0,05	0,12	0,15	0,1	0,12
wie vor, ohne Basaltwollematte	0,05	0,01	0,06	0,04	0,09	0,1
wie vor, Plattendicke 9,5 mm, Hohlraum leer, Abstand 100 mm	0,11	0,13	0,05	0,02	0,02	0,03 (1966)
200 mm	0,08	0,09	0,04	0,01	0,02	0,00 (1966)
400 mm	0,11	0,09	0,05	0,03	0,05	0,07 (1966)
wie vor, jedoch mit Hohlraumdämpfung. Abstand 100 mm	0,28	0,14	0,09	0,06	0,05	0,10 (1966)
200 mm	0,24	0,11	0,08	0,05	0,06	0,10 (1966)
400 mm	0,20	0,12	0,11	0,06	0,06	0,12 (1966)
12,5 mm dicke Gipskartonplatte, 60 cm breit, mit 20 mm dicker Basaltwollematte hinterlegt. Abstand zwischen den Platten 10 mm, Wandabstand 650 mm	0,28	0,16	0,27	0,2	0,22	0,28
wie vor, 30 cm breite Platten. Abstand zwischen den Platten 30 mm, Wandabstand 650 mm	0,36	0,32	0,35	0,28	0,25	0,2
wie vor, Wandabstand 50 mm	0,28	0,56	0,53	0,27	0,26	0,2
9,5 mm dicke gelochte Gipskartonplatte, Loch-$\varnothing$ 8 mm, Lochabstand 18 mm, Lochflächenanteil ca. 15%, mit Faservlies hinterlegt. Wandabstand 100 mm	0,12	0,28	0,75	0,5	0,38	0,3
wie vor, Wandabstand 50 mm	0,07	0,13	0,56	0,65	0,33	0,3
9,5 mm dicke gelochte Gipskartonplatte, Loch-$\varnothing$ 8 und 12 mm versetzt. Lochabstand 36 mm, Lochflächenanteil 12,6%, mit Faservlies hinterlegt. Wandabstand 100 mm	0,12	0,41	0,85	0,51	0,34	0,28
wie vor, Wandabstand 50 mm	0,03	0,18	0,7	0,7	0,31	0,25
9,5 mm dicke gelochte Gipskartonplatte, Loch-$\varnothing$ 8 und 12 mm versetzt. Lochabstand 36 mm, Lochflächenanteil 12,6%, mit Glasfaserwollfilz hinterlegt. Wandabstand 450 mm	0,85	0,81	0,74	0,76	0,59	0,53
wie vor, Wandabstand 50 mm	0,27	0,74	0,8	0,73	0,47	0,41
12,5 mm dicke gelochte Gipskartonplatte, Loch-$\varnothing$ 12 mm, Lochabstand 25 mm, Lochflächenanteil 18,1%, mit Basaltwollematte hinterlegt. Wandabstand 50 mm	0,18	0,68	1,3	0,86	0,56	0,43
12,5 mm dicke gelochte Gipskartonplatte, Loch-$\varnothing$ 8 und 12 mm versetzt. Lochabstand 36 mm, Lochflächenanteil 12,6%, mit Basaltwollematte hinterlegt. Wandabstand 50 mm	0,19	0,75	1,16	0,66	0,59	0,24
9,5 mm dicke gelochte Gipskartonplatte, Loch-$\varnothing$ 12 und 20 mm versetzt. Lochabstand 46 mm, Lochflächenanteil 20,2%, mit Basaltwollematte hinterlegt. Wandabstand 100 mm	0,33	0,79	1,03	0,83	0,65	0,54
wie vor, 9,5 mm dick, mit Glasfaserrollfilz hinterlegt	0,26	0,70	0,8	0,74	0,48	0,42
Gipskartonschlitzplatte, Schlitzflächenanteil 8,8%, mit Faservlies hinterlegt. Wandabstand 100 mm	0,11	0,28	0,66	0,38	0,28	0,3
wie vor, Wandabstand 50 mm	0,07	0,13	0,62	0,55	0,25	0,28
Gipskartonschlitzplatte, Schlitzflächenanteil 8,8%, mit Faservlies und 20 mm Mineralfaserfilz hinterlegt. Wandabstand 100 mm	0,25	0,8	0,97	0,75	0,48	0,32
wie vor, Wandabstand 50 mm	0,11	0,55	1,11	0,74	0,49	0,3

(alle Meßergebnisse von 1962)

Gipskassettenplatten

Beschreibung	125	250	500	1000	2000	4000
30 mm dicke, gelochte Gipskassettenplatte, Lochanteil 11,1%, Abstand 48 mm, Kassette mit Abdeckpapier sowie einer 20 mm dicken Mineralwollematte ausgelegt. Als Abschluß Alu-Folie	0,15	0,44	1,11	0,74	0,64	0,43
wie vor, jedoch ohne Mineralwolle und Aluminium-Folie	0,21	0,23	0,17	0,19	0,25	0,42
30 mm dicke gelochte Gipskassettenplatten, Lochanteil 19%, mit Abdeckpapier sowie 15 mm Steinwolle und Alu-Folie hinterlegt. Wandabstand 70 mm	0,17	0,53	0,75	0,62	0,55	0,44
15 mm dicke gerillte Gipsplatten 625/625 mm. Rillen 10 mm tief, in 884 quadratische Öffnungen 7/7 mm endend, Platten mit Abdeckpapier sowie mit 25 mm Steinwolle ausgefüllt. Als Abschluß Alu-Folie. Wandabstand 70 mm	0,31	0,75	0,9	0,66	0,54	0,35
35 mm dicke gerillte und gelochte Gipskassettenplatten, nur mit Faservlies (45 g/m²) hinterlegt. Abstand 50 mm	0,14	0,48	0,84	0,66	0,39	0,45 (1960)

4 Glasfasermaterial

Beschreibung	125	250	500	1000	2000	4000
2 cm dicke Glasfaserplatten, ca. 150 kg/m³ (GERRIX XV), auf 2,4 cm Lattenrost, Hohlraum hinter den Platten leer	0,08	0,24	0,68	1,09	1,03	0,88
2 cm dicke Glasfaserplatten, ca. 150 kg/m³ (GERRIX XV), auf 2,4 cm Lattenrost, Hohlraum mit Glasfaser-Baufilz ausgefüllt	0,15	0,57	0,87	1,12	1,03	0,91
2 cm dicke Glasfaserplatten, ca. 100 kg/m³ (GERRIX X), auf 2,4 cm Lattenrost, Hohlraum hinter den Platten leer	0,15	0,37	0,70	0,95	1,00	0,99

STOFFWERTE

Schallschluckanordnungen

	Hz: 125	250	500	1000	2000	4000
2 cm dicke Platten wie vor, ohne Wandabstand, ohne Abdeckung	0,10	0,29	0,73	1,05	0,90	0,88
2 cm dicke Platten wie vor, abgedeckt mit 4 mm Sperrholz-Lochplatten, Lochfläche 20%. Wandabstand 40 mm	0,10	0,33	0,87	1,15	0,99	0,89
Platten wie vor, ohne Wandabstand, abgedeckt mit Kunststoff-Folie 250 g/m²	0,10	0,31	1,03	0,64	0,36	0,18
2 cm dicke Platten wie vor, ohne Wandabstand, abgedeckt mit Kunststoff-Folie 30 g/m²	0,10	0,28	0,80	1,14	1,01	0,82
3 cm dicke Platten, ca. 50 kg/m³ (GERRIX V), ohne Wandabstand, ohne Abdeckung	0,19	0,42	0,82	1,07	0,90	0,88
3 cm dicke Platten (GERRIX V), ohne Wandabstand, abgedeckt mit Lattengitter, Lattenbreite 10 mm, Lattentiefe 15 mm, Lattenabstand 30 mm	0,22	0,47	0,96	1,14	0,99	0,96
4 cm dicke Platten (GERRIX V) auf 4 cm dickem Lattenrost, abgedeckt mit Aluminium-Lochblech, Loch-⌀ 6 mm, Lochabstand 13 mm	0,16	0,48	1,00	0,99	0,82	0,78
4 cm Glasfaserplatten (BERGLA-TEL PB), ohne Wandabstand, abgedeckt mit Lochblech, Loch-⌀ 6 mm, Lochanteil 18,1%	0,12	0,35	0,69	0,94	0,82	0,69 (1961)
4 cm Glasfaserplatten wie vor, ohne Wandabstand, ohne Abdeckung	0,12	0,35	0,68	0,87	0,87	0,97 (1961)
4 cm Glasfaser-Filz (BERGLA-TEL FC), ohne Wandabstand, abgedeckt mit Lochblech, Loch-⌀ 6 mm, Lochanteil 18,1%	0,13	0,36	0,55	0,81	0,86	0,67 (1961)
wie vor, ohne Abstand, ohne Abdeckung	0,18	0,33	0,53	0,73	0,88	0,96 (1961)

1 Übliche Holzfaser-Isolierbauplatten
(ca. 200 kg/m³)

	Hz: 125	250	500	1000	2000	4000
13 mm dicke Schlichtplatte. Wandabstand 50 mm	0,32	0,25	0,25	0,25	0,28	0,32
12,5 mm dick, normalgelocht (GUTEX), direkt auf Wand	0,06	0,15	0,26	0,42	0,54	0,60 (1955)
12,5 mm dick wie vor, Wandabstand 50 mm	0,25	0,30	0,30	0,40	0,55	0,60 (1955)
12 mm dick, kreuzgerillt, direkt auf Wand	0,08	0,13	0,23	0,31	0,49	0,67
12 mm dick wie vor, Wandabstand 50 mm	0,16	0,40	0,28	0,32	0,48	0,64
12 mm dick, längsgerillt, direkt auf Wand	0,05	0,13	0,26	0,36	0,49	0,63
12 mm dick wie vor, Wandabstand 50 mm	0,21	0,23	0,30	0,37	0,50	0,62
12,5 mm dick, durchgelocht (GUTEX), direkt auf Wand	0,03	0,23	0,37	0,70	0,80	0,72 (1955)
12,5 mm dick wie vor, Wandabstand 50 mm	0,04	0,23	0,70	0,61	0,73	0,70 (1955)
12 mm dick mit Hartdeck (TONATEX), Abstand 30 mm auf Holzlatten	0,05	0,30	0,38	0,41	0,50	0,58 (1958)
12 mm dick, unregelmäßig gelocht (ODENWALD), gestrichen. Wandabstand 48 mm	0,26	0,43	0,48	0,61	0,87	0,83 (1958)
18 mm dick, sonst wie vor	0,30	0,35	0,43	0,58	0,81	0,91 (1958)
10 mm dick mit parallellaufenden Rillen, Rillenabstand ca. 50 mm, ca. 3,2 kg/m² (ATEX), auf 24 mm dickem Lattenrost	0,15	0,74	0,31	0,29	0,41	0,50 (1958)
wie vor, mit aufgespritztem Feuerschutzmittel (Platten ca. 3,2 kg/m², Feuerschutzmittel ca. 315 g/m²)	0,21	0,74	0,28	0,25	0,36	0,43 (1958)

2 Leichte poröse Holzspanplatten u. ä.

	Hz: 125	250	500	1000	2000	4000
Mikropor M vor 300 mm Luft, leer	0,21	0,77	0,64	0,70	0,80	0,71
18 mm dicke einfache Platte, Rückseite papierkaschiert, Oberfläche mit dünner mikroporöser u. gleichmäßiger Abdeckung (MIKROPOR S), 5,9 kg/m². Wandabstand 50 mm	0,16	0,42	0,55	0,72	0,55	0,60 0,5 (1969)
wie vor, mit 200 mm Wandabstand	0,32	0,28	0,50	0,75	0,57	0,67
wie vor, mit 300 mm Wandabstand	0,42	0,28	0,49	0,78	0,58	0,62
wie vor, dünne mikroporöse Abdeckung mit Tröpfchenmuster (MIKROPOR SP), Wandabstand 50 mm	0,14	0,38	0,54	0,86	0,65	0,68 0,5 (1969)
wie vor, Wandabstand 200 mm	0,26	0,30	0,49	0,84	0,68	0,73
wie vor, Wandabstand 300 mm	0,32	0,26	0,49	0,92	0,67	0,68
18 mm dicke Platte mit unporöser Holzspan-Deckschicht und porösem Lacküberzug wie vorstehend (MIKROPOR ST oder VARIANTEX 09), ca. 6 kg/m². Wandabstand 50 mm	0,32	0,31	0,16	0,10	0,07	0,10 (1969)
wie vor, Wandabstand 200 mm	0,47	0,19	0,13	0,11	0,09	0,10
wie vor, Wandabstand 300 mm	0,41	0,16	0,14	0,12	0,11	0,09

Schallschluckanordnungen

STOFFWERTE

	Hz: 125 250 500 1000 2000 4000
18 mm dicke einfache Platte, ca. 6 kg/m² (VARIANTEX 52). Oberfläche grob porös, geschliffen und gespritzt, ohne rückseitige Papierkaschierung, Wandabstand 50 mm	0,23 0,60 0,83 0,52 0,62 0,64 (1969)
wie vor, Wandabstand 200 mm	0,68 0,82 0,60 0,55 0,68 0,58
wie vor, Wandabstand 300 mm	0,46 0,84 0,62 0,53 0,63 0,55
wie vor, Oberfläche roh, ungeschliffen, jedoch weiß gespritzt. Wandabstand 50 mm (VARIANTEX 06)	0,08 0,52 0,75 0,62 0,61 0,57 (1969)
wie vor, jedoch 200 mm Abstand	0,38 0,66 0,54 0,56 0,66 0,53
wie vor, jedoch 300 mm Abstand	0,53 0,60 0,44 0,48 0,64 0,58

1 Gelochte und geschlitzte Holzspanplatten

8 mm dicke gelochte Spanplatten, Loch-∅ 10 mm, Lochabstand 12,5 cm. Wandabstand 20 mm, mit Steinwolle gefüllt	0,11 0,51 0,15 0,05 0,01 0,05 (1961)
22 mm dicke gelochte Spanplatten, Loch-∅ 10 mm, Lochabstand 12,5 cm, mit 30 mm dicker Steinwollematte hinterlegt. Wandabstand 50 mm	0,41 0,15 0 0,03 0,08 0,12 (1961)
13 mm dicke Spanplatten, 30 cm breit, mit 2 cm Abstand verlegt, mit zwischen den Streifen durchlaufenden Schlitzen. Dahinter 20 mm dicke Steinwolle mit 22 mm dicken gelochten Spanplatten (Loch-∅ 10 mm, Lochabstand 12,5 cm) vor 80 mm dickem gedämpftem Hohlraum	0,17 0,28 0,4 0,4 0,22 0,21 (1961)
8 mm dicke Spanplatten mit einer Schlitzung von 3 mm Breite, Abstand der Schlitzreihen voneinander 70 cm, seitlicher Abstand 25 mm. Wandabstand 100 mm	0,17 0,43 0,49 0,33 0,23 0,22
wie vor, mit Glaswolle hinterlegt	0,49 0,78 0,52 0,49 0,28 0,22
wie vor, mit Glaswolle und Filz hinterlegt	0,54 0,90 0,61 0,47 0,31 0,21

2 Schwere Holzspanplatten
(ca. 620 kg/m³)

10 mm dick, grobe Oberfläche. Abstand 20 mm	0,13 0,24 0,14 0,14 0,16 0,20 (1950)
22 mm dick, mit 30 mm Mineralwollematte hinterlegt. Abstand 50 mm	0,12 0,04 0,06 0,03 0,07 0,01 (1961)
8 mm dick, mit 20 mm Mineralwollematte hinterlegt. Abstand 20 mm	0,46 0,24 0,04 0,01 0,01 — (1961)

3 Holzspan-Röhrenplatten, beidseitig furniert
(DEWETON)

25 mm dicke Platten, vorderseitig jede Röhre geschlitzt. Wandabstand 30 mm	0,24 0,20 0,23 0,54 1,02 0,65 (1960)
wie vor, jede 2. Röhre geschlitzt. Wandabstand 30 mm	0,28 0,25 0,36 0,58 0,88 0,51 (1960)
wie vor, jede 4. Röhre geschlitzt	0,18 0,33 0,31 0,32 0,57 0,36 (1964)
25 mm dicke Platten, vorderseitig jede Röhre geschlitzt, rückseitig jede 4. Röhre mit 300 mm langen Schlitzen. Wandabstand 30 mm	0,09 0,31 0,49 0,60 0,99 0,71 (1960)
wie vor, mit 10 mm dicken Mineralfaserplatten im Hohlraum	0,14 0,70 0,51 0,58 0,99 0,68 (1960)
25 mm dicke Platten, vorderseitig jede Röhre geschlitzt, rückseitig jede 2. Röhre mit 300 mm langen Schlitzen. Wandabstand 30 mm	0,05 0,23 0,57 0,67 1,01 0,71 (1960)
wie vor, mit 10 mm dicken Mineralfaserplatten im Hohlraum	0,09 0,50 0,67 0,74 1,01 0,82 (1960)
25 mm dicke Platten, vorderseitig jede 2. Röhre geschlitzt, rückseitig jede 4. Röhre mit ca. 300 mm langen Schlitzen. Wandabstand 30 mm	0,08 0,29 0,46 0,40 0,66 0,52 (1961)
wie vor, mit 30 mm dicker Mineralfasermatte	0,26 0,72 0,54 0,42 0,63 0,51 (1961)
wie vor, ungeschlitzt ohne Schallschluckstoff	0,18 0,07 0,05 0,01 0,06 0,06

4 Holzwolle-Leichtbauplatten
(HERAKLITH, HERAKUSTIK)

25 mm dick, direkt auf Wand	0,04 0,13 0,52 0,75 0,60 0,72 (1961)
25 mm dick, mit aufgeklebter Papiertapete	0,11 0,12 0,19 0,21 0,30 0,42 (1961)
25 mm dick, mit aufgehefteter Papiertapete	0,05 0,15 0,64 0,61 0,75 0,71 (1961)
25 mm dick, mit gelochter Acellafolie	0,05 0,14 0,54 0,71 0,66 0,85 (1961)
25 mm dick, Hohlraum leer. Wandabstand 24 mm	0,08 0,20 0,66 0,49 0,71 0,76 (1962)
25 mm dick, mit aufgeklebter Papiertapete. Wandabstand 24 mm	0,18 0,09 0,10 0,21 0,28 0,32 (1961)
25 mm dick, mit aufgehefteter Papiertapete. Wandabstand 24 mm	0,07 0,27 0,63 0,52 0,84 0,61 (1961)
25 mm dick, mit gelochter Acellafolie. Wandabstand 24 mm	0,08 0,20 0,71 0,50 0,75 0,77 (1961)

STOFFWERTE

Schallschluckanordnungen

Hz: 125 250 500 1000 2000 4000

Material	125	250	500	1000	2000	4000
25 mm dick, Hohlraum mit Mineralfaser (1,7 kg/m²). Wandabstand 24 mm	0,17	0,70	0,63	0,49	0,75	0,72 (1961)
25 mm dick, Hohlraum leer. Wandabstand 50 mm	0,13	0,42	0,54	0,45	0,70	0,73
25 mm dick, Hohlraum mit Schallschluckstoff. Wandabstand 50 mm	0,18	0,33	0,80	0,90	0,80	0,83
25 mm dick, Hohlraum leer. Wandabstand 80 mm	0,20	0,67	0,48	0,44	0,72	0,73 (1962)
35 mm dick, direkt auf Wand	0,08	0,17	0,70	0,71	0,64	0,64 (1961)
50 mm dick, direkt auf Wand	0,11	0,33	0,91	0,60	0,79	0,68 (1961)

Kunststoffschäume

1 Weicher Harnstoffschaum (ISOSCHAUM)

Material	125	250	500	1000	2000	4000
50 mm dick (15 kg/m³), direkt auf Wand	0,12	0,20	0,45	0,65	0,70	0,75
40 mm dick, hinter Jutegewebe, direkt auf Wand	0,09	0,20	0,36	0,60	0,45	0,42 (1957)
40 mm dick, hinter Jutegewebe, 3% durchgehend perforiert, direkt auf Wand	0,12	0,50	0,92	1,00	0,98	0,84 (1957)
50 mm dick, hinter Jutegewebe, direkt auf Wand	0,08	0,13	0,38	0,59	0,42	0,40 (1957)
50 mm dick, hinter Jutegewebe, 3% durchgehend perforiert, direkt auf Wand	0,18	0,60	0,86	0,96	0,98	0,87 (1957)
30 mm dick, unter Jutegewebe. Wandabstand 250 mm	0,76	0,50	0,42	0,54	0,76	0,64 (1957)
30 mm dick, unter Jutegewebe, 3% durchgehend perforiert. Wandabstand 250 mm	0,64	0,50	0,52	0,70	0,83	0,69 (1957)

2 Polyurethanschaum (elastisches MOLTOPREN)

Material	125	250	500	1000	2000	4000
30 mm dick, vor starrer Wand (mittlere Qualität)	0,11	0,16	0,34	0,95	0,94	0,93
wie vor, mit aufkaschiertem Textilgewebe. Gesamtdicke 15 mm	0,06	0,21	0,53	0,70	0,91	0,93
wie vor, Dicke 8 mm	0,07	0,11	0,21	0,54	0,69	0,92
Pyramidenplatten, insges. 100 mm, aufgeklebt	0,15	0,32	0,83	0,84	0,98	1,09

3 Polystyrolschaum (STYROPOR)

Material	125	250	500	1000	2000	4000
5 mm dicke Schlichtplatte, mit 40 mm dicker Mineralwollematte hinterlegt. Wandabstand 50 mm	0,07	0,21	0,64	0,72	0,49	0,50
10 mm dicke Schlichtplatte, Hohlraum leer. Wandabstand 40 mm	0,07	0,14	0,30	0,84	0,59	0,59
10 mm dicke Schlichtplatte, Hohlraum mit Mineralwolle gefüllt. Wandabstand 40 mm	0,20	0,38	0,93	0,92	0,58	0,69
10 mm dicke Lochplatte, nicht durchgelocht, Hohlraum leer. Wandabstand 40 mm	0,06	0,11	0,31	0,73	0,59	0,48 (1955)
wie vor, elektrisch geschnitten	0,10	0,14	0,35	0,82	0,55	0,57 (1956)
wie vor, mechanisch geschnitten	0,12	0,38	0,87	0,90	0,62	0,68 (1956)
15 mm dicke Lochplatte, nicht durchgelocht, Hohlraum mit Mineralwolle gefüllt. Wandabstand 40 mm	0,25	0,62	0,84	0,68	0,53	0,63
20 mm dicke Lochplatte, nicht durchgelocht, direkt auf Wand	0,04	0,07	0,16	0,39	0,74	0,67 (1956)
20 mm dicke Lochplatte, nicht durchgelocht, Hohlraum leer. Wandabstand 40 mm	0,07	0,27	0,58	0,83	0,75	0,86 (1956)
20 mm dicke Kreuznutplatte mit unter- und oberseitig sich kreuzenden Schlitzen, gegeneinander versetzt auf 5 mm dicker Grundplatte, Hohlraum leer. Wandabstand 20 mm	0,07	0,11	0,32	0,69	0,62	0,79 (1957)
25 mm dicke Schlichtplatte, Hohlraum leer (f$\alpha \approx$ 180 Hz). Wandabstand 250 mm	0,42	0,53	0,33	0,29	0,29	0,24 (1961)
25 mm dicke Schlichtplatte auf 20 mm dicker Mineralfasermatte. Wandabstand 250 mm	0,34	0,25	0,46	0,41	0,33	0,33 (1961)

STOFFWERTE

Schallschluckanordnungen

1 Metallverkleidungen

Beschreibung	Hz: 125	250	500	1000	2000	4000	Jahr
0,5 mm Aluminiumlochblech, Lochflächenanteil 23%, hinterlegt mit dünnem Seidenpapier und 10 mm dicken Mineralfaserstreifen. Wandabstand 250 mm	0,23	0,41	0,45	0,51	0,61	0,63	(1961)
wie vor, ohne Seidenpapier, Mineralfaserstreifen mit Kunststoffolie umhüllt	0,30	0,46	0,45	0,56	0,70	0,44	(1961)
0,5 mm Aluminiumlochblech, Lochflächenanteil 23%, hinterlegt mit dünnem Seidenpapier und 10 mm dicken Mineralfaserstreifen sowie 20 mm Mineralfaserrollfilz. Wandabstand 250 mm	0,67	0,76	0,88	0,85	0,80	0,87	(1961)
0,5 mm Aluminiumlochblech, Lochflächenanteil 12,5%, hinterlegt mit 2 × 10 mm dicken Glasfaserplatten. Wandabstand 450 mm	0,77	0,56	0,50	0,48	0,49	0,40	(1961)
dünnes Aluminiumblech, mit 12 mm dickem Mineralfaserfilz hinterlegt. Wandabstand 75 mm	0,07	0,48	0,3	0,14	0,02	0,02	(1960)
wie vor, Wandabstand 300 mm	0,54	0,18	0,19	0,12	0,02	0	(1960)
dünnes Aluminiumlochblech, Lochflächenanteil 12,6%, Loch-Ø 2 mm, Lochabstand 5 mm, mit Seidenpapier und 25 mm dicker Mineralwolle hinterlegt. Wandabstand 500 mm	0,8	0,68	0,58	0,78	0,79	0,66	(1960)
wie vor, Loch-Ø 4 mm, Lochabstand 10 mm	0,7	0,65	0,67	0,75	0,84	0,78	(1960)
dünne Stahlblechkassetten, unperforiert (ELEKTRO-METALL), Wandabstand 200 mm	0,15	0,13	0,06	0,05	0,04	0,04	(1963)
wie vor, 10% perforiert, Loch-Ø 4 mm. Hohlraum leer. Wandabstand 200 mm	0,02	0,09	0,09	0,07	0,11	0,12	(1963)
wie vor, mit 20 mm Glaswollematte hinterlegt	0,14	0,64	0,73	0,59	0,75	0,65	(1963)
wie vor, mit 5 mm dicker eingeklebter Schaumstoffmatte. Wandabstand 200 mm	0,12	0,57	0,62	0,44	0,53	0,55	(1963)
wie vor, mit 0,09 mm dicker eingeklebter Aluminiumfolie	0,17	0,40	0,41	0,30	0,22	0,16	(1963)
wie vor, mit eingeklebter Glaswolleplatte, 10 mm dick, beidseitig mit Farbe bespritzt. Wandabstand 200 mm	0,14	0,67	0,87	0,69	0,83	0,70	(1963)
0,63 mm dickes rechteckiges, ca. 16% perforiertes Stahlblech vor 25 mm Glaswolle, Rückseite mit Aluminiumfolie kaschiert, Wandabstand 300 mm	0,5	0,58	0,56	0,70	0,69	0,64	(1961)
wie vor, ohne Folie	0,41	0,54	0,56	0,64	0,69	0,64	(1961)
wie vor, mit 25 mm Glaswolle, auf Aluminiumfolie kaschiert. Wandabstand 100 mm	0,35	0,54	0,56	0,70	0,69	0,67	(1961)
wie vor, ohne Folie	0,24	0,44	0,51	0,64	0,62	0,64	(1961)
Metallkassetten mit Gewebe vor 10 mm Luft und 2 × 20 mm dicke bespannte Mineralfaserplatten (100 kg/m³). Wandabstand 500 mm einfaches Trapezblechdach	0,44	0,77	0,93	0,93	0,97	0,94	

Hz	125	500	2000
	0,13	0,15	0,11

2 Schwere Mineralfaserplatten

Beschreibung	125	250	500	1000	2000	4000	Jahr
16 mm dicke Platten (325 kg/m³) mit gerippter, gestrichener Oberfläche (ARMSTRONG). Wandabstand ca. 8 mm	0,12	0,25	0,83	0,87	0,64	0,52	(1967)
16 mm dicke Platten wie vor, Wandabstand 400 mm	0,44	0,57	0,74	0,93	0,75	0,76	(1967)
19 mm dicke Platten (350 kg/m³) mit streifenputzähnlicher, gestrichener Oberfläche (ARMSTRONG). Wandabstand ca. 8 mm	0,08	0,23	0,79	0,93	0,88	0,86	(1967)
19 mm dicke Platten wie vor, Wandabstand 400 mm	0,65	0,56	0,63	0,76	0,88	0,91	
19 mm dicke Platten (350 kg/m³) mit travertinähnlicher, gestrichener Oberfläche (ARMSTRONG). Wandabstand ca. 8 mm	0,08	0,32	0,79	0,93	0,87	0,80	(1967)
19 mm dicke Platten wie vor, Wandabstand 400 mm	0,53	0,49	0,57	0,82	0,90	0,83	(1967)
15 mm dicke Lochplatten (400 kg/m³), gestrichen (ODENWALD MF), direkt auf Wand	0,03	0,15	0,51	0,83	0,86	0,64	(1962)
15 mm dicke Lochplatten wie vor, Wandabstand 200 mm	0,44	0,37	0,52	0,76	0,85	0,67	(1962)

3 Mineralwollematten

Beschreibung	125	250	500	1000	2000	4000	Jahr
40 mm dicke Matte (15 kg/m³), ohne Lochblechabdeckung	0,19	0,34	0,55	0,74	0,88	0,97	(1961)
40 mm dicke Matte (15 kg/m³), mit Lochblechabdeckung (Lochanteil 18%)	0,14	0,36	0,56	0,81	0,86	0,69	(1961)
40 mm dicke Matte, 20 kg/m³, ohne Lochblechabdeckung	0,11	0,36	0,68	0,88	0,89	0,97	(1961)
40 mm dicke Matte, 20 kg/m³, mit Lochblechabdeckung (Lochanteil 18%)	0,11	0,36	0,69	0,95	0,81	0,70	(1961)

4 Leichte Mineralwolleplatten

Beschreibung	125	250	500	1000	2000	4000	Jahr
12 mm dicke Platten (160 kg/m³), direkt auf Wand	0,04	0,11	0,34	0,57	0,85	0,96	(1960)
12 mm dicke Platten (160 kg/m³), mit Rauhfaserstruktur. Wandabstand 50 mm	0,10	0,26	0,65	0,88	0,84	0,88	(1960)
20 mm dicke Platten (130 kg/m³), mit aufgespritztem Schneeflockenmuster (SILLAN), direkt auf Wand	0,05	0,21	0,89	1,06	1,09	0,98	(1956)
wie vor, Wandabstand 25 mm	0,07	0,39	0,90	1,08	1,05	1,04	(1956)
wie vor, Wandabstand 200 mm	0,46	0,97	0,84	0,90	0,92	0,83	(1963)
30 mm dicke Platten (160 kg/m³) unter Asbestzement-Wellplatten (7 mm dick)	0,51	0,70	0,95	0,79	0,79	0,76	(1960)
40 mm dicke Platten (136 kg/m³), sonst wie vor	0,52	0,73	0,92	0,87	0,84	0,90	(1960)
50 mm dicke Platten (120 kg/m³), sonst wie vor	0,52	0,86	0,97	0,89	0,88	0,84	(1960)

STOFFWERTE

Dynamische Steifigkeit, Körperschallwerte

15 mm dicke Platten (200 kg/m³) mit gestrichener, geprägter Oberfläche, direkt auf Wand	0,04 0,15 0,44 0,74 0,85 0,94 (1963)	
15 mm dicke Platte wie vor, Wandabstand 50 mm	0,15 0,51 0,62 0,74 0,84 1,07 (1963)	

1 Ziegelsteine

Lochziegelsteine 25 × 11,5 × 6,5 cm, mit einem Lochanteil von 26%, Hohlraum leer. Wandabstand 65 mm	0,15 0,37 0,55 0,42 0,75 0,59 (1962)
wie vor, Hohlraum mit Mineralwolle gefüllt	0,25 0,91 0,8 0,74 1,03 0,75 (1962)
Lochziegelsteine, 7,1 cm dick, 47% Lochanteil, Hohlraum leer. Wandabstand 50 mm	0,06 0,04 0,16 0,22 0,30 0,26 (1965)
wie vor, Hohlraum mit 3 cm dicken Mineralfaserplatten (110 kg/m³) gefüllt	0,23 0,51 0,88 0,76 0,88 0,77 (1965)
gelochte Ziegelschale, 6,5 cm dick, Lochanteil im Durchschnitt 9%, dahinter 40 mm dicke Steinwolleplatten (80 kg/m³) und 21 cm dicker Luftraum	0,80 0,80 0,60 0,40

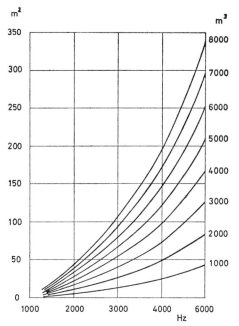

2 Schallabsorption von Luft in großen Räumen. Angegeben wird die äquivalente → Schallschluckfläche (m²) in Abhängigkeit von der Frequenz (Hz) und der Raumgröße (m³). Die so ermittelten Werte müssen bei der Nachhallzeit-Berechnung zur Gesamtabsorption (A) hinzugezählt werden. Angenommene rel. Luftfeuchte etwa 50%.

Schallgeschwindigkeiten

3 Geschwindigkeit der Schallausbreitung bei 20 °C in verschiedenen Stoffen in Metern pro Sekunde. Genauso groß wie in Beton ist sie in festem Mauerwerk. Die sehr hohe Geschwindigkeit in Stahl wird von Aluminium (5100 m/s) noch übertroffen. Dasselbe gilt auch für Glas (5200). Bei Holz gibt es verhältnismäßig große Streuungen. Quer zur Faser dürfte die Geschwindigkeit hierbei nur etwa halb so groß sein. Alle Werte sind abgerundet und gelten bei Luft und Wasser für Längswellen, bei den übrigen Stoffen für Dehnwellen.

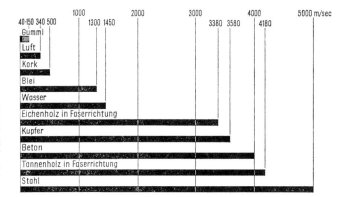

Dynamische Steifigkeit, Körperschallwerte

4 Umwertungsskala für DVM-Weichheit und Shore-Härte

DVM	Shore	DVM	Shore	
100	36	49	64	weicher ↑
95	38	46	66	
90	40	43	68	
86	42	40	70	
82	44	37	72	
78	46	34,5	74	
74	48	32	76	
70	50	29	78	
67	52	26	80	
64	54	23,5	82	
61	56	21	84	
58	58	18	86	
55	60	15	88	↓ härter
51	62			

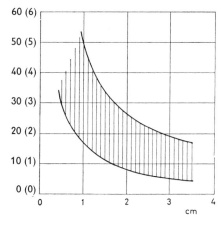

5 Zusammenhang zwischen der dynamischen Steifigkeit MN/m³ (kp/cm³) und der Schichtdicke von STYROPOR. Der obere Rand gilt für elastisches (gewalztes), der untere für besonders elastisch aufbereitetes (nachgeblähtes) STYROPOR. Die untere Kurve liegt nur wenig über der Luftsteifigkeit (nach E. Neufert).

STOFFWERTE

Dynamische Steifigkeit, Körperschallwerte

1 Dynamische Steifigkeit von Luft- und Dämmschichten[1]

	Dicke, eingebaut (mm)	Steifigkeit s', gesamt MN/m³	(kp/cm³)
Luftschichten	20	6	(0,57)
	15	8	(0,75)
	10	11	(1,13)
	5	23	(2,26)
2,5 cm dicke Holzwolle-Leichtbauplatten auf 9 mm dicken Glasfaserplatten (110 kg/m³)	34	6	(0,60)
Holzwolle-Leichtbauplatten, magnesitgebunden mit Kontaktfederung (440 kg/m³)	25	21	(21,40)
Holzwolle-Leichtbauplatten ohne Kontaktfederung (440 kg/m³)	25	680	(68,00)
Holzfaser-Isolierbauplatten mit Kontaktfederung (230 kg/m³)	13	147	(14,70)
wie vor, dickere Platten	20	119	(11,90)
wie vor (330 kg/m³)	10	191	(19,10)
wie vor, ohne Kontaktfederung	10	1080	(108,00)
Weichfaserdämmplatten, vollflächig aufliegend (260 kg/m³)	25	1260	(126,00)
Glasfasermatten, versteppt, zusammengedrückt auf 100 kg/m³	15	9	(0,90)
Glasfaserplatten (150 kg/m³)	10	20	(2,00)
Glasfaserplatten (158 kg/m³)	7	23	(2,30)
Steinwolleplatten (78 kg/m³)	9	20	(2,00)
Schlackenwollematten, zusammengedrückt auf 200 kg/m³	10	41	(4,10)
Schlackenwolleplatten (230 kg/m³)	32	82	(8,20)
Kokosfasermatten versteppt (90 kg/m³)	20	9	(0,90)
Kokosfaserplatten, vernadelt, Oberflächen gebunden (97 kg/m³)	20	16	(1,60)
Torfplatten (160 kg/m³)	23	101	(10,10)
Korkschrotmatten, einlagig	8	139	(13,90)
wie vor, dünner	6	179	(17,90)
Korkschrotmatten, zweilagig	10	61	(6,10)
Wellpappe (aus Rohpappe), nicht bituminiert	5	133	(13,30)
Filz (150 kg/m³)	6	62	(6,20)
IPORKA-Kunstharzschaum	10	61	(6,10)
geschäumtes Polystyrol (STYROPOR), normal (13–100 kg/m³)	150...200	0,2	(15–20)
wie vor, elastisch (nachgebläht)	10	17	(1,7)
	20	8	(0,8)

[1] Die hinter den homogenen Baustoffen angegebenen Gewichte kennzeichnen die Rohdichte im eingebauten Zustand. 1 kp = rd. 10 N.

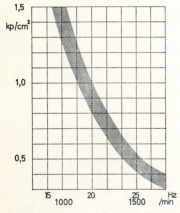

2 Abhängigkeit der Eigenschwingungszahl pro Minute bzw. der Resonanzfrequenz in Hz von 40 mm (oberer Rand) bis 60 mm (unterer Rand) dickem eisengerahmtem Naturkork von der Belastung. Mit zunehmender Belastung sinkt die Resonanzfrequenz gegen tiefere Frequenzen, d.h., der Wirkungsgrad des Materials wird besser. Eine Belastung von 1,5 kp/cm² sollte man jedoch nicht überschreiten.

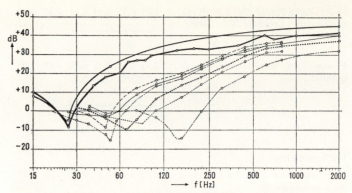

3 Körperschallisolierung verschiedener elastischer Stoffe bei longitudinaler Anregung.

Doppelstrich: Gummi DVM Weichheit 80, 40 mm ∅, 50 mm hoch
dicker Strich: Bandstahl-Federbügel
lang gestrichelt: eisengerahmter Naturkork, 60 mm dick
dünn ausgezogen: 9 mm dicke Gummi-Warzenplatte DVM 80, Warzenhöhe 6 mm, Warzen ∅ 10 mm
strichpunktiert: eisengerahmter Naturkork, 40 mm hoch
dick punktiert: einfacher Rippengummi DVM 80, 5 mm dick, Rippenhöhe 3 mm, Rippenabstand 10 mm
kurz gestrichelt: Doppel-Rippengummi DVM 60, 9 mm dick, Rippen kreuzweise übereinander, Rippenhöhe jeweils 3 mm, Rippenabstand 10 mm
Strich-Doppelpunkt: Preßkork, 5 mm dick

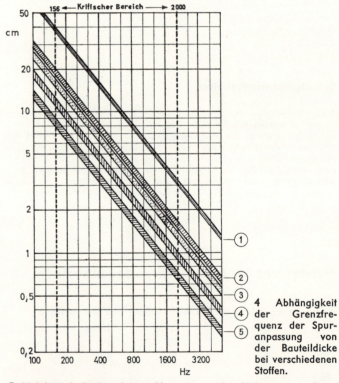

4 Abhängigkeit der Grenzfrequenz der Spuranpassung von der Bauteildicke bei verschiedenen Stoffen.

① Holzfaser-Isolierbauplatten, Blei u.ä., weiches Holz quer zur Faser geschnitten
② Gipsplatten, Gasbeton, Hartfaserplatten, Gußasphalt u.ä.
③ übliches Mauerwerk
④ Platten aus Asbestzement, Beton o.ä.
⑤ Sperrholz, Glas, Eisen und Hartholz (längs der Faser geschnitten)
Bei der Wahl der Bauteildicken ist darauf zu achten, daß der kritische Bereich vermieden wird, d.h. also, daß z.B. Bauteile aus Stoffen nach 5 dünner als 6 bis 7 mm oder dicker als 8 bis 9 cm sein sollten.

STOFFWERTE

Wärmeleitzahlen, Temperaturleitfähigkeit

	Rohdichte kg/m³	Wärmeleitfähigkeit W/mK	(kcal/mhK)
1 Besondere Wärmedämmstoffe			
Mineralische oder pflanzliche Faserdämmstoffe nach DIN 18165			
Wärmeleitfähigkeitsgruppe* 035	8 bis 500	0,035	(0,030)
040		0,040	(0,034)
045		0,045	(0,039)
050		0,050	(0,043)
Korkplatten Wärmeleitfähigkeitsgruppe 045	80 bis 500	0,045	(0,039)
050		0,050	(0,043)
055		0,055	(0,047)
Polystyrol-Hartschaum		0,040	(0,035)
Polyurethan-Hartschaum	> 30	0,030	(0,026)
Platten zwischen diffusionsdichten Deckschichten	> 30	0,025	(0,025)
Phenolharz-Hartschaum	> 30	0,040	(0,035)
Harnstoff-Formaldehydharz-Ortschaum	> 10	0,041	(0,034)
Schaumglas (FOAMGLAS T 2)		0,050	(0,043)
Holzwolle-Leichtbauplatten nach DIN 1101	360–480	0,093	(0,080)
Mehrschicht-Leichtbauplatten nach DIN 1104 aus Schaumkunststoff		0,040	(0,035)
2 Holz- und Holzwerkstoffe			
Eiche	800	0,20	(0,18)
Buche	800	0,20	(0,15)
Fichte, Kiefer, Tanne	600	0,13	(0,12)
Sperrholz	800	0,15	(0,12)
Flachpreßplatten (VARIANTEX)	350	0,064	(0,055)
Flachpreßplatten DIN 68763	700	0,13	(0,12)
Strangpreßplatten DIN 68764	700	0,17	(0,15)
Harte Holzfaserplatten 68750	1000	0,17	(0,15)
Poröse Holzfaserplatten	200	0,045	(0,040)
DIN 68750	300	0,056	(0,050)
3 Beläge und Abdichtungsstoffe			
Glasmosaik oder Keramikbelag	2000	1,2	(1,0)
Fußbodenbeläge			
Linoleum	1000	0,17	(0,15)
Korklinoleum	700	0,081	(0,070)
Linoleum-Verbundbeläge	1000	0,12	(0,10)
Kunststoffbeläge, z.B. auch PVC	1500	0,23	(0,20)
Asphalt	2000	0,70	(0,60)
Bitumen	1100	0,17	(0,15)
Dachpappen Dachabdichtungsbahnen nackte Pappe DIN 52129	1200	0,17	(0,15)
Dachpappe DIN 52128	1200	0,17	(0,15)
4 lose Schüttungen			
Blähperlit (SUPERLITE, ESTROPERL ...)	< 100	0,052	(0,045)
Blähglimmer	< 100	0,070	(0,060)
Korkschrot, expandiert	< 200	0,050	(0,043)
Hüttenbims	< 600	0,13	(0,11)
Blähton, Blähschiefer	< 400	0,16	(0,14)
Bimskies	< 1000	0,19	
Schaumlava	1000	0,19	(0,16)
	1200	0,22	(0,19)
	1500	0,27	(0,23)
Sand, Kies, Splitt (trocken)	1800	0,70	(0,60)

* derartige Wärmeleitfähigkeitsgruppen gelten auch für andere Stoffe

	Rohdichte kg/m³	Wärmeleitfähigkeit W/mK	(kcal/mhK)
5 Putze, Mörtelschichten			
Kalkmörtel, Kalkzementmörtel	1800	0,87	(0,75)
Zementmörtel	2000	1,4	(1,2)
Zementestrich	2000	1,4	(1,7)
Kalkgips, Gips-, Anhydrit-Kalkanhydritmörtel	1400	0,70	(0,60)
Gipsputz ohne Zuschlag	1200	0,35	(0,30)
Anhydritestrich	2100	1,2	(0,60)
Kunstharzputz	1100	0,70	(0,60)
6 Beton			
Kies- oder Splittbeton mit geschlossenem Gefüge	2400	2,1	(1,8)
Leichtbeton haufwerkporig mit nicht porigen Zuschlägen	1600	0,81	(0,70)
	1800	1,1	(0,95)
	2000	1,4	(1,2)
Leichtbeton haufwerkporig mit porigen Zuschlägen	600	0,22	(0,20)
	700	0,26	(0,23)
	800	0,28	(0,25)
	1000	0,36	(0,30)
	1200	0,46	(0,40)
	1400	0,57	(0,50)
	1600	0,75	(0,65)
	1800	0,92	(0,80)
	2000	1,2	(0,95)
7 Leichtbeton und Stahlleichtbeton mit geschlossenem Gefüge (DIN 4226 Teil 2) ... unter Verwendung von Blähton, Blähschiefer, Naturbims und Schaumlava ohne Quarzsandzusatz, güteüberwacht	800	0,30	(0,26)
	900	0,35	(0,30)
	1000	0,38	(0,33)
	1100	0,44	(0,38)
	1200	0,50	(0,43)
	1300	0,56	(0,48)
	1400	0,62	(0,53)
	1500	0,67	(0,58)
	1600	0,73	(0,63)
Dampfgehärteter Gasbeton DIN 4223	400	0,14	(0,12)
	500	0,16	(0,14)
	600	0,19	(0,16)
	700	0,21	(0,18)
	800	0,23	(0,20)
8 Bauplatten			
Leichtbeton-Wandbauplatten (DIN 18162)	800	0,29	(0,25)
	900	0,32	(0,27)
	1000	0,37	(0,30)
	1200	0,47	(0,40)
	1400	0,58	(0,50)
Gasbeton-Bauplatten unbewehrt DIN 4166, dünnfugig verlegt	500	0,19	(0,16)
	600	0,22	(0,19)
	700	0,24	(0,21)
	800	0,27	(0,23)
Wandbauplatten aus Gips, auch mit Poren, Hohlräumen o.ä.	600	0,29	(0,25)
	750	0,35	(0,30)
	900	0,41	(0,35)
	1000	0,47	(0,40)
	1200	0,58	(0,50)
Gipskartonplatten	900	0,21	(0,18)
Asbest-Calcium-Silikatplatten (ISOTERNIT)	< 750	0,21	(0,18)
Asbestzementplatten DIN 274	2000	0,58	(0,50)
9 Mauerwerk (einschl. Mörtelfugen)			
Vollklinker	2000	0,96	(0,90)
Hochlochklinker	1800	0,81	(0,68)
Vollziegel, Lochziegel, Leichtziegel	600	0,35	(0,30)
	700	0,38	(0,33)
	800	0,41	(0,35)

Wärmeleitzahlen, Temperaturleitfähigkeit — STOFFWERTE

Material	Rohdichte kg/m³	Wärmeleitfähigkeit W/mK	kcal/mhK
	1000	0,47	(0,40)
	1200	0,50	(0,45)
	1400	0,58	(0,52)
	1600	0,68	(0,60)
	1800	0,81	(0,68)
	2000	0,96	(0,90)
Kalksandsteine DIN 106	1000	0,50	(0,43)
	1200	0,56	(0,48)
	1400	0,70	(0,60)
	1600	0,79	(0,68)
	1800	0,99	(0,85)
	2000	1,1	(0,95)
	2200	1,3	
Hüttensteine DIN 398	1000	0,47	(0,40)
	1200	0,52	(0,45)
	1400	0,58	(0,50)
	1600	0,64	(0,55)
	1800	0,70	(0,60)
	2000	0,76	(0,65)
Leichtbeton-Lochsteine DIN 18 149	600	0,35	(0,30)
	700	0,40	(0,34)
	800	0,47	(0,40)
	900	0,56	(0,48)
	1000	0,65	(0,56)
	1200	0,77	(0,66)
	1400	0,91	(0,78)
	1600	1,0	(0,90)
Leichtbeton-Hohlblocksteine 2 Kammersteine 240 mm breit 3 Kammersteine 300 mm breit 4 Kammersteine 365 mm breit	500	0,29	(0,26)
	600	0,32	(0,28)
	700	0,35	(0,31)
	800	0,39	(0,34)
	900	0,44	(0,39)
	1000	0,49	(0,45)
	1200	0,60	(0,52)
	1400	0,73	(0,63)
2 Kammersteine 300 mm breit 3 Kammersteine 365 mm breit	500	0,29	(0,26)
	600	0,34	(0,30)
	700	0,39	(0,34)
	800	0,46	(0,40)
	900	0,55	(0,48)
	1000	0,64	(0,56)
	1200	0,76	(0,66)
	1400	0,90	(0,78)
Leichtbeton-Vollsteine	500	0,32	(0,28)
	600	0,34	(0,30)
	700	0,37	(0,33)
	800	0,40	(0,35)
	900	0,43	(0,38)
	1000	0,46	(0,40)
	1200	0,54	(0,45)
	1400	0,63	(0,55)
	1600	0,74	(0,68)
	1800	0,87	(0,76)
	2000	0,99	(0,90)
Vollblöcke	500	0,29	(0,26)
	600	0,32	(0,28)
	700	0,35	(0,31)
	800	0,39	(0,35)
	900	0,43	(0,38)
	1000	0,46	(0,40)
	1200	0,54	(0,45)
	1400	0,63	(0,55)
	1600	0,74	(0,68)
	1800	0,87	(0,76)
	2000	0,99	(0,90)
Normalbeton-Hohlblocksteine geschlossenes Gefüge 2 Kammersteine 240 mm breit 3 Kammersteine 300 mm breit 4 Kammersteine 365 mm breit	< 1800	0,92	(0,79)
2 Kammersteine 300 mm breit 3 Kammersteine 365 mm breit	< 1800	1,3	(1,1)
Gasbeton-Blocksteine	500	0,22	(0,19)
	600	0,24	(0,21)
	700	0,27	(0,23)
	800	0,29	(0,25)

10 Natursteine

	Rohdichte kg/m³	W/mK	kcal/mhK
Kristalline metamorphe Gesteine (Granit, Basalt, Marmor)	2800	3,5	(3,0)
Sedimentgesteine (Sandstein, Muschelkalk, Nagelfluh)	2600	2,3	(2,0)
Vulkanische porige Natursteine	1600	0,55	(0,46)

11 Metalle

	Rohdichte kg/m³	W/mK	kcal/mhK
Stahl	7800	60	(50)
Blei	11300	41	(35)
Kupfer	8900	380	(330)
Bronze, Rotguß	8800	64	(55)
Aluminium	2700	200	(170)
Zink gewalzt	7200	111	(95)

12 Sonstiges

	Rohdichte kg/m³	W/mK	kcal/mhK
Fliesen	2000	1,0	(0,90)
Glas	2500	0,80	(0,70)
Schnee	200	0,08	(0,07)
Eis	900	0,87	(0,75)
Wasser bei 0–100 °C	1000	0,62	(0,53)

13 Temperaturleitfähigkeit einiger Stoffe → 27
(nach R. Geiger)

	Temperaturleitfähigkeit (m²/h)
Silber	0,612
Eisen	0,0936
Beton	0,0072
Eis	0,00396—0,0054
nasser Sand	0,00144—0,0036
nasser Lehm	0,00216—0,00576
Altschnee (ca. 800 kg/m³)	0,00288—0,00504
Neuschnee (ca. 200 kg/m³)	0,00072—0,00144
trockener Moorboden	0,00036—0,00108
Holz, lufttrocken	0,00036—0,00180

14 Wärmedämmung von Luftschichten nach DIN 4108

	Dicke mm	Rechenwert $1/\Lambda$*
senkrecht	10	0,14 (0,16)
	20	0,16 (0,19)
	50	0,18 (0,21)
	100	0,17 (0,20)
	150	0,16 (0,19)
waagerecht, von unten nach oben	10	0,14 (0,16)
	20	0,15 (0,17)
	≧ 50	0,16 (0,19)
waagerecht, von oben nach unten	10	0,15 (0,17)
	20	0,18 (0,21)
	≧ 50	0,21 (0,24)

* m² K/W (m² hK/kcal)
** W/m K (kcal/mhK)

STOFFWERTE

Diffusionswiderstandsfaktoren, Dampfleitzahlen → 209 3

1 Diffusionswiderstandsfaktor μ von Bau- und Dämmstoffen

	Rohdichte (kg/m³)	μ
einfache Luftschicht	—	1
Bimskies, Schlacke	ca. 900	2
Bimsbeton	700	2
bindiger Boden oder Sand, naturfeucht	ca. 1800	2
Gipssandputz	—	3,5
Schüttbeton	1800	4—50
Bimsbeton, Gipsplatten	900—1100	4—10
Hohlblockmauerwerk	—	5
Porenbeton, Gasbeton	650—900	5—6
Gipsputz	—	6
Mauerziegel	1500	6
Vollziegelmauerwerk	1800	9
Massivlehm	ca. 2100	10
Sandstein, Muschelkalk o.ä.	ca. 2300	10
Kalksandstein	1700	10
Kalkputz	1750	11
Kalksandsteinmauerwerk	1900	15
Zementputz 1 : 4	2000	19
Kiesbeton, Stahlbeton	2300	28—175
Glasmosaik einschl. Ansatzmörtel	—	195
Granit, Basalt, Marmor	ca. 3000	< ∞
Holz (quer zur Faser)		
Fichte, 4 Gew.% Feuchtigkeit	ca. 400	230
6 Gew.% Feuchtigkeit		160
8 Gew.% Feuchtigkeit		110
Rotbuche, 10 Gew.% Feuchtigkeit	600	70
15 Gew.% Feuchtigkeit		11
20 Gew.% Feuchtigkeit		8,5
30 Gew.% Feuchtigkeit		2
40 Gew.% Feuchtigkeit		1,5
50 Gew.% Feuchtigkeit		1,9
Eiche	800	80
Sperrholz, phenolharzverleimt		
8 mm dick	650	73
12 mm dick	650	98
16 mm dick	650	110
20 mm dick	650	128
Holzspanplatten		50—100
Dämmstoffe		
Glaswatte, Schlackenwolle, Steinwolle	100—300	1,17—1,27
Schlackenwolleplatten, bituminiert	210—440	1,55—1,75
Torffaserplatten, imprägniert	225	2,7
hartgepreßte Mineralfaserplatten	220	2,7
Holzfaser-Isolierbauplatten	200—300	3
Pechkorkplatten, imprägniert, expandiert	150—230	3—14
Holzwolle-Leichtbauplatten nach DIN 1101, lufttrocken, 5 cm dick	390	5
Backkorkplatten normal, (expandiert, nicht imprägniert)	100—140	5—30
Steinwolle mit einfachem Kunststoffdispersionsanstrich	23	8,5
Korkplatten, 32 mm dick, mit Bitumenvoranstrich	250	26
Polystyrol-Schaumstoff, 10 mm dick	ca. 15	40—60
Steinwolleplatten mit 3fachem Anstrich	23	160
PVC-Schaumstoff, 29 mm dick	35	206
Hartfaserplatten mit Kunstharzschicht	ca. 800	1390
Schaumglas, geschlossenzellig	128—149	∞

2 Diffusionswiderstandsfaktor μ von Sperrstoffen

	Dicke (mm)	μ
ca. 15 mm dicker Estrich mit Bitumenemulsion (kalt verarbeitet)	15,0	155
gleichmäßig 0,1 mm dicke Leim-, Mineral- oder Kalkfarbanstriche	0,1	180—215
Kunststoff-Dispersionsanstrich (Film)	—	380
Bitumenpapier, einseitig beschichtet	0,15	580
gefüllter Asphalt, besonders dicht	5,0	750
wie vor, < 10 mm dick	10,0	1 000—5 000
Latex-Anstrich	—	1 500
Dachpappe (500er)	2,5	1 500—18 000
Bitumenpapier, zweiseitig beschichtet	0,3	3 000
Rohpappe mit Kunststoffzwischenschicht	0,8	3 500
Glasvlies-Dachbahn	ca. 2,0	4 000—60 000
Rohpappe, bituminiert, mit Kunststoffzwischenschicht	0,8	6 400
PVC-Folie, gefüllt	0,4	8 560
doppelter, dichter Heißbitumenanstrich	0,6	50 000—150 000
Polyäthylenfolie	0,1	65 000—100 000
Doppelpechpapier mit Einlage aus Aluminiumfolie	0,25	500 000
2 × Dachpappe mit 3 Bitumenschichten	5,0	700 000
Aluminiumfolie, kaschiert	0,02—0,05	700 000
unkaschiert	0,1—0,2	700 000—∞
PVC-Beläge, Gummi, Linoleum	1,0—5,0	∞

gelochtes Blech, 1,5 mm dick, Lochdurchmesser 2,5 mm

Löcher/m²	28	56	112	224	448
μ	6200	1350	610	340	165

3 Dampfleitzahl der wichtigsten Bau- und Dämmstoffe
(nach W. Schüle)

	Rohdichte (kg/m³)	Dampfleitzahl (g/m h mm QS)
Schaumglas	150	0
Heißbitumenanstrich, dünn	—	0,0000006
Heißbitumenanstrich, dicker	—	0,000002
Bitumendachpappe	—	0,000002
Hartschaumplatten (POLYSTYROL)	20	0,0014
Kiesbeton	2300	0,003
Zementputz	2000	0,0045
Kalksandstein	1900	0,007
Kalkputz	1750	0,008
Holzwolle-Leichtbauplatten, 1,5 cm	570	0,008
Kalksandstein	1700	0,0085
Mauerziegel	1800	0,01
	1500	0,014
Holzwolle-Leichtbauplatten, 2,5 cm	460	0,012
Porenbeton	900	0,014
	650	0,017
Holzwolle-Leichtbauplatten, 3,5 cm	415	0,0155
Ziegelsplittbeton	1250	0,017
Korkplatten (Backkork)	100—150	0,017—0,003
Holzwolle-Leichtbauplatten, 5,0 cm	390	0,019
Kiesschüttbeton	1800	0,02
Gipsplatten	1100	0,02
Bimsbetone	900	0,02
	700	0,04
Gipssandputz	—	0,025
Torfplatten	225	0,03
Pechkorkplatten	150—230	0,035—0,006
Mineralwolleplatten	100—300	0,085—0,055
Luft		0,085

Spezifische Wärme, Wärmeausdehnung, Strahlungswerte

1 Spezifische Wärme bzw. Wärmespeicherung von Luft, Werkstoffen und Wasser im Temperaturbereich von etwa 0 bis 100 °C

Stoff	(kcal/kg K)	J/kg K
Luft	0,24	1005
Glaswolle	0,19–0,21	795–880
Styropor	0,35	1465
Schlackenwolle	0,18	754
Holzfaserplatten (200 kg/m³)	0,32	1340
Korkstein, expand. und impr. (230 kg/m³)	0,31–0,36	1298–1507
Kork (200 kg/m³)	0,40–0,45	1675–1884
Korkstein, natur (200 kg/m³)	0,42	1759
Torfplatten (300 kg/m³)	0,45	1884
Holz (Fichte) (600 kg/m³)	0,32–0,43	1340–1800
Gasbeton, Bimsbeton o. ä.	0,25	1047
Schlacke	0,18	754
Holz (Eiche) (800 kg/m³)	0,32–0,45	1340–1884
Sand	0,19–0,22	795–921
Blei	0,031	1298
Ziegelmauerwerk	0,18–0,22	754–921
Kalkmörtel (1800 kg/m³)	0,21	880
Gummi	0,34–0,51	1424–2135
Zementmörtel (2000 kg/m³)	0,21	880
Bitumen	0,41–0,46	1717–1926
Eis (916 kg/m³)	0,5	2094
Asphalt	0,22	921
Steinzeug, Keramik	0,18–0,21	754–880
Gips	0,20	837
Tafelglas	0,19–0,21	795–880
Beton	0,22	921
dichte Natursteine (3100 kg/m³)	0,19–0,22	795–921
Aluminium	0,22	921
Zink	0,09	377
Eisen	0,11	461
Kupfer	0,09	377
Wasser	1,0	4187

2 Längenausdehnungskoeffizient von Baustoffen

Stoff	(mm/m 100 K)
Normalglas	0,48
Quarzglas	0,05
Fliesen, Ziegel	0,5
Mauerwerk aus Ziegelsteinen	0,36–0,58
Klinker	0,28–0,48
Stahlbeton, hochwertig	1,5
Stahlbeton, normal mit Quarz, Quarzit	1,3
Beton (reiner Portlandzement)	1,42
Schaumbeton	1,08
Stampfbeton, Zementmörtel	1,0
Schüttbeton, Blähtonbeton, Granit, Basalt	0,77–0,94
Schlackenbeton (Hochofenschlacke), Marmor	0,58–0,66
Edelputz, Kalksandsteine	0,46–0,90
Blei	2,9
Zink	2,9
Aluminium	2,38–2,92
Kupfer	1,65–1,84
Stahl	1,04–1,20
Edelstahl »rostfrei«	1,0–1,65
Holz, in Längsrichtung	ca. 0,5
Holz, quer zur Faser	ca. 5,0
Asphaltbeläge	3,0–3,7
Bitumen (linear!)	2,0
Epoxidharze	6,0
Polypropylen	ca. 1,7
PVC schlagzäh	ca. 8,5
Weich-PVC	12–20

3 Wärmestrahlungszahl verschiedener Oberflächen

Oberfläche	Strahlungszahl C (kcal/m² hK⁴)
blanke helle Metalle	0,08–0,35
Aluminium, poliert	0,3
Aluminium, roh	0,4
Schiefer	4,3
Gußeisen roh, ohne Rost	4,0
Kupfer, schwarz oxydiert	3,8
hellgrauer Marmor, poliert	4,2
Stahlblech mit Walzhaut	3,3
Aluminiumlack	≈ 1,9
weiße Kacheln, glasiert	4,3
Eichenholz, gehobelt	4,4
Dachpappe	4,5
Eis	3,1–4,5
Wasser, allseitige Strahlung	4,5
Wasser, senkrechte Strahlung	4,7
Reif	4,8
Gips	4,5
Bausteine und Putze	4,6–4,7
glasiertes Porzellan	4,6
Quarz, geschmolzen, rauh	4,6
glattes Glas	4,7
rauher Asbestschiefer	4,8
Öl	4,6
Papier	4,7
beliebige Farben	4,4–4,8
absolut schwarzer Körper	4,96

Strahlungszahl C $(\text{kcal/m}^2 \text{hK}^4)$

4 Sonnen-Strahlungsabsorption verschiedener Stoffe

Stoff	%
Farbanstrich, aluminiumfarbig (Zeppelin)	20
weißer Lackanstrich auf Holz	21
Farbanstrich, weiß (Lithopone)	26
Aluminiumbronze	54
Farbanstrich, braun, grün	79
Farbanstrich, schwarz, schwarzes Papier	94
Kupfer, poliert	18
Kupfer, matt	64
Aluminium, roh	63
Zinkblech o. ä., neu	64
Bleiblech, alt	79
galvanisiertes Eisen, schmutzig	94
Alufolie, glänzend	34
Papier, zitronengelb	47
Papier, rot, grün	52–57
Papier, kobaltblau	66
Dachpappe, grün, braun	85–90
Gußasphalt, alt	88
Beton und Mörtel	ca. 60
Asbestzementplatten, naturfarbig, neu	42
Asbestzementplatten, 1 Jahr alt	71
Schieferplatten	90
Holz	35
weiße Keramikplatten	18
Ziegelstein, rot	56
Dachziegel, rot	43
Linoleum	85

Diese Werte (nach W. Sieber u. a.) gelten für direkte Sonnenstrahlung. Bei Strahlern geringerer Temperatur sind die Unterschiede mit Ausnahme polierter Metalle weniger groß und bautechnisch kaum interessant.

STOFFWERTE

Wassergehalt

1 Wassergehalt von Wärmedämmstoffen in Gewichtsanteilen
(nach J. S. Cammerer u. a.)

	Gew.%
geschlossenzelliges Schaumglas	0
Korkplatten (100 kg/m³)	1,5—10,5
Korkplatten (150 kg/m³)	2,3—11,5
Korkplatten (200 kg/m³)	3,3—13,0
Korkplatten (250 kg/m³)	4,6—14,8
Holzwolle-Leichtbauplatten	15—30
Torfplatten	22—50
organische Faserplatten	15—30
Hölzer freiliegend, im Bau	13—20

Der untere Rand des jeweils angegebenen Bereiches gilt für günstige und der obere für ungünstige Einbauverhältnisse. Die Werte für den lufttrockenen Zustand liegen etwas unterhalb der unteren Grenze. Beim Schaumglas ist unter sehr ungünstigen Bedingungen mit einer unbedeutenden Aufnahme in angeschnittenen Poren an der Oberfläche zu rechnen. Mit zunehmendem Wassergehalt nimmt die Wärmeleitzahl jeweils um etwa 1—2% je Gew.% zu.

2 Wassergehalt der Luft bei normalem Luftdruck und 100% relativer Luftfeuchtigkeit (absoluter Wassergehalt)

Lufttemperatur (°C)	(g/m³)	Lufttemperatur (°C)	(g/m³)
+100	598,7	8	8,26
90	423,6	7	7,74
80	293,3	6	7,25
75	242,0	5	6,79
70	198,0	4	6,36
60	130,1	3	5,95
55	104,7	2	5,56
50	83,0	1	5,19
45	65,4	0	4,84
40	51,2	—1	4,49
35	39,7	—2	4,15
30	30,4	—3	3,83
28	27,3	—4	3,53
26	24,4	—5	3,25
25	23,1	—6	2,99
24	21,8	—7	2,75
22	19,5	—8	2,53
20	17,29	—9	2,33
19	16,32	—10	2,14
18	15,39	—11	1,96
17	14,50	—12	1,80
16	13,65	—13	1,65
15	12,84	—14	1,51
14	12,07	—15	1,39
13	11,34	—16	1,27
12	10,65	—17	1,16
11	10,00	—18	1,06
10	9,39	—19	0,97
9	8,81	—20	0,88

3 Praktischer Wassergehalt von Baustoffen in Volumenanteilen
(nach J. S. Cammerer)

	Vol.%
Vollziegelmauerwerk	1,0—2,5
Hohlziegelwände	1,5—4,0
Kalksandsteine	3,5—13
Bimsbaustoffe	3,5—13
Gas- und Schaumbeton	3,5—13
Kies- und Splittbeton, haufwerkporig	3,5—13
Innenputz je nach Jahreszeit und Beheizung	1—10
Außenputz je nach Himmelsrichtung und Witterung	1—7
sandiges Erdreich	4—14
Humus	10—28
toniges Erdreich	10—28

Die geringeren Werte gelten für günstige und die größeren für sehr ungünstige Verhältnisse. Die häufigsten Werte liegen für Baustoffe etwa zwischen der unteren Grenze und der Mitte des angegebenen Bereiches. Der häufigste Wert für Schwemmsteinmauerwerk (Bimsbaustoffe) dürfte unter normalen Baubedingungen im Durchschnitt bei etwa 5% liegen.

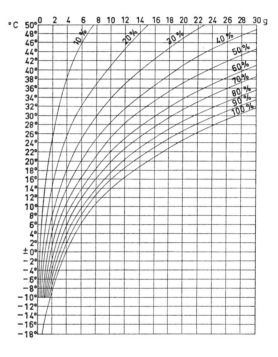

4 Zusammenhänge zwischen der relativen Luftfeuchte in % und der Lufttemperatur in °C (Ordinate).
Für eine relative Luftfeuchtigkeit von 100% bedeuten diese Temperaturangaben den sogenannten Taupunkt, d. h. diejenige Temperatur, bei der in der Luft oder an Raumbegrenzungen bei völlig ruhender Luft erstmalig Tauwasser auftritt. Kühlt man z. B. Luft mit einer Temperatur von 20°C bei 60% relativer Luftfeuchte auf rund 12°C ab, so tritt ein Feuchtigkeitsniederschlag auf. Die obere Zahlenreihe gibt den jeweils vorhandenen Wassergehalt der Luft in g/kg trockener Luft an. 1 kg trockene Luft hat ein Volumen von rd. 0,8 m³. Genaugenommen ist dieses spezifische Volumen von der jeweiligen Temperatur abhängig.

Dieses Diagramm stellt die sogenannte Molliersche Tafel zur Ermittlung des Taupunktes der Luft dar.

5 Elektrochemische Potentialreihe in Wasser

Elektron	— 1,46 Volt	Aluminium 99,5%	— 0,17 Volt
Zink 99,995%	— 0,83 Volt	V2A Stahl	— 0,08 Volt
Zink 99,5	— 0,82 Volt	Messing Ms 63	+ 0,12 Volt
Zink auf Stahl	— 0,79 Volt	Kupfer	+ 0,14 Volt
Cadmium	— 0,57 Volt	Messing SoMs 70	+ 0,15 Volt
Stahl 1,26% C	— 0,38 Volt	Bronze SnBz8	+ 0,16 Volt
Blei	— 0,28 Volt	Titan	+ 0,18 Volt
Zinn 98%	— 0,28 Volt	Silber	+ 0,19 Volt
Zinn rein	— 0,18 Volt	Gold	+ 0,31 Volt

Bauteile

Fundamente

Gebäudefundamente*

Schalltechnisch ist die zweckmäßige Ausbildung der Gebäudefundamente in Erdbebengebieten, in der Nähe von Untergrundbahnen, schwerem Straßenverkehr o.ä. wichtig. Maßgebend sind hierfür die Deutschen Normen DIN 4149 und DIN 4150. Danach sollten durch Erschütterungen beanspruchte Gebäudefundamente möglichst groß mit zuverlässiger und unbedingt gleichmäßiger Bodenpressung hergestellt werden. Auf verschiedenen Höhen nebeneinander liegende Fundamentsohlen dürfen nur unterhalb des halben jeweils zulässigen Böschungswinkels angeordnet werden. Schwingungsübertragungen (etwa zwischen Gebäuden) durch tiefe Gräben im Boden zu verhindern, hat nur dann einen Sinn, wenn die Grabentiefe größer als die Wellenlänge ist, das heißt also, daß diese Maßnahme auf relativ hohe Frequenzen beschränkt bleibt, falls sie aus finanziellen Gründen überhaupt durchführbar ist.

Die zuweilen verwendeten dünnen Preßkorkeinlagen wirken nur bei sehr hohen Frequenzen und bedeuten lediglich einen beschränkten Körperschallschutz. In den USA hat man vor kurzem bei einem 14stöckigen Gebäude neben einer Untergrundbahn und einer stark befahrenen Hauptstraße mit als gut bezeichnetem Erfolg zwischen den Fundamenten und den tragenden Stützen ca. 28 mm dicke Unterlagen aus einer Stahlplatte mit beidseitiger rd. 10 mm dicker Asbestauflage und einem ca. 3 mm dicken Mantel aus reinem Blei verwendet. Solche Einlagen müssen natürlich in gleicher Weise wie die oben erwähnten Korkplatten lückenlos vorhanden sein, wenn der Erfolg nicht ganz in Frage gestellt werden soll. Ihr Einsatz dürfte wohl nur bei starrem Baugrund (Felsen) oder anderen starren Verbindungen zu den betreffenden Fahrbahnen sinnvoll sein.

Wärmeschutz-Maßnahmen an Fundamenten richten sich gegen mögliche Frostschäden. Nach einer alten Bauregel sollen Fundamente bis auf »frostfreie Tiefe« geführt werden, da im gefrorenen Boden häufig entstehende Eisbänder und Eislinsen Hub- und Schubkräfte erzeugen können. Risse im Fundament, in den angrenzenden Fußböden, Wänden usw. sind die Folge. Bei dem von oben beginnenden, normalerweise ungleichmäßigen Auftauen (Südseite zuerst) kann sich oberhalb der noch zugefrorenen Schicht sehr viel Wasser ansammeln und den Baugrund zum Fließen bringen. Er kann auf diese Weise seine Tragfähigkeit vollständig verlieren, wodurch sogar Einsturzgefahr möglich ist. Das läßt sich häufig auf nicht ausreichend tief gegründeten sowie nicht oder ungenügend entwässerten Straßen beobachten.

Die gefährlichste Erscheinung, die meistens waagerecht liegenden Eislinsen, tritt wohl nur in bindigen oder anderen praktisch wasserundurchlässigen Böden auf. Die Größe von Eislinsen ist sehr verschieden. Ihre Dicke beträgt nach Geiger maximal 20 bis 35 cm. Der gleiche Verfasser berichtet, daß die Bodenfrosttiefe die normalerweise als maximal angenommenen 1 m selbst in kiesigem Sand zuweilen überschreitet. Besonders gefährdet sind schneefreie Lagen, wo die Temperatur an einzelnen Tagen bei ca. 30 bis 50 Frosttagen pro Jahr in 1 m Tiefe —1 bis —3°C erreichen kann. Oft wird nicht beachtet, daß die »frostfreie Tiefe« nicht immer von der Erdbodenoberfläche gemessen werden kann. Die Bezugshöhe kann bei offenen Baugruben, unverglasten (offenen) Kellerräumen, in das Gebäude eingeschnittenen Einfahrten usw. erheblich tiefer liegen.

Ein Sonderfall sind an das Erdreich grenzende künstlich gekühlte Räume, wo oft auch die tiefste Fundamentgründung nicht ausreicht, um Frostschäden zu vermeiden (→ Kühlräume, 273). Hier kann es notwendig werden, eine künstliche Fundamentheizung vorzusehen.

Maschinenfundamente

Fundamente dieser Art lassen sich verhältnismäßig leicht isolieren. Meist handelt es sich um → Aktivisolierungen, die nach Möglichkeit weit → überkritisch abgestimmt werden sollten. Die erforderliche Fundamentgröße richtet sich nach der Größe eventuell vorhandener freier Massenkräfte. Die zuweilen erforderliche Masse kann das Vier- bis Fünffache des Maschinengewichts erreichen. Es ist wichtig, daß das Fundament mit dem darauf starr zu montierenden Erreger keine Taumelbewegungen ausführt und sich nicht → aufschaukelt. Die Hauptangriffsrichtung der freien Massenkräfte sollte im günstigsten Fall in Richtung des Gesamt-Schwerpunktes liegen. Je weniger diese Bedingung erfüllt wird, um so härter müssen zwangsläufig die → Isolatoren bzw. die Dämmschicht sein. Die Isolierung wird dadurch immer weniger »überkritisch« und damit in ihrem Wirkungsgrad geringer.

Maschinenfundamente sollten grundsätzlich vom Bauwerk getrennt werden. Die senkrechten Fugen zwischen Fundament und Bauwerk dürfen keine starren Überbrückungen aufweisen und werden zweckmäßigerweise durch eine Füllung aus 50 mm dicken STYROPOR- oder Mineralwolleplatten gegen Verschmutzung geschützt. Reicht die Federung des natürlichen Bodens nicht aus, um einen ausreichenden Isolierwirkungsgrad zu gewährleisten, so müssen besondere Federungselemente zwischen Erreger und Gebäude beziehungsweise Baugrund eingeschaltet werden. Hierfür eignen sich bevorzugt Gummi- (→ 100 3)

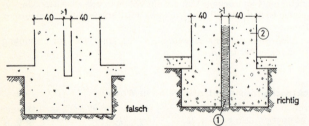

1 Trennung des Fundamentes zur Minderung der Schallübertragung zwischen zwei benachbarten Gebäuden (links falsch, rechts richtig):

1. mindestens 1 cm breite Fuge. Sie soll das ganze Gebäude lückenlos abtrennen und kann mit einem elastischen Stoff gefüllt werden, z.B. aus Mineralwolle, STYROPOR, bituminierter Wellpappe o.ä.
2. betonierte oder gemauerte Doppelwand ohne starre Verbindungen. Auch einzelne Mörtelbrücken oder Verankerungen sind unzulässig

* siehe auch »Wände gegen Erdreich« auf Seite 121

BAUTEILE

oder Stahlfedern (→ 46 1) und Kombinationen aus beiden. Häufig können auch Naturkorkplatten (→ 100 2) sowie Glas- oder Steinwolleplatten Verwendung finden.

Die Eigenart derartiger Isolieranordnungen ist, daß sie Eigenschwingungen ausführen können, die keinesfalls durch Dauereinwirkung angeregt werden dürfen, da sonst das ganze System in Resonanz gerät und sehr starke Ausschläge aufweist, die sich nachteilig auswirken können. Diese kritischen Frequenzen sind für die einzelnen konstruktiv möglichen Federungen bekannt. Sie liegen je nach Material vorwiegend im Bereich zwischen 1 und 25 Hz und müssen möglichst weit (etwa um den Faktor 4 bis 5) unter der Erregerfrequenz liegen, wenn ein guter Isolierwirkungsgrad erzielt werden soll (überkritische Abstimmung). Ist dies nicht möglich, so hilft bei Verwendung eines Körperschalldämmstoffes mit hoher innerer Dämpfung (Elastomer-Dämmstoff) eine weitgehende Überschreitung der Erregerfrequenz durch die veränderliche kritische Frequenz des Federungssystems. Diese Maßnahme äußert sich in einer gewissen Dämpfung und Körperschallisolierung (unterkritische Abstimmung). Es ist hierbei darauf zu achten, daß die durchgelassenen tiefen Frequenzen nicht irgendwelchen Eigenschwingungen der Gebäudeteile entsprechen.

Oft ist es möglich, Maschinen (→ 252) direkt auf die Federelemente zu setzen, weil die Ausschläge durch die fast immer vorhandenen freien Massenkräfte gering sind. Das schwere, isolierte Fundament ist jedoch immer akustisch vorteilhafter. Es wirkt als Beruhigungsmasse, die, mit den Maschinen starr verbunden, eine Verringerung der Bewegung auf ein Minimum gestattet. Die maximal zulässige Grenze der Schwingungsausschläge liegt bei den meisten Maschinen unterhalb von 0,2 bis 4 mm.

Außenwände
Allgemeines

Die meisten der heute errichteten Gebäude enthalten Räume zum dauernden Aufenthalt von Menschen. Sie werden vor allem errichtet, um diesen Menschen einen ausreichenden Schutz vor der Witterung zu gewährleisten.

Wohnräume, Arbeitsräume u. dgl. sind also ein künstliches Hilfsmittel zur Unterstützung der natürlichen Wärmeregelung im menschlichen Körper. Mit einem Minimum an ständigen Kosten soll es in diesen Räumen möglich sein, im Sommer und im Winter optimale klimatische Verhältnisse sicherzustellen. Außerdem sollen diese Gebäude in jeder Hinsicht hygienisch einwandfrei sein, eine lange Lebensdauer besitzen und vielfach auch vor Lärm schützen.

Mit diesen Grundsatzforderungen ist die Architektur eines Bauwerks und damit die Art der Außenwandgestaltung bereits weitgehend festgelegt. Bei vorbildlichen alten und neuen Bauwerken findet man diese Meinung immer wieder bestätigt, wobei berücksichtigt werden muß, daß sehr alte Bauwerke, etwa Kirchen, Klöster, Schlösser, Burgen usw., nur bedingt als Beweis möglich sind, da sie unseren heutigen Anforderungen an Hygiene und Wirtschaftlichkeit bei weitem nicht genügen. In diesem Zusammenhang sei daran erinnert, daß es in Deutschland erst seit etwa 1400 verglaste Bürgerhaus-Fenster gibt. In vielen der heute von uns so sehr bewunderten alten Baudenkmäler haben die Menschen höchst unhygienisch gelebt und im Winter erbärmlich gefroren, was sehr dazu beigetragen hat, daß sie im Durchschnitt kaum älter als 35 bis 40 Jahre geworden sind.

Für die Konstruktion von Außenwänden muß unter diesen Gesichtspunkten konsequent zwischen dauernd bewohnbaren und anderen Räumen unterschieden werden. Die deutsche Wärmeschutznorm DIN 4108 fordert verbindlich, daß Außenwände von »Räumen zum dauernden Aufenthalt von Menschen« eine ganz bestimmte Mindestwärmedämmung besitzen müssen, und zwar wegen der Wärmespeicherung in Abhängigkeit von ihrem Wandgewicht. Je geringer das Wandgewicht, um so größer muß der erforderliche Wärmedurchlaßwiderstand sein. In Tabelle 1 sind die geforderten Mindestwerte für die drei innerhalb der Bundesrepublik genormten Klimazonen I, II und III → 75 zusammengestellt. Die Zahlen in den Klammern bedeuten die diesen Werten entsprechende Dicke einer Wärmedämmschicht aus Kunststoff-Hartschaum, Glasfaser, Steinwolle oder gleichwertigem Isolierstoff mit einer Wärmeleitzahl von 0,04, wenn man annimmt, daß die Wand selbst keine nennenswerte Wärmedämmung besitzt, wie das zum Beispiel bei relativ dünnen Bauteilen aus dichtem Beton der Fall ist. Es ist sinnlos, diese Werte etwa bis auf die zweite Stelle hinter dem Komma genau nachzuweisen. Man sollte immer eine möglichst große Sicherheit vorsehen. Gerade bei den schweren Konstruktionen ist eine Überschreitung bis zu 100% und mehr durchaus noch wirtschaftlich und wird als sogenannter Vollwärmeschutz bezeichnet.

Der Mindestwärmeschutz muß nach der Norm an jeder Stelle vorhanden sein, also auch an Stützen, Betonfensterstürzen, Deckenstirnseiten, Fensterpfeilern, Heizkörpernischen und dergleichen. Für Fenster gelten besondere Vorschriften → 164. Weiterhin müssen die Wände zuverlässig dicht sein, eine Forderung, die gerade bei den modernen Fertigteil-Fassaden oft erhebliche Schwierigkeiten bereitet. Bei gemauerten Wänden herkömmlicher Bauart läßt sie sich durch einen üblichen Verputz leicht erfüllen.

Die Wärmedämmung wird erheblich verschlechtert durch Baufeuchte und durch von außen oder innen in die Wand eindringendes Wasser. Die Schlagregenbelastung ist an hohen Gebäuden 12 bis 20mal größer als im Erdgeschoß.

1 Wärmedämmung in Abhängigkeit von der Gesamtmasse in kg/m² nach DIN 4108 für Außenwände bewohnbarer Räume mit normalem Klima.

kg/m² mindestens	m² K/W	mm Mineralwolle
300	0,55	(22)
250	0,58	(23)
200	0,60	(24)
150	0,65	(26)
100	0,80	(32)
90	0,86	(34)
80	0,92	(37)
70	0,98	(39)
65	1,04	(42)
50	1,10	(44)
40	1,20	(48)
30	1,30	(52)
20	1,40	(56)
0	1,75	(70)

Die übrigen Werte liegen gradlinig dazwischen.
Zur Gesamtmasse zählen nur raumseitige Schichten bis zur Dämmschicht mit $\lambda_R < 0,1$. Bei $\lambda_R > 0,1$ alle Schichten. Holz und Holzwerkstoffe dürfen »näherungsweise« doppelt gerechnet werden. Diese Tabelle gilt auch für leichte Dächer und Decken unter nicht ausgebauten Dachräumen.

Außenwände BAUTEILE

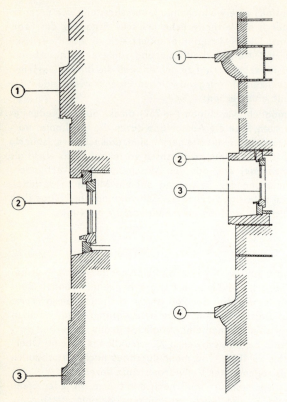

1 (links) Senkrechter Schnitt durch die Außenwand nach 304 3.
1 Gurtgesims mit zu hoher senkrechter Fläche, die wie der Sockel nach 3 stark verfärbt ist → 304 4.
2 Fenster ohne Sohlbank mit Tropfnase
3 Sockelvorsprung ohne Gesims und Tropfnase

2 (rechts) Zum Vergleich: Senkrechter Schnitt durch eine alte Naturstein-Fassade:
1 weit vorspringendes Gurtgesims mit Tropfnase
2 auf der Oberseite von der Mörtelfuge abgesetztes umlaufendes Fenstergesims mit Tropfnasen
3 Einfachfenster in Holzrahmen
4 Sockelgesims mit Tropfnase

Die Schalldämmung der heute üblichen Außenwandkonstruktionen ist normalerweise ausreichend, zumal sie durch die Fenster sehr begrenzt wird. Auf jeden Fall muß sie besser sein als diejenige der Fenster → 168 3. Für ihre Bemessung gelten im wesentlichen die gleichen Gesichtspunkte wie bei den Trennwänden → 127. Die Längsleitung darf natürlich die Schalldämmung der betreffenden Trennwand oder -decke nicht mindern. Zu diesem Zweck fordert DIN 4109 für flankierende, starr durchlaufende Bauteile eine Flächenmasse von mehr als 250 kg/m². Bei Doppelwänden gilt diese Forderung für die Innenschale.

Für die Wärmedämmung und Haltbarkeit besonders gefährlich ist der Schlagregen an solchen Außenwänden, die gegen die Hauptwindrichtung und im Sonnenschatten liegen. Hier muß mit allen Mitteln der Fassadengestaltung versucht werden, Feuchtigkeit von der Wand fernzuhalten, also bei niedrigen Gebäuden etwa durch einen weiten Dachvorsprung → 304 5 und bei hohen Gebäuden durch eine wasserabweisende Außenhaut, wasserabweisende Gesimse und dergleichen → 2. Gegen diesen Grundsatz wird leider allzuoft verstoßen → 1 und 304 3.

Auch so manche der »alten Meister« waren gegen diesen Kardinalfehler nicht gefeit, wie ständige Reparaturarbeiten an alten, infolge Durchfeuchtung, Frost und Hitzewirkung langsam verwitternden Bauwerken zur Genüge beweisen. Auch an neuen gegen die Witterung ungenügend geschützten Bauwerken zeigen sich in erschreckendem Maße derartige Korrosionserscheinungen. Wenn Vorsprünge, Gurtgesimse, Fenstergesimse usw. technisch überhaupt einen Sinn haben sollen, müssen sie in der Lage sein, zumindest das Regenwasser von der Wand fernzuhalten, da Wasser auf die Dauer den Bestand jedes Bauwerks gefährdet → 336 2.

Nicht minder gefährlich als Regenwasser kann die Feuchtigkeit von innen werden, die als Wasserdampf und Tauwasser infolge des in unserem Klima oft genug die längste Zeit des Jahres über vorhandenen Temperatur- und Dampfdruckgefälles von innen nach außen dringt. Diese Feuchtigkeitswanderung darf in den meisten Fällen durch eine dichte Wetterhaut an der Außenseite nicht behindert werden. Normalerweise muß der Diffusionswiderstand der Außenwand-Baustoffe von innen nach außen abnehmen, wenn die Gefahr besteht, daß Feuchtigkeit an der Innenseite in die Außenwand eindringen kann.

Bei Baustoffen mit guter kapillarer Saugfähigkeit genügt es, wenn der Diffusionswiderstand über den ganzen Mauerquerschnitt gleich bleibt. Notfalls sind innen zuverlässige Dampfsperren → 103 2 anzuordnen, die wiederum mit einer Pufferzone zur Aufnahme eines vielleicht doch kurzzeitig auftretenden Tauwasserniederschlags belegt werden müssen. Zuverlässige Dampfsperren einzubauen, ist allerdings außerordentlich schwierig. Bei Außenwänden muß nämlich beachtet werden, daß sich das Dampfdruckgefälle während der warmen Jahreszeit und bei Erwärmung der Außenseite durch Sonnenstrahlung umkehrt und dann die Gefahr besteht, daß diese Sperrschicht abgedrückt wird.

Das extreme Beispiel eines Außenwandschadens infolge Diffusion zeigt 305 1. Hier hat sich der trotz »Spezial-Dampfsperre« auf dicker Wärmedämmschicht an der Innenseite ungenügend gesperrte Wasserdampf infolge des sehr hohen Dampfdrucks im Innenraum überall dort einen Weg ins Freie gesucht, wo der zu allem Unglück noch relativ dicht hergestellte Beton gerissen war oder andere Ausführungsfehler aufwies. Die Folge waren umfangreiche Kondenswasserbildung und Tauwasserniederschlag sowie an der Außenseite eine sehr häßliche Fleckenbildung mit Aussinterungen. Belastungen dieser Art treten wohl nur bei Industrieräumen auf. Man sollte ihnen jedoch auch bei anderen Bauwerken vorbeugen, da niemand vorher weiß, wie die betreffenden Räume im Laufe der Jahrzehnte benutzt werden. Dicht belegte, unbeheizte und schlecht belüftete Wohnräume, Küchen, Bäder und dergleichen können in unserem Klima ähnlichen Belastungen ausgesetzt sein.

Ein weiteres, die Außenwandgestaltung sehr bestimmendes Moment ist der Sonnenschutz. Sofern diese Frage nicht allein durch die Orientierung der Gebäude und den Dachvorsprung zu lösen ist, haben sich die bereits erwähnten Prinzipien am besten bewährt → 57.

Für die Gestaltung der nicht verglasten Teile von Außenwänden und Fassaden spielt der Einfluß der Sonnenwärmestrahlung eine wichtige Rolle, da sie in der Lage ist, die betreffenden Teile stark aufzuheizen und je nach Art des Baustoffes zu teilweise sehr erheblichen Wärmeausdehnungen zu veranlassen. Die zwischen Sommer und Winter auftretenden Temperaturdifferenzen liegen je nach Baustoff, Oberfläche, Himmelsrichtung und Einfallwinkel der Strahlung gewöhnlich zwischen 50 und 90 Grad. Bei dem heute für größere Gebäude vorwiegend verwendeten Beton

BAUTEILE

Außenwände

kann etwa mit folgenden Richtwerten für die maximalen Längenänderungen durch Wärmedehnung gerechnet werden:

Innen isolierte, außen freiliegende Teile aus Sichtbeton o. ä. an Sonnenseiten (hauptsächlich Ost- und Westseite)	ca. 0,9 mm/lfm
Außen gegen Temperaturänderungen isolierte Flächen bei ständiger Heizung im Winter	ca. 0,3 mm/lfm
Außen gegen Temperaturänderungen isolierte Flächen, wenn Innenseiten zeitweilig nicht beheizt oder kalter Außenluft ausgesetzt	ca. 0,5 mm/lfm
Nicht sonnenbeschienene freiliegende Betonteile	ca. 0,5 mm/lfm

Die Aufheizung von Bauteilen und die damit zusammenhängende Wärmedehnung läßt sich bis zu einem gewissen Grade durch eine sachgemäße Farbgebung und Ausbildung der Außenhaut verringern. Es sind diejenigen Oberflächen am günstigsten, die eine möglichst starke Reflexion der Wärmestrahlung bewirken → 104 4.

Die → Wärmespeicherung ist bei der Außenwandgestaltung ebenfalls wichtig. Sie hängt mit der Wärmedehnung eng zusammen, so daß es zweckmäßig ist, für wärmespeichernde Außenwände solche Bauteile zu verwenden, die keinen großen Wärmedehnungskoeffizienten → 104 2 besitzen, wie z. B. Mauerwerk aus Vollziegeln und dergleichen. Die Wärmespeicherung läßt sich zum Ausgleich großer Temperaturschwankungen zwischen Tag und Nacht sehr vorteilhaft ausnutzen, also weniger in unseren Breiten als bei nahezu tropischem Klima, das heißt in solchen Gegenden, wo die Tage sehr warm und die Nächte relativ kalt sind.

Unter Berücksichtigung aller oben diskutierten Gesichtspunkte gelangt man zu mehreren voneinander grundsätzlich verschiedenen Außenwandtypen → 110—121.

Wärmebrücken

DIN 4108 verlangt, daß die Mindestdämmwerte an jeder Stelle vorhanden sind. Wärmebrücken sind bei Außenwänden unzulässig. Stellen ungenügender Wärmedämmung sind bei der Konstruktion von Außenwänden das vordringliche Problem. Für den Gesamt-Wärmebedarf ist es nahezu nutzlos, kleinere Außenwandteile mit einer sehr guten Wärmedämmung auszustatten, wenn der größte Teil dieser Fläche etwa schlecht und undicht verglast ist. Auch kleinere Wärmebrücken sind für den Wärmebedarf praktisch bedeutungslos (obwohl der durch sie verursachte Wärmeverlust viel größer ist, als nach ihrem Flächenanteil rein rechnerisch erwartet werden kann), jedoch durch Raumluftfeuchtigkeit und Tauwasserniederschlag erhöht gefährdet. Feuchtigkeitsschäden entstehen nicht nur dort, wo der Wärmedurchlaßwiderstand zu gering ist, sondern auch an Stellen mit zu geringem Wärmeübergang, also z. B. ungenügender Warmluftkonvektion → Bild 1 und 2. Als Gefahrenpunkte der gleichen Art müssen wegen der größeren Außenfläche auch Außenecken angesehen werden, selbst wenn hier die gleiche Dämmstoffdicke vorhanden ist wie in Wandmitte → 2.

Praktisch die gleiche ungünstige Temperaturverteilung wie hinter einem an eine Außenwand grenzenden Einbauschrank ist an auskragenden Beton-Balkonplatten vorhanden. Hier wurde gegenüber einer einwandfrei gedämmten Ausführung eine Absenkung der Oberflächentemperatur um ≈ 1 Grad gemessen (Südbalkon). Bei Behinderung der Luftkonvektion oder bei einer anderen Minderung des Wärmeübergangs sinken die Wandtemperaturen weiter um etwa 2 Grad und mehr.

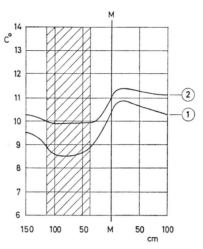

1 Temperatur-Verlauf entlang einer 30 cm dicken verputzten Bimshohlblock-Außenwand in der Ecke parallel zum Fußboden und zur Außenwand (mittlere Außentemperatur −2 °C, Raumtemperatur +20 °C).
M = Wandmitte. Die danebenstehenden Zahlen auf der Abszisse kennzeichnen den Abstand der Meßstelle aus der Wandmitte:
① Deckenstirnseite normal verputzt ohne Wärmedämmplatte
② Deckenstirnseite mit 5 cm dicken Holzwolle-Leichtbauplatten isoliert
Im Bereich der schraffierten Fläche wurde die Konvektion entlang der Außenwand in ähnlicher Weise behindert, wie z. B. durch einen Einbauschrank. Das Meßergebnis zeigt deutlich, daß diese Konvektionsbehinderung bei der ungedämmten Ausführung zu einer sehr starken Temperaturabsenkung und zu einer dementsprechend größeren Anfälligkeit gegen Tauwasserniederschlag, Schimmelpilzbildung u.dgl. führt. Auch bei der gedämmten Ausführung ist der Temperaturabfall noch bedenklich, auf jeden Fall größer als im rechten Wandteil zwischen ① und ②, wo die Konvektion nicht behindert wurde (nach H. Künzel) → 305 3.

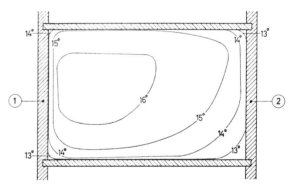

2 Temperaturverteilung auf der inneren Oberfläche einer 38 cm dicken Westwand aus Vollziegeln (nach H. Reiher).
① flankierende Südwand
② flankierende Nordwand
Die Innenlufttemperatur betrug +20 °C bei 60 % rel. Luftfeuchtigkeit. Die Außenlufttemperatur +2 °C. Die Zeichnung zeigt deutlich die starke Abnahme der Oberflächentemperaturen in den Ecken, insbesondere in der unteren Ecke zwischen West- und Nordwand.

Die für die Raumbehaglichkeit wichtigen Oberflächentemperaturen der Außenwände → 110 1 sind also nicht nur von der Wärmedämmung (Wärmedurchlaßwiderstand), sondern auch von der Raumform und -ausstattung sowie von den Wärmeübergangszahlen abhängig → 110 2. Die Größe der Wärmeübergangszahl → 54 2 hängt wiederum von der Art der Heizung, der Lage der Heizkörper sowie von dem Zustand und der Strömungsgeschwindigkeit der wandnahen Luftschichten ab. Durch gute Erwärmung und starke Bewegung dieser Luftschichten läßt

Außenwände

BAUTEILE

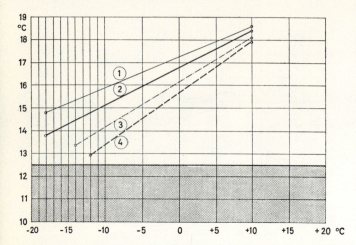

1 Temperatur der inneren Oberflächen von Außenwänden in °C bei normaler Innenlufttemperatur und verschiedenen Außentemperaturen.
① Wärmedurchlaßwiderstand 0,69 (0,8)
② Wärmedurchlaßwiderstand 0,56 (0,65) in DIN 4108 für das Wärmedämmgebiet III gefordert.
③ Wärmedurchlaßwiderstand 0,47 (0,55) für Wärmedämmgebiet II
④ Wärmedurchlaßwiderstand 0,39 (0,45)
Abszisse = Außentemperatur
Ordinate = Oberflächentemperatur der Wand

Die Rasterfläche unterhalb von 12,5 °C kennzeichnet den unbehaglichen Temperaturbereich.

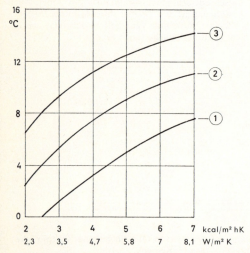

2 Abhängigkeit der Oberflächentemperatur an Außenwand-Innenseiten vom Wärmedurchlaßwiderstand der Wand und der Wärmeübergangszahl an der Warmseite (Innenseite)
① Wärmedurchlaßwiderstand = 0,15
② Wärmedurchlaßwiderstand = 0,30
③ Wärmedurchlaßwiderstand = 0,55
Die Raumlufttemperatur betrug + 20 °C, die der Außenluft −10 °C. Äußere Wärmeübergangszahl 23,3 (20) (nach H. Künzel).

sich die Wärmeübergangszahl erhöhen und damit die nachteilige Wirkung der Wärmebrücken wenigstens annähernd beseitigen (z. B. ungedämmte Stahlbetonstützen, Sichtbeton-Querwände), solange der dann erhöhte Wärmeverlust wirtschaftlich unbedenklich ist → **2**.

Die Wärmebrückenwirkung kann die Gesamt-Wärmedämmung unter Umständen stärker mindern, als rechnerisch auf Grund des Flächenanteils der Wärmebrücken erwartet werden kann. Das gilt vor allem für mehrschichtige Außenwände mit verhältnismäßig gut wärmeleitenden Deckschichten, z. B. aus Beton und Metall. Bei Sandwich-Platten aus Beton → **120 3** wurden trotz eines ganz erheblich geringeren Wärmebrückenanteils Verschlechterungen der Gesamt-Wärmedämmung bis 50 % gemessen.

Isoliersteinwände

Das in Süd- und Westdeutschland weitverbreitete Mauerwerk aus Leichtbetonsteinen aus natürlichem Bims (Schwemmstein) genügt in der bevorzugten Dicke von 24 bis 25 cm gerade den Mindestanforderungen der Norm. Die unzulässigen Wärmebrücken müssen hier besonders sorgfältig vermieden werden, vor allem in solchen Gebäuden, die nicht zentral beheizt werden. Der häufigste Fehler ist eine ungenügende Dämmung der Kellerdeckenstirnseiten, die sich an den überhaupt nicht oder nur wenig von der Sonne beschienenen Seiten zuweilen deutlich sichtbar auswirkt → **305 2**, **111 1** und **111 2**. Ähnlich anfällige Stellen sind die übrigen Deckenanschlüsse, Fensterstürze → **111 4** und Fensterleibungen → **111 5**. Der Einfluß von Baufeuchte und Schlagregen wirkt sich sehr stark auf die Wärmedämmung aus, und zwar nicht nur bei Bims, sondern auch bei den übrigen Stoffen dieser Art.

Ist die kapillare Saugfähigkeit wie bei Bims und Gasbeton gering, so hält sich die anfangs bei 40 Gewichts-% liegende Baufeuchtigkeit im Wandkern jahrelang, obwohl die Außenseiten schon nach ein bis zwei Jahren praktisch trocken sind, also nur noch den Gleichgewichts-Feuchtigkeitsgehalt besitzen. Kapillar gut leitfähiges Mauerwerk etwa aus Ziegel- oder Kalksandsteinen trocknet schneller und gleichmäßiger über den ganzen Querschnitt aus.

Trotz dieser Unterschiede müssen alle derartigen Wände vor allem gegen Schlagregen geschützt werden, am besten durch wasserabweisende Putze → **211** oder Anstriche → **208**. Beide dürfen normalerweise die Austrocknung nach außen nicht behindern, obwohl es als erwiesen gilt, daß die Feuchtigkeitsbelastung aus normal zentralbeheizten und gut gelüfteten Aufenthaltsräumen ohne Kochbetrieb oder ähnliche zusätzliche Wasserdampfentwicklung gering ist. Im Gegenteil ist bei relativen Luftfeuchten von weniger als ca. 50 % im Jahresdurchschnitt eine beträchtliche Austrocknung nach innen vorhanden, und zwar nicht nur an den in dieser Hinsicht besonders begünstigten Sonnenseiten, sondern auch an der Nordwand.

Die Erwärmung der Außenseite von Isoliersteinwänden durch Sonnenstrahlung kann 60 °C überschreiten → **112 1**. Die Temperaturmaxima treten an den einzelnen Gebäudeseiten zu verschiedenen Zeiten auf. Den besten Sonnen- und Schlagregenschutz gewährleisten Zusatzmaßnahmen nach dem Kaltwand-Prinzip → **113**.

Die sich selbst tragende Dämmstoffwand ist die einfachste Form einer physikalisch richtigen Außenwand. Kritisch ist hierbei eine allen Anforderungen und Belastungen genügende Oberflächenbehandlung an der Außenseite sowie die Schall-Längsleitung → **43 3**.

Äußere Dämmschichten

Übliches Mauerwerk hat in den wirtschaftlichen Dicken eine verhältnismäßig geringe Wärmedämmung. Im Zuge der Bemühungen um den Vollwärmeschutz ist es daher oft notwendig, zusätzlich Dämmplatten zu verwenden. Um die Wärmespeiche-

BAUTEILE

Außenwände

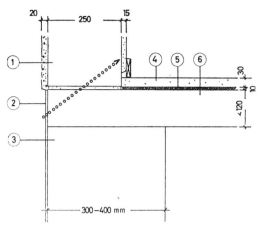

1 Senkrechter Schnitt durch die Außenwand mit Kellerdeckenanschluß in einem neuen Miethaus (sozialer Wohnungsbau) mit einem der häufigsten Ausführungsfehler:

1. Bimshohlblockmauerwerk mit Mindestwärmeschutz, beidseitig verputzt
2. nicht gedämmte Stirnseite der Stahlbetondecke
3. Kellermauer aus Schüttbeton
4. schwimmender Estrich mit fehlender Randisolierung
5. in der Wärmedämmung ungenügende Dämmstoffschicht
6. Stahlbetondecke

Der punktierte Pfeil kennzeichnet den Weg der übermäßigen Auskühlung, die unter ungünstigen Bedingungen → 305 2 zu übermäßigem Tauwasseranfall, Schwärzepilzwuchs und Bauschäden führen kann.

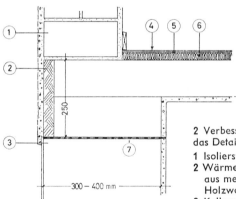

2 Verbesserungsvorschlag für das Detail in 1.

1. Isoliersteinmauerwerk
2. Wärmedämmschicht, z. B. aus mehr als 35 mm dicken Holzwolle-Leichtbauplatten
3. Kellerwand
4. Bodenbelag aus Linoleum, Kunststoff o. ä.
5. Druckverteilungsschicht aus wasserfest verleimten Spanplatten o. ä.
6. tragfähige Wärmedämmschicht, z. B. aus 25 mm dickem STYROPOR, 35 mm dicken bitumengebundenen Holzfaser-Isolierbauplatten o. ä.
7. obere Feuchtigkeitssperrschicht nach DIN 4117, z. B. aus einer Lage 500er Dachpappe

3 Horizontaler Schnitt durch eine bewährte Wärmeisolierung von Sichtbetonstützen:

1. äußere Fensterbank mit Tropfnase
2. wasserabweisender Außenputz
3. 35 mm dicke Holzwolle-Leichtbauplatten als verlorene Schalung an die Stütze lückenlos anbetoniert

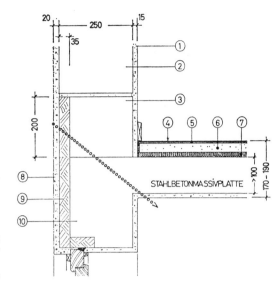

4 Senkrechter Außenwandschnitt mit Fenstersturz und Trenndeckenanschluß:

1. Innenputz
2. Isolierstein-Mauerwerk
3. dünnere Mauerwerksschicht, Stahlbeton-Überzug o. ä.
4. Bodenbelag, z. B. Linoleum
5. fußwarme Unterlage aus mehr als 2 mm dicker Filzpappe o. ä.
6. schwimmender Estrich
7. mehr als 8 mm dicke hochgekantete Dämmstoffschicht mit normgerechter Abdeckung
8. Außenputz
9. mehr als 35 mm dicke anbetonierte Holzwolle-Leichtbauplatte o. glw.
10. Stahlbeton

Der punktierte Pfeil zeigt den Weg der Auskühlung bei fehlender Dämmplatte oberhalb der Rohdecke, Mindestwärmeschutz und behindertem Wärmeübergang an der Sturzinnenseite etwa durch ungenügend hinterlüftete Vorhangschienen, dauernd geschlossene Vorhänge (Stores) usw.

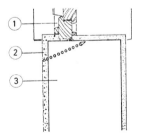 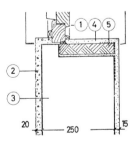

5 Falsche (links) und richtige (rechts) Ausführung der Fensterleibung in Außenwänden aus Isolierstein-Mauerwerk mit Mindestwärmeschutz:

1. Fenster
2. Außenputz
3. Außenwand aus Bims-Hohlblocksteinen o. ä.
4. Innenputz, an der Ecke armiert
5. Wärmedämmplatte aus mehr als 35 mm dicken Holzwolle-Leichtbauplatten, mehr als 15 mm dickem STYROPOR o. glw.

Die richtige Ausführung entspricht genau DIN 4108. Die Dämmplatte kann auch durch ein Holzfutter mit Hinterstopfung aus Glas- oder Steinwolle ersetzt werden → Fenster, 164. Wenn das Fenster innen bündig sitzt, ist die Dämmplatte nach Ziff. 5 wegen der größeren Abkühlfläche der Außenecke noch wichtiger.

Außenwände BAUTEILE

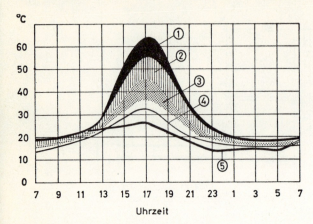

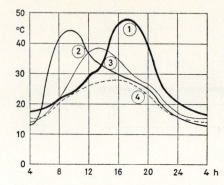

1 Oberflächentemperaturen von Außenputz auf einer 30 cm dicken Westwand aus Bimshohlblockmauerwerk bei starker Sonnenstrahlung im Hochsommer (nach Reiher).
① bei schwarzer Oberfläche
② bei starkfarbiger Oberfläche
③ bei hellen Farben
④ bei weißer Oberfläche
⑤ Temperatur der Außenluft

Der Einfluß der Farbe ist außerordentlich groß. Die größte festgestellte Temperaturdifferenz betrug zwischen Schwarz und Weiß ca. 32 Grad. Es ist ferner bemerkenswert, daß die höchsten Temperaturen am späten Nachmittag erst kurz nach 17 Uhr auftraten. Fast den gleichen Temperaturverlauf hat man unter sonst ähnlichen Bedingungen an keramischen Wandverkleidungen auf Westwänden festgestellt. Bei solchen Verkleidungen deckt sich die schwarze Fläche nach 1 mit den Verhältnissen bei ziegelroten bis schwarzen Glanzglasuren. Der obere Rand der punktierten Fläche entspricht etwa elfenbeinfarbigen Keramikspaltplatten und der untere Rand dieser Fläche deckweißen Platten sonst gleicher Art.

3 Zeitlicher Verlauf der Oberflächentemperaturen auf verschieden orientierten, verputzten Außenwänden aus Bims-Hohlblocksteinen an einem strahlungsreichen Sommertag.
① Westwand: Hier treten besonders große Temperaturunterschiede auf. Die Wand wird während des Vor- und Nachmittags durch die Lufttemperatur vorgewärmt. Die flachstehende Sonne trifft fast rechtwinklig auf die Wand und heizt sie deshalb stark auf.
② Ostwand: Auch hier führt die steil auftreffende Sonnenstrahlung zu großen Temperaturunterschieden.
③ Südwand: Die steilstehende Sonne am Mittag trifft spitzwinklig auf die Wandfläche auf. Daher relativ geringe Temperaturunterschiede.
④ Nordwand: Keine direkte Sonneneinstrahlung. Der Temperaturunterschied rührt nur von der Lufterwärmung her.

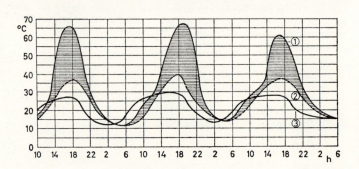

4 Zeitlicher Verlauf der Oberflächentemperatur einer mit Spaltklinkern verkleideten Westwand nach Messungen des Instituts für Technische Physik Stuttgart über die Dauer von drei Tagen.
① schwarze Spaltklinker ② weiße Spaltklinker ③ Lufttemperatur
Der Temperaturverlauf für alle übrigen Farben liegt im schraffierten Bereich.

5 Maximale Oberflächentemperaturen von verschiedenfarbigen Keramikplatten

Gemessen an der Westwand eines Gebäudes bei Verlegung vor einer Wärme-Dämmschicht im Hochsommer bei ca. 30° Lufttemperatur

Farbe der Keramikplatten	Temperatur °C
schwarz glänzend	67,5 (60—80)
schwarz matt	66,5
dunkelgrau matt	60,0
ziegelrot unglasiert	57,0
dunkelgrün	57,0
mittelblau	53,5
dunkelgelb	48,5
elfenbein glasiert	46,0
hellgrün	46,0
grauweiß unglasiert	44,0
hellgelb	44,0
weiß matt	43,5 (20—30)
deckweiß	39,0

Die eingeklammerten Zahlen gelten vergleichsweise für einen dünnen Putz.

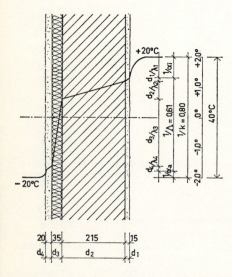

2 Theoretische Temperaturverteilung in einer außenseitig zusätzlich gedämmten Isoliersteinwand mit Erläuterung des Zusammenhangs zwischen Wärmedurch*laß*widerstand $1/\Lambda$, Wärmeleitzahl λ, Wärmeübergangswiderstand $1/\alpha$ und Wärmedurch*gangs*widerstand $1/k$.

BAUTEILE — Außenwände

rung der Wand dem betreffenden Raum zu erhalten, um die Wand vor unnötigen Temperaturbelastungen zu schützen und auch wegen der meistens größeren Dampfdurchlässigkeit der in Frage kommenden Dämmstoffe ist es naheliegend, die zusätzliche Dämmung an der Außenseite vorzunehmen → 305 4. Für solche Wände ergibt sich (vom Putz → 211 abgesehen) ein günstiger Temperatur- → 112 2 und Dampfdruckverlauf. Der Putz wird je nach Farbe stärker aufgeheizt als bei den Wänden aus Isolierstein-Mauerwerk → 112 1. Dasselbe gilt auch für Keramikverkleidungen o. ä. → 112 5. Über den zeitlichen Verlauf der Temperaturänderung gibt 112 4 Auskunft. Die bei dieser Art der Verkleidung wohl günstigste Befestigung ist die direkte fabrikmäßige Verbindung zwischen Keramikplatten und Dämmschicht, etwa durch Anschäumen von Schaumkunststoff.

Das Kaltwandprinzip

Der wirksamste Schlagregenschutz läßt sich unter Vermeidung der Risiken einer direkt auf die Dämmschicht aufgebrachten Außenverkleidung bei geradezu idealer Erfüllung der Forderung nach einer ungehinderten Austrocknungsmöglichkeit (»Atmung«) nach außen durch eine jahrhundertealte Konstruktion erfüllen, nämlich durch den Schindelschirm → 305 3. Der Aufbau entspricht dem des konventionellen Kaltdachs → 153 1, so daß man solche Wände »Kaltwände« oder »Kaltfassade« nennt. Kalt ist auch hier (im Winter) die Außenhaut und durch kräftige Belüftung auch der dahinterliegende Hohlraum. Die Lüftungsöffnungen können hierbei nicht groß genug sein. Als Mindestmaß wären etwa 0,2% der Wandansichtsfläche zu fordern, je nachdem, wie dampf- oder luftdurchlässig die Außenschale ist.

Das Kaltwandprinzip läßt sich bei Mauerwerksbauten, Holzfachwerk und besonders vorteilhaft bei Betonwänden ausnutzen → Bild 1. Auch der Sonnenschutz wird hier in idealer Weise gewährleistet, soweit die Platten verhältnismäßig klein und daher nur geringen Längenänderungen ausgesetzt sind. Bei größeren Elementen → 114 1 sind für die unvermeidbaren Längenänderungen infolge der teilweise erheblichen Temperaturschwankungen → Bild 2 ausreichende Dehnfugen vorzusehen. Wenn diese nicht breiter als etwa 2 bis 3 mm sind, ist ein Fugenverschluß nicht notwendig, da das Wasser infolge einer Art Kapillarwirkung der Fugen und des gewöhnlich vorhandenen Druckausgleichs auch bei Sturm nicht in den Hohlraum gelangen kann.

Die Außenschale kann auch aus Mauerwerk bestehen. Solche Wände haben sich auch ohne Belüftung im norddeutschen und holländischen Küstengebiet bewährt. Die Außenschale sollte dicht sein und ein gutes kapillares Saugvermögen (große Feuchtespeicherfähigkeit) besitzen.

Das Kaltwandprinzip erlaubt in seiner klarsten Form, Außenwände mit hochwertigsten Wärmedämmschichten beliebigen Wirkungsgrades zu bauen, also auch für Gebäude mit extremen Beanspruchungen durch Temperaturen, Regen und Wasserdampf. Der Dämmstoff ist in diesem Idealfall völlig dampfdurchlässig → 1 oder selbsttragend und dann dampfdicht wie z. B. geschlossenzelliges Schaumglas → 275 4.

Innere Dämmschichten

Theoretisch ist die innenliegende Wärmedämmschicht auf verhältnismäßig dichten Außenwänden nur dann einigermaßen in Ordnung, wenn die Dämmschicht dampfdicht ist sowie dampf-

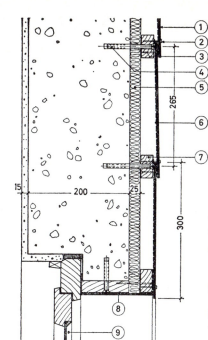

1 Senkrechter Schnitt durch eine »Kaltwand«:
1 hinterlüftete Wetterschutzhaut aus ebenen Asbestzementplatten (Schindeln)
2 untere Befestigung mit rostfreien Nägeln
3 obere Plattenbefestigung
4 Kunststoff-Dübel mit Holzschraube
5 durchgehende Wärmedämmschicht aus Schaumkunststoff-, Glasfaser-, Steinwolle- o. glw. Platten. Holzwolle-Leichtbauplatten sollten bei etwa gleicher Wärmedämmung mehr als 50 mm dick sein
6 sehr sorgfältig eingelegter Fugen-Deckstreifen
7 waagerecht angeschraubte Holzleisten, an den Stößen zur besseren Durchlüftung wechselseitig auf Lücke gesetzt. Lattenlänge max. 4 m, Breite der Lücke mehr als 5 cm
8 Leibungsverkleidung auf durchlaufendem Dübelbrett o. ä.
9 Fenster

Die Dämmschicht kann zur Vereinfachung der Montage auch zwischen die Leisten geklemmt werden. Zu diesem Zweck werden u. a. besondere wasserabstoßend imprägnierte standfeste Glaswolleplatten geliefert. Die Leisten nach 7 müssen immer mindestens 10 mm dicker als die Dämmschicht sein.

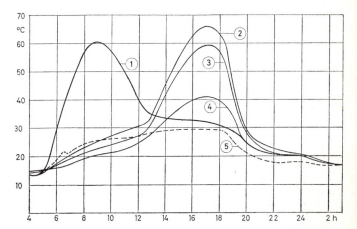

2 Verlauf der Außenluft-Temperatur und der Oberflächentemperatur verschiedenfarbiger Betonwerkstein-Fassadenplatten in der Zeit von 4 Uhr morgens bis nach Mitternacht bei Sonnenstrahlung auf eine Ostwand (Maximum zwischen 8 und 10 Uhr) und auf eine Westwand (Maximum zwischen 16 und 18 Uhr). Die Messungen erfolgten auf einem Versuchsgelände in Holzkirchen/Obb. am 25. und 26.7.1963 (nach Kopatsch).

① Ostwand, schwarze Platten
② Westwand, schwarze Platten
③ Westwand, rote Platten
④ Westwand, weiße Platten
⑤ Temperatur der Luft

Außenwände — BAUTEILE

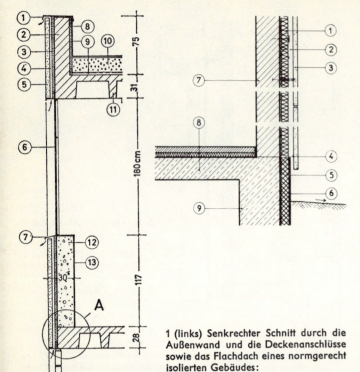

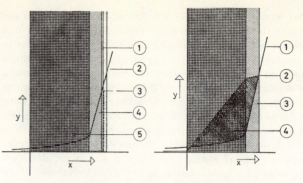

1 (links) Senkrechter Schnitt durch die Außenwand und die Deckenanschlüsse sowie das Flachdach eines normgerecht isolierten Gebäudes:

1 Abdeckblech
2 Brüstungsmauerwerk
3 Wärmedämmschicht, ca. 30 mm dick aus Mineralwolle, STYROPOR o. glw.
4 nach außen belüfteter Hohlraum
5 Fassadenplatten aus Kunststein, Naturstein, Betonwerkstein usw.
6 Verglasung
7 Fenster-Tropfblech
8 Wärmedämmschicht
9 Sperrschichten
10 Wärmedämmung des Daches
11 Betondecke
12 Brüstung aus Mauerwerk oder Beton
13 innenseitige Verkleidung aus Putz, Keramik-Platten, Mosaik o. ä.

2 (oben rechts)
1 Wärmedämmschicht, z. B. aus 60 mm dicken Glasfaser-Platten, angeklebt und mechanisch gesichert. Alle 6—7 m Wasserableitprofile nach Bedarf.
2 Belüfteter Hohlraum. Freier Querschnitt aller Lüftungsöffnungen mindestens 0,14% der Wand-Ansichtsfläche, Hohlraumdicke mindestens 30 mm.
3 Fassaden-Platte, z. B. aus Naturstein-Platten, Plattenfugen nach den thermisch auftretenden Längenänderungen bzw. Bau-Toleranzen. Bei einer Fugenbreite bis zu etwa 3 mm ist auch bei stärksten Niederschlägen eine besondere Fugendichtung nicht erforderlich. Max. praktikable Fugenbreite ca. 8 mm.
4 Untere Lüftungs-Öffnung mit Schutzgitter gegen Mäuse, Vögel und Insekten.
5 Feuchtigkeitsunempfindliche Wärmedämmschicht, z. B. aus Schaumglas-Platten, vollflächig in Zweikomponenten-Bitumenmastix angesetzt und allseits dünn mit gleichem Material überspachtelt.
6 Deckplatte, z. B. aus Zementasbest-Planplatten, aufgeklebt oder in den Beton durchgeschraubt.
7 Tragende Wand, z. B. aus Beton oder Mauerwerk.
8 Schwimmender Estrich mit mindestens 35 mm dicker Wärmedämmschicht auf der Stahlbeton-Kellerdecke (PS-Schaum, Mineralwolle-Platten o. glw.).
9 Untergeschoß-Wand aus wasserdichtem Beton (Sperrbeton DIN 4117 → 121 2).

3 (links) Außenwand aus Sichtbeton mit innenliegender Wärmedämmschicht (schematische Darstellung). Die Dampfsperre an der Warmseite des Dämmstoffes verhindert die Wasserdampfkondensation. Der Dampfdruckverlauf bleibt unter der Sattdampfkurve!
① Dampfsperre
② Sattdampfkurve
③ Dampfdruckverlauf
④ Schaumkunststoff
⑤ Sichtbeton

4 (rechts) Kondenswasserbildung an einer Außenwand aus Sichtbeton mit innenliegender Wärmedämmschicht (schematische Darstellung).
① Sattdampfkurve
② Dampfdruckverlauf, hypothetisch ohne Kondensation
③ STYROPOR oder ähnliche Wärmedämmschicht
④ Sichtbeton, Klinkermauerwerk o. glw.

dicht verlegt und befestigt werden kann. Alternativ käme noch die warmseitige Dampfsperre → Bild 4 in Frage, deren einwandfreie praktische Ausführung schon erhebliche Schwierigkeiten verursacht, ganz abgesehen von der Tatsache, daß viele Wände im Sommer durch Sonnenstrahlung von außen ganz erheblich aufgeheizt werden und die Dampfsperre dann auf der verkehrten Seite liegt. Sie kann so durch Dampfdruck abgelöst werden. Die gleiche Gefahr besteht übrigens auch bei der Ausführung mit dampfdichter Dämmschicht, wenn sie etwa nur leicht angeklebt wird. Eine dauerhafte, feste Verbindung zur Wand ist daher hierbei sehr wichtig.

Eine nicht dampfdichte, dagegen nach innen »ablüftfähige« Dämmschicht verursacht diese Schwierigkeiten nicht. Während der kalten Jahreszeit kann sie aber durch Kondensation von bis zum dichteren Baustoff (meistens Beton) durch Diffusion durchdringendem Wasserdampf zunehmend feuchter werden → Bild 3. Da fast jeder Baustoff ohnehin einen bestimmten ständigen Feuchtigkeitsgehalt hat, ist die Vermutung naheliegend, daß eine geringe Feuchtezunahme unbedenklich ist, wenn sie durch Temperaturausgleich oder -umkehr im Sommer wieder abnimmt. Diese Vermutung wird durch gute Erfahrungen mit innenseitig anbetonierten Wärmedämmschichten bestätigt. Theoretisch lassen sich diese Vorgänge unvollständig oder überhaupt nicht erfassen, da sich die Temperaturen auch im Winter ständig ändern.

Zwei Jahre lang andauernde Messungen an Versuchshäusern mit ganz dichter Außenverkleidung (Glasplatten) auf dem Versuchsgelände in Holzkirchen (Außenstelle des Instituts für Technische Physik Stuttgart) ergaben, daß bei den im Winter in zentral beheizten Wohnräumen, Büros u. ä. vorhandenen normalen Raumluftverhältnissen (20°C, 40—50% rel. Luftfeuchte) das Ablüften nach innen die Durchfeuchtung durch Diffusion weit überwiegt. Das gilt auch für den ungünstigsten untersuchten Fall der Nordwand mit der kapillar sehr schlecht feuchtigkeitsleitfähigen 17,5 cm dicken Gasbeton-Dämmschicht (Glasplatten außen direkt auf den Gasbeton vollflächig angeklebt), die bei

BAUTEILE
Außenwände

Versuchsbeginn eine Baufeuchte von knapp 40 Gew.% besaß und nach zwei Jahren künstlicher Bewohnung bereits auf 20% austrocknete. In der Südwand gleicher Ausführung betrug der Feuchtigkeitsgehalt bei Versuchsende nur 16%. Die Tendenz zur weiteren Austrocknung war unverkennbar. Bei kapillar besser saugfähigen Dämmschichten kann man zweifellos eine bessere Austrocknung erwarten, soweit diese Stoffe beim Einbau überhaupt übermäßig feucht sind.

Die Verwendung innenliegender dampfdurchlässiger Dämmschichten ist in den Wärmedämmgebieten I und II bei homogenem Aufbau und guter Ablüftmöglichkeit nach innen ohne weiteres möglich, solange die mittlere relative Raumluftfeuchte bei normaler Lufttemperatur unterhalb von etwa 45% liegt. Das gilt auch dann, wenn eine Ablüftmöglichkeit nach außen nicht besteht. Wenn die betreffenden Dämmschichten keinen großen Diffusionswiderstand besitzen, sollten sie kapillar gut saugfähig sein. Nordseiten sind kritischer als Süd-, Ost- und Westseiten. Hier ist besonders sorgfältig auf einen möglichst großen Wärmedurchlaßwiderstand und eine möglichst große innere Wärmeübergangszahl zu achten derart, daß auch bei einem höheren Feuchtigkeitsgehalt des Dämmstoffes keine zusätzliche Feuchtigkeitsbelastung durch einen Tauwasserniederschlag auf der inneren Oberfläche auftritt.

Die Trocknung naß gewordener Dämmschichten erfolgt wesentlich langsamer, wenn nur nach innen eine Ablüftmöglichkeit besteht. Es ist daher vorteilhaft, diese Schichten erst zu verlegen, wenn der Bau geschlossen ist. Sie werden gewöhnlich einfach angeklebt, wodurch eine lückenlose wärmebrückenfreie Dämmung entsteht. Oft ist es möglich, mit der Dämmschicht gleich den Fertigputz (Gipskarton-Verbundplatten u. ä.) anzubringen. Die Außenschale soll möglichst feuchtigkeitsaufnahmefähig, regenabweisend und temperaturbeständig sein. Bei Mauerwerk und Beton (insbesondere Beton-Fertigteilen) ist das in ausreichendem Maße der Fall.

Schalltechnisch eignen sich innenliegende Dämmschichten bei offenporiger Struktur und ohne Abdeckung zur Absorption vorwiegend im mittleren und hohen Frequenzbereich. Werden sie mit Putz, Gipskarton-Verbundplatten o. ä. beschichtet, so entsteht eine schalldämmende Vorsatzschale → 137, wenn die Resonanzfrequenz dieses Systems unterhalb von ca. 100 Hz liegt. Das ist bei einigen relativ steifen Stoffen, wie z. B. normalem STYROPOR (nicht STYROPOR elastisch), Holzwolle-Leichtbauplatten u. ä. nicht der Fall, wenn sie praktisch vollflächig angesetzt und beschichtet werden. Eine Resonanz oberhalb von 100 Hz kann zur Erhöhung der Schall-Längsleitung etwa von einem Geschoß in das andere führen. Bei kleinen Flächen, wie Fensterstürzen → 1, Stützen → 116 1, Brüstungen → 116 2 u. ä. ist dieser Effekt gering. Sicherer ist, auf den Verputz o. ä. ganz zu verzichten, was in vielen Fällen konstruktiv und architektonisch ohne weiteres möglich ist → 116 3, 117 1 bis 4 und 118 1 bis 4.

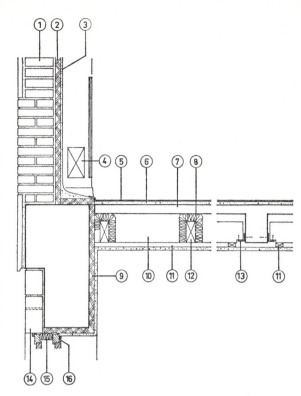

1 Senkrechter Schnitt durch die Außenwand und den Trenndeckenanschluß eines älteren Gebäudes mit innenliegenden Wärmedämmschichten:

1 Ziegelmauerwerk
2 Holzwolle-Leichtbauplatten, nachträglich angesetzt
3 normaler Putz
4 Heizkonvektor
5 elastischer Bodenbelag
6 Verbundestrich
7 Stahlbeton-Plattenbalkendecke
8 Mineralwollematte
9 anbetonierte Holzwolle-Leichtbauplatten, durchlaufend
10 gedämpfter Hohlraum
11 Lattung
12 frei gespannte Tragehölzer
13 Stahlwinkel
14 Sturzverblendung
15 Randdämpfung
16 Holz-Kastenfenster

2 (rechts) Mauerwerksbau mit innenliegender verputzter Wärmedämmschicht:

1 Ziegelmauerwerk außen teilweise mit dichten Natursteinplatten verkleidet
2 Holzwolle-Leichtbauplatten
3 Putz
4 Zentralheizungskonvektor
5 schwimmender Estrich
6 elastische Dämmschicht 15 mm
7 Stahlbeton-Plattenbalkendecke
8 Schallschluckpackung
9 Kantholz, beliebig befestigt
10 ca. 20%ig gelochte Platte mit Rieselschutz
11 Lattung
12 überstehende Natursteinplatte
13 Holz-Doppelfenster
14 Randdämpfung
15 lückenlos anbetonierte Holzwolle-Leichtbauplatte
16 Putz

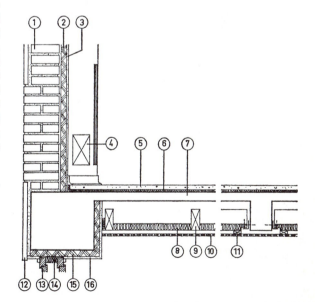

Die Wärmebrücke am Sturz ist in Heizkörpernähe unbedenklich. Sonst wäre es richtiger, die Dämmplatte nach 15 bis zur Oberkante Rohdecke durchzuführen.

Außenwände

BAUTEILE

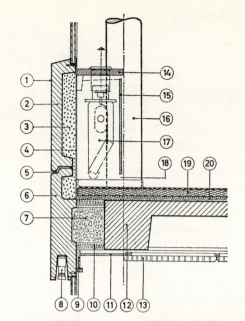
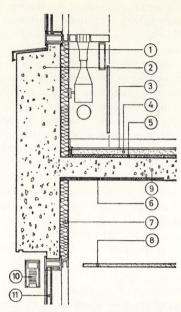
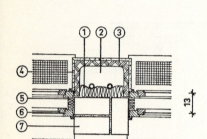

1 Fensterpfeiler mit innenliegender Wärmedämmung:

1 mehr als 40 mm dicke Glas- oder Steinwolleplatte
2 leerer Hohlraum jeweils im Bereich der Decke schalldämmend abgeschottet
3 Formkörper (Holzwolle-Leichtbaupl.)
4 Putz
5 Randdämpfung
6 Kasten-Doppelfenster
7 Mauerwerk oder Stahlbeton

In der Nähe von Zentralheizungsrohren und Heizkörpern ist eine Tauwasserbildung bei normalem Raumluft-Zustand nicht zu befürchten, da hier die Temperaturen — vielleicht wenige Tage im Jahr ausgenommen — immer oberhalb des Taupunktes der Luft liegen.

3 (oben links) Senkrechter Schnitt durch die Brüstung eines Hochhauses aus vorgefertigten Beton-Elementen nach E. Neufert:

1 Sichtbeton
2 Beton-Fertigteil
3 anbetonierte Wärmedämmschicht
4 Spachtelputz
5 dauerelastische Dichtungen an der Innen- und Außenseite
6 Nach der Montage anbetoniertes Beton-Fertigteil
7 Ortbeton
8 Sonnenschutz-Jalousetten in eingegossenem Blechkasten
9 Montagebrett, gleichzeitig Wärmedämmschicht
10 Auf der Ober- und Unterseite des Ortbetons angesetzte Wärmedämmplatten
11 Abdeckung aus Gipskarton-Verbundplatten
12 Ortbeton-Rippendecke
13 Schallschluckplatten aus Gipskassetten
14 Fensterbank aus Kunststein
15 Brüstungs-Verkleidungsplatte aus Asbestzement
16 vorgefertigte Stahlbeton-Stütze
17 Klimagerät
18 Zuluftschlitz
19 schwimmender Estrich mit Bodenbelag und Kunststoff-Sockelleisten
20 elastische Faserdämmstoffschicht o. glw.

Auch dieses Detail zeigt, wie schwer es ist, bei vorgefertigten Fassaden und Bauwerken Wärmebrücken zu vermeiden, und daß eine Sichtbeton-Fassade zwangsläufig zum zweischichtigen Aufbau führt, wobei die in die Wärmedämmschicht hineindiffundierende Feuchtigkeit bei Temperaturumkehr nach innen ablüften muß.

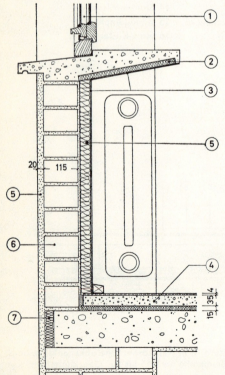

2 Bewährte innenseitige Verkleidung bei konventioneller Bauweise:

1 Verbundfenster
2 Wärmedämmschicht an der Unterseite der Fensterbank, z.B. aus anbetonierten Holzwolle-Leichtbauplatten oder STYROPOR-Platten bzw. einer Kombination beider
3 dünne helle Kunststoff-Hartbeschichtung oder Kaschierung aus Aluminiumfolie, die eine sehr vorteilhafte Reflexion der Wärmestrahlung bewirkt und gleichzeitig als Dampfbremse wirkt, obwohl eine solche im vorliegenden Fall nicht unbedingt notwendig ist
5 dickere Wärmedämmschicht zum Ausgleich der Wanddämmung. Sie sollte mindestens 5 cm dick sein, auch wenn hochwertige Dämmstoffe verwendet werden
4 schwimmender Estrich
5 kapillar saugfähiger, jedoch durch Silicon-Imprägnierung o. glw. an Wetterseiten wasserabstoßender (hydrophober) Außenputz
6 übliches Mauerwerk
7 Wärmedämmschicht an der Deckenstirnseite, z.B. aus Holzwolle-Leichtbauplatten in mindestens 35 mm Dicke

BAUTEILE

Außenwände

1 (Seite 116, oben rechts) Senkrechter Schnitt durch das Außenwanddetail eines innenisolierten Bürohochhauses:
1 innenseitig nach dem Betonieren bzw. bei vorgefertigter Bauweise nach dem Versetzen der Fertigteile ohne Kaschierung angeklebte Wärmedämmschicht aus schwer entflammbarem STYROPOR o. glw.
2 Betonbrüstung
3 Bodenbelag
4 schwimmender Estrich
5 Wärme- und Trittschalldämmschicht, z. B. aus in belastetem Zustand mindestens 12 mm dicken Mineralwolleplatten
6 unterseitig anbetonierte Wärmedämmschicht aus >10 mm dicken, schwer entflammbaren STYROPOR-Platten zur Isolierung der infolge der Verbindung zwischen Decke und Brüstung entstehenden ca. 70 cm breiten kühlen Deckenrandzone
7 Wärmedämmschicht wie 1
8 abgehängte Decke, z. B. aus Leichtspan-, Mineralwolle- oder Gipskassetten-Akustikplatten
9 Stahlbetondecke
10 außenliegender Sonnenschutz aus hellen und blanken Aluminium-Lamellen
11 feststehende Verglasung aus Isolierscheiben

In Räumen mit verhältnismäßig trockner Luft (z. B. in zentralbeheizten Bürogebäuden ohne Luftbefeuchtungsanlagen) ist es nicht unbedingt notwendig, den Umluftschlitz zwischen 8 und dem Fenster anzuordnen. Auf 6 kann man dann unter Umständen auch verzichten.

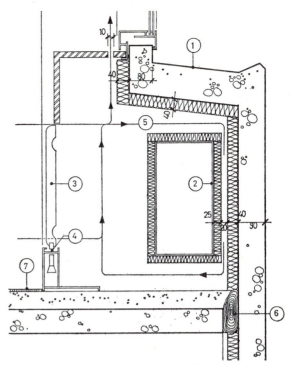

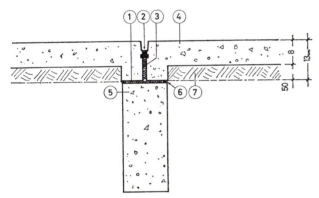

2 Waagerechter Schnitt durch eine zweischichtige Sichtbeton-Außenwand aus vorgefertigten Teilen:
1 Dämmschicht aus 20 mm dickem Schaumkunststoff
2 dauerelastische Fugendichtung, z. B. aus THIOKOL
3 Hinterstopf-Material aus Schaumkunststoff
4 Sichtbeton-Fertigteil mit wasserabstoßender (hydrophober) Oberfläche
5 Stahlbeton-Stütze
6 dampfdichter Fugenverschluß, z. B. aus dauerelastischem Kitt
7 innenseitig direkt anbetonierte Wärmedämmschicht aus Hobelspanbeton

Die Dämmschicht nach 7 erreicht den in DIN 4108 für das Wärmedämmgebiet II geforderten Wärmedurchlaßwiderstand und kann z. B. in Heizkörpernischen u. ä. sehr gut zur Raumschalldämpfung herangezogen werden. Ein leichter poröser naturfarbiger Anstrich ist unbedenklich.

4 (rechts) Senkrechter Schnitt durch den unteren Teil der Fensterbrüstung eines Hochhauses vor den Stützen:
1 luftdicht eingekeilte Wicklung aus einseitig auf Bitumenpapier geklebten Glasfasermatten (wie Ziff. 6 in 3)
2 Vorderkanten der Abschottung aus 60 mm dicken Gipsplattenstücken im Bereich der Trennwände. Diese Abschottungen müssen etwa 20 cm tief in die Wärmedämmschicht eingedrückt und luftdicht verspachtelt werden
3 äußere Dichtung des Fensterzwischenstückes
4 Lüftungsquerschnitt vor den Stützen, überall mindestens 20 mm breit und nach Möglichkeit auch seitlich (links und rechts des überstehenden Unterzugs) offen, soweit sich dort keine Abschottungen befinden

3 Senkrechter Schnitt durch eine Hochhaus-Brüstung oberhalb der Decke zwischen den Stützen:
1 wasserdichte, an den Außenseiten hydrophobe Brüstung aus Beton-Fertigteilen, innenseitig angeklebte dampfdichte oder kapillar gut saugfähige Dämmschicht
2 dampfdichter Zuluftkanal
3 im Winter beheizte und im Sommer gekühlte Induktionsplatte der Hochdruck-Klimaanlage
4 Tauwasserrinne
5 gut mit Umluft versehener Hohlraum zwischen Brüstung und Induktionsplatte. Im Bereich der Trennwände ist er durch 60 mm dicke Vollgipsplatten luftdicht abgeschottet
6 fest gewickelte, einseitig auf Bitumenpapier gesteppte, maximal 30 mm dicke Glaswollematten dicht in den Hohlraum zwischen Rohdeckenstirnseite bzw. Verbundestrich und Brüstungsfertigteil eingepreßt, Bitumenpapierseite nach außen. Diese Stopfung muß auch an den Stößen luftdicht sein
7 elastischer Bodenbelag

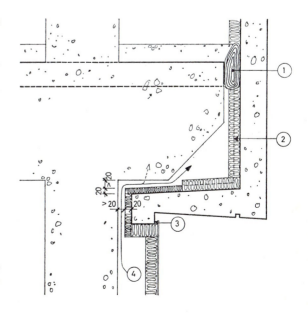

Außenwände   BAUTEILE

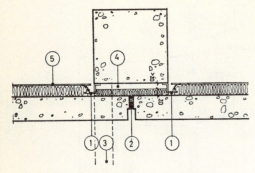

1 Horizontaler Schnitt durch den Brüstungsanschluß oberhalb des Fensters im Bereich der oberen Aluminiumblenden:
1 senkrecht durchlaufendes Fensteranschlußprofil, dicht eingesetzt zwischen Brüstungsfertigteil und Aluminiumblende
2 dauerelastische Dichtung
3 Bereich der Trennwandabschottung aus 60 mm dicken Gipsplatten, die lückenlos eingesetzt werden müssen
4 durchlaufender mindestens 20 mm breiter Lüftungsschlitz
5 innere Aluminiumblende oberhalb des Fensters vollflächig mit Mineralwolleplatten hinterfüllt. Diese Blenden müssen allseits dampfdicht eingesetzt werden. Falls dies nicht möglich ist, ist es erforderlich, zwischen Wärmedämmschicht und Blechblende einen 20 mm breiten Lüftungsschlitz wie 4 anzuordnen

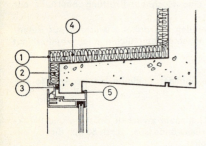

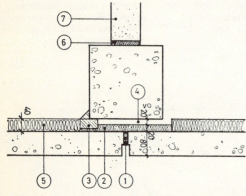

2 Horizontaler Schnitt im Bereich des oberen Brüstungsanschlusses vor der Stütze:
1 dauerelastische Kunststoffdichtung
2 20 mm dicke tauwasser- und frostbeständig angeklebte Mineralwolleplatten
3 Abschottung aus 60 mm dicken Vollgipsplattenstücken an allen Stützen, an denen Trennwände anschließen
4 mindestens 20 mm dicker von Oberkante Fußboden bis Unterkante darüberliegender Decke durchlaufender Hohlraum
5 Wärmedämmschicht wie 2
6 elastischer Randstreifen, z.B. aus 10 mm dicken bituminierten Holzfaserisolierbauplatten, umlaufend
7 Trennwand aus Vollgipsplatten o.glw.

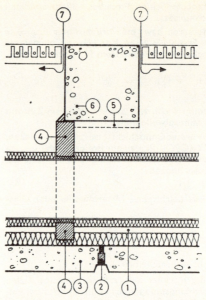

3 Horizontaler Schnitt durch Stütze und Brüstungsfertigteil im Bereich der Induktionsplatten:
1 mindestens 20 mm breiter Umluftschlitz, soweit wie konstruktiv möglich
2 dauerelastische Kunststoffdichtung
3 Brüstungsfertigteil
4 schalldämmende Abschottung aus 60 mm dicken Vollgipsplattenstücken, überall durchgehend und soweit wie möglich in die Wärmedämmschichten bis auf 20 mm eingepreßt
5 mindestens 20 mm breiter, überall durchgehender Lüftungsschlitz
6 Stahlbetonstütze
7 Zuluftschlitze für den Brüstungshohlraum

4 (links) Senkrechter Schnitt durch den oberen Fensteranschluß zwischen den Stützen:
1 Blechblende allseits dampfdicht eingesetzt
2 Wärmedämmschicht aus Glasfaserplatten o.glw
3 Abdichtung des inneren Fensteranschlags
4 Wärmedämmschicht
5 äußere Fensterdichtung

Die in Bild *1* bis *4* sowie 117 *3* und *4* dargestellten Details sind das Äußerste, was mit innenliegenden, dampfdurchlässigen Dämmschichten gewagt werden kann, und zwar nur bei ständig kontrollierter relativer Luftfeuchte von weniger als 45%, bei günstiger Besonnung und nur in den Klimazonen I bis II. Bei der Gestaltung dieses Gebäudes mußten die bauphysikalischen Gesichtspunkte festen Formvorstellungen des Architekten untergeordnet werden.

Holzfachwerk

Holz ist tragender und wärmedämmender Baustoff zugleich. Die Ständer, Streben und Riegel sind daher keine unzulässigen Wärmebrücken, soweit die betreffenden Konstruktionsteile bei Verwendung von Nadelholz (Wärmeleitzahl 0,12) eine Dicke von 55 bis 80 mm besitzen. Wegen der verhältnismäßig geringen Wandmasse müssen die Gefache meistens in gleicher Weise wie bei den Sandwich-Platten mit einer wesentlich besseren Wärmedämmung → 57 *3* ausgestattet werden als schwere Außenwände. Hierbei ist zu berücksichtigen, daß die Normforderung für die ganze Wand gilt (Mittelwert = Normwert), das heißt, daß die

BAUTEILE
Außenwände

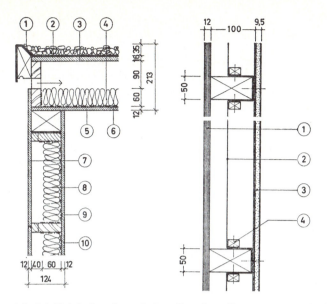
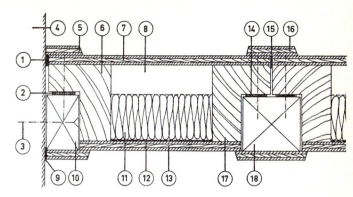

1 (links) Holzfachwerkwand eines Fertighaus-Bausystems mit ebenfalls wärmedämmender Dachdecke:

1–6 Kaltdachkonstruktion
7 beliebige dampfdurchlässige, jedoch winddichte Außenschale, z. B. Holzschalung
8 mehr als 60 mm dicke Wärmedämmschicht aus Mineralwolle, Schaumkunststoff o. glw.
9 angeklebtes Bitumenpapier oder Kunststoff-Folie
10 möglichst dampfdichte Innenschale, z. B. aus phenolharzverleimten Span- oder Sperrholzplatten mit dichtem Anstrich

Bei einem normalen Flächenanteil des Fachwerks von 10% an der Gesamtfläche beträgt der mittlere Wärmedurchlaßwiderstand 2,0 und genügt damit den Forderungen von DIN 4108 in den Wärmedämmgebieten I und II. Für das Wärmedämmgebiet III müßte die Dämmschicht auf etwa 85 mm verstärkt werden.

2 (oben rechts) Sehr leichte dampfsperrende Holzfachwerkwand für die Außenwände von temperierten Räumen, die nicht »zum dauernden Aufenthalt von Menschen« dienen und daher nach DIN 4108 keine erhöhte Wärmedämmung zum Ausgleich fehlender Wärmespeicherung benötigen:

1 dichte Außenschale aus beliebigen Platten (z. B. wasserfestes Sperrholz) beidseitig
2 blanke Metallfolie
3 Innenschale aus kaltseitig mit blanker Metallfolie (= Dampfsperre) beklebten Gipskartonplatten
4 Montageholz

Der Wärmedurchlaßwiderstand beträgt, solange die Metallfolien blank sind, etwa 1,0, was 68 cm dickem Vollziegelmauerwerk entspricht. Dieser verhältnismäßig hohe Dämmwert kommt zum Teil durch günstige Strahlungsreflexion der blanken Metallflächen zustande.

3 (rechts) Außenwand aus vorgefertigten Holzfachwerk-Teilen mit Flachdach-Anschluß:

1–3 Dachvorsprung als Sonnen- und Schlagregenschutz für die Außenwand
4 beliebige dampfdurchlässige Außenschale, etwa aus Holzschalung, Zementasbestplatten, Sperrholz oder Spanplatten
5 Wärmedämmschicht aus Glas- oder Steinwollematten
6 Dampfsperre und Strahlungsreflektor aus blanker Metallfolie
7 Innenschale aus bituminierten Holzfaser-Isolierbauplatten o. ä. wie 4

Der mittlere Wärmedurchlaßwiderstand beträgt bei einem Rahmenholzanteil von insgesamt 10% rd. 2,24 (2,60) und genügt damit den Anforderungen von DIN 4108 für alle Wärmedämmgebiete.

4 Waagerechter Schnitt durch eine Fachwerk-Außenwand in einem Mauerwerksbau:

1 äußere dauerelastische Spritzdichtung
2 Dichtungsstreifen aus Schaumkunststoff
3 korrosionsbeständige Schraube
4 Mauerwerks-Querwand
5 Rand-Deckleiste
6 Rahmenholz
7 äußere Schale aus wasserabstoßend imprägniertem wasserfestem Sperrholz
8 in sich abgeschlossener Hohlraum
9 innere Schaumstoff-Dichtung mit Deckleiste
10 Montageholz
11 je nach Wärmedämmgebiet 35 bis 85 mm dicke Wärmedämmschicht aus Schaumkunststoff, Mineralwolle o. glw.
12 angeklebte Dampfsperre aus Kunststoff-Folie oder mindestens 333er Bitumenpappe
13 innere Schale aus wasserfestem Sperrholz
14 Dichtungsstreifen wie 2
15 Spritzdichtung aus dauerelastischem Material
16 Deckleiste zwischen den einzelnen Fertigteilen
17 Rahmenholz
18 Montageholz

Der mittlere Wärmedurchlaßwiderstand beträgt bei einem Fachwerkanteil von etwa 10% je nach Dämmschichtdicke (11) 1,12 (1,3) 2,24 (2,6). Solche Wände dürfen nicht starr in fremde Räume reichen, da sie eine übermäßige Schall-Längsleitung verursachen können.

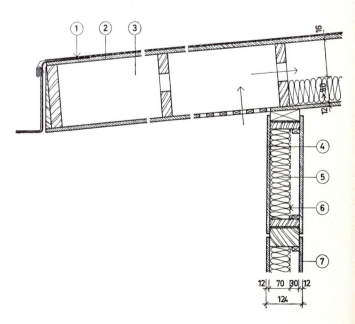

Außenwände — BAUTEILE

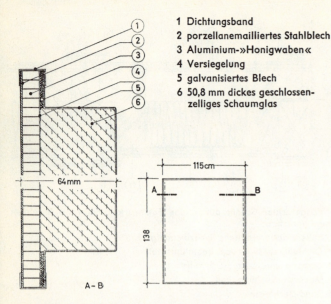

1 Dichtungsband
2 porzellanemailliertes Stahlblech
3 Aluminium-»Honigwaben«
4 Versiegelung
5 galvanisiertes Blech
6 50,8 mm dickes geschlossenzelliges Schaumglas

1 Schnitt und Aufriß eines amerikanischen »Sandwich-Paneels«. Die Dämmschicht ist allseitig dampfdicht eingeschlossen. Die einzelnen Schichten werden hohlraumfrei aufeinandergeklebt. Platten dieser Art wurden beispielsweise beim Hauptverwaltungsgebäude der Ford Motor Company in Dearborn/USA verwendet.

Dämmung in den Gefachen besser sein muß, um die stärkere Übertragung an den massiven Holzteilen auszugleichen → 119 1, 119 3 und 119 4.

Die Einhaltung der erhöhten Wärmedämmwerte der Norm DIN 4108 ist nur dort notwendig, wo es sich um »Räume zum dauernden Aufenthalt von Menschen« handelt. Wo diese Vorschriften nicht zutreffen, genügen oft einfachere Konstruktionen → 119 2, die wegen der Nutzung von Strahlungs-Reflexionseigenschaften auch einen gewissen Sonnenstrahlungsschutz gewährleisten. Leichte Wände lassen sich zunächst an ihren Oberflächen leichter erwärmen als schwere, wärmespeichernde → 104 1. J. S. Cammerer gibt für Holz-Südwände bei Sonnenstrahlung unter normalem Einfallswinkel Oberflächentemperaturen an, die an glatten naturfarbigen Holzoberflächen um 28 K und an Ost- und Westwänden um 33 K über der jeweiligen Lufttemperatur liegen. Auf dunkleren Flächen ist die Temperatur zweifellos noch etwas höher. Besonders wichtig ist, außen das Eindringen von Schlagregen und innen die Gefahr einer Durchfeuchtung durch Wasserdampfdiffusion zu verhindern, da Tauwasser aus unbelüfteten Hohlräumen nur schlecht verdunsten kann.

Kritisch sind zuweilen auch Nagelköpfe, an denen sich auf den Warmseiten häufig Tauwasser bildet, wenn sie nicht durch große Holzüberdeckung oder andere Dämmstoffe gegen übermäßige Auskühlung geschützt werden. Auch wenn sie versenkt und verspachtelt werden, können sie ähnlich wie ungenügend dämmende Rahmenteile »durchschlagen«. Auf den Warmseiten werden solche Wärmebrücken durch vermehrt anhaftenden Staub dunkler und an den Außenseiten (Kaltseiten) wegen der dort höheren Oberflächentemperatur (geringere Staubhaftung) heller.

Sandwich-Platten

Wie der Name sagt, kommt dieses Konstruktionsprinzip aus den USA, wo es sich seit Jahrzehnten bewährt hat → die Bilder 1, 2 u. 305 5. Die Deckschichten können aus verschiedenen Stoffen bestehen wie z. B. galvanisiertem oder emailliertem Stahlblech, Glas, Aluminium oder Kunststoff. Das amerikanische Wort »Sandwich« (= belegtes Brot) kann im vorliegenden Zusammenhang schlecht ins Deutsche übertragen werden. Das Wesentliche ist die feste, hohlraumfreie Verbindung der einzelnen Schichten untereinander, da sonst ähnlich wie bei bituminösen Dach-

3 Wärmebrücken in einem der normalen Produktion direkt entnommenen Betonfertigteil mit mittig angeordneter Wärmedämmschicht nach H. Reiher. Die ganz hellen Stellen hatten eine Temperatur von 17 bis 18° und die ganz dunklen von 14 bis < 12°. Die Ursache der Wärmebrücken waren Betonstege, Eisenanker und Betonverbindungen zwischen den beiden Betonschalen. Bei der Messung auf dem Versuchsfeld bei Holzkirchen betrug die Innenlufttemperatur im vorliegenden Fall 20 °C bei einer Außenlufttemperatur von 0 °C. An den kältesten Stellen der Innenseite war die Wärmedämmung am geringsten.

Schalldämmung von Paneelen

Aufbau	Gesamtdicke (mm)	Masse (kg/m²)	R_w (dB)
1. Phenolharzschaum-Platten einseitig mit Rauhfaser beklebt	60	2,6	16
2. wie 1. jedoch größere Rohdichte	60	5,2	21
3. 4 mm Asbestzementplatte, 0,02 mm Alu-Folie, 75 mm PUR-Hartschaum, 4 mm Asbestzementplatte, 75/10 mm Asbestzement-Einleimer	83	21	32
4. 2 mm Alu-Blech, 51 mm PUR-Schaum, 2 mm Stahlblech, PVC-Umleimer	55	27,5	33
5. 4 mm Asbestzementplatte, 0,02 mm Alu-Folie, 60 mm MF-Platte, 4 mm Asbestzementplatte, 60/15 mm Asbestzement-Einleimer	68	21	34
6. 8 mm Asbestzementplatte, 0,02 mm Alu-Folie, 58 mm PUR-Hartschaum, 4 mm Asbestzementplatte	70	29	34
7. 4 mm GLASAL-Platte, 4 mm Asbestzementplatte, 0,02 mm Alu-Folie, 32 mm PUR-Hartschaum, 4 mm Asbestzementplatte, 4 mm GLASAL-Platte	48	37	37
8. 10 mm Asbestzementplatte, 0,02 mm Alu-Folie, 40 mm MF-Platte, 8 mm Asbestzementplatte, 40/10 mm Asbestzement-Einleimer	58	41	42
9. Beton mit Kern aus 63 mm Schaumglas	160	230	49

BAUTEILE

Wände gegen Erdreich

abdichtungen Schäden durch eine gewisse zunehmende »Pumpwirkung« auftreten können → Blasenbildung. Die Dicke der Wärmedämmschicht richtet sich nach der vorhandenen → Flächenmasse und der Klimazone → 57 3 und 76. Für mitteleuropäisches Klima ergeben sich auf diese Weise z. B. für das amerikanische FOAMglas Dicken von etwa 50 bis 120 mm, wenn man diese Platten nicht als Teil des Fensters, sondern als Außenwand beurteilen muß. In der Praxis hat sich bei Brüstungsplatten eine Dicke von 50 bis 80 mm als völlig ausreichend erwiesen.

Ein in Europa häufig verwendetes Sandwich besteht außen aus vorgespanntem Silikatglas (blankes oder genörpeltes Spiegelglas), dem beim Vorspannen rückseitig keramische Emaillen aufgeschmolzen werden. Als Dämmschicht dient auch hier FOAMglas. Die Innenseite wird mit Gipskartonplatten, Zementasbestplatten o. ä. beklebt. Die Klebeschichten sind praktisch diffusionsdicht. Das Einsetzen erfolgt mit nicht härtenden Verglasungskitten wie bei den handelsüblichen Isolierscheiben. Bei anderen Fabrikaten werden auch als äußere Schale Zementasbestplatten, vergütetes Stahlblech und dergleichen verwendet.

Mit der zunehmenden Verwendung von Stahlbeton-Fertigteilen gelangten auch Stahlbeton-Sandwiches auf den Markt. Sie werden im Prinzip genauso aufgebaut wie die oben erwähnten Glas-Sandwiches. Als Wärmedämmschicht ist hier auch mehr als 30 mm dicker geschlossenzelliger Schaumkunststoff (STYROPOR, Hart-MOLTOPREN usw.) verwendbar. Schwierigkeiten bereitet die Verbindung der beiden, durch die mittlere Wärmedämmschicht getrennten und zwangsläufig verhältnismäßig schweren Betonschalen (Schalendicke mehr als 7 cm), da hierdurch nach DIN 4108 eindeutig unzulässige Wärmebrücken entstehen, die oft infolge von Ungenauigkeiten bei der Produktion größer sind als in den Plänen vorgesehen → 120 3. Selbst wenn nur einzelne Drahtanker als Wärmebrücken vorhanden sind, ist im Vergleich zur Rechnung mit einer Verschlechterung des mittleren Wärmedurchlaßwiderstandes um 10 bis 12% zu rechnen, also mit wesentlich größeren Wärmeverlusten, als auf Grund des Flächenverhältnisses zwischen Wärmebrücke und Gesamtfläche bei der üblichen Berechnung erwartet werden kann. Das gilt übrigens auch für andere Sandwiches etwa nach 120 1. Bei verschiedenen Kontrollmessungen wurden Verschlechterungen bis zu 50% festgestellt, so daß es sehr empfehlenswert ist, in jedem Fall in der Wärmedämmschicht eine Sicherheit dieser Größenordnung von Anfang an vorzusehen → Wärmebrücken, 109.

Das R_W leichter Sandwich-Platten entspricht praktisch gleichschweren Isolierscheiben → 168/3.

Wände gegen Erdreich

Die moderne Bauweise mit dichtem Beton und die verbesserten Abdichtungs- und Dämmverfahren gestatten es, durchaus hygienische Aufenthaltsräume auch unterhalb der Erdoberfläche zu bauen, obwohl die derzeit geltenden Bauordnungen dies nicht zulassen.

Bei der Wärmedämmung derartiger Wände können die Erkenntnisse genutzt werden, die bei den Außenwänden mit innenliegenden Dämmschichten gewonnen wurden → 113, denn außenliegende Dämmschichten lassen sich schon wegen der konstruktiven Schwierigkeiten selten verwirklichen. Hinzu kommt, daß das zu große Wärmespeicherungsvermögen (Temperaturträgheit) und damit (bei Zufuhr normaler Außenluft) die größere relative Luftfeuchte solcher Räume durch innenliegende Dämmschichten verringert wird. Grundforderung ist ein guter Schutz gegen Bodenfeuchtigkeit und hydrostatisch drückendes Wasser sowie eine gute Querlüftung und wandnahe Luftkonvektion.

Nach DIN 4117 ist mit Bodenfeuchtigkeit immer zu rechnen. Drückendes Wasser soll — auch wenn es nur zeitweise auftritt — durch wirksame Dränung → 122 1 vermieden werden. Das ist bei bindigen Böden und an Hängen besonders wichtig. Gegen ständig drückendes Wasser ist unbedingt eine reguläre eingepreßte, wannenartige Abdichtung nach DIN 4031 o. glw. notwendig. Alle Abdichtungen müssen mit größter Sorgfalt ausgeführt werden, da Versäumnisse, wenn überhaupt, so nur sehr schwer und kostspielig zu reparieren sind.

Zur Abdichtung gegen Bodenfeuchtigkeit (für die vom Boden berührten Wandflächen) sind nach DIN 4117 folgende Maßnahmen zulässig (nicht ausreichend gegen drückendes Wasser):

1. Sperrputz

Er soll in mindestens zwei gleichmäßigen Lagen mit einer Gesamtdicke von mehr als 20 mm aufgetragen werden, und zwar ohne Unterbrechungen. Er soll aus 1 Raumteil Zement und 2—3 Raumteilen Sand unter Zusatz eines für diesen Zweck behördlich zugelassenen Dichtungsmittels hergestellt werden.

2. Sperrbeton

Für diesen Zweck ist ein > 10 cm dicker Beton mit 300 kg/m³ Zement, guter Sieblinie und zugelassenem Dichtungsmittel geeignet (Größtkorn 30 mm, 50% Sand 0/7 mm und 5% mehlfeine Stoffe bis 0,2 mm). Bei feuchtigkeitsgefährdetem Beton mit Stahleinlagen ist immer Sperrbeton notwendig.

3. Bituminöse Massen

Zulässig auf harten, sauberen und trockenen Flächen. Voranstrich aus kaltflüssigem Material als Haftbrücke, darauf zwei heißflüssige Anstriche, zwei kalte oder heiße Spachtelungen oder drei kaltflüssige lückenlose Anstriche, die eine in sich zusammenhängende Schicht ergeben müssen.

4. Dichtungsbahnen

Bituminierte Pappen o. glw. sind einlagig und lückenlos mit Klebemasse aufzukleben und müssen mit dem gleichen Material vollflächig überstrichen werden.

Alle Abdichtungen sollen schon an der Wandaußenseite wirksam sein und müssen mit der waagerechten Sperrschicht nach 122 1 Ziff. 8 Verbindung haben. Für Wände mit Wärme-Dämmschichten sind Maßnahmen nach Ziff. 2 und 3 o. glw. zu kombinieren. Vor dem Verlegen der Dämmplatten muß der Beton völlig erhärtet und bis auf seinen Gleichgewichts-Feuchtegehalt ausgetrocknet sein. Ist ein Ablüften nach innen infolge mangelnder Luftkonvektion oder übermäßiger Luftfeuchte nicht möglich, so sind dampfdichte Dämmstoffe zu verwenden. Vorteilhaft ist ferner, die Heizeinrichtung z. B. durch einen Sockelkonvektor so zu wählen, daß der Wärmeträger an sämtlichen Außenwänden entlangläuft und auch im Sommer ohne Schwierigkeiten in Betrieb genommen werden kann → 122 1 und 2.

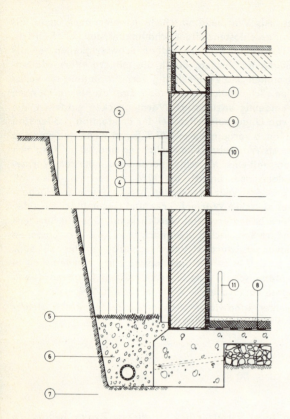

1 Wärmedämmende Wand gegen Grund in einem Aufenthaltsraum:
1. obere waagerechte Sperrschicht nach DIN 4117 gegen aufsteigende Feuchtigkeit. Bei Beton ist sie wegen der konstruktiven Schwierigkeiten nicht üblich und auch nicht notwendig
2. aufgefülltes Erdreich
3. Abstandhalter, z. B. aus Asbestzement- oder Kunststoff-Wellplatten. Kies- oder Steinpackungen sind nicht immer einwandfrei auszuführen
4. senkrechte Sperrschicht, z. B. aus lückenlosem zweifachem Heißbitumenanstrich, Haftbrücke und ebenem Untergrund
5. Filterschicht aus 15 mm dickem kunstharzgebundenem Glasfaserfilz
6. Kiesschicht
7. Dränagerohr
8. untere Sperrschicht aus einer Lage lose verlegter 500er Teer-Bitumendachpappe, an den Stößen mehr als 10 cm breit überdeckt (dünnere Pappen doppellagig), außerhalb der Wand verklebt
9. angeklebte Wärmedämmschicht, z. B. STYROPOR, > 25 mm dick
10. Hartbeschichtung aus Gipskarton-Verbundplatten
11. an der ganzen Wand entlanglaufender Heizkörper

Für die Entwässerung des Erdreiches ist DIN 4095 und für die Schichtdicke in Ziff. 9 je nach Wärmeschutz-Nachweisverfahren → 55 1 maßgebend. Beim Bauteil-Verfahren nach ENEG-WV muß diese Schicht z. B. 32 mm dick sein (bei Schaumglas 40 mm). Geschlossenzelliges

2 Übliche Ausbildung von Wänden gegen Grund mit ausreichendem Schutz gegen Bodenfeuchtigkeit:
1. wasserabstoßender Außenputz
2. grobe Kiesschüttung
3. aufgefülltes Erdreich
4. Sperrschicht
5. Steinpackung als Sickerschicht
6. Rand der Baugrube
7. Kies-Filterschicht
8. Dränagerohr

Die Sperrschicht nach 4 kann zum Beispiel, wie in DIN 4117 gefordert, aus einem dreimaligen kaltflüssigen oder doppelten heißflüssigen Bitumenanstrich jeweils auf kaltem Voranstrich bestehen. Sie muß mit den horizontalen Sperrschichten eine lückenlose Verbindung haben. Waagerechte Abdichtungen (Sperrschichten) sollen nach der gleichen Norm aus einer Lage 500er Teer-Sonderdachpappe (lose mit mehr als 10 cm Überdeckung verlegt) bestehen. Dünnere Dachpappen müssen zweilagig verlegt werden. Alternativ ist unter anderem Sperrbeton (mehr als 10 cm), Sperrputz (mehr als **2** cm) bzw. ein Sperrestrich (mehr als 3 cm) zulässig.

Sämtliche waagerechten Sperrschichten außerhalb der Wände müssen sowohl auf dem Untergrund wie untereinander lückenlos verklebt werden.

Schaumglas kann ohne weiteres an die Außenseite also zwischen 3 und 4 geklebt werden (lückenlos bis zur Rohdeckenoberkante bzw. Decken-Stirnseiten-Dämmschicht).

Trennwände

Allgemeines

Trennwände sind in der Regel solche Bauteile, die einzelne »fremde« Räume, Wohnungen, Arbeitsräume oder aneinandergebaute Häuser voneinander trennen. An die Wärmedämmung solcher Wände werden nur verhältnismäßig geringe Anforderungen gestellt. Die EnEG-WV fordert gegen unbeheizte, geschlossene Räume $1/\Lambda \geq 0{,}90$ (1,05) und liegt damit etwa über der DIN 4108. Nach DIN 4108 sollen Wohnungstrennwände und Treppenhauswände u. ä. wie z. B. Wände, die Aufenthaltsräume von fremden, nicht zentralbeheizten Räumen trennen, an jeder Stelle einen Wärmedurchlaßwiderstand von mehr als 0,26 (0,30) besitzen. Diese Werte gelten nur für Aufenthaltsräume in nicht zentral beheizten Gebäuden in allen drei Wärmedämmgebieten. Sonderfälle, wie z. B. extrem temperierte Räume etwa in Textilfabriken, Laboratorien, Kühlhäusern, Kühlräumen u. dgl., werden durch die Norm nicht erfaßt und in diesem Buch unter den Gebäudearten → 254 behandelt. Wie bereits auf Seite 58 erwähnt, können in solchen Fällen sehr hohe Dämmwerte erforderlich sein. Trennwände in zentral beheizten Gebäuden benötigen lediglich einen Wärmedurchlaßwiderstand von 0,08 (min. 14 dicker Stahlbeton). Diese Werte gelten auch für Flurtrennwände,

BAUTEILE

Trennwände

wenn die Flure ständig eine Temperatur von >10°C haben. Für die Konstruktion normaler Trennwände in zentral beheizten Gebäuden sind gewöhnlich allein schalltechnische Gesichtspunkte zugrunde zu legen → 126 1. Die sich auf diese Weise ergebenden Wanddicken reichen nach der Norm auch wärmetechnisch aus. Für die Schalldämmung von Wänden maßgebend sind verschiedene Faktoren, und zwar:
die → Flächenmasse (kg/m²),
die Biegesteifigkeit,
die untere Grenzfrequenz der → Spuranpassung,
bei Doppelwänden die Masse-Feder-Masse → Resonanz.
In welchem Ausmaß sich diese Einflüsse dem bekannten Masse-Gesetz nach Berger überlagern, ist anschaulich in 43 2 dargestellt. Hierin kennzeichnet die gestrichelte Gerade A die theoretisch mögliche größte Dämmung von Einfachwänden (Massentheorie nach L. Cremer), während die ausgezogene geknickte Linie B die Werte nach dem empirischen Bergerschen → Gewichtsgesetz angibt. Der schraffierte Bereich zeigt die möglichen Streuungen und damit die Unsicherheit beider Verfahren, wenn man ausschließlich vom Gewicht, d.h. von der Masse, ausgeht. Die schwarzen Punkte sind Meßwerte, während die kleinen Kreise für einige übliche Doppelkonstruktionen gelten. Aus diesem Sachverhalt läßt sich schließen, daß das Bergersche Gewichtsgesetz zu geringe, unter Umständen aber auch zu hohe Werte verspricht und daß Doppelkonstruktionen keineswegs immer besser sind als gleich schwere Einfachwände.
Auf jeden Fall müssen die Wände dicht sein, was bei offenporigen Baustoffen durch einen lückenlosen Verputz wenigstens auf einer Wandseite erreicht wird. Größere Hohlräume innerhalb der Wände, z.B. bei Verwendung von Hohlkörpern, können die Schalldämmung im Vergleich zu gleich schweren homogenen Wänden erheblich verringern. Dasselbe gilt für Vorsatzschalen → 137 auf zu steifen Dämmstoffschichten → 1, und zwar nicht nur dann, wenn sie auf der betreffenden Trennwand sitzen, sondern auch auf den flankierenden Bauteilen und auch auf dem Boden → 2.
Bei der Untersuchung größerer Abweichungen ist von der Frequenzabhängigkeit jeder Schalldämmung auszugehen. Dabei wird man feststellen, daß gerade die schlechten Konstruktionen eine besonders starke Frequenzabhängigkeit der Schalldämmung besitzen, die sich immer als Einbruch der Schalldämm-Kurve im Bereich bestimmter Frequenzen äußert. Die Lage dieser kritischen Frequenzen ist berechenbar und das von der inneren Dämpfung abhängige Ausmaß des Einbruchs abschätzbar, so daß die Vermeidung von Fehlern immer möglich ist.
Grundsätzlich ist bei der Berechnung der Schalldämmung zwischen einschaligen → 123 und mehrschaligen → 127 Wänden zu unterscheiden.

Einschalige Trennwände

Schalldämmende Wände dieser Art sollten entweder sehr biegeweich oder biegesteif sein und eine möglichst große Flächenmasse besitzen. Als ausreichend biege*steif* kann man z.B. 24 cm dickes Vollziegelmauerwerk oder mindestens 15 cm dicke Betonwände bezeichnen, die an ihren Rändern nicht von den anschließenden Bauteilen getrennt, sondern in diese starr eingebunden sind. In diesen Fällen liegt die untere Grenzfrequenz der Spuranpassung unterhalb von 100 Hz. Ausreichend biegeweich sind dagegen z.B. einseitig verputzte Holzwolle-Leichtbauplatten, deren Grenzfrequenz oberhalb des bauakustisch wichtigen

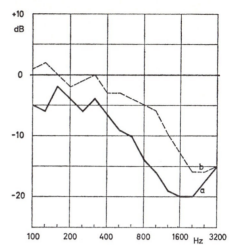

1 Verschlechterung der Luftschalldämmung einer 24 cm dicken, normal verputzten Bimshohlblockwand durch unzweckmäßig angebrachte Vorsatzschalen.
a Putz auf beidseitig angeklebten 25 mm dicken, ungenügend elastischen Dämmstoffplatten (mit einer dynamischen Steifigkeit von ca. 1,5 MN/m³.
b durch Ankleben von Vorsatzschalen wie bei a, jedoch bei Längsleitung
Nicht nur bei direktem Schalldurchgang, sondern auch bei zu starker Längsleitung über die flankierenden Wände treten mit der Frequenz zunehmende Verschlechterungen auf. Ihr Maximum liegt im Bereich der → Eigenfrequenz.

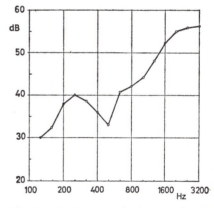

2 Einfluß der Nebenwegübertragung durch einen unter Montage-Trennwänden durchlaufenden schwimmenden Estrich (nach K. Gösele). Die Kurve zeigt die zu erwartende Schalldämmung über einen dazwischenliegenden Raum hinweg, wenn allein die Schallübertragung über den schwimmenden Estrich vorhanden wäre, also bei extrem hoher Schalldämmung der Trennwände. Das mittlere Schalldämm-Maß aus dieser Kurve beträgt 43 dB. Bei Verbundestrich auf ca. 250 kg/m² – Stahlbeton-Massivplatte ist diese Zahl um etwa 20 dB größer. Wird statt der Haftbrücke eine Trennfolie verwendet, beträgt die Vergrößerung nur ca. 16 dB.

Bereichs (100 bis 3200 Hz) liegt, oder besondere Hartkernplatten etwa nach dem in 133 3 erläuterten Prinzip. Unter diesen Voraussetzungen ist bei Einfachwänden die Gewähr dafür gegeben, daß mit einem Minimum an Gewicht und Materialaufwand ein Maximum an Schalldämmung erreicht wird.
Im Idealfall biege*weicher* Einfachschalen müßte die gemessene Dämmkurve in der Nähe der theoretisch möglichen Höchstdämmung liegen, wie z.B. auch bei dünnen Sperrholzplatten, deren Schalldämmung bei einer Dicke von 4 mm zusammen mit der theoretisch möglichen Höchstdämmung in 124 2 eingetragen ist. Die Grenzfrequenz liegt bei etwa 4000 Hz, also weit oberhalb der bauakustisch wichtigen höchsten Frequenz von 3200 Hz.

Trennwände — **BAUTEILE**

Die Abweichung von der theoretischen Kurve beträgt lediglich maximal 4 dB. Bei tiefen Frequenzen ist sogar eine Verbesserung festgestellt worden. Die Platte ist ausreichend biegeweich und läßt sich überall dort vorteilhaft verwenden, wo eine mittlere Dämmung von knapp 18 dB genügt, also z.B. bei frei in den Raum gestellten Abschirmungen u.dgl.

Sind höhere Dämmwerte erforderlich, so können mehrere dieser Platten in der bekannten Weise als Doppel- oder Mehrfachkonstruktion → 127 mit gutem Wirkungsgrad hintereinander geschaltet werden, wenn hierbei ein weiterer wichtiger Gesichtspunkt, nämlich die richtige Bemessung und Gestaltung der entstehenden Hohlräume, berücksichtigt wird. Einzelheiten werden bei den Doppelwänden ausführlicher behandelt.

Statt Sperrholzplatten können selbstverständlich auch andere Materialien verwendet werden, wenn sie die gleiche oder eine sogar noch geringere Biegesteifigkeit besitzen. Ihre Flächenmasse sollte möglichst groß sein, wodurch allerdings die Biegesteifigkeit nicht erhöht werden sollte.

Läßt sich bei der Gewichtserhöhung die Vergrößerung der Steifigkeit nicht vermeiden, so muß man anstreben, die Mindestforderung für gute biegesteife Wände zu erfüllen. Bei 30 bis 40 cm dicken Schwerbetonwänden ist das immer mit Sicherheit der Fall. Backsteinmauerwerk ist bei gleicher Dicke etwas ungünstiger, hauptsächlich bei größeren Flächen und fehlender starrer Einspannung. Immerhin gewährleistet es bei 25 bis 30 cm Dicke und einem Gewicht (Flächenmasse) von 500 kg/qm eine Dämmung nach der Kurve a in 3. Die Grenzfrequenz liegt in diesem Fall zwischen 80 und 100 Hz. Der Abfall gegen 100 Hz sowie oberhalb von 1000 Hz ist hier weniger kritisch als bei mittleren Frequenzen (etwa bei der ¼ Stein dicken Wand nach 125 1) die in den meisten üblichen Geräuschen, z.B. in der menschlichen Sprache, am häufigsten vorkommen und bei denen das menschliche Ohr verhältnismäßig empfindlich ist. Aus diesem Grunde entspricht der Verlauf der Schalldämmkurve von 25 cm dickem Vollziegelmauerwerk sehr gut dem Charakter der Sollkurven für die Schalldämmung von Wänden und Decken nach DIN 4109 → 42. Zum Vergleich zeigt Kurve c in 3 die Sollkurve für Wohnungstrennwände u.ä. In welchem Maße sich die fehlende starre Einspannung einer 24 cm dicken Vollziegelwand auswirkt, beweist 125 2.

Prüft man in der oben beschriebenen Weise sämtliche im Bauwesen üblichen Wände auf ihre Schalldämmung, so kommt man zu dem Schluß, daß ausreichend biegeweiche Wände nur mit dünnen, schweren Schalen und ausreichend biegesteife Wände ausschließlich mit sehr dicken, nicht zu großen und starr eingespannten Wänden herzustellen sind.

Dem Prinzip nach sollten sehr leichte Einfachwände nach dem in 125 3 erläuterten Prinzip hergestellt werden, das gleichzeitig raumakustische Vorteile bietet, die nicht nur im Industriebau, sondern auch in Bürogebäuden u.a. immer erwünscht sind. Zwei konstruktive Lösungen dieser Art erläutern die Zeichnungen 125 4 und 125 5. Eine Zusammenstellung der mittleren Schalldämm-Masse von üblichen einschaligen Trennwänden bietet 127 1. Mit Hilfe der dort jeweils angegebenen Flächenmasse läßt sich anhand von 127 2 auch das zu erwartende LSM abschätzen. Weitere Angaben werden bei den einzelnen Baustoffen gemacht. In kritischen Fällen, wie zum Beispiel im Hotel- und Wohnungsbau → 271 und 296, ist immer eine gewisse Sicherheit erwünscht, da die Gesamt-Bauweise erhebliche Streuungen verursachen kann. H.A. Müller berichtet, daß von 56 geprüften Wänden gleicher Art und Dicke nur 36% die Anforderungen von DIN 4109 erfüllen, die übrigen 64% jedoch nicht.

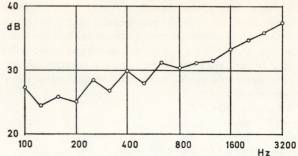

1 Luftschalldämmung einer mobilen Trennwand aus einzelnen, ca. 40 mm dicken raumhohen Tafeln, deren röhrenförmige Hohlräume mit Sand gefüllt waren. Die Tafeln bestanden aus einer Mittellage aus Holzspanröhrenplatten mit umlaufendem Holzrahmen und beidseitig 4 mm dickem Deck aus Holzfaser-Hartplatten. Die senkrecht verlaufenden Röhren hatten einen Durchmesser von ca. 25 mm und einen Mittenabstand von ca. 33 mm.

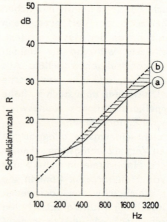

2 Frequenzabhängigkeit der Schalldämmung einer 4 mm dicken Sperrholzplatte (Kurve a) zur theoretisch max. möglichen Schalldämmung (b). Die Platte ist praktisch ideal biegeweich und daher in Anbetracht ihrer geringen Flächenmasse mit durchschnittlich 18 dB verhältnismäßig gut schalldämmend. Die kritische untere Grenzfrequenz der Spuranpassung liegt weit oberhalb des interessierenden Frequenzbereichs.

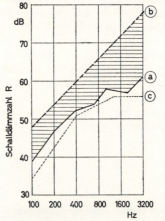

3 Schalldämm-Maß einer 25 cm dicken Vollziegelwand mit beidseitig dichtem Verputz (Kurve a) im bauakustisch wichtigen Frequenzbereich. Gerade b = massentheoretische Frequenzabhängigkeit der Schalldämmung einer Idealwand gleichen Gewichts im Vergleich zur Sollkurve für den Mindestschallschutz am Bau oder auf Prüfständen mit bauüblichen Nebenwegen (Kurve c). Die Grenzfrequenz der Spuranpassung liegt unterhalb des dargestellten Frequenzbereichs, so daß die Abweichung von der Idealwand (schraffierter Bereich) relativ groß ist. Wegen ihrer großen Flächenmasse ist die Wand trotzdem ausreichend. Die Unterschiede zwischen a und b sind in erster Linie durch die Flankenübertragung bedingt.

BAUTEILE — Trennwände

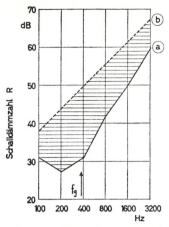

1 Frequenzabhängigkeit der Schalldämmung einer ca. 6 cm dicken Ziegelwand (Kurve a) im Vergleich zur bei gleicher Masse theoretisch möglichen Höchstdämmung (Gerade b). Die durch Schraffur gekennzeichnete Abweichung ist ungewöhnlich groß, was eine relativ ungünstige Schalldämmung bedeutet. Solche Wände können bei starrem Einbau aus dem Bauwerk aufgenommenen Körperschall auch besonders stark abstrahlen. Die Spuranpassungsfrequenz liegt sehr ungünstig (f_g).

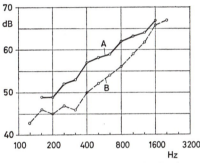

2 Verbesserung der Schalldämmung einer 24 cm dicken Vollziegelwand durch eine starre Randeinspannung im Laboratorium ohne Nebenwege (nach K. Gösele).

A Schalldämm-Maß R, wenn der Prüfstand mit den Wänden des Empfangsraumes starr verbunden ist
B Schalldämm-Maß der Prüfwand, wenn sie an ihren Anschlüssen umlaufend durch 1 cm dicke Streifen aus Mineralwolle getrennt ist. Die Erhöhung durch die Randeinspannung beträgt im Durchschnitt etwa 5 dB

Bei schweren Trennwänden dieser Art ist die starre Randeinspannung immer vorteilhaft. Bei leichteren und ungünstig biegesteifen Wänden kann im Gegensatz hierzu eine völlige Abtrennung notwendig werden, hauptsächlich dann, wenn die Gefahr starker Körperabstrahlung besteht.

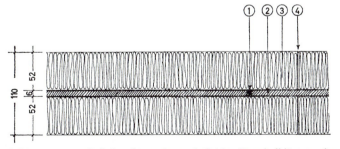

3 Prinzip einer schallabsorbierenden und gleichzeitig schalldämmenden, akustisch einschaligen Trennwand:
1 Fugendichtung
2 4—6 mm dicke Hartfaserplatte, Gipsklebeschicht o. ä.
3 schallabsorbierendes, evtl. mit porösem Stoff bespanntes Material, z. B. aus Holzwolle- oder Mineralwolleplatten mit einer Rohdichte von 300 bis 450 kg/m³
4 Plattenstoß

Die Dicke der Schallschluckplatten kann notfalls auf 20 bis 25 mm verringert werden. Mittleres Schalldämm-Maß ca. 40 dB.

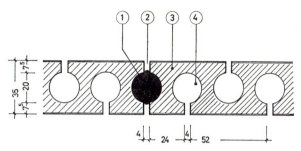

4 Prinzip einer sehr einfachen, beliebig anpaßfähigen Montagewand aus wechselseitig geschlitzten Holzspan-Röhrenplatten:
1 elastische Dichtung, z. B. aus einem dauerplastischen Dichtungs-Rundprofil
2 Plattenstoß
3 beidseitig furnierte Holzspanröhren-Strangpreßplatte
4 senkrecht durchlaufende Röhren

Durch die Schlitze werden die Platten biegeweicher und zusätzlich zur Schalldämmung schallabsorbierend. Das mittlere Schalldämm-Maß der dicht eingebauten Wand kann mit etwa 27 dB angenommen werden

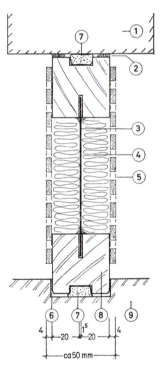

5 Schalldämmendes schmales Übergangsstück zwischen Trennwand und Fassade bzw. Fenster:
1 Trennwand
2 Dichtungen aus dauerelastischem Kitt
3 mindestens 1,5 mm dickes Bleiblech, rundherum abgedichtet
4 Schallschluckstoff
5 ca. 20%ig perforierte Hartfaserplatten o. ä.
6 dauerelastische Dichtung
7 Dichtung aus bituminiertem elastischem Schaumkunststoff
8 schwerer und möglichst schmaler Holzrahmen
9 Fensterrahmen o. ä.

Elemente dieser Art können ein mittleres Schalldämm-Maß von > 35 dB erreichen und sind daher bei dem normalerweise geringen Flächenanteil von ca. 5% für Trennwände bis ca. 45 dB ohne wesentliche Minderung der Gesamt-Schalldämmung verwendbar.

Trennwände **BAUTEILE**

1 Mindest-Schallschutz von Trennwänden nach DIN 4109

	Mindest-anforderungen	Vorschläge für den erhöhten Schallschutz
	Luftschallschutzmaß LSM in dB	
Wohnungstrennwände[1] und Wände zwischen fremden Arbeitsräumen	0	≧ +3
Treppenraumwände und Wände neben Hausfluren	0	≧ +3
Wände neben Durchfahrten, Einfahrten von Sammelgaragen o. ä.	+3[2]	≧ +3[2]
Haustrennwände (Wohnungstrennwände[1] zwischen Einfamilien-Reihen- und Einfamilien-Doppelhäusern	+3	≧ +3
Wände von Gaststätten, Lichtspieltheatern, Gewerbebetrieben u. dgl., die an Wohnungen oder fremden Arbeitsräumen grenzen[1]	+10[5]	> +10[5]
Wände in Hotels, Gasthäusern, Krankenhäusern zwischen »ruhigen Räumen« (Übernachtungs- und Krankenräume) und »lauten Räumen« (Galerieräume, Küchen u. dgl.)	+10[5]	> +10[5]
Wände in Hotels, Gasthäusern, Krankenhäusern zwischen »ruhigen Räumen« (Übernachtungs- und Krankenräume einschl. der zugehörigen Flure)	−3[6]	≧ 0
Wände in Schulen zwischen Unterrichtsräumen u. lauten Räumen wie vorst. zwischen normalen Unterrichtsräumen	+3 −5	— —
Wände in Schulen zwischen Unterrichtsräumen und Fluren bzw. Treppenräumen	0	—

[1] Wohnungstrennwände sind Bauteile, die Wohnungen voneinander oder von fremden Arbeitsräumen trennen.

[2] Sind Durchfahrten zugleich Verkehrswege, soll ein Sachverständiger hinzugezogen werden, Anforderungen ggf. höher.

[3] Ein guter Luftschallschutz kann bei Einfamilien-Reihen- und -Doppelhäusern am zweckmäßigsten durch eine über die gesamte Gebäudetiefe und -höhe verlaufende Trennfuge erreicht werden.

[4] Für Wände zwischen Gaststätten usw. und der eigenen Wohnung des Inhabers gelten die Werte als Empfehlung.

[5] Das Luftschallschutzmaß LSM = 10 dB kann in der Regel nicht durch Verbesserung des Luftschallschutzes der Trennflächen allein, sondern nur durch gleichzeitige Minderung der Flankenübertragung erreicht werden. Es empfiehlt sich, dafür einen Sachverständigen hinzuzuziehen.

[6] Kann mit 11,5 cm dicken Wänden bei einem Gewicht einschließlich beiderseitigem Putz von mindestens 250 kg/m² erreicht werden.

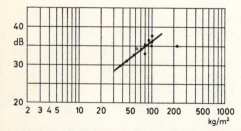

2 Mittleres Schalldämm-Maß einschaliger Trennwände aus vollen Gipsplatten. Sämtliche Meßwerte wurden auf Prüfständen mit bauüblichen Nebenwegen ermittelt.

3 Einschalige, beidseitig verputzte Trennwände mit einem LSM von mindestens 0 dB

(nach DIN 4109 ohne besonderen Nachweis ausreichend)

Wandbauart	Rohdichte (kg/m³)	Mindestdicke ohne Putz (cm)	Gesamtflächenmasse (kg/m²)
Loch- oder Vollziegel nach DIN 105	1000	36,0	450
	1200	30,0	445
	1400	24,0	405
Kalksand-Hohlblocksteine nach DIN 106	1200	30,0	440
Kalksand-Lochsteine	1200	30,0	445
	1400	24,0	405
	1600	24,0	440
Kalksand-Vollsteine	1600	24,0	440
Zwei- oder Dreikammer-Hohlblocksteine nach DIN 18151, umgekehrt vermauert, Hohlräume satt mit Sand gefüllt	1000	30,0	420
	1200	30,0	460
	1400	24,0	410
	1600	24,0	440
wie vor, ohne Sandfüllung	1000	36,5	400
	1600	30,0	430
Leichtbeton-Vollsteine nach DIN 18152	800	36,5	405
	1000	36,5	450
	1200	30,0	445
	1400	24,0	405
	1600	24,0	440
Gas- und Schaumbeton nach DIN 4164	800	43,75	400
Bims-, Steinkohlenschlacken-, Ziegelsplittbeton o. ä. nach DIN 4232	800	43,75	400
	1000	37,5	425
	1200	31,25	425
	1400	25,0	400
	1600	25,0	450
	1700	25,0	475
haufwerkporiger Beton aus nicht porigen Zuschlagstoffen, z. B. Kies	1500	25,0	425
	1700	25,0	475
	1900	18,75	405
Kies- oder Splittbeton mit geschlossenem Gefüge	2200	18,75	460

4 Trennwände mit einem LSM von mindestens +3 dB

Alle beidseitig 15 mm dick verputzt (nach DIN 4109 ohne besonderen Nachweis ausreichend)

Wandbauart	Rohdichte (kg/m³)	Mindestdicke ohne Putz (cm)	Gesamtflächenmasse (kg/m²)
haufwerkporiger Kies-, Splitt- o. ä. Beton	1500	30	480
	1700	27	490
	1900	24	485
Kies- oder Splittbeton mit geschlossenem Gefüge	2200	21	490
	2300	20	490
	2400	19	485
Stahlbeton mit oder ohne Putz	2300	21	480
	2400	20	480
	2500	19	480
Vollziegel nach DIN 105	1800	24	485
Hochbauklinker	1900	24	505
Kalksand-Vollsteine nach DIN 106	1800	24	485
	2000	24	530
Hüttensteine nach DIN 398	1800	24	485
Hüttenhartsteine	1900	24	505
Gasbeton- und Schaumbetonsteine nach DIN 4165	800	49	485

Sämtliche flankierenden Bauteile (Wände und Decken) müssen eine Masse von mehr als 250 kg/m² besitzen.

BAUTEILE

Trennwände

1 Schalldämmung von einschaligen Wänden

Bauart	flächenbez. Masse (kg/m²)	bewertetes mittleres Schalldämm-Maß R'_W
Gipskarton-Verbundplatten, 1 cm dick,	10	27
22 mm homogene Holzspanplatten	13	< 25
Holzwolle-Leichtbauplatten, 2,5 cm dick, ungeputzt	15	10
Holzwolle-Leichtbauplatten, 2,5 cm dick, einseitig Kalkputz	30	41
sandgefüllte Holzspanröhrenplatten, luftdicht, 4 cm dick	34	35
Gipsplatten mit zylindrischen Hohlräumen (leer), 7 cm dick	50	30
Leichtbauplatten, 5 cm dick, beidseitig 15 mm Putz, starr	50	35
Vollgipsplatten, 6 cm dick	60	33
Porenbetonwand, luftdicht	65	< 34 – 36
Gipsplatten mit mittig eingegossenen Holzwolle-Leichtbauplatten, 8 cm dick	70	31
Gipswandplatten, 8 cm dick	71	< 36
Gipsdielenwand mit dünnem Gipsputz	80	33 – 35
Vollgipsplatten, 8 cm dick	80	35
Gipswandplatten, 10 cm dick, starr eingebaut	ca. 100	37 – 39
Vollgipsplatten, randisoliert, 10 cm dick	100	35
Naturbims, 12 cm dick, ungeputzt	110	17
Naturbims, 12 cm dick, einseitig Kalkputz	125	41
Naturbims, 12 cm dick, beidseitig geputzt	140	42
Mauerziegel, 12 cm dick, ohne Putz (Kalkmörtel)	210	38
Hochlochziegelwand, 11,5 cm dick, einschließlich Putz	210	39
Mauerziegel, 12 cm dick, beidseitig Kalkputz	265	46
Bims-Schüttbeton, unverputzt	300	23
Langlochziegelmauerwerk, beidseitig verputzt	305	45 – 46
Hohlblocksteine aus Naturbims, beidseitig verputzt	310	47 – 48
Hochlochziegel-Mauerwerk, 24 cm dick, beidseitig Putz	320	48
Hochlochziegel, 27 cm dick, verputzt	320	48
Bims-Schüttbeton, 28 cm dick, verputzt	335	50
Ziegelsplitt- oder Bims-Schüttbeton, beidseitig verputzt	400	48 – 50
Holzspan-Schalungsstein, Schwerbetonfüllung, 24 cm dick, beidseitig Putz	410	45
Kalksand-Lochsteinmauerwerk, 24 cm dick, verputzt	410	50
Querlochziegel mit 84 Löchern, 34 cm dick	425	48 – 50
Querlochziegel mit 31 Löchern	470	50 – 52
Mauerziegel, 27 cm dick, beidseitig verputzt	480	49 – 52
Vollziegelwand, 24 cm dick, verputzt	480	< 51
Kalksand-Vollsteinmauerwerk, 24 cm dick, verputzt	480	< 53
Kalksand-Vollsteinmauerwerk, 24 cm dick, verputzt	mehr als 500	< 54
Bimsbeton-Schalungssteine mit Schwerbetonfüllung, 24 cm dick, beidseitig verputzt	520	< 56
Vollziegelwand, ca. 40 cm dick, beidseitig verputzt	730	55 – 59

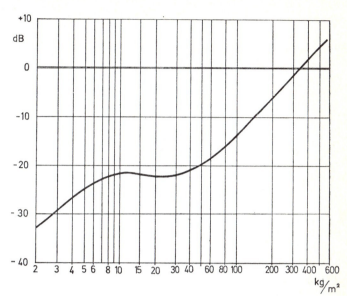

2 Luftschallschutz-Maß (dB) von einschaligen (homogenen) Trennwänden nach DIN 4109 und K. Gösele in Abhängigkeit von der Flächenmasse (Flächengewicht) in kg/m².

Der Einbruch der Kurve bei 15 bis 30 kg/m² kennzeichnet Wände mit verhältnismäßig ungünstiger Biegesteifigkeit. →143 2

Das entsprechende R_W ergibt sich aus der Beziehung: $R_W = LSM + 52$ dB

Mehrschalige Trennwände

Benötigt man hohe Dämmwerte, ohne große Gewichte anwenden zu können, so ist man gezwungen, zwei oder mehrere dünne biegeweiche Schalen hintereinander anzuordnen, da auf diese Weise erfahrungsgemäß eine besonders gute Verbesserung der Schalldämmung erzielbar ist.

Mehrschalige Wände sind Bauteile aus zwei oder mehreren Schalen, die nicht starr miteinander verbunden, sondern durch Luftschichten oder durch besonders elastische Dämmstoffe voneinander getrennt sind. Wenn die einzelnen Schalen ungünstig biegesteif sind, treten auch bei Doppelwänden Nachteile wie bei Einfachwänden auf → 3. In diesem Diagramm handelt es sich bei Kurve a um die Schalldämmung einer Doppelschale aus zwei 5 cm dicken Betonplatten üblichen spezifischen Gewichts mit einem ungedämpften Zwischenraum von 4 cm. Die Außenseiten waren mit einem 1,5 cm dicken Verputz versehen. Der bei rd. 500 Hz liegende Einbruch infolge der ungünstig liegenden Grenz-

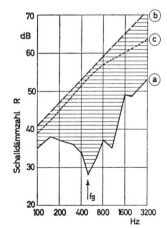

3 Frequenzabhängigkeit der Schalldämmung einer Doppelwand aus 5 cm dicken Betonschalen mit ungedämpftem, 4 cm dickem Hohlraum (Kurve a), im Vergleich zur Mindestdämmung biegeweicher Schalen gleicher Anordnung und Masse (Kurve c). Die Gerade b kennzeichnet die theoretisch mögliche Höchstdämmung einer gleichschweren Einfachwand.

Trennwände

frequenz der → Spuranpassung kommt sehr nachteilig zur Auswirkung.

Durch eine biegeweiche Ausführung der Schalen wäre es möglich gewesen, die Dämmung bis über die Werte der Kurve c zu erhöhen. Man hätte in diesem Fall die als Vergleichsmaßstab dienende theoretische Dämmung einer gleichschweren Einfachwand (Kurve b) erreicht, wenn nicht sogar überschritten. Eine weniger gute, jedoch immer noch wesentliche Verbesserung wäre erzielbar gewesen, wenn man wenigstens eine der beiden ungünstig steifen Schalen biegeweich hergestellt hätte, damit sich die Bereiche der ungünstig liegenden Grenzfrequenz nicht überlagern. In der Praxis kommt dieser Fall immer dort vor, wo dünne steife Schalen aus statischen Gründen beibehalten werden müssen und die zweite, biegeweiche Wand die Funktion einer Vorsatzschale übernimmt (→ Vorsatzschalen, 137).

Bei Doppelwänden ist noch die Beachtung der → Eigenfrequenz (Resonanzfrequenz) des aus den beiden Wandschalen als Massen und der eingeschlossenen Luft als Feder entstehenden Schwingungssystems zu beachten. Bei den im Hochbau für Wände gebräuchlichen Baustoffen tritt der durch diese Resonanz verursachte Einbruch der Schalldämmkurve vorwiegend bei tiefen und seltener bei mittleren Frequenzen auf. Bei Wänden ist es jedoch fast immer ohne Schwierigkeiten möglich (z. B. im Gegensatz zu Fenstern), durch einen ausreichenden Abstand und durch ein entsprechendes Gewicht der Einzelschalen diese Resonanzfrequenz unter 100 Hz zu legen.

Der Vollständigkeit halber sei noch eine dritte kritische Frequenz genannt, die bei Doppel- oder Mehrfachschalen auftritt. Es ist die sogenannte λ/2-Resonanz, die rein theoretisch dann entsteht, wenn die Luftraumdicke, d.h. der Schalenabstand gleich der halben Wellenlänge der betreffenden Frequenz oder einem Mehrfachen davon ist. Ihr Auftreten äußert sich etwa wie die Einbrüche der Kurve a zwischen 1000 und 3000 Hz in 127 3. Für den Praktiker ist diese Resonanz weniger wichtig, da sie infolge der immer zweckmäßigen Hohlraumdämpfung etwa aus dicken Mineral- oder Naturfasermatten kaum zur wesentlichen Verschlechterung der Dämmung führen kann.

Welche Baustoffe sich unter anderem für den Aufbau leichter und trotzdem sehr wirksamer Doppelschalen eignen, geht aus 130 4 hervor. Hierin wurden auch die erforderlichen Mindestabstände zur Vermeidung der »Masse-Feder-Masse«-Resonanz im bauakustisch wichtigen Frequenzbereich angegeben.

Allgemein muß bei Doppelkonstruktionen immer etwa nach dem in 1 verdeutlichten Schema verfahren werden. In diesem Fall hat der Putz (oder etwas ungefähr Gleichwertiges) die Aufgabe, die möglichst biegeweiche, dicke, poröse (d.h. breitbandig schallschluckende) und schwere Platte ohne Versteifung abzudichten und zu beschweren. Der Anschluß an Querwände, Stahlbetonteile u. dgl. kann hier unbedenklich ohne körperschallisolierende Zwischenlagen erfolgen, da derart biegeweiche Schalen gegen Körperschallübertragungen bei weitem nicht so anfällig sind wie z. B. steife Leichtbauplatten oder Beton. Die angedeutete Anordnung tragender Unterkonstruktionen etwa aus Holz ist unbedenklich, wenn sie keine starren Verbindungen zwischen den Schalen verursachen und die einzelnen Träger untereinander einen Abstand von mehr als 50 bis 100 cm besitzen.

Ähnlich günstig wirken auch dünne Gipskarton-Verbundplatten, → 129 1 und 4.

Nach einem Bericht von K. Gösele und R. Jehle besitzen Doppelwände aus relativ ungünstig biegeweichen Schalen (etwa 4 bis 8 cm dicken Platten aus Bimsbeton, Porenbeton, Gips o. ä.) unter besonderen Bedingungen ebenfalls eine gute Luftschalldämmung,

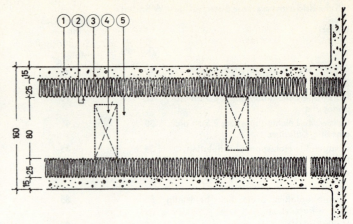

1 Prinzip des Aufbaus von schalltechnisch einwandfreien Doppelkonstruktionen:
1 schwerer dichter Putz
2 hochgradig schallabsorbierende Oberfläche
3 biegeweiche und schwere Schalen, z. B. aus 25 mm dicken Holzwolle-Leichtbauplatten
4 frei gespannte Holzunterkonstruktion, soweit unbedingt erforderlich
5 gedämpfter Hohlraum

Das mittlere Schalldämm-Maß dieser Konstruktion beträgt 50 bis 53 dB (LSM 0 bis +3 dB). Diese sehr gute Schalldämmung bleibt nahezu unverändert erhalten, wenn der Hohlraum nach 5 auf 0,5 bis 1,0 cm Dicke verringert wird und wenn die Dicke der Holzwolle-Leichtbauplatten 50 mm beträgt (selbsttragende Konstruktion ohne Holzpfosten). Um eine unmittelbare Berührung zwischen den beiden Schalen zu verhindern, ist eine Zwischenlage aus Wellpappe notwendig.

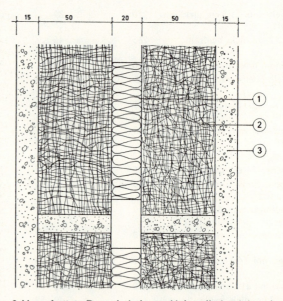

2 Vorgefertigte Doppelschale aus Holzwolle-Leichtbauplatten:
1 zwischengeklebte Streifen aus Kokosfaserplatten mit geringer dynamischer Steifigkeit (0,03 MN/m³)
2 Holzwolle-Leichtbauplatten, 50 mm dick
3 Putz auf Spritzbewurf und Fugenbewehrung

Die Elemente werden normal in Mörtel versetzt, wobei sehr sorgfältig darauf zu achten ist, daß zwischen den beiden Schalen keine starren Verbindungen entstehen. Die fertige Doppelwand hat bei einer Flächenmasse von ca. 90 kg/m² ein mittleres Luftschalldämm-Maß von 51 dB (LSM +3 dB). Wände von mehr als 3 m Höhe und 6 m Länge benötigen zwischen Putz und Platte eine zickzackförmige Verspannung aus verzinktem Draht.

BAUTEILE

Trennwände

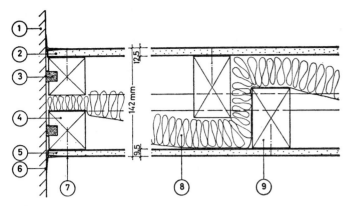

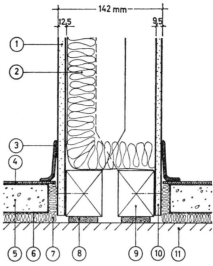

1 Sehr wirksame doppelschalige Wandkonstruktion (waagerechter Schnitt):
1. mindestens 250 kg/m² schwere flankierende Bauteile
2. möglichst schwere und biegeweiche, z. B. 12,5 mm dicke Gipskarton-Verbundplatte (altern. 35 mm dicke dichte sandgefüllte Spanplatte)
3. elastische, jedoch luftdichte Anschlüsse umlaufend
4. umlaufendes, für jede Schale getrenntes Randholz. Einzelne punktförmige Verbindungen mit dem Bauwerk im Abstand von mindestens 2 m sind zulässig
5. biegeweiche Schale wie 2, jedoch etwas dünner. Bei Verwendung von Spanplatten Dicke ca. 16 mm
6. dichter Plattenanschluß, am besten mit Hilfe von Kitt oder Spachtelmasse
7. Befestigung der einzelnen Platten nach konstruktiven Gesichtspunkten mit Schrauben oder Nägeln. Auch Verleimung möglich
8. Im Hohlraum zwischen den Schalen jeweils freihängende, einseitig auf beliebigem Träger aufgesteppte, mindestens 40 mm dicke Mineralwollematte
9. freistehende *gerade* Kanthölzer im Abstand von mindestens 60 cm

Diese Konstruktion hat, gleichgültig ob Gipskartonplatten oder Spanplatten verwendet werden, ein mittleres Schalldämm-Maß R (Laborwert) von mindestens 50 dB (LSM = 0–2 dB).

3 Senkrechter Schnitt durch die leichte schalldämmende Trennwand nach *1* mit einem mittleren Schalldämm-Maß von mehr als 50 dB:
1. Gipskarton-Verbundplatte oder eine gleichschwere biegeweiche Platte aus anderem Material
2. Hohlraumdämpfung aus auf Papier gesteppter Mineralwolle
3. dicht schließende Sockelleiste
4. Bodenbelag
5. Asphaltestrich
6. Abdeckung aus Natron-Kraftpapier o.ä.
7. in zusammengedrücktem Zustand ca. 20 mm dicke Mineralwolleplatte o. glw. Die Zusammendrückung dieser Schicht darf nach DIN 4109 Bl. 4 5 mm nicht überschreiten
8. umlaufende elastische Dichtung, z. B. aus bitumenimprägniertem Schaumstoff-Band oder Kitt
9. für jede Schale freistehende Holzunterkonstruktion
10. Gipskarton-Verbundplatte
11. Rohdecke

Der schwimmende Estrich darf unter der Wand nicht durchlaufen, da er für so stark dämmende Wände eine übermäßige Längsleitung verursacht.

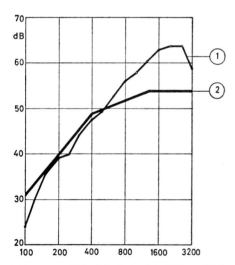

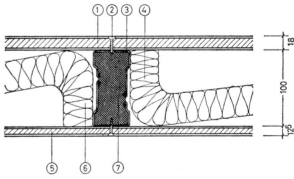

2 Frequenzabhängigkeit des Schalldämm-Maßes einer leichten Doppelwand nach *1* und *3*.
① Doppelwand aus zwei 9,5 und 12,5 mm dicken Gipskarton-Verbundplatten
② Sollkurve nach DIN 4109 für Wohnungstrennwände im ausgeführten Bauwerk (alte Fassung mit einem mittleren Schalldämm-Maß von rd. 48 dB)

Seit 1962 liegt die Sollkurve um 2 dB höher (mittleres Schalldämm-Maß rd. 50 dB). Das mittlere Schalldämm-Maß der Kurve 1 beträgt 51 dB.

4 Quasi-Doppelwand aus Gipskartonverbundplatten unter Verwendung von elastisch zusammengefügten Verbundstielen:
1. 12 bis 18 mm dicke Gipskarton-Verbundplatte
2. Blechschraube
3. Blechfassung des Verbundstiels
4. Hohlraumdämpfung aus ca. 40 mm dicken, in sich gesteppten und jeweils diagonal durch die Hohlräume gehängten Mineralwollematten
5. 12,5 mm dicke Gipskarton-Verbundplatte
6. Hohlraumdämpfung wie 4
7. Verbundstiel aus gefalztem Blech mit eingeklebtem elastischen Stoff, z. B. aus Kokosfaserplatten o. glw.

Das im Laboratorium mit bauähnlichen Nebenwegen gemessene mittlere Schalldämm-Maß dieser Konstruktion beträgt 46 dB. Die seitlichen Anschlüsse an Boden, Wände und Decke können aus einfachen U-förmigen Blechprofilen bestehen.

Trennwände — BAUTEILE

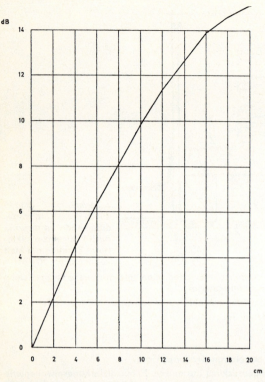

1 Verbesserung der Schalldämmung von Doppelwänden (dB) in Abhängigkeit von der Dicke des eingeschlossenen Hohlraumes (cm) bei mindestens 25 kg/² schweren Einzelschalen und ausreichend biegeweicher Beschaffenheit → 130 4.

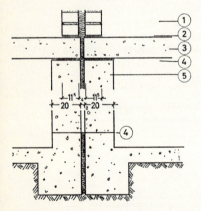

2 Doppelschalige Gebäude-Trennwand zur Minderung von Körperschall- und Luftschallübertragungen:
1. doppelschaliges Trennwand-Mauerwerk
2. elastische Unterlage
3. schwere Stahlbetondecke, im Bereich der Fugen durchgehend getrennt
4. Sperrschichten nach DIN 4117 gegen aufsteigende Bodenfeuchtigkeit in der Nähe der Außenwände
5. doppelschaliges Untergeschoß-Mauerwerk

Doppelwände dieser Art haben sich vor allem zur Trennung von Einfamilien-Reihenhäusern sehr bewährt. Die Fuge soll konsequent bis zur Dachhaut durchlaufen. Die Einlage von Dämmstoffschichten mit einer dynamischen Steifigkeit von weniger als 0,2 MN/m³ ist unbedenklich. Sie müssen lückenlos und lose eingelegt werden (nicht anbetonieren!). Die durch die Doppelschaligkeit erzielbare Verbesserung der Schalldämmung beträgt im Vergleich zu gleich schweren Einfachwänden 5 bis 15 dB beim Luftschall und 10 bis 15 dB beim Körperschall. Die geringeren Werte sind zu erwarten, wenn einzelne starre Verbindungen vorhanden sind. Wenn die Trennfuge nur etwa 50 cm in das Untergeschoß-Mauerwerk reicht, so beträgt die Verschlechterung ca. 5 dB.

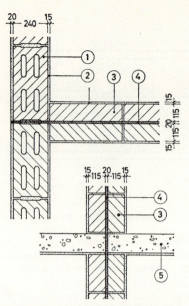

3 Doppelwand aus zwei schweren Schalen mit durchgehender Trennfuge (waagerechter und senkrechter Schnitt):
1. beliebiges Außenwandmauerwerk, z. B. aus üblichen Bimshohlblocksteinen oder Hochlochziegeln
2. dichter, mindestens 15 mm dicker Putz
3. 11,5 cm dickes Vollziegel- oder Kalksandvollstein-Mauerwerk
4. überall durchgehender schallbrückenfreier Luftspalt mit Mineralwolle o. glw. gefüllt
5. Stahlbeton-Massivdecke, im Bereich der Trennfuge mit STYROPOR-Platten, bituminierter Wellpappe oder abgedeckten Mineralfaserplatten isoliert.

Das Luftschallschutzmaß dieser Konstruktion beträgt bei einer Gesamtflächenmasse von 425 kg/m² +4 dB.

Nach DIN 4109 besitzen solche Wände ein Luftschallschutzmaß von min. +3 dB, wenn das Gesamtgewicht der einzelnen Schalen mindestens 200 kg/m² und die Gesamtdicke der ganzen Doppelwand mindestens 15 cm beträgt. Im Idealfall ist mit diesem Konstruktionsprinzip das im normalen Hochbau überhaupt mögliche höchste Schalldämm-Maß von LSM +10 bis +20 dB zu erzielen. Die Trennfuge muß dann durch das ganze Gebäude reichen, und sämtliche Wände müssen schwerer sein, auch die Außenwände.

4 Optimal geeignete Stoffe für den Aufbau von schalltechnisch vorteilhaften leichten Doppelwänden

Material	Dicke (mm)	Gewicht (Flächenmasse) der Einzelschale (kg/m²)	Mindestabstand bei Doppelwänden mit gedämpftem Hohlraum (mm)
Bleiblech	10	113	6
leicht gebundene Holzwolleplatten, einseitig mit ca. 10 mm Putz	60	50	5
Putz	1–1,5	25	30
Stahlblech	2	16	50
zellulosehaltige Asbestzementplatten	8	14	50
Hartfaserplatten	6–8	7	100
Sperrholz	5–8	5	140
Glasscheiben	2	5	140
dichte Holzfaser-Isolierbauplatten	12	4	180

BAUTEILE

Trennwände

1 Schalldämmung, doppelschalige Wände

Bauart	flächenbezogene Masse (kg/m²)	bewertetes mittleres Schalldämm-Maß R'_W
2×10 mm *Gipskartonplatten* auf getrennten Holzpfosten, Luftraum 10 cm, an Rändern und auf Holzpfosten Schallschluckstoff, ohne Randisolierung gegen Körperschall	25	46—47
wie vor, Hohlraumdicke 16,5 cm, ohne Randisolierung	25	49
wie vor, Schalen mit Randisolierung	25	50
$2 \times 2,5$ cm *Holzwolle-Leichtbauplatten* mit 8 cm Luftraum, ungeputzt, auf getrennter Holzunterkonstruktion	30	11
$2 \times 2,5$ cm *Holzwolle-Leichtbauplatten* auf getrennter Holzunterkonstruktion, beidseitig außen verputzt	60	51
2×5 cm *Holzwolle-Leichtbauplatten*, Außenseite 1,5 cm dick verputzt, Luftzwischenraum 1 bis 5 cm mit Wellpappe	85	< 53
$2 \times 2,5$ cm *Holzwolle-Leichtbauplatten* auf getrennten Holzpfosten, beidseitig 1,5 cm dick verputzt, Luftraum zwischen den Platten rd. 8 cm	90	50—53
8 cm dicke *Massiv-Gipsplatten* mit Vorsatzschale (→ 137) aus 12,5 mm dicken *Gipskartonplatten* auf elastisch angesetzter Holzunterkonstruktion, Hohlraum 45 mm dick, mit sehr elastischem Schallschluckstoff gefüllt	105	< 52
wie vor, mit 10 mm dicken *Gipsplatten*, Vorsatzschale auf 30 mm dicken Mineralwolleplatten direkt angeklebt	125	47
Doppelwand aus 2×6 cm dicken *Massiv-Gipsplatten*, Luftraum 5 cm mit Schallschluckstoff, mit Randisolierung aus 10 mm dicken Mineralfaserplatten	108	43
wie vor, ohne Randisolierung	108	46
wie vor, eine Schale 80 mm dick mit Randisolierung	110	48
Doppelwand aus 6 cm dicken *Massiv-Gipsplatten* und 5 cm *Holzwolle-Leichtbauplatten*, beidseitig Putz, Luftraum rd. 1 cm mit zwei Lagen Wellpappe	120	50
$2 \times 7,5$ cm dicker *Porenbeton*, 5 cm Luftraum. Eine Wandschale gegen Decken und Wände Korkstreifen, beidseitig Putz	140	48—50
10 cm *Gips* + 9 cm Luft mit Schallschluckstoff + 6 cm Gips. Anschlüsse elastisch (LSM < +4 dB)	147	< 53
8 cm Gips + 9 cm Luft mit Schallschluckstoff + 6 cm Gips. Anschlüsse elastisch (LSM < +2 dB)	147	< 51
Mauerziegel 6,5 cm, Wellpappe, Holzwolle-Leichtbauplatten 5 cm, beidseitig verputzt	190	50—52
Mauerziegel 12 cm, einseitig 2,5 cm Holzwolle-Leichtbauplatten auf 2,5 cm dicken, senkrecht auf der Ziegelwand im Abstand von 50 cm befestigten Holzleisten, beidseitig verputzt	280	48
Doppelwand aus 11,5 cm dicken verputzten *Kalksand-Vollsteinen*, Zwischenraum 3 cm (leer), flankierende Wände durchlaufend, Decken unterbrochen	490	51
wie vor, auch Wände unterbrochen, Zwischenraum ganz durchlaufend, jedoch an Außenwand mit Asphaltdichtung und Blechstreifen	490	57
wie vor, Zwischenraum ganz durchlaufend (absolute Trennung)	490	61

wenn man die Materialdämpfung der Platten durch eine Sandfüllung wesentlich erhöht. Die bisher empfohlene Randisolierung an den Einspannstellen der Wandschalen hat sich bei Doppelwänden aus den genannten Stoffen nicht immer bewährt. Wenn beide Wandschalen gleich ausgeführt werden und der Wandabstand mit 3 bis 4 cm relativ klein ist, kann die Schalldämmung durch die zusätzliche Randisolierung sogar verschlechtert werden. Erhöht man die innere Dämpfung der Wandschalen z. B. durch erwähnte Füllung mit Sand, so ist jedenfalls eine Randisolierung unnötig.

Mit Doppelwänden dieser Art können bei einem Flächengewicht von nur 150 kg/m² Dämmwerte von 60 dB und mehr erzielt werden, sofern die Längsleitung der flankierenden Bauteile dies zuläßt. Eine einfache Gesetzmäßigkeit für die Ermittlung der Schalldämmung von Doppelwänden gibt es nicht, so daß man immer auf Meßwerte angewiesen ist → 131 1. Mehr als zwei Schalen hintereinander anzuordnen ist unwirtschaftlich und **nur** selten zweckmäßig.

Mobile Trennwände

Für den Aufbau von Wandelementen dieser Art gilt im Prinzip dasselbe wie bei den ein- und mehrschaligen Trennwänden. Die besondere Schwierigkeit besteht hier darin, die einzelnen, zwangsläufig relativ kleinen Elemente ausreichend dicht zu versetzen, ohne die Forderung, die Wände beliebig oft umbauen zu können, einzuschränken.

Der Aufbau der Wandelemente selbst ist ohne weiteres so möglich, daß Dämmwerte von mehr als 40 dB erreicht werden →*1*. Die Wandschalen werden zweckmäßigerweise einzeln gefertigt und erst am Bau zu doppelschaligen Wänden zusammengefügt. Hierbei sind verschiedene Verbindungen notwendig, die die Doppelschaligkeit teilweise aufheben. Die unvermeidbaren Maß-Toleranzen im Rohbau erfordern Anpassungsvorrichtungen → 132 1, die die Schalldämmung ebenfalls mindern, in gleicher Weise wie z. B. unter den Wänden durchlaufende schwimmende Estriche, ungenügend abgedichtete Hohlräume über den Wänden

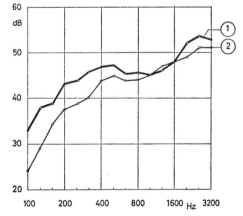

2 Schalldämmung von doppelschaligen Montage-Trennwänden.
① ca. 35 mm dicke sandgefüllte Holzspan-Röhrenplatten mit einer Vorsatzschale aus 8 mm dicken Holzfaser-Hartplatten, Gesamtdicke 13 cm, Hohlraum mit Mineralwollematte gefüllt. Mittleres Schalldämm-Maß 45 dB.
② wie vor, beide Schalen aus 8 mm dicken Hartfaserplatten, Gesamtdicke 11,5 cm, mittleres Schalldämm-Maß 42 dB

Beide Meßergebnisse wurden im Laboratorium unter idealen Bedingungen (keine Nebenwege, dichte Fugen) festgestellt.

Trennwände — BAUTEILE

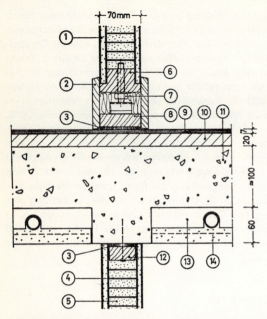

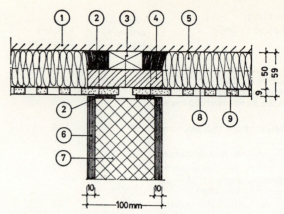

1 Richtiger Wand- und Deckenanschluß für Montage-Trennwände:
1 Wandelement
2 schwere Deckleiste als Sockel und zum Ausgleich von Maßdifferenzen
3 Dichtungen
4 Hohlzellen
5 Sandfüllung o. ä.
6 unteres Rahmenholz
7 Spannschraube zum Festklemmen des Elementes
8 angeklemmte Schwelle
9 elastischer Bodenbelag, durchlaufend
10 Verbundestrich
11 Rohdecke
12 angeschraubte Montageleiste
13 jeweils über der Wand luftdicht und schalldämmend abgeschotteter Hohlraum
14 abgehängte Decke (Deckenstrahlungsheizung, Akustikdecke usw.)

Die dargestellten Wandelemente haben ohne die Sandfüllung ein mittleres Schalldämm-Maß von 30 dB. Durch die Sandfüllung ließe sich eine Verbesserung um etwa 10 dB erzielen. Wird statt des Verbundestrichs ein durchlaufender schwimmender Estrich verwendet, so ist die Schalldämmung infolge übermäßiger Längsleitung in jedem Fall auf 32 bis 35 dB begrenzt.

2 Richtiger Anschluß einer schalldämmenden Montage-Wand an eine durchlaufende Akustikdecke:
1 Stahlbetondecke
2 eingestemmte Dichtungen, z. B. aus in Kunststoff-Folie eingewickelter Mineralwolle, luftdichtem Schaumstoff-Band o. ä.
3 Lattenrost, vollflächig aufliegend
4 Stoß-Aufütterung
5 Schallschluckpackung
6 dichte Deckschichten, schwer und biegeweich
7 möglichst elastische, randversteifte Dämmstoffschicht
8 akustisch transparente Abdeckung aus Faservlies o. ä.
9 perforierte Platte

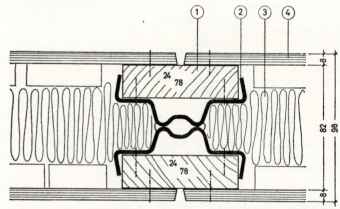

3 Waagerechter Schnitt durch eine Trennwand mit versetzbarer Unterkonstruktion und genagelter Doppelschale:
1 locker befestigte Holzleiste
2 demontierbarer Stahlträger mit Spannvorrichtung, Trägerabstand ca. 60 cm
3 lockere Schallschluckpackung am Rand oder im ganzen Hohlraum
4 biegeweiche Schale aus Sperrholz, Spanplatten o. ä. mit oder ohne Beschwerung

Die Beschwerung entspricht einem Patent von L. Cremer, ist jedoch nicht unbedingt notwendig, wenn ein mittleres Schalldämm-Maß von ca. 40 dB genügt. Vorteilhaft sind dann 9,5 und 12,5 mm dicke Gipskartonplatten.

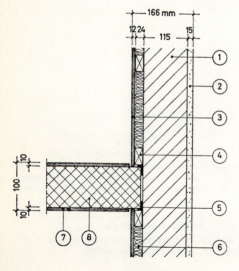

4 (links) Anschluß einer Montagewand an eine flankierende Längswand:
1 dichtes Mauerwerk aus Kalksand-Vollsteinen, Vollziegeln o. glw.
2 normaler Putz
3 beliebige Wandverkleidung, nicht durchlaufend
4 möglichst elastisch angesetzte Holzunterkonstruktion
5 Dichtung aus dauerelastischem Stoff
6 lockere Hohlraumfüllung aus Schallschluckstoff
7 dichte, schwere und biegeweiche Deckschichten
8 sehr elastische Dämmstoffschicht, an den Rändern luftdicht versteift

Die Schalldämmung der flankierenden Wand soll immer mindestens so gut sein wie bei der Trennwand.

BAUTEILE Trennwände

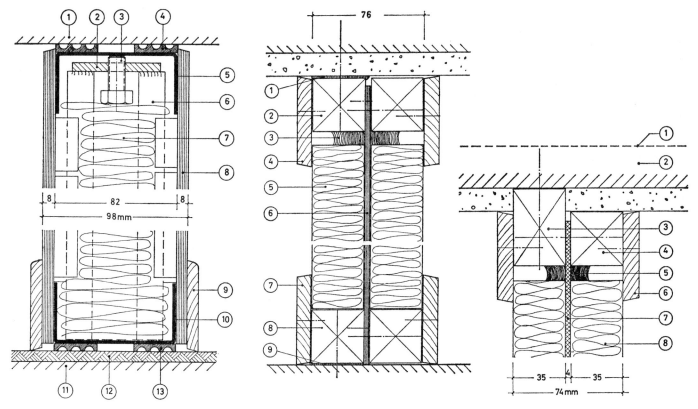

1 Senkrechter Schnitt durch eine schalldämmende Wand mit vorgefertigter Unterkonstruktion und getrennt anzuliefernden Schalen:
1 schwere Decke, Unterzug o. ä.
2 auf das senkrechte Stützprofil aufgeschweißte Gewindeplatte
3 Spannschraube
4 sehr weiche, an das Stahlprofil angeklebte Gummidichtung
5 horizontales, über die ganze Wandlänge durchlaufendes Profil
6 senkrechtes Stahlprofil
7 lockere Hohlraumfüllung aus Mineralwolle
8 rundum dicht aufliegende, möglichst schwere biegeweiche Platte
9 Deckleiste
10 horizontal durchlaufendes Schwellenprofil wie an der Decke
11 Rohboden
12 elastischer Bodenbelag mit unporöser Oberfläche
13 Dichtungsgummi, an das Schwellenprofil angeklebt

2 (Mitte) Wirksame mobile schalldämmende Trennwand aus magnesitgebundenen Holzwolle-Leichtbau-Platten auf einer rundherum eingespannten, im wesentlichen jedoch aufgehängten dichten Trägerplatte aus Hartfasermaterial o. ä.:
1 Dichtung
2 angeschraubte Holzleiste
3 Dichtung
4 Deckleisten (Deckenanschluß)
5 Holzwolle-Leichtbauplatten
6 dichte, biegeweiche Mittelschicht
7 Sockelleiste
8 Fußboden-Anschlußleiste
9 elastische Dichtung

Diese Konstruktion hat den Vorteil, außer einer für einschalige Konstruktionen ungewöhnlich guten Schalldämmung beidseitig ohne weitere Maßnahmen schallabsorbierend zu sein.

3 (oben rechts) Alternativlösung zu 2 für den Deckenanschluß:
1 einbetonierte Dübelleiste
2 Stahlbeton-Massivplatte
3 vor dem Verputzen angenagelte Montageleiste
4 durchgeschraubte Holzleiste
5 Dichtung
6 Decken-Anschlußleisten
7 luftdichte biegeweiche Mittellage
8 schwerer biegeweicher Schallschluckstoff, angeklebt

4 (links) Waagerechter Schnitt durch die Montagewand nach 2
1 elastische Dichtung
2 Holz-Anschlußleiste
3 Paßstücke zum Ausgleich von Maß-Toleranzen
4 Holzleisten, aufgeleimt
5 dichte, biegeweiche Platte aus Metall, Holzfaser-Hartplatten, Asbestzement o. ä.
6 schwerer biegeweicher Schallschluckstoff, z. B. aus Holzwolle-Leichtbauplatten, angeklebt
7 durchgeschraubte und abgedichtete Verbindungsleisten am senkrechten Stoß der Elemente

Faltwände

oder durchlaufende leichte flankierende Wände bzw. Wandverkleidungen → 132 1, 2 und 4.

Selbst wenn es gelingt, diese nachteiligen Einflüsse weitgehend auszuschalten, ist bei richtigen Montagewänden kaum damit zu rechnen, daß im ausgeführten Bauwerk wesentlich höhere Dämmwerte als etwa 30 bis 35 dB vorhanden sein werden, auch dann nicht, wenn diese Wände keine Türen enthalten. Türen verursachen im allgemeinen eine Verschlechterung um mindestens 2 dB, selbst wenn das Türblatt nach der Labormessung genausogut dämmt wie das Wandelement. Diese Verschlechterung kommt eindeutig durch undichte Fugen und Fälze zustande.

Unter diesen wenig ermutigenden Gesichtspunkten bleibt zu überlegen, ob es wirklich nicht sinnvoller ist, von der reinen »mobilen Trennwand« zugunsten einer wesentlich billigeren und in der Schalldämmung besseren, vorgefertigten Doppelschalenwand mit demontabler Unterkonstruktion abzugehen → 132 3 und 133 1. Diese Tendenz wird durch die Erfahrung gestärkt, daß mobile Trennwände selten versetzt werden. Für viele Bedarfsfälle ist es nicht notwendig, die verhältnismäßig aufwendigen doppelschaligen Konstruktionen zu verwenden, da auch bei einschaligem Aufbau Dämmwerte von ca. 35 dB möglich sind → 127 1.

Hauptsächlich für den Einsatz in Industriebetrieben wurde eine sehr einfache Konstruktion dieser Art entwickelt, die gleichzeitig auch eine gute Raumschalldämpfung gewährleistet → 133 2, 3 und 4. Ihre Schalldämmung beträgt mindestens 35 dB.

Faltwände

Bei Faltwänden gibt es noch mehr Schwierigkeiten als bei Montagewänden, da hier eine einwandfreie Falzdichtung wegen der betriebsbedingten Maßtoleranzen mit vielleicht einer Ausnahme völlig unmöglich ist. Die Einsatzmöglichkeiten von Faltwänden für die schalldämmende Trennung von Räumen sind daher sehr begrenzt. Welche Dämmwerte mit den einzelnen handelsüblichen Konstruktionen erzielt werden können, ist in 135 4 zusammengestellt. Wenn zwei dieser Wände hintereinander liegen und sich dazwischen ein stark gedämpfter großer Raum befindet, so ist es möglich, daß sich die beiden Dämmwerte nahezu addieren. Die bei geringem Platzbedarf zweifellos beste Faltwandkonstruktion ist in den Bildern 1 und 2 dargestellt. Im Gegensatz zu allen anderen Faltwänden sowie zu den sehr aufwendigen und daher selten verwendeten Hub- bzw. Versenkwand-Konstruktionen ist hier noch eine gute Falzdichtung mit stark anziehenden Treibriegeln möglich → 306 1.

(rechts) Waagerechter Schnitt durch eine Schale der Doppel-Stahlfaltwand → 2:
1 Schallschluckpackung aus Mineralwolle ca. 50 mm dick ohne Papierauflage im zwischen den beiden Wänden eingeschlossenen Hohlraum
2 Vermörtelung
3 Steinanker
4 ca. 20—30%ig perforiertes Blech o.ä., hinterlegt mit PARATEX-Faservlies oder max. 0,025 mm dicker Kunststoff-Folie
5 sehr weiche Moosgummidichtung
6 perforiertes Blech wie 4
7 2 mm dickes, dicht eingebautes Stahlblech
8 Quetschdichtung
9 Schallschluckpackung wie 1

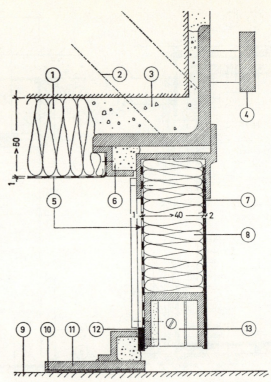

2 Senkrechter Schnitt durch eine Schale der doppelschaligen Stahlfaltwand → 1, die bei einem Abstand von ca. 18 cm und mehr ein mittleres Schalldämm-Maß von mindestens 50 dB (LSM größer als 0 dB) gewährleistet:
1 Randdämpfung aus 50 mm dicken Mineralwollematten ohne Papierauflage (Schallschluckpackung)
2 Verankerung nach statischen Gesichtspunkten
3 Vermörtelung
4 Entlastungsschiene für die Laufrollen
5 ca. 20—30%ig perforiertes Blech o.ä., hinterlegt mit PARATEX-Faservlies oder Kunststoffolie
6 sehr weiche Moosgummidichtung
7 2 mm dickes, dicht eingebautes Stahlblech
8 Schallschluckpackung wie 1
9 durchlaufender Boden
10 elastische Zwischenlage aus Kunststoffschaum oder Schaumgummi
11 Flachstahl, an den Boden anschraubbar und je nach Bedarf demontierbar. Hierauf aufgeschweißtes Z-Profil mit Dichtung wie 6
12 Anschlagschiene
13 Befestigungsleiste für die senkrechte Falzdichtung nach 6

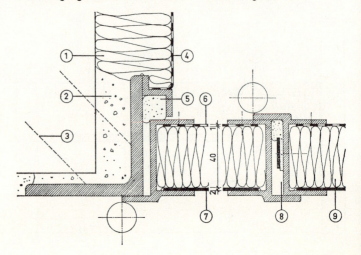

BAUTEILE   Faltwände

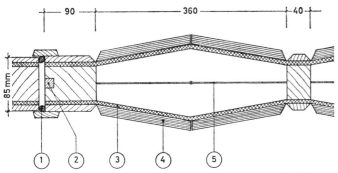

1 Prinzip einer hölzernen Faltwand in schalldämmender Ausführung:
1 Dichtung
2 Verschluß
3 elastische Einlage, oben und unten als Schleifdichtung wirksam
4 Sperrholz-Lamellen
5 doppeltes Stahlscherengitter
Mittleres Schalldämm-Maß der Konstruktion etwa 34 dB (LSM ca. −16).

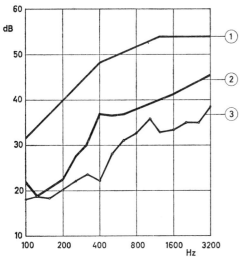

2 Am Bauwerk gemessenes Schalldämm-Maß von Faltwänden im Vergleich zu der Sollkurve mit einem mittleren Schalldämm-Maß von 47 dB.
① Sollkurve für sehr gut schalldämmende Trennwände, mittleres Schalldämm-Maß 47 dB
② schalldämmende Ausführung einer Faltwand aus Sperrholz-Lamellen auf doppeltem Stahlscherengitter mit umlaufenden Gummidichtungen. Die Messung erfolgte auf einem Prüfstand mit bauüblichen Nebenwegen. Mittleres Schalldämm-Maß 34 dB
③ Faltwand wie vor, in einfacherer Ausführung, im ausgeführten Bauwerk gemessen. Mittleres Schalldämm-Maß 28 dB (LSM −22 dB).

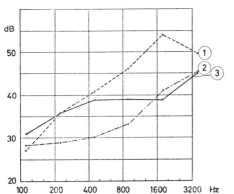

① beste Dämmung von insgesamt 19 untersuchten Wänden (i.a.M. 42 dB)
② schlechteste Wand infolge unzureichender Abdichtung zwischen dem Fußboden und der Unterkante der Elemente (i.a.M. 34 dB)
③ Forderung der Architekten 38 dB i.a.M.

3 Durch die Faltwände zwischen den einzelnen Arbeitsgruppenräumen erzielte Schallpegeldifferenz (effektive Schalldämmung).

Für horizontal verschiebbare Wände gilt dasselbe wie für Schiebetüren (→ Türen, 178). Die Bemühungen um eine gute Schalldämmung scheitern auch hier an den großen Abdichtungsschwierigkeiten.
Eine sehr interessante, wenn auch den deutschen Normen bei weitem nicht genügende Konstruktion zeigt → 306 4 in einer amerikanischen Schule. Hier wurde ein Großraum durch vier gleichwertige schalldämmende Faltwände in vier Normalklassen unterteilt.
Jede der einzelnen Wände kann mit Hilfe eines Elektromotors mit Geschwindigkeitssteuerung und magnetischer Bremsvorrichtung getrennt betätigt werden. Bei Stromausfall ist auch eine Handbetätigung möglich. Die einzelnen Elemente sind etwa 76 mm dick und bestehen aus Stahl mit einer PVC-Beschichtung. Sie werden ausschließlich durch die obere Laufschiene geführt, die beidseitig durch eine Holzverkleidung abgedeckt wird. Eine Verbindung mit dem Boden ist nicht vorhanden. Aus konstruktiven Gründen war es notwendig, den Bodenabstand mit etwa 25 mm festzulegen. Diese Notwendigkeit bereitete erhebliche Schwierigkeiten, da der breite Bodenschlitz unbedingt eine zuverlässige Abdichtung erhalten mußte, weil die Wände eine verhältnismäßig große Schalldämmung besitzen sollten. Eine zusätzliche Schwierigkeit war die Forderung der Architekten, nur unbrennbares Material zu verwenden. Verbindungen mit dem Fußboden, Anschläge, Führungsschienen u. dgl. waren unerwünscht. Sämtliche Dichtungen an den Anschlüssen werden erst betätigt, wenn die betreffende Wand geschlossen ist. Es handelt sich um automatische Hochdruckdichtungen, die gleichzeitig die Wände gegen den Fußboden verspannen. Beim Öffnen werden die Faltwände in offene Taschen geschoben, mit deren Vorderkante das letzte Element bündig abschließt, wie in 306 4 zu sehen ist.
Für die Schalldämmung wurden sehr genau definierte Forderungen gestellt. In den einzelnen Frequenzbereichen sollten mindestens folgende Dämmwerte vorhanden sein:

Frequenz-bereich	20–75	75–150	150–300	300–600	600–1200	1200–2400	2400–4800	4800–10000	Hz
Dämmung	23	31	36	38	38	38	45	45	dB

Diese Forderung wurde in Diagramm 3 als Sollkurve (3) eingetragen. Zum Vergleich kennzeichnet Kurve 1 die Schalldämmung der besten Wand und Kurve 2 die der schlechtesten Wand jeweils im Frequenzbereich zwischen ca. 100 und 3200 Hz. Es muß

4 Schalldämmung von Faltwänden

	mittleres Schalldämm-Maß
scherenartige Metallkonstruktion, beidseitig mit 8 mm dickem Kunstleder wellenförmig verkleidet, Innenseiten mit 3 mm dicker Schaumstoffeinlage	$R'_W = 16$ dB
Scherengitter-Faltwand, beidseitig Sperrholzlamellen, Normalausführung	$R'_W = 25$ dB
harmonikaartig zusammenschiebbare Faltwand mit beidseitiger wellenförmiger Kunstlederverkleidung auf Papier mit Pappstreifen. Unten und oben mit Schleifgummi und Filzstreifen	$R_W = 27-29$ dB
Faltwand wie vor, statt der Pappe Stahlblechstreifen auf Papier	$R_W = 31-33$ dB
Faltwand aus Scherengitter, beidseitig Sperrholzlamellen mit schallabsorbierenden Innenseiten, oben und unten Gummidichtungen (Sonderausführung)	$R'_W = 34$ dB
faltbare doppelschalige Stahl-Tafelwand, Dicke 70mm, Hohlraum mit Mineralwolle gefüllt, Tafeldichtungen aus Kunststoff-Profilen mit Anpreßmechanismus	$R_W = 41$ dB

Faltwände

hierbei beachtet werden, daß es sich bei diesen Angaben nicht um das in Deutschland übliche sogenannte Schalldämm-Maß, sondern um die effektive Schalldämmung handelt, bei der der Einfluß der Raumausstattung nicht auf eine bestimmte Bezugsgröße umgerechnet wurde. Es ist daher in diesem Zusammenhang interessant, daß sämtliche Fußböden mit einem Teppich ausgelegt waren. An den Decken war lediglich ein ganz gewöhnlicher Putz vorhanden. Der Unterschied zwischen einer Messung nach den deutschen Normen und dem hier angewendeten Meßverfahren dürfte demzufolge nicht sehr groß sein. Eine Messung nach der für solche Fälle maßgebenden deutschen Norm DIN 52210 hätte sicherlich keine geringeren Werte ergeben.

Der arithmetische Mittelwert aus Kurve 1 beträgt 42 dB, was als verhältnismäßig günstig bezeichnet werden kann. Fast alle der insgesamt 19 untersuchten Wände hatten eine annähernd so gute Schalldämmung mit Ausnahme von drei Wänden, bei denen die Schwellendichtung ungenügend war. Wenn man diese drei Wände außer Betracht läßt, so ergibt sich eine durchschnittliche Schalldämmung von 40 dB. Sehr aufschlußreich ist in diesem Zusammenhang das Urteil des Schulleiters: Er erklärte ohne Vorbehalt, daß die Faltwände derart »vollständig geräuschundurchlässig« seien, daß sich zwei Personen, die an den den Faltwänden gegenüberliegenden Seiten zweier angrenzender Räume stehen, durch die Wand hindurch nicht verständigen können. Die Wirkung wäre sicherlich nicht so gut, wenn die betreffenden Personen jeweils dicht hinter der Trennwand stehen würden. Das ist wohl auch der Grund für die ungewöhnliche Möblierung. Wie das Bild 306 4 beweist, sitzen die Schüler immer mit dem Rücken zur Faltwand, so daß zwischen den Lehrern in den einzelnen Räumen jeweils die größtmögliche Entfernung besteht. Erwähnt werden muß noch, daß die Räume nicht für den Musikunterricht verwendet werden. Hierfür ist die Schalldämmung sicherlich zu gering. Nach den Erfahrungen in deutschen Schulen reicht zur akustischen Trennung von Musikräumen und normalen Unterrichtsräumen nicht einmal die Schalldämmung einer 24 cm dicken Vollziegelwand aus, die mit effektiv 48 bis 50 dB angenommen werden kann.

Besondere Abschirmungen

Wenn eine starke Schallübertragung über Nebenwege, also vor allem über direkte Luftverbindungen vorhanden ist, so ist es sinnlos, die Trennwände mit einer guten Luftschalldämmung auszustatten. Das ist zum Beispiel bei allen teilweise offenen Zellen → 298, etwa in Büroräumen, Fabrikbetrieben, Diktierräumen, an Sprachlehranlagen usw. der Fall. Hier hat es keinen Sinn, das mittlere Schalldämm-Maß auf mehr als etwa 20 dB zu erhöhen. Es ist viel wichtiger, die betreffenden Großräume und die einzelnen abzuschirmenden Plätze stark schallabsorbierend auszustatten. Richtig wäre, auch die Schalldämmung durch Absorption (→ Dissipation) auszunutzen. Verschiedene Schallschluckstoffe haben diese Eigenschaft (→ 94 4, 95 2 und 98 2) bei größerer Dichte und guter Anpassung an die Luft.

Eine solche Trennwand ist in Bild 2 erläutert. Ihr Absorptionsgrad beträgt auf beiden Seiten durchschnittlich etwa 0,7 und die erzielbare effektive Schalldämmung (Schallpegeldifferenz) 20—25 dB. Oft genügt eine noch einfachere Konstruktion etwa nach 1, weil die Abschirmwirkung bei Abmessungen unterhalb von 3,5 m und nicht konsequenter Anwendung dieses Prinzips in geschlossenen Räumen kaum 7 dB bzw. DIN-phon erreicht. Im Freien entfallen die Raumreflexionen größtenteils, was auch bei sehr einfachem Aufbau → 307 5 und 137 1 zu besseren Werten führt.

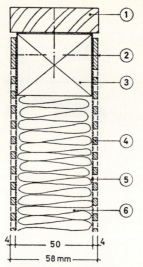

1 Einfache schallabsorbierende und schalldämmende Abschirmung:
1 Randleiste
2 Nägel oder Schrauben
3 Rahmenholz
4 mindestens 20%ig perforierte dünne Platten. Wenn 5 aus einem kräftigen Textilgewebe besteht, so können diese Platten entfallen.
5 akustisch transparentes Faservlies, poröses Textilgewebe o. ä.
6 Schallabsorptionsstoff

Wenn für 6 Glas- oder Steinwolle*platten* mit einer Rohdichte von etwa 100 kg/m³ verwendet werden, so beträgt die Schallabsorption auf beiden Seiten im Durchschnitt ungefähr 0,7 und die Schalldämmung ≈ 3 bis 7 dB.

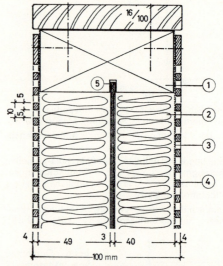

2 Schalldämmende und gleichzeitig schallabsorbierende Abschirmung für einzelne halboffene Arbeitsplätze:
1 Rahmenholz
2 Schallschluckpackung aus Glas- oder Steinwolle
3 akustisch transparente Abdeckung, z. B. aus gut deckendem dunklem Faservlies, Nesselstoff o. ä
4 ca. 20%ig gelochte oder geschlitzte Hartfaserplatten, Sperrholzplatten usw. Diese Platten sollten so dünn wie möglich sein, wenn keine Verschlechterung der Absorption bei hohen Frequenzen eintreten soll.
5 mittlere schalldämmende und gleichzeitig tiefe Frequenzen absorbierende, dicht eingebaute Membrane, z. B. aus Hartfaserplatten o. ä.

Die Platte nach 5 kann auch mittig gesetzt werden, je nachdem, welche Frequenzbereiche noch absorbiert werden sollen. Wenn die Absorption möglichst breitbandig sein soll, so ist die asymmetrische Anordnung günstiger, sofern jede Zelle tiefe und flache Packungen hat.

BAUTEILE   Vorsatzschalen

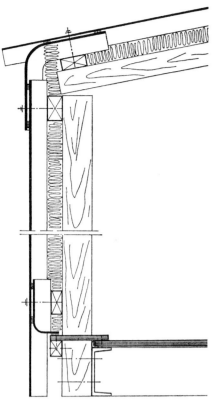

1 Schalldämmende und innenseitig absorbierende Abschirmung einer im Freien stehenden sehr großen maschinellen Anlage. Die Außenschale besteht aus abgedichteten Asbestzement-Wellplatten. Innenseitig wurden Holzwolle-Leichtbauplatten angenagelt. Die Holzunterkonstruktion wurde starr an dem Stahlgerüst der mit mehreren Motoren ausgestatteten

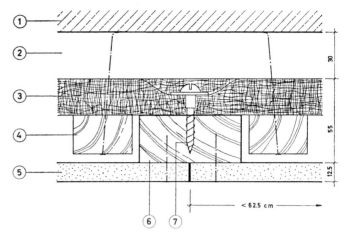

2 Querschnitt durch eine Deckenvorsatzschale, die mit Hilfe eines »Drei-Leisten-Schwingholzes« elastisch befestigt wurde:
1 Unterkante der Betondecke
2 Dübelleiste, Planlatte o. ä.
3 sehr elastische Zwischenschicht aus in sich vernadelten und oberflächig gebundenen Kokosfaserplatten, an die die Leisten nach 4 und 6 angeklebt sind.
4 Leisten zur Befestigung des Schwingholzes an der Decke
5 Vorsatzschale aus normalem Deckenputz oder mindestens 12,5 mm dicken Gipskarton-Verbundplatten
6 Montageholz für die Befestigung der Vorsatzschale
7 rückseitig eingesetzte Schraube als zusätzliche Sicherung für 6
Mit Vorsatzschalen dieser Art lassen sich bei schallgedämpftem Hohlraum Verbesserungen bis zu 5 dB für den Trittschallschutz und ca. 7 dB für den Luftschallschutz erzielen.

▷ Anlage befestigt. Obwohl es nicht gelang, alle Öffnungen zu schließen, wurde eine Minderung der Schalleinwirkung auf die Nachbarschaft von
▷ mehr als 15 dB erreicht.

Vorsatzschalen

Vorsatzschalen werden oft zur Verbesserung der Schalldämmung an Trennwänden oder zur Verbesserung der Wärmedämmung unter gleichzeitiger Minderung der Schall-Längsleitung an Außenwänden angewandt. Auch zur Verbesserung der Schall- oder der Wärmedämmung von Trenndecken → 306 2, 3 und 5 bzw. auskragenden Decken → 318 3 sind sie geeignet. In dem einen Fall sind starre Verbindungen (Schallbrücken) und Resonanzen → 123 1, im anderen → Wärmebrücken zu vermeiden. Mit Ausnahme von Trennwänden, bei denen es nur um die Schalldämmung geht, ist es fast immer vorteilhaft, allen erwähnten Anforderungen gerecht zu werden. Der Idealfall einer bei normgerechter Ausführung völlig schall- und wärmebrückenfreien Vorsatzschale ist der schwimmende Estrich → 199, mit dessen Hilfe außer der Trittschallisolierung fast beliebig hohe Wärmedämmwerte und eine durchaus beachtliche Verbesserung der Luftschalldämmung in der Größenordnung von etwa 4 bis 6 dB gewährleistet wird.

Wand- und Deckenvorsatzschalen können nach gleichem Prinzip → 138 3 und 4 biegeweicher und elastischer angesetzt werden, so daß die hiermit erzielbare Verbesserung der Luftschalldämmung je nach Befestigung noch größer ist → 138 1. Je schwerer und biegeweicher die Schale und je elastischer die Zwischenschicht, um so größer ist die Verbesserung, deren praktisch erzielbares Optimum bei etwa 15 dB liegen dürfte. Durch zusätzliche schallabsorbierende Verkleidungen läßt sich die effektive Dämmung (→ Schallpegeldifferenz) in Einzelfällen sogar noch überschreiten → 138 2. Nach gleichem Prinzip in vereinfachter Ausführung kann man mit besonderen dichten und trotzdem schallabsorbierenden Akustikplatten arbeiten → 139 1 und 3, wobei noch der Vorteil besteht, durch abwechselnd reflektierende Oberflächen → 95 2 und 98 2 auch beliebigen raumakustischen Anforderungen gerecht zu werden.

Nicht alle für Wandvorsatzschalen geeigneten Konstruktionen sind auch als Deckenvorsatzschalen geeignet. Hierfür kommen vor allem die vielseitigen Stahlfeder-Elemente → 138 5 und 139 4 oder besondere Deckenaufhänger → 306 2 in Frage.

Im Bereich der Resonanzfrequenz wirken Vorsatzschalen wie Mitschwinger → 218 schallabsorbierend. Die Schalldämmung ist in diesem Bereich, wenn überhaupt vorhanden, sehr gering. Das ist der Grund dafür, daß solche ungünstig bemessenen Schalen keine oder nur eine geringere Verbesserung des → Schallschutzmaßes (LSM) erzielen, als sonst auf Grund des mittleren → Schalldämmaßes erwartet werden kann. Liegt die Resonanzfrequenz ausreichend tief, also möglichst weit unterhalb von ca. 80 Hz, so ist die Verbesserung des mittleren Schalldämm-Maßes praktisch gleich der Verbesserung des LSM.

Vorsatzschalen **BAUTEILE**

1 Luftschalldämmung von Vorsatzschalen auf dichtem Beton oder Mauerwerk
(nach F. Bruckmayer u. a.)

Konstruktion	Verbesserung des mittleren Schalldämm-Maßes
10 mm Gipskartonplatten mit rückseitig aufgeklebten Gipsklötzen auf Holzleisten und Stahlfederbügeln, Hohlraumdicke ca. 64 mm	13 dB
9,5 mm Gipskartonplatten auf Lattenrost, freistehend, Hohlraumdicke 70 mm, locker mit Mineralwolle gefüllt	10 dB
12,5 mm Gipskartonplatten auf 20 bis 30 mm Kokosfaser- oder Glasfaser-Wandplatten, mit Gips angeklebt	7–10 dB
9,5 mm Gipskarton-Verbundplatten wie vor, genagelt, Hohlraumdicke 50 mm	7 dB
4 mm Asbestzementplatten auf freitragendem Holzrost, Hohlraumdicke 70 mm	7 dB
20 mm Putz auf 25 mm Holzwolle-Leichtbauplatten und 10 mm Mineralwolle*matten*	6 dB
20 mm Holzfaser-Isolierbauplatten mit 1 mm Glattstrich auf Holzleisten und Kokosfasermattenstreifen, Hohlraumdicke 45 mm	5 dB
15 mm Putz auf 25 mm Holzwolle-Leichtbauplatten und 25 mm dicken Holzleisten, genagelt	4 dB
15 mm Putz auf Schilfrohrmatten und 15 mm Steinwolle*platten*	4 dB
15 mm Gipskartonplatten auf Holzleisten genagelt, Hohlraumdicke ca. 50 mm	4 dB
15 mm Putz auf 25 mm Holzwolle-Leichtbauplatten und 15 mm Steinwolle*platten*, je nach Befestigung	2–6 dB
22 mm Putz auf 25 mm organisch gebundenen Holzwolle-Leichtbauplatten	2 dB

Wenn die eingeschlossenen Hohlräume keine Füllung aus elastischem Schallschluckstoff (Glasfaser, Steinwolle, Kokosfaser usw.) erhalten, so sind die Verbesserungen rund 1 bis 2 dB geringer. Wird das betreffende Mauerwerk bei üblicher undichter Ausführung auf der Gegenseite mit direkt angeklebten Gipskarton-Verbundplatten statt mit Putz abgedichtet, so beträgt die Minderung in Einzelfällen max. 2 dB.

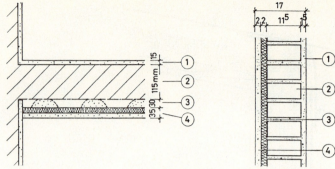

3 (links) Vorsatzschale aus mit Mörtelpflastern angesetzten Verbundplatten:

1 normaler Verputz
2 Mauerwerk o. ä.
3 Mörtelpflaster
4 Verbundplatten

Bei sehr elastischem Dämmstoff, z. B. aus Glas- oder Steinwollplatten, läßt sich die Schalldämmung bis um 12 dB verbessern.

Die Verbundplatten bestehen meist aus 9,5 mm dicken Gipskartonplatten, die einseitig mit 25 mm dickem STYROPOR beklebt wurden.

Für die Mörtelpflaster hat sich vor allem ein besonderer »verzögerter« Gips-Ansetzbinder bewährt.

Die Wärmedämmung dieser Vorsatzschale beträgt allein mindestens 0,8 (Wärmedurchlaßwiderstand). Eine Verbesserung der Schalldämmung ist nur dann vorhanden, wenn elastisches — also nachgeblähtes — STYROPOR verwendet wird und die → Resonanzfrequenz des Systems unterhalb von 85 bis 100 Hz liegt.

4 (rechts) Schalldämmende und noch ausreichend biegeweiche Putz-Vorsatzschale auf einer 11,5 cm dicken, einseitig verputzten Wand aus Vollziegeln:

1 üblicher Putz
2 Ziegel
3 mit Gips-Ansetzbinder angeblendete, beidseitig bituminierte oder kunstharzgebundene Kokoswandplatte
4 Gipsmörtel mindestens 2 cm dick

Bei einer Messung auf einem Prüfstand mit bauüblichen Nebenwegen wurde an dieser Konstruktion eine außerordentlich gute Schalldämmung festgestellt. Das Luftschallschutzmaß betrug +3 dB bei einer Bewertung nach DIN 4109. Solche Vorsatzschalen lassen sich bei normalen Raumluftzuständen auch zur Verbesserung der Wärmedämmung unter gleichzeitiger Minderung der Schall-Längsleitung verwenden. Der Wärmedurchlaßwiderstand beträgt nach DIN 4108 rd. 0,63 (0,73). Die Verbesserung der Schalldämmung beträgt im Durchschnitt 7 dB und ist von der betreffenden Wand weitgehend unabhängig.

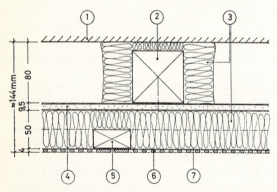

2 Schalldämmende und gleichzeitig schallabsorbierende Vorsatzschale:

1 dichte Raumbegrenzung
2 frei gespanntes tragendes Kantholz, Mittenabstand ca. 60 cm
3 elastischer Glaswollefilz o. ä., ohne Papierauflage, als elastische Zwischenschicht und Hohlraum-Randdämpfung bzw. Schallschluckpackung
4 Gipskarton-Verbundplatte, normal angenagelt und verspachtelt
5 Lattenrost
6 gelochte Hartfaserplatten o. ä.
7 akustisch transparente Abdeckung, z. B. aus dunklem Faservlies

Konstruktionen dieser Art können die → Schallpegeldifferenz zwischen zwei Räumen um 10 bis 20 dB verbessern. Die entsprechende Schallabsorption → 99.

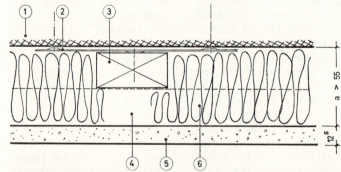

5 Vorsatzschale aus Gipskarton-Verbundplatten für Decken und Wände auf elastisch befestigter Holzunterkonstruktion:

1 dichte Wand
2 dünne rostfreie Stahlfeder, wechselseitig angenagelt
3 Grundlattenrost etwa alle 100 cm
4 Querlattenrost alle 40 bis 60 cm
5 Gipskarton-Verbundplatten
6 lockere Hohlraumfüllung aus Schallschluckstoff

Die Verbesserung der Schalldämmung ist um so größer, je größer das Produkt aus Plattengewicht (in kg/m²) und Maß a in cm) ist.

BAUTEILE   Vorsatzschalen

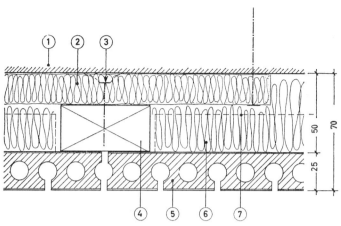

1 Dämmende und absorbierende Vorsatzschale für Innen- und Außenwände:
1 vorhandene dichte Wand
2 ca. 22/10 cm große und 20 mm dicke Stücke aus bituminierten Holzfaser-Isolierbauplatten als elastische Verbindung zwischen Holzunterkonstruktion und Wand, wechselseitig genagelt, Abstand untereinander ca. 70 cm
3 versenkter Nagelkopf
4 Holzunterkonstruktion dicht mit den Akustikplatten nach 5 verbunden
5 Akustikplatten aus furnierten und nur vorderseitig geschlitzten Holzspan-Röhrenplatten
6 vollständige Füllung aus beliebigem elastischem Schallschluck- und Wärmedämmstoff (Glas-, Steinwolle o. ä.)
7 aussteifende Querhölzer, nur soweit unbedingt notwendig
Der Wärmedurchlaßwiderstand beträgt im Durchschnitt mindestens 1,18 (1,37).

3 Schalldämmende und gleichzeitig schallabsorbierende Vorsatzschale aus Akustikplatten:
1 vorhandene dichte Wand
2 Randdämpfung aus Mineralwollematten, einseitig auf Papier oder Pappe gesteppt, Mattendicke mindestens 50 mm, Papierseite am Holz
3 aussteifende Querhölzer, rückseitig aufgeleimt (nur soweit unbedingt notwendig)
4 Platten aus geschlitzten furnierten Holzspan-Röhrenplatten, völlig dicht auf der freitragenden Kantholz-Unterkonstruktion und an den Anschlüssen verlegt
Der eingeschlossene Hohlraum kann zur Erhöhung des Wirkungsgrades und Verbesserung der Wärmedämmung ganz mit in sich gebundenen Glas- oder Steinwollematten gefüllt werden.

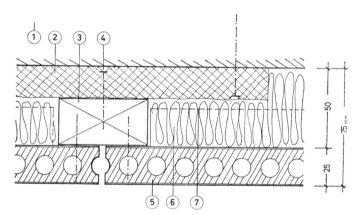

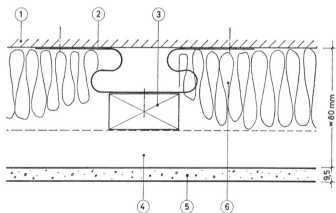

2 Schall- und wärmedämmende Vorsatzschale aus ungeschlitzten Holzspan-Röhrenplatten:
1 dichte Wand
2 einzelne Unterlagen aus elastischem Dämmstoff im Abstand von ca. 70 cm, wechselseitig schall- und wärmebrückenfrei angenagelt
3 Lattenrost ca. 30/60 mm jeweils unter den Plattenstößen
4 versenkter Breitkopfnagel
5 ungeschlitzte Holzspan-Röhrenplatten mit furnierten dichten Oberflächen, luftdicht verlegt
6 lockere Hohlraumfüllung aus Glas- oder Steinwolle
7 querlaufende Versteifungslatten, bei ungeschlitzten Platten nicht unbedingt notwendig und akustisch unerwünscht
Zur Erhöhung der Schalldämmung können die Röhren mit Sand gefüllt werden. Bei fabrikmäßig hergestellten Platten dieser Art beträgt die Plattendicke dann gewöhnlich 40 bis 45 mm.

4 An eine Wand oder Decke elastisch angesetzte schalldämmende Vorsatzschale:
1 vorhandene, dichte Raumbegrenzung, die verbessert werden muß
2 rostfreie Stahlfeder
3 angeschraubtes Montageholz. Der Abstand der Stahlfedern auf diesem Holz richtet sich nach ihrer Tragfähigkeit und einer evtl. noch vorhandenen zusätzlichen Belastung. Der Abstand sollte so groß wie möglich sein.
4 2. Rost aus querlaufenden Holzlatten, Lattenabstand etwa 40 cm
5 9,5 mm dicke Gipskarton-Verbundplatte oder gleichschwere dichte biegeweiche Platte aus anderem Material
6 lockere Hohlraumfüllung aus Mineralwolle o. glw.

Vorsatzschalen

BAUTEILE

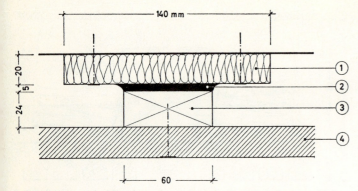

1 Schalldämmende Wandvorsatzschale auf elastisch befestigter Holzunterkonstruktion:
1. Streifen aus äußerlich bitumen- oder kunstharzgebundenen, sehr elastischen Kokosfaserplatten
2. Klebeschicht, z. B. aus Bitumen
3. angeklebte Holzleiste
4. mindestens 12 kg/m² schwere biegeweiche Platte, z. B. aus Gips, Holz o. ä.

Soll mit der Vorsatzschale nur die Wärmedämmung verbessert werden, so können statt 4 unter gleichzeitiger Schallabsorption besonders vorteilhaft leichte Holzspanplatten verwendet werden. Diese Platten gewährleisten auch eine gewisse Verbesserung der Schalldämmung und eine Minderung der Schall-Längsleitung. Der Hohlraum ist locker mit Mineralwolle zu füllen. Erzielbare Verbesserungswerte → 138 1.

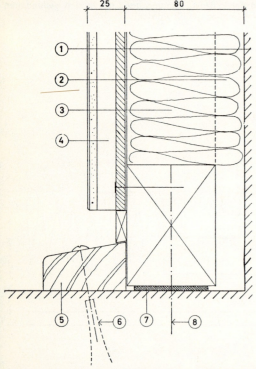

2 Senkrechter Schnitt durch eine Vorsatzschale aus gleichzeitig schalldämmenden und schallabsorbierenden Holzspan-Röhrenplatten:
1. dichte Wand
2. Randdämpfung oder Hohlraumfüllung aus Glas- oder Steinwolle
3. senkrecht frei gespanntes Holz, jeweils an den Plattenstößen im Abstand von ca. 62,5 cm
4. vorderseitig geschlitzte, rücks. dichte furnierte Holzspan-Röhrenplatte
5. Sockelleiste
6. Schraube mit Kunststoff-Dübel
7. elastische und abdichtende Unterlage, z. B. aus Bitumenkorkfilz
8. Verbindungen mindestens alle 2 m

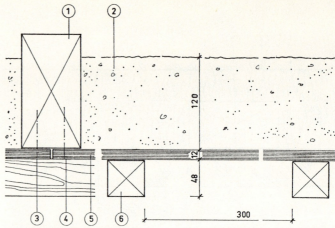

3 Schalldämmende Vorsatzdecke für eine »Raum im Raum-Gestaltung« mit freistehenden Wänden:
1. tragende Holzbalken
2. möglichst schwere Schüttung, am besten aus Sand
3. Ankernägel (IRONDOGS) oder korrosionsbeständige Schrauben
4. Fugendichtung gegen herausrieselnden Sand
5. wasserfestes Sperrholz o. glw.
6. Holzunterkonstruktion für schallabsorbierende Deckenverkleidung

Vorsatzschalen dieser Art bieten das im normalen Hochbau mögliche Höchstmaß an Schalldämmung. Sie sind praktisch eine zweite Trenndecke.

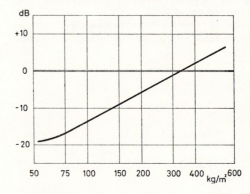

4 Luftschallschutzmaß LSM in dB üblicher einschaliger Decken in Abhängigkeit von ihrer Flächenmasse in kg/m² bei bauüblichen Nebenwegen. Die Kurve entspricht DIN 4109, Blatt 5, Bild 1.

5 Erforderliche Wärmedämmung von Trenndecken nach DIN 4108

	Wärmedurchlaßwiderstand *	gleichwertige Dämmstoffdicke ($\lambda = 0{,}035$)
Wohnungstrenndecken und Decken zwischen »fremden« Arbeitsräumen in zentralbeheizten Gebäuden an jeder Stelle	0,17 (0,20)	7 mm
Trenndecken wie vor in nicht zentralbeheizten Gebäuden (nicht an eine gemeinsame Heizzentrale angeschlossen) an jeder Stelle	0,34 (0,40)	14 mm
Kellerdecken, Decken über abgeschlossenen Hausfluren u. ä. i. M.	0,86 (1,00)	35 mm
an Wärmebrücken	0,43 (0,50)	18 mm
Decken, die Aufenthaltsräume nach unten gegen die Außenluft abgrenzen, über beheizten und unbeheizten Garagen, über offenen Durchfahrten u. ä. i. M.	1,72 (2,0)	70 mm
an Wärmebrücken	1,29 (1,5)	53 mm

* in m² K/W (m² hK/kcal.) Die EnEG-WV stellt teilweise etwas höhere Anforderungen → 55 1

BAUTEILE

Trenndecken

Allgemeine Anforderungen an Decken

Ganz allgemein gehören Decken zwischen Aufenthaltsräumen (Trenndecken) zu denjenigen Teilen eines Bauwerkes, die einer verhältnismäßig starken Beanspruchung unterliegen. Ihre Oberflächen müssen eine ebene, eindruck- und abriebfeste sowie möglichst geschlossene porendichte Beschaffenheit besitzen. Sie müssen ausreichend biegesteif sein, sich jedoch angenehm und trittsicher begehen lassen, wozu eine gewisse Elastizität der Oberfläche oder der Gesamtkonstruktion durchaus erwünscht und in Einzelfällen sogar unbedingt erforderlich ist. Elastizität, Bruchsicherheit, Splittersicherheit, Schall- und Wärmedämmung → Tab. 1 und 55 1, Formbeständigkeit, Trittsicherheit, Gleitsicherheit, Verschleißfestigkeit sowie leichte Reinigungs- und Pflegemöglichkeit sind nur einige der vielfältigen Anforderungen. Decken und Fußböden sollen natürlich, wie alles im Bauwerk, eine große Lebensdauer besitzen und gegen Alterserscheinungen sowie alle möglichen chemischen oder mechanischen Einwirkungen weitgehend beständig sein. Hierzu gehört auch ein ausreichender Schutz bzw. eine ausreichende Beständigkeit gegen Feuchtigkeit in jeder Form, gleichgültig ob sie aus dem Untergrund etwa in Form von in den Kapillaren aufsteigender Feuchtigkeit kommt, aus der Luft durch sich niederschlagendes Kondenswasser (Tauwasser) entsteht oder durch den Reinigungsvorgang auf den Boden gelangt.

Für den Fertighausbau und die industrielle Vorfertigung von Bauteilen gilt die zusätzliche Forderung nach einem geringen Transportgewicht bei einer großen Transportfestigkeit. Die dadurch mögliche Verlegung von Bauarbeiten in die Fabrik, die erzielbare Kürzung der Bautermine, Verbesserung der Bauqualität und Vereinfachung des Arbeitsablaufs am Bauwerk wird wegen der erforderlichen Rationalisierungsbestrebungen immer wichtiger.

1 Erforderlicher Tritt- und Luftschallschutz von Decken nach DIN 4109

Bauteile	Trittschallschutz				Luftschallschutz	
	Mindestanforderung[1]		gehobener Trittschallschutz[1]		Mindestanforderung	gehobener Luftschallschutz
	TSM unmittelbar nach Fertigstellung des Baues	TSM ≥ 2 Jahre nach Fertigstellung des Baues	TSM unmittelbar nach Fertigstellung des Baues	TSM ≥ 2 Jahre nach Fertigstellung des Baues	LSM	LSM
	dB	dB	dB	dB	dB	dB
Decken unter nutzbaren Dachräumen, z. B. unter Trockenböden, Waschküchen, Bodenkammern und ihren Zugängen	+3	0	+13	+10	0	+3
Wohnungstrenndecken und Decken zwischen fremden Arbeitsräumen	+3	0	+13	+10	0	+3
Decken über Kellern, Hausfluren, Treppenräumen unter Aufenthaltsräumen	+3	0	+13	+10	0	+3
Decken über Durchfahrten, Einfahrten von Sammelgaragen u. ä. unter Aufenthaltsräumen	+3	0	+13	+10	+3	+3
Decken unter Terrassen, Loggien und Laubengängen über Aufenthaltsräumen	+3	0	+13	= +10	—	—
Decken unter Laubengängen	+3	0	+13	= +10	—	—
Decken zweigeschossiger Wohneinheiten	+3	0	+13	= +10	—	0
Decken in Einfamilienreihen- und Einfamiliendoppelhäusern	+3	0	+13	= +10	—	0
Decken in freistehenden Einfamilienhäusern	—	—	+3	0	—	0
Decken von Gaststätten, Lichtspieltheatern, Gewerbebetrieben u. ä., die an Wohnungen oder fremde Arbeitsräume grenzen	+20[2]	+20[2]	> +20[2]	> +20[2]	+10	> +10
Decken zwischen »ruhigen Räumen« (Übernachtungs- und Krankenräume) und »lauten Räumen« (Galerie, Küchen und dgl.)	+20[2]	+20[2]	> +20[2]	> +20[2]	+10	> +10
Decken zwischen »ruhigen Räumen« (Übernachtungs- und Krankenräume einschl. der dazugehörigen Flure)	+3	0	+13	= +10	0	+3
Decken zwischen Unterrichtsräumen und dgl. einschl. der Flure	+13	+10	—	—	+3	—

[1] Die Werte dieser Spalte enthalten einen Sicherheitszuschlag von 3 dB für eine etwaige Alterung der Trittschalldämmschichten im Laufe der Zeit.

[2] Gemessen in Richtung der Lärmausbreitung, z. B. in Gaststätten durch Trittschallanregung des Fußbodens und Messung in der darüberliegenden Wohnung.

Trenndecken

Damit ist die Liste der Anforderungen noch nicht erschöpft. Infolge der heute sehr verbreiteten Verwendung von Stahlbeton und Leichtbauweisen (vorgefertigte Teile, Isoliersteinmauerwerk usw.) haben sich in den letzten Jahrzehnten weitere Probleme ergeben. So fordert u. a. DIN 4108 »Wärmeschutz im Hochbau« für Decken bzw. für Böden von »Räumen zum dauernden Aufenthalt von Menschen« (dazu zählen z. B. alle Wohnhäuser, Krankenhäuser, Schulen, Bürogebäude usw.) eine ganz bestimmte Mindestwärmedämmung, die z. B. durch reine Stahlbetonteile bei weitem nicht erfüllt wird.

Die geforderten Isolierwerte können bei vielen Konstruktionen nur durch den Einbau von 15 bis 65 mm (!) dicken hochwirksamen Wärmedämmschichten erreicht werden, selbst wenn man die Wärmedämmung der Rohdecke berücksichtigt → 140 5. Mit dem Einbau dieser Schichten allein ist jedoch noch nicht ohne weiteres eine normgerechte Bauweise gesichert. Es ist darüber hinaus wichtig, daß diese Isolierschichten möglichst nahe an der Fußbodenoberfläche liegen, damit die Fußbodentemperatur auch bei kurzzeitiger Beheizung oder anderen kurzzeitigen Temperaturänderungen genügend hoch ist. Die Einhaltung bestimmter Wand- und Fußbodentemperaturen ist nach dem heutigen Stand der Bauwissenschaft überhaupt eine der wichtigsten Voraussetzungen für hygienisch einwandfreie Räume, da die Temperatur der Raumbegrenzungen die im Winter meist als unangenehm empfundene Wärmeabstrahlung durch den menschlichen Körper stark beeinflußt.

Beim Fußboden und der damit immer unmittelbar zusammenhängenden Rohdecke ist dieser Gesichtspunkt am wichtigsten, da es sich hierbei über die Belange der Wärmeabstrahlung hinaus um den einzigen Bauteil handelt, mit dem der menschliche Körper jeden Tag stundenlang in direkter Berührung steht, so daß zusätzlich zur Wärmeabstrahlung der direkte Abfluß von Körperwärme in den Unterboden berücksichtigt werden muß. Aus diesem Grund fordert DIN 4108 ausdrücklich, daß Böden in Aufenthaltsräumen einen ausreichenden Schutz gegen Wärmeableitung bieten müssen, besonders bei Massivdecken.

Bei Wohnungstrenndecken sowie Decken über Kellern, offenen Durchfahrten und dergleichen sind nach DIN 4108 in Wohn-

2 Meßwerte für das Schallschutzmaß von Massivdecken

	LSM (dB)	TSM (dB)
Stahlbeton-Massivplatten		
12 cm dick, Unterseite 15 mm dick verputzt	ca. −1	−12 bis −16
12 cm dick + 2 cm Glattstrich (Verbundestrich). Unterseite unverputzt	ca. ±0	−10 bis −14
12 cm dick mit 2 cm Verbundestrich. Unterseite 15 mm dick verputzt	ca. +1	− 9 bis −14
15 bis 18 cm dick. Unterseite 15 mm dick verputzt	ca. +3	− 7 bis −12
15 cm dick mit 6 cm Verbundestrich	ca. +4	−10 bis − 8
Stahlbeton-Rippendecken		
15 bis 25 cm Gesamtdicke einschließlich 3 bis 6 cm dicker Druckplatte, Unterseite unverputzt, offen	ca. −5	−15 bis −23
wie vor, Unterseite 1,5 bis 2 cm dick auf Rohrgewebe oder Streckmetall starr verputzt	ca. −2	−14 bis −18
wie vor, Putzschale elastisch angehängt	ca. +1	± 0 bis − 6
wie vor, statt Putz dichte Akustikplatten	ca. ±0	ca. −4
Hohlkörperdecken		
ca. 15 cm dick aus Leichtbeton-Hohlsteinen mit 20 bis 50 mm dickem Druckbeton bzw. Verbundestrich, Unterseite direkt verputzt ohne Putzträger	ca. −4	−14 bis −19
20 bis 22 cm dick, Unterseite Putz, auf hohlliegendem Rohrgewebe elastisch befestigt	ca. +3	− 6 bis −10
53 cm dicke Stahlbetondecke mit großen röhrenartigen Hohlräumen	ca. +5	−6
wie vor, 23 cm dick	ca. +3	−8
Porenbetondecken		
15 cm dicke homogene Fertigteile ohne Glattstrich, Unterseite ca. 10 mm dick direkt verputzt	ca. −4	−17

Bei Diagonalmessung kann gewöhnlich angenommen werden, daß die TSM um etwa 7 dB und die LSM um ca. 10–20 dB günstiger liegen. Die Streuungen entstehen durch Besonderheiten der Gesamtbauweise → 43 3 und 4.

3 Schalldämmung von Holzbalkendecken

	Schallschutzmaß Luftschall	Trittschall
normale Holzbalkendecke mit 5 cm Sandfüllung, unterseitig verputzt. Putzschale elastisch befestigt	+5 dB	+1 dB
Decke wie vor, statt Sandfüllung Mineralwollematten, Torfmull o. ä.	+1 dB	−2 dB
Holzbalkendecke mit hochgelegter Sandschüttung nach 146 2, in der Schüttung Lagerhölzer mit Riemenboden, Unterseite normal verputzt	+7 dB	+1 dB
Holzbalkendecke wie vor, Putzschale elastisch befestigt	+14 dB	+3 dB
Holzbalkendecke wie vor, statt Putzschale elastisch angehängte Gipskartonplatten	+8 dB	0 dB

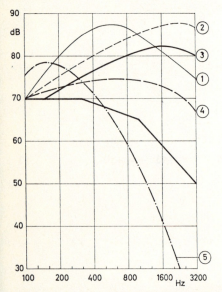

① reine Leichtbeton-Hohlkörperdecke	TSM −14 dB
② Hohlkörper-Rippendecke mit mehr als 10 cm dicker Druckplatte	TSM −14 dB
③ Stahlbeton-Massivplattendecke	TSM −10 dB
④ übliche Doppeldecke	TSM − 6 dB
⑤ schwere Holzbalkendecke mit Lehm- oder Sandfüllung	TSM 0 dB

1 Frequenzabhängigkeit des Normtrittschallpegels üblicher Wohnungstrenndecken ohne besondere Trittschallschutz-Maßnahmen im Vergleich zur Sollkurve für den Normtrittschallpegel nach DIN 4109 (Doppellinie).

Bei diesen Angaben handelt es sich um grobe Richtwerte. Genauere Angaben über das jeweils anzunehmende TSM und LSM enthält Tab. 2. Die Kurven sollen Anhaltspunkte dafür geben, in welchen Frequenzbereichen jeweils die größte Verbesserung des Trittschallschutzes notwendig ist.

BAUTEILE — Trenndecken

räumen, Schlafräumen und Küchen überhaupt nur fußwarme Böden zulässig. Diese Forderung gilt natürlich auch für andere Gebäude, in denen sich Menschen ständig aufhalten, also hauptsächlich für Hotels, Kindergärten, Altenheime, Krankenhäuser, Schulen, Bürogebäude usw. Mit Hilfe neuentwickelter Meßverfahren, die erst in jüngster Zeit ausgereift sind und eingeführt wurden, hat man nachgewiesen, daß und in welchem Ausmaß viele in den letzten Jahren verwendeten Fußböden unzureichend fußwarm und Decken ungenügend schalldämmend sind → 142 1, 2 und 3.

Zu den häufigsten Fehlern gehören fehlende Fußwärme (→ Fußböden, 187) und ungenügende Wärmedämmung, vor allem bei Kellerdecken und Decken über offenen Räumen. Schalltechnisch sind Fehler hinsichtlich der Luftschalldämmung weniger leicht möglich als bezüglich des Trittschallschutzes. Wie Bild 1 an Hand einer statistischen Auswertung von Trittschallmessungen zeigt, dürfte die Mehrzahl der nach 1945 entstandenen Neubauten trotz aller Fortschritte insgesamt ungenügend schalldämmende Decken besitzen.

Schalldämmung von Massivdecken

Die Luftschalldämmung einschaliger homogener Decken mit starr aufgebrachten Verbundböden läßt sich wie bei einschaligen Wänden u. ä. durch das Bergersche → Gewichtsgesetz (mittleres Schalldämm-Maß) oder durch das bekannte Schaubild nach DIN 4109 (Luftschallschutz-Maß LSM) verhältnismäßig einfach mit ausreichender Genauigkeit ermitteln. Für ungewöhnlich steife (schwere Rippendecken) oder stark gedämpfte Decken (Holzbalkendecken mit Sand) sowie für alle zwei- und mehrschaligen Konstruktionen, etwa mit »schwimmenden« Böden und Vorsatzschalen gilt diese Gesetzmäßigkeit nicht mehr. Dasselbe gilt in jedem Fall auch für die Trittschallisolierung → 2 Es ist daher notwendig, die Schalldämmung von Decken der hier interessierenden Art immer im Zusammenhang mit dem Fußboden und den evtl. vorhandenen unteren Vorsatzschalen (an Hand von Meßwerten) zu beurteilen.

Schallschutzmaßnahmen an Fußböden dienen vorwiegend der Verbesserung der Trittschallisolierung, während man von unterseitig elastisch angehängten Vorsatzschalen → 144 1 in erster Linie eine Verbesserung der Luftschalldämmung erwarten kann → 3. Fehler sind hierbei sehr leicht möglich → 144 3 und 4. In vielen Fällen spielt die Längsleitung eine große Rolle → 144 5, und zwar nicht nur innerhalb der Decke, sondern auch entlang der flankierenden Wände, insbesondere der Außenwände. Andererseits können auch Decken mit übermäßiger Längsleitung infolge ungenügender Masse und ungünstig liegender Resonanzfrequenzen die Schalldämmung von Wänden um Werte bis zu etwa 5 dB verschlechtern.

Infolge solcher Nebenwege ist praktisch niemals zu erwarten, daß sich die Dämmwerte der einzelnen Decken bei der Übertragung über mehrere Stockwerke hinweg addieren. Oft beträgt die Abnahme des Tritt-(Körper-)Schallpegels und des Luftschallpegels vom nächsten zum übernächsten Stockwerk trotz normgerechter Außenwände im Durchschnitt lediglich 7 bis 12 dB. Mit zunehmender Stockwerkszahl wird diese Differenz pro Stockwerk noch geringer.

Die zweckmäßigste Ausbildung von Trenndecken und aller damit zusammenhängender Schichten gehört zu den schalltechnisch schwierigsten Fragen.

1 Überschlägliche Richtwerte für das TSM von einschaligen Stahlbeton-Massivplatten ohne Fußboden in Abhängigkeit von der Masse:

kg/m²	100	150	200	250	300	350	400	450
≈TSM	−29	−23	−18	−15	−12	−10	−8	−6

kg/m²	500	550	600	650	700
≈TSM	−4	−3	−2	−1	+1

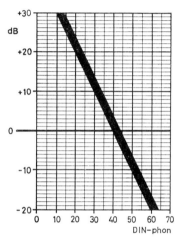

2 Zusammenhang zwischen der Lautstärke unter einer mit Stöckelschuhen und Pfennigabsätzen begangenen Decke (in DIN-phon oder dBA) und dem jeweils vorhandenen Trittschallschutzmaß (TSM in dB) nach H. A. Müller. Unter einer normgerechten Decke (mit dem sogenannten Mindest-Schallschutz TSM = 0) ist dieses Geräusch also keineswegs unhörbar, sondern mit ca. 40 bis 45 dB(A) noch verhältnismäßig laut und unter Umständen durchaus störend. Erst bei einem TSM von mehr als +20 dB ist das Gehgeräusch praktisch nicht mehr hörbar, so daß von einem sehr guten Trittschallschutz gesprochen werden kann.
Diese verhältnismäßig einfache Beziehung gestattet notfalls mit Hilfe eines einfachen Schallpegelmessers eine ganz überschlägliche Beurteilung des vorhandenen Trittschallschutzes.

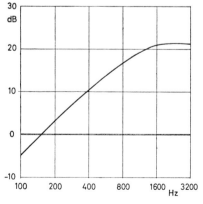

3 Verbesserung der Trittschalldämmung auf einer unterseitig starr verputzten Hohlkörperdecke (Holzwolle-Hohlkörper) durch elastische Aufhängung der Unterdecke.

Trenndecken — BAUTEILE

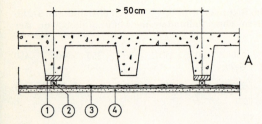

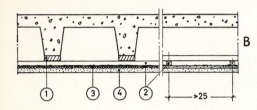

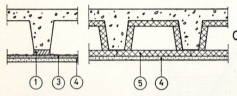

1 Schalltechnisch richtige und falsche Befestigung von biegeweichen Unterdecken nach DIN 4109 Blatt 5:
1 Planlatte
2 maximal ca. 30 mm breite Abstandhalter
3 Rohrgewebe, Streckmetall o. ä.
4 üblicher Putz
5 Schalungskörper

Bei Ausführung A soll der Abstand der Befestigungsstellen mindestens 50 cm, bei B (Lattenrost quer zu den Betonrippen) mindestens 25 cm betragen. Die Ausführungen nach C besitzen eine zu breite Auflage und sind daher wegen der zu hoch liegenden Resonanzfrequenz der Vorsatzschale (Putz auf ungünstig steifem Schalungskörper) zu vermeiden.

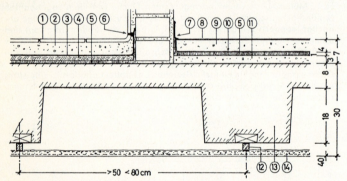

2 Bauphysikalisch einwandfreie Doppeldecke mit schwimmendem Trocken- bzw. Naßraumboden:
1 Keramikplatten
2 Estrich und Verlegemörtel
3 Abdeckung und Feuchtigkeitssperrschicht, z. B. aus mehr als 0,2 mm dicker Kunststoff-Folie
4 druckverteilende Holzwolle-Leichtbauplatten
5 Dämmschicht aus Mineralfaser- oder Kokosfaserplatten, dynamische Steifigkeit weniger als 0,03 MN/m²
6 elastische Fugendichtung, z. B. mit THIOKOL oder Silicon-Kautschukkitt
7 elastische Sockelleiste
8 fußwarmer Bodenbelag, z. B. Linoleum auf mehr als 2 mm dicker Filzpappe
9 schwimmender Estrich
10 Abdeckung aus mehr als 250er nackter Bitumenpappe oder wie 3
11 Ausgleichestrich je nach Bedarf
12 Abstandhalter
13 Betondecke
14 Putz auf Streckmetall o. ä.

Decken dieser Art gewährleisten nach DIN 4109 ein LSM von mehr als +3 und ein TSM von mehr als +13/10 dB.

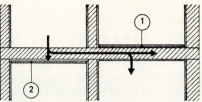

3 Unzweckmäßiger Wechsel von Schallschutz-Maßnahmen auf einer Trenndecke:
1 schwimmender Estrich
2 elastisch angesetzte Decken-Vorsatzschale

Der Trittschall, und in weniger bedenklichem Maße auch der Luftschall, überträgt sich besonders stark in den unter 1 liegenden Aufenthaltsraum.

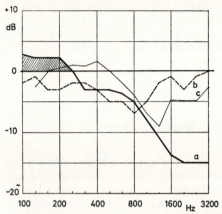

4 Verschlechterung des Schallschutzes durch ungeeignete Maßnahmen
a Verbesserung (+) bzw. Verschlechterung (−) des Trittschallschutzes einer rohen, unterseitig verputzten Stahlbeton-Massivplatte durch die Anordnung von 25 mm dicken anbetonierten Dämmplatten (zu hohe dynamische Steifigkeit von 0,7 MN/m³) zwischen Putz und Stahlbeton (Bereich der Verbesserung schraffiert)
b Verschlechterung der Luftschalldämmung einer Stahlbeton-Plattendecke mit schwimmend verlegtem Fußboden durch unterseitig angeklebte und verputzte Dämmplatten. Durch den schwimmenden Boden wird die Trittschalldämmung bei tiefen Frequenzen verschlechtert und nur bei hohen Frequenzen verbessert. Im Durchschnitt verschlechtern beide Zusatz-Maßnahmen die Eigenschaften der Rohdecke. Der Boden allein würde eine erhebliche Verbesserung ergeben.
c Minderung der Luftschalldämmung zwischen zwei nebeneinanderliegenden Räumen durch an der Unterseite der durchlaufenden Decke anbetonierte Dämmplatten (wie bei a) infolge erhöhter Längsleitung.

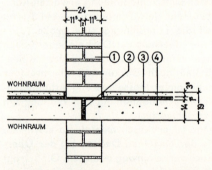

5 Unterbrechung der Luftschall-Längsleitung entlang einer Trenndecke:
1 Trennwand auf ca. 8 mm dickem Bitumenkorkfilz
2 ca. 20 mm breite lückenlose Fuge aus elastischem Stoff (STYROPOR o. ä., zweilagig)
3 schwimmender Estrich
4 leichte Rohdecke

Bei schweren Massivplatten ist diese Maßnahme weniger wichtig. Besser wäre in jedem Fall, die Fuge auch durch das ganze Gebäude bis zur Fundament-Oberkante zu führen → Trennwände.

BAUTEILE — Trenndecken

Wärmedämmung von Massivdecken

Die Wärmedämmung von Decken bereitet mit Ausnahme der gesondert behandelten Dächer, Kellerdecken und Decken über offenen Räumen wenig Schwierigkeiten, nicht zuletzt, weil die Anforderungen inzwischen erheblich herabgesetzt wurden. Wegen der zwischen »Räumen zum dauernden Aufenthalt von Menschen« zwangsläufig vorhandenen geringen Temperaturdifferenzen sind nur dünne Dämmschichtdicken in der Größenordnung von normalerweise 7 bis 14 mm Dicke notwendig, die entweder unter dem oft ohnehin notwendigen schwimmenden Estrich → 199 oder in bzw. hinter der Deckenvorsatzschale → 137 ohne Schwierigkeiten untergebracht werden können → 1. Sie können so sehr gut auch schalltechnische Funktionen übernehmen.

Trenndecken in zentral beheizten Gebäuden mit Räumen, die ein zusammengehöriges Ganzes bilden, z. B. Bürogebäude, Einfamilienhäuser usw., benötigen logischerweise überhaupt keine besondere Wärmedämmung, da sich die für die Fußwärme und Raumbehaglichkeit erwünschte Mindest-Oberflächentemperatur hier zwangsläufig von selbst einstellt, den seltenen Fall sehr kurzzeitig beheizter Räume ausgenommen.

Liegen Räume mit zeitweise höheren Temperaturdifferenzen und vielleicht noch größeren Unterschieden in der → Wasserdampfkonzentration übereinander, ist dagegen sehr sorgfältig auf eine ausreichende Wärmedämmung und auf die richtige Lage bzw. Sicherung einer zwangsläufig vorhandenen (dampfdichter Bodenbelag) oder physikalisch notwendigen Dampfsperre zu achten. Das Deckendetail in 2 erläutert einen typischen Anwendungsfall dieser Art. Ähnliche Schwierigkeiten sind bei schwimmenden Estrichen unter kalten Dachräumen (→ Kaltdächer) und über Feuchträumen zu erwarten. Auch hier ist eine zuverlässige untere Dampfsperre notwendig. Als typische, konstruktiv kaum zu vermeidende Wärmebrücken kommen bei Trenndecken sehr oft Balkon-Kragplatten sowie Deckenstirnseiten und Deckenbrüstungen aus Sichtbeton vor (→ Außenwände). Wenig überzeugende Vorschläge, die Kragplatten von der Decke durch entsprechende Wärmedämmfugen abzutrennen, scheitern meist am Widerstand des Statikers.

Balkon-Kragplatten, Gesimse o. ä. wirken für das Bauwerk genauso wie die Kühlrippen eines Wärmeaustauschers. Sie entziehen dem Bauwerk auch dann noch übermäßig Wärme, wenn sie ganz in Wärmedämmstoff eingepackt werden. Das ist bereits bei Auskragungen von mehr als 20 cm der Fall. Dieser Effekt ist hauptsächlich an Gebäude-Nordseiten nachteilig, wo es in der Deckenrandzone zur Absenkung der Oberflächentemperatur um normalerweise etwa 2 K und dementsprechend zu vorzeitigem Tauwasseranfall kommen kann. Geeignete Gegenmaßnahmen sind 50 bis 100 cm breite und mindestens 10 mm dicke anbetonierte oder aufgeklebte Dämmschichtstreifen etwa aus Schaumkunststoff entlang dieser kalten Randzonen auf der Deckenober- und -unterseite. Ein Nachteil dieser Maßnahme sind erhöhte Temperaturschwankungen im Beton.

An sonnenbeschienenen Südseiten o. ä. genügt oft eine gute Warmluftkonvektion. Einbauteile, die die Wärmezufuhr von innen behindern, z. B. dicht angeschlossene abgehängte Decken, sind nachteilig und zu vermeiden.

Kragplatten, direkt anbetonierte Brüstungen u. ä. sind in gleicher Weise wie Betondecken-Stirnseiten → 111 1 Wärmebrücken → 109, die nach DIN 4108 → 55 1 unzulässig sind. Optisch führen sie zu häßlichen Verfärbungen → 305 2 und 307 1.

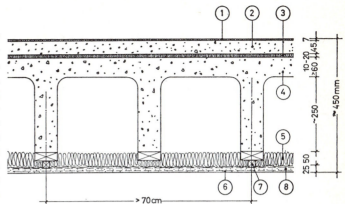

1 Schalltechnisch sehr wirksame Dreifachdecke:
1 weichfedernder Gehbelag
2 möglichst schwerer schwimmender Estrich, z. B. aus Zement- oder Anhydritmörtel
3 doppellagige Dämmschicht mit versetzten Stößen, dynamische Steifigkeit kleiner als 0,03 MN/m³
4 Stahlbeton-Rippendecke
5 Mineralwollematte
6 üblicher Deckenputz
7 Abstandhalter auf jeder zweiten Rippe aus Spalierlatten o. ä.
8 Rohrgewebe, Rippenstreckmetall o. ä.

Nach DIN 4109 besitzt eine solche Decke ein Luftschallschutzmaß von mehr als 3 dB und ein Trittschallschutzmaß von mehr als 10 dB, wenn das Gesamtgewicht der Rohdecke ohne Deckenauflage mindestens 200 kg/m² beträgt. Die Unterdecke muß fugendicht sein und eine geringe Biegesteifigkeit haben, was bei normalem Putz der Fall ist. Die Befestigungsstellen sollen mindestens 50 cm weit auseinanderliegen. Sie dürfen keine starren Verbindungen zur Decke schaffen. Die Druckplatte muß mindestens 60 mm dick sein.

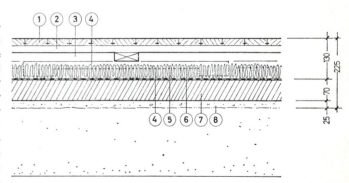

2 Detail einer Trenndecke zwischen einem warmen Feuchtraum (z. B. Schwimmhalle, Dusche, Küche usw.) und einem trockenen kühleren Raum darüber (Turnhalle, Gymnastikraum, Wohnung, Schulklassen):
1 Parkett
2 Blindboden
3 belüfteter Hohlraum
4 Schwingholz
5 Wärmedämmschicht
6 Dampfsperre gegen eine Durchfeuchtung der Wärmedämmschicht und der hölzernen Schwingboden-Konstruktion, vollflächig aufgeklebt
7 dichte Stahlbeton-Massivplatte (evtl. Sperrbeton)
8 Putz oder (besser) verkieselte Sichtbeton-Oberfläche

Trenndecken

Holzbalkendecken

Decken dieser Art bilden unter den Trenndecken eine besondere Gruppe. Die heute gebauten relativ leichten Holzbalkendecken mit und ohne Zwischenboden reichen wohl gut in ihrer Wärmedämmung, jedoch nicht in ihrer Luftschalldämmung und Trittschallisolierung aus, wenn sie nicht konsequent zweischalig ausgebildet werden. Der Bodenbelag muß richtig schwimmen, so wie in Bild 1 und 2 dargestellt. Hier liegt der Dämmstoff unter dem Lagerholz genau wie bei einer Massivdecke. Die Dämmschicht darf notfalls durch einzelne Nägel im Abstand von mehr als 100 cm zur Befestigung des Lagerholzes auf dem Balken überbrückt werden. Eine gleich gute Variante ist, das Lagerholz seitlich neben den Balken in die Schlackenschüttung zu legen. In diesem Fall liegt der Dämmstoff nicht unter dem Lagerholz, sondern direkt zwischen Balken und Holzfußboden → 196.
Starre Verbindungen jeder Art sind unzulässig. Die Dämmstoffe müssen der Faserdämmschichtgruppe I nach DIN 4109 entsprechen. Schall- und wärmetechnisch ausreichend ist auch heute noch die alte Holzbalkendecke → Bild 3, deren Unterseite einen sicherheitshalber elastisch aufgehängten Verputz aus Lattung und üblicher Rohrung erhält. Will man auf den Zwischenboden verzichten, so wird eine Konstruktion nach → 147 1 empfohlen. Sie ist wesentlich leichter und muß daher konsequent doppelschalig ausgebildet werden. Starre Verbindungen zwischen den beiden Schalen dürfen an keiner Stelle bestehen. Die Unterdecke liegt also ähnlich wie die tragende Konstruktion nur an den begrenzenden Wänden auf.
Selbstverständlich müssen alle Anschlüsse und Fugen luftdicht sein. Diese Forderung hat gerade bei Holzbalkendecken eine besondere Bedeutung und gilt insbesondere für die Abdichtung zwischen Streichbalken und Wand.
Das Prinzip einer in den USA bei Einfamilienhäusern sehr oft angewendeten einfachen und trotzdem für viele ähnliche Bedarfsfälle, z. B. auch in Ferienhäusern und unter eingeschossigen Bungalows ausreichenden Konstruktion zeigt 147 2. Die Wärmedämmung läßt sich hier beliebig hoch dimensionieren. Die Trittschalldämmung hängt sehr von der Elastizität des Belags ab. Mit einem VM von mehr als 30 dB läßt sich ein ausreichender Trittschallschutz erzielen. Die Luftschalldämmung ist allerdings mit 25 bis 30 dB gering und erreicht bei weitem nicht die Sollkurve für den Mindestschallschutz nach DIN 4109.

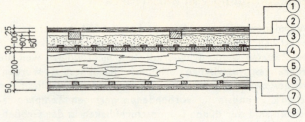

2 Holzbalkendecke mit einem Schallschutzmaß von mindestens 0 dB nach DIN 4109:
1 Holzfußboden auf Lagerhölzern normal verlegt
2 Lagerholz ca. 50/80 mm ohne starre Verbindung mit der übrigen Decke. Es liegt lose in der Auffüllung nach 3
3 schwere Auffüllung aus Sand, Lehm oder Schlacke, Schütthöhe mindestens 80 mm
4 Fugendeckleisten oder ganzflächig ausgelegte Pappe als Rieselschutz
5 30 mm dicke Schalung
6 Holzbalken, Querschnitt mindestens 100/200 mm
7 übliche Putzlattung
8 normaler Deckenputz auf Rohrgewebe o. ä.

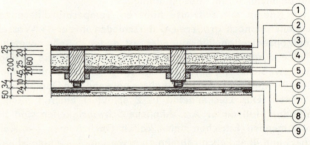

3 Holzbalkendecke nach DIN 4109 mit einem Schallschutzmaß von mindestens 0 dB. Die Unterdecke muß sorgfältig von den Balken getrennt werden:
1 Holzfußboden normal verlegt
2 mindestens 80 mm dicke, schwere Auffüllung aus Lehm, Sand oder Schlacke
3 Holzbalken mit einem Querschnitt von mindestens 100/200 mm
4 dichte Lehmschicht oder schwere, dicht verlegte Pappe
5 Zwischenboden
6 Streifen aus sehr elastischen Faserdämmstoffen (dynamische Steifigkeit < 0,03 MN/m³)
7 federnde Bügel im Abstand von ca. 30 cm, in denen die Latte nach 8 lose aufliegt
8 Holzleiste ca. 24/48 mm, an der der zweite Lattenrost mit dem Putzträger nach 9 befestigt wird. Die Nägel dürfen durch diese Leiste bis in den Balken hindurchgehen
9 Putzträger mit üblichem Deckenputz. Als Putzträger können z. B. Rohrmatten, Holzstabgewebe oder Holzwolle-Leichtbauplatten nach DIN 1101 verwendet werden

▷3 möglichst schwere, mindestens 80 mm dicke Schüttung aus Sand und Lehm o. glw.
5 üblicher Zwischenboden
6 Holzbalken mindestens 100/200 mm Querschnitt
7 Holzlattung
8 Rohrgewebe mit Putz. Als Putzträger kann auch Stabil-Rohr, Holzstabgewebe o. ä. verwendet werden. Auch Holzwolle-Leichtbauplatten sind zulässig.

Wenn nicht nur der Fußboden, sondern auch der an der Deckenunterseite befindliche Putz mit der eigentlichen Decke keine starren Verbindungen hat, so ist es nach der erwähnten Norm zulässig, für diese Konstruktion ohne besonderen Nachweis ein Luftschallschutzmaß von mindestens 3 dB und ein Trittschallschutzmaß von mindestens 10 dB anzu-
▷nehmen.

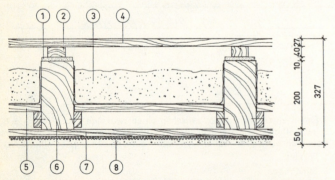

1 Nach DIN 4109 ohne besonderen Nachweis ausreichende Holzbalkendecke mit einem Luft- und Trittschallschutzmaß von mindestens 0 dB:
1 überall durchlaufende, in belastetem Zustand mindestens 10 mm dicke Faserdämmstoffstreifen der Dämmschichtgruppe I nach DIN 18165, z. B. Streifen aus Mineralwolleplatten oder Kokosfaserfilz
2 Lagerholz ca. 50/60 mm. Diese Hölzer dürfen im Abstand von mehr als 1 m mit einzelnen Nägeln durch die Dämmschicht hindurch auf den Holzbalken befestigt werden

BAUTEILE

Kellerdecken

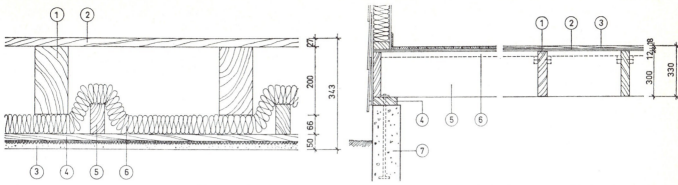

1 Schall- und wärmedämmende Holzbalken-Doppeldecke mit einem TSM und LSM von ca. 0 dB:
1 möglichst schwere Balken
2 schwerer luftdichter Holzboden
3 normaler Deckenputz auf Rohrmatte oder Rippenstreckmetall
4 Holzleiste
5 freitragendes Kantholz nach statischen Erfordernissen
6 mehr als 50 mm dicke Schallschluckmatte

2 Holzdecke für einfache Einfamilienhäuser, z. B. als unterer Abschluß von Bungalows, Ferienhäusern o. ä.:
1 quer gut ausgesteifter Holzbalken
2 Unterlage aus mindestens 16 mm dickem wasserfesten Sperrholz
3 Bodenbelag aus Parkett, Teppichboden o. ä.
4 Hartholzauflager
5 Querversteifung
6 selbsttragende Wärmedämmplatte, Dicke nach Bedarf
7 Betonfundament

Kellerdecken

Wärme- und Feuchtigkeitsschutz

Liegen Fußböden einschließlich ihrer tragenden Unterkonstruktion über ungeheizten Räumen, so muß nach DIN 4108 eine größere Wärmedämmung als bei normalen Trenndecken vorhanden sein. Da die hier üblichen massiven Rohdecken allein bestenfalls einen Wärmedurchlaßwiderstand von durchschnittlich 0,34 (0,40) erreichen, sind zusätzlich Dämmschichten notwendig, die am zweckmäßigsten auf der Decke in der Fußbodenkonstruktion → 187 untergebracht werden. Die erforderliche Dicke richtet sich im einzelnen nach der Gesamtkonstruktion.

Ruhende Luftschichten etwa unter Holzböden auf Lagerhölzern → Bild 3 können einen erheblichen Dämmwert besitzen. Es ist dabei nicht gleichgültig, ob der Wärmestrom von unten nach oben oder von oben nach unten fließt. Bei einem Wärmestrom von oben nach unten kann für waagerechte Luftschichten ein Wärmedurchlaßwiderstand von 0,17 (0,20) angesetzt werden, wenn die Schichtdicke mehr als 10 mm beträgt. Dieser Rechenwert entspricht z. B. der Wärmedämmung von rd. 7 mm dickem Mineralwollefilz.

Bei Decken gegen ungeheizte, abgeschlossene Räume muß ein Wärmedurchlaßwiderstand von mindestens 0,90 (1,05) → 55 1 i. M. und 0,45 an der ungünstigsten Stelle (Wärmebrücke) vorhanden sein. Die Wärmebrücke ist z. B. bei Hohlkörperdecken und Holzböden diejenige Stelle, an der die Stahlbeton-Rippe bzw. das Lagerholz liegt. Ein Wärmedurchlaßwiderstand von 0,90 (1,05) entspricht der Wirkung von rd. 42 mm dicker Glas- oder oder Steinwolle oder gleich dickem Schaumkunststoff (z. B. Styropor). Eine Feuchtigkeitssperrschicht auf der Rohdecke ist nicht notwendig, wenn das Gelände mehr als 30 cm tiefer liegt.

Nach DIN 4117 »Sperrschichten gegen Bodenfeuchtigkeit für Hochbauten« soll sie mindestens eine Steinschicht tiefer als die Decke liegen. Eine dementsprechende Konstruktion mit einer trümmersicheren Stahlbeton-Massivplatte, wie sie sich nach den neuen Luftschutzvorschriften für Kellerdecken in Mietshäusern ergibt, wurde bereits bei den Außenwänden erwähnt → 111 2.

Besitzt die Rohdecke selbst eine nennenswerte Wärmedämmung, etwa wie bei Hohlkörperdecken, Schilfrohr-Schalungskörperdecken usw., so ließe sich die zusätzliche Wärmedämmschicht erheblich verringern, in Ausnahmefällen sogar ganz einsparen. Statt der erwähnten Dämmstoffe können beliebig andere Isolierstoffe als Dämmschicht und Unterlage für die Lagerhölzer usw. verwendet werden, sofern die Konstruktion auch den schalltechnischen Anforderungen genügt. Die Räume unter der Decke müssen normal belüftbar, dürfen jedoch nicht ständig oder sehr häufig ganz offen sein, wie z. B. Garagen → Decken über offenen

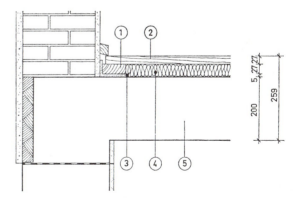

3 Bei Kellerdecken sollte die Wärmedämmschicht möglichst nahe an der Fußboden-Oberfläche liegen, was sich mit diesem Holzboden auf sehr einfache Weise erreichen läßt:
1 Lagerholz
2 Langriemen aus Hartholz
3 Lagerholzunterlage aus elastischem Dämmstoff (Wärmeleitzahl ca. 0,035)
4 Hohlraumfüllung aus Mineralwolleplatten oder -Matten oder aus Schaumkunststoff-Platten
5 Stahlbeton-Massivdecke (trümmersicher)

Bei einem Lagerholz-Flächenanteil von etwa 10% beträgt der mittlere Wärmedurchlaßwiderstand (Normwert) > 0,95 (1,1) (ungünstigste 0,53 (0,62)) und ist damit mit großer Sicherheit ausreichend.

Räumen, 148. Vorstehende Angaben gelten auch für Rohrkeller, Übergrunddecken u.dgl. Auch Decken über abgeschlossenen, jedoch ungeheizten Hausfluren sind nach DIN 4108 wie Kellerdecken zu behandeln. Bei Übergrunddecken, Decken über ungeheizten Waschküchen, »Kellerbädern« usw. ist es immer vorteilhaft und oft unbedingt notwendig, sehr dichte Rohdecken zu verwenden (Stahlbeton-Massivplatten) und die darüberliegende Wärmedämmschicht durch eine Dampfsperre vor einer übermäßigen Durchfeuchtung zu schützen. Das gilt in besonderem Maße für Decken, die mit dampfdichten Bodenbelägen versehen werden.

Schallschutz

DIN 4109 fordert für Decken unter Aufenthaltsräumen über Kellern, Hausfluren und Treppenräumen ein LSM von mindestens 0 dB und ein TSM von mehr als +3/0 dB, und zwar nur wegen der waagerechten und schrägen Trittschallübertragungen in evtl. vorhandene »fremde« Aufenthaltsräume bei Messung in der interessierenden Richtung der Schallausbreitung. Diese Forderung läßt sich beispielsweise bei Massiv-Rohdecken mit einer Flächenmasse von mehr als 350 und einem TSM von mehr als —20 dB erfüllen, wenn der vorgesehene Bodenbelag ein VM von mehr als 10 bis 15 dB gewährleistet, was schon mit verhältnismäßig dünnen elastischen Schichten, die allein wegen der Fußwärme erforderlich sind, erreichbar ist. Laufen die Decken unter den betreffenden fremden Räumen nicht durch, so kann das VM vielleicht noch kleiner sein. Auf jeden Fall darf die Übertragung durch Längsleitung zu keinem größeren Normtrittschallpegel führen als unter Trenndecken. Leichtere Decken benötigen wegen der dann ungenügenden Luftschalldämmung eine unterseitige Vorsatzschale oder einen schwimmenden Fußboden, der auch die Wärmedämmung verbessern kann.

Decken über offenen Räumen

Wärmeschutz

Die im Kapitel »Kellerdecken« → 147 beschriebenen Wärmeschutzmaßnahmen reichen nur dort aus, wo die darunterliegenden ungeheizten Räume wie übliche Kellerräume völlig geschlossen sind und nur hin und wieder gelüftet werden. Handelt es sich um ständig offene Räume, wie z. B. offene Durchfahrten oder offene Abstellplätze etwa bei Gebäuden, die frei auf Stützen stehen, um auskragende Gebäudeteile oder Decken über Garagen usw., so muß die Wärmedämmung wesentlich größer sein. DIN 4108 fordert für solche Decken und Böden folgende Wärmedurchlaßwiderstände:

	erforderlicher Wärmedurchlaßwiderstand im Mittel	an der Wärmebrücke
I (mildes Klima) II (mittleres Klima) III (rauhes Klima)	1,75 m²K/W	1,30 m²K/W

Bei Garagen gelten die Anforderungen auch dann, wenn sie beheizt sind, und für offene Durchfahrten, auch wenn sie verschließbar sind. Nach der EnEG-WV muß der Mittelwert 2,01 m² K/W und mehr betragen → 55 1.

Für alle Gebiete wird empfohlen, die erforderlichen Wärmedämmschichten → 140 5 ausschließlich *auf* der Rohdecke innerhalb des Fußbodens unterzubringen, am vorteilhaftesten wohl in Holzböden → 196 oder unter schwimmenden Estrichen. Besondere Feuchtigkeitsschutzmaßnahmen o. ä. sind normalerweise nicht notwendig. Möglich, jedoch wegen der schwierigen Windsicherung und der oft unvermeidbaren Wärmebrücken kritisch ist die unterseitige Dämmung. Besser ist es dann, zumindest einen Teil der Dämmschichtdicke auf der Rohdecke anzuordnen, schon wegen der Fußwärme. Wärmebrücken wirken sich hier auch rein optisch nicht so nachteilig aus wie an Außenwänden und Dachdecken.

Schallschutz

Hinsichtlich der Trittschall-Längsleitung und der Luftschalldämmung gilt für Decken über offenen Räumen dasselbe wie für Kellerdecken. Über Durchfahrten, Sammelgaragen und insbesondere deren Ein- und Ausfahrtrampen (Aufwärtsfahrt) ist in Übereinstimmung mit DIN 4109 ein LSM von > +3 dB erforderlich → 142 2 und 145 1.

Dächer allgemein

Wärmedämmung

DIN 4108 fordert von Decken, die Aufenthaltsräume nach oben gegen die Außenluft abschließen, einen Wärmedurchlaßwiderstand von > 1,10 (1,28) im Mittel und von > 0,80 (0,93) an der ungünstigsten Stelle. Bei massiven Decken dieser Art (Betondecken) ist die Wärmedämmschicht auf der Oberseite anzuordnen. Sie müssen ein Gewicht (Flächenmasse) von mindestens 50 kg/m² → 149 1 besitzen und in ausreichendem Maße durch Dehnfugen → 150 unterteilt werden. Für leichtere Dächer und Wände gelten je nach Klimazone und vorhandener Flächenmasse höhere Dämmwerte bis zu einem Wärmedurchlaßwiderstand von 1,75 bei sehr leichten Dächern → 107 1.

Durch diese Erhöhung soll die fehlende Wärmespeicherung und damit im Sommer der geringere Temperaturausgleich zwischen Tag und Nacht etwas ausgeglichen werden.
Decken unter nicht ausgebauten Dachgeschossen sollen nach der Norm einen Wärmedurchlaßwiderstand von > 0,90 (1,05) im Mittel und > 0,45 (0,52) an der ungünstigsten Stelle aufweisen. Diese Forderung gilt auch, wenn sich oberhalb der betreffenden Decke ein nur bekriechbarer oder noch niedriger belüfteter Raum befindet. Das trifft für jedes Kaltdach → 152 zu. Bei geringerer Flächenmasse der Unterschale als 80 kg/m² gelten auch hier die höheren Dämmwerte, wie bereits oben erwähnt. Die EnEG-WV differenziert weniger und stellt höhere Anforderungen → 55 1 und 149 2.

BAUTEILE   **Dächer allgemein**

Die geforderte Wärmedämmung muß lückenlos vorhanden sein. Diese Forderung läßt sich bei auskragenden Betongesimsen oder bei Betonbrüstungen oft nicht erfüllen. Das Umhüllen von Auskragungen in der Größenordnung von mehr als 20 cm ist zwecklos, da sie trotzdem auskühlen. Um die Wärmebrückenwirkung zu verhindern, bleibt als Notlösung das Ankleben von mehr als 50 cm breiten und mehr als 10 mm dicken Dämmstoffstreifen entlang der kalten Deckenrandzone wie bei den Balkon-Kragplatten → 145 oder bei Sichtbetonflächen und eine sehr gute Warmluftkonvektion. → 109

Feuchtigkeitsschutz

Vorwiegend an flachen Dächern sind häufig Durchfeuchtungsschäden aufgetreten, die ihre Ursache in der falschen Anordnung der Konstruktionsteile hatten und auf mangelnde Kenntnisse der bauphysikalischen Zusammenhänge beruhten. Da auch unter den Bauforschern die Meinungen über diese Vorgänge nicht einheitlich sind, erhielt der Forschungsbau Tutzing (Obb.) unter Dr. Ing. habil. J. S. Cammerer den Auftrag, einen Überblick über die bisherigen eigenen Forschungsergebnisse zu geben und zum Gesamtproblem Stellung zu nehmen. Im Heft 23 der »Berichte aus der Bauforschung« berichtet er über die Feuchtigkeitsgefährdung von massiven Flachdächern mit »belüfteten« und »nicht belüfteten« Dämmschichten durch Dampfdiffusion und Tauwasserbildung in Form einer Zusammenfassung seiner bisherigen Versuchsergebnisse.

Nach diesem Bericht ist eine solche Durchfeuchtung im Deckenquerschnitt so gering, daß sie keine Gefahr darstellt, solange auf der Unterseite der betreffenden Dachdecke kein Tauwasser auftritt. Das läßt sich durch einen ausreichend großen Wärmedurchlaßwiderstand (und durch ständige Raumluftbewegung) ohne Schwierigkeiten erreichen. Eine Tauwasserbildung auf der Deckenunterseite bewirkt dagegen fast immer eine unzulässige Durchfeuchtung der Decke. Bei der Berechnung der erforderlichen Dämmschichtdicke muß immer berücksichtigt werden, daß die relative Raumluftfeuchtigkeit in Deckennähe unter Umständen größer sein kann, als normalerweise angenommen wird, wie z. B. im Wohnungsbau bei ungünstigen sozialen Lebensbedingungen der Bewohner und im Industriebau durch die unvermeidlichen Regelschwankungen von Klimaanlagen usw.

Um diese Tauwasserbildung auf der Deckenunterseite zu verhindern, reichen die in DIN 4108 geforderten Dämmwerte → 55 1 normalerweise aus, Dampfbäder, Färbereien, Wäschereien (Waschküchen) u. ä. natürlich ausgenommen.

Von den Tauwasserschäden sorgfältig zu unterscheiden sind Feuchtigkeitsschäden durch nicht sachgemäß ausgeführte Deckungen und Abdichtungen → 151 1. Diese Fehler werden vorwiegend an Flachdächern beobachtet, gleichgültig ob sie nach dem Warmdach- oder nach dem Kaltdachprinzip ausgeführt wurden. Die einzelnen Schichten geklebter Deckungen und Abdichtungen auf Dächern müssen lückenlos und vollflächig ausgeführt werden. Lufteinschlüsse können infolge einer gewissen Pumpwirkung durch periodische Erwärmung und Abkühlung der Dachhaut infolge Sonnenstrahlung zu immer größer werdenden Wasserdampfblasen und damit zur Zerstörung der Dachhaut führen. Die vollflächige und gleichmäßige Verteilung des Klebemittels (Heißbitumen, Heißasphalt usw.) ist schon deswegen sehr wichtig, weil dieses eine viel größere Sperrwirkung besitzt als z. B. die üblichen Bitumenpappen.

1 Dachgewichte in kg/m² geneigte Dachfläche einschließlich Latten bzw. Schalung ohne Sparren

Ziegeldeckung

Falzziegeldach	60
einfaches Ziegeldach aus Biberschwänzen oder Strangfalzziegeln	65
Biberschwanz-Doppeldach oder Nonnen-Dach	80
wie vor, böhmisch gedeckt in voller Mörtelbettung	85
Pfannendach, große Pfannen	80
Mönch- und Nonnen-Dach mit Mörtel	95

Schieferdeckung

Englisches Schieferdach auf Lattung in Doppeldeckung	45
wie vor, auf Schalung in Doppeldeckung	55
Deutsches Schieferdach, große Steine, auf Schalung und Pappe	50
Altdeutsches Schieferdach auf Schalung und Pappe in Doppeldeckung	60
Schindeldach auf Latten	25

Metalldeckung

Kupferdach 0,6 mm mit doppelter Falzung einschließlich Schalung	30
Zinkdach 0,75 mm in Leistendeckung einschließlich Schalung	30
Stahlpfannendach verzinkt auf Latten	15
Stahlpfannendach auf Schalung und Pappe	30
Wellblechdach verzinkt auf Winkeleisen	25
Aluminiumdach 0,7 mm auf Schalung	25

Pappdeckung

einfaches Teerpappdach ohne Schalung	10
doppeltes Teer- oder Bitumenpappdach ohne Schalung	15
wie vor, mit Schalung	30

verschiedene Deckungen

Asbestzement-Welldach auf Lattung	25
wie vor, auf Schalung und Lattung	35
Holzzementdach einschließlich Schalung und 7 cm Kiesschicht	180
Kiesschüttung pro cm Dicke	22

2 Mittlere Mindestwärmedämmwerte für Dächer nach DIN 4108

	Wärmedurchlaßwiderstand *	gleichwertige Dämmstoffdicke bei $\lambda = 0{,}04$
1. Decken unter nicht ausgebauten Dachgeschossen. Kaltdachunterschalen mit mehr als 150 kg/m² Flächenmasse	1,10 (1,28)	44 mm
2. wie 1., bei ca. 100 kg/m²	1,10 (1,28)	44 mm
3. wie 1., bei 50 kg/m²	1,10 (1,28)	44 mm
4. wie 1., bei ca. 20 kg/m²	1,40 (1,63)	56 mm
5. schräge Dachteile von ausgebauten Dachgeschossen mit mehr als 100 kg/m² Flächenmasse	1,10 (1,28)	44 mm
6. Flachdächer, Terrassen und ähnliche Dächer, die Aufenthaltsräume nach oben gegen die Außenluft abschließen. Masse > 100 kg/m²	1,10 (1,28)	44 mm

Vorstehende Masseangaben gelten für die Innenschale → 107 1. Zwischenwerte → 107 1.

* in m² K/W (m² hK/kcal). Die EnEG-WV verschärft die Werte in Zeile 1...6 auf 2,05 und zwar ohne Rücksicht auf das Wärmedämmgebiet. → 55 1, jedoch vorerst nur beim Bauteil-Nachweisverfahren.

Dächer allgemein

Schalldämmung

An nichtbegehbare Dächer und an Decken unter nicht nutzbaren Dachräumen werden in den deutschen Normen keine Schallschutzforderungen gestellt. DIN 4109 fordert lediglich von Decken unter Terrassen, Loggien und Laubengängen über oder neben Aufenthaltsräumen u.ä. ein Trittschallschutzmaß von mehr als +3/0 dB.

An die Luftschalldämmung werden hier keine Anforderungen gestellt, da sie zwangsläufig diejenige der üblichen Fenster übertrifft. Ausnahmen gelten für Akustik-Meßräume, bestimmte Flughafengebäude, Hörprüfungsräume, Konzertsäle, Rundfunkräume, schalltote Räume u.ä., also hauptsächlich für Bauwerke mit fensterlosen Räumen oder mit sehr gut schalldämmenden Fenstern.

Bei leichten Dächern besteht die Gefahr einer Störung der darunterliegenden Räume durch die direkte Anregung des Daches bei Regen, Hagelschlag und Sturm. Auch durch Wärmedehnungen, z.B. in großformatigen Dachplatten oder aus Blech oder Asbestzement, können störende Geräusche entstehen.

Durch Entdröhnung → 43 1 der Bleche, durch elastische Zweischalenkonstruktionen oder notfalls durch Gewichtserhöhung lassen sich diese Geräusche unter die kritische Grenze von 30 bis 40 dB(A) senken.

Bewegungsfugen

Für die Konstruktion von Dächern außerordentlich wichtig ist die Beachtung der zu erwartenden Wärmespannungen. Größere zusammenhängende Gebäudeteile sollen möglichst alle 20 m durch ca. 2 cm breite Dehnfugen getrennt werden. Fällt die Bauphase in die warme Jahreszeit, genügt eine Fugenbreite von 1 cm/20 m. Die »Dachdecker-Richtlinien« empfehlen im »Regelfall« Dehnfugenabstände von ca. 10 m, vor allem bei Hohlkörperdecken (auch Hohlstegdecken) über Ortbetonwänden, Mauerwerk u.ä. Am günstigsten sind immer möglichst mehr als 12 cm dicke, sehr sorgfältig bewehrte Massivplatten, da jede Dachdecke im Rohbauzustand längere Zeit ungeschützt der Sonnenstrahlung ausgesetzt ist.

Grundsätzlich sollen zwangsläufig lange Betondächer so schwer wie möglich ausgeführt und gegen Sonnenstrahlung abgeschirmt werden → Tab. 1. Sie müssen nicht nur statisch, sondern auch gegen die unvermeidbaren Spannungen infolge unterschiedlicher Längenänderungen bei Temperaturschwankungen → Bild 2 und 152 1 sehr sorgfältig armiert werden, da sonst größere Risse auftreten können. Die aus gleichen Gründen zu befürchtenden »Netzrisse« an den Beton-Oberflächen können wohl nur durch eine besonders sorgfältig ausgewählte Beton-Sieblinie weitgehend vermieden werden (Oberflächen nicht zu bindemittelreich!).

Je geringer die in dem betreffenden Bauteil zu erwartenden Temperaturdifferenzen und Wärmedehnungen, um so größer können die Fugenabstände sein. Wenn die Wärme- und Schwindspannungen bei der Bemessung der Festigkeit nachgewiesen werden, so ist es z.B. bei Stahlbeton-Skelettbauten durchaus möglich, den Fugenabstand über 20 hinaus bis auf etwa 40 m zu vergrößern. Werden die tragenden Betonteile vor direkter Sonnenstrahlung durch schwere Fertigteile (Kaltdachkonstruktion) geschützt, so läßt sich auch dieses Maß bis zu etwa 60 m überschreiten, eine insgesamt elastische Bauweise vorausgesetzt. Die größten Abstände sind bei verkleideten Stahlskelettbauten (ca. 50 bis 100 m) und die kleinsten bei Beton auf Mauerwerk und ähnlich starren Scheiben möglich.

1 Temperaturen in und auf Dächern bei mitteleuropäischem Klima
(nach verschiedenen Forschungsberichten)

	°C	Uhrzeit
1. senkrecht bestrahlte schwarze Fläche auf Dämmschicht	97	Extremwerte um: ca. 13.00
2. Pappe auf Süddach	92	
3. Pappe auf Flachdach	86	
4. Ost- oder Westdach	85	
5. dünne Stahlbeton-Rippendecke direkt unter Dachpappe (Lufttemperatur 38°C):		
Oberseite der Druckplatte	52	14.00
Unterseite der Druckplatte	40	17.00
6. 18 cm dicke Betonplatte unter Dachpappe (Außenluft-Temperatur ca. 28°C):		
Beton-Oberseite	35	16.00
Beton-Unterseite	25	20.00
7. 12 cm dicke Betonplatte unter 25 mm Kork (Warmdach, Außenluft ca. 28°C):		
Beton-Oberseite	30	17.00
Beton-Unterseite	27	18.00
8. 12 cm dicke Betonplatte unter Dämmschicht (1/Λ mehr als 0,6) und Kaltdach aus Asbestzement-Wellplatten (Außenluft-Temperatur ca. 28°C)	25	18.00

Das Maximum der Temperatur an der Unterseite ungeschützter massiver Beton-Dächer liegt um 10 bis 12°C unter der höchsten Oberseiten-Temperatur und wird etwa 3 bis 4 Stunden später erreicht. Zu diesem Zeitpunkt sind die Temperaturen an der Ober- und Unterseite etwa gleich. Bei geschützten Betondächern nach 8 waren auch die Temperaturmaxima gleich. Die Betontemperaturen lagen unterhalb der höchsten Lufttemperatur. Das ist ein großer Vorteil des Kaltdachprinzips.

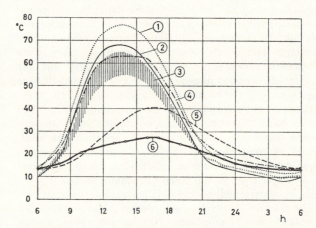

2 Praktisch maximaler täglicher Temperaturverlauf in verschiedenen Dachhäuten (nach A. W. Rick). Gemessen wurde jeweils in der Oberschicht der obersten Lage in der Zeit von 6 Uhr morgens bis zur gleichen Stunde des nächsten Tages. Der Himmel war am Vormittag und am Nachmittag insgesamt während etwa 1/3 der gesamten Tageszeit bedeckt. Auf der Ordinate wurden die Temperaturen in °C und auf der Abszisse die Uhrzeit in h aufgetragen.

① Bitumen unter verschmutztem, oxydierten Aluminium
② nacktes Bitumen ohne Abdeckung
③ Bitumen unter Schieferkörnung (oberer Rand des schraffierten Bereichs) und unter 2 cm Kies (unterer Rand)
④ Bitumen unter blankem Kupfer
⑤ Bitumen unter 2 cm Sand und 2 cm Kies
⑥ Lufttemperatur im Schatten unter dem Muster

Diese Werte können für schräge Bestrahlung angesetzt werden. Bei senkrechter Bestrahlung, wie z.B. auf schrägen Süddächern, können sie um die Mittagszeit in besonders krassen Einzelfällen um 15 bis 20 Grad höher liegen.

BAUTEILE

Dächer allgemein

1 Kurzzeichen für bituminöse Dach- und Dichtungsbahnen

Glasvlies-Bitumen-Dachbahnen nach DIN 52143:
- V 11 — V 11
- V 13 — V 13
- Lochglasvlies-Bahnen — LV

Dachbahnen mit **R**ohfilzeinlage nach DIN 52128:
- Einlage 333 g/m² — R 333
- Einlage 500 g/m² — R 500

Teer-Bitumen-Dachbahnen nach DIN 52140:
- Einlage 333 g/m² Rohfilz — R 333 TB

Teer-**S**onder- und Teer-Bitumen-Dachbahnen, Rohfilzeinlage, DIN 52140 — R 500 TSo

Teerdachbahn DIN 52121
- Einlage 500 g/m² Rohfilz — R 500 T

Dachdichtungsbahn DIN 52130 (Rohfilz): — R 500 DD

Nackte Bitumenpappe DIN 52129
- Einlage 333 g/m² — R 333 N
- Einlage 500 g/m² — R 500 N

Imprägnierte **J**ute
- Einlage 300 g/m² — J 300 N

Dichtungsbahnen DIN 18190
- **R**ohfilzeinlage 500 g/m² — R 500 D
- **J**utegewebeeinlage 300 g/m² — J 300 D
- **G**lasgewebeeinlage 220 g/m² — G 220 D
- **A**luminiumbandeinlage 0,2 mm — Al 02 D
- **K**upferbandeinlage 0,1 mm — Cu 01 D
- **P**olyäthylenterephthalateinlage — PETP 003 D
- **A**lu-Dampfsperrbahn 0,1 mm dick — Al 01
- **G**lasgewebe-Dachdichtungsbahn — G 200 DD

- Schweißbahnen mit Glasgewebeeinlage von 200 g/m², 4 mm dick — G 200 S 4
- Schweißbahnen mit Glasgewebeeinlage von 200 g/m², 5 mm dick — G 200 S 5
- Schweißbahnen mit Jutegewebeeinlage von 300 g/m², 4 mm dick — J 300 S 4
- Schweißbahnen mit Jutegewebeeinlage von 300 g/m², 5 mm dick — J 300 S 5
- Schweißbahnen mit Glasvlieseinlage mit einem Gewicht von 60 g/m², 4 mm dick — V 60 S 4
- Schweißbahnen mit Aluminiumbandeinlage 0,1 mm und Jutegewebeeinlage von 300 g/m², 5 mm dick — Al 01 + J 300 S 5
- Schweißbahnen mit Aluminiumbandeinlage 0,1 mm und Glasgewebeeinlage von 200 g/m², 5 mm dick — Al 01 + G 200 S 5
- Schweißbahnen mit Aluminiumbandeinlage 0,1 mm und Glasvlieseinlage mit einem Gewicht von 60 g/m², 4 mm dick — Al 01 + V 60 S 4
- Schweißbahnen mit Glasgewebeeinlage von 200 g/m² und Glasvlieseinlage mit einem Gewicht von 60 g/m², 5 mm dick — G 200 + V 60 S 5
- Gittervlies — GitV 75
- Elastomerbitumenschweißbahn mit elastischer Einlage aus Polyesterfilz 250 g/m², Dicke 4 mm — PES 250 ES 4

2 Einteilung von Dächern nach ihrem Neigungswinkel (in Grad) bzw. ihrem Gefälle in Prozent:

A Flachdächer, die eine *Abdichtung* z. B. nach DIN 4031 oder DIN 4122 benötigen (0 bis 5% bzw. 3°).

B Flachdächer, die eine *wasserabweisende Deckung* erhalten müssen, z. B. aus Dachpappe und bituminösen Dachbahnen, Asphalt, Spachtelmassen, Kunststoffen, Blech usw. Neigung > 5%.

C flachgeneigte und steile Dächer, bei denen gewöhnlich *wasserableitende Deckungen* ausreichen. Neigung > 36% bzw. 20°.

3 Grundsätze für Dach-Abdichtungen

1. Ausführung nur bei trockenem Wetter und nicht unter + 5°C.
2. Alle Ausführungs- und Anschlußdetails nur mit vorbehaltloser Zustimmung der ausführenden Firma. Ausführungssorgfalt ist entscheidend. Ein einwandfreier Wasserablauf ist unbedingt zu gewährleisten.
3. Die als Haftbrücke notwendigen Voranstriche müssen vor Arbeitsbeginn völlig durchgetrocknet sein.
4. Alle Stoffe unter Dach lagern. Feuchte Dichtungsbahnen und Dämmplatten nicht verarbeiten.
5. Beim Kleben so viel Masse auftragen, daß jede Lage mit ihrem Untergrund ohne Lufteinschlüsse vollflächig Verbindung erhält. Nach Bedarf gefüllte Massen (zum Ausgleich von Unebenheiten) und bei größerer Neigung standfestere Massen verwenden. Auf gefällelosen Flächen im Gieß- und Einroll- oder Gieß- und Einwalzverfahren arbeiten.
6. Metall-Folien als Dampfsperre nur fabrikfertig mit beidseitiger Bitumdeckschicht verwenden.
7. Vor Arbeitsunterbrechung (auch über Nacht) Schutzanstriche und Anschlüsse fertigstellen (notfalls provisorisch). Vor Weiterarbeit durchnäßte Stoffe abreißen.
8. Temperatur der heiß zu verarbeitenden Massen mit dem Thermometer überwachen.
9. Deckanstriche und Schutzschicht unverzüglich aufbringen. Schutz-Beton darf Abdichtung chemisch nicht angreifen und soll nach Bedarf auch gegen chemische Angriffe schützen.
10. Fertige Abdichtungen nicht mehr als unbedingt notwendig begehen und nicht für Lagerzwecke verwenden. Nur absatzloses, ungenageltes Schuhwerk zulässig. Dachflächen von Bewuchs freihalten.

4 Grundsätze für Flachdach-Fugen- und Anschlußdichtungen

1. Dampfsperren sinngemäß wie Abdichtungen anschließen.
2. Dämmschichten dicht an durchdringende oder anschließende Bauteile heranführen u. im Bereich von Bewegungsfugen o. ä. durch elastischen Stoff ergänzen.
3. Abdichtungen an kritischen Stellen durch ausgerundete oder abgeschrägte Aufkantungen um möglichst 15 cm über Belagsoberfläche (Druckwasserbereich!) herausheben und nach Bedarf gegen Abrutschen sowie Hinterwandern durch ablaufendes Niederschlagswasser sichern, z. B. mit Schaumstoff-Dichtungsband und mechanischen Verankerungen, Klemmleisten u. ä. An Mauerwerk Abdichtung grundsätzlich mindestens 15 cm über OK Dachbelag hochziehen. Bei Neigung unter 3° statt glatter Metall-Anschlußbleche witterungsbeständige Kunststoff-Folien (Elastomere) verwenden. Bei Anschlüssen oberhalb der Dauer-Feuchtzone max. Abwicklungsblechbreite kleiner als 33 cm und wasserdichte Verbindung der Bleche untereinander. Hinter Überhangstreifen und ähnliche Verwahrung Abdichtung mindestens 15 cm über Belagsoberkante hochziehen. Bei gespachtelten, gestrichenen oder gespritzten Anschlüssen alkalibeständige, porenfüllende Haftbrücke erforderlich. Vergütung mit Epoxidharz o. ä.
4. Am freien Randauflager von Decken unter Erdreich u. ä. Abdichtung mindestens 20 cm über Deckenauflagerfuge (Arbeitsfuge, Gleitfuge) nach unten überhängen lassen und Erdschicht dränieren.
   Über normalen Fertigteilfugen in der Abdicht-Ebene 20 cm breite »Schleppstreifen« lose aufgelegt und gegen Verschieben gesichert. Abdichtung bzw. Dampfsperre läuft ohne Zusatz-Maßnahmen darüber hinweg.
6. Fugen möglichst erst abdichten, wenn max. Fugenbreite erreicht (Betonschwindung beendet, Lufttemperatur unter 15° C).
7. Über Dehn- bzw. Bewegungsfugen u. ä. mit seltenen langsamen und geringfügigen Bewegungen Abdichtungsverstärkung aus mind. 2 Lagen 0,1 mm dicken und etwa 300 mm breiten kalottengeriffelten Kupferbändern im Gieß- und Einwalzverfahren mit mindestens 200 mm Stoß- und Lagenversatz, Unterlags-Dichtungsbahn im Fugenbereich mindestens 100 mm breit unverklebt lassen.
8. Über Fugen mit größeren, häufigeren Bewegungen Abdichtungsverstärkung durch 60 mm breite Fugenkammer mit plastoelastischer Bitumenvergußmasse auf Trennstreifen an der Unterseite und Haftbrücke an den Flanken oder bei sehr geringem Wasserdruck durch möglichst stehende doppelte Kunststoff- bzw. Metallband-Schlaufen. Schlaufenränder zugfest einkleben oder einklemmen. Metallbänder nur bei geraden Fugen geringer Länge geeignet.
9. elastische Kunststoff-Bänder bei zuverlässiger Randsicherung schlaufenlos, jedoch schlaff verlegen, Banddicke 2 mm. Schlaufenlose Ausführung bei eingepreßten Dichtungen möglich, wenn Fugenbewegung horizontal max. 5 mm und vertikal max. 2 mm, Bewegung in Fugenrichtung nur in sehr geringem Maße zulässig.
10. Schutzestrichfugen auf ganzer Höhe und Breite mit gut haftender bit. Fugenvergußmasse.
11. Fugen in den einzelnen übereinanderliegenden Schichten müssen immer übereinanderliegen.
12. Bei Verwendung von Heißmassen begrenzte Temperaturbeständigkeit der verwendeten Kunststoffe beachten.

Kaltdächer

BAUTEILE

1 Größte jährliche Längenänderungen von Betondächern

1. leichtere, ungeschützte Betonplatten in Kaltdächern über der Dämmschicht, Terrassenplatten u.a. — 0,9 mm/m
2. wie 1., ca. 12 cm dicke Betonplatten auf Dämmschichten — 0,6 mm/m
3. ca. 12 cm dicke Massivplatten unter der Dämmschicht (1/Λ mehr als 0,6) in Warmdächern über dauernd beheizten Räumen — 0,3 mm/m
4. wie 3., in Kaltdächern über dauernd beheizten Räumen — 0,25 mm/m
5. wie 3., in ungünstigen Fällen über unbeheizten oder nur zeitweise beheizten Räumen — 0,6 mm/m
6. wie 5., bei Kaltdach-Konstruktionen — 0,45 mm/m

Diese Werte gelten für mitteleuropäisches Klima mit maximalen Sommer-Lufttemperaturen von 30 bis 35°C. Zugrunde gelegt wurde in Übereinstimmung mit den Stahlbeton-Bestimmungen und Meßwerten von Künzel ein linearer Wärmeausdehnungskoeffizient von 1,0 mm pro m und 100 K Temperaturdifferenz. Die Berücksichtigung einer gewissen Sicherheit war wegen der großen Streuung der Meßwerte verschiedener Institute notwendig. Nach neueren Untersuchungen der Bundesanstalt für Materialprüfung Berlin sollte z. B. bei Beton-Dachdecken mit einem Wärmeausdehnungskoeffizienten von 1,3 mm/m 100 K gerechnet werden. Die täglichen Längenänderungen sind nur etwa halb so groß.

2 Dehnfugenabstände für Dachdecken (nach F. Eichler)

	Regelabstand[1] (m)
Ortbeton mit Wärmeschutz auf Mauerwerk	12
Ortbeton mit Wärmeschutz auf Beton	18
Beton-Fertigteile mit Wärmeschutz auf Mauerwerk	18
Beton-Fertigteile mit Wärmeschutz auf Beton	24
Terrassendächer mit Wärmeschutz auf Mauerwerk	12
Terrassendächer mit Wärmeschutz auf Beton	18
Glasstahlbeton-Flächen, Feldgrößen 12 m²	6
Hauptgesimse (auf Mauerwerk) aus Ortbeton	6
Hauptgesimse (auf Mauerwerk) aus Fertigteilen	12
Brüstungen auf Flachdächern aus Ziegeln	18
Brüstungen auf Flachdächern aus Stahlbeton	6
Brüstungen auf Flachdächern aus Beton	3
Abdeckplatten aus Beton	1,5
unbewehrter Gefällebeton (Schwerbeton) unter Wärmedämmschicht	6
Betonestrich auf Wärmedämmschicht, unbewehrt	1,5
Betonestrich auf Wärmedämmschicht, bewehrt	3,0
Betonverbundestrich auf Sickerwasserdichtung (GARTENMANN-Belag):	
Unterschicht mit vergossenen Fugen	2
Oberschicht mit offenen Fugen	1
durchlaufende Balkone (ohne Wärmeschutz)	6

[1] Gilt unter normalen Bedingungen ohne Zwängungsspannungs-Nachweis.

Für Estriche auf Wärmedämmschichten gilt ein Maximalabstand von ca. 3,5 m. Beton-Gesimse, ungeschützter und nur normal armierter, im Durchschnitt dünner Ortbeton usw. sollten alle ca. 5 m unterteilt werden, wenigstens durch »Sollbruchstellen« → 152 2. Dehnfugen in Dächern müssen nicht unbedingt durch das ganze Gebäude reichen, also mit anderen Bewegungsfugen (Setzfugen, Schallschutzfugen usw.) zusammenfallen. Ihre Anzahl kann gegen die unteren Stockwerke abnehmen und darf auf keinen Fall zunehmen. Die Fugenbreite muß ca. 1‰ des Fugenabstands betragen. Fugen aus der warmen Jahreszeit können im Winter mehr als doppelt so breit werden.

Alle Dehn- und Bewegungsfugen sind mit kompressiblem, elastischem Material auszufüllen und gegen Feuchtigkeit jeder Art zu schützen. Sie lassen sich auf diese Weise zur Unterbrechung der Körperschallübertragung und Schall-Längsleitung und innerhalb von Doppelwänden auch zur direkten Verbesserung der Luftschalldämmung ausnutzen.

Wichtig ist, in welcher Jahreszeit ein Dach betoniert wird. Dachdecken, die im Sommer entstanden sind, verkürzen sich stark, was die Dampfsperre und die Dachhaut gefährdet. Wird während der kalten Jahreszeit betoniert, so sind vorwiegend zusätzliche Belastungen des Unterbaues durch Dehnungen bei Erwärmung zu erwarten (breitere Dehnfugen und kürzere Abstände vorsehen). Die Temperaturschwankung und damit die Gesamtbewegung bleibt in beiden Fällen gleich.

Kaltdächer

Das charakteristische Merkmal des Kaltdaches ist die Trennung von Dachhaut und Wärmedämmung → 307 4. Dieses Prinzip entspricht der herkömmlichen, seit Jahrhunderten bewährten Steildachkonstruktion aus Holzbalkendecke, Sparren und Dachziegeln o.ä. Mit der Verringerung der Dachneigung und dem Ersatz der Holzbalkendecke durch eine Stahlbetonschale ergab sich einer der häufigsten Ausführungsfehler → 153 1 oben und unten. Die Eisbarriere kann bei Tauwetter und Nachtfrost auch trotz normgerechter Wärmedämmung entstehen, so daß es wichtig ist, unterhalb von Dachplatten immer einen besonderen Sickerwasserschutz wenigstens durch eine der handelsüblichen Unterspannbahnen vorzusehen.

Selbst unter völlig dichten Kaltdach-Oberschalen kann diese Maßnahme vorteilhaft sein, da außer dem Sickerwasser z. B. an der Unterseite von freitragenden Blechelementen bei feuchtwarmer Außenluft und Eis auf dem Dach oft abtropfendes Tauwasser auftreten kann. Mit dieser Erscheinung muß auch an Dächern über völlig unbeheizten und über offenen Räumen gerechnet werden. Wenn diese Tauwassermengen auch nicht besonders groß sind, können sie doch zu häßlichen Verfärbungen in der meistens nicht wasserdichten Unterschale und zur Korrosion der Blechunterseite führen.

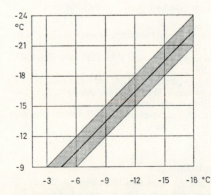

3 Lufttemperatur in nicht ausgebauten Dachgeschossen (Abszisse) in Abhängigkeit von der Außenlufttemperatur zwischen −9 und −24°C.

BAUTEILE Kaltdächer

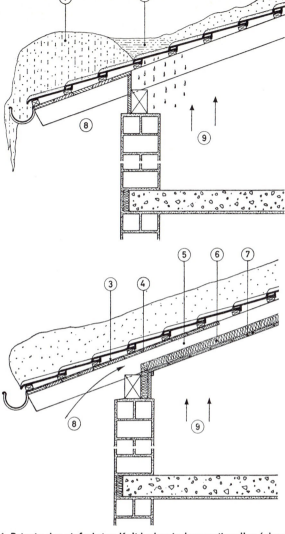

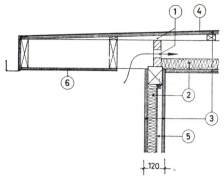

1 Prinzip des einfachsten Kaltdaches in konventioneller (oben) und verbesserter Form (unten) mit einer der häufigsten Fehlerquellen:

1 Eis- und Schneebarriere bei ungenügender Dämmung oder zu geringer Dachneigung
2 Stauwasser, das zwischen den Dachplatten durchläuft und wegen der nicht weit genug hochreichenden Holzschalung sowie infolge fehlenden Sickerwasserschutzes nicht unterhalb der Dachplatten ablaufen kann.
3 verdeckt genagelte Lage Bitumendachpappe als Sickerwasserschutz möglichst auf der ganzen Dachfläche
4 übliche stumpf gestoßene Schalung
5 belüfteter Hohlraum, ggf. mit Vogel- und Insektenschutzgitter
6 Wärmedämmschicht aus Mineralwolle (Bitumenpapierseite nach unten)
7 möglichst dichte Holzschalung mit Nut und Feder
8 kalte Luft, die bei der verbesserten Konstruktion unter den Dachziegeln entlang streicht und am First wieder austreten kann
9 Warmluft

Die Dicke der Wärmedämmschicht nach 6 richtet sich nach dem Gewicht der gesamten Dachschale und der Art der darunterliegenden Räume. Es ist üblich, ca. 100 mm dicke Platten zu verwenden, und statt des Bitumenpapiers >0,3 mm durchlaufende Dampfsperrfolien zu verwenden z. B. aus schwer entflammbarem Kunststoff z. B. Polyäthylen oder kaschierte selbstklebende Aluminiumfolie.
→ 55 1

2 Leichtes Kaltdach aus Holz:

1 Belüftungsöffnungen möglichst 0,5% der Dachgrundfläche, nach Bedarf mit Vogelschutzgitter
2 in sich mit Kunstharz leicht gebundene, mehr als 90 mm dicke Mineralwolleschicht ohne Bitumenpapierauflage zur Wärmedämmung
3 wasserfestes Sperrholz oder phenolharzverleimte Spanplatte
4 Dachhaut
5 Aluminiumfolie mit blanker Oberfläche als Dampfsperre und zur Erhöhung des Wärmeschutzes. Wenn auf diese Aluminiumfolie verzichtet wird, so sollte die Wärmeisolierschicht, soweit sie nicht den ganzen Hohlraum einnimmt, an die Innenseite geklebt werden. In diesem Fall sollte sie an der Warmseite (Klebefuge) eine Bitumenpapierauflage besitzen, wie z. B. der handelsübliche Baufilz.
6 unterseitige Verkleidung des Dachüberstandes in der Randzone quer zu den Sparren zur Aussteifung der Konstruktion.

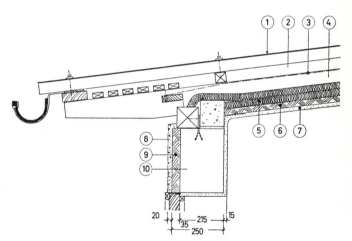

3 Flach geneigtes Kaltdach mit Wärmedämmung und Sickerwasserschutz:

1 Asbestzement-Wellplatten mit guter Fugendichtung, Oberfläche möglichst hell
2 durchlüfteter Hohlraum mit Vogelschutzgitter
3 quer zu den Sparren gespannte reißfeste Dichtungsbahn
4 belüfteter Hohlraum mit Insektenschutzgitter
5 Wärmedämmschicht
6 Holzwolle-Leichtbauplatten als Putzträger, wärmebrückenfrei befestigt
7 Deckenputz
8 Außenputz
9 anbetonierte Holzwolle-Leichtbauplatte mit Schaumkunststoff-Kern, alternativ Plattendicke 50 mm ohne Kunststoff
10 Stahlbetonsturz

Nach der EnEG-WV muß die Wärmedämmschicht mindestens 80 mm dick sein. Der Sickerwasserschutz besteht besser aus Dachpappe auf Holzschalung.

Kaltdächer — **BAUTEILE**

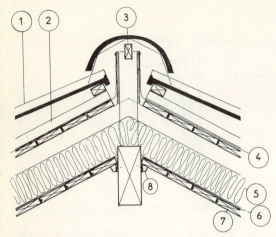

1 Firstpunkt eines belüfteten wärmedämmenden Daches:
1 Betondachstein
2 Belüfteter Hohlraum
3 Belüfteter „Trockenfirst"
4 Strahlungsreflektierende, wasserdichte Unterspannbahn auf Holzschalung
5 Wärmedämmschicht z. B. aus >90 mm dicken Mineralwolleplatten. Darüber belüfteter Hohlraum nach 155 1
6 Luft- und Dampfsperre z. B. >0,3 mm alle Stöße dicht überlappt eingeklemmt
7 Dichte Holzschalung o. ä.
8 Klemmleisten für 6

Der belüftete Hohlraum zwischen 4 und 5 sollte nach Möglichkeit 200 mm dick sein. Ist er (notfalls!) dünner als etwa 60 mm, so müssen **alle** Stoffe völlig trocken eingebaut werden. Pos. 4 ist dann dampfdurchlässig aber trotzdem zuverlässig wasserdicht einzubauen. Pos. 6 muß dann lückenlos einen Diffusionswiderstand von >100 m äquivalente Luftschichtdicke gewährleisten.

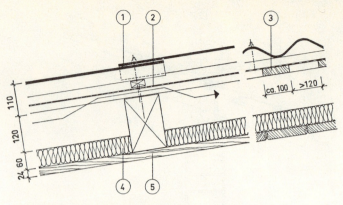

3 Normgerechte Kaltdachdecke mit Sickerwasserschutz:
1 Asbestzement-Wellplatten mit Fugendichtung
2 Sickerwasserschutz aus reißfester Dichtungsbahn
3 Sparschalung quer zur Traufe
4 Wärmedämmschicht, Wärmeleitzahl gleich oder kleiner als 0,035
5 winddichte Nadelholzschalung oder Akustikplatten

Der Wärmedurchlaßwiderstand beträgt in den Feldern zwischen den Pfetten etwa 1,63 (1,9) und genügt damit den Anforderungen von DIN 4108 im ganzen Bundesgebiet. Wenn statt der Holzschalung 20 mm dicke Leichtspanplatten (VARIANTEX) oder gleichwertige andere Platten verwendet werden, so erhöht sich der Wärmedurchlaßwiderstand auch an der Wärmebrücke um 0,17 (0,20). Zwischen 4 und 5 muß immer eine dichte Folie ($\mu \cdot d > 10$ m) eingepreßt werden. Nach der EnEG-WV muß 4 > 90 mm dick sein.

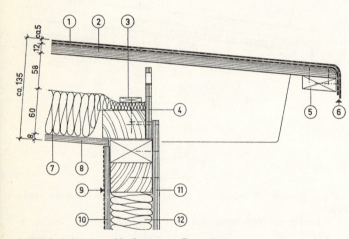

2 Kaltdach bei einer Vorfertigungs-Bauweise:
1 Dachhaut
2 wasserfestes Sperrholz
3 Deckleiste
4 perforierte Abschlußplatte
5 durchlaufende Verbindungsleiste
6 als Tropfnase überhängende Dachhaut
7 Wärmedämmschicht aus Mineralwollematten, Bitumenpapierseite nach unten, Mattenränder an den Sparren hochgekantet
8 innere Verkleidung aus wasserfestem Sperrholz, mit korrosionsfesten Nägeln genagelt
9 möglichst dichter Anstrich
10—12 Wandelement

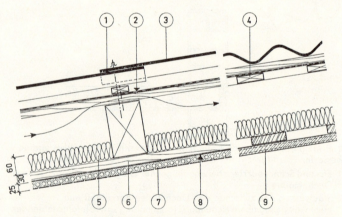

4 Kaltdach als Dachdecke mit Sickerwasserschutz und Akustikplattenverkleidung:
1 Dichtung an den Dachplattenstößen
2 Sickerwasserschutz auf Sparschalung, z. B. aus bituminiertem Jutegewebe
3 Asbestzement-Wellplatten o. ä.
4 Sparschalung
5 Wärmedämmschicht aus Mineralwolleplatten oder gleichwertigen Holzwolle-Leichtbauplatten
6 Sparschalung
7 Akustikplatten aus geschlitzten Holzspan-Röhrenplatten, deren Rückseite völlig dicht ist
8 winddichte Fuge
9 durchlaufende Röhren

Die Verwendung von Akustikplatten ist bei Kaltdächern immer möglich, soweit die Platten winddicht sind bzw. eine winddichte Hinterlegung erhalten. An Warmdächern sollte man nach Möglichkeit keine unterseitigen Akustikplatten-Verkleidungen verwenden, da sie fast immer gleichzeitig eine erhebliche Wärmedämmung besitzen, die an der Unterseite von Warmdächern unerwünscht ist → 155 1.

BAUTEILE

Kaltdächer

1 Grundsätze für Kaltdach-Konstruktionen
(zweischaliges belüftetes Dach)

1. Belüftungs-Querschnitt an der Traufe 1/600 (Zuluft) und am First (Abluft) 1/500 der zu belüftenden Dach-Grundfläche. Dachneigung > 5°.
2. Bei Querlüftung Belüftungs-Querschnitt 1/300 der Dach-Grundfläche.
3. Bei rel. hoher Raumluftfeuchte Querschnitte evtl. vergrößern. Alle Belüftungsöffnungen gleichmäßig verteilen.
4. Unterschale unbedingt winddicht ausführen. In Feuchträumen zwischen Wärmedämmschicht und Raumluft Dampfsperre erforderlich.
5. Massivdecken bis zu 60% rel. Raumluftfeuchte ohne Dampfsperre. Wärmedämmschichten normalerweise dampfdurchlässig, jedoch gegen Luft-Konvektion im Dämmstoff sichern. Im Zweifelsfall Wärmedurchlaßwiderstand um 20 bis 25% erhöhen. Wärmedämmschicht gegen Verschieben sichern.
6. Oberschale wasserdicht ausführen und lückenlos unterlüften. Bei bituminösen Abdichtungen bzw. Deckungen auf geneigter Oberschale entsprechend standfeste Klebemasse (Erweichungspunkt, Füller-Zusätze, Armierung usw.) verwenden und Bahnen nach Bedarf gegen Abrutschen mechanisch sichern. Oberseite mit einer Strahlungs-Schutzschicht versehen, z. B. bei 3–8° Neigung durch oberseitig beschieferte Glasgewebe-Dachdichtungsbahn.
7. Dachbahnen bevorzugen, deren Einlage keine Feuchtigkeit aufnehmen kann. Bei größeren Neigungen als 15 bis 20% nach Möglichkeit Dachplatten verwenden.

Die Unterschale soll einen Diffusionswiderstand von > 10 m äq. Luftschichtdicke besitzen. Hohlraumdicke > 200 mm.

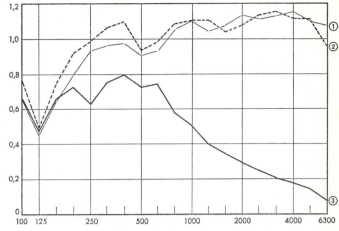

3 Schallabsorption von Kaltdach-Unterschalen aus Glasfaserplatten ca. 18 cm unterhalb von Asbestzement-Wellplatten.
① Plattendicke 30 mm, Oberfläche geschliffen
② Plattendicke 50 mm, sonst wie vor
③ wie vor, Oberfläche (warmseitig) mit Aluminium kaschiert

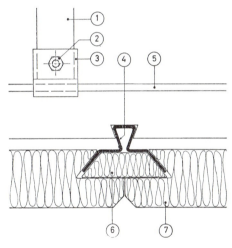

2 Sehr einfache, leichte, wärmedämmende und beliebig abhängbare Kaltdach-Unterschale für große Hallen, Lagerräume, Büros usw.:
1. Abhänger aus Schlitzbandstahl
2. Befestigungsschraube
3. Verbindungslasche
4. Klemmschiene
5. tragende Schiene
6. angeklebte Fülleiste aus STYROPOR
7. beliebig dicke STYROPOR-Platten

Die Platten nach 7 werden nur eingeklemmt. Die Querstöße müssen dicht gestoßen werden, notfalls mit Hilfe einer Nut/Federprofilierung oder besonderer Dichtstreifen. Infolge ihres verhältnismäßig geringen Gewichts und ihrer besonderen Oberfläche sind Decken dieser Art in einem breiten Frequenzbereich recht gut schallabsorbierend.

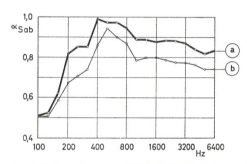

4 Schallabsorption einer Kaltdach-Unterschale aus Steinwolleplatten mit einer Rohdichte von ca. 150 kg/m³ direkt vor Asbestzement-Wellplatten. Oberfläche mit Spritzfarbschicht.
a Plattendicke 50 mm
b Plattendicke 30 mm

Läßt man die Spritzfarbschicht weg, so wird die Absorption im mittleren Bereich geringer und bei höheren Frequenzen größer. Wird die Vorderseite (Warmseite) mit einer dünnen Folie beklebt, so läßt die Absorption mit zunehmender Frequenz nach und fällt oberhalb von etwa 700 Hz sehr stark ab → 3 und 5.

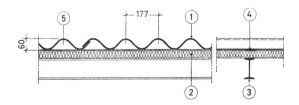

5 (links) Industrie-Hallendach mit einer wärmedämmenden und schallabsorbierenden Untersicht aus Glas- oder Steinwolleplatten:
1. zuverlässig abgedichtete Asbestzement-Wellplatten, Neigung mehr als 30°
2. Dämm- und Absorptionsschicht vor gut belüftetem Hohlraum
3. Stahlpfette
4. Distanzstreifen
5. gut belüfteter Hohlraum

Die Dachneigung sollte so groß sein, daß evtl. zeitweise an der Wellplattenunterseite auftretendes Tauwasser zur Traufe ablaufen kann. Relative Feuchte der Hallenluft möglichst etwas unterhalb von 50%. Der Strömungswiderstand sollte wegen sonst stärkerer Wärmeverluste bei mehr als 35 Rayl/cm liegen. Schallabsorptionsgrad → 3 und 4.

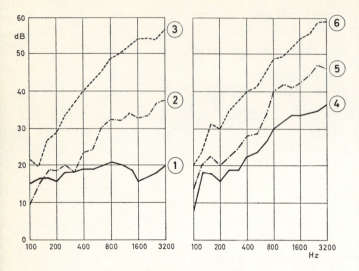

1 (links) Schalldämmung von leichten Wellasbestzement-Dächern.
① normaler Dachaufbau auf Stahlrahmen und Stahlträgern, ungedichtet. R' = 18 dB
② Dach wie vor, Unterseite mit 40 mm dicken frei gespannten Steinwolleplatten (Rohdichte ca. 150 kg/m³) dicht verkleidet, Wellplatten abgedichtet. R' = 26 dB
③ wie vor, unterseitig zusätzlich 10 mm dicke Asbestzementplatten. R' = 41 dB
④ wie vor, Mineralwolleplatten 18 mm dick und besonders stark gepreßt (ca. 350 kg/m³ Rohdichte), ohne Asbestzementplatte. R' = 26 dB
⑤ wie vor, zwischen Well-Asbestzementplatten und Steinwolleplatten 50 mm dicker Hohlraum. R' = 32 dB
⑥ wie vor, im Hohlraum 40 mm dicke lockere Steinwollematte. R' = 43 dB

Die Konstruktion nach 6 hat im Vergleich zur annähernd gleich guten Konstruktion nach 3 zusätzlich zur guten Schalldämmung eine noch verhältnismäßig günstige Schallabsorption. Der Schallabsorptionsgrad der 40 mm dicken Steinwolleplatten (Rohdichte ca. 250 kg/m³) wird auf diese Weise jedoch nicht ganz erreicht (nach W. Lösch).

Ein ausreichender Schutz der auf gespundeter Holzschalung zu verlegenden Bleche (Falzdach) ist eine 500er, beidseitig feinstbestreute oder talkumierte Bitumendachbahn o.ä., die nicht aufgeklebt wird. Sie schützt bei direktem Kontakt mit dem Blech gleichzeitig gegen übermäßige Regen-, Hagel- und Windgeräusche. Blechdächer ohne Pappe und Holzschalung sollten an der Unterseite mit einem Entdröhnbelag → 43 1 versehen werden, der auch den Korrosionsschutz übernimmt und in beschränktem Maße gegen Tauwasser schützt. Starker Hagel auf Dächer aus Blech, Asbestzement-Wellplatten u.ä. kann die Lautstärke normaler Unterhaltungssprache weit überschreiten. Bei einer Konstruktion etwa nach → 154 4 steigt der Schallpegel dagegen nur in Ausnahmefällen auf mehr als 35 bis 40 dB (A) an. Die Wärmedämmung der Unterschale kann freitragend sein → 155 2. Die Anwendung dieses Prinzips ist hauptsächlich im Industriebau vorteilhaft, vor allem dann, wenn eine gute Schallabsorption verlangt wird → 155 4 und 155 5. Die Schalldämmung solcher Dächer ist mit ca. 25 dB verhältnismäßig gering → 1. Sie entspricht etwa derjenigen normaler Fenster und ist daher nur selten kritisch.

In der Schallschutznorm DIN 4109 werden an die Schalldämmung von nichtbegehbaren Dächern keine Schallschutzanforderungen gestellt, nicht einmal für Wohnhäuser oder andere Gebäude mit Aufenthaltsräumen. Einen großen Schutz gegen Sonnenstrahlung soll man von solchen Dächern wegen der fehlenden Wärmespeicherung nicht erwarten.

Für bahnenartige Deckungen oder Abdichtungen von Kaltdächern, z. B. aus bitumigen Stoffen, gelten im Prinzip die gleichen Regeln wie beim Warmdach → 307 2 und 157.

Warmdächer

Einfache Holzdächer

Das einfachste und älteste Warmdach ist eine dichte Schale aus dicken Nadelholzbohlen auf Holzsparren mit konventioneller Blechdeckung (z. B. Kupfer-Falzdach) oder oberer Abdichtung wie beim Kaltdach. Die leichten Hölzer, wie z. B. Kiefer, Tanne oder Fichte, besitzen bereits bei einer Dicke von 50 mm einen Wärmedurchlaßwiderstand von 0,5, was etwa 20 bis 25 mm dickem Korkstein entspricht und für viele Zwecke (trockene Fabrikbetriebe, Lagerhallen, Wochenendhäuser usw.) ausreicht. Um die Forderungen von DIN 4108 für »Räume zum dauernden Aufenthalt von Menschen« zu erfüllen, sind dagegen höhere Wärmedämmwerte notwendig → 55 1 und 57 3, die beim Holzdach durch entsprechende Dämmstoffauflagen ohne Schwierigkeiten erreicht werden können → 157 1.

Unabhängig von der Wärmeschutznorm gilt für die Bemessung der Dämmschichten in solchen durch Wärmedehnungsspannungen → 150 nicht gefährdeten Dächern bei mitteleuropäischem Klima nur die Forderung nach tauwasserfreier Oberfläche → 58. Bei normalen Raumluftverhältnissen genügen zu diesem Zweck ähnlich wie bei Außenwänden Mindestwärmedurchlaßwiderstände zwischen 0,45 und 0,65, wenn man eine verhältnismäßig schnelle Aufheizung des Daches im Sommer in Kauf nimmt. Um die fehlende Wärmespeicherung etwas auszugleichen und gegebenenfalls eine wirtschaftliche Beheizung zu ermöglichen, ist es wichtig, höhere Dämmwerte zu fordern → 56. Diese Forderung gilt in erster Linie für Wohnräume und andere vergleichbare Aufenthaltsräume. Die Schalldämmung solcher Dächer ist besser als bei den bereits erwähnten Kaltdach-Oberschalen. Bei einer Flächenmasse von etwa 50 kg/m² ist mit einem mittleren Schalldämm-Maß von etwa 35 dB zu rechnen.

Tragende Dämmplatten

Aus dem einfachen Holzdach entstanden mit der Zeit nach gleichem Prinzip, jedoch mit besserer Wärmedämmung Dächer aus speziellen Wärme-Dämmplatten, die in der Lage sind, die Dachhaut und die Dachlasten selbst zu tragen. Am einfachsten war es, die Holzbohlen durch wasserfest verleimte Spanplatten zu ersetzen. Diese Stoffe sind in der Wärmedämmung mindestens um 20% besser als das erwähnte Nadelholz, jedoch eher leichter als schwerer. Sie können daher die erhöhten Wärmeschutzanforderungen zum Ausgleich fehlender Wärmespeicher auch nicht er-

BAUTEILE — Warmdächer

füllen, so daß ihre Anwendung im wesentlichen auf den Industriebau begrenzt bleibt. Größere wirtschaftliche Dicken und Gewichte erreichen wärmedämmende Dachelemente aus Hobelspanbeton → 2 oder Gasbeton → 308 1. Platten dieser Art bieten in den größeren handelsüblichen Dicken auch für Aufenthaltsräume im Sinne der Wärmeschutznorm einen ausreichenden Wärmeschutz.

Das bedeutendste Merkmal dieser Art von Warmdächern ist die fehlende Dampfsperre an der Warmseite. Im Deckenquerschnitt zeitweise anfallendes Kondenswasser kann praktisch nur nach innen ablüften, was bedingt, daß die zur Tauwasserverhütung an der warmseitigen Oberfläche notwendige Wärmedämmung → 59 1 und genügend lange regelmäßige Austrocknungszeiten (wie z. B. in Einschicht-Industriebetrieben, Turnhallen usw.) vorhanden sind und daß die relative Luftfeuchtigkeit dicht unterhalb des Daches bei Temperaturen um etwa 20 °C oder weniger immer unterhalb von 50 bis kurzfristig 70 % liegt. Diese Forderung bedeutet einen Wärmedurchlaßwiderstand von möglichst mehr als 0,8 bei guter Raumluftkonvektion.

Die Austrocknungsmöglichkeiten solcher nach der reinen Theorie falschen Konstruktionen werden häufig unterschätzt. Neuere Forschungsberichte bestätigen die alte Erfahrung, daß sich vorwiegend durch die zeitweilige Besonnung in den Sommermonaten und auch überraschend häufig in den Übergangszeiten sowie im Winter ein ganz erhebliches Temperatur- und Diffusionsgefälle von oben nach unten, also von außen nach innen einstellt, das mit der Intensität der Sonnenstrahlung und der Strahlungsabsorptionszahl der Dachoberfläche → 104 4 zunimmt. Aus diesem Grunde ist es hier im Gegensatz zu Warmdächern aus Schwerbeton → 159 1 meist nicht vorteilhaft, auf der Dachhaut eine Kiesschüttung oder eine andere reflektierende Beschichtung anzuordnen.

Die Luftschalldämmung kann mit etwa 40 dB angenommen werden. Die Schallabsorption der Dachunterseite reicht im mittleren Bereich von etwa 0,25 bei Gasbeton bis zu 0,70 und mehr bei Hobelspanbeton.

Dächer der in 2 gezeigten Art oder aus 20 cm dicken Gasbetonplatten (Rohdichte < 600 kg/m³) müssen mit einer Abdichtung nach den in DIN 4031 festgelegten Regeln versehen werden. Luft- oder Feuchtigkeitseinschlüsse zwischen den einzelnen Dichtungsbahnen sind unzulässig. Zur Sicherung eines ausreichenden Wärmeschutzes und zur Verhinderung von Feuchtigkeitsschäden infolge Dampfdiffusion ist es wichtig, daß unterhalb dieser Sperrschicht überall durchgehend eine Dampfdruckausgleichsschicht eingebaut wird. Sie soll gewährleisten, daß evtl. zeitweise zwischen Dachhaut und Gasbeton sich ansammelndes Tauwasser bei plötzlicher Verdampfung ohne schädlichen Überdruck nach den Traufen entweichen kann. Darum ist es wichtig, daß diese Dampfdruckausgleichsschicht an den Traufen umlaufend offen ist, jedoch gegen Schlagregen, Überlaufwasser u.dgl. geschützt wird.

Die Ausgleichsschicht hat im vorliegenden Fall zusätzlich die Aufgabe, eine starre Verbindung mit der Rohdecke und damit die Gefahr von Rissebildung bei evtl. auftretender Bewegung der Gasbetonplatten gegeneinander zu vermeiden. Sie muß also in sich elastisch sein, wie z. B. die für diesen Zweck bekannten Dichtungsbahnen mit einer Unterlage aus expandiertem Korkschrot. Auch gegen Falzbaupappen und Lochpappen ist für diesen Zweck nichts einzuwenden, wenn die Kanäle tatsächlich überall durchlaufen und die Gewährleistung dafür gegeben ist, daß die betreffenden Abstandhalter auch bei Wintertemperaturen eine ausreichende Elastizität gewährleisten.

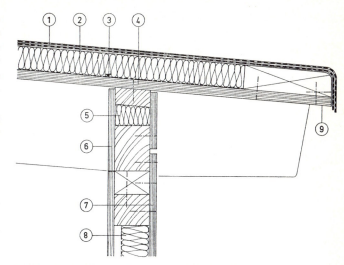

1 Warmdachisolierung bei einem Holzdach in Vorfertigungs-Bauweise:
1 Dachhaut
2 beliebig dicke Wärmedämmschicht
3 Dampfsperre, z. B. aus mit Bitumenpapier kaschierter Kunststoff-Folie, vollflächig aufgeklebt
4 wasserfest verleimtes Sperrholz
5—8 vorgefertigte Wandkonstruktion
9 Dachüberstand mit Tropfnase

Warmdächer dieser Art müssen wegen ihres verhältnismäßig geringen Gewichts (geringe Wärmespeicherung) so gedämmt werden, daß die darunter liegenden Räume bei starker Sonnenstrahlung nicht zu stark erwärmt werden. Nach neueren Forschungsergebnissen ist zu diesem Zweck eine möglichst helle und blanke, strahlungsreflektierende Oberfläche mindestens ebenso wichtig wie die Wärmedämmung.

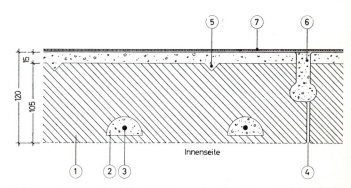

2 Wärmedämmende und gleichzeitig schallabsorbierende Flachdachplatten aus kurzfaserigem Hobelspanbeton mit fester Deckschicht:
1 Dämmschicht aus zementgebundenen Hobelspänen
2 Beton-Ummantelung
3 Armierung
4 Stoßfuge
5 oberer Glattstrich
6 genau nach Werksvorschrift vergossene und nach Bedarf armierte Fugen
7 Dachhaut auf Dampfdruck- und Dehnungs-Ausgleichsschicht

Warmdächer

Die Anordnung von zusätzlichen Entlüftern für die Ausgleichsschicht ist physikalisch nicht unbedingt notwendig, jedoch zur Steigerung des Dampfdruck-Entspannungseffekts und zur Gewährleistung einer gewissen zusätzlichen Austrocknungsmöglichkeit erwünscht. Rein konstruktiv ist dieser Empfehlung entgegenzuhalten, daß durch diese Entlüfter die Abdichtung durchbrochen wird. Bei unsachgemäßem Begehen des Daches oder z. B. beim Herunterschaufeln von Schnee besteht die Gefahr einer Dachhautbeschädigung. Außerdem kann bei Rückstau an diesen Stellen Wasser einlaufen, etwa bei vereistem Dach und hochliegendem Schmelzwasser. Die vorteilhaftesten Fabrikate sind wohl diejenigen, die selbst weitgehend dauerelastisch, dampfdurchlässig, jedoch nicht wasserdurchlässig sind.

Stahlbeton-Dächer

Vor allem dünne Ortbeton-Dächer sind wegen ihrer starren Beschaffenheit und der verhältnismäßig großen Längenänderungen bei Erwärmung und Abkühlung → 152 1 sehr rissegefährdet, zumal es nicht immer möglich ist, die betreffenden Bauteile zusätzlich zur statisch erforderlichen Bewehrung mit ausreichender Festigkeit gegen die bei Kontraktion infolge Abkühlung auftretenden Zugspannungen und gegen die bei Dehnungen zuweilen entstehenden Scher- und Schubspannungen auszustatten. Die wichtigste Schutzmaßnahme ist daher je nach Größe des Bewegungsfugen-Abstands eine möglichst große Dicke (Masse) der Druckplatte (mehr als 12 bis 15 cm!) und gute Beton-Qualität. Der nach der Wärmeschutznorm erforderliche Wärmedurchlaßwiderstand von mehr als 1,25 soll ausschließlich auf der Oberseite des Betons liegen, um innerhalb des Betons geringere Temperatur- und damit Formänderungen zu erhalten. Dieses Bestreben wird auch durch die oben geforderte größere Dicke und damit erhöhte Masse unterstützt. Wenn an der Unterseite des Betons zwangsläufig eine gewisse Wärmedämmung vorhanden ist, so muß die obere Wärmedämmschicht verstärkt werden → 1.
In welchem Maße sich die Beton-Temperaturschwankungen bei falsch liegender Wärmedämmschicht erhöhen, ist aus Bild 2 ersichtlich. Die Wärmedämmschicht muß also in erster Linie den Beton vor der Sonnenstrahlung schützen. Es ist daher bei solchen Dächern größeren Ausmaßes immer vorteilhaft, einen zusätzlichen Sonnenstrahlungsschutz anzuordnen, am besten wohl in Form einer schweren, mehr als 6 cm dicken hellen Kiesschüttung → 159 1. Die obere Dampfdruckausgleichsschicht nach Ziff. 5 ist dann oft entbehrlich ebenso wie bei völlig dampfdichten, trockenen Dämmstoffen. Die wichtigere untere Ausgleichsschicht muß immer eine gute Verbindung zur Außenluft haben, auch an Brüstungen, Wandanschlüssen u. ä. → 159 2 und 3.
Ähnlich wie eine Kiesschüttung wirkt eine Wasserschicht → 308 3.
Schalltechnisch ist bei schweren Stahlbeton-Dächern normaler-

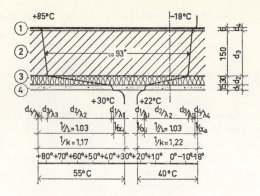

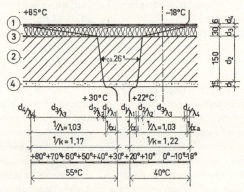

2 Temperaturverlauf in einem Flachdach in Abhängigkeit von den Innen- und Außentemperaturen, von der Lage der Wärmedämmschicht (oberes Bild: Dämmschicht unten, unteres Bild: Dämmschicht oben) und der Wärmedämmung der einzelnen Stoffe.
1 Dachhaut
2 massive Stahlbetonplatte
3 Wärmedämmschicht, z. B. aus Schaumkunststoff o. glw.
4 Putz

Bei untenliegender Wärmedämmschicht beträgt die größte Temperaturdifferenz im Stahlbeton ca. 93 °C, was bedeutet, daß das Dach in dieser Anordnung sehr stark »arbeiten« wird. Das kann zu vielen Bauschäden führen. Außerdem liegt die Null-Grad-Zone in einem Bereich, in den Wasserdampf meistens ungehindert vordringen kann, so daß weitere Bauschäden durch Tauwasser und Eisbildung möglich sind.
Bei obenliegender Dämmschicht liegt die Temperaturschwankung der Stahlbetondecke lediglich bei ca. 26 °C. Außerdem befindet sich hier die Null-Grad-Zone und auch der Taupunkt der Raumluft in einem Bereich, in den Wasserdampf nicht mehr eindringen kann, da bei dieser Konstruktion unterhalb der Dämmschicht nach 3 immer eine Dampfsperre angeordnet werden muß und auch ohne Schwierigkeiten angeordnet werden kann.

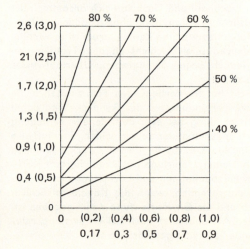

1 Abhängigkeit des erforderlichen Wärmedurchlaßwiderstandes oberhalb von Warmdachdecken (Ordinate) von der relativen Luftfeuchtigkeit (%) im Raum und dem unterhalb der Dachdecke liegenden Dampfsperre vorhandenen Wärmedurchlaßwiderstand, wenn eine Kondensation unterhalb der Dampfsperre vermieden werden soll. Das Diagramm gilt für eine Raumlufttemperatur von 20 °C und eine Außenlufttemperatur von −10 °C (nach W. Schüle). Die Erhöhung der Wärmedämmung auf der Oberseite ist auch wegen der sonst stärkeren Betonspannungen infolge Vergrößerung der Temperaturschwankungen notwendig. Aus diesem Grunde darf die Differenz zwischen oberem und unterem Dämmwert nicht kleiner als 1,07 (1,25) sein.

BAUTEILE

Warmdächer

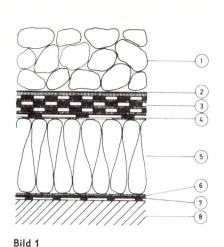

Bild 1

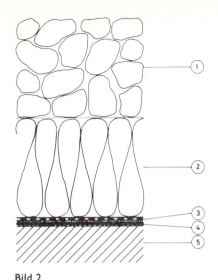

Bild 2

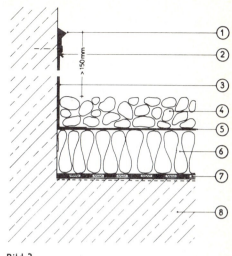

Bild 3

1 Prinzip eines konventionellen unbelüfteten Flachdachs (Warmdach):
1 Helle lose Kiesschüttung, gewaschen, Korngröße 16/32 mm und mehr, Schichtdicke mindestens 50 mm.
2 Trennschicht aus mindestens 0,1 mm dicker PE-Folie, darunter wurzeldichter Heißbitumen-Deckanstrich mindestens 2 mm dick.
3 Dreilagige Abdichtung aus besonders reißfesten Glasvlies-Bitumendichtungsbahnen oder Glasgewebe-Bahnen, vollflächig und hohlraumfrei im Gieß- und Einrollverfahren verlegt, insgesamt drei Lagen.
4 Ausgleichsschicht, z. B. aus einer gelochten Bitumen-Dichtungsbahn, punktweise mit 5 verbunden. Bei PS-Schaumplatten in Ziff. 5 ist dies eine ungelochte Bitumen-Selbstklebebahn.
5 Wärmedämmschicht, z. B. aus 70 mm dickem, beidseitig glasvlieskaschiertem PUR-Schaum oder aus 80 mm dickem PS 20.
6 Heißbitumen-Klebeschicht.
7 Dampfsperre mit Metallfolien-Einlage, punktweise mit der Rohdecke in Ziff. 8 verbunden.

Bei Verwendung von dampfdichtem Schaumglas (z. B. PC-FOAMGLAS) entfällt Ziff. 4 vollständig. Die Ziffern 6 und 7 werden dann durch einen hohlraumfreies Heißbitumen-Bett ersetzt. Bei Schweißbahnen in Ziff. 3 entfällt Ziff. 4 wie in 162 3 dargestellt.

2 Prinzip eines Umkehrdachs (IRMA-Dach):
1 Gewaschene Kiesschüttung, Korngröße 16/32 mm und mehr, mindestens in gleicher Dicke wie Ziff. 2 als Aufschwimmsicherung.
2 Wärmedämmschicht aus feuchtigkeitsunempfindlichem PS-Schaum, z. B. ROOFMATE oder STYRODUR 4000, lose aufgelegt oder vollflächig aufgeklebt.
3 Abdichtung, z. B. aus bitumenverträglicher Kunststoff-Folie, vollflächig aufgeklebt, Stöße heißluftverschweißt.
4 1. Dichtungsbahnlage, z. B. aus einer V 13, Unterseite grob bestreut, punktweise aufgeklebt.
5 Rohdecke mit kaltflüssigem Bitumen-Voranstrich.

Das Umkehrdach soll nach den Dachdecker-Richtlinien nur über schweren, massiven Dach-Unterkonstruktionen ausgeführt werden. Die Dämmschicht soll um 30% oder > 15 mm dicker sein als beim normalen Flachdach. Die Abdichtung sollte immer im Gefälle liegen. Die Wärmedämmplatten müssen dicht an der Abdichtung anliegen.

3 Wandanschluß eines Folien-Daches aus uv-beständiger Kunststoff-Folie:
1 Dauerelastischer Kitt.
2 Kittschiene als Anpreßleiste.
3 Mindestens um 15 cm über Oberkante Belag hochgezogene Anschlußfolie.
4 Lose Kiesschüttung, mindestens 50 mm dick.
5 Abdicht-Folie, z. B. 1,2 mm dick, glasvliesarmiert, Stöße heißluftverschweißt, lose ausgelegt.
6 Wärmedämmschicht aus formbeständigem bitumenfreien Material, vollflächig aufgeklebt.
7 Dampfsperre, z. B. aus einer Bitumenbahn mit Aluminium-Einlage, z. B. AL 01 D, punktweise mit der Rohdecke nach Ziff. 8 verbunden.

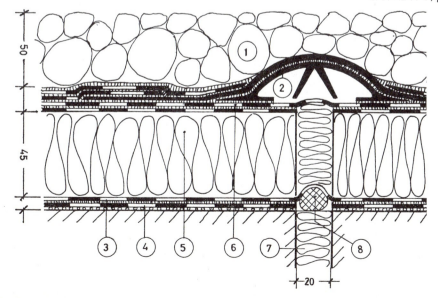

4 Dehnfugen-Abdichtung eines Warmdachs:
1 mindestens 50 mm dicke Kiesschüttung
2 witterungsbeständiges Kunststoff-Stützprofil mit aufgeklebtem dauerelastischem Dichtungsband
3 Dampfsperre
4 Ausgleichsschicht, punktweise aufgeklebt auf Haftbrücke
5 Wärmedämmschicht aus Schaumkunststoff o. ä.
6 Abdichtungsbahnen, vollflächig im Gieß- und Einrollverfahren verlegt, unterste Dichtungsbahn gleichzeitig als Ausgleichsschicht verarbeitet und nach Bedarf als Selbstklebe-Bahn, je nach Temperaturbeständigkeit des Wärmedämmstoffes
7 elastische Fugenfüllung
8 elastischer Füllstreifen aus PE, PVC oder PUR-Schaum

Die fertige Abdichtung muß einen lückenlosen, gleichmäßig ca. 3 mm dicken, wurzeldichten Deckanstrich erhalten. Um das Eindrücken von Kies in die Abdichtung zu mindern, ist eine Zwischenlage aus mindestens 0,2 mm PE-Folie empfehlenswert.

Warmdächer — BAUTEILE

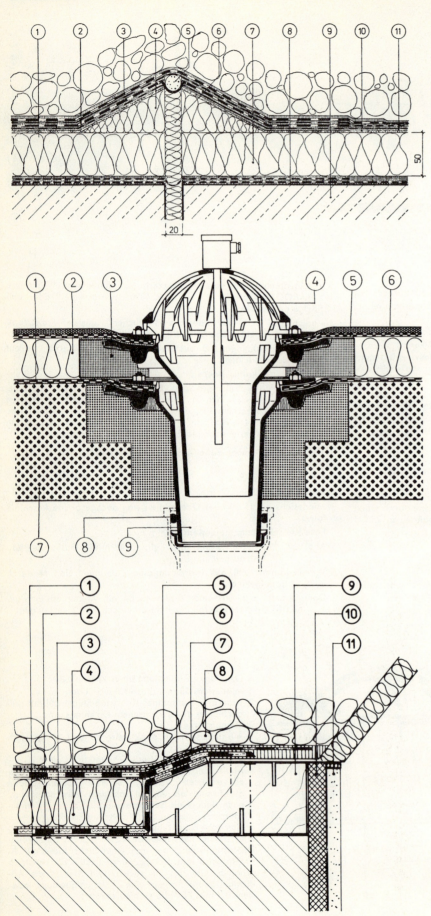

1 Dehnfugenausbildung in der Abdichtung eines gefällelosen Daches mit Kiesschüttung:
1. Doppelter Heißbitumen-Deckanstrich, insgesamt 3 kg/qm
2. Elastisches eingeklebtes Kunststoff-Dichtungsband
3. Bitumen-Dichtungsbahnen mit reißfestem anorganischen Träger
4. Dämmstoff-Keil
5. Elastisches Schaumstoff-Band
6. Elastische Fugeneinlage aus PS-Schaum
7. Wärmedämmschicht aus PUR-Schaum o. ä.
8. Kombination aus Dampfsperre und Ausgleichsschicht, punktweise aufgeklebt, im Fugenbereich Kunststoff-Band wie 2
9. Beton-Rohdecke mit lösungsmittelhaltigem Bitumen-Voranstrich
10. Klebepunkt
11. Obere Ausgleichsschicht

Die Kunststoff-Dichtungsbänder, z. B. aus Polychloropren (CR) oder Polyisobutylen (PIB) sind so einzukleben, daß die Schlaufe auch bei der größten zu erwartenden Fugenbreite noch keine Zugspannung erhält. In kritischen Fällen muß der Bereich links und rechts der Schlaufe jeweils auf einer Breite von 5 bis 15 cm unverklebt bleiben, damit sich die Spannungen besser verteilen können. Bei einer normalen Bandbreite von 50 cm ergeben sich dann noch mindestens 10 cm breite Ränder, die besonders sorgfältig lückenlos zu verkleben sind.

2 Abdichtungsanschluß in einer Warmdach-Isolierung:
1. Dampfsperren-Abdichtung mit Klemmflansch angepreßt
2. Wärmedämmschicht
3. Vollflächig aufgeklebtes Formstück aus druckfestem Wärmedämmstoff, z. B. aus geschlossenzelligem Schaumglas
4. Laubfang-Gitter mit elektrischem Heizstab
5. Abdichtung mit Klemmflansch angepreßt
6. Witterungsbeständige Deckschicht, z. B. aus einer Bitumen-/Latex-Emulsion
7. Beton-Rohdecke
8. Rollring
9. Ablaufkörper vollflächig in druckfestem Anschlußstück aus geschlossenzelligem Schaumglas o.glw.

3 Lichtkuppel-Anschluß in einem unbelüfteten flachen Warmdach:
1. Stahlbeton.
2. Haftbrücke.
3. Dampfsperre, punktweise aufgeschweißt, z. B. aus einer AL 01 + V 60 S 4.
4. Wärmedämmschicht, vollflächig aufgeklebt, z. B. aus beidseitig glasvlieskaschiertem PUR-Schaum.
5. 1. Abdichtungslage, punktweise aufgeschweißt, z. B. aus einer G 200 S 5.
6. 2. Dichtungsbahnlage, z. B. aus einer G 200 DD im Gieß- und Einrollverfahren vollflächig aufgeklebt.
7. Heißbitumen-Deckabstrich, wurzeldicht mit wurzelabweisenden Zusätzen, Dicke ca. > 2 mm.
8. Mindestens 50 mm dicke Kiesschüttung, Korngröße 16/32 mm oder mehr, lose, nach Bedarf auf Trennlage aus mindestens 0,1 mm dicker PE-Folie.
9. Imprägnierte Nadelholz-Bohle aus verwindungsfreiem Material.
10. Wärmedämmplatte.
11. Deckschicht z. B. aus Gipskarton-Platten mit wasserdichtem Anschluß an der Lichtkuppel.

BAUTEILE — Warmdächer

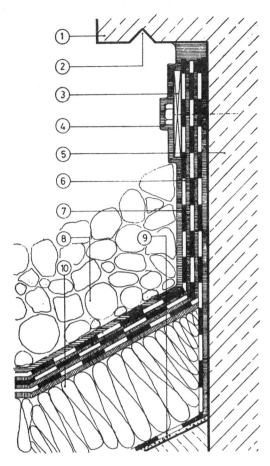

1 Normgerechter Abdichtungs-Wand- bzw. Attika-Anschluß:
1 Wasserabweisender Beton
2 Durchlaufende Nut für die Wassernase
3 Verzinkte Stahlklemmschiene, mindestens 50/6 mm mit Sechskant-Schrauben und Kunststoff-Dübel befestigt
4 Bitumen-Deckschicht als Korrosionsschutz standfest
5 Betonwand mit Bitumen-Haftbrücke
6 Bitumen-Dichtungsträgerbahnen
7 Vollflächige Bitumen-Klebeschicht
8 Kiesschüttung als Witterungsschutz und gegen übermäßige Aufheizung der Abdichtung
9 Dampfsperre auf Ausgleichschicht hochgeklebt
10 Wärmedämmschicht

Nach DIN 4122 muß die Abdichtung mindestens 15 cm über Oberkante Belag hochgeführt werden. Am Randauflager ist bei Wänden mit Anschüttung (gegen Erdreich) die Abdichtung mindestens 20 cm über die Lagerfuge der Decke nach unten zu führen. Wenn der Dämmstoff nach Ziff. 10 nicht völlig trocken ist, so soll zwischen diesem Dämmstoff und der Abdichtung eine ähnliche Ausgleichsschicht angeordnet werden wie unter 9.

weise nur noch der Trittschallschutz zu beachten, wenn es sich um Terrassen u. ä. handelt. Bei der hier geforderten Flächenmasse, elastischen Dach-Dämmstoffen (Kork, Schaumkunststoff o. glw.) und Abdichtungen wird der Mindestwert nach DIN 4109 (TSM +3/0 dB → 141 1) ohne weiteres erfüllt. Oft muß allein die zwangsläufig bitumige Abdichtung, wie z. B. bei befahrbaren Dächern, genügen → 162 2, die wegen der erforderlichen Druckfestigkeit unbedingt mit entsprechenden Dämmstoffen ausgeführt werden müssen.

Ausgleichsschichten, Dampfsperren

Die Aufgabe der heute beim Bau von Warmdachisolierungen üblichen Anordnung von »Entlüftungskanälen« (Dampfdruckausgleichsschichten) → 159 1 zwischen tragender Stahlbetondecke und Wärmedämmschicht kann nach den neueren Forschungsergebnissen nicht die Beseitigung einer Durchfeuchtung durch Dampfdiffusion aus dem Innenraum sein, da dies bei normal trockener Raumluft und ausreichender Wärmedämmung nicht zu befürchten ist. Sie muß lediglich das Austrocknen der Baufeuchtigkeit und zeitweise, soweit vermeidbar, die Beseitigung einer nicht allzu großen Befeuchtung durch Tauwasserbildung ermöglichen.

Die vielen kleinen Kanäle in diesen Dampfdruckausgleichsschichten sollten nicht höher als etwa 5 mm sein, damit die darüberliegende Wärmedämmschicht noch voll zur Wirkung kommen kann. Ihre Trocknungswirkung beruht nicht auf einem Luftwechsel, sondern auf dem Dampfdruckausgleich entlang der Kanäle ins Freie. Es ist unbedingt notwendig, über diesen »Ausgleichskanälen« eine gute Dampfsperre anzuordnen. Wenn Dämmplatten verwendet werden, die unterseitig bereits mit einer Dampfsperre versehen sind, so müssen ihre Stoßfugen sehr sorgfältig abgedichtet werden → 308 2. Die Dampfsperre ist genaugenommen nur eine theoretische Forderung, die sich in der Praxis selten und nur unter größter Sorgfalt verwirklichen läßt. Dampfsperren größeren Ausmaßes sollte man immer nur als Dampf*bremsen* bezeichnen, um Trugschlüssen vorzubeugen.

Bei genauer Beachtung dieser Erkenntnisse und sachgemäßer Anordnung der Kanäle kann auch eine während der Verlegung der Wärmedämmschicht und der Dachhaut noch stark feuchte Dachdecke im darauffolgenden Sommer austrocknen. Nach Angaben von J. S. Cammerer ist es praktisch unbedenklich, bei einer relativen Raumluftfeuchtigkeit bis zu 70% im Beton massiver Flachdächer 2,0 g/m² h Feuchtigkeitsniederschlag zuzulassen (nicht an der Deckenunterseite!).

Ausgleichsschichten dieser Art gewährleisten auch eine gewisse Eigenbeweglichkeit der Dampfsperre (schwimmende Dampfsperre) und damit einen Schutz gegen Beschädigungen, etwa über Rissen im Beton bei langen Dächern usw. Unterhalb der Abdichtung bieten sie den Vorteil, daß im Dämmstoff eingeschlossene Feuchtigkeit keinen Überdruck und die damit verbundene Blasenbildung verursachen kann. Das gilt hauptsächlich für die der Sonnenstrahlung direkt ausgesetzten geklebten Abdichtungen und Deckungen.

Dampfdruck-Ausgleichsschichten müssen mit der Außenluft Verbindung haben, um voll zur Wirkung kommen zu können. Meistens genügt es, wenn sie an den Dachrändern nicht zugeklebt werden → 159 2 und 3. Die bei fehlender oder nichtgenügender Verbindung zur Außenluft zuweilen benutzten Entlüfter sind nur als Notbehelf bei sehr großen Dachflächen oder bei nachträglichen Sanierungsmaßnahmen anzuordnen. Sie sollten je nach Feuchtigkeitsgehalt der Konstruktion im Abstand von etwa 5 bis 10 m eingebaut werden.

Decken unter Erdreich

Bepflanzte Stahlbetondecken stellen zusammen mit dem darüberliegenden Erdreich eine große Masse dar, die bei Anheizvorgängen nicht nur im Winter, sondern auch im Sommer (z. B. durchziehende feuchtwarme Luft) außerordentlich träge ist und daher außer einer besonders guten, wurzelfesten Abdichtung oft auch eine Wärmedämmschicht benötigen, die hier die Aufgabe hat, die zu große Wärmespeicherung zu verringern. Bei den meistens vorhandenen instationären Temperaturzuständen von Raumluft und Bauwerk besteht sonst die Gefahr übermäßigen

Terrassen BAUTEILE

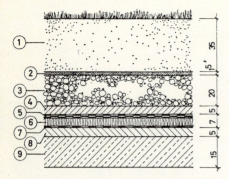

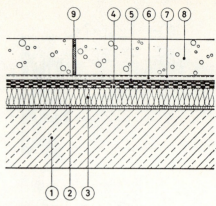

1 Aufbau der bepflanzten Dachdecke eines Aufenthaltsraumes:
1 Bewuchs auf Humus und Torfmull
2 Schwemmschutzschicht aus besonderen kunstharzgebundenen Glasfaserfilz-Matten (z. B. TERRA-TEL) als Filter für 3
3 Natur- oder LECA-Kiesschüttung als Flächendränage mit Anschluß an die Entwässerung
4 Schutzestrich, z. B. aus mindestens 50 mm dickem Beton
5 entwässerte Abdichtung, z. B. nach DIN 4031 aus einer Lage 333er Bitumenpappe, darauf eine Lage beidseitig mit Bitumen kaschierte Metallfolie und eine Lage Glasvliesdachbahn. Alles im Gieß- und Einrollverfahren mit wurzelfestem Bitumen lückenlos verlegt und lückenlos überstrichen
6 Wärmedämmschicht, z. B. aus mindestens 45 mm dickem, mit Bitumenpappe kaschiertem Schaumkunststoff, mindestens 50 bis 60 mm dicken expandierten Korkplatten oder ca. 60 mm dickem geschlossenzelligem Schaumglas
7 Dampfsperre, z. B. aus beidseitig bitumenbeschichtetem Kupferriffelband o.glw. Bei Verwendung des obenerwähnten Schaumglases ist diese Dampfsperre bei sachgemäß in Heißasphalt o.glw. vollsatt aufgeklebten Platten nicht erforderlich
8 je nach Bedarf Gefälle-Schwerbeton (gut austrocknen lassen!)
9 tragende Decke als Massivplatte oder unterseitig offene Plattenbalkendecke

2 Detail einer befahrbaren Dachdecke:
1 Stahlbeton-Massivplatte
2 lückenlose Klebeschicht aus Heißasphalt oder gefülltem Bitumen (ca. 4 kg/m²) auf kaltflüssigem Bitumenvoranstrich (ca. 250 g/m²)
3 lückenlose druckfeste Wärmedämmschicht aus geschlossenzelligem Schaumglas (FOAMglas), Plattendicke mindestens 60 mm, Platten dicht gestoßen und mit versetzten Fugen hohlraumfrei verlegt
4 mehrlagige heißverklebte Abdichtung aus Bitumenpappe o.glw.
5 dicker Anstrich aus elastischer Heißklebemasse als Gleitschicht für den nachfolgenden Verschleißbelag
6 5 bis 10 mm dicke trockene Sandschüttung nach Bedarf
7 eine Lage wasserfestes Papier als Schutz gegen durchlaufenden Beton
8 Stahlbeton-Verschleißschicht, in Abständen von höchstens 6 m jeweils mit Dehnfugen versehen. Die Dicke dieser Verschleißschicht hängt von der zu erwartenden Belastung ab
9 Fugenvergußmasse, wasserdicht, temperaturbeständig und mit guter Haftung am Beton. Sie muß dauerelastisch sein.

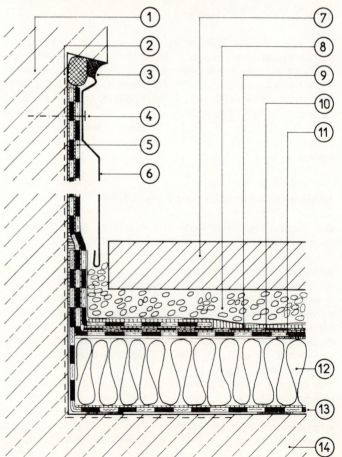

Tauwasserniederschlags, etwa im Sommer bei langsam hereinziehender und stagnierender feuchtwarmer Außenluft. Aus dem gleichen Grund sollte man die Deckenunterseite nicht mit wärmedämmendem Material und mit einer hohlraumbildenden Verkleidung versehen, was ein Ablüften von Tauwasser erschwert. Am vorteilhaftesten ist Sichtbeton, soweit es sich nicht um raumakustisch besonders auszubauende Räume handelt, in denen die Verkleidungen, wie bereits bei Bild *1* gefordert, gut zu hinterlüften sind.

Natürlich muß die Wärmedämmschicht auch dem für die Winterheizung erforderlichen Normwert ($1/\Lambda \geq 1,25$) genügen. Bei Decken über gut durchlüfteten offenen Räumen mit einer Gesamtflächenmasse von ca. 1000 kg/m² kann man wohl immer auf die Dämmschicht verzichten, wie die vorliegenden Erfahrungen bei Fußgänger-Unterführungen u.ä. beweisen. Der Wärmeübergang an der Deckenunterseite sollte hier während der warmen Jahreszeit und überhaupt bei warmer Außenluft möglichst groß sein.

Terrassen

Bei Bauteilen dieser Art handelt es sich vorwiegend um Warmdächer oder ähnliche Konstruktionen. Nach dem Sprachgebrauch sind Terrassen im vorliegenden Zusammenhang begehbare, befahrbare, bepflanzte und unbepflanzte Oberflächen von Gebäudeabstufungen oder Dächern.

BAUTEILE

Terrassen

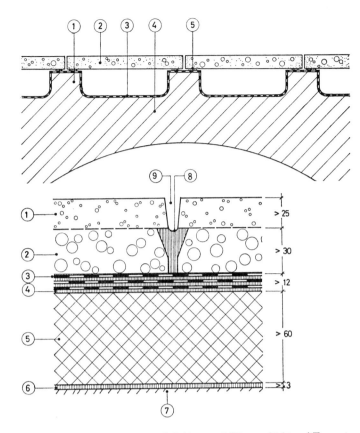

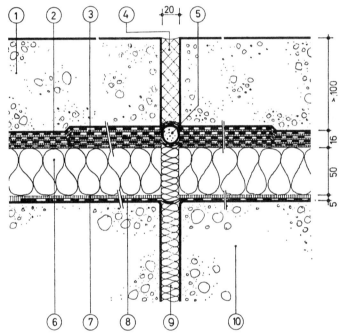

1 (links) Prinzip einer im Mittelmeerraum altbewährten Terrassen-Konstruktion:
1 Nocken als Auflager für die Terrassenplatten
2 schwere Steinplatten als Terrassenbelag, lose und mit offenen Fugen verlegt
3 Abdichtung im Gefälle
4 Gewölbe
5 elastische Unterlagen

Die große Masse der Steinplatten (2) und des Gewölbes gleicht die großen Temperaturschwankungen zwischen Tag und Nacht weitgehend aus. Da die mittleren Tagestemperatur-Differenzen zwischen Außen- und Innenluft hier auch im Winter verhältnismäßig gering sind, ist eine zusätzliche Wärmedämmschicht nicht unbedingt notwendig.

2 Schnitt durch eine Terrassenabdichtung auf Dämmschicht und Zement-Schutzbelag (System GARTENMANN):
1 Verbund-Zementmörtelschicht, Bewegungsfugen alle ca. 80 cm
2 Unterbeton, porig als Sickerschicht, Fugen alle ca. 80 cm, mit elast. Dichtungsmittel vergossen, auf Gleitschicht aus > 2 Lagen Ölpapier
3 bituminöse Dach-Dichtungsbahnen möglichst vierlagig
4 lückenlose Bitumen-Klebeschichten o. glw.
5 Wärmedämmschicht, z. B. aus geschlossenzelligem Schaumglas
6 lückenlose, dampfsperrende Klebeschicht
7 trockene Rohdecke mit Ablüftmöglichkeit nach unten
8 elastischer Fugenverguß
9 offene Fuge, entwässert

Bei Verwendung von dampfdichtem Wärmedämmstoff (5) ist eine zusätzliche bahnenförmige Dampfsperre (6) nicht notwendig, vorausgesetzt, daß die Rohdecke rissefrei ist und bleibt. Die Oberflächen der Gehschicht und der Abdichtung müssen mit Gefälle gut entwässert werden.

3 Wandanschluß eines Terrassenbelags auf einem unbelüfteten Flachdach:
1 Stahlbeton.
2 Haftbrücke.
3 Dauerelastischer Kitt vor elastischem Hinterfüllstreifen, z. B. aus PE-Schaum.
4 Klemmschraube.
5 Vollflächig aufgeflämmte Bitumenschweißbahnen.
6. Klemm- und Schutzblech, korrosionsbeständig.
7 Lose Terrassenplatten, mindestens 50/50/5 cm.
8 Splittbett auf mindestens 0,1 mm dicker PE-Trennfolie.
9 Heißbitumen-Deckanstrich, ca. 2 mm dick mit wurzelabweisenden Zusätzen.
10 2. Abdichtungslage aus einer im Gieß- und Einrollverfahren vollflächig verklebten Glasgewebe-Bitumendichtungsbahn, z.B. G 200 DD
11 1. Abdichtungslage aus einer punktweise aufgeflämmten Bitumenschweißbahn, z. B. G 200 S 5.
12 Wärmedämmschicht aus temperaturbeständigem Material, vollflächig aufgeklebt.
13 Dampfsperre, z. B. aus einer punktweise aufgeflämmten Bitumenschweißbahn mit Metallfolien-Einlage.
14 Rohdecke mit Haftbrücke.

3 Dehnfugen-Ausbildung in der Abdichtung und Wärmedämmung einer befahrbaren Terrasse:
1 Armierter wasserdichter Beton auf Trennschicht
2 Dreilagige Abdichtung mit zwei witterungsbeständigen verschieden breit angeklebten Kunststoffbändern, z. B. auf CR-Basis, Bandbreite mindestens 50 cm
3 vollflächige Klebeschichten
4 Fugendichtung aus Bitumenvergußmasse auf Haftbrücke und Trennstreifen
5 Schaumstoff-Füllstreifen
6 Wärmedämmschicht aus geschlossenzelligem Schaumglas
7 Vollflächiges Bitumenbett für die Schaumglas-Platten auf Haftbrücke
8 Untere CR-Band-Dichtungsschlaufe, Schlaufeneinhang nach den zu erwartenden Längenänderungen
9 Fugenfüllung aus elastischem Stoff
10 Beton-Rohdecke

In kritischen Fällen sollen die Fugenbänder in Fugennähe insgesamt 10 bis 30 cm breit unverklebt bleiben. Die Bandränder sind dann besonders sorgfältig abzudichten und zu befestigen, notfalls durch Fest- und Los-Flanschverbindungen.

Über Fugen, die nur einmaligen Längenänderungen durch Kriechen und Schwinden des Betons Rechnung tragen sollen (etwa bei Bauteilen unter Erdreich und nicht drückendem Wasser), genügt eine schlaufenlose Abdichtungsverstärkung durch mindestens 2 Lagen 0,1 mm dicker und 300 mm breiter kalottengeriffelter Kupferbänder (Gieß- und Einrollverfahren, Stoß- und Lagenversatz!). Der Längsstoßversatz soll 200 mm betragen. Die jeweils unterste Dichtungsbahn soll nach DIN 4122 auf einer Breite von 100 mm unverklebt bleiben.

Treppen, Fenster **BAUTEILE**

Die wohl einfachste und am längsten bewährte Terrassenkonstruktion stammt aus dem Mittelmeerraum → 163 1, wo man mit > 1000 kg/m² weniger auf eine besonders gute Wärmedämmung als auf eine große Trägheit (Wärmespeicherung) zum Ausgleich der Temperaturen zwischen Tag und Nacht achten muß. Eine neuere Abwandlung dieses Prinzips mit durchlaufender Wärmedämmschicht → Bild 3. Auch bei anderen Terrassenkonstruktionen ist es wichtig, nicht nur die Terrassenoberfläche, sondern auch die eigentliche Abdichtung gut zu entwässern → 163 2, da sonst Frostschäden möglich sind. Die wasserableitenden Schichten müssen ein ausreichendes Gefälle besitzen. Besondere Sorgfalt ist bei befahrbaren Terrassen notwendig → 2 und 309 1.

Schalltechnisch gelten nach DIN 4109 für fremde Aufenthaltsräume unterhalb von Terrassen die gleichen Anforderungen wie für Loggien, Laubengänge u. ä., das heißt, es ist in der Richtung der Schallausbreitung ein TSM von > +3/0 dB erforderlich. Bei den dargestellten Konstruktionen wird dieser Trittschallschutz mit Sicherheit erreicht, wenn die leichtesten Teile der Rohdecke eine Flächenmasse von mehr als 300 kg/m² besitzen. Die Sicherheit ist um so größer, je elastischer der betreffende Wärmedämmstoff ist und je weniger starr die Terrassen-Nutzschicht aufliegt. Eine ausreichende Luftschalldämmung ist bei solchen Konstruktionen immer zwangsläufig vorhanden, so daß DIN 4109 keine Anforderungen stellt.

Treppen

Treppen sind meist Bauteile aus Beton mit starrer Verbindung zum Bauwerk. Ihre Oberfläche wird wegen der erwünschten hohen Abriebfestigkeit sehr oft aus Stein o. ä. hergestellt. Die Folge davon ist, daß das Gehgeräusch infolge von Körperschallübertragungen in den angrenzenden Aufenthaltsräumen zu hören ist und immer wieder als unzumutbar beanstandet wird. Hinzu kommt, daß die Treppenhäuser etwa in größeren Wohngebäuden (Miethäuser, Heime usw.) durchweg sehr hallig sind, so daß sich auch der Luftschall über den ganzen Raum gut verteilt. Die Abnahme des Luftschallpegels pro Geschoß beträgt normalerweise nur etwa 5 dB bzw. DIN-phon. Werden mindestens 20% der Oberflächen jedes Treppenraumteils mit hochgradig schallabsorbierenden Stoffen ausgestattet, so steigt dieser Schallpegelabfall auf etwa 13 dB pro Geschoß.
Um die Trittschallübertragung von der Treppe in benachbarte schallempfindliche Räume auf das nach DIN 4109 in »fremden Aufenthaltsräumen« zulässige Maß zu mindern, genügt auf sämtlichen begangenen Oberflächen ein Belag mit einem Verbesserungsmaß von ca. 15 dB (→ Fußböden). Diese Maßnahme hat sich vor allem in Hotels sehr bewährt → 309 2. Sie beseitigt nicht nur störende Körperschallübertragungen, sondern auch den Luftschall, der beim Gehen entsteht.
Ist ein elastischer Belag nicht möglich, so ist darauf zu achten, daß die Treppen mit dem Bauwerk möglichst wenig starre Verbindungen besitzen. Das läßt sich mit aufgedübelten freitragenden Stufen auf Fertigteilträgern erreichen.
DIN 4109 stellt an die Schalldämmung von Treppen keine Forderungen. In dem nur zur Erläuterung dienenden Blatt 5 dieser Norm heißt es lediglich, daß bei Treppenräumen für die Übertragung in fremde Aufenthaltsräume »die gleichen Anforderungen gelten sollen« wie für Laubengänge (→ Terrassen, 162).

Fenster, Glaswände, Oberlichter

Schalldämmende Fenster

Nach DIN 4109 sollen die Fenster der dem Lärm zugewandten Aufenthaltsräume bei starkem Straßenverkehr u. ä. dichtschließend sein und eine »erhöhte Luftschalldämmung« erhalten. Zahlenmäßige Anforderungen werden nicht gestellt im Gegensatz zu DIN 18031, wo für kritische Fälle ein mittleres Schalldämm-Maß von 35 dB »empfohlen« wird.
Bei der Fensterkonstruktion treten bezüglich der Schalldämmung ähnliche Probleme auf wie an Türen, allerdings mit einem wesentlichen Unterschied, nämlich dem Zwang zur Verwendung eines durchsichtigen oder zumindest durchscheinenden Materials. Hierfür kommen außer dem Flachglas in seinen vielfältigen Produktionsformen neuerdings auch die Kunststoffe, wie z. B. ACRYLglas und glasfaserverstärktes Polyesterharz in Frage, die man auch unter der Bezeichnung »organisches Glas« zusammenfassen könnte. Die schalltechnisch wichtigsten Eigenschaften dieser Baustoffe sind ihr Gewicht und dessen Verhältnis zur Biegesteifigkeit → 100 4 und 130 4. Obwohl das spezifische Gewicht von anorganischem Glas fast doppelt so groß ist wie bei den in Frage kommenden Kunststoffen, dürften diese infolge ihrer geringeren Biegesteifigkeit bei richtiger Dimensionierung und Anordnung (Doppelschalen) kaum schlechter sein.

Fensterscheiben üblicher Dicke und Beschaffenheit haben bei einfacher Anordnung eine verhältnismäßig geringe Schalldämmung, deren ungefähres Ausmaß bei den bauakustisch wichtigen Frequenzen aus Kurve a in 165 4 hervorgeht. Dieses Meßergebnis stammt aus einer Untersuchung im Laboratorium an einer 3 bis 4 mm dicken Glasscheibe mit einem Gewicht von 7,9 kg/m². Zum Vergleich kennzeichnen die mit Doppelstrichen angedeuteten Kurven b den Bereich der praktisch notwendigen und c der mit vertretbarem Aufwand erreichbaren Werte.
Die Vergrößerung der Scheibendicke und damit die Vergrößerung des Gewichts äußert sich im vorliegenden Zusammenhang jeweils in einer Verbesserung um bestenfalls 4 dB pro Gewichtsverdoppelung. Man müßte bei Einfachverglasungen, wenn sie nicht zu vermeiden sind, Scheiben mit 6 bis 8 mm Dicke verwenden, um der Mindestforderung ungefähr zu genügen. Dieser Gesichtspunkt ist bei der Herstellung großflächiger Verglasungen etwa in Ausstellungshallen wichtig. Es genügt, wenn die Scheiben einfach in ein dauerplastisches Kittbett gelegt werden. Die größere Dicke kann im übrigen auch statisch bestens ausgenutzt werden → 165 2 und 175 2.
Mit Vergrößerung der Scheibendicke ändert sich auch deren Biegesteifigkeit, so daß nicht sicher ist, daß die nach dem bekannten empirischen Bergerschen Gewichtsgesetz zu erwartende

BAUTEILE

Fenster

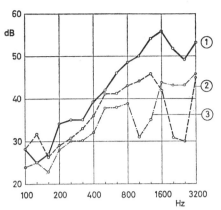

1 Frequenzabhängigkeit der Luftschalldämmung einer Isolierscheibe (5,6 mm Glas — 12 mm Luft — 6,4 mm Glas — 24 mm Luft — 11 mm Glas) bei verschiedenem Schalleinfallswinkel.

		mittleres Schalldämm-Maß (dB)
①	Einfallswinkel = 0° (senkrechter Schalleinfall)	42
②	Einfallswinkel = 45°	36
③	Einfallswinkel = 75°	34

Die Scheibe hatte eine Einfassung aus elastischem Kunststoff

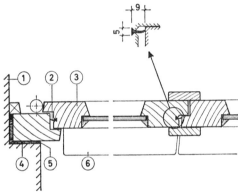

2 Horizontaler Schnitt durch ein Holzfenster mit Einfachverglasung und guten Falzdichtungen:

1 Innere Leibung
2 Lippendichtung aus transparentem Kunststoff
3 Holzrahmen
4 Mineralwolle-Stopfung
5 Dichtung aus dauerplastischem Kitt
6 Wetterschenkel

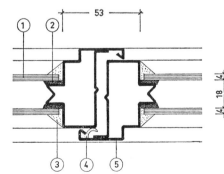

3 Horizontaler Schnitt durch den mittleren Anschlag eines Stahlfensters mit Lippendichtungen:

1 Glasscheiben
2 dauerelastische Kittvorlage
3 Stahlfensterkitt
4 elastische Kunststoff-Lippendichtung
5 Stahlrahmen

Das mittlere Schalldämm-Maß dieser Konstruktion beträgt 30 dB. Wird eine Scheibe auf 7 mm verstärkt, so ist mit einer Verbesserung auf 32 dB zu rechnen. Ohne die sehr gute Falzdichtung haben Fenster dieser Art lediglich ein mittleres Schalldämm-Maß von etwa 20 dB. Die Falzdichtung ist so gut, daß ein Verkitten der Fälze keine oder eine Verbesserung um höchstens 1 dB brachte.

Sämtliche Werte wurden nach DIN 52210 in diffusem Schallfeld zwischen zwei Hallräumen ermittelt. Das R_W ist jeweils um etwa 2 dB größer.

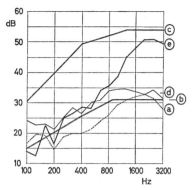

4 Frequenzabhängigkeit der Schalldämmung von Glasscheiben bei der Messung im Laboratorium nach DIN 52210.

a 3 bis 4 mm dicke, dicht eingebaute Glasscheibe, mittleres Schalldämm-Maß 22 dB

b vorgeschlagene Sollkurve für das Mindest-Schalldämm-Maß von Fenstern mit einem mittleren Schalldämm-Maß von 26 dB

c Sollkurve für eine sehr gute Schalldämmung mit einem mittleren Schalldämm-Maß von 47 dB. Diese Kurve entspricht etwa der Schalldämmung üblicher massiver Außenwände ohne Fenster

d Schalldämm-Maß einer fabrikfertigen Doppelscheibe aus je 2 mm dicken Glasscheiben mit einem 12,5 mm dicken, vollständig luftdicht abgeschlossenen Hohlraum, mittleres Schalldämm-Maß 29 dB

e Panzer-Verglasung aus zwei 3 bis 4 mm dicken Glasscheiben bei einem Scheibenabstand von 30 mm Dicke. Die Scheiben waren umlaufend vollständig luftdicht mit Gummidichtungen eingebaut, mittleres Schalldämm-Maß 33 dB. Das R_W ist jeweils um etwa 2 dB größer.

5 Mittleres Schalldämm-Maß von dicht eingebauten Verglasungen

	Luftpolsterdicke (mm)	R_W (dB)
2 mm dicke Einfachscheibe	—	22
3—4 mm dicke Einfachscheibe	—	28
6 mm dicke Einfachscheibe	—	30
8 mm dicke Kristallspiegelglas-Scheibe	—	32
8—10 mm dicke Gußglasscheibe	—	33
12 mm dicke Dickglasscheibe*	—	35
15 mm dicke Kristallspiegelglas-Scheibe*	—	36
Verbundscheibe mit 3 mm Glasfasergespinsteinlage, insgesamt ca. 9 mm dick	—	34
Verbundscheibe mit elastischer Kunststoffeinlage, insgesamt 12 mm dick	—	37
Isolierscheibe aus 6 und 4 mm dicken Glasscheiben**	12	32
zwei 3—4 mm dicke Glasscheiben	20	33
wie vor	30	35
zwei 6—8 mm dicke Gußglasscheiben	30	40
drei 6—8 mm dicke Gußglasscheiben	je 30	42
zwei 5,5 mm dicke Glasscheiben	100	47
eine 6 mm dicke Dickglasscheibe und eine 12 mm dicke Kristallspiegelglas-Scheibe	120	ca. 52
zwei 5,5 mm dicke Glasscheiben mit randgedämpftem Hohlraum	200—300	ca. 51

Vorstehende Werte wurden im Laboratorium zwischen zwei Hallräumen mit weißem Geräusch (Rauschen) als Schallquelle gemessen. Sie gelten also genaugenommen nur für Fenster in Innenwänden (Trennwänden). An Außenfenstern tritt dieser besondere Belastungsfall selten auf.

* als Verbund-Sicherheitsglas 2 dB besser
** mit Spezialluftfüllung 7 dB mehr

Fenster **BAUTEILE**

Verbesserung um 4 dB bei Gewichtsverdopplung auch tatsächlich eintritt → 165 5.
Man sollte danach streben, die notwendige Verbesserung nicht nur durch eine Gewichtserhöhung der Einzelscheibe, sondern durch Hintereinanderschalten zweier oder mehrerer Scheiben zu erreichen. Bei üblichen fabrikfertigen Doppelscheiben mit der vorwiegend wärme- und fertigungstechnisch bedingten geringen Luftpolsterdicke (THERMOPANE-, CUDO-, GADO-Scheiben o. ä.) ergeben sich nur geringe Verbesserungen. So beträgt z. B. das mittlere Schalldämm-Maß einer Isoliereinheit aus zwei 6 mm dicken Scheiben mit einem vollständig abgeschlossenen Zwischenraum von 12,5 mm im fraglichen Frequenzbereich 29 dB. Die Frequenzabhängigkeit zeigt Kurve d in → 165 4. Sämtliche Meßpunkte liegen oberhalb der unteren Sollkurve, so daß man die Wirkung für viele Anwendungsfälle als befriedigend bezeichnen kann.
Vergrößert man den Abstand auf 30 mm (Verbundfenster), dann ergibt sich eine weitere Verbesserung auf etwa 33 dB im Mittel, selbst wenn lediglich Scheibendicken von 3 bis 4 mm vorgesehen werden. Ein diesbezügliches und mit den übrigen Kurven vergleichbares Meßergebnis zeigt Kurve e. Bei der gleichen Anordnung mit 6 mm dicken Scheiben wäre ein Mittelwert von ca. 35 dB mit ungefähr gleicher Frequenzabhängigkeit zu erwarten. Die betreffende Schalldämmkurve hätte lediglich ein bei etwas tieferen Frequenzen liegendes Maximum.
Die Dämmkurven d und e der beiden Doppelkonstruktionen zeigen unterhalb von 500 Hz kaum Abweichungen voneinander, wenn man die starken Streuungen zwischen 100 und 150 Hz nicht berücksichtigt. Der Grund hierfür sind nachteilige → Resonanzen zwischen den Scheiben. Bei üblichem Fensterglas und Doppel- bzw. Mehrfachkonstruktionen kann man sie durch einen Scheibenabstand von mindestens 80 bis 100 mm und durch eine umlaufende Randdämpfung mit einer Dicke von mehr als 40 mm im bauakustisch wichtigen Frequenzbereich vermeiden. Bei Scheibendicken über 4 mm ist zu empfehlen, die einzelnen Scheiben etwa bei den bevorzugten Doppelkonstruktionen in möglichst verschiedenen Dicken zu wählen. Dieser Vorschlag hat vorwiegend eine praktische Bedeutung. Bei gleicher Gesamtscheibendicke ist die Schalldämmung nach neueren Forschungsergebnissen vorwiegend vom lichten Scheibenabstand abhängig.
Durch Vergrößerung der Dicke einer Scheibe sind im Durchschnitt um 2 Dezibel höhere Dämmwerte zu erwarten.
Ungenügendes Gewicht, häufig ungünstige Biegesteifigkeit der Scheiben und außerdem undichte Anschlüsse und Fälze sind die Ursache dafür, daß übliche Fenster meist nur folgende Dämmwerte besitzen:

Einfachfenster, Scheibendicke ca. 3 mm	10 bis 19 dB
Einfachfenster mit üblicher Isolierscheibe	18 bis 20 dB
Verbundfenster	etwa 20 dB
Kastendoppelfenster	25 bis 30 dB

An Metallfenstern wurden wegen der häufig genaueren Verschlußanordnung und fast immer besseren Falzdichtung vielfach höhere Werte festgestellt.
Bei diesen Angaben handelt es sich um die Verhältnisse am ausgeführten Bauwerk und an Fenstern ohne zusätzliche Dichtungen. Sie können also nicht ohne weiteres mit den weiter oben erwähnten Laborwerten verglichen werden. Jedoch selbst wenn man berücksichtigt, daß Messungen im Laboratorium immer höhere Werte ergeben als solche am Bau, kann man noch große Unterschiede feststellen, die ausschließlich auf die Konstruktion der Fenster zurückzuführen sind.

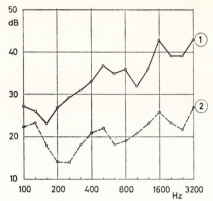

1 Luftschalldämmung eines dichten Fensters mit Dreifach-Scheibe und eingebautem Schlitzlüfter.
① Lüfter geschlossen und völlig dicht, Frequenzabhängigkeit des Schalldämm-Maßes R bei sehr schrägem Schalleinfall (75°). Mittleres Schalldämm-Maß 34 dB. Das R_W wäre um etwa 2 dB größer.
② Schalldämmung wie vor, bei geöffnetem Schlitzlüfter. In diesem Zustand war der Einfluß der Schalleinfallsrichtung unbedeutend. Bei 0°, 45° und 75° Einfallswinkel betrug das mittlere Schalldämm-Maß immer 20 dB.
Die Dreifach-Scheibe hatte folgenden Aufbau:
5,6 mm Glas — 12,0 mm Luft — 6,4 mm Glas — 24,0 mm Luft — 11,0 mm Glas.
Untereinander hatten die Scheiben eine Kunststoff-Randverbindung.

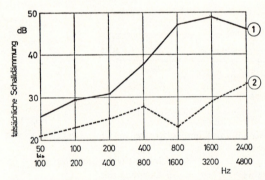

2 Frequenzabhängigkeit der effektiven Schalldämmung eines Stahlfensters mit elastisch eingesetzter Verglasung etwa nach 165 3.
① spezielle Falzdichtung überall gut anliegend. 38 dB i.a.M.
② Dichtung ungenügend. 25 dB i.a.M.
Gemessen wurde am ausgeführten Bauwerk. Als Schallquelle diente ein in größerem Abstand aufgestellter Lautsprecher mit annähernd weißem Geräusch. Schalleinfallswinkel gegen die Normale ca. 30°. Das R_W wäre um etwa 2 dB größer.

Durch einwandfreie Falzausbildung und Dichtung zwischen Fensterrahmen und Mauerwerk ist dafür zu sorgen, daß die Schalldämmung der sorgfältig gewählten Scheibenanordnung voll zur Wirkung kommt. Direkte ungedämpfte Luftverbindungen sind grundsätzlich zu vermeiden. Die Fälze sollten immer durch besondere Dichtungslippen → 165 2 und 165 3 einwandfreie Dichtungen wie an Türen erhalten. Lüftungsflügel und andere Lüftungsvorrichtungen → Bild 1 und 167 2 sind auf ein gerade noch vertretbares Mindestmaß zu reduzieren. Außerdem ist es wichtig, die Scheiben gegeneinander (bei Doppel- und Mehrfach-

BAUTEILE — Fenster

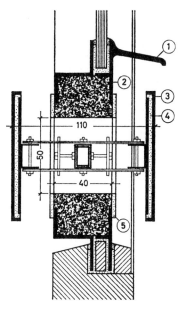

1 Senkrechter Schnitt durch ein Fenster mit Einfachverglasung und besonderem Schlitzlüfter in geöffnetem Zustand:
1 Wetterschenkel
2 Auffütterung
3 eloxiertes Aluminium
4 Kunststoff-Zwischenlage
5 Dichtung aus Schaumkunststoff

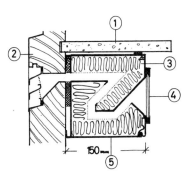

3 Prinzip eines handelsüblichen Fensterschalldämpfer-Lüftungselementes (UNITAS):
1. Fensterbank
2. Blendrahmen
3. Schallschluckstoff
4. Lüftungsschieber
5. Metallgehäuse

Normschallpegeldifferenz 43... 46 dB, Luftdurchgang mit eingebautem Radialgebläse 60... 120 m³/h bei 1 m Länge (Störpegel 28... 43 dBA).

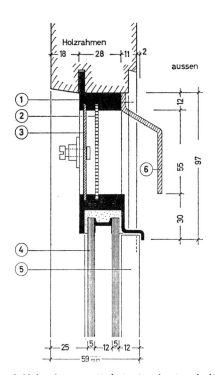

2 Holzrahmen mit fest eingebauter Isolierverglasung (fabrikfertige Doppelscheibe) und Schieberlüftung:
1 korrosionsbeständiger Metallrahmen
2 Ungezieferschutz aus Bronze-Drahtgewebe
3 Lüftungsschieber
4 Glasscheibe
5 Glasleiste
6 Wetterschenkel

Durch den Einbau von Dauerlüftungs-Vorrichtungen der hier gezeigten Art wird die Schalldämmung der Fenster auch bei sehr dichter Ausführung um etwa 2 dB verschlechtert. Bei offenem Schieber beträgt die Verschlechterung gewöhnlich etwa 6 bis 15 dB.

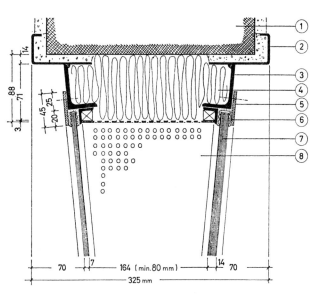

4 Senkrechter Schnitt durch den oberen Anschlag eines Regie-Fensters:
1 Betonsturz
2 Stahleckzarge
3 Stahlwinkelprofil
4 Schallschluckpackung aus Mineralwolle
5 Aluminium-Deckleiste o. ä.
6 sehr weiches Dichtungsgummi
7 Glasscheibe
8 akustisch transparente Abdeckung der Schallschluckpackung aus Loch- oder Siebblech, hinterlegt mit Faservlies.

Mit Fenstern dieser Art kann bei den angegebenen Glasdicken ein mittleres Schalldämm-Maß bis zu 45 dB erzielt werden. Das R_W wäre um etwa 2 dB größer.

Fenster

konstruktionen) sowie gegen den Rahmen so zu isolieren, daß sie keinen Körperschall aufnehmen und abstrahlen können, gleichgültig ob dieser von der anderen Scheibe oder aus dem Bauwerk kommt. Am besten ist, die Scheiben in weiche Gummidichtungen oder Kunststoffdichtungen einzusetzen. Auch dauerplastische Dichtungsmittel sind besser als harte Kitte.

Eine Verglasung mit Mindestschallschutz zeigt **167 2**. Die Doppelscheibe hat eine oft ausreichende Dämmung und ist außerdem durch das vom Lieferwerk vorgeschriebene dauerplastische Kittbett gegen Körperschallübertragungen isoliert. Da die Lüftung durch die eingefügte Schieberkonstruktion betätigt werden kann, ist es möglich, den Holzrahmen fest und luftdicht einzubauen. Das mittlere Schalldämm-Maß kann mit maximal 28 dB angenommen werden.

Die technisch beste Lösung zeigt **167 4**. Hierbei handelt es sich um das Prinzip der Rundfunk-Regiefenster, die auch in der Industrie zum Beispiel als Beobachtungsfenster an Prüfständen häufig verwendet werden. Die Scheiben sind hier ebenfalls fest und körperschallisoliert eingebaut. Sie besitzen im übrigen die zweckmäßige Randdämpfung sowie einen günstigen Abstand. Die Neigung der Scheiben gegeneinander ist optisch bedingt und soll darüber hinaus Eigenschwingungen des Hohlraumes zusätzlich vermindern. Der Dämmwert dieses Fensters beträgt bei guter Frequenzabhängigkeit mehr als 40 dB. Durch größere Glasdicken sowie Einschaltung weiterer Scheiben und Vergrößerung des Abstandes sowie Verstärkung der Dämpfung können Dämmungen erreicht werden, die etwa der Kurve c in **165 4** entsprechen.

Ist es nicht möglich, diesen Idealfall zu verwirklichen, so bleibt als gute Lösung das verbesserte Kastenfenster mit normalen Lüftungsflügeln. Es gestattet, ähnlich wie das Regiefenster, die Anordnung der Randdämpfung sowie die Herstellung eines optimalen Scheibenabstandes → 2 und **169 2**. Gelingt es, etwas dickere Scheiben als üblich zu wählen, sie in elastischen Kitt zu legen und dichte Anschlüsse zu gewährleisten, so ist hiermit ein Dämmwert von 35 bis 40 dB bei guter Frequenzabhängigkeit → Tab. 1 ohne weiteres erreichbar. Die Anordnung zusätzlicher Fensterdichtungen dürfte sich immer trotz aller Bedenken hinsichtlich Anstrich und Wartung des Fensters lohnen, da der damit erzielte Erfolg den notwendigen Aufwand durchaus rechtfertigt. Es sei in diesem Zusammenhang daran erinnert, daß Fensterdichtungen beispielsweise in Schweden bereits genormt wurden. Der Einwand, Dichtungen würden einen sehr hohen zusätzlichen Anpreßdruck erfordern, ist bei Fenstern bei weitem nicht so ernst zu nehmen wie bei Türen, da viele seit langem handelsübliche Fensterverschlüsse sehr stark anziehen und damit dicht schließen, wie beispielsweise der einfache, billige und zweifellos zu Unrecht in Vergessenheit geratene altbekannte Drehstangenverschluß beweist.

Eine gute Lösung der Dichtungsfrage wurde in letzter Zeit an einigen Metallfenstern → Bild 2 und den Fenstern aus kunststoffüberzogenen Metallprofilen entwickelt. Hier wird die Dichtung

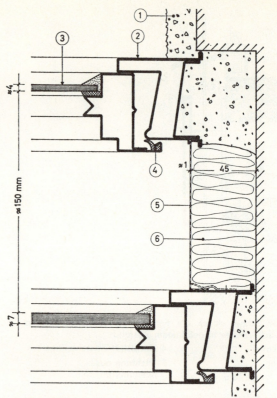

2 Sehr gutes Stahl-Kastendoppelfenster mit Lippendichtungen:
1 Außenputz
2 Stahlrahmen
3 Verglasung, innere Scheibe möglichst doppelt so dick wie die äußere
4 weiche Kunststoff-Lippendichtung
5 Loch- oder Siebblech
6 Schallschluckpackung

Mit Fenstern dieser Art ist das bei Außenfenstern praktisch überhaupt mögliche Höchstmaß an Schalldämmung zu erzielen. Bei 240 mm lichtem Scheibenabstand und 6 bis 7 mm dicken Scheiben wurde ein mittleres Schalldämm-Maß von 49 dB gemessen. Das betreffende R_W ist jeweils um etwa 2 dB größer.

3 Schalldämmung von annähernd quadratischen, dicht eingebauten Verglasungen in Abhängigkeit vom Schalleinfallswinkel
(nach A. Eisenberg u.a.)

Scheibendicke (mm)	Luftraumdicke (mm)	Schalleinfallswinkel 0° (dB)	45° (dB)	75° (dB)
3	—	27	26	21
5,5	—	32	29	22
6,5	—	32	30	24
12	—	35	33	30
15	—	38	36	31
4 + 4	6,5	—	27	—
4 + 4	8	31	28	22
4 + 12	12	—	32	—
6 + 6	12	36	—	25
8 + 8	12	—	28	—
3,9 + 5,6	27	38	33	29
5,5 + 5,5	100	43	38	34
5,6 + 6,4 + 11	12 + 24	42	36	34

Gemessen wurde nach DIN 52210. Der als Schallquelle benutzte Lautsprecher hatte jedoch eine bevorzugte Schallabstrahlung in Richtung auf das Fenster und befand sich im Freien in ca. 3 m Abstand auf Fensterhöhe. Der Einfallswinkel 0° entspricht senkrechtem Schalleinfall. Das betreffende R_W ist jeweils um etwa 2 dB größer.

1 Frequenzabhängigkeit des Schalldämm-Maßes R eines Kastendoppelfensters (wie 2, Scheibendicke 7,1 und 6,3, Abst. 240 mm)

Hz:	100	125	160	200	250	320	400	500
dB:	30	34	40	44	47	46	52	53
Hz:	640	800	1000	1250	1600	2000	2500	3200
dB:	54	54	56	58	56	52	57	61

Das mittlere Schalldämm-Maß wurde mit 50 dB festgestellt. Das betreffende R_W ist jeweils um etwa 2 dB größer.

BAUTEILE

Fenster

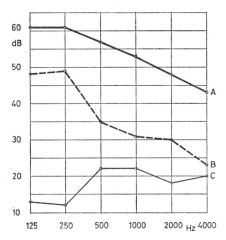

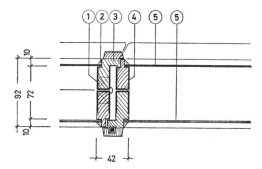

1 Mit einem üblichen Verbundfenster etwa nach Bild 4 und 5 erzielbare tatsächliche Dämmung von Verkehrslärm. Das Mikrophon befand sich im 2. Obergeschoß, ca. 1 m hinter dem Fenster eines etwa 100 m neben einer Hauptverkehrsstraße gelegenen Gebäudes. Das Fenster lag parallel zur Straße.

A Schallpegel des Straßenverkehrs bei geöffnetem Fenster. 54 dB i.a.M.
B Fenster geschlossen. 36 dB i.a.M.
C Differenz aus A und B. 18 dB i.a.M.

Diese am ausgeführten Bauwerk gemessenen Schallpegeldifferenzen (= effektive Schalldämmung) dürfen nicht mit im Laboratorium oder unter Laboratoriumsbedingungen im ausgeführten Bauwerk gemessenen Werten verglichen werden.

3 Verbundfenster mit einem schalltechnisch günstigen großen Scheibenabstand:
1 Eckversteifung
2 übliches Kittbett
3 Holzrahmen
4 tragende Stahlprofile
5 Glasscheiben

Infolge des größeren Scheibenabstands ist gegenüber einem normalen Verbundfenster mit ca. 35 mm lichtem Scheibenabstand eine Verbesserung um durchschnittlich 2 bis 3 dB zu erwarten.

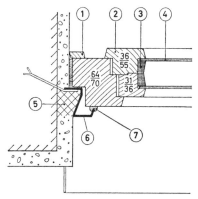

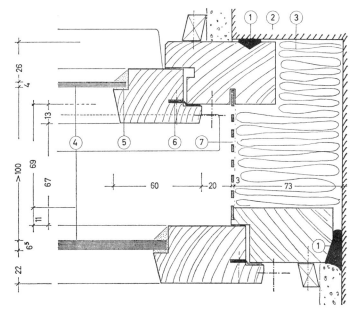

4 Horizontaler Schnitt durch ein Verbundfenster mit dichtem Mauerwerksanschluß:
1 innere Deckleiste, Anschlußfuge mit Glaswolle ausgestopft
2 Holzrahmen
3 Glasleisten
4 übliches Fensterglas
5 dichte Vermörtelung
6 Montagezarge
7 elastische Kunststoff-Dichtung

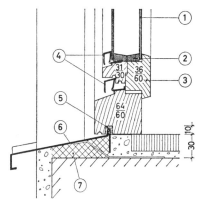

2 Horizontaler Schnitt durch ein Kasten-Doppelfenster mit Falzdichtungen und schallabsorbierender Leibung:
1 Dichtung gegen Luftdurchgang und Feuchtigkeit, z. B. aus bitumengetränktem, elastischem Schaumkunststoff
2 Mauerwerksanschlag
3 Schallschluckpackung aus Mineralwolle
4 Glasscheibe in üblichem Kittbett
5 Kittvorlage
6 Lippendichtung aus handelsüblichem Kunststoff-Profil
7 Loch- oder Schlitzplatte aus Blech, Hartfaser, Sperrholz o. ä. nur an den Seiten und am Sturz.

5 Senkrechter Schnitt durch das Fenster in Bild 4:
1 Glasscheibe
2 Glasleisten
3 Holzrahmen
4 Regenschutzschienen
5 dauerplastische Dichtung
6 Wetterschenkel der Montagezarge
7 dichte Vermörtelung

Fenster

BAUTEILE

bereits bei der Profilherstellung »angearbeitet«, wie 171 2 mit handelsüblichen Profilen zeigt. 171 3 ist ein Verbesserungsvorschlag des Verfassers mit Randdämpfung und günstigerem Scheibenabstand.

An Außenfenstern ist meistens eine bestimmte Schalleinfallsrichtung vorherrschend, bei der die Schalldämmung erheblich geringer sein kann. Bei einer Glasdicke von 6,5 mm und annähernd weißem Geräusch sind je nach Schalleinfallsrichtung Werte von 24–32 dB zu erwarten. Bei üblichen Isolierscheiben, etwa nach 165 5, schwankt die Schalldämmung unter diesen Meßbedingungen zwischen 25 und 36 dB. Kleine bzw. schmale Scheiben dämmen wegen des dann verstärkt auftretenden Randeinspannungseffektes um etwa 2 dB schlechter als große annähernd quadratische. Bei einem Schalleinfallswinkel von ca. 45° sind die Dämmwerte um max. 2 dB größer als in dieser Tabelle angegeben.

Eine weitere Verschlechterung der Schalldämmung ist hauptsächlich bei Außenfenstern dadurch bedingt, daß die meisten Geräusche, wie z. B. Straßenverkehr, vorwiegend tiefe Frequenzen besitzen, gegen die übliche Verglasungen, insbesondere Doppelverglasungen mit dünnem Luftpolster, keine gute Dämmung gewährleisten. So ist z. B. von einer dünnen Isolierscheibe mit einem R_W von 29 dB speziell bei Straßenverkehr und schrägem Schalleinfall nur eine Schalldämmung von etwa 18 dB zu erwarten. Die Verschlechterung erreicht also nahezu 10 dB, während sie bei dicken Einfachscheiben nur etwa 4 dB beträgt, weil hier keine nachteilige Resonanz auftritt.

Bei undichten Fälzen gleichen sich die Unterschiede in der Verglasung akustisch weitgehend aus.

Besteht ein großer Unterschied in der Schalldämmung zwischen Wand und Fenster, so stellt sich ein resultierender Wert nach

1 Schallschutzklassen von Fenstern
sinngemäß nach VDI 2719 und DIN 4109.

Diese Schallschutzvorschläge sind etwas weniger streng als DIN 4109 aber realistischer und ausführlicher.

Schallschutzklasse	Bewertetes Schalldämm-Maß R_w	Orientierende Hinweise auf Konstruktionsmerkmale von Fenstern ohne Lüftungseinrichtungen
6	$\geq$ 50 dB	Kastenfenster mit getrennten Blendrahmen, besonderer Dichtung, sehr großem Scheibenabstand und Verglasung aus Dickglas
5	45–49 dB	Kastenfenster mit besonderer Dichtung, großem Scheibenabstand und Verglasung aus Dickglas; Verbundfenster mit entkoppelten Flügelrahmen, besonderer Dichtung, Scheibenabst. über ca. 100 mm u. Verglasung aus Dickglas
4	40–44 dB	Kastenfenster mit zusätzlicher Dichtung und MD-Verglasung; Verbundfenster mit besonderer Dichtung, Scheibenabstand über ca. 60 mm und Verglasung aus Dickglas
3	35–39 dB	Kastenfenster ohne zusätzliche Dichtung und mit MD-Glas; Verbundfenster mit zusätzlicher Dichtung, üblichem Scheibenabstand und Verglasung aus Dickglas; Isolierverglasung in schwerer mehrschichtiger Ausführung; 12 mm Glas, fest eingebaut oder in dichten Fenstern
2	30–34 dB	Verbundfenster mit zusätzlicher Dichtung und MD-Verglasung; dicke Isolierverglasung, fest eingebaut oder in dichten Fenstern; 6 mm Glas, fest eingebaut oder in dichten Fenstern
1	25–29 dB	Verbundfenster ohne zusätzl. Dichtung und mit MD-Verglasung; Normale Isolierverglasung in Fenstern ohne zusätzliche Dichtung
0	$\leq$ 24 dB	Undichte Fenster mit Einfach- oder Isolierverglasung

Für die Einstufung eines Fensters in eine Schallschutzklasse ist das Ergebnis einer Eignungsprüfung einer anerkannten Prüfstelle ausschlaggebend. Die Einstufung setzt ferner voraus, daß die Bedingung $R_t = R_w - 7$ dB erfüllt ist, wobei R_t das im Bereich tiefer Frequenzen von 100 Hz bis 500 Hz gemittelte Schalldämm-Maß ist. Ist diese Bedingung nicht erfüllt – wie bei Fenstern mit besonders ungünstiger Dämmung bei tiefen Frequenzen –, so ist bei der Einstufung in eine Schallschutzklasse von dem Wert $R_t + 7$ dB auszugehen.

2 Empfohlene Schallschutzklassen für Standard-Anwendungsfälle bei Straßenverkehrslärm

Raumarten

1 Aufenthaltsräume in Wohnungen
  Übernachtungsräume in Hotels
  Bettenräume in Krankenhäusern und Sanatorien
2 Unterrichtsräume
  ruhebedürftige Einzelbüros
  schallempfindliche Arbeitsräume
  Bibliotheken, Konferenz- und Verlagsräume, Arztpraxen, Operationsräume
  Kirchen und Aulen
3 Büros für mehrere Personen
4 Großraumbüros, Gaststätten, Läden, Schalterräume

Lärmsituation	Entfernung vom Fenster bis zur Straßenmitte	Empfohlene Schallschutzklasse für die angegebenen Raumarten			
		1	2	3	4
Autobahnen, mittlere Verkehrsdichte	25 m	4	3	2	1
	80 m	3	2	1	0
	250 m	1	0	0	0
Autobahnen, hohe Verkehrsdichte	25 m	5	4	3	2
	80 m	4	3	2	1
	250 m	2	1	0	0
Bundesstraßen	8 m	3	2	1	0
	25 m	2	1	0	0
	80 m	1	0	0	0
Landstraßen	8 m	2	1	0	0
	25 m	1	0	0	0
	80 m	0	0	0	0
Hauptstraßen in großstädtischen Kerngebieten	Bebauung geschlossen, hohe Verkehrsdichte	5	5	4	3
	Bebauung aufgelockert, mittlere bis hohe Verkehrsdichte	4	4	3	2

In der Tabelle wurden vorausgesetzt:

a Normalanforderungen. Bei geringen bzw. hohen Anforderungen ist jeweils die nächst niedrigere bzw. nächst höhere Schallschutzklasse zu wählen.
b eine Differenz zwischen C- und A-Bewertung des Außenpegels von 12 dB
c – 7 dB für das Korrekturglied 10 lg S/A
d ungehinderte Schallausbreitung (freie Sicht auf die Fahrzeuge)
e LKW-Anteil von ca. 10%

Die jeweils nächst höhere Schallschutzklasse ist zu wählen

f bei hohem LKW-Anteil (ca. 50%)
g bei Straßenoberflächen aus Pflaster oder Riffelasphalt
h in der Nähe signalgeregelter Kreuzungen

BAUTEILE
Fenster

→ 44 2 ein. Durch verschiedene Scheibendicken ist bei Doppelverglasungen im Bereich hoher Frequenzen eine Verbesserung der Schalldämmung infolge Überlagerung des nachteiligen → Spuranpassungseffekts vorhanden. Im Durchschnitt ist diese Verbesserung im Vergleich zu gleich dicken und insgesamt gleich schweren Scheiben gering. Sie liegt in der Größenordnung von etwa 2 bis 4 dB, wenn eine Scheibe etwa doppel so dick ist wie die andere. Speziell bei Verkehrslärm und Schallquellen-Abständen von mehr als ca. 40 m kommt sie praktisch nicht zur Auswirkung. Auf jeden Fall sollte in solchen Situationen die dickere Scheibe innen liegen, da sie gegen die dann vorherrschenden tiefen Frequenzen die bessere Schalldämmung besitzt und auf diese Weise auch die größere Festigkeit bei Beanspruchung durch Explosionsdruckwellen gewährleistet wird.

Wärmedämmung von Fenstern

DIN 4108 fordert jetzt für alle deutschen Klimazonen (Einzelheiten über Wärmedämmgebiete → 75 2) Doppelfenster. In jedem Fall sollen die Fenster fugendicht sein, da die bessere Wärmedämmung doppel- oder mehrschaliger Fenster bei undichter Bauweise wenig oder überhaupt nicht zur Minderung des Wärmeverlustes beiträgt → 172 1.

Dieser Gesichtspunkt deckt sich auch mit den akustischen Forderungen. Lassen sich gute Dichtungen und Dämmwerte nicht realisieren, so ist es sehr vorteilhaft, weitgehend feststehende Verglasungen zu wählen und die durchsichtigen Teile zugunsten besser dämmender, zwangsläufig nur durchscheinender Elemente auf das gerade noch notwendige Ausmaß zu begrenzen. Das gilt in erhöhtem Maße für alle sogenannten Dauerlüftungseinrichtungen → 167 1 und 3. Die Fälze ausreichend wärme- und schalldämmender Fenster sollten immer einen kleineren a-Wert als 0,5 besitzen → 172 1 und 2.

Bei der Ermittlung des Wärmebedarfs eines Gebäudes und bei Wirtschaftlichkeitsberechnungen muß der durch Fälze und Fugen verursachte Verlust unabhängig von den k-Werten der Fenster → 172 3 und 172 4 stets getrennt ermittelt und berücksichtigt werden. Nur den vielleicht großen Flächenanteil der Fenster → 2 als Begründung für die Forderung nach erhöhten Wärmedämmwerten anzuführen, ist ungenügend.

Nach Angaben von Caemmerer wachsen die winterlichen Wärmeverluste um ca. 30%, wenn der Anteil der Fenster an der Außenwandfläche von 15% auf 90% vergrößert wird. Im Sommer

1 (rechts) Senkrechter Schnitt durch ein Oberlicht mit einer Schalldämmung bis zu 50 dB:
1. Stahlbetonsturz o.glw. senkrechte Abschottung bis zur Rohdecke
2. umlaufende Dichtungen zwischen Rahmen und den anschließenden Bauteilen, z. B. aus THIOKOL
3. schwere Metallprofile
4. möglichst elastische dicke Dichtung, z. B. aus NEOPRENE o.glw.
5. Glasscheibe zur Verminderung des Spuranpassungseffekts der Gesamtkonstruktion, nur etwa halb so dick wie die Glasscheibe nach 8
6. perforiertes Blech mit einem Perforationsanteil von mindestens 15%, lose mit Faservlies hinterlegt
7. mindestens 50 mm dicke Glas- oder Steinwollematte als Schallschluckpackung
8. möglichst schwere Glasscheibe
9. angeschraubte Metallprofile zur Befestigung der Glasscheiben. An der leichten Scheibe nach 5 sollten diese Profile abschraubbar sein, damit notfalls ein Nachwischen der Scheibeninnenseiten möglich ist
10. zusätzliche Dichtung aus stark gepreßt eingelegtem geschlossenzelligem, dauerelastischem Schaumkunststoff

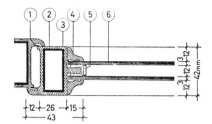

2 Horizontaler Schnitt durch ein Kunststoff-Fenster mit angeformten Lippendichtungen in den Fälzen:
1. Lippendichtung
2. Metall-Vierkantrohr als tragender Kern
3. PVC-Mantel
4. Glasleiste
5. dauerplastische Dichtung mit Kunststoff-Profil als Abdeckung
6. Glasscheiben

Das mittlere Schalldämm-Maß solcher Fenster wurde im Laboratorium mit 31 dB festgestellt. Das R_W wäre um etwa 2 dB größer.

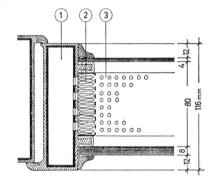

3 Vorschlag zur Verbesserung des Konstruktionsprinzips nach Bild 1:
1. akustisch wirksamer Hohlraum
2. Schallschluckpackung aus Mineralwolle
3. gekantetes Lochblech

Durch den größeren Scheibenabstand, die Randdämpfung und die größere Scheibendicke läßt sich die Schalldämmung um etwa 6 dB erhöhen.

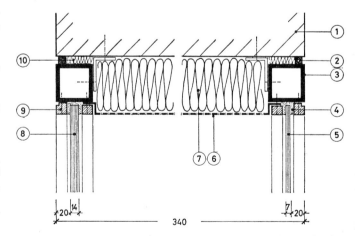

▷Die Schalldämmung dieser Konstruktion ist vom Gesamtgewicht der Scheiben und vom lichten Scheibenabstand sowie von der Wirksamkeit der Schallschluckpackung zwischen den Scheiben abhängig. Bei einem Scheibenabstand von ungefähr 50 cm kann mit einem mittleren Schalldämm-Maß von annähernd 50 dB gerechnet werden. Das R_W wäre um etwa 2 dB größer.

Fenster **BAUTEILE**

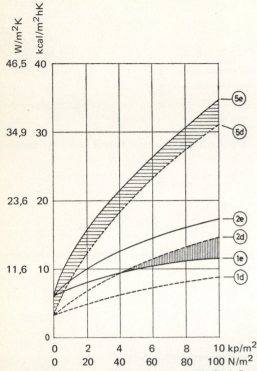

1 Gesamt-Wärmedurchgangszahl (einschließlich Fugendurchlässigkeit) von Einfach- und Doppelfenstern in Abhängigkeit von der Fugendurchlässigkeitszahl und der Druckdifferenz zu beiden Seiten des Fensters* (nach W. Schüle).

	Fugendurchlässigkeitszahl
1d Doppelfenster	1
1e Einfachfenster	1
2d Doppelfenster	2
2e Einfachfenster	2
5d Doppelfenster	5
5e Einfachfenster	5

Die Fugenlänge wurde hierbei mit 4 m/m² Fensterfläche angenommen. Dieses Diagramm beweist, daß es keinen Sinn hat, undichte Doppelfenster zu verwenden. Der Unterschied ist gerade bei größeren Druckdifferenzen (horizontal schraffierte Fläche) relativ gering. Die so oft aufgestellte Behauptung, Doppelfenster wären in ihrer Wärmedämmung erheblich besser als Einfachfenster, gilt nur für dichte Fenster etwa nach 1 d. Selbst wenn die Fugendurchlässigkeitszahl nur auf 2 ansteigt, ist oberhalb einer Druckdifferenz von 40 N/m² ein Einfachfenster mit besserer Dichtung insgesamt gesehen besser (senkrecht schraffierter Bereich). Die auf der Abszisse angegebene Druckdifferenz ist abhängig vom Staudruck und der Windgeschwindigkeit. So entspricht z.B. eine Druckdifferenz von 40 N/m² je nach baulichen Verhältnissen einer Windgeschwindigkeit von weniger als 10 bis 16 m/s.

2 Fugendurchlässigkeit a Rechenwerte

(nach DIN 4701 mit Ergänzungen)

Einfachfenster aus Holz oder Kunststoff ohne besondere Dichtung	3,0
wie vor, aus Metall	1,5
normale Verbundfenster aus Holz oder Kunststoff	2,5
wie vor, aus Metall	1,5
Doppelfenster und Einfachfenster aus Holz oder Kunststoff mit besonderer Dichtung	2,0
wie vor, aus Metall	1,2
Stahlfenster mit sehr gut anliegender Polyäthylen-Lippendichtung	0,15
ein Schlüsselloch	0,6 m³/h
ein Schlitz im Rolladenkasten für das Zugband	3,0 m³/h
Dauerlüftungsspalt, ca. 5 mm breit	54,0

3 Wärmedurchgangszahlen (k-Werte) von einfachen Glasscheiben und Isolierscheiben ohne oder mit < 5 % Rahmenanteil

	in W/m²K	amtl. Rechenwerte	k-Zahl in kcal/m²hK
Einfachscheibe	5,82	5,8	5,00
Thermolux, 1 mm Glasgespinst	4,36	4,2	3,75
Thermoplus 12 mm Luft	1,63	2,1	1,40
Auresin 66/44 "	1,76	1,8	1,51
Auresin 55/42 "	1,97		1,69
Auresin 50/36 "	1,81	2,0	1,56
Auresin 39/28 "	1,69	1,7	1,45
Gold 40/26 "	1,76	1,8	1,51
Gold 30/23 "	1,73	1,8	1,49
Silber 36/33 "	1,78		1,53
Silber 35/27 "	1,74		1,50
Silber 30/22 "	1,74		1,50
Silber 22/22 "	1,67		1,44
Bronze 36/26 "	1,78	1,8	1,53
Bronze 22/15 "	1,76		1,44
Metallic 57/57 "	2,95		2,54
Metallic 50/47 "	2,91		2,50
Grau-Neutral 47/51 "	2,92		2,51
Grau-Neutral 42/48 "	2,88		2,48

4 Rechenwerte der Wärmedurchgangskoeffizienten nach DIN 4108 für Fenster und Fenstertüren einschließlich Rahmen (k_F)

	Rahmenanteil < 5 %	k_F für Rahmenmaterialgruppe W/(m²·K)				
		1	2.1	2.2	2.3	3
Einfachverglasung	5,8			5,2		
Isolierglas mit ≧ 6 bis ≦ 8 mm Luft	3,4	2,9	3,2	3,3	3,6	4,1
Isolierglas mit > 8 bis ≦ 10 mm Luftzwischenraum	3,2	2,8	3,0	3,2	3,4	4,0
Isolierglas mit > 10 bis ≦ 16 mm Luft	3,0	2,6	2,9	3,1	3,3	3,8
Isolierglas mit zweimal ≧ 6 bis ≦ 8 mm Luft	2,4	2,2	2,5	2,6	2,9	3,4
Isolierglas mit zweimal > 8 bis ≦ 10 mm Luft	2,2	2,1	2,3	2,5	2,7	3,3
Isolierglas mit zweimal > 10 bis ≦ 16 mm Luft	2,1	2,0	2,3	2,4	2,7	3,2
Doppelverglasung mit 20 bis 100 mm Luft	2,8	2,5	2,7	2,9	3,2	3,7
Doppelverglasung aus Einfachglas und Isolierglas (Luft 10 bis 16 mm) mit 20 bis 100 mm Scheibenabstand	2,0	1,9	2,2	2,4	2,6	3,1
zwei Isolierglaseinheiten (Luftzwischenraum 10 bis 16 mm) mit 20 bis 100 mm Scheibenabstand	1,4	1,5	1,8	1,9	2,2	2,7

Für die genannten Rahmenmaterialgruppen gelten folgende Rahmen-k-Werte: 1 ≦ 2,0 2,1 ≦ 2,8 2,2 = 2,8...3,5 2,3 = 3,5...4,5 3 = alle anderen Rahmen aus Beton, Stahl, Aluminium usw. Soweit die ENEG-WV für diese Gruppen bessere Werte zuläßt, darf mit diesen bis auf weiteres gerechnet werden. Bei Gruppe 3 dürfen die k_F um 0,5 kleiner sein, wenn Rahmenanteil ≦ 15 %

BAUTEILE — Fenster

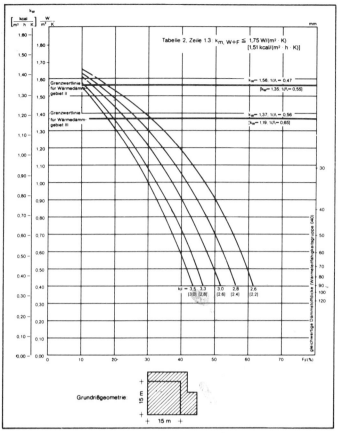

1 Maximal zulässiger Fensteranteil an der Außenwand nach EnEG-WV für dicke Gebäude (> 15/15 m) für das Bauteil-Nachweisverfahren. (Bildarchiv wksb G+H+Glasfaser AG, Ludwigshafen.) Es ist vorgesehen, diese Anforderungen etwa wie bei 56 2 erwähnt zu verschärfen.

2 Effektiv wirksame k-Werte

Fenstertyp (Firmen-Nacht-k-Wert in W/m²K)	Süd	Ost	West	Nord	k.eff. Mittelwert
a) Normal doppelt klar 10…16 mm LZR (3,0) g = 0,8	1,1	1,6	1,6	2,0	1,6
b) wie vorst. jedoch k = 3,3 g = 0,80	1,4	1,9	1,9	2,3	1,9
c) Verbund dreifach klar 12…70 mm LZR (2,1) g = 0,7	0,4	0,8	0,8	1,3	0,8
d) Kasten dreifach klar 12…230 mm LZR (1,9) g = 0,7	0,2	0,6	0,6	1,1	0,6
e) Normal wie a) mit THERMOPLUS 1,4 getönt (1,8) g = 0,58	0,4	0,8	0,8	1,1	0,8
f) Normal wie a) mit PLUSMINUS 1,4 klar (1,9) g = 0,7	0,2	0,6	0,6	1,1	0,6

Überschlagsrechnung nach K. Gertis u.a. (siehe Deutsche Bauzeitung 2/1980 DVA Stgt) mit Berücksichtigung des strahlungsbedingten Wärmegewinns unter Benutzung langjähriger Mittelwerte von 11 über die Bundesrepublik Deutschland verteilten verschieden hoch liegenden Orten. Für Dachoberlichter ist man mit der Annahme des Südwertes im Durchschnitt wohl auf der sicheren Seite → 51 2. Für den Gesamt-Energiedurchlaßgrad wurden Firmenwerte und hieraus errechnete Schätzwerte zugrunde gelegt. Es wurde nur die diffuse Sonnenstrahlung in Rechnung gestellt. Tatsächlich sind die Sonnenseiten je nach Anteil der direkten Strahlung besser. Diese Werte beweisen, daß Fenster an Sonnenseiten im Durchschnitt nicht schlechter sind, als normgerechte fensterlose Außenwände → 61. Die „amtlichen Rechenwerte" → 172 4 sind praktisch nur nachts einigermaßen zutreffend und für Wirtschaftlichkeitsberechnungen nicht geeignet. Würde man nachts alle Fenster mit wärmedämmenden Abdeckungen versehen, wären diese Fenster im Durchschnitt sehr wirtschaftliche Energiegewinnflächen.

steigt dann die eindringende Sonnenwärme auf mehr als das Dreifache an. Im Winter kann die zusätzliche Sonnenwärme die durch die Vergrößerung der Fenster im übrigen verursachten Verluste ausgleichen. Das gilt natürlich nur für Südfenster. Eine Beeinträchtigung der Raumbehaglichkeit durch große Fensterflächen ist nicht oder kaum zu befürchten, wenn die Heizkörper unter diesen Flächen mit geringerer Wärmedämmung untergebracht werden. Die zuweilen vorteilhafte Wirkung der Fenster als Tauwasserabscheider → 58 entfällt dann. Andererseits ist es auch möglich, die wegen der begrenzten Wärmedämmung für die Raumbehaglichkeit bei fehlender Sonnenstrahlung zu geringen Oberflächentemperaturen des Glases unabhängig von der Stellung der Heizkörper durch Erhöhung der Wärmedämmung (und damit der Oberflächentemperaturen) der übrigen Außenwandflächen auszugleichen. Nach neueren neutralen Forschungsergebnissen sind die effektiven k-Werte von Fenstern aller Himmelsrichtungen wesentlich besser als z. B. die Rechenwerte in 172 4 bei denen es sich praktisch nur um »Nachtwerte« handelt → 173 2. An Süd-, Ost- und Westseiten sind normale Isolierscheibenfenster etwa nach 173 2 a durchschnittlich nicht schlechter als normgerechte Außenwände mit $1/\Lambda = 0{,}55$. Bei vernünftiger Bauweise (Orientierung, Klappläden, Nacht-Schutzrollos, Heizkörper nicht unter Fenstern usw.) sind Fenster keine Verlustflächen, sondern der billigste und einfachste Sonnenkollektor (!) → 228. Am günstigsten sind Südfenster. Bei üblichen Besonnungsverhältnissen können sie auch ohne »Nacht-Schutz« im Vergleich zur fensterlosen Fassade 15% Heizenergie gewinnen. Das ist der einfachste, billigste und vernünftigste Sonnenkollektor (!).

Tauwasserniederschlag

Fensterverglasungen mit einem geringeren k-Wert → 172 4, also mit besserer Wärmedämmung, gewährleisten einen erhöhten Schutz gegen das Niederschlagen von Raumluftfeuchtigkeit. Diese Eigenschaft bleibt im Gegensatz zur Gesamtwärmedämmung auch erhalten, wenn die Fenster undicht sind. Sie wird hierdurch sogar indirekt noch gefördert, da undichte Räume im allgemeinen eine trockenere Luft haben. Tauwasserfreie Fenster sind andererseits nicht immer vorteilhaft, vor allem dann nicht, wenn z. B. in der Außenwand tauwasserempfindliche Zonen geringerer Wärmedämmung (→ Wärmebrücken, 109) vorhanden sind. Bei allen Bemühungen um einen besseren Wärmeschutz soll das Fenster (oder zumindest der Fensterrahmen) im Winter immer die kälteste Stelle des Raumes sein, da Glas oder korrosionsbeständige Fensterrahmen aus Metall von allen verfügbaren Baustoffen gegen Tauwasserniederschlag die größte Beständigkeit besitzen. Durch diesen Niederschlag wird hier im Gegensatz zu allen anderen Stellen kein Schaden angerichtet. Der Tauwasserniederschlag auf den Fenstern begrenzt so den Feuchtigkeitsgehalt der Raumluft und ist für den Raumbenutzer ein deutlich sichtbares Zeichen, daß die Raumluftfeuchte zu hoch ist oder daß ungenügend oder falsch gelüftet wird. In manchen Industrieräumen und z. B. auch in Schwimmhallen sind solche Tauwasserabscheider geradezu erwünscht.

Das Ausmaß und der Zeitpunkt eines Tauwasserniederschlags hängt vom Wärmedämmwert des Fensters, von der relativen Raumluftfeuchte, den Lufttemperaturen und der Luftbewegung in Fensternähe ab. Da der Wärmedurchlaßwiderstand infolge der großen Wärmeleitzahl des üblichen Fensterglases gering ist, sind hier die erzielbaren Wärmeübergangszahlen → 54 2 von besonderer Bedeutung.

Fenster

Sonnenschutz (Strahlungsschutz)

Die zunehmende Verwendung großflächiger Verglasungen ist zumindest in den gemäßigten Klimazonen biologisch wohlbegründet. Ihre nachteilige Wirkung in den wenigen heißen Wochen des Jahres kann durch gute Sonnenschutzvorrichtungen → 57 beseitigt werden. Das ist nach Zweckbestimmung und Benutzungszeit des betreffenden Raumes unbedingt notwendig, sobald der Fensterflächenanteil 30 bis 40% der einzelnen Außenwände (Süd-, West- und Ostseiten) überschreitet.

Feststehende Sonnenschutzlamellen → 309 4 und 309 5 sind besser als geschlossene Vordächer, da sie die Belichtung weniger beeinträchtigen. Beide sind nur an Südseiten zweckmäßig.

Der beste Fenster-Sonnenschutz ist die außenliegende Metalljalousie → Tab. 1. Sie sollte mindestens 5 bis 10 cm vor dem Fenster derart stehen, daß sich hinter ihr auch bei völliger Windstille kein stehendes Luftpolster bildet, das die Scheibe zusätzlich erwärmen könnte. Überraschend ist, daß eine innenliegende Metalljalousie einen geringeren Sonnenwärme-Strahlungsschutz gewährleistet als z. B. ein heller innenliegender Nesselvorhang.

Gewebe verhalten sich in ihrer Schutzwirkung anders als Folien. Nach Untersuchungen der Bundesanstalt für Materialprüfung Berlin sind beispielsweise Polyestergewebe mit 45% Durchlässigkeit um etwa 15% besser als Kunststoff-Folien, deren Durchlässigkeit mit ca. 60% ermittelt wurde. Helle Vorhänge sind um etwa 10% besser als dunkle.

Begrenzte Sonnenschutzwirkungen lassen sich auch durch die Beschichtung oder Einfärbung der Glasscheiben erzielen.

Jedes normale Glas hat eine bestimmte, von der Wellenlänge bzw. Frequenz abhängige Reflexionswirkung, die durch Zusätze oder Einlagen verändert werden kann. Die verhältnismäßig kurzwellige Sonnenstrahlung wird größtenteils hindurchgelassen. Die langwellige Strahlung von Heizkörpern und auch des menschlichen Körpers wird fast vollständig reflektiert (Treibhauseffekt). Das bedeutet nicht, daß man Heizkörper unbedenklich direkt hinter bis zum Fußboden reichende Fenster stellen kann, da der Heizkörper seine Wärme im allgemeinen weniger durch Strahlung als durch Konvektion abgibt. Die Aufnahme von Konvektionswärme durch Glasscheiben ist bei der dort immer vorhandenen starken Luftbewegung sehr groß → Heizung, 228. Durch einen starken Warmluftauftrieb kann die Fensterglas-Temperatur in einem für die Raumbehaglichkeit wesentlichen Maß gesteigert werden. Dadurch nimmt leider auch der Wärmedurchgang durch das Fenster zu.

1 Mittlerer Durchlaßfaktor der Sonnenstrahlen nach VDI 2078
(Werte für die Berechnung der Kühllast) = → b-Faktor.

Tafelglas nach DIN 1249	
Einfachverglasung als Vergleichsbasis	1,0
Doppelverglasung	0,9
Absorptionsglas	
Einfachverglasung	0,7
Doppelverglasung (außen Absorptionsglas, innen Tafelglas)	0,6
vorgehängte Absorptionsscheibe (mind. 5 cm freier Luftspalt)	0,5
Reflexionsglas	
Einfachverglasung (Metalloxidbelag außen)	0,6
Doppelverglasung (meist Reflexionsschicht auf der Innenseite der Außenscheibe, innen Tafelglas)	
Belag aus Metalloxid	0,5
Belag aus Edelmetall (z. B. Gold)	0,4
Glashohlsteine (10 mm), farblos	
glatte Oberflächen	
ohne Glasvlieseinlage	0,6
mit Glasvlieseinlage	0,4
strukturierte Oberflächen (Rippen, Kreuzmuster)	
ohne Glasvlieseinlage	0,4
mit Glasvlieseinlage	0,3
Außen	
Jalousie, Öffnungswinkel 45°	0,15
Stoffmarkise, oben und seitlich ventiliert	0,3
Stoffmarkise, oben und seitlich anliegend	0,4
Zwischen den Scheiben	
Jalousie, Öffnungswinkel 45° mit unbelüftetem Zwischenraum	0,5
Innen	
Jalousie, Öffnungswinkel 45°	0,7
Vorhänge, hell, Gewebe aus Baumwolle, Nessel, Kunststoff	0,5
Kunststoff-Folien	0,7
dunkle Vorhänge	0,7

2 Daten von Sonnenschutzgläsern
für praktisch senkrechten Strahlungseinfall

Fabrikat	Außenwirkung	Lichtdurchlässigkeit %	Gesamtdurchlässigkeit %	Durchlaßfaktor	Bemerkungen
Normal Klarglas, einfach	normal durchsichtig	90	83—87	1,00	
Normal Klarglas, doppelt 6/12/6		84	78	0,89	
dreifach mit je 12 mm Luft		74	70	0,81	
Calorex					
einfach IRO		58	62	0,72	
doppelt IRO		53	48	0,55	
IRA 1 einfach	„neutral", erhöht spiegelnd	38	42	0,48	eingebrannte Metalloxidschicht
IR 1 + IR 2 doppelt		43	38	0,44	
IRA 1 + IR 2 doppelt		30	34	0,39	
Parsol					
6 mm bronze		53	48	0,55	
Parsol grau 6 mm		48	48	0,55	massegefärbt, Abhängigkeit von der Dicke, bei Doppelscheiben 2. Scheibe klar
Parsol grün 6 mm		78	49	0,56	
Parsol bronze 6 + 6 mm		46	35	0,40	
Parsol grau 6 + 6 mm		40	35	0,40	
Parsol grün 6 + 6 mm		69	35	0,40	
Intrastop					
Auresin 66/44	blau spiegelnd	66	44	0,50	
Auresin 49/34		49	34	0,39	
Auresin 39/28		39	28	0,32	aufgedampftes Gold o. Silber mit o. ohne Interferenzschicht, nur Doppelscheiben, Innenscheibe klar
Bronze 36/26	bronze	36	26	0,30	
Gold 40/26	wie heller Goldspiegel	40	26	0,30	
Gold 30/23	dunkler Goldton	30	23	0,26	
Grau neutral 47/51	metallisch neutral	47	51	0,59	
Silber 36/33	silber	36	33	0,38	
Silber 22/22		22	22	0,25	
Metallic 50/47		50	47	0,54	
Parelio					
6 mm Typ 24	nahezu neutral spiegelnd	61	63	0,72	metalloxydbeschichtetes Einscheiben-Sicherheitsglas, kombiniert mit Klarglas oder Parsol
Parelio 50 6 mm	leicht bronzefarben	46	57	0,65	
Parelio 50 6 + 6 mm		42	50	0,56	
Parelio 24 6 + 6 mm		56	56	0,63	
Parelio 24 grün, 6 + 6 mm		46	34	0,39	wie vorst., jedoch aus Parsol
Parelio 50 grün, 6 + 6 mm		35	29	0,33	
Parelio 24 grau, 6 + 6 mm		27	37	0,42	
Parelio 24 bronze, 6 + 6		30	35	0,40	
THERMOLUX normal		63	52	0,60	
THERMOLUX Isolierglas		53	46	0,52	

BAUTEILE

Fenster

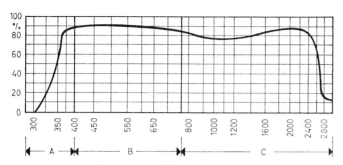

1 Strahlungsdurchlässigkeit von üblichem Fensterglas (in Prozent) in Abhängigkeit von der Wellenlänge (in Nanometer).
A Bereich der Ultraviolett-Strahlung
B Sichtbares Licht
C Infrarot = unsichtbare Wärmestrahlung

Bei längeren Wellen als rd. 2800 Nanometer (= 0,0028 mm), wie sie z. B. von Heizkörpern und anderen erwärmten festen Körpern abgestrahlt werden, ist das Glas völlig undurchlässig. Hierauf beruht der bekannte Treibhaus-Effekt bei Glashäusern. Der Wellenbereich der → Sonnenstrahlung liegt zwischen 300 nm und 20 m. Wellenlänge der Wärmestrahlen (infrarote Strahlen) etwa 0,0008 bis 0,003 mm.

Die Minderung der Durchlässigkeit kommt größtenteils durch Reflexion an der Oberfläche und normalerweise nur zu einem wesentlich geringeren Teil (1,6 bis 2,5%) durch Absorption zustande. Die Durchlässigkeit ist auch vom Einfallswinkel der Strahlung abhängig. Bei senkrechtem Einfall ist sie am größten.

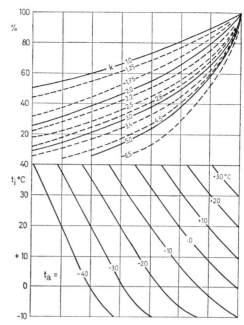

2 Doppeldiagramm zur Bestimmung des Taupunktes auf Fensterscheiben in Abhängigkeit vom jeweils vorhandenen k-Wert, von der relativen Feuchte der Raumluft in Prozent, von der Innentemperatur t_i und von der Außentemperatur t_a. Das Diagramm gilt für praktisch stehende Luft. Bei Luftbewegung oder beim Vorhandensein eines Warmluftschleiers, z. B. oberhalb von Heizkörpern, tritt der Feuchtigkeitsniederschlag erst bei viel höherem Luftfeuchtigkeitsgehalt bzw. bei niedriger Außentemperatur auf. Welchen Fenstertypen die einzelnen k-Werte entsprechen, ist aus 172 4 ersichtlich.

Glaswände

Für wandartige Verglasungen gilt sinngemäß dasselbe wie für Fenster → 164, lediglich mit dem Unterschied, daß hier die Frage nach der Schall- und Wärmedämmung wegen des größeren Flächenanteils an den Raumbegrenzungen noch wichtiger ist → 2. Dasselbe gilt auch für den Schutz gegen Sonnenstrahlung → 3.

Da solche großen Glasflächen aus wirtschaftlichen Gründen meist nur einschalig ausgeführt werden können, besteht bei größeren Temperaturdifferenzen eine erhöhte Tauwasser- und Korrosionsgefahr, der man in physikalisch durchaus vernünftiger Weise durch weitgehende Verwendung von Glas auch für die aussteifenden Konstruktionsteile zu begegnen versucht.

Die an großen Glaswänden im Winter auftretenden, nach unten gerichteten und anschließend über den Fußboden sich ausbreitenden Kaltluftströmungen müssen durch entgegengesetzt gerichtete Warmluft aufgefangen werden. Wenn speziell zu diesem Zweck Heizkörper verwendet werden, so ist es richtiger, sie in gut wärmedämmenden, möglichst großen Bodennischen → 309 3 unterzubringen.

Wenn Glaswände nicht durchsichtig sein müssen, so läßt sich mit transparenten Kunststoff-Rasterplatten o. ähnlichem eine wesentlich bessere Wärmedämmung erzielen. Die Schalldämmung solcher leichten Elemente ist ihrem Gewicht entsprechend mit etwa 20 bis 25 dB geringer als bei Glas.

Eine recht gute Schall- und Wärmedämmung haben Glasbausteinwände → 176 1 und 177 1. Die Wärmedämmung liegt in der Größenordnung von Fenstern mit Isolierscheiben.

Mindestens gleich gute Schalldämmwerte gewährleisten verglaste Trennwand-Doppelkonstruktionen (→ Oberlichter, 177 3 und Fenster, 171 1) mit einem mittleren Schalldämm-Maß von 40 dB und mehr. Zwischen Räumen mit größeren Temperatur-

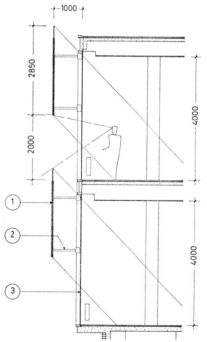

3 Senkrechter Schnitt durch die gläserne Außenwand eines Bürogebäudes mit einem Sonnenschutz aus gefärbten Glasscheiben:

1 Sonnenschutzglas, oberhalb Kopfhöhe als durchlaufende Sonnenschutzblende frei vor die Wand montiert
2 tragende Abstandhalter
3 raumbegrenzende Glaswand

Der Sonnenschutz wurde so eingebaut, daß man unter den Scheiben freie Sicht in die Landschaft hat.

Fenster

BAUTEILE

1 Wärmedämmung und Wärmedurchgang[1] bei Wänden aus Hohl-Glasbausteinen

Format (cm)	Wärmedurchlaß-Widerstand 1/Λ (m²h grd/kcal)	W/m²K	Wärmedurchgang k (kcal/m²h °C)	m²K/W
30/30/10	0,175	0,15	2,46	2,86
24/11,5/8	0,210	0,18	2,50	2,91
19/19/5	0,215	0,18	2,46	2,86
24/15,7/8	0,230	0,20	2,38	2,77
19/19/8	0,235	0,20	2,35	2,73
24/24/8	0,245	0,21	2,30	2,67

[1] Aus »Glas im Bau«, Ausgabe 1962.

differenzen sind solche Glaswände mit fest eingebauten Glasscheiben wegen der Gefahr eines Tauwasserniederschlags zwischen den Scheiben nur dann möglich, wenn der Hohlraum mit extrem großer Sorgfalt lückenlos abgedichtet wird → Trennwände 127. Die größte Sicherheit bieten hier die bekannten dauerelastischen Zweikomponenten-Kunststoff-Kitte.

Oberlichter

In Trenn- und Flurwänden muß die Schalldämmung von Oberlichtstreifen (→ 177 2 und 177 3) der der Wände entsprechen. Der vorhandene Dämmwert darf um nicht mehr als 5 dB unter dem der Trennwände (einschließlich evtl. Türen) liegen. Für Scheibendicke und Scheibenabstand gelten die gleichen Werte wie für Fenster → 164 und Glaswände. Alle Anschlüsse müssen dicht und elastisch sein, insbesondere an Warmdachdecken. Es ist notwendig, daß die Scheiben elastisch eingesetzt werden, also z. B. mit dauerelastischem oder notfalls dauerplastischem Material. Jeweils eine Scheibe sollte leicht und einfach zu entfernen sein, um evtl. nachputzen zu können.

Oberlichter in Dachdecken werden oft als Kuppeln → 177 4 oder dachbündige Streifen ausgeführt. Hierbei bieten Wellplatten mit Shed-Effekt einen gewissen Sonnenstrahlungsschutz → 177 5, 310 1 und 310 2. Die Schalldämmung solcher Konstruktionen ist infolge ihrer geringen Flächenmasse durchweg sehr begrenzt und meistens auch unwichtig, da sich der Anwendungsbereich mit wenigen Ausnahmen auf Industrieräume, Werkstätten, Lagerhallen und Nebenräume beschränkt. Kritisch sind gegen Sonnenstrahlung nichtabgeschirmte Oberlichter in beheizten Aufenthaltsräumen. Außerdem müssen hier die erhöhten Gefahren der Tauwasserbildung im Winter sowie Geräuschbelästigungen durch Hagel und Regen besonders berücksichtigt werden.

An den selten ganz vermeidbaren Wärmebrücken kann bei normaler Innenluftbewegung, -luftfeuchte und -lufttemperatur bereits bei Außenlufttemperaturen von 12°C abwärts Tauwasser auftreten. Dasselbe gilt für das Oberlicht selbst, wenn es einschalig aus den üblichen transparenten oder durchsichtigen Stoffen (Silikatglas, Acrylglas, Polyester) besteht. Bedenklich wird die Situation, wenn sich im Winter auf dem Oberlicht längere Zeit Eis halten kann. Wenn keine elektrische Beheizung als Gegenmaßnahme möglich ist, so muß unbedingt für einen konsequent doppelschaligen Aufbau ohne Wärmebrücken und möglichst großes Gefälle gesorgt werden. Statt des Gefälles ist bei Flachdächern auch eine hohe Aufstelzung diskutabel. Eine zu starke Schallanregung durch Hagel und Regen läßt sich verhindern, wenn der Abstand der beiden Schalen mindestens 80 mm beträgt und wenn wenigstens die äußere Schale aus mindestens 6 mm dickem Glas besteht.

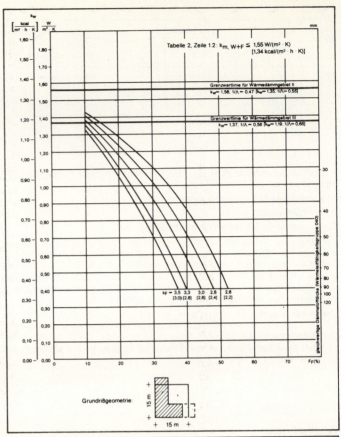

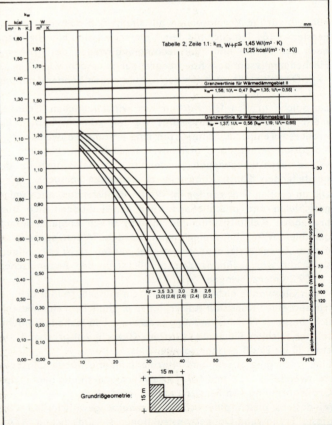

Bild 1 und 2
Maximal zulässiger Fensteranteil an der Außenwand nach EnEG-WV für kleinere Gebäude nach der angegebenen Grundrißgeometrie für das Bauteil-Nachweisverfahren. (Bildarchiv wksb G+H+Glasfaser AG, Ludwigshafen.) Es ist vorgesehen, diese Anforderungen etwa wie bei 56 2 zu verschärfen.

BAUTEILE

Fenster

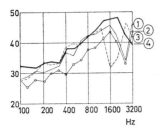

1 Schalldämm-Maß R von Wänden aus Hohlglas-Bausteinen, in diffusem Schallfeld gemessen.

	Steinformat	mittleres Schalldämm-Maß
①	19/19/8 cm	37 dB
②	19/19/5 cm	34 dB
③	24/24/8 cm	37 dB
④	24/15,7/8 cm	39 dB

Typisch bei Steinen dieser Art sind die Einbrüche der Schalldämm-Kurve im Bereich hoher Frequenzen infolge der Spuranpassung. Auch dickere Hohlglas-Bausteine haben keine bessere Schalldämmung. So beträgt z. B. das mittlere Schalldämm-Maß von 30/30/10 cm großen Glasbausteinen bei gleicher Verarbeitung ebenfalls nur 39 dB. In Einzelfällen ist das mittlere Schalldämm-Maß etwas größer, z. B. bei Steinen der Größe 24/11,5/8 cm, bei denen es 42 dB beträgt.

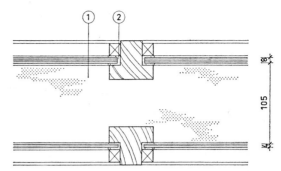

3 Waagerechter Schnitt durch eine doppelschalige Oberlicht-Verglasung mit einem mittleren Schalldämm-Maß von etwa 38 dB.
1 umlaufend randgedämpfter Hohlraum
2 Dichtung aus dauerplastischem Kitt
Sämtliche Fugen müssen luft- und staubdicht sein, da sonst nicht nur eine Minderung der Schalldämmung, sondern auch eine Verschmutzung der Glas-Innenseiten auftreten kann. Die Raumluft sollte beim Einsetzen der Scheiben eine relative Feuchte von weniger als etwa 50% besitzen.

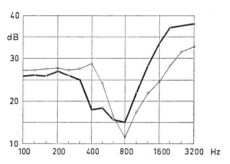

4 Schalldämmung von Acrylglas-Lichtkuppeln mit einem lichten Durchmesser von etwa 700 mm. Die dick ausgezogene Kurve gilt für eine doppelschalige Ausführung mit einem lichten Scheibenabstand von 0 (am Rand) bis 60 mm (in Kuppelmitte). Der arithmetische Mittelwert dieser Kurve beträgt 26 dB. Die andere Kurve gilt für die einschalige Ausführung und hat einen Mittelwert von 25 dB.

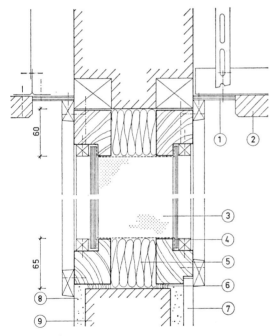

2 Senkrechter Schnitt durch ein 38 dB-Oberlicht aus zwei verschieden dicken Glasscheiben in Holzrahmen:
1 Anschlußplatte der Akustikdecke
2 Schallschluckplatten
3 umlaufend randgedämpfter Hohlraum
4 Abdeckung der Schallschluckpackung aus Aluminium-Siebblech o. ä.
5 Schallschluckpackung
6 Abdichtung
7 Wandverkleidung
8 Putz
9 gemauerter Sockel

Wände dieser Art werden praktisch nur zwischen Räumen mit annähernd gleicher Lufttemperatur verwendet.

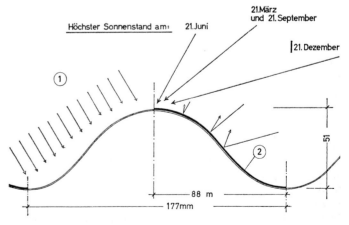

5 Querschnitt durch Kunststoff-Wellplatten mit einseitig strahlungsreflektierenden Wellen (Shed-Wellplatten):
1 durchlässige Seite der Welle (Schattenseite)
2 reflektierende Seite (Sonnenseite)
Die mit Monatsdaten versehenen Pfeile kennzeichnen den jeweils höchsten Sonnenstand. Durch die abwechselnd reflektierend behandelte Oberfläche entsteht durch entsprechende Orientierung der Wellen ein ähnlicher Effekt wie beim Shed-Dach.

Türen

Schalldämmung von Türen

Die Schalldämmung von Türen ist bei normalen Konstruktionen verhältnismäßig gering. Die Grenzen des mittleren Schalldämm-Maßes liegen bei etwa folgenden Werten:

einfache Tür mit Schwelle ohne zusätzliche Dichtung	bis 20 dB
schwere Einfachtür mit Schwelle und guter zusätzlicher Dichtung	bis 30 dB
unabhängige Doppeltür mit Schwelle ohne zusätzliche Dichtung	bis 30 dB
unabhängige schwere Doppeltür mit Schwelle und guter zusätzlicher Dichtung	bis 40 dB

Diese Werte gelten nur, wenn dichter Einbau der Zargen oder Rahmen im Mauerwerk gewährleistet ist. Die Auswertung von Meßergebnissen am Bauwerk und im Prüfraum hat ergeben, daß die Streuungen bei der notwendigen Berücksichtigung der Frequenzabhängigkeit erheblich sind und sehr von der Beschaffenheit des Türblatts und der Ausbildung der Anschlüsse oder Türfälze abhängig sein können →T66/714.1. Ob diese Dämmwerte im ausgeführten Bauwerk wenigstens annähernd vorhanden sind, hängt entscheidend von den Anschlüssen und Falzdichtungen ab → 1, 2, 3, 179 1 bis 4, 180 1 bis 6 und 181 1.

Die an die meisten Türen gestellte Forderung einer leichten Bedienbarkeit steht den schalltechnisch günstigen Eigenschaften — wie z. B. großes Türblattgewicht, große Türblattdicke und hoher Anpreßdruck in den mit Dichtungen versehenen Fälzen — entgegen. Auf andere Weise lassen sich jedoch die wesentlich besseren Dämmwerte der Wände nicht einmal annähernd erreichen. Bedenkt man, daß bereits eine übliche Trennwand aus etwa 12 cm dickem Mauerwerk mit beidseitigem Verputz zwischen Räumen der gleichen Wohnung oder zwischen gleichwertigen Büroräumen einen Dämmwert von 40 bis 45 dB besitzt und daß eine Tür in Räumen der erwähnten Art um höchstens 5 dB schlechter als die Wand sein darf, ohne daß sich der Gesamtdämmwert in einem subjektiv feststellbaren Maße ändert, so erkennt man das Ausmaß der anzustrebenden Verbesserungen. Es hat nicht viel Sinn, in eine Wand mit 50 dB Schalldämmung eine Tür mit 30 dB Dämmwirkung einzubauen. Nimmt man an, daß es sich hierbei etwa um normal große Kranken- oder Arbeitszimmer handelt, die besonders gegen Lärm gesichert werden müssen, so stellt sich ein keineswegs befriedigender Dämmwert von nur 38 dB ein. Beträgt die Wanddämmung dagegen nur 45 dB — was bei einschaligen Wänden eine Gewichts- und damit auch Materialersparnis um mehr als 50% bedeutet —, so kann ein Endwert in der gleichen Größenordnung (nämlich 37 dB) erwartet werden. Es würde sogar eine Dämmung der Wand von 40 dB genügen, um annähernd den gleichen Erfolg (ungefähr 36 dB) zu erzielen. Die Schwankungen um 1 oder 2 dB sind subjektiv kaum feststellbar.

Umgekehrt hat es auch keinen Sinn, die Tür besser herzustellen als die Wand. Die Schalldämmung der Tür darf meistens um 10 bis 5 dB schlechter sein. In Wände von Büros und ungefähr gleichwertigen Räumen mit Wanddämmwerten von 40 dB sollte man also Türen mit mindestens 30 dB verwenden. Der sich dabei einstellende Gesamtdämmwert von etwa 36 dB kann zwischen gleichwertigen und verhältnismäßig ruhigen Räumen als gerade noch vertretbar bezeichnet werden → 181 2.

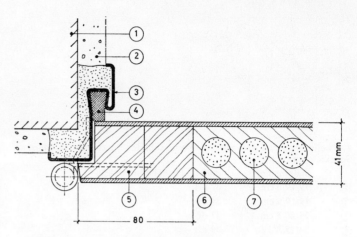

1 Einfache Tür mit einer Schalldämmung von mindestens 35 dB:
1 Mauerwerk
2 Putz
3 Stahlblech-Eckzarge
4 sehr weiche, tiefe Schaumgummidichtung
5 Hartholzumleimer
6 Mittellage aus Holzspanröhrenplatten
7 Sandfüllung

Ohne Sandfüllung hat das Türblatt wie viele andere Hohlzellentüren lediglich eine Schalldämmung von 25 dB. Die Schwellendichtung muß in der Qualität der Falzdichtung entsprechen, wenn die genannten 35 dB annähernd erreicht werden sollen.

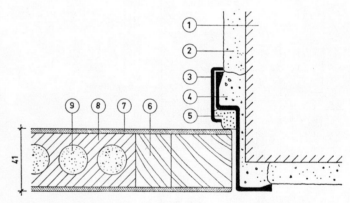

2 Türblatt mit Sandfüllung und Stahlblechzarge und ausreichendem einfachen Anschlag (35 dB):
1 Mauerwerk
2 Putz
3 gewalztes Zargenprofil
4 dichter Mörtel, lückenlos
5 sehr elastische, gut anliegende Moosgummidichtung
6 Hartholz-Umleimer
7 dichte Deckschicht
8 Spanplatten-Kern
9 Sandfüllung

Ohne Sandfüllung beträgt das mittlere Schalldämm-Maß etwa 22 dB und steigt auf 27 dB an, wenn das Türblatt durch dickere Deckschichten (Gesamtdicke etwa 55 mm) steifer und schwerer wird. Mit Sandfüllung bietet diese Versteifung keine Vorteile. Vergleichsmessungen ergaben eine Verschlechterung auf etwa 34 dB.

3 (rechts) Horizontaler Schnitt durch den mittleren Anschlag einer schalldämmenden Tür mit Schaumgummidichtung und Anpreßleiste:
1 Metalldeckleiste
2 sehr tiefe und weiche Schaumgummidichtung
3 Hartholzumleimer
4 Deckschichten
5 Sandfüllung
6 Deckleiste nach Bedarf

Erforderliche Türblattdicke bei zweiflügligen Türen ca. 55 mm. Die Dichtung nach 2 darf erst nach dem Anstrich eingelegt werden.

BAUTEILE

Türen

1 (rechts) Horizontaler Schnitt durch eine Holztür mit Holzzarge (35 dB):
1. Holzzarge
2. mit Mineralwolle fest ausgestopfte Fuge
3. Dichtung aus dauerplastischem oder dauerelastischem Material
4. anschließender Bauteil
5. möglichst tiefe, sehr weiche Schaumgummidichtung
6. Hartholzumleimer
7. beidseitige Deckschichten aus Hartfaserplatten oder Sperrholz
8. Mittellage aus Holzspanröhrenplatten
9. Sandfüllung

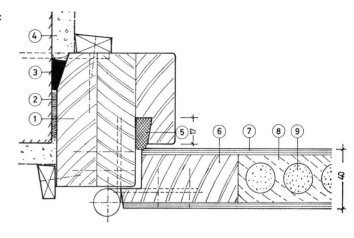

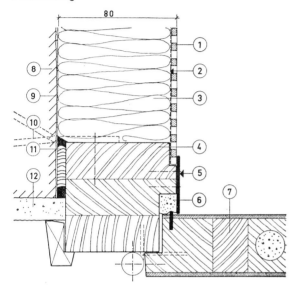

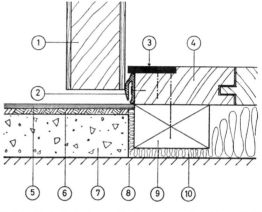

2 Holztür mit Holzzarge und einem Türblatt von etwa 30 dB:
1. ca. 20%ig perforierte Abdeckung, z. B. aus gelochten Hartfaserplatten, Lochblech o. ä.
2. akustisch transparente Abdeckung aus Faservlies o. glw.
3. möglichst tiefe Schallschluckpackung aus Glas- oder Steinwolle, ohne Papierauflage
4. Holzzarge
5. Metalldeckleiste
6. sehr weiche Schaumgummidichtung mit Anpreßleiste im Türblatt. Die Anpreßleiste kann aus Metall oder Kunststoff bestehen und sollte so schmal wie möglich sein
7. handelsübliches Türblatt mit einem Schalldämm-Maß von etwa 30 dB
8. Mauerleibung
9. beim Mauerwerk dichter Fugenverstrich
10. Mauerwerksanker
11. feste Stopfung aus Mineralwolle, beidseitig mit dauerelastischem oder dauerplastischem Kitt abgedichtet
12. bei undichtem Mauerwerk, Beton o. ä. dichter Verputz.

Bei doppelter Anordnung der Tür nach 7 und schallschluckender Leibung nach 1—3 kann mit einer Verbesserung um 10 bis 15 dB gerechnet werden, eine umlaufende gute Dichtung im Falz vorausgesetzt. Der lichte Abstand der Türen (bei doppelter Anordnung) sollte nach Möglichkeit nicht kleiner als 15 bis 20 cm sein. Ein Spezialschloß mit Anpreßmechanismus ist nicht notwendig und konstruktiv nicht ohne weiteres möglich.

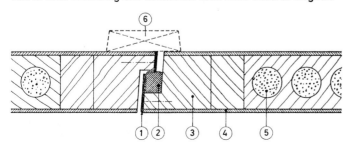

3 Schalltechnisch einwandfreier unterer Anschlag mit Dichtung:
1. Türblatt
2. Gummilippendichtung
3. Metalleiste, angeschraubt
4. Parkettlangriemen
5. harte Gehschicht z. B. Linoleum
6. elastische Unterlage, z. B. Korkment o. ä.
7. Verbundestrich
8. Rohdecke
9. Futterholz
10. Mineralwollematte

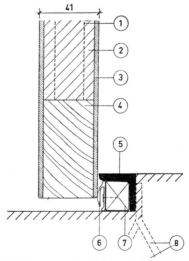

4 Einfache, sichere Schwellendichtung für < 30 dB-Türen — etwa nach 178 1:
1. sandgefüllte Röhre
2. Mittellage aus Holzspanröhrenplatten
3. Deckschichten
4. Hartholzumleimer
5. normales Stahlprofil
6. angeheftete ölbeständige Lippendichtung
7. Futterholz
8. Steinanker

Bei schwimmenden Böden darf der Steinanker entweder nur im schwimmenden Teil liegen, oder die ganze Schwelle muß gegen die schwimmende Konstruktion mit mindestens 3 mm dicker geprägter Wollfilzpappe o. glw. lückenlos isoliert werden.

Türen — BAUTEILE

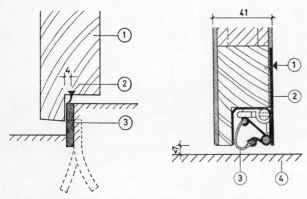

1 (links) Ausreichende Schwellendichtung für eine Tür von 35 dB:
1. Türblattunterkante
2. Polyäthylen-Lippendichtung
3. Anschlagschiene

Schwellendichtungen dieser Art sind nicht nur einfach, sondern auch zuverlässig. Die Nut für die Dichtungslippe kann ohne Schwierigkeiten erst nach dem Anpassen und nach dem Anstrich eingefräst werden.

2 (rechts) Mechanische Schwellendichtung für schalldämmende Türen
1. Deckplatte
2. Anpreß-Mechanismus an der Schloßseite
3. sehr elastischer Dichtungslappen
4. durchlaufender Boden

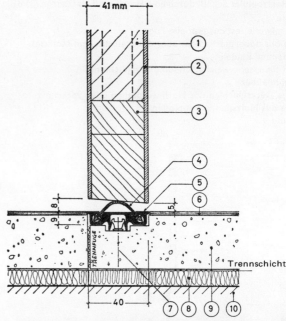

5 Schwellendichtung für schalldämmende Türen, alternativ zu 2 und 3:
1. Türblatt mit Mittellage aus sandgefüllten Holzspan-Röhrenplatten
2. beidseitig Furnierdeckschichten
3. Hartholzumleimer
4. sehr elastischer Dichtungslappen, z. B. aus NEOPRENE o. ä.
5. eloxiertes Leichtmetallprofil
6. Bodenbelag
7. Verankerung
8. körperschallbrückenfrei durchlaufende Isolierschicht der Dämmschichtgruppe I
9. schwimmender Estrich
10. Rohdecke

Siehe hierzu das Modellfoto 310 3.

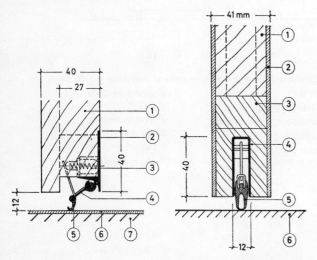

3 (links) Mechanische Schwellendichtung für schalldämmende Türen, alternativ zu 2:
1. Türblatt
2. Metall-Deckplatte
3. Andrück-Mechanismus an der Schloßseite
4. scharnierartiges Profil
5. weicher Dichtungslappen
6. durchlaufender Bodenbelag
7. Estrich

4 (rechts) Mechanische Schwellendichtung:
1. sandgefüllter Spanplattenkern
2. homogenes Hartplattendeck
3. Massivholz
4. Metallgehäuse
5. elastisches Dichtungsprofil mit Messing-Einfassung
6. durchlaufender Fußboden

Dichtungen nach diesem Prinzip sind unter verschiedenen Bezeichnungen im Handel. Sie sind nur dann akustisch ausreichend, wenn sich das Dichtungsprofil in geschlossenem Zustand durchgehend an das Gehäuse nach 4 anlegt.

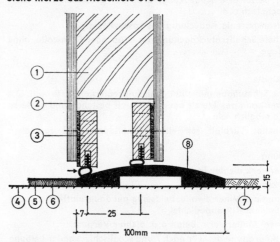

6 Schwellendichtung für durchlaufende Böden an schalldämmenden Türen größerer Dicke:
1. Rahmenholz
2. 8 mm Sperrholz
3. Hartholzleisten mit Langlöchern und PVC-Schlauchdichtungen, die genau angepaßt werden müssen
4. Rohboden
5. Schaumgummi-Unterschicht
6. Vollgummi-Oberschicht des Bodenbelages
7. anderer elastischer Bodenbelag, z. B. Korkparkett oder Korklineum
8. Höckerschwelle

Bei dünneren Türblättern, z. B. nach 179 3, genügt es, wenn nur *eine* Dichtungsleiste verwendet wird. Es ist auch möglich, die PVC-Schlauchdichtung oder eine ähnliche Schleifdichtung an der Türblatt-Unterkante fest einzubauen. Dann muß das Türblatt steigende Bänder haben.

BAUTEILE

Türen

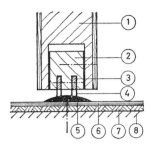
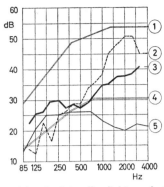

1 (links) Schalltechnisch notfalls ausreichende Schwellendichtung bei durchlaufendem Boden:
1 Türblatt
2 nach dem Anschlagen der Tür und Ausrichten der Gummilippen anschraubbare Leiste
3 Montageleiste
4 vierfache Schleifdichtung aus Gummi oder Kunststoff-Folie
5 Metallhöckerschwelle
6 Bodenbelag, z. B. Linoleum
7 elastische Unterlage, z. B. Filzpappe, Korkment o. ä.
8 Rohdecke

Die verstellbare Leiste nach 2 gestattet ein genaues Anpassen der Schleifdichtung an die Schwelle. Die Dichtungslippen nach 4 werden um das Montageholz nach 3 gelegt, in die Nuten der verstellbaren Leiste nach 2 eingeklemmt und anschließend seitlich durchgenagelt.

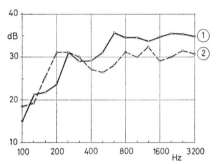

2 Verschlechterung der Schalldämmung einer doppelschaligen Leichtbauwand durch eine schalldämmende Tür.
① Wand ohne Tür, mittleres Schalldämm-Maß 30 dB
② Wand wie vor, mit theoretisch und nach Messungen im Laboratorium gleichwertiger Tür, mittleres Gesamt-Schalldämm-Maß 28 dB.

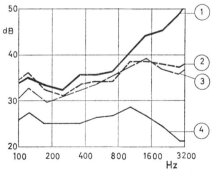

3 Verschlechterung der Schalldämmung einer Tür durch Undichtigkeiten an der Schwelle:
① Frequenzabhängigkeit des mittleren Schalldämm-Maßes des Türblatts mit umlaufend vollständiger Dichtung (verkittet)
② wie vor, ohne Verkittung, mit mechanischer Schwellendichtung → 108 2
③ wie vor, Dichtung nur leicht geschlossen
④ wie vor, Dichtung ganz geöffnet, Spaltbreite 9 mm

4 (links) Schalldämm-Maß verschiedener Türen im Vergleich zu den Sollkurven für gerade noch ausreichende und besonders gute Schalldämmung.
① Sollkurve für eine sehr gute Schalldämmung von Türen (47 dB i. a. M.)
② sehr dichte, vollständig verglaste Tür mit zwei in Gummiprofilen dicht gelagerten Scheiben von etwa 4 mm Dicke bei einem Scheibenabstand von 30 mm und ungedämpftem Hohlraum
③ 51 mm dickes, normal großes Türblatt mit einer Flächenmasse von etwa 26 kg/m², Fälze dicht (ca. 31 dB i. a. M.)
④ Sollkurve für eine gerade noch ausreichende Schalldämmung von Türen (26 dB i. a. M.)
⑤ übliche, 55 mm dicke leichte Einfachtür mit schlecht angepaßten Dichtungen in den Fälzen und an der Schwelle (23 dB i. a. M.)
Im Gegensatz zu den übrigen, im Laboratorium ermittelten Werten wurde die Tür nach 5 im ausgeführten Bauwerk gemessen. Der starke Abfall der Kurve bei hohen Frequenzen ist eindeutig auf eine ungünstige Falzdichtung zurückzuführen.

Eine Tür, die den Anspruch erhebt, nennenswert schalldämmend zu sein, muß wenigstens bei mittleren und hohen Frequenzen eine Pegeldifferenz von mindestens 30 dB gewährleisten. Dieser Wert sollte möglichst weit überschritten werden. Bei tieferen Frequenzen ist das menschliche Ohr weniger empfindlich, so daß dort eine geringere Dämmung zulässig ist. Es ist empfehlenswert, für die Schalldämmung von Türen in der gleichen Weise wie bei Wänden sogenannte Sollkurven festzulegen, die die zulässige Frequenzabhängigkeit des Dämmwerts berücksichtigen.
Den Verlauf einer solchen Sollkurve zeigt die Kurve 4 in 181 4. Sie kann als untere Grenze für wenigstens »schallhemmende« Türen angesehen werden. Die obere Grenze wird etwa durch Kurve 1 dargestellt. Bessere Dämmungen sind im normalen Hochbau nach dem heutigen Stand der Technik nicht erforderlich und mit Einzeltüren auch schwerlich zu erreichen, es sei denn, man entschließt sich zu umfangreichen, schweren mehrschaligen Konstruktionen, wie sie in akustischen Laboratorien, an Prüfständen der Industrie oder beim Rundfunk zuweilen verwendet werden → 184 2.
Zum Vergleich mit den Sollkurven zeigt Kurve 5 die Schalldämmung einer am Bauwerk gemessenen Sperrholztür mit Stahlzarge. Das Türblatt war 55 mm dick, die Fälze waren mit schlecht eingepaßten Dichtungen versehen. Statt einer Schwelle wurden steigende Bänder sowie eine Schleifgummidichtung verwendet. Die Dämmung betrug bei einem lichten Rohbaumaß von 95 × 205 cm trotz des verhältnismäßig großen zusätzlichen Aufwands lediglich 23 dB. Der Grund hierfür dürfte in der Tatsache liegen, daß insbesondere die Schwellendichtung völlig ungenügend war.
Die Wirkung einer besseren, konstruktiv vergleichbaren, jedoch mit einer Schwelle ausgestatteten Tür zeigt Kurve 3. Hierbei betrug der mittlere Dämmwert 31 dB. Im Vergleich zu Kurve 1 ist der Anstieg durch die verbesserte Dichtung deutlich erkennbar. Sämtliche Werte liegen knapp oberhalb der unteren Sollkurve, so daß man die Dämmung dieser Tür als gerade ausreichend betrachten kann. Das charakteristische an beiden Konstruktionen ist, daß sie bei tiefen Frequenzen ungefähr die gleiche Dämmung besitzen, was auf die Schallübertragung durch das Türblatt zurückzuführen ist. Aus diesem Grunde wäre es unzweckmäßig, im erwähnten Bereich eine bessere Dichtung in den Fälzen anzustreben. Auch bei mittleren und hohen Frequenzen hat die Verringerung des Schalldurchgangs im Falz nur dann einen Sinn, wenn das Türblatt weniger durchlässig ist. Dies trifft meistens zu.
Der Bereich der Dämmkurven üblicher guter und schlechter

Türen BAUTEILE

ein- oder doppelschaliger Einfachtüren mit hölzernen Türblättern bis zu 100 mm Dicke ist durch eine starke Streuung oberhalb von 500 Hz gekennzeichnet, die sehr anschaulich den Einfluß der verschiedenen Verbesserungsmaßnahmen zum Ausdruck bringt. Im wesentlichen handelt es sich hierbei um die Dichtungen in den Fälzen und an der Schwelle. Die Dämmung der Türblätter allein ist in diesem Frequenzbereich immer besser als bei tieferen Frequenzen, wenn die Biegesteifigkeit der Einfach- oder Doppelschalen im Vergleich zu ihrem Gewicht derart gering ist, daß die Grenzfrequenz der Spuranpassung (Bereich schlechter Schalldämmung) außerhalb des bauakustisch wichtigen Bereichs (100 bis 3200 Hz) liegt. Dies ist bei dünnen Platten aus Sperrholz, Hartfaser oder gleichwertigem Material bis zu Dicken von 4 bis 6 mm mit Sicherheit der Fall → 100 4 und 130 4.

Da die Gewichte derartiger Platten für die Erzielung guter Dämmungen auch bei tieferen Frequenzen häufig nicht ausreichen (insbesondere bei einschaligen Türblättern), ist man gezwungen, schwerere bzw. dickere Platten zu verwenden, muß dann jedoch danach streben, mit der größeren Dicke nicht auch die Biegesteifigkeit zu erhöhen. Dies kann sehr einfach durch das Einsägen von Rillen geschehen.

Eine andere Möglichkeit ist, die Platten in ihrer günstigen Dicke zu belassen und die notwendige Gewichtserhöhung unter Beibehaltung der geringen Biegesteifigkeit durch eine Vielzahl aufgeklebter und möglichst hoher Einzelgewichte zu erreichen → 183 1. Ohne besondere Nachbehandlung günstig sind z.B. Stahlbleche von etwa 2 mm Dicke oder Bleibleche gleichen und höheren Gewichts bis zu etwa 8 mm Dicke. Auch mit Sandfüllungen zwischen leichten, biegeweichen Platten wurden gute Ergebnisse erzielt → 178 3. Die beiden Verfahren der Veränderung von Platten durch Rillen oder Beschwerung sind jedoch nicht beliebig anwendbar, da sie durch ein Patent geschützt sind.

Bei doppelschaligen Türblättern muß eine weitere Erscheinung berücksichtigt werden, die für die Dämmung auch bei tieferen und mittleren Frequenzen von großem Einfluß ist. Die beste Wirkung wird nach diesem Prinzip dann erreicht, wenn die beiden Schalen — außer dem bereits geforderten möglichst großen Gewicht bei geringer Biegesteifigkeit — ein Mindestmaß an starrer Verbindung miteinander haben und wenn der eingeschlossene Luftraum eine Dicke von mindestens 80 bis 100 mm sowie eine Dämpfung aus lockeren Mineralfasern oder gleichwertigem Schallschluckstoff erhält. Notfalls kann die Hohlraumdicke auf mindestens 40 mm verringert werden, was allerdings eine Verschlechterung bis zu 4 dB bewirken kann. Ungefähr in der gleichen Größenordnung liegt die Verschlechterung, wenn die Herstellung einer schalltechnisch ausreichenden Trennung an der gemeinsamen Einspannung (am Rahmen) nicht gelingt. Bei Nutzung aller erwähnten Vorteile können mit einschaligen oder doppelschaligen Türblättern aus Holz oder Metall unter Einhaltung einer noch erträglichen oberen Gewichtsgrenze von 60 kg/m² Dämmwerte von 35 bis 50 dB erzielt werden → 1.

Aufgabe der richtigen Zargen- bzw. Futter- und Schwellenausbildung ist es zu verhindern, daß der Schall auf einem anderen Wege in den zu schützenden Raum gelangt. Auch das Schlüsselloch muß abgedichtet werden, da kleine Öffnungen verhältnismäßig viel Schall hindurchlassen und auf der Gegenseite wie eine neue Schallquelle wirken.

Mit üblichen Dichtungen in den Fälzen wurden Verbesserungswerte bis zu 5 dB und mehr erzielt. Wichtig ist, überall gleichmäßig, also auch an der Schwelle abzudichten. Bei fehlendem Anschlag an der Schwelle muß mit erheblichen Verschlechterungen gerechnet werden, die bei durchgehendem Boden selten

1 Schalldämmung von Türen mit ganz dichten Fälzen
(soweit nicht anders angegeben)

Ausführungsart	Türdicke (mm)		R'_W (dB)
1. Holzwabentür, Hohlräume leer	39	11	22
2. Türblatt aus Holzspan-Röhrenplatte, Hohlräume leer, Furnierdeckschichten	41	16,6	22
3. Türblatt aus voller Spanplatte, Gummidichtung, Schwelle mit mechanischer Dichtung	40	23	24
4. Türblatt aus Holzspan-Röhrenplatte, Hohlräume leer, Furnierdeckschichten	40	16–18	22–24
5. Türblatt wie 2., weniger steif	40	18,8	25
6. Türblatt aus Hartfaserplatten mit Hartfaserstegen, Hohlräume leer	40	14	26
7. Türblatt aus Holzspanvollplatte mit Holzfaserdeckschichten	40	21,5	26
8. Türblatt wie 2., stärker abgesperrt (steifer)	56	28	27
9. Türblatt aus Holzspan-Röhrenplatte mit halber Sandfüllung	40	34	31
10. Türblatt aus voller Spanplatte, umlaufende Gummidichtung	40	23	32
11. Türblatt aus Hartfaserplatten auf Holzfaser-Isolierbauplatten und Gipsplattenstücken	40	24,5	32
12. Türblatt, bestehend aus Furnierdeckschichten sowie gebundener Holzspanmasse, Mittelstück aus 10 mm dicken Gipskartonplatten	50	28,5	33
13. Türblatt wie 8., mit Sand gefüllt	56	34–40	34
14. mehrschichtiges Türblatt, bestehend aus Hartfaserplatten sowie 8 mm dicken Weichfaser- oder Korkplatten und 15 mm dicken, streifenweise verklebten Porenbetonplatten	43	26,5	34
15. Türblatt aus Holzspan-Röhrenplatte mit Sandfüllung und Hartfaserdeckschichten	40	34	35
16. Türblatt aus voller Spanplatte, mittig 22 mm dicke Gipskartonverbundplatte, Schaumgummidichtung umlaufend oder ganz dicht	64	28	35
17. Türblatt aus Holzspan-Röhrenplatte, mit Sand gefüllt, und Furnierdeckschichten	43	34	35
18. mehrschichtiges Türblatt, bestehend aus Hartfaserplatten sowie 10 mm dicken Weichfaserdämmplatten und 9 mm dicken Hartschaumplatten, Mittelschicht aus 9 mm dicken Gipskarton-Plattenstücken	55	25	35
19. mehrschichtiges Türblatt, bestehend aus Holzfaserplatten sowie 14 mm dicken Holzfaserdämmplatten, 9 mm dicken Gipskartonplatten und 15 mm dicken Holzfaserdämmplatten	70	39	36
20. Türblatt aus Hartfaserplatten auf Holzfaser-Isolierbauplatten und zwei 9 mm dicken Gipskarton-Verbundplatten	67	39	36
21. Türblatt wie 17., weniger steif	39	31,5	37
22. Spezial-Holztür, doppelt, 2×16 mm Spanplatten mit Betonklötzchen, Hohlraum mit Mineralwolle gefüllt	100	44	38
23. 2×2 mm Stahlblech, Hohlraum 96 mm dick mit Mineralwolle, Spezialschloß	100	56	49

BAUTEILE   Türen

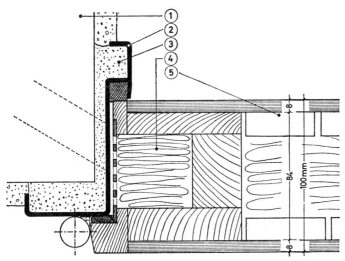

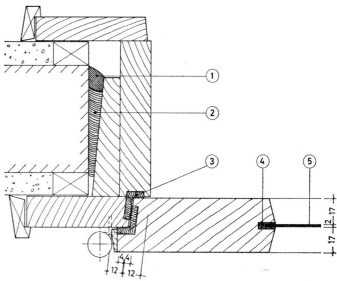

1 Schalldämmende Doppeltür mit Schlitzdämpfung und Gummidichtung:
1 Mauerwerk
2 stabile Stahlzarge
3 volle Mörtelfuge
4 Schallschluckpackung hinter perforiertem Sperrholz oder Blech
5 innenseitig mit Betonklötzen beschwerte, 8 mm dicke Sperrholzplatten

Türen dieser Art benötigen ein Spezialschloß, das nach Drehen des Türgriffs um 90° nach oben einen zusätzlichen Anpreßdruck in den Fälzen gewährleistet, und haben dann ein Schalldämm-Maß R von ca. 38 dB.

3 Holztür mit Futter und Bekleidung aus schwerem Holz und Türblattfüllung aus Stahlblech:
1 dauerplastische Dichtung
2 verstemmte Kunststoff-Folie
3 elastischer Filz
4 dauerplastischer Kitt
5 Stahl- oder Bleiblech

Das erzielbare mittlere Schalldämm-Maß kann mit knapp 30 dB angenommen werden.

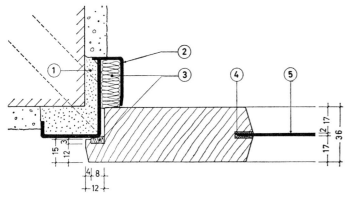

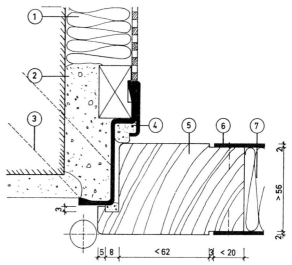

2 Prinzip einer einfachen schalldämmenden Holztür mit Stahlzarge:
1 lückenloser Verguß aus Zementmörtel
2 Stahlblech-Eckzarge
3 elastische Schaumgummi- bzw. Filzdichtungen
4 dauerplastischer Kitt
5 Stahl- oder Bleiblech

Das erzielbare mittlere Schalldämm-Maß beträgt etwa 30 dB.

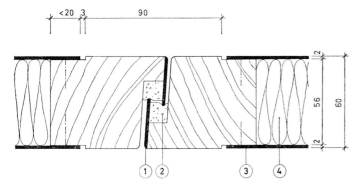

4 und 5 Seitlicher und mittlerer Anschlag einer doppelschaligen Tür oder Stahlfaltwand (ca. 40 dB)

4 (oben):
1 anschließende Wandverkleidung
2 dichte Vermörtelung
3 Maueranker
4 sehr weiche Schaumgummi-Dichtung
5 Holzrahmen
6 mindestens über 50 cm freitragendes Stahl- oder Bleiblech
7 Hohlraumfüllung aus Mineralwolle

Statt des Holzrahmens nach 5 ist es möglich, bei gleichem Wirkungsgrad ein Stahlprofil oder eine Blechaufkantung zu verwenden, wenn hierdurch zwischen den beiden freitragenden Schalen keine starre Verbindung entsteht.

5 (links):
1 Flacheisen o. ä.
2 Schaumgummidichtung
3 Stahlblech oder Bleiblech
4 Hohlraumfüllung (Mineralwolle)

Türen — BAUTEILE

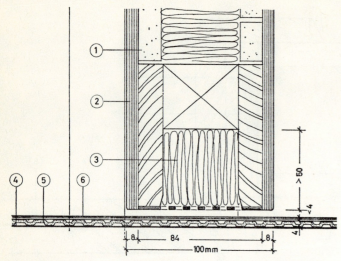

1 Schalldämmende schwere Holztür mit umlaufender Schlitzdämpfung:
1 zur Gewichtserhöhung aufgeklebte Betonklötze
2 Sperrholzplatten
3 Schallschluckpackung aus Glas- oder Steinwolle
4–6 durchlaufender Bodenbelag

Türen dieser Art besitzen ein mittleres Schalldämm-Maß von ca. 32 dB, wenn die Fälze eine zusätzliche Gummidichtung besitzen und das Türblatt gut anliegt. Wenn auch die Schwelle mit einer solchen zusätzlichen Dichtung versehen wird, steigt der Dämmwert auf 38 dB an.

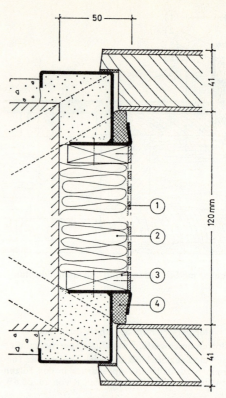

3 Prinzip einer schalldämmenden Doppeltür als Schleuse aus Türblättern mit 32 bis 35 dB Schalldämmung:
1 akustisch transparente Abdeckung aus Lochblech, gelochten Hartfaserplatten o.ä. mit einer Hinterlegung aus Faservlies
2 Schallschluckpackung aus Mineralwollematten ohne Bitumenpapierauflage
3 Futterholz
4 sehr weiche, tiefe Schaumgummidichtung

Mit Türen dieser Art ist es möglich, eine Schalldämmung bis zu 50 dB zu erzielen. Der zwischen den Türen eingeschlossene Hohlraum sollte so dick wie möglich sein, mindestens jedoch 120 mm.

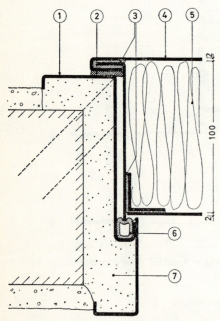

2 Schalldämmende Stahltür (Studiotür) mit einem mittleren Schalldämm-Maß von ca. 50 dB:
1 Stahlzarge
2 angeklebte Filz- oder Schaumgummidichtung
3 körperschallisolierende Zwischenlagen
4 freitragendes, mindestens 2 mm dickes Stahlblech
5 Hohlraumfüllung aus Mineralwolle
6 Dichtungsschlauch oder extrem weiche Schaumgummidichtung
7 lückenloser Mörtelverguß

Türen dieser Art müssen bei dem angegebenen Wirkungsgrad ein Spezialschloß mit Anpreßmechanismus besitzen. Wenn die Türblattdicke auf ca. 60 mm verringert wird, ist trotzdem noch mit einem mittleren Schalldämm-Maß von annähernd 48 dB zu rechnen.

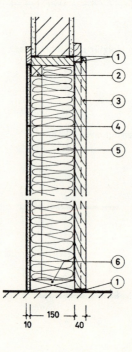

4 Beste Maßnahme zur Beseitigung übermäßiger Schallübertragungen durch nicht mehr benötigte Verbindungstüren in schalldämmenden Trennwänden (senkrechter Schnitt):
1 möglichst doppelte Dichtungen zwischen Rahmen und Mauerwerk bzw. Türblatt, Rahmen und Boden
2 dicht anliegendes Montageholz
3 umlaufend verkittete Tür
4 Gipskarton-Verbundplatten
5 vollständige Hohlraumfüllung aus elastischem Schallschluckstoff

Türen in schalldämmenden Trennwänden sollten möglichst vermieden werden.

BAUTEILE Türen

durch eine Ersatzkonstruktion vollständig ausgeglichen werden können.

Die einfachste schalldämmende Konstruktion zeigt 183 2. Statt der Rahmenfüllung aus einer Hartfaser- oder Sperrholzplatte wurde ein 2 mm dickes Stahlblech vorgesehen, das allein einen mittleren Dämmwert von 30 bis 35 dB besitzt. Gegen hohe Frequenzen steigt dieser Wert erheblich an. Einbrüche der Schalldämmkurve sind nicht zu befürchten, da es sich um eine einfache Schale handelt und die Grenzfrequenz der Spuranpassung oberhalb von 3200 Hz liegt. Durch die Falzausbildung wurde versucht, diesen guten Dämmwert auch am Falz ohne Verluste zu erhalten.

Die tiefe innere Filzdichtung hat die Aufgabe, sich auch bei normalem Schließdruck gleichmäßig an das Türblatt anzulegen und darüber hinaus noch eine gewisse Dämpfung zu bewirken. Die zweite Dichtung am Türblatt muß so angebracht werden, daß sie sich ebenfalls leicht in die Nut drücken läßt und daß der nach dem Schließen der Tür zwischen Zarge und Falzkante sichtbare Schlitz höchstens einen Millimeter beträgt. An der Schwelle kann die Filzdichtung genauso ausgebildet werden.

Bild 183 3 zeigt die gleiche Tür, jedoch mit Futter und Bekleidung aus Holz. Eine tiefe innere Filzdichtung, wie bei der Stahlzarge, kann hier aus konstruktiven Gründen nicht vorgesehen werden; es ist jedoch anzunehmen, daß die Dämmung bei sorgfältiger Dichtung zwischen Futter- und Mauerwerk mit einem schweren Material fast genauso gut ist wie bei der Tür mit Stahlzarge. Doppelschalige Türen nach gleichem Prinzip sind in 183 4 und 183 5 dargestellt.

Will man den Dämmwert einer Einfachtür über 30 bis 35 dB hinaus wesentlich erhöhen, so muß man insbesondere bei Holztüblättern einen viel größeren Aufwand in Kauf nehmen. Eine solche Konstruktion mit einem im ausgeführten Bauwerk gemessenen Dämmwert von 38 dB im Mittel zeigt 183 1. Im Gegensatz zu den beiden vorher beschriebenen Konstruktionen besteht diese Tür aus einer Doppelschale, da der angestrebte Dämmwert mit einer steifen Einfachschale nur unter Einhaltung eines Türblattgewichts von mehr als 80 kg/m² hätte erzielt werden können. Derart hohe Gewichte an handelsübliche Türbänder zu hängen, dürfte sehr schwierig sein.

Für die beiden Schalen wurden schwere, biegeweiche Sperrholzplatten verwendet, die auch wegen der gefährlichen Spuranpassung notwendig waren. Eine Schlitzdämpfung gewährleistet zusätzlich zu den beiden Schaumgummidichtungen eine gute Falzdichtung. Außerdem wurde ein Schloß mit Anpreßmechanismus (Keilfalle) verwendet. Diese um nahezu 3 mm anziehende Falle wird nach normalem Schließen der Tür durch Drehen des Türdrückers um etwa 90° nach oben betätigt. Auch in diesem Fall wählte man wegen der besseren Tragfähigkeit und leichteren Anschlußmöglichkeit an das Mauerwerk eine schwere Stahlzarge.

Die Schlitzdämpfung kann auch zur Minderung des Schalldurchgangs bei schwellenlosen Türen verwendet werden → 184 1, insbesondere dann, wenn sie mit einer zusätzlichen Schwellendichtung und steigenden Bändern kombiniert wird. Ihre Wirksamkeit ist dann am besten, wenn das Türblatt möglichst dick ist. Es wurden schon Dicken von 200 bis 300 mm ausgeführt → 285 1, bei denen der Schalldurchgang im gedämpften Schlitz derart gering werden kann, daß sich die Gummidichtungen überhaupt erübrigen → Absorptionsschalldämpfer, 234.

Ersetzt man das Holztürblatt der oben beschriebenen Konstruktion durch ein Türblatt aus doppeltem, 2 mm dickem Stahlblech, an dem die beiden Schalen voneinander einwandfrei gegen Körperschallübertragung isoliert sind, so kann man eine noch bessere Dämmung erreichen. Bei der Ausführung nach 184 2 entspricht die Dämmung etwa der Sollkurve Nr. 1 in 45 1 bei einem Mittelwert von etwa 47–50 dB. Um ganz sicher zu gehen, kann man in den Hohlraum eine biegeweiche Platte (etwa 4 mm dicke Hartfaser- oder 3 mm dicke Zementasbestplatte) einbauen. Derartige Türen werden häufig vom Rundfunk für → Studios, 292, verwendet.

Ähnlich wie Doppelschalen wirken Doppeltüren, gleichgültig, ob diese einschalig oder doppelschalig ausgeführt werden. Bei der üblichen Anordnung nach 184 3 kann damit gerechnet werden, daß sich der Dämmwert der Einzeltür um mindestens 10 dB verbessert. Wichtig ist die Einhaltung eines Mindestabstands von 80 bis 120 mm sowie die umlaufende Randdämpfung, die Hohlraumresonanzen verhindern soll. Nimmt man an, daß die beiden Türen in ihrem Aufbau 178 1 entsprechen, so kann für diese Doppeltür eine Dämmung von etwa 50 dB angenommen werden. Bei Vergrößerung des Türenabstands und starker Dämpfung des Hohlraumes, der in diesem Fall zu einem nutzbaren und als Schallschleuse wirkenden Raum wird, ist es im Grenzfall möglich, daß sich die Einzeldämmwerte beinahe vollständig, jedoch auf nicht mehr als etwa 60 dB addieren.

Bei besseren Einzeldämmungen liegt der Dämmwert entsprechend höher, wenn sämtliche akustischen Nebenwege etwa in Form der Längsleitung oder durch die eventuell unzureichende Wand ausgeschaltet werden. Dies ist jedoch in der Praxis des normalen Hochbaues kaum erreichbar. Die Erfahrungen haben gezeigt, daß an Türen Dämmwerte über 50 bis 60 dB, wenn überhaupt, so nur unter sehr ungewöhnlichen Bedingungen erzielt werden können.

Einer der häufigsten Fehler, der vorwiegend beim Neubau von Bürogebäuden gemacht wird, sind übermäßig viel Verbindungstüren in schalldämmenden Trennwänden. Viele Bauherren sind sich bei der Forderung nach solchen Türen nicht über die akustischen Konsequenzen im klaren. Oft müssen solche Türen nachträglich aufgegeben werden → 184 4.

Wärmedämmung, Feuchtigkeitsschutz bei Türen

Bei Außentüren kommt dem vorhandenen Wärmeschutz eine besondere Bedeutung zu, weil Türen ähnlich wie Fenster in einem weiten Bereich luftdurchlässig sind und bei den üblichen Ausführungen nicht die gleiche Wärmedämmung besitzen wie Wände. Das hat zur Folge, daß sie oberhalb einer bestimmten Temperaturdifferenz zwischen außen und innen und einer genau feststellbaren relativen Luftfeuchtigkeit im geschlossenen Raum durch Tauwasserniederschlag beansprucht werden. Eine Tür wirkt daher wie bestimmte Fenster als Tauwasserabscheider, der um so früher in Aktion tritt, je schlechter die Wärmedämmung ist. Die Tauwasserbildung ist meistens um so häufiger, je dichter die Fälze sind (feuchtere Raumluft → 58).

1 Wärmedurchgangszahlen (k-Werte) für Türen

	k in kcal/m²hK	k in W/m²K
Außentür aus Stahl, vorwiegend einschalig	5,0	5,82
Außentür aus Holz mit einfacher Glasfüllung	4,0	4,65
Außentüren aus Holz, einschalig unverglast	3,0	3,49
Holz-Doppeltür mit Glasfüllung, außen	2,0	2,33
Hohlzellen-Innentür	2,0	2,33
100 mm dicke dampfdichte Metalltür mit Dämmstoff-Füllung, außen	0,4	0,47

Türen

BAUTEILE

Für den Wärmeschutz ist es wichtig, daß alle Türen in den Fälzen dicht sind → Tab. 1, zumal dieser Umstand auch schalltechnisch von größter Bedeutung ist. Die zeitweise Tauwasserbildung ist belanglos, soweit es sich um ein völlig korrosionsfestes und feuchtigkeitsunempfindliches Material handelt. Werden die betreffenden Türen jedoch aus ungenügend geschütztem Holz gefertigt, so sollten sie eine mindestens ebenso gute Wärmedämmung besitzen wie die Wände → 185 1 und zumindest warmseitig dampfdicht beschichtet werden; andernfalls kann sich ähnlich wie bei Fenstern unter bestimmten Bedingungen Tauwasser auf den Türinnenseiten und auch innerhalb der Konstruktion bilden, das zu einer zunehmenden Verringerung der Wärmedämmung und damit zu einem vorzeitigen Verrotten der Tür führt. Selbst wenn dieser ungünstige Zustand niemals eintrifft, ist die gleichwertige Wärmedämmung notwendig, da die Holzfeuchtigkeitsschwankungen auf der Türblatt-Innenseite und auch innerhalb der Konstruktion zu dem bekannten Verziehen führen.

Wirklich »standfeste« Konstruktionen müssen so ausgebildet werden, daß sie entweder völlig feuchtigkeitsunempfindlich sind oder sich innerhalb der Konstruktion und auf den beiden Außenseiten im Mittel immer der gleiche Feuchtigkeitszustand einstellt. Aus diesem Grunde ist es auch wichtig, Hohltüren immer mit einer sogenannten »Belüftung« auszustatten. Diese Angaben gelten nicht nur für Räume zum dauernden Aufenthalt von Menschen, sondern noch in viel stärkerem Maße für gewerbliche Feuchträume, Tierräume, Bäder, Küchen, Waschküchen und dergleichen.

1 Fugendurchlässigkeit von Türen bei einwandfreier Ausführung und Falzausbildung

(nach DIN 4701 mit Ergänzungen)

	a (m³/h lfm)
Türspalt, 5 mm breit	54,0
undichte Innentür (ohne Schwelle)	40,0
dichte Innentür (mit Schwelle)	15,0
Einfach-Außentür aus Holz	3,0
Verbund-Fenstertür o. ä. aus Holz	2,5
Doppel-Außentür aus Holz	2,0
übliche Außentür aus Holz mit garantierter Dichtung (Normwert)	2,0
Einfach-Außentür aus Metall	1,5
Verbund-Fenstertür aus Metall	1,5
Doppel-Außentür aus Metall	1,2
übliche Außentür aus Metall mit garantierter Dichtung (Normwert)	1,2
Stahltür mit sehr sorgfältig ausgeführter Lippendichtung	0,2
Schlitz für Zugband im Rolladenkasten	3,0 m³/h
Schlüsselloch	0,6 m³/h

2 Massivdecken der Gruppe I nach DIN 4109

In die Massivdeckengruppe I (Luft- und Trittschalldämmung nicht ausreichend) können ohne besonderen Nachweis folgende Decken eingestuft werden:

1. Stahlbeton-Platten nach DIN 1045 aus Kiesbeton ohne Deckenauflage bei einer Gesamtdicke von mindestens 100 mm, Unterseite 15 mm dick verputzt.
   Beträgt das Gesamtgewicht mehr als 350 kg/m², so ist eine ausreichende Luftschalldämmung vorhanden. Dann gehört diese Decke zur Massivdeckengruppe II.

2. Stahlbeton-Rippendecken nach DIN 1045 mit Hohlkörpern aus Leichtbeton nach DIN 4158. Höhe der Hohlkörper mindestens 120 mm. Dicke der Druckplatte mindestens 50 mm. Abstand der zwischen den Hohlkörpern liegenden Träger ca. 500 mm. Unterseite mindestens 15 mm dick direkt verputzt.

3. Stahlbeton-Rippendecken nach DIN 1045 mit statisch nicht mitwirkenden Deckenziegeln nach DIN 4160. Höhe der Deckenziegel mindestens 140 mm. Dicke der Druckplatte mindestens 50 mm. Abstand der zwischen den Deckenziegeln liegenden Stahlbetonträger bzw. Stahlbetonrippen 333 bzw. 500 mm. Unterseite mindestens 15 mm dick direkt verputzt.

4. Stahlbeton-Rippendecken nach DIN 1045 mit statisch mitwirkenden Deckenziegeln nach DIN 4159. Gesamtdicke der Decke mindestens 140 mm. Abstand der zwischen den Ziegeln liegenden Stahlbeton-Rippen 250 mm. Unterseite mindestens 15 mm dick direkt verputzt.

5. Stahlbeton-Fertigbalkendecke nach DIN 4233 und DIN 4225 mit Füllkörpern aus Leichtbeton. Deckendicke mindestens 200 mm. Abstand der zwischen den Hohlkörpern liegenden Stahlbetonträger 500 bzw. 625 mm. Unterseite mindestens 15 mm dick direkt verputzt.

6. Decke aus Stahlbeton-Hohldielen nach DIN 4028 zwischen Doppel-T-Trägern mit einer Auffüllung aus Schlackenbeton o. ä. Unterseite mindestens 15 mm dick direkt verputzt.

Die Trittschalldämmung ist mit Sicherheit ausreichend, wenn diese Decken mit einer Deckenauflage versehen werden, deren → Trittschallschutz-Verbesserungsmaß im Dauerzustand mindestens 21 dB beträgt.

3 Massivdecken der Gruppe II nach DIN 4109

In die Massivdeckengruppe II (Luftschalldämmung ausreichend, Trittschalldämmung nicht ausreichend) können ohne besonderen Nachweis eingestuft werden:

1. Stahlbeton-Platten nach DIN 1045 aus Kiesbeton, Plattendicke mindestens 140 mm, Unterseite mindestens 15 mm dick verputzt. Gesamtgewicht mehr als 350 kg/m².

2. Stahlbeton-Rippendecken ohne Füllkörper nach DIN 4225. Dicke der Druckplatte mindestens 50 mm.
   Gestelzte Decken zwischen Doppel-T-Trägern aus Stahlbeton. Jede dieser Decken muß mit einer untergehängten schalldämmenden Vorsatzschale → 137 versehen werden. Gesamtgewicht der Rohdecke ohne Deckenauflage mindestens 200 kg/m². Die Unterdecken müssen fugendicht sein und eine geringe Biegesteifigkeit haben (Abstand von zwei Befestigungsstellen mehr als 500 mm). Sie dürfen nicht starr an der tragenden Decke befestigt werden. Geeignete und ungeeignete Befestigungsarten → 144. Als Unterdecke kann 15 mm dicker Putz auf einem biegeweichen Putzträger, z. B. aus Holzwolle-Leichtbauplatten, Rohgewebe, Ziegeldrahtgewebe o. ä. verwendet werden, desgleichen Gipsplatten in einer Dicke von mindestens 9,5 mm und höchstens 18 mm oder untergehängte Drahtputzdecken in der in DIN 4121 angegebenen Befestigungsart (3 Anhänger, Durchmesser 5 mm, je Quadratmeter).

3. Zweischalige Massivdecken mit Unterdecken wie vorstehend erläutert. Hierzu gehören Stahlbeton-Plattendecken nach DIN 1045, Stahlstein-Decken nach DIN 1046, Stahlbeton-Rippendecken und Stahlbeton-Balkendecken nach DIN 1045, DIN 4225 und DIN 4233 mit Füllkörpern. Stahlbeton-Hohldielen nach DIN 4028 zwischen Doppel-T-Trägern. Das Gesamtgewicht der Rohdecke und der Deckenauflage muß mindestens 200 kg/m² betragen.

Die Trittschallisolierung ist mit Sicherheit ausreichend, wenn diese Decken mit einer Auflage versehen werden, deren → Trittschallschutz-Verbesserungsmaß im Dauerzustand mindestens 16 dB beträgt.

OBERFLÄCHEN

Fußböden, Oberflächen von Wänden und Decken

Fußböden

Schall- und wärmetechnische Anforderungen

An Fußböden und deren Unterschichten stellen wir heute sehr hohe Anforderungen, nachdem erkannt wurde, daß ihre Beschaffenheit auf das Wohlbefinden des Menschen und auf die Qualität eines jeden Bauwerkes großen Einfluß hat.
Abgesehen von den ästhetischen Forderungen muß ein Fußboden leicht zu reinigen und zumindest in den sogenannten »Räumen zum dauernden Aufenthalt von Menschen« ausreichend wärmedämmend, fußwarm und trittschallisolierend sein. Nach DIN 4109 sind »Deckenauflagen« in ihrer Trittschallisolierung ohne Nachweis ausreichend, wenn sie im Dauerzustand je nach Massivdeckengruppe → 186 1 und 2 ein Verbesserungsmaß von 21 bzw. 16 dB gewährleisten. Hierbei ist zu beachten, daß der Fußboden auf einigen leichteren Decken auch die Luftschalldämmung verbessern muß.
Durch den bekannten und schalltechnisch ausgezeichneten »schwimmenden Estrich« → 199 sind diese Anforderungen in jedem Fall erfüllbar. Die Forderung nach Fußwärmeschutz wird auf diese Weise nicht ohne weiteres sichergestellt. Andererseits gewährleisten viele als Fußböden verwendbaren fußwarmen Baustoffe zwangsläufig eine gewisse Trittschallisolierung. Das ist der Grund dafür, daß oft versucht wird, ohne einen schwimmenden Estrich auszukommen. Für die Verwendung solcher Bodenbeläge spricht ferner die Tatsache, daß sie sofort nach der Verlegung begangen werden können und nicht zusätzlich Feuchtigkeit in den Bau bringen, der bis zur Verlegung der Estriche schon weitgehend ausgetrocknet ist. Man versucht auf diese Weise, die Bautermine zu verkürzen und eine Behinderung der übrigen Bauarbeiten zu vermeiden.
Die Gefahr von Körperschallbrücken infolge unsachgemäßer Verlegung ist bei isolierenden Bodenbelägen geringer als bei schwimmenden Estrichen. Gußasphaltestriche, bei denen die Gefahr zusätzlicher Feuchtigkeit nicht besteht, neigen infolge ihres thermoplastischen Verhaltens zur Muldenbildung, sobald sie auf dicken, stark zusammendrückbaren Dämmstoffen verlegt werden.
Allein der Hinweis auf den ungenügenden Fußwärmeschutz der schwimmenden Estriche ist manchmal der Anlaß, nach anderen schall- und wärmetechnisch ausreichenden Bodenkonstruktionen zu suchen, da in Räumen zum dauernden Aufenthalt von Menschen nach DIN 4108 fußwarme Böden verlangt werden. Diese Forderung gewinnt zunehmend nicht nur im Wohnungsbau, sondern auch in Hotels, Krankenhäusern, Altersheimen und dgl. an Bedeutung, weil es hier nicht immer möglich ist, den fehlenden Fußwärmeschutz eines unbelegten schwimmenden Bodens auf andere Weise, etwa durch direkte oder indirekte Aufheizung in zentralbeheizten Gebäuden oder durch eine wärmetechnisch ausreichende Auflage aus einem der zu diesem Zweck verwendbaren Wärmedämmstoffe (Kork, Filz, Schaumstoff und dgl.), herzustellen.
Es liegt nahe, die fast immer notwendigen Wärmedämmschichten so einzubauen, daß gleichzeitig auch die erforderlichen schalltechnischen Qualitäten sichergestellt werden. Fast alle Teppichböden → 192 sind beispielsweise bei normaler Fußbodentemperatur bezüglich des Trittschall- und Fußwärmeschutzes völlig ausreichend. Freilich ist der Teppich im Vergleich zu vielen anderen Bodenbelägen teuer und wird durch die ständige Benutzung sowie durch die Beanspruchung durch Möbelfüße und ähnliche schwere Gegenstände stark beansprucht und zusammengedrückt. Außerdem sind seine hygienischen Eigenschaften umstritten. Seine Wirkung läßt sich jedoch nach gleichem Prinzip unter Vermeidung einiger Nachteile mit anderem Material erzielen, etwa mit PVC-Spannteppichen auf Filz, PVC/Filz-Verbundbeläge usw. Die Trittschallisolierung dicker Teppichböden erreicht die Wirkung eines normalen schwimmenden Estrichs → 1.
Solche Beläge sind in der Baupraxis noch Ausnahmefälle. Mit dem häufiger verwendeten, weil kostenmäßig eher erschwinglichen Linoleum auf fußwarmer Unterlagspappe, mit Kunststoffkork oder Kunststoff-Filz-Kombinationen, Korklinoleum und dergleichen wird dieser Wirkungsgrad zwar nicht erreicht. In Verbindung mit bestimmten Massivdeckengruppen ist jedoch die → Sollkurve für den Mindest-Trittschallschutz durchaus unterschreitbar.
Typisch ist an weichelastischen Bodenbelägen die im Vergleich

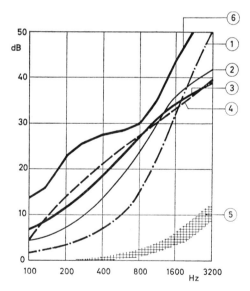

1 Richtwerte für die Frequenzabhängigkeit der → Trittschallminderung ΔL (in dB) verschiedener Fußböden bzw. Bodenbeläge.
① ca. 7 mm dickes Korklinoleum, geklebt
② beliebiger Holzboden auf lose verlegten Lagerhölzern, normal befestigt
③ Langriemenboden, Parkett o. ä. auf Lagerhölzern mit besonders elastischen ca. 10 mm dicken Unterlagen (Faserdämmschichtgruppe I)
④ ca. 40 mm dicker schwimmender Estrich, schwimmender Steinboden o. ä. auf Faserdämmschichten der Gruppe I
⑤ ca. 2 bis 3 mm dicke bahnenartige Beläge, z. B. aus PVC, geklebt
⑥ hochflorige Textilien, z. B. Teppichböden auf ca. 10 mm dicker Schaumgummiunterlage o. ä.

zu schwimmenden Estrichen durchweg andersartige Frequenzabhängigkeit der Verbesserung des Trittschallschutzes mit steilem Anstieg im Bereich hoher Frequenzen und größtenteils geringerem Mittelwert → 191 1. Bereits Verbesserungsmaße von etwa 12 bis 14 dB können auf schweren Stahlbetonmassivplatten mit einem Gewicht von mehr als 350 kg/m² einschließlich Putz und Ausgleichsestrich einen normgerechten Schallschutz gewährleisten. Das gleiche gilt für mehr als 140 kg/m² schwere Massivdecken mit untergehängter biegeweicher Vorsatzschale (Doppeldecken). Decken mit oder ohne angehängte Vorsatzschalen → 137 sind allein sehr selten ausreichend trittschallisolierend. Es ist daher grundsätzlich nicht möglich, auf Trenndecken starre Fußböden oder Bodenbeläge zu verwenden → 1 und 186.

Der Widerstand trittschallisolierender Bodenbeläge gegen Fußwärmeableitung ist verhältnismäßig groß und liegt bei normaler Bodentemperatur meist innerhalb der zulässigen Grenzen. Dünne elastische und fußwarme Bodenbeläge lassen sich jedoch nur dort ohne Nachteile verwenden, wo eine besondere Wärmedämmung der Decken (wie z.B. in zentralbeheizten Gebäuden zwischen dauernd temperierten Raumgruppen) nicht notwendig ist oder wo eine zusätzliche Wärmedämmschicht innerhalb, oberhalb bzw. unterhalb der Rohdecke (schallschluckende Verkleidung, Hohlraumdämpfung der Doppeldecken usw.) den von DIN 4108 geforderten Wärmedurchlaßwiderstand gewährleistet. Legt man die Wärmedämmschicht auf die Decke, so bietet sich eine weitere Vereinfachung dadurch, daß man eine dünne Gehschicht mit günstiger Wärmeeindringzahl direkt auf die Wärmedämmschicht legen kann. Gelingt es in einem solchen Fall, die auftretenden Lasten so zu verteilen, daß die Wärmedämmschicht in einer schalltechnisch günstigen Qualität gewählt werden kann, so entsteht ein geradezu idealer Bodenbelag, der sich schnell erwärmen läßt und fußwarm ist.

Die ausreichende Druckverteilung bereitet beispielsweise bei Holzböden auf Lagerhölzern → 196 keine Schwierigkeiten. Mit solchen Konstruktionen ist es durchaus möglich, eine beliebig große Wärmedämmung zu erreichen und sogar die Wirkung schwimmender Estriche zu übertreffen. Holz ist auch bezüglich der Wärmeableitung sehr günstig.

Den Vorteilen der Bodenbeläge aus weichen Schichten und fußnahen Wärmedämmstoffen stehen natürlich auch Nachteile gegenüber. Sie gewährleisten im Gegensatz zu schwimmenden Estrichen, ähnlich wirkenden schwimmenden Holzböden und dergleichen keine Verbesserung der Luftschalldämmung und nur eine sehr begrenzte Wärmedämmung.

Besonders kritisch ist die Alterungsbeständigkeit. Systematische Untersuchungen an Fußböden verschiedener Art haben ergeben, daß sich einzelne Isolierschichten mit der Zeit verändern. Die dadurch verursachte Verschlechterung der Trittschallisolierung beträgt bis zu 8 dB und mehr → 190 2. Auch die Wärmedämmung kann erheblich nachlassen, wenn die Schichtdicken geringer werden. Am schlechtesten sind wohl lose Schüttungen aus Holzspänen, Sandunterlagen, Unterlagen aus Wellpappe, Matten aus wenig elastischen Naturfasern und dgl. Nach DIN 4109 darf Sand auch nicht als Ausgleichsschicht verwendet werden.

Bei Platten aus Torf, Holz- oder ähnlichen Fasern ist diese Gefahr geringer. Die geringsten Veränderungen hat man bisher bei Mineralfasermatten, Mineralfaserplatten und ähnlichen Faserstoffschichten festgestellt, gleichgültig wie im einzelnen die Druckverteilung erfolgte. Fußböden ohne Druckverteilungsschicht, also die elastischen Gehschichten bis ca. 7 mm Dicke, zeigten nur unwesentliche Verschlechterungen infolge Alterung.

Es soll hiermit nicht gesagt werden, daß Böden, die eine Verschlechterung der Dämmwirkung infolge Alterung erleiden, grundsätzlich vermieden werden müssen. Es ist lediglich notwendig, das Nachlassen in der Wirkung einzukalkulieren, was bei sachgemäßer Ausführung selten Schwierigkeiten bereiten dürfte, da es ohne weiteres möglich ist, genügende Sicherheiten vorzusehen. DIN 4109 fordert daher für alle trittschallisolierenden Böden kurz nach der Fertigstellung ein um 3 dB höheres Trittschallschutz-Maß (TSM) als bei der Messung zwei Jahre nach Fertigstellung.

Es gilt als sicher, daß das Nachlassen der Dämmwirkung nicht ständig fortschreitet, sondern im wesentlichen lediglich eine Setzungserscheinung ist. Wenn man die Dämmstoffe etwa durch entsprechende gleichmäßige Verdichtung und Vermeidung von Unebenheiten gleich in den Zustand bringt, den sie unter der Dauerbelastung mit der Zeit ohnehin erhalten würden, so ist mit Verschlechterungen nach dem Einbau kaum mehr zu rechnen. Im Gegenteil sind auch Verbesserungen festgestellt worden, deren Ursache das Lösen von Schallbrücken oder Klebeschichten sein kann.

Zusammenfassend ist festzustellen, daß die isoliertechnischen Eigenschaften von Fußböden in jeder Hinsicht bedeutsam sind. Allein zum Zweck der Trittschallisolierung ist es nicht unbedingt notwendig, schwimmende Estriche zu verwenden, wenn es auch selten möglich sein wird, solche Estriche in schalltechnischer und in wirtschaftlicher Hinsicht — einwandfreie Verlegung selbstverständlich vorausgesetzt! — zu übertreffen. Es gilt in jedem Einzelfall, die Vorteile und Nachteile sorgfältig gegeneinander abzuwägen und immer zu bedenken, wo und wie der Boden zusätzlich wärmedämmend und fußwarm sein muß und wo auf diese Eigenschaften verzichtet werden kann.

Weiche Gehbeläge und Isolierschichten mit vorgefertigter Druckverteilung sind fast immer fußwarm und gewährleisten bei sorgfältiger Materialauswahl und sachgemäßer Konstruktion schalltechnische Wirkungen, die in Einzelfällen sogar diejenige schwimmender Estriche übertreffen, selbst wenn man die Verschlechterung durch Alterung berücksichtigt. Wenn man eine große Wärmedämmung benötigt und Dämmplatten auf die Rohdecke legt (zum Beispiel bei Kellerdecken), so ist es möglich, die Wärmedämmschicht gleichzeitig für die Trittschallisolierung und zur Herstellung einer fußwarmen Oberfläche auszunutzen. Der Einfluß der Alterung kann groß sein und muß immer gewissenhaft bedacht werden. In Zweifelsfällen ist über die Normanforderung hinaus ein Zuschlag von 5 dB bis 10 dB zum erforderlichen Trittschallschutzmaß der gesamten Konstruktion angemessen.

Einen großen Einfluß auf die Verwendbarkeit von weichen Bodenbelägen und Trittschallisolierungen durch fußnahe Wärmedämmschichten hat ferner die Wahl geeigneter Rohdecken.

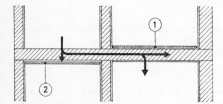

1 Akustisch unzulässiger Wechsel von Trittschallschutz-Maßnahmen etwa zwischen dem Bad und einem schräg darunterliegenden »fremden Aufenthaltsraum«.
1 schwimmender Estrich
2 elastisch angehängte biegeweiche Deckenvorsatzschale

OBERFLÄCHEN

Fußböden, schall- und wärmetechnische Anforderungen

Viele Bodenbeläge sind in gleicher Weise wie Gußasphaltestriche dampfsperrend, was nicht immer vorteilhaft ist und bei der Gesamtkonstruktion berücksichtigt werden muß.
Die maßgebende Größe für die Wärmeschutzanforderungen an Fußböden und die darunterliegenden Decken ist die Wärmeableitung → 190 1, die wiederum von der Wärmeeindringzahl abhängt → 191 3. Sie läßt sich mit einem »künstlichen Fuß« messen → 65. Die Meßergebnisse haben je nach Meßverfahren Kurvenform → 1 oder lassen sich als einfache Zahlen ermitteln → 2 und mit einer Bewertungstabelle vergleichen → 190 1.
Der erforderliche Wärmeableitungsschutz bestimmt die notwendige Oberflächentemperatur und damit die Wärmedämmung, da auch der an sich beste fußwarme Belag kalt ist, wenn er eine ungenügende Temperatur hat. Bei gut bekleideten Füßen ist die Fußbodentemperatur allein die maßgebende Größe für die Fußwärme, wenn von Kaltluftströmungen in Bodennähe etwa infolge undichter Fenster und Türen abgesehen wird. Die Art des Bodenmaterials ist in diesem Fall belanglos.
Den Zusammenhang zwischen Wärmedämmung und Fußbodentemperatur erläutert 191 3. Diese Werte gelten für den Dauerzustand der Beheizung. Bei Zeitheizung sind die Verhältnisse noch viel ungünstiger → 191 4. Die Fußbodentemperatur muß auch bei fußwarmen Belägen oberhalb von 17 bis 18°C liegen. Eine übermäßige Wärmeableitung läßt sich durch eine entsprechende Temperaturerhöhung des Bodens und der bodennahen Luftschicht ausgleichen derart, daß die Kontakttemperatur zwischen Fuß und Unterlage bei etwa 25 bis 26°C liegt. Um diese Temperatur zu erreichen, müssen beispielsweise je nach Belag folgende Oberflächentemperaturen vorhanden sein:

	Oberflächentemperatur (°C)
Tannener Riemenboden auf Lagerhölzern	18
3 mm Linoleum auf Steinholzestrich	19
unbelegter Gipsestrich	21
Zementestrich oder Terrazzo	22
Stahlplattenboden o. ä.	25

Durch Wärmedämmschichten lassen sich bei normalen Lufttemperaturen etwa zwischen 20 und 23°C gewöhnlich kaum höhere Oberflächentemperaturen als 18°C erreichen. Muß die Bodentemperatur höher liegen, so ist eine direkte Aufheizung → 207 notwendig. Mit Ausnahme von Böden über dauernd

1 Wärmeleitzahlen von Fußböden (Rechenwerte)

Estriche und Beläge	Rohdichte (kg/m³)	Wärmeleitzahl (kcal/mhK)	W/m²K
Korkparkett	200	0,05	0,06
Linoleum	1200	0,16	0,19
Eichenparkett	700	0,18	0,21
Steinholzestrich Steinholz und ähnliche Beläge (DIN 272)	830	0,22	0,26
Unterböden und Unterschicht von zweilagigen Böden		0,40	0,47
Gipsestrich	1600	0,60	0,70
Industrieböden und Gehschicht		0,60	0,70
Betonestrich	2000	0,65	0,76
Anhydritestrich	2150	0,68	0,79
Gußasphaltestrich	2200	0,76	0,88
Keramikplatten	2000	0,90	1,05
Beton-Werksteinplatten	2400	1,75	2,04
Marmorplatten, Granit, Basalt u. ä.	2800–3100	3,00	3,49

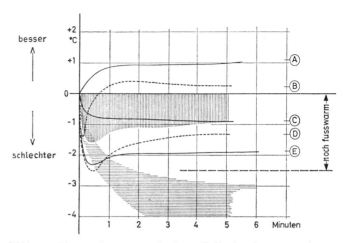

2 Wärmeableitungskurven verschiedener Fußböden, bezogen auf einen als normal fußwarm anzusehenden einfachen Holzboden aus tannenen Brettern auf Lagerhölzern. Die Abszisse kennzeichnet die Dauer der Messung, während die Ordinate die Abweichung vom Normalboden angibt.

A 8 mm dicker Korkbelag
B PVC-Spannteppich mit 0,7 mm dicker Gehschicht
C Hartholzboden
D 2,5 mm dickes Linoleum auf 5 cm dickem Zement-Estrich mit einer Zwischenlage aus geprägter Filzpappe o. ä., alles verklebt
E ca. 3 mm dicker Linoleum-Belag auf 3 mm dicker Hartfaserplatte und 20 mm dicker Holzfaser-Isolierbauplatte auf einer Stahlbeton-Decke

Senkrecht schraffierte Fläche: verschiedene Holzfußböden, Hartholz, Parkett auf Dämmplatten usw.
Waagerecht schraffierte Fläche: unbelegte übliche Estriche aus Zement, hartem Steinholz, Gips usw.

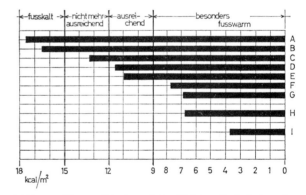

3 Wärmeableitung W_1 der gebräuchlichsten Bodenbelags-Arten.

A unbedeckte schwere Fußböden, z. B. schwimmende Zementestriche oder Zement-Verbundestriche
B 5 mm dicke keramische Bodenplatten auf Unterlage aus 5 mm dickem Preßkork
C ca. 2 mm dicker Linoleumbelag, auf Schwerbeton geklebt, o. ä.
D ca. 2 mm dickes PVC auf Beton geklebt
E ca. 2 mm dickes Linoleum auf 1 mm dicker Filzpappe und schwerem Zementestrich
F 4,5 mm dickes Korklinoleum auf 20 mm dickem schwimmendem Asphaltestrich oder
ca. 7 mm dickes Korklinoleum auf Beton
G 0,8 mm dicker PVC-Belag auf 5 mm dickem Jutenadelfilz
H Holzfußboden aus Fichtenriemen auf Lagerhölzern
I Teppichböden

Die Wärmeableitung W_1 kennzeichnet das Verhalten nach 1 Minute Meßzeit und bei 18 °C Oberflächentemperatur. Bei genaueren Prüfungen wird auch W_{10} (10 Minuten Meßzeit) und evtl. noch W_{20} mit einer Meßzeit von 20 Minuten ermittelt.

Fußböden, schall- und wärmetechnische Anforderungen — **OBERFLÄCHEN**

1 Beurteilungsschema für die Wärmeableitung von Fußböden

Wärmeableitung		Beurteilung des Bodens
W_1 (1 Min. Meßzeit) (kcal/m²)	W_{10} (10 Min. Meßzeit) (kcal/m²)	nach Wärmeableitungsstufen
bis 9	bis 45	I: besonders fußwarm
über 9 bis 12	über 45 bis 70	II: ausreichend fußwarm
über 12 bis 15	über 70 bis 95	III: nicht mehr ausreichend fußwarm
über 15	über 95	IV: fußkalt

2 Verschlechterung der Trittschallisolierung von Fußböden und deren Unterschichten nach Bezug der Wohnungen (in dB)

Verschlechterung (−) oder Verbesserung (+) nach 1 2 3 4 5 6 7 Jahren

Aufbau	1	2	3	4	5	6	7	
Linoleum — Doppellage Wollfilzpappe					+1			
Parkett — bit. Holzfaserisolierbauplatten — Sand	−3	−3						
Parkett — Holzfaserisolierbauplatten — Sand				−5				
Parkett — bit. Holzfaserisolierbauplatten — Sand	−2	−3		−1				
Parkett — Holzwolleleichtbauplatten — Kokosfasermatten — Sand				−5				
Parkett — Holzwolleleichtbauplatten — Korkschrotmatten				−1				
Parkett — Holzfaserisolierbauplatten — ohne Sand			−1					
Parkett — Torfplatten — ohne Sand			−1					
Parkett — Bitumenfilz — ohne Sand				−4				
Holzbretter auf Lagerhölzern — Glasfasermattenstreifen					0			
Holzbretter auf Lagerhölzern — Glasfaserplattenstreifen					−1			
Holzbretter auf Lagerhölzern — Schlackenwolle					−2			
Linoleum — Hartfaserplatten — Torfplatten (geprägt)			−3					
Linoleum — Hartfaserplatten — Torfplatten (normal)			−4					
Linoleum — Hartfaserplatten — Holzfaserisolierbauplatten			−3					
Linoleum — Hartfaserplatten — Holzfaserisolierbauplatten				−1				lt. Bauzentrum Köln nach 2 Jahren −1 bis −4 dB
Linoleum — Hartfaserplatten — Holzfaserisolierbauplatten Sand			−3					
Linoleum — Hartfaserplatten — Holzfaserisolierbauplatten Sand			−4					
Linoleum — Hartfaserplatten — Holzfaserisolierbauplatten Sand			0					
Gußasphalt — Holzfasermatten				−3				
Gußasphalt — Glasfasermatten				+1				
Gußasphalt — Glasfasermatten	−1	−2		+1				
Gußasphalt — Glasfasermatten	−2	−1						
Linoleum — Gußasphalt — Wellpappe					−1			
Linoleum — Gußasphalt — Wellpappe	−6							
Gußasphalt — Seegrasmatte					−3			
Gußasphalt — Seegrasmatte	−4	−4						

Verschlechterung (−) oder Verbesserung (+) nach 1 2 3 4 5 6 7 Jahren

Aufbau	Wert	
Linoleum — Zementestrich — Kokosfasermatten	−4	
Zementestrich — Holzspäne	−10	lt. Bauzentrum nach Messungen an 19 Decken nach 2 bis 3 Jahren im Mittel knapp −4 dB. Kein Unterschied zwischen Mineral- und Naturfaser
Zementestrich — Moosgummiabfälle	−4	
Korklinoleum — Zementestrich — 500er Bitumenpappe — einfache Schilfrohrmatten	0	
Korklinoleum — Zementestrich — doppelte Schilfrohrmatten	−6	
Korklinoleum — Zementestrich — Holzwolleleichtbauplatten lose	−2	
Korklinoleum — Zementestrich — Holzwolleleichtbauplatten — Sand	0	
Korklinoleum — Zementestrich — Holzwolleleichtbauplatten — einfaches Rohrgewebe	−4	

3 Trittschallschutz-Verbesserungsmaße von Gehbelägen (Richtwerte)

	dB
Linoleum 2,5 mm	5
Linoleum auf Filzpappe (800 g/m²)	14
Linoleum auf 2 mm Korkment	14—17
Linoleum auf 5 mm Weichfaserdämmplatten (380 kg/m³)	16
Korklinoleum 3,5 mm	12
Korklinoleum 7 mm	15
Korkparkett 6 mm	15
PVC-Beläge 1,5—2 mm	5
PVC-Belag mit 2 mm Korkment	16
2 mm PVC-Belag auf 2 mm Schaumstoffschicht	20
Gummibelag 2,5 mm	10
Gummibelag 5 mm, davon 4 mm Porengummi-Unterschicht	24
Kokosfaserläufer, je nach Art	17—22
PVC-Belag mit Filzunterlage	15
Teppichböden, je nach Art und Dicke	20—35
Linoleum auf Holzfaser-Hartplatten und folgenden Unterschichten:	
Weichfaserdämmplatten 10 mm	17
Torfplatten 20 mm	18
Torfplatten 15 mm, unterseitig profiliert	19

4 Mindestwerte des Wärmedurchlaßwiderstandes $1/\Lambda$ von Fußböden und Decken und Anforderungen an Fußböden bei Räumen, die zum Aufenthalt von Menschen bestimmt sind → 55 1.

	$1/\Lambda$		erwünschte Wärmeableitungsstufe	
	Gebäude zentralbeheizt	Gebäude nicht zentralbeheizt	Wohnhäuser Schulen Krankenhäuser	Geschäftshäuser (Büro- und Fabrikräume, Läden)
Zwischendecken	0,17 (0,20)	0,34 (0,40)	II W 1—10	II W 10
			I W 1—10	II W 1—10
Decken über ständig unbeheizten Räumen	−0,90 (1,05)	−	II W 1—10	II W 10
ü. offenen Räumen	−2,04 (2,37)	−	II W 1—10	II W 10

OBERFLÄCHEN

Gummibeläge, Kunststoffböden

1 Fußbodentemperatur in normal geheizten Räumen beim Dauerzustand der Beheizung in Abhängigkeit vom Wärmedurchlaßwiderstand und von der Lufttemperatur unterhalb der darunterliegenden Decke

	Lufttemperatur unter der Decke	Oberflächentemperatur des Fußbodens
1. Wohnungstrenndecke, Wärmedurchlaßwiderstand 0,47 (0,55)	+ 5 °C	15,8 °C
2. wie 1., jedoch	+ 15 °C	18,6 °C
3. wie 2., Wärmedurchlaßwiderstand 0,07 (0,08)	+ 15 °C	18,0 °C
4. Decke über offener Durchfahrt, Wärmedurchlaßwiderstand 0,47 (0,55)	− 10 °C	11,3 °C
5. wie 3., jedoch	− 20 °C	8,2 °C
6. wie 3., Wärmedurchlaßwiderstand 1,51 (1,75)	− 10 °C	16,3 °C
7. Decke über offener Durchfahrt, Wärmedurchlaßwiderstand 1,51 (1,75)	− 20 °C	15,0 °C
8. Kellerdecke, Wärmedurchlaßwiderstand 0,65 (0,75)	+ 5 °C	18,3 °C
9. wie 7., Wärmedurchlaßwiderstand 0,17 (0,20)	+ 5 °C	16,5 °C

Die angegebenen Wärmedurchlaßwiderstände sind größtenteils nicht normgerecht

2 Oberflächentemperatur von Fußböden nach einstündiger Heizzeit und Aufheizung von + 5 °C auf + 20 °C Lufttemperatur

Zementestrich, unbelegt	+ 7 °C
Holzfußboden	+ 12 °C
Korkplattenboden (Korkparkett)	+ 16 °C

3 Wärmeeindringzahl von Fußböden
(abgerundete Werte)

	Dichte	Wärmeeindringzahl *	Wärmeableitungsstufe
Korkplatten	190–200	8 (2)	I
Fichtenholz	450	17 (4)	I
Gasbeton	500	17 (4)	I
Eichenholz	700–900	33 (8)	II
Gummi	925	33 (8)	II
Steinholzestrich	830	33 (8)	II
Linoleum	1200	38 (9)	II
Anhydritestrich	2150	75 (18)	III
Gußasphaltestrich	2200	80 (19)	III
Gipsestrich	2000	67–88 (16–21)	III
Keramikplatten	2000	84 (20)	III
Zementestrich	2000	71–96 (17–23)	III–IV
Betonwerkstein	2400	126 (30)	IV
Kunststein	2300	142 (34)	IV
Marmorplatten	2800	180 (43)	IV

Die Wärmeeindringzahl ist die maßgebende physikalische Größe für die → Wärmeableitung aus dem menschlichen Körper. Sie ist abhängig von der Wärmeleitzahl, von der spezifischen Wärme und vom Raumgewicht. Im Bauwesen sind vorwiegend die Wärmeeindringzahlen der üblichen Fußbodenbeläge interessant.

* in $kJ/m^2 h^{1/2} K$ ($kcal/m^2 h^{1/2} K$).

normal beheizten Räumen sind zumindest auf Massivdecken in jedem Fall zusätzliche Dämmschichten unentbehrlich, da fast alle Bodenbelags- und Baustoffe zu große Wärmeleitzahlen bzw. zu geringe Schichtdicken besitzen → 192 1.

Gummibeläge

Bodenbeläge aus Gummi werden als ein- oder mehrschichtige Bahnen und Fliesen hergestellt. Sie haben bereits bei einschichtigem Aufbau infolge ihrer natürlichen Elastizität eine verhältnismäßig gute Trittschallisolierung. Nach DIN 4109, Blatt 5, kann schon bei einem 2,5 mm dicken Belag mit einem Trittschallschutz-Verbesserungsmaß von 10 dB gerechnet werden. Erhöht man die Belagsdicke mit Hilfe elastischer Unterschichten auf 3,5 bis 4 mm, so kann das Verbesserungsmaß auf 14 bis 15 dB ansteigen. Zweischichtige Gummibeläge etwa aus einer 1 mm dicken Vollgummischicht auf Textilgewebe und 4 mm dicker Porengummi-Unterschicht gewährleisten sogar ein VM von 24 dB, also annähernd den gleichen Wirkungsgrad wie ein guter schwimmender Estrich. Der Wärmedurchlaßwiderstand beträgt nach Labormessungen 0,06 (0,075). Mit solchen zweischichtigen Belägen läßt sich unter anderem das schwierige Trittschallschutzproblem mit der Forderung nach Fußwärme auch in Sanitärräumen auf eine sehr elegante Weise lösen → 313 1. Der Bodenbelag ist in diesem Fall gleichzeitig die einzige Feuchtigkeits-Sperrschicht.

Wohl die meisten Gummibeläge bestehen aus einer Synthesekautschukschicht und einer stärker gefüllten Unterschicht aus Naturkautschuk. Solange diese Unterschicht nicht ähnliche Eigenschaften hat wie der obenerwähnte Porengummi, gilt der Belag in vorliegendem Zusammenhang praktisch als einschichtig. Auch in Verbindung mit Preßkorkunterlagen wird die sehr gute Wirkung der Porengummi-Unterlage nicht erreicht. Diese Verbundbeläge entsprechen eher den PVC/Filz-, PVC/Korkment- oder PVC/Kork-Verbundbelägen. Gummibeläge sind in vorliegendem Zusammenhang überhaupt den Kunststoffböden sehr ähnlich.

Kunststoffböden

Von den verschiedenartigen Kunststoffböden (Spachtelmassen, Hartfliesen, Bahnen) sind die Verbundbelagsbahnen für schall- und wärmetechnische Zwecke am besten geeignet. Mit einem VM von etwa 20 dB mit einem gemessenen Wärmedurchlaßwiderstand 0,20 (0,23) erreicht der PVC-Spannteppich nach 193 4 die Wirksamkeit eines normalen Teppichbodens. Auch bezüglich der Fußwärme steht er in dieser Gruppe an der Spitze → 193 1. Alle anderen Typen dieser Bodenbelagsgruppe erreichen diese Werte nicht → 192 2.

Je härter und dünner das Material, um so geringer die Dämmwerte. Je dicker und elastischer die Unterlagen, um so größer ist die Gefahr der Beschädigung und thermoplastischer Verformungen. Verschiedene Kunststoffbeläge dürfen überhaupt nicht auf solchen Unterlagen verlegt werden. Maßgebend sind in jedem Einzelfall die Verlegeanweisungen der Hersteller.

Durch Dämmstoffunterlagen, etwa aus dem linoleumartigen Korkment, werden auch relativ dicke PVC-Beläge fußwarm und recht gut trittschallisolierend. Außerdem werden sie dadurch trittsicherer. Geringfügige Unebenheiten, wie zum Beispiel kleine Sandkörner, drücken sich nicht so leicht durch wie bei sehr

Linoleum, Teppichböden — OBERFLÄCHEN

dünnen PVC-Schichten, die direkt auf den Estrich geklebt werden. Alle Bodenbeläge mit hohem Kunststoff-Binder-Anteil (PVC) sind völlig dampfdicht und daher mindestens genauso sorgfältig zu verlegen wie Gummiböden oder Linoleum. Eingeschlossene oder aus dem Unterboden aufsteigende Feuchtigkeit kann die Verklebung lösen und → Blasenbildung verursachen.

Das Eindringen von Feuchtigkeit von oben durch die Fugen und Anschlüsse in eine eventuell vorhandene Unterlage aus Filz oder anderem feuchtigkeitsempfindlichen Stoff muß unbedingt verhindert werden. Am besten ist das Verschweißen der Stöße, wodurch solche Beläge die Eigenschaft einer hochwertigen und leicht kontrollierbaren Feuchtigkeitssperrschicht erhalten und darum auch auf Korkment als Unterlage in gewissen Feuchträumen, wie zum Beispiel in Wohnungen, physikalisch einwandfrei verwendbar sind.

Linoleum

Linoleum besteht im wesentlichen aus einem Unterlagsgewebe und trocknenden Ölen und Harzen mit Füllstoffen, wie zum Beispiel Kork, Holzmehl und Farben. Sie sind bei weitem nicht so thermoplastisch wie etwa PVC (Polyvinylchlorid) und lassen sich daher ausnahmslos unbedenklich auf dünnen dämmenden Unterlagen verlegen. Bei Korklinoleum sind Unterlagen weder schall- noch wärmetechnisch notwendig, da ihre Wärmeableitung auch auf den besonders ungünstigen Zementestrichen ausreichend gering ist → 193 3. Die Trittschallisolierung ist im Vergleich zu den anderen dünnen Belägen dieser Art verhältnismäßig gut → 193 2.

Wichtig ist, daß alle Linoleumbeläge einschließlich ihrer Unterlage vollflächig mit dem Untergrund verklebt werden. Da sie praktisch völlig dampfsperrend wirken, muß der Untergrund trocken sein und eine Sperrschicht gegen aufsteigende Bodenfeuchtigkeit erhalten (→ Böden gegen Grund, 206). Auch an den Wänden und anderen Anschlüssen ablaufendes Wasser (Tauwasser) darf nicht unter den Belag kommen, da seine Unterlagen dann verrotten, soweit sie nicht feuchtigkeitsbeständig sind. Der Belag selbst kann schwinden, sich verfärben und werfen.

Feuchtigkeitsempfindliche Linoleumunterlagen, etwa Filzpappe, sind nur in trockenen Räumen und auf völlig trockenen Unterböden verwendbar. Auf Gußasphalt haben sich offensichtlich solche Pappen als Linoleumunterlage ebenfalls nicht bewährt, da Linoleumhersteller davon abraten.

Teppichböden

Unter den elastischen, weichen Bodenbelägen, die sich zur Verbesserung der schall- und wärmetechnischen Eigenschaften von Decken eignen, nehmen die Teppichböden eine besondere Stellung ein. Sie besitzen einen hervorragenden Fußwärmeschutz, verbessern die Wärmedämmung, verstärken die Raumschalldämpfung und gewährleisten eine gute bis ausgezeichnete Trittschallisolierung. Im Gegensatz zu härteren Belägen oder unbelegten Estrichen mindern sie auch optimal die Trittgeräusche im begangenen Raum.

Einen sehr anschaulichen Überblick über die durch die verschiedenen Belagstypen erzielbaren Trittschallschutz-Verbesserungsmaße bietet 195 1. Die einzelnen Oberflächenstrukturen erläutern die Bilder 313 3, 313 4 und 313 5.

Alle Beläge überschreiten den Wert bei III, was bedeutet, daß ihre Trittschallisolierung auf den heute sehr häufig verwendeten, mindestens 14 cm dicken schweren Massivplattendecken mit sehr großer Sicherheit ausreichend ist. Beläge, die die Grenze bei II erreichen, genügen auch auf allen anderen Decken der Gruppe II. Der dicke Strich bei 24 dB, der im Schaubild mit I gekennzeichnet ist, bedeutet nach der Norm eine ausreichende Trittschallisolierung auf Decken der Massivdeckengruppe I. Zu dieser Gruppe gehören bekanntlich alle leichten einschaligen, bzw. unzureichend doppelschaligen Massivdecken.

Bei Belägen, die über die Anforderungen der Gruppe I hinausragen, ist zu beachten, daß sie nur dann auf den Decken dieser Gruppe normgerecht verlegt werden können, wenn die nach DIN 4109 für Decken zwischen »fremden Räumen« ungenügende Luftschalldämmung unter den gegebenen Umständen ausreicht (→ 141 1).

Teppichböden können wie alle anderen dünnen Bodenbeläge die Luftschalldämmung von Decken nicht verbessern, jedenfalls nicht,

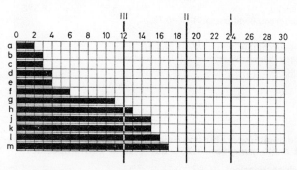

1 Trittschallschutz-Verbesserungsmaß (VM nach DIN 4109) von Kunststoff- und Kunstharzbodenbelägen ohne und mit verschiedenen Unterlagen. Geringfügige Differenzen zwischen den einzelnen Fabrikaten und Messungen wurden gemittelt. Sämtliche Beläge waren mit ihrem Untergrund und den Unterlagen verklebt. Sämtliche Werte wurden im Labor ermittelt. Von links nach rechts sind die dB-Werte des Verbesserungsmaßes und von oben nach unten die Belagstypen aufgetragen.

Die Marken bei I und II kennzeichnen das nach DIN 4109 für die Massivdeckengruppe I bzw. II bei der Messung im Laboratorium erforderliche Verbesserungsmaß. Beläge, deren VM im Dauerzustand die Grenze bei III überschreitet, können die Anforderungen der Norm für ein TSM von mindestens 0 dB erfüllen, wenn sie entweder auf besonders schweren, einschaligen Stahlbeton-Massivdecken oder auf guten Doppeldecken verlegt werden → 186.

		VM (dB)
a	1,8 mm dicke Vinylasbestplatten (Flexplatten)	2
b	3 mm dicke Kunstharz-Asbestplatten (Asphalttiles)	3
c	1,5 mm dicker mehrschichtiger PVC-Belag	3
d	2,4 mm dicker mehrschichtiger PVC-Belag	4
e	PVC-Schicht mit 1,5 mm dicker Juteunterlage	4
f	2 mm dicker homogener PVC-Belag	6
g	etwa 1 mm dicke PVC-Schicht auf Jute und Textilfilz, Gesamtdicke 3 mm	11
h	1,5 mm PVC auf 2 mm Korkment	13
j	2 mm dicker homogener PVC-Belag auf 2 mm Korkment oder dünne PVC-Schicht auf Filz, insgesamt 3 bis 4 mm dick	15
k	dünne PVC-Nutzschicht auf Preßkorkplatten, insg. 4 mm dick	15
l	dünne harte PVC-Schicht auf 5 bis 6 mm dicken Korkplatten oder 1 mm PVC auf 1,4 mm PVC-Schaum oder 2 mm Korkment	16
m	dünne harte PVC-Schicht auf 8 mm dicken Korkplatten oder etwa 1,5 mm PVC auf 2 mm PVC-Schaum verschweißt	18
	1,5 mm dicker homogener PVC-Belag auf 2,5 mm Korkment	18

Die Marken I und II liegen für den Dauerzustand (nach 2 Jahren) um 3 dB tiefer.

OBERFLÄCHEN

Linoleum, Teppichböden

1 Wärmeableitung von Kunststoffbodenbelägen

	Wärmeabgabe in kcal/m² nach 1 Min.	10 Min.	Wärmeableitungsstufe	1/Λ*	
0,8 mm PVC-Belag auf 5 mm Jutenadelfilz, lose aufgelegt oder gespannt	6,9	21,9	I	0,20	(0,23)
1 mm PVC-Belag auf 2 mm Filz, geklebt	7,9	33,0	I	0,05	(0,06)
1 mm PVC-Belag auf 2 mm Korkment	8,7	49,0	II	0,03	(0,04)
1,2 mm PVC-Belag auf 1,3 mm PVC-Schaumunterschicht	9,7	55,0	II	0,03	(0,03)
1,5 mm PVC auf 2,5 mm Korkment	10,0	46,0	II	0,05	(0,06)
1,5 mm PVC-Belag auf 2 mm PVC-Schaum	11,0	49,0	II	0,03	(0,04)
2 mm PVC-Belag auf 2 mm Korkment	9,3	50,2	II	0,03	(0,04)
2 mm PVC-Belag auf Beton	12,3	83,7	III	0,01	(0,01)

3 Wärmedämmung und Wärmeableitung von Linoleum

	Wärmeableitung in kg/m² nach 1 Min.	10 Min.	Wärmeableitungsstufe	1/Λ*	
6,0 mm Korklinoleum (neue Produktion)	7,4	32,0	I	0,07	(0,08)
3,2 mm Korklinoleum (neu) auf Beton	7,2	44,0	I	0,03	(0,04)
6,7 mm Korklinoleum auf Beton	7,9	40,5	I	0,07	(0,08)
4,5 mm Korklinoleum auf 20 mm Asphalt und Dämmatte	7,7	44,3		0,05	(0,06)
4,5 mm Korklinoleum auf 3,5 mm Zementestrich und Dämmatte	7,7	48,3	II	0,05	(0,06)
2,5 mm Linoleum auf genoppter Wollfilzpappe, normal	11,0	43,9	II		
2,5 mm Linoleum auf genoppter bituminierter Wollfilzpappe	11,1	42,1	II		
2,5 mm Linoleum auf 5 mm Hartfaserplatten und 20 mm Torfoleum	10,5	49,4	II		
2,5 mm Linoleum auf 2 mm dickem Schaumkunststoff	10,9	42,3	II		
4,5 mm Linoleum, Verbundbelag auf Korkment	11,0	49,0	II	0,04	(0,05)
2,5 mm Linoleum auf 2,8 mm Korkment	11,6	57,4	II		
2,0 mm Linoleum auf 1,5 mm bituminierter Unterlagspappe	11,1	66,4	II		
2,0 mm Linoleum auf 1 mm Filzp.	10,9	64,2	II	0,03	(0,04)
4,5 mm Linoleum auf 1,5 mm Unterlagspappe	11,8	65,4	II		
4,5 mm Linoleum auf 1 mm Filzp.	11,8	64,1	II		
2,5 mm Linoleum auf schwimmendem Estrich o. ä.	11,7	83,9	III	0,02	(0,02)
2,5 mm Linoleum auf Schwerbeton	13,3	87,7	III	0,02	(0,02)

Die angegebenen Wärmedurchlaßwiderstände gelten nur für den Bodenbelag und die teilweise verwendeten Unterlagen, ohne den Estrich und die Rohdecke.

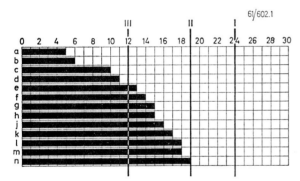

2 Trittschallschutz-Verbesserungsmaß (VM nach DIN 4109) von Linoleumbelägen ohne und mit verschiedenen Unterlagen bzw. Unterschichten. Es handelt sich um Mittelwerte aus einer größeren Zahl von Messungen an verschiedenen Fabrikaten. Im übrigen →192 und 186.

		VM (dB)
a	2 bis 2,5 mm dickes Linoleum	5
b	4 mm dickes Linoleum	6
c	2,5 mm dickes Linoleum auf 1 bis 2 mm Filzpappe (etwa 500 g/m²)	10
d	6 mm dickes Linoleum	8–11
e	2 mm dickes Linoleum auf 1,8 mm Korkfilzpappe oder etwa 4 mm dickes hartes Korkparkett	13
f	2,5 mm dickes Linoleum auf Filzpappe (etwa 800 g/m²) oder etwa 2,5 mm Korkfilzpappe	14
g	2 bis 2,5 mm dickes Linoleum auf 2 mm Korkment	15–16
h	3,5 mm dickes Korklinoleum	12–15
j	2 mm dickes Linoleum auf 2,8 mm Korkfilzpappe oder auf 5 mm dicken Holzfaser-Isolierbauplatten (380 kg/m³)	16
k	2 bis 3,2 mm dickes Linoleum auf 3,2 mm Korkment	16–17
l	4,5 mm dickes Linoleum auf 3,2 mm Korkment	16–18
m	etwa 7 mm dickes Korklinoleum	15–18
n	2,5 mm dickes Linoleum auf lockerer Wollfilznoppenpappe (etwa 800 g/m²)	19

Die Marken I und II liegen für den Dauerzustand (nach 2 Jahren) um 3 dB tiefer.

* in m²K/W (m²hK/kcal).

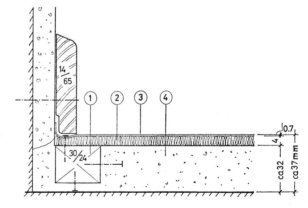

4 Wandanschluß eines PVC-Spannteppichs auf Ausgleichsestrich. Die 0,7 mm dicke, außerordentlich verschleißfeste Kunststoff-Gehschicht wird lose auf die Filzbahn gelegt und umlaufend gespannt sowie geheftet, damit sich Eindrücke wieder ausgleichen können. Wichtig ist ein tadelloser Sitz der Nagel- und Fußleiste.

1 Nagelleiste 30/24 mm   3 PVC-Gehschicht, etwa 0,7 mm dick
2 6 mm dicker Naturfaserfilz   4 Ausgleichsestrich

Die elastische Unterlage darf nicht zu weich und muß ausreichend dick und fest sein, da sonst die Gefahr einer Beschädigung besteht. Die angegebene Dicke von 4 mm dürfte wohl die obere Grenze darstellen. Das praktisch erzielbare Verbesserungsmaß VM ist damit auf etwa 20 dB begrenzt. Der Wärmedurchlaßwiderstand beträgt 0,20 (0,23).

Linoleum, Teppichböden **OBERFLÄCHEN**

Schallabsorptionsgrade von Nadelflor-Textilbelägen

Belag		Dicke (mm)	Flächengewicht (kg/m²)	Hz: 125	250	500	1000	2000	4000	Prüfdatum
Schurwolle mit Perlonschlinge	lose verlegt	7,0	2,3	0,01	0,04	0,12	0,35	0,49	0,63	1961
wie vor, Velours	lose verlegt	7,0	2,1	0,02	0,03	0,09	0,29	0,49	0,59	1961
Wollmischgarn-Schlinge	lose verlegt	7,0	2,0	0,01	0,04	0,11	0,31	0,48	0,57	1961
Wollmischgarn-Velours	lose verlegt	7,0	2,0	0,01	0,03	0,10	0,29	0,50	0,60	1961
Mischgarn-Schlinge	lose verlegt	7,0	2,0	0,00	0,02	0,07	0,19	0,37	0,63	1961
Velours	lose verlegt	10,0	2,8	0,01	0,07	0,16	0,38	0,61	0,67	1961
Perlon-Schlinge	lose verlegt	6,0	2,2	0,01	0,03	0,06	0,19	0,41	0,51	1963
Velours, Extraklasse	lose verlegt	9,0	2,5	0,05	0,06	0,12	0,33	0,52	0,67	1964
Dralon-Velours, besonders dicht	lose verlegt	6,0	—	0,03	0,18	0,58	0,31	0,45	0,78	1965
wie vor, auf 5 bis 7 mm Haarfilzunterlage aufgeklebt			—	0,03	0,14	0,33	0,21	0,43	0,62	1963

soweit sich die Untersuchung auf das in DIN 52210 genormte Verfahren stützt. Effektiv ist in Gebäuden, die durchweg mit Teppichböden ausgestattet werden, die Luftschalldämmung der Decken dadurch besser, daß diese Beläge infolge ihres teilweise recht hohen Schallabsorptionsgrades eine zusätzliche Raumschalldämpfung bewirken, die sich in einer Erhöhung der Pegeldifferenz zwischen den betreffenden Räumen äußert. Die Erhöhung kann nach den vorliegenden Untersuchungsergebnissen unter Umständen mit Werten bis zu 3 dB angenommen werden. Interessant ist noch im Gegensatz zu anderen Belägen, daß die subjektiv empfundene Trittschallisolierung größer ist, als auf Grund der Meßergebnisse angenommen werden kann. Diese Beobachtung deckt sich auch mit der bekannten Tatsache, daß das genormte Trittschallschutz-Meßverfahren für Teppiche ungünstigere Werte ergibt als für andere trittschallisolierende Fußböden. Das liegt wohl daran, daß bei der Messung die Schlagflächen des Hammerwerks den Teppich in gewissem Sinn überbeanspruchen, was bei normalem Begehen nicht der Fall ist. Teppichböden gehören zu den besten bisher bekannt gewordenen Trittschallschutz-Stoffen. Wie groß die Schallabsorption sein kann, ist in Bild 195 4 dargestellt. Diese teilweise älteren Meßwerte stammen von verschiedenen Instituten und sind wohl nicht exakt miteinander vergleichbar. Systematisch durchgeführte Vergleichsmessungen eines einzigen Instituts ergaben die Werte in 1. Die Schallabsorption nimmt mit der Schichtdicke, also der Florhöhe, zu und ist auch vom Vorhandensein eingelagerter dichter Zwischenschichten (wie z. B. der Latex-Rückseite) sowie von der Art der Porosität abhängig. Nicht aufgeklebte Teppichböden mit einer nahezu dichten Rückseite haben bei mittleren Frequenzen eine höhere Absorption als geklebte Bodenbeläge. Das ist durch einen Mitschwingeffekt der dichten Teppichrückseite vor dem dahinterliegenden dünnen Luftpolster auf unebenem Boden erklärlich.

Wie bereits oben erwähnt, liegt ein durch die üblichen Prüfbestimmungen ebenfalls nicht erfaßter Vorteil von Teppichböden in der sogenannten »Gehschall-mindernden« Wirkung, die in gewissem Maße auch bei allen übrigen verhältnismäßig elastischen Bodenbelägen → 189 bis 192 auftritt. Bei einem Versuch wurde das Gehgeräusch im begangenen Raum auf einem Teppichboden mit 44 dB(A) festgestellt, während es auf einem hohlliegenden Holzboden bei sonst gleicher Meßanordnung etwa 67 dB(A) betrug, also um 23 dB(A) oder rein subjektiv etwa 5mal lauter war. In der Größenordnung von 40 bis 45 dB(A) liegt bereits der Schallpegel des bei lautlosem Gehen allein durch das Reiben der Kleidung erzeugten Geräusches. Die Unterschiede zwischen den einzelnen Teppichsorten sind in dieser Hinsicht gering.

Zu den wärmetechnischen Belangen, die immer im Zusammenhang mit den schalltechnischen gesehen werden müssen, ist zu sagen, daß ein zusätzlicher fußnaher Wärmedurchlaßwiderstand auf den heute allgemein üblichen Massivdecken und Estrichen immer sehr erwünscht ist, da es immer noch vorkommt, daß Häuser gebaut werden, deren Trenndecken und insbesondere Kellerdecken bei weitem nicht den Mindestforderungen von DIN 4108 genügen. Es besteht andererseits kein Zweifel darüber, daß diese Forderungen vernünftig sind und in jedem der in der Norm genau festgelegten Einzelfälle unbedingt eingehalten werden müssen. Es ist sogar ratsam, diese Mindestwerte etwa bei Kellerdecken möglichst weit zu überschreiten.

Zu den Bemühungen, eine solche Verbesserung der Wärmedämmung, also eine Erhöhung des Wärmedurchlaßwiderstandes, zu erreichen, können gerade Teppichböden und ähnliche Bodenbeläge auf sehr einfache Weise beitragen, da sie eine relativ große Schichtdicke besitzen und infolge ihrer porösen Struktur mit einer recht günstigen Wärmeleitzahl von etwa 0,05 (0,045)... ...0,07 (0,06) angesetzt werden können. Welche praktisch anwendbaren Wärmedämmwerte sich auf diese Weise ergeben, ist in 195 2 zusammengestellt. Um die Größenordnung dieser Verbesserungswerte sinnfällig zum Ausdruck zu bringen, wurden in der 2. Spalte Vollziegelwanddicken angegeben, bei denen etwa die gleiche Wärmedämmung vorhanden ist.

Wenn man bedenkt, daß zum Beispiel zwischen unbeheizten Kellerräumen und Wohnräumen ein Wärmedämmwert von insgesamt mindestens 0,90 (1,05) erforderlich ist, so erscheinen einem diese Werte vielleicht zu gering. Sie sind jedoch nicht nur für den Gesamt-Wärmedurchlaßwiderstand wichtig, sondern auch für den Fußwärmeschutz. Es ist sehr erwünscht, daß sich mindestens ein Teil der zur Wärmedämmung ohnehin erforderlichen Dämmschicht möglichst nahe an der Fußbodenoberfläche befindet, wobei ein insgesamt ausreichend großer Wärmedurchlaßwiderstand selbstverständlich vorausgesetzt wird.

Dieser Gesichtspunkt ist bei Räumen, die nicht ständig beheizt werden, und auf Decken, die ohnehin eine geringe Wärmedämmung besitzen, besonders wichtig. Durch die fußnahe Dämmschicht wird erreicht, daß sich die für die Fußwärme bei bekleideten Füßen ausschließlich wichtige Temperatur der Bodenoberfläche und der bodennahen Luftschichten auch bei Kurzzeitbeheizung oder in den Übergangsjahreszeiten schnell genug der Temperatur der nur vorübergehend erwärmten Luft angleicht.

OBERFLÄCHEN

Linoleum, Teppichböden

Bei unbekleideten oder ungenügend bekleideten Füßen sorgt darüber hinaus die geringe Wärmeeindringzahl aller Teppichböden für einen ausreichenden Fußwärmeschutz. In welchem Maße Teppichböden nach DIN 52614 selbst für unbekleidete Füße fußwarm sind, ist in 195 3 vermerkt. Teppichböden erfüllen in ungewöhnlichem Ausmaß eine ganze Reihe physikalisch-technischer Forderungen.

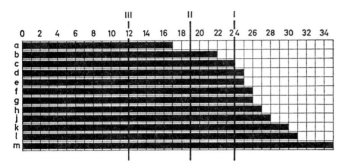

1 Trittschallschutz-Verbesserungsmaße (VM nach DIN 4109) von Teppichböden ohne und mit verschiedenen Unterlagen. Hiernach genügen fast alle Teppichböden den in der Norm genannten Mindestanforderungen an den Trittschallschutz für die Massivdeckengruppen I und II. Die dickeren Qualitäten übertreffen sogar die Grenzlinie bei I bei weitem. Auf diesen Decken sind die Beläge jedoch nur dort unbedenklich, wo die ungenügende Luftschalldämmung, die durch Teppichböden direkt nicht verbessert werden kann, belanglos ist. In der Praxis wird man daher Teppichböden hauptsächlich dort besonders erfolgreich einsetzen können, wo auf Decken der Gruppe II (Decken mit ausreichender Luftschalldämmung) ein erhöhter Trittschallschutz gewünscht wird. Die in diesem Fall möglichen Trittschallschutzmaße liegen bei etwa +18 dB und darüber. In der folgenden Beschreibung der untersuchten Beläge ist jeweils angegeben, ob sie geklebt oder lose aufgelegt waren. Ganz allgemein dürften lose aufgelegte Teppichböden etwa um 4 dB besser sein als vollflächig aufgeklebte → 186.

		VM (dB)
a	Bouclé-Teppichboden, etwa 1500 g/m², aufgeklebt	17
b	4 mm Nadelfilz geklebt oder 10 mm Kokosläufer (2000 g/m²), lose aufgelegt	22
c	8 mm Velours-Teppichboden mit geschlossenen Noppen (Schlingen), etwa 2000 g/m², oder 5 mm Nadelfilz ganzflächig aufgeklebt	24
d	8 mm Velours-Teppichboden, Noppen aufgeschnitten, aufgeklebt	25
e	Velours-Teppichboden, etwa 2000 g/m², auf Filzpappe (500 g/m²) geklebt	25
f	8 mm Velours-Teppichboden, besonders dicht	26
g	Bouclé-Teppichboden, etwa 1500 g/m², auf 6 bis 8 mm Waffelhaarfilz-Unterlage (ca. 100 g/m²) geklebt	26
h	Velours-Teppichboden, etwa 1500 g/m², auf Schaumstoffunterlage (100 g/m²) geklebt	27
j	Bouclé-Teppichboden wie g, auf 5 mm Waffelfilzunterlage (1200 g/m²) geklebt oder 8 mm Velours-Teppichboden, lose verlegt	28
k	Velours-Teppichboden, etwa 2000 g/m², auf 6 bis 8 mm Waffelhaarfilz (ca. 1200 g/m²) geklebt	30
l	Velours-Teppichboden wie vor, mit etwas weicherer Unterlage	31
m	Velours-Teppichboden, besonders dicht, mindestens 8 mm, oder mit Schaumgummiunterlage, insgesamt 13 mm dick, lose aufgelegt	35

Bei den Messungen war die effektive Trittschalldämmung (die tatsächlich empfundene Differenz mit und ohne Teppichboden) im Durchschnitt größer als das jeweils errechnete Trittschallschutz-Verbesserungsmaß. Sie lag etwa zwischen 30 und 35 dB(A) bei Belägen der Gruppe c bis l → 187 1.
Die Marken I und II liegen für den Dauerzustand (nach 2 Jahren) um 3 dB tiefer. III gilt ohnehin schon für den Dauerzustand.

2 Wärmedämmung von Teppichböden

	Wärmedämmung *	λ	gleichwertige Ziegelwanddicke
6 mm einfacher Nadelflor-Teppichboden (Wollmischgarn)	0,07 (0,08)	0,09	5 cm
wie vor, besonders dicht	0,09 (0,10)		7 cm
6 mm Nadelfilz (100% Langfaser-Nylon)	0,10 (0,12)	0,06	8 cm
7 mm Rippenvlies (50% Schurwolle und Tierhaare, 20% Polyamid, 30% Teppich-Spezialfaser)	0,10 (0,12)		8 cm
8 mm Nadelflor-Velours, Schurwolle mit Perlon	0,11 (0,13)	0,07	9 cm
8 mm Nadelflor-Velours, besonders dicht (Acrylfaser)	0,15 (0,17)		12 cm
10 mm Kokosteppich	0,19 (0,22)		rd. 15 cm
8 mm Velours auf 5 mm Schaumgummi-Unterlage	0,20 (0,23)		rd. 16 cm
5,5 mm Bouclé auf 7 mm Waffelhaarfilz	0,22 (0,26)		rd. 18 cm

Im Durchschnitt kann die Wärmeleitzahl der Florschicht bzw. des Gewebes mit 0,04 bis 0,05 kcal/m h grd angenommen werden. Die wirksame Wärmeleitfähigkeit des ganzen Belages mit Latex-Rücken o. ä. dürfte bei etwa 0,053 liegen.
* in m²hK/kcal = 0,86 m²K/W

3 Wärmeableitung von Teppichböden

	Wärmeableitung in kcal/m² nach		Wärmeableitungsstufe
	1 Min.	10 Min.	
8 mm Velours, Schurwolle mit Perlon	4,0	20,8	I
6 mm Velours, Wollmischgarn-Schlingen	5,0	26,0	I
6 mm Wollmischgarn-Schlingen, besonders dicht	4,1	20,7	I
6 mm Mischgarn-Schlingen	4,4	24,2	I
8 mm 100% DRALON-Velours, besonders dicht	3,5	17,0	I
10 mm Kokosbodenbelag	3,7	16,9	I

Der Wärmeableitungsstufe I entspricht die Beurteilung »besonders fußwarm«.

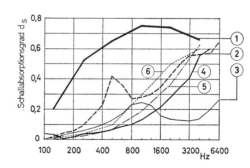

4 Frequenzabhängigkeit des Schallabsorptionsgrades von verschiedenen Teppichböden.
① Wollvelours (2650 g/m²) auf Waffelfilz (2720 g/m²), Gesamtgewicht 5370 g/m² (nach Kraege)
② Velours mit Schaumgummi-Unterschicht, insgesamt 13 mm dick, lose aufgelegt, Gesamtgewicht 2600 g/m² (nach Zeller)
③ Schlingenvelours 8 mm dick (2000 g/m²), lose aufgelegt (nach TH Braunschweig)
④ Kokosläufer 10 mm dick (2000 g/m²), lose aufgelegt (nach Gösele)
⑤ Schlingenvelours 5 mm dick, besonders dicht, lose aufgelegt
⑥ besonders hochfloriger und dichter Velours 8 mm dick, lose aufgelegt

Holzfußböden

Holz ist elastisch, fußwarm → Tab. 1 und wärmedämmend. Diese Vorzüge von Holzböden hat man zweifellos seit jeher bewußt oder unbewußt geschätzt und die Konstruktionen nach alten Überlieferungen richtig gewählt. Ein Blick in die heute noch stehenden, jahrhundertealten Bauten beweist das.

Einen sehr anschaulichen Beweis seiner mechanischen Beständigkeit und Festigkeit lieferte der Holzboden auf der Weltausstellung 1958 in Brüssel, wo man die Böden der deutschen Pavillons innen und außen (!) damit ausgestattet hatte. Unter anderem wurde der Boden des offenen Verbindungsgangs aus Langriemen in der im Schiffsbau üblichen Technik verlegt. Zu einem Zeitpunkt, da bereits Millionen von Besuchern darüber hinweggegangen waren, zeigte er keine sichtbare Abnutzung, obwohl gerade diese Stelle der Witterung sehr stark ausgesetzt war. Zur gleichen Zeit wurden auf der gleichen Ausstellung in anderen Bauwerken und an anderen Baustoffen Fußbodenschäden erschreckend großen Ausmaßes beobachtet.

Die gute Haltbarkeit ist jedoch keineswegs der Grund dafür, daß hier so ausführlich über den Holzboden berichtet wird. Was ihn aus der großen Vielfalt anderer Fußböden und Bodenbeläge hervorhebt, sind vielmehr seine besonderen schall- und wärmetechnischen Eigenschaften, die bei dem heute umfassend praktizierten Betonbauverfahren mehr denn je voll ausgenutzt werden müssen, um gesunde und in technischer Hinsicht einwandfreie Räume zu schaffen → 197 1.

Parkett, Bretter und Holzwerkstoffe

Auf den heute fast ausschließlich verwendeten Stahlbetondecken gewährleistet bereits die einfachste Konstruktion in Form des uralten Riemenbodens auf Lagerhölzern ein Höchstmaß an Wärmedämmung. Sie kann dank der hervorragenden konstruktiven Eignung des Holzes praktisch beliebig dimensioniert werden, je nachdem wie der unter dem Boden zwischen den Lagerhölzern entstehende Hohlraum ausgebildet wird. Legt man unter die Lagerhölzer etwa 10 cm breite Streifen eines elastischen Dämmstoffes, so sind damit gleichzeitig auch alle schalltechnischen Anforderungen erfüllt → 2.

Die einfachen Langriemen- oder Dielenböden werden auch auf Holzbalkendecken verlegt. Lagerhölzer werden verwendet, wenn als Rohdecke eine Betonplatte, Stahlbetonrippendecke, Stahlstein-, Stahlträger- oder Stahlbetonfertigdecke ausgeführt ist. Der Abstand der Lagerhölzer beträgt gewöhnlich etwa 60—65 cm und der Lagerholzquerschnitt 40×60 mm. Unter den Lagerhölzern verlegt man auf der Massivdecke 5 bis 10 mm dicke und 10 cm breite Dämmstreifen und zwischen den Lagerhölzern auf der Rohdecke Dämmatten aus organischen oder anorganischen Fasern. Wärmetechnisch ist eine Dämmattendicke von 15 mm oft ausreichend.

25 mm dicke Nadelholzdielen über einer etwa 35 mm dicken Luftschicht und 15 mm dicken Dämmbahnen erreichen auf Lagerhölzern mit 10 mm Dämmunterlage die geforderten Wärme- und Schallschutzwerte, die für Wohnungstrenn-, Keller- und Dachbodendecken in Verbindung mit verputzten Rohdecken aus > 12 cm Stahlbeton, 17 cm Stahlbetonrippendecken oder 12 cm Stahlsteindecken gefordert werden.

Die Unterseite der Dielenfußböden soll nach Angaben der Holzindustrie durch Lüftungsschlitze in den Fußleisten »belüftet« werden. Diese Belüftung ist nur dort unbedingt notwendig, wo größere Feuchtigkeitsmengen unter den Boden gelangen können, bzw. wo die unter der betreffenden Decke liegenden Räume schlecht belüftet oder sehr feucht sind. Die Dämmatten auf den Rohdecken sollen an allen Wandanschlüssen vor den Stirnseiten der Lagerhölzer hochgezogen werden (→ Böden gegen Grund, 206).

Genaue Regeln für das in jedem Einzelfall erforderliche Mindestmaß an Schalldämmung lassen sich leider nicht aufstellen, zumal auch die Gesamtbauweise durch die sogenannte Nebenwegübertragung einen gewissen Einfluß auf das Endergebnis hat. Es ist in jedem Fall zweckmäßig und wirtschaftlich, nicht genau mit den Mindestwerten zu planen, sondern eine möglichst große Überschreitung anzustreben.

Wie eine solche Konstruktion aussieht und welche Maße im einzelnen eingehalten werden sollten, zeigt 197 1. Eine auch optisch sehr ansprechende Weiterentwicklung dieses einfachen Bodens → 197 2. Der hauptsächlich zur Verbesserung der Wärmedämmung, aber auch zur Minderung des »Dröhngeräusches« beim Begehen und zur weiteren Verbesserung der Luftschalldämmung im Hohlraum einzubringende Dämmstoff soll in diesem Fall selbst keine tragende Funktion besitzen. Ist dies wegen einer ungewöhnlich starken mechanischen Beanspruchung zur Verringerung der gewöhnlich sehr erwünschten Elastizität oder aus anderen Gründen notwendig, so sollte man die unter dem Lagerholz liegende elastische Schicht auch unter den dann als Aufütterung zu verwendenden tragfähigen Dämmplatten durchführen, so wie bei der Konstruktion in 197 3. Die gute Trittschallisolierung und Verbesserung der Luftschalldämmung kann so noch gesteigert werden.

Bei weniger elastischen Unterlagen ist es zweckmäßig, das Lagerholz dünner zu wählen als die Dämmplatten → 197 4. Beim Anschrauben der Langriemen wird es hochgezogen, so daß der ganze Boden dann nur noch auf den Dämmplatten aufliegt. Der Wirkungsgrad ist davon abhängig, in welchem Maße die

1 Wärmeableitung von Holzböden
(nach J. S. Cammerer)

	Wärmeabgabe in kcal/m² nach 1 Min.	Wärmeabgabe in kcal/m² nach 10 Min.	Wärmeableitungsstufe
Fichtenriemenboden	6,8	29,5	I
8 mm dickes wasserfestes Afara-Sperrholz direkt auf Beton	8,6	38,3	I
Buchenholzparkett	8,7	39,2	I
Eichenparkett	8,6	43,6	I

2 Trittschallschutz-Verbesserungsmaße für einfache Holzbretterböden und Parkettbeläge mit verschiedenen Unterschichten

	VM (dB)
Riemenböden auf Lagerhölzern, direkt auf der Decke lose verlegt	16
wie vor, auf Schlackenschüttung (60 mm)	21
wie vor, auf 10 mm dicken Dämmstreifen aus Mineralwolle oder Kokosfasern	24
Parkettbeläge auf folgenden Unterschichten:	
20 mm Kork	6
7 mm Bitumenfilz	15
10 mm Weichfaserdämmplatten	16
10 mm Torfplatten	16
25 mm Holzwolle-Leichtbauplatten	17
25 mm Holzwolle-Leichtbauplatten, darunter 10 mm Kokosfasermatten	27
10 mm Weichfaserdämmplatten, darunter 5 mm Mineralfaserplatten	28

OBERFLÄCHEN

Holzfußböden

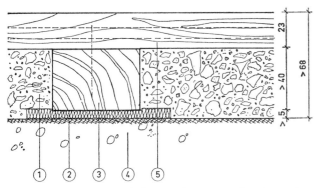

1 Holzfußboden auf Lagerhölzern in konventioneller Konstruktion mit dem Unterschied, daß die Lagerhölzer mit der Rohdecke nicht starr verbunden werden:
1 Hohlraum mit Schallschluckstoff oder Wärmedämmschicht nach Bedarf
2 Dämmstreifen
3 Lagerholz
4 Rohdecke
5 Holzdielen mit Nut und Feder oder Parkett mit und ohne Blindboden

Die als Unterlage für die Lagerhölzer dienenden Dämmstreifen müssen nach DIN 4109 in belastetem Zustand mindestens 5 mm dick sein, eine Breite von 100 mm besitzen und aus Baustoffen bestehen, die den Anforderungen an die → Faserdämmschichtgruppe I in DIN 18165 genügen. Eine Füllung des Hohlraumes mit Mineralfaserfilz, mit einer Schlackenschüttung o. ä. führt zu einer Verbesserung der Luft- und Trittschalldämmung. Diese Konstruktion genügt den Normforderungen auf allen dichten Stahlbeton-Decken.

Böden dieser Art gewährleisten mit verhältnismäßig geringer Konstruktionshöhe ein Höchstmaß an Wärmedämmung und Fußwärmeschutz und sind daher bevorzugt für Decken über offenen Räumen geeignet. Das VM beträgt nach DIN 4109 24 dB und die Verbesserung des LSM 6 bis 8 dB

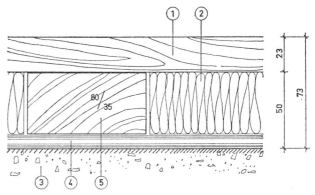

3 Auf beiden Massivdeckengruppen ausreichender Holzfußboden auf Lagerhölzern und tragfähigen Holzwolle-Leichtbauplatten:
1 Langriemen, Spanplatten usw.
2 Holzwolle-Leichtbauplatten
3 Rohdecke
4 durchgehend elastische Schicht, z. B. aus 5 bis 8 mm dicken Glas- oder Steinwolleplatten mit einer dynamischen Steifigkeit von weniger als 30 MN/m³
5 Lagerholz

Die tragfähige Dämmplatte nach 2 erlaubt einen beliebig großen Lagerholz-Abstand und mindert die beim Begehen entstehenden Dröhngeräusche. Der Wärmedurchlaßwiderstand beträgt > 0,77 (0,9) und das VM nach DIN 4109 mehr als 27 dB. Die Verbesserung der Luftschalldämmung kann mit 6 bis 8 dB angenommen werden. Mit Schilfrohr statt 4 beträgt das VM etwa 24 dB.

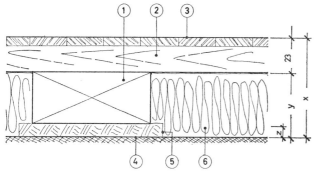

2 Schnitt durch einen »abgesperrten« Parkettlangriemenboden auf Lagerhölzern:
1 Lagerholz
2 Nadelholzlangriemen
3 quer darübergeleimte Hartholzstäbchen
4 Rohdecke
5 elastische Lagerholzunterlage, stück- oder streifenweise unterlegt, dynamische Steifigkeit kleiner als 30 MN/m³
6 satt in den Hohlraum eingedrückte Glas- oder Steinwollematte bzw. -Platte mit einer dynamischen Steifigkeit von weniger als 10 MN/m³

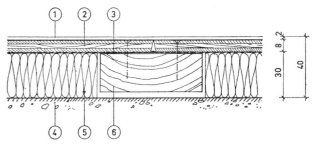

4 Holzfußboden auf tragfähigen Dämmplatten für Massivdecken der Gruppe II:
1 Nutzschicht
2 druckverteilende Holzplatten oder Langriemen
3 bei Holzplatten nach Bedarf Klebeschicht
4 Rohdecke
5 magnesitgebundene Holzwolle-Leichtbauplatten oder gleichwertiger Schaumkunststoff
6 Holzleiste

Das VM beträgt infolge der günstigen Kontaktfederung magnesitgebundener Holzwolle-Leichtbauplatten etwa 24 dB bei einem Wärmedurchlaßwiderstand von 0,43 (0,5) der sich auf > 0,86 (1,0) erhöhen läßt, wenn statt 5 gleich dicke Schaumkunststoff-Platten verwendet werden (ausreichend für den unteren Abschluß nicht unterkellerter Aufenthaltsräume auf Feuchtigkeitssperrschicht).

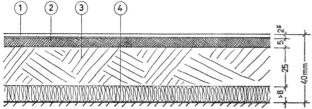

ebene Stahlbetondecke

5 (links) Fußwarmer Bodenbelag mit guter Luft- und Trittschalldämmung auf allen dichten Massivdecken:
1 Linoleum
2 aufgeklebte Druckverteilungsschicht aus Hartfaserplatten
3 Holzwolle-Leichtbauplatte nach DIN 1101
4 Faserdämmfilz nach Dämmschichtgruppe I in DIN 18165, mindestens 8 mm dick

Die Wärmedämmung genügt der Normforderung für alle Wohnungstrenndecken.

Holzfußböden — OBERFLÄCHEN

Dämmplatten elastisch sind. Böden dieser Art sind vorwiegend für schwere Stahlbetonmassivdecken oder für Doppeldecken geeignet. Die tragfähige Dämmplatte gestattet, auf die relativ dicken Langriemen zu verzichten und statt dessen z. B. wesentlich dünneres Sperrholz zu verwenden. Böden dieser Art werden gewöhnlich mit einer besonderen Gehschicht versehen und sind ein guter Träger für PVC-Beläge. Man kann sie auch kräftig versiegeln und so direkt als Gehschicht benutzen.

Eine Abwandlung dieses Bodens mit ausreichender Wirkung auf allen üblichen leichten und schweren Stahlbetondecken → 198 3 in Anlehnung an das Prinzip nach 197 3. Hier kann auf das die Fugen der Sperrholzplatten verbindende Holz verzichtet werden, wenn eine haltbare Verklebung zwischen den beiden lastverteilenden Schichten gelingt. Auch diese Konstruktion gewährleistet eine relativ geringe Gesamthöhe, so daß sie mit einem schwimmenden Estrich technisch durchaus konkurrieren kann. Statt des Sperrholzes läßt sich nach genau gleichem Prinzip natürlich auch Stabparkett verwenden oder in einer billigeren Ausführung Linoleum auf steifen und feuchtigkeitsunempfindlichen Hartfaserplatten → 197 5.

Wie in 198 4 gezeigt, ist auch eine direkte Verlegung auf tragfähigen, jedoch noch ausreichend elastischen Dämmschichten

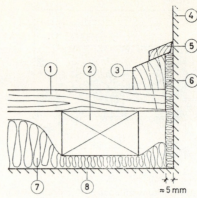

1 Langriemen
2 Lagerholz
3 Scheuerleiste
4 verputztes Mauerwerk
5 Deckleiste
6 Mineralwolleplatte oder elastischer Schaumkunststoff
7 Mineralwollematten
8 Rohdecke

2 Schalltechnisch richtiger seitlicher Anschluß eines schwimmend verlegten Holzfußbodens.

Die Matte nach 7 muß so beschaffen sein, daß sie sich unter dem Lagerholz auf etwa 8 mm zusammendrückt und in der Lage ist, die vorhandenen Unebenheiten auszugleichen. Wenn die Gefahr besteht, daß sie später unter größeren Nutzlasten mehr als etwa 3 mm nachgibt, so ist es besser, Unterlagen nach 197 2, Ziff. 5 zu verwenden.

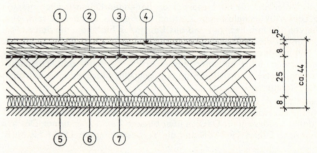

3 Holzfußboden mit einer Unterlage aus 25 mm dicken Holzwolle-Leichtbauplatten auf einer Dämmstoffschicht mit einer dynamischen Steifigkeit von weniger als 30 MN/m³.

1 Nutzschicht aus Linoleum o. ä., alternativ Versiegelung
2 druckverteilende Schicht aus wasserfestem Sperrholz, Spanplatten o. glw., alternativ Parkett
3, 4 Klebeschichten
5 Rohboden
6 elastische Schicht etwa aus Glas- oder Steinwolleplatten
7 Holzwolle-Leichtbauplatten zur Verbesserung der Druckverteilung und Verringerung der Luftpolster-Steifigkeit

Böden dieser Art sind nach DIN 4109 auf beiden Massivdeckengruppen ausreichend. VM mehr als 25 dB, Wärmedurchlaßwiderstand 0,63 (0,73).

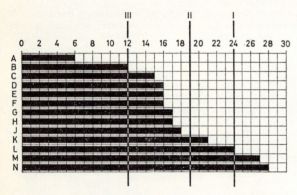

1 Trittschallschutz-Verbesserungsmaße für Riemenböden und Parkettbeläge mit verschiedenen Unterschichten.

		VM (dB)
Riemenböden auf Lagerhölzern		
D	direkt auf der Decke verlegt	16
G	auf Schlackenschüttung (60 mm)	21
L	auf 10 mm dicken Dämmstreifen aus Mineralwolle oder Kokosfasern	24
Parkettbeläge auf folgenden Unterschichten:		
A	harter Kork	6
B	ca. 10 mm dicke, relativ harte bituminierte Holzfaserplatten	12
C	7 mm elastischer Bitumenfilz	15
E	10 mm Weichfaserdämmplatten	16
F	10 mm Torfplatten	16
H	25 mm Holzwolle-Leichtbauplatten	17
M	25 mm Holzwolle-Leichtbauplatten, darunter 10 mm Kokosfasermatten	27
N	10 mm Weichfaserdämmplatten, darunter 5 mm Mineralfaserplatten	28

I = ausreichend für die Massivdeckengruppen I und II } im Labor oder kurz nach der Verlegung
II = ausreichend für die Massivdeckengruppe II }
III = ausreichend für besonders schwere Stahlbeton-Massivplatten aus guten Doppeldecken im Dauerzustand.
Die Grenzen I und II liegen für den Dauerzustand (nach 2 Jahren) um 3 dB tiefer → 186.

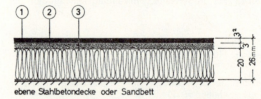

ebene Stahlbetondecke oder Sandbett

4 Linoleum-Belag mit Hartfaser-Druckverteilungsschicht auf bituminierten Holzfaser-Isolierbauplatten nach DIN 68750 zur Trittschall- und Wärmeisolierung:

1 Linoleum
2 Hartfaser-Druckverteilungsschicht (statt Hartfaserplatten können auch 100% wasserfest verleimte Sperrholzplatten, phenolharzverleimte Spanplatten o. glw. verwendet werden)
3 Holzfaser-Isolierbauplatten nach DIN 68750

Dieser Belag genügt mit Sicherheit den Normforderungen an den Trittschall- und Wärmeschutz von Wohnungstrenndecken, wenn Massivdecken zur Verwendung gelangen, die selbst eine ausreichende Luftschalldämmung gewährleisten. Sämtliche Schichten können miteinander verklebt werden.

OBERFLÄCHEN

möglich. Böden dieser Art sind nach DIN 4109 schalltechnisch nur auf schweren einschichtigen Decken oder auf Doppeldecken zulässig. Die Dämmschichtdicke sollte in jedem Fall, also auch bei Verwendung von bituminierten Holzfaserdämmplatten nach DIN 68750, mindestens 8 mm und bei mit Bitumpapier abzudeckenden Torffaserplatten nach DIN 18165 mindestens 15 mm betragen. Unmittelbar auf der Rohdecke ist im allgemeinen eine Ausgleichsschicht notwendig.

Eine Besonderheit des hohlliegenden Holzbodens ist, daß sein Schallabsorptionsgrad im Mittel, verglichen mit ausgesprochenen Schallschluckstoffen, wohl relativ gering ist, sich jedoch über den ganzen raumakustisch wichtigen Frequenzbereich erstreckt und sein Maximum bei tiefen Frequenzen hat, die durch die aus technischen Gründen relativ dünnen speziellen Akustikplatten und sonstigen besonderen Schallabsorptionsschichten sehr oft nur ungenügend erfaßt werden. Bei raumakustischen Berechnungen werden Holzböden auf Lagerhölzern in den einzelnen Frequenzbereichen etwa mit folgenden Werten berücksichtigt:

Hz:	128	256	512	1024	2048	4096
α_S:	0,15	0,11	0,12	0,08	0,08	0,11

Mit diesen Werten steht der hohlliegende Holzfußboden — Teppichböden und ähnlich poröse Bodenbelagsstoffe ausgenommen — bezüglich der Schallabsorption unter den Bodenbelägen an erster Stelle. Bei den im heutigen Beton und Glas bevorzugenden Bauverfahren raumakustisch immer wichtigen tiefen Frequenzen absorbiert er sogar stärker als der beste Teppichboden, was angesichts der großen Fläche, die der Boden in jedem Saal einnimmt, sehr ins Gewicht fällt.

Ein geklebter Holzboden, etwa Parkett auf schwimmendem Estrich, zeigt dagegen bezüglich der Schallabsorption ein völlig anderes, raumakustisch weniger günstiges Verhalten → 92 1.

Holzpflaster

Ein Holzboden besonderer Art ist das sehr zu Unrecht in Vergessenheit geratene Holzpflaster. Es gibt keinen anderen Industrieboden, der angenehmer zu begehen und fußwärmer ist. Außerdem ist er weder zu viel noch zu wenig elektrisch isolierend und funkensicher, was bei explosionsgefährdeten Räumen außerordentlich wichtig ist. Über die Abmessungen und die übliche Lieferform eines auch für anspruchsvolle Räume verwendbaren Holzpflasters → Bild 1. Bei der Werkstatt in 313 2 wurde ein anderer Typ verwendet, bei dem die rechteckigen Stirnholzstücke bereits im Werk zu einzelnen Platten zusammengefügt werden.

Nach Angaben eines der größten Hersteller von Stirnholzpflaster kann man für die Wärmedämmung und für akustische Zwecke je nach Holzart etwa folgende Werte zugrunde legen:

Wärmedämmwerte bei 12% Holzfeuchtigkeit:

5 cm Pflasterhöhe	0,17...0,14	(0,20...0,16)
6 cm Pflasterhöhe	0,21...0,17	(0,24...0,20)
8 cm Pflasterhöhe	0,28...0,22	(0,32...0,26)

Die größeren Werte gelten jeweils für leichtes (Tanne, Kiefer, Fichte) und die kleineren für schweres Holz, wie Eiche, Buche u. ä.

Wärmeeindringzahl bei 12% Holzfeuchtigkeit:
ca. 4,7...5,8 (4...5).

Wärmeableitungskurve etwa wie bei Buchenholz senkrecht zur Faser → 189 1.

Schallschluckgrad innerhalb eines Raumes, ohne Versiegelung: 0,08 bis 0,12

Trittschallschutz-Verbesserungsmaß:
ca. 10 bis 15 dB

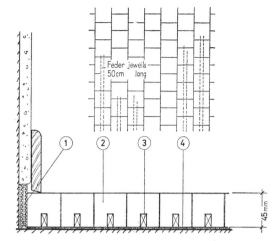

1 Senkrechter Schnitt und Verlegeplan eines Holzpflasterbodens:
1 feuchtigkeitsunempfindliche und elastische Dehnfugeneinlage je nach Größe der zu verlegenden Fläche
2 imprägnierte Klötze aus feinjährigem Holz, 50 × 50 cm
3 eingeleimte Holzfeder zur Vereinfachung der Verlegung und Verbesserung der Stabilität
4 feuchtigkeitsbeständige Klebemasse

Auf nicht unterkellerten Rohböden muß unter 4 eine lückenlose Feuchtigkeitssperrschicht aufgeklebt werden, etwa aus einer 500er Dachpappe. Besonders sorgfältig ist das maximal mögliche Quell- und Schwindmaß zu berücksichtigen, da sich der Belag sonst vom Boden lösen kann.

Schwimmende Estriche

Das Konstruktionsprinzip des schwimmenden Estrichs → 201 1, 201 2 und 313 6 als Fußboden oder als Teil davon zur Schall- und Wärmedämmung existiert bereits seit mehr als 30 Jahren. Es muß konsequent angewendet werden, da Mängel der verwendeten Baustoffe und Fehler bei der Planung und Ausführung die angestrebte Wirkung sehr in Frage stellen. Die Technik des schwimmenden Estrichs ist außerordentlich schwierig und erfordert unbedingt gut geschulte Arbeitskräfte. Beim Verleger erfordert sie ein erhebliches Maß an Erfahrung und Geschicklichkeit.

Der richtig verlegte schwimmende Estrich ist nahezu die Idealform der akustischen Vorsatzschale → 137, die keinerlei Verbindung zwischen dem durch Schall erregten Element und dem übrigen Baukörper als schallfortleitendem Teil besitzt. Auf diese Weise wird nicht nur ein guter Trittschallschutz, sondern auch eine wesentliche Erhöhung der Luftschall- und Wärmedämmung erreicht. Die Verbesserungswerte des Trittschallschutzes können 30 dB übersteigen → 200 1. Das Luftschallschutzmaß wird meist um etwa 6 dB verbessert. Die Verbesserung der Wärmedämmung erreicht die höchsten in DIN 4108 geforderten Wärmedurchlaßwiderstände. Kritisch ist die Schall-Längsleitung entlang der Estriche, wenn sie unter schalldämmenden Wänden durchlaufen → 123 2.

Für die Ausführung gilt DIN 4109, deren Blatt 4 ausführliche Richtlinien über die Herstellung solcher Estriche sowie über die erforderliche Beschaffenheit der Dämmschichten enthält. Weitere Anhaltspunkte über Dämmstoffe bieten auch DIN 18165 und 18164. Die wichtigsten Verlegerichtlinien betreffen die zu isolierenden Anschlüsse, die lückenlose Abdeckung der Dämmstoffe und die Beschaffenheit der Rohdecke → 201 1.

Schwimmende Estriche

OBERFLÄCHEN

Überblickt man die bisherigen Erfahrungen und bauwissenschaftlichen Ergebnisse, so kommt man zu dem Schluß, daß der unbelegte schwimmende Estrich eine schalltechnisch ausgezeichnete Konstruktion (→ 201 3) ist. Von einem schwimmenden Estrich ist jedoch außer den schalltechnischen Qualitäten, die ihm überhaupt erst seine Daseinsberechtigung geben, zu fordern, daß er in der Lage ist, sämtliche auftretenden Belastungen ohne störende Verformung → 2 möglichst gleichmäßig auf die Isolierschicht zu verteilen, und daß er eine gute Unterlage für den Gehbelag darstellt, soweit seine Oberfläche nicht selbst Gehschicht ist. Ist er selbst Gehschicht, so muß er je nach Anwendungsfall wenigstens für bekleidete Füße fußwarm sein. Ist der für den Estrich vorgesehene Bodenbelag selbst nicht ausreichend fußwarm → 3 und → 189 3, so muß der Fußwärmeschutz durch die Eigenart des Estrichmaterials oder des Belags in den fußnahen Schichten gewährleistet werden. Der Dämmstoff unter den üblichen schwimmenden Estrichen kann zwar je nach Schichtdicke beliebig stark wärmedämmend hergestellt werden, ist aber ohne Einfluß auf die Fußwärme, wenn man im Vergleichsfall gleiche Bodentemperaturen voraussetzt.

In ausreichendem Maße schwimmend ist der Estrich nur, wenn er auf einem sehr weichen, alterungsbeständigen und hochelastischen Dämmstoff → 201 4 genügender Dicke tatsächlich schwimmend verlegt wird. Die optimale Belastbarkeit des Dämmstoffes soll den tatsächlich auftretenden Druckspannungen in der Größenordnung von 0,2 bis etwa 1,0 N/cm² entsprechen.

Die meisten Unterlagen für schwimmende Estriche haben eine gute Dämmwirkung erst bei Dicken von mehr als 5 bis 10 mm in belastetem Zustand, da schwimmende Estriche wie fast alle Anordnungen zur Körperschallisolierung mit dem Estrich als Masse und der Unterlage als Feder ein Schwingungsgebilde darstellen, dessen Resonanzfrequenz bei gutem Isolierwirkungsgrad möglichst weit unterhalb der tiefsten Frequenz des bauakustisch wichtigen Bereiches — also 100 Hz — liegen sollte. Um in dieser Anordnung eine genügende Steifigkeit gegen die Verformung der Estrichplatte zu gewährleisten, sind für den Estrich harte und biegezugfeste Stoffe notwendig → 202 1. Wegen der großen Biegesteifigkeit und des hohen Gewichtes erhalten solche Fußböden zwangsläufig eine stark wärmeableitende Eigenschaft, deren Größenordnung mit Hilfe der folgenden Vergleichszahlen abgeschätzt werden kann.

	Verhältniszahl
Korkplatte, 190 kg/m³	5
Fichtenholz	11
Eichenholz	20
Gummi	20—22
Linoleum	23
Gipsestrich	55
Zementestrich	61
Betonwerkstein	88

Bei diesen Werten handelt es sich um Zahlen, die das Verhältnis der für die Wärmeabteilung von Fußböden bedeutungsvollen Wärmeeindringzahl der jeweils genannten Baustoffe zu derjenigen des bekannten Kunststoffhartschaumes (z. B. geschäumtes Polystyrol, 15 kg/m³) angibt. Die Zahlen geben also an, um welchen Faktor die betreffenden Baustoffe selbst schlechter sind als der bezüglich des Fußwärmeschutzes und der Wärmeisolierung geradezu ideale Kunststoffhartschaum, den man allerdings wegen seiner relativ begrenzten mechanischen Festigkeit nicht als reine Gehschicht verwenden kann.

1 Trittschallschutz-Verbesserungsmaße von schwimmenden Estrichen auf verschiedenen Dämmschichten

Zementestriche auf folgenden Dämmschichten:	VM (dB)
Wellpappe, gewalzt, 3 mm	18
Weichfaser-Dämmplatten, 12 mm	15
Holzwolle-Leichtbauplatten, 25 mm	16
Polystyrol-Hartschaumplatten, Normalausführung, 10 mm	18
Polystyrol-Hartschaumplatten, Spezialausführung, 10 mm	26
Korkschrotmatten, 6—8 mm	16
Gummischrotmatten oder Wellpappe auf 30 mm Perlite-Trockenschüttung	18
Kokosfasermatten, 8 mm	23
Kokosfaser-Rollfilz, 13 mm	28
Mineralfaserplatten, 10 mm	27
Mineralfaserplatten, 15 mm	31
Mineralfaser-Rollfilz, 15 mm	31
Holzwolle-Leichtbauplatten, 25 mm, darunter 9 mm Mineralfaser-Rollfilz	34
Asphaltestriche auf folgenden Dämmschichten:	
Weichfaser-Dämmplatten, 20 mm oder Wellpappe auf 27 mm Perlite-Trockenschüttung	20
Schilfrohrplatten, 20 mm	25
Korkschrotmatten, 7 mm	19
Gummischrotmatten, 8 mm	20
Holzwolle-Leichtbauplatten, 25 mm, darunter 5 mm Mineralfaserplatten	31

Die Dicken der angegebenen Dämmstoffe beziehen sich auf den eingebauten Zustand.

2 Mindestdicken einschichtiger schwimmender Estriche in Abhängigkeit von der Zusammendrückung der Dämmschicht
(Nach DIN 4109)

	Zusammendrückung (mm)			
	5	7	7—12	12
1. Zementestrich	35	35	40	45
2. Anhydritestrich	25	30	35	40
3. ungemagerter Gipsestrich	25	30	35	40
4. gemagerter Gipsestrich	35	35	40	45
5. Magnesia-Estrich	35	35	40	45
6. Gußasphalt-Estrich	20	25—30	(größte zulässige Zusammendrückung 8 mm)	

Die Dicken von Glätt- und Spachtelschichten dürfen bei der Dickenbemessung nicht mitgerechnet werden. Die Estrich-Festigkeiten müssen den jeweils gültigen Ausführungs- und Stoffnormen entsprechen. Für schwimmende Estriche sind besonders hohe Anforderungen an die Biegezugfestigkeit und Druckfestigkeit bzw. Eindrucktiefe zu stellen.

3 Wärmeableitung von Estrichen

	Wärmeabgabe in kcal/m² nach		Wärmeableitungsstufe
	1 Min.	10 Min.	
Leichtbeton-Estrich, nackt, 1200 kg/m³	8,6	58,6	II
Anhydrit-Leichtestrich, ca. 1000 kg/m³	11,0	50,0	II
3-Schichten-Steinholzboden	12,5	82,7	III
Asphalt, gestampft und als Platte	15,1	104,6	IV
Schwerbeton, nackt	17,6	119,6	IV

Für den Fußwärmeschutz ist es gleichgültig, ob diese Estriche schwimmend oder als Verbundschichten ausgeführt werden, wenn die Gesamt-Wärmedämmung der Norm entspricht (→ Decken, 140 5).

OBERFLÄCHEN

Schwimmende Estriche

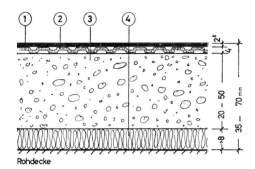

1 Schwimmender Estrich mit fußwarmem Belag aus Linoleum auf einer Unterlage aus geprägter Wollfilzpappe:
1 handelsübliches Linoleum
2 geprägte Wollfilzpappe
3 schwimmender Estrich, Dicke je nach Estrich-Material und Zusammendrückung der Dämmstoffe → 200 2
4 elastische Dämmschicht aus Naturfaser- oder Mineralfaserfilz, lückenlos mit mehr als 250er nackter Bitumenpappe oder mindestens 0,2 mm dicker Polyäthylen-Kunststoff-Folie abgedeckt

Auf schweren Rohdecken (mehr als 350 kg/m²) und Doppeldecken mit einer biegeweichen Vorsatzschale ist die Trittschallisolierung des Belags allein ausreichend, so daß in solchen Fällen der Estrich (3) nicht unbedingt schwimmend verlegt werden muß. Die Rohdecke muß ausreichend trocken und eben sein, sie darf keine punktförmigen Erhebungen (Mörtelbatzen) aufweisen. Großflächige Unebenheiten von mehr als 5 mm auf 1 m Meßlänge sind unzulässig. Rohrleitungen dürfen die Dicke der akustisch wirksamen Dämmschicht und die Estrichdicke nicht verringern. Zementestriche müssen bei einer größten Seitenlänge von 6 m alle 20 bis 30 m² durch Fugen unterteilt werden.

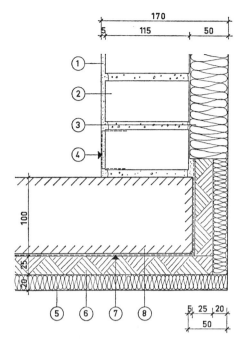

3 Schwere, sehr tragfähige schwimmende Stahlbeton-Bodenplatte nach dem Prinzip des schwimmenden Estrichs:
1 dichter Verbundputz
2 Mauerwerk aus schweren Steinen
3 Hohlraumfüllung aus elastischem Schallschluckstoff (lückenlos!)
4 Dübel
5 elastischer Stoff der Dämmschichtgruppe I (weniger als 30 MN/m³)
6 Holzwolle-Leichtbauplatten als Abstandhalter und Druckverteilungsschicht für den flüssigen Beton
7 lückenlose Sperrschicht aus Kunststoff-Folie
8 Stahlbeton nach statischen Erfordernissen

Schwimmende Böden dieser Art gewähren das im normalen Hochbau mögliche Höchstmaß an Schalldämmung etwa bei einer »Raum im Raum«-Gestaltung.

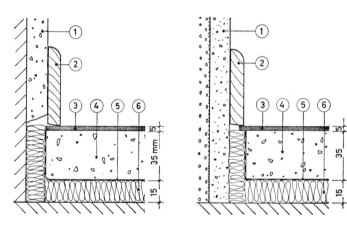

2 Richtiger Anschluß eines schwimmenden Estrichs an eine dichte (links) und an eine poröse Wand (rechts):
1 Putz
2 Sockelleiste
3 Bodenbelag
4 schwimmender Estrich
5 Abdeckung der Dämmschicht aus einer 250er nackten Bitumenpappe, 0,2 mm dicker Kunststoff-Folie o. glw. mit mindestens 8 cm Überdeckung
6 Faserdämmstoffschicht, seitlich bis über Estrich-Oberkante hochgeführt. Diese seitliche Dämmschicht genügt notfalls in einer Dicke von 2 bis 3 mm. Sie muß jedoch überall vorhanden sein, also auch an durchlaufenden Rohrleitungen, Türschwellen, Türzargen usw.

Bei dichten Wänden, z. B. aus Stahlbeton, ist es möglich, den Wandputz wie üblich etwa 1 cm über dem Fertigboden aufhören zu lassen. Bei allen übrigen Wänden, bei denen nicht sicher ist, daß sie völlig luftdicht sind, wollte man den Wandputz bis zur Rohdecke herunterführen.

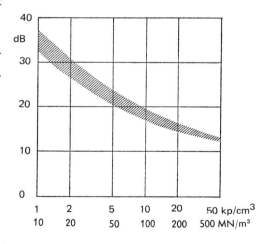

4 Theoretischer Zusammenhang zwischen dem Verbesserungsmaß eines schwimmenden Estrichs (in dB) und der dynamischen Steifigkeit (in MN/m³ bzw. kp/cm³) der unter dem Estrich verwendeten elastischen Schicht. Der obere Rand des schraffierten Bereichs gilt für Estriche mit einer Flächenmasse von 75 kg/m² und der untere Rand für ca. 45 kg/m².

OBERFLÄCHEN
Schwimmende Estriche

Ein Nachteil steifer und schwerer Estrichplatten ist der Umstand, daß ihre Herstellung mit der Verwendung von Wasser verbunden ist. Dadurch gelangt erhebliche Baufeuchtigkeit in den zu diesem Zeitpunkt bereits weitgehend ausgetrockneten Bau. Außerdem entsteht die Gefahr von Körperschallbrücken sowie eine Behinderung der übrigen Bauarbeiten durch die einzuhaltenden Abbinde- und Trockenzeiten → 203 2.

Dem Nachteil zusätzlicher Baufeuchtigkeit entgeht man durch Verwendung von Gußasphaltestrichen, die jedoch nicht die große Biegefestigkeit der hydraulischen Estrichsorten, wie etwa Zementestrich, Anhydritestrich, Gipsestrich oder Magnesia-Estrich, besitzen, da sie thermoplastisch sind. Um die dadurch bedingten gefürchteten Muldenbildungen zu vermeiden, verlegt man sie heute nur noch auf verhältnismäßig dünnen, elastischen Dämmstoffen bis zu etwa 8 mm Dicke oder auf formbeständigerem und daher leider steiferem Material → 200 2 und 203 1. Die Folge davon ist eine geringere Trittschallisolierung, die durch die Tatsache mehr als ausgeglichen wird, daß er gegen Verlegefehler infolge seiner hohen inneren Dämpfung und der natürlichen Schrumpfung viel weniger anfällig ist. Punktförmige Körperschallbrücken können sich hier nur auf einen sehr kleinen Bereich von etwa 1 m² Größe auswirken.

Die Verwendung dickerer Dämmschichten, etwa zur Verbesserung der Wärmedämmung oder zum Ausgleich größerer Unebenheiten, ist mit Hilfe von verschiedenen nivellierbaren Trockenschüttungen → 203 3 oder durch Unterlagen aus praktisch formbeständigen Dämmplatten möglich.

Für die Formbeständigkeit belasteter Dämmstoffschichten unter schwimmenden Estrichen gilt in besonderem Maße, was bereits auf Seite 188 behandelt wurde. Bei den hier verstärkt auftretenden statischen und dynamischen Belastungen ist darauf zu achten, daß die als erforderlich festgelegten Schichtdicken auf die Dauer erhalten bleiben, da mit ihrer Verringerung auch der Wärmedurchlaßwiderstand nachläßt. Bei Wärmedämmschichten, die nicht gleichzeitig auch schalltechnische Funktionen übernehmen müssen, ist dieser Forderung sehr einfach nachzukommen, indem man solche Stoffe verwendet, die bei gleichbleibender Wärmeleitzahl ein möglichst starres Gefüge besitzen, wie etwa Schaum- und Gasbeton, Schaumglas, Holzwolle-Leichtbauplatten, Korkplatten, Holzfaser-Isolierbauplatten, Kunststoff-Hartschaumplatten und dergleichen.

Bei den nach den neuen Dämmstoffnormen vorverdichteten elastischen Platten und Schüttungen ist die Gefahr einer Minderung der Dämmwirkung geringer und im wesentlichen davon abhängig, ob die Isolierschicht von Anfang an auf der Unterlage satt verlegt wurde oder ob sich durch Unebenheiten der Rohdecke, ungleichmäßige lose Sandschüttungen, einzelne Mörtelbatzen und dergleichen unter der Dämmschicht Hohlräume gebildet haben, die mit der Zeit durch die Belastung verschwinden. In solchen Fällen kann man also von einer echten Alterung der Dämmschicht ebenfalls nicht sprechen. Diese Meinung wird noch durch die Feststellung der Prüfinstitute bestärkt, daß die größten Verschlechterungen kurz nach Bezug der Wohnungen eintraten und das Nachlassen in der Wirkung später geringer wurde.

Die geringsten Veränderungen hat man an Mineralfaserplatten und ähnlichen, der späteren Belastung entsprechend vorverdichteten Schichten festgestellt. An auf solchen Platten verlegten Estrichen wurden sogar vereinzelt Verbesserungen festgestellt, die offensichtlich darauf zurückzuführen sind, daß sich kleinere Körperschallbrücken durch die ständigen Vibrationen, denen die Estriche beim Begehen ausgesetzt sind, gelöst haben. Für die Auswahl von Dämmstoffen für schwimmende Estriche und ihre zweckmäßige Anwendung wären somit folgende Gesichtspunkte herauszustellen:

Sandschichten sind nicht nur für die Wärmedämmung, sondern auch für die Trittschallisolierung ungeeignet. Ihr manchmal anfänglich vorhandener Dämmwert sollte bei der Ermittlung des erforderlichen Dämmwertes nicht in Ansatz gebracht werden, auch wenn sie aus anderen Gründen, etwa zum Ausgleich unebener Rohdecken, notwendig sind.

Belastete Dämmstoffschichten dürfen bei der Ermittlung des vorhandenen Dämmwertes (also auch bei Labormessungen) nur in dem Zustand untersucht werden, der sich in der Praxis tatsächlich im Laufe der Benutzung einstellt.

Bei den Ausschreibungen ist für die Dämmstoffe nicht die Dicke im Anlieferungszustand, sondern im belasteten Einbauzustand anzugeben (siehe auch DIN 18165 und 18164). Je weniger elastisch die Faser des betreffenden Stoffes bzw. je geringer die Vorpressung, um so größer ist die Gefahr einer Verschlechterung während der Benutzung. Die Dämmstoffschicht muß immer als lückenlose »Wanne« vorhanden sein.

Nach im Auftrag des Bundes-Wohnungsministeriums durchgeführten, sehr eingehenden Untersuchungen können ungeeignete Dämmstoffe und vor allem Verlegefehler die Wirksamkeit eines schwimmenden Estrichs entscheidend mindern. Durch eine einzige feste Schallbrücke kann das VM auf 10 bis 20 dB zurückgehen. Mehrere Brücken dieser Art verursachen weitere Verschlechterungen um 5 bis 10 dB. Besonders nachteilig sind streifenförmige Brücken, die zuweilen zwischen ungenügend abgedeckten Dämmplatten entstehen. Hierdurch kann der Estrich akustisch völlig wirkungslos werden.

Trittschallübertragungen an festen Verbindungen zu den Wänden sind der Länge dieser Verbindung proportional.

1 Nach DIN 4109 erforderliche Mindestfestigkeit einschichtiger schwimmender Estriche

	Biegezugfestigkeit		Druckfestigkeit	
	N/cm²	(kp/cm²)	N/cm²	(kp/cm²)
Zementestrich	400 (250)	40 (25)	2250	225
Anhydritestrich	500 (300)	50 (30)	2500	250
ungemagerter Gipsestrich	500 (300)	50 (30)	2500	250
gemagerter Gipsestrich	400 (250)	40 (25)	1800	180
Magnesiaestrich	400 (250)	40 (25)	1000	100
Gußasphaltestriche	(siehe unten)			

Diese mittleren Festigkeitswerte gelten für die Prüfung nach 28 Tagen am Prisma (Laborwerte). Die eingeklammerten Zahlen sind für die erforderliche Festigkeit im ausgeführten Bauwerk maßgebend. Der kleinste Einzelwert darf nur um 20 % unter dem Mittelwert liegen.

Gußasphalt-Estriche müssen bei schwimmender Ausführung besonders hart sein. Die Eindringtiefe (nach DIN 1996 »Bitumen und Teer enthaltende Massen für Straßenbau und ähnliche Zwecke«) soll 1,0 mm nicht überschreiten, was Zuschlagstoffe bedingt, die in eingerütteltem Zustand nicht mehr als 22 Volumen-Prozent an Hohlräumen verursachen. Der Bitumengehalt darf 4 % des Hohlraum-Volumens nicht überschreiten.

OBERFLÄCHEN

Schwimmende Estriche

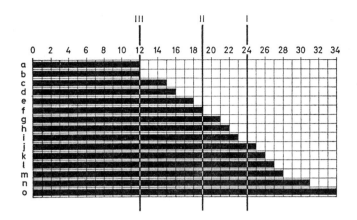

1 Verbesserung des Trittschallschutzes durch schwimmende Estriche. Das Diagramm zeigt Mittelwerte des sogenannten Trittschallschutz-Verbesserungsmaßes VM aus einer größeren Zahl von Laboratoriumsmessungen. Die Buchstaben auf der Ordinate kennzeichnen folgende Estrichtypen:

a schwimmender Estrich auf 25 mm dicken Holzwolle-Leichtbauplatten im Sandbett, Linoleumbelag

b schwimmender Estrich mit Linoleumbelag wie vor, auf 10 mm dicker Torffaserplatte

c Zementestrich auf 12 mm dicken Holzfaser-Isolierbauplatten oder 10 mm dicken Polystyrol-Hartschaumplatten
Gußasphalt auf 4 mm dicker Rippenpappe mit 2,5 mm dickem Linoleumbelag

d 30 mm dicker Zementestrich auf lose verlegten, 25 mm dicken magnesitgebundenen Holzwolle-Leichtbauplatten, auf 6 bis 8 mm dicken Korkschrotmatten oder 12 mm dicken Holzfaser-Isolierbauplatten

e Zementestrich auf Gummischrotmatten, 3 mm dicker gewalzter Wellpappe oder 10 mm dicken Polystyrol-Hartschaumplatten

f Asphaltestrich auf 20 mm dicken Holzfaser-Isolierbauplatten oder 8 mm dicken Gummischrotmatten
Zementestrich auf gerippter Wollfilzpappe und Hanfschäben mit Linoleumbelag
Asphaltestrich auf 4 mm dicker gerippter Wollfilzpappe mit Linoleumbelag

g 25 mm dicker Asphaltestrich auf 6 mm dicker Matte aus imprägnierten Holzfasern zwischen Roh- und Bitumenpapier

h Zementestrich auf 25 mm dicker Torffaserplatte im Sandbett

i Zementestrich auf 8 mm dicken Kokosfasermatten
27 mm dicker Gußasphaltestrich auf 6 mm dicker Mineralfaserplatte
30 mm dicker Kaltasphaltestrich auf 10 mm dicker Kokosfasermatte, Bodenbelag 5 mm Korklinoleum

j Asphaltestrich auf 20 mm dicken Schilfrohrplatten

k Zementestrich auf 10 mm dicken gewalzten Polystyrol-Hartschaummatten
27 mm Anhydritestrich auf 15 mm dicken Mineralwolleplatten (ca. 100 kg/m³) und 0 bis 2 mm dicker Ausgleichsschüttung aus Blähglimmer

l Zementestrich auf 10 mm dicken Mineralfaserplatten oder 19 mm dicken profilierten Polystyrol-Hartschaumplatten

m Zementestrich auf 13 mm dicken Kokosfasermatten oder auf 12 mm dicken Mineralwollematten
35 mm Zementestrich auf 15 mm Mineralfaserplatten

n Zementestrich auf 15 mm dicken Mineralfaserplatten oder 15 mm dicken Mineralfasermatten
Asphaltestrich auf 25 mm dicken Holzwolle-Leichtbauplatten und 5 mm dicken Mineralfaserplatten

o Zementestrich auf 25 mm dicken Holzwolle-Leichtbauplatten und 9 mm dicken Mineralwollematten oder -platten

Die Werte gelten unter der Voraussetzung, daß die Estriche normgerecht verlegt werden, also mit der in DIN 4109 angegebenen Abdeckung und mit einwandfreien Randisolierungen. Die angegebenen Dämmstoffdicken gelten immer für den eingebauten Zustand. Die Anlieferungsdicke der erwähnten Dämmstoffe kann teilweise erheblich größer sein, hauptsächlich bei Matten. Die Markierungen I und II kennzeichnen das nach DIN 4109 für die Massivdeckengruppen I bzw. II bei der Messung im Laboratorium mindestens erforderliche Verbesserungsmaß. Für die Kontrolle nach mehr als 2 Jahren liegen sie um 3 dB tiefer → 186.

Schwimmende Estriche, deren Verbesserungsmaß die Grenze bei III überschreitet, können die Anforderungen der Norm für ein TSM von mindestens 0 dB ebenfalls erfüllen, wenn sie auf besonders schweren einschaligen Stahlbeton-Massivdecken oder guten Doppeldecken bei sonst schwerer Bauart mit relativ geringer Längsleitung verlegt werden.

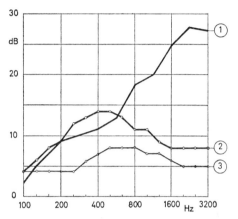

2 Frequenzabhängigkeit des Einflusses von Verlegefehlern bei hydraulischen schwimmenden Estrichen:

① Trittschallminderung auf einer Betondecke durch einen einwandfrei schwimmenden Estrich

② Wie Kurve 1, jedoch nach Belegen des Estrichs mit einem Fliesenbelag und starr verlegten Sockelplatten, die zwischen Bauwerk und schwimmendem Estrich eine starre Verbindung schufen

③ Wie Kurve 1, jedoch mit starrer Verbindung zwischen dem unbelegten schwimmenden Estrich und der Rohdecke durch ein nicht isoliertes Heizungsrohr

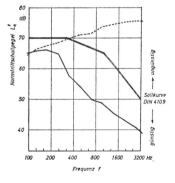

3 Am ausgeführten Bauwerk gemessener Trittschallschutz einer unterseitig verputzten, ca. 15 cm dicken Stahlbeton-Massivplatte mit 20 mm dickem Gußasphalt-Estrich auf einer Lage Wellpappe und einer losen, 20 mm dicken Schüttung aus PERLITE. Das Trittschallschutz-Maß wurde aus dieser Kurve mit +11 dB errechnet und genügt damit mit großer Sicherheit der Sollkurve nach DIN 4109. Es erreicht annähernd sogar den in der gleichen Norm, z. B. für Wohnungstrenndecken empfohlenen »erhöhten Trittschallschutz«. Das Verbesserungsmaß gegenüber der Rohdecke wurde mit 19,5 dB festgestellt (gestrichelt = Rohdecke, ausgezogen = Fertigdecke).

Stein- und Keramikböden

Fußböden dieser Art sind für nackte Füße durchweg fußkalt → 2, soweit es nicht möglich ist, sie entweder durch Leitung → 207 oder Strahlung → 230 direkt aufzuheizen. Auch die Wärmedämmung bereitet zuweilen Schwierigkeiten, soweit keine zentralgeheizten Räume darunterliegen (→ Trenndecken, 141; Kellerdecken, 147; Decken über offenen Räumen, 148).
Eine ausreichende Tritt- und Luftschalldämmung ist dagegen in normalen Wohn- und Bürogebäuden einfach zu verwirklichen → Bild 1 und 205 1. Dasselbe gilt auch für Flurböden u. ä. auf sehr schweren Decken oder bei ausschließlich zu berücksichtigender Diagonalübertragung → 3. Auch im Krankenhausbau treten bei den hier empfohlenen Konstruktionsprinzipien kaum schalltechnische Schwierigkeiten auf, wenn die direkte Nachbarschaft zu schallempfindlichen Räumen vermieden wird. Das Verfahren nach 205 1 gewährleistet bei sachgemäßer Verlegung die gleichen akustischen Werte wie entsprechende schwimmende Estriche → 203 1. Versuchsbauten ergaben TSM von +17 bis +20 dB. Drei Jahre später durchgeführte Kontrollmessungen ergaben keine Verschlechterung.

Schwingböden

In Turn- und Spielhallen, Gymnastikräumen, Ballettsälen usw. ist es notwendig, daß die Fußböden durch elastische Unterkonstruktionen → 205 3 und 314 1 stoßdämpfend wirken, wodurch nach der Schallschutznorm ein recht guter Trittschallschutz entsteht. Trotzdem treten in darunterliegenden Räumen zuweilen sehr störende Schallpegel auf, deren Maximum unterhalb von 100 Hz, vorwiegend wohl in der Größenordnung von etwa 40 Hz, liegt. Sie werden durch die Schallschutznorm überhaupt nicht erfaßt.
Solche Schwingungen für »Aufenthaltsräume« in ausreichendem Maße zu isolieren, ist nicht einmal mit der sehr aufwendigen Konstruktion nach 205 2 (und 205 4) möglich. Auf jeden Fall sollte die Rohdecke so dick und schwer wie möglich sein. Die darunterliegenden zu schützenden Räume müssen außerdem eine sehr starke Dämpfung für die auftretenden tiefen Frequenzen erhalten. Die beste Schallschutzmaßnahme ist hier unbedingt die Vermeidung einer direkten Nachbarschaft zu schallempfindlichen Räumen (→ Holzböden, 196; Turnhallen, 293).

1 (rechts) Vereinfachte Boden- und Randisolierung (nach DIN 4109) unter Keramikplatten in einem Wohnungs-Feuchtraum:
1 Keramik-Wandfliesen
2 Sockelfliesen, stehend. Konstruktiv und schalltechnisch wesentlich besser wäre es, wenn diese Fliesenreihe liegend angeordnet werden könnte
3 8 bis 10 mm dicker Bitumenkorkfilz, Wärmedurchlaßwiderstand 0,13 (0,15).
4 Bodenfliesen
5 mindestens 30 mm dickes Mörtelbett
6 Rohdecke
7 sehr sorgfältig verklebte Feuchtigkeits-Sperrschicht, z. B. aus Bitumen-Kautschuk-Selbstklebebahn, darauf Trenn- und Schutzschicht aus > 0,3 mm PE.
Die Fuge zwischen 1 und 2 muß durchgehend ausgekratzt und mit dauerelastischem Material abgedichtet werden, z. B. mit Polysulfit- oder Silicon-Kautschukkitt.

OBERFLÄCHEN

2 Wärmeableitung von Stein- und Keramikböden

	Wärmeabgabe in kcal/m² nach		Wärmeableitungsstufe
	1 Min.	10 Min.	
ca. 4 cm dicke Betonwerksteinplatten auf beliebiger Unterlage	17,6	119,6	IV
5 mm dicke Keramik-Bodenplatten auf 5 mm dickem Preßkork	16,5	60,7	IV/II
Keramik-Bodenplatten wie vor, auf 20 mm dicken Platten aus expandiertem Kork (Back-Kork)	17,1	56,0	IV/II

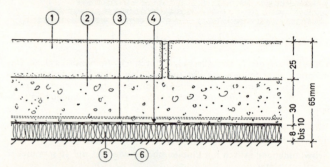

3 Dicker Steinplattenbelag auf schwimmendem Mörtelbett:
1 Natur- oder Kunststeinplatten
2 in Estrich-Qualität ausgeführtes Mörtelbett
3 rostgeschützte Armierung der unteren Zugzone, soweit ein Schutz gegen Risse erforderlich erscheint und Aufwölbungen nicht befürchtet werden müssen. Diese Bewehrung kann auch in der Nullzone der Mörtelschicht liegen, wo sie allerdings statisch weniger wirksam ist
4 Sperrschicht aus mehr als 0,2 mm dicker Polyäthylen-Folie oder mindestens 250er Bitumenpappe bzw. Bitumen/Kautschuk-Selbstklebebahn
5 elastische Dämmschicht
6 Rohdecke

Bei Verwendung von 8 bis 10 mm dickem Bitumenkorkfilz auf einer ca. 14 cm dicken Stahlbeton-Massivplatte wird die Sollkurve nach DIN 4109 erreicht (TSM ca. +1 dB). Bei Diagonalübertragung erhöht sich das TSM auf etwa +4 bis +7 dB. Starre Verbindungen sind unzulässig, auch an Türzargen, Türschwellen, Treppenanschlüssen usw.

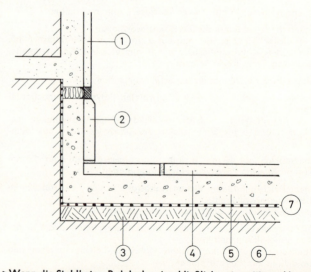

▷ Wenn die Stahlbeton-Rohdecke einschließlich unterseitigem Verputz eine Dicke von mindestens 150 mm besitzt, so ist im direkt darunterliegenden Raum mit einem TSM von etwa +1 dB und einem LSM von mindestens +2 dB zu rechnen. Bei Diagonalübertragung erhöhen sich beide Werte um 3 bis 6 dB. Gesamt-Wärmedurchlaßwiderstand etwa 0,24 (0,28).

OBERFLÄCHEN

Stein- und Keramikböden, Schwingböden

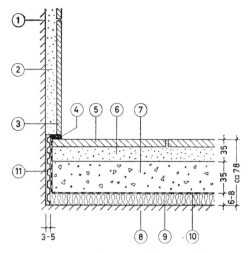

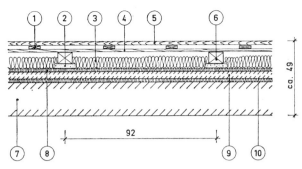

1 In DIN 4109 erläuterter Wandanschluß eines schwimmenden Fußbodens in Feuchträumen, z. B. Küchen, Bädern usw.:
1 Mauerwerk
2 Mörtelbett
3 Keramik-Wandplatten
4 elastische Fuge, z. B. aus THIOKOL, dauerplastischem Kitt oder einer Weichgummileiste (NEOPRENE)
5 Keramik-Bodenplatten
6 Mörtelbett
7 schwimmender Estrich
8 Rohdecke
9 Dämmstoffschicht, z. B. aus mindestens 10 mm dickem Bitumenkorkfilz, Korkschrotmatten, Mineralfaserplatten, STYROPOR-Platten u.dgl.
10 wasserdichte Abdeckung. Sie kann etwa auf dem erwähnten Bitumenkorkfilz auch als Sperrschicht ausgebildet werden, z. B. aus einer Bitumen/Kautschuk-Selbstklebebahn
11 Randisolierung aus bituminierter Wellpappe, STYROPOR, Korkfilz o.ä., lückenlos umlaufend, auch an Türschwellen, Zargen, Rohren usw.

Auch bei den relativ steifen Matten bzw. Platten aus Bitumenkorkfilz, Korkschrot oder Polystyrolschaum genügt die erzielbare Trittschallisolierung der Sollkurve nach DIN 4109, wenn der betreffende Raum wie üblich nicht direkt über einem »fremden« Aufenthaltsraum liegt. Die Diagonalmessung bei übereinanderliegenden Sanitärräumen gegen den nächsten Aufenthaltsraum nach DIN 4109 ergibt um 3 bis 6 dB günstigere Werte als bei Direktübertragung.

Die große Konstruktionshöhe läßt sich um mehr als 30 mm mindern, wenn die Bodenplatten im Dünnbettverfahren verlegt werden.

2 Doppelt isolierter Schwingboden auf einer Massivdecke:
1 oberer Schwingbodenrost
2 Unterlagsstreifen aus Schaum-PVC
3 Hohlraumfüllung aus Mineralwollematten
4 unterer Schwingrost
5 Langriemen
6 Lagerhölzer
7 Hohlkörperdecke (ca. 200 kg/m²), Unterseite über ca. 80 cm freitragend verputzt
8 durchgehende Unterlage aus 20 mm dicken Steinwolleplatten
9 50 mm dicker Zementestrich
10 20 mm dicke Mineralfaserplatten

Diese Konstruktion gewährleistet ein Trittschallschutz-Maß von +30 dB. Eine weitere Verbesserung ist nur durch die Verwendung einer schwereren Stahlbeton-Massivplatte statt der verhältnismäßig ungünstigen Hohlkörperdecke zu erzielen.

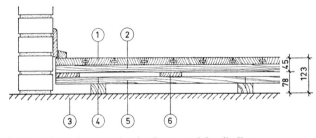

3 Normaler Schwingboden für Sport- und Spielhallen:
1 Parkett
2 Sparschalung
3 Rohboden
4 Lagerholz
5 unterer Schwingrost
6 oberer Schwingrost

Durch Böden dieser Art läßt sich der Trittschallschutz der Rohdecken um etwa 18 dB verbessern. Wird unter die Lagerhölzer eine elastische Dämmstoffschicht etwa aus 20 mm dicken Mineralfaser- oder Kokosfaserplatten gelegt, so ist mit einer weiteren Verbesserung um mehr als 10 dB zu rechnen. Für bestimmte Ballspiele außerordentlich wichtig ist, daß die Ballreflexion an jeder Stelle gleich ist. Siehe DIN 18032.

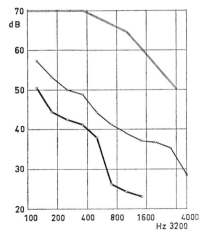

4 (links) Trittschallschutz eines isolierten Schwingbodens auf schwimmendem Estrich und Stahlbeton-Hohlkörperdecke → 2 (nach A. Ort):

dünn ausgezogene Kurve: Normtrittschallpegel der Decke ohne Schwingboden, jedoch mit schwimmendem Estrich (TSM +20 dB)

dick ausgezogene Kurve: Boden wie vorstehend, jedoch mit Schwingboden (TSM +30 dB)

Ohne den schwimmenden Estrich hatte der Schwingboden mit Bitumenfilz statt Ziff. 2 ein TSM von +17 dB.

Der Doppelstrich kennzeichnet die Sollkurve nach DIN 4109.

Böden gegen Erdreich

Der gegen Korrosion sicherste Boden gegen Grund liegt auf einer sogenannten Übergrunddecke. Die wichtige Sperrschicht liegt hierbei lediglich auf den einfachen Fundamenten. Zwischen dem feuchten Boden und der Deckenunterkante befindet sich ein völlig leerer Hohlraum, der mit der Außenluft wie ein normaler Keller in Verbindung steht. Feuchtigkeit, die von oben oder unten etwa als Kondenswasser oder Reinigungswasser bzw. seitlich durch Schlagregen an das Bauwerk gelangt, kann auf diese Weise nach allen Seiten gut austrocknen.

Der unter der Decke liegende Hohlraum darf auf keinen Fall in sich abgeschlossen werden, wenn nicht ganz sicher ist, daß der Boden keine Feuchtigkeit enthält, die an der Deckenunterseite zu Tauwasserniederschlägen größeren Ausmaßes führen kann. Diese Gefahr besteht, wenn der Grundwasserspiegel ständig oder auch nur zeitweise in der Höhe des Rohbodens liegt oder wenn die Baugrube und die Gebäudesohle nicht richtig entwässert wurden (→ Kellerdecken, 147).

Werden die Räume im Winter geheizt und bewohnt bzw. wird feuchtigkeitsempfindliches Gut aufbewahrt, so müssen auch direkt an das Erdreich grenzende Böden eine gute Wärmedämmung erhalten → 207 1 und 207 4. Für Feuchtraumböden ist besonders die Konstruktion nach 207 4 mit einem Asphaltestrich geeignet. Das gleiche trifft auch für Tierställe → 292 zu, da übermäßiger Wärmeverlust der Tiere durch einen Mehraufwand an Futter ausgeglichen werden muß.

In Zweifelsfällen sollen alle verwendeten Stoffe so beschaffen sein, daß sie keine Feuchtigkeit in ihr tragendes Gefüge aufnehmen können und nicht verrotten. Die Dämmstoffe und das gesamte Holzmaterial müssen beim Einbau völlig trocken sein, da sie von allen Seiten eingeschlossen und nicht belüftbar sind. (Holzschutzimprägnierung nicht vergessen!)

Als untere Sperrschicht wird gegen Erdfeuchtigkeit, mit der nach DIN 4117 immer zu rechnen ist, mindestens eine vollflächig geklebte Lage kräftiger Bitumenpappe empfohlen, die satt mit Heißbitumen abzustreichen ist. Die Stöße sollen mindestens 10 cm weit überlappen. Die diese Sperrschicht eventuell durchstoßenden Ankereisen müssen besonders sorgfältig abgedichtet und gegen Rost geschützt werden.

Als obere Sperrschicht wirkt bei 207 1 allein schon das wasserdichte phenolharzverleimte Sperrholz. Trotzdem ist es ratsam, es zusätzlich mit einer kräftigen Versiegelung oder einer Gehschicht, etwa aus PVC-, Linoleum- oder Gummibahnen, zu versehen. Wichtig ist die sorgfältige Dichtung an der Sockelleiste, damit kein Reinigungswasser in die Isolierschichten und in die Holzkonstruktion gelangen kann. Wenn möglich, sollte man daher statt der hölzernen Sockelleiste eine aufgeklebte PVC-Sockelleiste verwenden. Die angegebenen Dämmschichtdicken entsprechen den Mindestforderungen von DIN 4108 »für den unteren Abschluß nicht unterkellerter Aufenthaltsräume (an das Erdreich grenzend)«.

Will man auf eine Belüftung des Hohlraumes unter dem Boden nicht verzichten, so bietet sich eine sehr zweckmäßige Verbindung mit einer Warmluftheizung an → 207. Der beste Schutz eines an das Erdreich grenzenden Bodens ist eine Fußbodenheizung → 207 3, die in jedem Fall eine fußwarme Bodenoberfläche gewährleistet und die Tauwasserbildung verhindert.

Der Tauwasserniederschlag gibt trotz einwandfreier Sperrschichten gegen Bodenfeuchtigkeit immer wieder Anlaß zu Schäden an Bodenbelägen (Quellen und Aufwölben von Holzböden, Schrumpfen von Teppichböden oder anderen Belägen mit textilen Einlagen). Schäden dieser Art treten fast ausschließlich während der wärmeren Jahreszeit auf, etwa wenn feuchtwarme Außenluft in kühlere Kellerräume zieht, wo sie unter den Taupunkt abgekühlt wird. Oft genügt schon eine Abkühlung um 4 bis 6 K. Auf diese Weise können große Feuchtigkeitsmengen auf den Boden gelangen.

Aus diesem Grunde muß die (Fußboden-)Heizung auch während der warmen Jahreszeit betriebsbereit sein. Dies ist auch notwendig, weil ganz oder teilweise unterirdische Räume zur Aufrechterhaltung normaler Lufttemperaturen fast das ganze Jahr über einen mit anderen baulichen Mitteln selten und nur umständlich zu deckenden Wärmebedarf haben. Nach DIN 4701 ist der Wärmebedarf von Räumen, deren Begrenzungen überwiegend an das Erdreich grenzen »praktisch konstant« (→ Aktenkeller, 254).

Zur Frage der richtigen Ausbildung von Böden auf Übergrunddecken ist noch wichtig zu wissen, daß nach in Dänemark gesammelten Erfahrungen (P. Becher) der Boden des Raumes unter der Decke bei fehlender Belüftung mit einer »wasserdampfsperrenden« Schicht aus armierten, überlappt verlegten Asphaltmatten ($> 2,5$ kg/m²) oder verschweißbaren Polyäthylenfolien abgedeckt werden kann. Fehlt diese Abdeckung, so ist es nach den Berichten möglich, daß durch Verdampfung von Bodenfeuchtigkeit mehr als 0,5 l Wasser pro m² und Tag in das Bauwerk gelangt.

Auf dem Erdreich soll eine mindestens 20 cm dicke Dränschicht aus Kies, Schotter oder Schlacke vorgesehen werden, soweit der Baugrund nicht »selbstdränend« ist (etwa grober Sand oder Kies). Diese Schicht soll mit der außen um das Haus laufenden Dränage alle 2 bis 3 m so verbunden werden (Außenwände, 122), daß Stauwasser nicht unter das Gebäude gelangen kann. Gewarnt wird vor dampfdichten Bodenbelägen auf Fußbodenheizungen, da dann die Gefahr von Feuchtigkeitsschäden durch Dampfdiffusion aus dem Boden größer ist als bei ungeheizten Böden, bei denen eine solche Dampfdiffusion praktisch nur dann möglich ist, wenn die Raumlufttemperatur geringer ist als die Bodentemperatur. Das dürfte wohl selten vorkommen.

Erhält ein Boden gegen Grund entgegen DIN 4108 keine Wärmedämmschichten, so muß bei der Wärmebedarfsberechnung in den kälteren Randzonen mit einer Wärmedurchgangszahl von etwa 0,77 (0,9) und in dem Streifen entlang der Außenwände mit 1,03 (1,2) gerechnet werden. Eine allzu gute Wärmedämmung in den Randzonen kann bei flach liegenden Fundamenten Frostschäden verursachen. Besser ist, dann eine etwa 50 cm hohe und > 3 cm dicke zusätzliche senkrechte Wärmedämmschicht an die Außenseite des Fundaments → 106 zu legen. Nach der ENEG-WV darf in »Gebäuden mit niedrigen Innentemperaturen« ($t_i = 12 \ldots 19$°C) auch bei Böden ohne Wärmedämmschicht mit folgenden k-Werten gerechnet werden:

Gebäudegrundfläche m²:	k =
<100	2,2 (1,90)
100... 200	1,7 (1,47)
200... 500	1,40 (1,21)
500...1000	1,20 (1,03)
1000...2000	0,90 (0,78)
>2000	0,60 (0,52)

Zusammenfassend ist festzustellen, daß Böden von Aufenthaltsräumen gegen Grund eine außerordentliche Planungs- und Ausführungssorgfalt erfordern, die etwa denjenigen bei Warmdächern entspricht. Vorherrschend ist auch hier die Forderung nach einem lückenlosen Schutz gegen Feuchtigkeit von oben (Reinigungswasser) und unten unter Beachtung der Anforderungen an Wärmedämmung, Fußwärmeschutz und Schutz gegen Tauwasserniederschlag aus der Raumluft (→ 121).

OBERFLÄCHEN

Beheizte Fußböden

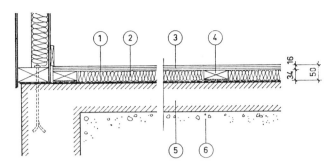

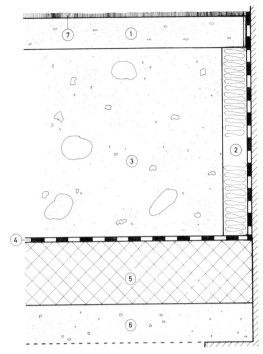

1 Unbelüfteter Boden aus wasserfesten Sperrholzplatten gegen Grund:
1 durchlaufende Sperrschicht, doppellagig satt in Heißbitumen
2 mehr als 35 mm dicke, völlig trockene Dämmschicht aus Schaum-Kunststoff oder Mineralwolle
3 wasserfestes Sperrholz, freitragend oder auf tragfähigen Dämmplatten nach 2, darunter Lagerhölzer geschraubt oder mit korrosionsfesten Ankernägeln genagelt, Oberfläche dicht versiegelt oder mit Linoleum bzw. PVC beklebt. Eine Unterlage aus Filzpappe oder Korkment ist nicht notwendig, da das Sperrholz selbst vorzüglich fußwarm ist
4 Lagerholz mit Unterlagen aus mehr als 6 mm Bitumenkorkfilz
5 Beton
6 Auffüllung

Dieser Boden ist nur in trockenen Räumen unbedenklich. Tau- oder Reinigungswasser darf auf keinen Fall in die Anschlußfugen laufen.

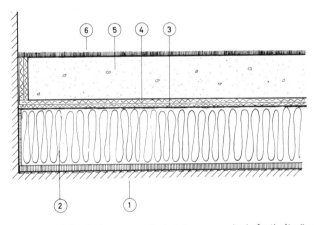

2 Im Idealfall erhalten gegen Erdreich grenzende Aufenthaltsräume von unten nach oben gesehen folgenden Boden-Aufbau:

1 Rohboden aus Sperrbeton (DIN 4117), Dicke mindestens 15 cm nach konstruktiven Gesichtspunkten. Oberfläche eben abgezogen
2 Mindestens 40 mm dickes Schaumglas, z. B. → FOAMGLAS T 2 vollflächig in Heißbitumen, Bitumenschicht ca. 5 mm
3 Dünner Heißbitumen-Deckabstrich, nur porenfüllend (nicht dick auftragen!), Auftragsmenge maximal 1,5 kg/qm
4 Doppelte Trennlage, z. B. aus Rippenpappe und Natronpapier
5 Ca. 30 mm dicker Gußasphalt Estrich
6 Bodenbelag aus Nadelfilz, Linoleum oder ca. 20 mm dickem Industrie-Parkett

Vorstehender Bodenaufbau gewährleistet auch ohne den erwähnten Bodenbelag nach Ziff. 6 einen Wärmedurchlaßwiderstand von 0,94 (1,10).

3 Betonboden gegen Erdreich mit Wärmedämmschicht an der Kaltseite:
1 Gußasphaltestrich, ca. 25 mm dick.
2 Seitliche Wärmedämmschicht gegen die sonst vorhandene Wärmebrückenwirkung aus mindestens 20 mm dickem PUR-Schaum.
3 Beton-Rohboden als Sperrbeton nach DIN 4117, mindestens 15 cm dick.
4 Eine Lage Bitumendichtungsbahn, wenn als zusätzlicher Schutz gegen aufsteigende Bodenfeuchte erforderlich.
5 Beidseitig mit Porenfüllung versehene Schaumglasplatte (Richtqualität FOAMGLAS T 2), 50 mm dick.
6 Planiertes leicht gebundenes Sandbett.
7 Beliebiger Bodenbelag.

Vorstehender Bodenaufbau gewährleistet auch ohne den in Ziff. 7 erwähnten Bodenbelag einen Wärmedurchlaßwiderstand von 1,08 (1,26) und genügt allen zur Zeit bestehenden Wärmeschutzforderungen, auch in Sporthallen, wenn in Ziff. 7 der in solchen Fällen übliche punktelastische etwa 15 mm dicke Belag, etwa aus PUR-gebundenen Gummischnitzeln mit abriebfester Deckschicht verwendet wird, $1/\Lambda$ dann $> 1,16$ (1,35).

Beheizte Fußböden

Die direkte Aufheizung des Fußbodens (nach Möglichkeit einschließlich der Wände → 52) ist auf verschiedenen an sich fußkalten Böden notwendig, wenn sie auch bei der Berührung mit nackten Füßen fußwarm sein sollen. Darüber hinaus besteht auf diese Weise die Möglichkeit, den ganzen oder wenigstens den größten Teil des Wärmebedarfs eines Raumes zu decken. Hierbei ist jedoch zu beachten, daß die Oberflächentemperatur nicht zu hoch liegt. Temperaturen von 25 bis 27°C dürfen gerade noch unbedenklich sein. Höhere Temperaturen sind vor allem an solchen Plätzen, an denen oft längere Zeit gestanden wird, unangenehm und auf die Dauer gesundheitsschädlich → Fußbodenheizung, 230.

Warmluft-Fußbodenheizung

Schon die alten Römer haben in ihren Thermen und wohl auch in Bauwerken anderer Zweckbestimmung versucht, fußwarme Böden zu erreichen, indem sie durch mäanderförmig angelegte

Kanäle unterhalb der Bodenplatten Warmluft ziehen ließen. Zuweilen wurden auch die Wände auf diese Weise aufgeheizt, wohl in der richtigen Erkenntnis, daß es für eine optimale Behaglichkeit wichtig ist, nicht nur die Luft, sondern auch die Raumbegrenzungen zu erwärmen. Mit den heutigen Mitteln der Technik ist dies viel einfacher möglich.

Bild 207 2 zeigt den Versuch, das Problem der Wärmeverteilung, etwa bei Etagenwohnungen und Einfamilienhäusern, durch die Nutzung des Raumes unter hohlliegenden Holzböden zu lösen. Sie hat den Vorteil, daß dadurch der Fußboden in sehr erwünschter Weise — ohne übermäßig warm zu werden — aufgeheizt wird, was gerade in ebenerdigen, nicht unterkellerten Bauten auch wegen des Feuchtigkeitsproblems → 206 von großer Bedeutung ist. Es ist wichtig, daß der Hohlraum mindestens 50 mm dick ist und daß nicht zu viel Wärme an den Boden abgegeben wird. Zu diesem Zweck sollte man Dämmplatten wählen, die ausreichend druckfest sind, damit die Lagerhölzer ohne Einsenkungen auf ihrer Oberfläche verlegt werden können.

Die größte Druckfestigkeit unter den speziellen Wärmedämmstoffen besitzt wohl geschlossenzelliges Schaumglas. Auch die verschiedenen hart eingestellten Schaumkunststoffe sind wohl immer genügend fest. Mineralfaserplatten, Holzfaserdämmplatten, Torffaserplatten, Korkplatten und dergleichen mit einer Rohdichte von etwa 200—300 kg/m³ lassen sich ebenfalls verwenden.

Eine untere Feuchtigkeitssperrschicht ist auch hier notwendig. Gegen Grund genügt beim Schaumglas der erwähnten Qualität (es gibt auch anderes, weniger dichtes Schaumglas) eine lückenlose Klebeschicht bei gut verspachtelten Stößen allein, da der geschlossenzellige Glasschaum überhaupt keine Feuchtigkeit hindurchläßt. Die Plattenoberfläche benötigt einen fugen- und porenfüllenden Heißbitumen-Deckanstrich. Der Warmluftboden, d. h. die Luft-Fußbodenheizung löst das Problem der Belüftung von Holzböden zwangsläufig in geradezu idealer Weise.

W. Kuntze hat eine Bodenheizung dieser Art ohne die Verwendung von Holz entwickelt. Hier werden z. B. übliche Kunststoffplatten (ca. 2 mm dick) auf 50 mm dicken Stahlbetonplatten über einer Wärmedämmschicht aus Perlite-Estrich so verlegt, daß unterhalb der Betonplatten nur 30 mm hohe Zwischenräume entstehen, die der Warmluftzuführung dienen. Interessant ist, daß der Schallschutz dieser doppelschaligen, aber nicht schwimmenden Konstruktion, trotz der harten Gehschicht, auf einer Stahlbeton-Rippendecke mit einem TSM von +3 und einem LSM von +6 dB überraschend gut war.

Das Ventilatorengeräusch hatte bei Normalbetrieb in den beheizten Räumen einen Schallpegel von 32 bis 35 dB(A), was DIN 1946 entsprechend für die meisten Aufenthaltsräume als gerade noch unbedenklich angesehen werden kann, solange der Geräuschcharakter einigermaßen neutral ist. Bei der Beurteilung nach DIN 4109 wäre dieses Geräusch unter Umständen nur tagsüber zulässig.

Oberflächen von Wänden und Decken

Allgemeines, Farben

Die Beschaffenheit der Oberflächen von Raumbegrenzungen und Gegenständen ist nicht nur für die Akustik eines Raumes, sondern auch für die Lärmbekämpfung und für das Raumklima — überhaupt für die Wirkung auf den Menschen — sehr wichtig und oft von ausschlaggebender Bedeutung.

Farben beeinflussen die Psyche des Menschen und haben auch eine beachtliche physische Wirkung. Dunkle Farben absorbieren die Sonnenstrahlung, wodurch die betreffenden Bauteile wärmer werden. Das ist in erhöhtem Maße bei blauer und schwarzer Pigmentierung der Fall, und zwar auch dann, wenn keine direkte Sonnenstrahlung vorhanden ist, etwa an Nordseiten. Es ist also physikalisch richtig, kalte Gebäudeaußenseiten, die nicht oder nur wenig von direkter Sonnenstrahlung getroffen werden, schwarz oder blau auszuführen. Will man dagegen Gebäudeteile vor einer übermäßigen Aufheizung durch Sonnenstrahlung schützen, so ist eine metallisch glänzende weiße, gelbe oder rote Farbe besser geeignet, weil sie die Strahlung stärker reflektiert. Die Flächen in der Nähe einer Sitzgruppe an einer Südseite rot zu färben ist wiederum nachteilig, weil diese Farbe die hier ohnehin schon zu starke direkte Sonnenstrahlung unangenehm verstärkt. Andererseits kann eine rote Südfassade von den Menschen an der Nordseite eines gegenüberliegenden Gebäudes als sehr angenehm empfunden werden. Die Unterschiede in der Strahlung (→ Strahlungszahl) der erwärmten Oberflächen sind im übrigen weniger stark ausgeprägt → 209 1 und mehr für Heizkörper als für die üblichen Raumbegrenzungen interessant.

W. Grün berichtet von Messungen an verschieden gefärbten und zur Sonne genau gleich orientierten Bimsbetonwänden mit Schaummörtelputz, daß die blaue Fläche mit einer Temperatur von 45°C um 11°C wärmer war als eine rote und diese wieder um 3°C wärmer war als die weiß pigmentierte (Lufttemperatur 23°C). An den Rückseiten differierten die Oberflächentemperaturen zwischen 26°C (blaue Vorderseite) und 20°C.

Weitere wichtige Eigenschaften der Oberflächen sind ihre die Schallabsorption bestimmende Porosität (→ Schallabsorptionsgrade), ihr Absorptions- und kapillares Saugvermögen für die Regulierung der Raumluftfeuchte → 209 2 oder ihre Sperrwirkung, die dann notwendig wird, wenn die Konstruktion vor Tauwasser und diffundierendem Wasserdampf geschützt werden soll. → Dampfsperren an den Oberflächen nehmen Wasser nur als benetzenden Film oder als anhaftende Tropfen auf.

Wasserabweisende Flächen lassen die Feuchtigkeit nur in Dampfform durch. Sie haben kein kapillares Saugvermögen, was sich auf die Feuchtigkeitsaufnahme und -abgabe mindernd auswirkt. Der beste Raumluftfeuchte-Ausgleich ist durch Stoffe mit kapillar saugfähigen hygroskopischen Oberflächen zu erzielen.

Anstriche

Die Aufgabe eines Anstrichs kann nicht nur sein, der betreffenden Fläche eine bestimmte Farbe zu geben. An den Außenseiten soll er vor der Einwirkung von Feuchtigkeit schützen und auf porösen Stoffen trotzdem eine gute Atmungsfähigkeit gewährleisten, damit diese Stoffe ohne Anstrichschäden austrocknen können.

OBERFLÄCHEN

An Innenseiten ist die Aufnahme- und Ablüftfähigkeit für Feuchtigkeit zum Ausgleich der Raumluftfeuchte wichtig. Eine ausreichende Atmungsfähigkeit gewährleistet auf entsprechenden Oberflächen jeder gewöhnliche wäßrige Binderanstrich. Ein gleichzeitiger Schutz gegen Schlagregen ist bei guter Witterungsbeständigkeit jedoch nur bei bestimmten Dispersionsbinderanstrichen vorhanden → 314 2. Nach eingehenden Untersuchungen sind geschlossene Anstrichfilme auf weniger witterungsbeanspruchten Außenflächen jahrelang in diesem Sinne wirksam. An stark beanspruchten Wetterseiten ist die Schutzwirkung nicht so beständig, so daß es notwendig ist, den unter dem Anstrich liegenden Putz selbst wasserundurchlässiger auszubilden, etwa durch hydrophobierende Zusätze oder durch eine geeignete Imprägnierung des Anstrichgrundes → 314 3 und 210 3.

Bei Dispersionsbinder-Anstrichen muß ferner beachtet werden, daß sie die Erhärtung verschiedener Putze behindern können. Sie sollten daher erst dann aufgebracht werden, wenn der Putz seine volle Festigkeit erreicht hat. Bei Weißkalkputzen o. ä. kann diese Zeit wohl selten abgewartet werden.

Die gute Schlagregenschutzwirkung von Dispersionsanstrichen wird teilweise durch eine an sich unerwünschte diffusionshemmende Wirkung erkauft → Tabelle 3. Nach vorliegenden Meßergebnissen sind die während der kalten Jahreszeit infolgedessen zuweilen auftretenden Feuchtigkeitsanreicherungen in der äußeren Mauerwerksschicht bewohnter Gebäude normalerweise so gering, daß sie keine Anstrich- und Putzschäden auslösen können. Auch eine nachteilige Minderung der Wärmedämmung ist in der Regel ebenfalls nicht zu befürchten. Die öfter zu beobachtenden Anstrichschäden durch Ablösen des Films vom Untergrund sind daher auf eine ungenügende Untergrundfestigkeit und auf die äußeren Witterungseinflüsse zurückzuführen.

Die Atmungsfähigkeit von wäßrigen Anstrichen (Emulsions- und Dispersionsbindern) beruht im wesentlichen darauf, daß das verdunstende Wasser in sich zusammenhängende, mehr oder weniger schmale Kanäle hinterläßt. Wird statt Wasser ein leichter verdunstendes Lösungsmittel gebraucht, so werden die Kapillaren kleiner und die Anstrichfilme dichter. Auch Kunststoffdispersionen nähern sich dann in ihren Eigenschaften denjenigen der Dampfsperren → 210 1 und 210 2, die nur dort verwendet werden sollten, wo sie zum Schutz der Unterkonstruktion vor Durchfeuchtungen aus der Raumluft, im Spritzbereich von Duschen und Badewannen usw. unbedingt notwendig sind.

Imprägnierungen

Die Imprägnierung von Beton, Putz, Mauerwerk, Dachziegeln und Wärmedämmstoffen mit wasserabstoßenden (hydrophoben) Lösungen ist geeignet, an senkrechten und auch an schrägen Flächen das Eindringen von Regen (und damit Ausblühungen) zu verhindern, ohne die Gasdurchlässigkeit wesentlich zu beeinträchtigen.

An erster Stelle sind hier Silicone zu nennen, die bereits vor fast 20 Jahren in Amerika erstmals für die Imprägnierung von Baustoffen und Bauteilen erprobt wurden.

Silicone sind farblos und können als Harz- oder Salzlösungen nur auf porösen, saugfähigen, abgebundenen Oberflächen verarbeitet werden. Sie bilden nach der Verdunstung des Lösungsmittels und Erhärtung einen sehr dünnen, »molekularen« wasserabstoßenden Film auf den Oberflächen der Poren, die also nicht verstopft werden. Auf einer mit Siliconen imprägnierten Fläche ist eine dünne Wasserschicht nicht in der Lage, die Ober-

1 Wärmestrahlungszahl C verschiedener Anstrichoberflächen
(nach E. Schmid, E. Eckert u. a.)

Stoff	C *	
Aluminiumbronzeanstrich	1,2—2,3	(1—2)
Aluminiumlack	2,0—2,4	(1,7—2,1)
schwarzer Spirituslack, glänzend	4,8	(4,1)
beliebige Ölfarben, Lacke u. ä.	4,9—5,6	(4,2—4,8)
Emaillelack, schneeweiß	5,2	(4,5)
schwarzer Emaillelack	5,2	(4,5)
Schmelzemaille, weiß	5,2	(4,5)
Heizkörperlack, Farbe beliebig (nicht metallhaltig!)	5,3	(4,6)
Ruß-Wasserglas	5,5	(4,76)
absolut schwarze Körper (als Vergleichsbasis)	5,8	(4,96)

* in $W/m^2 K^4$ ($kcal/m^2 hK^4$)

2 Feuchtigkeitsadsorption von Wandmaterialien ohne und mit verschiedener Oberflächen-Behandlung

Oberfläche	Wandmaterial						
	Kalkzementputz	Weißkalkputz	Gasbeton	Gipskartonplatten	Hartfaserplatten	Weichfaserplatten	Holzspanplatten
unbehandelt	1,70	0,53	1,97	2,29	1,70	4,20	1,21
Kalkfarbe	1,65	0,69	—	—	—	—	—
Leimfarbe	2,07	1,01	—	3,03	1,91	3,98	—
Latexfarbe	1,33	0,46	—	1,70	1,17	1,81	—
Rauhfaseranstrich	2,29	2,87	—	2,98	3,03	4,20	—
Emulsions-Wandspachtel	0,14	0,13	—	0,16	—	0,21	—
Ölfarbe	0,09	0,06	—	0,16	0,07	0,05	—
Tapete 170 g/m²	2,29	2,18	—	2,66	2,44	3,72	—

Die Werte geben an, welche Feuchtigkeitsmenge in g (bezogen auf eine Erhöhung der absoluten Luftfeuchte um 1 g/m³) in einer Stunde von einer 1 m² großen Oberfläche aufgenommen wird (nach Kurzb. Bauforsch. 9/1962).

3 Diffusionswiderstandsfaktor von Anstrichen → 103 2

Stoff	Dicke (mm)	Diffusionswiderstandsfaktor
einfacher Leimfarbanstrich	0,02	30—40
Bitumen-Voranstrich (kaltflüssig)	0,3	100—800
Kunststoffdispersionsanstrich	ca. 0,15	400—6000
Latex-Anstrich		1500
Heißbitumenanstrich	1,5	2000—10000
Ölfarbe, einfach	0,03	3000—8000
DD-Lack, einfach	0,04	4000—6000
Öl-Lack, einfach	0,04	7000—10000
PVC-Lack, einfach	0,04	8000—20000
Chlorkautschuk-Lack, einfach	0,04	8000—30000
180 μ dicke Kunstharzschicht	ca. 0,18	23000
3facher besonders dichter Kunststoffanstrich		200000

OBERFLÄCHEN

Imprägnierungen

fläche zu benetzen, sondern zieht sich zu Tropfen zusammen. Die größte der vorhandenen Poren und Kapillaren muß kleiner sein als der kleinste Wassertropfen. Dasselbe gilt auch für Risse und dergleichen, durch die diese Wassertropfen sonst in eine vielleicht nicht imprägnierte Zone »hineinfallen« können.

Die wäßrigen Silicon-Imprägniermittel sind billiger und unbrennbar, weil sie mit Wasser verdünnt werden können. Sie lassen sich auf noch etwas feuchten, jedoch saugfähigen Untergründen auftragen. Bis zur Entwicklung ihrer wasserabweisenden Eigenschaft benötigen sie unter Umständen einige Stunden. Während dieser Zeit müssen sie vor Regen geschützt werden. Bei sehr trockener Witterung ist diese Reaktionszeit eventuell so kurz, daß sie sehr schnell verarbeitet werden müssen, da es nicht möglich ist, den Auftrag auf einer bereits ausreagierten Fläche zu wiederholen, auch nicht beim gleichen Arbeitsgang. Eine bereits hydrophob gewordene Stelle läßt den zweiten vielleicht unbeabsichtigten Auftrag nicht mehr eindringen und eine weißliche Verfärbung entstehen, die auch auftritt, wenn eine zu konzentrierte Lösung auf einen zu schwach saugenden Untergrund aufgetragen wird.

Diese Schwierigkeiten sind bei dem teureren harzartigen Imprägniermitteltyp nicht zu befürchten, da hierfür ein schnell verdunstendes Lösungsmittel (vorwiegend Benzin) verwendet wird. Das Mittel kann beliebig oft aufgetragen werden. Der Untergrund muß in jedem Fall trocken sein. Auch bei schwach saugenden Untergründen wie Kunststein, Granit und Edelputz ist ein erfolgreicher Auftrag möglich. Eine gewisse Saugfähigkeit des Untergrundes ist jedoch immer notwendig. Je tiefer die Silicone eindringen können, um so länger hält der Schutzeffekt vor. Nach Angaben des Grundstoff-Herstellers kann mit einer Haltbarkeit von mindestens 5 Jahren gerechnet werden, und zwar nicht nur beim Siliconharz, sondern auch beim salzartigen Typ.

Silicon-Imprägnierungen müssen lückenlos aufgetragen werden, so daß beispielsweise bei Mauerwerk an jeder Stelle ein Feststoffgehalt von 3—10 g/m² Silicon vorhanden ist. Bei Einhaltung dieser Forderung ist der Grad der Verdünnung physikalisch belanglos. Das Präparat soll möglichst tief eindringen.

In der zu durchdringenden Schicht muß der Abbindevorgang beendet sein. Nach dem Betonieren oder Verputzen sollten mindestens 2 bis 3 Wochen abgewartet werden, bis sich eine wenigstens 2—3 mm dicke karbonatisierte Randschicht gebildet hat. Steht eine ausreichende Wartezeit nicht zur Verfügung, so läßt sich der Abbindevorgang durch eine Oberflächenbehandlung mit Fluaten beschleunigen.

Richtig imprägnierte Flächen werden beim Befeuchten infolge der fehlenden Benetzung nicht dunkler und verschmutzen langsamer. Treten Flecken auf, die auf der trockenen Fläche nicht vorhanden waren, so ist die Imprägnierung nicht lückenlos mit dem angegebenen Feststoffgehalt erfolgt.

Der Wasserabperl-Effekt läßt im Laufe der Zeit nach, je nachdem, in welchem Maße die Oberfläche verwittert und verschmutzt. Der Durchfeuchtungsschutz bleibt jedoch so lange erhalten, wie die imprägnierte Schicht noch eine ausreichende Dicke hat.

Bei Sichtmauerwerk ist zu beachten, daß eine erfolgversprechende Imprägnierung eine sachgemäße Verfugung voraussetzt. Grobporige, löcherige oder rissige Verfugungen, Spaltrisse in den Sichtflächen sowie Anschlußrisse können nach Angaben der Ziegelindustrie durch eine Siliconimprägnierung nicht überbrückt werden. Stark gesinterte Klinker können wegen der sehr geringen Saugfähigkeit überhaupt nicht imprägniert werden, da das Harz auf den undurchlässigen Steinen zurückbleibt und erhebliche Verschmutzungen verursachen kann.

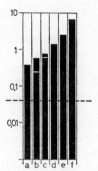
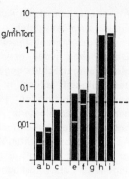

1 (links) Wasserdampf-Durchlaßzahlen von Anstrich-Untergründen (nach einem Bericht der Forschungsgemeinschaft Bauen und Wohnen, Stuttgart). Die gestrichelte Linie kennzeichnet etwa die Grenze zwischen sperrenden und nur hemmenden Stoffen.

a 4 mm dicke Hartfaserplatten
b 15—20 mm dicke Kalk- und Zementputze
c 12—17 mm dicke Gipsputze
d 10 mm dicke Gipskartonplatten
e 10 mm dicke Holzfaserisolierbauplatten
f Papier

2 (rechts) Wasserdampf-Durchlaßzahlen von Anstrichen im Vergleich mit dichten Pappen und Folie (nach einem Bericht der Forschungsgemeinschaft Bauen und Wohnen, Stuttgart).

a Bitumenpappe   f Ölfarben
b Teer-Sonderdachpappe   g Öl-Wachsanstriche
c 0,27 mm dicke Kunststoff-Folie   h Binderfarben
d Acrylharz-Betonschutzimprägnierung 0,04
e Lackanstriche   i völlig durchlässige Anstriche

Die Schichttypen unterhalb der gestrichelten Linie zwischen 0,01 und 0,10 können als sperrend, die andern bestenfalls als dampfbremsend angesehen werden.

Die weiß ausgesparten Querlinien geben den Streubereich an.

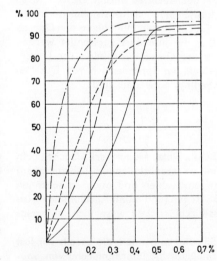

3 Grad der Hydrophobierung (auf der Ordinate) von Außenputzen in Abhängigkeit von der zugegebenen Metallseifen-Menge (%) (nach A. Riethmayer).

strichpunktiert: Zinkstearat
kurzgestrichelt: Aluminiumstearat
langgestrichelt: Calciumstearat

Die ausgezogene Kurve kennzeichnet als Bezugsgröße die Wirkung einer Siliconimprägnierung. Bei einem Anteil von mehr als 0,5% sind die Unterschiede sehr gering.

OBERFLÄCHEN

Poröse, hygroskopische Dämmstoffe, die mit Siliconen behandelt wurden, nehmen ohne weiteres kein flüssiges Wasser auf. Sie schwimmen stundenlang auf dem Wasser, auch wenn der Stoff an sich so beschaffen ist, daß eine nicht imprägnierte Probe des gleichen Materials schnell untergeht.

Fluate

Fluate sind Salze der Kieselfluor-Wasserstoffsäure *(Fluorsilikate)*. In der Bautechnik werden sie zur Härtung und Dichtung bzw. Neutralisation der Oberflächen von Beton, Betonwerkstein, Naturstein sowie Zement- und Kalkputzflächen verwendet. Je nach dem Ausgangsstoff unterscheidet man zwischen Blei-Fluat, Magnesium-Fluat, Zink-Fluat usw.
Meistens dient das Fluatieren nur als Untergrundbehandlung für Anstriche, also im vorliegenden Zusammenhang vorwiegend für alle wasserabweisenden und dampfsperrenden Anstriche → 208.

Metallseifen

Stoffe dieser Art, wie beispielsweise Zink-, Aluminium- oder Kalziumstearat haben eine ähnlich hydrophobierende Wirkung wie eine Siliconimprägnierung. Sie werden als Zusatzmittel verwendet, etwa für Edelputz → 314 3.

Putz

Putz ist in der Baupraxis immer eine Oberflächenvergütung von Bauteilen, also vorwiegend von Wänden und Decken.
Die Eigenschaften vieler Oberflächen-Behandlungstechniken hängen sehr von der Art des Untergrundes, also vorwiegend des Putzes ab. Auf Einzelheiten wurde bereits bei den Außenwänden, Wänden gegen Grund und bei den Anstrichen eingegangen. Dünne Kunststoffputze sind genaugenommen stärker gefüllte Anstriche.
Die mit den üblichen Putzschichten und Putzoberflächen erzielbaren bauphysikalisch wichtigsten Eigenschaften sind:
1. gute Wasserdampfdurchlässigkeit,
2. kapillares Saugvermögen,
3. Feuchtigkeitsregulierung (Feuchtigkeitsspeicherung),
4. Wassersperrung,
5. Schallreflexion (Abdichtung gegen Luftschall),
6. Schallabsorption,
7. Atmungsfähigkeit.

Alle diese Eigenschaften in einer Putzschicht zu vereinigen, ist völlig unmöglich. Eine gute Wasserdampfdurchlässigkeit läßt sich vorwiegend mit Eigenschaften nach 2, 3 und 6 verbinden. Schallreflexion und Schallabsorption schließen dagegen einander praktisch aus. Dasselbe gilt für ein gutes kapillares Saugvermögen und eine wirksame Wassersperrung, da letztere gerade durch die Beseitigung des kapillaren Saugvermögens zustande kommt.
Eine gute Atmungsfähigkeit der Oberfläche ist Voraussetzung für die in Aufenthaltsräumen immer erwünschte Feuchtigkeitsregulierung und damit nicht allein durch eine große Wasserdampfdurchlässigkeit zu erreichen. Sie wird durch ein starkes kapillares Saugvermögen entscheidend verbessert. Damit wird wiederum die Verbindung mit Ziffer 4 schwierig, wenn auch nicht ganz unmöglich → 314 3.
Trotz aller dieser Komplikationen ist der Putz ein ausgezeichnetes Mittel, eine ganze Reihe bauphysikalischer Forderungen zu erfüllen. Das gilt auch für den sogenannten »Trockenputz« in Form verspachtelter Gipskartonplatten, die für Ziffer 6 noch

1 Diffusionswiderstandsfaktoren von Putz

Stoff	Rohdichte (kg/m³)	Diffusionswiderstandsfaktor
Glattgeriebener Zementputz 1 : 4	2050	19
Zementmörtel 1 : 1, 22 mm dick	2100	32
Zementmörtel 1 : 3, 22 mm dick	2100	21
Zementmörtel 1 : 4, 22 mm dick	2100	14
Verlängerter Zementmörtel 1 : 6, 22 mm dick	2000	14
Kalkputz	1800	11
Kalk-Mörtelputz 1 : 3	1400	9
Gipsputz	1100	6
Anhydritputz	1500	7
Gipskartonplatten (vorgefertigter Putz)	900	13

eine Bereicherung darstellen, da mit ihrer Hilfe auch bei tiefen Frequenzen eine gute Schallabsorption erzielbar ist (→ Mitschwinger) und sie im übrigen sehr nützliche Eigenschaften nach Ziffer 1–3, 5 und 7 besitzen.
Im übrigen ist die Schallabsorption von allen hier erwähnten Oberflächen infolge der zwangsläufig geringen Schichtdicke und der Forderung nach einem Mindestmaß an Festigkeit verhältnismäßig gering — im gleichen Maße, in dem die Schallreflexion und damit die Schalldämmung größer wird.

Einfache Verkleidungen

Porige Schichten

Eine Wärmedämmung und Schallabsorption größeren Ausmaßes bedingt leichte, poröse Stoffe, die allgemein entweder als starre oder elastische Bahnen oder als Platten direkt aufgeklebt oder auf Leisten hohlliegend verlegt werden.
Soweit die Oberfläche wegen mechanischer Beanspruchungen noch hart beschichtet werden muß, ist konstruktiv wie bei den → Vorsatzschalen zu verfahren, wobei darauf geachtet werden muß, daß durch die dichtere Oberfläche keine stärkere Reflexion verursacht wird, da sich sonst der Charakter der Absorption entscheidend ändern kann → 212 1.
Keine Hartbeschichtung benötigen dünne Belagsbahnen aus Kunststoffschaum etwa auf der Basis von elastischem Polyurethan (MOLTOPREN) mit Dicken bis zu 15 mm und auf der Basis Polystyrol (STYROPOR) bei einer Dicke von maximal etwa 4 mm (THERMOPETE). Polyurethan-Schaum läßt sich am Bauwerk auch im Spritzverfahren ähnlich wie ein Putz aufbringen. Üblich ist für diesen Zweck eine harte Ausführung (MOLTOPREN-Hart), die beispielsweise an Außenseiten von Außenwänden noch einer Hartbeschichtung aus gewöhnlichem Außenputz bedarf.
Die sogenannten Schallschluckbahnen aus elastischem Polyurethan-Schaum sind gewöhnlich 8 oder 15 mm dick, haben auf der Sichtseite ein Textilgewebe, auf der Gegenseite ein Kreppapier und werden wie Tapeten verarbeitet. Der Schallabsorptionsgrad ist bei tiefen Frequenzen durch die geringe Schichtdicke begrenzt.
Die aufgeklebten geschlossenzelligen Schaumkunststoff-Bahnen (THERMOPETE) haben keine nennenswerte Schallabsorption und werden auch nur zur Verbesserung der Wärmedämmung eingesetzt. Bei 4 mm Dicke beträgt ihr Wärmedurchlaßwiderstand bestenfalls 0,15 m²h K¹/kcal, was etwa 8 cm dickem Vollziegelmauerwerk entspricht. Dickere schallabsorbierende Schichten dieser Art müssen »aufgelöste« Oberflächen erhalten → 314 4. Der Schallabsorptionsgrad von Platten dieser Art be-

Folien, Tapeten   **OBERFLÄCHEN**

trägt etwa 0,45 i. a. M., wenn die Rückseite noch mit einer Trägerschicht aus einer 5 mm dicken Platte gleichen Materials versehen wird und der dahinterliegende Hohlraum 20 mm dick ist. Ohne diese Behandlung sind die Platten auch freitragend → 314 5 — vorwiegend nur zur Wärmedämmung — geeignet. An Decken benötigen sie oft keine Hartbeschichtung.

Eine bessere Schallabsorption gewährleisten dickere oder hohlliegende Schichten → 1 und 213 2. Sehr dicke »Dämmstoffe« haben je nach → Strömungswiderstand auch eine beachtliche Schalldämmung → 2.

Im Gegensatz zu den Wärmedämmstoffen müssen sich Anordnungen zur Schallabsorption immer an der Oberfläche von Raumbegrenzungen befinden. Eine Abdeckung ist nur in begrenztem Maße mit → Folien oder Gittern (→ Schallschlucksysteme) möglich. Soweit Raumbegrenzungen direkt schallabsorbierend sein sollen, müssen sie also auch mechanisch ausreichend fest sein → Akustikplatten.

Akustikplatten

Die meisten dünnen und direkt angeklebten Akustikplatten → 213 3, 213 4 und 314 6 haben trotz besonderer Oberflächenbehandlung zur »Anpassung« des Strömungswiderstands (Rillen, Löcher, Kerben usw.) eine vorwiegend auf den mittleren und hohen Frequenzbereich begrenzte Schallabsorption → 213 1. Bei Anordnung vor einem auf die Eigenart der Platte abzustimmenden Hohlraum → 93 3, 213 5, 213 6 und 214 1 ist eine gleichmäßigere Frequenzabhängigkeit der Schallabsorption zu erwarten.

Anstriche sind ohne Minderung der Absorption nur auf solchen Flächen ohne weiteres unbedenklich, deren Wirkung weder ganz noch teilweise auf der Porosität der Oberfläche beruht → 214 1, 214 3, 215 2 und 315.

In jeder Hinsicht ein Sonderfall sind Leichtspanplatten mit mikroporösem Deck → 214 2, deren Absorptionsgrade für die einzelnen Variationsmöglichkeiten in der Tabelle 95 2 zusammengestellt sind. Diese Tabelle enthält auch für die wichtigsten anderen Akustikplatten ausführliche Absorptionsgradangaben. Eine vollständige Absorptionsgradtabelle anzufertigen ist schon deswegen unmöglich, weil viele Produkte ständig verbessert oder überhaupt geändert wurden und werden → 93 4.

Folien, Tapeten

Kunststoff-Folien

Unter dem Begriff Folien seien im vorliegenden Zusammenhang Baustoffe mit folgenden Eigenschaften verstanden:
1. Flächenhafte Ausdehnung in der Größenordnung mehrerer Meter, auch wenn sie aus einzelnen Bahnen und Stücken zusammengesetzt sind;
2. geringe Dicke von weniger als 0,3 mm = 300 μ;
3. dichte Beschaffenheit und glatte Oberfläche.

Im Bereich des Bauwesens umfaßt diese Definition im wesentlichen die Werkstoffe Polyvinylchlorid (PVC), Polyäthylen und ähnliche Kunststoff-Folien sowie Metall-Folien. Alle sind wegen ihres geringen Gewichts und ihrer geringen Dicke schalltechnisch nur in der Raumakustik interessant, wo es gilt, die Raumbegrenzungen mit einer bestimmten Schallabsorption auszustatten.

Im physikalisch einfachsten Fall ist die Folie ein Mitschwinger → 218. Sie stellt eine flächenhafte, geringe Masse dar, die beim Auftreffen einer Schallwelle zu Schwingungen angeregt werden kann, wenn sie nicht mit einer wesentlich größeren Masse ver-

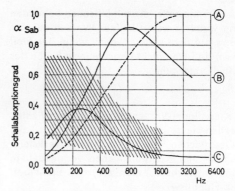

1 Absorptionsgradkurven versch. Stoffe in Abhängigkeit von der Frequenz.
A 4—5 cm dicke poröse Schicht aus Mineralwolle direkt vor starrer Wand ohne oder mit einer akustisch völlig transparenten Abdeckung
B wie A, jedoch Abdeckung aus 4 mm dicken Hartfaserplatten mit einer Lochung von rd. 20%, bei einem Lochdurchmesser von 5 mm und Lochmittenabständen von 10 mm in beiden Richtungen. Diese Lochplattenabdeckung bewirkt einen Anstieg der Schallschluckung bei vorwiegend mittleren Frequenzen und einen raumakustisch oft notwendigen Abfall der Kurve oberhalb dieses Bereichs
C Oberfläche etwa wie bei B, jedoch nicht perforiert
Der schraffierte Bereich kennzeichnet die möglichen Streuungen bei anderen unporösen Hartbeschichtungen in ähnlicher Anordnung.

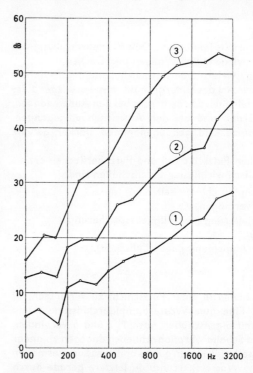

① 6 Rayl/cm (Rohdichte ca. 38 kg/m³)
② 10 Rayl/cm (Rohdichte ca. 90 kg/m³)
③ 25 Rayl/cm (Rohdichte ca. 130 kg/m³)

2 Terzanalyse der Schalldämmung von 25 cm dicken Mineralwolleschichten (SILLAN) mit verschiedenem Strömungswiderstand.
Bei diesen Werten handelt es sich im Gegensatz zur üblichen Dämmung durch Reflexion, wie z. B. bei massiven dichten Wänden, vorwiegend um eine Dämmung durch Absorption, also durch die Umwandlung der Schallenergie in Wärme. Wände aus solchen Schichten sind also gleichzeitig schalldämmend und schallabsorbierend. Der große Vorteil der Dämmung durch Schallabsorption ist, daß bei einer Verdoppelung der Schichtdicke auch eine Verdoppelung der Dämmung auftritt im Gegensatz zur Dämmung durch Reflexion, wo bei Verdoppelung der Schichtdicke lediglich eine Verbesserung um etwa 4 bis 5 dB vorhanden ist (→ Gewichtsgesetz). Je größer der Strömungswiderstand der porösen Schicht, um so mehr Reflexion tritt auf, so daß die obengenannte Gesetzmäßigkeit dann nicht mehr uneingeschränkt gilt. Gemessen wurde nach DIN 52210 zwischen zwei Hallräumen.

OBERFLÄCHEN

Akustikplatten

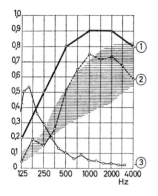

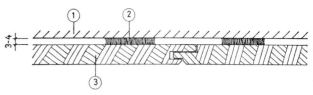

1 Frequenzbereiche des Schallschluckgrades verschiedener Schallschluckanordnungen.

① ca. 50 mm dicke Glas- oder Steinwollematte hinter Glasvlies und ca. 3 mm dicke Lochplatte, Lochdurchmesser 5 mm, Lochabstand 10 mm
② mikroporöses Schallschluckblatt, ca. 0,5 mm dick, vor 5 cm dickem Hohlraum und starrer, glatter Wand
③ Mitschwinger aus ca. 3 mm dicker zellulosehaltiger Asbestzementplatte, ungelocht; sonst wie ①

Schraffierter Bereich: Einfach gerillte oder gelochte Akustikplatten, z. B. aus 12 bis 18 mm dickem Holzfaserstoff (ca. 200 kg/m³), ohne Abstand vor starrer Wand.

3 Einfachste Deckenverkleidung aus Holzfaser-Akustikplatten:
1 ebener, fester Untergrund
2 schnell abbindende Klebemörtelpflaster
3 Akustikplatten mit poröser gelochter, geschlitzter oder gekerbter Oberfläche

Die Nut- und Federverbindung ist an allen Stößen besonders bei solchen Platten vorteilhaft, die sich bei Temperatur- und Feuchteschwankungen durch Quellen und Schwinden verformen. Die vorspringenden, später verdeckten Nut- und Federkanten sind ein guter Transport-Schutz der Sichtkanten (ARMSTRONG-Akustikplatten).

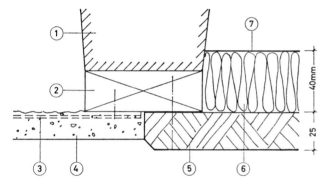

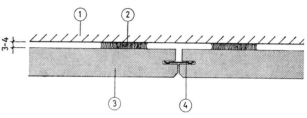

4 Angeklebte Akustikplatten mit umlaufender Randnut und lose eingelegter Feder. Die Stoßkanten sind »unterschnitten«, um auch unter schwierigen Verhältnissen einen gleichmäßigen Fugenverlauf zu erreichen:

1 Wand 3 Akustikplatten
2 Klebemörtelpflaster 4 lose Feder

Kanten dieser Art sind auch ohne Nut und Feder an den formbeständigeren Mineralfaser-Akustikplatten unbedenklich.

2 Deckenverkleidung mit schallabsorbierender (rechts) und schallreflektierender Oberfläche:
1 Rippe der Stahlbetondecke
2 Holzleiste
3 Putzträger
4 glatter Gipsmörtel-Putz
5 Holzwolle-Leichtbauplatte mit poriger Oberfläche
6 aufgelegte Schicht aus Mineralwollematten
7 Papier oder Pappe zur Verbesserung der Absorption bei tiefen Frequenzen

Die beiden porösen Schichten nach 5 und 6 gewährleisten auch ohne den dahinterliegenden Hohlraum auf einfache Weise eine verhältnismäßig starke Absorption. Durch den Hohlraum wird die Absorption bei tiefen Frequenzen verbessert, jedoch im mittleren Bereich schlechter. Diese Verschlechterung läßt sich durch den auf etwa 125 Hz (→ Resonanzfrequenz) abzustimmenden Mitschwinger nach 7 verhindern. Der glatte Putz (4) verursacht nahezu völlige Reflexion und als Vorsatzschale eine Verbesserung der Schalldämmung.

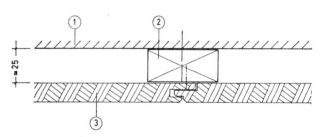

5 Holzfaser-Akustikplatten auf Lattenrost:
1 Wand 2 Lattenrost 3 Holzfaser-Akustikplatten

Die vorspringenden Nut- und Federkanten verhindern das optisch sehr störende Verschieben der Stöße und dienen gleichzeitig der unsichtbaren Befestigung und dem Schutz der Sichtkanten während des Transports. Durch das dickere Luftpolster entsteht zusätzlich Schallabsorption infolge eines → Mitschwing-Effektes.

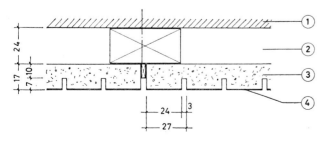

6 (links) Furnierte und geschlitzte Flachsfaser-Akustikplatten (ESO F):
1 Starre Wand oder Decke
2 Lattenrost unter den Längsstößen und quer zu den Rillen
3 poröse Flachsfaserschicht
4 furnierte Sichtseite

Der Schallabsorptionsgrad hängt sehr von der Tiefe und dem Abstand der Rillen ab → 93 3. Ohne Furnier ist der Absorptionsgrad erheblich größer.

Akustikplatten OBERFLÄCHEN

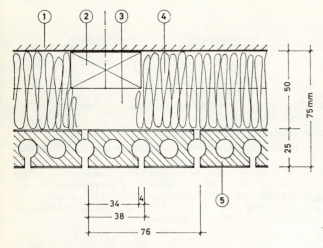

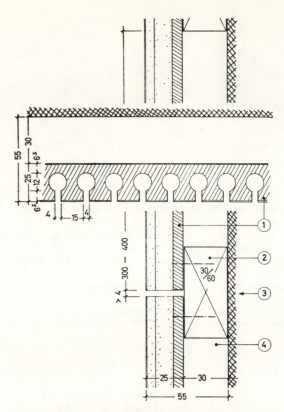

1 Stoßfeste kombinierte Schallschluckverkleidung für Decken und Wände:
1 Rohdecke oder dichte Wand
2 unterer Lattenrost
3 zweiter Lattenrost quer zu den Rillen
4 Mineralwolle oder gleichwertiges Schallschluckmaterial
5 geschlitzte Holzspanröhren-Gitterplatte

Der Schallabsorptionsgrad ist durch die Schlitzabstände und die Hohlraumfüllung (4) veränderlich.

3 Einfache und sehr stoßfeste Akustikplattenverkleidung aus geschlitzten Holzspan-Röhrenplatten (DEWETON):
1 schwerer Spanplattenkern mit furnierter Oberfläche. Bei Vergrößerung des Rillenabstandes wird der Absorptionsgrad bei hohen Frequenzen geringer und im mittleren Bereich größer
2 Lattenrost
3 starre Wand
4 Hohlraum

Wegen ihrer völlig dichten Rückseite sind diese Platten auch als schalldämmende Vorsatzschalen verwendbar. Die Plattenfugen und alle Anschlüsse müssen dann luftdicht sein. Die Unterkonstruktion darf keine starre Verbindung mit der Wand besitzen. Das Produkt aus Plattengewicht in kg/m² und Hohlraumdicke in cm soll größer als 50 sein.

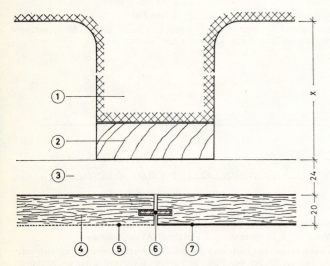

2 Schnitt durch eine Akustikdecke mit absorbierenden (links) und reflektierenden (nur tiefe Frequenzen absorbierenden) Platten (rechts):
1 Stahlbetonrippendecke o. ä.
2 Planlatte
3 möglichst schmale Konterlatte, quer zu den Rippen
4 poröse Leichtspanlatte, Rohdichte ca. 300 kg/m³
5 mikroporöse Abdeckung (MIKROPOR S)
6 Plattenstoß mit Holzfeder
7 dichte, mittlere und hohe Frequenzen reflektierende Flachspanschicht oder Abdeckung wie 5, jedoch mit Folie dicht hinterlegt (MIKROPORST)

Eine Konstruktion dieser Art bietet eine gleichmäßige Deckenuntersicht. Bei elastischer Befestigung der Konterlatten nach 3 (Spannweite mindestens 50 cm) ist auch eine Vorsatzschalenwirkung zur Verbesserung der Luftschalldämmung der Rohdecke möglich.

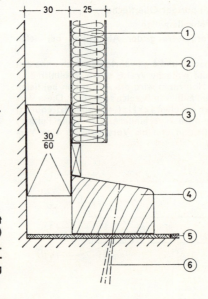

4 Wandverkleidung aus Akustikplatten mit Kantenschutz durch eine vorspringende Sockelleiste:
1 Akustikplatte
2 Wand
3 Lattenrost
4 Sockelleiste
5 Bodenbelag
6 Schraube mit Steckdübel

OBERFLÄCHEN

Akustikplatten

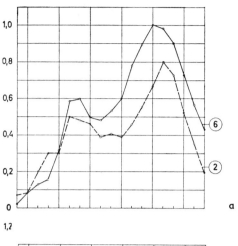
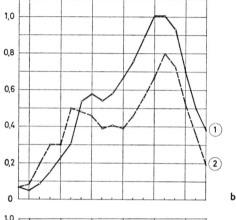
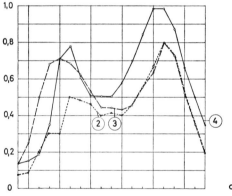
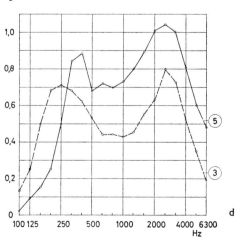

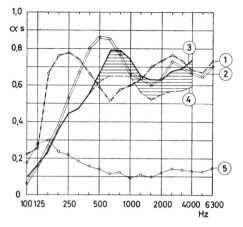

1 Schallabsorption leichter Holzspanplatten mit mikroporösen und dichten Oberflächen (MIKROPOR).

① Leichte Holzspanplatten, 20 mm dick, mit mikroporöser Oberfläche, Rückseite mit Papier beklebt, vor 25 cm dickem leerem Hohlraum
② wie ①, Hohlraumdicke 5 cm
③ wie ①, Hohlraumdicke 2,5 cm

Der schraffierte Bereich (zwischen 3 und 4) kennzeichnet die Veränderung der Absorption, wenn die Platten zusätzlich einmal oder mehrfach mit verschiedenartigen Lackschichten versehen werden

④ wie ③, Oberfläche mit Reflexlack gespritzt
⑤ wie ①, Oberfläche unporös, Hohlraumdicke 4,8 cm

Die untersuchten Anordnungen entsprechen Bild 214 2. Je dicker der hinter den Platten liegende Hohlraum, um so breiter wird der erfaßte Frequenzbereich. Je dichter die Oberfläche, um so mehr wird die Platte ein reiner Mitschwinger.

2 a—d (links) Meßergebnisse an eng geschlitzten Akustikplatten → 214 3. In der Kurvenbeschreibung bedeutet die erste Zahl unter »Rillenabstand« den Abstand der einzelnen Sicht-Rillen und die zweite den Abstand der rückseitigen Schlitzung. Der Abstand zwischen Plattenrückseite und Wand betrug in jedem Fall 30 mm, die Gesamtdicke der Verkleidung damit 55 mm (Fabrikat DEWETON).

	Rillenabstand	Hohlraum
①	19/38	leer
②	38/76	leer
③	38/76	ganz gefüllt mit Mineralwolle
④	19/76	teilweise gefüllt mit 10 mm dicker Mineralfaserplatte
⑤	19/38	gefüllt wie bei ④
⑥	19/76	leer

Im wesentlichen zeigt ein Vergleich, daß die Absorption bei hohen Frequenzen nachläßt, wenn der Sichtrillenabstand verdoppelt wird, und zwar unabhängig davon, ob der Hohlraum hinter den Platten mit Mineralwolle gefüllt ist oder nicht. Bei tiefen Frequenzen weisen dagegen die Platten mit dem größeren Rillenabstand einen etwa 3mal so großen Absorptionsgrad auf wie die enger geschlitzten Platten, wenn der Hohlraum mit Mineralwolle gefüllt ist. Bei leerem Hohlraum ist der Unterschied wesentlich geringer. Die vollständige Hohlraumfüllung ist wirksamer als die 10 mm dicke Mineralfaserplatte, wie 3c beweist, da der Schlitzabstand auf der Plattenrückseite bei beiden Messungen gleich war.

Folien, Tapeten **OBERFLÄCHEN**

bunden ist, etwa durch Klebung auf eine geputzte schwere Wand. Die Verlegung von akustisch wirksamen Folien an Wänden und Decken muß also immer so erfolgen, daß diese direkte Verbindung nicht vorhanden ist. Hinter der Folie muß sich immer ein Luftpolster befinden. Auf diese Weise entsteht ein sogenanntes Masse-Feder-System mit berechenbarer → Resonanz, in deren Bereich die Absorption am größten ist. Es ist wichtig, die Folie als Masse und das dahinterliegende Luftpolster als Feder so auszubilden, daß die Resonanzfrequenz im jeweils interessierenden Bereich liegt.

Diesem normalen Sperrholzverkleidungen entsprechenden Verhalten überlagert sich die Auswirkung der Schalldurchlässigkeit. Sie kann bei leichten Folien so groß werden, daß die Schallabsorption der Folie selbst unbedeutend wird. Kunststoff-Folien sind beispielsweise bei der zur Zeit technisch möglichen geringsten handelsüblichen Dicke von 10 μ (Polyterepthalsäureesterfolie) akustisch praktisch völlig transparent. Diese Eigenart ist in der Bauakustik sehr vorteilhaft anwendbar, da es häufig vorkommt, daß Schallschluckpackungen oder ähnliche schallabsorbierende Anordnungen vor Staub, Feuchtigkeit, Benzindämpfen usw. geschützt werden müssen, ohne die Schallabsorption wesentlich zu verändern.

Allerdings sind derart extrem dünne Folien für dekorative Zwecke weniger geeignet. Außerdem sind sie gegen die normalerweise auftretenden mechanischen Beanspruchungen trotz ihrer verhältnismäßig großen Festigkeit empfindlich. Es empfiehlt sich daher in solchen Fällen, vor die Kunststoff-Folien ein festeres, ebenfalls akustisch transparentes Gitter zu legen → Schallschlucksysteme, 218. Wichtig ist bei diesen Gittern, daß sie einen möglichst großen Schlitz- bzw. Lochanteil besitzen. Er sollte 30 % nicht wesentlich unterschreiten. Wird die Folie dicker gewählt, so tritt bei hohen Frequenzen in immer stärkerem Maße eine Reflexion, d.h. Verringerung des Absorptionsgrades ein.

Welches Ausmaß diese Reflexion bereits bei einer 30 μ dicken Kunststoff-Folie besitzt, zeigt der senkrecht schraffierte Bereich zwischen den Kurven a und b in 217 4. Im mittleren Bereich steigt die Schallabsorption gleichzeitig an. Beides ist im vorliegenden Ausmaß bei raumakustischen Maßnahmen häufig sehr erwünscht.

Die üblichen Kunststoff-Dekorationsfolien sind wesentlich dicker als 10—30 μ. So besitzen die Weich-PVC-Folien Dicken zwischen 60 und mehr als 250 μ. Für Wandbespannungen kommen ausschließlich die dickeren Qualitäten in Frage. Ihre Gewichte liegen meist zwischen 150 und 300 g/m². Verlegt man sie in üblicher Anordnung etwa nach 217 5 mit völlig leerem und ungedämpftem Hohlraum, so ist die Schallabsorption verhältnismäßig gering und entspricht etwa der Kurve c in 217 4.

Diese Wirkung verbessert sich erheblich, wenn der Hohlraum mit einem Schallschluckmaterial, etwa mit Mineralwollefilz verhältnismäßig geringen Stopfgewichts von etwa 50 kg/m³, versehen wird (z. B. Glasfaser-Rollfilz). Hierdurch wird die Absorption im Bereich der Resonanz breitbandiger und stärker ausgeprägt, wie aus einem Vergleich der Kurven c und d hervorgeht. Die Absorptionskurve wird noch etwas breiter, wenn die Folie eine möglichst starke Faltung etwa nach 217 6 erhält. Charakteristisch bleibt jedoch der verhältnismäßig enge Bereich der Absorption, den man innerhalb gewisser Grenzen gegen höhere und tiefere Frequenzen verschieben kann. Auch die Dichte des als Dämpfung dienenden Schallschluckmaterials spielt eine gewisse Rolle.

Wählt man eine schwerere Folie und einen großen Abstand, so liegt die Spitze der Kurve bei tieferen Frequenzen als bei Kurve d.

Bei geringerem Wandabstand und leichterer Qualität verschiebt sich das Absorptionsmaximum gegen hohe Frequenzen. Auf diese Weise ist es ohne weiteres möglich, die Resonanzfrequenz bis auf etwa 2000 Hz zu legen. Die tiefste praktisch erreichbare Resonanzfrequenz dürfte etwa in der Größenordnung von 300 Hz liegen.

Benötigt man eine ungefähr gleichmäßige Absorption innerhalb des angedeuteten Bereichs zwischen etwa 300 und 2000 Hz, so ist es notwendig, die Foliendicke und den Abstand zu variieren und die einzelnen Typen gleichmäßig untereinander zu verteilen. In der Praxis wird zu diesem Zweck hauptsächlich der Wandabstand verändert. Muß im Bereich tieferer Frequenzen absorbiert werden, so empfiehlt es sich, hinter der Folie einen Tiefenabsorber in Form eines Loch- oder Schlitzresonators oder einer einfachen Platte vor entsprechend dickem Hohlraum anzuordnen. Die Folie ist in diesem Fall vorwiegend Dekoration und akustisch kaum wirksam. Sie könnte einfach aufgeklebt werden.

Genauso wie bei Weich-Polyvinylchlorid-Folien (PVC) liegen die Verhältnisse bei Polyäthylen-Folien, bei Polyamid-Folien und Hart-PVC-Folien. Hart-PVC-Folien sind im Vergleich zu Weich-PVC-Folien fester, allerdings nicht knitterfrei. Da sie auch in Dicken von 30 μ handelsüblich sind, eignen sie sich in gleicher Weise wie die wohl noch etwas dünner herstellbaren Polyäthylen-Folien für akustisch weitgehend transparente Abdeckungen etwa hinter Loch- und Gitterplatten. Infolge ihrer guten farbdeckenden Eigenschaften und geringen Anschaffungskosten werden sie häufiger für schallabsorbierende Auskleidungen verwendet. Sie sind ausnahmslos billiger als die sonst üblichen Stoffzwischenlagen und Stoffbespannungen.

Metall-Folien

Ähnlich wie Kunststoff-Folien verhalten sich akustisch Metall-Folien von entsprechendem Gewicht bei ungefähr gleicher Anordnung. Sie werden mit etwa gleicher Masse wie Kunststoff-Folien vorwiegend als akustisch transparente Zwischenlagen

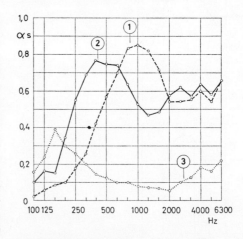

1 Schallabsorptionsgrade → 95 2 von 20 mm dicken leichten, porösen und unporösen Holzspanplatten (VARIANTEX) ohne mikroporöse Lack-Deckschicht.
① poröse Platten auf Lattenrost ohne Abstand, direkt auf Prüffläche befestigt
② Platten wie vor, mit 45 mm Abstand von Prüffläche auf Lattenrost befestigt
③ Platten wie vor, mit unporöser dünner Holzspandeckschicht, auf Lattenrost mit 48 mm Abstand befestigt

OBERFLÄCHEN

Folien, Tapeten

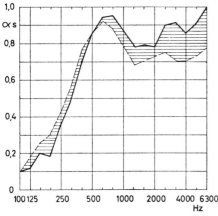

1 Schallabsorptionsgrad von leichten Holzspanplatten (ca. 300 kg/m³) mit mikroporöser Deckschicht, Rückseite unverkleidet

dick ausgezogene Kurve: Platte ohne Farbbehandlung vor 25 mm dickem Hohlraum

gestrichelte Kurve: wie vor, nach 20maligem Walzen mit poröser Deckfarbe

Dieses Meßergebnis beweist, daß die Absorption der Platte auch nach oft wiederholtem Anstrich mit der porösen Deckfarbe nicht wesentlich nachläßt. Nach 10maligem Walzen hat sich überhaupt keine wesentliche Minderung der Schallabsorption ergeben. Bei tiefen Frequenzen ist die Wirkung sogar besser geworden.

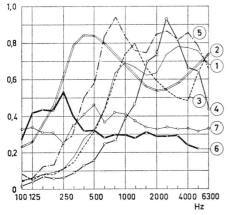

2 Schallabsorptionsgrad von Polystyrol-Schaumkunststoffen.

① 20 mm dicke Platten, beidseitig kreuzgerillt, auf 5 mm dicker unperforierter Unterlage gleichen Materials vor 20 mm dickem Hohlraum

② Durchgehend gelochte Platten mit Mineralwolle hinterlegt

③ 10 mm dicke, 8 mm tief gelochte und durchgehend genadelte Platte vor 40 mm dickem leerem Hohlraum, Lochdurchmesser 5 mm, Lochabstand 15 mm

④ 20 mm dicke Platten, direkt angeklebt, sonst wie ③

⑤ Platte wie bei ④, vor 40 mm dickem Hohlraum

⑥ wie ⑦, ohne Mineralfasermatten

⑦ 25 mm dicke unperforierte Platten vor 2 cm dicken Mineralfasermatten und 230 mm dickem Hohlraum

3 Wasserdampf-Diffusionswiderstandsfaktoren von Kunststoff-Folien

	Dicke (mm)	Widerstandsfaktor
Kunststoff-Einlage zwischen Rohpappe	0,8	3000–4000
Kunststoff-Einlage zwischen Bitumenpappe	0,8	6000–7000
Kunststoff-Einlage zwischen Bitumenpappe	2,0	10000–15000
PVC-Folie, kaschiert	>0,2	30000–50000
Polyäthylenfolie mit oder ohne Kaschierung	>0,2	40000–60000
Polyisobutylenfolie	1–2	300000–400000

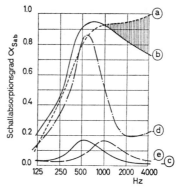

4 Frequenzabhängigkeit des Schallschluckgrades von Folien im Vergleich zu nicht abgedecktem Mineralwolle-Rollfilz.

a 45 mm dicker Mineralwollefilz vor starrer Wand

b Veränderung des Schallabsorptionsgrades der Anordnung nach a bei Abdeckung mit einer 30 μ dicken Kunststoff-Folie

c 150 μ dicke Dekorations-Kunststoff-Folie vor starrer Wand in 6 cm Abstand, Hohlraum ungedämpft

d wie bei c, Hohlraum gedämpft

e übliches Packpapier vor starrer Wand, Hohlraum ungedämpft

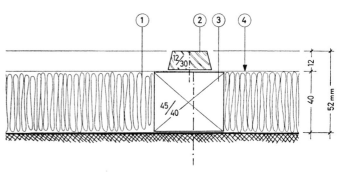

5 Einfachste Anordnung einer handelsüblichen Weich-PVC-Folie zur Absorption mittlerer Frequenzen:

1 Mineralwollefilz

2 Montageleiste

3 Holzrost als Unterkonstruktion

4 übliche Dekorations-Folie für Wandbespannungen

Die Frequenzabhängigkeit des Schallschluckgrades dieser Anordnung entspricht der Kurve d in Bild 4.

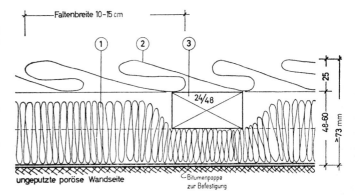

6 Gefaltete Anordnung einer Dekorations-Folie vor auf Bitumenpappe aufgeklebte Mineralwollefilzmatten:

1 Mineralwollefilz als Schallschluckmaterial

2 gefaltete Dekorations-Folie

3 Lattenrost der Unterkonstruktion

hinter mechanisch festen Gittern verlegt. Sie sind dort sehr zweckmäßig, wo gleichzeitig mit der akustischen Wirkung eine Reflexion der Wärmestrahlung bewirkt werden soll. Auch als Dampfsperren oder Dampfbremsen → 103 2 sind sie ähnlich wie die Kunststoff-Folien geeignet. Da die besonders dünnen Metall-Folien eine verhältnismäßig geringe Festigkeit besitzen, werden sie auch in Verbindung mit Kunststoff-Folien verarbeitet. In diesem Fall ist die Kunststoff-Folie mit der Metall-Folie beschichtet. Mit der Beschichtung wird die Dicke (und damit das hier wichtige Gewicht) erheblich größer, so daß solche Folien weniger als schalltransparente Abdeckungen, sondern mehr als einfache Mitschwinger in Frage kommen.

Papier und Pappe

Die Bedeutung des Papiers, das hier ebenfalls zu den Folien gezählt werden muß, darf im Bauwesen nicht unterschätzt werden. Es ist auch heute noch einer der billigsten Baustoffe. Soweit Papier etwa wie Packpapier dicht ist, verhält es sich genauso wie eine Kunststoff-Folie. Kurve c in 217 4 zeigt seine Absorption bei 5 cm Wandabstand ohne Hohlraumdämpfung. Im Vergleich zu Kurve c, die die Schallschluckung einer Kunststoff-Folie in entsprechender Anordnung zeigt, hat sich lediglich das Absorptionsmaximum infolge des geringen Gewichts und des geringeren Wandabstands verschoben.

Sehr dünnes Papier ist so porös, daß es eigentlich nicht mehr als Folie bezeichnet werden kann. In diesem Zustand ist es völlig transparent und wird auch als transparente Abdeckung von Schallschluckpackungen etwa in fabrikfertigen Akustikelementen verwendet. Häufig dient es als Träger von Schallschluckpackungen, wo es der ganzen Matte den Halt gibt und eine ordentliche Verarbeitung gewährleistet. Aus diesem Grunde kann Rohpapier oder Bitumenpapier sehr zweckmäßig als Mitschwinger verwendet werden.

Das Papier- bzw. Pappengewicht liegt üblicherweise zwischen 100 und 300 g/m², so daß die Schallschluckung ungefähr innerhalb des gleichen Bereiches variiert werden kann wie bei den Kunststoff-Folien. Da es als Sichtfläche kaum in Frage kommt, wird es immer verdeckt vor oder hinter der porösen Schallschluckpackung verlegt, je nachdem in welchem Frequenzbereich absorbiert werden muß.

Poröse Pappen → 315 2 u. ä. besitzen selbst vor entsprechendem Luftpolster eine gewisse breitbandige Absorption und sind im übrigen als akustisch transparente Abdeckung von mechanisch festen, porösen Platten (z. B. Holzwolle-Leichtbauplatten) geeignet. Bauklimatisch haben poröse und hygroskopische Papier- und Pappe-Tapeten wegen ihres hohen Feuchte-Aufnahmevermögens und ihrer großen Dampfdurchlässigkeit Bedeutung. Sie fördern den Ausgleich der Luftfeuchtigkeit und beschleunigen je nach Schichtdicke im Anheizzustand die Erwärmung der Raumbegrenzungen.

Schallschlucksysteme

Im Gegensatz zu den allgemein bekannten Schallschluckstoffen in Form fabrikfertiger Platten (Akustikplatten) sind die hier zu behandelnden sogenannten Schallschlucksysteme dadurch gekennzeichnet, daß sie ihrer jeweiligen Aufgabe entsprechend am Verwendungsort aus üblichen Baustoffen aufgebaut werden. Auf diese Weise sind beliebig hohe Schallschluckgrade bei größter Vielfalt der Gestaltungsmöglichkeiten erzielbar. Die Herstellung ist ein normaler handwerklicher Vorgang, wenn die schalltechnischen Überlegungen und Berechnungen schon bei der Planung vorweggenommen werden.

Die Grundelemente der Schallschlucksysteme sind physikalisch die homogene, poröse Schicht → 211, der → Mitschwinger und der → Resonator. Man bediente sich ihrer schon vor Jahrhunderten völlig unbewußt durch aus anderen Gründen notwendige konstruktive Lösungen und machte auf diese Weise mit der Zeit die Erfahrung, daß einzelne Werkstoffe bei bestimmter Anordnung eine nur ihnen eigene akustische Wirkung zeigen.

Die einfachste Maßnahme dieser Art ist die übliche Verbretterung. Durch das Schwinden des Holzes entsteht selbst bei überfälzten Schalungen zwischen den zwangsläufig schmalen Brettern ein enger Schlitz und durch die dahinterliegenden quer verlaufenden Befestigungshölzer ein durch die Schlitze mit dem Raum verbundener Hohlraum. Der Schlitz und der durch die unverputzte und immer irgendwie poröse Wand gedämpfte Hohlraum bilden einen vorwiegend bei tiefen Frequenzen wirksamen Resonator, dessen Absorption sehr von den vorhandenen Abmessungen abhängig ist → 220 1, 221 3, 221 4 und 315 3. Das gleiche trifft für dichte Holzverkleidungen vor in sich abgeschlossenem Hohlraum sowie für die heute oft verwendeten Plattenverkleidungen zu, nur mit dem Unterschied, daß hierbei nicht der Schlitz oder die im Schlitz befindliche Luft, sondern die Platte selbst mit dem dahinter liegenden Luftraum als Feder zusammenwirkt.

Solche Mitschwinger absorbieren bei den im Bauwesen üblichen Plattengewichten vorwiegend im Bereich tiefer Frequenzen, je nachdem wie schwer die Platte und wie weich bzw. wie stark gedämpft das Luftpolster ist.

Die Sammlung umfangreicherer Kenntnisse von akustisch wirksamen Bauteilen und Verkleidungen ist erst seit der Entwicklung und einheitlichen Festlegung der akustischen Meßtechnik möglich. Die nun vorliegenden Ergebnisse gestatten eine ausreichend genaue Vorausbestimmung des Absorptionsbereiches und der Absorptionsstärke von Schallschlucksystemen. Auf dieser Grundlage haben sich in der heutigen Praxis der Bau- und Raumakustik einige Typen entwickelt, die nachstehend erläutert werden.

Mitschwinger

Bild 222 1 zeigt den normalen billigen »Mitschwinger« aus einer einfachen dichten und harten Platte, etwa auf Holzfaserbasis (Hartfaserplatte, Sperrholzplatte) oder aus einer Asbestfaser-Zement-Zellulosemischung, auf doppeltem Lattenrost mit stark gedämpftem Hohlraum. Seinen Absorptionsgrad nach DIN 52210 erläutert das Diagramm 220 2 (oberer Rand des schraffierten Bereichs). Die Größe des Höchstwerts kann trotz gleicher Resonanzfrequenz je nach Biegesteifigkeit der Platte und Ausmaß der Dämpfung schwanken. Die Lage der meisten Abweichungen wurde durch den schraffierten Bereich gekennzeichnet.

Die Frequenzabhängigkeit der Schallschluckung solcher Mitschwinger wird bekanntlich durch die Luftpolsterdicke und durch das Plattengewicht (Flächenmasse) bestimmt.

Sehr dünne Holzplatten können mit Furnierstegen versteift werden → 222 2.

OBERFLÄCHEN

Loch- und Schlitzplatten

Versieht man die Platte bei der Anordnung mit vollständiger Hinterfüllung aus Mineralwolle (Glasfaser-Rollfilz u. ä.) mit einer Perforation, so verlagert sich das Absorptionsmaximum in den Bereich höherer Frequenzen und wird um so breiter, je größer der Loch- bzw. Schlitzanteil und je dünner die Platte ist. Ein solches Schallschlucksystem mit Wirkung nach Kurve A in 220 2 zeigt Bild 222 3. Auch hierfür wird bei der einfachsten und damit billigsten Lösung wieder der doppelte Dachlattenrost verwendet. Dabei ist zu beachten, daß möglichst wenig gelochte Fläche durch die Latten verdeckt wird.

Lattenabstände von 40—50 cm in beiden Richtungen bei allseitiger Auflage der Plattenränder sind nicht nur akustisch, sondern bei den meisten handelsüblichen Platten mit den praktisch möglichen Lochanteilen von 15—20% auch bautechnisch möglich. Wird auf die zeitraubenden Auffütterungen der Plattenquerstöße verzichtet, so muß die direkt hinter den Platten liegende Lattung selbst bei den stabilen Gipskarton-Platten → 315 4 mit einem Achsabstand von weniger als 30 cm verlegt werden. Akustisch ist diese Anordnung meist durchaus noch vertretbar.

Charakteristisch an der Wirkungsweise solcher Schallschlucksysteme mit gelochten oder ähnlich perforierten Abdeckungen → 225 1, 225 2, 225 4 und 315 7 ist der Abfall der Absorptionskurve gegen hohe Frequenzen. Er setzt um so früher ein, je dicker die Platte und je geringer der Lochanteil ist. Die größten Lochanteile besitzen Lochbleche → 221 1, 220 3 und 220 4.

Im Schallabsorptionsdiagramm der Metall-Lamellendecken nach 223 3 und 315 5 kommt der Kurvenabfall bei hohen Frequenzen unter bestimmten Bedingungen (→ 220 3) kaum zum Ausdruck. Wird hinter das Gitter eine weniger schalldurchlässige Folie gelegt → 221 2, so wird ebenfalls eine Absorptions-Minderung bei hohen Frequenzen verursacht. Bei mittleren tritt durch den Mitschwingeffekt eine Verbesserung ein.

Die Verschlechterung der Absorption → 217 4 oberhalb von etwa 1000 Hz ist bei raumakustischen Maßnahmen (Nachhallregelung) fast immer erwünscht, bei reiner Lärmbekämpfung im Bereich der als besonders lästig empfundenen hohen Frequenzen zwischen etwa 800 und 3000 Hz jedoch besonders zu beachten. Die Verschlechterung läßt sich vermeiden, wenn z. B. statt gelochter Hartplatten durchgehend poröse Platten oder poröse, durchgelochte Faserplatten verwendet werden, die mittlere und hohe Frequenzen weniger reflektieren → 224 1.

Selbstverständlich besteht auch die Möglichkeit, die auf und zwischen dem tragenden Rost liegenden Schallschluckpackungen mit einem praktisch völlig schalldurchlässigen Gitter → 222 4 und 315 6 oder nur mit einem Gewebe abzudecken. Wie sich die Absorption dadurch im Prinzip ändern kann, zeigt Kurve A in 212 1. Diese Angabe gilt nur für den Fall, daß die Latten, wie eingangs erwähnt, weit genug auseinander liegen. Schiebt man sie unter Verzicht auf jede weitere Abdeckung stark zusammen, so erhält die Absorption wieder die Eigenart wie bei der Abdeckung mit einer Loch- oder Schlitzplatte und geht bei weiterer Verringerung der verbleibenden Schlitze auf die Form der Kurven in 220 1 über. Dabei bleiben der betreffende Frequenzbereich und der Absorptionsgrad immer noch durch andere Faktoren veränderlich.

Dem Prinzip nach verbleibt die Wirkungsweise des Schlitz- oder Lochresonators in der Konstruktion der einfachen Verbretterung mit der starken Schallabsorption im relativ engen Frequenzbereich der Resonanz, ähnlich wie beim einfachen Mitschwinger. Bei beiden läßt sich die Schallschluckung gleichzeitig auf höhere Frequenzen ausdehnen, wenn das übliche Schallschlucksystem nach Bild 222 3 einfach davorgelegt wird.

Eine bewährte Konstruktion, die auf diese Weise entstanden ist und sehr oft zur Erfüllung hoher Anforderungen, etwa bei nachträglich durchzuführenden Lärmbekämpfungsmaßnahmen in der Industrie, eingesetzt werden kann, zeigt Bild 224 1. Ihr Nachteil ist der verhältnismäßig große Aufwand an Raum, Arbeitszeit und Ausbaustoffen. Spielen die Kosten eine untergeordnete Rolle, so läßt sich diese Auskleidung durch Verstärkung der Packungen und durch die Anordnung richtiger Resonanzkammern noch erheblich verbessern.

Die einfachste Form solcher Schallschlucksysteme mit perforierten Oberflächen sind Fertigteile, die in bestimmten Abständen vor den Raumbegrenzungen angebracht werden → 224 3. Je nachdem ob die Sichtseite mit der perforierten oder der nicht perforierten Oberfläche dem Raum zugekehrt ist und welche Abstände eingehalten werden, läßt sich der Absorptionsgrad und damit die Nachhallzeit sehr stark variieren → 224 4.

Sehr wirksame Schallschlucksysteme lassen sich auch schon im Rohbau mit ganz gewöhnlichen Hochlochsteinen aufbauen, etwa bei der Ausmauerung von Stahlskelettbauten oder bei mechanisch festen Verblendungen tragender Wände, wobei die erwünschte Verbreiterung des Absorptionsbereiches durch die dahinterliegenden normalerweise 5—10 cm dicken Hohlräume, durch Hohlraumfüllungen mit Schallschluckstoff sowie durch Mischen von Steinen mit verschiedenen freien Querschnittsgrößen und Querschnittsanteilen erzielbar ist → 315 9 und 226 1.

Keilabsorber

Einen Sonderfall zeigt Bild 226 3. Hierbei handelt es sich um eine Verbindung zwischen Schlitzresonator und porösen, keilförmigen Körpern. Sie ist das Ergebnis jahrelanger Versuche sowie exakter wissenschaftlicher Überlegungen und gewährleistet das technisch mögliche Höchstmaß an Schallabsorption. Für ihr Ausmaß ist die Länge und Porosität der Keile wichtig → 331. Mit der Keilform wird angestrebt, den für die Schallschluckung entscheidenden allmählichen Übergang des akustischen Wellenwiderstandes der Luft auf denjenigen der Raumbegrenzung in idealer Weise zu verwirklichen.

Der mit der erwähnten Keillänge bei geschickter Abstimmung des dahinter angeordneten Resonators erzielbare Schallschluckgrad ist so groß, daß er im Diagramm 220 2 nicht mehr dargestellt werden kann → 226 4. Hierin kennzeichnet die stark ausgezogene Kurve die Frequenzabhängigkeit des sogenannten Reflexionsfaktors R, der durch das Verhältnis des Schalldruckes der reflektierten (p_R) zu demjenigen der ankommenden Welle (p_A) und somit vom Verhältnis der spezifisch akustischen Widerstände (Z_1 und Z_2) abhängig ist. Es gilt die einfache Beziehung

$$R = p_R/p_A = \frac{Z_2 - Z_1}{Z_2 + Z_1}.$$

Oberhalb von 125 Hz liegt die Kurve im vorliegenden Fall unter R = 0,1. Dieser Wert wird als noch zulässig anerkannt, weil die bei den üblichen Meßanordnungen auftretenden Ungenauigkeiten etwa in der gleichen Größenordnung liegen.

Zur besseren Vergleichsmöglichkeit mit bekannten Schallschluckstoffen läßt sich der Schallschluckgrad von Keilabsorbern auch nach der Beziehung $R = \sqrt{1 - \alpha}$ [1] in einer den Akustiker zwar

---

[1] Hieraus ergibt sich der Zusammenhang zwischen Reflexions-Faktor R und Reflexion (1 − α), die miteinander nicht verwechselt werden dürfen.

Schallschlucksysteme OBERFLÄCHEN

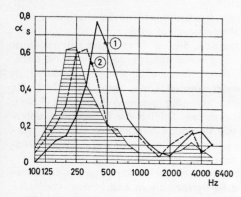

1 Frequenzabhängigkeit der Schallabsorption einer einfachen Holzschalung mit einer Brettbreite von 10 cm, einer Brettdicke von 2 cm und einem Brettabstand von 1 cm. Der hinter den Brettern liegende Hohlraum war 5 cm dick und mit 10 mm dicken Mineralwolleplatten (Rohdichte ca. 90 kg/m³) etwa mittig unterteilt (aus »Wärme, Kälte, Schall« 2/1965).

① jeder Schlitz offen
② jeder 2. Schlitz offen, die restlichen Schlitze mit Nut und Feder geschlossen

Der schraffierte Bereich kennzeichnet die Absorption, wenn nur jeder 3. Schlitz offen ist und die übrigen wie oben geschlossen werden. Statt der Mineralwolleplatte können auch andere Schallschluckstoffe in gleicher oder größerer Dicke, z. B. 50 mm dicke Glasfasermatten ohne Papierauflage o. glw. verwendet werden.

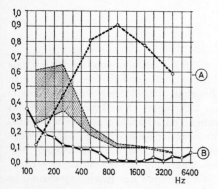

2 Frequenzabhängigkeit des Schallabsorptionsgrades von Tiefenabsorbern (Mitschwingern) im Vergleich zu einem Schallschlucksystem für den mittleren und hohen Frequenzbereich.

A 45 mm dicke Mineralwollematten hinter Glasvlies und gelochten Hartfaserplatten
B 3—4 mm dicke Glasscheiben vor ca. 50 mm dickem randgedämpftem Hohlraum und dichter Wand
schraffierter Bereich: Dünne, mehr oder weniger biegeweiche Platten vor verschieden dickem gedämpftem Hohlraum, ohne Perforation

Weitere Absorptionswerte enthält die Absorptionsgradtabelle → 91 ff

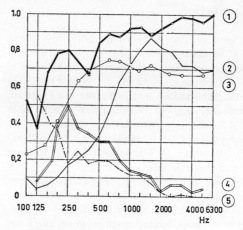

3 Absorptionsgradkurven von gelochten und ungelochten Paneelen aus dünnem Aluminiumblech nach Untersuchungen eines dänischen Instituts.

① Aluminium-Paneele, gelocht. Einlage 12 mm Mineralfaser hinter Seidenpapier; zusätzlich 25 mm Mineralfasermatte, Hohlraumdicke 20 cm
② wie ①, keine zusätzliche Einlage; Hohlraumdicke 2,5 cm
③ wie ①, Hohlraumdicke 9 cm
④ Aluminium-Paneele, ungelocht. Einlage 12 mm Mineralfaser hinter Seidenpapier; keine zusätzliche Mineralfasereinlage; Hohlraumdicke 7,5 cm
⑤ wie ④, Hohlraumdicke 30 cm

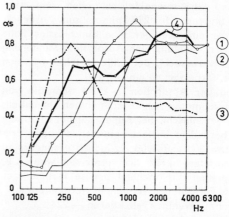

4 Absorptionsgradkurven von schallabsorbierend ausgebildeten dünnen gelochten Metallkassettenplatten nach Untersuchungen eines dänischen Instituts.

① gelochte Aluminium-Kassette mit Seidenpapier und 8 mm dicker Mineralwolleauflage. Hohlraumdicke hinter den Platten 25 mm, zusätzlich 25 mm dicke Mineralwollematte, dahinter loses Papier
② wie ①, ohne Matte, zusätzlich nur loses Papier
③ wie ①, zusätzlich 25 mm Mineralwollehinterfüllung hinter festgeleimtem Papier
④ wie ①, ohne Papier.

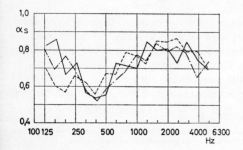

5 (links) Schallabsorptionsgradkurven von gelochten Aluminiumblech-Kassetten nach Messungen eines dänischen Instituts.

strichpunktiert: Lochanteil 12,6%, Lochdurchmesser 2 mm, Lochabstand 5 mm. In der Kassette 25 mm dicke Mineralwolle hinter Seidenpapier, dahinter ca. 47 cm dicker Hohlraum
gestrichelt: wie vor, Lochdurchmesser 4 mm, Lochabstand 10 mm (Lochanteil gleich)
ausgezogen: wie vor, mit Seidenpapier und 37 mm dicker Mineralwolle hinterlegt, ca. 47 cm dicker Hohlraum

OBERFLÄCHEN

Schallschlucksysteme

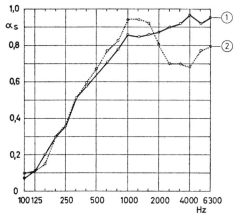

1 Frequenzabhängigkeit des Schallabsorptionsgrades von 40 mm dicken Glasfaserplatten mit einer Rohdichte von ca. 20 kg/m³.
① Platte direkt vor starrer Wand ohne Abdeckung
② Glasfaserplatte wie vor, mit Abdeckung aus ca. 1 mm dickem, 18%ig gelochten Blech.

Die Abdeckung mit Loch-Blech bewirkt bei hohen Frequenzen oberhalb von etwa 2000 Hz eine Verringerung und bei tieferen eine Verbesserung des Schallabsorptionsgrades. Diese Korrektur ist hauptsächlich bei raumakustischen Maßnahmen meist erwünscht. Das Prüfergebnis wurde nicht auf die reine Lochfeldfläche, sondern auf das gesamte Element einschließlich der ungelochten Plattenränder bzw. Unterkonstruktionsteile bezogen. Messung nach DIN 52212.

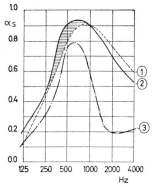

2 Absorptionsgradkurven von Schallschlucksystemen mit und ohne Kunststoff-Folien:
① normale Konstruktion nach 222 3 mit Rieselschutz aus Textilgewebe oder Faservlies
② wie ①, als Rieselschutz 0,030 mm dicke PVC-Folie hinter der Lochplatte. Bei hohen Frequenzen läßt die Absorption infolge erhöhter Reflexion nach und wird im mittleren Bereich besser
③ Änderung des Absorptionsgrades, wenn die Folie auf 0,2 mm verstärkt wird und die Lochplatte entfällt

Die Verbesserung im mittleren Frequenzbereich ist für viele raumakustische Zwecke wichtiger als der Verlust bei höheren Frequenzen.

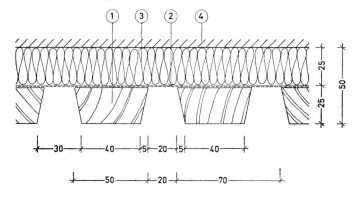

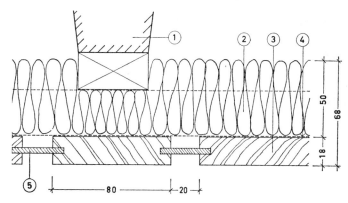

3 Einfache Deckenverkleidung aus genuteten Holzbrettern mit breiten Plattenfedern:
1 Rippe der Stahlbetondecke
2 Schallabsorptionsmaterial
3 angenagelte Bretter
4 akustisch transparente Abdeckung, wenn Schalung nicht geschlossen
5 dünne Plattenstreifen

Die Schallabsorption erstreckt sich mit etwa 0,15 bei tiefen und 0,1 bei hohen Frequenzen annähernd gleichmäßig über den ganzen Frequenzbereich. Wo die Plattenstreifen nach 5 entfallen, kommt der Schallschluckstoff stärker zur Wirkung, so daß es mit dieser Konstruktion leicht möglich ist, ohne einen Wechsel in der Deckenansicht beliebige Flächenverhältnisse und damit eine Regulierung der Nachhallzeit zu erreichen.

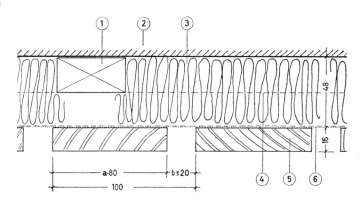

4 Schallabsorbierende, stoßfeste Deckenverkleidung aus Holzbrettern:
1 Lattenrost
2 tragende Unterkonstruktion bzw. leerer Hohlraum
3 Schallschluckpackung und Wärmedämmschicht, z. B. aus 50 mm dicken Mineralwollematten, oberseitig nicht abgedeckt
4 Lattenrost nach konstruktiven Gesichtspunkten, Unterseite gehobelt
5 Sparschalung. $a = 80$ mm, Maß $b > 20$ mm
6 undurchsichtige poröse Bespannung aus Faservlies, Nesselstoff o. ä.
Statt 6 kann je nach dem erforderlichen Absorptionsgrad auch eine ca. 10 mm dicke poröse Holzfaser-Isolierbauplatte verwendet werden, wodurch die Absorption gleichmäßiger, jedoch im Schnitt geringer wird.

5 (links) Schallabsorbierende und wärmedämmende Verkleidung mit stark gegliederter Oberfläche:
1 Holzleisten
2 akustisch transparente, undurchsichtige Bespannung aus porösem Stoff
3 Schallabsorptionsmaterial
4 tragende Wand

Je dicker die Leisten und je geringer ihr lichter Abstand, um so mehr verliert die Absorption dieser Verkleidung die breitbandige Wirkung zugunsten eines stark ausgeprägten Maximums bei Frequenzen unterhalb von etwa 500 Hz. Die Leisten reflektieren die dort auftreffenden Wellen, die kürzer sind als die Leistenbreite. Oberhalb des Frequenzbereiches dieser Wellen fällt die Absorptionsgradkurve steil ab. Für längere Wellen wirkt der Leistenrost wie ein akustisch transparentes Gitter.

Schallschlucksysteme — OBERFLÄCHEN

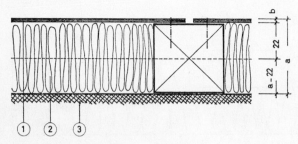

1 Querschnitt durch eine schallschluckende Auskleidung für tiefe Frequenzen in einfachster Ausführung:
1 2—3 mm dickes Sperrholz
2 lockerer Mineralwollefilz
3 starre Wand oder Decke

Das Absorptionsmaximum liegt bei der tiefsten raumakustisch noch wichtigen Frequenz von 125 Hz, wenn das Produkt aus Plattengewicht (kg/m²) und Maß a (cm) etwa 25 beträgt.

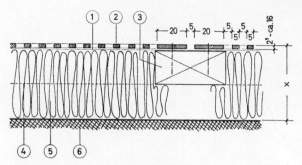

3 Querschnitt durch ein Schallschlucksystem in einer für die Lärmbekämpfung und auch für raumakustische Maßnahmen häufig verwendeten Ausführung:
1 akustisch transparente Stoff- oder Glasvliesabdeckung
2 Lochplatte
3 einfacher Dachlattenrost, vorderseitig gehobelt
4 angeschossene oder angedübelte Grundlattung
5 Schallschluckpackung aus Stein- oder Glaswolle oder ähnlichem Schallschluckstoff
6 starre Wand oder Decke

Wenn für Ziff. 5 *Platten* aus den genannten Stoffen verwendet werden, so genügt eine Dicke von 20 mm, wenn dahinter ein 20 mm dicker Hohlraum liegt. Ist dieser Hohlraum wesentlich dicker, so wird die Absorption bei tiefen Frequenzen größer. Bei anderen Frequenzen kann sie dann nachlassen → 220 *2* und 220 *5*.

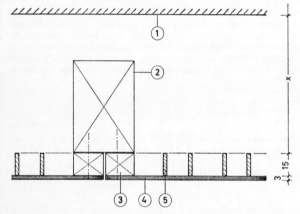

2 Anordnung zur Absorption tiefer Frequenzen bei großem Wandabstand:
1 massiver Raumabschluß
2 tragendes Kantholz nach konstruktiven Gesichtspunkten
3 schmaler Holzrahmen
4 dünne aufgeleimte Sperrholzplatte o. ä.
5 aussteifendes Holz-Streckgitter (ESO)

Dieses Prinzip gestattet die Herstellung sehr leichter Mitschwinger, die dann notwendig sind, wenn x erheblich größer als etwa 5 cm ist.

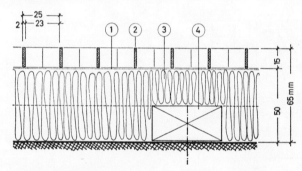

4 Querschnitt durch ein Schallschlucksystem zur Absorption mittlerer und hoher Frequenzen:
1 schalldurchlässiges Gewebe oder Glasvlies
2 mechanisch festes Gitter aus punktförmig geleimten Holzleisten mit extrem großem freien Querschnitt (ESO-Antiflex)
3 Schallschluckpackungen etwa aus Glas- oder Steinwolle
4 doppelter Dachlattenrost

Das Gitter verursacht im Gegensatz zu Loch- oder Schlitzplatten praktisch keine Reflexion und damit keinen Abfall der Schallschluckgradkurve bei hohen Frequenzen. Es eignet sich daher auch als Abdeckung von Keilabsorbern → 219 etwa in Mehrzweckstudios.

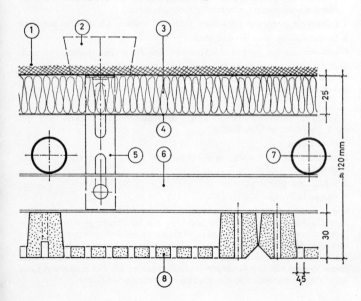

5 (links) Schallschlucksystem aus leeren Gipskassettenplatten in Verbindung mit einer Deckenstrahlungsheizung:
1 Unterseite der Stahlbetondecke
2 Dübel
3 als Schallschluckpackung wirksame Wärmedämmschicht
4 sehr dünne oder perforierte, akustisch transparente blanke Aluminiumfolie zur Reflexion der Wärmestrahlung
5 Abhänger aus Schlitzbandeisen
6 tragendes Metallprofil
7 Heizungsrohre
8 leere gelochte Gipskassette

Bei den normalen schallabsorbierenden Gipskassetten liegt die Schallschluckpackung in der Kassette und die Metallfolie auf der Oberseite als rückseitiger dichter Abschluß. Die perforierten Gipskörper werden entweder angeschraubt oder in die tragenden Profile lose eingelegt.

OBERFLÄCHEN

Schallschlucksysteme

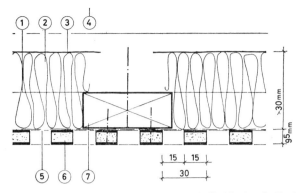

1 Querschnitt durch eine abgehängte schallschluckende Deckenverkleidung aus Gipskartonplatten:
1 abgehängter Lattenrost
2 mehr als 30 mm dicke Mineralwollematte aus Glasfasern, Steinwolle o. ä., Rohdichte > 15—20 kg/m³
3 auf die Mineralwolle rückseitig aufgesteppte dichte Pappe (glatte Rohpappe, Wellpappe usw.)
4 leerer Hohlraum. Die optimale Dicke dieses Hohlraumes richtet sich nach dem Flächengewicht von 3. Es soll in kg/m², multipliziert mit der Hohlraumdicke in cm, etwa die Zahl 25 ergeben. Wenn der Hohlraum also ca. 20 cm dick ist, muß die Pappe eine Flächenmasse von ca. 1,2 kg/m² besitzen
5 akustisch transparente Abdeckung aus Faservlies oder maximal 0,03 mm dicker Kunststoff-Folie
6 ca. 20%ig gelochte Gipskarton-Verbundplatte
7 Holzunterkonstruktion

Die Dicke des Hohlraums nach 4 kann bis auf ca. 30 mm verringert werden. Es ist nicht unbedingt notwendig, die obengenannte Forderung genau einzuhalten. Wenn die Anordnung eines Hohlraums hinter 3 nicht möglich ist, so wird empfohlen, die Schallschluckpackung ohne Papier- oder Pappeauflage einzubauen. Statt der gelochten Gipskartonverbundplatten in 6 können auch andere Lochplatten mit gleichem Lochanteil verwendet werden.

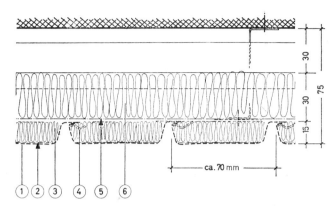

3 Neuartige schallschluckende Auskleidung aus gekanteten Aluminium-Siebblechen mit stark betonter Fuge (DAEMPA):
1 gekantetes Aluminium-Siebblech, an einer U-förmigen Metallschiene im Klemmverfahren montiert. Die U-Schiene wird mit Lochbandeisen abgehängt
2 poröse schwarze Papierzwischenlage als schalldurchlässige Abdeckung
3 zum Aluminiumkörper gehörende Schallschluckpackung aus Mineralwolle
4 Klemmnase der U-Schiene
5 dichte Papierauflage der oberen Matte als Mitschwinger zur Absorption tiefer und mittlerer Frequenzen
6 Schallschluckmaterial zur Dämpfung des hinter dem Papier liegenden Hohlraums und zur Wärmedämmung

Das Schallschluckmaterial innerhalb der Blechkörper wird mitgeliefert. Die dahinterliegende Mineralwollematte mit Papierauflage muß, wenn überhaupt notwendig, nach den jeweiligen Erfordernissen auf der Baustelle eingelegt werden. Liegt die Papierabdeckung oben, so ist die Schallabsorption größer als bei umgekehrter Lage der Matte, da die wirksame poröse Schicht dann dicker ist und das Papier zusätzlich als Mitschwinger wirkt.

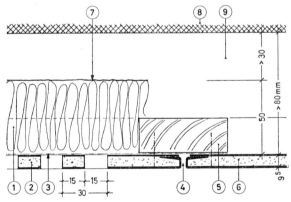

2 Detail einer schallschluckenden und reflektierenden Deckenverkleidung aus Gipskartonplatten:
1 Schallschluckpackung aus Mineralwollematten oder -platten
2 gelochte Gipskarton-Verbundplatten, Lochflächenanteil 19,6%
3 akustisch transparente Abdeckung als »Rieselschutz«
4 verspachtelte Plattenfugen
5 Holzunterkonstruktion
6 ungelochte Gipskarton-Verbundplatten, etwa im Deckenmittelteil reflektierend
7 rückseitig auf die Schallschluckpackung aufgesteppte Mitschwinger zur Verbesserung der Absorption bei tiefen Frequenzen
8 Unterkante der Stahlbetondecke
9 > 20 cm dicker Hohlraum

Statt der Gipskartonplatten können auch perforierte Span-, Sperrholzplatten o. ä. verwendet werden. Ihre Dicke sollte das angegebene Maß ▷

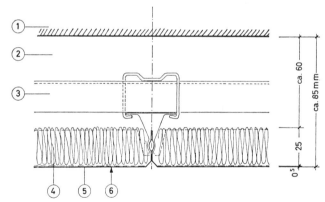

4 Schallschluckende Deckenverkleidung aus gelochten Metallkassetten mit Schallschluckstoff-Füllung:
1 Rohdecke
2 Hohlraum
3 tragende Metall-Unterkonstruktion
4 Schallschluckpackung aus Mineralwolleplatten
5 Rieselschutz aus Glasvlies oder Seidenpapier
6 gelochte Aluminium-Kassette

Die Einlage nach 5 kann überall dort entfallen, wo das Schallschluckmaterial wegen erhöhter Hygiene-Anforderungen in akustisch transparente Kunststoff-Folie (Foliendicke max. 0,025 mm) verschweißt wird.

▷nicht überschreiten. Die Absorption des unperforierten Teiles ist bei allen interessierenden Frequenzen sehr gering, so lange die Oberfläche unporös ist und die Masse-Feder-Resonanz weit unterhalb von 100 Hz liegt. Bei ca. 8 kg/m² Flächenmasse sollte die Luftpolsterdicke > 80 mm sein.

Schallschlucksysteme **OBERFLÄCHEN**

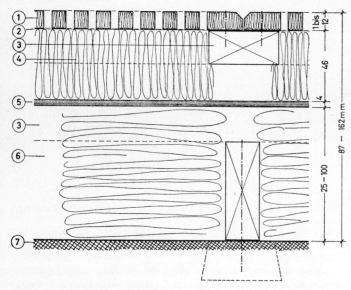

1 Querschnitt durch ein Schallschlucksystem zur Absorption tiefer, mittlerer und hoher Frequenzen in einem sehr breiten Frequenzbereich:
1 durchgehend gelochte und an der Oberfläche poröse Weichfaserplatten
2 akustisch transparente Abdeckung aus Faservlies
3 vorderseitig gehobelter Dachlatten-Rost
4 Schallschluckpackung aus Glas- oder Steinwollematten
5 dichte Platte als schwingungsfähige Membrane zur Absorption tiefer Frequenzen
6 gedämpfter Hohlraum
7 starre Wand oder Decke

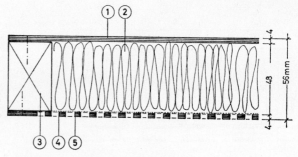

3 Schallschlucksystem als Fertigteil für Wand- und Deckenverkleidungen:
1 Rückseite aus ungelochten Sperrholzplatten
2 Schallschluckpackung
3 umlaufender Holzrahmen
4 akustisch transparente Abdeckung
5 gelochte oder geschlitzte Sperrholzplatten

Der Abstand zwischen Fertigteilrückseite und Raumbegrenzung ist so zu wählen, daß die → Resonanzfrequenz des Mitschwingers (1) im Bereich zwischen 100 und 200 Hz liegt.

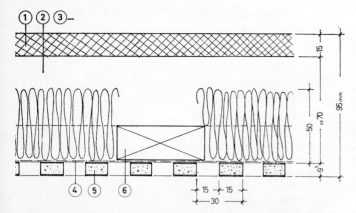

2 Sehr wirksames Schallschlucksystem aus Gipskartonplatten:
1 poröse Platte mit hohem Strömungswiderstand, z. B. aus ca. 300 kg/m³ schweren Holz- oder Mineralfaserplatten zur Absorption tiefer Frequenzen, zur Wärmedämmung und als winddichter Abschluß gegen einen darüberliegenden Kaltdachraum
2 Hohlraum mit 50 mm dicken Glas- oder Steinwollematten
3 Kaltdachraum
4 Faservlies, grauer Nesselstoff oder 0,025 mm dicke Polyäthylenfolie
5 ca. 20%ig gelochte Gipskartonplatten
6 Unterkonstruktion, unterer Lattenrost mit einem Achsabstand von etwa 32 cm

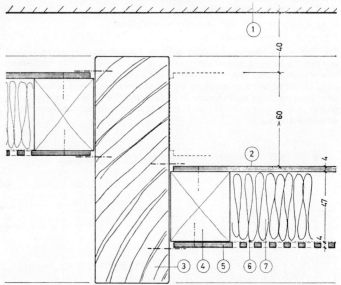

4 Horizontaler Schnitt (= senkrechter Schnitt) durch eine schallabsorbierende Raumauskleidung mit veränderlicher Absorption für den ganzen raumakustisch wichtigen Frequenzbereich zwischen ca. 125 und 4000 Hz:
1 unverputztes Mauerwerk
2 dichte, mitschwingfähige Platte, z. B. 4 mm dicke Hartfaserplatte, ungelocht
3 Kantholz des Rasters
4 Holzrahmen
5 ca. 20%ig gelochte, max. etwa 4 mm dicke Hartfaser-, Sperrholz- o. ä. Platte
6 akustisch transparente Abdeckung aus Faservlies, grauem Nesselstoff o. ä.
7 Schallschluckpackung aus Mineralwollematten ohne Papierauflage

Die einzelnen Elemente müssen so befestigt werden, daß sie sich in der Tiefe um mindestens 60 mm verstellen lassen. Es muß auch möglich sein, die ungelochte Seite nach vorn zu drehen. Die Größe der Elemente nach 2 bis 7 ist verhältnismäßig belanglos. Empfohlen wird ein Maß von ca. 100/100 cm bis 100/200 cm.

OBERFLÄCHEN Schallschlucksysteme

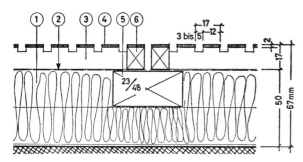

1 Schallschlucksystem aus 50 mm dicken Schallschluckpackungen mit äußerer Abdeckung aus mechanisch festen Furniergitterplatten (ESO-MODULATOR):
1 Mineralwollefilz
2 schalltransparente Abdeckung aus Faservlies
3 Furnierstreckgitter als Träger der Deckschicht
4 geschlitztes Deckfurnier, Schlitzanteil 30%, größtes Platten-Normalformat ca. 62/250 cm
5 doppelter Lattenrost
6 umlaufende Randleiste

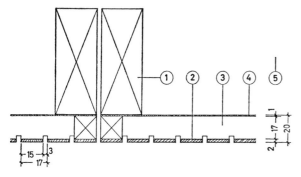

2 Furnier-Gitterplatten als demontable Deckenverkleidung:
1 frei tragendes Kantholz
2 geschlitzte Furnier-Deckschicht
3 leerer Hohlraum
4 mikroporöses Schallschluckblatt
5 Hohlraum

Die Absorption erstreckt sich annähernd gleichmäßig auf den ganzen Frequenzbereich und wird vorwiegend durch das mikroporöse Schallschluckblatt bestimmt. Sie ändert sich mit dem Deckenabstand. Bei einem Abstand von 55 cm liegt sie bei 0,46 i.a.M.

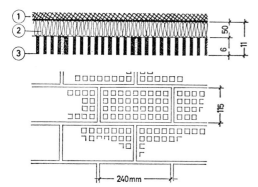

3 Schallschluckende und wärmedämmende Wandverkleidung aus quer vermauerten Hochlochsteinen (waagerechter Schnitt und Ansicht):
1 dampfdurchlässiges Mauerwerk
2 Wärmedämmschicht und gleichzeitig Schallschluckpackung aus Mineralwolle
3 Quervermauerte, möglichst dünne Hochlochziegel-Mauerwerksschale

In feuchten Räumen ist es notwendig, zwischen 2 und 3 eine akustisch transparente Dampfsperre, z. B. aus einer max. 0,03 mm dicken Kunst-▷

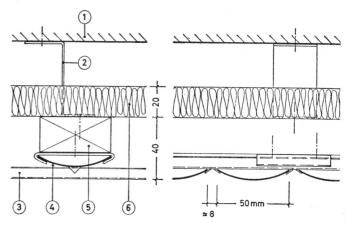

4 Schallabsorbierende Deckenverkleidung mit durchgehend geschlitzter Oberfläche aus korrosionsfestem Metall:
1 Rohdecke
2 Abhänger
3 Aluminium-Lamellen
4, 5 Trägerprofil
6 in maximal 0,025 mm dicke Kunststoff-Folie dampfdicht und hygienisch eingeschweißte Mineralwolleplatten

In normal trockenen Räumen ist die Kunststoff-Folie nicht unbedingt notwendig, wenn keine Gefahr besteht, daß sich aus dem Schallschluckstoff Faserteilchen lösen können. Es genügt dann als Oberflächenbindung eine aufgespritzte Kunstharzdispersion in dunkler Farbe, um eine gleichmäßige Sichtfläche zu erreichen.

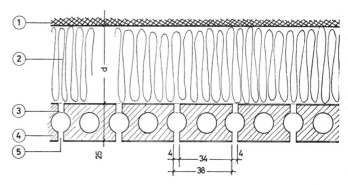

5 Schallschlucksystem aus einem hohe Frequenzen absorbierenden Gitter und einer porösen Schicht:
1 dichte Raumbegrenzung
2 Schallschluckstoff, z. B. aus Glas- oder Steinwollematten bzw. -platten
3 kürzere, reihenweise durchgehende Schlitze in der Plattenrückseite
4 beidseitig furnierte Holzspan-Röhrenplatten
5 geschlitzte Oberfläche

Die Absorption bei hohen Frequenzen ist zwischen 1000 und 6000 Hz mit einem nach beiden Seiten auf 0,4 bzw. 0,2 abfallenden Maximum von 0,8 bei 2500 Hz praktisch konstant. Bei tiefen Frequenzen läßt sie sich je nach Dichte und Dicke der verwendeten Schallschluckpackung sowie Größe des Maßes d verändern. Eine Erhöhung des Absorptionsgrades bei 2000 bis 2500 Hz auf 1,0 ist möglich, wenn der Schlitzabstand an der Vorderseite nur 19 mm beträgt (jede Röhre angeschnitten).

▷stoff-Folie einzubauen. Bei größeren Wandabständen erhöht sich der Schallabsorptionsgrad, wenn als Schallschluckstoff dichte Mineralfaserplatten (ca. 100 kg/m³) verwendet werden, die dicht an der Rückseite der Lochziegelschale anliegen. Der Schallabsorptionsgrad kann dann bei tiefen und mittleren Frequenzen sehr hohe Werte annehmen → 99 1. Für wärmetechnische Zwecke ist diese Anordnung weniger geeignet.

Schallschlucksysteme **OBERFLÄCHEN**

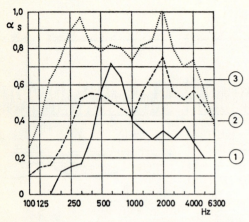

1 Frequenzabhängigkeit des Schallabsorptionsgrades α_S eines Schallschlucksystems aus quervermauerten Lochziegeln vor starrer Wand.
① Wandabstand 2,5 cm, Lochflächenanteil 20%, Hohlraumfüllung mit an die starre Wand angelegten 10 mm dicken Mineralwolleplatten, Lochleibungstiefe 5 cm, Steine glasiert
② Steine unglasiert, Lochleibungstiefe 6,5 cm, Wandabstand 6,5 cm, Hohlraum leer, jedoch in Felder von 79/76 cm unterteilt, Steine unglasiert, jedoch hart gebrannt (Klinker)
③ Konstruktion wie ②, Hohlraum mit Mineralfaserplatten gefüllt

Die Schallabsorption derartiger Mauerwerksflächen hängt sehr von der Oberflächenbeschaffenheit der Lochsteine, der Hohlraumdicke sowie der Hohlraumfüllung ab. Charakteristisch ist immer der starke Abfall bei hohen Frequenzen infolge der großen Lochleibungstiefe.

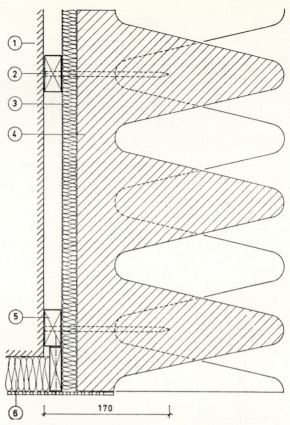

3 Schallabsorbierende Verkleidung mit praktisch völliger Schallabsorption bei Frequenzen oberhalb von etwa 250 Hz:
1 schalldämmende Raumbegrenzung
2 Montagespieß
3 schallabsorbierende Platte
4 keilförmig ausgeschnittene und jeweils gegeneinander versetzt angeordnete Glas- oder Steinwolleplatten (gewöhnlich 50 mm dick)
5 Lattenrost
6 schallabsorbierende Verkleidung der Eingangs-Seitenflächen

Verkleidungen dieser Art dienen vorwiegend zur Oberflächengestaltung in Mehrzweckstudios → 285 und reflexionsfreien Räumen → 285.

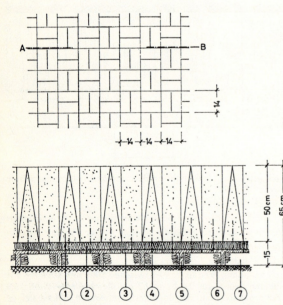

2 Schallschlucksystem zur vollständigen Schallabsorption oberhalb einer unteren Grenzfrequenz von ca. 125 Hz (Ansicht und Schnitt A—B):
1 Gegeneinander versetzte keilförmige Körper aus Glas- oder Steinwolleplatten verschiedener Qualität
2 Mineralfaserplatten
3 Schlitzresonator mit gedämpften Hohlräumen
4 starre Raumbegrenzung
5 Brettraster
6 Mineralwolle
7 Hohlraum

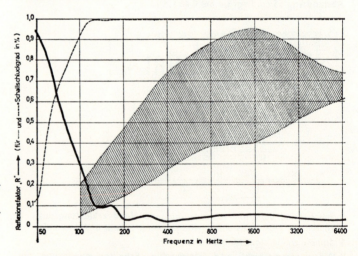

4 Frequenzabhängigkeit des Reflexionsfaktors (stark ausgezogene Linie) sowie des Schallschluckgrades (dünn gestrichelte Linie) einer Auskleidung nach Bild 2 bei senkrechtem Schalleinfall. Der schraffierte Bereich umfaßt ungefähr den Schallschluckgrad sämtlicher üblichen Akustikplatten und Schallschlucksysteme.

OBERFLÄCHEN

Schallschlucksysteme, Fugen

weniger interessierenden, jedoch anschaulicheren Weise darstellen. Der Verlauf dieser Kurve ist in dem oben besprochenen Diagramm gestrichelt eingetragen. Man kann hieraus ersehen, daß z. B. ein Reflexionsfaktor von 10% einem Schallschluckgrad von 99% entspricht. Der schraffierte Bereich innerhalb der punktierten Kurven bietet einen interessanten Vergleich mit den üblichen akustischen Auskleidungen, indem die obere Grenze die maximalen Absorptionswerte eines als sehr wirksam bekannten üblichen Schallschlucksystems aus 50 mm dicken Mineralwollematten hinter einer 1 mm starken gelochten Platte kennzeichnet, während die untere Kurve dem Schallschluckgrad etwa einer gerillten 12 mm dicken Weichfaserplatte entspricht.

Es muß besonders darauf hingewiesen werden, daß diese Vergleichsschallschluckgrade in % und nicht in der üblichen Weise nach DIN 52212 gewertet werden müssen. Die Angaben nach DIN 52212 liegen günstiger, lassen sich jedoch nicht mit den hier interessierenden %-Werten vergleichen. Bekanntlich entsprechen die %-Werte der Definition »Schallschluckgrad = Verhältnis der nicht reflektierten zur auffallenden Schallintensität« bei senkrechtem Schalleinfall. Sie werden im → Kundtschen Rohr gemessen. Schallschluckgrade ($α_S$) nach DIN 52212 sind größer als %-Werte und können im Gegensatz zu Werten nach dem Rohrverfahren größer als 1 (also 100%) sein.

Zum Thema Lärmbekämpfung sei noch gesagt, daß sich die Schallschluckanordnung aus Keilabsorbern auch auf diesem Gebiet mit größtem Erfolg zur Raumschalldämpfung verwenden ließe. Die hundertprozentige Schallabsorption in einem unübertroffen weiten Frequenzbereich gewährleistet auch ohne Verwendung schalldämmender Ummantelungen die stärkste Minderung der Lärmempfindung von Störquellen, die mit schallschluckenden Auskleidungen überhaupt möglich ist.

Je nach Größe und Qualität der absorbierenden Flächen ließen sich durch die vollständige Beseitigung der den Schall erheblich verstärkenden Reflexionen Pegelsenkungen bis nahezu 20 dB erreichen; d. h. daß der betreffende Lärm um 75% seiner ursprünglichen Lautheit vermindert werden könnte. Der Anwendungsbereich wird lediglich durch die Kostenfrage und durch den Raumbedarf bestimmt.

Fugendichtungen

Fugen sind aus konstruktiven Gründen immer notwendig, nicht nur um die temperaturbedingten Bewegungen aufzunehmen → 152 2 und → 152 1. In den Außenwänden müssen sie an der Außenseite schlagregendicht und an der Innenseite luftdicht und elastisch geschlossen werden. Am Übergang zu horizontalen Flächen, im Erdbereich und erst recht im Grundwasserbereich müssen sie dauerhaft druckwasserdicht sein.

Die wichtigsten Fugendichtungs-Systeme sind nachstehend dargestellt. Alle haben sich für die angegebenen Anwendungsbereiche ausnahmslos gut bewährt. Nach vorliegenden neutralen Untersuchungsergebnissen (Kurzberichte aus der Bauforschung 1/75) ». . . zeigte die Thiokol-Fugenmasse praktisch keine Änderung im Dehnverhalten.« Die Siliconkautschuk-Fugenmasse wurde nach der zweijährigen Untersuchungszeit etwas starrer und die Polyurethan-Fugenmasse etwas weicher. Bei den Thiokol- und Polyurethan-Fugenmassen zeigten sich im Laufe der Bewitterung feine Oberflächenrisse, die sich auf die Meßwerte nicht auswirkten, sondern nur auf die Oberfläche.

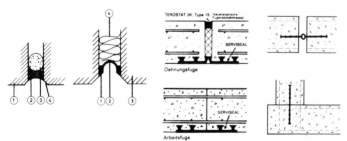

1 Normale Fugendichtung zwischen Außenwand-Fertigteilen nach DIN 18540. Die Kanten der Bauteile sind abzufasen, um die Gefahr der Umläufigkeit der Fugendichtung auszuschließen:
1 Stahlbeton.
2 Dauerelastischer Kitt nach Bedarf mit besonderer alkalibeständiger Haftbrücke zum Beton.
3 Hinterfüllstreifen aus einem elastischen Material, z. B. aus geschlossenzelligem Polyäthylen-Schaum oder nicht wassersaugendem elastischen Polyurethan-Schaum.
4 Fase.

Die Haftflächen sollen möglichst groß sein und müssen sehr sorgfältig vorbehandelt werden, damit sich die Fugenmasse im Laufe der Zeit nicht lösen kann. Die Fülltiefe der Dichtungsmasse ist abhängig von der Fugenbreite. Nach den Verarbeitungsanweisungen der DIN 18540 und der Kitt-Hersteller sind folgende Maße einzuhalten:

Fugenbreite in mm:	10	15	20	25	30	35
Fugentiefe in mm:	8	10	12	15	15	20
Toleranz:	±2	±2	±2	±3	±3	±4 mm

Die Fugentiefe wird an der dünnsten Stelle des dargestellten Profils gemessen. Bei Verwendung des üblichen Polysulfit-Kautschukkitts (z. B. THIOKOL) können diese Dichtungen auf die Dauer ohne Beschädigung Bewegungen bis zu 25% der Betonfugen-Breite aushalten.

2 Fugendichtungen zwischen Bauteilen, die größere Bewegungen ausführen:
1 Polysulfid-Kautschukkitt mit Haftbrücke verarbeitet.
2 Polysulfid-Kautschuk-Band mit Ziff. 1 angeklebt.
3 Stahlbeton mit dichten Fugenflanken.
4 Fugenfüllung aus elastischem, nicht saugenden Schaumkunststoff o. glw.

Fugendichtungen dieser Art können vor allem bei einfachen senkrechten Fugen sehr vorteilhaft ausgeführt werden. Schwierig ist die Ausführung von Gehrungen u. dgl.
Für die Abdichtung unter Erdreich sind diese Dichtungen nicht empfehlenswert.

3 Abdichtung einer Dehnfuge zwischen Betonteilen im Erdbereich mit wasserdichtem Stahlbeton (Sperrbeton → 121/2).
1 Elastisches Kunststoffprofil-Band mit T-förmigen Verankerungsrippen für Dehnfugen, 2. für Arbeitsfugen.

Diese Bänder bestehen vorwiegend aus PVC. Sie verhindern das Eindringen des Wassers bereits an der Außenfläche des Betons. Sie können z. B. bei Brücken, Kellerwänden, Böden gegen Erdreich, hinterfüllten Stützmauern u. dgl. eingesetzt werden. Sie bieten die Möglichkeit einer wasserdichten Verbindung mit einer außenliegenden Sperrschicht. Sie bestehen normalerweise aus PVC. Zwischen normalem PVC und Bitumen kann eine nachteilige Weichmacher-Wanderung auftreten. Bei bestimmten kunststoffvergütete Bitumenmassen ist dies nicht zu befürchten. (Bildarchiv Teroson, Heidelberg).

4 1. Mittig angeordnetes Dehnfugen-Profil in einer Stahlbeton-Grundwasserwanne. Die Fugenbreite richtet sich nach den zu erwartenden Bewegungen. Der Stahlbeton muß lückenlos druckwasserdicht sein, d. h. er darf keine durchgehenden Poren besitzen. Im Idealfall hat er ein völlig geschlossenes Gefüge. Bei einer Prüfung nach DIN 1048 darf die größte Wasser-Eindringtiefe 5 cm nicht überschreiten. Risse sind unzulässig. Ist das Wasser betonangreifend, muß vorgenannte Wasser-Eindringtiefe auf 3 cm vermindert werden. Fugenbänder dieser Art werden aus PVC und aus Kunstkautschuk (CR) hergestellt. Für die Verwendung bei Arbeitsfugen besitzen sie keine schlauchförmige Mittelzone (Bild 2) (Bildarchiv Teroson, Heidelberg).

Haustechnische Anlagen

Heizungsanlagen
Wärmeabgabe

Die Heizungsanlage soll den → Wärmebedarf eines Gebäudes decken, der wiederum sehr von der Bauweise und den vorhandenen Wärmedämmwerten, also von den Wärmedurchgangszahlen (k-Werte) → 229 2 und Lüftungs-Wärmeverlusten abhängig ist.

Heizungsanlagen sind so anzulegen, daß die in den Brennstoffen enthaltene Heizenergie → 229 3 mit geringen Verlusten in die zu temperierenden Räume gelangt und dort gleichmäßig verteilt zur Aufrechterhaltung einer optimalen Raumbehaglichkeit möglichst lange wirksam bleibt.

Gut isolierte Zentralheizungen (→ Rohrleitungen, 240) mit großen Strahlungs-Heizflächen oder mit einer gleichmäßig verteilten, langsamen Luftkonvektion können diese Forderung am besten erfüllen. Die Wärmeaustauscher (Heizkörper) oder die Warmluft-Eintrittsöffnungen sollen dort angeordnet werden, wo am meisten Wärme benötigt wird, also meistens in der unteren Zone der Außenwände sowie unterhalb der Fenster und Außentüren. An diesen Stellen ist durch entsprechende Wärmedämmung des Bauwerks besonders sorgfältig darauf zu achten, daß die dort ankommende Wärme dem Raum zugute kommt und nicht zu schnell nach außen abfließt.

Der Wärmeträger muß in der Lage sein, seine Energie ungehindert an den Raum abzugeben. Nach DIN 4703 setzen z. B. metallische Anstriche (Metallbronze) auf dem Raumheizkörper die Wärmeabgabe bereits um 10% herab. Befindet sich der Heizkörper in einer Nische oder besitzt er eine obere, die Warmluftkonvektion mindernde Abdeckplatte, so ist mit weiterer Leistungsminderung um etwa 4% zu rechnen. Bei einer ungünstig angeordneten vorderen Verkleidung mit ungenügend bemessenen Zu- und Abluftquerschnitten kann diese Minderung 30% betragen. Selbst eine strömungsgünstig eingebaute vordere Verkleidungsplatte verursacht nach der genannten Norm eine Minderung um 10 bis 15%.

Allzuoft wird übersehen, daß im Bereich der hinter dem Heizkörper liegenden Außenwand wegen der hier normalerweise mehr als doppelt so großen Temperaturdifferenz zwischen Innen- und Außenluft bei gleicher Wärmedämmung eine in gleichem Maße größere Wärmemenge als an den übrigen Wandteilen verlorengeht. Um dies zu verhindern, sollte die Wärmedämmung hinter den Heizkörpern mindestens verdoppelt werden, was z. B. in Heizkörpernischen meist ohne Schwierigkeiten möglich ist. Unsinnig ist es dagegen, Heizkörper unmittelbar vor Glasflächen zu stellen. Obwohl Glas für die langwellige Heizkörperstrahlung relativ undurchlässig ist, erfolgt starke Erwärmung der Scheiben und somit erhöhter Wärmetransport infolge Strahlungsabsorption und Warmluftkonvektion. Nach neueren Erkenntnissen lassen sich 10...20% Heizenergie einsparen, wenn die Heizkörper wie früher bei der Einzelofenheizung an der Innenwand aufgestellt werden. Nachteile entstehen hierdurch nicht, wenn Fenster und Türen normgerecht dicht sind.

Bei Luftheizungen ist zu beachten, daß die äußeren Raumbegrenzungen um so dichter (Fenster- und Türfälze!) sein müssen, je undichter die Innenwände sind, da sonst eine gleichmäßige Erwärmung bei starker Luftbewegung im Freien nicht erreicht werden kann.

Schallschutz

Die akustischen Störungen durch Heizungsanlagen sind sehr von der Art des Heizungssystems abhängig.

Einzelofenheizungen

erzeugen bei Verwendung fester Brennstoffe die bekannten Schürgeräusche. Sie verschlechtern durch direkte Luftverbindungen über den gemeinsamen Schornstein die Luftschalldämmung. Das Schürgeräusch wird als Körperschall auch in nicht direkt angrenzende Räume und Wohnungen störend übertragen. Nach DIN 4109 Bl. 5 sollen daher Öfen dieser Art auf besonders tieffrequent abgestimmten schwimmenden Estrichen aufgestellt werden. Unter schweren Öfen, wie z. B. Kachelöfen, ist der ganze darunterliegende Estrichteil abzutrennen, damit keine Risse entstehen. Unter Öfen keine Gußasphaltestriche verwenden! In Blatt 3 wird gefordert, daß gemeinsame Abgasschächte bei porigen Schachtoberflächen nur in jedem 2. Geschoß Anschlüsse erhalten dürfen (Ausnahmen gegen Nachweis). Nach den vorliegenden Erfahrungen ist bei den üblichen Formsteinkaminen und Öfen auch beim Anschluß in jedem Stockwerk nicht mit Störungen zu rechnen.

Etagenheizungen

sind im Prinzip genauso zu isolieren wie Einzelofenheizungen. Es gibt hier keine weiteren Schwierigkeiten, wenn die Rohrleitungen einwandfrei abgetrennt werden bzw. bei Warmluftheizungen die Luftkanäle mit dem Ventilator keine starre Verbindung haben. Schallübertragungen über Kanäle in »fremde« Räume sind durch Schalldämpfer → 234 zu verringern. Der Lüfter muß eine sehr gute Körperschallisolierung erhalten und sollte im Nahfeld nicht lauter als 65 bis 70 dB(A) sein. Er muß zumindest gegen die Nachbarwohnung ausreichend schalldämmend abgesondert werden. Besonders kritisch sind Lüfter hinter abgehängten Decken. Für die zulässige Lautstärke des Lüftergeräusches innerhalb der Wohnungen und in »fremden« Nachbarräumen gilt dasselbe wie für Armaturen → 241. Weitere Einzelheiten werden bei den Lüftungs- und Klimaanlagen erwähnt → Zentralheizungen, 229.

Zentralheizungen

müssen mit ihren Rohrleitungen körperschallisoliert eingebaut werden, schon um das lästige Leitungsknacken zu beseitigen. Bei kleineren, gut konstruierten Anlagen (Einfamilienhäuser) genügt es, den Heizungskessel auf körperschallisolierte Nivellierfüße zu stellen, wodurch der sonst übliche Kesselsockel mit der problematischen dynamischen Gründung entbehrlich wird.

Kleine, gut ausgewuchtete Warmwasser-Umwälzpumpen mit einer Leistung bis zu etwa 20 Watt verursachen kaum hörbare Geräusche. Auch bei größeren Pumpen bis zu ca. 40 Watt dürfte die Lautstärke in den darüberliegenden Räumen nach vorliegenden Meßergebnissen unter ungünstigen Bedingungen kaum über 25 dB(A) ansteigen, selbst wenn die Heizrohrleitungen nicht

HAUSTECHNIK

Heizungsanlagen

elastisch angeschlossen werden können. Kann der Pumpenlieferant die Unterschreitung der kritischen 30 DIN-phon in allen Aufenthaltsräumen nicht garantieren, so sind hier die gleichen Maßnahmen zur Minderung von Körper- und Wasserschall notwendig wie bei Armaturen. Ist das verstärkte Auftreten einzelner lästiger Frequenzen zu befürchten, so ist es ratsam, die in der Norm geforderten 30 DIN-phon bzw. dB(A) um 10 zu unterschreiten. Einfacher ist es zweifellos, die Pumpe so zu wählen und einzustellen, daß derart »schmalbandige« Geräusche überhaupt nicht auftreten können (eindeutige Forderungen im Leistungsverzeichnis!).

Wesentlich kritischer als das Pumpengeräusch sind die häufigen Störungen durch die Ölbrenner des Heizungskessels. Das Brennergeräusch kleiner Kessel (ca. 23 kW) ist mit ca. 60 dB (A) im Nahfeld (1 m Abstand) noch unbedenklich, weil es auch in ungünstig direkt darüberliegenden Räumen mit normgerechten Decken noch in der Größenordnung von 25 bis 30 dB (A) liegt.

Im Heizungsraum eines dreigeschossigen Mehrfamilienhauses wurde das Brennergeräusch mit 71...77 dB (A) festgestellt, ohne daß Störungen in den benachbarten Wohnungen auftraten. Der Heizungskessel war hier nicht gegen Körperschallübertragungen isoliert. Bei größeren Anlagen ist Vorsicht geboten, obwohl die Geräusche auch hier bei sorgfältiger Planung und schwerer Bauweise verhältnismäßig unbedenklich sein können, wie folgendes Beispiel bestätigt:

Schallpegel des Ölbrenners im Heizungsmaschinenraum:
70 dB(A)   72 dB(B)   72 dB(C) = 72 DIN-phon.

Bei stärkerer Leistung stieg der Schallpegel des Ölbrenners auf
74 dB(A)   76 dB(B)   77 dB(C) = 76 DIN-phon.

Diese Werte gelten für einen Abstand von 1 m neben dem Ölbrenner.

Insgesamt waren drei Kessel vorhanden, von denen nur einer mit einer Nenn-Heizleistung von 465 kW (400000 kcal/h) in Betrieb war. Das Fundament des Brenners hatte keine sichtbare Körperschallisolierung. Das gleiche gilt für die Ölleitung und für die Ölpumpen. Die übrigen Leitungen hatten ein dünnes, sehr stark zusammengedrücktes Isolierband in den Schellen, was akustisch nahezu wirkungslos ist.

Relativer Körperschallpegel am unteren Rahmen des Heizkessels 62 dB bis 58 dB, je nach Betriebszustand des Brenners (Aufnahme jeweils senkrecht). Körperschallpegel im Boden dicht neben dem Fundament 52 dB. Isolierwirkungsgrad dementsprechend lediglich

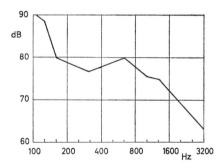

1 Frequenzabhängigkeit des Schallpegels eines Ölheizungsbrenners im Zentralheizungsraum eines Einfamilienhauses.
Gemessener Mittelwert 93 dB (86 dB(B)). Dieses Geräusch entsteht durch thermische Ausgleichsvorgänge im Verbrennungsraum. Seine Stärke läßt sich offensichtlich durch die Form des Verbrennungsraumes, die Art des Einspritzvorgangs und der Luftzuführung variieren.

2 Wärmedurchgangswerte (k-Werte) und Wärmedämmwerte*

	k in W/m² K (kcal/m²hK)	$1/\Lambda$ in m² K/W (m²hK/kcal)
normale Außenwände von Aufenthaltsräumen einschließlich Fensterbrüstungen (Flächenmasse mehr als 300 kg/m²)		
leichtere Fensterbrüstungen (Heizkörpernischen), mehr als 100 kg/m²	0,78 (0,67)	1,12 (1,30)
Fußböden von Aufenthaltsräumen, die gegen das Erdreich grenzen	0,90 (0,78)	0,93 (1,08)
unterer Abschluß von Aufenthaltsräumen über Kellern o. ä. ungeheizten Räumen	0,80 (0,69)	0,90 (1,05)
Dachdecken, Terrassen usw.	0,45 (0,39)	2,04 (2,37)
Trenndecken zwischen nicht zentral beheizten Aufenthaltsräumen mit schwimmenden Estrichen oder Holzböden	1,3 (1,1)	0,34 (0,40)
wie vor, zentral beheizt	1,7 (1,4)	0,17 (0,20)
Fußböden und Decken, die Aufenthaltsräume nach unten gegen die Außenluft abgrenzen	0,45 (0,39)	2,04 (2,37)
Außenfenster, Oberlichter, Fenstertüren in Metallrahmen (garantierte Falzdichtung anstreben, a weniger als 0,5) thermisch getrennt mit Isolierscheiben 6/12/6 mm o. glw.	3,3 (2,8)	
Innentüren (garantierte Falzdichtung anstreben in Krankenräumen, Unterrichtsräumen, wichtigen Arbeitsräumen u.ä., auch wegen des Schallschutzes)	4,1 (3,5)	
Wohnungstrenn-, Treppenraumwände in nicht zentral beheizten Gebäuden	2,0 (1,7)	0,26 (0,30)
Trennwände zw. Wohnungen und Räumen, die gleichzeitig zentral beheizt sind	3,2 (2,8)	0,07 (0,08)

Diese Werte beruhen auf den Mindestwerten der Normen DIN 4108 »Wärmeschutz im Hochbau« und DIN 4701 »Regeln für die Berechnung des Wärmebedarfs von Gebäuden« (Jan. 1959). Sie berücksichtigen auch die Wärmeschutzforderungen des Energieeinsparungsgesetzes (EnEG-WV) und reichen für alle deutschen Wärmedämmgebiete aus, soweit es um die Bemessung der Heizungsanlage geht. Sie sollen nur für diesen Zweck zugrunde gelegt werden und auch dann nur, wenn genauere Werte nicht bekannt sind → 54 2 und wenn der Fensteranteil der Außenwände über Erdreich kleiner als etwa 20% ist → 55 1.

* 1 kcal/h = 1,163 W; 1 m²hK/kcal = 0,860 m²K/W

3 Heizwerte der bekanntesten Brennstoffe

	Rohdichte (kg/m³)	(kJ/kg)	unterer Heizwert H_u (kcal/kg)
Holz	320–400	14654	(3500)
Stadtgas	0,60	15073	(3600)
Torf	200–300	15910	(3800)
Braunkohle	710	18841	(4500)
Braunkohlenbriketts	700–720	20097	(4800)
Koks	700–720	25958	(6200)
Koks (Nußform)	700–720	29308	(7000)
Gaskohle	740–810	30145	(7200)
Fettkohle	740–810	30564	(7300)
Anthrazit-Nuß	740–810	32448	(7750)
Naturgas	0,77–0,87	29308	(7000)
Schwer-Heizöl S	930–1010	38519	(9200)
Mittel-Heizöl M	890–960	41031	(9800)
Leicht-Heizöl L	830–880	41868	(10000)
Spezial-Gasöl EL	850	42287	(10100)

lich 6 bis 10 dB infolge der starren Verbindungen. Ca. 1 m vor der Heizungsraumtür betrug der Schallpegel noch 47 dB(A). Das war darauf zurückzuführen, daß die Tür keine Dichtungen hatte. An der Schwelle war weder Dichtung noch Anschlag vorhanden. In den Nachbarräumen traten keine Störungen auf. Nach Messungen in Berlin zwischen 1959 und 1963 hatten nur 11 von insgesamt 30 Ölfeuerungsanlagen in den darüberliegenden Wohnungen eine Lautstärke von 30 DIN-phon oder darunter. In 18 Fällen betrug die Lautstärke 31 bis 40 DIN-phon. Eine Anlage erzeugte 41 bis 50 DIN-phon. Weit mehr als die Hälfte waren eindeutig zu laut. Ölbrennergeräusche sind ähnlich wie Straßenverkehrsgeräusche sehr tieffrequent → 229 1 und daher schlecht zu dämmen. Das gilt auch für den Übertragungsweg durch den Schornstein und durch die Maschinenraumtür über den Flur. Grundsätzlich sollte der Heizungsraum nicht direkt unter, über oder neben Aufenthaltsräumen liegen. Direkte Luftverbindungen sind unbedingt zu vermeiden, auch über undichte Türen, Kaminreinigungsöffnungen, weitere Kaminanschlüsse usw. Alle DIN-phon-Werte gelten = dB (A).
DIN 4109 Bl. 5 fordert in Räumen zum Heizen und Lagern fester Brennstoffe schwere schwimmende Estriche. Die Kessel sollen auf besonderen, vom Bauwerk und Estrich getrennten Fundamenten stehen. Eine starre Befestigung der Rohrleitungen ist zu vermeiden. Decken über Heizräumen sollen zur Erhöhung der Luftschalldämmung einen schweren schwimmenden Estrich erhalten.
Zentralheizungskessel und -räume für feste Brennstoffe benötigen wegen der verschiedenen Schürgeräusche zumindest die gleichen Schallschutzmaßnahmen wie die Einzelöfen. Nach VDI 2715 benötigen Kessel mit < 700 kW Leistung keine elastischen Unterlagen. Bei dynamischer Gründung soll die Resonanzfrequenz < 20 Hz sein.

Fußbodenheizung

Wegen der großen Bedeutung der Fußwärme für die Behaglichkeit liegt es nahe, den Boden und damit auch die darunterliegende Decke direkt aufzuheizen und zu versuchen, überhaupt nur mit diesen Heizflächen auszukommen. Da die Bodentemperatur nicht beliebig hoch gewählt werden kann, hat eine solche Heizung nur eine verhältnismäßig geringe spezifische Wärmeleistung. Das Gebäude muß dementsprechend einen sehr guten Wärmeschutz erhalten, also mit einem $1/\Lambda$-Wert von mehr als 1,6 und mit dreifach verglasten und nicht zu großen Fenstern ausgestattet werden. Versuche in einem mehrgeschossigen Wohngebäude ergaben ein sehr ausgeglichenes Raumklima und relativ geringe Heizkosten. Die mittlere Boden-Oberflächentemperatur lag im Winter je nach Außenlufttemperatur zwischen 25 und 27°C. Beim Stehen vor dem Küchenherd wurde sie zuweilen als zu hoch empfunden. Der Zwischendecken-Aufbau war so gewählt, daß 1/3 der Heizleistung von der Deckenfläche abgegeben wurde. Die Anlagekosten waren etwa doppelt so hoch wie bei einer üblichen Radiatorenheizung, die Heizkosten mit 2,50 DM/m² Wohnfläche wesentlich geringer.
Akustisch führt die reine Fußbodenheizung und erst recht die kombinierte Fußboden/Deckenheizung zu einem Verzicht auf den ideal schwimmenden Estrich oder sogar zu einem reinen Verbundestrich. Die Konsequenz daraus sind wiederum sehr schwere Decken mit elastischen Bodenbelägen, woraus sich heiztechnisch eine sehr große Trägheit ergibt. Dieser Umstand hat dazu geführt, Fußbodenheizungen als Nachtstrom-Speicherheizung auszuführen, die technisch wohl eleganteste, wenn auch zur Zeit noch teurere Lösung des Heizproblems.
Die Fußboden-Nachtstrom-Speicherheizung kann in Gebäuden, die praktisch nur vormittags benutzt werden (z. B. Schulen) schon heute wirtschaftlich eingesetzt werden, zumal wenn man auch die Personal- und Raumeinsparungen berücksichtigt.
Als Zusatzheizung ist die einfache Fußbodenheizung vor allem dort ohne weiteres wirtschaftlich und vorteilhaft, wo man die fußwarme Oberfläche mit anderen Mitteln nicht erreichen kann, also bei allen Keramik- und Steinböden, in Bädern, Schwimmhallen und im Freien.
Je nach erwünschter bzw. noch unbedenklicher Trägheit des Wärmestandes können die Heizrohre, eventuell frei zugänglich, auch unter der Decke liegen. Dabei wäre darauf zu achten, daß zwischen Bodenoberfläche und Wärmeträger, etwa aus akustischen Gründen (heiztechnisch unberücksichtigt) keine übermäßig wärmedämmende Schicht liegt. Das gilt zum Beispiel für die vorteilhafte Kombination zwischen Deckenstrahlungs- und Fußbodenheizung. In reinen Fußbodenheizungen mit untergehängtem Rohrsystem (→ Schwimmhallen, 289) sind solche zwischenliegenden Dämmschichten unerwünscht. Die Folge davon ist, daß die Deckenkonstruktion einschließlich Verbund-Bodenbelag sehr schwer ausgeführt werden muß, wenn einzelne Teile des Bodens auch mit hartem Schuhwerk begangen werden und ein ausreichender Trittschallschutz gegen darunterliegende Räume vorhanden sein soll.
Muß eine Bodenheizung, etwa nach Bild 1, auch normalen oder erhöhten akustischen Anforderungen genügen, so bereitet die elastische Trennung der Rohre an den Übergangsstellen zu den Steigsträngen und Wanddurchführungen Schwierigkeiten. Noch ausreichend elastisch wären hier Tombak-Wellrohre und bei elektrischen Bodenheizungen Kabelschleifen.
Vergleichsmessungen in größeren mehrgeschossigen Gebäuden ergaben, daß die Fußbodenheizung bei einem Wärmedurchlaßwiderstand von 1,42 (1,65) und dreifach verglasten Holzfenstern ausreicht, um den Gesamtwärmebedarf innenliegender Geschosse zu decken. Sie ist in den Anlagekosten etwa doppelt so hoch wie eine normale Radiatorenheizung, in den Heizkosten dagegen erheblich billiger → Böden gegen Grund, 206.
In Feuchträumen und in Räumen, deren Boden an das Erdreich grenzt, gewährleistet dieses System eine praktisch immer trockene Bodenoberfläche. Tauwasserniederschlag ist hier ausgeschlossen. Siehe auch beheizte Fußböden, Seite 207.

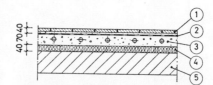

1 Querschnitt durch die Fußbodenheizung eines Feuchtraumes:
1 Keramikplatten in Mörtelbett, 4 cm dick
2 Feuchtigkeits-Sperrschicht
3 7 cm dicker Magerbeton mit eingelegten Heizungsrohren auf Trennschicht
4 mehr als 4 cm dicke Wärmedämmschicht, z. B. aus Schaumkunststoff, Schaumglas oder Mineralwolleplatten
5 Rohdecke
Die Wärmedämmschicht muß dünner sein, wenn auch eine spürbare Wärmeabstrahlung nach unten gewünscht wird.

HAUSTECHNIK

Strahlungsheizung

Bereits die einfache Fußbodenheizung ist ein Schritt auf dem Weg zur physiologisch, bauphysikalisch und auch architektonisch idealen Strahlungsheizung. Das Problem ist nur, eine allzu hohe Oberflächentemperatur bei ausreichender Heizleistung zu vermeiden. Wie bereits bei der Fußbodenheizung erwähnt, erfordern diese Bemühungen einen sehr guten Wärmeschutz. Die notwendigen zusätzlichen Dämmschichten sollten gegen den Außenraum eine Dicke von mindestens 50 mm besitzen, selbst wenn Stoffe mit günstigster Wärmeleitzahl verwendet werden. Wenigstens annähernd so gut sollten auch die Fenster sein, was zur Zeit noch große Schwierigkeiten macht. Wärmebrücken sind besonders sorgfältig zu vermeiden. Die zweite Möglichkeit, dem Ideal näher zu kommen, ist die Ausdehnung der beheizten Flächen auf möglichst alle Raumbegrenzungen und die Vermeidung zu großer Fensterflächen mit zwangsläufig schlechter Wärmedämmung.

An der Decke lassen sich Strahlungsheizungen unter Vermeidung großer Trägheit und ohne akustische Nachteile unschwer einbauen → 311 2 und 222 5 und gleichzeitig auch schallabsorbierend ausbilden → Bild 2. Da sie je nach Abstand vom menschlichen Körper mit höheren Temperaturen betrieben werden können, ist es durch Veränderung der Wärmedämmschichtdicke möglich, den darüberliegenden Fußboden beliebig zu temperieren → 1. Vorteile der direkten Aufheizung der Raumbegrenzungen sind:

1. Verhinderung von Bauschäden durch Tauwasserniederschlag, da die Oberflächentemperaturen gleich oder höher sind als die Lufttemperatur.
2. Weniger Luftkonvektion und damit geringerer Staubumtrieb, geringere Reizung der Atmungsorgane.
3. Geringere Lufttemperatur, geringere Lüftungswärmeverluste.
4. Geringerer Energieverbrauch.
5. Keine störenden Heizkörper.

Vergleichsmessungen am ausgeführten Bauwerk mit Radiatoren bzw. Strahlflächen (Decke und Fußboden) ergaben einen um 15 bis 27% geringeren Heizkostenaufwand.

Schornsteine

Der Schornstein ist ein wesentlicher Bestandteil der Heizungsanlage. Bei richtiger Lage im Gebäudeinnern wirkt er wie ein zusätzlicher Heizkörper. Bei Zentralheizungen soll er nicht durch Schlafräume führen, da Geräuschbelästigungen möglich sind. Bei Verwendung von automatischen Ölbrennern treten im Schornstein unter Umständen Schwingungen der Rauchgassäule auf, die die Schornsteinwandungen zur Abstrahlung in das Gebäude anregen können. Eine geeignete Gegenmaßnahme ist die auch wärmetechnisch richtige doppelschalige schwere Bauweise → 232 1, die auch einen guten Schutz gegen Wärmespannungsrisse infolge ungleichmäßiger (zu schneller) Erwärmung gewährleistet. Weiterhin wäre der Rauchgasweg möglichst strömungsgünstig auszubilden, also unter Verwendung großer Bogen — statt T- oder Winkelstücken zwischen Kessel und Schornstein.

Das Verbindungsstück zwischen Kessel und Schornstein soll kurz und schräg ansteigend sein. Bei sehr großen Anlagen mit zu den Aufenthaltsräumen ungünstig gelegenen Rauchgaszügen kann es notwendig sein, das Verbindungsstück zwischen Kessel und Schornstein (Fuchs) als Absorptionsschalldämpfer → 234 auszu-

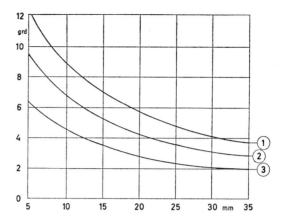

1 Differenz in grd zwischen Fußbodentemperatur und Raumlufttemperatur (20°C) bei Deckenstrahlungsheizungen mit verschiedenen Vorlauftemperaturen und Dämmschichtdicken ($\lambda = 0{,}035$) in mm.
① Vorlauftemperatur 60°C
② Vorlauftemperatur 50°C
③ Vorlauftemperatur 40°C
Der Wärmedurchlaßwiderstand der Rohdecke einschließlich Fußboden wurde mit 0,09 (0,10) angenommen.
Bei 40°C Vorlauftemperatur und 30 mm Dicke der Dämmschicht hinter den Deckenstrahlungs-Heizungsrohren ergibt sich also eine Übertemperatur von 2,1 K, also eine Fußbodentemperatur von 20 + 2,1 = 22,1°C.

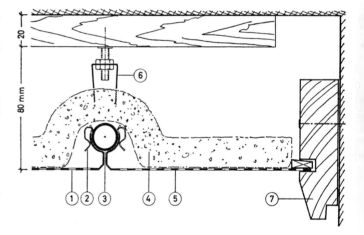

2 Querschnitt durch eine Deckenstrahlungsheizung aus direkt aufheizbaren Aluminiumblechen:
1 perforiertes Aluminiumblech
2 Stahlfederklemme
3 Heizrohr, gleichzeitig Kassettenträger
4 Wärmedämmschicht
5 dunkles Faservlies als Rieselschutz in der Kassette
6 nivellierbarer Aufhänger
7 Randleiste

Als Wärmedämmstoff dient eine direkt hinter den Rohren und Blechkassetten liegende Mineralwollematte, so daß die Deckenfläche durch die Perforation hochgradig schallschluckend wird. Diese Eigenschaft ist vor allem in Bürogebäuden und Schulen sehr nützlich, zumal je nach raumakustischen Erfordernissen auch unperforierte Platten als Mitschwinger → 218 verwendet werden können. Infolge der metallischen Verbindungen können bei Temperaturschwankungen Knackgeräusche auftreten. Sie lassen sich durch elastische Zwischenlagen verhindern.

Lüftungs- und Klimaanlagen

bilden. Sein Absorptionsmaximum muß auf die sehr tief liegende Hauptstörfrequenz abgestimmt werden, was wenigstens einseitig zusätzliche Kammertiefen bis zu 2 m (!) erfordert.

Schornsteine müssen immer eine gute Wärmedämmung besitzen, da ein guter Zug sehr davon abhängt, wie warm die Oberflächen des Rauchgaskanals sind. Außerdem ist in diesem Zusammenhang zu beachten, daß die Verbrennungsgase immer Wasserdampf enthalten, der in zu kalten Schornsteinen zusammen mit ebenfalls vorkommendem Schwefeltrioxyd als konzentrierte Schwefelsäure kondensieren kann. W. Schüle und U. Fauth haben durch Vergleichsmessungen im Laboratorium an gemauerten Schornsteinen mit und ohne zusätzliche Wärmedämmschichten festgestellt, daß die Schornsteine bei verhältnismäßig hoher Belastung und guter Wärmedämmung weniger gefährdet sind.

Beträgt der Wärmedurchlaßwiderstand lediglich 0,17 (0,20), so ist bereits oberhalb von 7 m mit Kondensation zu rechnen. Diese kritische Grenze steigt auf 15 m an, wenn der Wärmedurchlaßwiderstand auf 0,6 erhöht wird, was einer zusätzlichen Wärmedämmschicht von 15 bis 20 mm Dicke aus Mineralwolle, Perlite u.ä. entspricht. Wichtig ist auch eine ausreichende Belastung des Querschnitts. Die vielverbreitete Meinung, ungenügender Zug oder zu geringe Höhe können durch Vergrößerung des Querschnitts ausgeglichen werden, ist unzutreffend und gefährlich, da eine dann häufigere und länger andauernde Kondensation eine Durchfeuchtung und Versottung der Schornsteinwände verursacht.

Der Schornsteinzug wächst mit zunehmender Höhe, Wärmedämmung, Glätte der Innenseiten und Höhe der Rauchgastemperatur.

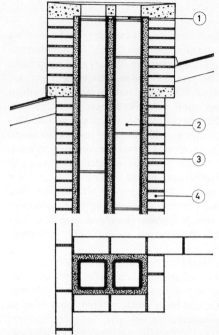

1 Idealer Aufbau eines Feuerungskamins in Grundriß und Längsschnitt:
1 Wärmedehnungsfuge mit Asbestzopf oder Mineralwolleplatten ausgefüllt
2 keramische Rauchabzugsrohre
3 Mineralwolleplatten, trockene oder leicht gebundene Schüttung aus PERLITE o.ä., Schichtdicke mindestens 4 cm
4 Vormauerung aus üblichem Mauerwerk

An Stellen, an denen die Ummantelung aus Schwerbeton besteht, ist die Dicke der Dämmschicht um mindestens 50% zu verstärken. Die Breite (Höhe) der Dehnfuge nach 1 ist von der Kaminhöhe abhängig. Pro steigenden Meter wird gewöhnlich mit 1 mm gerechnet, also z. B. bei einer Kaminhöhe von 25 m mit 25 mm, normale Abgastemperaturen vorausgesetzt.

Lüftungs- und Klimaanlagen

Einfache Schwerkraftlüftungen

Lüftungsanlagen dieser Art kommen vorwiegend in mehrgeschossigen Gebäuden mit übereinanderliegenden Sanitärräumen, Küchen u.ä. als schornsteinartige senkrechte Schächte vor. Wenn mehrere Räume an einem Schacht liegen, besteht die Gefahr unzulässiger Geräuschübertragungen. Deshalb fordert DIN 4109, daß solche Schächte und Kanäle jeweils nur einen der voreinander zu schützenden Räume versorgen dürfen.

Liegen mehrere dünne Schächte z.B. aus Blech, Zementasbest o. ä. nebeneinander, so muß der Zwischenraum mindestens 40 mm dick sein und unter Umständen mit Schallschluckstoff gefüllt werden. Haben die Schächte einen geringeren Querschnitt als 13,5/20 cm sowie schallschluckende Innenwände, z. B. unverputztes Mauerwerk, Bimsbeton, Ziegelsplittbeton, so ist es möglich, in jedem zweiten Stockwerk an den gleichen Schacht anzuschließen. In Zweifelsfällen, also bei Anlagen, die dieser Beschreibung nicht entsprechen, ist ein Eignungsnachweis erforderlich.

Wird die Schwerkraftlüftung durch Ventilatoren verstärkt, so ist es möglich, in jedem Geschoß anzuschließen, wenn in dem jeweiligen Schachtanschluß ein ausreichender Schalldämpfer → 235 4 angeordnet wird. Ohne den Schalldämpfer könnte das Lüftergeräusch stören. Außerdem würde oberhalb von 400 Hz eine Verschlechterung der Luftschalldämmung zwischen den Geschossen eintreten. Sie kann in diesem Frequenzbereich bei glatten verputzten Schachtwänden 5 bis 15 dB erreichen. Bei unverputzten Schächten etwa mit dem Querschnitt 13,5/20 cm ist im gleichen Frequenzbereich pro Meter etwa mit einer zusätzlichen Dämpfung von 1,7 dB zu rechnen.

Allgemeine Anforderungen an Klimaanlagen

An Lüftungs- und Klimaanlagen interessiert den Bauphysiker in erster Linie die schalltechnische Seite, da die Erfahrung lehrt, daß sich die Klimatechniker mit diesen Fragen nicht eingehend und nur sehr ungern befassen. Ganz grob lassen sich die akustischen Forderungen folgendermaßen zusammenfassen:

1. Maximal zulässiger Schalldruckpegel in der Klimazentrale 80 dB(A) → 37/3 bei Vollbetrieb aller Maschinen in 1 m Abstand. Für Maschinen in den Ausschreibungen Angabe über Vollbetriebsschallpegel nach DIN 45632 und gute Schwingungs- und Körperschallisolierungen nach DIN 1946 erforderlich. Aggregate vom Kanal durch elastische Manschetten trennen.

2. Schallübertragung über die Kanäle verhindern durch auf die Hauptstörfrequenzen abgestimmte Schalldämpfer → 234 oder durch schallschluckende Kanalauskleidungen → 235 4 von mehr als 5 cm Dicke. Schallschluckauskleidungen auch in den Kanal-

HAUSTECHNIK

teilen zwischen den einzelnen belüfteten Räumen jeweils der angestrebten Schalldämmung entsprechend notwendig (akustische Kurzschlüsse vermeiden!).

3. Strömungsgeräusche durch weitgehend laminare Luftströmung insbesondere an Zu- und Abluftgittern verhindern. Maximal zulässige Strömungsgeschwindigkeit je nach erforderlicher Lautstärkegrenze:

max. zul. dB(A)	max. zul. Strömungsgeschwindigkeit (m/s)
25	2 (bis 4)
30	3 (bis 6)
40	5 (bis 10)

Die eingeklammerten Werte gelten für sehr günstige Strömungsverhältnisse.

4. An ins Freie mündenden Kanälen, auf dem Dach liegenden Schraubenlüftern u. ä. bei Vollbetrieb und 1 m Abstand maximale Schallpegel von weniger als 70 dB(A) anstreben je nach Abstand zur nächsten schallempfindlichen Bebauung.

2. Nach DIN 1946 und DIN 4109 max. zulässige Lautstärken:

	DIN-phon bzw. dB(A)
Konzertsäle, Theater	25
Hörsäle, Lehrräume, Sitzungszimmer, Büros, Hotelzimmer, Kirchen, Lichtspieltheater	35 bis 40
öffentliche Versammlungsräume, Gaststätten, Schalterhallen	40 bis 50
Schul-Werkräume	45
Turnhallen	45
Wohn-, Schlaf- und Arbeitsräume, z. B. Büros { nachts	30
tagsüber ausnahmsweise:	40

Die Werte für Wohn-, Schlaf- und Arbeitsräume stammen aus (der neueren) DIN 4109 und überschneiden sich etwas mit den anderen Werten. Sie gelten ganz allgemein für »haustechnische Gemeinschaftsanlagen« und »fremde haustechnische Einzelanlagen«.

Vorsicht bei Lüftungstruhen, Digestorienlüftern u. ä., da Lautstärken normalerweise über 40 dB(A) (Lüftungsplaner und Lieferanten verbindlich festlegen!).

Lüftungskanäle

Kanäle mit glatten, reflektierenden Innenseiten können den Schall über große Entfernungen leiten. Oft entstehen in ihnen infolge zu hoher Strömungsgeschwindigkeit oder ungünstiger Luftführung zusätzliche Geräusche. Das ist der Grund dafür, daß die größte zulässige Strömungsgeschwindigkeit auf die in dem betreffenden Raum höchstzulässige Lautstärke abgestimmt werden muß. Alle im Luftstrom stehenden Teile (Filter, Gitter, Schalldämpfer, Diffusoren usw.) sollen in jedem Fall strömungsgünstig gestaltet werden, da sonst auch der Druckverlust größer wird.

Die Schallausbreitungsdämpfung in den üblichen glatten Blechkanälen ist sehr gering. Bei tiefen Frequenzen unterhalb von 150 Hz kann pro Meter mit einer Abnahme von bestenfalls etwa 0,7 dB gerechnet werden. Eine rechtwinklige Richtungsänderung verursacht durch Reflexion etwa 3 dB Minderung. An jeder Abzweigung mit dem Flächenverhältnis 2:1 sind im Mittel 3 dB Minderung zu erwarten und bei einem Flächenverhältnis 3:1 ca. 5 dB.

Am größten kann die Schallpegelabnahme an der Stelle sein, wo der Kanal in einen Raum mündet. Sie ist vom Gesamtabsorptionsvermögen des Raumes A (m²) und vom Kanalquerschnitt F (m²) abhängig nach der Beziehung

$$10 \cdot \lg \frac{A}{F} \text{ (dB)}$$

Sämtliche beschriebenen Vorgänge der Schallpegelminderung reichen meistens nicht aus, um die in schallempfindlichen Räumen zu unterschreitenden Schallpegelgrenzen zu erreichen. Aus diesem Grunde müssen wenigstens einzelne Kanalteile schallabsorbierend oder als richtige Schalldämpfer → 311 3 ausgebildet werden. Das einfachste wäre, Lüftungskanäle nicht mehr aus Blech oder ähnlich harten Stoffen, sondern direkt aus Schallschluckstoffen zu fertigen. Ein solches Montagesystem ist in letzter Zeit aus 20 bis 30 mm dicken Glasfaserplatten mit einer äußeren Abdeckung aus Kunststoff-Folie entwickelt worden. Die Platten werden erst an der Baustelle zu Kanälen zusammengeklebt. Wegen ihrer geringen Flächenmasse von ca. 2,8 kg/m² haben sie nur eine →Schalldämmung von < 20 dB, im Gegensatz zu Blech, das in der am häufigsten verwendeten Dicke von 0,75 mm ein mittleres Schalldämm-Maß von ca. 27 dB gewährleistet. Auf eine Schalldämmung der Kanalwand von 27 bis möglichst mehr als 30 dB kann in vielen Fällen nicht verzichtet werden, um z.B. an frei durch zu schützende Räume laufenden Kanälen akustische → Kurzschlüsse zu vermeiden (→ Schalldämpfung).

Nach DIN 1946 muß die ausführende Firma die erforderlichen Schalldämpfer mitliefern und einbauen. Sind ihrer Meinung nach bauseits zusätzliche schalltechnische Maßnahmen notwendig, so muß sie den Bauherrn hierüber rechtzeitig schriftlich informieren.

Maschinenräume

Nach DIN 1946 soll die Lüftungs- und Klimazentrale »so geräuscharm arbeiten, daß ihr Betrieb weder in den zu lüftenden Räumen noch in anderen Teilen des Gebäudes als störend empfunden wird«. Diese Forderung bedeutet, daß der Maschinenraum baulich eine geeignete Lage abseits von empfindlichen Räumen hat oder Raumbegrenzungen mit ausreichender Schalldämmung (möglichst dick und schwer oder »Raum-im-Raum«-Gestaltung) besitzt. Der Raum soll nur dann (wie lüftungstechnisch erwünscht) in der Nähe der zu lüftenden Räume untergebracht werden, wenn dies akustisch vertretbar ist. Ausgesprochen ungünstig stehen die Maschinen direkt über schallempfindlichen Räumen, da es dann selbst bei größtem technischen und baulichen Aufwand kaum möglich ist, in den darunterliegenden Räumen einen Schallpegel von ca. 40 dB(A) zu unterschreiten. Wie auch VDI 2081 bestätigt, hat es sich als günstig erwiesen, Antriebsmotor und Ventilator auf eine gemeinsame schwere Grundplatte (Stahlrahmen mit Betonfüllung) zu montieren und unter dieser Grundplatte gedämpfte Stahlfederisolatoren oder besonders elastische, ölbeständige Gummi-Metall-Elemente anzuordnen. Die Abstimmung muß weitgehend → überkritisch erfolgen. Wenn Stahlfedern nicht ausreichend gedämpft werden können, ist es vorteilhaft, unter ihre Grundplatte noch eine Körperschalldämmschicht aus Gummi oder Kork zu legen.

Der beste Wirkungsgrad läßt sich erreichen, wenn die zusätzliche Körperschalldämmschicht unter einer sehr schweren ideal schwimmenden Bodenplatte etwa aus mehr als 10 cm dickem Stahlbeton (Vorsicht am Wasser-Bodenablauf!) liegt und aus sehr elastischem Faserdämmstoff mit einer → dynamischen Steifigkeit von weniger als 0,02 MN/m³ besteht. Der Aufbau entspricht im übrigen genau dem schwimmenden Estrich → 201 3.

Schalldämpfer

Diese Ausführung gewährleistet eine sehr gute Luftschalldämmung und dämmt auch Körperschall von Maschinenteilen, die keine eigene Isolierung erhalten können, oder Körperschall, der beim Arbeiten im Maschinenraum (Umsetzen von Maschinen, Reparaturen usw.) entsteht. Normale schwimmende Estriche im Bereich außerhalb der Maschinenfundamente haben sich nicht bewährt, da sie die auch nach der Fertigstellung zuweilen auftretenden hohen Belastungen nicht aushalten können und zerdrückt werden.

Die Lautstärke innerhalb des Raumes ist sehr von der Maschinenbauart, der Zahl der Schallquellen und von der Raumgröße abhängig. Gewöhnlich liegt sie in größeren Zentralen zwischen 80 und 95 dB(A).

Auch bei relativ kleinen Maschinen, die als sogenannte Truhengeräte für die direkte Verwendung in den zu lüftenden Räumen angeboten werden, ist Vorsicht geboten. Bei ca. 1 m Abstand und Luftleistungen zwischen 400 und 1200 m³/h wurden an solchen Geräten verschiedenen Fabrikats Schallpegel zwischen 44 und 64 dB(A) gemessen. Der geringere Wert gilt für einen Trommelläufer bei geringer Leistung und der höchste für eine schallgedämpfte Truhe mit Axialventilator bei 1200 m³/h.

Bei Anlagen mit akustischen Forderungen muß die Lüftungsfirma nach DIN 4946 dem zuständigen Sachbearbeiter des Bauherrn Angaben über die Frequenzabhängigkeit des Schallpegels der Ventilatoren und über die vorgesehene Kanalführung mit den zu erwartenden Strömungsgeschwindigkeiten überlassen. Werden Ventilatoren verwendet, deren Geräuschspektrum nicht bekannt ist, sind nach DIN 1946 Vorkehrungen zu treffen, die eine meßtechnische Untersuchung am Bau bei provisorischem Anschluß ermöglichen. Die → Lautstärke und der → Schallpegel sollen dabei nicht nur direkt am Ventilator, sondern auch bei angeschlossenen Kanälen in den zu belüftenden Räumen gemessen werden, da sich der Einfluß der Kanaldämpfung, der verschiedenen Abzweige und der Auslaßdämpfung rechnerisch nur ungenau erfassen läßt.

Für einen evtl. benötigten Schalldämpfer ist nach Möglichkeit immer gleich anschließend an die Begrenzung des Maschinenraumes ausreichend Platz zu lassen. Normalerweise beträgt der Platzbedarf in der Länge 2 bis 5 m und in der Breite etwa das Dreifache der normalen Kanalbreite. In der Höhe wird kaum mehr Platz benötigt.

Schalldämpfer

Schallabsorbierende Kanalstücke

Schallschluckend ausgekleidete Kanalstücke sind die einfachste Form eines → Schalldämpfers. Sie wirken nach dem Absorptionsprinzip und lassen sich mit Hilfe der von W. Piening ermittelten Näherungsformel verhältnismäßig einfach berechnen:

erzielbare Dämpfung in dB pro Meter = $1{,}5 \cdot \alpha \cdot \dfrac{U}{F}$.

Darin ist: U = Kanalumfang im Lichten (m)
F = lichter Kanalquerschnitt (m²)
α = Schallschluckgrad der Kanalwand

Aus dieser Formel ist zu erkennen, daß der Wirkungsgrad bei unveränderlichem Querschnitt mit der Kanallänge, dem Kanalumfang und dem Schallschluckgrad zunimmt. Günstig sind also lange und flache Kanäle mit großem Umfang bei möglichst kleinem Querschnitt. Diese Beziehung gilt für alle Frequenzbereiche und Dämpfungsmaße, solange die Kanalwand eine der angestrebten Dämpfung entsprechende Dämmung und Minderung der Schall-Längsleitung besitzt. Bei tiefen Frequenzen ist die Wirkung wegen des normalerweise nachlassenden Absorptionsgrades geringer. Bei hohen Frequenzen läßt sie im Bereich der »Strahlbildung« nach, d.h. bei denjenigen Frequenzen, deren Wellenlänge im Vergleich zur kleineren lichten Kanalabmessung kurz ist.

Das »Durchstrahlen« der Schallwellen läßt sich durch Knicken der Dämpfungsstrecke mindern oder evtl. ganz beseitigen. Der → Druckverlust wird dadurch vergrößert → 235 1, desgleichen die Gefahr von übermäßigen Strömungsgeräuschen → 235 2. Eine recht gute Übersicht über die pro Meter zu erwartende Dämpfung in Abhängigkeit von dem in den einzelnen Frequenzbereichen verschiedenen Schallschluckgrad der üblichen Schallschluckstoffe (Mineralwolle, Holzwolle-Leichtbauplatten, Leichtspanplatten, Blähstoffplatten usw.) bietet 235 3. Diese einfache Darstellung ist leider nur für annähernd quadratische oder runde Querschnitte möglich. Wenn man rechteckige Querschnitte auf einen gleich großen quadratischen umrechnet, so liefert dieses Diagramm zu geringe Werte.

Absorptions-Schalldämpfer

Dieser Schalldämpfer ist eine Weiterentwicklung des einfachen, schallschluckend ausgekleideten Kanals. Er gewährleistet hohe Dämpfungswerte auf verhältnismäßig kurzen Strecken von 1,0 bis 2,5 Metern → 235 4, 235 5, 311 3 und 311 4. Auch für Abgasrohre mit Temperaturen bis zu etwa 900 °C ist dieses Prinzip verwendbar → 329 3, soweit keine übermäßige Verschmutzung befürchtet werden muß, die die akustisch transparente Abdeckung der Schallschluckpackungen verstopfen könnte.

Zur Verbesserung der Absorption bei tiefen Frequenzen besteht die Möglichkeit, innerhalb der Schallschluckpackungen besondere, auf diese Frequenzen abgestimmte Resonanzkammern und → Helmholtz-Resonatoren einzubauen.

Jeder Absorptions-Schalldämpfer verursacht wegen der raueren Kanalwand zusätzliche Reibungs-Druckverluste → 235 1, zu denen bei Querschnittssprüngen noch die Stoßverluste hinzugerechnet werden müssen. Bei mäßigen Strömungsgeschwindigkeiten unterhalb des normalen Wertes von etwa 6 m/s ist der sich insgesamt ergebende Gesamtdruckverlust trotzdem so gering, daß er von Lüftungsfirmen nicht als Vorwand dafür benutzt werden kann, daß (wie es leider oft vorkommt) bei einer beanstandeten Anlage keine ausreichend wirksamen Schalldämpfer eingebaut wurden.

Absorptions-Schalldämpfer können in allen möglichen Größen und mit beliebigen Luftleistungen gebaut werden, auch für Düsentriebwerke und Motorenprüfstände aller Art → 281.

Relaxations-Schalldämpfer

Sie sind eine Variante der üblichen Absorptions-Schalldämpfer mit dem Unterschied, daß hier immer Kulissen gleicher Dicke (normalerweise 15 cm) verwendet werden. Diese Kulissen sind nicht mit Schluckstoff gefüllt, sondern werden aus porösen Platten (Mineralwolle) derart aufgebaut, daß einzelne Kammern entstehen. Das Absorptionsmaximum kann mit dem akustischen Strömungswiderstand der Platten variiert werden, wobei zu beachten ist, daß bei einer allzu tiefen Abstimmung des Absorptionsmaximums Einbußen bei hohen Frequenzen auftreten können, und zwar unabhängig von der bereits erwähnten Strahlbildung. Dem Prinzip nach müßten Relaxations-Schalldämpfer einen größeren Frequenzbereich bei geringerem Absorptionsmaximum erfassen als z. B. Absorptions-Schalldämpfer mit tieferen Schallschluckpackungen und Resonanzkammern.

HAUSTECHNIK — Schalldämpfer

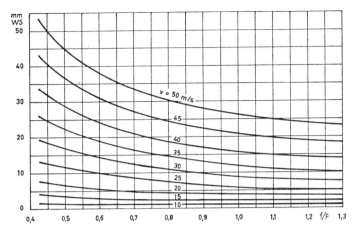

1 Reibungsdruckverlust in mm WS (Ordinate) eines 1,5 m langen, strömungsgünstig eingebauten Absorptionsschalldämpfers in Abhängigkeit vom Verhältnis des freien Querschnittes in der Rohrleitung F zum freien Querschnitt im daran anschließenden Schalldämpfer f. Der Gesamtdruckverlust (Reibungsverlust einschließlich Stoßverluste infolge Querschnittsänderungen, Kulissen usw.) eines Schalldämpfers dieser Art dürfte jeweils etwa um den Faktor 2,5 größer sein (nach O. Gerber und W. Richter).

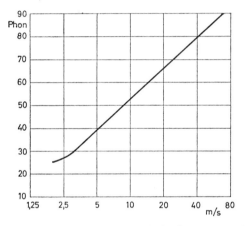

2 Abhängigkeit des Schallpegels des Strömungsgeräusches in strömungsungünstig ausgebildeten Lüftungskanälen, Schalldämpfern, Lüftungsgittern u. ä. von der Strömungsgeschwindigkeit (m/s).

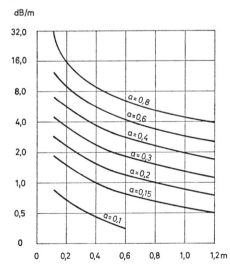

3 Zusammenhang zwischen Schalldämpfung (dB/m), Schallschluckgrad a und Seitenlänge bzw. Durchmesser (m) quadratischer oder runder Kanalquerschnitte (nach W. Furrer).

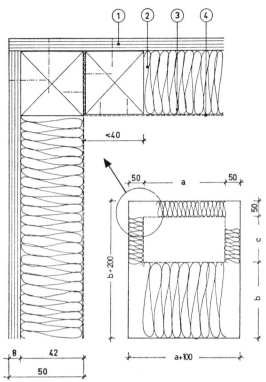

4 Prinzip eines Absorptionsschalldämpfers für kleinere Lüftungskanäle zur breitbandigen Dämpfung von Lüftergeräuschen:
1 schalldämmende Außenschale aus mindestens 8 mm dicken Hartfaserplatten oder mehr als 1,5 mm dickem entdröhntem Blech
2 Schallschluckpackung aus Mineralwolle-Platten, Rohdichte ca. 50 kg/m³
3 Rieselschutz aus Faservlies o. glw.
4 akustisch transparente Abdeckung aus verzinktem Drahtgewebe o. ä.

Die Maße a und c richten sich nach dem erforderlichen Lüftungsquerschnitt. Das Maß a sollte so groß und das Maß c so klein wie möglich sein. Das Maß b richtet sich nach der tiefsten noch ausreichend zu absorbierenden Hauptstörfrequenz des Lüfters. Normalerweise ist es ca. 300 mm.

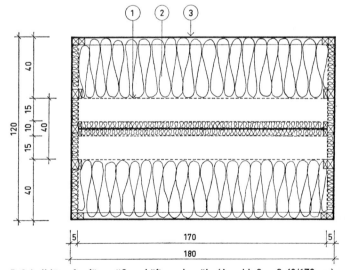

5 Schalldämpfer für größere Lüftungskanäle (Anschlußmaß 40/170 cm):
1 akustisch transparente, korrosionsbeständige Abdeckung, z. B. aus verzinktem Lochblech
2 Schallschluckpackungen aus Glas- oder Steinwolle
3 schalldämmendes, körperschallisoliertes Gehäuse, z. B. aus 2 mm dickem entdröhntem Stahlblech

Dieser Schalldämpfer gewährleistet bei einer Länge von ca. 1,5 m einen Wirkungsgrad von ca. 30 dB i. M. oberhalb von etwa 100 Hz.

Rohrleitungen — HAUSTECHNIK

Reflexions-Schalldämpfer

Dämpfer (oder genauer gesagt »Dämmer«) dieser Art werden im Bauwesen verhältnismäßig wenig verwendet (Wasserschalldämpfer → 237 3). Ihre Wirkung beruht im Gegensatz zum Absorptions-Schalldämpfer darauf, daß der Schall nicht absorbiert, sondern reflektiert wird. Hierzu genügt bereits eine einfache Querschnittserweiterung. Wird der Querschnitt eines Rohres zum Beispiel um das Zehnfache erweitert, so beträgt diese Dämmung rd. 5 dB. Durch Hintereinanderschalten mehrerer Querschnittssprünge und durch Umlenkungen läßt sich die Wirkung erhöhen, bleibt aber trotzdem im Vergleich zu den Absorptions-Schalldämpfern sehr begrenzt. Ein Vorteil ist der geringe Platzbedarf und die geringe Anfälligkeit gegen Verschmutzung, so daß dieses Prinzip vorwiegend bei Fahr- und Flugzeugen angewendet wird.

Interferenz-Schalldämpfer

Dämpfung durch → Interferenz läßt sich z. B. in Reflexions-Schalldämpfern durch Rohrerweiterungen und auch durch Aufteilung eines Rohres in mehrere, in ihrer Länge genau aufeinander abgestimmte Kanäle erreichen. Im Endeffekt handelt es sich hierbei auch um Reflexions-Schalldämpfer mit ungefähr gleichem Anwendungsbereich.

Rück-Kühlwerke

Rück-Kühlwerke von Klimaanlagen, größeren Kühlanlagen, wassergekühlten Motorenprüfständen usw. erzeugen Geräusche und große Mengen Wasserdampf. Aus verschiedenen Gründen ist es daher vorteilhaft, diese Anlagen vor Sonnenstrahlung geschützt im Freien so aufzustellen, daß eine Geräuschbelästigung nicht befürchtet werden muß. Nach verschiedenen Messungen muß im Freien bei einem Abstand von ca. 1 m normalerweise mit einer Lautstärke von 75 bis 80 DIN-phon gerechnet werden. Besonders große Anlagen (Motorenprüfstände, Fabriken, Kühlhäuser) können Lautstärken bis zu 85 DIN-phon erreichen.
Oft ist das Wasserrauschen weniger laut und störend als der Ventilator (bei Durchblasgeräten) und die Pumpe.
Die Unterbringung in geschlossenen Räumen (Untergeschoß größerer Gebäude) ist wegen der starken Wasserdampfentwicklung, wegen der Tropfenbildung an der Decke und der Gefahr einer übermäßigen Durchfeuchtung des Bauwerks (z. B. Blasen in darüberliegendem Fußboden) bedenklich, ganz abgesehen davon, daß die Lautstärke ca. 1 m vor den Zu- und Abluftöffnungen gewöhnlich zwischen 70 und 75 phon liegt. Infolgedessen können benachbarte Räume empfindlich gestört werden, da das Kühlwerk selten nachts abgestellt werden kann. In jedem Fall sind starre Verbindungen zu Gebäuden mit Aufenthaltsräumen durch sorgfältig → überkritisch abgestimmte Körperschallisolatoren zu vermeiden.

Rohrleitungen, Rohrpost- und Müllschluckanlagen

Minderung der Körperschalleitung

Grundsätzlich ist zu fordern, daß Körperschall vom gesamten Rohrleitungsnetz des Gebäudes ferngehalten werden muß. Das läßt sich annähernd durch eine weitgehende Fließdruckreduktion auf weniger als 2 bar (Ruhedruck weniger als 3,5 bar, strömungsgünstige Armaturen, elastische Rohr- und Ventilverbinder → 237 1, 237 2 und 237 6, Gummikompensatoren sowie durch besondere Wasserschalldämpfer → 237 3 erreichen. Erst wenn die hierdurch gebotenen Möglichkeiten erschöpft sind, muß der immer noch sehr problematische Versuch unternommen werden, das gesamte Rohrnetz so zu verlegen, daß die in den Rohren noch vorhandenen Schwingungen in den zu schützenden Räumen die zulässige Lautstärke → 42 nicht überschreiten.
Zu diesem Zweck sollten die Rohre immer an möglichst dicken, schweren Wänden abseits von Aufenthaltsräumen liegen. Direkte Verbindungen sind ausnahmslos zu vermeiden. Eine einzige starre Verbindung stellt das ganze System in Frage. Das läßt sich durch elastische Einlagen in den Schellen → 237 4 oder durch eine dementsprechende Befestigung der Schellen oder Sammelschienen → 237 5 und 238 1 erreichen → 310 5 und 310 6.
Wie die Diagramme → 238 2 und 238 3 beweisen, ist die Stahlfeder-Rohrschelle allen anderen Maßnahmen dieser Art überlegen. Das Nachlassen der Stahlfederwirkung oberhalb von 3000 Hz ist nicht besonders kritisch, läßt sich jedoch durch eine elastische Schelleneinlage beseitigen. Das dürfte nur in besonders gelagerten Einzelfällen notwendig sein.
Da die Schallausbreitung über die Rohrleitungen mit der Entfernung von der Schallquelle nur geringfügig abnimmt (ca. 1 bis 2 dB pro Stockwerk), sollen gleichwertige Isolierungen an allen Verbindungsstellen vorhanden sein, also auch in den Deckendurchbrüchen → 238 4, Wanddurchführungen → 238 5 und an eingeputzten bzw. einbetonierten Leitungen → 239 1. Diese vom Installateur nur selten und ungern erfüllte Forderung bereitet keine Schwierigkeiten, wenn Rohre mit durchgehendem Isoliermantel vorgeschrieben werden → 238 3.
Eine wirksame Maßnahme, die Schallausbreitung entlang von Rohrleitungen zu mindern, ist die Umhüllung mit losem Sand oder anderen körnigen Stoffen, die gleichzeitig als Wärmedämmschicht dienen können → 239 4. Da diese Maßnahme nur streckenweise möglich ist, muß sie immer mit einem Wasserschalldämpfer → 237 3 kombiniert werden. K. Gösele berichtet, daß auf diese Weise Verbesserungen um etwa 20 phon erzielt wurden.
Abwasserrohre werden wegen der hier günstigeren installationstechnischen Voraussetzungen kaum durch Körperschall angeregt und können ihn wegen der meist zwangsläufig vorhandenen elastischen Verbindungsmittel (Gumminippel, Rollringe, Kitt) nur in begrenztem Maße weiterleiten. Häufiger sind hier Leitungseigengeräusche → 240.
Die Verwendung von Kunststoffrohren (Hart-PVC) statt der bisher üblichen verzinkten Eisenrohre oder Gußrohre hat bisher keine wesentlichen Verbesserungen ergeben. Die höhere innere Dämpfung von Hart-PVC wirkt sich vorwiegend bei Frequenzen oberhalb von 3000 Hz aus. Elastischere Rohre dürften wesentlich günstiger sein. Die Schalldämmung von Kunststoffrohren ist gering → 43 2.

HAUSTECHNIK
Rohrleitungen

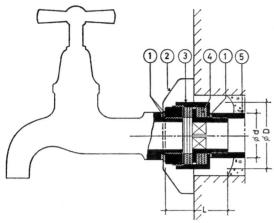

1 Körperschallisolierender Ventilverbinder:
1 Dichtungsringe
2 Rosette
3 Gewinderohr
4 elastische Kunststoffringe (Butyl), Temperaturbeständigkeit −20 bis +130 °C
5 Wasserleitungsrohr mit Innengewinde
Ein anderes Fabrikat nach gleichem Prinzip → 310 4.

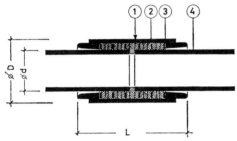

2 Körperschallisolierender Rohrverbinder mit Druckfestigkeit bis 25 bar
1 Mantelrohr
2 isolierende temperaturbeständige Kunststoffscheiben mit dazwischenliegenden Metallringen
3 Anpreß-Gewindering
4 Rohr
Diese Rohrverbinder bieten nicht nur eine Körperschallisolierung um etwa 13 dB i.M., sondern gestatten auch eine erheblich einfachere Rohrmontage. Ventilverbinder nach gleichem Prinzip → 1.

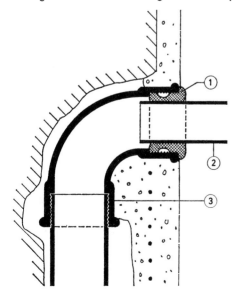

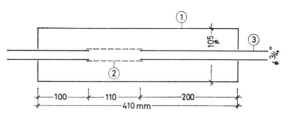

3 Prinzip eines Wasserschall-Dämpfers nach K. Gösele mit einem Wirkungsgrad von konstant ca. 20 dB im Frequenzbereich zwischen 200 und 3000 Hz.
1 Rohrerweiterung ⌀ 105 mm   2 Metallnetz   3 Wasserrohr
Durch Hintereinanderschalten mehrerer Dämpfer evtl. mit verschiedenen Abmessungen sind noch wesentlich größere Minderungen der Schallübertragung durch das Wasser möglich.

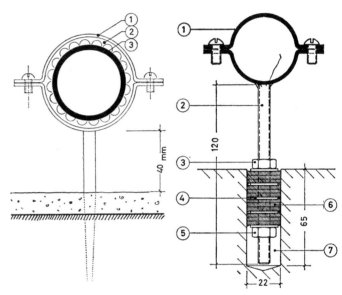

4 (oben links) Normale Wasserleitungs-Rohrschelle mit Schlagstift und Gummiisolierung:
1 Rohrschelle
2 elastischer Rippengummi (ca. 45 Shore) oder Schaumstoff (z. B. ARMAFLEX)
3 Rohr
Zur Verhinderung zufälliger Schallbrücken durch Mörtel soll der Gummi ca. 5 mm über die Schelle überstehen. Die Schelle darf nicht zu klein sein oder stark angezogen werden, da sich sonst der Wirkungsgrad des Gummis erheblich verschlechtert.

5 (oben rechts) Rohrschelle mit körperschallisolierender Klemmverschraubung:
1 Rohrschelle   5 Gewindemutter
2 Gewindebolzen   6 elastische Kunststoff-Scheiben
3 Klemmschraube
4 Metallscheiben   7 gebohrtes Loch
Die Kunststoffscheiben müssen sehr elastisch sein und dürfen nicht stark zusammengepreßt werden.

6 (links) Einfacher, schalltechnisch richtiger Anschluß des Abflußrohres eines Waschbeckens mit Hilfe eines handelsüblichen elastischen Gumminippels:
1 Gumminippel   2 Anschlußrohr   3 Abflußrohr
Nach gleichem Prinzip können auch WC-Sitze einwandfrei angeschlossen werden.

Rohrleitungen **HAUSTECHNIK**

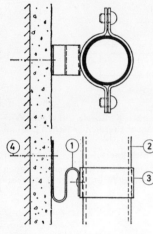

1 Körperschallisolierende Stahlfeder-Rohrschelle:
1 dünne Stahlfeder
2 zu isolierendes Rohr
3 übliche Rohrschelle
4 eingeschossener Bolzen o.ä.
Rohrschellen dieser Art besitzen im mittleren Frequenzbereich einen verhältnismäßig guten Wirkungsgrad von ca. 20 dB. Wird die Feder um 90° gedreht (Faltung in Rohrlängsrichtung), so steigt Dämmwirkung um etwa 10 dB. Die Stahlfeder muß korrosionsbeständig sein.

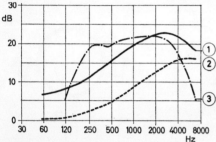

2 Körperschallisolierung von Stahlfeder-Rohrschellen im Vergleich zu einer einfachen starren Schelle (= 0).
① Stahlfeder-Rohrschelle nach **1**
② Übliche Schelle mit Einlage aus ca. 3 mm dickem Korkisolierband, Pressung gering
③ Rohrschelle wie bei ①, anderes Fabrikat
Die Abweichungen bei den beiden Stahlfeder-Rohrschellen beruhen auf verschiedenen Rohrgewichten, Federstärken und Besonderheiten der Montage sowie der Meßanordnung.

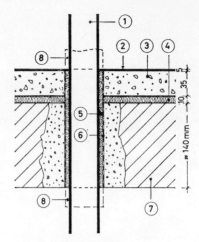

4 Schalltechnisch richtige isolierte Durchführung eines Wasserleitungs- oder Heizungsrohres durch eine Decke mit schwimmendem Estrich:
1 körperschallführendes Rohr
2 Bodenbelag
3 schwimmender Estrich nach DIN 4109
4 Körperschall-Dämmschicht des schwimmenden Estrichs, z. B. aus in belastetem Zustand mindestens 10 mm dicken Faserdämmstoffen der Dämmschichtdicke I nach DIN 4109, normgerecht und lückenlos abgedeckt
5 körperschalldämmende Manschette, z. B. aus einer mindestens 5 mm dicken Glasvlieswickelung
6 Abdeckung aus Polyäthylenfolie, Bitumenpapier o. ä.
7 Rohdecke
8 Überstand, der erst nach dem Verputzen bzw. Verlegen des schwimmenden Estrichs abgeschnitten und verspachtelt wird
Im Prinzip ist hier die gleiche Isolierung wie bei Wanddurchbrüchen notwendig.

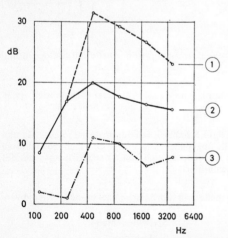

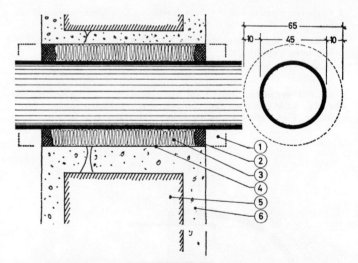

3 Mittelwerte der Minderung von Installationsgeräuschen durch besondere körperschalldämmende Maßnahmen an Rohrschellen, bezogen auf eine starre Montage (→ 237 4 ohne Einlage) nach P. Schneider.
① Frequenzabhängigkeit der Isolierwirkung einer Stahlfeder-Rohrschelle mit Federfaltung in Rohrlängsrichtung
② wie vor, Federfaltung quer zur Rohrrichtung, Feder also um 90° gedreht
③ Rohr auf normalen starren Rohrschellen mit einer vierfachen Einlage aus im nicht zusammengedrückten Zustand ca. 1 mm dickem Filz
Der Wirkungsgrad der Rohrschellen ist auch vom Rohrgewicht abhängig und bei Einlagen nach ③ sehr vom Anpreßdruck, der möglichst gering sein sollte.

5 Längs- und Querschnitt eines schalltechnisch richtig durch eine Trennwand geführten Metallrohres:
1 abgeschnittener Überstand
2 elastische Dichtung, z. B. aus Silicon-Kautschuk-Kitt
3 5 bis 10 mm dicke feste Wickelung aus Mineralfaserfilz zur Körperschalldämmung
4 Abdeckung aus Bitumenpapier
5 Mauerwerk
6 Putz
Die elastische Dichtung soll bei Bedarf eine Luftschallübertragung verhindern.

HAUSTECHNIK — Rohrleitungen

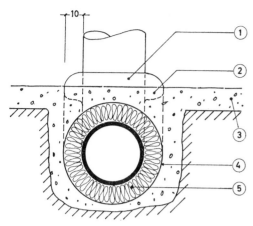

1 Körperschall- und wärmedämmende lückenlose Ummantelung einer unter Putz liegenden Rohrleitung:
1 Deckrosette, lose anliegend
2 elastisch verspachtelte Isolierfuge
3 Putz
4 Bandage aus Kunststoff-Folie, Krepp-Papier o. ä.
5 Halbschalen oder Rollfilz aus Mineralwolle

Bei ungewöhnlich großen Temperaturdifferenzen und erforderlichem Frostschutz sind unter Umständen größere Dämmschichtdicken notwendig → 3 und 240.

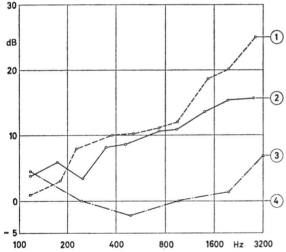

2 Verringerung der Körperschallabstrahlung von Kupfer-Rohrleitungen durch Rohrschelleneinlagen und vollständige Rohrummantelung (nach D. Gerth):
① Kupferrohr mit 2 mm dickem PVC-Mantel. Dazwischen 5 mm dicke Einlage aus Polyurethan-Schaum (Rohdichte ca. 35 kg/m³). In 6 cm dicker Betonwand vergossen
② Rohr wie bei ①, mit Rohrschellen auf Putz verlegt, Ummantelung auch in den Schellen durchlaufend
③ Rohr ohne Ummantelung, mit Korkisolierband in den Schellen
④ Blankes Rohr wie bei ③, ohne Schelleneinlage

Die Wirkung ist beim eingegossenen Rohr wegen der zusätzlichen Luftschalldämmung besser als beim freiliegenden.

3 (rechts) Diagramm zur Ermittlung der Isolierdicke für die Vermeidung von Schwitzwasser unter ungünstigen Bedingungen (ruhende Luft) nach VDI 2055 für Rohrleitungen, Kanäle usw.
Der Ermittlungsweg beginnt unten links und endet, wie gestrichelt mit Pfeilen eingetragen, unten rechts.

Für eine Außenlufttemperatur von +25°C und eine Innentemperatur von +5°C ergibt sich z. B. bei einer Wärmeleitzahl 0,07 (0,06) des Wärmedämmstoffs und ebener Wand eine erforderliche Dicke der Dämmschicht von rd. 60 mm. ▷

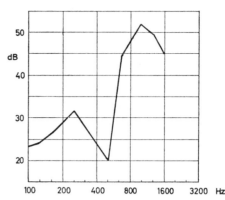

4 Dämpfung der Körperschallausbreitung in dB in einem mit Wasser gefüllten Wasserleitungsrohr durch eine Umhüllung mit fabrikfertigem Mörtel aus einem mineralischen Blähstoff (Perlite). Die Dämpfungsstrecke war 3 m lang. Die Meßstellen befanden sich jeweils am Anfang und am Ende dieser Dämpfungsstrecke. Der errechnete Mittelwert aus der gemessenen Kurve beträgt 34 dB, d. h. um diesen Betrag war die Dämpfung im Rohr größer als ohne die Umhüllung unter sonst genau gleichen Meßbedingungen.

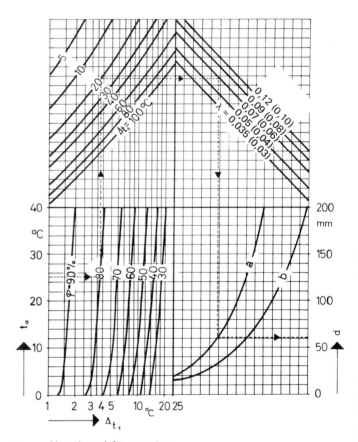

▷ t_a = Umgebungslufttemperatur
Δt_1 = Differenz zur Taupunkttemperatur der Umgebungsluft
Δt_2 = Temperaturdifferenz zwischen innen und außen, z. B. zwischen Rohr und Umgebungsluft (Außenluft)
φ = relative Feuchte der Außenluft in Prozent
λ = Wärmeleitzahl des Wärmedämmstoffs*
a = Kennlinie für die ebene Wand
b = Kennlinie für ein Rohr mit einem Außendurchmesser von ca. 25 mm. Die Kennlinien für dickere Rohre liegen annähernd gleichmäßig zwischen a und b, z. B. für einen Rohrdurchmesser von 150 mm genau dazwischen.

* in W/m²K (kcal/m hK)

Leitungs-Eigengeräusche

Unzulässige Störungen sind fast immer auf zu laute Armaturen zurückzuführen. Störende Leitungseigengeräusche sind selten die Ursache von Beanstandungen, vielleicht mit Ausnahme von Abwasserleitungen. Glatte Rohrwandungen ohne scharfe Kanten und Grate, allmähliche Richtungsänderungen, ausreichend große Querschnitte und z. B. bei Abwasserleitungen und Regenwasserrohren eine an der Rohrwand anliegende Strömung sind günstig. Bei Kunststoff-Abwasserrohren ist die Lautstärke der Fließgeräusche geringer als bei Metallrohren, die Lautstärke von Prallgeräuschen dagegen größer. Gemessen wurden an freiliegenden Rohren dieser Art 45 dB(A). Eine Rohrverkleidung mit Putz auf freitragendem Putzträger gewährleistet eine ausreichende Minderung, vor allem dann, wenn der Hohlraum mit einem Schallschluckstoff gefüllt wird → 239 1 und 311 1.

Bei häufigen Temperaturänderungen (Heizleitungen) können Leitungs-Eigengeräusche durch Schieben der Rohre in den Halterungen infolge Wärmedehnungen entstehen. Als Gegenmaßnahme sind elastische Schelleneinlagen → 237 4 und Dehnungskompensatoren (Metallschläuche, Gummikompensatoren) geeignet, die auch eine Minderung der Körperschallausbreitung bewirken können.

Wärmedämmende Rohrisolierungen

Wärmedämmschichten auf Rohrleitungen sollen Wärmeverluste bzw. Kühlenergie-Verluste mindern → 1 sowie in Verbindung mit Dampfsperren Tauwasserbildung und Dämmstoffdurchfeuchtungen verhindern. Bei der Bemessung der Wärmedämmung ist auch auf einen ausreichenden Schutz gegen das Einfrieren der Rohrfüllung acht zu geben. Rohrleitungen, die praktisch immer wärmer sind als die Außenluft, benötigen keine Dampfsperre. Dasselbe gilt auch für die im Hochbau üblichen Kaltwasserleitungen, deren Dämmschichten gut ablüftfähig sind.

Kühlmittelleitungen und ihre Wärmedämmschichten müssen dagegen ebenso wie Kühlräume → 273 immer vor Tau- und Kondenswasser aus der Raumluft geschützt werden. Notwendig sind hierfür mechanisch feste Dampfsperren und notfalls zusätzlich dampfdichte Dämmstoffe. Welche Dämmschichtdicken unter der Dampfsperre angeordnet werden müssen, wenn unter relativ ungünstigen Raumluftbedingungen auf der Dampfsperre kein Tauwasser auftreten soll, läßt sich mit Hilfe von 239 3 ungefähr ermitteln.

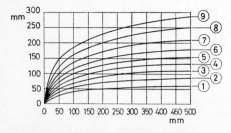

1 Anhaltswerte für wirtschaftliche Dicken der Wärme- (und Kälte-) Isolierungen (in mm auf der Ordinate, Wärmeleitzahl ca. 0,035) von Rohrleitungen, nach VDI 2055 in Abhängigkeit von der »Aufwandgröße« R und vom Rohrdurchmesser (Abszisse).

R = Wärmepreis DM/MW (DM/Gcal) × Temperaturdifferenz × jährliche Betriebsstunden

Kurve:	①	②	③	④	⑤	⑥	⑦	⑧	⑨
R:	3,4	6,9	10,3	13,8	17,2	25,8	34,3	51,6	68,8 × 10^6
	(4)	(8)	(12)	(16)	(20)	(30)	(40)	(60)	(80)

Besondere konstruktive Probleme bestehen bei im Erdreich verlegten Warmwasser- oder Dampfleitungen, die z. B. in zunehmendem Maße für die Wärmeversorgung größerer baulicher Anlagen durch Fernheizung benötigt werden. Die Wirtschaftlichkeit dieses Systems hängt sehr von dem Ausmaß der Wärmeverluste der langen unterirdischen Leitungen ab und davon, ob es gelingt, sie gegen ständige Durchfeuchtungen zu schützen. Nach schwedischen Untersuchungen an Vergleichsstrecken mit acht verschiedenen Isolierungen (Versuchszeit 2 Jahre) ist der Grad der Wärmedämmung der Isolierschichten von den Jahreszeiten unabhängig. Nach einmaliger Durchnässung ging er trotz anschließender Austrocknung um 35% zurück. Bei unvollständiger Austrocknung war die Verschlechterung größer. An zwei Heizleitungen, deren Isoliersystem keine vollständige Austrocknung zuließ, nahm die Wärmedämmung nach jeder Durchfeuchtung ab.

Es wird empfohlen, die Dämmschicht und Ummantelung solcher Heizleitungen ausreichend fest auszubilden und nur solche Dämmstoffe zu verwenden, deren Wirkungsgrad sich überhaupt nicht, oder nach einmaliger Durchnässung nicht weiter verschlechtert.

Wärmedämmung von Wasserrohren

Eine besondere Wärmedämmung ist bei wassergefüllten Rohren erforderlich, wo größere Wärmeverluste und Einfriergefahr befürchtet werden müssen. Gegen unerwünschte Wärmeverluste sind je nach Rohrdurchmesser und Rohrtemperatur folgende Dämmschichten notwendig (z. B. bei Glasfaser-Matten oder -Schalen, Steinwolle, Schaumkunststoff und anderen Dämmstoffen mit einer Wärmeleitzahl 0,041 (0,035):

Rohrtemperatur (°C)	Rohr-⌀ max. (mm):	40	60	125	250
80	Dämmschichtdicke (mm):	15	25	30	40
100		20	30	40	50
120		25	50	50	60

Die erforderlichen Dämmschichtdicken gegen Einfrieren richten sich nach der maximalen Stillstandszeit:

Stillstandszeit (h)	Rohr-⌀ max. (mm):	50	100	150	200	250
10	Dämmschichtdicke (mm):	30	20	20	20	20
20		80	35	20	20	20

Diese Werte gelten für eine Wassertemperatur von +8°C, eine Windgeschwindigkeit von ca. 5 m/s und eine Lufttemperatur von ca. −20°C. Eine größere Stillstandszeit bei solchen Temperaturen sollte man durch Entleeren der Leitungen vermeiden. Ventile können trotz Dämmschicht schneller einfrieren.

Sind die Außentemperaturen t_a geringer, so können beispielsweise für eine 60-mm-Rohrleitung folgende maximale Stillstandszeiten in Stunden angenommen werden:

Dämmschichtdicke (mm):	20	40	60	80	100
$t_a = -20$ Stillstandszeit (h):	7	12	15	18	22
$t_a = -15$	10	15	18	23	27
$t_a = -10$	12	20	25	32	35
$t_a = -5$	18	28	38	44	52

Diese angegebenen Dämmschichtdicken gelten für eine Wärmeleitzahl von etwa 0,047 (0,04).

Eine weitere noch zu berücksichtigende Bemessungsgrundlage ist der Schutz gegen Tauwasser-Niederschlag auf der Rohroberfläche bzw. Dämmstoff-Oberfläche → 239 3.

HAUSTECHNIK

Rohrpostanlagen

Rohrpostanlagen können durch Schlagen der Büchsen in den Rohren und Empfangsstationen sowie durch die für die Förderung benötigten Kapsel- oder Turbogebläse Geräusche erzeugen. Günstig ist eine vorwiegend senkrechte Rohrführung sowie die Verwendung von elastisch befestigten Kunststoffrohren. In schallempfindlichen Räumen sollten die Rohre, Weichen und Stationen hinter schalldämmenden Verkleidungen, in Einbauschränken u.ä. geführt werden. Der Lieferant ist auf die Einhaltung von DIN 4109 (max. zulässige Lautstärke in »fremden« Räumen 30 bzw. 40 DIN-phon) festzulegen (= 30 bzw. 40 dB(A)).

Für die gegen Körper- und Luftschall zu isolierenden Gebläse wird ein besonderer Raum benötigt. Dieser Maschinenraum ist bei größeren Anlagen ungewöhnlich laut. Er sollte abseits im Untergeschoß liegen. In Gebäuden mit schallempfindlichen Räumen besteht die Gefahr einer störenden Schallübertragung direkt über das Rohrleitungssystem in Form von Luft- und Körperschall und indirekt über das Fundament in Wänden und Decken. Um dem zu begegnen, ist es notwendig, die Gebläse nach gleichem Prinzip zu isolieren wie z. B. die Klimamaschinen und die Rohre mit weichen Gummimanschetten von den Gebläsen zu trennen. Anschließend an diese Gummimanschetten sind ca. 2 m lange Absorptionsschalldämpfer mit breitbandiger Abstimmung auf die Hauptstörfrequenz anzuschließen. Der Außenmantel dieser Dämpfer muß mindestens so dick und schwer sein wie die im Maschinenraum herzustellende Rohrwand (ca. 30 dB). Das gilt annähernd auch für die Gummimanschetten.

Die Führung der Rohrpostrohre in einem senkrechten Kanal ist schalltechnisch sehr zweckmäßig. Sämtliche Befestigungen, Wand- und Deckendurchbrüche usw. sind immer so auszubilden, daß zwischen Rohr und Gebäude keine starren Verbindungen entstehen. Für die Wände senkrechter Schächte ist 11,5 cm dickes Vollziegelmauerwerk notwendig, wenn der Schacht nicht jeweils in Deckenhöhe geschlossen wird, sondern über das ganze Gebäude durchläuft. Sonst genügt auch in ungünstigen Situationen eine einfache Vorsatzschale → 137.

Müllschluckanlagen

Abwurfschächte für Müll sind in den Wohnhochhäusern unentbehrlich. Durch das Aufschlagen harter Gegenstände auf die Schachtwände, die Prallplatten und die Auffangbehälter können sie Belästigungen infolge des in das Gebäude übertragenen Körperschalls verursachen. Um dies zu verhindern, sollte der gesamte Schacht konsequent doppelschalig ausgeführt werden. Technisch und akustisch besonders zweckmäßig sind runde Fallrohre aus Asbestzement, die in einem quadratischen Schacht aus mehr als 10 cm dicken Beton-Formsteinen o. glw. untergebracht werden. Der Hohlraum zwischen Rohr und Schacht soll an seiner dünnsten Stelle mindestens 2 cm dick sein und mit einem elastischen Schallschluckstoff gefüllt werden. Zweckmäßig ist jeweils im Bereich der Decken eine mit Hilfe von mehr als 10 mm dickem Bitumenkorkfilz oder elastischem Schaumkunststoff körperschallisolierte Abschottung, durch die das Fallrohr gehalten wird und die darüber hinaus ein übermäßiges Setzen des Schluckstoffes verhindert (→ 238 4). Für die Prallplatten sind körperschallisolierte Verbindungen zu verwenden.

Der Auffangbehälter muß elastische Gummiräder erhalten und auf einer schweren schwimmenden Bodenplatte stehen. Das Reinigungsgerät soll am oberen Schachtende als schallschluckender Schachtabschluß wirken. Sein Bedienungsmechanismus ist ebenfalls körperschallisoliert einzubauen (Seilzüge in elastischen Kunststoffrohren). Sämtliche Abwurföffnungen sollen nicht in den einzelnen Wohnungen, sondern im gemeinsamen Flur (also jenseits der Wohnungstüren) liegen und luftdicht verschließbar sein. Sie dürfen mit dem Schacht (Außenschale) keine starren Verbindungen besitzen. Einwurföffnungen in den Wohnungen verursachen störende Luftschallübertragungen.

Werden statt des leichten Fallrohres schwere Beton-Formsteine (z. B. vollwandige Schornstein-Formsteine) verwendet, so ist es möglich, die Außenschale gegen die Wohnungen mit einer biegeweichen Vorsatzschale → 138 3 zu versehen. Die Körperschallisolierungen werden durch diese Maßnahme jedoch nicht entbehrlich.

Armaturen und sanitäre Objekte

Wasserzapfstellen

Nach neueren Ergänzungsbestimmungen werden zwei Armaturengruppen unterschieden: Gruppe I mit einem max. → Armaturengeräuschpegel von 20 dB(A) und Gruppe II mit 30 dB(A) jeweils bei einem kennzeichnenden Fließdruck von 3 bar für Spülkästen und 2,5 bar für Druckspüler. An der oberen Grenze des Fließdruckes nach DIN 52218 dürfen diese Werte um 5 dB(A) überschritten werden.

Nach DIN 4109 sollen alle Bestandteile haustechnischer Einzel- und Gemeinschaftsanlagen in Wohn-, Schlaf-, Arbeits- (z. B. Büro-)räumen in Raummitte 30 DIN-phon (=30 dB(A)) nicht überschreiten. Tagsüber (7 bis 22 Uhr) sind ausnahmsweise 40 dB(A) zulässig. Diese Werte gelten bei Gemeinschaftsanlagen für alle benachbarten Aufenthaltsräume und bei Einzelanlagen für benachbarte »fremde« Räume der genannten Art. In einzelnen Bundesländern wurde bestimmt, den Nachtwert auf 35 dB(A) zu erhöhen, da leisere Geräusche dieser Art offensichtlich nur in sonst sehr ruhigen Lagen oder nur von sehr empfindlichen Menschen als störend beanstandet werden.

Das Geräusch von Spültisch-, Waschbecken- und Badewannenarmaturen in den heute allgemein verwendeten Ausführungen und Anordnungen liegt in der Größenordnung von 50 bis nahezu 80 dB(A) bei 1 m Abstand von der Schallquelle und freiem Schallweg. Es handelt sich hierbei also um die Lautstärke des direkten Schalles, dem ein Benutzer der betreffenden Armatur ausgesetzt ist.

Die Entstehung von Geräuschen der vorliegenden Art wird bekanntlich durch den in der Armatur stattfindenden plötzlichen Druckausgleich verursacht. Er bewirkt eine akustisch unzweckmäßig schnelle, mehr oder weniger wirbelige Strömung an sowie hinter den engsten Stellen und damit auch die äußerst geräuschvolle Hohlsogbildung (→ Kavitation) sowie Prallgeräusche beim Auftreffen des Wasserstrahls auf das Becken. Außerdem können hierbei unter Umständen starke Schwingungen von losen Ventilteilen sowie relativ leichten und biegeweichen Beckenwänden angeregt werden, die geeignet sind, die Lautstärke bei direkter Schalleinwirkung noch über den genannten Höchstwert zu steigern.

Trotz der relativ hoch liegenden oberen Grenze der vorhandenen Lautstärken wären Geräusche von Armaturen bei weitem nicht so kritisch oder überhaupt bedeutungslos, wenn sie nicht einen erheblichen Anteil Körperschall enthalten würden, der sich über das Rohr und die Baukonstruktion ohne große Verluste ausbreiten kann und daher nicht nur in angrenzenden, sondern auch in weiter entfernt liegenden Räumen durch die meistens vorhandenen leichten und großflächigen Bauteile abgestrahlt wird. Diese Abstrahlung von Körperschall erreicht noch Laut-Schallpegel zwischen 40 und 70 dB(A). Die große Streuung ergibt sich teils durch die Verschiedenartigkeit der Fabrikate und Verwendungszwecke, teils durch die baulichen Verhältnisse. Da die Armaturen in ihrem Funktionsprinzip selten wesentlich voneinander abweichen und die Geräuschminderung vorwiegend durch bauliche und montagetechnische Maßnahmen zu erzielen ist, hat der Verfasser in einem bewohnten normalen Mietshaus mit gleichen Wohnungen Untersuchungen an verschiedenen Anlagen durchgeführt.

Aus diesen Messungen geht hervor, daß das einfache, gerade Wandventil sowohl bezüglich der Gesamtlautstärke (einschließlich direktem Luftschall) als auch bezüglich des im Nebenraum erzeugten Körperschalls zweifellos wegen der relativ günstigen Strömungsführung am leisesten war. Allerdings war der Doppelventilhahn mit Luftsprudler an der Warmwasserleitung nur unwesentlich lauter. Die Warmwasserleitung wies wegen des Gas-Durchlauferhitzers einen wesentlich geringeren Fließdruck auf, der jedoch gerade noch zu einem ausreichenden Wasseranfall führte. Das Brennergeräusch des Durchlauferhitzers verursachte keine bemerkenswerte Änderung der Lautstärke im Gegensatz zur Gehäusewand aus dünnem emailliertem Blech. Ungewöhnlich hohe Werte der Körperschallabstrahlung stammten ausschließlich aus dem Raum, in dem sich der Durchlauferhitzer befand, dessen dünnes Blechgehäuse naturgemäß durch den Körperschall in den Leitungen wegen der direkten starren Verbindung, trotz der verhältnismäßig kleinen Abstrahlfläche, wesentlich stärker abstrahlte als die ganze Wand.

Faßt man die verschiedenen Meßergebnisse zusammen, so bleibt festzustellen, daß die Lautstärke des direkten Luftschalles bei den Zapfventilen mit verhältnismäßig hoher Strömungsgeschwindigkeit zwischen 53 und 70 dB(A) und bei denjenigen mit geringer Strömungsgeschwindigkeit (vorgeschalteter, akustisch weitgehend abgeschirmter Strömungswiderstand) zwischen 49 und 58 dB(A) lag. Der Schallpegel der untersuchten Badewannenarmaturen lag bei hoher Strömungsgeschwindigkeit zwischen 69 und 78 dB(A) und bei Einlauf unter Wasser über die Brause (hintergeschalteter Strömungswiderstand) zwischen 50 und 52 dB(A). Die Streuung der Werte für den im jeweils direkt angrenzenden Nebenraum abgestrahlten Körperschall (indirekter Luftschall) war bei den Ventilen mit hoher Strömungsgeschwindigkeit mit 40 bis 67 dB(A) am größten.

Jeweils bei starrer Rohrverlegung zeigten schwere dicke Mauerwerkswände die geringste und sehr leichte dünne Wände (Blech) die größte Abstrahlung. Die Streuung bei den Ventilen mit der geringeren Strömungsgeschwindigkeit war trotz gleicher baulicher Voraussetzung mit 40 bis 54 dB(A) wesentlich geringer. Interessant war, daß der Luftsprudler in der hier untersuchten Kombination mit einem Doppelventilhahn zwar keine meßbare Verringerung des direkten Luftschalles bewirkte, jedoch die Körperschallabstrahlung im Nebenraum bei hoher Strömungsgeschwindigkeit um etwa 4 dB(A) und bei geringer Strömungsgeschwindigkeit um 11 dB(A) senkte, also durchaus eine zweckmäßige Maßnahme zur Geräuschminderung darstellt. Die Körperschallabstrahlung infolge Anregung durch die Badewannenarmaturen war wesentlich stärker als bei allen anderen untersuchten Armaturen in vergleichbarer Anordnung. Immerhin bewirkte die Fließgeschwindigkeitsminderung durch Einlauf über die Brause bei den vorhandenen recht ungünstigen baulichen Verhältnissen (Abstrahlung durch das Blechgehäuse des Durchlauferhitzers) Lautstärkesenkungen zwischen 10 und 16 dB(A).

Diese speziellen Meßergebnisse können mit anderen Werten nicht ohne weiteres verglichen werden. Sie gelten für den heute allgemein üblichen normalen Ausbau und für möblierte Räume. Bei vorsichtiger Wertung und Berücksichtigung der örtlichen Unterschiede deuten sie allerdings bereits die Möglichkeiten einer wirksamen Lärmbekämpfung an. Wie wissenschaftliche Untersuchungen übereinstimmend bestätigen, lassen sich übermäßige Zapfgeräusche der hier besprochenen Art nicht nur bezüglich des direkten Luftschalls, sondern vorwiegend hinsichtlich der besonders kritischen Körperschallabstrahlung in den Nachbarräumen auch bei ausreichendem Durchfluß durch folgende Maßnahmen vermindern:

1. Wahl strömungsgünstiger Fabrikate. Erzielbare Minderung nach bisher bekannten Messungen max. 9 bis 23 dB(A).

2. Weitgehende, vernünftige Druckreduktion (vor- oder hintergeschaltete Widerstände, z. B. geräuscharme(!) Druckminderungsventile, Luftsprudler als Strömungsbremsen, elastisch angeschlossene Brausen usw.). Bei Minderung des Fließdrucks von 4 auf 2 bar erzielbare Minderung ca. 10 dB(A). Größere Leitungsquerschnitte!

3. Strömungsgünstige Leitungsführung, Vermeidung von dünnen und leichten Abstrahlflächen sowie dünnen und leichten, steifen Wänden bzw. körperschallisolierter Einbau der Leitungen und Armaturen → 237 1 und Unterbrechung der Körperschall-Leitung in der Baukonstruktion. Erzielbare Minderung nach den bisher bekannten Messungen bis mehr als 27 dB(A).

Es wird empfohlen, sich auf keine der erwähnten Maßnahmen allein zu beschränken, sondern sich immer um alle zu bemühen, da die genannten Verbesserungswerte ganz überschlägige Richtwerte sind, die eigentlich nur zum Ausdruck bringen sollen, welche der genannten Gruppen gegenüber dem ungünstigsten Zustand den größten Erfolg verspricht. Zweifellos verdienen die unter 3 genannten baulichen und montagetechnischen Maßnahmen die größere Beachtung.

Viele der immer wieder festzustellenden Mißstände beruhen ganz einfach auf Planungsfehlern in der baulichen Konzeption und auf Gedankenlosigkeit bei der Montage. Die beste und billigste Schallschutzmaßnahme ist in vielen Fällen ein möglichst großer Abstand zum nächsten schallempfindlichen Raum. Dies gilt insbesondere für Krankenhäuser und vor allem für Hotels, wo es leider oft genug vorkommt, daß sich das Waschbecken gerade dort befindet, wo an der Gegenseite das Bett des Zimmernachbarn steht. Hier hilft auch das geräuschloseste Fabrikat nicht allein. Die Geräusche sind oft so laut, daß die Benutzung dieser Einrichtungen während der Nachtstunden ohne unzumutbare Störungen der Nachbarschaft nicht möglich ist. Solche Geräusche entstehen fast immer nur in den Ventilen und nicht in den Leitungen.

Viel seltener sind Störungen durch ablaufendes Schmutzwasser. Je einfacher die Ablaufarmatur und je gleichmäßiger der Ablaufvorgang (Gummistopfen, einfacher Überlauf, schweres Gußeisenrohr), um so geringer ist dieses Geräusch.

Ob ein beanstandetes Geräusch in der Armatur oder in den übrigen Teilen der Installation entsteht, läßt sich durch eine von der Bundesanstalt für Materialprüfung entwickelte BAM-Bezugsarmatur sehr einfach feststellen. Diese Armatur besteht im

HAUSTECHNIK

Prinzip aus einem T-förmigen Rohrstück mit einem Wasserdruck-Manometer. Im Schnittpunkt des T-Stückes sitzt ein Dreiwegehahn, der es gestattet, den Wasserstrom wahlweise über zwei verschiedene »Geräuschnormalien« zu leiten. Bei beiden handelt es sich um jeweils am Rohrende sitzende Lochscheiben, von denen die eine ein sehr lautes Geräusch (entsprechend einer akustisch schlechten Armatur) und die andere ein um mehr als 30 dB leiseres Geräusch (= akustisch sehr gute Armatur) erzeugt, das bei Einhaltung des in DIN 4109 Bl. 5 als maximal zulässig bezeichneten Ruhedrucks von 3,5 bar an der betreffenden Zapfstelle bei sachgemäßer Rohrführung und Baukonstruktion in den Nachbarräumen mit Sicherheit unterhalb der noch zulässigen 30 bzw. 35 dB(A) liegt.

WC-Spüleinrichtungen

Die meisten Spüleinrichtungen unserer WC-Anlagen gehören zu den lautesten Schallquellen innerhalb von Gebäuden. Wir sind diesem Lärm selbst im engsten Wohnbereich ausgesetzt, weil die Wasserspülung leider ein unentbehrlicher Bestandteil unserer Wohnungshygiene ist. Der Spülvorgang erfordert jeweils eine bestimmte Wassermenge und Strömungsgeschwindigkeit in den heute allgemein üblichen Stahlrohren und Metallarmaturen, deren Ausbildung bisher fast ausschließlich von rein wirtschaftlichen und funktionellen Gesichtspunkten diktiert wurde. Um eine »zufällige Begleiterscheinung«, nämlich das Betriebsgeräusch, kümmerte man sich kaum. War diese Erscheinung schon früher lästig, so ist sie heute in den wesentlich leichteren Neubauten aus Stahlbeton und leichtem, porösem Mauerwerk allzuoft unerträglich.

Daß Schallpegel von im Mittel 80 dB(A) selbst in modernsten Neubauten die Regel sind, beweisen zahlreiche Messungen des Verfassers in öffentlichen und privaten Gebäuden der verschiedensten Art. Die Auswahl der Objekte erfolgte, bevor bekannt war, um welche Art der Installation es sich jeweils handelte; es wurden nicht absichtlich besonders laute Anlagen herausgesucht. Bei 12 von 14 untersuchten Anlagen handelt es sich um Flachspülklosetts mit Druckspüler, deren Lautstärken mit zwei Ausnahmen kaum voneinander abweichen und etwa in der Größenordnung eines gerade noch zulässigen Fabriklärms liegen. Die gemessenen Werte beweisen, was in der Praxis immer wieder festgestellt werden muß: daß sich selbst berühmte Architekten und seriöse Installationsfirmen über die verursachte Lärmentwicklung vorher keinerlei Rechenschaft ablegen.

Bei einer Anlage lag das WC direkt neben einem Schlafzimmer, lediglich durch eine dünne Bimsdielenwand getrennt. Der nebenan stehende Druckspüler verursachte im Schlafzimmer ein Geräusch von 57 dB(A). Er war also ungefähr so laut wie normale Unterhaltungssprache. Aus dem darunterliegenden WC war die Störung nur unwesentlich geringer, derart, daß man die beiden Geräusche oft nicht voneinander unterscheiden konnte.

Nach Labormessungen von R. Bach und K. Gösele waren Druckspüler im Nachbarraum durchschnittlich um 10 DIN-phon lauter als andere Wasserzapfarmaturen → 241. Die Lautstärke von WCs mit Spülkästen (Füllgeräusch) war dagegen um 20 bis 30 DIN-phon (= dB(A)) geringer als bei Druckspülern.

Noch ungünstiger als in Wohnungen und unter Umständen auch in Krankenhäusern liegen die Verhältnisse in Hotels, in denen die sanitäre Installation nicht nur bei Tage, sondern auch in der Nacht uneingeschränkt zur Verfügung stehen muß, ohne die geringsten Störungen zu verursachen. Sind in Krankenhäusern besondere Benutzungsvorschriften wegen der dort ohnehin vorhandenen strengen Disziplin vielleicht noch durchführbar, so bereiten sie in Mietshäusern schon Schwierigkeiten und sind in Hotels völlig unmöglich.

Mit einer strömungsgünstigen Wasserführung bei einem Mindestmaß an Wassergeschwindigkeit sind erhebliche Geräuschminderungen erzielbar. Diesem Bestreben kommen gerade die tiefhängenden Spülkastenanlagen sehr entgegen, vor allem dann, wenn im Einlaufventil am Schwimmer keine zu schnelle, wirbelige Strömung entsteht.

Auch der Werkstoff spielt eine große Rolle, da der Lärmschutz nur dann ein schwieriges Problem wird, wenn der in der Armatur entstehende Körperschall durch Gehäuseteile und vor allem durch das Rohr weitergeleitet werden kann. Hierin sind die »nichtklingenden« Stoffe den üblichen Metallen überlegen. Bewährt haben sich z. B. Spülrohre, Anschlußstücke, Zwischenlagen und sogar ganze Armaturen aus Gummi, Blei oder Kunststoff.

Zwei neuartige Kunststoffteile, die zweifellos in erster Linie nicht aus schalltechnischen Gründen konstruiert wurden, jedoch nebenbei auch schalltechnische Vorteile besitzen, zeigen die Bilder 244 1 und 244 2. Das WC-Anschlußstück verhindert durch den häufigen Materialwechsel in gleicher Weise wie der Anschlußstutzen an das gußeiserne Abflußrohr die Fortleitung des Körperschalles zur Abwasserseite hin und seine Übertragung auf die Stahlbetondecke, wenn überhaupt mit einer Körperschallfortleitung in dieser Richtung gerechnet werden muß. Wie ein in solchen Fällen anzuordnender schwimmender Estrich im Zusammenhang mit der körperschallisolierenden Trennung des Abflußrohres von der Decke angeschlossen werden kann, zeigt 244 2. Unbedenklich ist eine Sitzanordnung wie in 311 5.

Es ist kein Zufall, daß die Schallpegel der Kunststoff-Spülkästen bei den erwähnten Messungen am geringsten waren (65 bis 70 dB(A)). Sie arbeiten auch mit schwachem Druck und günstiger Wasserführung, was für die Geräuschbildung wesentlich ist. Aber nicht nur die tiefhängenden Spülkästen sind besonders geräuscharm. K. Gösele hat nachgewiesen, daß die bei Installationen hauptsächlich interessierende Körperschallerzeugung auch an Druckspülern subjektiv auf ein Viertel verringert werden kann, wenn beispielsweise der Druck von 6 bar auf 2 bar reduziert wird. Diese Wirkung entspricht einer Lautstärkeabnahme um 20 – 25. In beiden Fällen wurde die gleiche Spülleistung vorausgesetzt. Es wird empfohlen, den nach DIN 3265 beispielsweise für $^{3}/_{4}$''-Abort-Druckspüler zulässigen geringsten Fließdruck von 1,2 bar nicht wesentlich zu überschreiten.

Derselbe Verfasser diskutiert ferner eine andere Möglichkeit der Lautstärkesenkung durch Regulierung der durchfließenden Menge bei höheren Drücken mit Hilfe einer Verringerung des Spülerhubs statt mit einem Eckventil. Auf diese Weise steigt die Lautstärke nach seinen Feststellungen nur wenig mit dem Druck an, was darauf zurückgeführt wird, daß im anderen Fall nicht der Spüler das Geräusch verursacht, sondern das Eckventil. Noch besser ist, statt des Eckventils einen strömungsgünstigen (und damit möglichst geräuschlosen) Widerstand vorzuschalten, mit dem der Druck reduziert werden kann.

Bereits von mehreren Seiten wurde angeregt, Reduzierventile zu schaffen, die an Stelle eines Eckregulierventils vor jede Zapfstelle geschaltet werden können und in der Lage sind, den Druck an der Entnahmestelle möglichst unter einer Atmosphäre Überdruck zu halten. Allerdings müßte ein solches Ventil auch bei starken Wasserdruckschwankungen noch betriebssicher sein.

Badewannen

HAUSTECHNIK

Trotz aller dieser Kenntnisse und Bemühungen wird es vorwiegend bei Druckspülern nicht möglich sein, Geräuschbelästigungen allein durch die Wahl eines geräuscharmen Fabrikates zu verhindern. Es ist daher immer zweckmäßig und zweifellos auch am billigsten, die baulichen Maßnahmen darauf abzustimmen. Die in ruhigen Räumen allgemein als zulässig anerkannten maximalen Lautstärken von 30 (bis 40) DIN-phon (= dB(A)) lassen sich allein dadurch unterschreiten, daß die sanitären Räume abseits von den Ruheräumen eines Gebäudes mit anderen lauten Räumen, wie z. B. Küche, Bad, Werkstätten u. ä., zusammengefaßt und durch durchgehende unbelastete Fugen vollständig getrennt werden.

Vielfach läßt sich dies allein durch die auch aus anderen Gründen notwendigen Arbeits- und Montagefugen sowie Dehnfugen verwirklichen. In Bürogebäuden, Schulen, Konzertsälen, Theatern, Kinos u. ä. wird man mit dieser Arbeitsweise weniger Schwierigkeiten haben als z. B. in Hotels, Wohn- und Mietshäusern, wo viele Wohneinheiten auf verhältnismäßig engem Raum untergebracht werden sollen und eine umfangreiche Installation erfordern. In solchen Fällen ist dem konstruktiven Detail des Bauwerkes und der kritischen Installationsräume besondere Aufmerksamkeit hinsichtlich der zu erwartenden Geräuscherzeugung zu widmen.

Es ist beispielsweise selbst bei Anordnung von Körperschallisolierungen → 236 falsch, die Rohrinstallation an leichten, dünnen Trennwänden zu montieren, wenn diese die Begrenzung zu lärmempfindlichen Räumen darstellen oder mit Wänden solcher Räume in unmittelbarer schalltechnisch starrer Verbindung stehen. Einen solchen ungünstigen Fall → 3 (links). Viel besser ist es, die Frischwasser- und Abwasserleitung an eine im WC meistens vorhandene dickere Wand von mindestens 25 cm Stärke zu legen, vor allem dann, wenn diese Wand aus einem schwereren Material besteht als die üblichen Leichtsteinwände → 4 (rechts).

Badewannen

Die akustisch zweckmäßigste Aufstellung von Badewannen ist in 245 1 erläutert. Ist ein schwimmender Estrich nicht vorgesehen, so müssen unter den Füßen der Wanne elastische Unterlagen angeordnet werden. Je nach Wannenwerkstoff (Stahlblech, Gußeisen, Kunststoff) und Bauweise genügen zuweilen schon Unterlagen aus Nadelholzbrettern, um die vor allem störenden Füll- und seltener auch die beim Baden auftretenden Rutschgeräusche ausreichend zu mindern.

Neuartige Badewannen mit hochgestelltem Anschlußrand und höhenverstellbaren Hubfüßen → 245 2 gestatten eine noch bessere Trennung der Wanne. Sie wird erst aufgestellt, wenn die Fliesenarbeiten beendet sind, was weitere bautechnische Vorteile hat.

Ein elastischer Badewannenanschluß gewährleistet bei Stahlbadewannen im Vergleich zum starren Einbau eine Verringerung der Geräuschausbreitung um etwa 10 dB über den gesamten interessierenden Frequenzbereich. Gußeiserne Badewannen sind bei starrem Einbau im mittleren Frequenzbereich (300 bis 1500 Hz) etwa um 5 bis 10 dB besser als die leichteren Stahlwannen. Störende Rutschgeräusche treten hier praktisch nicht auf.

Die wichtigste Schallschutzmaßnahme an Badewannen ist eine gute Einlauf-Armatur → 241 mit Luftsprudler und Druckreduktion.

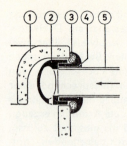

1 Schalltechnisch sehr zweckmäßiger Anschluß eines WC-Sitzes an das Spülrohr mit einem neuartigen Anschlußstück aus Kunststoff, das gleichzeitig als Spülwasserverteiler wirkt. Es verringert die Körperschallübertragung und vereinfacht außerdem die Form der Sitzanschlußöffnung.
1 Keramikkörper
2 Anschlußstück und Spülwasserverteiler
3 elastische Dichtung
4 Rolldichtung
5 Spülrohr

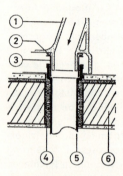

2 Einwandfreier Anschluß des Abwasserrohres an den WC-Sitz:
1 Keramikkörper
2 dauerelastischer Dichtungsring
3 Kunststoffmanschette
4 körperschallisolierende Rohrdurchführung in der Decke und im schwimmenden Estrich, z. B. aus mit Polyäthylenbinde umwickelter 10 mm dicker vorgepreßter Mineralwollematte
5 Abflußrohr
6 beliebige Rohdecke

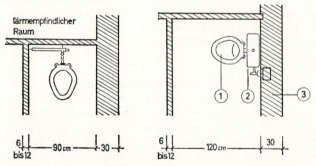

3 Links: Schalltechnisch falsche Anordnung eines WC-Sitzes mit üblichem Druckspüler an einer sehr leichten und dünnen Trennwand zu einem lärmempfindlichen Raum.
Rechts: Schalltechnisch richtige Anordnung an der dicksten vorhandenen Wand mit möglichst hoher innerer Dämpfung:
1 WC-Sitz
2 tiefhängender Kunststoff-Spülkasten mit geräuschgedämpftem Einlauf
3 möglichst dicke schwere Wand mit hoher innerer Dämpfung, z. B. aus Kalksandsteinen

Durch den Wechsel von der dünneren zur dickeren oder zur gegenüberliegenden Wand läßt sich die Lautstärke in lärmempfindlichen Räumen um Werte bis zu 15 dB senken.

HAUSTECHNIK

Spültische

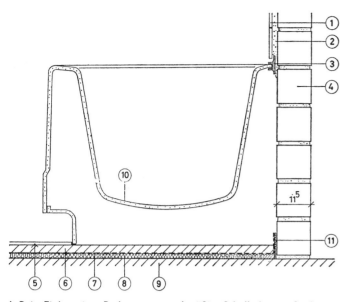
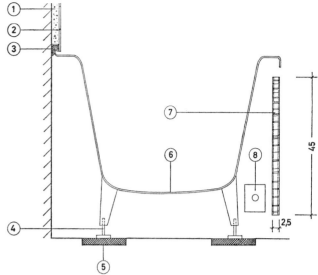

1 Beim Einbau einer Badewanne zweckmäßige Schallschutzmaßnahmen:
1 übliche Keramikplatten
2 Mörtelbett
3 elastisches Dichtungsprofil zur Körperschallisolierung aus sehr weichem PVC, Polyäthylen oder Kunstkautschuk (NEOPRENE)
4 dichtes Mauerwerk
5 Keramikplatten, im Dünnbettverfahren verlegt
6 schwimmender Estrich, körperschallisolierend
7 Sperrschicht, z. B. aus mindestens 0,3 mm dicker, sauber hochgekanteter Polyäthylenfolie, in einem Stück (!)
8 Platten aus Natur- oder Mineralfasern, Dämmschichtgruppe I (dynamische Steifigkeit kleiner als 0,03 MN/m³)
9 beliebige Rohdecke
10 Badewannenkörper, am besten Einstück-Badewanne
11 umlaufend mit der Sperrschicht überkragende Randstreifen entweder aus gleichem Material wie 8 oder aus mehrlagiger bituminierter Wellpappe. Auch mindestens 10 mm dicke Streifen aus geschäumtem Polystyrol sind verwendbar

2 Zweckmäßige Verbindung von Schall- und Wärmeschutz-Maßnahmen an einer Badewanne:
1 Mörtelbett
2 Keramik-Wandplatten
3 wasserdichter Wandanschluß aus elastischem Schaumstoff, durch Hochschrauben der Nivellierfüße angepreßt
4 Nivellierfüße
5 körperschallisolierende Unterlagen, z. B. aus Schwammkork
6 Badewannenkörper aus nichtdröhnendem Stoff
7 freitragende Blech- oder Holzblende
8 Heizkörper
Durch den an der Badewanne entlanglaufenden Konvektor der Zentralheizung wird die Badewanne in erwünschter Weise direkt angewärmt.

Für den Wärmeschutz wichtig ist, daß Badewannen nicht an kalten Außenwänden, etwa unterhalb von Fenstern stehen. Läßt sich das nicht vermeiden, so sollte die im Winter dort abwärts strömende Kaltluftschicht durch einen Heizkörper oder eine entsprechende Erwärmung der Wanne → 2 aufgefangen werden.

Spültische

Für Spültische, insbesondere aus dünnwandigem Blech (Edelstahl), gilt im Prinzip dasselbe wie für die leichteren Badewannen. Da der Unterbau meistens aus einer ohne weiteres ausreichend isolierenden Holzkonstruktion besteht, ist vor allem der Wandanschluß etwas kritisch. Falsch sind starre Verbindungen zwischen Metall und Bauwerk, dagegen können die üblichen PVC-Anschlußprofile mit wasserdicht anliegender Weich-PVC-Lippe auch akustisch als ausreichend angesehen werden.
Direkter, in Einzelfällen vielleicht übermäßiger Luftschall durch Dröhngeräusche läßt sich durch Beschichten der Metallunterseiten mit gefüllten Kunststoffmassen mindern.
Bei schweren Spülbecken, Spülsteinen usw. sind Dröhngeräusche nicht zu befürchten, dagegen um so mehr Körperschallübertragungen beim Hantieren mit harten Gegenständen.

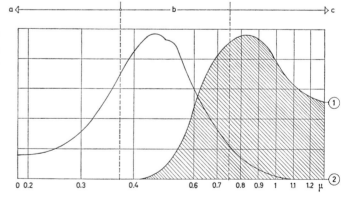

3 Strahlungsbereiche von verschiedenen Lichtquellen:
① Hochleistungs-Glühlampen
② hellweiße Niederspannungs-Leuchtstoffröhren (NL-Röhren)
a Ultraviolettbereich, b sichtbare Strahlung, c Ultrarotbereich → 34 1

Leuchtstoff-Röhren geben etwa viermal soviel Licht wie Glühlampen, die dagegen in gleichem Maße mehr Wärme erzeugen, weil ihr Strahlungsmaximum bereits im Bereich der reinen (unsichtbaren) Ultrarotstrahlung liegt. Das ist der Grund dafür, daß Glühlampen manchmal nur als Wärmestrahler verwendet werden. In jedem Fall ist die Wärmeentwicklung von Beleuchtungsanlagen bei der Klimatisierung von Räumen zu berücksichtigen. Sie können die Kühllast ganz erheblich vergrößern.

Elektrische Anlagen

Beleuchtungsanlagen

Die stärksten Geräusche können die Lichtschalter → 1 erzeugen, wobei der direkte Luftschall im Gegensatz zum normalerweise immer vorhandenen Körperschall verhältnismäßig belanglos ist.

Oft unangenehmer direkter Luftschall wird von Beleuchtungsanlagen bzw. Leuchtstofflampen mit Leuchtstoffröhren (Gasentladungsstrahler) erzeugt. Bereits kleine Lampen, die auch in Wohnungen verwendet werden, haben bei 1 m Abstand einen Schallpegel von 27 dB(A). Mit der Zahl solcher Schallquellen nimmt natürlich auch der Schallpegel zu. So wurden z. B. in Schulräumen an den einzelnen Sitzplätzen Werte zwischen 35 und 45 dB(A) (!) gemessen. Besonders laut sind Hochspannungsröhren.

In allen Aufenthaltsräumen ist es daher wichtig, darauf zu achten, daß die vorgeschriebenen maximal zulässigen Schallpegel → 42 durch die Beleuchtungsanlage nicht überschritten werden. Störungen sind nicht zu befürchten, wenn der Elektroplaner und auch die ausführende Firma auf eine um mindestens 5 dB(A) geringere Lautstärke festgelegt werden, als für die betreffenden Räume zulässig ist, also z. B. in Wohnungen, Krankenräumen u. ä. auf 25 DIN-phon, in Büros, Schulen, Hörsälen usw. auf weniger als 30 bis 35 DIN-phon bzw. dB(A).

In Akustik-Meßräumen → 254 und Tonstudios → 292 kann es notwendig sein, völlig geräuschlose Beleuchtungsanlagen, also einfache Glühlampen, zu verwenden.

Glühbirnen sind im Gegensatz zu den oben erwähnten Gasentladungsstrahlern Temperaturstrahler mit leider wesentlich geringerer Lichtausbeute → 245 3. Ihre Wärmeentwicklung ist dementsprechend zuweilen so groß, daß eine unerwünschte Aufheizung eintritt. Die hier verursachten Temperaturspannungen, etwa in metallenen Reflektoren, können wiederum bei unzweckmäßiger Ausbildung der Befestigungen Geräusche erzeugen (Knacken).

Schalter

Viele der heute noch üblichen Schalter für Beleuchtungsanlagen erzeugen überraschend hohe Lautstärken, die je nach Konstruktion des betreffenden Gebäudes im Rahmen einer umfassenden Lärmbekämpfung nicht vernachlässigt werden dürfen. Dieser Forderung ist um so mehr Bedeutung beizumessen, als nach dem heutigen Stand der Technik die Möglichkeit besteht, das Schaltgeräusch ohne großen Aufwand durch Wahl einer geeigneten Schalterkonstruktion erheblich zu verringern.

Tabelle 1 enthält einige allgemein orientierende Meßergebnisse an Lichtschaltern für maximal 250 Volt Spannung und 6—15 Ampere Stromstärke. Gemessen wurde jeweils in einem Meter Abstand vom Schalter senkrecht zur Wand. Bereits ein grober Vergleich dieser Werte gestattet die Zusammenfassung in zwei Gruppen, die im Mittel etwa um 18 DIN-phon oder dB(A) auseinander liegen.

Bekanntlich entspricht eine Lautstärkesenkung um 18 Phon bei Werten der vorliegenden Größenordnung einer Verringerung der Lautheit auf nahezu ein Viertel. Die Schalter der lauteren Gruppe waren also subjektiv viermal so laut wie die anderen. Es ist auffallend, daß die Streuung der Werte verhältnismäßig gering ist.

Der Verfasser hat seine Ermittlungen im wohnfertigen Bauwerk durchgeführt und konnte dabei feststellen, daß die wesentlichsten Unterschiede von der Verschiedenartigkeit der Fabrikate abhängig waren. Abweichungen in der Raumausstattung (Küche, Flur, Wohnzimmer, Schlafzimmer) hatten einen kaum feststellbaren Einfluß, während Schalter in einer sehr leichten, hohlliegenden Holzverkleidung etwa um 4—5 DIN-phon lauter waren als in einer 15 cm dicken, beidseitig verputzten Schwemmsteinwand bzw. in einer 15 cm dicken verputzten Vollziegelwand. Es handelte sich ausschließlich um Unterputzschalter, wie sie heute am häufigsten verwendet werden. Auf der Gegenseite waren die Lautstärken lediglich um 7 bis ca. 14 DIN-phon geringer, je nachdem, ob es sich um eine völlig geschlossene oder um eine Türwand handelte. Die wesentlich höhere Luftschalldämmung kam hier also nicht voll zur Geltung, ein Beweis dafür, daß es sich bei Lichtschaltern vorwiegend um eine Anregung durch Körperschall handelt.

Die leisen Schalter unterscheiden sich von den lauteren durchweg durch ein anderes Konstruktionsprinzip, das neuerdings immer häufiger angewendet wird. Statt der üblichen großen und schnell bewegten Kontaktmasse mit starker Druckfeder wird hier eine sogenannte Kontaktbrücke mit Edelmetallkontaktflächen verwendet. Diese Brücke stellt eine geringe Masse dar und wird verhältnismäßig langsam bewegt. Die Betätigung dieser Brücke erfolgt entweder wie bisher mit einem Kipphebel oder mit einer Wippe, an deren unterem Ende eine Gleitkugel durch eine schwache Druckfeder gegen die Kontaktbrücke gedrückt wird. Auf diese Weise entsteht ein Minimum an Reibung und Wärme-

1 Direkter Luftschall von Lichtschaltern bei 1 m Abstand

Schalter	phon	
Verschiedene Allstrom-Kippschalter mit Porzellankörper und Kunststoffdeckplatte (zulässig bis 6 Ampere) in 12 cm dicken, beidseitig verputzten Schwemmsteinwänden	60 67 67 70 68 68	Ermittlungen des Verfassers
Allstrom-Kippschalter wie vor, in 25 cm dicker Vollziegelwand mit beidseitigem Verputz und einseitiger leichter, hohlliegender Holzverkleidung, in der der Schalter befestigt wurde	71	
Allstrom-Schalter mit hartem Anschlag verschiedener Ausführung in 12 cm dickem beidseitig verputztem Vollziegelmauerwerk	69 66,5 69,5	Angaben eines Schalterfabrikanten
Wechselstrom-Wippschalter mit Porzellankörper und Kunststoffdeckplatte (zulässig bis 15 Ampere) mit Gummidämpfung an der Wippe in 12 cm dicker, beidseitig verputzter Schwemmsteinwand	49	Ermittlungen des Verfassers
Wechselstrom-Wippschalter wie vor, anderes Fabrikat mit Gummidämpfung an der Wippe und an der Kontaktbrücke (zulässig bis 10 Ampere)	45 44	
Wechselstrom-Kippschalter mit Preßstoffkörper und Kunststoffdeckplatte (zulässig bis 10 Ampere)	47	
Wechselstrom-Kippschalter verschiedener Ausführung, jedoch gleichen Fabrikats in 12 cm dickem, beidseitig verputztem Vollziegelmauerwerk	51 51 51 50	Vergleichswerte aus der Industrie

übertragung zur vollständig verdeckt liegenden Feder, was für die Lebensdauer des Gerätes wesentlich ist. Bei einiger Vorsicht kann man nicht nur die Wippe, sondern auch den Kipphebel im Gegensatz zu Schaltern nach dem alten Prinzip so betätigen, daß man das Schaltgeräusch überhaupt nicht mehr hört.

Das neue Prinzip ist einfacher und für Wechselstrom leistungsfähiger, da die Schalter bis zu 10 und 15 Ampere (je nach Fabrikat) belastet werden können, was bei dem auch in Wohnungen steigenden Bedarf an elektrischer Energie und infolge der erforderlichen höheren Anschlußwerte in zunehmendem Maße sehr erwünscht ist. Durch die einfachere Konstruktion ergibt sich außerdem eine längere Lebensdauer.

Aus den genannten Gründen ist den geräuscharmen Schaltern mit Kontaktbrücke schon aus praktischen Gründen der Vorzug zu geben. Das geringere Betriebsgeräusch ist dabei eine sehr willkommene Begleiterscheinung, die in kritischen Fällen, zum Beispiel auf Trennwänden von Schlaf- und Krankenräumen, eine störende Wirkung durch direkten Luftschall oder durch Körperschallübertragung und Abstrahlung ausschließen kann. Es ist viel richtiger, die Entstehung von störendem Körperschall durch Wahl eines guten Fabrikates überhaupt zu verhindern, als irgendwelche — häufig sehr fragwürdigen — »Isolierungen« durchzuführen.

Viele elektrische Anlagen arbeiten mit elektrischen, automatisch betätigten Schaltern, die noch viel lauter sind als die schlechtesten Lichtschalter überholter Bauart und sehr oft gedankenlos im Bauwerk starr befestigt werden. Allein der kleine Motorschutzschalter einer ganz gewöhnlichen Warmwasser-Umwälzpumpe eines Einfamilienhauses hatte bei 1 m Abstand auf einer 27 cm dicken schweren Untergeschoßwand eine Lautstärke von 64 DIN-phon. In den schräg darüberliegenden Schlafzimmern betrug die Lautstärke dieses Geräusches ausschließlich infolge einer Körperschallübertragung noch 30 bis 32 DIN-phon, was in diesem sonst sehr ruhigen Haus wegen des mit dem schlagartigen Geräusch verbundenen Schreckeffektes nachts als störend bezeichnet wurde. Allein durch geringfügiges Lösen der sehr fest angezogenen Gehäuse-Befestigungsschrauben wurde eine ausreichende Minderung um 10 DIN-phon (dB(A)) erreicht, also auf 20 bis 22 DIN-phon oder dB(A).

Ähnliche Verhältnisse wie bei Heizungspumpen werden bei Druckerhöhungsanlagen, Schaltrelais von Treppenbeleuchtungen und zuweilen auch an elektrischen Türöffnern angetroffen. Schwere Schaltschütze von Aufzugsmaschinen können je nach Konstruktion sehr verschieden laut sein. Nach E. Lübcke (Elektrotechnik und Maschinenbau Band 54 Seite 457) besteht die Möglichkeit, einen Schalter alter Bauart durch Öldämpfung in den einzelnen Frequenzbereichen um 8 bis 27 dB leiser einzustellen. Die gedämpfte Ausführung hat etwa folgendes Oktavfilterspektrum (in Klammern die Werte der ungedämpften Ausführung):

Hz:	85	175	350	700	1400	2800	5600
dB:	60(66)	67(76)	70(89)	58(84)	59(89)	60(87)	57(82)

Im Durchschnitt beträgt die Verbesserung also rd. 20 dB; das heißt, der ungedämpfte Schalter ist viermal so laut wie der gedämpfte. Trotzdem sollte auch der leisere Schalter noch eine Körperschallisolierung aus Gummi-Metall-Verbindungen erhalten, was ohne Schwierigkeiten möglich ist.

Sinngemäß dasselbe gilt für alle anderen Arten von schweren Schaltern. Elektrische Türöffner sind in Holzrahmentüren kaum störend. Man achte auf eine leise Bauart, die durch eine geringe Masse der bewegten Teile gekennzeichnet ist.

Elektroakustische Anlagen

Verstärkeranlagen mit Lautsprechern sind hauptsächlich in solchen Räumen notwendig, in denen die Energie des Vortragenden bzw. Solisten nicht ausreicht, um auf allen Plätzen eine ausreichende Lautstärke sicherzustellen. Ob eine Lautsprecheranlage notwendig ist, hängt vor allem von der Raumgröße ab. W. Furrer gibt als untere Grenze für die einzelnen in Frage kommenden Schallquellen folgende Größen an:

durchschnittlicher Redner	3 000 m³
geübter Redner	6 000 m³
Instrumental- oder Vokalsolist	10 000 m³
großes Symphonie-Orchester	20 000 m³
Massenchöre	50 000 m³

Diese Werte gelten natürlich für raumakustisch richtig gestaltete Räume.

Verschiedene Firmen empfehlen solche Verstärkungsanlagen bereits für Räume mit mehr als 200 Personen. Das ist eine Grenze, die entschieden zu tief liegt, zumal sich eine schlechte Raumakustik durch eine Lautsprecheranlage nicht ersetzen läßt. Eher ist das Gegenteil möglich.

Besonders wichtig ist die Wahrung der gleichen Sprechrichtung. In einem kleineren Raum wird dies am einfachsten erreicht, wenn die Schallquelle in einem Gehäuse mit möglichst großer Vorderfläche unmittelbar neben oder über dem Redner angebracht wird → Bild 1. Am besten sind stets Anlagen, die die Mitwirkung eines Lautsprechers weder optisch noch akustisch erkennen lassen. Dazu muß auf alle Fälle die Laufzeitdifferenz für jeden Platz so gering sein, daß für den Zuhörer der Direktschall und die Wiedergabe praktisch zusammenfallen. Eine Laufzeitdifferenz bis zu $^2/_{100}$ Sekunden ist noch unbedenklich und entspricht normalerweise einer maximalen Entfernung von etwa 6 bis 7 m

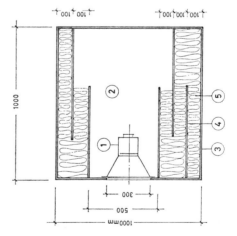

1 Prinzip des akustisch richtigen Einbaues eines Lautsprechers in ein geschlossenes Gehäuse:

1 Lautsprecher
2 stark gedämpfter Hohlraum. Er sollte eine Größe von mindestens 0,5 m³ besitzen
3 Lautsprechergehäuse aus ca. 20 mm dicken Sperrholz- oder Spanplatten
4 schallabsorbierende Kulissen aus ca. 16 mm dicken schweren Mineralfaserplatten
5 Mineralwolle, Stopfgewicht ca. 40 kg/m³

Vorteilhaft sind schiefwinklige Gehäuse, deren Frontseite mit dem Lautsprecher noch größer ist.

zwischen Sprechstelle und Lautsprecher. Für kleinere und mittlere Räume können auf diese Weise Übertragungsanlagen geschaffen werden, bei denen auch einem geübten Ohr die Lautsprecher-Mitwirkung nicht auffällt und die trotzdem die Verständlichkeit beträchtlich erhöhen. Die Schwierigkeiten steigen nicht nur mit der Größe der Räume, sondern vor allem auch mit deren Halligkeit. Dies ist oft in Kirchen der Fall, die besonders störende Nachhallerscheinungen aufweisen können.

Bei größeren Räumen kann man die Faustregel anwenden, daß eine lineare Entfernung von 16 m zwischen Mikrophon und Schallquelle nicht überschritten werden darf. Es ist zweckmäßig, die Lautsprecher gut auf das Publikum auszurichten, weil es den Schall zum großen Teil absorbiert und weil so die Gefahr störender Reflexionen verringert wird. Je weniger Schallquellen unter Einhaltung der oben genannten Bedingungen verwendet werden, um so weniger nachteilige Laufzeitdifferenzen können auftreten (zentrale Beschallung). Je mehr gegeneinander versetzte Lautsprecher, die in beliebig vielen Richtungen auf die Zuhörer strahlen, zu einer solchen Schallquelle zusammengefaßt werden, um so natürlicher und gleichmäßiger ist die Schallausbreitung.

Hallen mit mehr als 5000 Personen Fassungsvermögen erfordern ein genaues Studium des Raumes, wobei auch die Verteilung der Sitzplätze und Freiflächen sowie die allgemeinen akustischen Verhältnisse zu berücksichtigen sind. Man wird dann oft nicht ohne künstlich erzeugte Laufzeitdifferenzen für die dann auf das Publikum zu verteilenden Lautsprechergruppen auskommen (dezentralisierte Beschallung). Diese dem Originalschall anzupassenden Verzögerungen lassen sich dadurch schaffen, daß der Originalschall auf ein Tonband aufgenommen und mit einem Zeitintervall (entsprechend der Entfernungsdifferenz) verzögert wiedergegeben wird. Unter Berücksichtigung der normalen Luft- → Schallgeschwindigkeit ergibt sich beispielsweise für eine 60 m vom Redner entfernte, publikumsnahe Lautsprechergruppe eine erforderliche Verzögerung um rd. 0,2 Sekunden. Es sind auch andere Verfahren bekannt, um Laufzeitverzögerungen zu erreichen.

In großen Hallen ist es oft schwierig, den Geräuschpegel des Publikums zu übertönen, der vor allem durch leises Unterhalten entsteht.

Man muß verhindern, daß der vom Lautsprecher erzeugte Schallpegel am Ort des Mikrophons einen so hohen Wert erreicht, daß es zu einer elektroakustischen → Rückkoppelung kommt.

Nach dem heutigen Stand der elektroakustischen Übertragungstechnik ist es möglich, jeden noch so schwierigen Raum so auszustatten, daß der Lautsprecher ohne zu große Anstrengungen für den Sprecher die Hörer ausreichend mit Schall versorgt. Ebenso können alle Arten von Musikdarbietungen, vom Sologesang bis zur Bandaufnahme größerer Konzerte einwandfrei und vielleicht sogar mit gesteigerter Wirkung übertragen werden. Auch für Opern- und Theateraufführungen bietet die Elektroakustik vielerlei Ausdrucksmöglichkeiten. So kann man mit sorgfältiger Verteilung und Schaltung der einzelnen Geräte schwache Stimmen verstärken oder einzelne Instrumente hervorheben. Es lassen sich auch verschiedene Scheineffekte erzielen, wie etwa die Wirkung größerer Chöre auf der Bühne, die dort überhaupt nicht vorhanden sind. Durch künstliche Verlängerung des Nachhalls kann man etwa in einem stark gedämpften Raum auch die akustische Raumwirkung eines Kirchengewölbes oder einer Schlucht erzeugen. Diese Möglichkeiten werden in zunehmendem Maße im Theater eingesetzt. Im Interesse der Schauspieler, Sänger und Musiker sollten sie allerdings nur so weit angewandt werden, wie sie den Menschen und das menschliche Maß noch respektieren.

Der Einsatz elektroakustischer Einrichtungen erfordert stets eine besondere Anpassung und in kritischen Fällen oder bei komplizierten Anlagen eine ständige Steuerung → 312 7. Es ist wichtig, die Schallquellen so anzuordnen, daß z. B. im vorderen Teil des Parketts der Originalschall vorherrscht und erst dort, wo dieser Originalschall nicht ausreicht, die Verstärkung zur Wirkung kommt. Diese Bedingung läßt sich ohne kritische Übergangszonen kaum einhalten.

Bei der künstlichen Verhallung eines Raumes und z. B. auch in Diskussionsräumen (Parlament → 279) reicht die zentrale Beschallung nicht aus. Hier ist es notwendig, von einem besonderen Regiepult → 312 7 aus weitere Lautsprecher dem jeweiligen Bedarf entsprechend zu steuern. Die Diskussions-Lautsprechersysteme → 312 2 werden jeweils den Mikrophonen der darunter sitzenden Gruppe zugeordnet und haben von den einzelnen Sprechern einen Abstand von max. 8 m, so daß in großen Räumen immer noch eine gewisse Richtungstreue gewahrt bleibt.

Transformatoren

Transformatoren erzeugen eine sehr energiereiche 100-Hz-Schwingung → 249 1, die auch sehr schwere Decken und Wände durchdringt. Es sollte immer ein möglichst leises Fabrikat gewählt werden. Grundsätzlich ist die Ölkühlung in dieser Hinsicht vorteilhafter als Luftkühlung. Die Lieferanten sind auf bewertete Schallpegel nach DIN 52540 festzulegen. Danach sind maximal zulässig:

Leistung kVA	Kühlung Öl dB (A)	Luft
30— 50	45	54
75—100	46	56
125—160	47	58
200—250	48	60
315—400	50	62
500—630	52	64

Diese Werte gelten bei 1 m Abstand für die Typenprüfung. Sie stimmen nicht genau mit den in Deutschland früher gültigen → DIN-phon-Werten überein. Für sehr große Transformatoren ist eine Flüssigkeitskühlung nicht üblich. Hier wird der Schallpegel bei Transformator-Längen von 2 bis 7 m in 3 m Abstand und über 7 m in 5 m Abstand von der Oberfläche des Gerätes gemessen. Bei Nennleistungen von 800 und 5000 kVA werden in 1 m Abstand Schallpegel zwischen < 54 und < 61 dB(A) gefordert. Da Transformatoren mit einer Nennleistung von 2000 bis 5000 kVA länger als 2 m sein können, werden für einen Meßabstand von 3 m entsprechende Schallpegel zwischen 52 und 57 dB(A) gefordert. Für noch stärkere Transformatoren bis 40000 kVA gelten in 3 m Abstand Werte zwischen 59 und 70 dB(A). Ab 12500 kVA werden in den als maximal zulässig bezeichneten Schallpegel auch die Geräusche von Kühlern und Lüftern einbezogen. Falls das Lüftergeräusch vorherrschen sollte, ist es fraglich, ob dann noch mit der Bewertungskurve A gemessen werden darf, da sie für Geräusche dieser Art und Stärke wohl weniger der menschlichen Hörempfindung entspricht als die Bewertungskurve B bzw. die Bewertung in phon → 65.

Die Angabe der Geräuschstärke von Transformatoren ist für die Planung von Schallschutzmaßnahmen in Ruhezonen notwendig, in denen immer häufiger Transformatoren aufgestellt werden

HAUSTECHNIK

müssen. Selbst einzelne Gebäude benötigen öfter eigene Transformatoren. Läßt sich hier die Aufstellung in einem freistehenden schalldämmenden Raum nicht realisieren, so sind außer im Bereich von 100 Hz genügend schalldämmenden Wänden auch Körperschallisolatoren notwendig, die zur Leistung des Transformator-Lieferanten gehören. Zusätzlich kann die Abtrennung durch Dehnfugen erforderlich sein.

Die Zu- und Abluftöffnungen sind auf ein gerade noch vertretbares Minimum zu begrenzen und schallempfindlichen Räumen abgewandt zu orientieren. In Einzelfällen kann es notwendig werden, hier Absorptions-Schalldämpfer → 234 einzubauen.

Notstrom-Aggregate

Für größere Gebäude, insbesondere Krankenhäuser, Kaufhäuser und Bürogebäude, sind örtliche Stromerzeuger → 312 6 bei einem eventuellen Ausfall der öffentlichen Stromerzeugung unentbehrlich. Die Lieferanten sind verbindlich auf die maximal zulässige Lautstärke nach DIN 45632 festzulegen, da oft zu geringe Lautstärken angenommen werden.

Notstrom-Aggregate sind Lärmquellen hoher Lautstärke (nahezu unabhängig von der Leistung 100 bis 115 dB(A) in 1 m Abstand) und sollen daher trotz des intermittierenden Betriebes in möglichst großem Abstand von empfindlichen Räumen untergebracht werden. Bei der üblichen kombinierten Wasser/Luftkühlung sind für die Zu- und Abluftöffnungen besondere Absorptions-Schalldämpfer erforderlich → Bild 2. Die Wände und die Decke des Maschinenraumes sind extrem schwer oder zweischalig mit schalldämmender Vorsatzschale auszuführen. Die Oberflächen der Raumbegrenzungen sollten schon rohbaumäßig (z. B. wie bei Einkorn-Beton) porös absorbierend hergestellt oder notfalls mit einer schallabsorbierenden Verkleidung → 225 3 versehen werden (Nachteil: geringerer Kühleffekt für das Aggregat). Vorsicht beim Fundament und bei allen Anschlüssen, da starre Verbindungen mit empfindlichen Räumen unbedingt vermieden werden müssen.

Es sind gute Körperschallisolierungen bis zu 40 dB und mehr notwendig. Abgasrohr vom Aggregat elastisch abtrennen und mit Absorptions-Schalldämpfer versehen. Alle Rohrschellen und Durchbrüche mit mehr als 2 mal 3 mm dicker weicher Asbestpappe isolieren. Rohr möglichst weit horizontal aus dem Gebäude hinausführen mit Mündung in einer Rußgrube abseits vom Zuluftschacht! Das Abgasrohr könnte auch offen in einem Abluftkanal etwa nach 2 liegen.

Bei einem 25-kVA-Aggregat ohne Schallschutzmaßnahmen, jedoch mit dynamischer Gründung, wurden ca. 0,5 m vor den Zu- und Abluftöffnungen des Maschinenraumes Schallpegel zwischen 103 und 105 dB(B) gemessen. Im Maschinenraum waren es bei 1 m Abstand 106 dB(B). Etwa 1 m vor dem Ende des mit einem normalen Fahrzeug-Schalldämpfer versehenen Auspuffrohres wurden 96 dB(B) gemessen. Diese Schallquellen hatten im zweiten, schräg über dem Maschinenraum gelegenen Geschoß bei offenen Fenstern noch einen Schallpegel von 76 bis 80 dB(B) je nach Lage des betreffenden Raumes und des Meßpunktes.

Nach Durchführung von Schallschutzmaßnahmen gemäß 250 1 waren im Freien bei 1 und 7 m Abstand um 25 bzw. 23 dB(B) geringere Schallpegel vorhanden. Eine Luftschachtausführung nach 2 war nicht möglich (siehe auch Maschinen, 252).

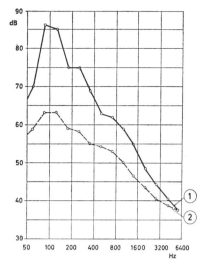

1 Oktavanalyse eines Großstadt-Transformators.
① Transformator-Brummen im geschlossenen Raum ohne Ventilatorgeräusch, gemessener Mittelwert 85 dB
② Transformator wie vor, Mikrophon außerhalb des Transformator-Gebäudes in etwa 7 m Abstand, gemessener Mittelwert 66 dB. Die Differenz des über den ganzen Bereich gemessenen Schallpegels beträgt 19 dB i.M.

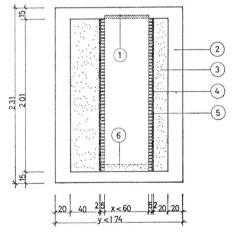

2 Querschnitt durch einen schallgedämpften unterirdischen Zu- oder Abluftkanal für die Kühlung eines Notstrom-Aggregates:

1 anbetonierte, mindestens 50 mm dicke Holzwolle-Leichtbauplatte
2 äußere Umfassung aus armiertem Sperrbeton o.ä.
3 Schallschluckpackung aus Glas- oder Steinwolle
4 kunstharzgebundene Glas- oder Steinwolleplatte (Rohdichte ca. 100 kg/m³) mit dichten Stößen lose hinter das Gitter nach 5 gestellt. Die Schallschluckpackung nach 3 muß so stark gestopft werden, daß diese Platte in ihrer Lage festgehalten wird
5 schalldurchlässiges Gitter aus quervermauerten Hochlochklinkern mit einem möglichst großen Lochanteil
6 ca. 10 cm hohe Schallschluckpackung aus großkörniger poröser Schlacke o.ä.

Sämtliche Schallschluckpackungen müssen gegen Feuchtigkeit geschützt sein. Die Mündung des Kanals liegt am besten in einem mit Gitterrosten abgedeckten und entwässerten Schacht. Dieser Schacht muß mindestens den gleichen lichten Querschnitt haben wie der Lüftungskanal. Das Maß x sollte so klein wie irgend möglich sein, da es für das Ausmaß der erzielbaren Dämpfung von ausschlaggebender Bedeutung ist. Bei einer Gangbreite von 60 cm beträgt sie etwa 4 bis 5 dB pro Meter.

Aufzüge

HAUSTECHNIK

An einem anderen Aggregat mit einer Leistung von 250 kVA wurden folgende Werte festgestellt:

Schallpegel im normal verputzten Maschinenraum:
105 bis 108 dB(B) = 105—108 DIN-phon

Schallpegel ca. 2 m neben dem Abgasrohr im Freien:
85 dB(A) 92 dB(B) 95 dB(C) = 85 DIN-phon

Schallpegel in einem über dem Maschinenraum liegenden Saal bei laufendem Notstrom-Aggregat, ca. 1,50 m vom nächsten Fenster entfernt, alle Fenster geschlossen:
58 dB(A) 62 dB(B) 65 dB(C) = 60 DIN-phon

Analyse:

63	125	250	500	1000	2000	4000	8000	Hz
59	65	51	45	40	37	24	22	dB

Ein Fenster offen mit direkter Sicht zum senkrechten Teil des Auspuffrohres, Entfernung zum Rohrende ca. 20 m:
65 dB(A) 77 dB(B) 80 dB(C) = 77 DIN-phon

Analyse:

63	125	250	500	1000	2000	4000	8000	Hz
68	80	66	57	49	46	35	28	dB

Das Auspuffrohr lief unterirdisch horizontal aus dem Gebäude in das Gelände neben dem Saal und endete dort in einer Grube. Aus dieser Grube reichte es senkrecht bis ca. 2 m über Grund. Der untere Teil des Rohres innerhalb der Grube war perforiert, desgleichen der auf dem Ende des Abgasrohres sitzende Deckel. Diese Grube war provisorisch mit dicken Holzbohlen belegt. Dieser Umstand war ein Grund dafür, daß das Auspuffgeräusch außen verhältnismäßig laut war. Rein subjektiv hat der Schall direkt vom Aggregat über den Treppenschacht und die offene Maschinenraumtür vorgeherrscht. Schallgedämpfte Zu- und Abluftöffnungen wie in 249 2 waren nicht vorhanden.
Bei den festgestellten Störungen handelte es sich vorwiegend um Luftschall. Körperschallübertragungen konnten nicht festgestellt werden.

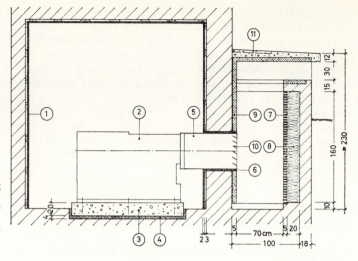
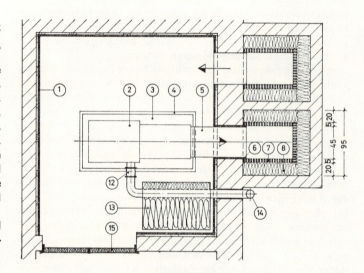

1 (rechts) Prinzip der sachgemäßen Dämpfung eines wasser- und luftgekühlten Notstrom-Aggregats (oben Schnitt, unten Grundriß):
 1 schallabsorbierende Auskleidung, nur wenn nachträglich notwendig
 2 Notstrom-Aggregat
 3 Maschinensockel, biegesteif
 4 gegen Feuchtigkeit geschützte Wanne, darin mehr als 20 mm dicke elastische Mineralwolleplatten, lückenlos abgedeckt
 5 Anschlußstutzen
 6 schallschluckend ausgekleidete Leibung
 7 akustisch transp. Gitter, z. B. aus 50 mm dicken Hochlochklinkern
 8 feuchtigkeitsunempfindliche Schallschluckpackung, z. B. aus Bimskies
 9 50 mm dicke anbetonierte Mineralwolle- oder Holzwolle-Leichtbauplatten, unverputzt
10 Luftgitter
11 Abdeckplatte mit wasserdichter Reinigungsöffnung
12 elastische Abtrennung des Abgasrohres
13 Auspuff-Absorptionsschalldämpfer
14 Auspuffrohr über Dach oder horizontal in einer Rußgrube mündend, abseits von Aufenthaltsräumen und Zuluftschacht
15 schalldämmende luftdichte Stahlblechtür

Aufzüge

Für Personen- und Lastenaufzüge in Gebäuden mit schallempfindlichen Räumen sind Maschinen und Schalter → 246 in möglichst geräuscharmer Ausführung zu wählen, damit der maximal zulässige Luftschallpegel von 30 dB(A) in angrenzenden Ruhe-, Arbeits- und Wohnräumen und insbesondere bei Krankenaufzügen etwa 45 dB(A) innerhalb des Korbes nicht überschritten wird. Einige Vergleichswerte hierzu bietet 251 1.
Um die geforderten Lautstärkegrenzen zu unterschreiten, muß mit besonderen Körperschallisolierungen aus Kork oder Gummi verhindert werden, daß Störungen in das meist vorhandene Stahlbeton- oder Stahlskelett und in leichte starre Wände des Gebäudes gelangen. Grundsätzlich sind sämtliche starren Verbindungen zwischen körperschallerzeugenden Teilen und dem Gebäude zu vermeiden.
Bei Verwendung von Gummipuffern bzw. Gummimetallverbindungen der DVM-Weichheit 80 bis 95 mit einem Wirkungsgrad von ca. 30 dB ist meist eine ausreichende Körperschallisolierung gewährleistet → 312 1. Die optimale Belastbarkeit der Isolier-

HAUSTECHNIK Aufzüge

stoffe ist voll auszunutzen. Alternativ verwendbar ist mehr als 40 mm dicker eisenarmierter, ungebundener Naturkork. Er wird in solchen Fällen bei reiner Druckbeanspruchung mit etwa 1,5 kg/cm² und der erwähnte Gummi mit 1 bis ca. 3 kg/cm² belastbar sein.

Maschinenraum für Aufzüge und Aufzugsschacht

Störende Luftschallübertragungen aus dem Maschinenraum in den Fahrkorbschacht können durch eine Schalldämpfung der Deckendurchbrüche verhindert werden. Zu diesem Zweck eignen sich Absorptions-Schalldämpfer mit einer unteren Grenzfrequenz von ca. 100 Hz. Ist die Anbringung besonderer Schalldämpfer nicht möglich, so wird die schallschluckende Auskleidung des ganzen Schachtes empfohlen. Am wirtschaftlichsten ist diese Maßnahme bei Verwendung von mindestens 2,5 cm dicken Holzwolle-Leichtbauplatten als verlorene Schalung. Die Holzwolle-Leichtbauplatten dürfen nicht verputzt werden. Auch ein evtl. aufzubringender Anstrich darf ihre Porosität nicht wesentlich verändern.

Direkte Nachbarschaft zwischen Aufenthaltsräumen und Schacht ist zu vermeiden, notfalls sind die dann mehr als 400 kg/m² schwer auszubildenden Schachtwände lückenlos vom Bauwerk zu trennen.

Schalttafelständer mit Schützen, Sicherungen und Relais sind in schlaggedämpfter Ausführung insgesamt auf dem isolierten Maschinenfundament freistehend zu montieren oder mit den vorstehend erwähnten Gummimetallverbindungen körperschallisoliert an der Wand zu befestigen. Das gilt auch für die Stockwerks-Relais und die automatischen Sicherungsvorrichtungen in den einzelnen Stockwerken je nach räumlicher Lage des Schachtes.

Die gesamte Maschinenanlage muß (möglichst einschließlich des Schalttafelständers) auf einem schweren und verwindungssteifen Rahmen oder Betonsockel montiert werden, der mit Hilfe von Gummimetallverbindungen oder elastischen Kokosfaserplatten vollständig vom Bauwerk zu trennen ist.

Eine eventuell vorhandene Decke unter dem Maschinenfundament (z. B. Aufzugsschachtdecke) sollte mit angrenzenden Stahl- oder Stahlbetonteilen der Gebäudekonstruktion nicht direkt zusammenhängen, wenn nicht sicher ist, daß die Körperschallisolierungen voll zur Wirkung kommen können. Eine Deckentrennung läßt sich am einfachsten bereits beim Gebäudeentwurf berücksichtigen. Durchlaufträger u. ä. sind an diesen Stellen zu vermeiden.

Die Isolierung des Maschinenfundaments muß auch seitlich erfolgen, wenn ein seitlicher Schub (Schrägzug) vorhanden ist. Die Isolierung des Maschinenfundaments muß auch seitlich erfolgen, wenn ein seitlicher Schub (Schrägzug) vorhanden ist. Die übrigen unbelasteten Fugen werden in gleicher Weise wie eventuell vorhandene Hohlräume zwischen den Unterlagsplatten-Körperschallbrücken gefüllt. Wird gegen diese Abstandhalter und gegen die Isolierschichten direkt betoniert, so ist eine vollständig dichte Abdeckung aus nackter 500er Bitumenpappe, doppellagig geklebt mit starker Überlappung, zu wählen. Die gleiche Maßnahme ist an der Außenseite der Isolierung notwendig, wenn die Gefahr einer Durchfeuchtung besteht (Maschinenraum im Keller).

Diese Angaben gelten nur für plattenförmige Körperschall-Isolierschichten bei vollständig eingebauten, z. B. versenkten Fundamenten. Gummifedern und ähnliche Gummimetallverbindungen wird man zweckmäßigerweise nur bei freistehenden Fundamenten verwenden, die vorgefertigt werden und eine Feuchtigkeitsisolierung nicht benötigen. Sie müssen allseits gut zugänglich sein.

Befindet sich der Maschinenraum unter dem Aufzugsschacht, so sind auch die Umlenkrollen des Fahrkorbseiles oberhalb des Schachtes an allen Verbindungsstellen mit dem Gebäude mit gleichem Wirkungsgrad zu isolieren wie das Aufzugsmaschinenelement selbst. Direkte Nachbarschaft von Aufenthaltsräumen und Maschinenräumen ist zu vermeiden, insbesondere bei Schlaf- und Krankenräumen. Die Maschinenraumwände sind dicht, möglichst schwer und innen schallschluckend auszubilden.

Fahrkorb

Der Fahrkorb ist aus nicht dröhnendem Stoff herzustellen, also aus entdröhntem Blech oder, mindestens in seinen großflächigen Teilen, aus Spanplatten, Sperrholz oder zellulosehaltigen Asbestzementplatten. Zu- und Abluftöffnungen sollten vor allem beim Einbau eines Kabinenlüftungs-Ventilators eine Schalldämpfung in Form von schallabsorbierend ausgestatteten Luftzuführungskanälen erhalten. Konstruktiv läßt sich diese Forderung sehr einfach lösen. Der Ventilator muß selbstverständlich auch eine Körperschallisolierung erhalten, etwa wie bei der Schalttafel. Muß der Fahrkorb aus Blech bestehen und läßt sich eine Entdröhnung des Bleches nicht durchführen, so ist erwünscht, das Tragseil durch Zwischenschalten einer Körperschallisolierung am Korb anzuschließen, um eine Anregung der dann leicht in störende Schwingungen zu versetzenden Korbwände zu verhindern. Fahrkorb-Führungsschienen können starr montiert werden, wenn sie einwandfrei senkrecht stehen und die Gleitflächen am Fahrkorb nicht oder nur selten Reibungsgeräusche verursachen. Noch besser wäre es, den Korb mit elastischen Gummi-Führungsrollen zu versehen, wodurch die Schienen überflüssig werden könnten.

Für einfache Schachttüren wird empfohlen, in sämtlichen Fällen unbedingt sehr elastische Gummidichtungen anzuordnen. Diese haben nicht nur die Aufgabe, eine tadellose Dichtung gegen Zugluft herzustellen, sondern auch den Stoß beim Schließen der wohl immer aus Stahl bestehenden Tür zu dämpfen. Bei automatischen Schiebetüren ist dies bereits allgemein üblich, doch wäre auch hierbei öfter eine bessere schallgedämpfte Ausführung zu wünschen.

1 Fahrkorb-Lautstärken von Aufzügen

Tragkraft	Lautstärke (phon)	
10 Pers. (1958)	54–69	
6 Pers.	53–62	
6 Pers.	51–69	
6 Pers. (1958)	53–70	einzelne Stöße und »Druckbäuche« teilweise bis über 80
6 Pers.	51–61	
6 Pers.	64–76	
4 Pers.	50–62	
4 Pers.	62–64	
4 Pers.	52–66	
6 Pers. (Bürogebäude, 1957)	ca. 45	(konsequent nach schalltechnischen Gesichtspunkten gebaute Anlage)
Krankenhaus-Aufzug (1958)	68	

Die Jahreszahlen geben das Baujahr der Aufzüge an.

Am häufigsten stört der Maschinenraum durch Körperschallübertragung und Schall-Längsleitung, vor allem in solchen Gebäuden, die auch nachts benutzt werden (Wohnhäuser, Krankenhäuser). Auch das Zuschlagen der Türen wird häufig als störend bezeichnet. Die Lautstärke der Maschinen kann in Räumen neben dem Schacht auch unterhalb des Maschinenraumes 45 phon erreichen, also 15 mehr, als nach DIN 4109 zulässig sind. Auch in den vom Maschinenraum weit entfernten Geschossen ist dann mit unzulässigen Lautstärken zu rechnen, etwa bis zum 4. Geschoß unterhalb des Maschinenraumes.

Weniger durch die Lautstärke als durch den verursachten Schreckeffekt störend können starr montierte Schaltschütze sein. Hier ist in jedem Fall auf eine gedämpfte Ausführung (Öldämpfung) zu achten, die im lästigsten Frequenzbereich um etwa 25 phon leiser sein kann als eine ungedämpfte. Die Körperschallisolierung wird dadurch nicht entbehrlich.

Maschinen, allgemein

Konstruktive Lärmbekämpfungsmaßnahmen

Schallquellen dieser Art gibt es heute nicht nur in Werkstätten und Fabriken, sondern praktisch überall innerhalb und außerhalb von Gebäuden. Selbst in Wohnungen und Einfamilienhäusern treten bereits durch kleinste Haushaltsgeräte Lautstärken auf, die im Nahfeld das Geräusch eines Lastwagens bei ca. 7 m Abstand erreichen. So haben z. B. systematische Untersuchungen an 20 verschiedenen Modellen ergeben, daß ganz gewöhnliche kleine elektrische Kaffeemühlen Schallpegel zwischen 52 und 83 dB(B) (!) erzeugen. Aus der großen Variationsbreite ist schon ersichtlich, daß es auch leise Maschinen dieser Art gibt (die nicht einmal die teuersten sind).

Der Bereich der an Maschinen auftretenden Lautstärken reicht weit über die → Schmerzschwelle des menschlichen Ohres hinaus. Einige charakteristische Werte sind in der Tabelle 39 3 zusammengestellt. In der Praxis kann man damit nicht viel anfangen, da die Verschiedenartigkeit der Fabrikate und örtlichen Situationen zu groß ist. Hier helfen nur genau beschriebene Meßergebnisse.

Bemühungen, leise Maschinen herzustellen, werden von der Öffentlichkeit nicht genügend belohnt. Welcher Käufer fragt schon danach, wie laut das gekaufte Gerät ist? Meistens stört ihn nicht der Lärm, den er selbst macht, sondern nur der des Nachbarn. Sehr oft ist es auch so, daß die Verkäufer und sogar die Hersteller der Maschinen nicht wissen, wie laut ihre Erzeugnisse sind oder, wenn sie es wissen, dieses absichtlich verschweigen, weil sie sonst Absatzschwierigkeiten befürchten.

Diese Mißstände können nur durch einheitliche und lückenlose technische Vorschriften über die Ausdehnung der Kennzeichnungspflicht auf die Lautstärke bzw. den bewerteten Schallpegel wirksam beseitigt werden. Für Fahrzeuge sind solche Vorschriften bereits vorhanden. Leider wird ihre Einhaltung nicht in ausreichendem Maße überwacht. Für die Lautstärkemessung an Rechenmaschinen gilt z. B. DIN 9756. Für Transformatoren → 248 gibt es je nach Leistung bestimmte maximal zulässige Geräuschgrenzen. DIN 45632 bietet für die Geräuschmessung an elektrischen Maschinen eindeutige Richtlinien, so daß Einkäufer, Planer und Bauleiter mit dem Zusatz »Schallpegel nach DIN ...« in ihren Ausschreibungsunterlagen den Lieferanten ganz eindeutig festlegen können. Nur so schaffen sie die Voraussetzung für eine auch akustisch richtige Planung und ersparen sich viel Ärger, weil sich die Lautstärke nach einer Meßnorm am ausgeführten Bauwerk ohne viel Aufwand genau nachprüfen läßt. In kritischen Fällen sollte man sich nicht nur auf die Angabe der Lautstärke beschränken, sondern sinngemäß wie bei Lüftungsanlagen nach DIN 1946 eine Geräuschanalyse verlangen.

Viele sehr kostspielige, oft erst nachträglich durchgeführte Maßnahmen lassen sich vermeiden, wenn ruhig laufende Maschinen verwendet werden. Die Konstrukteure haben mit den Schallschutzforderungen eine neue Aufgabe erhalten und auch schon sehr ermutigende Erfolge erzielt, etwa an Elektromotoren, Ventilatoren, Pumpen und sogar an Düsentriebwerken. Diese Entwicklung wird um so schneller fortschreiten, je energischer der lärmgeplagte Bürger und Werktätige seine Rechte auf Förderung von Ruhe und Gesundheit geltend macht.

Konstruktive Lärmbekämpfungs-Maßnahmen sind sehr mühsam, aber außerordentlich wichtig. Oft wurden schon Geräuschminderungen bis zu 20 dB(A) erzielt, ohne den Wirkungsgrad zu verringern. Im Gegenteil zeugt eine leise Maschine von einer guten konstruktiven Durchbildung, besseren Lagerung und Auswuchtung, von geringeren kräfteverzehrenden Schwingungen und damit von einer längeren Lebensdauer. Zweifellos läßt sich auf diese Weise auch ein besserer Wirkungsgrad erzielen.

Bauliche Schallschutzmaßnahmen

Lassen sich Maschinen nicht durch andere, leisere Arbeitsvorgänge ersetzen oder ausreichend leise herstellen, so muß man je nach Bedarf durchgreifende Schallschutz-Maßnahmen einsetzen. Am wichtigsten ist die richtige Ausbildung des Fundamentes → 106 oder der Auflagerflächen. Sämtliche übrigen starren Verbindungen und Schallübertragungswege müssen gleichwertig unterbrochen werden (→ Rohrleitungen 236). Muß der Luftschall im Maschinenraum verringert werden, so sind schallabsorbierende Raumbegrenzungen notwendig → 211, 329 4. Reicht dies nicht aus, so können besondere schallschluckende Abschirmungen → 136 oder Gehörschutzmittel → 42 vorteilhaft sein.

Bei zwangsläufig wärmeisolierenden Maschinenkapselungen ist zu beachten, daß die meisten Maschinen (Dauerläufer) erhebliche Wärmemengen erzeugen, die durch besondere, mit Schalldämpfern versehene Öffnungen abgeführt werden müssen. Sind zu diesem Zweck Ventilatoren notwendig, so müssen sie an der lauten Seite des Schalldämpfers sitzen.

Gegen die Übertragung des Luftschalls der Maschinen in empfindliche Nachbarräume helfen Wände und Decken, deren mittleres Schalldämm-Maß um mindestens 5 dB größer sein sollte als die Differenz zwischen Maschinenlautstärke und dem jeweils zulässigen Störpegel. Die nachteilige Wirkung von evtl. vorhandenen Türen, Beobachtungsfenstern und ähnlichem muß ebenfalls berücksichtigt werden, das heißt, es ist dann nicht das normale mittlere Schalldämm-Maß der Wand oder Decke, sondern das

HAUSTECHNIK

Maschinen

1 Für die Isolierung von Maschinen wichtige Daten

1. Art, Type und Hersteller:
2. Beschreibung der Arbeitsweise:
3. Gesamtgewicht:
4. Leistung:
5. Auflagerflächen und Schwerpunktlage:
6. Sind die Maschinenrahmen verwindungssteif (notfalls steifes Fundament aus Profileisenrahmen oder Beton erforderlich)?
7. Art des Untergrundes (z. B. Betondecke, Holzdecke, gewachsener Grund, Felsen usw.):
8. Drehzahlen bzw. Drehzahlbereich:
9. Von außen wirkende Kräfte (z. B. Belastung durch Werkstücke):
10. Auftretende Temperaturen:
11. evtl. chemische Belastung der Isolierung (z. B. durch Öl, Benzin, Kühlmittel usw.):
12. Maximale Unwuchtkräfte (freie Massenkräfte):
13. größte Exzentrizität:
14. Zylinderzahl:
15. Preßdruck:
16. Schlagzahl:
17. Bärgewicht:
18. Fallhöhe:
19. Preßdruck:

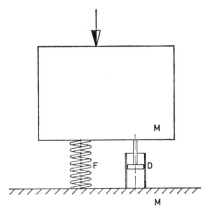

2 System einer richtigen Maschinenisolierung:
→ angreifende Kraft
M Masse des isolierten Teils und Masse des Untergrundes
F zwischen den Massen liegende Feder
D Dämpfung zur Minderung der Schwingungsausschläge
Im Prinzip handelt es sich um den gleichen Vorgang wie bei Vorsatzschalen → 137 und schwimmenden Estrichen → 199.

resultierende Schalldämm-Maß zugrunde zu legen. Auf Lüftungsfenster sollte grundsätzlich verzichtet werden. Natürliche Belichtung notfalls durch geschlossene schwere Glasbaustein-Wände → 177 1. Belüftung über Absorptions-Schalldämpfer → 234.
Die Isolierung der Maschinen bzw. Maschinenfundamente ist bei beweglichen Geräten und Anlagen durch die ohnehin für den Transport erforderliche elastische Radbereifung oder -aufhängung vorhanden oder einfach realisierbar. Geräte ohne Räder sollten schon fabrikmäßig ausreichend elastische, also gut → überkritisch abgestimmte Auflageflächen erhalten, die auch einen gleitsicheren Stand gewährleisten (Büromaschinen, Küchenmaschinen, Kühlschränke usw.). Oft ist es auch möglich, die schwingenden Teile innerhalb der Maschinen zu isolieren → 312 3 und 45.
Große Erfahrung und Sorgfalt erfordern Schwingungsisolierungen an Maschinen mit größeren freien Massenkräften → 312 4 und rechnerisch schwer erfaßbarer Massenverteilung → 312 5. Die Bearbeitung solcher Aufgaben soll man den Herstellern der Maschinen überlassen, die am besten in der Lage sind, sie notfalls durch Konstruktionsänderungen oder durch Versuche zu lösen. Wenn Spezialisten eingesetzt werden müssen, so benötigen sie für ihre Berechnungen immer verbindliche und sehr ausführliche Unterlagen, etwa wie in 1. Jeder Schwingungserreger stellt mit seinem Eigengewicht (evtl. einschließlich starr eingebautem Fundament oder Grundrahmen), der darunterliegenden Federung und dem Untergrund ein »Masse-Feder-Masse«-System dar → Bild 2, das in → Resonanz geraten kann. Resonanz und die damit verbundenen Aufschaukelungen müssen durch eine richtige Abstimmung von Eigenfrequenz des Systems, Erregerfrequenz und Arbeitsweise der Maschine vermieden oder zumindest ausreichend gedämpft werden. Unter Umständen können zu diesem Zweck sehr große Beruhigungsmassen → Bild 3 notwendig werden → 46/2.

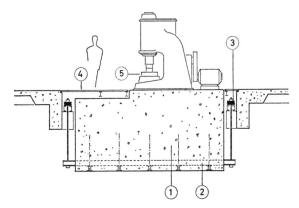

3 Schwingungsisolierung eines Schmiedehammers:
1 Beruhigungsmasse und gemeinsames Fundament für Hammer und Motor
2 tragender Stahlrost
3 hochliegende Schwingungsisolatoren
4 körperschallfreie Abdeckung des freien Zwischenraumes
5 Schabotte

Nach DIN 4025 »Fundamente für Amboßhämmer« soll eine elastische Dämmschicht unter dem Amboß dazu dienen, eine Beschädigung des Fundaments zu vermeiden, die Lastverteilung zu verbessern sowie die Stoßkraft zu verringern. Der Fundamentblock selbst kann u. U. unmittelbar auf einem relativ elastischen Baugrund stehen, wenn etwa folgende Abstände zur schallempfindlichen Nachbarschaft mindestens eingehalten werden:

	Abstand in Metern
Hämmer bis zu 2 tm Schlagarbeit	35 m
Hämmer bis zu 12 tm Schlagarbeit	50 m
Freiform-Schmiedehämmer (12 tm bis 22 tm)	80 m

Das jeweils erforderliche Fundamentgewicht muß immer unter Berücksichtigung der dynamischen Verhältnisse ermittelt werden.

Aktenkeller, Akustik-Meßräume, Altenheime

GEBÄUDEARTEN

Raum- und Gebäudearten
in alphabetischer Reihenfolge

Aktenkeller

Grundsätzlich gehören Akten und ähnlich empfindliches Lagergut nicht in Räume, die größtenteils im Erdboden liegen. Derart ungünstig gelegene Aktenräume benötigen in erster Linie eine gute Sperre gegen aufsteigende Bodenfeuchte. Darüber hinaus ist es wichtig, darauf zu achten, daß die Raumluftfeuchtigkeit einen Wert von 50 bis 60% nicht übersteigt. Das ist z. B. dann leicht möglich, wenn durch die Fenster oder eine mechanische Lüftungsanlage im Sommer feuchtwarme Frischluft hineingeblasen wird, die sich in diesem auch während der warmen Jahreszeit verhältnismäßig kühlen Raum abkühlt und dadurch relativ feuchter wird. Bereits eine Abkühlung um wenige Temperaturgrade verursacht umfangreiche Tauwasserniederschläge. Um diesen Effekt zu verhindern, wäre es notwendig, die Frischluft zu entfeuchten oder nur dann anzusaugen, wenn sie kühler und absolut trockener ist als die Raumluft.

Eine andere Möglichkeit besteht darin, den Aktenkeller mit einer auch im Sommer(!) betriebsbereiten schwachen Dauerheizung zu versehen, was etwa durch nicht isolierte Rohre des Warmwasser-Kreislaufs erfolgen könnte. Immer sollten die Aktenregale allseits offen sein und so aufgestellt werden, daß sie luftumspült sind. Sie dürfen nicht bis zum Fußboden reichen und nicht an den Wänden anliegen.

Im Keller eines Neubaues hat ein Geschäftsmann seine Akten untergebracht. Sie liegen in offenen Regalen und in geschlossenen Schränken. Die Außenwände dieses in der Nordwestecke des Hauses gelegenen Aktenraums sind innen mit einer trocken gebliebenen Wärmedämmschicht beklebt. Der Fußboden besteht aus einem Asphaltestrich auf etwa 8 mm dicker Faserdämmstoffschicht. Schon kurze Zeit nach Bezug des Hauses war das gesamte Lagergut feucht. An vielen Stellen der Schränke und Akten wurden Schimmelpilze festgestellt. Die einzig mögliche Gegenmaßnahme war eine Sommerheizung.

In anderen, drei Jahre lang beobachteten Aktenräumen dieser Art wurde festgestellt, daß ausschließlich während der warmen Jahreszeit Tauwasserschäden auftraten, auch dort, wo die Außenwände mit 25 mm dicken Wärmedämmschichten aus Schaumkunststoff beklebt wurden. Als Abhilfe mußte hier die Heizungsanlage ständig in Betrieb gehalten werden, um die Raumlufttemperatur der Außenluft anzugleichen und dadurch den Tauwasserniederschlag zu verhindern.

Gute Ergebnisse wurden auch mit sehr starker Querlüftung bei trockener und warmer Außenluft erzielt. Dieser Außenluftzustand war in dem untersuchten Fall allerdings sehr selten vorhanden, obwohl der betreffende Ort mit 3000 Heizgradtagen innerhalb des Wärmedämmgebietes II ein verhältnismäßig mildes Klima hat.

Akustik-Meßräume

Räume dieser Art werden gewöhnlich für Geräuschmessungen an Geräten, Bandbesprechungen, Mikrophonaufnahmen u. dgl. verwendet.

Als höchster Störpegel sind im allgemeinen maximal 30 DINphon = 30 dB(A) zulässig. Erwünscht ist eine Nachhallzeitkürzung auf ca. 0,3 s im Durchschnitt (Frequenzbereich 300 bis 4000 Hz). Das läßt sich durch Wand- und Deckenverkleidungen mit gleichmäßig stark absorbierenden Akustikplatten → 212 oder durch besonders aufgebaute Schallschlucksysteme → 218 erreichen. Üblich sind Wand- und Deckenverkleidungen mit gelochten hell-naturfarbigen, ungestrichenen Hartfaserplatten (Lochanteil ca. 20%) oder mikroporösen Spanplatten vor mit Schallschluckstoff gefüllten oder kassettierten Hohlräumen. Die restlichen Flächen sind ungleichmäßig auf den ganzen Raum verteilte Mitschwinger → 222 1 (ungelochte Hartfaserplatten oder dichte Leichtspanplatten bei sonst gleicher Unterkonstruktion) zur Absorption tiefer Frequenzen.

Akustik-Meßräume besonderer Art sind Hallräume, Hörprüfungsräume → 262, »schalltote« Räume → 285, Tonstudios → 292.

Altenheime

Die alten Menschen unterscheiden sich von jüngeren, gesunden bezüglich des Schall- und Wärmeschutzes durch einige Besonderheiten, auf die beim Bau und bei der Einrichtung von Altenheimen Rücksicht genommen werden muß. Alte Leute sind besonders schall- und »kälte«empfindlich. Die Schallempfindlichkeit ist auch bei Altersschwerhörigkeit vorhanden, da letztere bei den höchsten noch hörbaren Frequenzen beginnt und erst allmählich gegen tiefere fortschreitet (ca. 16000 bis 8000 Hz), während sich die größte Lärmempfindlichkeit auf den Frequenzbereich zwischen 800 und 4000 Hz erstreckt.

Die Aufweckbarkeitsgrenze → 39 liegt bei alten Menschen viel niedriger als bei jungen, auf jeden Fall weit unterhalb von 50 phon. Alte Leute leiden auch unter Schlafstörungen, wenn sie nicht direkt aufwachen.

Der überaus große Wärmebedarf alter Menschen beruht wohl darauf, daß sie erheblich mehr Wärme durch Strahlung abgeben als der jüngere Organismus. In Räumen mit relativ kalten Wänden und Decken fühlen sie sich oft erst bei Lufttemperaturen von 25 °C und mehr richtig wohl. Sehr häufig wird von alten Leuten über kalte Fußböden geklagt.

Um diesen besonderen Verhältnissen baulich gerecht zu werden, seien folgende Maßnahmen empfohlen:

1. Für das ganze Gebäude »Vollwärmeschutz« anstreben, also nicht nur die Mindestdämmwerte nach DIN 4108 gerade einhalten, sondern um mehr als 100% überschreiten.

2. Keine Luftheizung, sondern weitgehend Strahlungsheizungen verwenden. Am günstigsten ist eine Kombination zwischen Fußboden- und Deckenstrahlungsheizung mit einzelnen Wandstrahlflächen. Decken- und Wandtemperaturen dürfen 35 °C und Fußbodentemperaturen 25 °C nicht überschreiten. Bei Deckenstrahlungsheizungen Räume nicht zu niedrig ausführen.

3. Schlafräume mit sehr gutem Schallschutz gegen Gänge, Nachbarräume und Außenwelt versehen. Es ist mindestens der gleiche Schallschutz wie in Krankenhäusern oder Hotels notwendig.

GEBÄUDEARTEN

Ausstellungsräume, Bäckereien

4. Fenster möglich groß, jedoch winddicht und mindestens doppelt verglast. Orientierung aller Wohnräume nach Süden.

5. Vor den Wohnräumen oder an anderer geeigneter, für alle leicht zugänglicher Stelle sind windgeschützte, sonnige Balkone oder Liegeterrassen sehr erwünscht.

6. Fußböden in allen Aufenthaltsräumen unbedingt optimal fußwarm ausführen → 189. Fußbodentemperatur auch bei plötzlichen Temperaturschwankungen immer oberhalb von 18°C halten. Bodenbelag mit geringer Wärmeeindringzahl und großer Schichtdicke, also z. B. tannene Langriemen, Parkett, dünnes PVC auf Sperrholzunterböden oder dicken Filzschichten (PVC-Spannteppich), mindestens 4 mm dickes Korkparkett, Teppiche usw. Eine besonders gute Wärmedämmung und fußwarme Beläge sind auf Kellerdecken, über auskragenden Bauteilen, offenen Durchfahrten usw. erforderlich → 148. Aufenthaltsräume mit Böden gegen Grund vermeiden.

Das Streben nach einem guten Schutz gegen Außenlärm soll nicht dazu führen, Gebäude für alte Leute abseits der gesellschaftlichen Zentren in die Außenbezirke der Städte oder überhaupt in einsame Gegenden zu verlegen. Alte Leute wollen »immer dabeisein«, jedoch nicht an Hauptverkehrsstraßen, neben Kinderspielplätzen oder Schulen wohnen.

Ausstellungsräume

Ausstellungsgegenstände sind oft gegen Sonnenstrahlung und übermäßige oder zu geringe Luftfeuchte empfindlich. Normal sind Lufttemperaturen zwischen 10 und 20 °C bei einer relativen Luftfeuchte von 50%. Eine direkte Sonneneinstrahlung wäre auch mit Rücksicht auf das Publikum grundsätzlich zu vermeiden. An den verglasten Wänden geschieht das sehr wirksam durch außenliegende verstellbare Lamellenstores → 316 3 und an den Dächern durch shed-förmige Oberlichter oder, ihrer lichten Weite entsprechend hohe, helle Gitterroste → 316 1. Beide bieten gleichzeitig eine bessere Lichtverteilung. Innen liegende Lamellenstores → 316 2 mindern den lästigen Treibhauseffekt verglaster Ausstellungshallen erheblich weniger (→ Fenster, 174) und haben dann vorwiegend eine Bedeutung für die Belichtung und die Verhinderung der Blendung sowie der direkten Erwärmung von Personen und Gegenständen durch die Sonne.
Große Querlüftungsöffnungen → 316 2 mindern wirksam den Treibhauseffekt, lassen sich jedoch für den Winterbetrieb bei starkem Wind und Schlagregen selten dicht verschließen.
Akustische Maßnahmen sind nur dann unbedingt notwendig, wenn die Räume auch für Versammlungen (Hörsäle, Kirchen) geeignet sein sollen. Vollständig schallabsorbierende Raumbegrenzungen und Raumteiler sind erwünscht, wenn die ausgestellten Gegenstände starke Geräusche erzeugen.
In Maschinen-Messehallen ist der Lärm zuweilen so groß, daß seine Schallpegel infolge großer Halligkeit auch außerhalb des Nahfeldes Werte über 80 dB(A) erreicht und die Verständigung erheblich stört.
In der unbesetzten Nürnberger Messehalle wurden beispielsweise 1956 im mittleren (für die Sprachverständlichkeit besonders wichtigen) Frequenzbereich Nachhallzeiten von beinahe 10 Sekunden gemessen. Gegen höhere und tiefere Frequenzen fällt die Nachhallzeitkurve wegen der starken Luftabsorption → 99 2 bzw. großflächiger Verglasungen oder anderer dünnwandiger, tiefe Frequenzen absorbierender Bauteile gewöhnlich ab.

Bäckereien

Im Backraum herrschen Temperaturen zwischen 25 und 30°C. Die Raumluft ist mit etwa 55 bis 65% normal trocken, steigt jedoch zeitweise auf wesentlich höhere Werte, wenn beispielsweise der Ofen geöffnet wird. F. Eichler gibt für Bäckereiräume folgende Werte an:

	Lufttemperatur	rel. Luftfeuchte
Mehllager	18—27 °C	60%
Hefelager	0—5 °C	60—75%
Teigherstellung	23—27 °C	55—70%
Gärraum	25—27 °C	75—80%
Brotkühlung	21 °C	60—70%
Feinbäckerei	25 °C	65%

Der im Zusammenhang mit dem starken Mehlstaubumtrieb hier besonders kritischen zeitweiligen Tauwasserbildung auf den

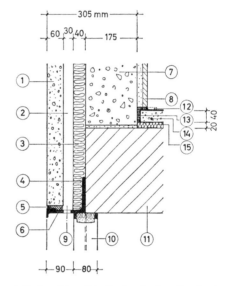

1 Senkrechter Schnitt durch den Fenstersturz einer bauphysikalisch zweckmäßig aufgebauten Außenwand eines großen Bäckereigebäudes:
1 Fassadenverkleidung aus Betonwerksteinplatten
2 gut durchlüfteter Hohlraum
3 mit Klebermörtel angesetzte Mineralwolleplatte o. glw.
4 Metallprofil zur Befestigung der großformatigen Betonwerksteinplatten nach 1
5 dauerelastische Dichtung
6 bitumenimprägniertes Schaumstoffband o. ä.
7 Beton oder beliebiges Mauerwerk
8 Keramikverkleidung mit dichtem Fugenmörtel
9 Lüftungsöffnungen
10 Glasbausteinwand eines unter der Bäckerei liegenden Nebenraumes
11 Stahlbetondecke
12 elastischer Dämmstoffstreifen, z. B. aus 5 mm STYROPOR, Überstand nach dem Verlegen der Keramikplatten abgeschnitten und Fuge mit THIOKOL gedichtet
13 seitliche Randisolierung aus 5—10 mm dicken Mineralwolleplatten oder elastischem Schaumkunststoff
14 schwimmender Estrich
15 körperschallisolierende elastische Dämmstoffschicht, dynamische Steifigkeit max. 0,03 MN/m³. In der vorgesehenen Dauerbelastungs-Dicke gewährleistet diese Schicht, z. B. bei Verwendung von STYROPOR oder Mineralwolleplatten, auch einen ausreichenden Wärmeschutz, wenn die darunterliegenden Räume ungeheizt, jedoch geschlossen sind.

Bade- und Duschräume, Ballettsäle, Brauereien, Bücherlager   **GEBÄUDEARTEN**

Raumbegrenzungen muß durch eine gute Wärmedämmung und Luftkonvektion an der Warmseite begegnet werden → 255 1. An ungenügend dämmenden kalten Bauteilen tritt trotz wiederholter Renovierung eine starke Verfärbung mit Pilzbefall auf → 316 4. Eine Tapezierung solcher Flächen mit dünnen Schaumkunststoffbahnen → 316 5 ist eine einfache und gute Notlösung, die die Zeitabstände zwischen den Renovierungsanstrichen etwa um 2 Jahre verlängert. Besser sind dickere Dämmstoffplatten → 316 6.

Das Aufkleben einer Dampfsperre oder Dampfbremse ist normalerweise nicht notwendig und oft auch nicht möglich, da die Dampfdruckrichtung wechselt, was auch bei sorgfältiger Arbeit zum Ablösen der Bahnen führt → 317 1.

Bade- und Duschräume

Die Lufttemperatur soll nach DIN 4701 (mindestens) +22 °C betragen. Die relative Luftfeuchte schwankt je nach Beheizung und Nutzung zwischen 40 und 100%.

Wenn oft geduscht wird, handelt es sich um Feuchträume, deren Außenwandinnenseiten wegen des auch bei bester Wärmedämmung nicht zu vermeidenden zeitweisen Tauwasserniederschlags sehr feuchtigkeitsgefährdet sind. Die Decken, insbesondere Dachdecken von Duschräumen, können aus Sichtbeton bestehen. Die Oberfläche läßt sich gut fluatieren und mit farblosem Kunstharz streichen. Diese Behandlung darf erst dann erfolgen, wenn der Beton abgebunden hat und völlig trocken ist. Man kann auch einen dünnen Spritzasbestputz verwenden, der die Eigenschaft hat, das Tropfwasser aufzufangen und in den »Erholungszeiten« wieder abzugeben.

Bade- und Duschräume liegen am besten inmitten beheizter Gebäude, etwa wenn rundherum beheizte Gänge vorhanden sind und keine Außenwände. Unter diesen Umständen genügt es, diese Wände aus etwa 15 cm dickem Sichtbeton (Sichtseite außen) oder aus Vollstein-Mauerwerk auszuführen. Innenseitig sind vollflächig und hohlraumfrei Keramikplatten anzusetzen. Es ist wichtig, daß der Fugenmörtel tauwasserbeständig ist.

Die Außenseite dieser Wände soll gut atmungsfähig sein, also überhaupt nicht oder mit einer atmungsfähigen Imprägnierung bzw. mit einem dampfdurchlässigen Anstrich behandelt werden. Wenn der Fugenmörtel zwischen den Keramikplatten nicht ausreichend dicht und beständig ist, können in Baderäumen mit ständiger Dampfentwicklung Schäden wie in 317 3 auftreten. Schwierig ist es, den in DIN 4109 geforderten Trittschallschutz für die direkt oder schräg darunter befindlichen »fremden« Aufenthaltsräume zu erreichen. Eine sehr einfache, auf einschließlich Verbundestrich 14 cm dicken Massivdecken ausreichende Ausführung zeigt 317 2 aus einem Hotel. Der elastische Bodenbelag ist hier Feuchtigkeitssperrschicht, Trittschallisolierung und Wärmeableitungs-Schutzschicht zugleich. Eine evtl. zusätzlich notwendige Wärmedämmschicht kann an der Deckenunterseite liegen (siehe auch Schwimmhallen → 289).

Ballettsäle

Außer den gleichen Qualitäten wie eine Turnhalle → 293 muß ein Ballett-Probesaal eine gute Hörsamkeit für Ballettmusik bieten. Die Nachhallzeit sollte etwa in der gleichen Größenordnung liegen wie im Mehrzweck-Theater → 276, also gleichmäßig über den ganzen Frequenzbereich zwischen 1,3 und 1,6 Sekunden. Eine stärkere Dämpfung wäre weniger nachteilig als eine größere Halligkeit. Vorteilhaft ist, die Decke abwechselnd reflektierend und absorbierend auszubilden, wobei darauf zu achten ist, daß auch die längeren Wellen (tiefe Frequenzen) noch ausreichend gedämpft werden.

Bei dem Saal in Bild 317 4 wurden zu diesem Zweck magnesitgebundene Holzwolle-Leichtbauplatten verwendet. Die helleren, schallreflektierenden Flächen bestehen aus dünnen Hartfaserplatten. Die unregelmäßige Flächenaufteilung wurde absichtlich gewählt, um ein gleichmäßigeres Schallfeld zu erzielen. Durch weiteres Abdecken der Schallschluckflächen oder Entfernen von Hartfaserplatten besteht ohne Veränderung des optischen Eindrucks die Möglichkeit einer späteren Nachhallkorrektur ohne größere bauliche Veränderungen.

Brauereien

Bier braucht eine konstante Lagertemperatur von etwa +5 °C. Unter 0 °C wird es kältetrüb, bei Temperaturen oberhalb von 15 °C kann es schnell verderben. Nicht nur für die Lagerräume, sondern auch in den Fabrikationsräumen sind bestimmte Raumluftzustände einzuhalten. In Gärräumen schwankt die optimale Temperatur zwischen 4 und 15 °C bei einer relativen Luftfeuchte von 50 bis 80%. Für Malztennen wird eine Lufttemperatur von 10 bis 15 °C bei 80 bis 85% relativer Luftfeuchte angegeben und für Malzlager 16 °C bei 30 bis 45%.

Für die gekühlten Lager- und Fabrikationsräume gilt sinngemäß dasselbe wie bei den Kühlräumen → 273. In den warmen Feuchträumen kommt es in erster Linie darauf an, Tauwasserniederschlag und Schimmelpilzwuchs zu verhindern.

Die Qualität des Bieres hängt sehr davon ab, in welchem Maß es gelingt, die einzelnen biologischen Fabrikationsvorgänge genau zu kontrollieren. Das erfordert hygienisch einwandfreie Räume und sehr saubere, d. h. auch tauwasserfreie, leicht zu reinigende Oberflächen.

Akustische Schwierigkeiten ergeben sich in den Flaschenreinigungs- und Abfüllräumen. Durch schallabsorbierende Deckenverkleidungen lassen sich hier befriedigende Verhältnisse schaffen → 317 5.

Bücherlager

Bücher sind ein wertvolles und gegen Feuchtigkeit jeder Art empfindliches Lagergut. Durch Tauwasser aus der Raumluft und durch Oberflächenwasser sind schon unvorstellbare Schäden entstanden. Aus diesen Gründen sollten Bücherlager so angelegt werden, daß sie weder durch Grundwasser, Hochwasser noch Luftfeuchtigkeit beeinträchtigt werden können. Am günstigsten liegen sie im Gebäudeinnern oberhalb des Erdbodens, jedoch nicht direkt unter Dachdecken. Unter diesen Bedingungen stellt sich zwangsläufig eine unbedenkliche Lufttemperatur von 15 bis 18 °C bei 40 bis 60% relativer Luftfeuchtigkeit ein.

Bauphysikalisch völlig abzulehnen und nur mit erhöhtem baulichem Aufwand zu realisieren sind unterirdische Bücherlager. Welche Schwierigkeiten sich hierbei ergeben können, wurde bereits bei den Aktenkellern → 254 erwähnt.

GEBÄUDEARTEN

Bürogebäude

Gebäude dieser Art sind durch eine Vielzahl von Arbeitszimmern und teilweise durch einen sehr starken Publikumsverkehr gekennzeichnet. Außerdem enthalten sie eine ganze Reihe Besprechungs-, Konferenz- und Vortragsräume. Zu berücksichtigen sind ferner die Akustik des häufig vorhandenen Speisesaales, Störungen durch die dazugehörigen Wirtschaftsräume und die Hausmeisterwohnung, die andererseits auch schallempfindlich ist.

Meistens handelt es sich um mehrgeschossige, gleichmäßig zentralbeheizte Gebäude → 318 1, 318 2, 258 1 und 258 2 in der Nähe oder direkt an einer Hauptverkehrsstraße, die vor Außenlärm geschützt werden müssen.

Wärmeschutztechnisch gilt auch für Bürogebäude, im Winter mit einem Minimum an Heizkostenaufwand auszukommen und gleichzeitig dafür zu sorgen, daß eine übermäßige Aufheizung des Gebäudes und der Räume im Sommer durch Sonnenstrahlung → 57 weitgehend vermieden wird. Das läßt sich gut durch einen Vollwärmeschutz der Außenwände, der Dachdecke und der Kellerdecke erzielen. Die Wärmedämmung der Trenndecken ist meistens belanglos, mit Ausnahme der Decken, die Aufenthaltsräume nach unten gegen die Außenluft oder kalte Nebenräume abgrenzen → 318 3. Die Wärmedämmschichten sind nach Möglichkeit wie bei Wohngebäuden → 296 anzubringen.

Besonders beachtet werden müssen die Probleme, die sich durch die häufig anzutreffenden Vollklimaanlagen ergeben, da vollklimatisierte Räume im Winter gewöhnlich eine größere relative Luftfeuchtigkeit besitzen als übliche Büroräume, wo sie bei den üblichen Temperaturen um etwa 20 °C zwischen 30—50 % liegt.

Eine besondere Wärmedämmung der Innenwände ist mit Ausnahme von Trennwänden zu unbeheizten oder anders beheizten Räumen (etwa bei einer direkt angrenzenden Hausmeisterwohnung, eingebauten Garagen, Maschinenräumen und dgl.) nicht notwendig. Wände dieser Art können in Bürogebäuden ausschließlich nach konstruktiven oder schalltechnischen Gesichtspunkten ausgebildet werden. Wegen der erwünschten erhöhten Wärmespeicherung sollten sie um so schwerer sein, je leichter die Außenwände sind.

Für die Decken gilt bezüglich der Wärmespeicherung das gleiche wie für die Innenwände. Bei Verwendung von in dieser Hinsicht besonders günstigen dicken Stahlbetonmassivplatten ist es sogar möglich, auf einen schwimmenden Estrich zu verzichten, da die Luftschalldämmung bei einer Plattendicke von mindestens 15 cm für normale Bürogebäude bereits ausreicht und die erforderliche Trittschallisolierung allein durch einen elastischen Bodenbelag auf Zementglattstrich, z. B. 3 mm dickes Linoleum auf 3 mm Korkment, mindestens 5 mm dicke Gummi-Verbundbeläge und alle Arten von Teppichböden, ausreicht. Das gleiche gilt selbstverständlich auch für gute Doppeldecken.

Eine wärmedämmende Deckenunterschicht ist grundsätzlich nicht erwünscht, auf keinen Fall an der Unterseite von Warmdachdecken. Diese Forderung überschneidet sich etwas mit der Notwendigkeit, schallabsorbierende Deckenverkleidungen zu verwenden → 318 4. Ein häufiger Fehler ist es, daß die Hohlräume hinter diesen Deckenverkleidungen auch über schalldämmenden Trennwänden durchlaufen und dadurch den Wirkungsgrad der Wände mindern → 319 1.

Eine besondere Wärmedämmung ist bei Decken zwischen zusammengehörenden, gleichzeitig und gleichmäßig beheizten Bürogeschossen nicht erforderlich. Liegen »fremde« Büroräume übereinander, so gilt hierfür das gleiche wie für Wohnungstrenndecken → 141. Die Forderungen für den Wohnungsbau sind auch für die Dämmung von Büroräumen und Arbeitsräumen gegen das Erdreich, gegen offene Durchfahrten u. ä. sowie für die Ausbildung des Daches maßgebend → 296.

Die besonderen Probleme, die sich bei den im Bürohausbau häufig vorkommenden Dachkragplatten, massiven Terrassenbrüstungen und dgl. ergeben, sind bei den Außenwänden und Dächern ausführlich behandelt.

Buchungsautomaten, Schreibmaschinen, Rechenmaschinen und ähnliche Maschinen → 319 2 sind in Büros häufig der Anlaß zu Klagen der Mitarbeiter, insbesondere, wenn im gleichen Raum auch andere Büroarbeiten erledigt werden müssen. Die wirkungsvollste Abhilfe durch Kapselung der Lärmquelle ist oft wegen der erforderlichen Bedienbarkeit der Maschinen nicht möglich.

Nach eingehenden Versuchen und kritischem Abwägen aller Möglichkeiten wurde für Schreibmaschinen ein Schallschirm herausgebracht, der den Maschinenlärm recht erheblich reduziert, ohne die Arbeit zu behindern. Er besteht aus einer schallschluckenden Box, die die Maschine an drei Seiten sowie am Boden umgibt. Die obere und zum Teil auch die vordere Abdeckung erfolgt durch eine transparente Kunststoffplatte, die zum Einlegen des Papiers hochgeklappt werden kann. Tastatur und Bedienungshebel sind frei zugänglich.

Die Abmessungen erlauben die Benutzung aller normalen und auch elektrischen Schreibmaschinen auf üblichen Maschinentischen. Die Lärmminderung erreicht bei höheren Frequenzen Werte bis 10 dB(A) und mehr, so daß die Geräuschbelästigung um mehr als 50 % vermindert wird.

Das Großraumbüro ist eine organisatorisch wohl vorteilhafte, akustisch jedoch recht problematische Neuerung. Aus den Kreisen der Arbeitnehmer wird es vorwiegend abgelehnt. Als Begründung werden verstärkte Ermüdung, verstärkte Störungen durch Telefonate und Rückfragen angeführt. Nur im seltenen Idealfall mit extrem starker Dämpfung, günstiger Raumform (flache, breite Räume) und gleichartigen Arbeitsplätzen ist gegen das Großraumbüro auch in akustischer Hinsicht nichts einzuwenden.

Das ideale Großraumbüro ist durch eine gute Gestaltung, starke Raumschalldämpfung (Teppichboden und Schallschluckdecke) und schallabsorbierende Abschirmungen sowie durch verhältnismäßig wenig Beschäftigte in kleineren Gruppen gekennzeichnet. Der Störpegel im Großraumbüro dürfte durchschnittlich bei etwa 55 bis 65 dB(A) liegen, während er in einem vergleichbaren Einzelbüro etwa 35 dB(A) beträgt. In einem Schreibmaschinen-Großraum wurden 44 bis 46 dB(A) gemessen. In einem Postscheckamtssaal herrschten 76 bis 82 dB(B), in Hollerithmaschinenräumen wurden an den Arbeitsplätzen 72 bis 98 dB(B) gemessen. Laute Betriebe weisen einen höheren Krankenstand auf als leisere (genannte dB[A]- bzw. dB[B]-Werte = DIN-phon).

1 Geistige Beanspruchung im Büro

Adressen schreiben	62,9 %
bekannten Text schreiben	74,3 %
Schreibmaschinenschreiben	78,2 %
Geld zählen	80,0 %
Abc schreiben	82,0 %
Ordnen	90,3 %
Lesen	100,0 %

Die Ärzte und auch die Gewerbeärzte befürworten bei hoher geistiger Konzentration als max. zulässig 50 dB(A), bei mittlerer 50—60 dB(A), bei sonstiger Beanspruchung 50—70 dB(A) als oberste Grenze der zulässigen Geräuscheinwirkung am Arbeitsplatz.

Bürogebäude **GEBÄUDEARTEN**

Sehr wichtig ist, im Großraumbüro folgende Voraussetzungen zu erfüllen:

1. psychologische Vorbereitung der Belegschaft auf das Großraum-Milieu.
2. Konsequente Beseitigung von Schallreflexionen.
3. Abschirmung des direkten Schalls, Verwendung von großblättrigen dichten Zimmerpflanzen und absorbierend verkleideten Stellwänden.
4. Zusammenfassen allzu lauter einzelner Schallquellen, wie z. B. Buchungsmaschinen in einer stark abgeschirmten und schallabsorbierend ausgestatteten Gruppe.
5. Ausreichend großes Raumvolumen (4,5 m² Grundfläche pro Person bei etwa 3 m Raumhöhe).
6. Vollklimaanlage mit Befeuchtung, Kühlung und Entstaubung.
7. Gewährleistung eines neutralen, nicht lästigen natürlichen Grundgeräuschpegels von ca. 45 bis 50 dB(A) bzw. DIN-phon.

Eine amerikanische Lebensversicherungsgesellschaft ermittelte ein Jahr lang die Leistungen ihrer Angestellten, einmal in einem (nach amerikanischen Maßstäben) normalen Großraum und einmal in einem Saal, der durch schalltechnische Maßnahmen besonders hergerichtet war. Sie stellte in dem ruhigeren Raum folgendes fest:

Zunahme der Leistung	8,8%
Abnahme der Fehler bei den Stenotypistinnen	29,0%
Abnahme der Fehler bei Maschinenrechnern	52,5%
Abnahme der Ausfälle durch Krankheit	37,5%
Abnahme des Personalwechsels	47,0%

Es hat sich als notwendig erwiesen, im Großraumbüro stets einen variablen natürlichen Geräuschpegel zu halten, in dem störender, Unbehagen erzeugender Lärm untergeht. Er soll einen möglichst geringen Informationsgehalt haben und muß den tatsächlich vorhandenen Geräuschen entsprechen, etwa durch eine akustisch sinnvolle Gruppierung und Mischung der Original-Schallquellen oder durch eine »versteckte« elektroakustische Anlage (viele kleine Lautsprecher mit automatisch gesteuertem Verstärker und Tonbandgerät).

Bunker → Aktenkeller

Dampfbäder → Bade- und Duschräume

Druckereien → Werkstätten, Fabriken

Einfamilienhäuser → Wohnungen, Aufenthaltsräume

Fabriken → Werkstätten, Fabriken; → Prüfstände

Färbereien → Bade- und Duschräume

Fernsehstudios → Tonstudios, Sendesäle

1 (rechts) Waagerechter Schnitt durch die Fassadenstütze mit Fenster- und Trennwandanschluß zu Bild 2:
1 Innenseite mit Trennwandanschluß aus Metallblech und Schallschluckstoff im Hohlraum
2 Verglasung der Vertikal-Schiebefenster (unterer Flügel)
3 Zwischenraum mit Führungsleiste
4 oberer Fensterflügel
5 äußere Verkleidung aus Metallprofilen
6 äußere Deckleiste
Besonders bemerkenswert ist die Einfachverglasung.

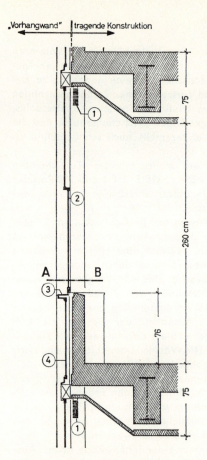

2 Senkrechter Schnitt durch die Außenwand des UN-Sekretariatsgebäudes in New York:
1 innenliegende (!) Sonnenschutz-Lamellenstores
2 Vertikal-Schiebefenster, einfach verglast
3 Abdeckung aus Riffelblech
4 Brüstungsverkleidung aus Glasscheiben

Das Gebäude ist vollklimatisiert. Infolge undichter Fensterfälze waren anfangs große Schwierigkeiten zu überwinden.

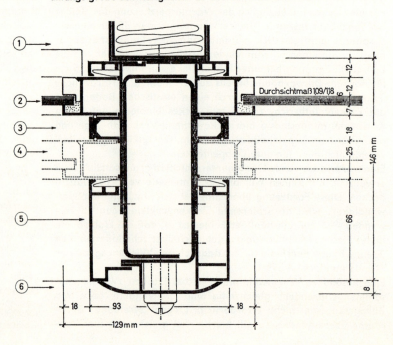

GEBÄUDEARTEN

Flure und Treppenräume

Lange Flure und über mehrere Geschosse reichende Treppenräume sind bei normaler, schallreflektierender Ausführung der Raumbegrenzungen sehr hallig. Um diesen oft störenden Effekt zu beseitigen, ist es nötig, ähnlich wie in der Schulbaunorm DIN 18031 die Decken schallabsorbierend auszubilden. In Treppenräumen genügt schon eine Verkleidung der Podestunterseiten. Akustisch ist es in jeder Hinsicht vorteilhaft, auch die Fußböden absorbierend auszustatten, etwa mit Textilbelägen oder weichem Holzpflaster auf elastischer Unterlage.

Die Minderung der Schallausbreitung in einem 40 m langen Flur durch eine absorbierende Deckenverkleidung beträgt gegenüber einer Ausführung mit normal verputzter Flurdecke jeweils 4 dB(A) bei Abstandsverdopplung (→ 40). Insgesamt wurde mit einer Konstruktion nach → 213 5 auf 40 m Länge eine Minderung um rd. 13 dB(A) gemessen. Die Abhängigkeit dieser Minderung von der Frequenz war gering.

Bei einem anderen Gebäude bestand ebenfalls eine Vergleichsmöglichkeit. Hierbei handelte es sich um einen unterirdischen, etwa 30 m langen Gang mit Glastüren als Abschluß. Die Decke bestand aus Beton. Die Deckenunterseite war glatt verputzt und gestrichen. Die Wände waren auf der einen Seite bis zur Decke und auf der anderen Seite bis zu einem ca. 40 cm hohen verputzten Absatz mit Spaltklinkerplatten verkleidet. Der Fußboden bestand aus Terrazzo.

Der Vergleichsflur hatte bei gleichen Abmessungen und sonst gleichem Ausbau eine Deckenverkleidung aus schallschluckenden Platten. Sie bestand aus gelochten, schallabsorbierenden Gipskassettenplatten.

Der Schallpegel betrug bei Pistolenknall im halligen Raum 107 dB(B) (= 107 DIN-phon) und im schallschluckend ausgekleideten Flur 98 dB(B) (= 98 DIN-phon).

Der Unterschied im Schallpegel betrug 9 dB, was einer Minderung der Lautheit auf rd. 50% entspricht. Im gedämpften Raum war ein Flatterecho zwischen den sehr stark reflektierenden Schmalseiten des Ganges vorhanden. Im halligen Gang war dieser bei normalem Sprechen nicht bemerkbare Effekt infolge der besseren Schallverteilung nicht vorhanden.

Freilichtbühnen → Musikpavillons

Garagen

Solche Räume liegen oft unter Aufenthaltsräumen. Die Trenndecke benötigt dann nach DIN 4108 eine sehr gute Wärmedämmung → 141. Als Deckenunsicht bewährt haben sich besonders Holzwolle-Leichtbauplatten oder mehr als 8 mm dicke Asbestzementplatten. Auf diesen Deckenverkleidungen liegt normalerweise eine Dämmschicht aus Mineralwollematten. Geeignet sind auch andere gleichwertige, unbrennbare oder schwer entflammbare Dämmstoffe. In jedem Fall sollte ihre Dicke mindestens 60 mm betragen. Bei 25 mm dicken Holzwolle-Leichtbauplatten als unterer Abschluß ist eine Minderung der Dämmschichtdicke um 10 mm möglich.

Bei dichten Sichtplatten und Anschlüssen ist eine die Luftschalldämmung verbessernde Vorsatzschalenwirkung → 137 zu erwarten. Die Unterkonstruktion muß dann elastisch befestigt werden. Der Abstand der Abhänger sollte mehr als 70 cm betragen. Sie können aus dünnem, weichem Draht, lose eingehängten Schlitzbandeisen u. ä. bestehen. Holzwolle-Leichtbauplatten gewährleisten bei rückseitigem Porenverschluß ebenfalls die erwähnte Vorsatzschalenwirkung und außerdem eine immer vorteilhafte Schallabsorption. Solche Platten sind handelsüblich.

Gas-Reglerstationen

Gasdruckregler erzeugen äußerst lästige Geräusche → 1. Bei einer Förderleistung von 10000 m³/h kann die Lautstärke in 1 m Abstand von der Schallquelle 100 dB(B) überschreiten, was bedeutet, daß bei geöffneten Lüftungsflügeln vor benachbarten Wohngebäuden im ungünstigsten Fall 65 dB(A) erreicht werden können. Ein solcher Wert wäre nach der VDI-Richtlinie 2058 »Beurteilung und Abwehr von Arbeitslärm« höchstens in Industriegebieten tagsüber gerade noch zulässig. In einem reinen Wohngebiet soll der Schallpegel jeweils 50 cm vor dem geöffneten Fenster des nächsten Wohngebäudes gemessen tagsüber 50 und nachts 35 dB(A) nicht überschreiten, eine im übrigen ruhige Umgebung vorausgesetzt.

Um mit Sicherheit eine Schallbelästigung der Nachbarschaft auszuschließen, muß angestrebt werden, den Schallschutz durch folgende Maßnahmen zu verbessern:

1. Auf die Fenster an den Nachbarseiten wird weitgehend verzichtet.

2. Sämtliche notwendigen Fenster werden so eingerichtet, daß sie nicht geöffnet werden können und völlig dicht sind.

3. Es werden möglichst dicke Glasscheiben verwendet.

4. Alle Verglasungen und auch die Rahmen der Fenster werden luftdicht eingebaut.

5. Die abgehängte Decke der Station wird so ausgebildet, daß sie nicht nur schallabsorbierend, sondern auch schalldämmend wirkt. Der Schalldämmung ist der Vorzug zu geben. Eine aus-

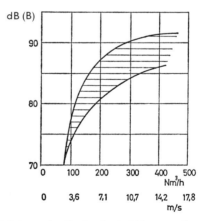

1 Schema der Geräuschentwicklung an einem Gasdruckregler mit einer Nennweite von 50 mm in Abhängigkeit vom Durchfluß in Normal-Kubikmetern pro Stunde bzw. von der Strömungsgeschwindigkeit in Metern pro Sekunde. Das Geräusch hat den Charakter eines sehr lästigen hochfrequenten Tons und steigt mit zunehmender Strömungsgeschwindigkeit sowie Druckdifferenz an. Der obere Rand des schraffierten Bereichs gilt für eine Druckreduktion etwa von 7 auf 3 bar und der untere Rand bei einer Druckminderung von 4 auf 3 bar. Bei größeren Rohrweiten und größeren Strömungsgeschwindigkeiten bzw. Druckdifferenzen kann der Schallpegel im Nahfeld bis über 100 dB(A) ansteigen. An einer ausgeführten Anlage wurden z. B. bei 1 bis 2 m Abstand maximal 104 dB(B) gemessen (nach W. Bujak und Messungen des Verfassers).

reichende Schalldämmung gewährleisten z. B. mindestens 12,5 mm dicke Gipskarton-Verbundplatten, die zur Verbesserung der Raumschalldämpfung raumseitig mit hochgradig absorbierenden Schallschluckstoffen in einer Dicke von 20 mm verkleidet werden. Zwischen diesen beiden Schichten sollte sich ein Hohlraum von etwa 25 mm Dicke befinden, um den Schallabsorptionsgrad zu erhöhen. Die Wirkung wird verbessert, wenn der Hohlraum locker mit Mineralwollematten gefüllt wird.

6. Die Lüftung des Raumes wird ausschließlich an der den Wohngebäuden abgewandten Gebäudeseite oder noch besser über Dach vorgenommen, falls nicht auf diese Raumbelüftung ganz verzichtet werden kann. Es ist erwünscht, diese Lüftungsöffnungen in Form von schallabsorbierenden Kanälen auszubilden, z. B. unter Verwendung der gleichen Konstruktion wie bereits bei der Decke erwähnt.

Ungedämpfte direkte Luftverbindungen zwischen dem Reglerraum und dem Freien sollten im Idealfall überhaupt nicht bestehen. Frei in den Außenraum hinauslaufende stark schwingende Rohre wären notfalls noch innerhalb des Raumes vor dem betreffenden Wanddurchbruch auf einer Strecke von mindestens 3 m in eine Sperrmasse aus losem Sand zu legen.
Bei noch nicht installierten Rohren wird empfohlen, starre Verbindungen mit dem Bauwerk grundsätzlich zu vermeiden und darauf zu achten, daß nur strömungsgünstige Armaturen verwendet werden.

Gaststätten

Schalltechnisch muß man bei Gaststätten folgende Typen unterscheiden:

1. Das anspruchsvolle Restaurant.
Solche Gaststätten dienen nicht nur dem geruhsamen Speisebetrieb. Sie werden auch für Tagungen, Vorträge, Familienfeiern und dgl. bevorzugt. Sie sind daher in erster Linie lärmempfindlich und benötigen darüber hinaus, soweit es um die Eignung für irgendwelche Vorträge geht, eine gute raumakustische Ausstattung. Andererseits können sie auch selbst erhebliche Störungen verursachen wie z. B. bei Festen und Musikdarbietungen. Die Häufigkeit derartiger Veranstaltungen ist im allgemeinen gering, so daß man von einer Dauerbelästigung durch Betriebe dieses Typs selten sprechen kann. Meistens sind sie auch baulich so gelegen, daß eine unmittelbare lärmempfindliche Nachbarschaft nicht möglich ist.

2. Schnellgaststätten, Gastwirtschaften o. ä.
Diese können nicht als schallempfindlich bezeichnet werden. Sie haben auch öfter ein undiszipliniertes Publikum im Gegensatz zum Typ 1, befinden sich jedoch sehr oft in engster Wohn-Nachbarschaft und verursachen daher vorwiegend nachts häufig Störungen durch das mehr als 100 DIN-phon erreichende Grölen Betrunkener im Gastraum und vor dem Haus, durch rücksichtsloses Benutzen der Kraftfahrzeuge und sehr oft durch den Betrieb elektroakustischer Musikgeräte.

3. Bars, Tanzcafés usw.
Sie führen zu den häufigsten Beanstandungen, weil in ihnen viel musiziert wird, und zwar sowohl mit mechanischen als auch mit elektroakustischen Geräten. Außerdem haben sie ähnlich wie die Betriebe des Typs 2 ein sehr gemischtes Publikum und sind baulich oft höchst ungünstig innerhalb von Wohngebäuden oder Wohnblocks gelegen.

Grundsätzlich sollte man für Gaststätten aller Art fordern, daß sie nicht in Mehrfamilien-Wohnhäusern eingerichtet werden dürfen. Sie sollen selbständige Baukörper bilden und, wenn besondere Abschirmungen durch schallunempfindliche Gebäude oder dgl. fehlen, von der nächsten schallempfindlichen Wohnbebauung mehr als 300 m entfernt sein. Gegen den Einbau in Bürogebäude oder in Häuser mit anderen Geschäftsräumen bestehen weniger Bedenken.

In welchem Ausmaß sich der durch eine Tanzkapelle erzeugte Schall innerhalb eines Wohngebäudes üblicher Bauart ausbreiten kann, zeigt Bild 1. In diesem Haus konnte man die Musik noch im 3. Obergeschoß trotz überall geschlossener Fenster sehr deutlich wahrnehmen. Die Abnahme des Schallpegels je Stockwerk wurde von unten nach oben immer geringer. Während sie zwischen dem Erdgeschoß und dem 1. Obergeschoß noch 39 dB(A) betrug, war sie jenseits der nächsten Trenndecke nur um 7 dB(A) und im letzten Geschoß um lediglich weitere 6 dB(A) geringer.

Es war offensichtlich, daß der Schall nicht durch die Decken drang, sondern die durchgehenden Außen- und Trennwände entlang lief und von dort wiederum in die Decken und übrigen Wände gelangte. Der ganze Baukörper wirkte wie ein riesiger Geigenkörper, eine Eigenschaft, die fast alle der heute aus steifem Leichtsteinmauerwerk und relativ leichten Stahlbetondecken hergestellten Häuser besitzen. Verstärkt wurde der Störeffekt noch dadurch, daß die Umgebung des Gebäudes nachts sehr ruhig war. Der »Grundpegel« lag im 3. Obergeschoß während der Musikpausen lediglich zwischen 25 und 30 dB(A). Bei dem verhältnismäßig seltenen Straßenverkehr direkt vor dem Haus stieg der Schallpegel auf 40—45 dB(A) an.

Obwohl der Verkehrslärm in den oberen Stockwerken viel lauter war als die beanstandete Musik, wurde der Besitzer der Gaststätte von der Behörde gezwungen, zusätzliche Schallschutzmaßnahmen durchzuführen. Es bestand nur die Möglichkeit, die Wände des Tanzraums mit Vorsatzschalen zu verkleiden. Außerdem durften die Fenster der Gaststätte nicht mehr geöffnet werden. Die deswegen notwendige künstliche Be- und Entlüftungsanlage

1 Querschnitt durch ein Wohn-Geschäftshaus. Im Erdgeschoß befand sich ein Tanzcafe, in dem bei Tanzmusik ein Schallpegel von 70—90 dB(A) bei einem arithmetischen Mittelwert von 82 dB(A) herrschte. Die in den einzelnen Geschossen eingetragenen Zahlen sind die dort gemessenen Mittelwerte. Die Schallübertragung erfolgte in sehr starkem Maß entlang der Wände.

erhielt nach außen Absorptionsschalldämpfer. Die Lüfter selbst wurden in gleicher Weise wie der Lautsprecher der Musikverstärkeranlage und das ganze Musikpodium mit Körperschallisolierungen versehen.

Der insgesamt erzielte Wirkungsgrad dieser Maßnahmen betrug rund 8 dB(A). Damit wurde die für Wohnräume nachts maximal zulässige Stärke von 30 dB(A) wenigstens in den beiden oberen Geschossen unterschritten, und der Gastwirt konnte seinen Tanzbetrieb, der wegen der Klagen einzelner Mieter vorübergehend eingestellt werden mußte, wieder aufnehmen.

Sieht man von den möglichen Störungsquellen vor der Gaststätte ab, so bestehen grundsätzlich genügend Möglichkeiten, den Neubau mehrgeschossiger Gebäude (Büros, Wohnhäuser, Hotels usw.) mit Gaststätten so vorzunehmen, daß weder die Längsleitung noch eine direkte Schallübertragung zu Störungen in den darüberliegenden Geschossen führen können.

Zu diesem Zweck ist nicht nur in den lauten, sondern auch in den zu schützenden Räumen eine besonders schwere Bauweise, etwa mit Wänden aus 25—36 cm dickem Kalksand- oder Vollziegelmauerwerk, zweckmäßig. Zusätzlich sollte man immer schalldämmende Vorsatzschalen → 137 verwenden. Die Trenndecke oberhalb der Gaststätte muß schwer und doppel- oder dreischalig ausgebildet werden → 145 1. Der Boden muß als ideal schwimmende Vorsatzschale → 201 2 und 201 3 wirken.

Die schweren Musikinstrumente, wie z. B. Konzertflügel und Klavier, sind in jedem Fall zusätzlich mit Körperschallisolierungen, z. B. aus 30 mm dicken weichen Gummi-Metallverbindungen, zu versehen. Das gleiche gilt auch für elektroakustische Geräte wie Musikboxen und für den Lautsprecher der Verstärkeranlage, der auf keinen Fall starr eingebaut werden darf.

Nach DIN 4109 soll das Luftschallschutzmaß von Decken und Wänden zwischen Wohnungen, fremden Arbeitsräumen usw. und lauten Gaststättenräumen mindestens +10 dB und das Trittschallschutzmaß in Richtung der Schallausbreitung mindestens +20 dB betragen. Bei geöffneten Fenstern in benachbarten Wohnungen darf die Lautstärke, ca. 0,5 m außen vor dem Fenster gemessen, tagsüber 45 und nachts 35 dB(A) nicht überschreiten, soweit der Gaststättenlärm nicht in einem höheren allgemeinen Störpegel annähernd gleichen Charakters untergeht.

Das sind strenge Forderungen, die an das überhaupt mögliche Höchstmaß des Schallschutzes im normalen Hochbau grenzen. Immer sollte man trotz der besonderen Schalldämm-Vorrichtungen darum bemüht sein, den Lärmpegel schon innerhalb der Gaststätten selbst weitgehend zu senken. Das kann durch wirksame Raumschalldämpfungen → 40 erfolgen, also durch schallabsorbierende Wand-, Decken- und Fußbodenverkleidungen. Eine andere, mehr als Notlösung anzusehende Möglichkeit, etwa in Tanzräumen den Lärmpegel zu reduzieren, ist der Einbau eines nur für die Kapelle sichtbaren sogenannten Schallwächters → 320 1. Solche Geräte lassen sich auf beliebige Lautstärken einstellen und betätigen eine Warnleuchte, sobald der eingestellte höchstzulässige Wert erreicht wird.

In Räumen der Typen 2 und 3 kann eine Raumschalldämpfung nicht stark genug sein, um eine weitgehende Lärmminderung und Lokalisierung der einzelnen Gesprächsgruppen zu erzielen. Bei Typ 1 ist hierbei Vorsicht geboten, da zu stark und nicht mit der richtigen Frequenzabhängigkeit absorbierende Raumbegrenzungen zu einer schlechten Raumakustik führen können. Zweckmäßig ist, in solchen Restaurant-Mehrzweckräumen usw. die optimalen Nachhallzeiten für sachliche Sprachvorträge an-

zustreben → 48 2, also eine begrenzte Dämpfung, in der Regel mit bevorzugter Absorption bei mittleren und tiefen Frequenzen. Außerdem ist es wichtig, diese Räume vor Schallbelästigungen zu schützen. Das kann durch Schallschleusen → 184 3 in Form schallabsorbierend ausgestatteter Windfänge gegen die Küche und den meistens störenden Straßenverkehr geschehen.

Für die fast immer notwendige Klimaanlage gilt nach DIN 1946 eine maximal zulässige Geräuschstärke von 40—50 dB(A). Diese Lautstärkebegrenzung kann hier auch für alle anderen Störgeräusche angesetzt werden. Der obere Wert ist in schwach besetzten Räumen bereits etwas zu groß. Nur in voll besetzten Gaststätten mit lebhaftem Publikum steigt der allgemeine Störpegel über diesen Wert bis zu etwa 60 dB(A) an, so daß das Lüftergeräusch darin mit Sicherheit verdeckt wird.

Die speziell die Gaststätten betreffenden Wärmeschutzmaßnahmen treten hinter den schalltechnischen sehr zurück. Da es sich im Sinne der DIN 4108 um »Räume zum dauernden Aufenthalt von Menschen« handelt, gilt hierfür dasselbe wie für Wohnungen. Aufgabe einer sinnvollen Heizung, Wrasenabführung und künstlichen Belüftung soll es sein, sowohl in den Gästeräumen als auch in der Küche und den übrigen Wirtschaftsräumen das optimale Raumklima sicherzustellen, das bedeutet eine Lufttemperatur von +20°C und eine relative Luftfeuchtigkeit von maximal 65%. Unter diesen Bedingungen besteht bei Einhaltung der Mindestwärmedämmwerte nach DIN 4108 und Vermeidung von Wärmebrücken keine Gefahr, daß in den Wirtschaftsräumen und in den Gasträumen unhygienische Verhältnisse oder Bauschäden durch Tauwasserniederschlag entstehen. Wärmebrücken zeichnen sich, wo viel geraucht wird, als dunkle Flecken stark ab.

Gemeindesäle → Mehrzwecksäle

Glockentürme

Die enge Nachbarschaft zwischen einem Glockenturm und der schallempfindlichen Bebauung seiner näheren Umgebung ist bedenklich. Nach vorliegenden Meßergebnissen muß am Turmfuß mit einem Schallpegel von mindestens 85 dB(A) gerechnet werden. Dieser Wert nimmt mit der Entfernung normalerweise folgendermaßen ab:

Entfernung in m vom Turmfuß:	44	90	180	350	1000
dB(A): ca.	80	75	65	55	40

Um ein allzu grelles Geläut in der Nähe des Turmes zu vermeiden, ist empfehlenswert, die Schallaustrittsöffnungen auf 5—6% der die Glockenstube umgrenzenden Wände zu reduzieren und sie nur an den Turmseiten anzubringen, an denen die am weitesten entfernt liegenden Häuser liegen, die das Glockengeläut noch erreichen soll.

Diese Angaben stimmen auch mit den »Ratschlägen für die Gestaltung von Glockentürmen« des Beratungsausschusses für das Deutsche Glockenwesen überein. Da jede Glocke und jedes Geläut wegen der erwünschten Mischung der Klänge und wegen der erwünschten »Raumresonanz« in einer geschlossenen »Stube« untergebracht werden sollen, ist eine andere Lösung, etwa mit freihängenden Glocken, abzulehnen.

Auf jeden Fall ist es ratsam, Vorkehrungen zu treffen, die mit geringen Mitteln einen weitgehenden Verschluß der Schallöffnungen, etwa mit ca. 6 mm dicken Hartfaserplatten, gestatten. Vom glockenmusikalischen Standpunkt wird eine weitgehend

Hörprüfungsräume, Hörsäle

offene Anordnung der Glocken ebenfalls als falsch bezeichnet.
Die Glockenstube sollte möglichst groß sein.
Die Schallaustrittsöffnungen sind so anzuordnen, daß die Glocken von den schallempfindlichen Nachbargebäuden nicht gesehen werden können, das heißt, es darf kein direkter Schall zu diesen Häusern gelangen. Schalläden, Gitter u. dgl. können unter Beachtung dieser Gesichtspunkte am günstigsten aus Holz oder aus Betonfertigteilen bestehen. Harte, dröhnende Stoffe, wie beispielsweise Blech, sind abzulehnen.
Nach oben soll die Glockenstube immer dicht geschlossen sein. Es ist vorteilhaft, die Decke und den Boden der Stube aus einer Bohlenlage zu bilden, die in der Höhe verstellbar ist. Auf diese Weise kann die Raumresonanz der Glockenstube auf das Geläut beliebig abgestimmt werden.
Der Glockenstuhl selbst muß gegen Aufschaukelungen gesichert werden, in gleichem Maße wie der Turm. Günstiger als ein Stahlgerüst ist wegen der Körperschallübertragung in den meistens direkt angebauten Kirchenraum ein Glockenstuhl aus Holz in der herkömmlichen Konstruktion.
Die Glockenjoche ohne Stuhl direkt auf das Bauwerk aufzulegen, ist nicht erwünscht. Im Gegenteil soll der Glockenstuhl mit seinem gesamten Oberbau zum Bauwerk keine starren Verbindungen haben. Bei Stahlkonstruktionen ist er an seinen Auflagern gegen Körperschallübertragungen mit alterungsbeständigen Gummiisolatoren o. glw. zu versehen, die im übrigen durch körperschallisolierende Ausschlagbegrenzer oder gleichwertige Maßnahmen genügend Sicherheit gegen Aufschaukelungen bieten müssen. Zu verwenden ist ein alterungsbeständiger Gummi (Neoprene) der Shore-Härte 45, was einer DVM-Weichheit von etwa 80 entspricht. Für die tragenden Isolatoren muß mit einer Gesamthöhe von etwa 90 mm gerechnet werden, und zwar unabhängig von den normalerweise noch notwendigen seitlichen und oberen Begrenzern.
Die Glocken müssen im Stuhl so hoch hängen, daß ihr unterer Rand in Ruhelage um das Maß des größten Glockendurchmessers oder doch mindestens 80 bis 100 cm über dem Boden der Glockenstube liegt. Die Glocken sollen gegeneinander derart schwingen, daß sich ihre freien Massenkräfte weitgehend gegenseitig aufheben.

Gymnastikräume → Turn-, Gymnastik- und Spielhallen

Hörprüfungsräume

Die akustische Meßtechnik der Gehörprüfung erfordert in erster Linie gegen alle von außen und aus dem Gebäude eindringenden Geräusche eine optimale Luft- und Körperschalldämmung. Der maximal zulässige Störpegel liegt bei sehr hohen Anforderungen etwa in der Größenordnung von 20 dB(A) und normalerweise bei 30 dB(A). Nach F. J. Meister stört das »Raumgeräusch« vor allem bei Normalhörenden wegen einer Verdeckung bis zu 15 dB, auch wenn Kopfhörer benutzt werden → 320 3.
Bei den älteren Prüfverfahren nach der Stimmgabel-Methode, beim audiometrischen Verfahren mit Lautsprechern als Schallquelle und mit Hilfe der Abstandsmessung ergeben sich zusätzliche Schwierigkeiten, weil bei stark reflektierenden Raumbegrenzungen und stationären Tönen stehende Wellen auftreten und kurze Schallvorgänge durch das Nachhallen des Raumes verändert und verzerrt werden können.
Aus diesen Gründen sind in jedem Fall gleichmäßig gedämpfte

GEBÄUDEARTEN

Räume erforderlich → 320 3 und 320 4. Für die akustische Eichung der Audiometer und anderer Prüfgeräte ist ein reflexionsfreier Raum → 285 erwünscht. Meistens genügen vereinfachte Konstruktionen → 320 4. Wie die einzelnen benötigten Räume für den Klinikbetrieb zweckmäßig zueinander angeordnet werden, ist in Bild 263 1 erläutert. Fenster sind, notfalls mit Ausnahme von Schalträumen und als Beobachtungsfenster, grundsätzlich unerwünscht, da sie stark reflektieren und nur eine sehr begrenzte Schalldämmung erreichen. Der Verzicht auf Schalldämpfer bedingt eine Lüftungs- oder Vollklimaanlage, deren Geräuschentwicklung schon bei der Grundrißplanung berücksichtigt werden muß → 263 2.

Hörsäle

Der Vortragende bemüht sich im Hörsaal, für eine größere Hörerschaft verständlich zu sein. Raumakustisch muß er zu diesem Zweck auf allen Plätzen ein gewisses Mindestmaß an Lautstärke und Deutlichkeit erreichen. Ist die Verständigung schlecht, so tritt eine vorzeitige Ermüdung des Publikums ein. Gleichzeitig läßt auch das Interesse nach, was letzten Endes zu allgemeiner Unaufmerksamkeit und Unruhe führt.
Es ist vorwiegend ein akustischer Vorgang, der sich innerhalb eines Hörsaales zwischen Vortragendem und Hörer abspielt, eine Tatsache, der beim Bau von Hörsälen auch heute noch zu wenig Beachtung geschenkt wird. Diesem Zustand soll DIN 18031 »Hygiene im Schulbau, Leitsätze« begegnen. In Abschnitt 1 dieser Norm wird ausdrücklich vermerkt, daß sie für alle Arten von allgemeinbildenden Schulen sowie sinngemäß für Berufsschulen und andere auf bestimmte Fachgebiete spezialisierte Schulen und somit auch für Hochschulen und Universitäten gilt. Leider bietet sie für die spezielle Bauaufgabe des Hörsaalbaues weniger Anhaltspunkte als DIN 18041.
Jeder normale Hörsaal sollte so beschaffen sein, daß das auf dem Podium gesprochene Wort an jeder Stelle des Saales im besetzten Zustand ausreichend laut und deutlich wahrgenommen werden kann. Dazu sind möglichst kurze Entfernungen, eine Sitzüberhöhung von mindestens 8 cm, eine gute Verteilung der erstmalig reflektierten Schallwellen auf das Publikum sowie im übrigen eine gleichmäßige Streuung (Diffusität) der Schallenergie über den ganzen Raum erforderlich. Das Abklingen der einzelnen Silben muß gleichmäßig und innerhalb einer bestimmten Zeit erfolgen (optimale Nachhallzeit → 47).
Bei den häufigsten Hörsaalgrößen, etwa zwischen 500 und 1200 m³ Volumen, sollte diese Nachhallzeit in besetztem Zustand im Mittel je nach Größe bei 0,7 bis 1,0 Sekunden liegen. Bei tiefen Frequenzen (etwa 125 Hz) kann sie etwa um das 1,4fache länger und bei hohen Frequenzen (etwa 1000 bis 4000 Hz) um das 0,9fache kürzer sein. Je besser die Schallstreuung und → Deutlichkeit, um so unbedenklicher ist eine Überschreitung der genannten Mittelwerte zugunsten einer größeren Lautstärke an den weiter entfernten Plätzen.
Die Forderung nach kurzen Entfernungen zwischen Sprecher und Zuhörer und nach guter Diffusität führt zu trapezförmigen oder ähnlich gestalteten Grundrissen → Bild 321 1 und 321 2, während sich das Streben nach ausreichender Sitzüberhöhung mit den optischen Belangen in idealer Weise trifft. Das Trittschallschutzmaß sollte in Übereinstimmung mit der Schulbau-Hygiene-Norm (DIN 18031) +10 dB betragen, also subjektiv doppelt so gut sein wie die Mindestforderung im Wohnungsbau.

GEBÄUDEARTEN

Hörsäle

1 (rechts) Grundriß von Hörprüfungsräumen für ein Krankenhaus oder Forschungsinstitut:
- A reflexionsfreier Raum
- B schallschluckend ausgekleidete Schallschleuse
- C schallgedämpfter Vorraum
- D Schalträume
- E Audiometerräume

1 aus Kalksand-Vollsteinen oder Vollziegeln gemauerte dichte Vorsatzschale
2 reflexionsfreie Schallschluckauskleidung, Dicke je nach gewünschter unterer Grenzfrequenz
3 Auskleidung aus ca. 20%ig gelochten naturfarbigen Hartfaserplatten mit ca. 50 mm dicken Schallschluckpackungen aus Mineralwolle
4 doppelschalige Fenster mit schwerer Verglasung und Hohlraumdämpfung sowie einem mittleren Schalldämm-Maß von 35 dB
T 1 schwere 45-dB-Stahltür mit gleicher reflexionsfreier Verkleidung wie an den Wänden
T 2 bis T 7 schalldämmende Türen mit einem mittleren Schalldämm-Maß von ca. 35 dB

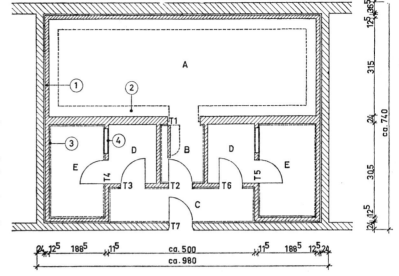

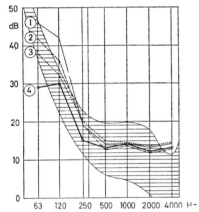

2 Oktavsiebanalysen des durch äußere Störungen verursachten Schallpegels in Hörprüfungsräumen einer alten Klinik. Sämtliche Räume waren fensterlos und künstlich be- und entlüftet. Das Bauwerk bestand aus schwerem Mauerwerk mit Massivdecken.
① Lautsprecherraum, Lüftungsanlage in Betrieb
② kleiner Audiometerraum mit Lüftungsanlage
③ kleiner Audiometerraum ohne Lüftungsanlage
④ reflexionsfreier Raum mit ca. 30 cm tiefen Mineralfaser-Zahnplatten ohne Lüftungsanlage

Der obere Rand des schraffierten Bereichs kennzeichnet die 20-phon-Kurve und der untere Rand die 0-phon-Kurve für zweiohriges Hören bei reinen Tönen im freien Schallfeld nach der ISO-Empfehlung 352.

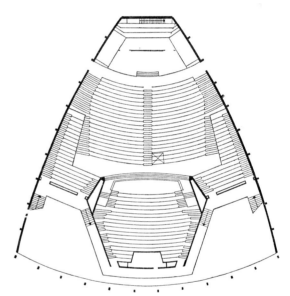

3 Saalgeschoß-Grundriß eines teilbaren großen Hörsaales. Die Öffnung vor dem hinteren kleinen Saalteil läßt sich durch eine versenkte Wand mit ausreichender Schalldämmung schließen. Diese Konstruktion war außerordentlich kostspielig und ist nur mit großem Aufwand zu bedienen → 321 1 und 321 2.
Akustikberatung: L. Cremer

4 (links) Längsschnitt durch einen Hörsaal mit einem Volumen von 5200 m³ und einer Maximalbesetzung mit 950 Personen:
1 Reflektor über dem Vortragenden für erste Reflexionen auf die Galerie und zu den darunterliegenden Plätzen
2 Lichtbild-Projektionswand
3 Saalbinder
4 Schallquelle
5 Deckenlamellen, die in der Lage sind, bei mittleren und hohen Frequenzen spiegelnd und bei tieferen Frequenzen (langen Wellen) diffus zu reflektieren. Sie können aus ca. 10 mm dicken Gipskarton-Verbundplatten oder etwa gleichschweren dichten Sperrholzplatten bestehen
6 Vertiefungen für die Unterbringung der Leuchtstoffröhren für die Beleuchtung
7 Schräge Rückwand zur Verbesserung der Lautstärke und Deutlichkeit in den hinteren Sitzreihen unter der Galerie

Akustikberatung: H. W. Bobran

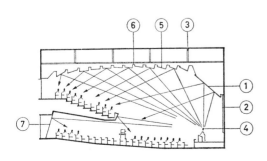

Hörsäle

GEBÄUDEARTEN

Die Forderung nach einer für die Deutlichkeit wichtigen Verteilung erster Schallreflexionen auf das Publikum, das heißt nach einer unmittelbaren Verstärkung des an den einzelnen Plätzen eintreffenden direkten Schalles durch beinahe gleichzeitig am Ohr eintreffende Reflexionen, ist für die Deckengestaltung wichtig → 263 4, 264 1 und 265 1, und zwar vorwiegend in größeren Hörsälen. Schrägflächen oberhalb des Podiums und über dem vorderen Teil des Saales sorgen für Reflexion in die durch den direkten Schall schlechter versorgten hinteren Platzreihen.

Bei langen und niedrigen Räumen kann es notwendig werden, solche Reflektoren auch an der Rückwand anzuordnen, zumal eine übliche senkrechte Rückwand selten nützliche Reflexionen liefert → Bilder 2 und 3. Wie groß solche Reflektoren sein sollen, um Schallwellen aller für eine gute Hörsamkeit wichtigen Frequenzen zu reflektieren, zeigt Bild 1 am Beispiel eines vor kurzem fertiggestellten Hörsaales.

Läßt sich ein Rückwandreflektor nicht realisieren, so wird man meistens dazu gezwungen sein, die gesamte Rückwand schallschluckend auszubilden → 321 3 und 321 4. Andererseits muß in Hörsälen sehr darauf geachtet werden, daß nicht zuviel Schallabsorptionsflächen vorhanden sind, da die Absorption durch die Kleidung des Publikums und die normale Raumausstattung allein schon ausreichen kann, um im besetzten Zustand die optimale Nachhallzeit zu erreichen. Das trifft vorwiegend dann zu, wenn Raumgröße und Besucherzahl aufeinander abgestimmt werden → 50 2 und die Diffusität sowie die Deutlichkeit des Raumes infolge trapezförmiger und unregelmäßiger Grundrißgestaltung sowie sinnvoll angeordneter Reflektoren relativ groß ist. Die in dieser Hinsicht optimale Raumgröße liegt bei 3–4 m³ pro Person tatsächlicher Besetzung, Richtwerte, die aus bautechnischen oder betrieblichen Gründen (schwankende Besetzung) oft nicht eingehalten werden können.

Viele Hörsäle werden ohne Fenster ausgeführt, da ohnehin die Notwendigkeit einer Klimatisierung des Saales besteht. Das Tageslicht allein reicht zur Belichtung nicht aus, von der häufig lästigen Sonneneinstrahlung und Schallbelästigung durch nahe Verkehrswege sowie der zwangsläufig geringeren Schalldämmung von Verglasungen ganz abgesehen. In solchen Räumen ist es besonders zweckmäßig, sämtliche Raumbegrenzungen aus hohlliegenden dünnen Verkleidungen, wie z. B. Sperrholz-, Hartfaser-, Zementasbestplatten, Spanplatten, Gipskartonplatten, herzustellen.

Bei dem Hörsaal in 321 4 hat man unter diesem Gesichtspunkt zugleich die akustische Forderung nach einer guten Deutlichkeit zum gestalterischen Prinzip erhoben und mit den beleuchtungstechnischen Belangen verbunden. Die einzelnen gegeneinander versetzt angeordneten Deckenschrägflächen bestehen aus 9,5 mm dicken Gipskartonplatten auf einer Holzunterkonstruktion. Besondere schallabsorbierende Flächen sind in diesem Saal mit Ausnahme der Rückwand, die nur eine schwache zusätzliche Dämpfung bewirken sollte, nicht vorhanden, weil die Nachhallzeit des Raumes infolge des hohlliegenden Holzfußbodens, der leichten Deckenverkleidung und der vielen Schlitze für die Zuluft (an der Vorderwand) und für die Abluft (unter den Sitzen jeweils

1 (rechts) Richtige Anordnung eines Rückwandreflektors zur Verbesserung der Hörsamkeit im letzten Saaldrittel:
1 Saaldecke   2 Saalrückwand
3 über die ganze Länge der Stuhlreihen laufender Schallreflektor, z. B. aus ca. 20 mm dicken Sperrholz- oder Spanplatten. Er kann in sich eine leichte konvexe Krümmung oder möglichst plastische Struktur besitzen
4 Saalboden   5 Ebene der Zuhörerköpfe

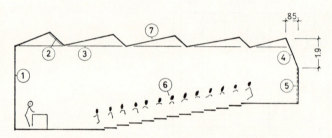

2 Längsschnitt durch einen Hörsaal mit ansteigendem Gestühl, günstige Deckenfaltung:
1 Schallschluckender Randfries, je nach Besetzung des Raumes und nach Absorptionsgrad der übrigen Raumbegrenzungen
2 stark reflektierender Deckenreflektor über dem Vortragenden, z. B. aus üblichem glatten Gipsputz, schweren Gipskarton-Verbundplatten oder unporösen Spanplatten
3 reflektierender Deckenmittelteil entweder als Tiefenabsorber ausgebildet oder genau wie 2
4 Schallquelle

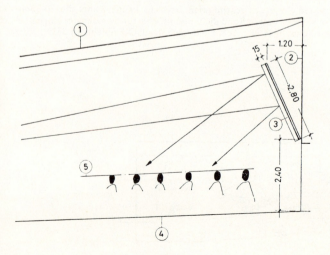

3 Längsschnitt durch einen verhältnismäßig niedrigen Hörsaal, bei dem die Deckenfaltung aus architektonischen Gründen annähernd gleichmäßig sein sollte.
1 reflektierende Rückwand, z. B. aus normal verputztem Mauerwerk
2 schallabsorbierende Fläche für den ganzen Frequenzbereich
3 tiefer liegender Randfries, schallabsorbierend nach akustischen Erfordernissen
4 schallreflektierende Schräge an der Rückwand zur Reflexion in die hinteren Sitzreihen
5 für den ganzen Frequenzbereich schallschluckend ausgestatteter senkrechter Teil der Rückwand
6 Publikum
7 stark reflektierende gefaltete Deckenfläche

GEBÄUDEARTEN

Hörsäle

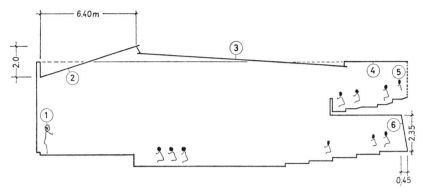

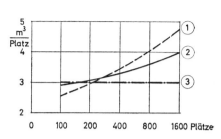

1 Längsschnitt durch einen großen Hörsaal mit nur wenig ansteigendem Gestühl und Empore. In diesem Raum war es nicht möglich, den Reflektor über dem Podium — wie es akustisch wesentlich günstiger wäre — steiler anzubringen. Leider ist das in der Praxis häufig der Fall:
1 Schallquelle
2 stark reflektierende Schrägfläche über dem Vortragenden
3 restlicher Deckenmittelteil reflektierend oder für tiefe Frequenzen absorbierend
4 schallabsorbierender Randfries je nach Besetzung und Ausstattung des Raumes, u.U. nur als Tiefenabsorber
5 schallabsorbierende Rückwand
6 reflektierende Fläche wie nach 2 zur Verbesserung der Hörsamkeit unterhalb der Empore

5 Mindestvolumen pro Sitzplatz für Hörsäle mit Projektionsmöglichkeit (nach V. Aschoff).
① für Projektion
② für optimale Nachhallzeit
③ für Lüftung
Unter die Kurve 2 darf das Raumvolumen nicht sinken, da dann bereits allein durch das Publikum eine Überdämpfung des Raumes stattfindet.

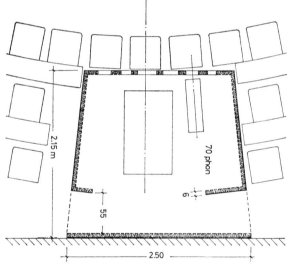

2 Schallabsorbierende übermannshohe Abschirmung am Filmprojektor eines Hörsaales. Die punktierte Linie kennzeichnet die schallabsorbierende Seite.

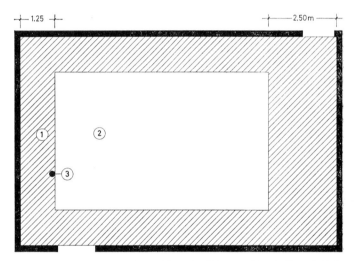

6 Deckenansicht der mittleren Hörsäle (Chemie, Physik II und Meßtechnik) einer Ingenieurschule:
1 schallschluckender Randfries
2 schallreflektierender und tiefe Frequenzen absorbierender Deckenmittelteil
3 Platz des Vortragenden

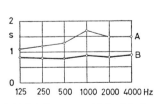

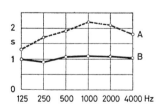

3 (links) Frequenzabhängigkeit der Nachhallzeit im Chemie-Hörsaal einer Ingenieurschule:
A in leerem Zustand   B bei Vollbesetzung mit 66 Personen

4 (rechts) Frequenzabhängigkeit der Nachhallzeit im Physik-Hörsaal einer Ingenieurschule:
A in leerem Zustand   B bei Vollbesetzung mit 120 Personen

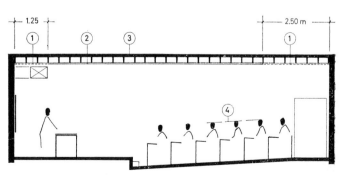

7 Längsschnitt durch die mittleren Hörsäle einer Ingenieurschule:
1 schallschluckender Randfries
2 schallreflektierender Deckenteil
3 Stahlbeton-Rippendecke
4 Ebene der Zuhörerköpfe

in den Stirnflächen der Stufen) mit guter Frequenzabhängigkeit ausreichend kurz war.

Nach gleichem Prinzip wie die Decke sollte man in Räumen dieses und noch größeren Ausmaßes auch die Wände gestalten, sofern sie parallel zueinander stehen. Ist eine Schrägstellung nicht möglich, so kann man sich mit dünnen Gipskartonplatten behelfen, deren Montage auf einer Holzunterkonstruktion etwa 5—8 cm vor der gemauerten Wand erfolgt.

Handelt es sich um Hörsäle etwa in der Größe normaler Klassenräume → 287 (Kurssäle, Seminarsäle, Übungsräume usw.), so wird man selten allein aus betrieblichen Gründen ein ansteigendes Gestühl benötigen. Die spezifische Besetzung solcher Räume ist in der Regel geringer als bei größeren Hörsälen, so daß es in solchen Räumen immer notwendig ist, besondere Schallschluckverkleidungen unterzubringen.

Die häufigste Verlegeform ist ein umlaufender Deckenrandfries oder eine vollständige Deckenverkleidung, je nachdem, ob der reine Vortragsbetrieb oder die Seminararbeit überwiegen. Auch akustische Störungen von außen spielen vielfach eine ausschlaggebende Rolle und führen häufig, trotz raumakustischer Bedenken (Vortragender muß lauter sprechen), zu vollständigen Deckenverkleidungen.

In einer Ingenieurschule erhielten die einfachen kleinen Hörsäle einen umlaufenden Deckenrandfries aus 9,5 mm dicken gelochten Gipskarton-Verbundplatten nach dem in Bild 223 2 erläuterten Prinzip. Der Deckenmittelteil wurde aus ungelochten Platten gleicher Art und Dicke hergestellt. Die gelochten Platten haben an der Gesamtdeckenfläche einen Anteil von beinahe 50%. Bei sonst gleicher Ausstattung wie in normalen Schulklassenräumen ohne Fenstervorhänge ergab dieser Ausbau im unbesetzten Saal in den einzelnen Frequenzbereichen Nachhallzeiten zwischen 1,3 und 0,9 Sekunden. Bei der vorgesehenen Maximalbesetzung mit 36 Personen ist eine Kürzung auf 0,9 bis 0,7 Sekunden zu erwarten.

Typisch für die mittleren Hörsäle der genannten Schule ist der Hörsaal nach Bild 265 6 und 265 7. Er wurde durchweg aus stark schallreflektierendem Sichtbeton hergestellt. Fenster sind nicht vorhanden. Die Belüftung und Heizung erfolgen ausschließlich durch eine Be- und Entlüftungsanlage, deren Zuluftöffnungen im Querkanal über dem Vortragenden liegen. Die Abluft wird unter den Sitzen abgesaugt. Das Gestühl ist leicht ansteigend.

Bei einem Nettovolumen von 350 m³ und 66 Personen Maximalbesetzung ergab sich mit einem Raumanteil von 5,3 m³ je Platz eine akustisch günstige Raumausnutzung. Aus diesem Grunde war es möglich, sämtliche raumakustisch erforderlichen Verkleidungen allein an der Decke unterzubringen, die ohnehin nicht im Rohbauzustand belassen werden sollte.

Durch den in den Zeichnungen erläuterten Ausbau wurden im bestuhlten, unbesetzten Saal in den einzelnen raumakustisch wichtigen Frequenzbereichen Nachhallzeiten erzielt, wie sie in 265 3, Kurve A, dargestellt sind. Das arithmetische Mittel aus diesen Werten beträgt 1,38 Sekunden. Die bei der Besetzung mit 66 Personen zu erwartende Kürzung wird durch die Kurve B gekennzeichnet, deren arithmetischer Mittelwert bei 0,85 Sekunden liegt, also einem Wert, der in Anbetracht der vorhandenen Raumgröße eine »optimale Hörsamkeit« bedeutet und auch nach DIN 18031 richtig ist.

Da sämtliche mittleren Hörsäle keine natürliche Belüftung und Belichtung erhielten und daher dauernd auf die Lüftungsanlage angewiesen sind, mußte darauf geachtet werden, daß hierdurch keine störenden Geräusche erzeugt werden. Zu diesem Zweck wurde die Strömungsgeschwindigkeit in sämtlichen Kanälen und Gittern so weit verringert, wie es lüftungstechnisch noch vertretbar war. Zur Dämpfung der Lüftergeräusche wurden Absorptionsschalldämpfer → 234 mit tiefen Packungen verwendet. Infolge dieser Konstruktion liegt das Normalbetriebsgeräusch der gesamten Anlage unter 30 dB(A). Der Schallpegel aller übrigen Geräusche wurde im leeren Raum mit 24—26 dB(A) festgestellt.

Mit 750 m³ ist der Hörsaal Physik I mehr als doppelt so groß wie die mittleren Hörsäle. Durch das sehr stark ansteigende Gestühl erhielt er zwangsläufig ein größeres Volumen als akustisch erwünscht war. Um es weitgehend zu verringern, wurde oberhalb des Vortragenden eine große Schrägfläche angeordnet, die zusätzlich den Vorteil bietet, sehr erwünschte erste Reflexionen für die hinteren Sitzreihen zu liefern → 267 1. Außerdem wurde sie als Absorber für langwellige Schallschwingungen (tiefe Frequenzen) ausgebildet.

Die Deckenverkleidung erfolgte hier nach dem gleichen Prinzip wie im Hörsaal → 265 6, 7. Der Erfolg dieser Maßnahmen war eine durchschnittliche Nachhallzeit von 1,8 Sekunden im leeren Saal (Kurve A in Bild 265 4). Bei der vorgesehenen Besetzung mit 120 Personen ergab sich eine Kürzung auf 1,0 Sekunden. Die sehr günstige Frequenzabhängigkeit der Nachhallzeit im besetzten Saal zeigt Kurve B.

Der größte Hörsaal ist die Aula → 322 1. Sie hat ein Nettovolumen von rund 4100 m³ und 500 Plätze. Das für jeden Platz anteilige Raumvolumen beträgt demnach 8,2 m³. Dieser Wert ist für einen Hörsaal verhältnismäßig groß, so daß es notwendig war, auch hier spezielle Schallschluckverkleidungen zu verwenden → 267 3 und 267 4. Verkleidungen an der Decke waren wegen der großen ununterbrochenen Betonfläche (Sichtbeton) und des angewendeten Warmdachprinzips unerwünscht. Die großen Schrägflächen über dem Sprecher und an der Rückwand wurden aus dünnem Sperrholz auf Holzrahmen hergestellt und dienen als Absorber für tiefe Frequenzen. Bei höheren Frequenzen sollen sie Lautstärke und Deutlichkeit in Raummitte und auf den hinteren Plätzen verbessern. Außerdem dienen sie zur akustisch erwünschten Verringerung des Raumvolumens.

Um Schwankungen in der Besetzung weitgehend auszugleichen, erhielt das gesamte Gestühl dick und porös gepolsterte Klappsitze. Wie sich diese Maßnahme auf die Nachhallzeit auswirkte, wird in 267 2 erläutert. Vor dem Einbau der Akustikverkleidungen und des Gestühls war die Nachhallzeit mit 2,2 bis 3,8 Sekunden (Kurve A) infolge der großen Glasflächen und der im übrigen durchweg aus dichtem und glattem Beton hergestellten restlichen Oberflächen sehr lang. Nach Fertigstellung des Ausbaues trat eine Kürzung auf durchschnittlich 1,7 Sekunden ein (Kurve B).

Da das Publikum eine etwas stärkere Absorption besitzt als das gepolsterte Gestühl, ist im besetzten Zustand mit einer weiteren Kürzung auf durchschnittlich 1,26 Sekunden zu rechnen (Kurve C). Bei Vollbesetzung liegt die Nachhallzeit damit recht günstig in dem für einen Saal dieser Größe und Art optimalen Bereich, der durch die Schraffur dargestellt wird.

Wegen der großen Länge des Saales und des verhältnismäßig geringen Anstiegs der Sitzreihen war es in der Aula noch wichtiger als in den übrigen Sälen, einen möglichst geringen Störpegel anzustreben. Bei geschlossenen Türen und Fenstern sowie ruhender Lüftungsanlage wurde er infolge des Verkehrs auf der in etwa 120 m Abstand vorbeiführenden, tiefer liegenden Hauptverkehrsstraße mit durchschnittlich 32 dB(A) festgestellt. Die gleiche Lautstärke war vorhanden, wenn starker Regen auf die außenliegenden Aluminium-Sonnenblenden prasselte. Der Schallpegel der Be- und Entlüftungsanlage betrug etwa 29 dB(A)

GEBÄUDEARTEN

Hörsäle

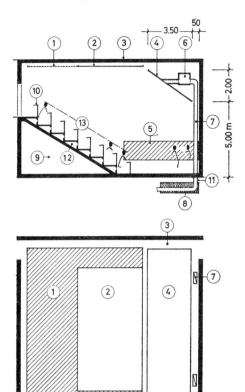

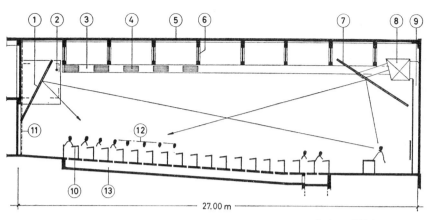

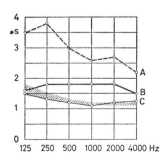

1 Längsschnitt und Deckenansicht eines Hörsaals mit stark ansteigendem Gestühl und verhältnismäßig großer Raumhöhe:
1 schallschluckender Deckenrandfries für den ganzen Frequenzbereich
2 reflektierender Deckenmittelteil
3 Sichtbetondecke
4 Reflektor über dem Redner aus Sperrholzplatten auf Holzrahmen
5 als Tiefenabsorber ausgebildete Korktafeln
6 Zuluft-Querkanal
7 freiliegende Zuluftkanäle
8 Zuluft-Schalldämpfer
9 ruhiger Nebenraum
10 normales Sperrholzgestühl
11 schalldämmendes Anschlußstück, z. B. aus 2 mm dickem Stahlblech
12 Abluftkanäle in den Hörsaalstufen
13 Ebene der Zuhörerohren
Akustik- und Bauphysik-Beratung: H. W. Bobran

3 Längsschnitt durch die Aula einer Ingenieurschule → 322 1
1 Rückwandreflektor und gleichzeitig Tiefenabsorber aus Sperrholz auf Holzrahmen
2 frei im Raum hängende Vorführkabine aus hohlliegenden Zementasbestplatten
3 frei im Raum hängende Blechkanäle für die Zuluft
4 Zuluftöffnungen
5 Sichtbetondecke
6 Sichtbeton-Unterzüge (Fertigteile)
7 Vorderwandreflektor zur Verbesserung der Wortverständlichkeit im mittleren und hinteren Saalteil, in gleicher Weise ausgebildet wie 1 (freischwebend)
8 Querkanal der Zuluft mit durch den Vorderwandreflektor nach 7 führenden Ausblasstutzen, innenseitig schallschluckend ausgekleidet
9 Zuluftkanäle
10 gepolstertes Hörsaalgestühl zum Ausgleich fehlender Besetzung
11 schallabsorbierende Rückwandverkleidung für den gesamten Frequenzbereich, mit Ausnahme hoher Frequenzen
12 Ebene der Zuhörerohren
13 Abluftkanal
Akustik- und Bauphysik-Beratung: H. W. Bobran

2 Frequenzabhängigkeit der Nachhallzeit in der Aula → 3 und 4:
A bei der ersten Kontrollmessung vor Einbau der Akustikregulierungen
B nach Fertigstellung im unbesetzten Saal
C auf der Grundlage von Kurve B berechneter Nachhallzeit-Verlauf im besetzten Saal,
schraffiert: für den besetzten Zustand optimaler Bereich

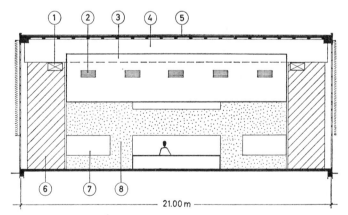

4 Querschnitt durch die Aula → 3 mit einer größten Höhe von 8,50 m:
1 an Unterkante der Unterzüge hängende Blechkanäle für die Zuluft
2 Zuluftöffnungen im Vorderwandreflektor
3 Vorderwandreflektor
4 vorgefertigter Sichtbeton-Unterzug
5 Sichtbetondecke
6 tiefe Frequenzen absorbierende Holzverkleidungen an der Saalvorderwand
7 Tafeln
8 schalldämmende Vorsatzschale vor den Zuluftkanälen

Hotels → Wohnungen, Aufenthaltsräume; → Krankenhäuser

Kegelbahnen

Kegelbahnen liegen gewöhnlich unter und neben Gaststättenräumen, die mit der Kegelbahn ein zusammengehöriges Ganzes bilden. Über der Gaststätte befinden sich oft Räume, die zumindest teilweise im Sinne von DIN 4109 »fremde Wohnungen« sind, also weder mit dem Kegelbahnbetrieb noch mit dem Gaststättenbetrieb zusammenhängen.
Unter diesen Umständen forderte die DIN 4109 zwischen den gewerblichen Räumen und den fremden Räumen einen extrem großen Schallschutz mit einem LSM von +10 dB und einem TSM von +20 dB, jeweils in Richtung der störenden Schallausbreitung gemessen. Ein derart großer Schallschutz kann nicht allein durch eine Raumschalldämpfung oder durch eine Verbesserung der Schalldämmung der betreffenden Trenndecken erzielt werden. Es sind auch Maßnahmen gegen Schallängsleitung, z. B. entlang der relativ leichten Außenwände, notwendig. Zu diesem Zweck wird empfohlen, alle Wände und Decken extrem schwer auszuführen → 1.
Ist dies nicht konsequent möglich, so müssen die zusätzlich erforderlichen Wand- und Deckenverkleidungen der Kegelbahn und der Kegelstube so verlegt werden, daß sie nicht nur schallabsorbierend, sondern auch optimal schalldämmend wirken → 322 3. Das ist dann der Fall, wenn die betreffenden Holzunterkonstruktionen nicht starr an den Wänden montiert werden, sondern möglichst elastisch, etwa durch Verwendung des Schwingholzes, dargestellt in Zeichnung 140 1.
Der eingeschlossene Hohlraum ist locker mit Mineralwollematten (Bitumenpapierseite dem Raum zugekehrt) zu füllen, zumindest jeweils in den Randzonen der einzelnen Hohlräume auf einer Breite von mindestens 20 cm. Das angegebene Maß von 45 mm für die Dicke des Hohlraumes sollte so weit wie möglich vergrößert werden. Je größer dieses Maß, um so tiefer die Resonanzfrequenz des Systems und um so besser die Luftschalldämmung bei tiefen Frequenzen. An der Decke können statt des Schwingholzes besondere gummiisolierte Deckenaufhänger oder notfalls statt dessen lose abgehängte Latten verwendet werden.
Es ist notwendig, daß die Akustikplatten an der Rückseite durchgehend dicht und damit schalldämmend sind oder insgesamt einen angemessen großen Strömungswiderstand besitzen → 95 2. Alle Stöße müssen luftdicht ausgebildet werden. Im übrigen soll der Schallabsorptionsgrad so groß wie möglich sein.
Mit den oben genannten Maßnahmen ist die erforderliche Luftschalldämmung gegen die Gaststätte und auch gegen die darüberliegenden Wohnungen einigermaßen sichergestellt. Die Minderung der Lautstärke innerhalb des Kegelbahnraumes kann bei guter Absorption durch die Schallschluckverkleidungen gegenüber einem ohne Akustikplatten ausgestatteten Raum mit etwa 9 phon angenommen werden, was rein subjektiv einer Minderung der Lärmempfindung um ca. 50% entspricht.
Steinwolle ausgestopft werden, wodurch der Luftschall der rollenden Kugel um etwa 10 phon vermindert wird. Der Kegelschall auf das ganze Gebäude wird durch diese Maßnahme nicht beeinflußt. Zu diesem Zweck ist es notwendig, den ganzen Kegelbahnboden auf einer schweren schwimmenden Bodenplatte aus etwa 10 cm dickem Stahlbeton aufzubauen → 201 3. Diese Platte darf mit dem gesamten Bauwerk keine starre Verbindung haben und sollte auf einem möglichst elastischen Faserdämmstoff von in belastetem Zustand mindestens 20 mm Dicke

GEBÄUDEARTEN

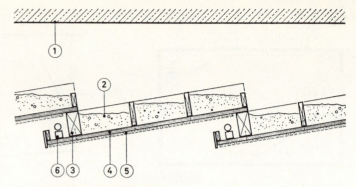

1 Mit Sand hinterfüllte Kegelbahndecke aus wasserfestem Sperrholz und angeklebten Schallschluckplatten:
1 Rohdecke aus Stahlbeton   4 wasserfestes Sperrholz
2 Sandschüttung   5 Schallschluckstoff
3 tragende Balken   6 indirekte Beleuchtung

aufgelegt werden. Diese Isolierung ist auch bei den seitlichen Anschlüssen notwendig. Im übrigen muß in gleicher Weise verfahren werden wie bei schwimmenden Estrichen. Die dynamische Steifigkeit → 100 1 des verwendeten Körperschall-Dämmstoffes sollte weniger als 0,02 MN/m³ betragen.
Bei Holzbahnen besteht die Möglichkeit, zusätzlich unter den Lagerhölzern Neoprene-Polster anzuordnen → 323 4. Die Hohlräume zwischen den Lagerhölzern sollten immer mit Glas- oder Steinwolle ausgestopft werden, wodurch der Luftschall der rollenden Kugel um etwa 10 dB (A) vermindert wird. Der Kegelstellmechanismus, Kugelfang, Kugelbagger usw. wären gleichwertig zu isolieren, etwa mit sehr elastischen 40 mm dicken Gummimetallverbindungen.
Auf direkte Luftverbindungen zwischen Kegelbahnraum und Außenraum sollte man vollständig verzichten, hauptsächlich dann, wenn die Umgebung verhältnismäßig ruhig und schallempfindlich ist. Die Lüftung wird gewöhnlich mechanisch durch besonders schallgedämpfte und leise laufende Ventilatoren vorgenommen. Eine solche Lüftung dürfte auch bei Beibehaltung der Fenster notwendig sein. Wenn eine natürliche Belichtung unbedingt gewünscht wird, so wird empfohlen, die Fenster aus Glasbausteinen oder aus feststehenden, mindestens 12 mm dicken Glasscheiben herzustellen.
Für die Türen zum Flur ist ein selbstschließender Mechanismus sowie ein mittleres Schalldämmaß von mindestens 35 dB zu verlangen. Wenn der Treppenflur bis in die Wohngeschosse ohne weitere Abschlüsse hindurchläuft, ist unbedingt notwendig, eine richtige Schallschleuse auszubilden. Als Türblätter eignen sich sandgefüllte Holztüren oder gleichwertige Stahltüren. Alle verfügbaren Wand- und Deckenflächen innerhalb dieser Schallschleuse sollten schallabsorbierend ausgekleidet werden.
Bei konsequenter »Raum-im-Raum«-Gestaltung oder günstiger Lage abseits schallempfindlicher Räume entfallen sämtliche Schallschutzmaßnahmen mit Ausnahme der Raumschalldämpfung durch eine schallabsorbierende Deckenverkleidung.

Kinos

Grundsätzlich ist es trotz aller Schwierigkeiten sinnvoll, Kinos mit einem möglichst breiten Verwendungsbereich herzustellen. Bei Veranstaltungen mit zahlreichem Publikum ist die Schall-

GEBÄUDEARTEN

absorption durch die Kleidung der anwesenden Personen oft bereits so stark, daß man sorgfältig darum bemüht sein muß, eine weitere Schallabsorption zu vermeiden. Das ist bei reinen Kinos fast immer der Fall. Sie werden räumlich sehr stark ausgenutzt und benötigen daher meistens nur Absorptionsflächen für tiefe Frequenzen (ungelochte »mitschwingende« dünne Platten) sowie ein stark gepolstertes Gestühl zum Ausgleich fehlender Besetzung → 323 1.

Die Nachhallzeit kann eigentlich nicht kurz genug sein, da sich alle akustischen Effekte bereits auf dem Tonband bzw. dem Film befinden. Kritisch ist unter diesen Umständen lediglich die Frage nach einer gleichmäßigen Schallversorgung sämtlicher Zuhörer- bzw. Zuschauerplätze, die entweder durch eine bestimmte Verteilung und Steuerung der Lautsprecher oder durch besondere Schallreflektoren → 323 1 sowie Begrenzung der Nachhallzeit auf ganz bestimmte, von der Raumgröße abhängige Optimalwerte erreicht werden kann. Für das Normalkino üblicher Größe gilt allgemein, im besetzten Zustand über den ganzen Frequenzbereich eine Nachhallzeit von 0,8 bis 1,3 Sekunden einzuhalten → 49 1. Der kleine Wert gilt für kleine, der große für sehr große Räume. Vorräume sollten immer stark absorbierende Deckenverkleidungen → 322 2 erhalten.

Das Extrem einer im Bild kaum faßbaren räumlichen Gestaltung kinotechnischer Vorgänge war Le Corbusiers »elektronisches Gedicht« → 323 2 und 323 3 im Philips-Pavillon auf der Weltausstellung 1958 in Brüssel. Zumindest was den architektonischen Teil seines »Gedichts« angeht, hat Le Corbusier zweifellos das Richtige getroffen. Die Anlage war so genau durchdacht, daß sie tatsächlich nur für diese einzige Vorführung geschaffen erschien. Man kann sich keinen anderen Verwendungszweck denken.

Für die dreidimensional gelenkte Schallwiedergabe besaß der Raum annähernd 400 Lautsprecher in unregelmäßiger Verteilung, vorwiegend in den Ecken und in den Spitzen. Diese Lautsprecher wurden mit der Licht- und Projektionsanlage synchron bespielt. Der Ton stammte von drei getrennten Tonbändern, die in dauerndem Wechsel über verschiedene Lautsprechergruppen abgespielt wurden. Auf diese Weise entstanden ganz neuartige Effekte. Auch die verschiedenen raumakustischen Wirkungen wie Nachhall und Echo ließen sich nachbilden und verändern. Solche Anlagen bieten ganz neue Möglichkeiten, raumakustische Aufgaben zu lösen.

Kirchen

Ähnlich wie beim Theater (→ Mehrzwecksäle) liegen die Verhältnisse in Kirchen und Gemeindesälen, soweit es sich hier vorwiegend um Musik- und Gesangsdarbietungen handelt. Als wesentliches Erschwernis kommt hier hinzu, daß Säle dieser Art gleichzeitig für die Predigt — also für Sprachvorträge → 48 — optimal geeignet sein sollen. Um diese miteinander schwer zu vereinbarenden Forderungen auf einen Nenner zu bringen, wird es meistens zweckmäßig sein, die Nachhallzeit des vollbesetzten Raumes an die obere Grenze des optimalen Bereichs → Bild 1 zu legen und im übrigen sorgfältig darauf zu achten, daß eine gute Diffusität und Deutlichkeit vorhanden ist.

Ausbaumäßig bedeutet das im Idealfall wie beim Theater oder Konzertsaal einschneidende akustische Maßnahmen bei der gesamten Raumgestaltung. Leider stoßen solche Bemühungen allzuoft auf starken Widerstand seitens der Kirche und der

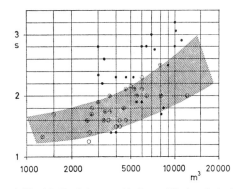

1 Nachhallzeit in verschiedenen Kirchen bei etwa 500 Hz in besetztem Zustand in Abhängigkeit vom Volumen (nach W. Zeller u. a.). Die Punkte bedeuten nach subjektiven Urteilen eine nicht ausreichende, die Kreise eine befriedigende und die Kreise mit Punkt eine gute Hörsamkeit. Die schraffierte Fläche kennzeichnet den optimalen Bereich.

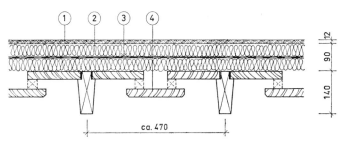

2 Plastisch gegliederte und teilweise schallabsorbierende Kirchenraumdecke:
1 winddichter Abschluß
2 Wärmedämm- und Schallschluckschichten als Doppellage aus auf Bitumenpapier geklebten Mineralwollematten
3 Bitumenpapierseiten, einander zugekehrt
4 Holzbretter auf Abstandshalter, die je nach akustischen Erfordernissen durchlaufen
Die plastische Gliederung wirkt bei hohen Frequenzen streuend.

Gemeinde, so daß es gilt, einen auch akustisch einigermaßen vertretbaren Kompromiß zu finden, der natürlich zur Folge hat, daß bei keiner der drei genannten Nutzungsarten optimale Verhältnisse herrschen, da die Forderungen einander widersprechen. Für Orgelmusik und Gesang benötigt man eine relativ lange Nachhallzeit, während die optimalen Verhältnisse für die Predigt eine wesentlich kürzere Nachhallzeit bedingen.

Besonders bewährt hat sich eine Raumform mit Quer- oder notfalls auch mit Längsfirst und eine akustisch teilweise offene Verstäbung oder Holzschalung etwa nach dem in Bild 2 dargestellten Detail. Die jeweils hinter dem Bitumenpapier liegende 50 mm dicke Faserstoffschicht dient vorwiegend wärmetechnischen Zwecken. Die Verstärkung dieser Schicht durch die zweite Lage auf insgesamt 90 mm ist auch für einen Kirchenraum angemessen, um im Winter einen übermäßigen Wärmeverlust und im Sommer eine zu starke Erwärmung durch die Sonne zu verhindern.

Der Fußboden unter den Sitzreihen und auf der Empore sollte aus möglichst leichtem Holz hergestellt werden, derart, daß etwa hinter den direkt verlegten Langriemen bzw. hinter der alternativ verwendbaren Sperrholz- oder Spanplattenschale ein ca. 50 mm dicker Hohlraum entsteht. Als Belag kann nach Bedarf eine dünne Gehschicht etwa aus PVC oder Linoleum dienen. Der dem Kirchenschiff oft akustisch angekoppelte besondere Chorraum muß in seiner Nachhallzeit dem anderen Raum an-

Kirchen — GEBÄUDEARTEN

geglichen werden, damit er nicht länger nachhallt. Zu diesem Zweck genügt es, ein eventuell vorhandenes akustisch ohnehin ungünstiges Gewölbe mit einem ca. 20 mm dicken porösen Schallschluckputz zu versehen.

Sehr kritisch ist in Kirchen die stark schwankende Besetzung. Die beste Gegenmaßnahme ist, sämtliche Sitze und Rücklehnen des Gestühles mit einer dicken porösen Polsterung oder ähnlich wirkenden Schallschluckflächen zu versehen → Bild 1. Das Publikum stellt weitaus die größte Schallabsorptionsfläche dar, so daß die Nachhallzeit bei fehlender Polsterung auch in kleineren Kirchenräumen etwa bei einer Besetzung mit 50 bis 100 Personen beinahe doppelt so lang ist wie bei 300 Personen. Sie ist dann für Predigt viel zu lang und bestenfalls für Choral- und Orgelmusik brauchbar. Bei einer Vollbesetzung des Raumes ist dann häufig nur eine ausgesprochene »Sprechakustik« vorhanden. Man versteht dann die Predigt und die Liturgie sehr gut, während Gesang und Musik etwas farblos und trocken klingen. Zu den raumakustisch bedeutsamen geometrischen Verhältnissen ist zu sagen, daß eine geringere Neigung der Deckenflächen günstiger ist als Steilflächen. Die Kanzel sollte man, soweit architektonisch vertretbar, stark überhöhen → 324 4.

Die Brüstung der Empore wird am besten schräg ausgebildet → Bild 2. Sie kann in diesem Fall aus Beton oder einer geschlossenen Holzschale bestehen. Ist dies nicht möglich, so sollte man sie nicht als geschlossene Fläche ausführen, sondern lediglich als akustisch transparentes Gitter. Die Untersicht der Empore kann aus Sichtbeton oder üblichem Putz bestehen.

Die Orgel steht günstig in einer Raumecke → 324 3 unter der Deckenschräge und vor einer reflektierenden Wand.

Die Bodenflächen außerhalb des Gestühls können aus geschliffenem Natur- oder Kunststein hergestellt werden.

Akustisch ungünstig gewölbte Kirchenraumdecken → 325 5 können als schalldurchlässiges Gitter vor einem diffus reflektierenden Raumabschluß ausgeführt werden oder müssen wenigstens teilweise schallabsorbierend verkleidet werden → 324 2. Das zuletzt genannte Verfahren ist nur möglich, wenn die betreffende Schluckstoffmenge ohnehin zur Kürzung der Nachhallzeit notwendig ist; d. h. also, wenn der Raum im Vergleich zur Besetzung verhältnismäßig groß ist.

In der Nähe von Kirchen gibt es häufig Schwierigkeiten mit der Nachbarschaft wegen Störungen durch das Läuten der Glocken. Nach einem Bericht des Deutschen Arbeitsringes für Lärmbekämpfung hat sich daher eine Kirchenbehörde veranlaßt gesehen, folgendes anzuordnen:

»1. In den Städten, in den Siedlungsgebieten im unmittelbaren Umkreis der Städte, in den Marktgemeinden und in Fremdenverkehrsorten (während der Saison) soll an Sonn- und Feiertagen und an Werktagen nicht vor 7 Uhr geläutet werden. Das gilt auch für das Gebetläuten. Das Läuten am Morgen möge auf das notwendige Zeitmaß beschränkt werden. Vor den Gottesdiensten zwischen 7 Uhr und 9 Uhr ist tunlichst nur einmal zu läuten (mit Ausnahme von hohen Festtagen). Das gilt für alle Kirchen und Kapellen, auch für Kapellen in Heimen jeder Art.

2. Wenn es die lokalen Verhältnisse wünschenswert erscheinen lassen, ist es freigestellt, das erste Läuten auch auf einen späteren Zeitpunkt (etwa 7.30 Uhr oder 8 Uhr) festzusetzen.

3. In allen übrigen Orten unseres Erzbistums, vor allem dort, wo auf dem Land neue und eng bebaute Siedlungs- und Wohngebiete entstanden sind, werden alle für das Läuten verantwortlichen Geistlichen ersucht, ihre Läuteordnung nach den oben

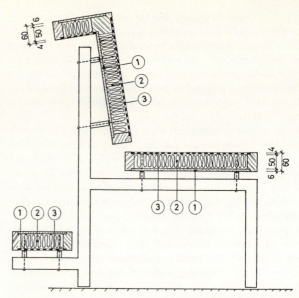

1 Senkrechter Schnitt durch ein schallabsorbierend ausgebildetes Kirchengestühl zum Ausgleich fehlender Besetzung:
1 dünne Span- oder Sperrholzplatte
2 Schallschluckpackung aus Glas- oder Steinwolle, sichtseitig mit Stoff oder gut deckendem dunklen Faservlies abgedeckt
3 ca. 20%ig perforierte stabile Sperrholzplatte. Bei Sitzfläche und Fußstütze kann diese Platte notfalls auch gegen 1 ausgetauscht werden

Wenn die schallabsorbierende Fläche des gesamten Gestühls etwa 1 m²/lfm groß ist, so kann damit gerechnet werden, daß die Schallabsorption der fehlenden Besetzung praktisch ausgeglichen wird.

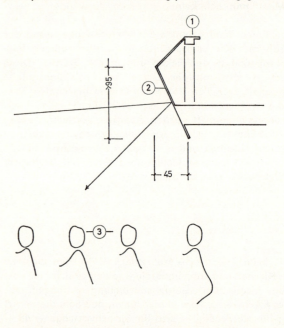

2 Richtige Ausbildung einer Emporenbrüstung zur Verbesserung der Deutlichkeit und Lautstärke auf den hinteren Sitzplätzen:
1 tragende Brüstungskonstruktion
2 möglichst große schallreflektierende Schrägfläche, z. B. 20 mm dicke Spanplatten mit furnierter oder glatter, gestrichener Oberfläche
3 Ebene der Zuhörerohren

Die Schräge des Reflektors nach 2 muß so gewählt werden, daß der dort auftretende Schall analog optischen Gesetzen in die darunterliegenden Publikumsreihen reflektiert wird. Als Bezugspunkt für diese Konstruktion dient in Kirchen die Kopfhöhe des Sprechers auf der Kanzel.

GEBÄUDEARTEN

angegebenen Gesichtspunkten zu überprüfen und nach evtl. Beratung mit dem Pfarrausschuß neu zu regeln. Wo die Verhältnisse es gestatten, möge man versuchen, evtl. mit mehreren Nachbargemeinden oder im Dekanat zu einer einheitlichen Regelung zu kommen.«

Derartige Maßnahmen können zusammen mit einer zweckmäßigen Gestaltung des Turmes und der Glockenstube (→ Glockenturm) sehr zur Nachahmung empfohlen werden.

Konzertsäle → Mehrzwecksäle

Konferenzräume → Parlamentsgebäude

Kraftwerke

Die Maschinenräume der Kraftwerke sind praktisch unbesetzte Räume, so daß der hier herrschende hohe Schallpegel in der Größenordnung von 90—100 dB(A) wenig Schwierigkeiten bereitet, solange keine übermäßige Schallübertragung in schallempfindliche Nachbargebäude befürchtet werden muß. Die Öffnungen von Gasturbinen, Lüftungsanlagen und dgl. müssen bei ungünstiger Lage der Kraftwerke umfangreiche → Schalldämpfer erhalten → 325 1.
Innerhalb des Kraftwerkes am schallempfindlichsten ist das Personal in den Schaltwarten → 325 2. Für die hier zu leistende Arbeit mit dauernder intensiver Denktätigkeit wird in VDI 2058 ein maximal zulässiger Schallpegel von 50 dB(A) gefordert. Dieser Wert ist nach Möglichkeit auf ca. 40 dB(A) zu senken. Da die Schaltwarten normalerweise wegen der erforderlichen direkten Zugänge, Beobachtungsfenster und Kabelzuführungen inmitten des Betriebs liegen, muß man sich oft mit Lautstärken um etwa 60 dB(A) zufriedengeben, einfach deswegen, weil eine weitere Senkung technisch in vielen Fällen nicht möglich ist. Eine Störpegelgrenze von 50 dB(A) ist praktisch nur dort zu verwirklichen, wo für die Schaltwarten ein eigenes Gebäude mit ausreichender Luft- und Körperschallisolierung erstellt werden kann.
Der Lärm innerhalb vieler Kraftwerke hat ungefähr den Charakter eines → weißen Geräusches. Die tiefen Frequenzen sind etwas stärker vertreten als mittlere und hohe. Innerhalb der Schaltwarte ändert sich dieser Geräuschcharakter, da es viel leichter ist, die hohen Frequenzen zu dämmen. Der Schall klingt hier dumpfer. Die Schallpegelkurve fällt gegen mittlere und hohe Frequenzen relativ stark ab. Schallschleusen bei den Zugangstüren sind nicht unbedingt erforderlich, wenn diese Türen nicht oft benutzt werden. Nach W. Zeller stieg die Lautstärke nach dem Öffnen einer Tür der Schallschleuse um lediglich 3 dB(A) an.
Die Raumbegrenzungen der Warte sowie evtl. Verbindungsgänge sind weitgehend schallabsorbierend auszustatten. Außerdem ist es besonders wichtig, auf sehr gute → Körperschallisolierung, auf eine ausreichende → Luftschalldämmung und auf eine sorgfältige Dämpfung in den Be- und Entlüftungskanälen → 234 zu achten.
Fenster sind meist nicht vorhanden und auch nicht erforderlich, da die Räume selten ohne künstliches Licht auskommen. Die wichtigste Fläche für schallabsorbierende Verkleidungen ist die Decke. Verglasungen sind auch deswegen unzweckmäßig, weil sie eine sehr starke Abstrahlung des immer vorhandenen Körperschalls verursachen können.

Krankenhäuser

Für den Kranken steht unter den zu verhindernden nachteiligen Umwelteinwirkungen der Lärm an erster Stelle. Ruhe ist ein wesentlicher Heilfaktor. Krankenhäuser gehören daher in ruhige Gegenden, abseits von Hauptverkehrsstraßen, Parkplätzen, Industriebetrieben sowie von Flugplätzen und deren Einflugschneisen. Die Bettenhäuser sollten die Ruhezone Nr. 1 sein. Innerhalb der Bettenhäuser liegen die Krankenzimmer an der Sonnenseite mit blendungsfreier Einstrahlung und Beleuchtung. Die Umgebung der Krankenzimmer soll völlige Ruhe gewährleisten, die man schalltechnisch während der Schlafenszeit mit einem zulässigen Wert von 25 bis 30 dB(A) und während des Tages mit etwa 30 bis 40 dB(A) kennzeichnen könnte. Diese Werte begrenzen selbstverständlich nur ausgesprochene Störgeräusche und nicht etwa natürliche Lebensäußerungen wie z. B. den Gesang der Vögel vor dem Fenster oder die leise Unterhaltung an den Nachbarbetten des gleichen Raumes. Man will keine »Totenstille«, die auf bestimmte Kranke genauso nachteilig wirken kann wie übermäßiger Lärm.
Es ist grundsätzlich darauf zu achten, daß technische Schallquellen innerhalb des Gebäudes nicht an ungeeigneten Stellen vorgesehen oder später gedankenlos installiert werden und daß die Auswirkungen unvermeidbarer Geräusche auf den ihnen zugewiesenen Raum beschränkt bleiben. In vielen Fällen (Armaturen, Transport- und Küchengeräte, Reinigungsmaschinen) läßt sich diese Forderung allein durch sorgfältige Auswahl bei der Anschaffung der Geräte verwirklichen.
Laute Räume sind zusammenzufassen und durch Körperschallisolierfugen (= Dehnfugen) von lärmempfindlichen Räumen zu trennen. Im übrigen ist diese Art der Lärmbekämpfung eine Angelegenheit der Körperschallisolierung und Luftschalldämmung nach den gleichen Prinzipien wie für alle anderen Gebäude. So einfach und selbstverständlich diese Forderungen auch klingen, in der Praxis ist man von ihrer Erfüllung vielfach noch weit entfernt.
Der deutsche Arbeitsring für Lärmbekämpfung hat im Frühjahr und Sommer 1955 eine Umfrage bei 2456 Krankenanstalten mit jeweils mehr als 50 Betten im Bereich West-Berlins und Westdeutschlands durchgeführt. Geantwortet haben nach den vorliegenden Angaben etwa 1700 Anstalten, von denen 770 über eine zum Teil erhebliche Lärmbelästigung Klage führten. 858 Häuser teilten mit, keinen nennenswerten Lärmbelästigungen ausgesetzt zu sein. 49% klagten über Verkehrslärm, auch über Störungen durch Gewerbebetriebe, Gaststätten und Vergnügungslokale in der Nachbarschaft.
Von insgesamt 1628 Krankenhäusern bezeichneten 427 ihr Haus als einen Neubau, jedoch nur 195 waren mit dem baulichen Schallschutz zufrieden, während 232 ihn als ungenügend bezeichneten. Auch aus Altbauten kamen Klagen über ungenügenden Schallschutz. Im besonderen wurde nicht nur in Altbauten, sondern auch in Neubauten über hallende und daher laute Mehrbettzimmer sowie über Störungen durch Gehen, Stuhlrücken, Klopfen, Sprechen und Radiosendungen aus den darüberliegenden bzw. angrenzenden Räumen geklagt. Auch Störungen durch das Personal, durch die Heizungs- und Wasserinstallation, durch Aufzüge, Waschräume sowie durch Haupt- und Stationsküchen wurden erwähnt. Zahlreiche Ärzte bestätigten, daß der Gesundungsprozeß ihrer Patienten durch den Lärm gestört wird. Bei diesen Patienten handelte es sich insbesondere um Frischoperierte, Nerven- und Geistes- sowie Herz- und Kreislaufkranke. Rund 16% aller befragten Ärzte gaben an, daß auch die ärztliche

Krankenhäuser GEBÄUDEARTEN

Untersuchung und Behandlung durch Geräuschstörungen erschwert sei.

Unter den Störungen steht meistens der Verkehrslärm an der Spitze. Lassen sich derartige Belästigungen nicht durch eine zweckmäßige Standortwahl des Krankenhauses vermeiden, bleibt nach dem heutigen Stand der Technik und der ärztlichen Forderungen wenig Aussicht auf befriedigenden Erfolg. Der Dämmwert der Außenwände wird entscheidend durch die Schalldurchlässigkeit der Fenster bestimmt. Es hat allerdings nicht viel Sinn, die Fenster besonders schalldämmend herzustellen, da man nach der Meinung der Ärzte die Möglichkeit berücksichtigen muß, daß die Fenster zum Wohle der Kranken stundenlang geöffnet werden können, ohne daß damit irgendwelche Nachteile verbunden sind.

Die große Schalldurchlässigkeit der Außenwand würde im Krankenhausbau nicht so störend in Erscheinung treten, wenn es möglich wäre, gerade die besonders schallempfindlichen Bettenräume mit einer Raumschalldämpfung → 35 zu versehen. Es wurde bereits mehrfach versucht, schallschluckende Auskleidungen zu entwickeln, die den Anforderungen des Krankenhausbaues gerecht werden. Man verlangt eine bakterizide (keimtötende) Wirkung, eine staubabweisende und leicht zu reinigende Oberfläche sowie eine gute mechanische Beständigkeit. Da das Wesen von Schallschluckstoffen in ihrer porösen Beschaffenheit liegt, ist diesen Forderungen schwer nachzukommen. In Amerika ist man offensichtlich weniger streng, da dort viele Krankenräume mit Akustikplatten ausgekleidet werden.

Es wäre eine dankenswerte Aufgabe der deutschen Industrie, in engem Kontakt mit den Hygienikern bestehende Vorurteile auszuräumen und eventuell durch Neuentwicklungen die Möglichkeit einer Schalldämpfung in Krankenräumen zu schaffen. In Räumen für Kranke, die einer besonderen Ansteckungsgefahr nicht ausgesetzt sind, dürfte wohl ausreichen, sich vielleicht mit einer nur keimfreien Beschaffenheit des Schallschluckstoffes zu begnügen. Nach Untersuchungen des Hygienischen Instituts der Freien Universität Berlin sollen allerdings alle der heute handelsüblichen Schallschluckstoffe gewisse Keime enthalten und nur in Ausnahmefällen eine gewisse Eigenbakterizidie besitzen.

Selbstverständlich muß man in schallabsorbierend ausgekleideten Krankenhausräumen die Entstehung von Staub und dessen »Umtrieb« (Keimumtrieb) auf ein Minimum reduzieren. Das scheint durch Verzicht auf die bisher übliche Konvektionsheizung und Übergang zur Strahlungsheizung durchaus möglich zu sein, zumal es viele Deckenstrahlungsheizungen gibt, die gleichzeitig schallschluckend hergestellt werden können. In den Fluren, Tagesräumen, Vortragssälen, Treppenhäusern, Eingangshallen und dgl. bestehen gegen eine Verwendung schallabsorbierender Auskleidungen keine Bedenken, wenn sie so hoch liegen, daß sie von den Kranken nicht berührt werden können. Als Richtmaß können unter Beachtung großer Sicherheit etwa 250 cm Abstand von der Fußbodenoberkante angesehen werden.

Schallschluckende Korridordecken gewährleisten auf dem Flur selbst in der Nähe der Schallquelle eine Schallpegelsenkung um mehr als 3 dB(A). Bei Vergrößerung des Abstandes auf das Doppelte kann jeweils mit einer weiteren Verbesserung um mindestens 3 dB(A) (→ Flure und Treppenräume) gerechnet werden. In den angrenzenden Krankenzimmern, auf deren Zustand es vor allem ankommt, wirkt sich diese Abnahme der Lautstärke noch stärker aus. Wie im Tbc-Krankenhaus »Heckeshorn« in Berlin-Wannsee nachgewiesen wurde, liegen die Verbesserungen in den Krankenräumen bei Abständen von der Schallquelle zwischen etwa 10 und knapp 50 m in der Größenordnung von 3 bis 14 phon gegenüber dem Zustand ohne schallschluckende Flurdecke, die in diesem Fall aus schwingungsfähig angeordneten, etwa 13 mm dicken gerillten Weichfaser-Akustikplatten bestand. Eine Lautstärkesenkung um 3 bis 14 phon kommt praktisch einer Lautheits-Minderung auf 75 bis 35% des Anfangswertes gleich.

Die Staubentwicklung hängt sehr mit der Beschaffenheit des Fußbodens zusammen, da sich naturgemäß auf dieser Fläche die meisten Ablagerungen bilden. Leider stehen auch hier die hygienischen Forderungen den schall- und wärmeschutztechnischen häufig entgegen. Es gibt bakterizide Stoffe wie zum Beispiel das Linoleum, das in Krankenhäusern auf schweren Decken → 186 mit den üblichen elastischen Unterlagen → 192 nicht nur einen guten Trittschallschutz ergibt, sondern immer auch ausreichend fußwarm sein dürfte. Auf ausreichende Fußwärme sollte man in den Krankenräumen auf keinen Fall verzichten, selbst wenn zur Trittschallisolierung, wie öfters notwendig, ein schwimmender Estrich Verwendung findet.

Im Flur ist die Fußwärme weniger wichtig als eine gute Trittsicherheit, die Ermüdungserscheinungen begegnet. Gleichzeitig sollte man darauf achten, daß der Belag ohne weiteres lautlos begangen werden kann, da Trittgeräusche in gleicher Weise wie Transportgeräte wesentlich zum verhältnismäßig hohen Störpegel der Flure beitragen → 1.

Vielfach hat sich ein Krankenhausflurbelag aus dünnem Gummi mit einer Unterschicht aus Schaumgummi gut bewährt. Er kann auch auf Treppen verlegt werden, wo die Trittsicherheit in gleichem Maße notwendig ist und ungedämpfte Trittgeräusche sehr stark in die angrenzenden Räume übertragen werden, wenn die Treppenstufen mit der Treppenhauswand eine starre Verbindung haben. Wenn der gesamte Verkehr zwischen den Geschossen durch in ausreichendem Maße vorhandene Aufzüge bewältigt werden kann, ist ein elastischer Treppenbelag weniger wichtig, da die Treppen dann höchst selten begangen werden.

Eine besondere Schwierigkeit, die immer wieder auftritt, ist die Ausbildung des Bodens an den Türschwellen. Da man mit den Krankenbetten ohne Erschütterungen in die Zimmer hinein- und herausfahren muß, sind normale Türschwellen unerwünscht. Man hat sich oft bemüht, diesem Übel abzuhelfen, ohne jedoch eine restlos überzeugende Lösung zu finden → 180.

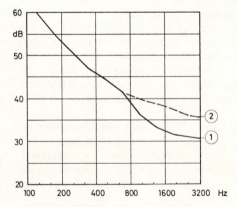

1 Maximal mögliche Körperschallstörungen zwischen den einzelnen Geschossen in einem Krankenhaus alter, sehr massiver Bauart mit harten, nicht schwimmenden Böden.
① Störpegel durch starken Trittschall und ähnliche Körperschallerreger, gemessener Mittelwert 65 dB oder 48 dB(A)
② Anhebung des Störpegels bei hohen Frequenzen durch Wasserleitungsgeräusche

GEBÄUDEARTEN

Lager- und Klimaräume

1 Raumluftzustand und Lautstärke von lüftungstechnischen Anlagen nach DIN 1946 u. a.

Verwendungszweck	Temperatur (°C)	Luftfeuchtigkeit (%)	max. zul. für Lüftungsanlagen dB(A)
normale Operations- und Vorbereitungsräume	24 bis 25 (regelbar)	50–65	30
Räume für Frischoperierte	22 bis 24 (regelbar)	35–60	30
Krankenräume	18 bis 22	35–60	35
Baderäume	22	50–90	45
Räume für Frühgeburten	22 bis 25	50–60	30
Tagesräume	20	ca. 50	35
Untersuchungsräume	24	30–45	35
Treppen, Aborte	20	ca. 40	45
Leichenräume	−5 bis 0	—	—

Die ausreichende Schalldämmung der Krankenzimmertür ist außerordentlich wichtig. Einen Wert von etwa 30 dB sollte man nicht unterschreiten. Wesentlich höhere Werte zu erreichen, ist wohl technisch möglich, jedoch bei der großen Zahl von Türen im Krankenhaus zweifellos zu kostspielig. Aus schalltechnischen Gründen ist es daher nicht erforderlich, die Trennwand zwischen Krankenzimmer und Flur wesentlich besser dämmend herzustellen als die Tür. Etwa 12 cm dickes Mauerwerk aus schweren Steinen genügt.

Die Anforderungen an die Trennwände zwischen den Krankenzimmern können wesentlich höher gestellt werden, da es hierbei technisch ohne weiteres möglich ist, einen Wert von 50 dB zu erreichen. Diese sehr gute Dämmung stellt sich zwangsläufig dort ein, wo man solche Wände tragend ausbilden muß, also etwa 25 cm dickes Vollziegelmauerwerk verwendet. Auf diese Weise erzielt man den gleichen Schallschutz, wie er für Wohnungstrennwände gefordert wird und wie er auch zwischen besonders hochwertigen Krankenzimmern durchaus notwendig ist, vor allem dann, wenn es gestattet ist, zu beliebiger Tageszeit Besucher zu empfangen und darüber hinaus Privatradios oder Fernseher in Betrieb zu nehmen.

Zwischen Mehrpersonenkrankenzimmern mit genau begrenzten Besuchszeiten und strengen Verhaltensvorschriften dürfte eine Dämmung von 50 dB nicht immer notwendig sein. Man könnte sich hier mit etwa 12 cm dicken steifen Vollziegelwänden (erforderliches LSM nach DIN 4109 = −3 dB) begnügen, zumal in solchen Räumen ohnehin eine höhere Dauerlautstärke vorhanden ist als in einem Einbettzimmer.

Krankenhausräume, in denen zeitweise sehr hohe Lautstärken entstehen, sollten abseits der normalen Bettenräume liegen oder nach DIN 4109 mit einem → LSM von +10 dB und einem → TSM von +20 dB → 141 ausgestattet werden (sanitäre Gruppen, Stationsküchen). Besonders wichtig ist dies bei bestimmten Behandlungsräumen, wie z. B. beim Kreißsaal, bei der Tobzelle sowie bei Wohnräumen des Personals. Für Decken zwischen ruhigen Räumen genügt nach der Norm ein LSM von 0 und ein TSM von +3/0 dB.

Wird für das Bauwerk eine Skelettkonstruktion verwendet, so ist es häufig nicht möglich, die Trennwände einschalig aus schwerem Material herzustellen. Hier muß man notgedrungen zu Leichtbauplatten greifen, die dann immer zu Doppelschalen → 128 2 verarbeitet werden sollten. Bewährt hat sich auch das Konstruktionsprinzip des sogenannten »schwimmenden Putzes«

mit Verbesserung der Luftschalldämmung von 8 bis 15 dB je nach Qualität der Ausführung und Dicke der zu verwendenden elastischen Zwischenlage (→ Vorsatzschalen, 137).

Äußerste Vorsicht ist bei allen Wänden und Decken von Krankenzimmern, Behandlungszimmern u. ä. notwendig, wenn in ihnen Leitungen der sanitären oder der Heizungsinstallation verlegt werden sollen, da praktisch jeder Krankenraum mindestens ein Waschbecken erhält. Wo man nicht ganz sicher ist, daß die Rohre und Armaturen keinen Körperschall leiten bzw. über die Wand abstrahlen können, sollte man andere Möglichkeiten der Leitungsführung suchen und die Waschbecken nicht an Trennwänden montieren. Einwandfrei ist die Verlegung der Rohre in besonderen Installationsschächten frei vor der Wand unter Zwischenlage von elastischen Stoffen → 237 unter Verwendung strömungsgünstiger Armaturen → 241. Bei schlechten, d. h. strömungsungünstigen Armaturen wurden in den Nachbarräumen Lautstärken oberhalb von 50 phon (WC-Druckspüler und Badewannenarmaturen sind noch lauter!) gemessen, was für die Kranken völlig unzumutbar ist.

Ähnlich wie bei der sanitären Installation liegen die Verhältnisse bei der Zentralheizung → 238. Nicht vernachlässigen sollte man Körperschallübertragungen von Licht- und ähnlichen Schaltern → 246.

Als akustisch wichtige Sonderfälle seien noch die Operationsräume genannt. Hier muß der Arzt die Möglichkeit haben, sich restlos auf seine Arbeit zu konzentrieren, sich unter Umständen sogar mit dem Gehör zu orientieren. Da die Operationsräume oft in der Nähe der Bäderabteilung und ähnlicher geräuschvoller Behandlungsräume liegen, sind die Gefahren einer Geräuschbelästigung schon bei der Planung sorgfältig zu untersuchen. Mit Hilfe einer massiven Bauweise oder unter Verwendung schwimmender Putze sowie durch einen schwimmenden Estrich und eine abgehängte und, soweit wie hygienisch möglich, schallschluckende Decke wird man auch in ungünstigen Fällen zum Erfolg kommen, wenn darüber hinaus dafür gesorgt wird, daß sämtliche Maschinen einschließlich der wohl meistens vorhandenen Klima- bzw. Belüftungsanlage weder eine Körperschallabstrahlung noch Strömungsgeräusche oberhalb von 25 bis 30 dB(A) verursachen. In vielen Fällen reichen bereits einfache schallschluckende Kanäle aus, wenn darüber hinaus die Luftgeschwindigkeit an den Auslässen immer unterhalb von 2 m/Sekunde liegt.

Noch höhere Anforderungen an den Schallschutz müssen bei den sogenannten Hörprüfräumen (Camera Silenta) → 262 der audiologischen Abteilungen gestellt werden. Hier liegen die zulässigen Schallpegel je nach Art der Anlage zwischen 10 und etwa 30 dB(A). Am sichersten arbeitet man bei derartigen Anforderungen mit einer sogenannten »Raum-im-Raum-Gestaltung«, ähnlich wie sie für Rundfunkstudios entwickelt wurde.

Küchen → Bäckereien

Kühlräume → Lager- und Klimaräume

Lager- und Klimaräume

In vielen Lagerräumen, vor allem für Lebensmittel sind bestimmte Temperaturen und Luftfeuchtigkeiten einzuhalten. Einige Anhaltspunkte für die häufigsten Lebensmittel → 274 1.
Die wichtigste Gruppe unter den Lebensmittel-Lagerräumen sind

Lager- und Klimaräume

GEBÄUDEARTEN

die Kühl- und Gefrierräume, in denen je nach Bedarf Temperaturen bis zu −30°C und darunter eingestellt werden müssen. Um diese Temperaturen unter Einhaltung der jeweils optimalen relativen Feuchtigkeit zu erreichen, kann man selten ohne eine Klimaanlage auskommen. Für bestimmte Lagergüte ohne weiteres geeignet ist z. B. der althergebrachte gewölbte Naturstein-Tiefkeller, dessen Temperaturen durch das starke Speichervermögen seiner Raumbegrenzungen je nach Lüftung und Jahreszeit bei etwa +4° bis +12°C liegen → 1.

Ein Vergleich mit der Tabelle zeigt, daß er nur für wenige Lebensmittelgruppen optimal geeignet ist, abgesehen von den finanziellen und technischen Schwierigkeiten, die die Herstellung eines Gewölbes in der herkömmlichen Art bei ausreichender Stapelfläche verursacht. Außerdem ist es nicht einfach, das Feuchtigkeits- und Lüftungsproblem solcher Räume zu beherrschen, wodurch wiederum der Fäulnisprozeß, das Wachstum von Mikroorganismen und die Bildung eines üblen Geruches begünstigt wird.

Nach den heutigen Anforderungen müssen Kühl- und Gefrierräume für Lebensmittel frei von Gerüchen jeder Art und überhaupt hygienisch völlig einwandfrei sein. Für die zu verwendenden Wärmedämm- und Sperrstoffe bedeutet dies die Forderung nach physiologisch völlig unbedenklicher Beschaffenheit. Die Innenseiten dürfen weder Teer noch Phenol, Kresol, Karbol und Naphthalin enthalten. Es muß möglich sein, zumindest die Wände und den Boden leicht und einwandfrei zu reinigen. Bezüglich der Temperatur geht man sogar so weit, eine Genauigkeit auf ein halbes Grad zu fordern. Solchen Anforderungen kann nur eine ständig überwachte und gesteuerte Klimaanlage gerecht werden, die in den meisten Fällen ausschließlich die Kühlung zu übernehmen hat.

Da maschinell hergestellte Kälte bei den vorherrschenden mittleren und kleinen Anlagen 20- bis 50mal teurer ist als beispielsweise Zentralheizungswärme, muß man bei Kühlanlagen mehr als beim Wärmeschutz im Hochbau darauf achten, daß die Isolierungen einwandfrei sind und ein wirtschaftliches Ausmaß besitzen. Auf Grund der vorliegenden Erfahrungen lassen sich für mitteleuropäisches Klima etwa bei Verwendung des gegen die kritischen Feuchtigkeitseinflüsse besonders beständigen geschlossenzelligen Schaumglases die in Tabelle 275 3 angegebenen Dämmschichtdicken als wirtschaftlich bezeichnen.

Nach VDI 2055 wird zwischen zwei verschiedenen Umgebungstemperaturen → 275 2 unterschieden. Als mitteleuropäisches Jahresmittel im Freien wird +10°C und innerhalb beheizter Räume oder in wärmeren Gebieten +20°C angenommen.

Eine besondere Schwierigkeit bei der Isolierung von Kühlräumen ist die Gefahr der Durchfeuchtung des Dämmstoffes infolge Dampfdiffusion von außen nach innen, die hier wegen des häufig das ganze Jahr über andauernden Temperaturgefälles wesentlich größer ist als bei den üblichen normalen Wärmeisolierungen im Hochbau. Es muß auf jeden Fall verhindert werden, daß die Dämmschicht übermäßig durchfeuchtet und daß sich die eindringende Feuchtigkeit innerhalb des Dämmstoffes etwa bei mehrschichtig geklebtem Aufbau an einer unbeabsichtigt dampfsperrenden Schicht oder an der kalten Seite (Innenseite!) staut. Auf diese Weise erreicht man, daß der Dämmstoff nicht zunehmend feuchter wird und an Wärmedämmvermögen verliert.

Aus den genannten Gründen ist bei Gefrier- und Tiefkühlräumen ein Material zu wählen, das selbst vollständig wasserdampfundurchlässig ist → 103, oder es ist auf der Außenseite eine zuverlässige Dampfsperre einzubauen. Die Innenverkleidung sollte dagegen nicht dampfsperrend wirken, sondern einen Diffusionswiderstand besitzen, der gleich oder geringer ist als derjenige der Wärmedämmschicht.

Diese Forderung ist nicht leicht zu erfüllen, da die Oberflächen von Kühlraumwänden und -böden eine dichte porenfreie Beschaffenheit besitzen sollen, die erlaubt, den Raum ohne großen Aufwand hygienisch einwandfrei zu halten. Zu diesem Zweck werden meistens keramische Beläge oder dgl. verwendet, die leider zwangsläufig eine gewisse Dampfsperre darstellen. Selbst ein dichter Zementputz ohne Anstrich bedeutet an der Innenseite unter Umständen bereits eine nachteilige Behinderung der Feuchtigkeitswanderung.

Ein vollständig dampfsperrendes Material existiert in Form eines bestimmten Schaumglases, dessen technische Daten wegen der großen Bedeutung dieses Stoffes für den vorliegenden Zweck in 275 3 zusammengestellt wurden.

Leider sind die Platten sehr spröde, was große Sorgfalt beim Transport erfordert. Die Stoßfugen müssen sehr genau abgedichtet werden, damit eine vollständige Sperrung gegen Feuchtigkeit gewährleistet ist. Am besten werden die Dämmstoffplatten zweilagig mit gegeneinander versetzten Stößen verlegt → 325 3. Das Material selbst ist bezüglich des Durchfeuchtungsschutzes ideal, da sein Diffusionswiderstand praktisch unendlich groß ist.

Neben dem Kork sind die geschlossenzelligen Kunststoff-Hartschäume am gebräuchlichsten. Ihr Diffusionswiderstand ist zwar größer als derjenige anderer Wärmedämmstoffe, erreicht jedoch

1 Temperatur und Luftfeuchtigkeit für die Lagerung von Lebensmitteln

	Lagertemperatur in °C	relative Luftfeuchtigkeit in %	ohne Klimaanlage o. ä. zu erzielen durch:
Rotwein	+15	−	fensterlose Hochbauten mit extrem großer Wärmedämmung
Bananen	+11	85	
Weißwein	+8	−	
Backwaren, Brot	+6 bis +12	80 bis 85	gute Keller mit natürlicher Lüftung
Käse	+6	75	
Schokolade	+5	−	
Milch	+2 bis +12	−	
Kartoffeln	+3	90	
Karotten	+1	90	
Bierlager	+1 bis +8	70 bis 90	
Eier	0 bis +8	80	
Fleisch-Kühlraum	0 bis +8	80 bis 90	
viele Obstsorten	0	90	
Kohl	−0,5	85	
Geflügel	−5	85	
Butter	−6 bis +4	75 bis 80	
Blumen	−6 bis +2	80	
Seefische	−9	85	
Gefrierfleisch-Lagerraum	−12		
Backwaren, tiefgekühlt	−16 bis −18	−	
Fische	−20 bis +8	75 bis 100	
Fischgefrierraum	−20		
Fleischgefrierraum	−23	60 bis 70	

GEBÄUDEARTEN

Lager- und Klimaräume

1 Wirtschaftliche Dicke der Wärmedämmschicht von Kühlräumen bei Verwendung von Korksteinplatten, Foamglas usw.

angestrebte Raumtemperatur (°C)	Wärmedämmschicht (mm)
+15	40
+10	80
+ 5	130
± 0	170
− 5	210
−10	240
−15	260
−20	290
−25	310
−30	330
−35	350
−40	360

2 Wärmedämmschichtdicken nach VDI 2055 (bei Wärmeleitzahl $\lambda = 0{,}041$ (0,035))

Kühlraum-Temperatur (°C)	Dämmschichtdicke (mm) für eine Umgebungstemperatur von	
	+ 10 °C	+ 20 °C
+ 5	100	140
0	120	160
− 5	140	180
−10	160	200
−15	180	220
−20	200	240
−25	220	260
−30	240	280

3 Technische Daten von geschlossenzelligem Schaumglas

Wärmeleitzahl-Laborwert*	bei − 180 °C	0,029 (0,025)
	− 150 °C	0,030 (0,026)
	− 100 °C	0,035 (0,030)
	− 50 °C	0,041 (0,035)
	0 °C	0,048 (0,041)
	+ 10 °C	0,048 (0,0415)
	+ 50 °C	0,057 (0,049)
Rohdichte	≈ 128 kg/m³	
mittlere Druckfestigkeit	0,5 N/mm²	
Zugfestigkeit	0,45 N/mm²	
Ausdehnungskoeffizient	$8{,}5 \times 10^{-6}$/K	
Wasseraufnahme	0 (ausgenommen die angeschnittenen Glaszellen an den Oberflächen)	
Durchlässigkeit	0 (nicht hygroskopisch, dampfsperrend)	
Temperaturbereich	− 260 °C bis + 430 °C (nicht brennbar)	

* in W/m K (kcal/m hK)

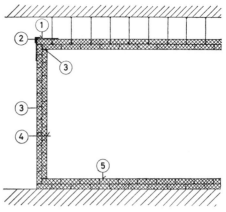

5 Querschnitt durch einen Klimaraum aus selbsttragendem Wärmedämmstoff:
1 Metallfolie aufgeklebt
2 Eckversteifung
3 Fugendichtungen
4 Spachtelputz
5 geschlossenzelliges Schaumglas zweilagig zusammengeklebt, insgesamt 28 cm dick

Dieser Raum kann von außen mit Temperaturen bis +60 °C (relative Luftfeuchte 65%) belastet werden. Die tiefste Innentemperatur reicht bis −40 °C.

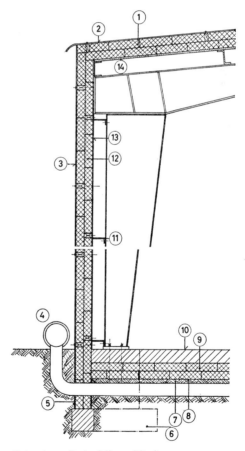

4 (rechts) Kühlhauskonstruktion aus geschlossenzelligem Schaumglas:
1 2 Lagen geschlossenzelliges Schaumglas, dicht verklebt
2 Dach-Abdichtung aus Asbestzementplatten, Wellblech, Aluminium o. ä.
3 Verkleidung aus Asbestzementplatten oder profilierten Metalltafeln
4 Rohre für die Querlüftung mit Warmluft als Baugrund-Frostschutz
5 Imprägniertes Glasfasergewebe
6 Druckverteilungsplatte aus Stahlbeton
▷ 7 trockene Bodenfüllung (Kies)
8 1 Lage Filzpappe
9 2 Lagen geschlossenzelliges Schaumglas, dicht verklebt
10 Beton-Verschleißschicht
11 Aussteifungsprofile quer zum Stahlbinder
12 2 Lagen geschlossenzelliges Schaumglas, dicht verklebt
13 Innenverkleidung nach Bedarf aus Putz oder Fliesen
▷ 14 tragende Holz- oder Blechkonstruktion

die Wirkung einer guten Dampfsperre etwa wie beim beschriebenen Schaumglas nicht. Das ist ein Grund dafür, daß die Hersteller und Verarbeiter dieser Stoffe fordern, bei der Isolierung von Gefrier- und Tiefkühlräumen (mit Betriebstemperaturen von weniger als 0 °C) auf der Warmseite eine Dampfsperre vorzusehen, die bei Temperaturen um 0 °C aus sperrenden, armierten Anstrichen bestehen kann und bei tieferen Temperaturen etwa unterhalb von —10 °C aus Bitumenpappe mit Heißbitumenschichten oder mindestens Gleichwertigem bestehen muß. Auch Metallmäntel mit dichten Fugen haben sich bewährt, da alle Metalle schon bei geringen Foliendicken völlig dampfdicht sind.

Bei Temperaturen oberhalb von 0 °C genügt es, die Kaltseite der Dämmschicht ausreichend feuchtigkeitsdurchlässig zu gestalten, damit die Dämmschichten nach innen austrocknen können. Das trifft z. B. für Obst-, Gemüse- und Kartoffellagerräume zu → Diffusionswiderstandsfaktoren, 103. Auch bei der Verwendung von expandiertem imprägniertem Kork, bei dem die einzelnen Korkkörner durch die Pechhaut geschützt sind, ist hier eine besondere Dampfsperre nicht unbedingt notwendig.

Ein wichtiger Gesichtspunkt bei der Isolierung von Kühlräumen mit Temperaturen unter 0 °C ist die Frostgefahr unter den Böden und sämtlichen Fundamenten, die direkt auf dem Erdreich stehen. Sofern der Baugrund nicht, wie beispielsweise lehmfreier Sand und Kies, frostsicher ist, besteht die Gefahr, daß sich unterhalb der Bodenisolierung Eisschichten bilden, die die Bodenmitte, aber auch einzelne Gebäudefundamente hochdrücken können und so zu Bauschäden führen. Durch eine Überdimensionierung der Dämmschichten etwa bis zu 40 cm Dicke und mehr kann dieser Gefahr nur begrenzt begegnet werden. Als beste Möglichkeit erscheint, so widerspruchsvoll es im ersten Augenblick klingen mag, der Einbau einer elektrischen Heizanlage unterhalb der Dämmschicht, die die Aufgabe hat, die Temperatur dort oberhalb von 0 °C zu halten. Der Stromverbrauch hält sich nach vorliegenden Angaben in sehr engen Grenzen.

Leseräume →Schulen

Mehrzwecksäle

Wohl kein größerer Saal, auch kein Konzertsaal und Theater, wird heutzutage nur für einen einzigen Zweck verwendet, da das unwirtschaftlich ist. Es erscheint daher sinnvoll, an dieser Stelle auch die Konzertsäle und Theater zu behandeln. Die Verbindung mit Turn- und Sportbetrieb muß dagegen in Übereinstimmung mit DIN 18032 »Richtlinien für den Bau von Turn- und Spielhallen« abgelehnt werden. Auch wenn eine Sporthalle als Vortrags- und Hörsaal → 262 ausgebaut wird, sind die Qualitäten eines guten Mehrzwecksaales nicht zu erwarten, bei dem Musik und Gesang eindeutig den Vorrang haben. Der Verwendungsbereich eines echten Mehrzwecksaales wird damit auf folgende Veranstaltungen begrenzt:

1. Konzerte
2. festliche Veranstaltungen mit Vortrag, Musik und Tanz
3. Opern, Operetten, Schauspiel
4. Ausstellungen

Architekt und Akustiker sehen sich in solchen Fällen vor eine äußerst schwierige Aufgabe gestellt, da erwartet wird, daß der

1 Raumanteil pro Platz in bekannten Mehrzweck- und Konzertsälen

	m³/Platz
Altes Festspielhaus, Salzburg	4,6
Stadtsaal Innsbruck, großer Saal	5,2
Neues Festspielhaus, Salzburg	6,0
St. Andrew's Hall, Glasgow	6,0 (9,2)
Royal Festival Hall, London	6,4 (7,3)
La Chaux-de-Fonds	6,6
Gewandhaus, Leipzig	6,6
Musikhochschule Berlin, Konzertsaal	6,8
Stadthalle Wien, Haupthalle (je nach Besetzung)	6,8 (44)
Liederhalle Stuttgart, mittlerer Saal (Fünfecksaal)	6,9
New Philharmonic Hall, Liverpool	6,9
Festhalle, Bern	7,0
Tivoli, Kopenhagen	7,1
Symphonic Hall, Boston	7,2
Stadtsaal Innsbruck, kleiner Saal	7,2
Großer Musikvereinssaal, Wien	7,5
Stadt-Kasino, Basel	7,5
Liederhalle Stuttgart, großer Saal	8,0
Großer Konzerthaussaal, Wien	8,5
Musikvereinssaal, Wien	9,1
Konzerthaus Göteborg, großer Saal	9,2
Konzerthaus Helsingborg, großer Saal	9,3
Konzertsaal Turku, Finnland	10,0
Neue Philharmonie, Berlin	ca. 11
Beethovenhalle, Bonn	11,2
Herkulessaal, München	11,7
Karabinieri-Saal, Salzburg	17,0

Raum in jeder Hinsicht und bei jeder Art von Veranstaltungen akustisch befriedigt. Erschwerend wirkt, daß man den Akustik-Fachmann oft erst dann hinzuzieht, wenn der Entwurf bereits vorliegt. Häufig sind die Bauarbeiten bereits im Gange oder vollständig fertig, und man stellt erst bei der Eröffnungsfeier fest, daß der Raum akustisch unbefriedigend ist → 277 1. Um dieser Gefahr mit Sicherheit zu entgehen, sollte man bereits bei der Aufstellung des Raumprogramms, also bei der Formulierung der Bauaufgabe, auf die akustischen Qualitäten eingehen, da es sich bei den genannten Veranstaltungen zweifellos in erster Linie um akustische Ereignisse handelt.

Bei Vorträgen und auch vielen festlichen Veranstaltungen sind die Räume durch eine verhältnismäßig starke Besetzung gekennzeichnet. Die Schallquelle befindet sich in solchen Fällen immer an der gleichen Stelle. Um hier optimale Nachhallzeiten zu erreichen, ist eine stärkere Dämpfung des Raumes nicht zweckmäßig, da das Publikum allein eine häufig ausreichende und bei ungenügender Raumgröße sogar eine zu starke Absorption bewirkt → 1.

Für Theater-, Musik- und Gesangsdarbietungen ist eine gleichmäßige Schallversorgung der bestuhlten Fläche sowie eine richtige Frequenzabhängigkeit des Nachhalls besonders wichtig. In einem durch eine Schallschluckdecke auf optimale Verhältnisse bei Vorträgen abgestimmten Raum besteht die Gefahr, daß Musik und Gesang »farblos« klingen. Es fehlt der volle Klang, den man in einem guten Theater- oder Konzertsaal sehr zu schätzen weiß.

Ferner besteht dabei die Gefahr, daß vorwiegend das gesprochene, aber auch das gesungene Wort ebenso wie hohe Frequenzen der Musik zuviel Energie verlieren, so daß sie in den hinteren Sitzreihen nicht ausreichend wahrgenommen werden können.

GEBÄUDEARTEN

Mehrzwecksäle

Außerdem ist es sehr fraglich, ob sich sämtliche Akteure der Vorstellung selbst richtig hören und akustisch gegenseitig orientieren können. Die gleiche Gefahr besteht auch, wenn der Raum so groß ist, so daß elektroakustische Hilfsmittel → 247 benutzt werden müssen.

Bei den Anforderungen für die einzelnen Veranstaltungen bestehen Unterschiede, sogar Widersprüche, die nur bedingt miteinander in Einklang gebracht werden können. Es ist daher zweckmäßig, von Anfang an, also schon im Bauprogramm, festzulegen, welche der genannten Verwendungszwecke bei dem zu erstellenden Saal bevorzugt werden sollen. Schon ein falsches Programm kann zu einer unvorteilhaften Planung oder sogar zum Mißerfolg führen.

Selbstverständlich muß auch bei der weitgehenden Festlegung der Planung auf einen bestimmten Verwendungszweck das Bemühen im Vordergrund stehen, den für die übrigen Bedarfsfälle günstigen Verhältnissen möglichst nahe zu kommen. Hierbei darf man sich bei Mehrzwecksälen auf die Erzielung der optimalen Nachhallzeiten allein nicht beschränken, sondern muß auch allen übrigen Komponenten einer guten Akustik, vor allem solchen, die eine gewisse Unabhängigkeit von der Nachhallzeit gewährleisten, in besonderem Maße nachgehen. Die in diesem Sinne wesentlichsten Faktoren sind eine sinnvolle Verteilung der ersten Reflexionen auf das Publikum → 326 1, 277 2 und 3, sowie eine günstige Diffusität → 325 4 und 326 2 bis 4 → 267/3.

Beschränkt sich die Schallverteilung durch besondere Reflektoren vorwiegend auf eine Lenkung erster Reflexionen an die durch den direkten Schall weniger gut versorgten Plätze, so umfaßt das Streben nach guter Diffusität zusätzlich die Verhinderung besonders stark hervortretender Eigenfrequenzen des Raumes. Beides kann durch große Schrägflächen sowie durch konvexe oder gebrochene Reflektoren erreicht werden, deren Abmessungen den zu reflektierenden Wellen entsprechen müssen. Auch abwechselnd reflektierende und absorbierende Flächen können diesem Zweck dienen → 326 5 und 324 4.

Solche Gesichtspunkte berühren weniger die Ausstattung des Raumes (also auch nachträglich durchführbare Maßnahmen), als hauptsächlich die Raumform und damit den Entwurf. Beim Entwurf werden zu oft technisch und vor allem raumakustisch völlig unbegründete Formen und Abmessungen gewählt. Auch die statischen Gesichtspunkte werden wohl zu stark in den Vordergrund gestellt. Auf dem Quadrat oder Rechteck aufgebaute Räume sind akustisch verhältnismäßig schlecht, auch wenn die Proportionen nicht ganzzahligen Verhältnissen entsprechen. Sie verursachen beim Ausbau einen erhöhten Aufwand, der letzten Endes vielfach doch nicht befriedigt.

Zueinander rechtwinklig und parallel stehende Flächen sind unerwünscht, weil sie das Streben nach ausreichender Diffusität erschweren, wenn nicht sogar unmöglich machen. Letzteres ist dann der Fall, wenn der Raum im Vergleich zu seiner Besetzung zu klein ist, d.h., wenn ein Raum bestimmter Größe so stark besetzt wird, daß pro Platz weniger als 3 bis 4 m³ Luft vorhanden sind. Für solche Räume mit starker Besetzung — also mit einem sehr großen Absorptionsanteil durch die Kleidung des Publikums — gilt in verstärktem Maße die Forderung nach einer akustisch optimalen »Rohbauform« → 263/3 und 4.

Bei geringer Platzanzahl und großem Luftvolumen bestehen in Räumen bis zu etwa 6000 m³ Volumen noch Variationsmöglichkeiten, da in solchen Fällen die Nachhallzeit durch geeignete schallabsorbierende Auskleidungen ohnehin gekürzt werden muß, wobei man gleichzeitig durch geschickte Verteilung der Absorber an sonst ungünstig reflektierenden Raumbegrenzungen

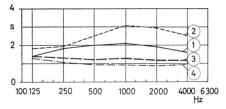

1 Nachhallzeit in einer Stadthalle mit einem Volumen von rd. 2500 m³ vor und nach dem Umbau zur Verbesserung der Raumakustik.
① Nachhallzeit im leeren Saal vor dem Umbau mit Schallschluckdecke
② Nachhallzeit nach dem Umbau ohne Besetzung und ohne Schallschluckdecke
③ wie vor, mit 300 Personen auf Holzgestühl und mit 95 leeren Polstersitzen
④ wie vor, alle 540 Plätze besetzt

Der Raum war vor dem Umbau bei stärkerer Besetzung überdämpft. Durch den Umbau wurde eine sehr gute Hörsamkeit für Sprache, moderne Musik und andere gesellschaftliche Veranstaltungen erreicht → ③ und ④.

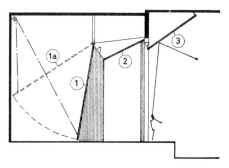

2 Querschnitt durch eine Bühne mit einer verstellbaren Wand (1) und zwei feststehenden Deckenreflektoren (2 und 3).

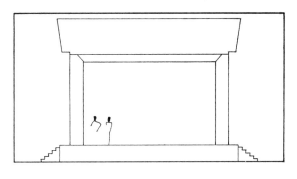

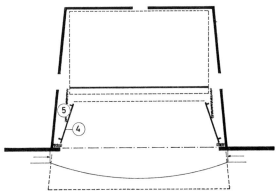

3 Grundriß und Ansicht der Bühne → Bild 2:
4 Seitenblende als Reflektor   **5** Kulissenvorhang

eine Erhöhung der Schallstreuung und gleichmäßige Dämpfung der Eigenfrequenzen bewirken kann → 326 3.

Für den Ausbau werden vorwiegend Mitschwinger → 218 benötigt, die so aufgebaut werden müssen, daß das Absorptionsmaximum im richtigen Bereich liegt. Mitschwinger verursachen bei mittleren und hohen Frequenzen eine verhältnismäßig geringe Schallabsorption, so daß sie sich für diese Bereiche gleichzeitig etwa in konvexer oder schräger Anordnung als Reflektoren zur Verbesserung der Schallverteilung eignen. Die Abmessungen derartiger Schrägflächen sollten mindestens so groß sein wie die Längen der zu reflektierenden Schallwellen, also in der Größenordnung zwischen 6 und 340 cm liegen.

Eine Akustikmaßnahme ersten Ranges ist die Polsterung des Gestühls → 50, die immer so beschaffen sein sollte, daß die Absorption durch fehlendes Publikum weitgehend ausgeglichen wird → 325 4. In welchem Maße dies auch in sehr großen Räumen gelingt, beweisen das Diagramm 1 und Bild 327 1. Die Polsterung wurde so ausgeführt, daß sie im besetzten Zustand vollständig verdeckt ist. Nur kleinere Oberflächen des Raumes wurden gelocht oder als Schlitzresonatoren zur Absorption in bestimmten tiefen Frequenzbereichen ausgeführt.

Bühnen sollten statt der zu Unrecht beliebten Stoffsoffitten eine im Längsschnitt zum Publikumsraum ansteigende, schräge Deckenvorsatzschale erhalten, die so weit wie möglich unter dem Bühnensturz hinweg in den Publikumsraum hineinragt → 277 2 und 277 3. Es ist auch möglich, diese Decke in einzelne Schrägflächen aufzulösen, die jedoch eine zusammenhängende dichte Schale bilden sollten. Die Schrägstellung sollte so erfolgen, daß der an den einzelnen Flächen auftreffende Schall analog optischen Gesetzen vorwiegend in die hintere Hälfte des Publikumsraumes reflektiert wird. Die Breite der einzelnen Schrägflächen sollte mindestens etwa 2 m betragen.

Statt des vorhandenen Horizont-Vorhangs wäre es wesentlich zweckmäßiger, schallreflektierende Kulissen zu verwenden. Sie können aus einfachen Holzrahmen und Hartfaserplatten bestehen und gleichzeitig den oft wohl notwendigen Umgang bilden. Im Prinzip wäre bei diesen Kulissen in gleicher Weise zu verfahren wie beim sogenannten »Bühnen-Stellzimmer«. Weiterhin ist ein 1 m hoch liegender ansteigender Bühnenboden günstig.

Das Bühnen- oder Konzert-Stellzimmer ist im Theater wegen des akustisch unvorteilhaften hohen Schnürbodens ein sehr dringend notwendiges Einbauelement, das auch vielfältige andere bühnentechnische Aufgaben übernehmen kann. Es soll aus leichten sperrholzverkleideten Rahmen als Seitenteile und einer ganzflächigen, zum Publikumsraum ansteigenden Abdeckung bestehen.

Die Rahmen werden gewöhnlich auf dem Bühnenboden befestigt, während die Decke, in Hochzüge eingebunden, auf die stehenden Wandteile herabgelassen werden kann. Die Wände müssen schließbare Türen aus gleichem schallreflektierendem Material für die Zu- und Abgänge der Mitwirkenden erhalten. Die Einzelteile sollen so bemessen sein, daß das Zimmer je nach Bedarf verschieden groß zusammengebaut werden kann. Zur Verbesserung der Schallreflexionen aus dem Bühnenraum kann das Konzertzimmer notfalls auch hinter einer akustisch transparenten anderen Bühnenausstattung aufgebaut werden.

Die maximale Lautstärke von Störungen soll im ganzen Saal bei hohen Anforderungen in der Größenordnung von 25—30 dB(A) liegen. Das erfordert im Idealfall den Verzicht auf Fenster oder ähnliche Verglasungen und die Anordnung einer zweckmäßigen Beleuchtung sowie besonders schalldämmender Wände und Decken.

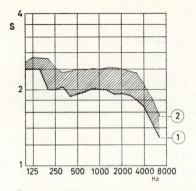

1 Frequenzabhängigkeit der Nachhallzeit des Konzertsaales der Berliner Philharmonie mit einem Volumen von rd. 22 000 m³ (nach L. Cremer).
① Raum vollbesetzt mit insgesamt 2530 Personen
② Raum leer

Infolge der Polsterung des Gestühls beträgt der Unterschied zwischen leerem und besetztem Saal z. B. im Bereich zwischen 200 und 2000 Hz lediglich 0,4 s. Es wurde insbesondere durch nur aufgehängte Rückenkissen vor den Holzlehnen sorgfältig darauf geachtet, daß die Polsterung im besetzten Saal durch das Publikum voll verdeckt wird.

Der im besetzten Saal gegen tiefere Frequenzen vorhandene Anstieg der Nachhallzeit, etwa um den Faktor 1,3, wurde von den befragten Berliner Rundfunk-Gesellschaften nicht als zu gering bezeichnet. Im Studio-Zustand, also lediglich bei einer Besetzung mit 100 Musikern, beträgt dieser Anstiegsfaktor aus dem mittleren Bereich lediglich 1,12. Ursprünglich war ein größerer Tiefenanstieg beabsichtigt.

Zur dann notwendigen künstlichen Be- und Entlüftung wird eine Anlage empfohlen, deren Lautstärke, DIN 1946 entsprechend, jeweils an den nächst benachbarten Sitzplätzen in Ohrhöhe gemessen, je nach Art der Hauptzweckbestimmung 25—35 dB(A) nicht überschreiten soll. Der geringere Wert gilt in jedem Fall für die akustisch zwangsläufig schlechten Plätze etwa unter der Empore. Er läßt sich durch den Einbau von Schalldämpfern → 234 sowie durch eine Minderung der Strömungsgeschwindigkeit an den Auslässen auf weniger als 3 m/Sek. ohne Schwierigkeiten erreichen.

Die Türen zum Publikumsraum und zur Bühne sollten eine Schalldämmung von 40 dB gewährleisten.

Musikpavillons

Ganz allgemein sollen Musikräume möglichst außerhalb des Baukörpers (etwa einer Schule) stehen, da sie dann die anderen Räume am wenigsten stören. Außerdem ergibt sich so sehr einfach die Möglichkeit, sie auch für ein im Freien sitzendes Publikum als »Resonanzraum« zu verwenden.

Eine unter gegebenen baulichen Verhältnissen zweckmäßige Anordnung der Reflexionsflächen zeigen die Bilder 279 1 und 2. Grundsätzlich ist für die akustischen Belange eines ausschließlich im Freien sitzenden Publikums folgendes zu beachten:

1. Die Plätze müssen so angeordnet und unter Umständen überhöht werden, daß jeder Zuschauer alle darbietenden Künstler sehen kann.

Eine plastische Auflösung der Pavillonwände soll bewirken, daß die Musiker sich selbst in ausreichendem Maß akustisch kontrollieren können und daß eine gleichmäßige Verteilung des Schalles auf das Publikum gewährleistet ist. Als Reflexionsflächen können etwa 4—12 kg/m² schwere Holzplatten (wasser- und wetterfeste Qualität) oder eine möglichst leichte, jedoch dichte

GEBÄUDEARTEN

Parlamentsgebäude

Holzschalung verwendet werden. Die Rückwand kann eine noch stärkere Gliederung erfahren. In jedem Fall darf die Unterkonstruktion nach konstruktiven Gesichtspunkten gewählt werden.

2. Der erwünschte hohl liegende Holzfußboden hat nicht nur eine wärmetechnische Bedeutung (die Musiker haben dann auch bei schlechtem Wetter warme Füße). Er schafft für diejenigen Instrumente, die auf dem Boden stehen, bessere Abstrahlbedingungen.

3. Die Decke des Pavillons ist so auszubilden, daß auch sie die bereits unter 1. genannten Bedingungen erfüllt und außerdem in der Lage ist, den Schall in die hinteren Sitzplätze zu reflektieren. Der Fußboden, die Wand- und die Deckenverkleidung sollten fest miteinander verbunden sein. Ihre Oberflächen sollten dicht und glatt sein. Es ist durchaus zweckmäßig, die Decke insgesamt noch etwas anzuheben.

4. Der Bodenbelag vor dem Pavillon sollte aus großflächigen geschliffenen Steinplatten bestehen, damit dort nicht unnötig Schall absorbiert wird. Die Platten sollten ähnlich wie Marmor dicht, hart und immer sauber sein. Noch besser wäre eine Wasserfläche.

Die Größe des Pavillons richtet sich immer nach der Größe des Orchesters. Muß der Pavillon wesentlich vergrößert werden, so ist es günstig, wenn die Orchesterplätze in Anpassung an das vorhandene Gelände gestuft angeordnet werden, so daß jeweils eine direkte Sichtverbindung zwischen Zuhörer und Instrument besteht.

Schallpegel von Musikinstrumenten

Musiksäle → Schulen; → Mehrzwecksäle

Parlamentsgebäude

Schalltechnisch ist ein Parlamentsgebäude im Prinzip wie ein Bürogebäude → 257 mit Konferenzräumen und einem sehr guten größeren Hörsaal → 262 zu behandeln, der so beschaffen sein soll, daß man von jedem Platz zum Plenum sprechen kann. In kleineren Plenarsälen ist das raumakustisch kein Problem. In größeren Räumen sind komplizierte elektroakustische Hilfsmittel notwendig → 312 2 bis 7, die auch Rundfunk- und Fernsehübertragungen erleichtern. Eines der neuesten und zweifellos vorbildlichen Parlamentsgebäude besitzt der Landtag von Baden-Württemberg.

Die beiden oberen Geschosse dieses kubusförmigen Bauwerks werden zum Teil von einem großräumigen, teilweise zweigeschossigen Foyer eingenommen, von dem man einen direkten Zugang zum zentral gelegenen Plenarsaal 328 3 sowie zu den an den Außenseiten des Gebäudes gelegenen Büro- und Konferenzräumen hat → 328 1.

Den Besucher umgibt eine angenehme, gedämpfte Atmosphäre, die auf die Schallschluckdecke aus Gipskassettenplatten und auf den dicken und weichen Teppichboden zurückzuführen ist. Auch die Wände sind weitgehend schallabsorbierend. Die einzelnen Bretter sind gegeneinander in der Tiefe versetzt, so daß dazwischen von außen nicht sichtbare Schlitze entstehen.

Annähernd die gleiche Struktur wie außen besitzen die Plenarsaalwände an den Innenseiten → 327 4, jedoch mit horizontalem Fugenverlauf. An den Stellen, die zur optimalen Nachhallregulierung entweder schallschluckend sein sollen oder der Zu- bzw. Abluftführung dienen, sind die Fugen zwischen den einzelnen Brettern offen.

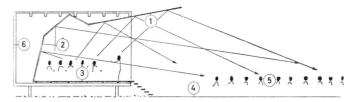

1 Querschnitt durch einen freistehenden Musikpavillon:
1 Deckenreflektor
2 Rückwandreflektor
3 hohl liegender Holzfußboden
4 sehr stark reflektierender Bodenbelag, z. B. polierte, großformatige Steinplatten oder Wasserfläche
5 Publikum
6 beliebige tragende Konstruktion
Die Pfeile kennzeichnen die Schallausbreitung von einigen besonders markanten Punkten in das Publikum.

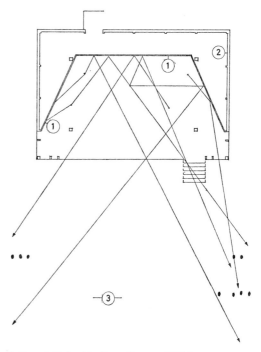

2 Grundriß des Musikpavillons → Bild 1:
1 Rückwandreflektor und Seitenwandreflektor
2 beliebige tragende Konstruktion
3 Publikum
Die Pfeile kennzeichnen die Schallausbreitung von einigen besonders markanten Punkten in das Publikum.

Unter raumakustischen Gesichtspunkten wurde auch das Gestühl gestaltet → 328 2. Die Sitzunterseite ist mit Hilfe einer Perforation des sonst unporösen Bezugs schallschluckend ausgebildet worden, so daß die hochgeklappten Sitze bei fehlender Besetzung die Absorption annähernd ersetzen.

Ähnlich wurden die einzelnen Arbeitszimmer gestaltet. Da es hier weniger auf eine bestimmte Hörsamkeit als auf eine möglichst starke Dämpfung der Geräusche insbesondere von der nahen Hauptverkehrsstraße ankam, wurde die Decke genau wie im Foyer schallschluckend ausgebildet. Das gleiche gilt für den Fußboden. Die einzelnen Trennwände sind versetzbare Holzkonstruktionen.

Planetarien

GEBÄUDEARTEN

Die äußere, feste Verglasung reicht völlig sprossenlos vom Boden bis zur Decke und besteht aus einer bräunlich eingefärbten, die Wärmestrahlung bis zu einem gewissen Grade reflektierenden bzw. absorbierenden Einfachscheibe von etwa 8 mm Dicke. Bei geöffneten Fenstern wäre ein konzentriertes Arbeiten nicht möglich, da der pausenlose Verkehr auf der in etwa 60 m Entfernung vorbeiführenden Hauptverkehrsstraße vor dem Gebäude Lautstärken bis zu 80 dB(A) erzeugt. Um den Sonnenschutz zu verstärken und auch die fehlenden Vorhänge zu ersetzen, erhielten die Räume auf der Innenseite helle Lamellenstores → 328 1. Das Gebäude ist vollklimatisiert.

Die Einfachverglasung hätte in der Schalldämmung nicht für alle Räume ausgereicht. In den in der gleichen Flucht wie die Büroräume liegenden Konferenzräumen hat man daher eine Doppelverglasung angeordnet → 328 4. Die Scheiben haben zur Frequenzverschiebung des Spuranpassungseffekts eine verschiedene Dicke von 8 und 12 mm und einen ungewöhnlich großen Abstand von 60 cm.

Auch die Konferenzsäle wurden, was raumakustisch nicht unbedingt richtig ist, mit einer sehr starken Raumschalldämpfung versehen dadurch, daß man sie mit Schallschluckdecke und Teppichboden ausstattete. Die poröse Bestuhlung ist auch hier als eine zweckmäßige Maßnahme anzusehen, um nach Bedarf eine fehlende Besetzung auszugleichen. Der Verzicht auf eine optimale raumakustische Ausstattung zugunsten einer starken Raumschalldämpfung ist wohl auf das Bemühen zurückzuführen, den Störpegel durch den Straßenverkehr so gering wie möglich zu halten. Das ist auch in vollem Maße gelungen. Nach vorliegenden Berichten soll die Lautstärke lediglich bei 20 bis 25 dB(A) liegen, eine Größenordnung, die auch bei sehr hohen Anforderungen zu keinerlei Störungen Anlaß gibt. Der Straßenverkehr ist nur im leeren Raum bei völliger Ruhe ganz schwach zu hören.

Auch die Konferenzräume haben Trennwände aus vorgefertigten und demontierbaren furnierten Holzelementen, die hier eine vorzügliche Schalldämmung besitzen. Sie wird mit 52 dB angegeben (Verglasung gegen das Foyer in Schrankdicke doppelt, Türen als Schallschleusen).

Die Treppenhäuser für das Publikum bestehen aus unbehandeltem, glattem und gleichmäßigem Sichtbeton. Um die durch die glatten Betonflächen verursachte starke Halligkeit zu mindern, hat man jeweils eine Querwand mit schallschluckenden Elementen versehen, die gleichzeitig die Installation verdecken. Die Elemente lassen sich wie Türen aufklappen, so daß die Installation jederzeit zugänglich ist. Die äußere Schale besteht aus kleinperforiertem Sperrholz, während die innere Schale (gegen die Installation) aus verzinktem Stahlblech hergestellt wurde. Dazwischen befindet sich eine Schallschluckpackung. Ein Detail aus dieser Wandverkleidung zeigt Bild 327 3.

Die technische Präzision wurde auch auf die Sanitärräume ausgedehnt, wo man ebenfalls perforierte Platten als Deckenverkleidung verwendet hat → 328 5.

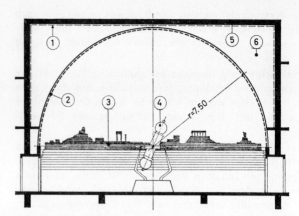

1 Querschnitt durch ein Planetarium:
1 schallabsorbierende und teilweise reflektierende Oberflächen
2 akustisch transparente Projektionskuppel aus einer 25%ig gelochten, dünnen, gewölbten Schale
3 Horizont
4 Projektor
5 Decke aus Beton oder abgehängten reflektierenden Platten
6 leerer Hohlraum
Akustikberatung: H. W. Bobran

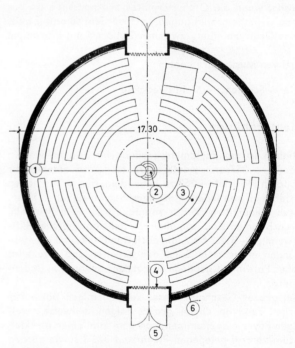

2 Grundriß des Planetariums → Bild 1:
1 abwechselnd absorbierende und reflektierende Wandverkleidung unterhalb des Horizontes
2 Projektor
3 Publikumsplätze
4 dichter schwerer Vorhang als Licht- und Schallschleuse
5 schalldämmende Außentüren
6 dichte Trennwand zum Umgang

Planetarien

Der Projektionsraum erfordert eine sehr genaue Halbkugel als Deckenfläche → 1 und 2, die wohl das Licht, aber nicht den Schall reflektieren soll, da sonst sehr störende konzentrierte Reflexionen auftreten können. Um diese Eigenschaft zu erzielen, wird die Projektionskuppel meistens aus einem etwa 1,5 mm dicken, 25%ig gelochten Aluminiumblech hergestellt. Hinter dieser akustisch transparenten Schale wird eine 50 mm dicke, schwarz eingefärbte Glaswolleschicht eingebaut. Der Fußboden besteht aus einem unporösen weichen Belag von 5—6 mm Dicke.

Die Sitzplätze sind gewöhnlich ungepolsterte Preßholz-Stühle.

GEBÄUDEARTEN

Die beiden Türen des Kuppelraumes sind die einzige akustische Trennung gegen den Umgang und den entweder daneben oder darunter liegenden Eingangsraum. An der Innenseite erhalten die Türen dichte Vorhänge (möglichst schwer und porös), die als Lichtschleuse dienen sollen und daher ständig geschlossen sind. Eine Schallbelästigung des Raumes durch Störungen von außen — etwa durch Verkehrslärm — ist selten zu befürchten, da er wohl immer inmitten eines geschlossenen Baukörpers liegt. Die Be- und Entlüftung erfolgt immer durch eine Klimaanlage. Die Lautstärke der Anlage und des mitten im Raum stehenden Projektionsapparates soll an jedem Publikumsplatz unterhalb von 30 dB(A) liegen.

Nach Möglichkeit sollen auch die hinter der Projektionskuppel liegenden Bauteile den dort auftreffenden Schall vollständig absorbieren, soweit sie nicht in der Lage sind, für die Hörsamkeit nützliche Reflexionen zu liefern. Das ist bautechnisch ohne weiteres mit einer ebenen Decke → 280 1, Ziff. 5 möglich.

Große Schwierigkeiten entstehen, wenn die Kuppel aus irgendwelchen vorgefaßten Formvorstellungen auch außen als gewölbte Betonkonstruktion in Erscheinung treten soll. Ein solches Betongewölbe ist in der Lage, sehr störende Schallverzerrungen zu verursachen. In solchen Fällen ist die gewöhnlich auf der perforierten Projektionskuppel liegende 50 mm dicke Schallschluckpackung nur dann in der Lage, sämtliche nachteiligen Reflexionen aus dem Kuppelgewölbe einigermaßen ausreichend zu beseitigen, wenn sie eine Rohdichte von ca. 150 kg/m³ besitzt. Trotzdem wäre der über der Projektionskuppel liegende Betonkuppelraum mit einer Scheitelhöhe von etwa 4,5 m durch eine 2 kg/m² schwere Zwischendecke aus dichten Platten vollständig abzuteilen. Die an diese Zwischendecke abwärts anschließenden Wandflächen müssen unter Umständen ganz oder teilweise mit ca. 50 mm dicken, auf ca. 5 kg/m² schwere Pappe gesteppten Mineralwollematten verkleidet werden, die nicht dicht an den Wänden anliegen dürfen. Der Abstand muß etwa 20 bis 50 mm betragen. Die Pappe muß auf der dem Publikumsraum zugekehrten Seite der Matte liegen und im Grundriß nicht konkav, sondern eher konvex gekrümmt sein. Eine Entscheidung über diese Maßnahme kann erst nach der Nachhall-Kontrollmessung im sonst fertigen Raum gefällt werden.

Der unterhalb der Projektionskuppel anschließende zylinderförmige Teil der Wandfläche ist so auszubilden, daß er diffuse Schallreflexionen liefert. Diese Wirkung läßt sich dadurch erreichen, daß man diese Fläche abwechselnd mit absorbierenden und reflektierenden Platten verkleidet. Sie sind auf einem Lattenrost von 30 bis 50 mm Dicke anzubringen und mit einer beliebigen Mineralwolle zu hinterlegen. Die reflektierenden Teile dieser Wandverkleidung können aus etwa 5–8 kg/m² schweren normalen Spanplatten bestehen. Besondere akustische Maßnahmen am Gestühl sind nicht erforderlich, soweit nicht bei geringer Besetzung mit einer zu großen Halligkeit zu rechnen ist.

Bei Durchführung dieser Maßnahmen ergeben sich etwa für einen Raum der dargestellten Größe in den wichtigsten Frequenzbereichen folgende Nachhallzeiten:

Hz	125	500	2000
im leeren Raum	0,88	0,69	0,68 s
bei einer Besetzung mit 150 Personen	0,80	0,56	0,54 s
bei einer Besetzung mit 250 Personen	0,77	0,50	0,48 s

Bei allen drei Betriebszuständen wird damit eine recht gute Wortverständlichkeit vorhanden sein. Bei stärkerer Besetzung ist damit zu rechnen, daß die Lautstärke ähnlich wie im Freien mit zunehmender Entfernung vom Vortragenden stärker abnimmt. Dieser Besonderheit kann durch eine geeignete elektroakustische Verstärkungsanlage begegnet werden.

Um den Störpegel der Klimaanlage auch bei Vollbetrieb unter 30 dB(A) zu halten, ist es erforderlich, daß in sämtliche Kanalmündungen besondere, auf die Hauptstörfrequenzen abgestimmte Schalldämpfer eingebaut werden und daß die Strömungsgeschwindigkeit in und hinter diesen Schalldämpfern unterhalb von ca. 3 m/s liegt.

Um Störungen aus den Vorräumen ausreichend zu verringern, wird empfohlen, Decke und Wände oder zumindest die Wände des Umgangs mit Schallabsorptionsmaterial auszustatten. Auch in der Eingangshalle sind solche Verkleidungen zumindest an der gesamten Deckenfläche zwischen den Unterzügen sehr erwünscht. Die Türen zwischen dem Umgang und dem Kuppelraum sollten eine Schalldämmung von mindestens 35 dB besitzen. Dieser Wert ist durch sandgefüllte Türen → 178 3 erreichbar, wenn die Fälze mit einer guten umlaufenden Dichtung (auch an der Schwelle!) versehen werden.

Prüfstände

Unter dem Begriff Prüfstand seien im vorliegenden Zusammenhang alle jene Einrichtungen der industriellen Fertigung und des maschinellen Betriebs verstanden, an denen ständig Material, Geräte, Maschinen u. ä. auf ihre Leistungsfähigkeit und ihr sonstiges Verhalten geprüft werden. Die Notwendigkeit einer Betrachtung dieser Vorgänge unter schallschutztechnischen Gesichtspunkten ergibt sich aus der Tatsache, daß hierbei entweder erhebliche Geräusche erzeugt werden oder daß eine Einwirkung durch benachbarte Schallquellen unerwünscht ist. Häufig ist sogar beides der Fall, nämlich dann, wenn die entstehenden Geräusche dem Zweck der Prüfung dienen oder selbst untersucht werden sollen.

Die Gewährleistung einer akustischen Orientierungsmöglichkeit am beobachteten Objekt ist immer sehr wertvoll, da auf diese Weise Fehlerquellen schnell und ohne großen Aufwand festgestellt werden können. Voraussetzung hierfür ist, daß die vorhandenen Lautstärken in einem Bereich liegen, in dem das menschliche Ohr noch vollständig funktionsfähig ist. Als obere Grenze für ein einwandfreies Abhören des Prüfvorgangs sollten maximal 80 dB(A) gelten. Lassen sich höhere Schallpegel auch mit Hilfe von Gehörschutzkappen → 42 nicht vermeiden, so ist auf die Möglichkeit des »Abhörens« zu verzichten und das Bedienungspersonal mit sämtlichen Meßapparaturen in einem besonderen schallgedämmten Raum unterzubringen.

Ist auch die übrige Umgebung schallempfindlich, muß der ganze Prüfstand schalldämmend abgeschirmt → 329 1 und 283 1 bis 3 oder gekapselt werden, wobei zu beachten ist, daß etwa benötigte Öffnungen für Kühlluft, Abgas oder — bei Gebläsen, Flugzeugtriebwerken u. ä. — für Zu- und Abluft Dämpfungen erhalten, die der Dämmung der Raumbegrenzungen entsprechen → 329 3 und 329 2. Die erforderlichen Schalldämpfer können hauptsächlich beim Vorherrschen tiefer Frequenzen und bei großen Gasmengen riesige Ausmaße annehmen (Strahltriebwerks- und Propellermotorenprüfstände) → 283 5, 6, 329 und 330 1.

An Prüfständen für Straßen- und Schienenfahrzeuge sowie Motoren aller Art sind Lautstärken von 95 bis 115 phon sehr häufig. Geräte, wie z. B. Kühlschrankaggregate, Klimaschränke u. ä., erzeugen dagegen nur 45 bis 60 phon.

Prüfstände **GEBÄUDEARTEN**

Für die Mehrzahl der Prüfstände können die schalltechnischen Forderungen wie folgt zusammengefaßt werden:

1. Senkung der Geräuschentwicklung an sämtlichen beteiligten Arbeitsplätzen unter 80 phon.
2. Vermeidung von Lärmbelästigungen der unbeteiligten Nachbarschaft durch Unterschreiten des jeweils zulässigen allgemeinen Störpegels → 80.
3. Gewährleistung der akustischen Orientierungsmöglichkeit und der Feststellung der Betriebslautstärke durch Senkung des äußeren Störpegels um mindestens 10 phon unter die beim Prüfvorgang noch festzustellende geringste Lautstärke.

Die Erfüllung dieser Forderungen wird gewöhnlich mit schallschluckenden Raumauskleidungen angestrebt, zumal in den meisten Fällen der Prüfstand oder zumindest der dafür bestimmte Raum bereits vorhanden ist. An den baulichen Verhältnissen kann oft kaum etwas geändert werden, so daß die Raumschalldämpfung durch schallabsorbierende Verkleidung sämtlicher verfügbaren Wand- und Deckenflächen die einzig mögliche und finanziell vertretbare Maßnahme darstellt.

Das Ergebnis der Pegelmessung in einem Motoren-Prüfstandsraum zeigt 284 1. Hierin gilt Kurve 1 für einen 70-PS-Vierzylinder-Viertaktmotor bei Vollast mit 2000 Umdrehungen pro Minute, Kurve 2 für den zusätzlichen Betrieb von vier weiteren Motoren und Kurve 3 für zwei hochtourige Kleinmotoren. Die Gesamtpegel betrugen:

Kurve 1: 97 dB(B); Kurve 2: 103 dB(B); Kurve 3: 103 dB(B).

Die ermittelte Nachhallzeit des Raumes kann in ihrer Frequenzabhängigkeit der Kurve A des Bildes 283 4 entnommen werden. Das Besondere an dieser Nachhallkurve ist der gleichmäßige Verlauf ohne besonderes Maximum über den gesamten untersuchten Frequenzbereich von 125 bis 4000 Hz. Die ungewöhnlich geringen Werte auch bei tiefen Frequenzen lassen sich durch den Schalldurchgang und bis zu einem gewissen Grade auch durch die Schallabsorption an den zahlreichen Fenstern und Türen erklären.

Zum Vergleich können die Werte üblicher Nachhallzeiten in Räumen der vorliegenden Größe dem schraffierten Teil des Bildes entnommen werden, dessen obere Grenze etwa für einen vollständig kahlen, glatt verputzten und dichten Raum gilt. Die untere Grenze kann nach den Erfahrungen des Verfassers für einen unverputzten und eingerichteten Raum ungefähr gleicher Größe mit teilweise porigen Wänden, schalldurchlässigen Verglasungen (Oberlicht) und den häufig vorhandenen offenen Durchgängen gelten.

Auf Grund dieser Feststellungen wurde unter Beachtung eines möglichst geringen finanziellen Aufwands für die Verkleidungen ein Absorber nach Bild 222 3 gewählt. Der für diese Konstruktion der Vorausberechnung zugrunde gelegte Schallschluckgrad ist aus Diagramm 213 1 ersichtlich. Das Maximum der Absorption entsprach ungefähr dem Bereich der längsten Nachhallzeiten und der größten Schallpegelwerte. Der Abfall der Absorption gegen hohe Frequenzen mußte in Kauf genommen werden, da die absorbierende Faserstoffschicht mit einer mechanisch festen und unbrennbaren Platte abgedeckt werden sollte. Die geringe Dicke der gewählten Lochplatte von nur 3,2 mm gewährleistete bei einem Lochanteil von 19,6% eine ausreichende akustische Transparenz und eine etwas bessere Absorption im Vergleich zu der nicht abgedeckten Faserstoffschicht bei mittleren Frequenzen.

Auf diese Weise wurden sämtliche Wand- und Deckenflächen einschließlich der Tür- und Fensterleibungen mit einer starken Schallabsorption ausgestattet. Die Wirksamkeit dieser Maßnahme konnte durch eine zweite, unter sonst gleichen Bedingungen durchgeführte Nachhallzeitmessung nachgewiesen werden. Das Ergebnis ist aus der Kurve B in 283 4 ersichtlich. Die Werte liegen bei den mittleren Frequenzen der untersuchten jeweils halben Oktavbereiche zwischen 125 und 4000 Hz ausschließlich unter einer Sekunde, oberhalb von 500 Hz sogar unter 0,5 s. Demzufolge wurde die Nachhallzeit im Bereich der lästigen Frequenzen um den Faktor 5,5 bis 6,5 gekürzt, was eine Pegelsenkung von 7 bis 8 dB bedeutet. Nach der Lautheitsfunktion von Fletcher ergibt dies unter Berücksichtigung der vor der Auskleidung festgestellten Gesamtlautstärke von rd. 100 dB(A) eine Minderung der Lautheit um nahezu 50%. Vergleicht man die gemessenen Werte (Kurve B) mit den vorausberechneten (gestrichelte Kurve), so ist im Hinblick auf die (vor allem im tiefen Frequenzbereich) beschränkte Genauigkeit von Messung und Rechnung eine gute Übereinstimmung festzustellen.

Besonders deutlich wird der Erfolg der getroffenen Maßnahmen durch das Ergebnis der Vergleichsmessung am 70-PS-Vierzylinder-Viertaktmotor im gedämpften Raum. Die gemessenen Werte sind im Diagramm 284 2 Kurve 4 enthalten. Zum Vergleich wurde Kurve 1 aus dem Bild 284 1 nochmals gestrichelt eingetragen. Die nach der Auskleidung des Raumes gemessene Gesamtlautstärke betrug 88 dB(A) gegenüber 97 dB(A) im verputzten gedämpften Raum. Der in 284 2 unten dargestellten Schallpegelabnahme entspricht die gemessene Lautstärkeabnahme von 9 recht gut.

Die schallschutztechnische Behandlung von Prüfständen läßt sich von der baulichen Planung und Ausführung nicht trennen. Einzelne Prüfstände in kleinen Zellen oder Räumen unterzubringen, hat nur dann einen Sinn, wenn es sich um Arbeitsplätze handelt, die vor einer lauten Umgebung zu schützen sind, oder wenn sehr laute Schallquellen gegen eine schallempfindliche Umgebung abgekapselt werden sollen. Im ersten Fall ist eine Überdimensionierung der Dämmung günstig, während im zweiten Fall besonders die Luftschalldämmung nicht stärker sein muß, als gerade notwendig ist.

Einer üblichen Dämmung allein durch dichte, glatte und schwere Begrenzungen sollte man die Dämmung mit zusätzlicher Schalldämpfung vorziehen. Zu diesem Zweck sind schon beim Rohbau an den Oberflächen möglichst breitbandig absorbierende, poröse Stoffe ohne den üblichen Putz zu verwenden. Außen dürfte in den meisten Fällen ein schwerer, dichter, mit der Wand fest verbundener Abschluß in Form eines normalen guten Verputzes ausreichend sein. Diese Maßnahme ist auch für die übrigen normalen Prüfstände mittlerer Lautstärke (z. B. für Fahrzeugmotoren) zu empfehlen, wenn außerdem beachtet wird, daß ein hinreichend großer Anteil an absorbierenden Flächen und eine gute Körperschallisolierung des Prüflings vorhanden ist.

Zu den Raumabmessungen ist im übrigen festzustellen, daß ein möglichst niedriger, in der Grundfläche jedoch ausgedehnter Raum (mit im günstigsten Fall bei allen auftretenden Frequenzen akustisch reflexions- und abstrahlungsfreien Decken und Wandflächen sowie möglichst großen Abständen zwischen den einzelnen Prüfständen) vorteilhaft ist. Das Ideal wären die Verhältnisse wie im freien Raum, wo der Schallpegel jeweils bei Verdoppelung der Entfernung nach allen Seiten bis um 6 dB abnimmt und wo Störungen durch Körperschall nicht befürchtet werden müssen. Die Realisierung derartiger Verhältnisse wäre praktisch auch in geschlossenen Räumen möglich, wenn die Raumbegrenzungen überhaupt keine Schalldämmung besitzen wür-

GEBÄUDEARTEN

Prüfstände

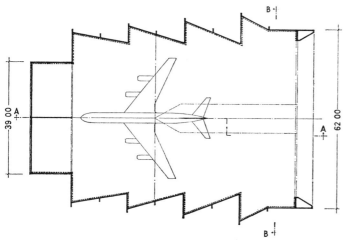

1 Grundriß einer Lärmschutzhalle für große Flugzeuge. Alle Wände und die Deckenflächen sind hochgradig schallabsorbierend.
Schallschutzberatung: O. Gerber

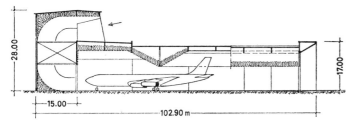

2 Längsschnitt A—A der Halle → Bild 1.

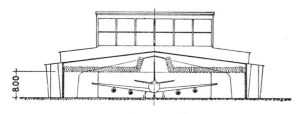

3 Querschnitt B—B der Halle → Bild 1.

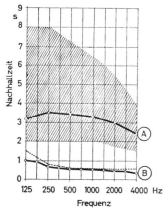

4 Analyse der Nachhallzeiten vor und nach der Raumschalldämpfung. Gestrichelt: die berechnete Kurve.

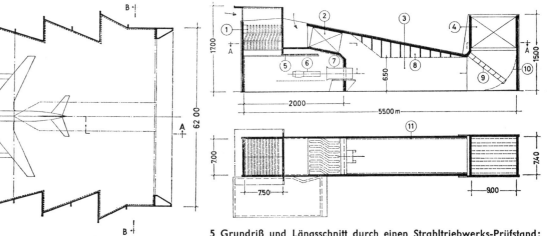

5 Grundriß und Längsschnitt durch einen Strahltriebwerks-Prüfstand:
1 Schalldämpfer für die Primärluft-Öffnung
2 Schalldämpfer für die Sekundärluft
3 Abgaskanal
4 Schalldämpfer für den Abgaskanal
5 Einseitig schallabsorbierendes Schiebedach zum Verschluß der Primärluft-Öffnung
6 Prüfling
7 Fahrbares Mischrohr
8 Schallschluckpackungen
9 Leitbleche
10 Schallschluckend ausgekleideter Krümmer
11 Einfache schallabsorbierende Auskleidungen, Dicke ca. 10 cm
Schallschutzberatung: O. Gerber

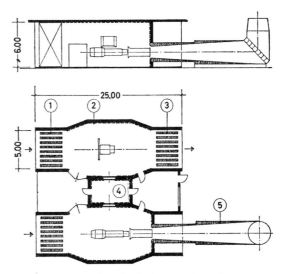

6 Prinzip eines Prüfstandes für kleinere Propellermotoren und für Strahltriebwerke:
1 Absorptionsschalldämpfer an den Zuluftseiten
2 absorbierende Oberflächen des Prüfstandsraumes
3 Abluft-Schalldämpfer
4 Prüfstands-Überwachungsraum mit schallabsorbierenden Wand- und Deckenverkleidungen
5 Abgasschalldämpfer für Strahltriebwerke

283

Saunas

GEBÄUDEARTEN

den, sondern nur den erforderlichen Wetterschutz gewährleisten.
Eine Kombination von Schalldämmung und Reflexionsfreiheit ist mit Hilfe sogenannter Keilabsorber möglich → 330 2. Für Serienprüfstände lassen sich solche aufwendigen Maßnahmen vielleicht nicht verwirklichen. Bei der Ausstattung sehr niedriger Prüfstandsdecken mit starken Absorbern kann über die als ideal bezeichneten Verhältnisse des freien Raumes hinaus ähnlich wie bei Schalldämpfern hauptsächlich bei tiefen Frequenzen und deckennaher Schallausbreitung eine zusätzliche Dämpfung erzielt werden. Gelegentlich wird auch durch geeignet ausgebildete Schallschirme → 136 zwischen den einzelnen Prüfständen eine zusätzliche Lautstärkeverringerung erreicht.
Zuweilen werden Prüfstände mit Temperaturen betrieben, die sehr stark von der Temperatur der Außenluft abweichen. In solchen Fällen können besondere Wärmedämmschichten notwendig werden → 330 3, bei denen auch die Gefahren durch Kondenswasser untersucht werden müssen. Dieses Verfahren ist in jedem Fall zweckmäßig.

Rundfunk-Sendesäle → Tonstudios, Sendesäle; → Mehrzwecksäle

Sauna

Nach den Richtlinien des Deutschen Sauna-Bundes dient die Sauna zur Durchführung des Saunabades, das durch zwei wesentliche Vorgänge gekennzeichnet ist:

1. Überwärmung des Organismus durch Einwirkung von Wärmestrahlung und trockener Heißluft auf die gesamte Körperoberfläche und die Atemwege, bedarfsweise mit kurz wirkenden Dampfstößen.
2. Wiederabkühlung und Einatmung von Außenluft mit Kaltwasser-Anwendungen.

Die ganze Anlage soll vor Außenlärm und »Hauslärm« geschützt sein.
Bauphysikalisch besondere Anforderungen stellt der Saunaraum. Die Lufttemperatur soll an der Decke 95 bis 100 °C und am Boden 40 °C betragen. Es wird also ein Temperaturgefälle von etwa 60 K verlangt. Mit Ausnahme der kurzen Unterbrechung beim Dampfstoß soll die relative Luftfeuchte in der 90°C-Zone 5 bis 10% betragen. Der Fußboden soll fußwarm sein und eine Temperatur von etwa 22 °C besitzen. Die übrigen Raumbegrenzungen, insbesondere die »Kontaktflächen«, sollen eine geringe → Wärmeeindringzahl, jedoch ausreichende → Strahlungszahl besitzen, was etwa naturfarbigem Nadelholz entspricht.
Die Oberflächentemperaturen liegen nur wenig unterhalb der Lufttemperatur. An den Stellen mit dem geringsten Wärmeübergang sollen sie noch oberhalb der oben angegebenen Fußbodentemperatur liegen. Diese Forderungen lassen sich mit dicken Massiv- oder Mehrschicht-Holzkonstruktionen einfach erreichen. Für ein Optimum an Wirtschaftlichkeit sind im mitteleuropäischen Klima etwa folgende Wärmedurchlaßwiderstände zu fordern:

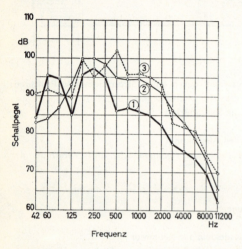

1 Analyse der vor der Raumauskleidung gemessenen Prüfstandsgeräusche.

	gemessener Mittelwert (dB(B))
① 70-PS-Vierzylinder Viertaktmotor Vollast mit 2000 Upm	97
② wie vor, mit vier weiteren Motoren	103
③ zwei hochtourige Kleinmotoren	103

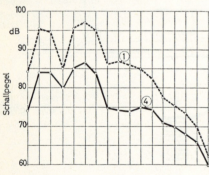
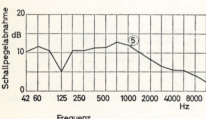

2 Erzielte Schallpegelsenkung des als Vergleichsschallquelle benutzten 70-PS-Motors.
① Motor im ungedämpften Raum
④ Motor im gedämpften Raum
⑤ Differenz zwischen Kurve 1 und 4

		Dämmschichtdicke (mm):	
	1/Λ	Glas- oder Steinwolle	geschlossenzelliges Schaumglas
Außenwände	2,6 (3,0)	110	150
Dachdecken	2,8 (3,3)	120	164
Fußboden	1,5 (1,8)	63	86
Trenndecken zu normal temperierten Räumen	1,7 (2,0)	74	100
Trennwände	1,5 (1,8)	67	90

Die angegebenen Dämmschichtdicken gelten unter der Annahme, daß die übrigen Schichten keine wesentliche Wärmedämmung besitzen. Besteht die Innenverkleidung wie üblich aus 22 mm dicken Nadelholzbrettern, so ist eine Ermäßigung um etwa

GEBÄUDEARTEN

Schalltote Räume

6,5 mm bei Mineralwolle und um etwa 9 mm bei Schaumglas möglich. Bei Mineralwolle und ähnlichen dampfdurchlässigen Stoffen ist dicht hinter der Schalung eine temperaturbeständige Dampfsperre notwendig, z. B. in Form einer korrosionsbeständigen Metallfolie.

Das erwähnte Schaumglas ist selbst dampfdicht und muß auch dampfdicht verlegt werden. Eine zusätzliche Dampfsperre ist hierfür nicht notwendig.

Schalltote Räume

Mit dem Begriff Raum verbindet man gewöhnlich die Vorstellung eines optisch endlichen Gebildes, dessen Wahrnehmung physikalisch auf der Tatsache beruht, daß das zu diesem Zweck unbedingt erforderliche Licht an den Raumbegrenzungen reflektiert wird. Analog hierzu liegen die akustischen Verhältnisse, die bekanntlich zur Wahrnehmung eines Raumgebildes, wenn auch oft unbewußt, entscheidend beitragen.

Es sei in diesem Zusammenhang nur kurz auf die Erörterungen um die akustischen Qualitäten von Theatern, Vortrags- und Konzertsälen hingewiesen. Hierbei handelt es sich im wesentlichen neben der Vermeidung von Echos um die richtige Bemessung der Nachhallzeit unter Berücksichtigung einer günstigen Diffusität. Der Schall muß also in derartigen Räumen auf allen Plätzen innerhalb einer ganz bestimmten Zeit im Bereich der interessierenden Frequenzen kontinuierlich abklingen.

Die Regulierung dieses Vorgangs wird normalerweise durch besondere Raumformen sowie durch schallschluckende Auskleidungen erreicht. Gelingt es nun, die Nachhallzeit auf ein nicht mehr feststellbares Minimum zu reduzieren, also sämtliche Raumbegrenzungen praktisch hundertprozentig schallabsorbierend zu gestalten, so ist der Raum akustisch reflexionsfrei und »schalltot«, wenn seine Begrenzungen darüber hinaus auch eine extrem große Schalldämmung besitzen.

Für den direkten Vortrag irgendwelcher akustischen Darbietungen vor einem größeren Publikum eignen sich derartige Räume nicht, obgleich in ihnen jede Art von Schallquellen naturgetreu — also echt und unbeeinflußt — durch fortschreitende Wellen zum Ausdruck kommt. Der ideale schalltote Raum wirkt wie der vollständig freie, akustisch ungestörte unendliche Raum. Die Verwendungsmöglichkeit schalltoter Räume ist sehr vielseitig. Man braucht sie überall dort, wo man eigentlich den freien Raum brauchte, der zwar in größerem Abstand von der Erdoberfläche zur Verfügung steht, jedoch wegen der verschiedenartigsten Störungen und technischen Schwierigkeiten nicht verwendet werden kann. Man benötigt sie zur Untersuchung bzw. Eichung von Schallquellen (Radios, Lautsprecher, Tierlaute) sowie von Meß- und Aufnahmegeräten, zu denen man auch das menschliche Ohr zählen kann (Audiometrie in Krankenhäusern und Forschungsinstituten → Hörprüfungsräume, 262).

Man kann schalltote Räume auch zur Untersuchung der akustischen Eigenschaften von Baustoffen verwenden. Die Rundfunkgesellschaften brauchen in Tonstudios → 292 weitgehend schalltote Räume zur Erzielung besonderer akustischer Effekte etwa bei der Aufnahme von Hörspielen. Gäbe es vollständig schallabsorbierende Auskleidungen, so wäre es möglich, damit vorhandene Bauteile und Gegenstände akustisch völlig zu beseitigen. Eingehende Untersuchungen von E. Meyer, L. Cremer und Mitarbeitern haben ergeben, daß diese Forderung mit üblichen homogenen Schichten auch des akustisch günstigsten Schall-

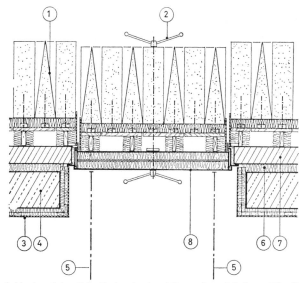

1 Horizontaler Schnitt durch eine hängend ausfahrbare Tür für einen reflexionsfreien Raum:

1 reflexionsfreie Raumauskleidung aus Keilabsorbern
2 möglichst dünner und kleiner Doppelhebel zum Öffnen bzw. Schließen der Tür, z. B. mit Hilfe eines zweifach oder vierfach verriegelnden, stark anziehenden Basküleverschlusses, der auf der Stahltür nach 8 liegt
3 schallabsorbierende Verkleidung des Vorraumes
4 äußere Schale der Doppelkonstruktion als Teil des Bauwerks
5 geräuschlos arbeitende Röhrenlaufwerke, an denen die Tür senkrecht hängend ausgefahren werden kann
6 lockere Hohlraumfüllung aus Glas- oder Steinwolle
7 innere Schale der Doppelwand ohne starre Verbindung mit dem gesamten Bauwerk in Form einer »Raum im Raum«-Gestaltung
8 doppelschalige Stahltür aus 2 mm dickem Stahlblech mit doppelten Gummidichtungen und einem mittleren Schalldämm-Maß von ca. 50 dB. Es ist wichtig darauf zu achten, daß der mittig angeordnete Basküleverschluß einschließlich des die beiden Bedienungshebel verbindenden Vierkants keine starre Verbindung zwischen den einzelnen schalldämmenden Schalen des Türblattes darstellt. Die Türblattdicke beträgt gewöhnlich 100 mm. Mittig sollte nach Möglichkeit immer eine mindestens 5 mm dicke zellulosehaltige Asbestzementplatte eingelegt werden. Die beiden Hohlräume sind locker mit Mineralwolle zu füllen.

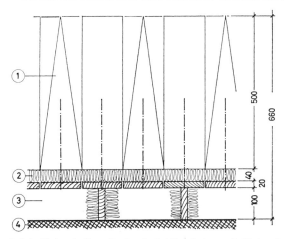

2 Schnitt durch die reflexionsfreie Wand eines schalltoten Raumes:

1 keilförmige, jeweils in der Draufsicht mit den Spitzen gegeneinander versetzte Körper aus Glas- oder Steinwolleplatten
2 Platte aus ähnlichem Material wie 1. Befestigung auf Holzspießen
3 randgedämpfte Hohlräume
4 schalldämmende Wand oder Decke

Schalltote Räume

GEBÄUDEARTEN

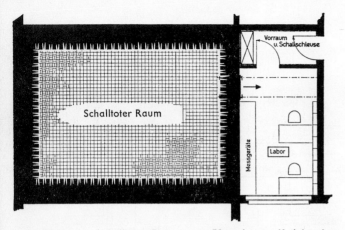

1 Grundriß eines schalltoten Raumes aus 50 cm langen Keilabsorbern vor einem 15 cm dicken Resonator. Die Tür hat die gleiche Auskleidung wie die Wände und ist geschlossen. Sie kann senkrecht zur gegenüberliegenden Wand auf vier Stand- oder Hängerollen ausgefahren werden. Der Boden und die Decke haben den gleichen Schnitt wie die Wände. Die normalerweise benötigte Laufkonstruktion ist nicht eingezeichnet. Die Spitzen der Fußbodenkeile liegen etwa 10 cm unterhalb der Oberkante des Laborfußbodens.

schluckmaterials praktisch nicht erfüllt werden kann. Zur Erzielung befriedigender Werte ist es erforderlich, die gleichmäßige Absorptionsschicht mit geeignetem Strömungswiderstand dem akustischen Wellenwiderstand der Luft kontinuierlich anzupassen. Zu diesem Zweck schafft man keilförmige Gebilde → 331 1, 331 2 oder nach L. Cremer aus »schwebenden Würfeln« → 330 4 gebildete Schichten.

Dabei wird die Wirksamkeit der Räume ausschließlich gegen tiefe Frequenzen durch die Länge der sogenannten Keilabsorber bzw. durch die Würfelfolge und -größe begrenzt. Steigt der Reflexionsfaktor auf 10% an → 22, so ist die untere Grenzfrequenz des Raumes erreicht. Sie liegt bei Keillängen von 100 bis 40 cm zwischen 70 und 200 Hz. Tiefere Grenzfrequenzen sind in der Praxis kaum erforderlich, obgleich ihre Gewährleistung technisch nach dem gleichen Prinzip, jedoch mit einem verhältnismäßig großen Aufwand möglich wäre. Bei der Würfelauskleidung ist die Wirkung im Prinzip gleich und wird vom Erfinder als besser bezeichnet.

Der außer der Reflexionsfreiheit und der unter Umständen notwendigen Abschirmung elektrischer Fremdfelder (Faraday-Käfig) noch wichtige Schallschutz wird am einfachsten durch möglichst schwere und steife Wände mit einer Masse von mindestens 500 kg/m² hergestellt. Es können auch leichtere Doppelkonstruktionen mit annähernd gleichem Wirkungsgrad verwendet werden. Die auf diese Weise innerhalb größerer Bauwerke erzielbare Schalldämmung beträgt bei Verhinderung der Längsleitung durch geeignete Körperschallisolierungen und durch Beseitigung anderer akustischer Nebenwege etwa 55 bis 70 dB.

Bei dünneren Schalen ist die einwandfreie Körperschallisolierung noch wichtiger. Ferner muß hierbei darauf geachtet werden, daß die Resonanzfrequenz derartiger Masse-Feder-Masse-Systeme weit unterhalb der unteren Grenzfrequenz des Raumes liegt, damit die Schalldämmung auch in diesem Bereich noch ausreichend ist.

Die notwendige Tür → 285 1 muß selbstverständlich eine den Wänden entsprechende Schalldämmung aufweisen und an der Innenseite wie die übrigen Flächen reflexionsfrei sein. Diese Forderung führt zu sehr aufwendigen Konstruktionen bis zu 150 cm Gesamtdicke, je nach Grenzfrequenz. Der bei Türen immer besonders kritische Schalldurchgang in den Fälzen wird durch doppelte Gummidichtungen, Verschlüsse mit Anpreßmechanismus (Basküleverschluß) sowie durch eine Schlitzdämpfung auf das bei Türen überhaupt erreichbare Minimum reduziert.

Die Anordnung von Fenstern ist außer im Studiobau in der Regel weder erwünscht noch möglich, da die Belichtung ausschließlich künstlich und die Belüftung meistens durch die Tür erfolgt, wenn nicht eine schallgedämpfte Entlüftungsanlage eingebaut wird. Eine Beheizung erübrigt sich zumindest in den vollständig schalltoten Räumen infolge der guten Wärmedämmung der Absorberflächen. Im Sommer wie im Winter stellt sich je nach Lage und Konstruktion eine gleichbleibende Temperatur zwischen 14 und 18 °C ein.

Ein Raum mit einer unteren Grenzfrequenz von 70 Hz ist in Bild 331 3 dargestellt. Es handelt sich hierbei um einen der ältesten und größten Räume dieser Art, dessen Auskleidung nicht nur akustische, sondern auch elektromagnetische Wellen absorbiert. Die zuletzt genannte Wirkung wurde durch die Aufbereitung der Glasfaserkeile mit einem Material erreicht, das in einem elektrischen Hochfrequenzfeld die erforderlichen Verluste verursacht.

Der Raum hat eine lichte Höhe von 5,15 m, eine Länge von 14,45 m und eine Breite von 8,25 bis 10,55 m. Es wurden hierfür 15 000 Keilabsorber mit einer Länge von 90 cm vor 10 cm starkem Hohlraum eingebaut. In der Aufnahme ist die Auskleidung der Fußbodenfläche deutlich sichtbar. Der abgebildete, den Maßstab gebende Stuhl und das Mikrophon stehen auf einem straff gespannten Netz aus Stahlseilen, das bei maximaler akustischer Transparenz in der Lage ist, die üblichen Nutzlasten mit einer Durchhängung von nur 2 bis 3 cm zu übernehmen. Die auf Schienen laufende Tür hat die gleiche Auskleidung wie die Wände und war im Zeitpunkt der Aufnahme ausgefahren. Die schräg durch den Raum laufenden Linien sind die Seile der einzelnen Meßstrecken.

In Bild 331 1 ist der schalltote Raum einer großen deutschen Rundfunkgerätefabrik abgebildet. Die Absorptionsflächen nehmen auch hier sämtliche Raumoberflächen ein. Im Prinzip sind sie wie in 285 2 aufgebaut. Der Raum dient hauptsächlich zur Prüfung von Fernsehgeräten. Die Gitterroste der Laufkonstruktion sind auf schmale Träger aufgelegt und können bei besonders kritischen Messungen entfernt werden. Die Rohre in den Ecken dienen der Befestigung von Seilen und Meßgeräten. Räume dieser Ausführung und Größe werden von Industriefirmen und wissenschaftlichen Instituten am häufigsten errichtet, so daß es angebracht ist, hierüber einige weitere Erläuterungen zu geben. Bild 1 zeigt den Grundriß eines solchen Raumes mit verhältnismäßig günstigen Abmessungen. Die lichte Höhe sollte nach Möglichkeit mindestens 3 m betragen. Wesentlich kleinere Räume herzustellen ist nachteilig, da hierbei ein vermehrter schräger Schalleinfall und eine störende Dämpfung in Absorptionsflächennähe auftritt.

Bezüglich der Verwendung von reflexionsfreien Räumen für Untersuchungen im elektromagnetischen Hochfrequenzfeld ist noch zu ergänzen, daß neben einer speziellen Präparierung der Keile an Stelle der Laufroste ein Nylonseilnetz angebracht werden kann, um eine Beeinflussung der Meßergebnisse mit Sicherheit auszuschließen.

GEBÄUDEARTEN

Schießstände

Schießstände sind Anlagen mit sehr lauten Schallquellen. Sie gehören daher gut abgeschirmt und weit entfernt von Ruhezonen in einsames Gelände. Allein an Handfeuerwaffen wurden auf einem geschlossenen Munitionsprüfstand Lautstärken zwischen 112 und 125 phon bzw. dB(B) gemessen → Tabelle 1.
Die sogenannte Knallkammer hatte ein Volumen von schätzungsweise 100 m³ und bestand aus einem massiven Natursteingewölbe. Ungefähr ²/₃ des ganzen Bodens wurde von einem gefüllten Wasserbecken eingenommen, das als Kugelfang diente.

1 Lautstärken verschiedener Handfeuerwaffen auf einem geschlossenen Munitionsprüfstand

	phon
1. Schrotlauf 12/70 mit Schwarzpulver, Lautstärke in der Knallkammer an der Tür	125
2. wie vor, jedoch Nitro-Patrone	120
3. wie vor, jedoch Maschinenpistole, Einzelfeuer und Feuerstoß	118–125
4. wie vor, jedoch 9-mm-Pistole »Parabellum«	121
5. wie vor, jedoch Repetierer	124
6. wie vor, jedoch Revolver-Patrone	123
7. Revolver-Patrone wie 6., jedoch Lautstärke in der Explosionsschutzkabine hinter dem Schützen	112–114
8. Repetierer wie 5., jedoch Lautstärke in der Kabine hinter dem Schützen	112

Schreibmaschinenräume → Bürogebäude; → Werkstätten, Fabriken

Schulen

Alle normalen Unterrichtsräume müssen so gebaut und ausgestattet werden, daß optimale Seh- und Hörbedingungen geschaffen werden. Der Unterricht ist zu einem sehr wesentlichen Teil ein akustischer Vorgang, dessen optimaler Gestaltung ganz allgemein zu wenig Beachtung geschenkt wird. Durch zweckmäßig raumakustische und schallschutztechnische Maßnahmen kann das Auffassungsvermögen der Schüler erheblich gefördert und vorzeitigen Ermüdungserscheinungen vorgebeugt werden.
Eine gute Hörsamkeit und Eignung eines Raumes für akustische Unterrichtsmittel wird vorwiegend durch bestimmte Nachhallzeiten und durch ein gleichmäßiges (homogenes) Schallfeld gewährleistet. Die Einhaltung bestimmter Raumproportionen ist nicht unbedingt notwendig. Die auf der Grundlage von DIN 18031 allgemein üblichen Abmessungen haben sich auch akustisch einigermaßen bewährt.
In der Normalklasse sollte das pro Zuhörer anteilige Raumvolumen 4 bis 5 m³ nicht überschreiten, wenn man mit einem Minimum an Aufwand für raumakustische Maßnahmen auskommen will. Grundsätzlich muß dafür gesorgt werden, daß alle Plätze gleichwertig sind. Das erfordert annähernd gleich kurze Schallwege und eine gute Schallverteilung. Baulich bedeutet dies im Grundriß rechteckige bis quadratische Klassenräume. In größeren (längeren) Sälen sollte eine Sitzüberhöhung von mindestens 12 cm vorhanden sein, eine Forderung, die sich auch mit den optischen Belangen deckt und die sich in Sonderklassenräumen und richtigen Hörsälen ohne Schwierigkeiten verwirklichen läßt.
Zur Realisierung einer guten Hörsamkeit fordert DIN 18031 für normale Unterrichtsräume Nachhallzeiten zwischen 0,8 und 1,0 Sekunden und für Unterrichtsräume, deren Hauptzweckbestimmung bei der Musik liegt, 1,2 bis 1,5 Sekunden → 331 4, jeweils im besetzten Zustand. Sie sollen annähernd über den ganzen raumakustisch wichtigen Frequenzbereich (ca. 125 bis 4000 Hz) vorhanden sein. Bei tiefen Frequenzen, etwa zwischen 250 und 125 HZ, ist eine Toleranz von +15 bis +40% verhältnismäßig unbedenklich, was dem üblichen Ausbau von Klassenräumen sehr entgegenkommt. Bei Räumen für Tonfilm- und Tonbandvorführungen sollte man versuchen, bei allen Frequenzen die untere Grenze des oben erwähnten optimalen Nachhallzeitbereichs zu erreichen und in kleineren Räumen sogar zu unterschreiten.
Die günstigen Nachhallzeitwerte sind bei den heute üblichen Bauweisen mit harten, starren Baustoffen ohne besondere schallschluckende Auskleidungen kaum zu erreichen. Die in unbesetzten Normalklassenräumen vorhandenen Nachhallzeiten liegen meistens zwischen ca. 1,7 und 3,6 Sekunden. Durch die Besetzung sinken sie gewöhnlich auf 1,1 bis 1,6 Sekunden ab. Die Schwankungen sind erheblich, da hauptsächlich der Einfluß der Besetzung sehr groß ist. Eine zu lange Nachhallzeit gestattet dem Lehrer wohl, weniger Energie aufzuwenden, um an jedem Platz des Raumes eine bestimmte Lautstärke zu erreichen. Er wird jedoch von den Schülern weniger gut verstanden als in einem Raum mit weniger Nachhall.
Die Frequenzabhängigkeit der Nachhallzeit ist deswegen sehr wichtig, weil allzu lange Werte bei hohen oder tiefen Frequenzen (ungleichmäßiger Verlauf der Nachhallkurve) zu einem unnatürlichen Höreindruck führen können, der wiederum die Verständlichkeit des Vortrags beeinträchtigt. Bei der Benutzung elektroakustischer Aufnahme- und Wiedergabegeräte können sich diese Nachteile besonders stark bemerkbar machen.
Grundsätzlich sind Räume aus leichten, mitschwingenden Teilen, z. B. Bauten aus Holz, Holzwerkstoffen und ähnlichen dünnen Platten, raumakustisch besser als Massivbauten etwa aus Beton und Mauerwerk. In Gebäuden der zuerst genannten Art ist es durchaus möglich, bei sorgfältiger Konstruktions- und Materialauswahl ohne spezielle Akustikmaßnahmen auszukommen. In Massivbauten ist es dagegen fast immer notwendig, die Klassenräume mit absorbierenden Verkleidungen, etwa nach dem in den Zeichnungen 288 1 und 288 2 dargestellten Prinzip, zu versehen. Der schallschluckende Deckenrandfries kann mit oder ohne Rückwandreflektor, jedoch immer in Zusammenhang mit mitschwingenden (tiefe Frequenzen absorbierenden) Verkleidungen als die am besten bewährte und bisher in größtem Umfang praktizierte Maßnahme angesehen werden. Auf den mitschwingenden Deckenmittelteil kann man zugunsten eines hohlliegenden Fußbodens z. B. aus Parkett auf Blindboden oder aus dünnen wasserfesten Sperrholzplatten mit beliebigem Belag verzichten. Der ungewöhnliche, jedoch außerordentlich zweckmäßige Rückwandreflektor verbessert die Hörsamkeit auf den von der Schallquelle am weitesten entfernten Sitzreihen derart, daß man praktisch im ganzen Raum von gleichwertigen Plätzen sprechen kann → 331 5. Für Schulaulen (auch Fluraulen) gilt sinngemäß dasselbe wie für Hörsäle → 262 und 319 4.
Die Vorteile von raumakustisch gut gestalteten Unterrichtsräumen können selbstverständlich nur dann voll zur Wirkung kommen, wenn für einen guten Schallschutz gesorgt wird. Eine der wichtigsten Schallschutzmaßnahmen beim Schulbau ist der in der Praxis leider zu oft vernachlässigte Schutz gegen den Außenlärm, also hauptsächlich gegen den Verkehrslärm, der, in unmittelbarer Nähe der betreffenden Straße gemessen, Laut-

Schulen — GEBÄUDEARTEN

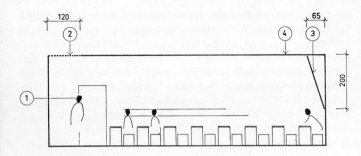

1 Längsschnitt durch den Normalklassenraum → 2:
1 Schallquelle
2 perforierter Deckenteil
3 Rückwandreflektor aus dünnen Sperrholz-, Span- oder Gipskartonplatten auf üblicher Holzunterkonstruktion
4 nicht perforierter Deckenmittelteil

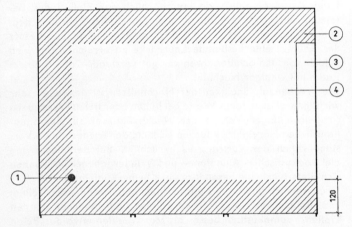

2 Schallschluckender Deckenrandfries in einem Normalklassenraum:
1 Standpunkt der Schallquelle (Lehrer, Lautsprecher o. ä.)
2 schallabsorbierender Teil
3 Rückwandreflektor
4 nicht perforierter, jedoch leichter, mitschwingfähiger Deckenmittelteil

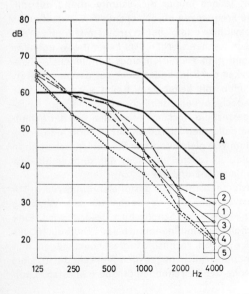

stärken zwischen 70 und 90 phon und in Einzelfällen sogar noch mehr erreicht. In Klassenräumen neu erbauter Schulen in der Nähe von Hauptverkehrsstraßen wurden bei geschlossenen Fenstern (!) Lautstärken bis zu 60 phon gemessen.

Im Gegensatz zu Flugzeuglärm, dessen Lautstärke die genannten Werte noch übersteigen kann, handelt es sich hier angesichts der zunehmenden Verkehrsdichte praktisch um Dauergeräusche, denen man bei bestehenden Anlagen beinahe hilflos ausgesetzt ist. Die vorhandenen bzw. zu erwartenden Belästigungen müssen daher vor der endgültigen Wahl des Standorts einer neuen Schule genau festgelegt werden. Unterrichtsräume sollten immer so liegen, daß die vor den Fenstern gemessenen Lautstärken im Durchschnitt 50 phon nicht übersteigen. Auf keinen Fall soll die Dauerlautstärke innerhalb der Räume oberhalb von 35 bis 40 phon liegen, da bei wesentlich lauteren Dauerstörungen ein konzentrierter Unterricht nicht möglich ist.

Wenn es nicht möglich ist, Schulgebäude in völlig ruhiger Umgebung unterzubringen, so muß vorwiegend durch bauliche Maßnahmen oder durch besondere Abschirmungen (→ Städtebauliche Grundlagen, 71) versucht werden, die genannten Werte zu erreichen. Die Schalldämmung der Fenster sollte man hierbei nicht in Ansatz bringen, da es zumindest im Sommer immer möglich sein sollte, bei offenen Fenstern zu unterrichten. Die Schulbaunorm DIN 18031 empfiehlt für Fenster bei ungünstiger Lage ein mittleres Schalldämm-Maß von 35 dB.

Gegen Störungen aus den Nachbarräumen, die sinngemäß nach DIN 4109 einen Schallpegel von 30 dB(A) (ausnahmsweise 40) nicht überschreiten sollten, soweit es sich um haustechnische Anlagen handelt, werden für Schulen in DIN 18031 und DIN 4109 sehr strenge und genau definierte Forderungen gestellt, die über den im Mehrfamilienwohnungsbau erforderlichen Schallschutz teilweise weit hinausgehen. Im einzelnen gelten folgende Luftschall- und Trittschall-Schutzmaße:

Luftschallschutz:	LSM
Trennwände zwischen Unterrichtsräumen	+ 3 dB
Trennwände zwischen Unterrichtsräumen und Fluren bzw. Treppenräumen	0 dB
Trenndecken	+ 3 dB
Trittschallschutz:	TSM
Alle Decken bei Fertigstellung	+ 13 dB
Alle Decken 2 Jahre später	+ 10 dB

Bei Decken ist das geforderte Schallschutzmaß mit Sicherheit vorhanden, wenn mind. 350 kg/m² schwere Massivplatten einen guten schwimmenden Estrich oder eine elastisch angehängte Putzvorsatzschale und elastischen Bodenbelag erhalten. Bei den leichteren, sehr häufig verwendeten Hohlstegdecken ist es erwünscht, beide Maßnahmen durchzuführen → 3. Die neueren Schulbaurichtlinien der Länder sind wegen der angestrebten Raumvariabilität teilweise weniger streng.

3 (links) Trittschallpegel L' zwischen zwei übereinanderliegenden Klassenräumen mit schwimmendem Estrich und abgehängten Akustikdecken in einem normalen Schulgebäude wie in Bild 2.
A Sollkurve für den Wohnungsbau nach DIN 4109
B Sollkurve für Schulklassenräume nach DIN 18031 (Dauerzustand)
① Ecke rechts neben der Tür
② Ecke rechts neben dem Fenster
③ Ecke links neben dem Fenster
④ Ecke links neben der Tür
⑤ Raummitte

Dieses typische Meßergebnis zeigt starke Streuungen infolge Körperschallbrücken, vorwiegend in den Ecken entlang der Wände.

GEBÄUDEARTEN

Schwimmhallen

Die Schallschutzforderungen der DIN-Norm sind bei normalen Klassenräumen ausreichend und teilweise wohl etwas zu streng. Die letzte Ergänzung von DIN 4109 aus dem Jahr 1975 enthält teilweise erhebliche Ermäßigungen, je nach Variabilität der Trennwände (Wände —5 bis —15 LSM). Bei Musikräumen, die unmittelbar an Normalklassenräume grenzen, ist dagegen ein noch besserer Schallschutz notwendig. Er läßt sich wegen der verschiedenen → Schallnebenwege innerhalb eines geschlossenen Baukörpers nur durch eine sogenannte »Raum-im-Raum«-Gestaltung erreichen → 43 4. Dieses Prinzip gewährleistet das im normalen Hochbau überhaupt mögliche Höchstmaß an Schalldämmung. Technisch einfacher und vernünftiger ist es allerdings, den Musikraum und ähnliche Räume, wie z. B. Musik-Übungszellen, zusammenzufassen und als selbständiges Gebäude auszuführen. Musikinstrumente müssen in jedem Fall Körperschallisolierungen erhalten. Bewährt haben sich z. B. mindestens 20 mm dicke Kreuzrippen-Gummiplatten der DVM-Weichheit 85 (= 43 Shore).

Die Forderung eines Luftschallschutzmaßes von ± 0 dB für Trennwände zwischen Klassenräumen und Fluren bzw. Treppenhäusern gilt natürlich nur für solche Wände, die nicht durch Türen o. ä. unterbrochen werden. Ist eine Tür vorhanden, so genügt es, die betreffende Wand z. B. nur 11,5 cm dick aus Vollziegeln, Kalksandvollsteinen oder gleichwertig herzustellen und mindestens einseitig lückenlos zu verputzen (LSM gleich oder mehr als —12 dB), wenn die Gefahr einer übermäßigen Längsleitung nicht besteht.

Für Türen zum Flur fordert DIN 18031 ein mittleres Schalldämm-Maß von 30 dB (LSM ca. —20 dB). Dieser Wert ist durch ein ca. 35 kg/m² schweres Türblatt, z. B. eine der handelsüblichen, ca. 40 mm dicken Hohlkonstruktionen mit Sandfüllung, einfach zu erreichen → 178 3 und 332 4. Selbstverständlich müssen gute Falzdichtungen vorhanden sein, auch an der Schwelle. Auf jeden Fall wird die Schalldämmung der betreffenden Wand durch die meistens wesentlich schwächere Tür erheblich begrenzt. Es hat wenig Sinn, die Wand mit einer mehr als 5 bis 8 dB besseren Dämmung auszustatten. Siehe auch Faltwände, 134.

Störungen, die durch die Forderungen von DIN 18031 nicht erfaßt werden, sind Körperschallübertragungen durch die Heizungs- und Sanitärinstallationen sowie durch eventuell vorhandene Aufzüge, Lüftungsanlagen u. dgl. Grundsätzlich sollten WC-Anlagen und Maschinenräume nicht direkt an Klassenräume oder andere empfindliche Schulräume grenzen.

Ein sehr häufiger Ausführungsfehler sind Körperschallbrücken durch Rohre, die durch den schwimmenden Estrich oder durch ähnliche Doppelschalen geführt werden müssen. Hier ist es selbstverständlich notwendig, darauf zu achten, daß die betreffenden Bauteile keine starre Verbindung haben, da sonst der ganze Aufwand illusorisch wird.

Ein besonders schwieriges Kapitel sind auch im Schulbau direkte Störungen durch Be- und Entlüftungsanlagen bzw. Klimaanlagen. Hier muß man Strömungs- und Ventilatorgeräusche unterscheiden. Während erstere wegen ihres neutralen Charakters bei Einhaltung der in DIN 1946 für Unterrichtsräume maximal zulässigen Lautstärken von 35 bis 40 dB(A) selten Anlaß zu Reklamationen geben, sollte man für die lästigeren reinen Lüftergeräusche eine um 5 bis 10 dB(A) geringere Lautstärke fordern, und zwar immer bei Vollbetrieb der Anlage und Messung im leeren Raum am subjektiv lautesten Platz. Dasselbe gilt auch für andere technische Einrichtungen.

Schalltechnische Anforderungen werden in DIN 18032 an Turn-, Spiel- und Lehrschwimmhallen gestellt. In Fluren, Treppenhäusern und Hallen empfiehlt DIN 18031 eine Nachhallzeit von maximal 1,2 bis 1,5 Sekunden. Das ist ein Wert, der sich durch eine vollständige Deckenverkleidung aus widerstandsfähigen Schallschluckplatten etwa nach 332 3 erreichen läßt. Für den Wärmeschutz gilt sinngemäß dasselbe wie für Wohngebäude → 296 sowie Turn-, Gymnastik- und Spielhallen → 293.

Schwimmhallen

Räume dieser Art müssen folgenden bauphysikalischen Anforderungen genügen:

1. Kondenswasserfreie Oberflächen zur Verringerung von Bauschäden und Hygienefehlern

Diese Forderung bedeutet die Einhaltung bestimmter Wand-, Decken- und Fußbodentemperaturen durch ausreichende Wärmedämmung. Die maßgebenden Größen sind die Raumlufttemperatur, die maximale relative Luftfeuchtigkeit in Wand- bzw. Deckennähe und die Außenlufttemperatur bzw. die Lufttemperatur der angrenzenden Räume.

Besonders kritisch ist die Wärmedämmung gegen den Außenraum. Hier wird man wohl immer (eine durch gute Luftumwälzung durchaus realisierbare maximale Luftfeuchtigkeit von 70% i. M. sowie eine verhältnismäßig günstige Betonkonstruktion vorausgesetzt) mit einer ca. 40 mm dicken, außen liegenden Dämmschicht, z. B. aus Mineralwolle ($\lambda = 0,041$ (0,035)) oder Gleichwertigem, auskommen. Es ist sehr ratsam, diese Dämmschichtdicke soweit wie möglich zu überschreiten, da eine bessere Wärmedämmung auch den Wärmebedarf des Raumes verringert und das Behaglichkeitsgefühl der anwesenden Personen fördert.

Das gilt in erhöhtem Maße für die Decke, etwa gegen einen Kaltdachraum, deren Konstruktion außerdem bei ungenügender Wärmedämmung durch übermäßigen Feuchtigkeitsanfall mehr gefährdet werden kann als die übrigen Bauteile. Die speziellen Wärmedämmschichten sollten immer, von innen gesehen, hinter Konstruktionsteilen liegen, die einen erheblich größeren Diffusionswiderstand besitzen, wie z. B. eine weitgehend homogene Stahlbeton-Massivplatte.

Die durch den Beton und die Dämmschicht in Form von Wasserdampf dringende Feuchtigkeit muß in stärkerem Maße als bei Außenwänden trockener Räume die Möglichkeit haben, ohne Tau- und größere Mengen Kondenswasser zu bilden, nach außen abzuwandern, also beispielsweise beim Kaltdach durch eine ausreichende Belüftung des Hohlraums zwischen Kaltdachhaut und Dämmschicht-Oberseite. Am besten ist eine gute natürliche Querlüftung, bei der die gesamte Fläche der Lüftungsöffnungen mindestens 0,5% der Dachgrundfläche beträgt → 152.

Auch wenn die Schwimmhalle nicht unter einem eigenen Dach, sondern, wie oft bei Lehrschwimmhallen in den Schulen, unter der Turnhalle oder unter anderen Räumen völlig anderer Art liegt, sind diese Gesichtspunkte wichtig, solange die Werte für Temperatur und Dampfdruck dieser Räume unter denen des Feuchtraumes liegen. Das ist nahezu ausnahmslos der Fall. Für die Wände, insbesondere Außenwände, gilt im Prinzip das gleiche. Notfalls kann man hier auf die belüftete Außenschale zugunsten eines regenabweisenden, jedoch dampfdurchlässigen Außenputzes verzichten.

Der beste Schutz gegen kondensierende Feuchtigkeit ist eine direkte Aufheizung der betreffenden Flächen über die Lufttempe-

Schwimmhallen — GEBÄUDEARTEN

ratur, also auf mindestens 20—25 °C. Von dieser Möglichkeit wird man praktisch wohl nur beim Fußboden Gebrauch machen können. Die Fußbodentemperatur sollte zwischen 28 und 35 °C liegen.

Eine Doppelverglasung ist im Wärmedämmgebiet I und eventuell auch im Wärmedämmgebiet II — bei sonst optimaler Wärmedämmung und Beheizung — nicht unbedingt notwendig. Es ist viel wichtiger, daß alle Fenster und Glaswände winddicht sind und daß sich übermäßige Luftfeuchtigkeit an diesen kältesten Stellen niederschlägt, ehe sie an anderen Stellen, die nicht korrosionsbeständig sind, Schäden verursachen kann. Auf diese Weise läßt sich sehr einfach verhindern, daß die relative Luftfeuchtigkeit zu groß wird. Ein zu häufiger Niederschlag an den kalten Scheiben läßt sich vermeiden, indem die Schwimmhalle gegen ausgesprochene Dampfräume und Warmwasserduschen dicht abgeschlossen und die Luft gut umgewälzt wird.

2. Weitgehende Raumschalldämpfung

Zur Lärmbekämpfung und Verbesserung der Wortverständlichkeit und Hörsamkeit etwa bei der Wiedergabe von Musik über Lautsprecher sowie bei Schwimmunterricht, Wettkämpfen und Veranstaltungen mit Publikum ist eine gute Raumschalldämpfung erforderlich. Hier gelten zumindest die gleichen Anforderungen wie bei Turn- und Spielhallen, für die in DIN 18032 eine Nachhallzeit von maximal 1,8 Sekunden gefordert wird.

Für Lehrschwimmhallen fordert die Deutsche Gesellschaft für das Badewesen maximal 1,5 Sekunden. Diese Nachhallzeit läßt sich — etwa bei Verwendung einer Stahlbetondecke als tragender Konstruktion — durch einen 25 mm dicken Deckenputz auf Mineralfaser- oder Blähstoff-Basis, z. B. Spritzasbest, Glasfaser, Steinwolle oder geblähter Glimmer, erreichen → 1. Dank seiner porösen Struktur verbessert er gleichzeitig die Wärmedämmung der Decke im Sinne der Forderung unter 1.

Ein solcher Deckenputz ist auch in der Lage, in extremen Betriebsfällen kurzzeitig auftretendes Kondenswasser aufzusaugen, das während der »Erholungszeiten« (bei leerer, jedoch gut belüfteter Halle) wieder an die Raumluft abgegeben wird. Nach vorliegenden Versuchsergebnissen sind solche Schallschluckputze in der Lage, bis zu 40 und mehr Gewichtsprozent Tauwasser aufzunehmen, ohne irgendwelche nachteiligen Veränderungen zu zeigen. Selbstverständlich sind auch andere Schallschluckverkleidungen verwendbar, soweit sie feuchtigkeitsbeständig sind und eventuell aufgenommenes Wasser durch gutes kapillares Saugvermögen ausreichend schnell wieder an die Raumluft oder nach außen abgeben können.

Für niedrige Räume und jedenfalls für die Wände sind festere Verkleidungen notwendig → 333 3 und 333 4. Eine Wandverkleidung mit Schallschluckputz ist wegen der geringen Widerstandsfähigkeit des Materials nur dort zu vertreten, wo eine Beschädigung durch Ballwürfe oder direkt durch die Benutzer nicht befürchtet werden muß. Als (zusätzlich zur Schallschluckdecke durchaus erwünschte) schallabsorbierende Wandverkleidung wesentlich besser geeignet sind quer vermauerte Hochlochziegel etwa nach Bild 315 9. Für derartige Verkleidungen gelten in Schwimmhallen sonst die gleichen Gesichtspunkte, wie auf Seite 225 ausführlich erläutert. Zwischen Ziegel und Schallschluckpackung sollte immer eine akustisch transparente Dampfsperre, etwa aus einer Kunststoff-Folie, liegen.

Wenn hygienische Anforderungen dafür sprechen, so kann man notfalls auf die Schallschluckpackung und auf die Dampfsperre (Ziff. 2) verzichten. Der Schallschluckgrad wird dadurch geringer → 99 1.

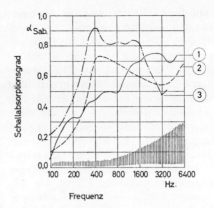

1 Typische Schallabsorptionsgradkurven von in Schwimmhallen verwendbaren Stoffen:
1. ausgezogene Kurve: 25 mm dicker Spritzasbestputz
2. strichpunktiert ⎫ verschiedene Akustikfliesen je nach Perforations-
3. und gestrichelt ⎭ anteil und Schluckstoff
schraffiert: Anstriche mit und ohne starken Faserstoff-Zusatz

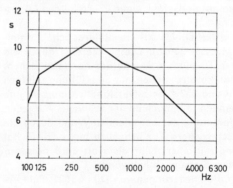

2 Oktavanalyse der Nachhallzeit in einer 15 000 m³ großen Schwimmhalle ohne schallschluckende Verkleidungen (nach W. Hess).

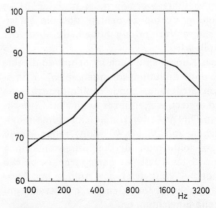

3 Oktavanalyse des in einer 15 000 m³ großen Schwimmhalle durch die Badegäste erzeugten Schallpegels. Die Halle hatte großflächige Verglasungen und keine Schallschluckdecke (nach W. Hess).

GEBÄUDEARTEN

Schwimmhallen mit stark reflektierenden Oberflächen → 290 3 haben je nach Größe Nachhallzeiten bis zu 10 Sekunden und mehr → 290 2. Das führt zu einem sehr hohen Störpegel, der eine Verständigung und z. B. auch die Ortung von Hilferufen sehr erschwert.

3. Gleichmäßiges Schallfeld zur Verbesserung der Wortverständlichkeit

In sehr »halligen« Schwimmhallen (also ohne jede Schallschluckverkleidung) ist i. allg. ein gleichmäßiges Schallfeld vorhanden. Erst wenn man anfängt, irgendwo Schallschluckverkleidungen anzubringen, können in diesem Sinne nachteilige Änderungen auftreten. Um diese Gefahr auszuschalten, sollte man möglichst keine völlig ebenen, ungegliederten und zueinander parallel stehenden Raumbegrenzungen schaffen, sondern auf einen schiefwinkligen Grundriß und auf tiefe Wand- und Deckengliederungen bedacht sein.

Eine ausreichende Gliederung erreicht man durch verhältnismäßig eng stehende und weit in den Raum vorspringende Binder, etwa aus Stahlbeton, die nicht schallschluckend verkleidet werden. Wenn die Wände unbedingt glatt und ungegliedert sein müssen, so lassen sich die erwünschten diffusen Reflexionen durch eine gleichmäßige Verteilung ungleich großer Schallschluckflächen, etwa aus Akustikfliesen oder Hochlochziegelmauerwerk auf sämtlichen Wandflächen, erreichen. Auch einzelne über den ganzen Raum verteilte senkrechte, schräge oder horizontale Streifen aus solchen Lochsteinen wirken günstig. Die Verglasung könnte im Grundriß zickzackförmig verlaufen, wodurch sich unter Umständen auch statische Vorteile ergeben. Ob die Deckenfläche eben, sattelförmig oder schräg wie bei einem Pultdach ausgeführt wird, spielt keine große Rolle, solange dort schallschluckende Verkleidungen verwendet werden. In einer Schwimmhalle ohne Schallschluckdecke ist eine stark gegliederte, schräge Decke, etwa wie beim Pultdach, insbesondere bei absorbierender Wandgestaltung, günstiger als eine Satteldachform.

4. Ausreichend niedriger Störpegel

Der Störpegel von Schwimmhallen liegt gewöhnlich zwischen 70 und 90 phon. Eine Frequenzanalyse des typischen Schwimmhallenlärms zeigt 290 3. Verursacht wird dieser starke Lärm zum Teil dadurch, daß eine Verständigung in Schwimmhallen allein infolge der übergroßen Halligkeit sehr schwierig ist und die Leute daher unwillkürlich um so lauter schreien. Versuche haben ergeben, daß stark gedämpfte Schwimmhallen wesentlich leiser sind (bis zu ca. 10 phon), als man auf Grund der effektiven Dämpfung durch die schallschluckenden Verkleidungen erwarten könnte. Man führt diese Tatsache darauf zurück, daß sich die Leute im gedämpften Raum besser verständigen können und daher einen geringeren Stimmaufwand treiben.

Völlig anders als beim normalen Schwimmhallenbetrieb liegen die Verhältnisse bei irgendwelchen Darbietungen mit Publikum oder bei Wettkämpfen. Hier muß man eine strenge Disziplin voraussetzen, da sie zur Verständlichkeit der einzelnen Kommandos bzw. Darbietungen unbedingt notwendig ist. Mit Störungen durch die Anwesenden ist daher nicht zu rechnen, so daß andere Schallquellen, die sonst im hohen allgemeinen Störpegel untergehen, sehr stark hervortreten können. In Frage kommen hauptsächlich Geräusche durch den Straßenverkehr, durch die Klimaanlage oder durch ähnliche maschinelle Einrichtungen.

Den Forderungen von DIN 1946 entsprechend ist in solchen Fällen eine maximal zulässige Stärke von 45 dB(A) zu fordern, was durchweg durch die allgemein üblichen Schallschutzmaßnahmen an den betreffenden Anlagen und an den Fenstern erreicht werden kann. Eine zusätzliche Minderung in der Größenordnung von annähernd 5 dB(A) bewirkt die unter 2 erwähnte Raumschalldämpfung.

Die konstruktiv beste Erfüllung sämtlicher Anforderungen wurde in den einzelnen Abschnitten bereits angedeutet. Die in Lehrschwimmhallen am häufigsten vorkommende Konstruktion ist in Bild 145 2 (Trenndecken) ausführlich erläutert. Hier handelt es sich um das Detail einer Trenndecke zwischen Lehrschwimmhalle und Turnhalle mit Stahlbeton-Massivplatte (Plattenbalkendecke), Schallschluckputz und hölzernem Schwingboden. Genau dem gleichen Prinzip entspricht das günstigste Detail für eine Dachdecke, lediglich mit dem Unterschied, daß statt des Schwingbodens eine beliebige Kaltdach-Konstruktion verwendet wird. Da eine Entlüftung des Hohlraumes oberhalb der Isolierschicht beim Schwingboden nicht so einfach möglich ist wie beim Kaltdach, sollte man zwischen Wärmedämmschicht und Stahlbeton immer eine gute Dampfsperre, etwa aus einer mit Heißbitumen verklebten Lage Metallfolie oder gleichwertiges, verwenden, was bei einer Kaltdach-Konstruktion nicht unbedingt erforderlich ist.

Sitzungssäle → Parlamentsgebäude

Spielräume → Turn-, Gymnastik- und Spielhallen

Sprachlehranlagen

Da das Lernen per Tonband wesentlich schneller geht, werden Sprachlehranlagen sogar in den allgemeinbildenden Schulen in zunehmendem Maße eingesetzt. Die einzelnen Halbzellen, in denen die Schüler sitzen, um sich gegenseitig nicht zu stören → 334 2, sollen schallquellenseitig schallabsorbierend ausgebildet werden. Mit der in 334 1 erkennbaren schallabsorbierenden Decke ist bei einer Besetzung mit ungefähr 20 Personen mit folgenden Nachhallzeiten zu rechnen:

Hz:	125	500	2000
T_{20}	0,5	0,3	0,4 s

Um diesen recht günstigen Frequenzgang der Nachhallzeit zu erzielen, muß man noch an den Wänden etwa 70 m² eines Mitschwingers aus dünnen dichten Platten vor randgedämpftem Hohlraum unterbringen. Der Hohlraum kann auch ganz mit lockerer Mineralwolle gefüllt werden. Diese Platten sollen keine Perforation erhalten, sondern eine dichte glatte Oberfläche, wie z. B. Sperrholz, Hartfaserplatten usw. Das Produkt aus Flächenmasse in kg/m² und Wandabstand in cm sollte etwa 25 betragen. Wenn die Kabinen nicht vorhanden sind bzw. nicht absorbierend ausgebildet werden, so wird die Nachhallzeit um durchschnittlich 0,1 Sekunden länger.

Bei einer Besetzung mit 40 Personen (Vollbesetzung) sinken die Nachhallzeiten auf folgende Werte:

Hz:	125	500	2000
	0,46	0,25	0,30 s

Dieser Zustand kann als Optimum angesehen werden unter der Voraussetzung, daß sich der Sprachlehrer immer nur über die elektroakustische Anlage mit den Schülern unterhält oder an den einzelnen Plätzen, jedoch nicht zur gesamten Klasse gleichzeitig ohne Mikrophon spricht. In diesem Fall kann die Dämpfung des Raumes nicht stark genug sein. Dann ist es auch wichtig, einen stark schallabsorbierenden Teppichboden und schwere poröse Vorhänge zu verwenden.

Wenn kein Mitschwinger vorgesehen wird und die einzelnen Abschirmungen schallabsorbierend ausgebildet werden, so ist die Nachhallzeit bei tiefen Frequenzen erheblich länger als 0,6 s, was dann völlig unbedenklich ist, wenn der ganze Lehrvorgang nur über Mikrophon und Kopfhörer vonstatten geht.

Tanzcafés → Gaststätten

Telefonzentralen → Bürogebäude

Textilfabriken → Werkstätten, Fabriken

Theater → Mehrzwecksäle

Verkaufsräume → Ausstellungsräume

Tierräume

Schweine, Geflügel und Kälber usw. lassen sich heute auf einem Drittel der Stallfläche unterbringen, die man noch vor einem Jahrzehnt für notwendig hielt. Der Grund hierfür sind nicht nur die Fortschritte in der Tiermedizin sowie die neuen Erkenntnisse über die Ernährung, sondern auch ein für die Tiere günstiges Raumklima.

Die optimalen Stall-Lufttemperaturen liegen im Winter gewöhnlich zwischen +5 und +15 °C (+20 °C) bei einer relativen Luftfeuchte zwischen 75 und 85%. Eine größere Temperaturspanne und höhere Luftfeuchte ist für die Tierhaltung ebenso ungünstig wie eine immer gleichbleibende Temperatur. Die Stalltemperatur darf nicht zu hoch liegen. Eine zu niedrige Stall-Lufttemperatur erfordert zunächst einen erhöhten Futteraufwand, da das Tier bis zu einem gewissen Grade den erhöhten Wärmeverlust durch vermehrte Nahrungsaufnahme ausgleichen kann. Ist die kalte Luft sehr feucht, so ist die Futterverschwendung infolge erhöhter Wärmeabgabe noch größer. Übermäßige Wärmeverluste sind bei Tieren, die ständig im Stall gehalten werden, gesundheitsschädlich. Nach DIN 18910 muß notfalls geheizt werden, um im Winter optimale Temperaturen einzuhalten. Wenn bei einer hohen Luftfeuchtigkeit auch die Lufttemperatur übermäßig hoch ist, kann das Tier keine Wärme durch Verdampfen abgeben und ist ebenfalls in seiner Gesundheit gefährdet. Im wesentlichen bestehen hier die gleichen Zusammenhänge wie beim Menschen, wenn auch innerhalb anderer Grenzen.

Im allgemeinen muß durch die Lüftung des Stalles mindestens die durch das Vieh abgegebene Feuchtigkeit abgeführt werden. Sie muß so bemessen werden, daß die Temperatur des Stalles unter der Obergrenze des günstigsten Temperaturbereichs gehalten wird und genügend Luftbewegung vorhanden ist, um dem Tier die erforderliche Wärmeabgabe zu ermöglichen und eine gewisse Behaglichkeit sicherzustellen.

Durch Wärmedämmschichten an allen Raumbegrenzungen und vor allem an der Decke → 334 3 ist für eine ausgeglichene Stalltemperatur und für trockene Oberflächen zu sorgen. Die »Schwitzwasserbildung« an Wänden und Decken muß vermieden oder wenigstens weitgehend reduziert werden. Für die anzuwendenden Konstruktionen gelten im Prinzip die gleichen Gesichtspunkte wie für die Feuchträume der menschlichen Behausung. Wenn eine gute Belüftung auf der Warmseite fehlt, so ist innen der Einbau einer Dampfsperre, etwa hinter Zementasbest-Wellplatten, notwendig. Das Dach sollte in jedem Fall nach dem Kaltdachprinzip ausgeführt werden.

Der Betonboden soll trocken und warm sein und kann von unten nach oben etwa folgendermaßen aufgebaut werden:

40 mm dickes geschlossenzelliges Schaumglas, fugendicht verlegt auf eben abgezogener dränierter Sickerpackung,
mehr als 10 cm dicker Sperrbeton,
Nutzschicht etwa aus gebrannten Steinen im Gefälle von 1:36 bis 1:24.

Um gesteuerte Umweltbedingungen zu erreichen, sollte der Stall nicht zu groß sein. Bei großen Gebäuden wird empfohlen, Trennwände einzuziehen. Es ist wichtig, Ställe in regelmäßigen Abständen ganz außer Betrieb zu nehmen, damit sie gereinigt und desinfiziert werden können und austrocknen. Ställe für Jungvieh und ausgewachsene Tiere sind zu trennen, da sie ein unterschiedliches Klima benötigen.

Nach DIN 18910 erhöht ein gutes Stallklima die Gesundheit und Leistungsfähigkeit der Tiere. Die Anforderungen an den Mindest-Wärmeschutz geschlossener Winterställe sind höher als für Menschen-Aufenthaltsräume. Je nach Wärmedämmgebiet ist ein Wärmedurchlaßwiderstand zwischen 0,5 (0,6) und 1,2 (1,4) anzustreben. Fenster und Türen müssen trotz der Forderung nach guter Lüftung dicht sein. Alle Wärmeverluste, insbesondere für die Lüftung, müssen auf das »Wärmeaufkommen« der Tiere abgestimmt werden.

Ohne ausreichende Frischluft leiden die Tiere, und ohne vollständige Abführung der chemisch aggressiven verbrauchten Luft leiden nicht nur die Tiere, sondern auch die Gebäude.

Tonstudios, Sendesäle

Beim Roh- und Ausbau solcher Räume haben die Forderungen des Akustikingenieurs unbedingten Vorrang. Aus diesem Grunde kann man hier auch für andere Bauaufgaben am deutlichsten erkennen, welche Vielfalt der Gestaltungsmöglichkeiten allein die Akustik bietet. In kleineren Räumen mit einfacher Zweckbestimmung lassen sich auch weniger aufwendige Lösungen finden → 334 4, 5. Für bestimmte Zwecke sind ähnliche Maßnahmen wie in schalltoten Räumen erforderlich. Die Regieräume werden immer stark gedämpft. Gewöhnlich werden alle verfügbaren Wand- und Deckenflächen schallabsorbierend verkleidet.

Außerordentlich wichtig ist, daß die Räume nicht zu klein sind. In Übereinstimmung mit anderen Fachleuten kann die Mindestraumgröße für Musikstudios und ähnliche Proberäume in Abhängigkeit von der Besetzung etwa folgendermaßen festgelegt werden:

Mitwirkende	Mindest-Raumvolumen (m³)
4	45
8	115
16	340
32	850
64	2300
128	6200

GEBÄUDEARTEN

1 Raumgröße einiger Rundfunkstudios

	m³/Platz
Großer Sendesaal des Senders Freies Berlin	10,7
Studio des Süddeutschen Rundfunks, Karlsruhe	11,0
Großer Sendesaal von Radio Österreich, Wien	14,6
Großes Studio des Südwestfunks, Kaiserslautern	13,3
Großes Musikstudio, Baden-Baden	17,0
Großes Musikstudio Villa Berg, Stuttgart	10,3
Studio I im Alten Funkhaus, Frankfurt	9,0

Für Räume, in denen auch Publikum untergebracht werden soll, bietet Tabelle 1 einige Anhaltspunkte für das je Platz erforderliche Volumen.

Die Einhaltung der für die einzelnen Darbietungen optimalen Nachhallzeiten ist unbedingt erforderlich. Diese Forderung führt zu speziellen Sprach-, Solisten- und Orchesterstudios oder zu Räumen mit einer wandelbaren Akustik. Die Schalldämmung gegen den Außenraum und zu den Nachbarräumen muß extrem groß sein (→ Schulen, 287 und Hörprüfungsräume, 262), was zu komplizierten bautechnischen Maßnahmen im Sinne einer »Raum-im-Raum«-Gestaltung → 43 4 führt. Die Dämmung der Räume und alle anderen Schallschutz-Maßnahmen müssen so beschaffen sein, daß in den einzelnen Oktavbereichen folgende Dauerschallpegel nicht überschritten werden:

Hz:	50	100	200	400	800	1600	3200	6400
in Rundfunkstudios:	55	40	30	22	20	17	14	11 dB
in Fernsehstudios:	37	18	11	8	7	6	5	4 dB

Gewisse Abweichungen sind zulässig. Die Flure werden immer mit schallabsorbierenden Decken versehen → 319 3.

Turn-, Gymnastik- und Spielhallen

Auf die Belange der Turnhallen wurde bereits im Abschnitt »Schulen« eingegangen. Unabhängig vom Schulbetrieb kommt es in allen Turn-, Spiel- und Sporthallen einerseits darauf an, den durch die Turner verursachten Störpegel so gering wie möglich zu halten, andererseits soll auch die Wortverständlichkeit ausreichend groß sein. DIN 18032 »Richtlinien für den Bau von Turn- und Spielhallen« fordert eine gute Akustik. Durch bauliche Maßnahmen sollte eine Nachhallzeit von höchstens 1,8 Sekunden erreicht werden. Dieser Wert läßt sich durch eine schallabsorbierende Deckenverkleidung mit widerstandsfähiger Oberfläche → 214 erreichen und gilt hauptsächlich oberhalb 500 Hz.

Die Anordnung von Schallschluckplatten an den Wänden wird wegen der Gefahr einer Beschädigung durch Ballwurf als unzweckmäßig bezeichnet. Derartige Bedenken sind in Gymnastikräumen unbegründet und auch sonst nur begrenzt kritisch, da es genügend ballwurffeste Schallschluckverkleidungen gibt → 335 1, 335 2, 335 4 und 335 5. Die Platten sollen auf einem engen Lattenrost angebracht werden. Große Sorgfalt ist hier bei an sich weniger steifen Platten erforderlich, die außerdem nicht angenagelt, sondern angeschraubt werden müssen. Durch die Normforderungen werden die Möglichkeiten einer anderweitigen Verwendung von Turn- und Spielhallen sehr eingeschränkt. Raumakustisch sind Turn- und Spielhallen durch eine sehr starke Dämpfung sowie durch einen wechselnden Standort der Schallquelle und eine verhältnismäßig geringe Besetzung gekennzeichnet. Um eine gute Verständigung der Spielenden untereinander sowie des Lehrers mit den Schülern bzw. Turnern zu gewährleisten, ist darauf zu achten, daß das gesprochene Wort trotz der geringen Besetzung an jeder Stelle der Halle gut zu verstehen ist. Für stärkere Besetzungen ergibt sich dadurch eine Überdämpfung, so daß eine anderweitige Verwendung nur in kleinen Hallen vorwiegend für Kinobetrieb oder mit schwacher Besetzung möglich ist.

In DIN 18032 wird von der Ausweitung der Zweckbestimmung auf außersportliche Veranstaltungen »wegen der zu verschiedenartigen Aufgaben« abgeraten (→ Mehrzweckhallen). Lüftungsanlagen dürfen nach DIN 1946 eine Stärke von 45 dB(A) nicht überschreiten. Die Trittschallübertragung in darunterliegende Räume ist trotz des Schwingbodens → 204 und zusätzlicher Maßnahmen so stark, daß es nicht möglich ist, dort etwa die Hausmeisterwohnung oder normale Unterrichtsräume unterzubringen. Auch Duschräume sind dort wegen der Feuchtigkeitswanderung in den Hohlraum des Schwingbodens nicht ganz unbedenklich.

Keine Bedenken bestehen bei Nebenräumen, Spielräumen, Fahrradkellern u. dgl. Bleiben letztere teilweise offen, ist eine Wärmedämmung wie bei Decken über offenen Räumen notwendig → 148. Der Sonnenschutz → 174 soll während der heißen Jahreszeit vollständig sein, ohne während der Heizperiode eine wesentliche Verschattung der Fenster zu verursachen. Blendung ist auf jeden Fall zu vermeiden.

Bezüglich des Wärmeschutzes werden in DIN 18032 jetzt besondere Forderungen aufgestellt. Generell wird auf DIN 4108 verwiesen. Über die als außerordentlich wichtig bezeichnete Ausbildung des Fußbodens heißt es unter anderem, daß er schall- und wärmedämmend sein soll (→ Schwingböden). Der Fußboden soll auf jeden Fall fußwarm sein. Der Wärmedurchlaßwiderstand der Gesamt-Bodenkonstruktion muß mindestens 1,1 m²K/W (= 1,28 m²hK/kcal) betragen. Diese Normforderung bezieht sich offensichtlich nur auf Sportböden, die an das Erdreich

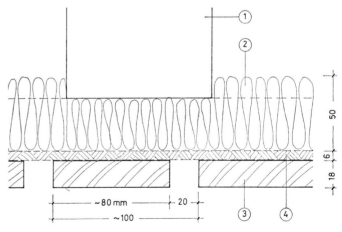

2 Ballwurffeste Schallschluckdecke für eine Turn- und Festhalle:
1 tragendes Kantholz
2 Schallschluckpackung aus Mineralwollematten üblicher Qualität ohne Papierauflage
3 Sparschalung, ballwurffest montiert
4 6 mm dicke normale Holzfaserisolierbauplatte, unterseitig nach Bedarf leicht gespritzt (der Anstrich darf nicht so dick sein, daß er die Poren der Platte verstopft)

Die Platten nach 4 müssen eine auf die Besetzung mit Publikum abgestimmte Schalldurchlässigkeit besitzen, da eine zu starke Dämpfung bei Veranstaltungen mit Publikum unbefriedigend wäre. Für den Turnbetrieb ergibt sich auf diese Weise oft eine etwas zu lange Nachhallzeit.

Werkstätten, Fabriken

grenzen → 206. Das geht schon aus der Normforderung hervor, daß die Heizung in der Halle auf eine Raumtemperatur von lediglich 12 bis 15°C ausgelegt werden soll. Das deckt sich auch mit DIN 4701, die für Turnhallen +15°C fordert, für Gymnastikräume (orthopädisches Turnen) dagegen +20°C.

Wäschereien → Bäckereien

Werkstätten, Fabriken

Handwerksbetriebe aller Art, Maschinenräume, Fabriken u. dgl. sind heute nur selten so leise, wie es für eine gute Arbeitsleistung und für die Erhaltung der Gesundheit des Personals wünschenswert wäre, von einer Belästigung der lärmempfindlichen Nachbarschaft ganz abgesehen. Im Laufe der letzten Jahre wurden durch den Verfasser in solchen Betrieben Lautstärken gemessen → Tab. 1, die für die heutigen Verhältnisse als allgemein kennzeichnend angesehen werden können.

Dauerlautstärken oberhalb von etwa 85—90 phon führen auch bei Arbeiten, die keine Konzentration erfordern, zu erheblichen Leistungsminderungen und bei stundenlang fortgesetzter Einwirkung im Laufe der Jahre zu unheilbaren Erkrankungen des Ohres, also zu Schwerhörigkeit, und schließlich in besonders krassen Fällen zu Taubheit.

Unter Berücksichtigung des heutigen Standes der Lärmbekämpfungstechnik muß schon bei der Planung gewerblicher Betriebe davon ausgegangen werden, daß selbst für eine rein mechanische Arbeit dem Personal auf die Dauer keine höheren Lautstärken als 85 bis 90 phon zugemutet werden können. Bei Arbeiten, die ein gewisses Mindestmaß an Konzentration erfordern, etwa Arbeiten nach Zeichnung, Ablesen von Prüfwerten, Stegreifarbeiten usw., sollte die Lautstärke am ständigen Arbeitsplatz unterhalb von 65—70 phon liegen.

Nicht berührt wird durch diese Werte die Einwirkung auf die Nachbarschaft, deren als zulässig und zumutbar anzusehendes Ausmaß örtlich sehr verschieden ist und je nach Tageszeit und Art der Bebauung unterhalb von etwa 35—65 phon liegen soll → 81.

Die beste Lärmbekämpfungsmaßnahme ist auch hier die Verhinderung der Lärmentstehung. Das läßt sich oft durch Konstruktionsänderungen oder durch die Verwendung anderer Arbeitsverfahren erreichen. Das Österreichische Lärmbekämpfungszentrum berichtete in seinem Mitteilungsblatt 15 + 16/1966, daß der Schallpegel an Webstühlen durch Verwendung von Kunststoff-Teilen von 95—98 auf 82 dB reduziert werden konnte. Die Käufer von Maschinen müssen sich daran gewöhnen, den Lieferanten auf bestimmte Höchstwerte für die Vollbetriebslautstärke festzulegen, damit sich der Hersteller des unhaltbaren Zustandes überhaupt erst voll bewußt wird und auch tatsächlich etwas dagegen tut.

Viele Industrielle lehnen eine geräuschlosere Konstruktion ausdrücklich ab, weil der Käufer nach ihrer Meinung gar keine anderen, wahrscheinlich etwas teureren Maschinen haben will. Der Käufer oder dessen Beauftragter (Architekt) muß sich andererseits darüber klarwerden, daß er, vielleicht gegen einen etwas höheren Preis, bei einem leiseren Fabrikat fast immer ein Erzeugnis mit besserem Nutzungswert und längerer Lebensdauer erhält. Eine solide, schwere Bauart mit sorgfältig ausgewuchteten Massen und geringer Erregung der umgebenden Luft sowie angrenzender fester Bauteile (Fundament) durch rotierende oder schlagende Teile ist schalltechnisch immer einer leichten Konstruktion, etwa aus dünnen, unbehandelten Blechen oder ähnlichen dröhnenden Stoffen, vorzuziehen.

Bei Kreissägen für die Holzbearbeitung → 295 1, die erfahrungsgemäß sehr häufig Anlaß zu Beanstandungen geben, läßt sich die Lautstärke u. a. durch die Verringerung der Zahnzahl und durch die Einspannung des möglichst dünn zu wählenden Sägeblatts in große Tellerfedern bei rauhen Berührungsflächen erheblich verringern (im Leerlauf bis zu etwa 15 phon). Die bewährten hartmetallbestückten »Leichtschnitt-Kreissägeblätter« besitzen z. B. statt 100 und mehr lediglich 8 bis 30 Zähne. Sie gewährleisten außer der Lautstärkesenkung einen schnelleren Vorschub sowie eine längere Standzeit und arbeiten außerdem bei sauberem Schnitt rückschlagsicher. Wichtig ist hierbei jedoch, daß sie immer sehr sorgfältig geschliffen und geschränkt werden, damit alle Zähne eine gleichmäßige Belastung erfahren. Ein etwas größerer Holzverlust durch den breiteren Schnitt ist wohl immer unbedenklich.

Für Hobelmaschinen der holzverarbeitenden Betriebe wurden besondere Spiralmesserwellen entwickelt, die das akustisch unzweckmäßige stoßweise Aufschlagen der Messer auf das Brett vermeiden und infolgedessen wesentlich ruhiger laufen. Die erzielbare Lautstärkesenkung beträgt mehr als 20 phon. Die gehobelte Fläche ist gleichmäßiger und sauberer als bei den herkömmlichen Messerwellen, allerdings erfordert das Einsetzen der etwa 1 mm dicken Spiralmesser mehr Sorgfalt.

Das Geräusch von Ventilatoren setzt sich aus einem Rauschen und einem »Sirenenton« zusammen, die beide verschiedene Ursachen haben. Das Rauschen entsteht durch Wirbelbildung am Propeller und an den Gehäusekanten und ist um so stärker, je

1 Schallpegelmessungen in Werkstätten und Fabriken

	dB(A)	Spitzenwerte im Nahfeld bei dB(B)	Mikrophonabstand (m)
Schreinerei, kleine Handkreissäge in stark gedämpftem Raum	ca. 91	ca. 100	1
Hobelmaschine, Leerlauf	ca. 85		
Dicktenhobelmaschine im Arbeitsgang (gerade Messer)	ca. 106	ca. 112	
»Vier Seiten«-Hobelmaschine im Arbeitsgang		109	0,5
Kunststeinbetrieb, neues Handschleifgerät im Freien		92	1
Steinkreissäge im geschlossenen Raum, hartes Gestein		105	1
Druckerei, Rotationsmaschinenraum-Mitte	94		
großer Verbrennungsmotorenraum, allseits schallschluckend ausgekleidet	98	104	2
Buchbindermaschinenraum-Mitte	83		
Weberei	ca. 96		
Schrotmaschinenraum (Stahlkugelherstellung)	106	114	1
Karosserieherstellung (Großbetrieb)	95	100	1
Eisenbahnschienen-Adjustage		117	15
Kleinzeugstanzenraum	94	98	1
Kleine Werkstatt für spanabhebende Metall-Verarbeitung	83	100	3
Handschleifer im Freien		94	1

GEBÄUDEARTEN

Werkstätten, Fabriken

schneller der Ventilator läuft und je turbulenter die Strömung ist. Um das Rauschen auf ein Minimum zu reduzieren, muß man daher darauf achten, daß sämtliche Schaufeln und die gesamte Luftführung stromlinienförmig ausgebildet sind. Ferner soll die Umfangsgeschwindigkeit des Propellers um so geringer sein, je schlechter die aerodynamische Durchbildung ist.

Der Sirenenton entsteht infolge der Unterbrechung des Luftstromes durch den Propeller. Außerdem spielt die Eigenschwingung der Schaufeln eine Rolle. Die Schaufeln müssen sehr steif oder »weich« sein, was sich mit den aerodynamischen Forderungen deckt. Nach dem heutigen Stand der Technik ist es ohne weiteres möglich, Ventilatoren herzustellen, deren Lautstärke bei 60 phon statt wie meistens üblich bei 75—90 phon liegt. Notfalls helfen schallschluckende Kanäle oder besonders (auf die Hauptstörfrequenzen abgestimmte) Schalldämpfer → 234.

Ein anderes gutes Beispiel bieten Nähmaschinen, deren Lautstärke ohne schalltechnische Behandlung bei schnellaufenden Fabrikaten (Industriemaschinen) in der Größenordnung von 80 bis 90 phon liegt. Hier läßt sich durch schalltechnische Maßnahmen eine Verringerung des Betriebsgeräusches um nahezu 20 dB(A) erzielen. Grundsätzlich gilt auch hierfür die Forderung nach guter Auswuchtung und sinnvoller Körperschallisolierung, die sehr zweckmäßig durch den Einbau weicher Hohlgummifedern zwischen Grundplatte und Tischplatte erfolgen kann. Zwischen dem Maschinenteil und dem Gestell (Holzgestell günstig) dürfen keine starren Verbindungen bestehen. Statt der üblichen Steckscharniere sollten immer Kippscharniere verwendet werden. Wenn diese Körperschallisolierung nicht ausreicht, besteht immer noch die Möglichkeit, eine Gummifederung o. ä. zwischen Gestell und Fußboden einzuschalten.

Soweit Lautstärken oberhalb der zulässigen Werte in Kauf genommen werden müssen, faßt man am besten die Maschinen in besonderen Räumen eng zusammen und trennt sie von den übrigen Arbeitsräumen mit ausreichender Luftschalldämmung (schalldämmende Türen, Tore, Fenster, Oberlichter, Schallschleusen usw.). Gegen den Außenraum sollte man diese Dämmung freilich nicht stärker ausführen als unbedingt notwendig ist und mehr zur »Dämmung« durch Absorption übergehen, was vor allem bei solchen Betrieben beachtet werden muß, die im übrigen keine schallempfindliche Nachbarschaft besitzen und auch nicht erhalten werden.

Durch stark schallreflektierende (schalldämmende) Raumbegrenzungen wird die Lautstärke außerhalb des Nahfeldes unter Umständen erheblich erhöht. Diese Erhöhung erreicht Werte bis zu mehr als 7 phon je nach Größe des betreffenden Raumes. Sie kann nur durch schallschluckende Auskleidungen wieder ausgeglichen werden. Ein glatter Verputz von Maschinenrauminnenseiten oder die Herstellung einer ähnlich sehr stark schallreflektierenden Oberfläche ist immer zu vermeiden, wodurch sich zusätzliche absorbierende Verkleidungen erübrigen. Das Detail eines Hallendaches, dessen Unterseite allein dadurch vorzüglich schallschluckend ist, daß man den Verputz weggelassen hat, zeigt Bild 157 2. Trotzdem beträgt die Schalldämmung dieser Konstruktion bei dichten Fugen etwa 40 dB.

Die Forderung nach Trennung der Werkstatt in Maschinenraum und Arbeitsraum trifft sich in Betrieben, die vorwiegend Serienartikel herstellen, mit den Bestrebungen zur Automation, also mit der Entwicklung zum unbemannten Maschinenraum, in dem die Arbeitsvorgänge nicht durch Menschenhand, sondern durch automatische Schaltanlagen gesteuert werden. Dem Menschen kommt hierbei nur eine Kontrollfunktion zu, so daß er sich nur kurzfristig in solchen Räumen aufhalten muß.

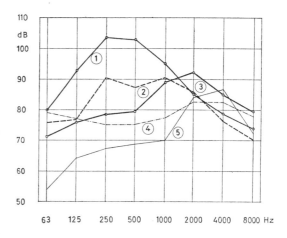

1 Oktavanalysen des Geräusches von Schreinereimaschinen, gemessen in etwa 2 m Abstand von den Maschinen (nach W. Zeller und H. H. Paul).
① Dicktenhobel   ④ Bandsäge
② Abrichte   ⑤ Kreissäge
③ Kreissäge

Es sind jeweils die maximalen Geräuschwerte aufgetragen, ohne Rücksicht auf Lastlauf und Leerlauf der Maschinen. Das Diagramm zeigt, daß man akustisch die Gruppe der Hobelmaschinen von der Gruppe der Sägen deutlich zu unterscheiden hat. Bei den Hobelmaschinen liegen die höchsten Schallpegel zwischen 200 und 700 Hz, bei den Sägen zwischen 1000 und 4000 Hz.

Einem unbemannten Maschinenraum kommt im Prinzip auch jede Maschinenkapselung → 298 gleich, die sich nach Möglichkeit immer auf die ganze Anlage und nicht auf einzelne Maschinenteile erstrecken sollte. Besondere Sorgfalt erfordern hier die Anschlüsse (Körperschallisolierung!) und Durchbrüche, etwa für die Be- und Entlüftung usw. In zu kleinen schalldämmenden Kapseln steigt die Lautstärke bei fehlender schallabsorbierender Ausstattung der Innenseiten erheblich an, was für die Dämpfung von direkten Luftverbindungen (Durchbrüchen) maßgebend ist.

Zur Schallisolierung zwischen dem Maschinenraum einerseits und dem Arbeitsraum sowie der schallempfindlichen Nachbarschaft andererseits sind im übrigen einwandfreie Körperschall- bzw. Erschütterungsisolierungen zu fordern → 46. Zuweilen sind solche Maßnahmen auch für die Standsicherheit des Gebäudes wichtig, wie z. B. bei Schmiedehämmern, Pressen u. ä. Umfangreiche Vorkehrungen sind jedoch nur in Sonderfällen bei großen freien Massenkräften notwendig.

In den meisten Fällen, etwa bei schnellaufenden Holzbearbeitungsmaschinen (Bohrer, Kreissäge, Hobelmaschine), wird man mit einfachen Gummiunterlagen von mindestens 10 mm Dicke o. ä. auskommen. Für den Käufer am besten ist, den Maschinenlieferanten zu verpflichten, die Maschine selbst aufzustellen und für eine ausreichende Körperschallisolierung (oder Körperschall- und Erschütterungsisolierung) zu sorgen, da die Lieferanten selbstverständlich am besten über die für die richtige Bemessung und Auswahl der Körperschall- und Erschütterungsisolierungen maßgebenden Vorgänge innerhalb der Maschine Bescheid wissen oder zumindest Bescheid wissen sollten.

Lassen sich Maschinenräume und Arbeitsplätze nicht sinnvoll voneinander trennen, wie das bei den meisten Handwerksbetrieben der Fall ist, so helfen nur noch die sekundären Schallschutzmaßnahmen, die man als »Passiv-Isolierung« im Gegensatz zu den Maßnahmen der oben behandelten »Aktiv-Isolierung« bezeichnet. Hierzu gehören:

Wohnungen, Aufenthaltsräume

Schallschluckende Raumauskleidungen → 211, schallabschirmende Wände → 136, passive Körperschallisolierungen → 45, Gehörschutzmittel u. dgl. → 42.

Sie werden gewöhnlich dann angewendet, wenn andere Maßnahmen nicht möglich sind → 336 1 oder nicht zu den erwarteten Ergebnissen geführt haben. Sie sind auch immer die letzte Rettung, wenn man, wie leider sehr häufig, den akustischen Belangen im Planungsstadium keine ausreichende Beachtung geschenkt hat. Dieses Versäumnis muß oft mit relativ hohen Kosten bezahlt werden. Die große Häufigkeit solcher Fälle hat sehr dazu beigetragen, daß schalltechnische Maßnahmen in den Ruf geraten sind, ganz allgemein sehr teuer zu sein und mit dieser Begründung gerade in dem Zeitpunkt abgelehnt werden, wo man durch die Beachtung der schalltechnisch wichtigen Gesichtspunkte viel Geld sparen könnte.

Ein guter und wirtschaftlicher Schallschutz läßt sich gerade in Werkstätten und Industriebetrieben nicht nachträglich »einbauen«, wie vielfach noch vermutet wird. Er gehört unbedingt bereits zur Rohbaukonstruktion der gesamten Anlage und nur darüber hinaus zum Ausbau, von der übrigen Ausstattung abgesehen. Seine Nichtbeachtung muß auch im gewerblichen Bauwesen heute als Konstruktionsfehler gewertet werden, zumal die Schallschutznormen bereits seit Jahren als verbindliche Richtlinien eingeführt wurden.

Schallabsorbierende Teile und Verkleidungen können an den Arbeitsplätzen zu Lautstärkesenkungen um 5—15 phon führen, je nachdem, wie die baulichen Verhältnisse gestaltet werden und wie groß die Abstände von der Schallquelle sind. Bereits durch Einsparung des Putzes auf porösen Wänden lassen sich im Mittel etwa folgende mittleren → Schallabsorptionsgrade erzielen, die zu diesem Zweck unter Umständen ausreichen:

Bimsmauerwerk	0,25
Mauerwerk aus porösen zementgebundenen Hobelspan-Schalungskörpern (z. B. DURISOL)	bis ca. 0,60
Schaumbeton	ca. 0,39
haufwerkporiger Einkornbeton	ca. 0,40
Holzwolle-Leichtbauplatten	0,45—0,60
Holzfaserisolierbauplatten, ungerillt, hohlliegend	0,30

Wo das nicht ausreicht, helfen Akustikplatten → 211, Abschirmungen → 136 und spezielle Schallschlucksysteme → 218. Die so erzielbare Schallpegelsenkung geht praktisch bis zu etwa 20 dB(A). Die Abmessungen solcher Schallschirme müssen größer sein als die betreffenden Wellenlängen.

Für die passiven Körperschallisolierungen gilt das gleiche wie bei den aktiven Maschinenisolierungen. Sie sind bei einzelnen schalldämmenden Kabinen innerhalb von lauten Räumen (z. B. Meßkabinen, Prüfstandkabinen, Meisterkabinen) in Gebäuden mit starker Körperschallerregung vorteilhaft. Auch Präzisionsinstrumente werden auf diese Weise geschützt.

Zur Wirksamkeit von Gehörschutzmitteln ist zu erwähnen, daß, wie statistische Erhebungen in einer Weberei ergeben haben, ein Produktionsanstieg von 10% zu verzeichnen war, nachdem die Arbeiter mit Ohrschutzgeräten ausgestattet wurden.

Alle Schallschutzmaßnahmen sind mit den übrigen bauphysikalischen Belangen in Einklang zu bringen. Erinnert sei vor allem an fußwarme Böden an Dauer-Sitzplätzen oder -Stehplätzen → 187, an die Kondenswassergefahr innerhalb von schallschluckenden Verkleidungen in feuchten Betriebsräumen →305 1, an die unter Umständen unzulässige Erhöhung von Spannungen und an gefährliche Taupunktverlagerungen durch die Verkleidung von Warmdächern → 156.

Wohnungen, Aufenthaltsräume

Der Mensch ist ein gegen Temperaturschwankungen sehr empfindlicher Organismus. Die wichtigste Aufgabe von Wänden, Decken und Fußböden seiner Behausung besteht darin, den sich zum Teil selbst regulierenden Wärmehaushalt des Körpers zu unterstützen.

Diesen physiologischen, d.h. die natürliche Tätigkeit des gesunden Körpers betreffenden Vorgängen stehen die bekannten unabänderlichen klimatischen Gegebenheiten gegenüber. Hiervon sind für unsere geographische Breite bautechnisch folgende Daten am interessantesten:

Maximale jährliche Temperaturdifferenz	(K)
der Luft	65
senkrecht bestrahlter Südflächen (Schrägflächen)	120
horizontaler Flächen	110
schräger sowie senkrechter Ost- und Westflächen	100
senkrechter, normal bestrahlter Südflächen	90

Schwankungsbereich der relativen Luftfeuchtigkeit: 20—100%.

Da wir heute im Bauwesen vielleicht mehr als auf anderen Gebieten den Menschen als Mittelpunkt aller Bemühungen betrachten, müssen seine physiologischen Besonderheiten vor allem bei »Dauer-Aufenthaltsräumen« berücksichtigt werden. Im wesentlichen handelt es sich um die Herstellung eines gleichbleibenden, als optimal erkannten klimatischen Zustandes und um eine gezielte Beeinflussung des Wärmeverlustes. Diesen sehr differenzierten und (scheinbar) zum Teil einander widersprechenden Forderungen an die bauliche Konzeption und Konstruktion in ausreichendem Maße Rechnung zu tragen, ist nicht so schwierig, wie es vielleicht im ersten Augenblick erscheinen mag. Im großen und ganzen werden sie durch die Einhaltung der DIN 4108 gewährleistet → 55 1.

Die Entwicklung eines normgerechten Wärmeschutzes im Bereich des modernen Wohnungsbaues muß darauf hinauslaufen, den Außen- und Innenwänden sowie den Decken klimaregulierende Funktionen in einem sehr umfassenden Sinn zuzuordnen. Sie sollen deswegen bei hoher Wärmespeicherung mit einer guten Wärmedämmung ausgestattet werden, weil sie so gewöhnlich ohne technische Hilfsmittel die Temperaturschwankungen des Außenraumes zwischen Tag und Nacht sowie bei plötzlichen Witterungsänderungen genügend ausgleichen können. Im Winter lassen sich solche Raumbegrenzungen selbst mit einfachster Einzelofenheizung im Bereich der optimalen Temperaturen und Luftfeuchtigkeit halten, auch wenn während der Nacht nicht durchgeheizt wird.

Zusätzlich zur guten Wärmespeicherung bei optimaler Temperatur müssen die Wände und Decken die Luftfeuchtigkeit regulieren, d.h. also bei zu trockener Luft Feuchtigkeit abgeben und bei gewöhnlich nur kurzzeitig feuchtigkeitsgesättigter Luft Feuchtigkeit aufnehmen. Auf diese Weise wird auch die Bildung sichtbaren Tauwassers vermieden.

Weder Außenputz noch Außenanstrich dürfen in der Regel wasserdampfsperrend wirken, müssen allerdings so beschaffen sein, daß eine Durchfeuchtung nicht erfolgt.

Angaben über Baustoffqualitäten sowie Dicken von Außenwänden und Decken, die für den Bereich des Wohnungsbaues alle Forderungen erfüllen → 107 bis 163. Die schwierigsten Anschlüsse, bei denen erfahrungsgemäß die meisten Fehler passieren, sind Wohnungstrenndecken mit Fenstersturz- und Außenwandanschlüssen → 111 und 115.

Der Fußboden auf den Wohnungstrenndecken muß in den

GEBÄUDEARTEN

Wohnungen, Aufenthaltsräume

Aufenthaltsräumen so beschaffen sein, daß er möglichst wenig Wärme ableitet, sich also mit einem Mindestmaß an Wärme aufheizen läßt oder sogar selbst Wärme abgibt. Da sich der schwimmende Estrich wegen des erforderlichen Schallschutzes selten vermeiden läßt, muß er zur Unterbindung einer übermäßigen Wärmeableitung oft mit einer dünnen Dämmschicht versehen werden, die unbedenklich eine nicht zu dicke feste Abdeckung als Gehschicht erhalten kann. Die für das Ausmaß der zu mindernden Fußwärmeableitung ebenfalls wichtige ausreichend hohe Fußbodentemperatur wird durch die Gesamtwärmedämmung erzielt → 56 1.

Unterbleibt die Dämmung, so kann es an Wärmebrücken unter Umständen zu Tauwasserbildung, Verschmutzung und in ungünstigen Fällen andauernder hoher relativer Luftfeuchtigkeit zu Schimmelbildung und ähnlichen Feuchtigkeitsschäden kommen → 336 2. Ähnliche Schäden können auch in einer Erdgeschoßwohnung auftreten, wenn die Außenseite der Massivdecke keine Wärmedämmschicht erhält. Die Aufnahme zeigt ein erst etwa drei Jahre altes, sonst gut ausgestattetes Mehrfamilienhaus des sozialen Wohnungsbaues. Bei diesem Wohnhaus, das einen der häufigsten Konstruktionsfehler aufweist, ist übrigens auch die Wärmedämmung der Kellerdecke mit 10 mm unzureichend. Schließlich ist hier auch der dicke unbelegte Estrich unvorteilhaft.

Die kompakte Bauweise ist bauphysikalisch für kühlere mitteleuropäische Klimazonen mit langen Heizperioden richtiger als die im Grundriß stark gegliederten ebenerdigen Bungalows südlicher Breiten. Diese Architektur auf unser Klima zu übertragen ist schwierig und führt oft zu problematischen Kompromissen, hauptsächlich wenn versucht wird, einfache amerikanische Holzbauweise in Stahlbeton zu übersetzen.

In einem 10geschossigen Hochhaus wurden im Auftrag der Forschungsgemeinschaft Bauen und Wohnen, Stuttgart, feuchtigkeitstechnische Untersuchungen an beheizten Kleinküchen gleicher Abmessungen durchgeführt. Die Untersuchungen erstreckten sich auf die laufende Ermittlung der Lufttemperatur und der relativen Luftfeuchtigkeit in den Küchen während eines Winters. Außerdem konnten in den untersuchten Küchen Proben aus dem Innenputz der Wände zur Feuchtigkeitsbestimmung entnommen werden.

Durch diese Untersuchungen sollte über die raumklimatischen Verhältnisse in beheizten Kleinküchen Aufschluß gewonnen werden. Die Außenwände bestanden aus Kies-Schüttbeton zwischen einer Außenschale aus Gasbeton und einer Innenschale aus Gipsplatten. Besonders interessant war es, an diesem Projekt festzustellen, ob und in welchem Ausmaß eine Feuchtigkeitskondensation in den innenliegenden Gipsplatten erfolgt, weil bekanntlich der Kies-Schüttbeton einen größeren Diffusionswiderstand besitzt als übliche Gipsplatten.

Die Außenwände waren, von außen nach innen, wie folgt aufgebaut:

1,5 cm Außenputz
5 cm Gasbetonplatten
7,5—15 cm Kies-Schüttbeton je nach statischen Erfordernissen
2,7 cm Gipsplatten, auf der Innenseite zum Ausgleich von Unebenheiten mit Gipsmörtel abgescheibt

Sämtliche Kleinküchen wurden durch einen Zentralheizkörper an der Innenwand beheizt. Die Innenflächen waren bis zu einer Höhe von 1,46 cm über dem Boden mit Ölfarbe gestrichen. Die Fenster waren im oberen Rahmenteil mit Dauerlüftungsöffnungen versehen.

1 In Wohnungen gemessene Geräusche (im Abstand von 1 m)

	phon
Bad:	
Auslaufarmatur des Kohlebadeofens	78 (K)
WC:	
Druckspüler	85 (K)
Küche:	
Wasserzapfstelle über steinernem Spültisch	70 (K)
elektrische Saftzentrifuge mit Füllung	81 (K)
elektrische Saftzentrifuge ohne Füllung	67
elektrisches Mixgerät mit oder ohne Füllung	83
elektrische Kaffeemühle auf dem Tisch	80
Heizstromschalter in dünner Wand	68 (K)
Mülleimer auf Steinboden rücken und öffnen	87 (K)
Begehen des Steinbodens mit Nagelschuhen	67 (K)
Begehen des Steinbodens mit Gummisohlen	53
Wohnzimmer:	
Ofenschürgeräusche	75 (K)
Geschrei eines Kleinkindes	100
neue Schreibmaschine	68
ungedämpfter üblicher Lichtschalter in dünner Wand	62
größte Radiolautstärke	102
Begehen des Wohnungsbodens aus Holzbrettern mit Nagelschuhen	70 (K)
mit Gummisohlen	56
normale Unterhaltung	61 (bis 68)
Flur:	
Zuschlagen der Haustür in der häufig vorkommenden Stärke	95 (K)
Begehen der Holztreppe mit Nagelschuhen	79 (K)
normale Unterhaltung	66 (bis 78)
Geräusche von außen:	
bis weit über 100 phon durch Düsenjäger, Hubschrauber und z. T. Motorräder (Kirchengeläut 80 phon, Omnibus 78 phon, gemessen in der Fensteröffnung)	

(K) = Geräuschquellen mit starker Körperschallerzeugung

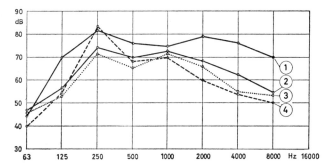

2 Oktavanalyse von vier verschiedenen Haushaltsgeräten (nach K. Post).
① elektrischer Mixer 84   ③ elektrische Kaffeemühle 89
② Staubsauger 77   ④ Haartrockengerät 74

Gemessen wurde jeweils in einem Abstand von 1 m. Die oben angegebenen Zahlen sind die gemessenen Mittelwerte in DIN-phon (= dB (B)).

Die Untersuchungen ergaben, daß die mittlere relative Luftfeuchtigkeit mit 40—50 % wesentlich geringer war als bei unbeheizten Kleinküchen, in denen mit relativen Luftfeuchtigkeiten bis zu 90 % gerechnet werden muß. Dementsprechend war der Innenputz, d. h. also der Gipsputz einschließlich der Gipsplatten, mit einem Feuchtigkeitsgehalt von weniger als 1 Gewichtsprozent normal trocken. Die Untersuchung beweist den sehr günstigen

Einfluß einer während der kalten Jahreszeit ständig in Betrieb befindlichen Heizung.

Die Art und Gleichmäßigkeit der Beheizung hat speziell im Wohnungsbau einen ungewöhnlich großen Einfluß auf die Anfälligkeit der Räume gegen Feuchtigkeitsschäden. Eine vom gleichen Institut durchgeführte Untersuchung ergab, daß von 733 Wohnungen, die ausschließlich mit Einzel-Ofenheizung versehen waren, 8% der Wohnzimmer, 33% der Schlafzimmer und 28% der Küchen Feuchtigkeitsschäden aufwiesen. Hierbei wurde u. a. festgestellt, daß Wohnküchen und Schlafräume ohne eigene Heizungsmöglichkeiten bzw. solche, die von Küchen aus temperiert werden, weitaus die schwersten Feuchtigkeitsschäden hatten.

Trotz der nunmehr verbindlichen DIN 4109 ist die Zahl und Stärke von Schallquellen und damit das Ausmaß der Lärmbelästigungen innerhalb und außerhalb unserer Wohnungen eher im Zunehmen als im Abnehmen begriffen. In öffentlich geförderten Mehrfamilienhäusern mit den üblichen kleinen Mietwohnungen wurden z. B. jeweils am üblichen Aufstellungsort in etwa 1 m Abstand überraschend große Lautstärken gemessen → 297 1 und 297 2.

Vergleicht man diese Werte mit der für Wohnungen tagsüber anzustrebenden höchsten Pegelgrenze von 40 dB(A), so stellt man fest, daß viele über dieser Grenze liegen, auch wenn sich die Schallquelle in der Nachbarwohnung befindet. Während der Nachtruhe sollte je nach Art der Bebauung ein Schallpegel von 30 dB(A) nicht überschritten werden. Die Überschreitung dieser Schallpegelgrenzen ist nach DIN 4109 zumindest dann unzulässig, wenn die Störung aus fremden Räumen kommt und wenn es sich bei den Schallquellen um haustechnische Einzel- oder Gemeinschaftsanlagen oder Einrichtungen gewerblicher Betriebe handelt.

Lästige Körperschallabstrahlungen werden durch die sanitäre Installation → 241 verursacht, selbst wenn die als Schallquelle wirkenden Wasserzapfstellen weit entfernt sind. So konnte z. B. die Auslaufarmatur eines im Untergeschoß liegenden gemeinsamen Bades in der schräg darüber liegenden Wohnung des zweiten Obergeschosses(!) sehr deutlich und während der ruhigen Tageszeit sogar als durchaus noch störend festgestellt werden. Der 85 dB(A) laute Druckspüler der gleichen Wohnung wurde im danebenliegenden Schlafzimmer mit 60 dB(A) gemessen, obgleich die dazwischenliegende Trennwand eine Schallpegeldifferenz von 36 dB(A) gewährleistete.

Ähnlich wie bei den sanitären Installationen liegen die Verhältnisse bei allen ähnlichen Körperschallerregern, also in Wohngebäuden hauptsächlich bei den immer häufiger benutzten Küchenmaschinen, Waschmaschinen, Kühlschränken, Staubsaugern, elektrischen Schaltern usw. Einwandfreie Geräte erhalten, soweit erforderlich, schon in der Fabrik eine ausreichende Körperschallisolierung und nicht nur irgendwelche Gummipuffer, die meistens viel zu hart sind. Gewissenhafte Firmen sind auch in der Lage, genaue Angaben über das Ausmaß des Betriebsgeräusches zu machen.

Oft nicht beachtet wird die Luftschallausbreitung innerhalb der Wohnung → 40 und auch die Lärmbelästigung von außen sowie vom Verkehrslärm innerhalb des Hauses (Treppenhaus), für die es keine DIN-Vorschriften gibt. Da man für die Dämpfung der Treppenhäuser selten Verständnis hat, sind diese Räume besonders hallig. Der dort erzeugte Schall wirkt besonders laut und verteilt sich ohne große Unterschiede auf den gesamten Raum. Diese Tatsache bewirkt, daß man bei unzureichender Schalldämmung der Wohnungstür den im Flur zuweilen stundenlang geführten Unterhaltungen mühelos folgen kann, ganz abgesehen von den Belästigungen durch Kindergeschrei und ähnliches.

Die Halligkeit von Treppenhäusern, Fluren und anderen spärlich ausgestatteten Räumen läßt sich sehr einfach vermeiden, wenn unverputzte poröse Rohbaustoffe verwendet werden.

Die Räume innerhalb einer Wohnung lassen sich bei vernünftiger Grundrißplanung immer in einen lauten und in einen leisen Bereich zusammenfassen. Der laute Bereich ist zweifellos die Küche, das WC, das Bad und eventuell das Kinderzimmer. Man sollte die betreffende Trennwand mit einer gleich wirksamen Tür wie beim Wohnungseingang versehen und direkte Luftverbindungen unbedingt vermeiden. Sollten letztere z. B. bei Mehrraum-Umluftheizungen nicht zu unterbinden sein, so läßt sich die angestrebte Wirkung durch besondere Schalldämpfer → 234 trotzdem gewährleisten.

Legt man keinen Wert darauf, das Kinderzimmer und die Küche zu isolieren, etwa weil in der Küche keine Arbeitsmaschinen stehen und Kinder sowieso in allen Räumen herumlaufen, oder weil es die Besonderheit des Grundrisses nicht gestattet, so wäre anzuraten, zumindest einen der Ruheräume gegen die lautesten Störungen abzuschirmen. Auf diese Weise erhält man einen Raum, in den man sich bei Ruhebedürfnis oder zum Zwecke konzentrierter Arbeit von der Familie zurückziehen kann. Auch im Krankheitsfall sind solche Räume sehr nützlich, da der Patient oft nur dort die Ruhe findet, die seine Genesung fördert. Als Dämmwert sollten mindestens 40 dB angestrebt werden, was mit einer schweren, ½ Stein dicken Ziegelwand o. ä. durchaus erreichbar ist, wenn die Tür wieder die empfohlene allseitige Dichtung oder eine etwas schwerere Qualität erhält → 182 1.

Es genügt keineswegs, sich mit der Einhaltung der in den DIN-Vorschriften festgelegten Sollkurven für die Luftschalldämmung von Wohnungstrennwänden sowie Wohnungstrenndecken sowie mit der Unterschreitung des Normtrittschallpegels zu begnügen, wenn man tatsächlich Wohnungen mit einem guten Nutzungswert schaffen will. Oberster Grundsatz beim Wohnungsbau sollte immer sein, der Gesundheit der Familie und der Leistungsfähigkeit des einzelnen die nach dem jeweiligen Stand der Wissenschaft und volkswirtschaftlichen Erfahrungen besten Voraussetzungen zu schaffen.

Zellen, Kabinen, Kapseln

Kleine Kabinen werden in lauten Betrieben benötigt, um das ständig anwesende Personal vor unzulässigen Schalleinwirkungen zu schützen → 299 1. In kleinerer Ausführung ist die gleiche Konstruktion auch als Telefonzelle gebräuchlich → 396 3.

Oft kommt es in weniger lauten Räumen nur darauf an, etwas ruhigere Plätze für konzentriertes Arbeiten zu schaffen (Meisterzellen). Hierfür ist eine einfachere Konstruktion möglich → Ansicht und Schnitte in Bild 299 3. Glasflächen sollen einander nicht parallel gegenüberliegen. Für die unverglasten Teile sind Platten nach 299 5 geeignet. Sie sind einseitig schallabsorbierend und auf der Außenseite derart dicht, daß sie ein mittleres Schalldämm-Maß von 23 dB besitzen. Diese Platten lassen sich in gleicher Verarbeitungstechnik auch für kleine Maschinenkapselungen verwenden → 299 2, deren Innenseite immer schallabsorbierend sein soll, da die Schallpegeldifferenz sonst ganz erheblich geringer wird → 300 1. Die Kapsel darf keine starre Verbindung mit der Maschine haben und muß auch gegen den Boden vor Körperschallübertragungen geschützt werden.

GEBÄUDEARTEN

Zellen, Kabinen, Kapseln

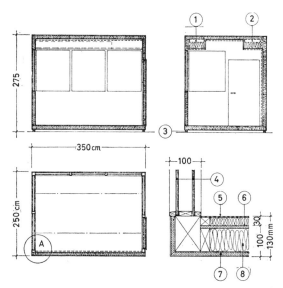

1 Schalldämmende Beobachtungs- und Arbeitskabine für Betriebe mit hohem Schallpegel:
1 Zuluftschalldämpfer
2 Abluftschalldämpfer
3 Körperschallisolierungen
4 Doppelverglasung
5 perforierte Platte vor Schallabsorptionsmaterial
6 sehr biegeweiche, schwere Schale etwa aus Bleiblech
7 biegesteife Außenschale
8 lockere Füllung aus Mineralwolle

Nach Möglichkeit sollen die reflektierenden Glasflächen einander nicht parallel gegenüber stehen. Die erzielbare Schallpegeldifferenz beträgt im Durchschnitt 35 bis 40 dB. Bei hohen Frequenzen ist sie mit beinahe 50 dB etwa dreimal so groß wie bei tiefen.

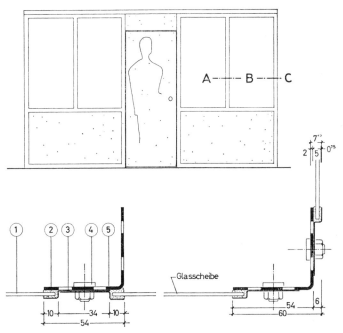

3 Einfache Meisterzelle für einen Industriebetrieb. Die Unterkonstruktion besteht aus einfachen Winkelblechen oder den bekannten vorgefertigten Montage-Schlitzwinkeln. Selbst bei einer einfachen Verglasung gewährleisten solche Zellen eine Schallpegeldifferenz von etwa 20 dB, wenn sämtliche Fugen dicht sind und die Anschlüsse mit ungelochten Blechstreifen etwa nach Ziffer 3 überdeckt werden. Körperschallübertragungen aus dem Boden müssen durch eine elastische Zwischenlage verhindert werden. Die unverglasten Teile und die Decke müssen schallabsorbierend und schalldämmend wirken, etwa nach Bild 2 und 5.

Unten links: Schnitt A—B, unten rechts: Schnitt B—C.
1 Glasscheibe   4 Verschraubung
2 dauerplastische Dichtung   5 Schlitzwinkel
3 ungelochte Blechstreifen

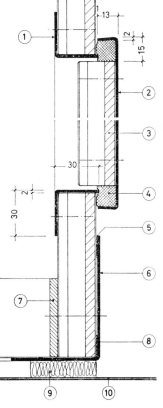

2 Senkrechter Schnitt durch eine Maschinenkapsel aus Winkelblechen und einseitig geschlitzten Holzspan-Röhrenplatten:
1 Winkelrahmen der Montageöffnung
2 abgekantetes Stahlblech 2 mm. Bei größeren Öffnungen Stahlblech-Winkelrahmen
3 innenseitig schallabsorbierende und außenseitig dichte Holzspan-Röhrenplatte
4 elastische Schaumstoff-Dichtung
5 Dichtungsband
6 Winkelblech
7 Verbindungsleiste
8 Dichtungsband
9 Körperschallisolierung aus sehr elastischem Neoprene o.glw.
10 Oberkante des Fußbodens

Bei allseits dichten Anschlüssen ist das mittlere Schalldämm-Maß etwa 23 dB.

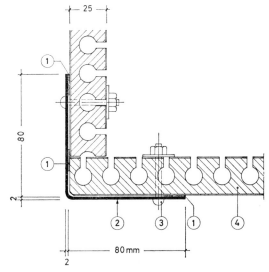

5 Horizontaler Schnitt durch eine schalldämmende Kabine oder Maschinenkapsel:
1 Dichtungsbänder
2 Winkelblech als Eckschutz, Plattenverbinder und tragendes Element
3 Verbindungsschrauben
4 Innenseitig schallabsorbierende, schalldämmende Holzspan-Platten

Die Außenseiten und alle Anschlüsse müssen völlig dicht sein.

Zellen, Kabinen, Kapseln **GEBÄUDEARTEN**

Halb offene Zellen (→ besondere Abschirmungen 136) sind weniger wirksam und werden meist nur zur Verbesserung der Verständigung am Telefon benutzt → 336 4. Sie mindern vorwiegend Störungen im höheren Frequenzbereich mit einem Wirkungsgrad bis zu 7 dB(A).

Ein besonderes Problem, das immer mit großer Sorgfalt bedacht und gelöst werden muß, ist die ausreichende Belüftung. Gekapselte Maschinen können sonst übermäßig warm werden, und die eingeschlossenen Menschen brauchen ständig frische Luft. Bei würfelförmigen und kugeligen Kapseln ist die Abkühlfläche am geringsten. Durch die dicken Absorptionsstoff-Schichten entsteht außerdem eine fast immer unerwünschte starke Wärmedämmung. Wie gering der Wärmeverlust einer dichten kugelförmigen Zelle ist, beweist der Versuch eines Schaumkunststoff-Herstellers. In einem »Test-Iglu« aus Hart-Polyurethan-Schaum mit einem Durchmesser von 2 m und einer Wanddicke von 10 cm genügte eine Glühbirne mit 50 Watt, um bei einer Außentemperatur von 0 °C eine Innentemperatur von +20 °C zu erreichen.

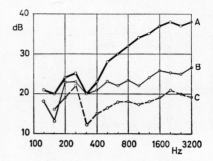

1 Effektive Schalldämmung einer kleinen Zelle aus ca. 1 cm dicken Gipskartonverbundplatten (nach K. Gösele):
A Kapsel völlig dicht, innen mit 5 cm dicken Mineralwolleplatten schallschluckend ausgekleidet
B Kapsel wie vor, mit einem 1 cm breiten und 50 cm langen Schlitz
C Kapsel wie bei A, ohne schallschluckende Auskleidung
Die Gesamtfläche sämtlicher Kapselwände betrug etwa 15 m².

BILDTEIL

1 Kopfschutzkappe mit Gehörschutzkapseln, die auf jede Kopfform eingestellt und bei Nichtgebrauch hochgeklappt werden können.

2 Kopfhörerartige Gehörschutzkapseln aus Kunststoff mit sehr elastischen Dichtungspolstern, die sich vollständig an den Kopf anlegen. Auch der Stahlbügel ist oben gepolstert und läßt sich verstellen.

3 (rechts) Senkrechte, gruppenweise steuerbare Sonnenschutzlamellen aus eloxiertem Aluminium vor einer nur teilweise mit Fenstern versehenen Südostwand und der darüberliegenden Dachterrasse.

4 Gewerbliches Bildungszentrum Bruchsal. Innenliegender Sonnenschutz des Dachoberlichts in einer Berufsschule. Die Einzelflächen bestehen aus weiß beschichteten Spanplatten.

(Bildarchiv + Architekten: Behnisch + Partner Stuttgart, Akustik + Bauphysik: H. W. Bobran).

5 Als Sonnenschutz wirkende hinterlüftete Außenwandverkleidung eines Repräsentationsgebäudes. Keramische Körper wurden hier zu tiefen röhrenartigen Elementen zusammengesetzt.

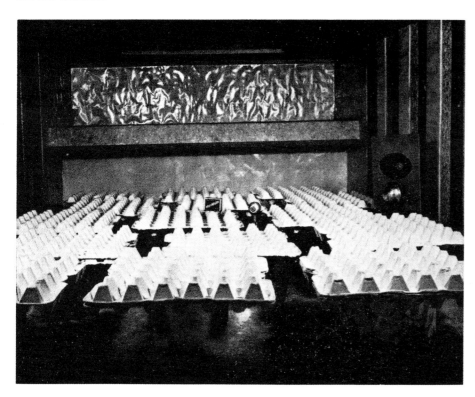

6 Klanggetreue Nachbildung eines Vortragssaales als Modell im Maßstab 1:10 mit Ersatz des Publikums durch präparierte Eierkisteneinsätze. Die Streichholzschachtel dient als Größenmaßstab für den Modellkopf.

BILDTEIL

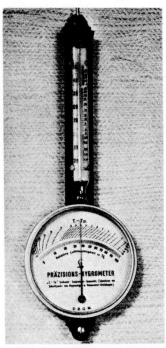

1 Hygrometer mit Quecksilberthermometer zur Ermittlung der relativen Luftfeuchte und Lufttemperatur. Mit Hilfe zusätzlicher Skalen lassen sich außerdem Taupunkt, Sättigungsdruck, Dampfdruck, Sättigungsdefizit und absolute Feuchte ermitteln.

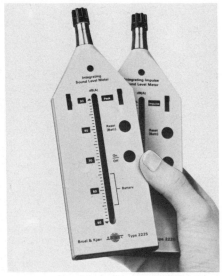

3 Integrierender Impulsschallpegelmesser Nr. 2226. Robust, kompakt, leicht, Taschenformat. Für dB(A)-Messungen, schnelle und langsame Anzeige, für Kurzzeit-L_{eq}-Messung, dessen Ergebnis leicht in den Energiepegel SEL (L_{AX}) umwandelbar ist. Mit Maximalpegelanzeige. Meßbereich 25 bis 140 dB(A). Mit leicht lesbarer „Thermometer-Anzeige". Gleichspannungsausgang für die Registrierung aller Meßwerte mit einem Pegelschreiber. Das Gerät ist für alle Schallpegelmessungen in dB(A), auch für Straßenverkehrsgeräuschmessungen, für die Abschätzung der Lautstärkeempfindung von impulshaltigen Geräuschen und zur Messung von Maximalpegeln geeignet.

(Bildarchiv: Brüel + Kjaer, Dänemark).

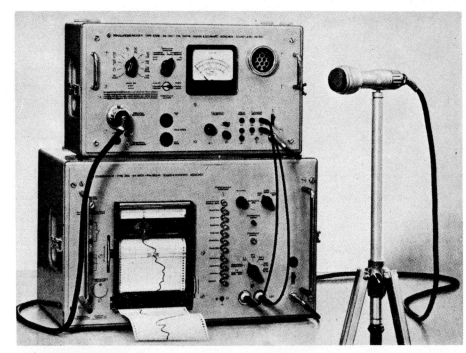

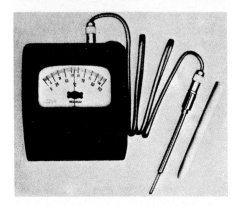

4 (oben) Präzisions-Schallpegelmesser. Meßbereich 20 bis 134 dB mit Meßmikrophon und Pegelschreiber (unten), etwa zum Aufzeichnen des zeitlichen Verlaufs von Straßenverkehrsgeräuschen. Diese Geräte sind für bauakustische Messungen sehr vielseitig verwendbar. Für normalen Wechselstromanschluß.

2 (links) Elektrisches Temperatur-Meßgerät für den Bereich zwischen 0° und 110°C. Rechts im Bild der Temperaturfühler mit der danebenliegenden weißen Schutzhülse. Als Stromquelle dient eine 15-Volt-Trockenbatterie.

5 (unten) Nachhall-Meßapparatur mit Oktavfilter (halbe Oktaven), Präzisions-Schallpegelmesser (unten links), Meßmikrophon und einfachem Pegelschreiber.

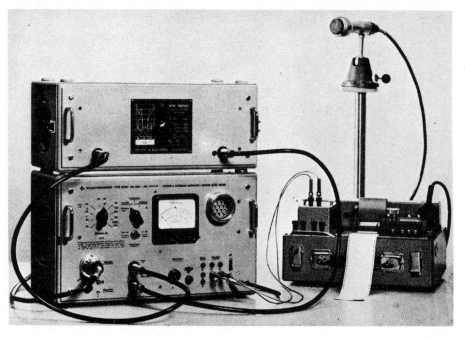

BILDTEIL

1 Einfachste Nachhall-Meßapparatur, bestehend aus 6 mm-Schreckschuß-Pistole, Stoppuhr und einfachem Schallpegelmesser Über den ganzen Frequenzbereich gemessen, erzeugt diese Pistole je nach Raumgröße einen Schallpegel bis zu 110 dB. Die Analyse dieses Knalles zeigt Kurve 2 in 67 2.

2 (links) Handbetriebenes Normhammerwerk. Nach DIN 52210 muß ein für die Messung des Normtrittschallpegels geeignetes Hammerwerk aus fünf in gleichem Abstand auf einer Geraden angeordneten Hämmern bestehen, die äußersten Hämmer etwa 40 cm voneinander entfernt. Es soll pro Sekunde 10 Schläge erzeugen. Das Gewicht des einzelnen Hammers beträgt 500 Gramm, die Fallhöhe auf ebenem Boden 40 mm. Die Schlagflächen der einzelnen Hämmer bestehen aus Stahl und haben einen Durchmesser von 30 mm bei einem Krümmungsradius von etwa 50 cm. Die Hämmer sollen möglichst frei fallen. Sie müssen spätestens 0,05 Sekunden nach Bodenberührung wieder abgehoben werden, um Doppelschläge zu vermeiden.

4 Abschirmende Wirkung eines langen Garagenbaues mit vorspringendem Dach. Je dichter die Garage an der Straße steht und je weiter das Pultdach auskragt, um so besser ist die Wirkung. Ein größerer Dachvorsprung wäre sicherlich auch aus anderen Gründen sehr nützlich.

3 (links unten) Vergleichshammerwerk in Betriebsstellung. Das Gerät muß nicht um den Hals getragen werden, sondern kann auch frei im Raum hängen. Es ist jedoch nicht zulässig, es auf den Boden oder einen Tisch zu stellen. Wahlweise ist ein TSM von 0 dB oder +3 dB einstellbar, wobei sich die Fallhöhe der Hämmer von 36 mm auf 18 mm verringert.

5 Ungenügende Abschirmung einer neuen Umgehungsstraße gegen die benachbarte Wohnbebauung. Der Grünstreifen ist akustisch völlig wirkungslos und der Abstand zwischen Wohnhaus und Straße zu gering.

BILDTEIL

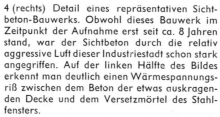

3 Fehlende Tropfnasen an einer erst einige Jahre alten Naturstein-Außenwand. Durch das ungleichmäßig herablaufende Regenwasser sind häßliche »Trieler« entstanden, die in der Öffentlichkeit zu einer erregten Diskussion über dieses kostspielige öffentliche Gebäude führten. Schnitt → 108 1.

1 Straßentunnel mit schallabsorbierender Deckenverkleidung aus gitterartig verlegten, ca. 5 cm breiten, schwarz eingefärbten Aluminiumlamellen, die mit Steinwolleplatten hinterlegt sind.

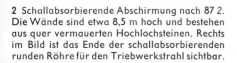

2 Schallabsorbierende Abschirmung nach 87 2. Die Wände sind etwa 8,5 m hoch und bestehen aus quer vermauerten Hochlochsteinen. Rechts im Bild ist das Ende der schallabsorbierenden runden Röhre für den Triebwerkstrahl sichtbar.

4 (rechts) Detail eines repräsentativen Sichtbeton-Bauwerks. Obwohl dieses Bauwerk im Zeitpunkt der Aufnahme erst seit ca. 8 Jahren stand, war der Sichtbeton durch die relativ aggressive Luft dieser Industriestadt schon stark angegriffen. Auf der linken Hälfte des Bildes erkennt man deutlich einen Wärmespannungsriß zwischen dem Beton der etwas auskragenden Decke und dem Versetzmörtel des Stahlfensters.

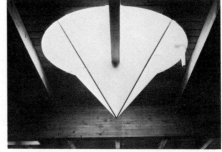

5 Kindergarten Stuttgart-Neugereut. Innenliegender Sonnenschutz und Orientierungspunkt bei einem Dachoberlicht im Kindergarten.

(Bildarchiv + Architekten: Behnisch + Partner Stuttgart. Akustik + Bauphysik: H. W. Bobran).

BILDTEIL

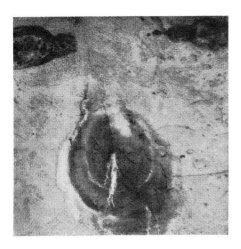

1 Feuchtigkeitsschäden auf der Außenseite einer Wand infolge Versagens der sonst sachgemäß auf der warmseitigen Wärmedämmschicht aufgeklebten Dampfsperre in einem Raum mit zeitweise nahezu 100% relativer Luftfeuchte und ca. 60°C Lufttemperatur.

2 Tauwasser und Schimmelpilze in der Raumecke und an der Sockelleiste eines über dem Keller nach Norden gelegenen Schlafzimmers (Einzelofenheizung). Die Wand- und Deckenkonstruktion entspricht der Darstellung in 111 1. Tapete und Bodenbelag haben sich an den kältesten Stellen gelöst.

3 Außenwand mit einer gut belüfteten Verkleidung aus imprägnierten Holzschindeln. Dieses Bild stammt von einem neuen Berghotel im Schwarzwald, wo sich diese Technik seit Jahrhunderten bewährt hat.

4 Nachträgliches Anblenden von nach dem Prinzip der Wellpappe aufgebauten Leichtbauplatten aus Glasfasern mit Zementbindung an Hochlochziegel-Mauerwerk. Die Platten werden anschließend direkt verputzt. In gleicher Technik lassen sich auch Holzwolle-Leichtbauplatten verarbeiten. Die Plattenstöße müssen dann bewehrt werden.

5 Metallskelett-Fassade mit Sandwich-Platten aus geschlossenzelligem Schaumglas (FOAMGLAS). Die Außenseite besteht aus einer undurchsichtigen, getrennt verlegten Glasscheibe. Links die Blechrückseite einer eingesetzten Platte, davor das Induktionsgerät der Hochdruck-Klimaanlage.

BILDTEIL

1 Doppelte Faltwand nach Bild 134 *1* und *2* mit einer Länge von ca. 8 m. Die zwischen den beiden Räumen gemessene Schallpegeldifferenz betrug 46 dB.

4 Blick in eine Vierklassen-Raumgruppe der Berkeley-Junior-High-School, Missouri (Architekten: Hellmuth Obata und Kassabaum, St. Louis) bei geöffneten Faltwänden.

2 Körperschallisolierender Deckenaufhänger für schwere schalldämmende Vorsatzschalen. Zwischen der zusammengedrückten Rundfeder und dem oberen Bügel befindet sich eine 4 bis 5 mm dicke Unterlage aus NEOPRENE der DVM-Weichheit 80. In dieser Anordnung hat das Element einen Wirkungsgrad von < 30 dB.

3 Körperschallisolierender Deckenaufhänger für schalldämmende Vorsatzschalen o.ä. Das Stahlband hat eine Dicke von etwa 0,8 mm. Diese Anordnung erreicht einen Wirkungsgrad von ca. 20 dB.

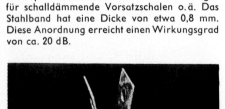

5 Mit Gummi-Metallverbindungen elastisch abgehängte Deckenvorsatzschale aus Gipsmörtel auf Rippenstreckmetall. Der eingeschlossene Hohlraum wird mit Mineralwollematten (Papierseite nach unten) gedämpft.

BILDTEIL

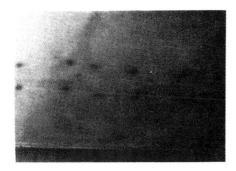

1 »Durchgeschlagene« Wärmebrücken an der Stahlbetondecke unterhalb eines Kaltdaches. Diese Unterschale wurde ausschließlich an der Deckenunterseite mit direkt anbetonierten Holzwolle-Leichtbauplatten als Wärmedämmschicht versehen. Die dunklen Flecken sind die Köpfe der Verankerungsnägel und die dunklen Streifen an den Plattenstößen durchgelaufener Beton. An diesen Stellen schlägt sich häufiger Tauwasser nieder, was zu der sichtbar vermehrten Staubanreicherung führt. Durch Anstriche gleich welcher Art läßt sich dieser Schaden nicht beheben, sondern nur durch eine zusätzliche lückenlose Wärmedämmschicht. Diese Wärmedämmschicht muß nach DIN 4108 einen Wärmedurchlaßwiderstand von 0,75 besitzen (= 26 mm elastischer Schaum- oder Mineralfaserstoff) und läßt sich ohne Schwierigkeiten auf der Deckenoberseite etwa unter einem schwimmenden Estrich anordnen, der nach DIN 4109 unbedingt notwendig ist, wenn es sich um »nutzbare Dachräume« handelt. Unterseitig anbetonierte, direkt verputzte steife Dämmplatten verschlechtern auch die Luftschalldämmung, selbst wenn die starren Verbindungen zum Putz nicht vorhanden sind.

4 Sporthalle Lorch. Einfaches Kaltdach einer Sporthalle. Die Innenschale besteht aus schallschluckenden mikroporösen Holzspanplatten (VARIANTEX) mit rückseitig aufgeklebter Dampfsperre, Wärmedämmschicht aus Mineralwolleplatten. Alle Anschlußfugen dauerelastisch verkittet. Oberschale aus Aluminium-Falzbahnen (KALZIP).

2 (links) Physikalisch sehr vorteilhafte Verlegung der Dichtungsbahnen im Gieß- und Einrollverfahren. Die heiße Klebemasse wird vor der Papprolle mit Hilfe einer Kanne so vergossen, daß die Rolle immer einen Klebemassenwulst vor sich herschiebt. Das seitlich herausquellende Material wird mit einem Holzspachtel verstrichen.

5 Abschirmung von Beton-Mischmaschinen in einem Wohngebiet. Sie besteht einschließlich des Schutzdaches aus 25 mm dicken Holzwolle-Leichtbauplatten, die wie eine Stülpschalung auf ein Holzgerüst genagelt sind. Die Rückseite ist mit Asbestzement-Platten verkleidet. Die Wand ist 9 m hoch und 20 m breit → 136.

3 Warmdach aus Stahlblechprofilen, die direkt mit einer Schicht aus geschlossenzelligen Schaumglasplatten beklebt werden. Die Platten werden vor der Verlegung in die heiße Klebemasse getaucht und auf das mit gleichem Material vorgestrichene Blech geklebt.

BILDTEIL

1 Sportzentrum Sindelfingen. Belüftetes Stahltrapezblechdach mit Oberschale aus Aluminium-Falzbahnen (KALZIP). Die dazwischenliegende Wärmedämmschicht besteht aus Mineralwolleplatten. Die großen Oberlichter haben einen außenliegenden Sonnenschutz aus Markisen. Die verwendeten Isolierscheiben (innen 7 mm Drahtglas, außen 8 mm Spiegelglas, LZR 12 mm) wurden in kittloser Zweisprossen-Konstruktion verlegt.

(Bildarchiv + Architekten: Behnisch + Partner Stuttgart. Akustik + Bauphysik: H. W. Bobran).

3 Mit Kunststoff-Folie auf der Basis Polyisobutylen abgedichtetes Wasserdach. Um sicher zu verhindern, daß das Wasser bei Sturm über das Gesims geschoben wird, sind zwischen aufgelegten Betonklötzen eingespannte, ca. 15 cm hohe Streifen aus dicken Asbestzementplatten als Wellenbrecher geeignet. Die Schutzwirkung der Wasserschicht entspricht etwa derjenigen einer Kiesschüttung.

2 Verlegung von beidseitig kaschierten Schaumkunststoffplatten auf einem Stahlbeton-Flachdach. Die untere Kaschierung besteht aus einer Well-Entlüftungspappe, die obere aus einer besonders festen Dachdichtungsbahn. Die dunklen Streifen werden zuerst mit der Haftbrücke und dann mit Heißbitumen eingestrichen. Die jeweils 8 cm überlappende obere Abdeckung der Schaumkunststoffplatten muß sehr sorgfältig verklebt werden. Die im Bild sichtbaren hellen Streifen bleiben frei; sie dienen dem Abzug des Wasserdampfes.

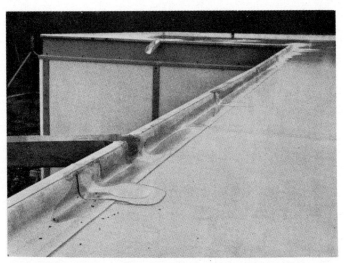

4 Gefällelose Abdichtung aus Polyisobutylen-Kunststoff-Folie. Die Stöße der einzelnen Bahnen und Abschluß-Deckstreifen müssen sehr sorgfältig miteinander verbunden werden.

BILDTEIL

1 Durch die Witterung verursachte Schäden an einem Zementschutzbelag auf einer Dachterrasse nach dem Warmdach-Prinzip.

2 (rechts oben) Innenansicht des Hallenbads Sindelfingen. Hängende Holzkonstruktion mit Schaumglas-Dämmschicht und PVC-Dachhaut. Innenseite mit hinterlüfteten mikroporösen Holzspanplatten (MIKROPOR S) verkleidet. Die Fassade wird direkt beheizt.
(Bildarchiv: Fa. J. Gartner + Co. Gundelfingen. Architekt: F. Tober Sindelfingen. Akustik + Bauphysik: H. W. Bobran).

3 (unten) Heizkörpernische im Boden unterhalb einer Glaswand. Gegen den Außenraum fehlt die Wärmedämmschicht, die auch bei günstigster Wärmeleitzahl mindestens 40 mm dick sein sollte. Die Breite der Vertiefung sollte mindestens 50 cm betragen, damit eine gute Luftkonvektion zustande kommt.

4 (rechts) Olympia-Stadion München. Terrassenbelag nach Zeichnung 163 2 unter der Westtribüne. Diese Terrasse ist ca. 250 m lang und 40 m breit, darüber Unterseite der Stadionstufen-Fertigteile unter dem großen Zeltdach.
(Bildarchiv + Architekten: Behnisch + Partner Stuttgart. Akustik + Bauphysik, ohne Dach: H. W. Bobran).

5 (unten rechts) Feststehender Sonnenschutz aus Aluminium-Lamellen an einer Gebäude-Südseite. Da die Lamellen nur einen begrenzten Bereich beschatten, wurde der Lamellenrost in Fenstermitte angeordnet. Die darüberliegenden Fensterzonen wurden mit einem Sonnenschutzglas (Scheiben mit Glasvlies-Zwischenlage) versehen. Wird auch hier Klarglas verwendet, so ist ein zweiter Rost notwendig (zweistufiger Sonnenschutz).

BILDTEIL

1 Sportzentrum Sindelfingen. Stahltrapezblechdach mit belüfteter Haut aus Aluminium-Falzblechen und Oberlichtern aus Isolierscheiben. Die hellen Bänder sind perforierte Deckenstrahlheizkörper, die gleichzeitig als Schallabsorptionsflächen dienen. Auf diesen Bändern liegt der Schallschluckstoff, der gleichzeitig die Funktion der erforderlichen Wärmedämmschicht hat. Im Vordergrund oben rechts einer der 40 Deckenlautsprecher.

(Bildarchiv + Architekten: Behnisch + Partner Stuttgart. Akustik + Bauphysik: H. W. Bobran).

2 Olympia-Stadion München. Innenansicht der Stadion-Aufwärmhalle. Die Dachkonstruktion ist ähnlich wie bei Bild 1 lediglich mit dem Unterschied, daß die innenliegenden Rinnen (Schmetterlingsdach) eine normale Warmdachisolierung mit Sperrschicht aus NEOPRENE erhielten. Die Wärmedämmschicht besteht in diesem Warmdachteil aus Schaumglas (FOAMGLAS T 2) und im belüfteten Teil aus Mineralwolleplatten. Schallschluckverkleidungen wurden aus Kostengründen nicht verwendet. Die Halle hat eine Deckenbeschallung mit sehr vielen tiefhängenden Lautsprechern, was trotz der langen Nachhallzeit eine gute Verständlichkeit ergibt.

(Bildarchiv + Architekten: Behnisch + Partner Stuttgart. Akustik + Bauphysik: H. W. Bobran).

5 Einfache Schellen zur körperschallisolierenden Befestigung von beliebig großen Rohren. Der Wirkungsgrad dieser Schellen liegt je nach Rohrquerschnitt und Rohrgewicht bei 5 bis 20 dB.

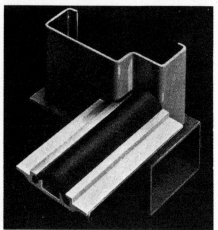

3 Schwellendichtung einer schalldämmenden Tür nach Bild 180 5.

4 Geräuschdämpfendes Anschlußstück für Armaturen. Diese Gummi-Metallverbindung mindert die Übertragung von Schall über Rohrleitung und Wassersäule. Der Wirkungsgrad wird mit 14 bis 16 dB(A) angegeben. Druckfestigkeit 16 atü und mehr, Temperaturbeständigkeit etwa 100°C.

6 Körperschallisolierende Stahlfederkonstruktion zur elastischen Montage von schweren, senkrecht hängenden Rohren.

BILDTEIL

3 Absorptionsschalldämpfer mit Blechgehäuse und in der Tiefe variierten Schallschluckpackungen zur Ausdehnung der Dämpfung auf einen größeren Frequenzbereich.

1 Füllen von Rohrschlitzen mit einem wärmedämmenden und schallabsorbierenden Schaumkunststoff. Das über die Wandaussparung mit Hilfe von Rundeisen gespannte Rippenstreckmetall gewährt eine gute Kontrolle. Der Füllschlauch läßt sich an jeder beliebigen Stelle einführen. Der Schaumkunststoff verringert zusammen mit dem Putz auf freigespanntem Rippenstreckmetall die direkte Schallabstrahlung der Rohre. Die Körperschallübertragung kann durch solche Maßnahmen kaum beeinflußt werden.

4 (rechts) Absorptionsschalldämpfer nach Bild 235 5. Die äußeren Schallschluckpackungen haben eine Tiefe von 450 mm. Dämpfer dieser Art haben bereits bei einer Länge von 1,20 m einen mittleren Wirkungsgrad von 35 dB oberhalb von 100 Hz.

2 Montage einer Deckenhohlraum-Heizung nach Bild 222 5.

5 (rechts) An der Wand befestigtes WC mit geräuschgedämpftem Druckspüler. Diese Anordnung gestattet die einwandfreie Ausbildung des schwimmenden Estrichs.

311

BILDTEIL

1 (oben links) Überschacht-Aufzugsmaschine mit Körperschallisolatoren aus Gummi unter dem Betonfundament.

6 Diesel-Notstrom-Aggregat mit körperschallisolierenden Gummimetallverbindungen zwischen Maschine und Sockel. In Bildmitte einer der beiden Schwingungsausschlagbegrenzer, die verhindern, daß die Ausschläge beim Anfahren (Durchfahren des Resonanzbereichs) zu groß werden.

2 (rechts) Diskussions-Lautsprechersystem als senkrecht nach unten strahlendes Hochtonsystem mit Streukegel, der auch die Tieftonsysteme enthält.

3 (links) Schwingungsisolierung des Arbeitstisches einer Industrie-Nähmaschine. Verwendet wurden W-förmige Gummimetallverbindungen.

4 (links) Schwingungsisolierung einer Stanzmaschine mit Stahlfedern und Gummigewebeplatten, mit deren Hilfe die Gehäuse der Isolatoren eine vollflächige Verbindung mit dem Betonboden erreichen. Wegen der asymmetrischen Maschinenform und geringen Grundfläche mußte die Stanze auf ein verlängertes Stahlgestell montiert werden. Dabei war darauf zu achten, daß die Arbeitshöhe für die Bedienungsperson nicht unzulässig vergrößert wurde.

5 (unten links) Lagerung einer Pudermühle auf gemeinsamem Grundrahmen mit zylindrischen Gummimetallverbindungen als Körperschallisolierung.

7 (unten) Regiepult für die Überwachung der einzelnen Mikrophone einer Mehrkanal-Stereophonie mit Flachbahnregler für die Lautstärke und Entzerrung der Verstärkerkanäle (rechts). Die Anordnung der Mikrophon-Leuchtdrucktasten entspricht der Anordnung der Mikrophone im Raum.

BILDTEIL

1 Sehr gut tritt- und körperschallisolierender Verbund-Bodenbelag aus Vollgummi auf Porengummi in einem Feuchtraum. An allen seitlichen Anschlüssen müssen die einzelnen Bahnen hochgezogen und an den Ecken genau so sorgfältig wie an den Stößen verklebt werden.

2 Holzpflaster aus Stirnholzplatten in einer Werkstatt. Dieser Belag hält auch schweren Belastungen stand, wie sie in der eisen- und metallverarbeitenden Industrie vorkommen.

3 Strukturbild eines Nadelflor-Teppichs mit nicht angeschnittenen Schlingen.

4 Strukturbild eines Wollvelours.

5 Strukturbild eines hochnoppigen Haargarn-Tweed-Bouclés.

6 Normgerechter schwimmender, hydraulischer Estrich auf Bitumen-Abdeckpappe (mehr als 250 g/m²) und Dämmstoffschichten aus zur Verringerung der dynamischen Steifigkeit profilierten Polystyrol-Schaumkunststoffplatten.

BILDTEIL

1 Dämmbügel zur elastischen Lagerung von Holzfußböden, Schwingböden, Wandvorsatzschalen u.ä. Einfederung ca. 8 mm, Körperschall-Isolierwirkungsgrad ca. 25 dB.

2 Regenabweisender Anstrichfilm aus einer witterungsbeständigen Kunststoff-Dispersion.

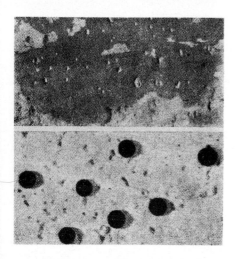

3 Mit gefärbtem Wasser benetzte Oberfläche eines nicht hydrophobierten (oben) und eines mit 0,5% Hydrophobierungsmittel versehenen Edelputzes (unten).

4 Durch beiderseitige kreuzweise Rillung schallabsorbierend aufbereitete Oberfläche einer geschlossenporigen Schaumkunststoffplatte. Die Platten werden wegen der begrenzten Festigkeit nur als Deckenverkleidung verwendet.

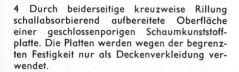

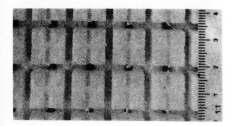

5 Hängedecke aus sehr leichten, starren Schaumkunststoff-Platten. Unterkonstruktion aus aluminiumplattierten Bandstahlprofilen, zwischen denen die Hartschaumplatten eingeklemmt werden. Um Wärmebrücken zu vermeiden, befindet sich im Trageprofil ein eingeklebter Streifen aus gleichem Material. Das Deckengewicht beträgt nur 1,2 bis 1,5 kg/m², was zusammen mit einer etwas porigen Oberfläche zu einem über den ganzen Frequenzbereich annähernd gleichmäßig verlaufenden Schallschluckgrad von etwa 0,35 führt.

6 Olympia-Stadion München. Schallschluckende Deckenverkleidung im Wettkampfbüro des Olympia-Stadions. An der Unterseite der Stadion-Sitzstufen wurden 100 mm dicke PUR-Schaum-Pyramidenplatten →97 2 angeklebt, um die starke Halligkeit dieses Raumes zu beseitigen.

(Bildarchiv + Architekten: Behnisch + Partner Stuttgart. Akustik + Bauphysik (ohne Dach): H. W. Bobran).

BILDTEIL

1 Oberfläche von zur Schallabsorption geschlitzten Holzspanröhrenplatten, Rillenbreite 4 mm, Rillenabstand 19 mm.

4 Gemischt gelochte Gipskartonplatten. Durchmesser der Löcher 20 und 12 mm, Mittenabstand 46 mm, Lochanteil 20,2%. Das ist der größte Lochflächenanteil, der an handelsüblichen Gipskartonplatten hergestellt werden kann. Absorptionsgrade → 91 und 94 2.

7 Lose in die tragenden Metallprofile eingelegte Gips-Kassettenplatten. Bei diesem Montagesystem ist der Hohlraum hinter der Verkleidung jederzeit leicht zugänglich. Schallabsorptionsgrade → 94 3.

2 Poröse Noppenpappe als Tapete direkt auf anbetonierten Holzwolle-Leichtbauplatten. Die die Schalldämmung verschlechternde Resonanz des Putzes auf der dynamisch zu steifen Dämmschicht wird so vermieden.

5 Oberfläche der Konstruktion in 223 3. Die Perforation der Paneele ist so fein, daß sie kaum auffällt.

8 Deckenverkleidung nach 225 2. Der Schallabsorptionsgrad ist sehr von Schlitzbreite, Schlitzabstand, Dicke und Beschaffenheit der Schallschluckpackung sowie vom Deckenabstand abhängig.

3 Ansicht einer schallabsorbierenden Deckenverkleidung nach 221 4.

6 Flächenstruktur eines Holzleisten-Streckgitters wie in 222 4.

9 Wandverkleidung nach 225 3 unter Verwendung von besonders regelmäßig gefertigten Ziegel-Akustiklochsteinen. Schallschluckgrad → 99 1.

  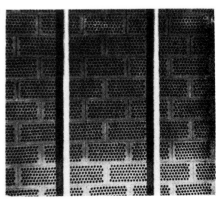

BILDTEIL

Olympia-Stadion München. Schallschluckende Deckenverkleidung in einem Pressearbeitsraum des Olympia-Stadions. Die freihängenden Elemente bestehen aus gelochtem Blech und wurden mit Mineralwolle als Schallschluckmaterial hinterlegt. Alle verfügbaren Wandflächen erhielten schallabsorbierende Oberflächen aus Velours. Das Schallfeld in diesem Raum entspricht etwa den Verhältnissen wie im Freien. (Bildarchiv + Architekten: Behnisch + Partner Stuttgart. Akustik + Bauphysik (ohne Dach): H. W. Bobran).

4 Decke einer Backstube mit starkem Pilzbefall infolge Tauwasserniederschlags und Mehlstaubablagerungen.

2 Ausstellungspavillon auf der Weltausstellung in Brüssel. Die Sonnenschutzlamellen liegen innen. Für eine erträgliche Raumtemperatur sorgen die großen physikalisch richtig direkt unter dem Hallendach anschließenden Querlüftungsöffnungen.

3 Dauerausstellungsgebäude mit außenliegenden verstellbaren Sonnenschutzlamellen.

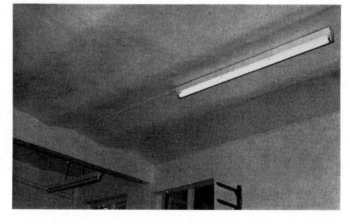

5 Decke des Raumes in Bild 4 mit einer angeklebten Wärmedämmschicht aus geschlossenzelligem Schaumkunststoff.

6 Decke aus Schaumkunststoff-Platten in einer Brotfabrik. Die Plattenoberfläche soll glatt sein, damit möglichst wenig hängenbleibt. Ein Anstrich ist nicht notwendig. Sehr vorteilhaft ist, daß der am Ende des Ofens austretende Wasserdampf durch ein Rohr abgesaugt wird.

1 Dampfsperre auf Schaumkunststoffplatten in einer Bäckerei. Die sich lösende Dampfsperre wurde ganz abgerissen und durch einen dampfdurchlässigen Anstrich ersetzt. Irgendwelche nachteiligen Erscheinungen sind seitdem nicht aufgetreten. Nicht nur an der Decke (unter einer Terrasse!), sondern auch an den Wänden ist deutlich zu erkennen, daß der Schaden zuerst an den Stößen der einzelnen Bahnen begann.

2 Sehr zweckmäßige Trittschall-Schutzmaßnahme in einem Hotelbad: Bodenbelag aus Vollgummi auf einer Gewebe- und Zellgummischicht. Gesamtdicke etwa 5 mm, VM = 24 dB. Durch das Hochziehen an den Wänden entfällt der Sockel. Gleichzeitig entsteht auf diese Weise eine leicht kontrollierbare Sperrschicht-Wanne.

3 Putz- und Mauerwerksschaden durch übermäßige Tauwasserbildung und Dampfdiffusion an den Außenwänden eines Dampfbades. Der Raum liegt sehr ungünstig in der Hausecke.

4 Abwechselnd schallabsorbierend und reflektierend ausgebildete Deckenverkleidung im Ballett-Probesaal des National-Theaters Mannheim. Akustikberatung: A. Eisenberg

5 Schallschluckende Deckenverkleidung aus Aluminiumlamellen und in akustisch transparente Kunststoff-Folie dampfdicht eingepackten Steinwolleplatten.

BILDTEIL

1 Olympia-Schwimmhalle München. Der Dachablauf im Hintergrund ist ein druckwasserdichtes Gehäuse mit wärmedämmendem Dach-Terrassenbelag. Die abgehängte Wärmeschutzdecke (armierte PVC-Folie mit Dämmstoffauflage) ist breitbandig schallabsorbierend.

(Bildarchiv + Architekten: Behnisch + Partner Stuttgart. Akustik + Bauphysik (ohne Dach): H. W. Bobran).

3 Wärmedämmende Verkleidung der Unterseite eines freistehenden Bürogebäudes mit schwer entflammbaren Leichtspanplatten. Decken, die Büroräume nach unten gegen die Außenluft abgrenzen, erfordern nach DIN 4108 eine ungewöhnlich große Wärmedämmung.

2 Fassade des Studien- und Ausbildungszentrums Stuttgart-Birkach. Außenwand aus hinterlüfteten Asbestzementplatten vor Wärmedämmschicht aus Mineralwolleplatten bzw. Paneelfassade aus Stahlblech. Sonnenschutz aus Markisen und hinterlüfteten Jalousetten.

(Bildarchiv + Architekten: Behnisch + Partner Stuttgart. Akustik + Bauphysik: H. W. Bobran).

4 Studien- und Ausbildungszentrum Stuttgart-Birkach. Innenansicht des Andachtsraumes. Dieser freistehende Baukörper besteht nur aus Beton (innen Rauhputz, außen Sperrputz). Boden: Teppich auf Holzkonstruktion.

(Bildarchiv + Architekten: Behnisch + Partner Stuttgart. Akustik + Bauphysik (ohne Dach): H. W. Bobran).

BILDTEIL

1 Deckenverkleidung zur Schallpegelsenkung in Bürogebäuden. Die gelochten Gipskartonplatten sind mit Nesselstoff und Glasfasermatten hinterlegt. Der Deckenhohlraum oberhalb der Trennwände muß schalldämmend abgedichtet werden. Diese »Schotten« sind auch dort notwendig, wo eventuell später eine Trennwand eingebaut werden könnte.

3 Flur eines Rundfunk-Studiogebäudes. Die Deckenverkleidungen aus Akustikplatten sind aufklappbar, um jederzeit Veränderungen an der sehr komplizierten elektrischen Installation vornehmen zu können.

2 Schallabsorbierende Decken- und Wandverkleidung auf kreuzweise gerillten Holzfaser-Akustikplatten.

4 Fluraula mit relativ starker Raumschalldämpfung. Die Emporenuntersichten sind mit Akustikplatten aus Schaumkunststoff und die Decke mit Holzwolle-Leichtbauplatten verkleidet.

BILDTEIL

1 (links oben) »Schallwächter« in einem Tanzcafé. Apparate dieser Art wirken wie ein Schallmeßgerät. Sie lassen sich auf eine beliebige Lautstärke einstellen. Wenn diese erreicht ist, leuchtet eine rote Lampe auf. Akustikberatung: H. W. Bobran

2 (links) Schallabsorbierend ausgestatteter Speise- und Mehrzweckraum. Die Oberfläche der Wandverkleidung besteht aus geschlitzten Furnier-Gitterplatten. Schlitzbreite 5 mm, Schlitzabstand 12 mm.

3 (links unten) Schallgedämpfter Audiometer-Raum mit Gegensprechanlage und Kopfhörern. Sämtliche Wände und die Decke wurden nach → 263 1 verkleidet. Der Bodenbelag besteht aus Sisal-Bouclé.

4 (oben) Lautsprecherraum für Gehörprüfungen. Der Ausbau ist genau der gleiche wie in Bild 3. Im Hintergrund ist der für Eichung und Forschungszwecke eingerichtete reflexionsfreie Raum zu erkennen. Sein Boden hat die gleiche Verkleidung wie die Tür und die Wände. Er ist nur mit Hilfe von herausnehmbaren weitmaschigen Gitterrosten begehbar. Akustikberatung: H. W. Bobran

5 (unten) Ansicht der Tür zu dem reflexionsfreien Raum in Bild 4.

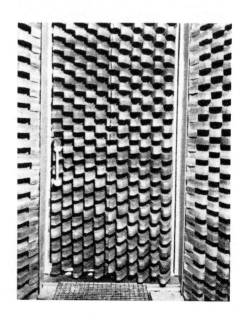

BILDTEIL

1 Auditorium maximum der Universität Hamburg mit geschlossener Versenkwand zum kleinen Hörsaal links im Bild. Das Gestühl hat zum Ausgleich unvollständiger Besetzung eine schallabsorbierende Polsterung → 50. Akustikberatung: L. Cremer

2 Das gleiche Auditorium maximum wie in Bild 1, jedoch mit geöffneter Versenkwand. Blick vom großen in den kleinen Hörsaal.

3 (rechts) Hörsaal mit gegeneinander geneigten Deckenflächen aus Gipskartonplatten und schallschluckender Rückwand. Akustikberatung: H. W. Bobran

4 Schallschluckende Rückwandverkleidung eines Hörsaals mit sehr stark ansteigenden Sitzplatzreihen. Abdeckung aus geschlitzten, furnierten Sperrholzplatten. Quer zu den Platten angeschraubte kräftige Scheuerleisten.

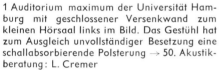

BILDTEIL

1 Großer Hörsaal (Aula) der Ingenieurschule Ulm. Der Fußboden steigt zur Rückwand leicht an. Die Gliederung der Rückwand durch die Projektionskabine und die danebenliegenden großen Reflektoren hat sich zusammen mit dem großen Reflektor über dem Vortragenden raumakustisch sehr bewährt. Akustik und Bauphysik: H. W. Bobran

2 Kassenvorhalle mit Lamellendecke, die an Schlitzbandeisen abgehängt und mit Steinwolle als Schallschluckstoff hinterlegt ist.

3 Kegelbahn mit Schallschluckdecke aus Furniergitterplatten. Die Wände erhielten schalldämmende und absorbierende Verkleidungen aus nur vorderseitig geschlitzten Holzspan-Röhrenplatten.

BILDTEIL

1 Kinoraum mit günstig angeordneten reflektierenden Deckenlamellen und absorbierenden Wandverkleidungen aus Kunststoff-Folie mit Schallschluckstoff.

2 (rechts) Blick in das »Elektronische Gedicht«, ein von Le Corbusier für die Weltausstellung in Brüssel entworfenes Bauwerk. Die kleinen prismatischen Körper auf den Wänden sind einige der insgesamt 400 Lautsprecher, die zur Erzielung eines »dreidimensional gelenkten Musikgebildes« benutzt werden. Die zur diffusen Reflexion von Schall großer Wellenlänge stark konvex gekrümmten Raumbegrenzungen erhielten zusätzlich einen schallschluckenden porösen Putz, der gleichzeitig die notwendige Wärmedämmung bewirken sollte. Die schwarze Linie am unteren Rand des Bildes ist die beinahe mannshohe rückwärtige Begrenzung des ebenen Saalteiles, in dem sich das Publikum befand. Der Schallschluckputz war vorwiegend wegen der relativ geringen spezifischen Besetzung notwendig. Er diente zugleich als Wärmedämmschicht, die hier — entgegen allen bei uns »anerkannten Regeln der Technik« innen liegt.

3 (unten rechts) Eingangsnische des »Elektronischen Gedichts«. Rechts der Vorführraum.

4 (unten) Lattenbahn einer Kegelbahn mit Neoprene-Polstern unter den Lagerhölzern und Schallschluckstoff im Hohlraum dazwischen. Der Seitengang rechts hat einen Teppichbodenbelag.

BILDTEIL

1 (oben links) Günstige Kirchenraumform mit Längsfirst und Kanzelplatz im niedrigen Saalteil.

2 (oben rechts) Auflösung einer akustisch ungünstigen gewölbten Raumform durch mikroporöse Holzspan-Akustikplatten.

3 (links) Orgelverkleidung aus Acrylglas in der Kaiser-Friedrich-Gedächtniskirche, Berlin. Die Orgel war ohne Schallverkleidung geplant. Mit Rücksicht auf Reinheit und Akkordfülle waren Resonanzkästen nötig. Da Holzkästen das Raumgefühl gestört hätten, entschlossen sich Architekt und Orgelbauer zu einer Verkleidung aus Acrylglas. Die Lösung fand die lobende Zustimmung vieler Fachleute. Die Scheiben sind in Schaumgummi gebettet und mit Aluminiumschienen gerahmt.

4 (unten links) Der Forderung nach einem Reflektor über der Schallquelle wird gerade in Kirchen immer erbitterter Widerstand entgegengesetzt, vorwiegend seitens der Architekten. In diesem Zusammenhang ist es interessant festzustellen, daß schon die Baumeister vergangener Epochen um die Wichtigkeit eines solchen Reflektors wußten und durchaus auch in der Lage waren, ihn in das architektonische Gesamtbild harmonisch einzufügen. Die akustisch erwünschten Abmessungen liegen in der Größenordnung von mindestens 2 bis 3 m.

5 (unten rechts) Akustisch transparentes Tonnengewölbe aus 6 m langen Furniergitter-Elementen in einer Kirche. Der akustisch wirksame Raumabschluß befindet sich dahinter in Form ebener oder konvex gekrümmter Putzflächen. Akustikberatung: W. Zeller

BILDTEIL

1 Außenansicht des fächerförmigen Ansaugschalldämpfers für eine Gasturbine. Zum Größenvergleich links eine normal hohe Tür.

2 (oben rechts) Schaltwarte mit schallabsorbierenden gelochten Decken- und durchgehend geschlitzten Wandverkleidungen.

3 (rechts) Decken- und Wandisolierung eines Kühlraums mit geschlossenzelligen FOAMglas-Platten. Hinter der unteren Plattenschicht an der Decke erkennt man zwischen den einzelnen Platten die sehr sorgfältig mit einem Rostschutz versehenen Stahlträger. Die Platten wurden mit versetzten Fugen verlegt. Die Stöße müssen lückenlos dampfdicht verspachtelt werden.

4 (unten links) Raumakustisch günstiges Gestühl in der Beethovenhalle. An der Decke Gips-Hohlkörper zur diffusen Schallreflexion im Bereich mittlerer und hoher Frequenzen → 5.

5 (unten rechts) Montage der in Bild 4 gezeigten Gips-Hohlkörper an der Decke der Halle.

BILDTEIL

1 Schallreflektorenanlage aus Acrylglas im Konzerthaus Stockholm, bestehend aus 24 PLEXIGLAS-Platten, glasklar, 250 × 1500 × 5 mm. Die auf Stahlrahmen montierten Platten sind an der Decke mit Stahltauen befestigt. Sie sind in mehreren Reihen montiert. Jede Reihe kann je nach Art der Musik, die dargeboten werden soll, individuell gehoben und gesenkt werden, da es für jede Sektion einen elektrischen Motor gibt.

2 Gips-Streukörper und Podium-Schallreflektor in einem Konzertsaal.

3 und 4 (unten links und rechts) Absorbierende und reflektierende Wandverkleidung im Residenztheater München. Als Schallschluckstoff wurden magnesitgebundene Holzwolle-Leichtbauplatten verwendet. Die akustisch verschiedenartig wirkenden Verkleidungen werden einheitlich mit einem akustisch transparenten Gitter verkleidet. Zustand links während Erprobung und Montage, rechts nach Fertigstellung. Akustikberatung: L. Cremer

BILDTEIL

1 Innenansicht der neuen Philharmonie Berlin. Alle Seitenwände und »Weinbergstufen« (weiße und braune Flächen) bestehen aus mitschwingenden, mit Glasfaserfilz hinterlegten Holzplatten. Insgesamt wurden 2000 m² Glasfasermatten verlegt. Das Gestühl ist porös gepolstert. Akustikberatung: L. Cremer

3 (rechts) Landtag Stuttgart, Treppenaufgang. Die Schmalseiten bestehen aus perforierten und mit Schallschluckstoff gefüllten Elementen, hinter denen die Installation liegt.

2 Als Kabelpritschen dienende schallabsorbierende Flurdecken aus Holzwolle-Leichtbauplatten in den Technikräumen des Nationaltheaters Mannheim.

4 (unten rechts) Landtag Stuttgart, Detail der Plenarsaaldecke aus Holzstreifen. Die Schlitze dienen teilweise akustischen und lüftungstechnischen Zwecken.

BILDTEIL

Bild 1 bis 5: Einzelheiten aus dem Parlamentsgebäude des Landtags in Stuttgart

1 (links) Parlamentsbüroraum mit Schallschluckdecke, Teppichboden und innenliegenden Lamellenstores. Die mobilen Trennwände bestehen aus doppelschaligen Holzelementen.

2 (Mitte links) Detail der Plenarsaalmöblierung. Die Sitze sind dick gepolstert und die Sitzunterseiten perforiert, um die Absorption bei unvollständiger Besetzung weitgehend auszugleichen. Unter dem Gestühl und in den Gängen liegt durchgehend ein Teppichboden.

3 (unten links) Schallabsorbierende Decke aus gelochten Kassettenplatten im Foyer. Links im Bild der konstruktiv sehr schwierige Übergang zu den Schallschluckdecken in den angrenzenden Arbeitsräumen mit der teilweise doppelschaligen Oberlichtverglasung. Nach unten anschließend befinden sich schalldämmende Schrankwände. Die Türen sind teilweise als Schallschleusen ausgebildet. Diese Schleusen haben die gleiche Tiefe wie die Schränke und eine schallabsorbierende Leibung.

4 (unten Mitte) Schalldämmende Doppelverglasung im Konferenzsaal bzw. an der zur Hauptverkehrsstraße gelegenen Gebäudeseite. Der Abstand zwischen den beiden dicken Einfachscheiben ist so groß, daß ein begehbarer Gang entsteht.

5 (unten rechts) Detail der Decke aus gelochten Aluminiumkassetten in den Toiletten des Landtagsgebäudes.

BILDTEIL

2 (Mitte rechts) Stationärer Prüfstand für Düsentriebwerke. Die Raumbegrenzungen bestehen aus Stahlbeton und sind innen hochgradig schallabsorbierend verkleidet. Die Zu- und Abluftöffnungen wurden mit schallabsorbierenden Kulissen versehen. Links oben im Bild befindet sich die Abgasöffnung.

3 (unten rechts) Innenansicht des schallabsorbierend ausgestatteten Abgaskanals eines Prüfstandes wie in Bild 2. In Bildmitte sind die Mündungen des Strahltriebwerks zu erkennen. Sämtliche sichtbaren Raumbegrenzungen sind hochgradig schallabsorbierend. Die senkrechten Kulissen in Bildmitte oben sind Teile des Schalldämpfers für die Sekundär-Zuluftöffnung. Die schallabsorbierenden Elemente bestehen aus gelochtem Stahlblech mit Füllung aus Basaltwolle. Sie haben eine Dicke von 10 bis 14 cm und einen Wandabstand von 10 cm. An der Decke sind die Schallschluckpackungen panpfeifenartig bis zu 70 cm dick. Am Fußboden beträgt die Packungsdicke durchgehend 50 cm.

4 (unten) Propellerprüfstand mit schallabsorbierenden Wand- und Deckenverkleidungen hinter Lochblechen.

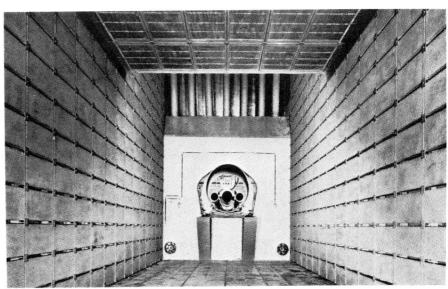

BILDTEIL

1 (links oben) Prüfstands-Kontrollraum. Die Decke besteht aus schallabsorbierenden gelochten Gipskassettenplatten.

2 (links Mitte) Kraftfahrzeug-Prüfstand mit reflexionsfreien Raumbegrenzungen.

3 (links unten) Wärmedämmung eines Windkanals mit Platten aus geschlossenzelligem Schaumglas. Die Platten werden mit Heißmasse zweilagig auf die äußeren Stahlblechteile geklebt. Dicke der Dämmschicht rd. 23 cm. Sämtliche Stahlblechflächen mittels Sandstrahl entrostet und mit Heißmasse grundiert. Die auf der Dämmschicht sichtbaren hellen Streifen sind die Spannbänder aus verzinktem Stahlband 16/0,5 mm, die die Dämmschicht gegen Ablösen sichern. Die dicke Dämmschicht war wegen der im Kanal auftretenden Wechseltemperaturen zwischen −30 und +40 °C nötig.

4 (unten) Reflexionsfreier Raum mit einer unteren Grenzfrequenz von ca. 70 Hz. Gesamtdicke der Auskleidung ca. 95 cm. Tür hochgradig schallgedämmt und innenseitig mit drehbaren Elementen verschlossen, die in gleicher Weise reflexionsfrei sind wie die Wände. Im vorderen Teil des Bodens akustisch transparente Abdeckung der reflexionsfreien Verkleidung, um zu verhindern, daß herunterfallende Gegenstände in der Schallschluckverkleidung verlorengehen. Die Auskleidung besteht im Gegensatz zu den anderen gezeigten Beispielen aus auf Drähten aufgezogenen Würfeln aus Glaswolleplatten. Die Größe der Würfel nimmt gegen die Wände zu. Dadurch wird eine zunehmende Verdichtung der schallabsorbierenden Zone erreicht, die eine gute Anpassung des Schallwellenwiderstandes der Raumbegrenzung an den der Luft gestattet. Akustik: L. Cremer

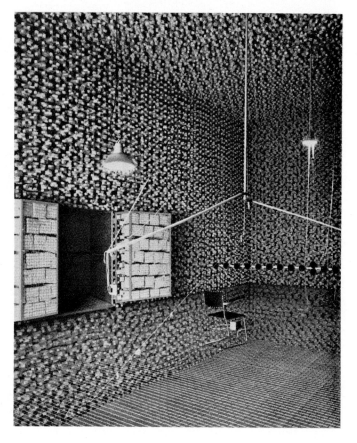

BILDTEIL

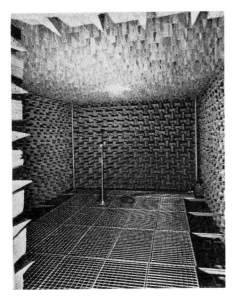

1 (links oben) Innenansicht des schalltoten Raumes einer Rundfunkgerätefabrik. Die weitmaschigen Gitterroste sind lose aufgelegt und können entfernt werden, wenn sie im Bereich sehr hoher Frequenzen stören (etwa bei 10000 Hz), was praktisch kaum vorkommt. Die keilförmigen Körper (Keilabsorber) bestehen hier aus Glasfaserplatten. Akustik: H. W. Bobran

2 (links) Reflexionsfreier Raum mit Steinwolle-Zahnplatten. Rechts unten auf dem begehbaren Rost ein Schallpegelmesser. Links in Bildmitte Meßmikrophone.

4 Blick in den Musiksaal eines Gymnasiums, in dem die gesamte Deckenfläche mit einem schalldurchlässigen Gitter versehen wurde, so daß Schall durch die Rippen der Rohdecke teilweise diffus reflektiert und im übrigen durch einzelne kleinere, hinter der Stoffbespannung nicht sichtbare Schallschluckflächen aus Mineralwolle absorbiert wird. Die schalldurchlässige Verkleidung besteht aus einem Holzstreckgitter mit dahinterliegender Nesselstoff-Bespannung. Die Wände wurden als Mitschwinger zur Absorption tiefer Frequenzen ausgebildet.

3 (links unten) Innenansicht mit offener Tür des schalltoten Raumes beim 3. Physikalischen Institut in Göttingen. Akustik: E. Meyer

5 Schallabsorbierender Randfries und Rückwandreflektor in einer normalen Schulklasse. Akustik u. Bauphysikberatung: H. W. Bobran

1 Schallstreuende Deckenkörper aus Gipskarton-Verbundplatten in einer Aula.

2 Die schachbrettartige Gliederung der Deckenfläche aus abwechselnd gelochten und ungelochten Platten ist weniger vorteilhaft als der schallschluckende Deckenrandfries etwa nach Bild 331 5, da das Schallfeld innerhalb des Klassenraums bei dieser Deckengestaltung ungleichmäßiger ist → 288.

3 (rechts) Schallschluckende Deckenverkleidung aus geschlitzten Holzspanröhrenplatten mit weißem Anstrich auf der Vorderseite in den Fluren eines Gymnasiums.

4 (unten rechts) Klassenzimmertüren sollten immer einen unteren Anschlag erhalten wie hier, wo der Klassenboden aus Parkett und der Flurboden aus Steinplatten besteht. Die Stahltürzargen sind mit einer Gummidichtung versehen. Das Kalksandstein-Mauerwerk der Trennwände blieb an der Flurseite naturfarbig.

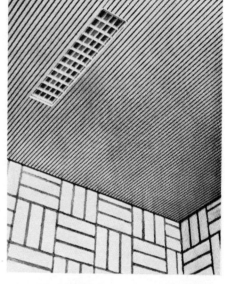

BILDTEIL

1 Südseite eines Gymnasiums in Stahlbeton-Bauweise mit schalungsrauhen Beton-Außenseiten. Oberhalb der Sonnenschutzlamellen aus Aluminium-Profilen besteht die Verglasung aus Doppelscheiben mit Glasgespinst-Einlagen, die eine angenehme lichtstreuende Wirkung besitzen und einen großen Teil der Sonnenstrahlungswärme reflektieren.

2 Nordseite des Gymnasiums in Bild 1. Das Stahlbeton-Skelett ist durch Fertigteile geschlossen, die an dieser Flurseite lediglich ein schmales Fensterlichtband ergeben. In Bildmitte die Mündungsöffnungen der Querlüftungskanäle für die Klassen, die unbedingt eine besondere Schalldämmung erhalten müssen, wenn eine häufig befahrene Straße in der Nähe ist. Öffnungen von ungedämpften Querlüftungskanälen wirken schalltechnisch genau wie offene Fenster.

3 Schallschluckende Deckenverkleidung in einem Hallenbad. Die Leichtmetall-Lamellendecke ist mit Steinwollefilzen hinterlegt.

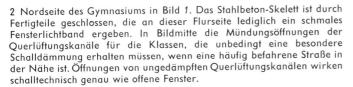

4 Schallschluckende Wandverkleidung in einem Hallenschwimmbad. Hinter gelochtem und gewelltem Aluminiumblech befindet sich Steinwolle als Schallschluckmaterial, das durch eine Folie vor Feuchtigkeit geschützt wird → 289.

BILDTEIL

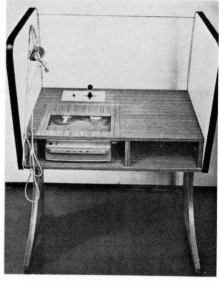

1 (oben links) Moderne Sprachlehranlage in einem normalen Unterrichtsraum → 291.

2 (oben rechts) Detailbild zu 1. Links im Tisch das Tonbandgerät mit dem Lehrtext. Die beiden Seitenwände sind schallabsorbierend.

3 (links) Großviehstall mit einer wärmedämmenden Decke aus unverputzten kunstharzgebundenen, armierten Glasfaserplatten → 292.

4 (unten links) Wand- und Deckendetail eines Tonstudios auf der Weltausstellung 1958 in Brüssel.

5 (unten rechts) Regieraum eines Rundfunkstudios. Das Beobachtungsfenster hat eine Doppelverglasung mit zueinander schräg stehenden Scheiben nach dem auf Seite 167 erläuterten Prinzip → 292.

BILDTEIL

1 Schallabsorbierende Turnhallenwand aus Akustik-Lochsteinen. Absorptionsgrad → 99 1.

3 (rechts oben) Turnhalle eines Gymnasiums. Alle hellen Flächen bestehen aus gestrichenem Sichtbeton, die dunklen sind gelochte Holzfaserisolierbauplatten mit naturfarbigem aufgeleimten Hartplattendeck. Die Platten sind auf einen engen Lattenrost geschraubt. Akustikberatung: H. W. Bobran

4 (rechts) Schul-Turnhalle mit schallabsorbierenden Wand- und Deckenflächen. Die Dämpfung der Geräusche ist so stark, daß zwei verschiedene Gruppen gleichzeitig unterrichtet werden können, ohne sich gegenseitig zu stören → 5. Akustikberatung: H. W. Bobran

2 Schulturnhalle mit absorbierender Längswand aus Holzbrettern und einer Decke aus magnesitgebundenen Holzwolleleichtbau-Akustikplatten.

5 (rechts unten) Detail der Decke in Bild 4. Hinter den auf Abstand gesetzten Latten befindet sich eine akustisch transparente Stoffbespannung und eine Schallschluckpackung aus Mineralwollematten. Im übrigen entspricht der Aufbau Bild 221 4.

BILDTEIL

1 (links) Außenansicht des Hallenbads Sindelfingen. Das hängende freigespannte Dach (innen siehe 309 2) besteht aus Holz mit Schaumglas-Wärmedämmschicht (FOAMGLAS T 2) und aufgeklebter PVC-Dachhaut (SARNAFIL).
(Bildarchiv: Fa. J. Gartner + Co. Gundelfingen. Architekt: F. Tober Sindelfingen. Akustik + Bauphysik: H. W. Bobran).

2 (unten links) Verschmutzung durch Staub und Pilzkulturen in der Außenecke einer Wohnungsküche unterhalb der Dachdecke mit weit auskragendem Betongesims, das wie eine Kühlrippe wirkt. Die linke Wand hat eine zu geringe Wärmedämmung. Der Raum ist nicht zentral beheizt.

3 (unten Mitte) Fernsprechzelle und Beobachtungskabine mit schallgedämpften Be- und Entlüftungsöffnungen. Die Konstruktion entspricht im Prinzip Bild 299 1.

4 (unten rechts) Telefon-Halbzelle mit perforierter Innenseite. Wanddicke etwa 50 mm. Der Hohlraum ist mit Mineralwollematten gefüllt.

Bildnachweis

Alkor GmbH, München: 323 1; Armstrong Kork GmbH: 314 6; Behnisch u. Partner, Stuttgart: 322 1; Chemische Werke O. Bärlocher GmbH München: 314 3; Continental Gummi-Werke, Hannover: 312 1/5/6, 318 4; Deutsche Heraklith AG, Simbach/Inn: 307 5, 317 4, 319 8, 326 3, 327 2, 335 2; Deutsche Linoleumwerke, Bietigheim: 321 1, 325 2; Deutsche Tafelglas AG, Fürth: 310 1/2; Diwag Chemie, Berlin: 314 2; FOAM Glas, Stuttgart: 307 2/3, 325 3/4, 330 3; W. Genest, Stuttgart-Degerloch: 312 3, 319 5, 331 1/3, 336 4; O. Gerber, Stuttgart: 304 2, 306 2/3, 311 4/5/6, 314 1, 329 1/2/3, 330 4; Gasbeton-Werk J. Hebel, Emmering: 308 1; Glasfaser GmbH, Düsseldorf: 327 1, 334 3; E. Gläser, Berlin: 303 3; Grünzweig + Hartmann, Ludwigshafen: 304 1, 311 2, 315 7, 317 5, 322 2, 325 1, 329 4, 330 1/2, 333 3/4; G. Lufft, Stuttgart: 302 1; Lüneburger Faserwerke: 311 3, 336 3; Mauser Werke, Köln-Ehrenfeld: 321 2, 325 4; Motoco, Stuttgart: 302 2; Pittsburgh Corning Corporation: 305 5; Platten-Rossmann, München: 336 1, 319 6; Poron-Kunststoffwerk, Mühlheim/Main: 313 6, 316 4/5; Rheinhold & Mahla, Mannheim: 305 4, 314 5, 315 5, 316 6; Rheinische Gummi und Celluloid-Fabrik, Mannheim: 308 3; Rhode & Schwarz, München: 302 4/5, 331 2; Rippenstreckmetall GmbH, Leverkusen: 306 5, 311 1, 326 2; Röhm & Haas, Darmstadt: 324 3, 326 1; L. Rostan, Friedrichshafen: 324 1; Rost & Söhne, Lerbeck: 311 4; Siemenspressebild, München: 301 3, 312 2/7; E. Schmelzle, Obertal: 320 2, 322 3, 324 5; Stahl-Schanz, Frankfurt (Jupp Falke): 310 2; Uherwerke, München: 334 1/2; Westdeutsche Gipswerke, Iphofen: 332 1; H. Wilhelmi, Dorlar: 318 2, 319 7, 324 2, 334 5; Teroson Werke, Heidelberg: 227 3/4; Teppichgemeinschaft, Stuttgart: 313 3/4/5; Tonindustrie Heisterholz, Minden: 315 9, 335 1. Alle übrigen Aufnahmen stammen vom Verfasser.

Quellen- und Literaturverzeichnis

Allgemeine Grundlagen

Bauforschung im Hansaviertel. Berichte aus der Bauforschung, Heft 17 Berlin/München, 1967. Verlag Wilhelm Ernst u. Sohn

Bobran, H. W.: ABC der Schall- und Wärmeschutztechnik. ABC-Redaktion Nürtingen, 1972

Bruckmayer, F.: Handbuch der Schalltechnik im Hochbau. Wien, 1962. Verlag Franz Deuticke

Cremer, L.: Schallschutz von Bauteilen. Forschungsberichte des Bundesministers für Wohnungsbau, 1960

Eichler, F.: Bauphysikalisches Entwerfen. Berlin, 1962. VEB Verlag für Bauwesen

Eichler, F.: Schallschutz im Bauwesen. Berlin, 1959. VEB Verlag Technik

Franke, H.: Lexikon der Physik. 2. Aufl. Stuttgart, 1959. Francksh'sche Verlagshandlung

Furrer, W.: Raum- und Bauakustik, Lärmabwehr. Basel/Stuttgart, 1961. Birkhäuser Verlag

Gösele, K., W. Schüle: Schall, Wärme, Feuchtigkeit. Grundlagen, Erfahrung und praktische Hinweise. FBW, Stuttgart, Heft 75. Wiesbaden/Berlin, 1965. Bauverlag

Kuhl, W.: Optimale akustische Gestaltung von Räumen für Aufführende, Zuhörer und Schallaufnahmen. Aus: Die Schalltechnik, Eichenberg, 1956, Heft 20

Kurtze, G.: Physik und Technik der Lärmbekämpfung. Karlsruhe, 1964. Verlag G. Braun

Moll, W.: Bauakustik, Bd. 1. Berlin/München, 1965. Verlag Wilhelm Ernst u. Sohn

Moritz K.: Richtig und falsch im Wärmeschutz, Feuchtigkeitsschutz, Bautenschutz. Wiesbaden/Berlin, 1965. Bauverlag

Neufert, H.: Styropor-Handbuch. Wiesbaden/Berlin, 1964. Bauverlag

Reiher, H.: Bauphysikalische Freilandversuche Holzkirchen. Veröffentlichungen aus dem Institut für Technische Physik, Stuttgart, 1954

Reiher, H.: Vergleichende wärme- und feuchtigkeitstechnische Untersuchungen an Versuchshäusern aus verschiedenen Baumaterialien in Deutschland. Aus: Allgemeine Wärmetechnik, Frankfurt-Hoechst, 1956, Heft 8

Schüle, W., J. S. Cammerer, F. Roedler, G. Schlüter: Fußwärme, Wärmeschutz, Sonnenwärmeeinstrahlung und Raumklima. Berichte aus der Bauforschung, Heft 40. Berlin/München 1964. Verlag Wilhelm Ernst u. Sohn

Seiffert, K.: Der Wärmeschutzingenieur. München, 1954. Verlag Karl Hauser

Spalding, H.: Die Sinnesorgane und ihre meßtechnische Bewertung. Aus: Die Kurzinformation, München, 1964, Heft 1 und 2. Verlag Rohde & Schwarz

Zeller, W.: Technische Lärmabwehr. Stuttgart, 1950, Verlag Alfred Kröner

Einzelthemen

Schallschutz und Raumakustik

Adam, M.: Akustik. Grundsätze für die Planung, Isolation, Vortragssaal, Kirchenbau, Konzertsaal. Bern 1958, Verlag Paul Haupt

Bobran, H. W.: Ursachen einer guten Raumakustik. Aus: Bauwelt, Berlin, 1960, Heft 6

Bobran, H. W.: DIN 4109 »Schallschutz im Hochbau« endlich fertig! Aus: Bauwelt, Berlin, 1964, Heft 20

Bobran, H. W.: Gefahren mechanischer Schwingungen in Baukonstruktionen. Aus: Bauwelt, Berlin, 1957, Heft 45

Bobran, H. W.: Welche Materialeigenschaften führen zur Schallabsorption? Aus: boden, wand + decke, Bad Wörishofen, J 1958, Heft 4

Broicher, H. A.: Mensch unter Schwingungseinfluß. Aus: Die Schalltechnik, Eichenberg, 1963, Heft 51/52

Cremer, L.: Die wissenschaftlichen Grundlagen der Raumakustik. Bd. 1: Geometrische Raumakustik, 1948; Bd. 2: Statistische Raumakustik, 1961; Bd. 3: Wellentheoretische Raumakustik, 1950. Stuttgart, S. Hirzel Verlag

Cremer, L.: Welcher Aufwand von Informationen ist erforderlich, um einen Raum akustisch zu charakterisieren? Berichte vom 3. internationalen Akustik-Kongreß Stuttgart 1959. Amsterdam, London, New York, Princeton, 1961. Verlag Elsevier

Geiger, J.: Vermeidung von Schwingungen bei Industriebauten. Aus: Der Maschinenmarkt, Würzburg, 1957, Heft 63

Gerichtsurteile auf dem Gebiet der Lärmbekämpfung. Aus: Lärmbekämpfung, Baden-Baden, 1957, Heft 3/4

Gösele, K.: Der Einfluß der Hochbaukonstruktion auf die Schallängsleitung bei Bauten. Aus: Gesundheits-Ingenieur, München, 1954

Kuhl, W.: Der Einfluß der Kanten auf die Schallabsorption poröser Materialien. Berichte vom 3. internationalen Akustik-Kongreß Stuttgart 1959. Amsterdam, London, New York, Princeton, 1961. Verlag Elsevier

Lassaly, O.: Deutsches Lärmbekämpfungsrecht. Schriftenreihe DAL, Bd. 2. München, 1955. J. F. Lehmanns Verlag

Lehmann, G.: Die Wirkung des Lärms auf den gesunden Menschen. Aus: Kampf dem Lärm, München, 1960, Heft 3

Oftinger, K.: Die Grundideen des Rechts und die Lärmbekämpfung. Aus: Lärmbekämpfung, Baden-Baden 1957, Heft 1

Reiher, H., D. v. Soden: Einfluß von Erschütterungen auf Gebäude. Opladen, 1961, Westdeutscher Verlag Köln

Schneider, P.: Schallschutz im amerikanischen Hochbau. Aus: Die Schalltechnik, Eichenberg, 1961, Heft 44/45

Schneider, P.: Zusammenhänge zwischen dem Luftschalldämm-Maß und dem Luftschallschutz bei verschiedenen Bedingungen im Hochbau. Aus: Die Schalltechnik, Eichenberg, 1960, Heft 39/40

Spandöck, F.: Die Lösung von Schallfeldfragen mit Hilfe geometrisch und akustisch ähnlicher Modelle. Beispiele angewandter Forschung, Fraunhofer-Gesellschaft, München, 1963, Verlag F. Bruckmann

Stankiewicz, A.: Geräuschverminderung bei Blechkonstruktionen. Mitteilungen der Forschungsgesellschaft Blechverarbeitung e. V. 1956, Heft 14

Wärme- und Feuchtigkeitsschutz

Ayoub, R.: Natürliche Klimatisierung von Gebäuden. Aus: Bauwelt, Berlin, 1961, Heft 17, 18, 22, 28

Bobran, H. W.: Wärmeschutz im Hochbau nach DIN 4108? Aus: Bauwelt, Berlin, 1966, Heft 28

Cammerer, J. S.: Wärme- und Feuchtigkeitsuntersuchungen an den ECA-Siedlungsbauten und anderen Versuchs- und Vergleichsbauten des Bundesministeriums für Wohnungsbau. Aus: Neuer Wohnbau Bd. 2, Ravensburg, 1958. Verlag Otto Maier

Cammerer, J. S.: Wärme- und Kälteschutz in der Industrie. Berlin, Göttingen, Heidelberg, 1951. Springer Verlag

Cammerer, J. S., W. Schüle, O. Krischer: Wärmeschutz, Feuchtigkeit, Dampfdiffusion und Tauwasserbildung, Wärmeleitfähigkeit von Baustoffen. Berichte aus der Bauforschung, Heft 23. Berlin/München, 1967. Verlag Wilhelm Ernst u. Sohn

Institut für Technische Physik, Stuttgart: Temperaturverhältnisse in Gebäuden — Zusammenfassende Darstellung auf Grund vorliegender Meßergebnisse. Kurzberichte aus der Bauforschung, Heft 4/1965. Dokumentationsstelle für Bautechnik in der Fraunhofer-Gesellschaft, Stuttgart

Kramer, R.: Wärmewirtschaft im Wohnungsbau. Baunormung, Bauforschung, 7. Ausgabe

Krischer, O., W. Kast: Zur Frage des Wärmebedarfs beim Anheizen selten beheizter Gebäude. Aus: Gesundheits-Ingenieur, München, 1957, Heft 21/22

QUELLEN- UND LITERATURVERZEICHNIS

Lehrstuhl für Heizung und Lüftung der T.U. Berlin: Der Heizwärmebedarf von Wohnhochhäusern. Kurzberichte aus der Bauforschung, Heft 5/1965. Dokumentationsstelle für Bautechnik in der Fraunhofer-Gesellschaft, Stuttgart

Lueder, H.: Neue Methoden und Möglichkeiten der Raum- und Bauklimatik. Aus: Bauwelt, Berlin, 1963, Heft 32/33

Reiher, R.: Klimatologie der Gebäude. Aus: boden, wand + decke, Bad Wörishofen, 1964, Heft 11

Reiher, H., H. Künzel, W. Frank, H. Labus: Wärme- und Feuchtigkeitsschutz in Wohnbauten. Berichte aus der Bauforschung, Heft 16. Berlin, 1960. Verlag Ernst u. Sohn

Rödler, F., G. Schlüter: Das Wohn- und Arbeitsklima in Häusern mit großen Glasflächen. Kurzberichte aus der Bauforschung, Seite 27—57/1965. Dokumentationsstelle für Bautechnik in der Fraunhofer-Gesellschaft, Stuttgart

Sautter, L.: Der Vollwärmeschutz — eine wichtige Voraussetzung für wirtschaftliches Heizen. Aus: Elektrowärme, 1963, Heft 21

Seiffert, K.: Die Technologie des Kälteschutzes. Aus: Kältetechnik und Klimatisierung, Karlsruhe, 1957

Seiffert, K.: Grundsätzliches über den Wasserdampf in der Luft und seine Auswirkungen im Hausbau. Aus: Wärme, Kälte, Schall, Ludwigshafen, 1963, Heft 2. Grünzweig u. Hartmann AG

Seiffert, K.: Wasserdampfdiffusion im Bauwesen, Wiesbaden, 1967. Bauverlag

Seiffert, K.: Wirtschaftlichkeitsprinzip im Wärme- und Kälteschutz. Aus: Wärme, Kälte, Schall, Ludwigshafen, 1964, Heft 3/4. Grünzweig u. Hartmann AG

Triebel, W.: Der wirtschaftlich günstige Wärmeschutz. Aus: Glasfaser-Echo, Düsseldorf, 1966, Heft 10. Glasfaser GmbH

Tonne, F.: Besser bauen mit Besonnungs- und Tageslichtplanung. Schorndorf, 1964. Verlag K. Hofmann

Wagner, H.: Praktische Anwendung des graphischen Verfahrens von Glaser zur Bestimmung der Feuchtigkeitsausscheidung an mehrschichtigen Wänden infolge Wasserdampfdiffusion. Aus: Die Kälte, Hamburg, 1960, Heft 1

Wahl, G. P.: Entstehung und Bekämpfung von Schimmelpilzen in Betriebsräumen der Industrie. Aus: Zentralblatt für Industriebau, Hannover, 1961, Heft 5

Meßgeräte, Meßverfahren

Bürck, W.: Die Schallmeßfibel. Mindelheim, 1955. Elektro-Verlag W. Sachon

Ebert, E.: Kurztestverfahren zur Prüfung des Trittschallschutzes von Wohnungstrenndecken. Aus: Lärmbekämpfung, Baden-Baden, 1957, Heft 5/6

Eisenberg, A.: Moderne Prüfeinrichtungen für bauakustische Untersuchungen. Aus: Die Schalltechnik, Eichenberg, 1960, Heft 39/40

Heckl, M., H. Westphal: Einfaches Gerät zur Abschätzung des Trittschallschutzes (Vergleichshammerwerk). Aus: Bundesbaublatt, Wiesbaden, 1957, Heft 9

Jordan, V. L.: Einheitliche Messung und Bekämpfung von Verkehrslärm. Aus: Die Schalltechnik, Eichenberg, 1962, Heft 49

v. Meier, A.: Bauakustik auf dem 5. ICA-Kongreß. Aus: Die Schalltechnik, Eichenberg, 1966, April

Venzke, G.: Meßverfahren der Raum- und Bauakustik. Aus: Zeitschrift für Instrumentenkunde, Braunschweig, 1959, Heft 67

Klima und Städtebau

Gabler, W.: Haustyp, Hausstellung und Lärmabwehr. Aus: Kampf dem Lärm, München, 1963, Heft 4

Geiger, R.: Das Klima der bodennahen Luftschicht. Ein Lehrbuch der Mikroklimatologie. Braunschweig, 1961. Verlag Friedrich Vieweg & Sohn

Lessing, G.: Maßnahmen zur Lösung des Lärmproblems bei der Eisenbahn und der Schiffahrt. Aus: Die Schalltechnik, Eichenberg, 1962, Heft 49

Lübcke, E.: Zur Einwirkung von Industrielärm auf die Nachbarschaft. Aus: Lärmbekämpfung, Baden-Baden, 1963, Heft 5/6

Meister, F. J.: FAA-Richtlinien der Flughafenrandbebauung und Zumutbarkeit der akustischen Belastung. Aus: Lärmbekämpfung, Baden-Baden, 1964, Heft 1

Meister, F. J.: Über die Beeinträchtigung von Wohnungen, Krankenhäusern und Schulen durch Verkehrslärm. Aus: Die Schalltechnik, Eichenberg, 1957, Heft 21

Meister, F. J., W. Ruhrberg: Der Einfluß von Grünanlagen auf den Verkehrsgeräuschpegel. Aus: VDI Zeitschrift, Düsseldorf, 1955, Heft 30

Meyer, T. J.: Die Lärmschutzhalle in Hamburg — Schutz vor nächtlichem Flugzeuglärm. Aus: Lärmbekämpfung, Baden-Baden, 1962, Heft 3/4

Moll, W.: Schutz von Wohnsiedlungen vor Verkehrsgeräuschen. Kurzbericht aus der Bauforschung, Heft 6/1962. Dokumentationsstelle für Bautechnik in der Fraunhofer-Gesellschaft, Stuttgart

Newberry, C. W.: Messung des Überschall-Knalles und seine Wirkung auf Bauten. Kurzberichte aus der Bauforschung, Heft 3/1965. Dokumentationsstelle für Bautechnik in der Fraunhofer-Gesellschaft, Stuttgart

Power, J. K.: Einige Ergebnisse der Beobachtung der Überschall-Knallwirkungen in Oklahoma City. Kurzberichte aus der Bauforschung, Heft 3/1965. Dokumentationsstelle für Bautechnik in der Fraunhofer-Gesellschaft, Stuttgart

Raes, A. C.: Lärmbekämpfung in einem Tunnel. Aus: Lärmbekämpfung, Baden-Baden, 1960, Heft 2/4

Ramsay, A.: Durch Überschall-Knall verursachte Schäden am Flughafengebäude von Ottawa. Kurzberichte aus der Bauforschung, Heft 3/1965. Dokumentationsstelle für Bautechnik aus der Fraunhofer-Gesellschaft, Stuttgart

Robel, F., K. Schwalb: Landschaftsakustische Probleme im Städtebau. Aus: Lärmbekämpfung, Baden-Baden, 1962, Heft 1

Vogler, P., E. Kühn: Medizin und Städtebau. München/Berlin/Wien, 1957. Verlag Urban u. Schwarzenberg

Zboralski, D.: Tagung »Verkehrslärmbekämpfung« in München. Aus: Die Bundesbahn, Darmstadt 1962, Heft 3

Zeller, W.: Körperschalldämmender Gleisoberbau für U-Bahnen. Aus: Lärmbekämpfung, Baden-Baden, 1966, Heft 2

Stoffwerte von Bau-, Dämm- und Sperrstoffen

Bobran, H. W.: Bau- und Dämmstoffe. Aus: boden, wand + decke, Bad Wörishofen, 1963, Heft 3

Bobran, H. W.: Was ist Schaumglas? Aus: Glaswelt, Stuttgart, 1957, Heft 10

Cammerer, J. S.: Tabellen über die Feuchtigkeitskondensation in Wänden und Decken durch Dampfdiffusion. Berichte aus der Bauforschung, Heft 23. Berlin/München, 1962. Verlag Wilhelm Ernst u. Sohn

Cammerer, J. S.: Wärmeleitzahlen von Faserdämmschichten mit niedrigen Rohwichten. Berichte aus der Bauforschung, Heft 23. Berlin/München, 1962. Verlag Wilhelm Ernst u. Sohn

Cammerer, W. F.: Der Einfluß der Feuchtigkeit auf die Wärmeleitfähigkeit von Bau- und Isolierstoffen nach dem gegenwärtigen Stand der Forschung. München, 1966, Heft 11

Cammerer, W. F.: Der Konvektionseinfluß auf die Wärmeleitfähigkeit von Wandisolierungen aus Mineralfaserstoffen. Mitteilungen für Wärmeschutz e. V., München, 1966, Heft 11

Göbel, E. F.: Konstruktive Anwendung von Gummifedern in der Lärmbekämpfung. Aus: Lärmbekämpfung, Baden-Baden, 1957, Heft 3/4

Gösele, K.: Die Bestimmung der dynamischen Steifigkeit von Trittschalldämmstoffen. Aus: boden, wand + decke, Bad Wörishofen, 1960, Heft 4/5

Gösele, K.: Die schalltechnischen Eigenschaften von Holzwolleleichtbauplatten. Forschungsgemeinschaft Bauen und Wohnen, Heft 41/1955

Janssen, J. H.: Einige Erfahrungen bei der Körperschallisolation mittels Federn. Berichte vom 3. internationalen Akustik-Kongreß Stuttgart 1959. Amsterdam, London, New York, Princeton, 1961. Verlag Elsevier

Koerner, K.: Schallschluckende Lochziegelwände. Aus: Gebrannte Erde, Beilage zum Architektenblatt Baden-Württemberg, Stuttgart, 1966

Kosten, C. W.: Die Messung der Schallabsorption von Materialien. Berichte vom 3. internationalen Akustik-Kongreß Stuttgart 1959. Amsterdam, London, New York, Princeton, 1961. Verlag Elsevier

Kuhl, W.: Der Einfluß der Kanten auf die Schallabsorption poröser Materialien. Berichte vom 3. internationalen Akustik-Kongreß Stuttgart

QUELLEN- UND LITERATURVERZEICHNIS

1959. Amsterdam, London, New York, Princeton, 1959. Verlag Elsevier
Mall, G.: Bauschäden — Ursache, Auswirkung, Verhütung. Wiesbaden/Berlin, 1963. Bauverlag GmbH
Rosselit: Bakteriologisch-hygienische Untersuchungen schallschluckender Baustoffe. Dissertation, Hygienisches Institut der Freien Universität Berlin, 1954
Schäcke, H.: Die Durchfeuchtung von Baustoffen und Bauteilen auf Grund des Diffusionsvorganges. Forschungsgemeinschaft Bauen und Wohnen, Stuttgart, Heft 23
Schubert, R.: Akustische Daten eines Mineralfaserstoffes. Berichte vom 3. internationalen Akustik-Kongreß Stuttgart 1959. Amsterdam, London, New York, Princeton, 1959. Verlag Elsevier
Sieber, W.: Zusammensetzung der von Werk- und Baustoffen zurückgeworfenen Wärmestrahlung. Aus: Zeitschrift für Physik, Berlin, 1941, Heft 22
Wärmedämmungs- und Dampfsperrschichten bei Dächern und Wänden. Aus: Zentralblatt für Industriebau, Hannover, 1965, Heft 2
Westphal, W.: Untersuchungen zur Schallabsorption von SILLAN-Steinwolle. Aus: Wärme, Kälte, Schall, Ludwigshafen, 1964, Heft 2. Grünzweig u. Hartmann AG

Wände

Außenwände, Luftschichten, Feuchtigkeitsverteilung. Berichte aus der Bauforschung Heft 11. Berlin/München, 1959. Verlag Wilhelm Ernst u. Sohn
Bobran, H. W.: Faltwände in der Berkeley-Junior-High-School. Aus: Bauwelt, Berlin, 1964, Heft 20
Cammerer, J. S.: Auswertungen von Untersuchungen auf dem Gebiet des Wärmeschutzes. Kurzberichte aus der Bauforschung, Heft 5/1965. Dokumentationsstelle für Bautechnik in der Fraunhofer-Gesellschaft, Stuttgart
Cammerer, J. S.: Die Berechnung der Wasserdampfdiffusion in Wänden. Aus: Gesundheits-Ingenieur, München, 1952, Heft 13
Cremer, L.: Schalldurchgang durch Schlitze. Kurzberichte aus der Bauforschung, Heft 8/1964. Dokumentationsstelle für Bautechnik in der Fraunhofer-Gesellschaft, Stuttgart
Gösele, K.: Baulicher Schallschutz in Betrieben. Aus: Wärme, Kälte, Schall, Ludwigshafen, 1961, Heft 4/5. Grünzweig u. Hartmann AG
Gösele, K.: Die Schalldämmung von Trennwänden aus Gips. Aus: Die Bauwirtschaft, Wiesbaden, 1960, Heft 6
Gösele, K.: Verschlechterung der Schalldämmung von Decken und Wänden durch anbetonierte Wärmedämmplatten. Aus: Gesundheits-Ingenieur, München, 1961, Heft 11
Gösele, K.: Über die Luftschalldämmung von Leichtwänden. Aus: Deutsche Bauzeitung, Stuttgart, 1961, Heft 6
Höglund, I.: Wärmedämmung von mehrschichtigen Außenwänden. Kurzberichte aus der Bauforschung, Heft 1/1966. Dokumentationsstelle für Bautechnik in der Fraunhofer-Gesellschaft, Stuttgart
Künzel, H.: Die Wärmebrücken — Wirkung von Ecken in Bauwerken. Aus: boden, wand + decke, Bad Worishofen, 1963, Heft 12
Künzel, H.: Feuchtigkeitstechnische Untersuchungen an Außenputzen und verputzten Wänden. Kurzberichte aus der Bauforschung, Heft 10/1964. Dokumentationsstelle für Bautechnik in der Fraunhofer-Gesellschaft, Stuttgart
Künzel, H.: Untersuchungen über Wärmebrücken im Wohnungsbau. Mitteilungen aus dem Institut für Technische Physik, Stuttgart, der Fraunhofer-Gesellschaft. Aus: boden, wand + decke, Bad Wörishofen, 1964, Heft 11
Künzel, H.: Wärme- und feuchtigkeitstechnische Beanspruchung von Außenputzen. Beispiele angewandter Forschung. Fraunhofer-Gesellschaft, München, 1961. Verlag F. Bruckmann
Künzel, H.: Wärme- und Feuchtigkeitstechnische Untersuchungen an vorgehängten Außenwandverkleidungen. Berichte aus der Bauforschung, Heft 42. Berlin/München, 1965. Verlag Wilhelm Ernst u. Sohn
Moll, W.: Meßergebnisse über Trittschall — Nebenwegübertragung bei Außenwänden mit innenseitiger Wärmedämmung. Aus: Schalltechnik, Eichenberg, 1961, Heft 42
Müller, H. A.: Der schwimmende Estrich an der Wand. Aus: Technik und Bauwirtschaft, Kempenich, 1961, Heft 7

Schaupp, W.: Die Außenwand. München, 1962. Verlag Georg D. W. Callwey
Schaupp, W.: Mineralfasergedämmte Außenwände. Aus: Glasfaser-Echo, Düsseldorf, 1956, Heft 1. Glasfaser GmbH
Schüle, W.: Wärme- und feuchtigkeitstechnische Untersuchungen an Außenwänden aus verschiedenen Lochziegeln und aus Leichtbeton-Hohlblocksteinen. Berichte aus der Bauforschung, Heft 23. Berlin/München, 1962. Verlag Wilhelm Ernst u. Sohn
Volkart, K. H.: Der Luftschallschutz von Gipsplattenwänden. Aus: boden, wand + decke, Bad Wörishofen, 1964, Heft 12
Wärme und Feuchtigkeit, Wärmeübergang, Wärmebedarf, Feuchtigkeit in Putzen und Wänden. Berichte aus der Bauforschung, Heft 15. Berlin/München, Verlag Wilhelm Ernst u. Sohn
Zeller, W.: Schallschutz von Wänden in Mantelbeton-Bauweise. Aus: Lärmbekämpfung, Baden-Baden, 1959, Heft 5

Decken und Dächer

Gösele, K.: Vereinfachte Berechnung des Trittschallschutzes von Decken. Aus: boden, wand + decke, Bad Wörishofen, 1964, Heft 11
Haefner, R.: Die Abdichtung von unterkellerten Hofdecken über Nutzräumen und Flachdächern. Aus: boden, wand + decke, Bad Wörishofen, 1966, Heft 6
Henn, W.: Das flache Dach. München, 1961. Verlag Callwey
Künzel, H., W. Frank: Untersuchungen über die Temperaturverhältnisse in Flachdächern unterschiedlicher Konstruktion. Mitteilungen aus dem Institut für Technische Physik Stuttgart. Aus: boden, wand + decke, Bad Wörishofen, 1964, Heft 12
Moritz, K.: Flachdach-Handbuch. 2. Aufl. Wiesbaden/Berlin, 1964. Bauverlag
Rick, A. W.: Das flache Dach. 5. Aufl. Heidelberg, 1966. Straßenbau, Chemie und Technik Verlagsgesellschaft
Schüle, W.: Wärmetechnische Anforderungen an Fußböden und Decken. Aus: boden, wand + decke, Bad Wörishofen, 1959, Heft 4

Fenster und Türen

Bobran, H. W.: Fabrikfertige Doppelscheiben. Aus: Glaswelt, Stuttgart, 1957, Heft 14
Caemmerer, W. F.: Wärmeschutz von Fenstern. Aus: Bauwelt, Berlin, 1963, Heft 32/33
Eisenberg, A.: Die Schalldämmung von Gläsern und Verglasungen. Aus: Glastechnische Berichte, Frankfurt, 1958, Heft 31
Eisenberg, A.: Über die Luftschalldämmung von Fenstern. Berichte vom 3. internationalen Akustik-Kongreß Stuttgart 1959. Amsterdam, London, New York, Princeton, Verlag Elsevier
Hochbrügge, G.: Das Fenster in seiner gesundheitlich-biologischen Funktion. Aus: glasforum, Schorndorf, 1966, Heft 2
Hoffmeister, W.: Schalldämmende Beobachtungsfenster bei Prüfständen. Aus: Wärme, Kälte, Schall, Ludwigshafen 1964, Heft 3 + 4. Grünzweig u. Hartmann AG
Panceram, A., G. Venzke: Schalldichte Türen, Konstruktion und Meßergebnisse. Aus: VDI-Zeitschrift, Düsseldorf, 1950, Heft 28
Parrot, T. L.: Experimentaluntersuchungen von Glasbrüchen auf Grund von Schallknallen. Aus: Kampf dem Lärm, München, 1962, Heft 6
Seifert, E.: Untersuchungen über den Zusammenhang zwischen Fugendichtheit und Schalldämmvermögen von Fenstern. Kurzberichte aus der Bauforschung, Heft 6/1965. Dokumentationsstelle für Bautechnik in der Fraunhofer-Gesellschaft, Stuttgart

Fußböden

Becher, P.: Kosten und Technik des Wärmeschutzes im Bauwesen. Bericht von der bautechnischen Tagung »Energiewirtschaft und Wärmetechnik im Bauwesen« auf der Deutschen Industriemesse Hannover 1960
Benthien, H.: Beobachtungen bei der Verlegung schwimmender Estriche. Aus: boden, wand + decke, Bad Wörishofen, 1961, Heft 6
Bobran, H. W.: Die bauphysikalische Bedeutung der Verbundbeläge. Aus: boden, wand + decke, Bad Wörishofen, 1964, Heft 10

QUELLEN- UND LITERATURVERZEICHNIS

Bobran, H. W.: Trittschallisolierung durch weiche Bodenbeläge und fußnahe Dämmschichten. Aus: Lärmbekämpfung, Baden-Baden, 1960, Heft 1

Braun, G.: Der Fußboden. Wiesbaden/Berlin, 1954. Bauverlag

Cammerer, J. S.: Prüfung der Wärmeableitung von Fußböden in der Praxis. Aus: boden, wand + decke, Bad Wörishofen, 1959, Heft 3

Elser, K.: Meßgerät für die Wärmeeindringzahl von Isolierstoffen. Mitteilungen aus dem Institut für Thermodynamik und Verbrennungsmotorenbau an der Eidgenössischen Technischen Hochschule Zürich, 1954, Heft 1

Gösele, K.: Schalltechnisches Verhalten von Holzfußböden. Aus: Informationsdienst Holz, Düsseldorf, 1956

Gösele, K.: Unterdrückung von Körperschallbrücken bei schwimmenden Estrichen. Beispiele angewandter Forschung, Fraunhofer-Gesellschaft, München, 1961

Gösele, K., C. A. Voigtsberger: Zum Alterungsverhalten von Trittschalldämmstoffen. Aus: Deutsche Bauzeitung, Stuttgart, 1958, Heft 10

Hart, W.: Handbuch für Verlegetechnik. Stuttgart, 1965. Deutsche Verlagsanstalt

Hildebrand, K.: Trittschalldämmung unter Fliesenbelägen. Köln-Braunsfeld, 1961. Verlagsges. Rudolf Müller

Institut für technische Physik, Stuttgart: Wärmetechnische Untersuchungen an verschiedenen Fußbodenaufbauten. Kurzberichte aus der Bauforschung, Heft 11/1963. Dokumentationsstelle für Bautechnik in der Fraunhofer-Gesellschaft, Stuttgart.

Kuntze, W.: Vergleichende bauakustische Untersuchungen an einer Luft-Fußbodenheizung. Aus: Fußboden-Zeitung, Ichenhausen, 1964, Heft 3

Ort, A.: Der Trittschallschutz von Schwingböden. Aus: Lärmbekämpfung, Baden-Baden, 1960, Heft 1

Sautter, L.: Fußböden aus Betonwerkstein-Platten für Wohn- und Aufenthaltsräume, Anforderungen, Eigenschaften, Verwendung. Aus: boden, wand + decke, Bad Wörishofen, 1965, Heft 9

Schüle, W.: Fußwärme und Wärmeleitung von Fußböden. Kurzberichte aus der Bauforschung, Heft 26/1965. Dokumentationsstelle für Bautechnik in der Fraunhofer-Gesellschaft, Stuttgart

Schüle, W.: Untersuchungen über die Hauttemperatur des Fußes beim Stehen auf verschiedenartigen Fußböden. Aus: Gesundheits-Ingenieur, München, Band 1954

Stoy, B.: Stand und Entwicklungsaussichten der elektrischen Fußbodenheizung. Aus: Elektrowärme, 1963, Heft 3

Stoy, B., L. A. Kanne: Möglichkeiten der elektrischen Beheizung von Kirchen. Aus: Deutsche Bauzeitschrift, Gütersloh, 1964, Heft 11

Teppich und Teppichboden. Hrsg. Teppichgemeinschaft Stuttgart, 1961

Trittschallschutz und Wärmedämmung unter Fliesenbelägen. Veröffentlichung des Forschungslabors der Fa. OSTARA-Fliesen, Osterath, unter Mitwirkung der Glasfaser-Gesellschaft mbH, Düsseldorf. Aus: boden, wand + decke, Bad Wörishofen, 1961, Heft 5

Oberflächen von Wänden und Decken, Schallschlucksysteme

Bobran, H. W.: Aufbau und Wirkung von Schallschlucksystemen. Aus: Bauwelt, Berlin, 1958, Heft 20

Frank, W.: Untersuchungen über Wasserdampfdurchlässigkeit von Anstrichen. Forschungsgemeinschaft Bauen und Wohnen, Stuttgart, 1958

Glöckler, W.: Schallschluckende Lochziegelwände. Aus: Bauwelt, Berlin, 1961, Heft 38

Grün, W.: Einfluß von Außenanstrich mit Dispersionsfarben auf das Temperaturgefälle im Mauerwerk. Aus: i-punkt Farbe, 1965, Heft 2

Institut für Technische Physik, Stuttgart: Feuchtigkeitstechnische Untersuchung im Zusammenhang mit Anstrichen auf Außenputzen. Kurzberichte Bauforschung, 2/1966

Krauß, W.: H. Weißbach: Bautenschutz durch Silicone. Aus: Das Baugewerbe, Köln-Braunsfeld, 1958, Heft 10

Riethmayer, A.: Die Metallseifen als Hydrophobierungsmittel. Aus: Seifen–Öle–Fette–Wachse, Augsburg, 1961, Heft 33

Vogt, H. C.: Die Akustik-Lamellendecke. Aus: Wärme, Kälte, Schall, Ludwigshafen, 1962, Heft 1

Haustechnische Anlagen

Bach, M. R., K. Gösele: Geräuschverhalten von Hähnen und Spülern. Forschungsgemeinschaft Bauen und Wohnen, Stuttgart, Heft 52. Abgedruckt in: Heizung Lüftung Haustechnik, Düsseldorf, 1958, Heft 9

Bobran, H. W.: Lärmbekämpfung an WC-Installationen. Aus: Sanitäre Technik, Düsseldorf, 1959, Heft 3

Bobran, H. W.: Schallschutz an haustechnischen Einrichtungen. Aus: Heizung Lüftung Haustechnik, Düsseldorf, 1957, Heft 11

Bobran, H. W.: Schallschutz bei haustechnischen Einbauten und Geräten (Ein Ergänzungsvorschlag zum Entwurf der DIN 4109). Aus: Bauwelt, Berlin, 1959, Heft 23

Carlsson, St., I. Eneborg: Wärmeverluste in unterirdischen Heizungsleitungen. Kurzberichte aus der Bauforschung, Heft 6/1965. Dokumentationsstelle für Bautechnik in der Fraunhofer-Gesellschaft, Stuttgart

Effenberger, E.: Die Heizung aus der Sicht des Hygienikers. Aus: Bauwelt, Berlin, 1964, Heft 49

Gerber, O.: Die Geräuschbildung in Lüftern und ihre Dämpfung. Aus: Lärmbekämpfung, Baden-Baden, 1957, Heft 5/6

Gerber, O.: Experimentelle Untersuchungen zur Realisierung der theoretisch möglichen Höchstdämpfung der Schallausbreitung in einem rechteckigen Luftkanal mit schluckenden Wänden. Aus: Akustische Beihefte, Stuttgart, 1953, Heft 2. S. Hirzel-Verlag

Gerber, O., W. Richter: Das schall- und strömungstechnische Verhalten eines Absorptionsschalldämpfers bei höheren Strömungsgeschwindigkeiten. Aus: Konstruktion, Berlin, Göttingen, Heidelberg, 1956, Heft 9

Gösele, K.: Geräuschprobleme bei Heizungen und Gasdurchlauferhitzern. Aus: Gaswärme, 1962, Heft 1

Gösele, K.: Verhalten von Schalldämpfern bei hohen Schall-Amplituden. Beispiele angewandter Forschung, Fraunhofer-Gesellschaft. München, 1963. Verlag F. Bruckmann

Gösele, K., M. R. Bach: Die Schallausbreitung in Installationsleitungen und ihre Verminderung. Forschungsgemeinschaft Bauen und Wohnen, Stuttgart, Heft 59/1959

Neubert, H.: Probleme des Schallschutzes bei Planung und Ausführung haustechnischer Einzelanlagen. Aus: Deutsche Bauzeitschrift, Gütersloh, 1966, Heft 9/10

Rausch, E.: Maschinenfundamente und andere dynamisch beanspruchte Baukonstruktionen. Düsseldorf, 1959. VDI-Verlag

Reiplinger, E.: Schallmindernde Maßnahmen an Transformatoren. Aus: VDI-Berichte, Düsseldorf, 1961, Heft 41

Schalldämpfer für Lüftungskanäle. Mitteilungen aus dem Institut für Schall- und Wärmeschutz Dr. Zeller, Essen/Ruhr. Aus: Lärmbekämpfung, Baden-Baden, 1961, Heft 3/4

Schneider, P.: Schallschutz bei haustechnischen Anlagen. Düsseldorf, 1959. Werner-Verlag

Schüle, W., U. Fauth: Untersuchungen an Hausschornsteinen. Aus: Heizung Lüftung Haustechnik, Düsseldorf, 1962, Heft 13

Zeller: Geräuschuntersuchungen an Transformatoren. Aus: Lärmbekämpfung, Baden-Baden, 1961, Heft 6

Raum- und Gebäudearten

Aschoff, V.: Über die Planung großer Hörsäle. Arbeitsgemeinschaft für Forschung des Landes Nordrhein-Westfalen, Heft 99. Köln-Opladen. Westdeutscher Verlag

Baut ruhige Wohnungen. Hrsg.: Bundesminister für Wohnungsbau. Köln, 1947. Deutsches Bauzentrum

Bobran, H. W.: Akustik im Unterrichtsraum. Aus: Bauwelt, Berlin, 1963, Heft 38/39

(Der Aufsatz ist Teil eines Arbeitsberichtes »Technik und Gesundheit in der Schule«, der von der Deutschen Gesellschaft für Freilufterziehung und Schulgesundheitspflege e.V., Bonn, herausgegeben wird.)

Bobran, H. W.: Hohenstaufengymnasium Göppingen (Württemberg). Aus: Bauwelt, Berlin, 1959, Heft 35

Bobran, H. W.: Le Corbusiers »Elektronisches Gedicht«. Aus: Bauwelt, Berlin, 1958, Heft 9

Bobran, H. W.: Raumakustik in der Ingenieurschule Ulm. Aus: Bauwelt, Berlin, 1963, Heft 22

QUELLEN- UND LITERATURVERZEICHNIS

Bobran, H. W.: Schallschutztechnische Maßnahmen an Prüfständen, Forderungen, Möglichkeiten und Grenzen. Aus: Lärmbekämpfung. Baden-Baden, 1957, Heft 3/4

Bobran, H. W.: Schall- und Wärmeschutz in Gaststätten. Aus: Bauwelt, Berlin, 1963, Heft 4

Bobran, H. W.: Über die Akustik größerer Mehrzweckräume. Aus: Wärme, Kälte, Schall, Ludwigshafen, 1958, Heft 6

Bujak, W.: Versuche zur Geräuschbekämpfung an Gasdruckreglern. Aus: Lärmbekämpfung, Baden-Baden, 1963, Heft 1

Cremer, L.: Die raum- und bauakustischen Maßnahmen beim Wiederaufbau der Berliner Philharmonie. Aus: Die Schalltechnik, Eichenberg, 1964, Heft 57

Deutsche Gesellschaft für das Badewesen e.V.: Richtlinien für den Bau von Hallen-, Frei- und Lehrschwimmbädern. Düsseldorf, 1959. Verlag A. Schrickel

Eisenberg, A.: Baulicher Schallschutz in Betrieben. Aus: Kampf dem Lärm, München, 1963, Heft 2

Feuchtigkeitstechnische Untersuchungen in beheizten Kleinküchen. FBW, Stuttgart, Heft 57. Wiesbaden/Berlin, 1959. Bauverlag

Fortun, E.: Möglichkeiten der akustischen Verbesserung durch Bodenbeläge. Aus: Kampf dem Lärm, München, 1964, Heft 5

Glaser, H.: Wärmeleitung und Feuchtigkeitsdurchgang durch Kühlraumisolierungen. Aus: Kältetechnik und Klimatisierung, Karlsruhe, 1958, Heft 3

Gösele, K.: Baulicher Schallschutz in Betrieben. Aus: Wärme, Kälte, Schall, Ludwigshafen, 1961, Heft 4/5

Grün, W. u. H.: Die Isolierung von Bäderbauten. Aus: Archiv des Badewesens, Düsseldorf, 1961, Heft 6

Hess, W.: Verbesserung der Akustik im Hallenbad Zürich. Aus: Archiv des Badewesens, Düsseldorf, 1962, Heft 5

Institut für technische Physik, Stuttgart: Wärme- und feuchtigkeitstechnische Untersuchungen an Reihenhäusern. Kurzberichte aus der Bauforschung, Heft 11/1963. Dokumentationsstelle für Bautechnik in der Fraunhofer-Gesellschaft, Stuttgart

Lindemann, G.: Erhebungen über den Wärme- und Schallschutz im Wohnungsbau. Aus: Deutsche Bauzeitschrift, Gütersloh, 1963, Heft 10

Meister, F. J.: Akustische Meßtechnik der Gehörprüfung. Karlsruhe, 1954. Verlag G. Braun

Nau, H.: Die Kegelbahn in unmittelbarer Nachbarschaft von Sälen oder Wohnungen. Aus: Die Schalltechnik, Eichenberg, 1960, Heft 37

Pahlitzsch, G., W. Meins: Lärmbekämpfung an Kreissägemaschinen für die Holzbearbeitung. Aus: Kampf dem Lärm, München, 1962, Heft 5

Schüle, W.: Feuchtigkeitsschäden in Wohnungen. Forschungsgemeinschaft Bauen und Wohnen, Stuttgart, Heft 46/1957

Schüle, W.: Wärme- und heiztechnische Untersuchungen in Einzel- und Reihenhäusern. Forschungsgemeinschaft Bauen und Wohnen, Stuttgart, Heft 66, 1961

Schüle, W., R. Jenisch: Wärmetechnische Untersuchungen im Wohnungsbau. Forschungsgemeinschaft Bauen und Wohnen, Stuttgart, Heft 51, Wiesbaden/Berlin, 1958, Bauverlag

Wärme- und Feuchtigkeitsschutz in Wohnbauten. Berichte aus der Bauforschung, Heft 16. Berlin/München 1960. Verlag Wilhelm Ernst u. Sohn

Wiedefeld, J.: Nachträglicher Schallschutz in Alt- und Neubauwohnungen. Aus: Kampf dem Lärm, München, 1959, Heft 1/2

Wiethaup, O.: Bekämpfung des gewerblichen Lärms. Aus: Lärmbekämpfung, Baden-Baden, 1959, Heft 5

Zeller, W.: Akustik Stuttgarter Kirchen. Berichte vom 3. internationalen Akustik-Kongreß Stuttgart 1959. Amsterdam, London, New York, Princeton, 1961. Verlag Elsevier

Zeller, W.: Einige Grundlagen für die Planung der Lärmfreiheit in der Industrie. Aus: Lärmbekämpfung, Baden-Baden, 1960, Heft 3

Zeller, W.: Zur raumakustischen Gestaltung von Kirchen. Aus: Lärmbekämpfung, Baden-Baden, 1960, Heft 4

Zeller, W., H. H. Paul: Lärm bei Schreinereibetrieben — Schutz der Nachbarschaft. Aus: Lärmbekämpfung, Baden-Baden, 1964, Heft 2/3

Sachwörterverzeichnis

Siehe auch:
Alphabetisches Verzeichnis der Formeln und Begriffsbestimmungen (S. 11–31)
Verzeichnis der Stoffwert-Tabellen und -Diagramme (S. 90)

Abdeckung, mikroporöse 214
Abdichtungen 59
Abschirmung 265, 329
Abschirmung, schallabsorbierende 304
Abschirmwirkung 72
Absorptionsfläche, äquivalente 68
Absorptionsgradkurven 220
Absorptions-Schalldämpfer 11, 234, 311
Absorption, veränderliche 224
Addition zweier Lautstärken 37
Aktenkeller 254
Akustik-Meßräume 254
Akustikplatten 11, 212
Aluminium-Lamellen 225, 317
Altenheime 254
Anlagen, elektrische 246 f.
Ansaugschalldämpfer 325
Anstriche 208 f.
Anstrich-Untergründe 210
Arbeitskabine 299
Armaturen 241
Audiometer-Raum 320
Auditorium Maximum 321
Aufenthaltsräume 12, 296
Aufzüge 250 f.
Aufzugsmaschinen 312
Aula 267
Ausgleichsschichten 161
Außenwände 107
Außenwandverkleidung 301
Ausstellungsräume 255

Bäckereien 255
Baderäume 256
Badewannen 244
Ballett-Probesaal 317
Ballettsäle 256
Beben 12, 40
Behaglichkeit 52 f.
Beleuchtungsanlagen 246
Bewegungsfugen 150
Bewertungskurven 36
b-Faktor 12, 174
Böden gegen Erdreich 206
Bodentemperatur 74
Brauereien 256
Brennstoffe, Heizwerte 229
Brotfabrik 316
Buchbindermaschinen 294
Bücherlager 256
Bürogebäude 257

CM-Gerät 63

Dächer 148
Dächer, Mindestwärmedämmwerte 149
Dachhäute, Temperaturverlauf 150
Dämmbügel 314
Dämmplatten, tragende 156
Dämmschichten, äußere 110
–, innere 113
Dämmstoffe 13, 89
Dampfleitzahl 103
Dampfsperre 13, 59, 161, 317
dB(A) 36
Decken 161
Deckenaufhänger 306

Deckenhohlraum-Heizung 311
Deckenreflektor 264
Deckenstrahlungsheizung 231
Decken, Tritt- und Luftschallschutz 141
Decken über offenen Räumen 148
Deckenverkleidung, schallabsorbierende 315
Deckenvorsatzschale 137, 306
Dehnungsmeßstreifen 70
Deutlichkeit 13, 49
Dezibel 35
Diffusionswiderstandsfaktor 64
– von Anstrichen 209
– von Bau-, Dämm- und Sperrstoffen 103
– von Kunststoffolien 217
Diffusität 14, 49
DIN-phon 14, 36
Doppeltür 184
Doppelverglasung, schalldämmende 328
Druckspüler, geräuschgedämpfte 311
Druckverlust 14, 235
Duschräume 256
Düsenjäger 87
Dynamische Steifigkeit 14, 99

Eigenschaften, piezoelektrische 68
Eisenbahnschienen-Adjustage 294
Einzelofenheizung 228
Elektronik 50
Erdreich 161
Erschütterungsschutz 46
Estriche, Mindestfestigkeit einschichtiger schwimmender 202
Estrich, schwimmender 199
Etagenheizung 228

Fabriken 294
Fahrkorb 251
Fahrzeugkolonnen 85
Faltwände 134, 306
Fenster 164
Fensterglas 175
Fenster, schalldämmende 164
Fernsehstudios 293
Fernsprechzelle 336
Feuchtigkeit 51, 53
Feuchtigkeitsabsorption 209
Feuchtigkeitsmessung 63
Feuchtigkeitsschäden 305
Feuchtigkeitsschutz 58
Feuchtigkeitsschutz bei Türen 185
Flachdachabdichtung 151
Fletcher 36
Fluate 211
Flugverkehr 86
Flur 259
Fluraula 319
Folien 212
Folien-Wärmestrom-Messer 63
Frequenzabhängigkeit der Nachhallzeit 265
Fugen 152, 227
Fugendurchlässigkeit von Türen 186
Fugendurchlaßkoeffizient 15
Fühlschwelle 35
Fußboden, beheizter 207
Fußbodenheizung 230
Fußboden, Oberflächentemperatur 191
–, schall- und wärmetechnische Anforderungen 187

Fußbodentemperatur 231
Fußboden, Wärmeableitungskurven 189
–, Wärmeeindringzahl 191

Garagen 259
Gasbeton-Dachplatten 308
Gas-Reglerstationen 259
Gaststätten 260
Gebäudefundamente 106
Gebiete, gemischte 81
Gehörschutz 42
Gehörschutzkapseln 16, 301
Gehörschutzmittel 296
Geräusch 16, 36
Geräusche in Wohnungen 297
Gesamtdämmung 44
Gesamtenergiedurchlaßgrad 16
Gestühl 325
Gips-Hohlkörper 325
Gipskartonplatten 224, 315
Gipskassettenplatten 222, 315
Gips-Streukörper 326
Glasbausteine 176
Glasscheiben, Wärmedurchgangszahlen 172
Glaswände 164, 175
Glockentürme 261
Grenzfrequenz der Spuranpassung 100
Großraumbüro 258, 318
Großviehstall 334
Gummibeläge 191
Gymnasium 331, 333
Gymnastikhallen 293

Halbleiterelement 63
Halbzelle 336
Hallendach mit Oberlichtstreifen 310
Hallradius 16, 40
Hallraumverfahren 68
Hammerwerk 68
Handfeuerwaffen 287
Handkreissägen 294
Hängedecke 314
Heizgradtage, Tabelle 76
Heizkosten 61
Heizungsanlagen 228
Heizwerte der bekanntesten Brennstoffe 229
Hobelmaschinen 294
Hochlochsteine 225
Holzbalkendecken, Schalldämmung 142
Holzdächer, einfache 156
Holzfachwerk 118
Holzfaser-Akustikplatten 319
Holzfeuchte 64
Holzfußböden 196
Holzleisten-Streckgitter 315
Holzpflaster 199
Holzschindeln 305
Holzspan-Röhrenplatten 214, 315, 332
Hörfläche 35
Hörprüfungsräume 262 f.
Hörsaal 262 f., 321 f.
Hörsaalgestühl 267
Hörschwelle 35
Hotelbad 317
Hydrophobierung 210
Hygrometer 63, 302

SACHWÖRTERVERZEICHNIS

Imprägnierung 209
Industrie-Hallendach 310
Installationsgeräusch 238
Interferenz-Schalldämpfer 236
Isolierdicke 239
Isoliersteinwände 110

Kabinen 298f.
Kaltdächer 152, 307
Kälte-Isolierung 56
Kaltwandprinzip 113
Kapseln 298
Kassenvorhalle 322
Kathodenstrahl-Oszillograph 67
Kegelbahnen 268, 322f.
Keilabsorber 219, 286
Kellerdecken 147
Kinos 268
Kirchen 269
Kirchengestühl 270
Kirchenraum 324
Klassenraum 332
Klebemörtelpflaster 314
Klima 18, 51
Klimaanlagen 232
Klimakarte für Deutschland 74
Klimaräume 273
Klimazonenkarten 71
Kondenswasserfreie Oberflächen 289
Kontakttemperatur 189
Konzertsaal 278
Kopfschutzkappe 301
Körperschall 18, 45
Körperschallausbreitung, Dämpfung 239
Körperschalldämmung 43
Körperschalldämpfung 43
Körperschall-Horchgerät 68
Körperschallisolierung verschiedener Stoffe 100
Körperschalleitung, Minderung 236
Körperschallstörungen 272
Kraftwerke 271
Krankenhäuser 271
Kühlräume 325
–, Wärmedämmschicht 275
Kundtsches Rohr 18, 68
"Künstlicher Fuß" 65
Kunststoffböden 191
Kunststoff-Folien 212
–, Wasserdampf-Diffusionswiderstandsfaktoren 217
Kupfer-Rohrleitungen 239
Kurztest 67

Lagerräume 273
Lagertemperatur 274
Landtag Stuttgart 327
Lärm 18, 36
Lärmbekämpfungsmaßnahmen, konstruktive 252
Lärmschutzgebiete 80
Lärmzonen, gewerbliche 81
Lautsprecher 247
Lautsprecherraum 320
Lautsprechersystem 312
Lautstärke bekannter Geräusche 39
Lautstärkemesser 65
Lautstärkemessung, Meßgerät 302
Lautstärkewerte 36
Lautstärke, zulässige 233
Leitungs-Eigengeräusch 240
Lichtschalter 246
Linoleum 192
Lochplatten 219
Luftabsorption 19
Luftfeuchtigkeit 19, 53, 63
Luftschalldämmung, Verschlechterung 123

Luftschalldämpfung 44
Lufttemperatur 53
Lüftungsanlagen 232
Lüftungskanäle 233

Makroklima 19
Maschinen, bauliche Schallschutzmaßnahmen 252
Maschinenfundamente 106
Maschinenkapsel 299
Maschinenräume 233
– für Aufzüge 251
Massetheorie 43
Massivdeckengruppen 186
Massivdecken, Schalldämmung 143
–, Wärmedämmung 145
Mauerwerksschaden 317
Mehrzweckraum 320
Mehrzwecksäle 276
Meisterzelle 299
Meßgerät für Lautstärke- und Schallpegelmessungen 302
Messung von Erschütterungen 70
Metallfolien 216
Metallseifen 211
Mikrophonstellungen 66
Minderung der Schallausbreitung 71
Mindest-Schallschutz von Trennwänden 126
Mindestwerte der Wärmedämmung 57
– des Wärmeschutzes 55
Mitschwinger 20, 218
Mittelungspegel 20
Modellverfahren 59
Motorfahrgastschiffe 88
Müllschluckanlagen 241
Munitionsprüfstand 287
Musikpavillon 278
Musiksaal 331

Nachhall-Meßapparatur 302f.
Nachhallmessung 67
Nachhalltheorie 47
Nachhallzeit 20, 49
–, optimale 48
Naturkork 100
Nebenwegübertragung 44, 123
Noppenpappe 315
Normen 32
Normhammerwerk 303
Notstromaggregate 249

Oberflächen, kondenswasserfreie 289
Oberflächentemperatur 56, 63, 110
Oberflächentemperatur von Fußböden 191
Oberflächen von Wänden und Decken 208
Oberlichter 164, 176
Objekte, sanitäre 241
Oktavanalysen 66
Optimale Nachhallzeiten 48
Orchesterstudios 293
Orgelverkleidung 324

Pal-Skala 21, 41
Paneele, gelochte 220
Paneele, ungelochte 220
Papier 218
Pappe 218
Parkett 196
Parlamentsgebäude 279, 328
Pegelschreiber 67, 302
Phasenverschiebung 21
Philharmonie Berlin 327
Phon 21, 35
Piezoelektrische Eigenschaften 68
Piezoelektrischer Wandler 70
Pilzbefall 316
Pilzkulturen 336

Planetarien 280
Polyisobutylen-Kunststoff-Folie 308
Präzisions-Schallpegelmesser 302
Propellerprüfstand 329
Prüfstand 281
Prüfstands-Kontrollraum 330
Prüfstand, stationärer 329
Putz 211

Querlüftungskanäle 333

"Raum im Raum"-Gestaltung 22, 43, 201
Raum, reflexionsfreier 22, 263, 330f.
–, schalltoter 285, 331
Rauschen, stationäres 66
Reflektor 22, 263
Reflexionsfaktor 226
Reflexionsfreier Raum 22, 263, 330f.
Regieraum 334
Relaxations-Schalldämpfer 234
Resonanzfrequenz von Naturkork 100
Rohrisolierungen, wärmedämmende 240
Rohrleitungen 236
Rohrpostanlagen 241
Rohrschellen 237
Rohrschlitze füllen 311
Rohrverbinder 237
Rotationsmaschinen 294
Rück-Kühlwerke 236
Rückwandreflektor 264, 267
Ruhezonen 80
Rundfunk-Studiogebäude 319

Sandwichplatten 120, 318
Sanitäre Objekte 241
Sauna 284
Schallabschirmende Wirkung 85
Schallabsorbierende Abschirmung 304
Schallabsorption 23, 43
Schallabsorptionsgrade 91
Schallabsorptionsgradkurve 220, 290
Schallabsorption, vollständige 226
Schallausbreitung 40
–, Minderung 71
Schalldämm-Maß 23, 165
Schalldämmung 23, 42
– einer Vollziegelwand 125
– von leichten Dächern 156
– von Türen 178
Schalldämpfer 23, 234
Schalldämpfung durch Grünpflanzungen 72
Schallgeschwindigkeit 23, 99
Schall-Längsleitung 43
Schalleistungspegel 24
Schallpegelanalysen 66
Schallpegeldifferenz 24, 66
Schallpegelmesser 24, 68
Schallpegelmessung 65
–, Meßgerät 302
Schallreflektoranlage 326
Schallschlucksystem 24, 218
Schallschluckverkleidungen, ballwurffeste 293
Schallschutzmaß 24, 44
Schallschutzmaßnahmen, bauliche für Maschinen 252
Schallübertragungswege 43
Schallwächter 320
Schallzonen von Flugzeugen 88
Schalter 246
Schaltrelais 247
Schaltschütze 247
Schaltwarte 325
Schaumglas 275, 305
Schaumgummiunterlage 309
Schaumkunststoffplatten 308
Schienenverkehr 82

SACHWÖRTERVERZEICHNIS

Schießstände 287
Schiffsverkehr 88
Schimmelpilze 305
Schleifgeräte 294
Schlitzdämpfung 25, 184
Schlitzplatten 219
Schornsteine 231
Schmiedehammer 253
Schreinereimaschinen 295
Schrotmaschinenraum 294
Schulen 287
Schwellendichtung 180, 310
Schwerkraftlüftung 232
Schwimmbad 333
Schwimmender Estrich 25, 199
Schwimmhallen 289
Schwingböden 204
Schwingungen, elektromagnetische 25, 34
Schwingungen, mechanische 25, 34
Schwingungsisolierung 312
Schwingungsmessung 68
shading-coefficient 12
Sendesäle 292
Shore-Härte 25, 99
Sichtbeton 114
Si-Einheiten 25
Solarkonstante 25
Solistenstudios 293
Sone 33
Sonnenenergie 51
Sonnenschutz 57, 174
Sonnenschutzlamellen 309, 316, 333
Sonnenschutzvorrichtung 174
Sonnenstrahlung 25, 75
Sonnenstrahlungs-Absorption 104
Speiseraum 320
Sperrstoffe 89
Spezifische Wärme 104
Spielhallen 293
Sporthallen 293
Sprachlehranlagen 291, 334
Spültische 245
Stahlbeton-Dächer 158
Stahlfeder-Rohrschelle 238
Ställe 292
Stallklima 292
Stanzenraum 294
Stationäres Rauschen 66
Steifigkeit, dynamische 201
Steinkreissäge 294
Steinplattenbelag 204
Stimme, männlich 38
–, weiblich 38
Stirnholzplatten 313
Stoffwerte 89
Strahlen 34
Strahltriebwerksflugzeuge 87

Strahlungsdurchlässigkeit 175
Strahlungseinfall 51
Strahlungsheizung 231
Strahlungstemperatur 26
Strahlungszahl 26
Straßentunnel 304
Straßenverkehr 82
Straßenverkehrslärm 84
Strömungsgeräusch 26, 235
Subjektive Wirkung 44

Tapeten 212
Tauwasserniederschlag 173
Tauwasserschutz 58
Temperaturleitfähigkeit 27, 102
Temperaturmeßgerät 302
Temperaturmessung 63
Temperaturverlauf in Dachhäuten 150
Teppichböden 192
Terrassen 162
Terzfilter 66
Theater 325f.
Tierräume 292
Tonstudio 292
Transformatoren 248
Trennwände 122
Trennwände, einschalige 123
–, mehrschalige 127
–, mobile 131
Treppenhallenverglasung 309
Treppenräume 259
Trittschallmessung 68
Trittschallminderung 27, 44
Trittschallschutzmaß 27, 45
Trittschallschutz-Verbesserungsmaße 190
Türen 178
–, ausfahrbare 285
–, Feuchtigkeitsschutz 185
–, Fugendurchlässigkeit 186
–, Schalldämmung 178
–, Schwellendichtung 180
–, Wärmedurchgangszahlen 185
Turnhallen 293
Turnhallenwand 335

Umkehrdach 159
Unwuchtkräfte 253

Ventilverbinder 237
Verbesserungsmaß des Trittschallschutzes 44
Verglasungen, Schalldämm-Maß 165
Vergleichshammerwerk 28, 69, 303
Verkleidungen, einfache 211
Vorderwandreflektor 267
Vorsatzschale 28, 137
Vortragssaal 301

Wahrnehmungsstärke 30, 41
Wände, doppelschalige 131
– gegen Erdreich 121
–, reflexionsfreie 285
Wandler, piezoelektrischer 70
Warmdach 156
– aus Stahlblechprofilen 307
Wärmeabgabe des Menschen 53
Wärmeableitung 28, 65
Wärmeableitungskurven verschiedener Fußböden 189
Wärmebedarf 29, 57
Wärmebrücke 29, 109, 307
Wärmedämmgebiet 29, 55, 75
Wärmedämmschicht, angeklebte 316
– von Kühlräumen 275
Wärmedämmung, Mindestwerte 57
Wärmedurchgangswerte 229
Wärmedurchgangszahlen 29, 172
– für Türen 185
Wärmeeindringzahl von Fußböden 191
Wärmeempfindung 52f.
Wärmehaushalt des Körpers 296
Wärmeleitung 53
Wärmeleitzahl 29, 65
Wärmepreise 60
Wärmeschutz 39, 54
Wärmespeicherung 30, 56
Wärmestrahlungszahl 104
Wärmeübergangszahl 30, 54
Warmluft-Fußbodenheizung 207
Wasserdach 308
Wasserdampf-Durchlaßzahlen von Anstrichuntergründen 210
Wassergehalt der Luft 105
– von Baustoffen 105
– von Wärmedämmstoffen 105
Wasserrohre, Wärmedämmung 240
Wasserverdunstung 54
Wasserzapfstellen 241
WC-Spüleinrichtungen 243
Weberei 294
Weichmacherwanderung 31
Wellen 31, 34
Werkstätten 294
Windkanal 330
Wirkung, schallabschirmende 85
–, subjektive 44
Wirtschaftlichkeit 60
Wohnungen 296
–, Geräusche 297

Zellen 298
Zementschutzbelag 309
Zentralheizung 228
Ziegel-Akustiklochsteine 315